国外计算机科学教材系列

数据库处理

——基础、设计与实现（第十六版）

Database Processing: Fundamentals, Design, and Implementation, Sixteenth Edition

David M. Kroenke

[美]　　David J. Auer　　著

Scott L. Vandenberg

张君施　洛基山　等译

电子工业出版社·

Publishing House of Electronics Industry

北京·BEIJING

内 容 简 介

本书从基础、设计和实现三个层面介绍数据库处理技术，内容全面翔实，既包括数据库设计、数据库实现、多用户数据处理、数据访问标准等经典理论，也包括商务智能、XML 和.NET 等最新技术。本书的内容编排和写作风格新颖，强调学习过程中的乐趣，围绕两个贯穿全书的项目练习，让读者从一开始就能把所学的知识用于具体的应用实例。本书各章都提供了大量的习题和项目练习，并为授课教师提供了丰富的教辅资源。

本书可作为高等学校相关专业的本科生或研究生的数据库课程的教材，同时也是很好的专业参考书。

版权贸易合同登记号　图字：01-2023-0197

图书在版编目（CIP）数据

数据库处理：基础、设计与实现：第十六版 /（美）戴维·M. 克伦克（David M. Kroenke）等著；张君施等译.
北京：电子工业出版社，2023.10
书名原文：Database Processing: Fundamentals, Design, and Implementation, Sixteenth Edition
国外计算机科学教材系列
ISBN 978-7-121-46521-5

Ⅰ. ①数… Ⅱ. ①戴… ②张… Ⅲ. ①数据库－教材 Ⅳ. ①TP311

中国国家版本馆 CIP 数据核字（2023）第 195398 号

责任编辑：冯小贝　　文字编辑：袁　月
印　　刷：天津千鹤文化传播有限公司
装　　订：天津千鹤文化传播有限公司
出版发行：电子工业出版社
　　　　　北京市海淀区万寿路 173 信箱　邮编：100036
开　　本：787×1092　1/16　印张：40.25　字数：1236 千字
版　　次：2003 年 7 月第 1 版（原著第 8 版）
　　　　　2023 年 10 月第 5 版（原著第 16 版）
印　　次：2023 年 10 月第 1 次印刷
定　　价：149.00 元

凡所购买电子工业出版社图书有缺损问题，请向购买书店调换。若书店售缺，请与本社发行部联系，联系及邮购电话：（010）88254888，88258888。
质量投诉请发邮件至 zlts@phei.com.cn，盗版侵权举报请发邮件至 dbqq@phei.com.cn。
本书咨询联系方式：fengxiaobei@phei.com.cn。

40 周年纪念版前言

说明：这个前言最初是为本书第十五版而写的。我们相信此前言中涵盖的这些主题（包括数据库系统的发展历史、有关本书的故事，以及在此过程中所获得的经验教训）对本书的后续版本依然重要。

David Kroenke

出版商邀请我为这本 40 周年纪念版做一个简要的历史回顾。每一个版本的细节及其更新，都很有启发意义，但是本书是随数据库处理这门学科同步更新的，而关于这门学科的发展历程，可能对那些将要从事大数据等学科工作的学生更有帮助。

追忆往昔

数据库处理技术最早出现在 1970—1975 年这一段时间，但当时并没有这种称谓。那时，美国政府采用的术语是"数据银行"，而其他人使用"基础数据"或"数据库"。我偏向于后者，并在 1975 年撰写本书时使用了术语"数据库"。

1971 年，作为美国空军的一名军官，我被分配到五角大楼的一个模拟第三次世界大战的小组。当时正值冷战高峰，国防部希望有一种方法来评估现有和未来武器系统的效能。

我有幸负责该模拟系统的数据管理器的工作（那时，术语"数据库管理系统"还没有被使用）。该数据管理器的逻辑数据模型类似于巴赫曼在通用电气（当时是大型机制造商）开发的一个基于"集"的系统，即后来的 CODASYL DBTG 标准[①]。

模拟过程缓慢而冗长，通常一次就需要 10～12 小时。主要瓶颈是数据的输入和输出，而不是 CPU 时间。为此，我开发了一些低级的、可重复使用的汇编语言例程，用于在多个并行通道上从主内存获取和输入数据。

除了我们的项目和巴赫曼的工作，IBM 还与北美航空一起开发了一个面向制造业的数据管理器。该项目的成果是 IBM 的产品 IMS[②]。那个时代的另一个政府项目，产生了一个称为 Total 的数据管理器。

现在回想起来，当时我们都有一个共同点：不知道自己在做什么。我们没有任何数据模型、成功的经验以及设计原则，甚至不知道如何编程。很久之后，才出现了"尽量少使用 goto 语句"编程运动，其结果就是结构化编程，并最终发展成面向对象编程。如果在开始之前就设计出某种逻辑图表，则工作会更容易一些，但仅此而已。我们直接拿起编码板（所有工作都是通过穿孔卡片完成的），就开始编程工作。

没有任何调试工具。如果任务失败，则会得到各个 CPU 寄存器以及主存内容的十六进制输出结果（打印出来有 30～45 cm 厚）。由于那时还没有十六进制计算器，所以我们需要亲自对十六进

---

① CODASYL，即数据系统语言委员会，由 Grace Hopper 负责，它开发了 COBOL 语言标准。DBTG（数据库任务组）是 CODASYL 下属的一个小组委员会，其任务是开发数据建模标准。DBTG 模型流行了一段时间，但是在 20 世纪 80 年代被关系模型取代。

② IBM IMS 依然是一个可用的 DBMS 产品，参见 IBM 官网。

制数进行加减运算，以便在打印结果中查找问题，并使用标尺作为位置标记。坚硬的木制标尺是最顺手的。

尽管当时我们只是在尽力解决问题，但所开发出的技术后来成为了新兴世界的重要组成部分——我们对此一无所知。设想一下，如果没有数据库处理技术，亚马逊网站或者你的大学会变成什么样子。但这一切都是未来的事情，我们只是试图让"该死的东西"运行起来，并以某种方式解决分配给我们的特定问题。

例如，早期系统的一个重要功能就是管理"关系"。在我们的模拟系统中，有轰炸机、坦克、敌方的雷达阵地和空对空导弹。我们需要跟踪那些指定的目标，并确定它们之间的关系。为此，需要编写程序来实现这些功能。一二十年之后，有人吃惊地发现：关系中包含的信息与数据中包含的信息一样多。

当时，我们仅仅是在摸索中解决问题。本书的第一版中并没有给出数据库的定义。有一位评审员指出了这一点，为此，第二版将数据库定义为：集成在一起的一个自描述记录集合。尽管有些言过其实，但这个定义已经使用了 35 年，至今依然合适。

与我所工作的模拟系统类似的情形通常出现在那些早期的项目中。我们"编造"了一些东西来帮助解决问题，但是进展缓慢，错误频现，失败也是家常便饭，浪费了数百万美元的资金和大量的人力。尽管如此，随着时间的推移，数据库技术还是逐步出现并得到发展。

本书的初衷

1973 年，我完成了军事使命，将我的家从华盛顿特区搬到了科罗拉多州立大学。当我在街对面的研究生院攻读统计与工程专业时，商学院聘请我做讲师。我被安排讲授一门名为"文件管理"的课程，它是今天的数据库处理课程的前身（见图 FM.1）。

图 FM.1　David Kroenke 已经无法控制那些为数据库技术而激动不已的学生

和许多年轻教师一样，我乐意讲授我所知道的东西，这就是数据库处理的基本原理。为此，我着手开设一门数据库课程，但是直到 1975 年春，我还在寻找一本合适的教材。我咨询书商，看是否有这样的图书，他们都说没有。SRA 的销售代理说："我们也在寻找这样的书，你为什么不自己写一本呢？"我的部门主任 Bob Rademacher 也鼓励我写书。于是，在 1975 年 6 月 29 日，我与出版社签署了出版合同。

手稿和所有的图表都用 2 号铅笔写在旧的编码表的背面，如图 FM.2 所示。手稿将交给打字员，他会尽其所能来"破译"我的手稿。我要校对打字稿，而他会重新打印一份（那时，文字处理程序还没有出现——为了消除错误，必须重新打印页面）。然后，打印出的页面会送到编辑那里，我会再重新审查一遍，然后再交给打字员。这一过程会重复一两次。最后，将打印出来的最终稿交给排字工人，他会排出一些长长的灰色纸张（称为"活版盘"），用于校对。接着，将这些纸张用胶水粘贴，按照整合艺术品的类似手法形成页面。然后，将这些页面拍照并发送到打印机。

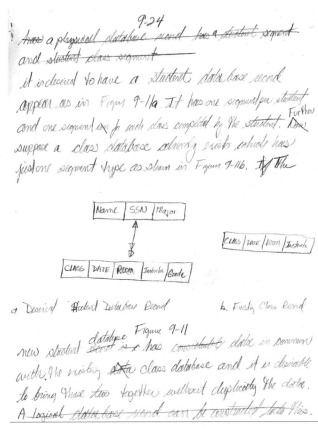

图 FM.2　本书的原始手稿

本书第一版的最终手稿完成于 1976 年 1 月，而图书于一年后出版。

第一版的内容

本书是第一本针对信息系统市场的教科书。在此之前，C. J. Date 有一本《数据库系统》，但是他的书是针对计算机科学专业的学生的①。当时还没有人知道有关信息系统的数据库教材应包含哪些内容。我编写了这样一本书，并把手稿交给一些评审员审议，他们同意了该书的出版。

---

① C. J. Date 的图书 *An Introduction to Database Systems*，现在已经更新至第八版。

本书第一版（封面见图 FM.3）中，有关于文件管理和数据结构的几章，还有几章讲解的是分层、网络和关系数据模型。E. F. Codd（关系数据模型的创立者）当时还不太出名，他很乐意地评审了关系数据模型这一章。书中还介绍了五种 DBMS 产品的特性和功能：ADABAS、System 2000、Total、IDMS 以及 IMS（据我所知，只有 IMS 今天依然还在使用），它们糅合在讲解数据库管理的章节中。

图 FM.3　本书第一版的封面

撰写最后一章时，我认为最好与审计人员交谈，了解审计人员在审计数据库系统时寻找什么。为此，我开车去了丹佛市，会见了来自当时世界八大会计师事务所之一的一位顶级审计师。除了一些关于使用普遍接受的审计标准的高级的夸张说法，我并没有得到什么有用信息。第二天，我办公室的电话响了，纽约市的一位主管邀请我去公司面试，工作是为员工开发并讲授数据库审计标准。当时人们对此还一无所知。

我不知道自己有多幸运。无意中从事的一门专业，成为信息系统领域最重要的分支之一；能够将经验和知识变成一本教材；有一个支持部门；有当时一流的出版商以及一个优秀的销售和营销团队（见图 FM.4）。

图 FM.4　1977 年的热门营销单——注意价格

经验教训

71 岁的我还不太愿意看白天的天气频道，但已经到了开始罗列经验教训的年纪了。我会尽量让这个总结简短。以下是我作为数据库技术的旁观者和参与者学到的 5 个经验。

不要将运气和能力混为一谈

根据当时的一个独立调查，本书的第二版有 91% 的市场占有率。这应归因于一个强大的出版商和一流的销售队伍，加上一点点时运。我应该加倍努力，确保 91% 的人感到满意，而把感恩节的火鸡送给不满意的那 9% 的人。

但后来我没有再理会这本教材，而是加入 Microrim，帮助开发 R:Base 产品①。5 年后，当我重新编写这本书时，许多竞争对手出现了，我的书失去了一半的市场。我本以为可以经过努力重新获得早期的成功，但市场给了我一个沉重的教训。

---

① 有关 R:Base 的更多信息，请参见维基百科。R:Base 现在称为 RBASE，它依然是一个可用的 DBMS 产品，参见 RBASE 官方网站。

之所以提到这个，是因为在其他领域也出现过这种情况。Microsoft 是由 Bill Gates、Steve Ballmer、Jon Shirley、Steve Okey 以及数据库领域的 David Kaplan 等卓越商业专业人士创建和管理的。1985—2000 年，数百名员工加入了该公司，并获得了股票期权。他们大多是有能力的专业人士，与 3M、宝洁、波音等公司的专业人士没有什么不同。不同的是，在这段时间里，Microsoft 股票被分拆了 7 次。

许多专业人士都明白，他们非常幸运，能够搭上 Microsoft 这辆大巴。他们将股票收益再投资于指数基金或其他安全的领域，自此就和家人一起在高尔夫球场上享受生活。然而，一些人将他们的好运气与非凡的个人能力混淆了，成立自己的公司或者创办风险投资公司——大多数都失败了。他们都很优秀，但能力不如 Bill Gates 等人。

Joseph Conrad 说过："不相信运气，是缺乏经验的人的标志。"

营销胜于技术

如果有机会投资于拥有一流市场营销手段的普通技术，或者拥有普通市场营销手段的一流技术，那么应该选择前者。市场营销要远比技术重要。

IBM 的 IMS 采用一种分层的数据模型。在这种模型中，表示多对多的关系是一件痛苦的事情。IMS 开发人员必须应对各种类型的设计和编码，而这些工作本应该由 DBMS 完成，或者可以通过使用不同的 DBMS 来避免。我曾看到一位 IBM 技术销售代表将这些编码技巧作为一种技能进行介绍，他认为这是每一个优秀的数据库开发人员必须具备的。"你肯定知道如何做 XYZ 吧？"（我已经记不清名称了。）由于听众中没有人知道如何做 XYZ，因此都认为我们是有"缺陷"的。缺陷在于产品，而不是我们。但是，我们被这种极佳的营销手段蒙骗了。

在 Microsoft Access 进入市场之前，由 Ashton-Tate 公司的 Wayne Ratliff 开发的 dBase[①]是最成功的关系型微机 DBMS 产品。事实上，dBase 既不是 DBMS，也不是关系数据库，而是一个文件管理系统。然而，Ashton-Tate 的市场营销团队说服了 Osborne，让其在每一台 Osborne II 计算机上安装一份免费的 dBase。Osborne II 是新一代应用程序开发人员的首选，他们在 PC 上编写了数百万行 dBase 代码。他们可以随手使用 dBase，功能令人满意。当更好的产品出现时，普通的开发人员无法重写现有的代码或学习新产品的功能。Microsoft Windows、Microsoft Office 软件包中新出现的图形用户界面，以及廉价的 Microsoft Access，是取代 Ashton-Tate 领先地位的强大力量。

Salsa 是我帮助 Wall Data 公司开发的一个产品，它实现了语义对象模型[②]，并在 1996 年的年度产品评选中被选为亚军（冠军是 Netscape Navigator，另一个亚军为 Internet Explorer）。Salsa 失败了——不是因为技术，而是因为营销。我们试图将其作为终端用户产品销售，但它是面向开发人员的。这就好像我们发明了戈尔特斯布料（一种防水材料），然后试图将它卖给站在雨里的人，而不是服装厂。应始终以营销为先——不要对那些被冲入下水道的先进技术感到惋惜。

Christensen 的模型

据我所知，还没有人既能在微型计算机行业做得很好，也能在大型机上赚大钱。由于习惯于大型机的特性和功能，我们把微型计算机看作玩具。TRS-80 微型计算机，被称为"垃圾-80"。我买过一台早期的苹果计算机，它崩溃了——我在想，永远不要买它。

---

① dBase 也是一个可用的 DBMS 产品。
② 语义对象模型是一种数据建模方法，它类似于第 5 章和第 6 章讨论的 E-R 模型。本书第十五版中曾经探讨过它，但在这一版本中将它删除了，因为它的使用并不广泛。

Clayton Christensen 的破坏性创新模型解释了这一现象[1]。他的论点是：当一项颠覆性技术出现时，靠这项技术取得成功的公司，无法利用新技术带来的机遇。Kodak 公司无法适应数码摄影技术，瑞士手表制造商也无法与数字式手表公司竞争。教科书出版商，无法匹敌 Amazon 的图书租赁和二手图书销售。Microsoft 在实现了"家家户户都有电脑"的目标后，就迷失了方向——它在努力适应 Internet。

不要指望大数据或机器人领域的市场领导者会来自现有的大公司。它们将来自那些能够在新环境中茁壮成长的小公司。如果还不了解 Christensen 的模型，则应学习一下。

实用才是王道

大多数情况下，关系模型能够取代所有其他数据模型。由于 Codd 在关系设计中使用了函数依赖，因此它提供了完善的设计原则。此外，固定长度的记录（实际上最初的设计是这样的）非常适合现有的文件管理功能。关于这个主题有成千上万篇的论文。

然而，今天的技术很容易支持在非规范化文档中存储和搜索多个字段。1980 年，由于受技术的限制，设计师需要将一份类似销售订单的文件分解成几部分——发票、销售员、客户、明细、产品，并将这些信息保存下来。然后，当有人需要原始销售订单时，可以用结构化查询语言（SQL）将它们重新组合在一起。在今天看来，这样做没有意义。这就如同将车开到停车场，让工作人员把前轮卸下来放在一堆前轮里，方向盘放到一堆方向盘里。然后，当返回时，再把它们重新组合起来。尽管这样做多此一举，但它正在无数的数据中心里出现。

那么，为什么关系模型仍然在使用呢？因为它足够好，而且仍然流行。

思考一下规范化理论。Codd 的第一篇论文，讨论了通过第三范式进行的规范化。但是，在以后的论文中，他和其他人证明了这是不够的。第三范式中的关系仍然存在例外，这导致了第四范式（4NF）、第五范式（5NF）和 Boyce-Codd 范式（BCNF）的出现。尽管如此，仍然有人将第三范式作为关系设计的全部。第三范式已经足够好，而且依然很流行。这就好像进度停在了第三范式（尽管本书中会讲解所有的范式）。

我怀疑在不久的某一天，各种混乱的关系会迫使我们转向 XML、JSON 或其他某种形式的文档存储（如第 13 章和附录 H 中讨论的那样）。这件事情我已经说过 10 年了，但它还没有发生。

另一种足够好且流行的模型，是实体关系（E-R）模型。这种模型，只不过是关系模型的一件薄薄的外衣。本质上，实体就是逻辑关系，而关系是外键的精简版。E-R 模型运行于一种很低的抽象级别上。其他模型（如语义对象模型和其他面向对象模型）会更好。但是，没有哪一种模型取得了成功，E-R 模型依然流行，并且好用。

顺利交接

截至世纪之交时，我已经花了 25 年的时间来撰写和修订本书。非常感谢这些年来成千上万的教授和学生使用它，我的心愿也算完成了。一方面，因为本书的架构已经稳定下来，早期疯狂的日子一去不复返；另一方面，花费 25 年来写一本教材，确实经历了一段很长的时间。

幸运的是，我找到了 David Auer，他同意接手本书的修订工作。非常感谢 Auer 的辛勤劳动，以及他对本书的基本目标和原则的严格遵守。接下来的故事将由他来讲述。

---

[1] 参见 Christensen, Clayton M. *The Innovator's Dilemma：When New Technologies Cause Great Firms to Fail (Reprint edition)* (Brighton, MA：Harvard Business Review Press, 2016)。

David Auer

我是在编写本书第九版的教师手册时被推荐给 David Kroenke 的。由于都在华盛顿州西部生活和教学，我们可以聚餐并讨论事情。于是，我编写了本书的配套教材《数据库概念》，是本书第十版的技术评审员，继而成为第十一版的合著者。

很荣幸能够与 David Kroenke 合作这些项目。如果读过本书的前言，你就会对一个非常有创造力和善于表达的人的思想有一个简短的了解。他在正确的时间出现在正确的地点，参与创造了我们今天生活和工作的计算机驱动的世界。在他的职业生涯中，他做出了许多重要贡献，本书无疑是其中之一——面向管理信息系统课程的第一本数据库教材，至今仍然是该领域的优秀教科书之一！

随着新的相关主题的出现，Kroenke 不断修订和扩展本书。我对第十一版和后续版本的主要贡献，是使 MySQL 成为与 Microsoft SQL Server 和 Oracle Database 在同一级别上讨论的 DBMS；规范了 Web 数据库应用的处理；引入了当前的一些新主题，如非关系数据库、大数据和云计算。我还修改并更新了讲解结构化查询语言的部分，保持了其实用性和"在计算机上即学即用"的特点，这一直是本书的特色。

现在的主要挑战，是让本书跟上当今由应用驱动的、Internet 和云计算世界中不断变化的技术和方法。在这个世界中，数据库被广泛用于支持诸如 Facebook、Twitter 和 Instagram 等的应用。为此，这个版本新增了两位合著者：Scott Vandenberg 和 Robert Yoder，他们都从事这些主题的研究和教学。

尽管第十五版已经是本书的 40 周年纪念版，我们还依然期待着为读者提供更多关于数据库世界的最新、准确和可用的知识。

前　言

本书精心编排了这一经典教材的结构和内容，以反映一种新的教学和专业工作环境。学生及其他读者将受益于这个版本的新内容和特性。

本书新增内容

第十六版的更新内容如下。

- 内容重新组织，将以前放在附录的材料集成到正文中。将以前的第 12 章分解成了两章。现在的第 12 章，只讲解数据仓库和商业智能系统，并结合了前一版附录 J 中的内容。这样就在正文中提供了一些重要的主题（比如数据挖掘），并且增加了对报表系统（包括 RFM 报表）的讨论，还包含了一些有关市场购物篮分析和决策树的延伸示例。第 13 章讲解的是大数据、NoSQL（非关系 DBMS）以及云计算，它包含了以前附录 K 中的内容。具体来说，讲解了 CAP 定理，给出了全部 4 种 NoSQL DBMS（键-值、图形、文档和列簇）的更详细和具体的数据示例，以及使用 Microsoft Azure 云平台创建关系数据和文档数据的大量实践内容。此外，新增加的在线章节第 10D 章，专门讲解非关系 ArangoDB DBMS，而它以前是在附录 L 中介绍的。通过第 10D 章的讲解，可以了解到非关系 DBMS 在当今移动和应用驱动的世界中的重要性，进而能够重视它们。这一章除了介绍 ArangoDB，还专门讲解了文档数据库的概念、设计以及查询：它不是简单地描述一个 DBMS，而是将一些介绍性的内容组织成与书中其余部分类似的形式，这样就能够将有关 ArangoDB 的具体内容融入书中。
- 第 9 章中增加了一节关于物理数据库设计的简短内容（附录 F 中进行了展开），这一章还给出了有关 GRANT 和 REVOKE 命令的几个例子。
- 本书根据 Microsoft SQL Server 2019 进行了更新，它是当前版本的 Microsoft SQL Server。Microsoft 提供 SQL Server Developer Edition（SQL Server Enterprise Edition 的单用户版本）供免费下载，因此本书使用 Developer Edition 而不是 Express Edition 作为 SQL Server 的基础。虽然书中涉及的大多数主题都可兼容 Microsoft SQL Server 2016 和更早的版本，但书中的所有材料，都只使用 SQL Server 2019 和 Microsoft Office 2019。
- Oracle Database 已经升级成 Oracle Database 18c Express Edition（Oracle Database XE），它是个人电脑（家用或课堂用）上首选的 Oracle Database 产品，也是本书中采用的标准版本。所有重要的 Oracle Database 技术，在本书中都是通过使用 Oracle Database XE 和 Oracle SQL Developer GUI 来讲解的，这也是 Oracle 建议的方法。还添加了专门讲解 Oracle Database 备份和恢复的几个例子。所有的讨论和例子也适用于 Oracle Database Enterprise Edition 和 Oracle Database 19c。
- 在线章节的第 10C 章已被精简并更新到 MySQL 8.0。
- 本书中只使用了操作系统 Microsoft Windows 10，而没有采用 Microsoft Windows Server 2019。这意味着本书中的所有示例，都能够在 Windows 10 中运行。
- 本书更新了附录 G，以适用相关软件的当前版本。现在使用的是 NetBeans IDE，而不是

Eclipse PDT IDE。这提供了一个更好的开发环境和更简单的产品安装过程，因为 Java JDK 和 NetBeans 是在一组安装程序中安装的。附录 G 提供了一个简单（但仍然详细）的介绍，讲解如何安装并使用 Microsoft IIS Web 服务器、PHP、Java JDK 和 NetBeans。所有这些工具，都用于 Web 数据库应用的开发，如第 11 章所述。

BY THE WAY　　　这一版本中，删除了对语义对象模型（SOM）的讲解。David Kroenke 是 SOM 的创立者，在以前的版本中对它都有涉及。遗憾的是，正如 David 在 40 周年纪念版前言中所讲，"营销胜于技术"，SOM 从未在业内流行起来。扩展的 E-R 模型，成为标准的数据库建模方法。

楷体印刷部分（"BY THE WAY"）体现了本书的另一个特性：将注解与正文区分开。它提供的可能是辅助性材料，也可能用于强化重要的概念。

基础、设计与实现

在当今的技术背景下，如果不先学习基本概念，就无法成功利用 DBMS。经过多年与商业用户一起开发数据库，我们已经设计出一组基本的数据库概念。随着互联网、万维网和常用分析工具的日益广泛使用，这些概念得到了扩充。因此，这一版的结构和主题包含如下几条。

- SQL 查询的前期介绍。
- 在数据库设计中的"螺旋方法"。
- 在数据建模和数据库设计中，使用一致的、通用的信息工程（IE）乌鸦脚 E-R 图符号。
- 在着重于实用的标准化技术的规范化讨论中，详细探讨了每一种范式。
- 使用最新的 DBMS 技术：Microsoft Access 2019、Microsoft SQL Server 2019、Oracle Database Express Edition 18c、MySQL 8.0 以及 ArangoDB 3.7。
- 基于广泛使用的 Web 开发技术创建 Web 数据库应用。
- 简要讲解商业智能（BI）系统。
- 讨论维度数据库，它用于数据仓库和联机分析处理（OLAP）的数据库设计中。
- 探讨服务器虚拟化、云计算、大数据和 NoSQL（不仅仅是 SQL）运动等新兴和重要的主题。

早期版本（第九版及以前的版本）的基本结构所面向的教学环境，已不复存在。第十版中新增加的上述主题内容，一直沿用到了第十六版中。本书的结构变化有以下几个原因。

与早期的数据库处理不同，今天的学生已经能够随时利用数据建模和 DBMS 产品。

如今的学生没有多少耐心在课堂上针对数据建模和数据库设计进行冗长的概念性讨论。他们希望立即上手，看到结果，并获得反馈。

在当前的经济形势下，学生们希望他们正在学习的技能是迎合市场需求的。

SQL 查询的前期介绍

考虑到课堂环境中的上述变化，本书的前面就讲解了 SQL 数据操作语言（DML）SELECT 语句。关于 SQL 数据定义语言（DDL）和其他 DML 语句的讨论，出现在第 7 章和第 8 章。通过在第 2 章中讲解的 SQL SELECT 语句，学生很早就学会了如何查询数据和获得结果，亲眼看到了数据库技术对他们有用的一些方法。

本书假定学生将使用某种 DBMS 产品来完成 SQL 语句和示例。这很容易实现，因为几乎每个学生都可以使用 Microsoft Access。因此，第 1 章、第 2 章以及附录 A 的内容可用于对 Microsoft

Access 2019 进行初步介绍以及运用 SQL 查询（包括 Microsoft Access 2019 QBE 查询技术）。

如果需要使用非 Microsoft Access 的方法，则可以使用 Microsoft SQL Server 2019、Oracle Database 和 MySQL 8.0。本书中涉及的三个主要 DBMS 产品：SQL Server 2019 Developer Edition、Oracle Database 18c Express Edition（Oracle Database XE）和 MySQL 8.0 Community Edition，都可以从网上下载免费版本。这样，学生们在课程的第一周就能够使用 DBMS 产品了。

BY THE WAY SQL 的介绍和讨论分 4 章进行，学生们可以更详细地了解这个重要的主题。SQL SELECT 语句在第 2 章中介绍，而第 7 章介绍 SQL 数据定义语言（DDL）和 SQL 数据操作语言（DML）语句，相关子查询和 EXISTS/NOT EXISTS 语句在第 8 章讲解，第 9 章涉及 SQL 事务控制语言（TCL）和 SQL 数据控制语言（DCL）。在讲解每一个主题时，都伴随有一些实际的任务。例如，相关子查询用于验证函数依赖假设，这是数据库再设计的一项必要任务。

数据库设计中的"螺旋方法"

当今的数据库有三个来源：（1）从电子表格、数据文件和数据库摘要中整合现有数据；（2）新开发的信息系统项目；（3）重新设计现有的数据库，以适应不断变化的需求。我们相信，这三个来源的存在为教师提供了一个重要的教学机会。与其只根据数据模型讲授一次数据库设计，为什么不根据三个来源讲授三次数据库设计呢？实际上，这种做法比预期的还要成功。

数据库设计第一轮：来自现有数据的数据库

考虑从现有数据设计数据库的情形，如果有人发送一组表，并要求根据这些表创建一个数据库，应该如何进行呢？首先要考虑表的规范化标准，然后判断新的数据库是否为一个生产系统，允许为每个新事务插入新数据；或者是否为一个商业智能（BI）数据仓库，只允许用户查询数据，用于生成一些报表或者进行数据分析。这样，就可以根据判断结果对数据进行规范化，将它们分离（用于事务处理系统）；或者进行反规范化，将它们合并在一起（用于 BI 系统数据仓库）。所有这些，对于了解和理解数据库设计都很重要。

因此，数据库设计的第一轮为教师提供了大量的机会来讲授规范化，这是一个有用的工具包而不是一组理论概念，用于根据现有数据创建数据库决定设计方案。此外，从现有数据建立数据库是一项越来越普遍的任务，这类任务经常分配给初级工作人员。根据已有数据学习如何将标准化应用到数据库设计中，不仅提供了一种有趣的讲授规范化的途径，而且非常普遍和有用。

本书采用一种实用的方法来讲授规范化，它在第 3 章中给出。然而，有许多教师喜欢用另一种称为"逐步法"的形式（从 1NF、2NF、3NF 到 BCNF）讲解规范化。因此，第 3 章中还包括了其他的材料，用于为这种方法提供更多的支持。

在当今的工作环境中，大型机构越来越多地从供应商（如 SAP、Oracle、Siebel）获得标准化软件的许可。这类软件都包含数据库设计功能。虽然每个机构运行的软件相同，但许多人已经意识到，只有更好地利用预先设计的数据库中的数据，才能获得竞争优势。因此，知道如何提取数据并创建用于报告和数据挖掘的只读数据库的人，已经获得了在 ERP 和其他打包软件解决方案世界中具有市场竞争力的技能。

数据库设计第二轮：数据建模和数据库设计

数据库的第二个来源是新系统的开发。尽管不像过去那么常见，但许多数据库仍然是新创建的。因此，学生仍然需要学习数据建模，将数据模型转换为数据库设计，然后在 DBMS 产品中实现。

IE 乌鸦脚模型为设计标准

本书中采用了一组通用的标准 IE 乌鸦脚（Crow's Foot）符号。这些符号不难理解，并可随意选择数据建模或数据库设计工具。

如果学生的工作环境使用的是 IDEF1X，或者如果教师喜欢在课堂上讲解 IDEF1X，则可参考附录 C。如果愿意使用 UML，也可以参考附录 C。

BY THE WAY　　数据建模工具的选择，需仔细斟酌。在两个最容易获得的工具中，Microsoft Visio 2019 已经被修改为一个非常基本的数据库设计工具，而 Oracle 的 MySQL Workbench 是一个数据库设计工具，不是数据建模工具。MySQL Workbench 不能生成 N:M 关系（数据模型所要求的），因此必须将其分解为两个 1:N 关系（数据库设计所做的）。因此，必须构造交集表并对其建模。这会将数据建模与数据库设计混为一谈，它正是教学过程中需要避免的。

具有 N:M 关系的数据模型，可以使用标准的 Microsoft Visio 2019 绘图工具来绘制。遗憾的是，Microsoft 删除了 Microsoft Visio 2010 中许多好用的数据库设计工具，而 Microsoft Visio 2019 中缺乏使其成为 Microsoft Access 和 Microsoft SQL Server 用户首选的工具。有关这些工具的完整讨论，请参见附录 D 和附录 E。

好的数据建模工具是有的，但它们往往更复杂、更昂贵。例如，Visible Systems 的 Visible Analyst 和 erwin 公司的 erwin Data Modeler。Visible Analyst 有学生版（价格适中），而 erwin Data Modeler 提供免费的试用期。ER-Assistant 是一个免费而简单的程序，它使用与本书相同的表示法。

根据 E-R 数据模型进行数据库设计

正如第 6 章中讨论的，按照数据模型设计数据库包括三项任务：用表和列表示实体和属性，通过创建和放置外键来表示最大基数，通过约束、触发器和应用逻辑表示最小基数。

前两个任务比较容易，设计出最小基数则比较困难，利用 NOT NULL 外键和引用完整性约束，可以方便地强制父记录存在。强制要求子记录存在的情形，则比较复杂。本书通过限制使用引用完整性操作，辅以设计文档进行补充来简化这方面的讨论。细节请参见图 6.29。

尽管强制子记录存在的设计比较复杂，但它是重要的学习内容，也是讲解触发器的理由。无论如何，由于使用了 IE 乌鸦脚模型和辅助设计文档，这些主题的讨论比以前的版本要简单得多。

从数据库设计到数据库实现

当然，要完成这一过程，数据库设计必须在 DBMS 产品中实现。这在第 7 章讲解，将介绍用于创建表的 SQL DDL 和用于用数据填充表的 SQL DML。

数据库设计第三轮：数据库再设计

数据库再设计，既常见又困难。正如第 8 章所述，信息系统导致了机构的变革。新的信息系统为用户提供新的功能，当用户按新的方式行事时，需要改变他们的信息系统。

数据库再设计，自然很复杂。这部分内容可以根据学生的情况不讲解，并不会影响全书的连贯性。数据库再设计放在第 7 章讨论了 SQL DDL 和 DML 之后，因为需要高级 SQL 知识。这也是学习相关子查询和 EXISTS/NOT EXISTS 语句的前提。

积极使用 DBMS 产品

本书假定学生会积极使用某一种 DBMS 产品，唯一的问题是选择哪一种。实际上，至少有 4 种常见的关系数据库可供选择：Microsoft Access、Microsoft SQL Server、Oracle Database 和 MySQL。本书适合使用其中的任何一种，附录 A、第 10A 章、第 10B 章和第 10C 章分别讲解 Microsoft Access 2019、SQL Server 2019、Oracle Database XE 和 MySQL 8.0。本书也适合使用任何其他的关系 DBMS，但其讲解并没有如此详细。由于时间有限，建议只选择其中的一种产品，可以经常在课程中探讨每一种产品的特点，但最好只针对其中的一种进行练习。建议从 Microsoft Access 开始学习，然后在后面的课程中再转向更好的 DBMS 产品。

对于非关系 DBMS，情况则有些复杂——正如第 13 章所讲解的，存在常见的 4 种非关系 DBMS 以及多种这样的产品。为了保持与关系模型和语言的连续性，文档模型在第 10D 章中进行了详细讲解。许多文档数据库概念，都可以被视为关系特性的扩展，而且许多文档查询语言的一些重要特性与 SQL 类似。本书使用的 ArangoDB，除了非关系 DBMS 的那些优点，还支持 4 种 NoSQL 数据库模型中的三种（文档、键-值和图形）。ArangoDB 的多模型特性，使得无须安装另一个 DMBS 就能够体验图形以及键-值 NoSQL 数据库。在各种平台上也很容易下载和安装 ArangoDB，其文档模型基于比 XML 简单的 JSON，它作为文档数据库的模型已越来越流行。ArangoDB 有一个简单的基于 Web 的 GUI，这使得它与命令行界面相比更易于进行数据库管理、数据创建以及查询等工作。最后，如果已经了解 SQL，就很容易学习 ArangoDB 查询语言（AQL）——它支持查询连接和 ACID 事务。与本书中使用的其他企业级系统一样，ArangoDB 也有一个免费版本（Community Edition）以便学习。

使用 Microsoft Access 2019

Microsoft Access 的主要优点是方便获取。许多学生都已经有了这款产品，即使没有也很容易得到。许多学生在导论性课程和其他课程中使用过 Microsoft Access。附录 A 为没有使用过 Microsoft Access 2019 的学生提供了一个指导。

但是，Microsoft Access 有一些缺点。首先，正如第 1 章所讲，Microsoft Access 是应用生成器和 DBMS 的组合体。这会让学生迷惑，因为它将数据库处理和应用开发混在一起。而且，Microsoft Access 2019 将 SQL 隐藏在查询处理器之后，使得 SQL 像是事后才添加的而非基础性功能。其次，正如在第 2 章中讨论的，Microsoft Access 2019 并没有在它的默认设置中正确地处理一些基本的 SQL-92 标准语句。最后，Microsoft Access 2019 不支持触发器，但可以通过捕获 Windows 的事件来模拟触发器，这并不是标准的技术，并且误导了触发器的意义。Microsoft Access 不是一种企业级 DBMS。

使用 Microsoft SQL Server 2019、Oracle Database 或者 MySQL 8.0

选择使用哪一种产品，取决于各自的具体情况。Oracle Database 19c 是一个优秀的企业级 DBMS 产品，但安装困难且难以管理。如果有本地人员为学生提供支持，则是一个极好的选择。幸运的是，Oracle Database 18c Express Edition（通常称为 Oracle Database XE）易于安装和使用，且可免费下载。如果希望学生能够在自己的计算机上安装 Oracle Database，则应使用 Oracle Database XE。第 10B 章中，将看到 Oracle 的 SQL Developer GUI 工具是一个学习 SQL、触发器和存储过程的方便工具（如果偏爱于命令行工具，则可使用 SQL*Plus）。

Microsoft SQL Server 2019 虽然可能不如 Oracle Database 那样稳健，但是很容易安装在 Windows 系统上，并且提供了企业级 DBMS 产品的功能。标准的数据库管理工具是 Microsoft SQL Server Management Studio GUI 工具。第 10A 章中，会讲解如何利用 SQL Server 2019 来学习 SQL、触发器和存储过程。

第 10C 章中讲解的 MySQL 8.0 是一种开源的 DBMS 产品，越来越多的人正在关注它，其市场份额也在不断增长。MySQL 的能力在持续提升，并且 MySQL 8.0 已经支持存储过程和触发器了。MySQL 还有着突出的 GUI 工具（在 MySQL Workbench 中）和优秀的命令行工具（MySQL

Command Line Client）。对学生而言，在自己的计算机上安装 MySQL 是最简单的。MySQL 还支持 Linux 操作系统，并且普遍地作为 AMP（Apache-MySQL-PHP）软件包的一部分（在 Windows 中称为 WAMP，在 Linux 中称为 LAMP）。

使用云和 ArangoDB

正如第 13 章所讨论的，当今许多基于云的应用都使用非关系 DBMS 而不是关系 DBMS，如 SQL Server、Oracle Database 或 MySQL。此外，许多关系 DBMS 产品和非关系 DBMS 产品都可以在云中使用。第 13 章详细讲解了如何使用 Microsoft Azure 云平台，它可以在任何现代 Web 浏览器中免费使用（对于本书来说，能够创建、查询关系数据库和文档数据库已经足够了）。ArangoDB Community Edition 免费且容易下载，它可以通过 Web 浏览器界面进行管理和使用。ArangoDB 可运行于各种平台。利用 ArangoDB Oasis，ArangoDB 还可以在云上运行（14 天免费试用）。

BY THE WAY　　如果不受环境限制而可以自由选择 DBMS，则建议使用 Microsoft SQL Server 2019。它具有企业级 DBMS 产品的所有特点，并且易于安装和使用。如果可能，也可以使用 Microsoft Access 2019，在第 7 章时再换成 SQL Server 2019。第 1、2 章和附录 A，都是为了支持这种方法而特意编写的。此外，一种变通方法是使用 Microsoft Access 2019 作为开发工具，在 SQL Server 2019 数据库上生成表单和报表。

如果偏好其他的 DBMS 产品，则可以在开始时使用 Microsoft Access 2019，在以后的课程中再换成其他的。可参阅第 10 章中关于各种 DBMS 产品的详细讨论以做出选择。

关注数据库应用处理

本版中将应用开发和数据库应用处理严格区分，具体如下：
- 特定的、依赖于数据库的应用
  - Web 的，数据库驱动的应用
  - 基于 XML 的数据处理
  - 基于 JSON 的数据处理
  - 商业智能（BI）系统应用
- 强调使用通常能得到的、兼容多种操作系统的应用开发语言
- 尽可能地限制使用某个厂商独有的工具和编程语言

因篇幅所限，本书没有对 Microsoft .NET 和 Java 等应用开发编程语言做任何介绍。但是，其他书中有关于这类语言的深度讲解。本书关注的一些基本工具，相对容易学会而且能立即应用到数据库驱动的应用。书中作为 Web 开发语言的是 PHP，而开发工具是随处可得的 NetBeans 集成开发环境（IDE）。它们组成了本书的最后一部分，在那里将特别处理数据库和应用之间的接口。

BY THE WAY　　虽然本书尽量使用大众化的软件，但是特殊情况下必须使用厂商特定的工具。例如，对于 BI 应用，使用的是 Microsoft Excel 的 PivotTable 功能和用于 Microsoft Excel 2019 插件的 Microsoft PowerPivot。当然，也有可代替它们的工具（OpenOffice.org 的 DataPilot，Palo OLAP Server），可从网络下载。

商业智能系统和维度数据库

本版依旧讲解了商业智能系统（第12章）。第12章包含对维度数据库的讨论，它是数据仓库、数据集市（data mart）和 OLAP 服务器的基础结构。同时，这一章还包括如何对数据仓库和数据集市进行数据管理的讨论，也探讨了一些报表生成和数据挖掘应用，包括 OLAP。

第12章深入探讨了三个应用，学生们一定会喜欢它们。第一个是 RFM 分析，一个被邮件订购和电子商务公司经常使用的报表应用。第12章通过使用标准 SQL 语句完成了完整的 RFM 分析。第二个应用是市场购物篮分析，它用于找出购买行为（或类似）数据中的模式。决策树是第 12 章中深入讨论的第三个主题，它用于根据过去的经验自动对记录进行分类（例如，投保客户是高风险还是低风险）。第12章可以在第8章之后讲解，并且可以作为一个激励因素来演示 SQL 的实际应用。

最后，第 13 章讲解的是一些最新的主题，包括大数据、NoSQL（非关系）数据库、虚拟化以及云计算。

各章概览

第 1 章简要介绍了数据库处理，描述了数据库系统的基本组成部分，并且概述了数据库处理的历史。如果是第一次使用 Microsoft Access 2019（或者需要好好回顾一下），则需要学习附录 A。第 2 章讲解了 SQL SELECT 语句，也讲解了如何向 Microsoft Access 2019、SQL Server 2019、Oracle Database 以及 MySQL 8.0 提交 SQL 语句。

第 3~6 章介绍了前两轮的数据库设计。第 3 章是关于用 BCNF 范式进行规范化的原则，描述了多值依赖的问题，并给出了消除这类问题的途径。第 4 章按照这个规范化原则，根据现有数据来设计数据库。第 5~6 章是关于设计新数据库的。第 5 章介绍了 E-R 数据模型，提供了传统的 E-R 符号，但这一章的重点是 IE 乌鸦脚符号。第 5 章还提供了实体类型的一种分类，包括强实体、ID 依赖实体、非 ID 依赖弱实体、超类型/子类型以及递归。这一章以一个简单的大学数据库建模的例子结束。第 6 章讲解了从数据模型到数据库设计的转换，转换途径可以有：通过将实体和属性转换成表和列，用创建和放置外键表示最大基数，用 DBMS 约束、触发器和应用代码表示最小基数。这一章的主要内容，与第 5 章的实体分类对应。

第 7 章是关于 SQL DDL、DML 和 SQL 持久存储模块（SQL/PSM）的。SQL DDL 用于实现第 6 章讲解的一个设计实例。第 7 章还探讨了 INSERT、UPDATE、MERGE、DELETE 语句以及 SQL 视图，另外也提供了在程序代码中嵌入 SQL 的一些原则，解释了 SQL/PSM、触发器、函数以及存储过程。

数据库再设计，即数据库设计的第三轮，在第 8 章讲解。这一章介绍了 SQL 相关子查询和 EXISTS/NOT EXISTS 语句，并在再设计过程中使用了它们。第 8 章还分析了逆向工程，探讨了基本的再设计模式。

第 9 章、第 10 章、第 10A 章、第 10B 章、第 10C 章和第 10D 章涉及多用户数据库的管理。第 9 章描述了数据库的管理任务，包括并发、安全、备份和恢复。第 10 章是在线的第 10A 章、第 10B 章、第 10C 章和第 10D 章的概述，在线的 4 章分别讲解了 SQL Server 2019、Oracle Database（特别是 Oracle Database XE）、MySQL 8.0 以及 ArangoDB，展示了如何使用这些产品来创建数据库结构和处理 SQL 语句，同时解释了每一种产品的并发、安全、备份和恢复等管理功能。虽然一些内容为了支持特定的 DBMS 产品的讨论而做了重新编排，但是第 10A 章、第 10B 章、第 10C 章和第 10D 章的内容是与第 9 章讨论的顺序平行的。

BY THE WAY　　本书扩展了 Microsoft Access、Microsoft SQL Server、Oracle Database 以及 MySQL 的讨论范围。为了使本书篇幅合理、定价适中，有些材料采用在线方式呈现。[①]这些材料如下。

- 第 10A 章——在 Microsoft SQL Server 2019 中管理数据库
- 第 10B 章——在 Oracle Database 中管理数据库
- 第 10C 章——在 MySQL 8.0 中管理数据库
- 第 10D 章——用 ArangoDB 管理文档数据库
- 附录 A——Microsoft Access 2019 简介
- 附录 B——系统分析与设计简介
- 附录 C——E-R 图、IDEF1X 标准和 UML 标准
- 附录 D——Microsoft Visio 2019 简介
- 附录 E——MySQL Workbench 数据建模工具简介
- 附录 F——用于数据库处理的物理数据库设计和数据结构
- 附录 G——Web Servers、PHP 和 NetBeans IDE 简介
- 附录 H——XML 介绍

第 11～13 章是关于数据库访问的一些标准和技术。第 11 章先介绍了 ODBC、OLE DB、ADO.NET、ASP.NET、JDBC 以及 JavaServer Pages（JSP），然后介绍了 PHP（以及 NetBeans IDE），并演示了使用 PHP 通过 Web 页面显示数据库的数据。第 12 章描述了 XML 与数据库技术的集成。这一章从对 XML 的初步介绍开始，然后演示了如何在 SQL Server 中使用 FOR XML SQL 语句。第 12 章还探讨了 BI 系统、维度数据模型、数据仓库、数据集市、报表系统以及数据挖掘。本书最后的第 13 章，探讨的是服务器虚拟化、云计算、大数据、结构化存储以及 Not only SQL 运动。

辅助资料

本书包含大量的辅助资料，具体获取方式请按如下说明。

学生资料[②]

书中所用的大多数示例数据库，有 Microsoft Access、Microsoft SQL Server 2019、Oracle Database 以及 MySQL 8.0 等格式。对于 ArangoDB，还有一些 JSON 格式可用。

教师资料[③]

教师可获取如下辅助资料：
- 手册（包括数据库文件和习题答案）
- 试题库
- TestGen 计算机试题库
- PowerPoint 演示文档

---

① 相关资源可登录华信教育资源网（www.hxedu.com.cn）下载。
② 也可参见①的方式下载。
③ 教辅申请方式请参见书末的教学资源申请表。

致谢

感谢许多人对于本书的支持。西华盛顿大学的 Kraig Pencil 帮助改进了本书在课堂上的使用。最近，David Auer 和 Xiaofeng Chen 在西华盛顿大学合作开设了一门数据库课程，我们与 Chen 教授的互动和讨论导致了本书的几处修改和改进。Chen 教授还很大度地允许我们采用他在课堂上使用的一些例子。感谢密苏里科技大学的 Barry Flachsbart 和哈珀学院的 Don Malzahn，他们对本书提出了一些建议，并对 SQL 代码进行了检查。最后，感谢 Donna Auer 允许本书使用她的画作 tide pool 作为封面图。

另外，要感谢本版的审稿人：

Stuart Anderson   Oral Roberts University

Brian Bender   Northern Illinois University

Larry Booth   Clayton State University

Richard Chrisman   Northeast Community College

Vance Cooney   Eastern Washington University

Kui Du   University of Massachusetts Boston

John N Dyer   Georgia Southern University

Lauren Eder   Rider University

Richard Egan   New Jersey Institute of Technology

David Fickbohm   Golden Gate University

Edward Garrity   Canisius College

Mary Jo Geise   The University of Findlay

Richard Goeke   Widener University

Pranshu Gupta   DeSales University

Reggie Haseltine   CSU Global

Gerald Hensel   Valencia College

Carole Hollingsworth   Kennesaw State University

Elvin Horkstra   St. Louis Community College Meramec

Simon Jin   Metropolitan State University

Darrell Karbginsky   Chemeketa Community College

Stephen Larson   Slippery Rock University of PA

Taowen Le   Weber State University

Chang Liu   Northern Illinois University

Nicole Lytle-Kosola   University of La Verne

Parand Mansouri Rad   CSU Chico

Chris Markson   New Jersey Institute of Technology

Vishal Midha   Illinois State University

Atreyee Sinha   Edgewood College

Todd Will   New Jersey Institute of Technology

Russ Wright   College of Central Florida

感谢内容经理 Jenifer Niles、Stephanie Kiel，内容制作人 Rudrani Mukherjee，项目经理 Gowri Duraiswamy、Seetha Perumal，感谢他们在这个项目上的专业精神、洞察力、支持以及协助。还要感谢东卡罗来纳大学的 Harold Wise 和锡耶纳学院的 Robert Yoder 对最终手稿的详细评论。如果没有这些人的深情投入，就不会有本书现在的样子。最后，要感谢 David Auer 的妻子 Donna、Scott Vandenberg 的妻子 Kristin，感谢她们的爱、鼓励和耐心，使得这个项目得以完成。

David Kroenke
Whidbey Island, Washington
David Auer
Whidbey Island, Washington
Scott Vandenberg
Loudonville, New York

* 参与本书翻译的其他人员包括：卜静，李剑渊，隆冬。

目　　录

第一部分
引　言

本部分的两章讲解的是数据库处理。第 1 章探讨的是数据库在支持 Web 应用、智能手机以及其他移动应用方面的重要性。然后总结数据库的一些特性并给出几个重要的数据库应用。第 1 章探讨了数据库的各个组件，并对本书中涉及的知识进行了概述，还概要介绍了数据库处理的历史。

第 2 章开始数据库的讲解，并通过数据库来学习如何使用 SQL，它是一种用于查询数据库中数据的数据库处理语言。这一章会讲解如何在单一表和多个表中进行查询。这两章提供了有关数据库是什么，以及数据库如何进行处理的介绍。

第1章　数据库简介

本章目标
- 理解数据库对于 Web 应用和移动应用的重要性
- 理解数据库的本质和特性
- 分析一些重要和有趣的数据库应用
- 对表和关系有大概的认识
- 描述 Microsoft Access 数据库系统的组成部分并解释它们的功能
- 描述企业级数据库系统的组成部分并解释它们的功能
- 给出数据库管理系统（DBMS）的组成部分并解释它们的功能
- 定义术语"数据库"，并描述它所包含的内容
- 定义术语"元数据"，并提供元数据的一些例子
- 定义并理解如何从已有的数据进行数据库设计
- 定义并理解为新系统的开发进行数据库设计
- 定义并理解为现有数据库进行数据库再设计
- 了解数据库处理的历史及进展

本章探讨的是数据库在 Internet 领域的重要性，并会给出一些数据库处理的概念。首先讲解的是数据库的本质和特性，然后概述一些重要且有趣的数据库应用。接着，描述数据库系统的组件，并会用通俗的语言解释数据库是如何设计的。然后，给出的是作为应用开发人员或数据库管理员在数据库工作中需要掌握的知识。最后，以一个简要的数据库处理发展历程对这一章进行小结。

为了真正理解数据库以及数据库技术，需要积极使用某些数据库产品。幸运的是，在当今计算机环境下，很容易就能获得大多数主流数据库产品的各种版本，本书中也会用到它们。本章假定读者已经具备基本的数据库使用知识，曾经使用过某种基本的数据库产品（如 Microsoft Access），并且在表单中输入过数据、制作过报表，或者可能执行过查询。如果没有做过这些工作，那么可以安装 Microsoft Access 2019，并按照附录 A 中的指南进行练习。

1.1　数据库对于 Internet 和移动应用的重要性

首先回顾一下如今使用的那些令人难以置信的信息技术。

随着 1977 年 Apple II 和 1981 年 IBM PC 的问世，个人计算机（PC）变得越来越普及。利用以太网（Ethernet）联网技术，多台 PC 可以联网成一个本地局域网（LAN）。以太网技术于 20 世纪 70 年代早期由 Xerox PARC[①]（施乐帕洛阿尔托研究中心）开发，1983 年成为美国的国家标准。

Internet——全球范围的计算机网络——创建于 1969 年，当时称为阿帕网（ARPANET）。随

---

① 计算机操作系统中常用的鼠标以及多窗口图形用户界面，也是由 Xerox PARC 发明的。Apple 和 Microsoft 对它们进行了改进，并使其流行开来。更多信息，请参见维基百科文章 PARC（company）。

后，Internet 发展壮大并被用来连接所有的 LAN（以及其他类型的网络）。1993 年，当万维网①（也称为 Web 和 WWW）变得很容易访问时，Internet 变得广为人知并得到使用。只要有一个称为 Web 浏览器的计算机软件应用程序，就可以浏览 Web 站点。类似 Amazon 这样的在线零售 Web 站点（1995 年上线），以及像 Best Buy（百思买）这样同时具有实体店和线上店的公司出现了，人们开始广泛地在网上购物。

21 世纪早期，开始出现 Web 2.0②站点——允许用户在 Web 站点上添加内容，而以前的站点只包含静态内容。诸如 Facebook、Wikipedia 以及 Twitter 的 Web 应用，开始出现并发展迅速。

与此同时，20 世纪 70 年代，移动电话（手机）开始出现，并被发展用于商业用途。经过几十年的移动电话网络基础设施的发展，智能手机出现了。Apple 在 2007 年推出了 iPhone。Google 开发了 Android 操作系统，第一部基于 Android 的智能手机于 2008 年上市。12 年之后，智能手机和平板电脑就得到了普及，成千上万的应用在日常生活中被大量使用。现在，大多数 Web 应用程序都有对应的智能手机和平板电脑应用（例如，在计算机和智能手机上都可以发布推文）。

最新的发展是物联网（Internet of Things，IoT）③，诸如智能音箱、智能家用设备（烟雾探测器、温控器），甚至冰箱等家用电器，都可以与 Internet 相连并能通过网络进行控制。借助虚拟助手（比如 Amazon Alexa、Apple Siri、Google Assistant、Microsoft Cortana），Amazon Echo 系列、Apple HomePod、Google Home 系列以及 Harmon Kardon INVOKE 等智能音箱，可以利用一些网络应用通过声音与用户交互。

有许多人可能不会理解，如今的 Web 应用、智能手机应用、IoT 环境等，都是依赖于数据库的。

可以将数据定义成被记录下来的事实和数字。数据库的原始定义为：用于保存或存储数据的一种结构（本章后面将给出一个更好的定义）。通过处理数据获得的信息，可用于 Web 应用程序和移动应用（同样，本章后面将详细定义“信息”）。

Facebook 账户的所有帖子、评论、点赞以及提供给 Facebook 的其他数据（比如照片），都保存在数据库中。当有人发布信息时，信息先保存到数据库，然后才会显示。

Twitter 账户的所有推文都被保存在数据库中。当任何账户发布推文时，推文先存储到数据库，然后才会显示。

在 Amazon 购物时，找到商品需要在 Amazon 主页的 Search 文本窗口中输入一些单词，然后单击 Go 按钮。接下来，会搜索 Amazon 的数据库，并在屏幕上返回与搜索内容匹配的格式化结果。

搜索过程如图 1.1 所示，这是在 Pearson Higher Education 的 Web 页面中搜索 David Kroenke 撰写的书籍。图 1.1（a）显示了 Pearson Higher Education 的 Web 页面上部，右上角有一个 Search 文本框和按钮。如图 1.1（b）所示，在文本框中输入作者姓名 Kroenke，然后单击 Search 按钮。这会搜索 Pearson 目录数据库，Web 应用返回一个 Search Results Higher Education 页面，其中包含 David Kroenke 所著图书的列表如图 1.1（c）所示。

---

① 万维网和首个 Web 浏览器由 TimBerners-Lee 分别于 1989 年和 1990 年创建。更多信息请参见维基百科文章 World Wide Web 和 World Wide Web Consortium。还可参考 World Wide Web Consortium(W3C)的 Web 站点。

② 术语“Web 2.0”是由 Darcy DiNucci 于 1999 年发明的，并在 2004 年由出版商 Tim O'Reilly 推广向全世界，参见维基百科文章 Web 2.0。

③ 更多信息请参见维基百科文章 Internet of Things。这篇文章指出，2017 年有 84 亿台具备网络功能的 IoT 设备，到 2020 年则会增长到 300 亿台。

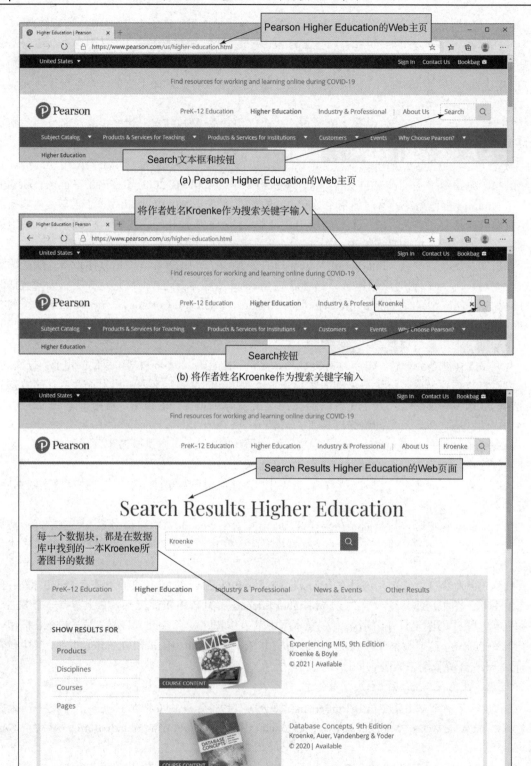

(a) Pearson Higher Education的Web主页

(b) 将作者姓名Kroenke作为搜索关键字输入

(c) 在数据库中找到的Kroenke所著图书

图 1.1　在 Web 页面中搜索数据库

BY THE WAY　实践出真知。花一分钟时间，打开一个 Web 浏览器，然后去 Amazon（或任何其他在线零售商，如 Best Buy、Crutchfield 或 REI），搜索一些感兴趣的内容，并查看数据库搜索结果。

BY THE WAY　即使只在本地超市（或咖啡店、比萨店）购物，也是在与数据库交互。企业使用销售终端（POS）系统，将每一条购买记录放入数据库中并监控库存；如果使用了促销卡，则会跟踪所有购买的商品，以用于营销目的。当然，POS 系统收集的所有数据都存储在数据库中。

Web 应用和移动应用对数据库的使用情况如图 1.2 所示。图中，使用计算机（台式机或笔记本）和智能手机设备的人，被称为用户（User）。这些设备上有客户端应用（Web 浏览器、应用程序），利用它们，可以获得诸如搜索、浏览、在线购买和通过 Internet 或手机网络发布推文等服务（Service）。这些服务由服务器（Server）计算机提供，这些计算机保存包含客户端应用所需数据的数据库。

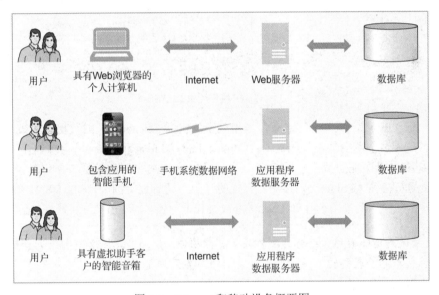

图 1.2　Internet 和移动设备概要图

这种结构称为客户/服务器体系结构（Client/Server architecture），它支持当今使用的大多数 Web 应用。如果没有数据库，就不可能有目前被广泛使用的、无处不在的 Web 应用和应用程序。

1.2　关系数据库的特性

数据库的目的是帮助人们记录事物。数据库的创建和控制，由被称为数据库管理系统（DBMS）的应用软件负责。可以将所有的 DBMS 和其管理的数据库分为两个基本类别：关系数据库和非关系数据库。历史上的首批数据库都是非关系类型，但是当关系数据库出现时，关系数据库很快就成为最常用的数据库类型，并且延续至今。第 3 章将深入探讨关系数据库，此处只需了解一些基本事实，即关系数据库如何帮助人们跟踪他们感兴趣的东西。

但是需要知道的是，Web 以及移动应用，比如搜索工具（Google、Bing、DuckDuckGo），Web 2.0 社交网络（Facebook、Twitter）以及一些科学数据收集工具，会产生大量的数据集，这些数据库被称为大数据（Big Data）。大数据的数据集，通常保存在一些新类型的非关系数据库中，从而使非关系数据库重新焕发青春。在讲解完关系数据库之后，会探讨这一主题。

为了理解关系数据库是如何工作的，首先需知道它会将数据保存在表中。表（Table）具有行和列，就像电子表格那样。一个数据库通常有多个表，而每一个表可以包含不同类型的数据。例如，图1.3给出的数据库包含两个表：STUDENT表保存学生数据，CLASS表保存课程数据。

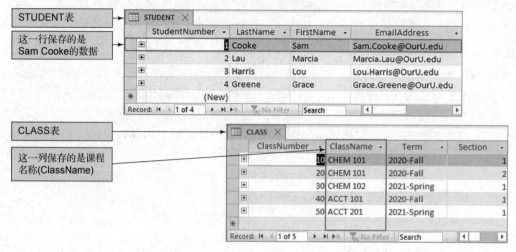

图 1.3　STUDENT 表和 CLASS 表

表的每一行（Row），是关于特定事件或相关事件实例（Instance）的数据。例如，STUDENT表的每一行，是4名学生中某一位的数据：Cooke、Lau、Harris和Greene。类似地，CLASS表中的每一行，是某一门课程的数据。因为每一行记录的是特定实例的数据，所以行又被称为记录（Record）。表的每一列（Column），存储所有行的一个共同特性。例如，STUDENT的第一列存储StudentNumber（学号），第二列存储LastName（姓氏），等等。列也称为字段（Field）。

BY THE WAY　表和电子表格（也称为工作表）非常相似，因为它们都具有行、列和单元格。第3章会详细探讨表与电子表格的不同。现在，它们的主要区别是表具有列名称而不是标识字母（例如，列名称为Name而不是A），而且行不一定编号。

尽管在理论上，可以通过在列中放置实例和在行中放置特性来交换行和列，但永远不要这么做。本书中的所有数据库和全世界99.999 999%的数据库，都将实例存储为行，将特性存储为列。

1.2.1　本书采用的命名规范

本书中，表名以大写字母表示。这样，在叙述中就可以辨别出表名称。但是，实际使用中并不要求表名称为大写字母。Microsoft Access 和一些类似的程序，允许将表命名为 STUDENT、student、Student、stuDent 或者其他形式。

此外，本书中的列名称以首字母大写形式表示。同样，这只是本书中使用的命名规范。可以将列名称写成 term、teRm、TERM，或者任何其他形式。为便于阅读，有时会将复合列名称中的每一个组成单词的首字母大写。例如，图1.3中，STUDENT 表有列 StudentNumber、LastName、FirstName 以及 EmailAddress。同样，这种形式也是本书中使用的命名规范。如果遵循上面这些规范或者其他始终如一的命名规范，会使数据库结构的解析更容易。例如，STUDENT 是表名称，而 Student 是表中某个列的名称。

1.2.2　数据库包含数据和关系

图 1.3 演示了表是如何被构建来存储数据的。但是，如果数据库没有包含数据行之间的关系，那么它是不完整的。图 1.4 说明了关系的重要性。该图中，数据库包含了如图 1.3 所示的所有基本数据和一个 GRADE 表。但是，表中那些数据间的关系，并没有体现出来。在这种格式下，GRADE 表的数据变得毫无意义。这好比体育播报员宣布："现在播报今晚的棒球赛比分：2∶3，7∶2，1∶0，4∶5。"如果不知道是哪些球队的比分，它们就毫无意义。因此，数据库不但包含数据，还包含数据间的关系。

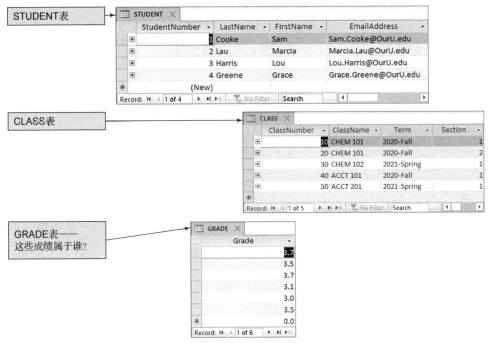

图 1.4　STUDENT 表、CLASS 表和 GRADE 表

图 1.5 给出的是一个完整的数据库，其中不但包含关于学生、课程和成绩的数据，同时还表明了这些表中各行之间的关系。例如，学生 Sam Cooke 的 StudentNumber（学号）为 100，在 ClassNumber（课程号）为 10 的课程中取得的 Grade（成绩）是 3.7，而对应的 ClassName（课程名称）是 Chem101。同时，他在课程号为 40 的课程中取得的成绩为 3.5，对应的课程名称为 Acct101。

图 1.5 表明了数据库处理的一个重要特性。表中的每一行由主键唯一标识，这些键值用来在表之间创建关系。例如，在 STUDENT 表中，StudentNumber 是主键。StudentNumber 的每个值都是唯一的，用于标识特定的学生。这样，StudentNumber 为 1 的学生就是 Sam Cooke。类似地，CLASS 表中的 ClassNumber 标识的是课程。主键列中使用的数字如果是由数据库本身自动生成和分配的（如 StudentNumber 和 ClassNumber），则这个主键也称为代理键。

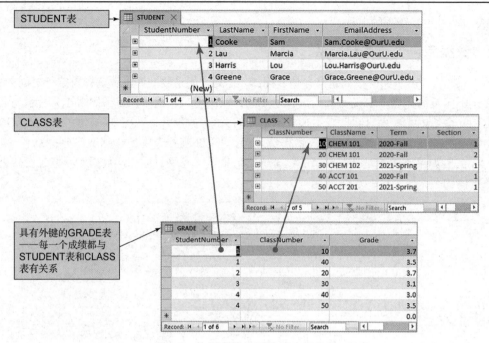

图 1.5　数据库的重要特性：相关表

图 1.6 显示了图 1.5 中的表和关系的 Microsoft Access 2019 视图。在图 1.6 中，每个表中的主键都用一个钥匙符号标记，表示关系的连接线从外键（GRADE 表）绘制到相应的主键（STUDENT 表和 CLASS 表）。关系线上的符号（数字 1 和无穷大符号），表示 STUDENT 表中的一名学生，可以连接到 GRADE 表中的多个成绩。

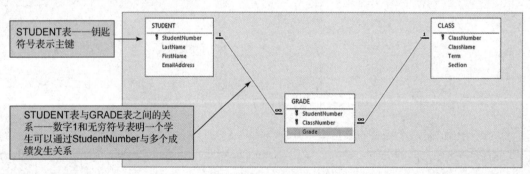

图 1.6　Microsoft Access 2019 中的表和关系

比较图 1.4、图 1.5 和图 1.6，可以看到 STUDENT 表和 CLASS 表的主键被添加到了 GRADE 表中。这样，就为 GRADE 表提供了一个主键（StudentNumber, ClassNumber）来唯一标识每一行。当必须组合表中的多个列以形成主键时，我们将其称为组合键。更重要的是，GRADE 表中，StudentNumber 和 ClassNumber 现在都作为外键使用。外键提供了两个表间的一个连接。加入外键，就创建了两个表间的关系。

1.2.3　数据库能够创建信息

为了做出决策，我们需要信息来充当这些决策的依据。因为已经知道了"数据"是被记录的事实和数字，所以可以将信息①定义为：

- 从数据得出的知识
- 用有意义的上下文表示数据
- 通过求和、排序、平均、分组、比较或其他类似操作处理的数据

数据库记录事实和数字，即记录数据。但数据库以一种可以让数据产生信息的方式来记录它们。可以对图 1.5 中的数据进行操作，以生成一个学生的 GPA（平均分数）、一个班级的平均 GPA、一个班级的平均学生人数，等等。第 2 章中，将讲解一种称为结构化查询语言（SQL）的语言，通过它可以从数据库数据生成信息。

总结一下，关系数据库将数据存储在表中，同时表示这些表的行之间的关系。这样做，有利于信息的产生。本书的第二部分将深入讨论关系数据库模型。

1.3 数据库示例

如今的数据库技术几乎所有的信息系统都会涉及。只需注意每一个信息系统都需要存储数据以及这些数据之间的关系时，这个事实就并不令人惊讶。尽管如此，大量使用这种技术的应用仍然令人震惊。例如，图 1.7 中给出的这些应用，都使用了数据库。

1.3.1 单用户数据库应用

图 1.7 中的第一个应用由某一位销售人员使用，用来跟踪电话联系过的客户以及联系人。大多数销售人员不会亲自构建自己的联系人管理应用程序，而是获得授权来使用诸如 GoldMine 或 Act!这样的系统。

1.3.2 多用户数据库应用

图 1.7 中的第二个应用涉及多个用户。例如，病人调度应用可能有 15～50 个用户。这些用户将是预约职员、办公室管理员、护士、牙医、医生，等等。类似这样的数据库，可能在 5 个或者 10 个不同的表中有多达 10 万行的数据。

当多个用户使用一个数据库应用时,总有可能某位用户的工作与另一位用户的工作发生冲突。例如，两位预约职员可能将相同的预约时间分配给两位病人。特殊的并发控制机制用于协调针对数据库的活动，以防止此类冲突发生。第 9 章中将讲解这些机制。

图 1.7 的第三行，给出的是一个更大的数据库应用。客户关系管理（CRM）是一个管理有关客户关系的信息系统，包括首次接触、接受请求、购买行为、持续购买和支持服务等。CRM 系统用于销售人员、销售经理、客户服务和支持人员以及其他人员。大型公司的 CRM 数据库，可能有 500 个用户，并且可能在 50 个或更多的表中有 1 千万或更多的行。根据 Microsoft 的资料，在 2004 年，Verizon 拥有一个 SQL Server 客户数据库，其中包含超过 15 TB 的数据。如果将这些数据出版成书，就需要一个 724 千米长的书架来保存它们。

---

① 这些定义来自 David M. Kroenke 的著作 *Using MIS, 11th ed.*（2020）和 *Experiencing MIS, 8th ed.*（2019）。有关这些定义的完整讨论以及关于第四个定义的讨论请参阅这两本书。信息的第四个定义是：产生影响的差异。

应　用	用户示例	用户数量	典型大小	备　注
销售关系管理	销售人员	1	2000 行	类似于 GoldMine 和 Act!等产品，都是以数据库为中心的
病人预约（医生、牙医）	医疗办公室	15～50	10 万行	垂直市场软件供应商将数据库合并到他们的软件产品中
客户关系管理（CRM）	销售、市场或客户服务部门	500	1 千万行	Microsoft 和 Oracle PeopleSoft Enterprise 等主要供应商围绕数据库构建应用
企业资源规划（ERP）	整个企业	5000	1 千万行以上	SAP 将数据库用作 ERP 数据的中心仓库
电子商务网站	Internet 用户	可能上百万	10 亿行以上	Drugstore 拥有一个每天增长 2000 万行的数据库
数字报表	高级经理	500	10 万行	运营数据库的提取、汇总和合并
数据挖掘	业务分析人员	25	10 万到数百万行	数据被提取、重新格式化、清理和过滤，以供统计数据挖掘工具使用

图 1.7　数据库应用示例

企业资源规划（ERP）是一个信息系统，它涉及制造企业的各个部门。ERP 包括销售、库存、生产计划、采购和其他业务功能。SAP 是 ERP 应用的主要供应商，其产品的核心是一个数据库，该数据库集成了来自这些不同业务功能的数据。一个 ERP 系统可能有 5000 个或更多的用户，在几百个表中可能有 1 亿行。

1.3.3　电子商务数据库应用

电子商务是另一个重要的数据库应用。数据库是电子商务订单输入、记账、运输以及客户支持的重要组成部分。然而，电子商务网站中最大的数据库并不是订单处理数据库，而是用来追踪用户浏览行为的那些数据库。大多数著名的电子商务公司，如 Amazon 和 Drugstore，都会跟踪他们发送给客户的 Web 页面和 Web 页面组件。它们还会跟踪客户的点击、购物车中商品的添加、订单购买、购物车中商品的放弃等行为。

电子商务公司使用 Web 活动数据库来确定 Web 页面上哪些项目是受欢迎和成功的，哪些不是。它们还可以进行实验，以确定紫色背景是否比蓝色背景产生更多的订单，等等。这种记录 Web 使用情况的数据库是非常巨大的。例如，Drugstore 每天要为其 Web 日志数据库添加 2000 万行记录。

1.3.4　报表和数据挖掘数据库应用

图 1.7 中的另外两个应用示例，是数字报表和数据挖掘。这些应用使用订单处理和其他操作系统生成的数据来获得信息，以帮助管理企业。这样的应用不会生成新数据，而是对现有数据进行汇总，以便为管理提供依据。数字报表和其他报表系统评估过去和现在的表现；数据挖掘则预测未来的情形。第 12 章中将探讨这类应用。概括地说，几乎所有的信息系统都使用数据库技术，数据库的大小从几千行到数百万行不等。

BY THE WAY　不要因为数据库很小就认为它的结构很简单。例如，一家年销售额 100 万美元零部件的公司，与一家年销售额 1 亿美元零部件的公司，尽管二者体量不同，但使用的数据库是类似的。两者具有相同的数据类型、相同数量的数据表，数据关系的复杂度也类似，仅仅是数据量的大小有所不同。因此，虽然一家小型企业的数据库可能比较小，但未必简单。

1.4 数据库系统的构成

如图 1.8 所示，数据库系统通常定义为由 4 个部分构成：用户，数据库应用，数据库管理系统（DBMS），数据库。然而，结构化查询语言（SQL）是一个国际公认的、被所有商业 DBMS 产品所理解的标准语言，鉴于它在数据库处理中的重要性，数据库应用通常是通过发送 SQL 语句到 DBMS 进行处理，所以可以将数据库系统完善成如图 1.9 所示。

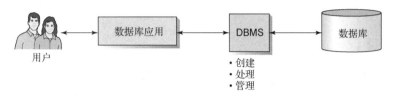

图 1.8　数据库系统的构成

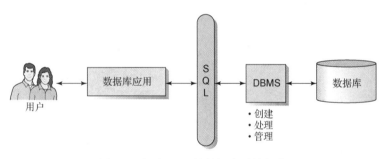

图 1.9　包含 SQL 的数据库系统组件

从图 1.9 的右侧开始，数据库是相关表和其他结构的集合。数据库管理系统（DBMS），是一个用于创建、处理和管理数据库的计算机程序。DBMS 接收用 SQL 编码的请求，并将这些请求转换为数据库上的操作。DBMS 是一个从软件供应商那里获得许可的大型复杂程序，几乎没有企业编写自己的 DBMS 程序。

数据库应用是一组作为用户和 DBMS 之间中介的一个或多个计算机程序。这种应用，通过向 DBMS 发送 SQL 语句来读取或修改数据库数据。并以表单和报表的格式向用户显示数据。数据库应用可以从软件供应商那里获得，但一般是由企业自己编写的。本书中讲解的内容有助于编写数据库应用。

用户是数据库系统的最后一个组件，他们使用表单来读取、输入和查询数据，并且能够获得用于表达信息的报表。

1.4.1 数据库应用与 SQL

图 1.9 展示的是用户与数据库应用直接交互的情形。图 1.10 列出了数据库应用的基本功能。

数据库应用的基本功能
创建并处理表单
处理用户查询
创建并处理报表
执行应用逻辑
控制应用

图 1.10   数据库应用的基本功能

首先，应用创建并处理表单。图 1.11 显示的是一个典型的表单，用于为图 1.5 和图 1.6 中的 Student-Class-Grade 数据库输入并处理学生注册数据。注意，这个表单向用户隐藏了底层表的结构。通过将图 1.5 中的表和数据与图 1.11 中的表单进行比较，可以看到来自 CLASS 表的数据出现在表单的顶部，来自 STUDENT 表的数据显示在一个标记为 CLASS ENROLLMENT DATA 的表格部分中。

与所有数据输入表单一样，此表单的目标是无论底层表的结构如何，都以一种对用户有用的格式显示数据。在表单背后，应用会根据用户的操作处理数据库。应用会生成一条 SQL 语句，用于插入、更新或删除此表单下的任何表的数据。

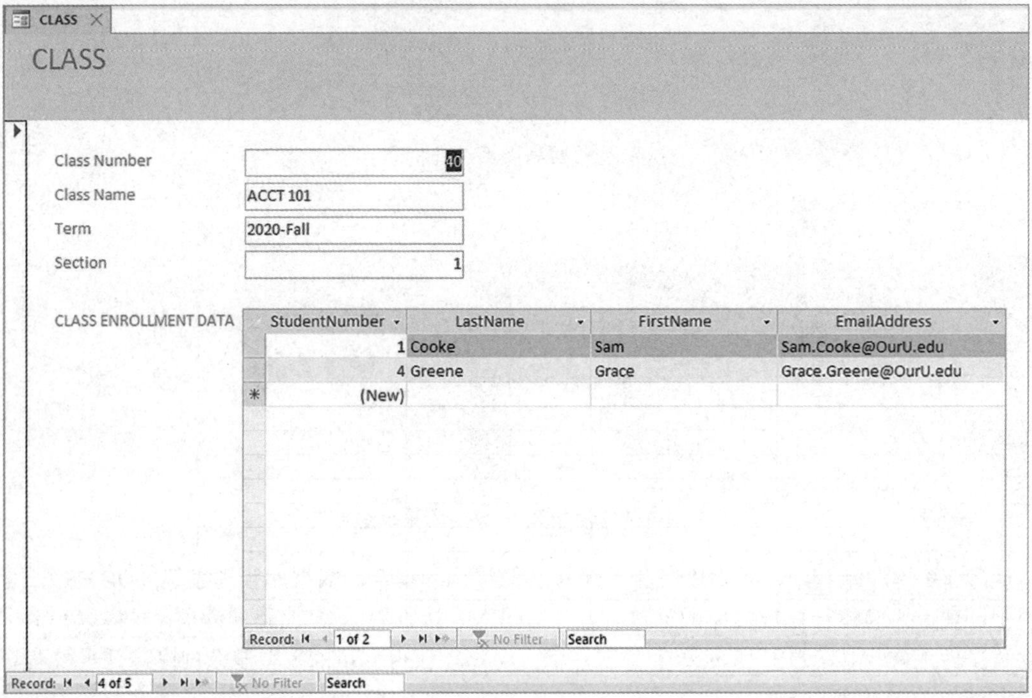

图 1.11   数据输入表单示例

应用的第二个功能，是处理用户的查询。它会首先生成一个查询请求，并将其发送给 DBMS。然后，会将得到的结果格式化并返回给用户。应用会利用 SQL 语句，将这些语句传递给 DBMS 进行处理。为了对 SQL 有所了解，下面给出处理图 1.5 中的 STUDENT 表的一条 SQL 语句：

```
SELECT     LastName, FirstName, EmailAddress
FROM       STUDENT
WHERE      StudentNumber > 2;
```

这是一条查询语句，它要求 DBMS 从数据库中获取特定的数据。在本例中，查询的是 StudentNumber（学号）大于 2 的所有学生的 LastName（姓氏）、FirstName（名字）和 EmailAddress（电子邮件地址）。查询结果如图 1.12 所示（在 Microsoft Access 2019 中显示），给出的是学生 Harris 和 Greene 的相关信息。

图 1.12　SQL 查询结果示例

数据库应用的第三个功能是创建并处理报表。这与第二个功能类似，因为应用会首先向 DBMS 查询数据（同样，需使用 SQL），然后才能将查询结果编排成报表形式。图 1.13 显示的报表，按照 ClassNumber 和 LastName 的排序方式显示了图 1.5 中 Student-Class-Grade 数据库的内容。与图 1.11 中的表单一样，报表是根据用户的需求构建的，与底层表的结构无关。

Class Grade Report

ClassNumber	ClassName	Term	Section	LastName	FirstName	Grade
10	CHEM 101	2020-Fall	1			
				Cooke	Sam	3.7
20	CHEM 101	2020-Fall	2			
				Lau	Marcia	3.7
30	CHEM 102	2021-Spring	1			
				Harris	Lou	3.1
40	ACCT 101	2020-Fall	1			
				Cooke	Sam	3.5
				Greene	Grace	3.0
50	ACCT 201	2021-Spring	1			
				Greene	Grace	3.5

图 1.13　报表示例

除了生成表单、查询结果和报表，应用还可以根据特定于它的逻辑采取其他操作来更新数据库。例如，假设一个使用订单录入应用的用户请求 10 个某种商品，而当应用查询数据库后（通过 DBMS），发现只有 8 件库存。接下来应该怎么做呢？这取决于应用的处理逻辑。可能不会从库存中取出任何一件商品，并将结果告知用户。或者，可能会将 8 件商品取出，而剩下的 2 件延期交货。还可能采取其他的一些策略。无论什么情况，应用的工作就是执行合适的逻辑。

图 1.10 列出的最后一个功能，是控制应用。有两种方法实现：一种是将应用编写成只允许用户看到一些逻辑选项。例如，应用可能会生成一个菜单，其中包含多个选项供用户选择。在这种情况下，应用需要确保只有合适的选项可用。第二种方法是应用需要与 DBMS 一同控制数据活动。例如，应用可以指示 DBMS 将一组数据作为一个单元进行更改。应用可能会要求 DBMS 完成所有这些更改，否则不进行任何更改。第 9 章中将讲解这些控制机制。

1.4.2　DBMS

DBMS，即数据库管理系统，负责创建、处理和管理数据库。DBMS 是一种大型、复杂的产品，通常要从软件供应商那里获得许可才能使用。DBMS 产品有 Microsoft Access，Oracle 的 Oracle Database 和 MySQL，Microsoft 的 SQL Server，IBM 的 DB2 等。还有几十种其他 DBMS 产品，但这 5 种占有最大的市场份额。图 1.14 给出了 DBMS 的一些功能。

DBMS 的功能
创建数据库
创建表
创建支持结构（例如，索引）
修改（插入、更新或删除）数据库的数据
读取数据库数据
维护数据库结构
执行规则
控制并发性
执行备份和恢复操作

图 1.14 DBMS 的功能

DBMS 用于创建数据库，并在数据库中创建表和其他支持结构。后面将给出的一个例子，假设有一个包含 10 000 行的 EMPLOYEE 表，它包含一个 DepartmentName 列，记录员工工作的部门名称。此外，假设我们经常需要按 DepartmentName 来获取员工数据。因为这是一个大型数据库，所以在表中查找会计部门的所有员工需要很长时间。为了提高性能，可以为 DepartmentName 创建一个索引（类似于图书后面的索引），以显示哪些员工属于哪些部门。这样的索引是 DBMS 创建和维护的支持结构的一个例子。

DBMS 的另外两个功能是读取和修改数据库数据。为此，DBMS 接收 SQL 和其他请求，并将它们转换为对数据库文件的操作。另一个 DBMS 功能是维护所有的数据库结构。例如，有时可能需要更改表或其他支持结构的格式。开发人员会使用 DBMS 来进行这些更改。

对于大多数 DBMS 产品，可以声明关于数据值的规则，并由 DBMS 执行这些规则。例如，在图 1.5 的 Student-Class-Grade 数据库表中，如果用户错误地在 GRADE 表中输入了 StudentNumber 的值 9，会发生什么情况？由于不存在这样的学生，所以这样的值会导致很多错误。为了防止出现这种情况，可以告诉 DBMS，GRADE 表中 StudentNumber 的任何值必须已经是 STUDENT 表中 StudentNumber 的值。如果不存在这样的值，则插入或更新请求应该被禁止。DBMS 所执行的这些规则称为引用完整性约束。

图 1.14 中 DBMS 的最后三个功能，与数据库管理有关。DBMS 控制并发性的方式是通过确保一个用户的工作不会破坏另一个用户的工作来实现的。这个重要且复杂的功能将在第 9 章讨论。此外，DBMS 包含一个安全系统，确保只有授权用户才能在数据库上执行那些被授权的操作。例如，可以阻止用户查看某些数据。类似地，用户的操作可以仅限于对指定数据进行某些类型的数据更改。

最后，DBMS 提供了一些工具，用于备份数据库数据和在必要时从备份中恢复数据库数据。数据库作为数据的中心存储库，是珍贵的机构资产。例如，可以思考一下图书数据库对 Amazon 这样的公司的价值。由于数据库非常重要，因此需要采取措施，以确保在发生错误、硬件或软件问题、自然或人为灾难时不会丢失数据。

1.4.3　数据库

数据库是集成的表的自描述集合。集成表（Integrated Table）是同时存储数据和数据之间关系的表。图 1.5 中的表是集成的，因为它们不仅存储学生、班级和成绩数据，而且还存储关于数据行之间关系的数据。

数据库是自描述的，因为它包含对自身的描述。因此，数据库不仅包含用户数据表，还包含描述该用户数据的数据表。这种描述性数据称为元数据（Metadata），因为它是关于数据的数据。元数据的形式和格式因 DBMS 而异。图 1.15 显示了描述图 1.5 中数据库的表和列的通用元数据表。

可以检查元数据，以确定数据库中是否存在特定的表、列、索引或其他结构。例如，下面的语句查询 Microsoft SQL Server 元数据系统兼容性视图 SYS.SYSOBJECTS（视图是一个由保存的

SQL 查询定义的虚拟表——将在第 7 章讨论），以确定 Student-Class-Grade 数据库中是否存在一个名称为 CLASS 的用户表（Type = 'U'）。结果会显示关于表的元数据。

USER_TABLES表

表名称	列数量	主键
STUDENT	4	StudentNumber
CLASS	4	ClassNumber
GRADE	3	(StudentNumber, ClassNumber)

USER_COLUMNS表

列名称	表名称	数据类型	长度（字节）
StudentNumber	STUDENT	Integer	4
LastName	STUDENT	Text	25
FirstName	STUDENT	Text	25
EmailAddress	STUDENT	Text	100
ClassNumber	CLASS	Integer	4
Name	CLASS	Text	25
Term	CLASS	Text	12
Section	CLASS	Integer	4
StudentNumber	GRADE	Integer	4
ClassNumber	GRADE	Integer	4
Grade	GRADE	Decimal	(2, 1)

图 1.15 典型的元数据表

```
SELECT     *
FROM       SYS.SYSOBJECTS
WHERE      [Name]='CLASS'
  AND      Type='U';
```

不必过分关心这个语句的语法。随着后面的讲解，将会理解它的含义，并可以编写出类似的语句。目前，只需要理解这是数据库管理员使用元数据的一种方式。

BY THE WAY 由于元数据存储在表中，因此可以使用 SQL 语句来查询它。这样，通过学习如何编写 SQL 来查询用户表，也就学会了如何编写 SQL 来查询元数据，只需将 SQL 语句应用于元数据表或视图（而不是用户表）即可。

除了用户表和元数据，数据库还包含其他元素，如图 1.16 所示。这些其他组件将在后面的章节中详细讲解。目前，只需要理解索引是一种结构，它可以加速数据库数据的排序和搜索。用户定义函数、触发器和存储过程，是存储在数据库中的程序。触发器用于维护数据库的准确性和一致性，并执行数据约束。存储过程用于数据库管理任务，有时是数据库应用的一部分。在第 7 章、第 10 章、第 10A 章、第 10B 章和第 10C 章中，将会讲解更多关于这些不同元素的知识。

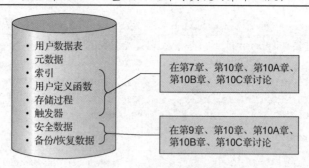

图 1.16　数据库的内容

　　安全数据，用于定义用户、组以及它们所允许的权限。具体情况取决于使用的 DBMS 产品。最后，备份和恢复数据功能，用于将数据库数据保存到备份设备，并在需要时恢复数据库数据。在第 9 章、第 10 章、第 10A 章、第 10B 章和第 10C 章中，将会讲解更多关于安全以及备份和恢复数据的知识。

1.5　个人数据库系统与企业级数据库系统

　　可以将数据库系统和 DBMS 产品分为两类：个人数据库系统和企业级数据库系统。

1.5.1　Microsoft Access

　　首先需要澄清一个错误概念：Microsoft Access 仅仅是一个 DBMS。其实，它是一个个人数据库系统——同时包含 DBMS 和应用生成器。Microsoft Access 包含一个创建、处理和管理数据库的 DBMS 引擎，还包含表单、报表和查询组件，这些组件是 Microsoft Access 应用生成器。Microsoft Access 的组件如图 1.17 所示，它演示了通过 Microsoft Access 表单、报表和查询应用创建 SQL 语句，并传递给 DBMS 进行处理。

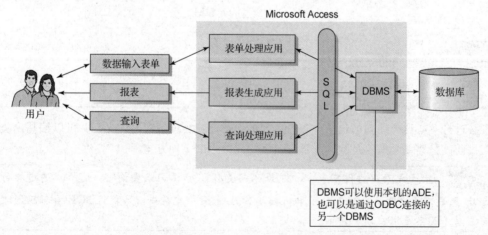

图 1.17　Microsoft Access 的组件

　　Microsoft Access 是一款面向个人和小型工作组的低端产品。因此，Microsoft 已经尽其所能向用户隐藏底层数据库技术。用户通过将数据输入表单与应用交互，如图 1.11 所示。还可以获得报表并对数据库数据执行查询。然后，Microsoft Access 处理表单、生成报表并运行查询。在内部，隐藏在 Microsoft Access 之下的应用组件，使用 SQL 调用 DBMS（它也对用户隐藏了）。Microsoft

Access 中的当前 DBMS 引擎称为 Access Database Engine（ADE）[①]。ADE 是 Joint Engine Technology（JET 或 Jet）数据库引擎的一个 Microsoft Office 专用版本。在 Microsoft Office 2007 发布之前，Jet 的各个版本都被用作 Microsoft Access 数据库的引擎。在这之后，Microsoft Access 使用的是 ADE。图 1.18 展示的是在 Microsoft Access 2019 中运行第 13 页中 SQL 语句的情形。

BY THE WAY　尽管 Microsoft Access 是最著名的个人数据库系统，但它并不是唯一的个人数据库系统。OpenOffice.org Base 是作为 OpenOffice.org 软件包的一部分发布的个人数据库系统，而 LibreOffice Base 是作为相关 LibreOffice 软件包的一部分发布的个人数据库系统。

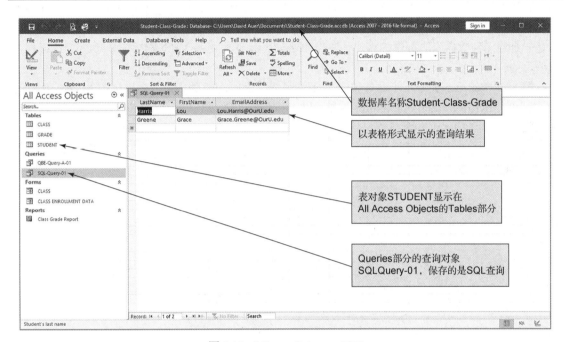

图 1.18　Microsoft Access 2019

虽然隐藏技术对于处理小型数据库的初学者来说是一种有效的策略，但是对于处理应用（如图 1.7 中描述的大多数应用）的数据库专业人员来说就不适用了。对于更大、更复杂的数据库，有必要了解 Microsoft 隐藏的技术和组件。

尽管如此，由于 Microsoft Access 包含在 Microsoft Office 套件的 Windows 版本中（macOS 版本中没有），它通常是学生使用的第一个 DBMS。也许已经在其他课程中学习过使用 Microsoft Access，本书将提供一些使用 Microsoft Access 2019 的示例。如果还不熟悉 Microsoft Access 2019，可以先学习附录 A。

BY THE WAY　利用 Microsoft Access 2000 及以后的版本，可以有效地将 Microsoft Access 数据库引擎（Jet 或 ADE）替换为另一个 DBMS（通常是 Microsoft 的企业级 DBMS 产品 Microsoft SQL Server）。Microsoft Access 2019 使用开放数据库连接（ODBC）标准，将在第 11 章讨论。如果希望处理大型数据库，或者需要 Microsoft SQL Server 的高级功能和特性，就可以这样做。

---

① Access Database Engine（ADE）最初的名称是 Office Access Connectivity Engine，有些参考资料中使用的可能是 ACE 而不是 ADE。这纯粹是表述问题——二者是相同的技术。

1.5.2　企业级数据库系统

图 1.19 给出了企业级数据库系统的组件。在这里，应用和 DBMS 并不像在 Microsoft Access 中一样处于相同的保护之下。相反，应用不但彼此独立，也独立于 DBMS。

1．企业级数据库系统中的数据库应用

本章的前面讨论了应用的基本功能，这些功能在图 1.10 中进行了总结。但是，正如图 1.7 中的列表所示，有数十种不同类型的数据库应用可用，在企业级数据库系统中，数据库应用引入的功能和特性超出了这个基本的范围。例如，图 1.19 中给出的，是通过公司网络连接到数据库的各种应用。这类应用使用本章前面描述的客户/服务器体系结构，称为客户/服务器应用。这时，应用是一个连接到数据库服务器的客户。客户/服务器应用通常是用 VB.NET、C++或 Java 等编程语言编写的。

图 1.19 中的第二类是电子商务和在 Web 服务器上运行的其他应用。通过诸如 Microsoft Edge（或更老的 Microsoft Internet Explorer）、Mozilla Firefox 和 Google Chrome 等 Web 浏览器可以连接到这些应用。常见的 Web 服务器包括 Microsoft 的 Internet Information Server（IIS）和 Apache。Web 服务器应用的通用语言是 PHP、Java 和 Microsoft .NET 语言，比如 C#.NET 和 VB.NET。第 11 章中将讨论一些此类应用的技术。

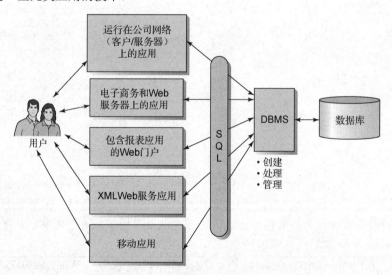

图 1.19　企业级数据库系统的组件

第三类是报表应用，用于在公司门户网站或其他网站上发布数据库查询结果。此类报表应用，通常使用第三方报表生成和数字报表产品创建，比如 IBM 的 CognosBusiness Intelligence 和 MicroStrategy 的 MicroStrategy 10。第 12 章将讲解报表和数据挖掘应用。

第四类应用，是 XML Web 服务。这些应用，综合使用 XML 标记语言和其他标准来支持应用之间的通信。通过这种方式，组成应用的代码分布在几个不同的计算机上。Web 服务可以用 Java 或任何.NET 语言编写。第 12 章中将讨论这类重要的应用。最后一个类别，是移动应用，例如智能手机上使用的应用。虽然本书中不会讨论移动应用，但它们在当今的互联世界中正变得越来越重要。

所有这些数据库应用，都通过向 DBMS 发送 SQL 语句来读写数据库数据。这些应用可以创建表单和报表，也可以将结果发送到其他程序。它们同样可以实现应用逻辑，而不仅仅局限于简单的表单和报表处理。例如，订单输入应用可以通过应用逻辑来处理缺货和延期交货等情形。

2．企业级数据库系统中的 DBMS

如前所述，DBMS 管理数据库；它处理 SQL 语句，并提供用于创建、处理和管理数据库的其他特性和功能。存在许多商用的企业级关系 DBMS 产品。截至 2020 年 4 月，最受欢迎的三个数据库依次是 Oracle Database、MySQL 和 Microsoft SQL Server。[①]本书中主要使用 Microsoft SQL Server 2019，用它来演示对各种主题的讨论。当然，书中也会涉及 Oracle Database 和 MySQL。

3．Microsoft SQL Server 2019

图 1.20 展示了用于生成图 1.12 中查询结果的同一 SQL 查询，以及在 Microsoft SQL Server 2019 DBMS 中执行该 SQL 查询的结果。实际上，这是在 Microsoft SQL Server Management Studio 中运行的查询，它是 Microsoft SQL Server 2019 的用户客户端界面。

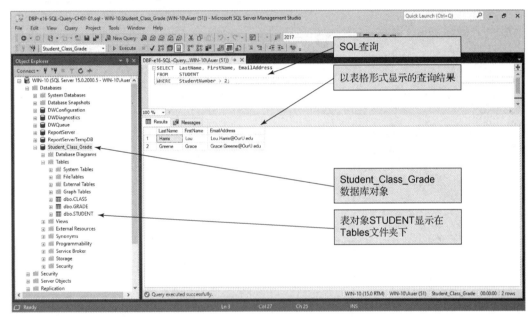

图 1.20　Microsoft SQL Server 2019

这里使用的是可免费下载的 Microsoft SQL Server 2019 Developer Edition。尽管这个版本只能在单用户开发环境中使用，但它是一个很好的学习工具。Microsoft 也提供免费下载的 Microsoft SQL Server 2019 Express Edition，除了可作为一个学习工具，它也可用于小型的生产数据库。有关 Microsoft SQL Server 的完整讨论，请参见第 10A 章。

注意，图 1.20 中使用的 SQL 语句，与第 12 页中的语句完全相同，只不过这里是在 Microsoft SQL Server Management Studio 的文本编辑器窗口中将它输入的，并利用 Execute 按钮来对

---

① DBMS 的受欢迎程度排名来自 DB-Engines 网站。在前 10 个 DBMS 中，有 7 个是关系型的，3 个非关系型的。关系型 DBMS PostgreSQL 排名第四，其得分只有 Microsoft SQL Server 的 1/2 左右；IBM 的关系型 DBMS DB2 排名第六，其得分只有 PostgreSQL 的 1/3 左右。有趣的是，尽管 Microsoft Access 不是企业级 DBMS，但它排名第十，与 IBM DB2 的得分接近。这可能是因为 Microsoft Access 作为 Microsoft Office 的一部分被大量获取，因此被广泛使用。

Student_Class_Grade 数据库表执行这个查询。还可以看到，图 1.20 中显示的查询结果，位于一个单独的 Results 窗口中，并以不同的顺序显示。这体现了 SQL 的重要性——对于所有的 DBMS 产品其本质是相同的，因此 SQL 是独立于供应商和产品的（尽管各种 DBMS 产品之间存在一些 SQL 语法的差异）。

4. Oracle Database

Oracle Database Enterprise Edition 的当前版本是 Oracle Database 19c，而 Oracle Database 20c 是一个预览版。Oracle Database Enterprise Edition 比较复杂，只能通过购买的用户许可证使用。幸运的是，Oracle 提供一个免费下载的、用户更友好的 Oracle Database 版本，称为 Oracle Database 18c Express Edition，通常被称为 Oracle Database XE。Oracle Database XE 的当前版本包含了本书中讨论的所有数据库特性，在讲解 Oracle Database 时，将采用这个版本。图 1.21 展示了使用 Oracle SQL Developer 在 Oracle Database XE 中执行 SQL 查询的结果，与图 1.12 中的相同。

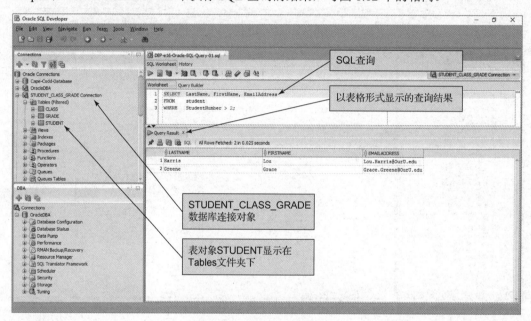

图 1.21　Oracle Database XE

Oracle Database XE 是一个很好的学习工具，它也可以用于小型生产数据库。有关 Oracle Database、Oracle Database XE 以及 Oracle SQL Developer 的完整讨论，可参见第 10B 章。

注意图 1.21 中使用的 SQL 语句，与前面使用的完全相同，只不过这里是在 Oracle SQL Developer 的文本编辑器窗口中将它输入的，并利用按钮来对 Student_Class_Grade 数据库（STUDENT 表、CLASS 表和 GRADE 表对象）执行这个查询（注意，不同 DBMS 有特定的命名约定）。还可以看到，图 1.21 中显示的查询结果位于一个单独的 Query Result 窗口中，并以不同的顺序显示。

5. MySQL 8.0

图 1.22 展示了在 MySQL Community Server 8.0 DBMS 中执行 SQL 查询的结果，与图 1.12 中的相同。这些查询以及查询结果，是在 MySQL 8.0 用户客户端界面中显示的，称为 MySQL Workbench。

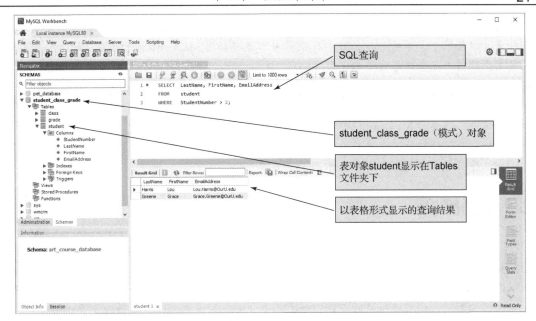

图 1.22　MySQL 8.0

可免费下载的 MySQL Community Server 8.0 是一个标准的、全功能 MySQL 版本，它可以用作生产数据库。但是，如果希望获得完整的产品支持包，则必须从 Oracle 购买 MySQL Enterprise Edition 8.0。MySQL 是一种流行的产品，广泛用于 Web 数据库应用。这个版本是一个绝佳的学习工具；更多信息可参见在线的第 10C 章。

注意图 1.22 中使用的 SQL 语句，与前面使用的完全相同，只不过这里是在 MySQL Workbench 的文本编辑器窗口中将它输入的，并利用按钮来对 student_class_grade 数据库表执行这个查询（注意，MySQL 的对象名称全部为小写字母）。还可以看到，图 1.22 中显示的查询结果位于一个单独的 Results 窗口中，并以不同的顺序显示。

BY THE WAY　　　DBMS 产品，无论是在个人计算机上还是在服务器上，都不只是孤立运行的。与所有其他应用一样，它们要求计算机安装一个操作系统（OS）来处理基本的系统操作（读写文件、打印，等等）。

因此，当选择 DBMS 产品时，必须知道哪些操作系统支持它的使用。今天，主要的操作系统产品是 Microsoft Windows（用于桌面和笔记本电脑）、Microsoft Windows Server（用于服务器）、Apple macOS（用于 Mac 桌面和笔记本电脑），以及各种版本的 Linux（以该产品的共享开发环境而著称）。

Microsoft DBMS 产品（Microsoft Access 和 Microsoft SQL Server）在 Microsoft 操作系统上运行，Microsoft SQL Server 现在也可运行于 Linux 上。Oracle Database 产品可运行于 Windows 和 Linux 操作系统，但不能在 macOS 上使用。这三种关系型 DBMS 产品中，MySQL 是唯一在三种操作系统上都能运行的产品。

BY THE WAY　　　本书的设计理念是"从实践中学习"，这意味着需要有一个 DBMS 可供使用。如果将本书用作教材，则学校应当有一个计算机实验室，在那里可以使用导师选择的 DBMS 产品。

　　然而，这并不妨碍你在自己的个人电脑上安装一个 DBMS（以及支持管理工具）。虽然本章和下一章（以及第 7 章中的一些 SQL）中的一些工作可以用 Microsoft Access 2019 完成，但应该真正使用企业级产品来体验这些 DBMS 的工作方式。前面介绍的三个关系型企业级 DBMS 产品，都有一个免费的可下载版本。有关 Microsoft SQL Server 2019、Oracle Database XE 以及 MySQL 8.0 的下载、安装和使用，可分别参见第 10A 章、第 10B 章和第 10C 章。

　　第 2 章中，将使用 Microsoft SQL Server 2019 来创建一些数据库示例，并利用结构化查询语言（SQL）来探讨针对数据库的查询，以获取有关数据的答案。建议现在就在个人电脑上安装一个 DBMS，这样就可以完成第 2 章的学习了。

1.6　数据库设计

　　（作为一个过程的）数据库设计是数据库表的结构、表之间的合理关系、适当的数据约束和数据库的其他结构化组件的创建。正确的数据库设计既重要又困难。因此，市面上充斥着设计糟糕的数据库。这样的数据库工作得并不好。它们可能要求应用开发人员编写过于复杂和别扭的 SQL 来获得所需的数据，也可能难以适应新的和不断变化的需求，或者在某些情况下会失效。

　　由于数据库设计既重要又困难，因此本书前半部分的大部分篇幅将用于该主题。如图 1.23 所示，数据库设计有三种类型：

- 根据现有数据进行数据库设计
- 为新系统开发而设计数据库
- 根据已有数据库进行数据库再设计

数据库设计的三种类型
● 根据现有数据进行数据库设计（第 3 章和第 4 章）
分析电子表格和其他数据表
从其他数据库提取数据
使用规范化原则进行设计
● 新系统开发（第 5 章和第 6 章）
根据应用需求创建数据模型
将数据模型转换为数据库设计
● 数据库再设计（第 8 章）
将数据库迁移到新数据库
集成两个或多个数据库
使用规范化原则和数据模型转换，通过逆向工程设计新数据库

注：第 7 章讨论了使用 SQL 的数据库实现。需要这些知识才能理解数据库再设计。

图 1.23　数据库设计的三种类型

1.6.1　根据现有数据进行数据库设计

　　数据库设计的第一种类型，涉及从现有数据构建数据库，如图 1.24 所示。某些情况下，会为开发团队提供一组电子表格或一组包含数据表的文本文件，要求他们设计一个数据库，并将来源于电子表格和文本文件中的数据导入新数据库中。

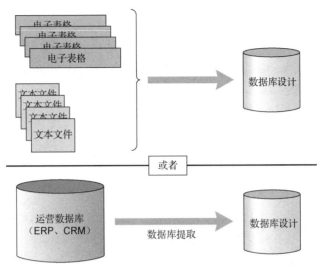

图 1.24　根据现有数据进行数据库设计

或者，也可以通过提取其他数据库中的信息来创建数据库。这种方法在商业智能（BI）系统中尤其常见，比如报表和数据挖掘应用。例如，来自运营数据库（如 CRM 或 ERP 数据库）的数据，可以复制到新的数据库中，该数据库仅用于研究和分析。正如第 12 章中将讲解的，这样的数据库用于数据仓库和数据集市。数据仓库和数据集市数据库存储专门用于研究和报表目的的数据，这些数据通常被导出到其他分析工具中，比如 SAS 的 Enterprise Miner、IBM 的 SPSS Modeler 或 TIBCO 的 Spotfire。

从现有数据创建数据库时，数据库开发人员必须明确新数据库的结构。一个常见的问题是如何关联新数据库中的多个文件或表。即使只导入一个表，也可能出现设计问题。图 1.25 演示了导入一个简单的雇员及其部门表的两种不同方法。这些数据应该存储为一个表还是两个表？

EmpNum	EmpName	DeptNum	DeptName
100	Jones	10	Accounting
150	Lau	20	Marketing
200	McCauley	10	Accounting
300	Griffin	10	Accounting

(a) 一个表的设计

或者?

DeptNum	DeptName
10	Accounting
20	Marketing

EmpNum	EmpName	DeptNum
100	Jones	10
150	Lau	20
200	McCauley	10
300	Griffin	10

(b) 两个表的设计

图 1.25　数据导入：表的选择

这样的决定并不是武断的。数据库专业人员使用一组统称为规范化或范式的原则，来指导和评估数据库设计。第 3 章中将讲解这些原则及其在数据库设计中的作用。

1.6.2　为新系统开发而设计数据库

设计数据库的第二种方法是开发新的信息系统。如图 1.26 所示，需要对新系统的需求进行分析来设计数据库，如所需的数据输入表单、报表、用户需求声明、用例（用户与信息系统交互以获得所需结果的场景）和其他系统开发文档等需求。

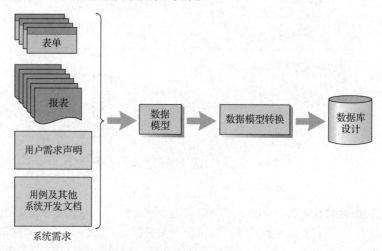

图 1.26　来自新系统开发的数据库

除最简单的开发项目外，一般从用户需求到数据库设计的过程会很漫长。因此，开发团队会将其分成两个步骤进行。首先，根据需求声明创建一个数据模型，然后将该数据模型转换为数据库设计。可以将数据模型看成是在数据库设计过程中用于辅助设计的蓝图，它是在 DBMS 产品中构造实际数据库的基础。

注意，这为"数据库设计"这个术语赋予了第二层含义——以前用它来表示设计数据库的过程，现在用它来表示这个过程的结果。这个术语有两种含义，所以要注意理解它在特定上下文中是如何使用的。第 5 章中，将讲解最流行的数据建模技术：实体-关系（E-R）数据建模。还将讲解如何使用 E-R 模型来表示各种常见的表单和报表模式。接着，第 6 章中将讲解如何将 E-R 数据模型转换为数据库设计。

1.6.3　数据库再设计

数据库再设计，同样需要设计数据库。如图 1.27 所示，数据库再设计通常有两种类型。

第一种是将数据库改造成适应新的或不断变化的需求。这个过程也称为数据库迁移。在迁移过程中，可以创建、修改或删除表；可以改变关系；数据约束也可能发生变化，等等。

第二种数据库再设计涉及两个或多个数据库的集成。这种类型的再设计，在调整或删除遗留系统时很常见。当两个或多个以前独立的信息系统相互协作时，也会导致企业应用集成。

数据库再设计是复杂的，它是无法回避的事实。如果是首次接触数据库设计，则可能要跳过这个主题的讨论。但可以在获得更多的经验后，需要重新学习这部分内容。尽管数据库再设计很困难，但它仍然很重要。

为了理解数据库再设计，需要了解用于定义数据库结构的 SQL 语句，以及用于查询和更新数据库的更高级的 SQL 语句。因此，在第 7 章讲解完创建和修改组成数据库的表的 SQL 语句和技术之后，第 8 章将讨论数据库再设计。

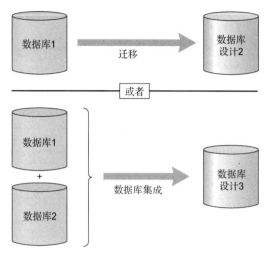

图 1.27　根据现有数据库进行数据库再设计

1.7　与数据库有关的角色

对数据库技术而言，一个人既可以是用户，也可以是数据库管理员。用户可能是一名知识工作者，负责报表准备、数据挖掘，或承担其他数据分析的工作；用户也可能是负责编写用于处理数据库的应用的程序员；或者，用户还可能是设计、构建和管理数据库本身的数据库管理员（Database Administrator，DBA）。用户主要关心的是如何构造 SQL 语句来存储和获取想要的数据。数据库管理员，主要负责数据库的管理。这两种角色所涉及的不同领域，在图 1.28 中给出。

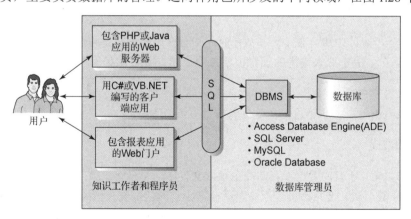

图 1.28　知识工作者、程序员和数据库管理员的工作范围

BY THE WAY　技术领域最激动人心、最有趣的挑战，总是那些处于前沿地位的工作。Rand Corporation[①]的一项研究表明，在美国最稳定的工作包括采用新技术以创新的方式解决商业问题。

---

① 参见 LynnA. Karoly 和 Constantijn W.A. Panis 的 *The 21st Century at Work*(2004)。

与数据库打交道有助于学习解决问题的技能，在 CNNMoney 网站最近列出的 10 大工作中，有 5 种工作需要数据库知识和相关技能。

用户和数据库管理员，都需要本书中讲解的知识。然而，这两类人对每个主题的重视程度存在差异。图 1.29 给出了不同类人对不同主题的相对重要性的看法。需要与你的教师探讨一下这个表，他可能了解当地的就业市场，从而影响这些主题的相对重要性。

主　　题	章　　号	对数据库管理员的重要性	对知识工作者和程序员的重要性
基本 SQL	第 2 章	1	2
关系数据库模型	第 3 章	2	2
规范化设计	第 4 章	2	1
数据模型	第 5 章	2	1
数据模型转换	第 6 章	2	1
SQL DDL 与约束执行	第 7 章	3	1
数据库再设计	第 8 章	3	1
数据库管理	第 9 章	3	1
SQL Server、Oracle Database，MySQL 和 ArangoDB 的细节	第 10 章、第 10A 章、第 10B 章、第 10C 章、第 10D 章	3	1
数据库应用技术	第 11 章、第 12 章、第 13 章	1	3

1 = 非常重要；2 = 重要；3 = 不太重要　　　　　　　提示：关于重要性的评价因人而异，请咨询教师的意见

图 1.29　应该优先学习的知识点

1.8　数据库处理简史

数据库处理出现于 1970 年左右，并从那时起一直在不断地发展和变化。这种持续的变化，使它成为一个迷人的、完全令人愉悦的工作领域。图 1.30 总结了数据库处理的重要时间段。

BY THE WAY　有关数据库处理、计算机行业本身的更多历史，以及本书的发展情况，请参见本书的 40 周年纪念版前言。尽管该前言是为本书上一版而写的，但这一版中依然保留了它。

1.8.1　早期时代

在 1970 年以前，所有的数据都存储在单独的文件中，大部分都保存在磁带上。那时的磁盘和磁鼓（现在已经被淘汰）非常昂贵，存储容量非常小。即使是现在已经过时的 1.44 MB 软盘，其容量也比那个时代的许多磁盘大。那时的内存也很昂贵。1969 年，我们在一台只有 32 000 字节内存的计算机上处理工资单，而后来用于记录这段历史的计算机，有 16 GB 的内存。

集成处理是一个重要但非常困难的问题。例如，一家保险公司希望将客户账户数据与客户索赔数据关联起来。账户存储在一盘磁带上，而索赔信息存储在另一盘磁带上。为了处理索赔，两盘磁带上的数据必须以某种方式整合。

时　期	年　代	重要产品	备　注
前数据库时代	—1970	文件管理器	所有数据被存放在独立的文件中。数据集成非常困难。文件存储空间昂贵且有限
早期数据库时代	1970—1980	ADABAS、System2000、Total、IDMS、IMS	提供相关表的第一代产品。CODASYL DBTG 和分层数据模型（DL/I）非常流行
关系模型的出现	1978—1985	DB2、Oracle Database、Ingres	早期的关系型 DBMS 产品需要克服大量的困难。随着时间的推移，其优势逐步显现
微型计算机 DBMS 产品	1982—1992+	dBase-II、R:base、Paradox、Microsoft Access	微型计算机上的数据库。上世纪 90 年代初，所有的微型 DBMS 产品都被 Microsoft Access 淘汰了
面向对象 DBMS	1985—2000	Oracle ODBMS、Gemstone、O2、Versant	从未获得成功。需要转化关系数据库。其付出得不偿失
数据仓库	1998—	Red Brick Warehouse、Prism Warehouse Manager 以及其他随现有关系 DBMS 提供的产品	
Web 数据库	1995—	IIS、Apache、PHP、ASP.NET、Java	刚开始时，HTTP 的无状态特性是一个问题。最初的应用仅仅是单步的事务，后来，开发出了更复杂的逻辑
开源 DBMS 产品	1995—	MySQL、PostgresQL 及其他产品	开源 DBMS 产品以较低的成本提供了许多商业 DBMS 产品的功能和特性
XML 和 Web 服务	1998—	XML、SOAP、WSDL、UDDI 及其他标准	XML 为基于 Web 的数据库应用提供了巨大的好处，如今非常重要。可能会在将来代替关系数据库。参见第 11 章和附录 H
大数据、NoSQL 运动和云计算	2009—	Hadoop、Cassandra、Hbase、CouchDB、ArangoDB、MongoDB、JSON、Microsoft Azure、Amazon Web Services（AWS）、Google Cloud 以及其他产品	Facebook 和 Twitter 等 Web 应用，使用了大数据技术。NoSQL 运动的目标，是使用 NoSQL 数据模型处理大型数据集，这些模型用非关系数据结构（如 XML 和 JSON）替代关系数据库，它们在将来可能会取代关系数据库。现在，许多公司依靠云计算服务来管理它们的服务器、应用和数据。参见第 12 章和第 13 章

图 1.30　数据库的历史

对数据集成的需求推动了第一个数据库技术的发展。到 1973 年，几种商业 DBMS 产品出现了，并在 20 世纪 70 年代中期开始使用。本书的第一版于 1977 年出版，主要介绍了 DBMS 产品 ADABAS、System2000、Total、IDMS 和 IMS。这 5 种产品中，ADABAS、IDMS 和 IMS 现在依然在使用，但都没有占据很大的市场份额。

这些早期的 DBMS 产品，在结构化数据关系的方式上各不相同。一种称为 Data Language/I（DL/I）的方法，使用层次结构或树来表示关系。IBM 开发并授权的 IMS，就是基于此模型。IMS 在许多机构，特别是在大型制造企业中取得了成功，目前仍在有限的范围内使用。

另一种结构化数据关系的技术，使用了称为网络的数据结构。CODASYL 委员会（开发编程语言 COBOL 的小组）发起了一个称为数据库任务组（DBTG）的小组委员会。这个委员会开发了一个标准的数据模型，并命名为 CODASYL DBTG 模型。这是一个过于复杂的模型（每个人所喜欢的想法，都能成为委员会的设计方案），但几个成功的 DBMS 产品是用它开发的。最成功的是 IDMS，它的供应商 Cullinane 公司是第一家在纽约证券交易所上市的软件公司。据悉，目前已经没有 IDMS 数据库在使用了。

1.8.2　关系模型的出现和兴盛

1970 年，一位当时还默默无闻的 IBM 工程师 Edgar Frank Codd（E. F. Codd）在 Communications of the ACM[①] 上发表了一篇论文，文中将数学中称为"关系代数"的分支应用于"共享数据银行"问题，从此确立了数据库的概念。这项工作的成果就是现在的数据库关系模型，所有的关系数据库 DBMS 产品都建立在这个模型上。

起初，人们认为 Codd 的工作太理论化，不适合实际实施。从业人员认为它太慢，需要太多的存储空间，因此在商业世界中永远不会有用。然而，关系模型和关系数据库 DBMS 产品成为了创建和管理数据库的最佳方式。

本书的 1977 年版本，有一个关于关系模型的章节（Codd 本人进行过审阅）。多年以后，个人电脑 dBase 系列产品的创始人 Wayne Ratliff 表示，正是在阅读这一章时，他产生了创建 dBase 的想法。[②]

关系模型、关系代数以及后来的 SQL 都是有意义的。它们没有那些不必要的复杂组件，正相反，它们将数据集成问题归结为几个基本概念。后来，Codd 说服了 IBM 管理层开发关系模型 DBMS 产品。结果就是 IBM 的 DB2 及其变种，它们至今仍然非常流行。

与此同时，其他公司也在考虑关系模型，到 1980 年，又出现了几个关系 DBMS 产品。其中最突出和重要的是 Oracle 的 Oracle Database（该产品最初的名称为 Oracle，但在 Oracle 收购其他产品后改名为 Oracle Database，以将其 DBMS 产品与其他产品区分开来）。Oracle Database 获得成功有很多原因，其中之一是它可以在任何计算机和操作系统上运行。

然而，除了能够在许多不同类型的机器上运行，Oracle Database 还有一个精致而高效的内部设计。第 10B 章中的并发控制部分，讲解了该设计的各个方面。这种优秀的设计，再加上勤奋努力和成功的销售和推广，已经把 Oracle Database 推向了 DBMS 市场的顶端。

与此同时，Intel 的 Gordon Moore 等人也在努力工作。到 20 世纪 80 年代初，个人电脑开始普及，DBMS 产品也应运而生。微型计算机 DBMS 产品的开发人员看到了关系模型的优点，并围绕它开发了自己的产品。dBase 是早期产品中最成功的一个，但另一个产品 R:base 是第一个在 PC 上实现真正的关系代数和其他操作的产品。后来，开发人员又为个人计算机开发了另一种关系型 DBMS 产品 Paradox。最终，Paradox 被 Borland 收购。

当 Microsoft 进入这一领域时，一切都结束了。Microsoft 在 1991 年发布了 Microsoft Access，定价为 99 美元。没有其他的 PC DBMS 供应商能够在这个价位上生存下来。Microsoft Access 消灭了 R:base 和 Paradox，然后收购了一个与 dBase 类似的产品 FoxPro，并用它来消灭 dBase。Microsoft 将 FoxPro 命名为 Microsoft Visual FoxPro，但它现在已经停产。

因此，Microsoft Access 是 PC DBMS 产品"大屠杀"中的唯一幸存者。今天，对 Microsoft Access 的主要挑战实际上来自 Apache 软件基金会和开源软件开发社区，他们已经接管了 OpenOffice.org

---

① 参见 E. F. Codd，"A Relational Model of Data for Large Shared Databanks，"*Communications of the ACM*，June 1970, pp. 377-387。

② 参见 C. Wayne Ratliff，"dStory: How I Really Developed dBASE，"Data Based Advisor, March 1991, p. 94。有关 Wayne Ratliff、dBase II 的更多信息，以及他与 FoxPro（现在的 Microsoft Visual FoxPro）的合作，请参见维基百科文章 Wayne Ratliff。有关 dBase 的历史，请参见维基百科文章 dBase。

的开发，这是一套可下载的免费软件产品，包括个人数据库 OpenOffice.org 及其姊妹产品 LibreOffice。LibreOffice 是 OpenOffice 的一个相关开发项目，于 2013 年初 Oracle 收购 Sun Microsystems 时启动。

1.8.3　后关系时代的发展

20 世纪 80 年代中期，出现了面向对象编程（Object-Oriented Programming，OOP），它相对于传统结构化编程的优势很快得到了承认。到 1990 年，一些供应商已经开发了面向对象的 DBMS（OODBMS 或 ODBMS）产品。这些产品的设计，使存储封装在 OOP 对象中的数据变得很容易。出现了几种特殊用途的 OODBMS 产品，Oracle 向 Oracle Database 添加了 OOP 结构，以支持创建称为对象-关系 DBMS（Object-Relational DBMS）的混合产品。

OODBMS 从未流行起来，今天，这类 DBMS 产品正在逐渐消失。这有两个原因。首先，OODBMS 需要将关系数据从关系格式转换为面向对象的格式才能使用。当 OODBMS 出现时，已经有海量字节的数据以关系格式存储在各种机构的数据库中。没有公司愿意费力地将这些数据库转换为能够适用新的 OODBMS。

其次，在大多数商业数据库处理中，面向对象数据库没有关系数据库的实质性优势。在下一章中将看到，SQL 不是面向对象的。但它确实有效，成千上万的开发人员已经开发出了使用它的程序。与关系数据库相比，面向对象数据库没有明显的优势，只有少数机构愿意承担将其数据转换为 OODBMS 格式的任务。

一旦在商店或网上购买产品或服务时，这种行为就会变成商业交易。交易数据需要记录在公司账目中。到 20 世纪 80 年代末，用于联机交易处理（OLTP）系统的数据库应用被广泛接受并大量使用。但是，针对这些被保存的数据的数据分析，显然不应该在生产数据库上进行——在分析公司数据时，不应该破坏生产数据库！因此，需要创建另一个地方来存储用于数据分析的数据，称为数据仓库。1988 年，IBM 研究员 B. A. Devlin 和 P. T. Murphy 在一篇文章中首次正式提出了"数据仓库"的概念，并采用了这个术语。[①]

本书将数据仓库用于 OLAP 等工作。OLAP 是商业智能（BI）系统的一个例子。BI 系统是用来分析和汇总公司数据的工具。数据仓库和 BI 系统将在第 2 章介绍，并在第 12 章进行扩展讨论。

与此同时，Internet 开始腾飞。到 20 世纪 90 年代中期，Internet 的发展显然是历史上最重要的事件之一，它永远地改变了客户和企业之间相互联系的方式。早期的 Web 站点不过是在线手册；但是在几年内，涉及查询和处理数据库的动态 Web 站点开始出现。

然而，存在着一个重大问题。超文本传输协议（Hypertext Transport Protocol，HTTP）是一种无状态协议，用于通过 Internet 连接到 Web 页面。这意味着 Web 服务器从用户接收请求，处理请求，然后会忘记该用户和请求。许多数据库交互是多级的。客户查看商品，将一个或多个商品放入购物车；查看更多商品，将更多商品添加到购物车，并最终结账。无状态协议不能用于此类应用。

后来，出现了一些克服这个问题的技术。Web 应用开发人员学会了向 Web 应用添加 SQL 语句。很快，成千上万的数据库在 Web 上被处理。正如本章前面所讨论的，今天的 Internet 和移动设备世界依赖于用户拥有 Web 浏览器或者移动应用，以访问由数据库中的数据支持的应用程序。图 1.2 演示了这种环境。

---

① 参见：B. A. Devlin and P. T. Murphy, "An Architecture for a Business and Information System," *IBM Systems Journal*(Volume 27, Issue 1, 1988)。

Web 浏览器用户界面现在普遍用于个人电脑。当具有 Web 用户界面的应用程序（例如，允许在亚马逊上购物的 Web 应用程序）依赖于数据库来存储所需的数据时，则将其称为 Web 数据库应用程序（Web database application）。图 1.31 展示了一个生产和销售民用无人机[①]的 Wedgewood Pacific（WP）公司的 Web 数据库应用程序（本章后面的练习中将为 WP 创建这个数据库）。应用程序和 Web 页面，使用 PHP 或 JavaScript 等编程语言中的应用程序编程接口（API）来连接到 DBMS。这样就能够向 DBMS 发送 SQL 命令并接收返回的结果。第 11 章中将讲解这种处理机制。

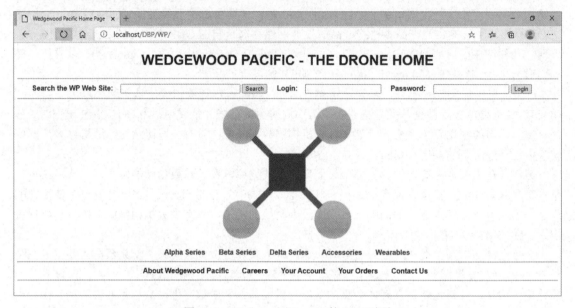

图 1.31　Wedgewood Pacific 的 Web 页面

一个有趣的现象是开源 DBMS 产品的出现。开源产品通常会使源代码广泛可用。这样，不在同一个公司的一群程序员都可以为程序的开发做出贡献。此外，这些产品的某些版本通常可以免费下载，但有些版本（通常具有高级功能）或产品支持必须从拥有该产品的公司购买。

MySQL DBMS 就是一个很好的例子。MySQL 最初由瑞典公司 MySQL AB 于 1995 年发布。2008 年 2 月，Sun Microsystems 收购了 MySQL AB。2013 年 1 月，Oracle 完成了对 Sun Microsystems 的收购。这意味着 Oracle 现在拥有两种主要的 DBMS 产品：Oracle Database 和 Oracle MySQL。目前，MySQL 的免费版本 MySQL Community Server Edition 可以从 MySQL Web 站点下载。MySQL 已被证明特别受 Web 站点开发人员的欢迎，他们需要在运行 Linux 操作系统的 Web 服务器上对 SQL DBMS 运行 Web 页面查询。[②]第 10C 章中将讲解 MySQL 的使用。

MySQL 并不是唯一的开源 DBMS 产品，还有很多其他可用的产品，PostgreSQL 就是使用最广泛的产品之一。开源 DBMS 产品引发的一个有趣结果是：那些通常销售专有（闭源）DBMS 产

---

　　① 技术术语为"无人驾驶飞行器"（unmanned aerial vehicle，UAV）。可参见维基百科文章 Unmanned aerial vehicle。

　　② 并非所有的 MySQL 用户和 MySQL 代码贡献者对 Oracle 收购 MySQL 感到高兴。他们采用了 MySQL 代码的最后一次开源迭代，并将其"分叉"（采取另一种开发路径）成一个开源的 MariaDB DBMS，它与 MySQL 有很多的兼容性和互操作性。参见维基百科文章 MariaDB，也可参见 MariaDB 的 Web 站点。这两个产品是以芬兰开发人员 Monty Widenius 的两个女儿 My 和 Maria 的名字命名的。

品的公司，现在都提供其产品的免费版本。例如，Microsoft 现在免费提供 SQL Server 2019 Developer 和 Express 版本供下载，Oracle 则免费提供 Oracle Database Express Edition 18c（Oracle Database XE）。尽管这两个 Express 版本都不如需付费购买的其他版本那样完整或强大（例如，在允许的最大数据存储方面），但它们对于需要小型数据库的项目非常有用。对学生而言，它们也是学习使用数据库的理想选择。另一方面，Microsoft SQL Server 2019 Developer 版本与功能齐全的 Enterprise 版本完全相同，但仅限一个用户使用，同样是一个极佳的学习平台。

20 世纪 90 年代末，出现了可扩展标记语言（eXtensible Markup Language，XML），以克服使用 HTML 交换业务文档时出现的问题。XML 系列标准的设计，不仅解决了 HTML 的问题，还意味着 XML 文档在交换数据库数据的视图方面更有优势。2002 年，Bill Gates 说过：XML 是互联网时代的通用语言。正如第 11 章和附录 H 中讲解到的，还存在两个尚未完全解决的关键问题：（1）从数据库获取数据并将其放入 XML 文档；（2）从 XML 文档获取数据并将其放入数据库。事实上，这是未来的程序员可以考虑的。

随着 XML Web 服务标准的定义，如 SOAP（最初是一个缩写词，现在它本身仅用作标准的名称）、WSDL（Web 服务描述语言）、UDDI（统一描述、发现和集成）等的出现，XML 数据库处理得到了进一步的推动。利用 Web 服务，可以将数据库处理的功能提供给使用 Internet 架构的其他程序使用。例如，这意味着在供应链管理应用中，销售商可以将其库存应用的一部分公开给供应商。而且，这一功能可以通过一种标准化的方式实现。

图 1.30 中的最后一行将我们带到了现在。随着 XML 的发展，近年来出现了 NoSQL（"不仅仅是 SQL"）运动和大数据，特别是在 2009 年围绕开源分布式数据库（distributed database，在第 12 章讨论）而组织的会议之后。实际上，NoSQL 运动应该被称为 NoRelational（"无关系"）运动。因为它的工作实际上是在数据库上进行的，并不遵循本章介绍和第 3 章中讨论的关系模型。大数据是基于需要处理越来越大的数据集的信息系统的需求，它和 NoSQL（非关系型）数据库一起，构成了 Facebook 和 Twitter 等应用的基础。因此，大数据使得非关系 DBMS 产品得以重新被重视。这些大型数据集通常在服务器集群上处理，可以处理大数据的存储和并行处理需求。文档数据库模型是一种流行的非关系数据模型[①]，它的数据结构基于 XML 或最近的 JavaScript Object Notation（JSON）。截至 2020 年 4 月，最流行的非关系数据库是 MongoDB，它是一种文档数据库 DBMS，流行度排名第五。与使用 XML 相比，[②]更多的文档 DBMS 支持或使用 JSON，但这两个标准仍然同样重要。

对非关系数据库的需求源于 Web 2.0 应用程序的开发——它允许用户创建并存储以后将显示在 Web 页面上的数据。这些应用程序需要一个具有不同功能的数据库（特别是快速创建和存储大量数据的能力），因此创建了非关系数据库来处理这些数据。例如，Facebook 和 Twitter 都使用 Apache 软件基金会的 Cassandra 数据库。本书中，将使用德国 triAGENS GmgH 公司的 ArangoDB DBMS。图 1.32 显示了一个使用 ArangoDB 查询语言（AQL）的查询，它是 ArangoDB 中的 SQL，得到的结果与图 1.18、图 1.20、图 1.21 和图 1.22 中的结果相同。注意，尽管返回的数据相同，但使用 JSON 输出时，其结构和格式完全不同。还要注意，存在一些由 ArangoDB 生成但在关系数据库中找不到的列名称：_key、_id 和 _rev。

---

① 不同类型的非关系数据模型将在第 13 章中讨论。

② DBMS 的受欢迎程度排名来自 DB-Engines 网站。在前 10 个 DBMS 中，有 7 个关系型的，3 个非关系型的。

BY THE WAY   虽然关系数据库仍然是最流行的数据库，并继续在 DBMS 市场中扮演重要角色，但制造关系数据库的公司肯定已经感受到了新的非关系 DBMS 的影响，并调整了它们的产品。这些调整包括促进关系和非关系数据库之间的数据传输，甚至将非关系组件引入关系 DBMS 系统中。例如，Microsoft SQL Server 2019 支持非关系图形数据库，MySQL 支持非关系文档数据。

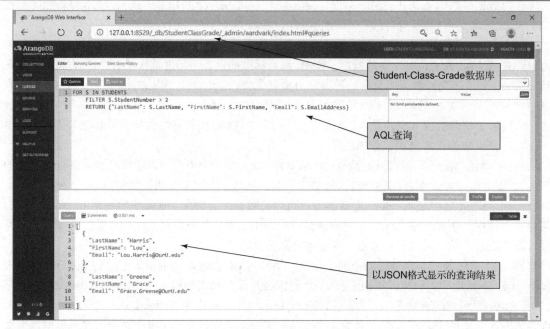

图 1.32   ArangoDB 非关系 DBMS

以前，公司会购买自己的计算机和网络硬件（服务器、路由器、交换机等），并将它们置于商业场所内。然而，现在许多公司都选择使用其他公司拥有并运营的硬件。这样做，可以降低公司的业务成本，因为不需要购买硬件、占用机房，也不需要考虑硬件维护以及在软件上的成本。例如，一家公司可能使用 Microsoft Office 365 商务版或 Microsoft Azure 等产品作为托管其电子邮件服务或 Web 服务器的平台。在这种情况下，该公司的计算资源"在云中"，并且使用的是云计算。Microsoft Azure 云服务的主界面如图 1.33 所示。注意，这里托管了各种资源——包括一个名为 WP 的 Microsoft Azure SQL（Azure 版本的 SQL Server）数据库，以及一个 Microsoft Azure Cosmos DB 账户（Cosmos DB 是一个非关系 DBMS）。左边一列中的选项列表很好地说明了云计算中可用的服务。

一般而言，如果确切知道公司服务器的位置，则使用的就不是云计算。如果服务器不在现场的某个地方，但知道它位于其他公司的数据中心（包含许多服务器及其相关基础设施的场所），那么使用的就是云计算。包括 Microsoft 在内，许多公司都提供云计算服务。例如，Amazon 提供 Amazon Web Services（AWS），Google 提供 Google Cloud 平台。

第 12 章和第 13 章中将讨论 NoSQL 运动和大数据，以及与分布式数据库、虚拟化、云计算、大数据、非关系数据库相关的主题，并且会详细探讨文档数据库和 JSON。附录 H 中讲解的是 XML。

BY THE WAY   如今，创新的机会与 1977 年 Wayne Ratliff 的机会一样多。可以阅读第 13 章和附录 L，加入 NoSQL 和大数据运动来帮助开发关系数据库技术的替代品。就像 1977 年一样，没有一款产品可以锁定未来——机会无处不在。

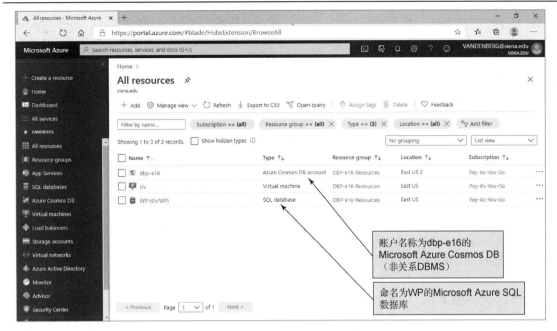

图 1.33　Microsoft Azure 云服务

1.9　小结

当今的 Internet 和移动应用世界依赖于数据库。个人电脑通过 Web 客户端在线浏览、购物和交流。智能手机和其他应用接口（例如智能音箱——物联网的产物）通过手机数据网络上的应用也可以做同样的事情。所有这些应用都依赖于数据库。

数据库的目的是帮助人们记录事物。数据库的控制是由数据库管理系统（DBMS）负责的。可以将 DBMS 分为两类：关系和非关系。本章讲解的是关系数据库，而非关系数据库将在第 13 章解释。关系数据库将数据存储在表中，每一个表包含不同类型事物的数据。该事物的实例存储在表的行中，而实例的特征存储在列中。本书中，表名称用大写字母表示，列名称的首字母大写。数据库存储数据与数据之间的关系。数据库是结构化的，以便可以从存储的数据获取信息。

图 1.7 列出了数据库应用的一些重要实例。数据库可以由单个用户处理，也可以由多个用户处理。支持多个用户的应用，需要特殊的并发控制机制，以确保一个用户的工作不会与另一个用户的工作冲突。

有些数据库只涉及几个用户和几个表中的数千行数据。而一些大型数据库（如支持 ERP 应用的数据库）支持数千个用户，在数百个不同的表中包含数百万行。

一些数据库应用支持电子商务活动。其中最大的数据库是跟踪用户对 Web 页面和 Web 页面组件的响应的数据库。这些数据库用于分析客户对不同网络营销计划的反应。

数字报表、数据挖掘应用以及其他报表应用，使用事务处理系统生成的数据库数据来帮助管理企业。数字报表和其他报表系统评估过去和现在的表现；数据挖掘应用则预测未来的情形。数据库系统的基本组件是：数据库、数据库管理系统（DBMS）、一个或多个数据库应用以及用户。由于 SQL 是一种国际公认的处理数据库的语言，因此可以将其视为数据库系统的第五个组件。

数据库应用的功能是：创建并处理表单；处理用户查询；创建和处理报表。数据库应用还会执行特定的应用逻辑，以控制应用的执行。用户可以提供或更改数据，并以表单、查询和报表的形式读取数据。

DBMS 是一个用于创建、处理和管理数据库的大型复杂程序。DBMS 产品几乎都能从软件供应商那里获得许可。图 1.14 总结了 DBMS 的具体功能。

数据库是集成的表的自描述集合；关系数据库是一组相关表的自描述集合。表是集成的，因为它们存储关于数据行之间关系的数据。表通过存储共同列的关联值进行关联。数据库是自描述的，因为它包含对其内容的描述，这称为元数据。大多数 DBMS 产品都以表的形式存储元数据。如图 1.16 所示，数据库还包含索引、触发器、存储过程、安全特性以及备份和恢复数据。

作为个人数据库产品，Microsoft Access 不仅仅是一个 DBMS，而是一个应用生成器加上一个 DBMS。应用生成器由创建和处理表单、报表和查询的应用组件组成。默认的 Microsoft Access DBMS 产品称为 Access Data Engine（ADE），它没有作为单独的产品进行授权。

与 Microsoft Access 不同，企业数据库系统不将应用和 DBMS 组合在一起。相反，应用之间是相互独立的，并且与 DBMS 是分离的。图 1.18 给出了 4 类数据库应用：客户/服务器应用、Web 应用、报表应用和 XML Web 服务应用。

截至 2020 年 4 月，最流行的三个企业级关系 DBMS 产品是 Oracle Database、MySQL 和 Microsoft SQL Server。尽管 Microsoft Access 只不过是一种个人 DBMS 产品，但它在数据库流行度排行榜上排名第十。Oracle Database、MySQL 和 Microsoft SQL Server 有免费的下载版本，建议在自己的计算机上安装其中的一个，以配合本书使用。有关它们的详细讲解，可分别参见第 10A 章、第 10B 章和第 10C 章。

数据库设计，既重要又困难。本书的前半部分，主要涉及数据库设计。新数据库有三种来源：现有数据，新系统开发，数据库再设计。规范化用于指导从现有数据设计数据库。数据模型用于根据系统需求创建蓝图；随后，蓝图会转换为数据库设计。大多数数据模型都是使用 E-R 模型创建的。当需要修改现有数据库以支持新的或变化的需求时，或者需要合并两个或多个数据库时，就会发生数据库再设计。

在数据库处理方面，存在两种角色：用户和数据库管理员。作为数据库/DBMS 的使用者，可能是一名知识工作者或应用程序员；或者，可能是设计、构建和管理数据库本身的数据库管理员。每个角色所从事的领域如图 1.25 所示；图 1.26 给出了应该优先了解的知识。

图 1.27 总结了数据库处理的历史。1970 年以前，数据库处理还不存在，所有数据都存储在单独的文件中。对集成处理的需求，推动了早期 DBMS 产品的发展。那时，CODASYL DBTG 和分层数据模型（DL/I）非常流行。在当时出现的 DBMS 产品中，只有 ADABAS 和 IMS 今天还在使用。

关系模型在 20 世纪 80 年代声名鹊起。起初人们认为关系模型不切实际，但随着时间的推移，DB2 和 Oracle Database 等关系产品取得了成功。在此期间，DBMS 产品也被开发用于个人计算机。dBase、R:base 和 Paradox 都是 PC DBMS 产品，但最终它们被 Microsoft Access 打败了。

面向对象的 DBMS 产品在 20 世纪 80 年代中期被开发出来，但没有取得商业上的成功。数据仓库以及联机分析处理（OLAP）的概念产生于 20 世纪 80 年代末。近期，基于 Web 的数据库被开发出来支持电子商务。开源的 DBMS 产品很容易获得，这迫使商业 DBMS 供应商提供其企业产品的有限功能的免费版本。一些特性和功能（如 XML 和 XML Web 服务）的实现，克服了 HTTP 的无状态特性。NoSQL 运动、非关系数据库（如使用 JSON 或 XML 的文档数据库）、大数据、虚拟化和云计算，是当前数据库处理的前沿领域。

重要术语

Android 操作系统	外键
应用编程接口（API）	IBM 个人计算机（IBM PC）
大数据	索引
商业智能（BI）系统	信息
手机	实例
客户端	集成表
客户/服务器结构	Internet
云计算	物联网（IoT）
列	知识工作者
组合键	局域网（LAN）
并发性	元数据
客户关系管理（CRM）	非关系数据库
数据	NoSQL 运动
数据分析	范式
数据中心	规范化
数据集市	面向对象 DBMS（OODBMS 或 ODBMS）
数据模型	面向对象编程（OOP）
数据挖掘	对象-关系 DBMS
数据仓库	联机分析处理（OLAP）
数据库	联机交易处理（OLTP）
DBA，数据库管理员	开放数据库连接（ODBC）
数据库应用	操作系统（OS）
数据库设计（过程）	个人计算机（PC）
数据库设计（产品）	个人数据库系统
数据库管理系统（DBMS）	销售终端（POS）系统
数据库迁移	主键
数据库系统	程序员
设备	记录
数字报表	引用完整性约束
分布式数据库	关系数据库
文档数据库	关系模型
企业资源规划（ERP）	关系
企业级数据库系统	行
实体-关系(ER)数据建模	自描述的
以太网络技术	服务器
可扩展标记语言（XML）	服务
电子商务	结构化查询语言（SQL）
超文本传输协议（HTTP）	代理键

表	Web(the)
事务	Web 2.0
用户	Web 浏览器
view	Web 站点
虚拟化	World Wide Web（万维网）

习题

1.1　从早期的个人电脑（PC）到今天的 Web 应用和基于智能手机应用的信息系统环境，描述 Internet、智能手机和移动应用技术的发展历史。

1.2　为什么今天的 Web 应用和移动应用需要数据库？

1.3　阅读培生网站上关于搜索过程的描述。使用自己的计算机，找到另一个零售商网站（不同于本章讨论或提到的任何网站），并搜索感兴趣的内容。写一份搜索过程的描述（如果可能的话，加上屏幕截图）。

1.4　数据库的用途是什么？

1.5　数据库的两大类别是什么？最常用的数据库类型是什么？

1.6　除书中使用的例子外，给出两个相关表的例子。使用图 1.5 中的 STUDENT 表和 GRADE 表作为表的示例模式。使用本书中的约定命名表和列。

1.7　对于上题中创建的表，每个表的主键是什么？这些主键有可能成为代理键吗？这些主键中有组合键吗？

1.8　解释在习题 1.6 中提供的两个表是如何关联的。哪个表包含外键，外键是什么？

1.9　针对习题 1.6 中的两个表，给出不包含表示关系的列时的情况。解释如果没有关系，两个表的价值是如何降低的。

1.10　定义术语"数据"和"信息"，说明它们的区别。

1.11　根据习题 1.6 中提供的两个表，给出信息的例子。

1.12　给出单用户数据库应用和多用户数据库应用的一些例子，不能使用图 1.7 中提供的那些。

1.13　当一个数据库由多个用户处理时，会出现什么问题？

1.14　给出一个数据库应用示例，它有数百个用户和一个非常大而复杂的数据库。不能使用图 1.7 中的那些。

1.15　类似 Amazon 这样的电子商务公司，它们建立大型数据库的目的是什么？

1.16　电子商务公司如何使用习题 1.15 中所讨论的数据库？

1.17　数字报表和数据挖掘应用，与事务处理应用有何不同？

1.18　解释为什么小型数据库不一定比大型数据库更简单。

1.19　解释图 1.9 中的数据库组件。

1.20　应用的功能是什么？

1.21　什么是结构化查询语言（SQL），它为什么重要？

1.22　"DBMS"代表什么？

1.23　DBMS 的功能是什么？

1.24　定义术语"数据库"。

1.25　为什么数据库被认为是自描述的？

1.26　元数据是什么？这个术语与数据库有什么关系？

1.27　在表中存储元数据有什么好处？

1.28　列出除用户表和元数据之外的数据库组件。

1.29 Microsoft Access 是一个 DBMS 吗？为什么？

1.30 解释图 1.17 中 Microsoft Access 的各个组件。

1.31 Microsoft Access 中的应用生成器的功能是什么？

1.32 Microsoft Access 中 DBMS 引擎的名称是什么？为什么很少听说过这个引擎？

1.33 为什么 Microsoft Access 隐藏了重要的数据库技术？

1.34 为什么会有人选择用 SQL Server 取代原生的 Microsoft Access DBMS 引擎？

1.35 给出企业级数据库系统的各个组件。

1.36 命名并描述使用企业级数据库系统的 4 类数据库应用。

1.37 数据库应用如何读写数据库数据？

1.38 给出本章中描述的最流行的三种企业级 DBMS 产品的名称。Microsoft Access 排名第几？Microsoft Access 不是一种企业级 DBMS 产品，它为什么有这个名次？

1.39 列出设计不良的数据库的几种后果。

1.40 说明从现有数据设计数据库的两种方法。

1.41 描述为一个新的信息系统设计数据库的一般过程。

1.42 解释进行数据库再设计的两种方法。

1.43 什么是"数据库迁移"？

1.44 总结使用数据库技术的各种方法。

1.45 知识工作者的工作职能是什么？

1.46 数据库管理员的工作职能是什么？

1.47 请解释图 1.28 中各种工作领域的含义。

1.48 是什么推动了最初的数据库技术的发展？

1.49 什么是 Data Language/I 和 CODASYL DBTG？

1.50 谁是 E. F. Codd？

1.51 早期对关系模型的反对意见是什么？

1.52 给出两个早期的关系型 DBMS 产品。

1.53 Oracle Database 成功的原因有哪些？

1.54 给出三个早期的个人计算机 DBMS 产品。

1.55 上题中给出的产品发生了哪些变化？1.56 OODBMS 产品的用途是什么？给出 OODBMS 产品不成功的两个原因。

1.57 什么是数据仓库？为什么需要它？什么是联机交易处理（OLTP）？什么是联机分析处理（OLAP）？二者有什么不同？

1.58 对于数据库处理应用来说，HTTP 的什么特点是一个缺陷？

1.59 什么是开源 DBMS 产品？

1.60 销售专有 DBMS 产品的公司，对开源 DBMS 产品有什么反应？给出两个例子。

1.61 什么是 XML？Bill Gates 对它的评价是什么？

1.62 什么是 NoSQL 运动？提供两个依赖于 NoSQL 数据库的应用。

1.63 什么是文档数据库？

1.64 什么是 JSON？

1.65 什么是云计算？给出三个主流的云平台提供商。

练习

为了完成下列项目，需要一台安装了 Microsoft Access 的计算机。如果还不熟悉 Microsoft Access 的使用，请先阅读附录 A。

这组项目题将为 Wedgewood Pacific（WP）公司创建一个 Microsoft Access 数据库。该公司 1987 年在华盛顿州西雅图成立，生产和销售民用无人机。这是一个充满创新而快速发展的市场。2020 年 10 月，美国联邦航空管理局（FAA）表示，在新的登记规则下，已注册了超过 170 万架的无人机。其中，约 50 万架为商用，其他的均为民用。此外，FAA 还报告称，有超过 19.8 万名远程飞行员获得了驾驶证。

WP 目前生产三种型号的无人机：Alpha III、Bravo III 和 Delta IV。这些产品由 WP 的研发小组设计，并由 WP 生产。WP 生产用于无人机的部分部件，但也从其他供应商购买部件。

公司坐落在两栋大楼里。一栋楼里有行政、法律、财务、会计、人力资源、销售和市场部门，另一栋楼里有信息系统、研发和生产部门。公司数据库包含关于员工、部门、项目、资产（如成品库存、零部件库存和计算机设备）和公司运营的其他方面的数据。

在下面的项目问题中，将首先创建一个 WP.accdb 数据库，它有以下两个表：

DEPARTMENT (DepartmentName, BudgetCode, OfficeNumber, DepartmentPhone)

EMPLOYEE (EmployeeNumber, FirstName, LastName, *Department*, Position, *Supervisor*, OfficePhone, EmailAddress)

其中：

EMPLOYEE 表中的 Department 值，必须存在于 DEPARTMENT 表的 DepartmentName 列中
EMPLOYEE 表中的 Supervisor 值，必须存在于 EMPLOYEE 表的 EmployeeNumber 列中

注意，第二个引用完整性约束中包含 EMPLOYEE 表的两列。这表明它们是一个递归关系，这将在第 2 章、第 5 章和第 6 章中讨论。

1.66   创建一个名称为 WP.accdb 的 Microsoft Access 数据库。

1.67   图 1.34 给出了 WP DEPARTMENT 表的列特征。利用这些列特征，在 WP.accdb 数据库中创建 DEPARTMENT 表。

列 名 称	类 型	键	是 否 要 求	备 注
DepartmentName	Short Text(35)	主键	是	
BudgetCode	Short Text(30)	否	是	
OfficeNumber	Short Text(15)	否	是	
DepartmentPhone	Short Text(12)	否	是	

图 1.34   WP 数据库 DEPARTMENT 表的列特性

1.68   图 1.35 给出了 WP DEPARTMENT 表的数据。利用数据表视图，在 DEPARTMENT 表中输入图 1.35 中的数据。

DepartmentName	BudgetCode	OfficeNumber	DepartmentPhone
Administration	BC-100-10	BLDG01-210	360-285-8100
Legal	BC-200-10	BLDG01-220	360-285-8200
Human Resources	BC-300-10	BLDG01-230	360-285-8300
Finance	BC-400-10	BLDG01-110	360-285-8400
Accounting	BC-500-10	BLDG01-120	360-285-8405
Sales and Marketing	BC-600-10	BLDG01-250	360-285-8500
InfoSystems	BC-700-10	BLDG02-210	360-285-8600
Research and Development	BC-800-10	BLDG02-250	360-285-8700
Production	BC-900-10	BLDG02-110	360-285-8800

图 1.35 DEPARTMENT 表的数据

1.69 图 1.36 给出了 WP EMPLOYEE 表的列特征。利用这些列特征，在 WP.accdb 数据库中创建 EMPLOYEE 表。

列 名 称	类 型	键	是 否 要 求	备 注
EmployeeNumber	AutoNumber	主键	是	代理键
FirstName	Short Text(25)	否	是	
LastName	Short Text(25)	否	是	
Department	Short Text(35)	否	是	
Position	Short Text(35)	否	否	
Supervisor	Number	否	否	Long Integer
OfficePhone	Short Text(12)	否	否	
EmailAddress	Short Text(100)	否	否	

图 1.36 WP 数据库 EMPLOYEE 表的列特性

1.70 建立 DEPARTMENT 表与 EMPLOYE 表之间的关系和引用完整性约束。执行引用完整性和数据的级联更新，但不能对删除的记录进行数据级联。

注：暂时不必在 EMPLOYEE 表中创建 Supervisor 和 EmployeeNumber 之间的递归关系和引用完整性约束，在第 2 章讨论完递归关系的查询之后，将完成这项任务。

1.71 图 1.37 给出了 WP EMPLOYEE 表的数据。利用数据表视图，在 EMPLOYEE 表中输入图 1.37 中的前三行数据。

1.72 使用 Microsoft Access 表单向导，为 EMPLOYEE 表创建一个数据输入表单，并将其命名为 WP Employee Data Form。对表单进行必要的调整，以便正确显示所有数据。使用此表单，将图 1.37 中 EMPLOYEE 表的其余数据输入 EMPLOYEE 表中。

1.73 使用 Microsoft Access 报表向导，创建一个名为 Wedgewood Pacific Employee Report 的报表，显示 EMPLOYEE 表中包含的数据，首先按员工姓氏（LastName）排序，然后按名字

（FirstName）排序。对报表进行必要的调整，以便正确显示所有的表头和数据。打印出这个报表。

Employee Number	FirstName	LastName	Department	Position	Super-visor	OfficePhone	EmailAddress
1	Mary	Jacobs	Administration	CEO		360-285-8110	Mary.Jacobs@WP.com
2	Rosalie	Jackson	Administration	Admin Assistant	1	360-285-8120	Rosalie.Jackson@WP.com
3	Richard	Bandalone	Legal	Attorney	1	360-285-8210	Richard.Bandalone@WP.com
4	George	Smith	Human Resources	HR3	1	360-285-8310	George.Smith@WP.com
5	Alan	Adams	Human Resources	HR1	4	360-285-8320	Alan.Adams@WP.com
6	Ken	Evans	Finance	CFO	1	360-285-8410	Ken.Evans@WP.com
7	Mary	Abernathy	Finance	FA3	6	360-285-8420	Mary.Abernathy@WP.com
8	Tom	Caruthers	Accounting	FA2	6	360-285-8430	Tom.Caruthers@WP.com
9	Heather	Jones	Accounting	FA2	6	360-285-8440	Heather.Jones@WP.com
10	Ken	Numoto	Sales and Marketing	SM3	1	360-285-8510	Ken.Numoto@WP.com
11	Linda	Granger	Sales and Marketing	SM2	10	360-285-8520	Linda.Granger@WP.com
12	James	Nestor	InfoSystems	CIO	1	360-285-8610	James.Nestor@WP.com
13	Rick	Brown	InfoSystems	IS2	12		Rick.Brown@WP.com
14	Mike	Nguyen	Research and Development	CTO	1	360-285-8710	Mike.Nguyen@WP.com
15	Jason	Sleeman	Research and Development	RD3	14	360-285-8720	Jason.Sleeman@WP.com
16	Mary	Smith	Production	OPS3	1	360-285-8810	Mary.Smith@WP.com
17	Tom	Jackson	Production	OPS2	16	360-285-8820	Tom.Jackson@WP.com
18	George	Jones	Production	OPS2	17	360-285-8830	George.Jones@WP.com
19	Julia	Hayakawa	Production	OPS1	17		Julia.Hayakawa@WP.com
20	Sam	Stewart	Production	OPS1	17		Sam.Stewart@WP.com

图 1.37　WP EMPLOYEE 表的数据

1.74　使用 Microsoft Access 表单向导，创建一个包含来自两个表的所有数据的表单。当向导询问如何查看数据时，选择"by DEPARTMENT"（按部门）。为向导询问的其他问题选择默认选项。按部门打开表单和页面。

1.75　使用 Microsoft Access 报表向导，创建一个包含来自两个表的所有数据的报表。当向导询问如何查看数据时，选择"by DEPARTMENT"（按部门）。对于报表中 EMPLOYEE 表包含的数据，指定首先按员工姓氏排序，然后按名字排序。对报表进行必要的调整，以便正确显示所有的表头和数据。打印出这个报表。

1.76　按照本章正文中所讲解的详细程度，解释一下 Microsoft Access 在练习题 1.72～1.75 中所起的作用。创建了表单和报表的是什么子组件？数据存放在哪里？SQL 所起的作用是什么？

第2章　结构化查询语言简介

本章目标

- 理解如何使用从商业智能（BI）系统中提取的数据集
- 了解商业智能（BI）系统中即席查询的用法
- 熟悉结构化查询语言（SQL）的历史和意义
- 理解数据库查询的基础 SQL SELECT/FROM/WHERE 框架
- 创建从单个表检索数据的 SQL 查询
- 能够利用 SELECT、FROM、WHERE、ORDER BY、GROUP BY 和 HAVING 子句创建 SQL 查询
- 创建包含 DISTINCT、TOP、TOP PERCENT 关键字的 SQL 查询
- 能够使用包含比较运算符的 SQL 查询，包括 BETWEEN、LIKE、IN 和 IS NULL
- 创建使用逻辑运算符（AND、OR 和 NOT）的 SQL 查询
- 理解 SQL 内置的聚合函数 SUM、COUNT、MIN、MAX 和 AVG，以及 GROUP BY 子句
- 创建从单个表检索数据的 SQL 查询，同时根据另一个表中的数据限制查询结果（子查询）
- 使用连接和 JOIN ON 运算符，创建从多个表检索数据的 SQL 查询
- 创建递归关系的 SQL 查询
- 使用 OUTER JOIN 运算符，创建从多个表检索数据的 SQL 查询
- 使用集合运算符 UNION、INTERSECT 和 EXCEPT，创建从多个表检索数据的 SQL 查询

在当今的商业环境中，用户通常利用存储在数据库中的数据来获取信息，以帮助做出业务决策。第12章中将深入探讨商业智能（Business Intelligence，BI）系统，这是一种信息系统，用于通过产生评估、分析、规划和控制的信息来支持管理决策。本章中，将看到 BI 系统用户如何使用即席查询（Ad-hoc Query），这些查询本质上是可以通过数据库数据回答的问题。例如，一个即席查询可能是"俄勒冈州波特兰市有多少客户购买了我们的绿色棒球帽？"这些查询之所以是"即席"的，是因为它们是用户根据需要创建的，而不是编写到应用中。

这种数据库查询的方法已经变得非常重要，以至于一些公司开发专门的应用来帮助不熟悉数据库结构的用户创建即席查询。比如 Open Text 公司的 Open Text 商业智能产品（以前称为 LiveLink ECMBI 查询），它通过用户友好的图形用户界面（GUI）来简化即席查询的创建。像 Microsoft Access 这样的个人数据库，也有专门的即席查询工具可用。Microsoft Access 使用一种称为"示例查询"（Query By Example，QBE）的 GUI 样式来简化即席查询。

然而，结构化查询语言（Structured Query Language，SQL）——关系 DBMS 产品的通用查询语言——总是隐藏在用户友好的 GUI 之后。本章将通过学习编写和运行 SQL 查询来讲解 SQL。然后，第7章将再次回归 SQL 的讲解，学习如何将 SQL 用于其他目的，比如如何创建数据并将其添加到数据库中。

2.1　Cape Codd Outdoor Sports 公司示例

为了方便，本章将使用来自 Cape Codd Outdoor Sports 公司的数据（尽管有真实的户外零售设

备供应商做基础，但这是一家虚构的公司）。该公司的网站如图 2.1 所示。这家简称为 Cape Codd 的公司，在美国和加拿大的 15 家零售店销售休闲户外装备。它还通过 Web 商店前端应用在 Internet 上销售商品，并根据每年 1 月初发送给所有登记的客户的年度目录册，通过邮购方式进行销售。 所有的零售数据存储在由 Oracle Database 19c DBMS 管理的销售数据库中，如图 2.2 所示。这种 类型的销售系统，通常称为联机交易处理（Online Transaction Processing，OLTP）系统，用于记录 公司的所有销售交易（店面、网络、邮购或电话的销售）。OLTP 系统是当今业务运行的支柱。

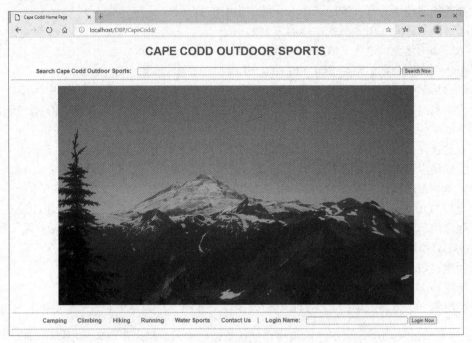

图 2.1　Cape Codd 网站的主页

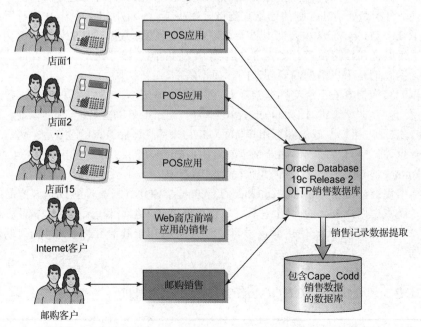

图 2.2　Cape Codd 销售记录数据的提取过程

2.2　商业智能系统和数据仓库

BI 系统通常将它们的关联数据存储在数据仓库中。数据仓库是一个数据库系统,它包含数据、程序和人员,专门为 BI 处理而准备数据。数据仓库将在第 12 章详细讨论,所以现在只需了解数据仓库在规模和范围上的不同。它可以简单到只有一名员工兼职处理数据提取,也可以复杂到需要一个部门几十名员工一起维护数据和程序库。

图 2.3 显示了一个典型的公司范围内的数据仓库组件。利用提取、转换和加载(Extract, Transform, and Load,ETL)系统,数据可以从运营数据库(存储公司当前日常交易数据的数据库)、其他内部数据或外部数据源中读取。然后,ETL 系统会清理并准备数据,用于 BI 处理。这可能是一个复杂的过程,但是数据随后被存储在数据仓库 DBMS 中,供 BI 用户使用,后者通过各种 BI 工具访问数据。如第 1 章所述,用于数据仓库的 DBMS,同时存储数据库和这些数据库的元数据。

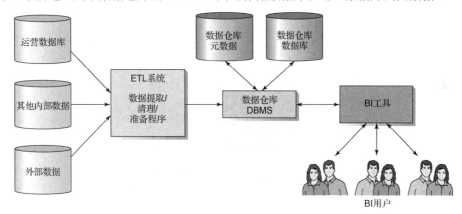

图 2.3　数据仓库的组件

BY THE WAY　小型的专用数据仓库,称为数据集市。第 12 章将讨论数据集市及其与数据仓库的关系。注意,用于数据仓库的 DBMS,可能是用于运营数据库的 DBMS 产品,也可能不是。例如,运营数据库可能存储在 Oracle Database 19c DBMS 中,而数据仓库使用的是 Microsoft SQL Server 2019 DBMS。

2.2.1　Cape Codd 提取的零售数据数据库

Cape Codd 的市场营销部希望对两类情形进行分析:(1)店内销售;(2)目录内容。因此,市场分析人员要求 IT 部门从运营数据库中提取零售数据。提取的数据将被存储在数据仓库 DBMS 中一个名为 Cape_Codd 的数据库里(这是 SQL Server 2019 中的数据库名称,其他 DBMS 依照命名约定可以使用其他名称。例如,MySQL 数据库名称不使用大写字符,因此应为 cape_codd)。如第 1 章所述,Cape_Codd 是一个关系数据库,第 3 章中将更深入地探讨它。数据库中的每一个表都有一个主键,主键由一个或多个列组成,唯一地标识表中的每一行(或记录)。有些表还具有一个或多个外键,用于创建表之间的关系,以便将这些表有逻辑地连接在一起。

进行店内销售市场研究时,市场分析师并不需要所有的订单数据,他们只需要 RETAIL_ORDER、ORDER_ITEM、SKU_DATA 和 BUYER 表,以及图 2.4 中所示的那些列。从该图可以很容易地看出,运营销售 OLTP 数据库中需要的一些列没有包含在提取的数据中。例如,RETAIL_ORDER

表中没有 CustomerLastName、CustomerFirstName 和 OrderDay 列。类似地，市场分析师并不需要所有的目录数据，但确实需要来自不同年份的类似数据来比较目录内容，因此需要图 2.4 中的 CATALOG_SKU_2020 表和 CATALOG_SKU_2021 表。这些表中的列的数据类型如图 2.5 所示。

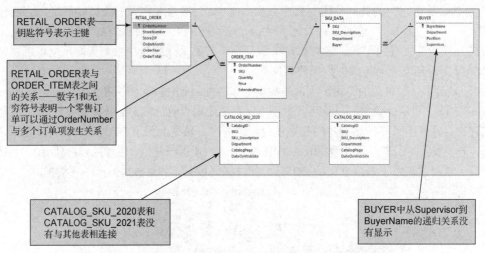

图 2.4   Cape Codd 提取的零售数据数据库表及其关系

表	列	数据类型
RETAIL_ORDER	OrderNumber	Integer
	StoreNumber	Integer
	StoreZIP	Character (9)
	OrderMonth	Character (12)
	OrderYear	Integer
	OrderTotal	Currency
ORDER_ITEM	OrderNumber	Integer
	SKU	Integer
	Quantity	Integer
	Price	Currency
	ExtendedPrice	Currency
SKU_DATA	SKU	Integer
	SKU_Description	Character (35)
	Department	Character (30)
	Buyer	Character (35)
BUYER	BuyerName	Character (35)
	Department	Character (30)
	Position	Character (10)
	Supervisor	Character (35)
CATALOG_SKU_20##	CatalogID	Integer
	SKU	Integer
	SKU_Description	Character (35)
	Department	Character (30)
	CatalogPage	Integer
	DateOnWebSite	Date

图 2.5   Cape Codd 提取的零售数据格式

根据图 2.4 和图 2.5，需要如下 6 个表：

- RETAIL_ORDER 表、ORDER_ITEM 表、SKU_DATA 表、BUYER 表用于零售分析。
- CATALOG_SKU_2020 表和 CATALOG_SKU_2021 表用于目录内容分析。

RETAIL_ORDER 表存储的是每个零售订单的数据，ORDER_ITEM 表包含订单中每件商品的数据，SKU_DATA 表是关于每个库存单位（Stock-Keeping Unit，SKU）的数据。SKU 是公司销售的每一件商品的唯一标识符。BUYER 表包含采购部门中负责购买这些 SKU 商品的采购员数据。注意，这 4 个表在关系数据库架构下是相互连接的。BUYER 表还包含一个递归关系，即同一表的不同列之间的关系。这里，Supervisor 列（作为外键）连接到了 BuyerName 列（表中的主键）。这些关系（除 BUYER 表中的递归关系之外[①]）在图 2.4 中标出，主键和外键在图 2.6 中清晰可见（它明确展示了 BUYER 表中的递归关系）。CATALOG_SKU_2020 表和 CATALOG_SKU_2021 表，包含关于年度印刷目录和可在公司网站上出售的商品的内容数据。由于有些商品是在打印目录后添加到 Web 站点的，所以 Web 站点上的商品可能不在相应的目录中。注意，这两个表是孤立的，这意味着尽管它们有主键，但没有通过外键连接到任何其他表。表中存储的数据在图 2.6 中给出。

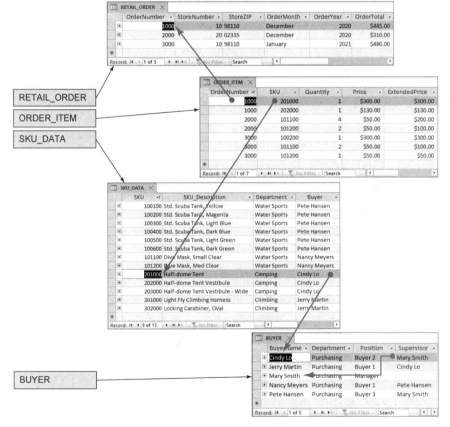

(a) 连接的RETAIL_ORDER表、ORDER_ITEM表、SKU_DATA表和BUYER表

图 2.6 Cape Codd 提取的零售数据库样本数据

---

① 此图显示了出现在 Microsoft Access 2019 Relationships 窗口中的关系，但 Microsoft Access 2019 不能正确地显示递归关系。本章后面将讨论 Microsoft Access 如何显示递归关系。

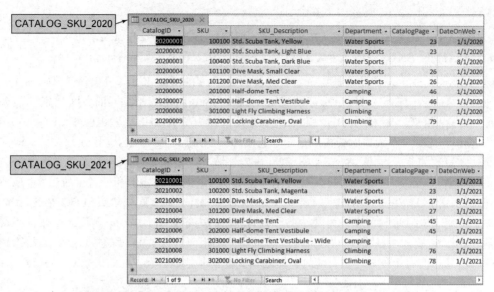

(b) 未连接的CATALOG_SKU_2020表和CATALOG_SKU_2021表

图 2.6   Cape Codd 提取的零售数据库样本数据（续）

> **BY THE WAY**   图中显示的数据集非常小，主要是用它们来说明本章中讲解的概念。实际的数据提取会生成很大的数据集。这里的数据集已经能够满足讲解的目的，同时还可以使数据库易于管理。

2.2.2   RETAIL_ORDER 表

如图 2.4、图 2.5 和图 2.6 所示，RETAIL_ORDER 表有 OrderNumber、StoreNumber、StoreZIP（销售订单的商店的邮政编码）、OrderMonth、OrderYear 和 OrderTotal 列。可以将此信息按照以下格式写入，其中 OrderNumber 用下画线标出，表示它是 RETAIL_ORDER 表的主键：

RETAIL_ORDER (OrderNumber, StoreNumber, StoreZIP, OrderMonth,
     OrderYear, OrderTotal)

RETAIL_ORDER 表的示例数据在图 2.6 中给出。这里只包含零售商店销售的数据——在提取过程中不复制其他类型的销售（以及退货和其他与销售相关的事务）的运营数据。此外，数据提取过程只选择运营数据的少数列——销售终端（POS）和其他销售应用处理的数据要比这里显示的多得多。运营数据库还以不同的格式存储数据。例如，Oracle Database 19c 运营数据库中的订单数据包含一个名为 OrderDate 的列，它将数据存储为日期格式 MM/DD/YYYY（例如，10/22/2020 表示 2020 年 10 月 22 日）。用于填充所提取的零售数据库的提取程序将 OrderDate 转换为两个单独的值 OrderMonth 和 OrderYear。之所以要这样做，是因为它是市场营销需要的数据格式。这种过滤和数据转换，是典型的数据提取过程。

2.2.3   ORDER_ITEM 表

如图 2.4、图 2.5 和图 2.6 所示，ORDER_ITEM 表有 OrderNumber、SKU、Quantity、Price 和 ExtendedPrice（等于 Quantity × Price）列。可以将此信息以如下格式写入，其中 OrderNumber

和 SKU 列用下画线标出，表示它们是 ORDER_ITEM 表的组合主键。这两列也用斜体字标出，表示它们也是外键：

ORDER_ITEM (*OrderNumber*, *SKU*, Quantity, Price, ExtendedPrice)

这样，ORDER_ITEM 表存储的数据，提取自每个订单中购买的商品信息。对于订单中的每一件商品，表中都有一行，并且该商品由其 SKU 标识。为了理解此表，可以思考一下零售店提供的销售收据。该收据包含一次购买行为（订单）的数据。它包括基本的订单数据，比如日期和总金额，并且对于所购买的每一件商品都有一行记录。ORDER_ITEM 表中的一行对应于销售数据中的一行信息。

ORDER_ITEM 表中的 OrderNumber 列，将表中的每一行与 RETAIL_ORDER 表中的对应 OrderNumber 列关联起来。SKU 通过 SKU 编号标识实际购买的商品。此外，ORDER_ITEM 表中的 SKU 列，将 ORDER_ITEM 表中的每一行关联到 SKU_DATA 表中对应的 SKU（将在下一节中讨论）。Quantity 是该订单中购买的 SKU 的商品数量，Price 是商品的单价，ExtendedPrice 等于 Quantity × Price。

ORDER_ITEM 表中的数据显示在图 2.6（a）的中部。第一行与订单 1000 和 SKU 201000 有关。对于 SKU 201000，单价是 300 美元，购买了　件，所以 ExtendedPrice 是 300 美元。第二行显示了订单 1000 中的第二件商品。商品 SKU 202000 的单价为 50 美元，购买了一件，所以 ExtendedPrice 为 50 美元。与 ORDER_ITEM 表相关的 RETAIL_ORDER 表的这种表结构，在一个订单中包含许多商品的销售系统很常见。第 5 章和第 6 章中将详细讨论它们，在那里会创建一个完整订单的数据模型，然后为它设计出一个数据库。

BY THE WAY　可能有人认为某个订单的所有行的 ExtendedPrice 总和应等于 RETAIL_ORDER 表中的 OrderTotal 值，但不是这样的。例如，对于订单 1000，在 ORDER_ITEM 表的相关行中 ExtendedPrice 的和是 300.00 + 130.00 = 430.00 美元。然而，订单 1000 的 OrderTotal 是 445.00 美元。之所以出现这种差异，是因为 OrderTotal 包括没有出现在数据提取中的税费、运费和其他费用。

2.2.4　SKU_DATA 表

如图 2.4、图 2.5 和图 2.6 所示，SKU_DATA 表有列 SKU、SKU_Description、Department 和 Buyer。可以将此信息按照以下格式写入，其中 SKU 用下画线标出，表示它是 SKU_DATA 表的主键：

SKU_DATA (SKU, SKU_Description, Department, *Buyer*)

SKU 是一个整数值，用于标识 Cape Codd 公司销售的某种商品。例如，SKU 100100 是一个黄色的、标准尺寸的 SCUBA 容器，而 SKU 100200 是同一种容器的品红色版本。SKU_Description 列包含的是每一件商品的简短描述。Department 列和 Buyer 列，分别指定负责采购该商品的部门和个人。与其他表一样，这些列是存储在运营数据库中的 SKU 数据的子集。SKU_DATA 表中的 Buyer 列（用斜体表示，因为它是一个外键），将 SKU_DATA 中的每一行与 Buyer 表中对应的 BuyerName 关联起来。

2.2.5　BUYER 表

如图 2.4、图 2.5 和图 2.6 所示，BUYER 表有列 BuyerName、Department、Position 和 Supervisor。

可以将此信息写成以下格式。BuyerName 加下画线，表示它是 BUYER 表的主键；Supervisor 用斜体表示，因为它是 BUYER 表里与 BuyerName 之间递归关系中的外键。

　　BUYER (BuyerName, Department, Position, *Supervisor*)

采购员姓名（BuyerName）是名字和姓氏的组合。Department 是采购员工作的部门，其值全部为 Purchasing。注意，此列使用的数据值与 SKU_DATA 表中的 Department 列值不同，后者使用产品部门值（例如，Water Sports）。这说明了重要的一点：不同表中相同的列名称，实际上可能包含完全不同的数据类型。尽管更好的做法是使用不同的名称，但使用相同的名称也是可行的。

> **BY THE WAY**　一个列中所有可能的数据值组，称为值域。如果两列共享同一组值，则称它们的数据来自同一值域。当两个列不共享同一组值时，例如 SKU_DATA.Department 和 BUYER.Department，则称它们的数据来自不同的值域。

Position 列记录采购员在 Purchasing 部门的级别，而 Supervisor 记录采购员向谁汇报工作。请注意，作为采购部门的经理，Mary Smith 没有主管，因此她没有 Supervisor 数据。类似这种不包含数据的值，称为空值，将在第 4 章中详细讨论。现在只需知道，对待空值的方式与任何其他数据值的处理方式是相同的，可以使用搜索任何其他数据值的技术在表中搜索空值。

与其他表一样，这些列是运营数据库中数据的一个子集。事实上，BUYER 表中的数据是 EMPLOYEE 表中数据的子集。EMPLOYEE 表包含所有的 Cape Codd 员工信息，包括采购部门的员工。BUYER 表中的 Supervisor 列，将该表中的每一行与另一行关联起来，后者包含作为 BuyerName 的 Supervisor 名称。这样，BUYER 表中的一行数据，可以引用同样位于 BUYER 表中的另一行，从而形成递归关系。本章后面以及第 3 章、第 5 章和第 6 章将定义和讨论递归关系。

2.2.6　CATALOG_SKU_20##表

如图 2.4、图 2.5 和图 2.6 所示，所有 CATALOG_SKU_20##表具有相同的列，由 CatalogID、SKU、SKU_Description、Department、CatalogPage 和 DateOnWebSite 组成。可以将此信息按照以下格式写入，其中 CatalogID 用下画线标出，表示它是每一个 CATALOG_SKU_20##表的主键。

　　CATALOG_SKU_20## (CatalogID, SKU, SKU_Description, Department,
　　　　CatalogPage, DateOnWebSite)

CatalogID 是一个整数值，用于标识表中的特定目录项。SKU、SKU_Description 和 Department 与 SKU_DATA 表中的含义相同。CatalogPage 是一个整数，显示该件商品在打印的目录册的哪一页出现；DateOnWebSite 显示该商品在 Cape Codd 网站上首次出现的日期。与其他表一样，这些列是存储在运营数据库中的 CATALOG_SKU_20##数据的子集。还要注意，虽然可以使用 SKU 列作为外键来连接到 SKU_DATA 表，但是现在没有这样做——这些 CATALOG_SKU_20##表没有连接到任何其他表。

注意，在 CATALOG_SKU_2020 表中，CatalogID 2017003 所在行的 CatalogPage 没有值。类似地，CATALOG_SKU_2021 表中，在 CatalogPage 编号为 2018007 的行中，同样没有 CatalogPage 值。它们都为空值。

2.2.7　完整的 Cape Codd 数据提取模式

数据库模式（schema），是数据库的一个完整逻辑视图，其中包含所有的表、每个表中的所有列、每个表的主键（将主键列的列名称用下画线标出）、表的外键连接（将外键列的列名称用斜体标出）。因此，用于 Cape_Codd 销售数据提取数据库的模式为：

RETAIL_ORDER (<u>OrderNumber</u>, StoreNumber, StoreZIP, OrderMonth,
　　OrderYear, OrderTotal)

ORDER_ITEM (*<u>OrderNumber</u>*, *<u>SKU</u>*, Quantity, Price, ExtendedPrice)

SKU_DATA (<u>SKU</u>, SKU_Description, Department, *Buyer*)

BUYER (<u>BuyerName</u>, Department, Position, *Supervisor*)

CATALOG_SKU_2020 (<u>CatalogID</u>, SKU, SKU_Description, Department,
　　CatalogPage, DateOnWebSite)

CATALOG_SKU_2021 (<u>CatalogID</u>, SKU, SKU_Description, Department,
　　Cat alogPage, DateOnWebSite)

注意，ORDER_ITEM 表的组合主键也是将该表连接到 RETAIL_ORDER 表和 SKU_DATA 表的外键。

> **BY THE WAY**　本章末尾的习题中，将扩展这个模式，使其另外包含三个表：WAREHOUSE、INVENTORY 和 CATALOG_SKU_2019。本章的一些图中，包含了 Cape Codd 数据库中的这三个表，但在本章对 SQL 的讨论中没有用到它们。

2.2.8　数据提取是常见的

继续讲解之前，需注意这里所介绍的数据提取过程并不仅仅是一个理论化的练习。相反，这种提取过程是现实的、常见的和重要的 BI 系统操作。现在，全世界有成百上千家企业正在使用它们的 BI 系统来创建提取数据库，就如同 Cape Codd 公司那样。

本章的下几节中将讲解如何编写 SQL 语句，通过一个即席 SQL 查询来处理提取的数据，这就是如何用 SQL 对数据库中的数据"提问"。这些知识非常宝贵和实用。同样，当正在阅读这一段时，无数人正在编写 SQL 来从提取的数据创建信息。作为知识工作者、应用程序员或数据库管理员，在本章中学习的 SQL 将是您的核心资产。需要花些时间学习 SQL——它会给以后的职业生涯带来很大的回报。

2.3　SQL 的背景

SQL 是由 IBM 在 20 世纪 70 年代后期开发的。它在 1986 年被美国国家标准协会（ANSI）认可为国家标准，在 1987 年被国际标准化组织（其缩写不是 IOS，而是 ISO）认可为国际标准。SQL 的后续版本在 1989 年和 1992 年被采用。1992 版本可简称为 SQL-92 或 ANSI-92 SQL。1999 年发布了 SQL:1999（也称为 SQL3），它包含了一些面向对象的概念。随后，陆续发布了 SQL:2003、SQL:2006、SQL:2008、SQL:2011 以及最近的 SQL:2016。每发布一次，都会添加新特性或扩展现有的 SQL 特性，最重要的包括：SQL:2008 中 INSTEAD OF 触发器的 SQL 标准化（SQL 触发器在第 7 章讨论），SQL:2009 中对可扩展标记语言（XML）的支持（XML 在第 11 章和附录 H 中讨论），SQL:2016 中对 JavaScript Object Notation（JSON）的支持（JSON 在第 13 章讨论）。本章和

第7章的讨论，主要集中在 SQL-92 以来的一些常见语言特性上，但也包括 SQL:2003 和 SQL:2008 中的一些特性。

BY THE WAY　虽然有 SQL 标准，但这并不意味着 SQL 对所有 DBMS 产品都是标准化的！实际上，每一种 DBMS 都以其独特的方式实现 SQL，所以必须了解 DBMS 所使用的 SQL 语言的特性。

　　本书中使用的是 Microsoft 的 SQL Server 2019 SQL 语法，并对不同的 SQL 语言进行了一些有限的讨论。第 10B 章使用 Oracle Database SQL 语法，而第 10C 章使用 MySQL 8.0 SQL 语法。

　　与 Java 或 C#不同，SQL 不是一种完整的编程语言。它是一种数据子语言，因为 SQL 只包含用于创建并处理数据库数据和元数据所需的语句。使用 SQL 语句的方式多种多样：可以直接将其提交给 DBMS 进行处理，可以将其嵌入客户/服务器应用程序中，可以将其嵌入 Web 页面中，可以在报表和数据提取程序中使用它，还可以直接在 Visual Studio.NET 和其他开发工具中执行 SQL 语句。

　　SQL 语句通常被分为几类，其中有 5 类是我们感兴趣的：

- 数据定义语言（DDL）语句，用于创建表、关系和其他数据库结构。
- 数据操作语言（Data Manipulation Language，DML）语句，用于查询、插入、修改和删除数据。
- SQL/持久存储模块（SQL/Persistent Stored Modules，SQL/PSM）语句，通过添加过程性编程功能（例如变量和流控制语句）来扩展 SQL，这些功能在 SQL 框架中提供了一些可编程性。
- 事务控制语言（Transaction Control Language，TCL）语句，用于标记事务边界和控制事务行为。
- 数据控制语言（Data Control Language，DCL）语句，用于向用户或用户组授予（或撤销）数据库权限，以便执行各种操作。

　　本章只探讨用于查询数据的 DML 语句。用于插入、修改和删除数据的其余 DML 语句将在第 7 章中讨论。在那里，还将讲解 SQL DDL 语句。第 7 章还会涉及 SQL/PSM。第 10A 章讲解的是 SQL Server 2019 中 SQL/PSM 的用法，第 10B 章讲解的 SQL/PSM 与 Oracle Database 19c 和 Oracle Database XE 有关，第 10C 章讲解的是 MySQL 8.0 下的 SQL/PSM。TCL 语句和 DCL 语句在第 9 章讲解。

BY THE WAY　有些作者将 SQL 查询视为 SQL 的一个独立部分，而不是 SQL DML 的一部分。需要注意到，SQL 规范里面的 "SQL/框架" 部分包含了 SQL 查询，并且把它看成 "SQL-数据语句" 类的声明的一部分，同时将其当成 SQL DML 语句。

BY THE WAY　用于 SQL DML 的 4 种操作有时被称为 CRUD: Create(创建)、Read(读取)、Update(更新)、Delete（删除）。本书中没有使用这个词，但应该知道它的意思。

　　SQL 无处不在，因此 SQL 编程是一项重要的技能。今天，几乎所有的 DBMS 产品都使用 SQL，只有一些新兴的 NoSQL 运动和大数据产品例外。对于一些企业级 DBMS，诸如 Microsoft SQL Server 2019、Oracle Database、MySQL 8.0 等，要求熟练使用 SQL。这些 DBMS 产品中，所有的数据操作都使用 SQL。

　　第 1 章中说过，如果使用过 Microsoft Access，则即使没有意识到，也已经有了 SQL 经验。

每次处理表单、创建报表或运行查询时，Microsoft Access 都会生成 SQL 并将它发送到 Microsoft Access 的内部 ACE DBMS 引擎。除了进行基本的数据库处理，还需要了解隐藏在 Microsoft Access 之下的 SQL。而且，一旦了解了 SQL，就会发现用 SQL 编写查询语句，比使用图形化表单、按钮和其他工具更容易，后者必须使用 Microsoft Access 示例查询风格的 GUI 来创建查询。

2.4　SQL SELECT/FROM/WHERE 框架

本节介绍 SQL 查询语句的基本语句框架。讨论完这个基本结构之后，将讲解如何向 Microsoft Access、SQL Server、Oracle Database 和 MySQL 提交 SQL 语句。如果愿意，可以按照本章余下部分所解释的方式处理 SQL 语句。SQL 查询的基本形式采用 SQL SELECT/FROM/WHERE 框架。在此框架中：

- SQL SELECT 子句指定在查询结果中列出哪些列。
- SQL FROM 子句指定在哪些表中进行查询。
- SQL WHERE 子句指定在查询结果中列出哪些行。

下面通过一些示例来体会一下这个框架。

2.4.1　从单个表中读取指定的列

第一个查询非常简单。假设希望获取 SKU_DATA 表中的值。为此，可以编写一条 SQL SELECT 语句，其中包含表中的所有列名。读取数据的 SQL 语句如下：

```
SELECT      SKU, SKU_Description, Department, Buyer
FROM        SKU_DATA;
```

根据图 2.6 中的数据，当 DBMS 处理此语句时，结果将是：

	SKU	SKU_Description	Department	Buyer
1	100100	Std. Scuba Tank, Yellow	Water Sports	Pete Hansen
2	100200	Std. Scuba Tank, Magenta	Water Sports	Pete Hansen
3	100300	Std. Scuba Tank, Light Blue	Water Sports	Pete Hansen
4	100400	Std. Scuba Tank, Dark Blue	Water Sports	Pete Hansen
5	100500	Std. Scuba Tank, Light Green	Water Sports	Pete Hansen
6	100600	Std. Scuba Tank, Dark Green	Water Sports	Pete Hansen
7	101100	Dive Mask, Small Clear	Water Sports	Nancy Meyers
8	101200	Dive Mask, Med Clear	Water Sports	Nancy Meyers
9	201000	Half-dome Tent	Camping	Cindy Lo
10	202000	Half-dome Tent Vestibule	Camping	Cindy Lo
11	203000	Half-dome Tent Vestibule - Wide	Camping	Cindy Lo
12	301000	Light Fly Climbing Harness	Climbing	Jerry Martin
13	302000	Locking Carabiner, Oval	Climbing	Jerry Martin

执行 SQL 语句时，它们会对表进行转换操作。SQL 语句从一个表开始，以某种方式处理该表，然后将结果放在另一个表结构中。即使处理的结果只是一个数字，该数字也被认为是一个只有一行和一列的表。正如本章末尾将讲到的，一些 SQL 语句能够处理多个表。但是，无论输入表的数量有多少，每个 SQL 语句的结果都是一个表。

注意，SQL 语句以分号（;）字符结尾。分号是 SQL 标准所要求的。虽然有些 DBMS 产品允许省略分号，但有些不允许这样做。因此，要养成用分号结束 SQL 语句的习惯。

SQL 语句还可以包含 SQL 注释，它是用于记录 SQL 语句的文本块，但不作为 SQL 语句的一部分执行。SQL 注释包含在符号"/*"和"*/"中；执行 SQL 语句时，会忽略这些符号之间的任何文本。例如，下面的 SQL 查询添加了一个 SQL 注释，通过包含一个查询名称来记录这个查询：

```
/* *** SQL-Query-CH02-01 *** */
SELECT      SKU, SKU_Description, Department, Buyer
FROM        SKU_DATA;
```

由于执行 SQL 语句时会忽略 SQL 注释，因此该查询的输出与前面显示的 SQL 查询输出相同。类似的注释会用来标记本章中的 SQL 语句，以方便在文中引用特定的 SQL 语句。

SQL 为查询表的所有列提供了一种速记符号。这个速记符号是 SQL 星号（*）通配符，表示希望显示所有的列：

```
/* *** SQL-Query-CH02-02 *** */
SELECT      *
FROM        SKU_DATA;
```

这个查询的结果同样是一个包含 SKU_DATA 表中所有行和所有列的表：

	SKU	SKU_Description	Department	Buyer
1	100100	Std. Scuba Tank, Yellow	Water Sports	Pete Hansen
2	100200	Std. Scuba Tank, Magenta	Water Sports	Pete Hansen
3	100300	Std. Scuba Tank, Light Blue	Water Sports	Pete Hansen
4	100400	Std. Scuba Tank, Dark Blue	Water Sports	Pete Hansen
5	100500	Std. Scuba Tank, Light Green	Water Sports	Pete Hansen
6	100600	Std. Scuba Tank, Dark Green	Water Sports	Pete Hansen
7	101100	Dive Mask, Small Clear	Water Sports	Nancy Meyers
8	101200	Dive Mask, Med Clear	Water Sports	Nancy Meyers
9	201000	Half-dome Tent	Camping	Cindy Lo
10	202000	Half-dome Tent Vestibule	Camping	Cindy Lo
11	203000	Half-dome Tent Vestibule - ...	Camping	Cindy Lo
12	301000	Light Fly Climbing Harness	Climbing	Jerry Martin
13	302000	Locking Carabiner, Oval	Climbing	Jerry Martin

BY THE WAY 在 SQL SELECT 语句中，SELECT 子句和 FROM 子句是语句中必须存在的子句。通过简单地告诉 SQL 应该从哪个表中读取哪些列，就能够获得一个完整的查询。本章的其余部分将讨论其他子句，比如 WHERE 子句，它可以用作 SQL SELECT 语句的一部分。但是，所有这些其他子句都是可选的。

2.4.2　在单个表的 SQL 查询中指定列顺序

假设只希望获得 SKU_DATA 表的 Department 和 Buyer 列的值。这时，只需指定 Department 和 Buyer 列的列名称。读取这些数据的 SQL SELECT 语句如下：

```
/* *** SQL-Query-CH02-03 *** */
SELECT      Department, Buyer
FROM        SKU_DATA;
```

根据图 2.6 中的数据，当 DBMS 处理此语句时，结果将是：

	Department	Buyer
1	Water Sports	Pete Hansen
2	Water Sports	Pete Hansen
3	Water Sports	Pete Hansen
4	Water Sports	Pete Hansen
5	Water Sports	Pete Hansen
6	Water Sports	Pete Hansen
7	Water Sports	Nancy Meyers
8	Water Sports	Nancy Meyers
9	Camping	Cindy Lo
10	Camping	Cindy Lo
11	Camping	Cindy Lo
12	Climbing	Jerry Martin
13	Climbing	Jerry Martin

　　SELECT 短语中的列名称顺序，决定了结果表中列的顺序。因此，如果在 SELECT 语句中对调 Buyer 和 Department，它们也会在输出表中进行交换。

```
/* *** SQL-Query-CH02-04 *** */
SELECT      Buyer, Department
FROM        SKU_DATA;
```

得到的结果为：

	Buyer	Department
1	Pete Hansen	Water Sports
2	Pete Hansen	Water Sports
3	Pete Hansen	Water Sports
4	Pete Hansen	Water Sports
5	Pete Hansen	Water Sports
6	Pete Hansen	Water Sports
7	Nancy Meyers	Water Sports
8	Nancy Meyers	Water Sports
9	Cindy Lo	Camping
10	Cindy Lo	Camping
11	Cindy Lo	Camping
12	Jerry Martin	Climbing
13	Jerry Martin	Climbing

2.5　将 SQL 语句提交给 DBMS

在继续讲解 SQL 之前，需了解一下如何向特定的 DBMS 产品提交 SQL 语句。这样，就可以在学习时通过输入和运行这些 SQL 语句来体验它们的用途。提交 SQL 语句的具体方式，与所使用的 DBMS 有关。下面将分别给出在 Microsoft Access 2019、Microsoft SQL Server 2019、 Oracle Database 以及 MySQL 8.0 中提交 SQL 语句的过程。

BY THE WAY　不需要在 DBMS 中运行查询就可以学习 SQL。如果由于某些原因无法使用 Microsoft Access、SQL Server、Oracle Database 或 MySQL，不必气馁。没有它们，照样可以学习 SQL。但是，如果在学习时能够运行 SQL 语句，那么就更容易理解和记住它们。考虑到 Microsoft SQL Server 2019 Developer 和 Express 版本、Oracle Database XE 和 MySQL 8.0 Server Community 版都可以免费下载，即使没有购买 Microsoft Access 2019，也可以安装 DBMS 来运行这些 SQL 示例。在第 10A 章、第 10B 章和第 10C 章中可以了解使用这些产品创建数据库的具体说明。创建本章中使用的 Cape Codd 数据库所需的 SQL 脚本，可在配套资源中获得。

2.5.1　在 Microsoft Access 2019 中使用 SQL

在执行 SQL 语句之前，需要一台安装了 Microsoft Access 的计算机，并且需要一个包含图 2.6 中的表和示例数据的 Microsoft Access 数据库。Microsoft Access 是 Microsoft Office 套件的许多版本中的一部分，所以要找到一台安装了它的计算机，应该不是很困难。

由于学习该书的学生通常使用 Microsoft Access，因此将详细讲解如何在 Microsoft Access 中使用 SQL。但是，在继续讲解之前，需要讨论 Microsoft Access 中的一个特别之处：Microsoft Access 中使用的默认 SQL 版本的限制。

1. 不要使用 Microsoft Access ANSI-89 SQL

本书中对 SQL 的讨论是以自 ANSI SQL-92 标准（Microsoft 称之为 ANSI-92 SQL）以来出现在 SQL 标准中的 SQL 特性为基础的。然而 Microsoft Access 2019 仍然默认使用早期的 SQL-89 版本——Microsoft 称其为 ANSI-89 SQL 或 Microsoft Jet SQL（以 Microsoft Jet DBMS 引擎命名，已被 Microsoft Access 使用的 ACE DBMS 引擎取代）。ANSI-89 SQL 与 SQL-92 存在明显的不同，因此 SQL-92 语言的一些特性在 Microsoft Access 中无法工作。

Microsoft Access 2019（以及早期的 Microsoft Access 2003、2007、2010 和 2013 版本）中有一个设置，允许使用 SQL-92 而不是默认的 ANSI-89 SQL。Microsoft 包含此选项，以允许在 Microsoft SQL Server 的应用开发中使用表单和报告等 Microsoft Access 工具，后者支持较新的 SQL 标准。为了在 Microsoft Access 2019 中设置该选项，需单击 File 命令选项卡，然后单击 Options 命令，打开 Access Options 对话框。在 Access Options 对话框中，单击 Object Designers 按钮，显示 Access Options Object Designers 页面，如图 2.7 所示。

图 2.7 中的几个 SQL Server Compatible Syntax(ANSI 92)选项，控制在 Microsoft Access 2019 数据库中使用 SQL 的哪一个版本。如果选中的是 This database 复选框，则表示在当前数据库中使用 SQL-92 语法；如果选中的是 Default for new databases 复选框，则表示对所有新创建的数据库都默认使用 SQL-92 语法。单击 OK 按钮保存已更改的 SQL 语法选项后，将显示如图 2.8 所示的 SQL 语法信息对话框。需阅读这些信息，然后单击 OK 按钮关闭对话框。

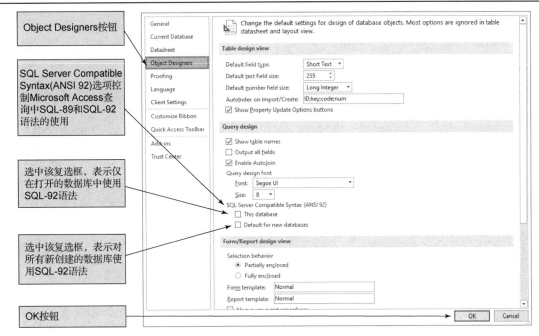

图 2.7　Microsoft Access 2019 中的 Object Designers 页面

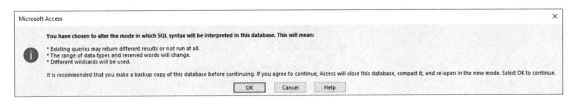

图 2.8　Microsoft Access 2019 SQL 语法信息对话框

遗憾的是，很少有用户或机构会将 Microsoft Access SQL 版本设置为 SQL-92 选项。因此，本章中假定 Microsoft Access 是在默认的 ANSI-89 SQL 模式下运行的。这样做的一个好处是有助于了解 Microsoft Access ANSI-89 SQL 的限制以及如何克服它们。

在接下来的讨论中，将通过"不要使用 Microsoft Access ANSI-89 SQL"内容框来标识出在 Microsoft Access ANSI-89 SQL 中不能工作的 SQL 命令和 SQL 子句。还会给出一些可行的变通方法。记住，一劳永逸的解决方案是选择在创建的数据库中使用 SQL-92 语法选项。

尽管如此，本书依然提供了 Microsoft Access 2019 Cape Codd 数据库的两个版本。名称为 Cape-Codd.accdb 的数据库文件，用于 Microsoft Access ANSI-89，而 Cape-Codd-SQL-92.accdb 使用的是 Microsoft Access SQL-92。可按照需求选取其中的一个（也可同时使用两个并比较它们的执行结果）。请注意，这些文件包含三个额外的表（INVENTORY、WAREHOUSE 和 CATALOG_SKU_2019），本章中不会使用它们，但是后面的习题中会用到。

当然，也可以创建自己的 Microsoft Access 数据库，然后按照附录 A 中的讲解，添加图 2.4、图 2.5 和图 2.6 中的数据。如果是自己创建数据库，则除了需创建本章中所讨论的 RETAIL_ORDER、ORDER_ITEM、SKU_DATA 以及 BUYER 表，还需要根据后面的习题创建 WAREHOUSE、INVENTORY 和 CATALOG_SKU_2019 表。这将确保在显示器上看到的内容与本章的屏幕截图一致。无论是下载数据库文件还是自己构建它，至少需要选择其一才能进入下一步。

2．在 Microsoft Access 2019 中处理 SQL 语句

为了处理 Microsoft Access 2019 中的 SQL 语句，需首先按照附录 A 中的讲解在 Microsoft Access 中打开数据库，然后新创建一个选项卡 Query 窗口。

在 Design View 下打开 Microsoft Access 的 Query 窗口

1．单击 Create 命令选项卡，会显示一组 Create 命令，如图 2.9 所示。

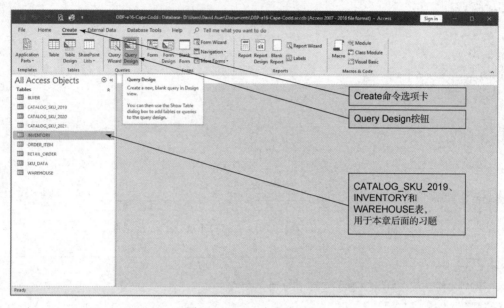

图 2.9　Create 命令选项卡

2．单击 Query Design 按钮。

3．这会在 Design 视图中显示一个 Query1 文档窗口选项卡以及一个 Show Table 对话框，如图 2.10 所示。

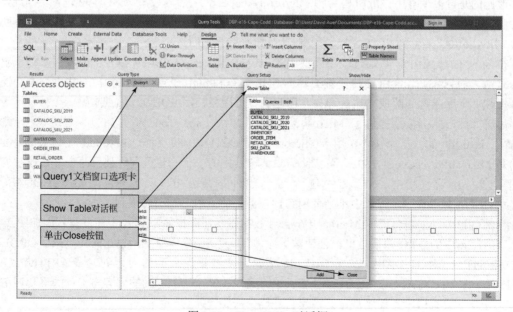

图 2.10　Show Table 对话框

4. 单击 Show Table 对话框中的 Close 按钮。现在，Query1 文档窗口会如图 2.11 所示，其中显示了一个 Query Tools 上下文选项卡和一个 Design 命令选项卡。此窗口用于在 Design 视图中创建和编辑 Microsoft Access 查询，并可与 Microsoft Access QBE（Query By Example）一起使用。

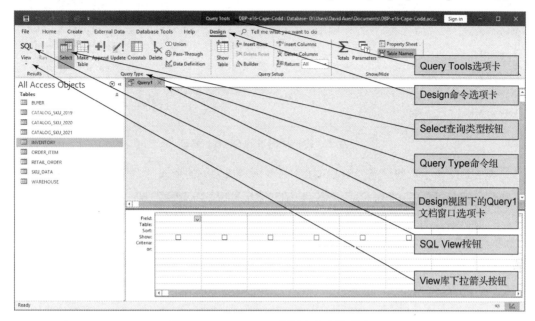

图 2.11　Query Tools 上下文命令选项卡

注意，在图 2.11 的 Design 选项卡上的 Query Type 组中，选择了 Select 按钮。活动的或被选中的按钮总是以灰色高亮的形式显示的。被选中的这个 Select 按钮表明正在创建一个等价于 SQL SELECT 语句的查询。

还要注意，图 2.11 的 Design 选项卡的 Results 组中使用了 View 库。可以利用这个 View 库在 Design 视图和 SQL 视图之间切换。但是，也可以通过 SQL View 按钮来切换到 SQL 视图。之所以显示 SQL View 按钮是因为 Microsoft Access 认为，它是最有可能在库中被选中的视图。在 View 库的上方，Microsoft Access 总是以一个按钮的形式显示"最有可能需要"的视图选项。

对于即将讨论的第一个 SQL 查询，将使用 SQL-Query-CH02-01 中的语句：

```
/* *** SQL-Query-CH02-01 *** */
SELECT     SKU, SKU_Description, Department, Buyer
FROM       SKU_DATA;
```

打开 SQL Query 窗口并运行 SQL 查询语句

1. 单击 Design 选项卡上 Results 组中的 SQL View 按钮。Query1 窗口会切换到 SQL 视图，如图 2.12 所示。注意，基本的 SQL 命令"SELECT;"已经显示在窗口中。这是一条不完整的命令，运行它不会产生任何结果。

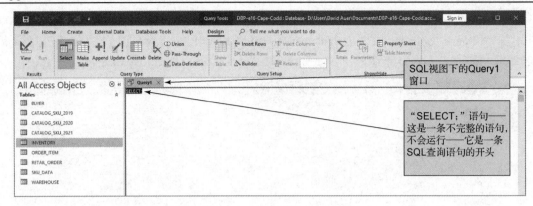

图 2.12　SQL 视图下的 Query1 窗口

2．如图 2.13 所示，将这条"SELECT；"命令编辑成如下的形式（不包括 SQL 注释行）：

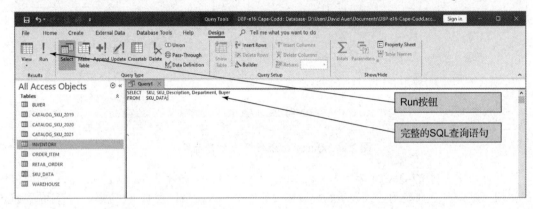

图 2.13　SQL 查询

```
SELECT     SKU, SKU_Description, Department, Buyer
FROM       SKU_DATA;
```

3．单击 Design 选项卡上的 Run 按钮。查询结果如图 2.14 所示。将图中显示的结果与前面显示的 SQL-Query-CH02-01 结果进行比较。

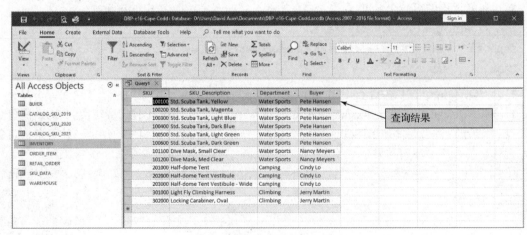

图 2.14　SQL 查询的结果

因为 Microsoft Access 是一个包含应用生成器的个人数据库，所以可以保存 Microsoft Access 查询以备将来使用。企业级 DBMS 产品通常不允许保存查询（尽管它们允许在数据库中将 SQL 视图和 SQL 查询脚本作为单独的文件保存——稍后将讨论这些方法）。

保存 SQL 查询

1. 为了保存查询，需单击 Quick Access 工具栏上的 Save 按钮。这会出现如图 2.15 所示的 Save As 对话框。

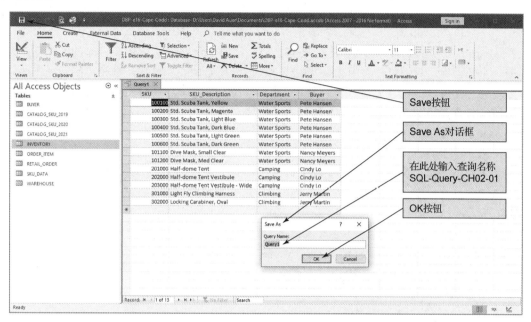

图 2.15　Save As 对话框

2. 将查询名称设置为 SQL-Query-CH02-01，然后单击 OK 按钮。这样，就保存了这个查询，而窗口会被重命名为所设置的查询名称。如图 2.16 所示，查询文档窗口现在被命名为 SQL-Query-CH02-01，一个新创建的 SQL-Query-CH02-01 查询对象会出现在导航窗口的 Queries 部分。

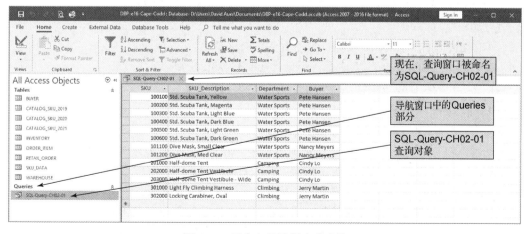

图 2.16　已命名并被保存的查询

3．单击文档窗口的 Close 按钮，关闭 SQL-Query-CH02-01 窗口。

4．如果 Microsoft Access 显示一个对话框，询问是否要保存对查询 SQL-Query-CH02-01 设计的更改，单击 Yes 按钮。

接着，应该处理前面讨论的 SQL SELECT/FROM/WHERE 框架中的其他三个查询。将每个查询保存为 SQL-Query-CH02-##，其中##是一个从 02 到 04 的序列号，分别对应于每个查询的 SQL 注释行中显示的 SQL 查询标签。

2.5.2　在 Microsoft SQL Server 2019 中使用 SQL

在 Microsoft SQL Server 中使用 SQL 语句之前，需要一台安装了 SQL Server 的计算机，该计算机有一个数据库，其中包含如图 2.4、图 2.5 和图 2.6 所示的表和数据。学校可能已经在计算机实验室安装了 SQL Server 并输入了这些数据。如果已经安装完毕，则需按照相关提示访问数据库。

否则，需要获得 SQL Server 2019 的副本并将其安装到计算机上。请阅读第 10A 章关于获取和安装 SQL Server 2019 的材料。

SQL Server 2019 安装之后，需要阅读第 10A 章中关于如何使用 SQL Server 的内容，它解释了如何创建 Cape_Codd 数据库（注意，这个数据库名称使用了下画线），以及如何运行 SQL Server 脚本来创建和填充 Cape_Codd 数据库表。Cape_Codd 数据库的 SQL Server 2019 脚本可以从网站上找到。

SQL Server 2019 使用 Microsoft SQL Server Management Studio 作为管理 SQL Server DBMS 和数据库的 GUI 工具。Microsoft SQL Server Management Studio（简称为 SQL Server Management Studio）是 SQL Server 2019 安装过程的一部分，将在第 10A 章进行讨论。图 2.17 给出了执行 SQL-Query-CH02-01 的结果（注意，SQL 注释没有包含在运行时的 SQL 语句中；如果愿意，可以将 SQL 注释包含在 SQL 代码中）：

```
/* *** SQL-Query-CH02-01 *** */
SELECT    SKU, SKU_Description, Department, Buyer
FROM      SKU_DATA;
```

在 SQL Server Management Studio 中运行 SQL 查询

1．单击 New Query 按钮，显示一个新的查询窗口选项卡。

2．如果 Cape_Codd 数据库没有显示在 Available Database 框中，请在 Available Databases 下拉列表中选择它。

3．单击 Intellisense Enabled 按钮，禁用 Intellisense 功能。

4．输入如下的 SQL SELECT 命令（不包含前面的 SQL 注释行）：

```
SELECT    SKU, SKU_Description, Department, Buyer
FROM      SKU_DATA;
```

现在，显示的 SQL 查询窗口会如图 2.17 所示。

5．此时，在实际运行命令之前，可以通过单击 Parse 按钮检查 SQL 命令的语法。Results 窗口将显示在图 2.17 所示的相同位置。如果 SQL 命令语法正确，则会显示一条"Command(s) completed successfully"消息；如果语法有问题，则显示一条错误消息。

6．单击 Execute 按钮，运行这条查询语句。结果会显示在图 2.17 的 Results 窗口中。

注意，在图 2.17 中，SQL Server Management Studio 左侧窗口的 Object Explorer 中，Cape_Codd 数据库对象已经展开，以显示 Cape_Codd 数据库中的表。SQL Server Management Studio 的许多功

能，都与 Object Explorer 中的对象相关联，通常可以通过右键单击对象所显示的快捷菜单来访问。

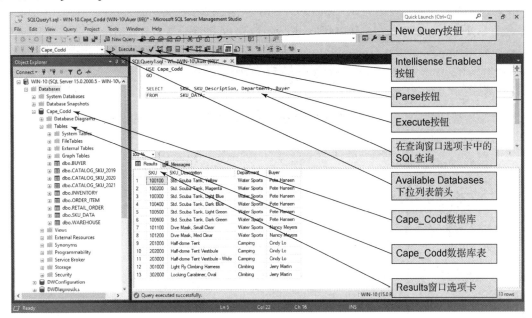

图 2.17　在 SQL Server Management Studio 中运行 SQL 查询

　此处使用的是运行在 Windows 10 上的 Microsoft SQL Server 2019。当在本书正文或图中给出具体的步骤序列时，采用的是 SQL Server 2019 中的命令术语和 Microsoft Windows 10 中的相关实用程序。如果运行的是工作站操作系统，如 Microsoft Windows 7、Microsoft Windows 8.1、Microsoft Server 2019 或 Linux，术语可能会有所不同。

SQL Server 2019 是一款企业级 DBMS 产品，此类产品通常不会将查询存储在 DBMS 中（它保存的 SQL 视图，可以被认为是一种查询类型——第 7 章将讨论 SQL 视图）。但是，可以将查询保存为 SQL 脚本文件。SQL 脚本文件是单独存储的纯文本文件，通常使用扩展名 ".sql"。可以打开 SQL 脚本并作为 SQL 命令（或命令组）运行。脚本通常用于创建和填充数据库，还可以用于存储一个或一组查询。图 2.18 显示了已经被保存为 SQL 脚本的 SQL 查询。

注意，图 2.18 中的 SQL 脚本位于一个名为 DBP-e16-Cape-Codd-Database 的文件夹下，如第 10A 章所述。建议在 Projects 文件夹中为每一个数据库创建一个子文件夹。这里已经创建了名为 DBP-e16-Cape-Codd-Database 的文件夹，用于存储与 Cape_Codd 数据库相关联的脚本文件。

在 SQL Server Management Studio 中将 SQL Server 查询保存为 SQL 脚本

1．单击 Save 按钮，这会出现如图 2.18 所示的 Save File As 对话框。

2．进入 \Documents\SQL Server Management Studio\Projects\DBP-e16-Cape-Codd-Database 文件夹。

3．注意，对话框中已经显示了两个 SQL 脚本名称，它们是用于创建和填充 Cape_Codd 数据库表的 SQL 脚本。

4．在 File Name 文本框中，键入 SQL 脚本文件名 SQL-Query-CH02-01。

5．单击 Save 按钮。

要重新运行保存的查询，可以单击 Open File 按钮，以打开 Open File 对话框，打开包含该查询的那个 SQL 脚本，然后单击 Execute 按钮。

接着，应该处理前面讨论的 SQL SELECT/FROM/WHERE 框架中的其他三个查询。将每个查询保存为 SQL-Query-CH02-##，其中##是一个从 02 到 04 的序列号，分别对应于每个查询的 SQL 注释行中显示的 SQL 查询标签。然后，可以在阅读本章的同时继续学习其他的示例 SQL 语句。

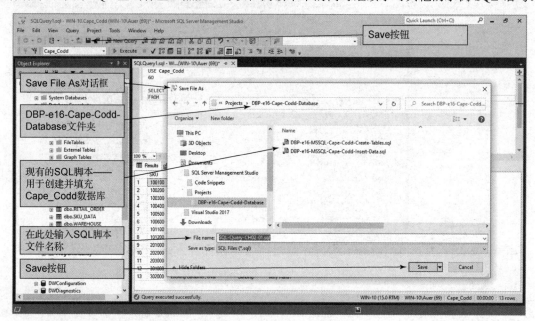

图 2.18　在 SQL Server Management Studio 中将 SQL 查询保存为 SQL 脚本

2.5.3　在 Oracle Database 中使用 SQL

在 Oracle Database 中使用 SQL 语句之前，需要一台安装了 Oracle Database 的计算机，该计算机有一个数据库，其中包含如图 2.4、图 2.5 和图 2.6 所示的表和数据。学校可能已经在计算机实验室安装了 Oracle Database 18c、Oracle Database 19c 或 Oracle Database XE 并输入了这些数据。如果已经安装完毕，则需按照相关提示访问数据库。否则，需要获得 Oracle Database XE 的副本并将其安装到计算机上。第 10B 章中有关于获取和安装 Oracle Database XE 的材料。

Oracle Database XE 安装之后，需要阅读第 10B 章中关于如何使用 Oracle Database 的内容，它解释了如何创建 Cape Codd 数据库。注意，Oracle Database 中的数据库名称有些复杂——这将在第 10B 章中加以解释。此处采用的是通用名称 Cape Codd 或者 Cape Codd 数据库。

虽然 Oracle 用户一直偏向于使用 Oracle SQL*Plus 命令行工具，但专业用户正在转向新的 Oracle SQL Developer GUI 工具。这个工具是作为 Oracle Database 19c 安装文件的一部分安装的。如果使用的是 Oracle Database XE，则需要下载和安装 SQL Developer，如第 10B 章所述。本书将用它作为标准的 GUI 工具来管理由 Oracle Database DBMS 创建的数据库。

图 2.19 给出了执行 SQL-Query-CH02-01 的结果（注意，SQL 注释没有包含在运行时的 SQL 语句中；如果愿意，可以将 SQL 注释包含在 SQL 代码中）：

```
/* *** SQL-Query-CH02-01 *** */
SELECT     SKU, SKU_Description, Department, Buyer
FROM       SKU_DATA;
```

在 Oracle SQL Developer 中运行 SQL 查询

1. 在 SQL Developer 中打开 Cape-Codd-Database 连接。这会出现一个 SQL Worksheet 选项卡。

2. 在 SQL Worksheet 选项卡中，输入如下的 SQL SELECT 命令（不包含前面的 SQL 注释行）：

```
SELECT      SKU, SKU_Description, Department, Buyer
FROM        SKU_DATA;
```

3. 单击 Execute 按钮，运行这条查询语句。结果会显示在图 2.19 的 Query Result 窗口中。

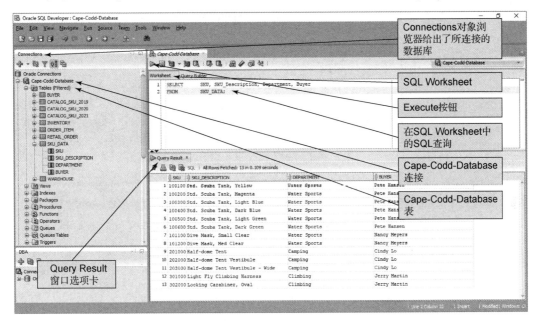

图 2.19　在 Oracle SQL Developer 中运行 SQL 查询

注意，在图 2.19 中，Oracle SQL Developer 左侧 Connections 对象浏览器中的 Cape-Codd-Database 对象已经展开，以显示 Cape Codd 数据库中的表。SQL Developer 的许多功能，都与 Connections 对象浏览器中的对象相关联，通常可以通过右键单击对象所显示的快捷菜单来访问。

BY THE WAY　此处使用的是运行在 Windows 10 上的 Oracle Database XE。当在本书正文或图中给出具体的步骤序列时，采用的是 Oracle Database 中的命令术语和 Microsoft Windows 10 中的相关实用程序。如果运行的是工作站操作系统，如 Microsoft Windows 7、Microsoft Windows 8.1、Microsoft Server 2019 或 Linux，术语可能会有所不同。

Oracle Database 是一款企业级 DBMS 产品，此类产品通常不会将查询存储在 DBMS 中（它保存的 SQL 视图可以被认为是一种查询类型——第 7 章将讨论 SQL 视图）。但是，可以将查询保存为 SQL 脚本文件。SQL 脚本文件是单独存储的纯文本文件，通常使用扩展名 ".sql"。可以打开 SQL 脚本并作为 SQL 命令（或命令组）运行。脚本通常用于创建和填充数据库，还可以用于存储一个或一组查询。图 2.20 显示了已经被保存为 SQL 脚本的 SQL 查询。

注意，图 2.20 中的 SQL 脚本位于 Users\{UserName}\Documents\SQL Developer\DBP-e16-Cape-Codd-Database 文件夹下，如第 10B 章所述。

建议在 Documents 文件夹下创建一个名为 SQL Developer 的子文件夹，然后在该文件夹中为每个数据库创建一个子文件夹。这里已经创建了名为 DBP-e16-Cape-Codd-Database 的文件夹，用于存储与 Cape Codd 数据库相关联的脚本文件。

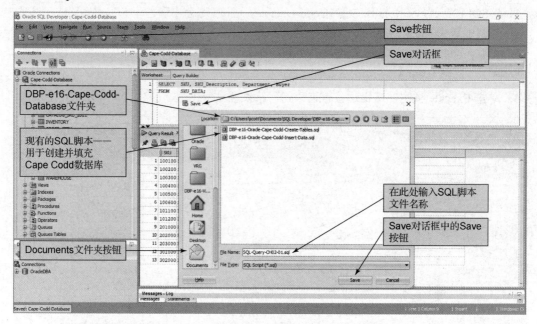

图 2.20   在 Oracle SQL Developer 中将一个 Oracle SQL 查询保存为 SQL 脚本

在 Oracle SQL Developer 中保存 SQL 脚本

1．单击 Save 按钮，这会出现图 2.20 中的 Save 对话框。

2．单击 Save 对话框上的 Documents 按钮，进入 Documents 文件夹，然后进入 DBP-e16-Cape-Codd-Database 子文件夹。

3．注意，对话框中已经显示了两个 SQL 脚本名称，它们是用于创建和填充 Cape Codd 数据库表的 SQL 脚本。

4．在 File Name 文本框中，键入 SQL 脚本文件名 SQL-Query-CH02-01.sql。

5．单击 Save 按钮。

要重新运行已保存的查询，可以单击 SQL Developer 的 Open File 按钮，打开 Open File 对话框，然后选择并打开这个查询文件，单击 Execute 按钮。

接着，应该处理前面讨论的 SQL SELECT/FROM/WHERE 框架中的其他三个查询。将每个查询保存为 SQL-Query-CH02-##，其中##是一个从 02 到 04 的序列号，分别对应于每个查询的 SQL 注释行中显示的 SQL 查询标签。然后，可以在阅读本章的同时继续学习其他的示例 SQL 语句。

2.5.4   在 MySQL 8.0 中使用 SQL

在 MySQL 8.0 中使用 SQL 语句之前，需要一台安装了 MySQL 的计算机，该计算机有一个数据库，其中包含如图 2.4、图 2.5 和图 2.6 所示的表和数据。学校可能已经在计算机实验室安装了 MySQL 8.0 并输入了这些数据。如果已经安装完毕，则需按照相关提示访问数据库。

否则，需要获得 MySQL Community Server 8.0 的副本并将其安装到计算机上。请阅读第 10C 章关于获取和安装 MySQL Community Server 8.0 的材料。

安装完毕之后，需要阅读第 10C 章中关于如何使用 MySQL Community Server 8.0 的内容，它解释了如何创建 cape_codd 数据库（注意，这个数据库名称使用了下画线，且全部为小写字母），以及如何运行 MySQL 脚本来创建和填充该数据库的表。cape_codd 数据库的 MySQL 8.0 SQL 脚本可以从网站上找到。

MySQL 使用 MySQL Workbench 作为 GUI 工具来管理 MySQL 8.0 DBMS 和 DBMS 控制的数据库。利用 MySQL Installer，可以将这个工具与 MySQL DBMS 一起安装，这将在第 10C 章中讨论。SQL 语句是在 MySQL Workbench 中创建并运行的。图 2.21 给出了执行 SQL-Query-CH02-01 的结果（注意，SQL 注释没有包含在运行时的 SQL 语句中；如果愿意，可以将 SQL 注释包含在 SQL 代码中）：

```
/* *** SQL-Query-CH02-01 *** */
SELECT    SKU, SKU_Description, Department, Buyer
FROM      SKU_DATA;
```

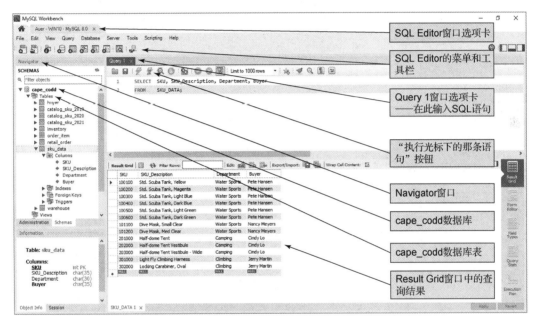

图 2.21　在 MySQL Workbench 中运行 SQL 查询

在 MySQL Workbench 中运行 SQL 查询

1．为了让 cape_codd 数据库成为默认模式（活动数据库），右键单击 cape_codd 模式（数据库）对象以显示快捷菜单，然后单击 Set As Default Schema 命令。

2．在 SQL Editor 窗口选项卡的 Query 1 窗口中，输入 SQL SELECT 命令（省略前面的 SQL 注释行）：

```
SELECT    SKU, SKU_Description, Department, Buyer
FROM      SKU_DATA;
```

现在，显示的 SQL 查询窗口会如图 2.21 所示。

3．单击"执行光标下的那条语句"按钮，运行查询。结果会显示在图 2.21 的 Result Grid 窗口中。

注意，在图 2.21 中 MySQL Workbench 左侧窗口的 Navigator 窗口中，cape_codd 数据库对象已经展开，以显示数据库中的表。MySQL Workbench 的许多功能都与 Navigator 窗口中的对象相关联，通常可以通过右键单击对象所显示的快捷菜单来访问。

BY THE WAY　此处使用的是运行在 Windows 10 上的 MySQL 8.0 Community Server。当在本书正文或图中给出具体的步骤序列时，采用的是 MySQL 8.0 中的命令术语和 Microsoft Windows 10 中的相关实用程序。如果运行的是工作站操作系统，如 Microsoft Windows 7、Microsoft Windows 8.1、Microsoft Server 2019 或 Linux，术语可能会有所不同。

MySQL 8.0 是一款企业级 DBMS 产品，此类产品通常不会将查询存储在 DBMS 中（它保存的 SQL 视图，可以被认为是一种查询类型——第 7 章将讨论 SQL 视图）。但是，可以将 MySQL 查询保存为 SQL 脚本文件。SQL 脚本文件是单独存储的纯文本文件，通常使用扩展名 ".sql"。可以打开 SQL 脚本文件并以 SQL 命令的形式运行。图 2.22 显示了已经被保存为 SQL 脚本文件的 SQL 查询。

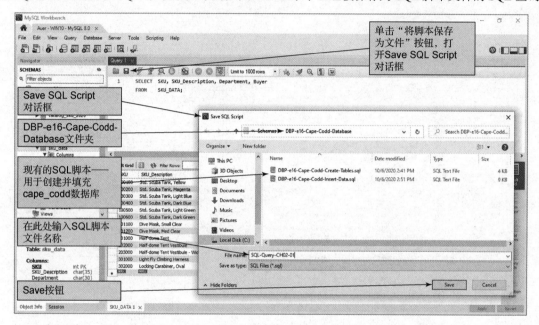

图 2.22　在 MySQL Workbench 中将 MySQL 查询保存为 SQL 脚本

图 2.22 中的 SQL 脚本文件位于 My Documents\MySQL Workbench\Schemas\DBP-e16-Cape-Codd-Database 文件夹下，如第 10C 章所述。默认情况下，MySQL Workbench 将文件存储在用户的 Documents 文件夹中。建议为每个 MySQL 数据库创建一个子文件夹。这里已经创建了一个名称为 DBP-e16-Cape-Codd-Database 的文件夹，用于存储与 cape_codd 数据库相关联的脚本文件。

在 MySQL Workbench 中保存 MySQL 查询

1．单击 "将脚本保存为文件" 按钮，出现如图 2.22 所示的 Save SQL Script 对话框。

2．进入 Documents\MySQL Workbench\Schemas\DBP-e16-Cape-Codd-Database 文件夹。

3．在 File name 文本框中，键入 SQL 脚本文件名 SQL-Query-CH02-01。

4．单击 Save 按钮。

要重新运行已保存的查询，可以单击 File | Open SQL Script 菜单命令，打开 Open SQL Script 对话框，然后选择并打开包含 SQL 查询的.sql 文件，最后单击 "执行光标下的那条语句" 按钮。

接着，应该处理前面讨论的 SQL SELECT/FROM/WHERE 框架中的其他三个查询。将每个查询保存为 SQL-Query-CH02-##，其中##是一个从 02 到 04 的序列号，分别对应于每个查询的 SQL 注释行中显示的 SQL 查询标签。然后，可以在阅读本章的同时继续学习其他的示例 SQL 语句。

2.6　用于查询单个表的 SQL 强化功能

前面已经讲解了如何在 DBMS 中运行 SQL 查询，下面回到 SQL 语法本身的讨论。讲解 SQL 查询时使用了处理单个表的 SQL 语句，现在将为这些查询添加一些 SQL 特性。将看到 SQL 在查询数据库和从现有数据创建信息方面是多么强大。

BY THE WAY　本章中的 SQL 结果是使用 Microsoft SQL Server 2019 生成的；来自其他 DBMS 产品的查询结果将是相似的，但可能略有不同。

2.6.1　从单个表中读取指定的行

既然已经知道了如何指定 SQL 查询结果中包含哪些列，也需要讨论如何控制结果中包含哪些行。注意，在 SQL-Query-CH02-04 的查询结果中，有些行是重复的，例如第一行和第二行中的数据。利用 SQL DISTINCT 关键字，可以消除这种重复：

```
/* *** SQL-Query-CH02-05 *** */
SELECT      DISTINCT Buyer, Department
FROM        SKU_DATA;
```

这条语句的结果中，所有重复的行都被删除了：

	Buyer	Department
1	Cindy Lo	Camping
2	Jerry Martin	Climbing
3	Nancy Meyers	Water Sports
4	Pete Hansen	Water Sports

BY THE WAY　SQL 不能自动消除重复行，是因为这样做可能非常耗时。要确定是否有重复行，每一行都必须与其他行进行比较。如果一个表中有 100 000 行，那么检查这么多行将花费很长时间。因此，默认情况下不删除重复项。但是，利用 DISTINCT 关键字，就可以强制删除它们。

还可以使用 SQL TOP {NumberOfRows}功能来控制显示的行数（仅适用于 SQL Server, Oracle Database 和 MySQL 使用 LIMIT 子句来达到相同的效果）。例如，如果只希望查看 SQL-Query-CH02-04 中的第 1～5 行，则可以写成：

```
/* *** SQL-Query-CH02-06 *** */
SELECT      TOP 5 Buyer, Department
FROM        SKU_DATA;
```

这条语句，将只显示 8 行查询结果中的前 5 行。注意，因为没有使用 DISTINCT 关键字，所以会得到一些重复行：

	Buyer	Department
1	Pete Hansen	Water Sports
2	Pete Hansen	Water Sports
3	Pete Hansen	Water Sports
4	Pete Hansen	Water Sports
5	Pete Hansen	Water Sports

还可以使用 SQL TOP {Percentage} PERCENT 功能来显示结果行的百分比（仅用于 SQL Server，Oracle Database 使用 LIMIT 子句来实现相同的效果）。例如，如果只希望查看 SQL-Query-CH02-04 中的 75%查询结果，则可以写成：

```
/* *** SQL-Query-CH02-07 *** */
SELECT      TOP 75 PERCENT Buyer, Department
FROM        SKU_DATA;
```

运行这条语句将只显示 13 行查询结果中的前 10 行。注意，因为没有使用 DISTINCT 关键字，所以会得到一些重复行：

	Buyer	Department
1	Pete Hansen	Water Sports
2	Pete Hansen	Water Sports
3	Pete Hansen	Water Sports
4	Pete Hansen	Water Sports
5	Pete Hansen	Water Sports
6	Pete Hansen	Water Sports
7	Nancy Meyers	Water Sports
8	Nancy Meyers	Water Sports
9	Cindy Lo	Camping
10	Cindy Lo	Camping

DISTINCT、TOP {NumberOfRows}和 TOP {Percentage}PERCENT 功能，在控制结果中显示哪些行方面提供了一些帮助，但是控制 SQL SELECT 语句输出中的行的真正威力，来自 WHERE 子句。假设我们需要 SKU_DATA 表的所有列，但只需要 Water Sports 部门的行。利用 SQL WHERE 子句就可以获得这个结果：

```
/* *** SQL-Query-CH02-08 *** */
SELECT      *
FROM        SKU_DATA
WHERE       Department = 'Water Sports';
```

这条语句的结果为：

	SKU	SKU_Description	Department	Buyer
1	100100	Std. Scuba Tank, Yellow	Water Sports	Pete Hansen
2	100200	Std. Scuba Tank, Magenta	Water Sports	Pete Hansen
3	100300	Std. Scuba Tank, Light Blue	Water Sports	Pete Hansen
4	100400	Std. Scuba Tank, Dark Blue	Water Sports	Pete Hansen
5	100500	Std. Scuba Tank, Light Green	Water Sports	Pete Hansen
6	100600	Std. Scuba Tank, Dark Green	Water Sports	Pete Hansen
7	101100	Dive Mask, Small Clear	Water Sports	Nancy Meyers
8	101200	Dive Mask, Med Clear	Water Sports	Nancy Meyers

BY THE WAY　SQL 对单引号非常挑剔，它需要在一般文本编辑器中能找到的普通、无方向的引号。许多文字处理器产生的花哨的定向引号会在 SQL 中导致错误。因此，如果是复制并粘贴来自某些文字处理器的查询，可能会导致语法错误。例如，数据值'Water Sports'是正确的，而 'Water Sports' 不是。看出差别了吗？

SQL-Query-CH02-08 的 WHERE 子句中的等号（=）是一个 SQL 比较运算符（SQL comparison operator）。常见的 SQL 比较运算符在图 2.23 中给出。

SQL 比较运算符	
运算符	含义
=	等于
<>	不等于
<	小于
>	大于
<=	小于或等于
>=	大于或等于
IN	等于值集中的某一个值
NOT IN	不等于值集中的任何值
BETWEEN	位于某个值范围内（包括两个边界值）
NOT BETWEEN	不位于某个值范围内（包括两个边界值）
LIKE	匹配一个字符序列
NOT LIKE	不匹配一个字符序列
IS NULL	等于 NULL
IS NOT NULL	不等于 NULL

图 2.23 SQL 比较运算符

在 SQL WHERE 子句中，如果列包含文本或日期数据，则比较值必须用单引号括起来（'{文本或日期数据}'）。例如，对于 CATALOG_SKU_2020 表，只有在 Cape Codd 网站 2020 年 1 月 1 日存在的 SKU 才会出现在打印的目录册中。为了查看这些商品，可使用如下的查询：

```
/* *** SQL-Query-CH02-09 *** */
SELECT      *
FROM        CATALOG_SKU_2020
WHERE       DateOnWebSite = '01-JAN-2020';
```

这条语句的结果为：

	CatalogID	SKU	SKU_Description	Department	CatalogPage	DateOnWebSite
1	20200001	100100	Std. Scuba Tank, Yellow	Water Sports	23	2020-01-01
2	20200002	100300	Std. Scuba Tank, Light Blue	Water Sports	23	2020-01-01
3	20200004	101100	Dive Mask, Small Clear	Water Sports	26	2020-01-01
4	20200005	101200	Dive Mask, Med Clear	Water Sports	26	2020-01-01
5	20200006	201000	Half-dome Tent	Camping	46	2020-01-01
6	20200007	202000	Half-dome Tent Vestibule	Camping	46	2020-01-01
7	20200008	301000	Light Fly Climbing Harness	Climbing	77	2020-01-01
8	20200009	302000	Locking Carabiner, Oval	Climbing	79	2020-01-01

BY THE WAY 在 WHERE 子句中使用日期时，通常可以将其括在单引号中，就像 SQL-Query-CH02-09 中所示的字符串一样。但是，如果使用的是 Microsoft Access 2019，则必须将日期包含在#符号中。例如：

```
/* *** SQL-Query-CH02-09-Access *** */
SELECT      *
FROM        CATALOG_SKU_2020
WHERE       DateOnWebSite = #01/01/2020#;
```

在 SQL 语句中使用日期数据时，Oracle Database 和 MySQL 8.0 也有一些特性，它们将在第 10B 章和第 10C 章中分别讨论。SQL-Query-CH02-09 在 Oracle Database 中可以正常使用，但是在 MySQL 中需要将日期常量写成 '01.01.20'。

如果列包含数值数据，则比较值时不需要放在引号中。因此，要查找值大于 200 000 的所有 SKU 行，可以使用 SQL 语句（注意，数值代码中不包含逗号）：

```
/* *** SQL-Query-CH02-10 *** */
SELECT      *
FROM        SKU_DATA
WHERE       SKU > 200000;
```

结果为：

	SKU	SKU_Description	Department	Buyer
1	201000	Half-dome Tent	Camping	Cindy Lo
2	202000	Half-dome Tent Vestibule	Camping	Cindy Lo
3	203000	Half-dome Tent Vestibule - Wide	Camping	Cindy Lo
4	301000	Light Fly Climbing Harness	Climbing	Jerry Martin
5	302000	Locking Carabiner, Oval	Climbing	Jerry Martin

2.6.2 从单个表中读取指定的列和行

前面所讲解的，通常是选择某些列和所有行，或者选择所有列和某些行（例外情况是所讨论的 DISTINCT、TOP {NumberOfRows} 以及 TOP {Percentage} PERCENT 功能）。可以组合这些操作来选择某些列和某些行，方法是指定希望得到的列，然后使用 SQL WHERE 子句。例如，为了获得 Climbing 部门中所有产品的 SKU_Description 和 Department 列信息，可以使用 SQL 查询：

```
/* *** SQL-Query-CH02-11 *** */
SELECT      SKU_Description, Department
FROM        SKU_DATA
WHERE       Department = 'Climbing';
```

结果为：

	SKU_Description	Department
1	Light Fly Climbing Harness	Climbing
2	Locking Carabiner, Oval	Climbing

SQL 不要求 WHERE 子句中使用的列也出现在 SELECT 子句中。所以，可以进行查询：

```
/* *** SQL-Query-CH02-12 *** */
SELECT      SKU_Description, Buyer
FROM        SKU_DATA
WHERE       Department = 'Climbing';
```

其中 WHERE 子句中的 Department 列名称，就没有出现在 SELECT 子句中。结果为：

	SKU_Description	Buyer
1	Light Fly Climbing Harness	Jerry Martin
2	Locking Carabiner, Oval	Jerry Martin

BY THE WAY　标准的做法是在不同的行上编写带有 SELECT、FROM 和 WHERE 子句的 SQL 语句。然而，这种做法只是一种编码惯例，SQL 解释器并不要求这样做。可以将 SQL-Query-CH02-12 的代码编写在一起：

```
SELECT SKU_Description, Buyer FROM SKU_DATA WHERE
Department = 'Climbing';
```

所有 DBMS 产品都能够处理以这种方式编写的语句。但是，标准的多行编码惯例能使 SQL 更容易阅读，所以推荐这么做。

2.6.3　排序 SQL 查询结果

SQL 语句产生的行顺序是任意的，由每个 DBMS 内部的程序决定。如果希望 DBMS 以特定的顺序显示行，可以在 SELECT/FROM/WHERE 框架中添加 SQL ORDER BY 子句。例如，要按 OrderNumber 的递增顺序（默认的排序顺序）对 ORDER_ITEM 表中的行进行排序，可以使用 SQL 语句：

```
/* *** SQL-Query-CH02-13 *** */
SELECT        *
FROM          ORDER_ITEM
ORDER BY      OrderNumber;
```

其结果如下：

	OrderNumber	SKU	Quantity	Price	ExtendedPrice
1	1000	201000	1	300.00	300.00
2	1000	202000	1	130.00	130.00
3	2000	101100	4	50.00	200.00
4	2000	101200	2	50.00	100.00
5	3000	101200	1	50.00	50.00
6	3000	101100	2	50.00	100.00
7	3000	100200	1	300.00	300.00

可以通过添加第二个列名来按两列排序。例如，首先按 OrderNumber 排序，然后按 Price 排序，可以使用 SQL 查询：

```
/* *** SQL-Query-CH02-14 *** */
SELECT        *
FROM          ORDER_ITEM
ORDER BY      OrderNumber, Price;
```

结果为：

	OrderNumber	SKU	Quantity	Price	ExtendedPrice
1	1000	202000	1	130.00	130.00
2	1000	201000	1	300.00	300.00
3	2000	101100	4	50.00	200.00
4	2000	101200	2	50.00	100.00
5	3000	101200	1	50.00	50.00
6	3000	101100	2	50.00	100.00
7	3000	100200	1	300.00	300.00

如果希望按先 Price、后 OrderNumber 的顺序对数据排序，只需将 ORDER BY 子句中的这两个列的顺序对调即可：

```
/* *** SQL-Query-CH02-15 *** */
SELECT      *
FROM        ORDER_ITEM
ORDER BY    Price, OrderNumber;
```

结果为：

	OrderNumber	SKU	Quantity	Price	ExtendedPrice
1	2000	101100	4	50.00	200.00
2	2000	101200	2	50.00	100.00
3	3000	101200	1	50.00	50.00
4	3000	101100	2	50.00	100.00
5	1000	202000	1	130.00	130.00
6	1000	201000	1	300.00	300.00
7	3000	100200	1	300.00	300.00

BY THE WAY　　与这里显示的 SQL Server 输出不同，Microsoft Access 在货币数据的输出中会显示美元符号。

默认情况下，行按升序排序。若要按降序排序，则需在列名后面添加 SQL DESC 关键字。因此，为了先按 Price 降序排序，然后按 OrderNumber 升序排序，可使用 SQL 查询：

```
/* *** SQL-Query-CH02-16 *** */
SELECT      *
FROM        ORDER_ITEM
ORDER BY    Price DESC, OrderNumber ASC;
```

结果为：

	OrderNumber	SKU	Quantity	Price	ExtendedPrice
1	1000	201000	1	300.00	300.00
2	3000	100200	1	300.00	300.00
3	1000	202000	1	130.00	130.00
4	2000	101100	4	50.00	200.00
5	2000	101200	2	50.00	100.00
6	3000	101200	1	50.00	50.00
7	3000	101100	2	50.00	100.00

因为默认的顺序是升序，所以没有必要在最后一条 SQL 语句中指定 ASC。这样，下面的 SQL 语句与前面的 SQL 查询等价：

```
/* *** SQL-Query-CH02-17 *** */
SELECT      *
FROM        ORDER_ITEM
ORDER BY    Price DESC, OrderNumber;
```

得到的结果也相同：

	OrderNumber	SKU	Quantity	Price	ExtendedPrice
1	1000	201000	1	300.00	300.00
2	3000	100200	1	300.00	300.00
3	1000	202000	1	130.00	130.00
4	2000	101100	4	50.00	200.00
5	2000	101200	2	50.00	100.00
6	3000	101200	1	50.00	50.00
7	3000	101100	2	50.00	100.00

2.6.4 SQL WHERE 子句的选项

SQL 包含许多 SQL WHERE 子句选项，它们极大地扩展了 SQL 的功能和实用性。本节中将讲解其中的 5 个选项：复合子句、值集、范围、通配符和 NULL 值。

1. 使用逻辑运算符的复合 SQL WHERE 子句

利用 SQL 逻辑运算符，可以使 SQL WHERE 子句包含多个条件。这些 SQL 逻辑运算符可以是 AND、OR 和 NOT，图 2.24 总结了它们。

SQL 逻辑运算符	
运 算 符	含 义
AND	两个条件都为 TRUE
OR	一个或两个条件为 TRUE
NOT	否定相关的条件

图 2.24 SQL 逻辑运算符

SQL AND 运算符要求结果中的每一行都满足 WHERE 子句中指定的两个条件。例如，要查找 SKU_DATA 中同时包含名为 Water Sports 的部门和姓名为 Nancy Meyers 的采购员的所有行，可以在查询代码中使用 SQL AND 运算符：

```
/* *** SQL-Query-CH02-18 *** */
SELECT      *
FROM        SKU_DATA
WHERE       Department='Water Sports'
    AND     Buyer='Nancy Meyers';
```

结果为：

	SKU	SKU_Description	Department	Buyer
1	101100	Dive Mask, Small Clear	Water Sports	Nancy Meyers
2	101200	Dive Mask, Med Clear	Water Sports	Nancy Meyers

SQL OR 运算符要求结果中的每一行至少满足 WHERE 子句中指定的两个条件之一。因此，要找到 Camping 部门或 Climbing 部门的所有 SKU_DATA 行，可以使用 SQL 查询中的 SQL OR 运算符：

```
/* *** SQL-Query-CH02-19 *** */
SELECT      *
FROM        SKU_DATA
WHERE       Department='Camping'
    OR      Department='Climbing';
```

结果为：

	SKU	SKU_Description	Department	Buyer
1	201000	Half-dome Tent	Camping	Cindy Lo
2	202000	Half-dome Tent Vestibule	Camping	Cindy Lo
3	203000	Half-dome Tent Vestibule - Wide	Camping	Cindy Lo
4	301000	Light Fly Climbing Harness	Climbing	Jerry Martin
5	302000	Locking Carabiner, Oval	Climbing	Jerry Martin

SQL NOT 运算符否定或反转一个条件。例如，要查找 SKU_DATA 中包含名为 Water Sports 的部门、但不包含姓名为 Nancy Meyers 的采购员的所有行，可以在查询代码中使用 SQL NOT 运算符：

```
/* *** SQL-Query-CH02-20 *** */
SELECT       *
FROM         SKU_DATA
WHERE        Department='Water Sports'
    AND NOT  Buyer='Nancy Meyers';
```

结果为：

	SKU	SKU_Description	Department	Buyer
1	100100	Std. Scuba Tank, Yellow	Water Sports	Pete Hansen
2	100200	Std. Scuba Tank, Magenta	Water Sports	Pete Hansen
3	100300	Std. Scuba Tank, Light Blue	Water Sports	Pete Hansen
4	100400	Std. Scuba Tank, Dark Blue	Water Sports	Pete Hansen
5	100500	Std. Scuba Tank, Light Green	Water Sports	Pete Hansen
6	100600	Std. Scuba Tank, Dark Green	Water Sports	Pete Hansen

三个或更多的 AND 和 OR 条件可以组合在一起，但是在这种情况下，最简单的方法通常是使用 SQL IN 和 NOT IN 比较运算符。

2. 使用值集的 SQL WHERE 子句

如果希望在 SQL WHERE 子句中包含一组值，可以使用 SQL IN 或 SQL NOT IN 运算符（见图 2.23）。例如，假设希望获得 SKU_DATA 中包含采购员 Nancy Meyers、Cindy Lo 和 Jerry Martin 的所有行，可以用两个 OR 条件构造 WHERE 子句，但更简单的方法是使用 SQL IN 运算符，它指定 SQL 查询中要使用的值集：

```
/* *** SQL-Query-CH02-21 *** */
SELECT     *
FROM       SKU_DATA
WHERE      Buyer IN ('Nancy Meyers', 'Cindy Lo', 'Jerry Martin');
```

值集被放在一对圆括号中。如果 Buyer 等于所提供的任何一个值，则会选中该行。结果为：

	SKU	SKU_Description	Department	Buyer
1	101100	Dive Mask, Small Clear	Water Sports	Nancy Meyers
2	101200	Dive Mask, Med Clear	Water Sports	Nancy Meyers
3	201000	Half-dome Tent	Camping	Cindy Lo
4	202000	Half-dome Tent Vestibule	Camping	Cindy Lo
5	203000	Half-dome Tent Vestibule - Wide	Camping	Cindy Lo
6	301000	Light Fly Climbing Harness	Climbing	Jerry Martin
7	302000	Locking Carabiner, Oval	Climbing	Jerry Martin

类似地，如果希望查找采购员不是 Nancy Meyers、Cindy Lo 或 Jerry Martin 的 SKU_DATA 行，可以使用 SQL NOT IN 运算符，它指定要从 SQL 查询中排除的一组值：

```
/* *** SQL-Query-CH02-22 *** */
SELECT     *
FROM       SKU_DATA
WHERE      Buyer NOT IN ('Nancy Meyers', 'Cindy Lo', 'Jerry Martin');
```

结果为：

	SKU	SKU_Description	Department	Buyer
1	100100	Std. Scuba Tank, Yellow	Water Sports	Pete Hansen
2	100200	Std. Scuba Tank, Magenta	Water Sports	Pete Hansen
3	100300	Std. Scuba Tank, Light Blue	Water Sports	Pete Hansen
4	100400	Std. Scuba Tank, Dark Blue	Water Sports	Pete Hansen
5	100500	Std. Scuba Tank, Light Green	Water Sports	Pete Hansen
6	100600	Std. Scuba Tank, Dark Green	Water Sports	Pete Hansen

注意 IN 和 NOT IN 运算符之间的一个重要区别：

- 如果列值等于圆括号中的任何一个值，那么该行就符合 IN 条件。
- 如果列值不等于圆括号中的所有值，那么该行就符合 NOT IN 条件。

3. 使用范围的 SQL WHERE 子句

如果希望在 SQL WHERE 子句中包含或排除某个范围的数值时，可以使用 SQL BETWEEN 或 SQL NOTBETWEEN 运算符（见图 2.23）。

例如，假设希望在 ORDER_ITEM 表中查找 ExtendedPrice 范围为 100.00～200.00 美元的所有行，包括这个范围的两个端点值。可以使用 SQL 查询：

```
/* *** SQL-Query-CH02-23 *** */
SELECT     *
FROM       ORDER_ITEM
WHERE      ExtendedPrice >= 100
    AND    ExtendedPrice <= 200
ORDER BY   ExtendedPrice;
```

它产生的结果按 ExtendedPrice 的升序排列，这样可以很容易地看到最小和最大的值：

	OrderNumber	SKU	Quantity	Price	ExtendedPrice
1	3000	101100	2	50.00	100.00
2	2000	101200	2	50.00	100.00
3	1000	202000	1	130.00	130.00
4	2000	101100	4	50.00	200.00

但是，可以通过使用 SQL BETWEEN 运算符来实现相同的结果，而不是使用复合 SQL WHERE 子句来指定值的范围。注意 SQL BETWEEN 运算符是如何在这个 SQL 查询中创建一个简单的单行 WHERE 子句的。

```
/* *** SQL-Query-CH02-24 *** */
SELECT      *
FROM        ORDER_ITEM
WHERE       ExtendedPrice BETWEEN 100 AND 200
ORDER BY    ExtendedPrice;
```

SQL-Query-CH02-24 的结果与前面显示的 SQL-Query-CH02-23 的结果相同。需再次注意，SQL 查询结果中包含了指定的范围边界值。

	OrderNumber	SKU	Quantity	Price	ExtendedPrice
1	3000	101100	2	50.00	100.00
2	2000	101200	2	50.00	100.00
3	1000	202000	1	130.00	130.00
4	2000	101100	4	50.00	200.00

反过来，如果希望找到 ORDER_ITEM 表中 ExtendedPrice 的值不在 100.00～200.00 范围内的所有行，可以使用 SQL NOT BETWEEN 运算符。这时，SQL 查询应为：

```
/* *** SQL-Query-CH02-25 *** */
SELECT      *
FROM        ORDER_ITEM
WHERE       ExtendedPrice NOT BETWEEN 100 AND 200
ORDER BY    ExtendedPrice;
```

这会得到以下的结果（再次从最低到最高的 ExtendedPrice 排序）：

	OrderNumber	SKU	Quantity	Price	ExtendedPrice
1	3000	101200	1	50.00	50.00
2	1000	201000	1	300.00	300.00
3	3000	100200	1	300.00	300.00

4. 使用字符串模式的 SQL WHERE 子句

有时候，需要使用 SQL WHERE 子句来查找匹配的字符串集或模式。字符串包含保存在 CHAR、VARCHAR 数据类型列中的数据（CHAR 列使用固定数量的字节来存储数据，而 VARCHAR 列能调整实际使用的字节数的长度——第 6 章将详细讨论数据类型），它由字母、数字以及特殊字符构成。例如，姓名 Smith 是一个字符串，360-567-9876 和 Joe#34@elsewhere.com 也是。要查找值匹配或不匹配特定字符串模式的行,可以分别使用 SQL LIKE 和 SQL NOT LIKE 运算符(见图 2.23)。
为了便于指明字符串模式,可以使用两个 SQL 通配符(wildcard character):

● SQL 下画线(_)通配符,表示字符串中特定位置的单个未明确指定的字符;
● SQL 百分号(%)通配符,表示字符串中特定位置的任何连续的未指定字符(包括空格)序列。

例如,假设希望在 SKU_DATA 表中查找名字以 Pete 开头的所有采购员所在的行。为了找到这样的行,可以使用 SQL LIKE 运算符和 SQL 百分号(%)通配符,如 SQL-Query-CH02-26 查询所示:

```
/* *** SQL-Query-CH02-26 *** */
SELECT    *
FROM      SKU_DATA
WHERE     Buyer LIKE 'Pete%';
```

当用作 SQL 通配符时,百分号(%)表示任意字符序列。当与 SQL LIKE 运算符一起使用时,字符串 'Pete%' 表示以 Pete 开头的任何字符序列。结果为:

	SKU	SKU_Description	Department	Buyer
1	100100	Std. Scuba Tank, Yellow	Water Sports	Pete Hansen
2	100200	Std. Scuba Tank, Magenta	Water Sports	Pete Hansen
3	100300	Std. Scuba Tank, Light Blue	Water Sports	Pete Hansen
4	100400	Std. Scuba Tank, Dark Blue	Water Sports	Pete Hansen
5	100500	Std. Scuba Tank, Light Green	Water Sports	Pete Hansen
6	100600	Std. Scuba Tank, Dark Green	Water Sports	Pete Hansen

不要使用 Microsoft Access ANSI-89 SQL Microsoft Access ANSI-89 SQL 中使用的通配符与 SQL-92 标准的通配符不同。ANSI-89 SQL 使用 Microsoft Access 星号(*)通配符,而不是百分号来表示多个字符。

解决办法:在 Microsoft Access ANSI-89 SQL 语句中,使用星号通配符来代替 SQL-92 中的百分号通配符。因此,对于 Microsoft Access,前面的 SQL 查询将被编写为:

```
/* *** SQL-Query-CH02-26-Access *** */
SELECT    *
FROM      SKU_DATA
WHERE     Buyer LIKE 'Pete*';
```

接下来,假设希望在 SKU_DATA 中查找 SKU_Description 中包含单词 Tent 的行。因为单词 Tent 可以在前面、末尾或中间,所以需要在 SQL LIKE 短语的两端都放置通配符,如下所示:

```
/* *** SQL-Query-CH02-27 *** */
SELECT    *
FROM      SKU_DATA
WHERE     SKU_Description LIKE '%Tent%';
```

这个查询将在 SKU_Description 的任何位置找到出现单词 Tent 的行。结果为:

	SKU	SKU_Description	Department	Buyer
1	201000	Half-dome Tent	Camping	Cindy Lo
2	202000	Half-dome Tent Vestibule	Camping	Cindy Lo
3	203000	Half-dome Tent Vestibule - Wide	Camping	Cindy Lo

有时，我们需要在列的特定位置搜索特定值。例如，假设从右起第三个位置的 SKU 值 2 具有某种特殊的意义，也许它意味着这个产品是另一种产品的变体。不管出于什么原因，假设需要找出从右起第三列中有 2 的所有 SKU。使用下面的 SQL 查询：

```
/* *** SQL-Query-CH02-28 *** */
SELECT      *
FROM        SKU_DATA
WHERE       SKU LIKE '%2%';
```

结果为：

	SKU	SKU_Description	Department	Buyer
1	100200	Std. Scuba Tank, Magenta	Water Sports	Pete Hansen
2	101200	Dive Mask, Med Clear	Water Sports	Nancy Meyers
3	201000	Half-dome Tent	Camping	Cindy Lo
4	202000	Half-dome Tent Vestibule	Camping	Cindy Lo
5	203000	Half-dome Tent Vestibule - Wide	Camping	Cindy Lo
6	302000	Locking Carabiner, Oval	Climbing	Jerry Martin

这并不是我们所期望的。结果行中，SKU 值的任何位置都包含 2。要找到正确的结果，不能使用 SQL 通配符%，而必须使用 SQL 下画线（_）通配符，它表示在特定位置的单个未指定字符。下面的 SQL 语句将找出从右起第三个位置值为 2 的所有 SKU_DATA 行：

```
/* *** SQL-Query-CH02-29 *** */
SELECT      *
FROM        SKU_DATA
WHERE       SKU LIKE '%2__';
```

注意，这个 SQL 查询中有两条下画线，一条用于右边的第一个位置，另一条用于右边的第二个位置。这个查询会得到期望的结果：

	SKU	SKU_Description	Department	Buyer
1	100200	Std. Scuba Tank, Magenta	Water Sports	Pete Hansen
2	101200	Dive Mask, Med Clear	Water Sports	Nancy Meyers

BY THE WAY　尽管这里的 SQL-Query-CH02-29 示例是正确的，但它稍微简化了这种类型的通配符搜索。在 SQL-Query-CH02-29 中，SKU 是一个 INTEGER 值列（在查询过程中，DBMS 会自动将这些值转换为字符串）。

如果 SKU 是一个 VARCHAR 列，那么也可以使用同样的查询。但是，如果 SKU 是一个 CHAR 列，则这个查询可能无法使用，因为字符的右边可能有额外的空格，用于填充 CHAR 长度。例如，如果在一个名为 Number 的 CHAR(8)列中存储值"four"，DBMS 实际上会存储"four　　　　"（"four"加上 4 个空格）。为了处理这些额外的空格，可以使用 RTRIM 函数来删除它们，然后再进行比较运算：

```
WHERE       RTRIM(Number) LIKE 'four';
```

不要使用 Microsoft Access ANSI-89 SQL

Microsoft Access ANSI-89 SQL 中使用的通配符与 SQL-92 标准的通配符不同。ANSI-89 SQL 使用 Microsoft Access 问号（?）通配符而不是下画线（_）来表示单个字符。

解决办法：在 Microsoft Access ANSI-89 SQL 语句中，使用问号通配符来代替 SQL-92 中的下画线通配符。因此，对于 Microsoft Access，前面的 SQL 查询将被编写为：

```
/* *** SQL-Query-CH02-29-Access *** */
SELECT      *
FROM        SKU_DATA
WHERE       SKU LIKE '*2??';
```

此外，Microsoft Access 有时会对文本域中存储的末尾空格很挑剔。如下的 WHERE 子句，可能会带来麻烦：

```
WHERE       SKU LIKE '10?200';
```

解决办法：使用 RTRIM 函数来消除末尾空格。

```
WHERE       RTRIM(SKU) LIKE '10?200';
```

BY THE WAY SQL 通配符百分号（%）和下画线（_）字符是在 SQL-92 标准中指定的。它们被除 Microsoft Access 以外的所有 DBMS 产品接受。为什么 Microsoft Access 使用星号而不是百分号？使用问号而不是下画线呢？这是因为 Microsoft Access 使用 SQL-89 标准（Microsoft 称之为 ANSI-89 SQL）。在该标准中，星号和问号是正确的通配符。在 Access Options 对话框中将 Microsoft Access 数据库切换为 SQL-92（Microsoft 称之为 ANSI-92 SQL），这样就能使用百分号和下画线通配符了[①]。

5. 使用 NULL 值的 SQL WHERE 子句

正如本章前面所讨论的，不存在的数据值称为空值。在关系数据库中，空值用特殊的标记 NULL 表示（全为大写字母）。当希望包含或排除具有 NULL 值的行时，可以使用 SQL IS NULL 或 SQL IS NOT NULL 运算符（见图 2.23）。注意，在这种情况下，SQL IS 关键字相当于一个"等于"比较运算符。但是，"等于"比较运算符从不用于 NULL 值，而 IS NULL 和 IS NOT NULL 运算符从不会用于 NULL 以外的值。

例如，假设希望找到 CATALOG_SKU_2020 表中没有出现在打印的目录册上的所有 SKU。由于不在目录册中的 SKU 的 CatalogPage 值为 NULL，所以可以使用 IS NULL 运算符来查找它们。这样，就可以使用 SQL 查询：

```
/* *** SQL-Query-CH02-30 *** */
SELECT      *
FROM        CATALOG_SKU_2020
WHERE       CatalogPage IS NULL;
```

这个查询会得到期望的结果：

	CatalogID	SKU	SKU_Description	Department	CatalogPage	DateOnWebSite
1	20200003	100400	Std. Scuba Tank, Dark Blue	Water Sports	NULL	2020-08-01

---

① 注意，在 Microsoft Access 字符串模式中，可以使用其他的通配符。

类似地，如果希望在 CATALOG_SKU_2020 表中找到出现在打印的目录册上的所有 SKU，可以使用 IS NOT NULL 运算符来查找它们。对应的 SQL 查询为：

```
/* *** SQL-Query-CH02-31 *** */
SELECT        *
FROM          CATALOG_SKU_2020
WHERE         CatalogPage IS NOT NULL;
```

结果为：

	CatalogID	SKU	SKU_Description	Department	CatalogPage	DateOnWebSite
1	20200001	100100	Std. Scuba Tank, Yellow	Water Sports	23	2020-01-01
2	20200002	100300	Std. Scuba Tank, Light Blue	Water Sports	23	2020-01-01
3	20200004	101100	Dive Mask, Small Clear	Water Sports	26	2020-01-01
4	20200005	101200	Dive Mask, Med Clear	Water Sports	26	2020-01-01
5	20200006	201000	Half-dome Tent	Camping	46	2020-01-01
6	20200007	202000	Half-dome Tent Vestibule	Camping	46	2020-01-01
7	20200008	301000	Light Fly Climbing Harness	Climbing	77	2020-01-01
8	20200009	302000	Locking Carabiner, Oval	Climbing	79	2020-01-01

2.7　在 SQL 查询中执行计算

可以在 SQL 查询语句中执行某些类型的计算。一组计算涉及 SQL 内置函数的使用。另一组涉及对 SELECT 语句中的列进行简单的算术运算。下面将依次讲解它们。

2.7.1　使用 SQL 的内置聚合函数

有 5 个标准的 SQL 内置聚合函数用于对表的列执行算术运算：SUM、AVG、MIN、MAX 和 COUNT。图 2.25 总结了它们。一些 DBMS 产品还提供了额外的函数，这里将只关注这 5 个标准 SQL 内置聚合函数。

SQL 的内置聚合函数	
函数	含义
COUNT(*)	计算表中的行数
COUNT({Name})	计算列 {Name} 的值不为 NULL 的表中的行数
SUM	计算所有值的总和（仅对数值列）
AVG	计算所有值的平均值（仅对数值列）
MIN	找出所有值中的最小值
MAX	找出所有值中的最大值

图 2.25　SQL 的内置聚合函数

假设希望知道 RETAIL_ORDER 中所有订单的 OrderTotal 总和，利用 SQL 内置的 SUM 函数就可以实现：

```
/* *** SQL-Query-CH02-32 *** */
SELECT      SUM(OrderTotal)
FROM        RETAIL_ORDER;
```

结果为:

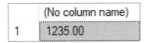

前面说过,SQL 语句的结果总是一个表。这里的表,只有一个单元格(一行和一列的交集,其中包含 OrderTotal 的总和)。但是因为 OrderTotal 的和值不是表中的列,DBMS 没有列名可以提供。上面的结果是在 Microsoft SQL Server 2019 中得到的,它将列命名为“(No column name)”。其他 DBMS 产品,也会采取类似的操作。

这个结果有点难看。我们希望有一个有意义的列名,SQL 允许使用 SQL AS 关键字来指定列名。可以在查询中使用 AS 关键字:

```
/* *** SQL-Query-CH02-33 *** */
SELECT      SUM(OrderTotal) AS OrderSum
FROM        RETAIL_ORDER;
```

这条语句的结果为:

这个结果的列名称更有意义。OrderSum 这个名称是任意的——可以选择任何对结果有意义的名称。OrderTotal_Total、OrderTotalSum 或任何其他有用的名称都可以。

当将内置函数与 SQL WHERE 子句一起使用时,它的效用会增加。例如,

```
/* *** SQL-Query-CH02-34 *** */
SELECT      SUM(ExtendedPrice) AS Order3000Sum
FROM        ORDER_ITEM
WHERE       OrderNumber=3000;
```

结果为:

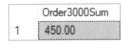

可以在一条语句中混合和匹配 SQL 内置函数。例如,可以创建如下的 SQL 语句:

```
/* *** SQL-Query-CH02-35 *** */
SELECT      SUM(ExtendedPrice) AS OrderItemSum,
            AVG(ExtendedPrice) AS OrderItemAvg,
            MIN(ExtendedPrice) AS OrderItemMin,
            MAX(ExtendedPrice) AS OrderItemMax
FROM        ORDER_ITEM;
```

结果为:

	OrderItemSum	OrderItemAvg	OrderItemMin	OrderItemMax
1	1180.00	168.571428	50.00	300.00

SQL 内置的 COUNT 函数貌似与 SUM 函数相近，但它产生的结果完全不同。COUNT 函数计算行数，而 SUM 函数将列中的值相加。例如，可以使用 SQL 内置 COUNT 函数来确定 ORDER_ITEM 表中有多少行：

```
/* *** SQL-Query-CH02-36 *** */
SELECT          COUNT(*) AS NumberOfRows
FROM            ORDER_ITEM;
```

结果为：

	NumberOfRows
1	7

这个结果表明 ORDER_ITEM 表中有 7 行。注意，当希望计数行数时，需要在 COUNT 函数后面提供一个星号。COUNT 是唯一的一个内置函数，其参数既可以是星号（在 SQL-Query-CH02-36 中使用），也可以是列名（在 SQL-Query-CH02-37 中使用）。当与列名一起使用时，它计算包含有效数据的行数——NULL 值以外的数据。

COUNT、MIN 和 MAX 函数可以用于任何类型的数据，但 SUM 和 AVG 函数只能用于数值数据。还要注意，SQL DISTINCT 关键字可以与任何 SQL 聚合函数一起使用（Microsoft Access 除外），但它最常与 COUNT 函数一起使用。

COUNT 函数会产生一些令人吃惊的结果。例如，假设希望计算 SKU_DATA 表中的部门数量。首先，可以使用查询：

```
/* *** SQL-Query-CH02-37 *** */
SELECT          COUNT(Department) AS DeptCount
FROM            SKU_DATA;
```

其结果为：

	DeptCount
1	13

但是，这是 SKU_DATA 表中的行数，而不是 Department 不同值的个数，如图 2.6 所示。如果希望计算 Department 不同值的个数，需要使用 SQL DISTINCT 关键字。

```
/* *** SQL-Query-CH02-38 *** */
SELECT          COUNT(DISTINCT Department) AS DeptCount
FROM            SKU_DATA;
```

正确的结果为：

	DeptCount
1	3

不要使用 Microsoft Access ANSI-89 SQL　　Microsoft Access 不支持在 COUNT 表达式中使用 DISTINCT 关键字，因此尽管 SQL 命令 COUNT（Department）可以运行，但 COUNT（DISTINCT Department）会导致错误。

解决办法：使用 SQL 子查询结构（在本章后面讨论），在子查询中使用 DISTINCT 关键字。可以使用下面的 SQL 查询语句：

```
/* *** SQL-Query-CH02-38-Access *** */
SELECT    COUNT(*) AS DeptCount
FROM      (SELECT DISTINCT Department
           FROM SKU_DATA) AS DEPT;
```

注意，这个查询与本书中给出的其他使用子查询的 SQL 查询略有不同，因为这个子查询位于 FROM 子句中，而不是在 WHERE 子句中（后面将看到）。本质上，这个子查询会构建一个新的名为 DEPT 的临时表，只包含不同的 Department 值，然后对这些值的数量进行计算。

当对列名使用 COUNT 函数时，得到的结果是除 NULL 值之外具有有效数据的行数。因此，如果计算 CATALOG_SKU_2020 表中带有页码的行数，应该得到 8 行而不是 9 行，因为目录册中有一个 SKU 没有出现。可以用下面的 SQL 查询来做到这一点。

```
/* *** SQL-Query-CH02-39 *** */
SELECT    COUNT(CatalogPage) AS Catalog2020NumberOfSKU
FROM      CATALOG_SKU_2020;
```

其结果如下：

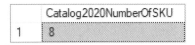

需要注意 SQL 内置函数的两个限制。首先，除分组之外，不能将列名称与 SQL 内置函数结合使用。例如，如果运行下面的 SQL 查询会发生什么？

```
/* *** SQL-Query-CH02-40 *** */
SELECT    Department, COUNT(*)
FROM      SKU_DATA;
```

SQL Server 2019 中的结果为：

```
Messages
Msg 8120, Level 16, State 1, Line 278
Column 'SKU_DATA.Department' is invalid in the select list
because it is not contained in either an aggregate function or the GROUP BY clause.

Completion time: 2020-07-06T14:47:07.3319406-07:00
```

这是 SQL Server 2019 给出的错误消息。Microsoft Access 2019 或 Oracle Database 中得到的消息与此类似。遗憾的是，MySQL 8.0 会处理这个查询并给出一个毫无意义的结果：与部门数量配对的任意部门名称。

第二个问题，是不能在 SQL WHERE 子句中使用 SQL 内置聚合函数。这是因为 SQL WHERE 子句对行进行操作（选择显示哪些行），而聚合函数对列进行操作（每个函数根据存储在列中的所有属性值计算出单个值）。因此，不可以使用如下 SQL 查询。

```
/* *** SQL-Query-CH02-41 *** */
SELECT    *
FROM      RETAIL_ORDER
WHERE     OrderTotal > AVG(OrderTotal);
```

使用这样的语句，也会得到一条错误消息：

```
Messages
Msg 147, Level 15, State 1, Line 285
An aggregate may not appear in the WHERE clause unless it is in a subquery
contained in a HAVING clause or a select list, and the column being aggregated is an outer reference.

Completion time: 2020-07-06T14:50:57.6364576-07:00
```

同样，这是 SQL Server 2019 中给出的错误消息，其他 DBMS 产品也会有类似的消息。这个查询的期望结果，可以使用 SQL 子查询计算（本章后面将讨论）。还可以使用一系列 SQL 视图获得所需的结果，这将在第 7 章中讨论。

2.7.2　SQL SELECT 中的 SQL 表达式

可以在 SQL 语句中执行基本的算术运算。例如，假设希望计算所购买的每一种商品的总价（ExtendedPrice），也许是因为想验证 ORDER_ITEM 表中数据的准确性。为此，可以在 SQL 查询中使用 SQL 表达式 Quantity * Price：

```
/* *** SQL-Query-CH02-42 *** */
SELECT      OrderNumber, SKU, (Quantity * Price) AS EP
FROM        ORDER_ITEM
ORDER BY    OrderNumber, SKU;
```

结果为：

	OrderNumber	SKU	EP
1	1000	201000	300.00
2	1000	202000	130.00
3	2000	101100	200.00
4	2000	101200	100.00
5	3000	100200	300.00
6	3000	101100	100.00
7	3000	101200	50.00

SQL 表达式基本上是一个公式或一组值，用于限定 SQL 查询的确切结果。可以将 SQL 表达式理解成一个实际的或隐含的等于（=）比较运算符（或任何其他比较运算符，如大于、小于，等等），或者是某些 SQL 比较运算符关键字，比如 LIKE 和 BETWEEN。因此，前一个查询中的 SELECT 子句包含了隐含的等于符号，即 EP = Quantity * Price。另一个示例见下面的 WHERE 子句：

```
WHERE    Buyer IN ('Nancy Meyers', 'Cindy Lo', 'Jerry Martin');
```

这个 SQL 表达式由包含在 IN 关键字后面的三个文本值组成。

前面讲解了如何使用 SQL 表达式来计算商品总价，通过下面的 SQL 查询，可以将计算出来的值与已经存储在 ORDER_ITEM 中的 ExtendedPrice 值进行比较：

```
/* *** SQL-Query-CH02-43 *** */
SELECT    OrderNumber, SKU,
          (Quantity * Price) AS EP, ExtendedPrice
FROM      ORDER_ITEM
ORDER BY  OrderNumber, SKU;
```

从得到的结果可以直观地比较这两个值，以确保存储的数据是正确的：

	OrderNumber	SKU	EP	ExtendedPrice
1	1000	201000	300.00	300.00
2	1000	202000	130.00	130.00
3	2000	101100	200.00	200.00
4	2000	101200	100.00	100.00
5	3000	100200	300.00	300.00
6	3000	101100	100.00	100.00
7	3000	101200	50.00	50.00

BY THE WAY　　用于表达式 Quantity * Price 的括号不是必需的，没有也不影响计算，但是它们有助于在 SQL 查询语法中查看表达式。

还可以在 SQL WHERE 子句中使用表达式（但它们可能不包括 SQL 内置聚合函数，参考前面的 SQL-Query-CH02-41 查询）。例如，如果希望测试(Quantity * Price)是否等于 ExtendedPrice，然后只有在它们不相等时才显示 OrderNumber 和 SKU，则可以使用 SQL 查询：

```
/* *** SQL-Query-CH02-44 *** */
SELECT     OrderNumber, SKU
FROM       ORDER_ITEM
WHERE      (Quantity * Price) <> ExtendedPrice
ORDER BY   OrderNumber, SKU;
```

该语句的结果是一个不包含任何值的空集（empty set）。就 SQL-Query-CH02-44 而言，这意味着没有(Quantity * Price)不等于 ExtendedPrice 的行，表示所有值都是正确的。

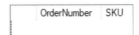

SQL 语句中 SQL 表达式的另一个用途，是执行字符串操作。假设希望将 Buyer 和 Department 列合并为一个名为 Sponsor 的列（使用连接运算符，即 SQL Server 2019 中的加号）。为此，可以使用 SQL 语句：

```
/* *** SQL-Query-CH02-45 *** */
SELECT     SKU, SKU_Description,
           (Buyer+' in '+Department) AS Sponsor
FROM       SKU_DATA
ORDER BY   SKU;
```

结果将包括一个名为 Sponsor 的列，其中包含合并后的文本值：

BY THE WAY　　与许多 SQL 语法元素一样，连接运算符在不同的 DBMS 产品中也有所不同。Oracle Database 使用双竖线（||）作为连接运算符；在 Oracle Database 中的 SQL-Query-CH02-45 应为：

```
/* *** SQL-Query-CH02-45-Oracle-Database *** */
SELECT     SKU, SKU_Description,
           (Buyer||' in '||Department) AS Sponsor
FROM       SKU_DATA
ORDER BY   SKU;
```

MySQL 使用连接字符串函数 CONCAT()作为连接运算符，连接的元素用括号内的逗号分隔；

在 MySQL 中的 SQL-Query-CH02-45 应为：

```
/* *** SQL-Query-CH02-45-MySQL *** */
SELECT      SKU, SKU_Description,
            CONCAT(Buyer,' in ',Department) AS Sponsor
FROM        SKU_DATA
ORDER BY    SKU;
```

	SKU	SKU_Description	Sponsor	
1	100100	Std. Scuba Tank, Yellow	Pete Hansen	in Water Sports
2	100200	Std. Scuba Tank, Magenta	Pete Hansen	in Water Sports
3	100300	Std. Scuba Tank, Light Blue	Pete Hansen	in Water Sports
4	100400	Std. Scuba Tank, Dark Blue	Pete Hansen	in Water Sports
5	100500	Std. Scuba Tank, Light Green	Pete Hansen	in Water Sports
6	100600	Std. Scuba Tank, Dark Green	Pete Hansen	in Water Sports
7	101100	Dive Mask, Small Clear	Nancy Meyers	in Water Sports
8	101200	Dive Mask, Med Clear	Nancy Meyers	in Water Sports
9	201000	Half-dome Tent	Cindy Lo	in Camping
10	202000	Half-dome Tent Vestibule	Cindy Lo	in Camping
11	203000	Half-dome Tent Vestibule - Wide	Cindy Lo	in Camping
12	301000	Light Fly Climbing Harness	Jerry Martin	in Climbing
13	302000	Locking Carabiner, Oval	Jerry Martin	in Climbing

得到的结果很难看，因为每一行都有额外的空格。利用更高级的函数可以消除这些空格。这些函数的语法和用法因 DBMS 的不同而不同。但是，对每种产品的特性进行讨论会使我们脱离主线。要了解更多信息，请在特定 DBMS 产品的文档中搜索与字符串有关的函数。作为演示，下面给出一个使用 RTRIM 函数的 SQL Server 2019 语句（也可用于 Microsoft Access、Oracle Database 和 MySQL），它会删除 Buyer 和 Department 值右侧的空格。

```
/* *** SQL-Query-CH02-46 *** */
SELECT      SKU, SKU_Description,
            RTRIM(Buyer)+' in '+RTRIM(Department) AS Sponsor
FROM        SKU_DATA
ORDER BY    SKU;
```

这个查询得到的结果，要好看得多。

	SKU	SKU_Description	Sponsor
1	100100	Std. Scuba Tank, Yellow	Pete Hansen in Water Sports
2	100200	Std. Scuba Tank, Magenta	Pete Hansen in Water Sports
3	100300	Std. Scuba Tank, Light Blue	Pete Hansen in Water Sports
4	100400	Std. Scuba Tank, Dark Blue	Pete Hansen in Water Sports
5	100500	Std. Scuba Tank, Light Green	Pete Hansen in Water Sports
6	100600	Std. Scuba Tank, Dark Green	Pete Hansen in Water Sports
7	101100	Dive Mask, Small Clear	Nancy Meyers in Water Sports
8	101200	Dive Mask, Med Clear	Nancy Meyers in Water Sports
9	201000	Half-dome Tent	Cindy Lo in Camping
10	202000	Half-dome Tent Vestibule	Cindy Lo in Camping
11	203000	Half-dome Tent Vestibule - ...	Cindy Lo in Camping
12	301000	Light Fly Climbing Harness	Jerry Martin in Climbing
13	302000	Locking Carabiner, Oval	Jerry Martin in Climbing

2.8　在 SQL SELECT 语句中对行进行分组

SQL 查询中，可以使用 SQL GROUP BY 子句根据共同值将行进行分组。这是一个强大的特性，但可能很难理解。

为了说明分组是如何工作的，假设你在 Cape Codd 销售分析团队，老板问你这样一个问题："公司 2020 年出版的目录册中，每个部门有多少件商品？"

通过查看图 2.26 的 CATALOG_SKU_2020 表中的数据，能够很容易地看到，根据 Department 的值，可以将行分成三组。这些组分别是：Water Sports（第 1～5 行）、Camping（第 6～7 行）和 Climbing（第 8～9 行）。快速计算一下，就会发现 Water Sports 有 5 行，Camping 和 Climbing 各有 2 行。检查 CatalogPage 的值，可以看到只有第 3 行的值为 NULL，这意味着除 SKU 100400 之外，所有 SKU 都出现在 2020 目录册中。因此，在 Cape Codd 2020 目录册中，Water Sports 有 4 件商品，Camping 和 Climbing 各有 2 件。

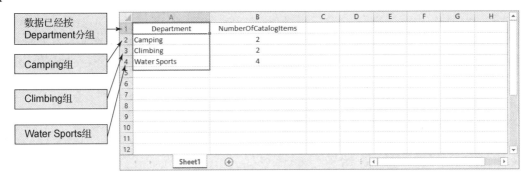

	CatalogID	SKU	SKU_Description	Department	CatalogPage	DateOnWebSite
1	20200001	100100	Std. Scuba Tank, Yellow	Water Sports	23	2020-01-01
2	20200002	100300	Std. Scuba Tank, Light Blue	Water Sports	23	2020-01-01
3	20200003	100400	Std. Scuba Tank, Dark Blue	Water Sports	NULL	2020-08-01
4	20200004	101100	Dive Mask, Small Clear	Water Sports	26	2020-01-01
5	20200005	101200	Dive Mask, Med Clear	Water Sports	26	2020-01-01
6	20200006	201000	Half-dome Tent	Camping	46	2020-01-01
7	20200007	202000	Half-dome Tent Vestibule	Camping	46	2020-01-01
8	20200008	301000	Light Fly Climbing Harness	Climbing	77	2020-01-01
9	20200009	302000	Locking Carabiner, Oval	Climbing	79	2020-01-01

此组是Water Sports 部门的行

这个SKU没有出现在目录册中

此组是Camping部门的行

此组是Climbing部门的行

图 2.26　CATALOG_SKU_2020 表中按部门分组的数据

如果需要为老板准备一份报告，则可以将这些信息放入一个电子表格，如图 2.27 所示。这个电子表格清楚地显示了按部门分组的数据，包括（按字母顺序排序的）Camping、Climbing 和 Water Sports 组。

数据已经按 Department分组

Camping组

Climbing组

Water Sports组

	A	B	C	D	E	F	G	H
1	Department	NumberOfCatalogItems						
2	Camping	2						
3	Climbing	2						
4	Water Sports	4						

图 2.27　将数据按部门分组

为了在 SQL 查询中创建如图 2.27 所示的分组数据输出，需要在 SQL SELECT 语句中使用 SQL GROUP BY 子句。如下所示：

```
/* *** SQL-Query-CH02-47 *** */
SELECT        Department, COUNT(SKU) AS NumberOfCatalogItems
FROM          CATALOG_SKU_2020
GROUP BY      Department;
```

结果为：

	Department	NumberOfCatalogItems
1	Camping	2
2	Climbing	2
3	Water Sports	5

SQL-Query-CH02-47 的结果显示了按部门分组的正确结果，但 Water Sports 部门的 NumberOfCatalogItems 值是错误的。这是因为，SKU 100400 包含在计数中，但没有出现在目录册中。为了解决这个问题，需要修改了 SQL 查询，添加一个 WHERE 子句，使其只包含 CatalogPage 有数值的那些行。

```
/* *** SQL-Query-CH02-48 *** */
SELECT        Department, COUNT(SKU) AS NumberOfCatalogItems
FROM          CATALOG_SKU_2020
WHERE         CatalogPage IS NOT NULL
GROUP BY      Department;
```

结果为：

	Department	NumberOfCatalogItems
1	Camping	2
2	Climbing	2
3	Water Sports	4

假设老板问你这样一个问题：“2020 年的目录册中，每一个部门有多少种商品出现在其中？只包括有三种或三种以上商品的那些部门。”答案很容易：只有 Water Sports 部门有三个或三个以上的目录册商品；它有 4 种商品，而 Camping 和 Climbing 部门各自只有两种商品。为了从 SQL 查询的分组数据输出中获得正确的答案，可以在 SQL SELECT 语句中使用 SQL HAVING 子句。注意，“三个或三个以上”在数学上等价于“大于 2”，因此可以为 SQL 查询编写所需的 SQL HAVING 子句，这在 SQL-Query-CH02-49 中显示（注意，在 HAVING 子句中使用 COUNT(SKU)，而不是别名 NumberOfCatalogItems）：

```
/* *** SQL-Query-CH02-49 *** */
SELECT        Department, COUNT(SKU) AS NumberOfCatalogItems
FROM          CATALOG_SKU_2020
WHERE         CatalogPage IS NOT NULL
GROUP BY      Department
HAVING        COUNT(SKU) > 2;
```

这正是我们想要的结果：

	Department	NumberOfCatalogItems
1	Water Sports	4

注意，SQL 内置聚合函数可以在 SQL HAVING 子句中使用，因为它们处理的是每一个组中的列值集。前面说过，不能在 WHERE 子句中使用这些函数，因为 WHERE 子句针对的是每一行。很容易混淆 SQL WHERE 子句和 SQL HAVING 子句。理解二者区别的最好方法是：

- SQL WHERE 子句指定哪些行将用来确定组。
- SQL HAVING 子句指定将在最终结果中使用哪些组。

在包含 WHERE 和 HAVING 子句的语句中可能存在歧义，结果取决于 WHERE 条件是在 HAVING 之前还是之后应用。为了消除这种歧义，WHERE 子句总是应用在 HAVING 子句之前。

可以在一个 GROUP BY 表达式中包含多个列。例如，假设老板问你这样一个问题："每一个部门的每一位采购员负责多少 SKU？"为了回答这个问题，必须先按 Department 分组，然后再按 Buyer 分组。因此，可以使用以下 SQL 语句：

```
/* *** SQL-Query-CH02-50 *** */
SELECT       Department, Buyer,
             COUNT(SKU) AS Dept_Buyer_SKU_Count
FROM         SKU_DATA
GROUP BY     Department, Buyer;
```

该方法首先根据 Department 的值对行进行分组，然后根据 Buyer 对行进行分组，最后对每一个 Department 和 Buyer 组合的行数进行计数。结果为：

	Department	Buyer	Dept_Buyer_SKU_Count
1	Camping	Cindy Lo	3
2	Climbing	Jerry Martin	2
3	Water Sports	Nancy Meyers	2
4	Water Sports	Pete Hansen	6

在使用 GROUP BY 子句时，SELECT 子句中未被 SQL 内置函数使用或与之关联的任何列名，都必须出现在 GROUP BY 子句中。SQL-Query-CH02-51 中，因为在 GROUP BY 子句中没有使用列名 SKU，所以会产生一个错误。

```
/* *** SQL-Query-CH02-51 *** */
SELECT       Department, SKU,
             COUNT(SKU) AS Dept_SKU_Count
FROM         SKU_DATA
GROUP BY     Department;
```

错误消息为：

```
Messages
 Msg 8120, Level 16, State 1, Line 367
 Column 'SKU_DATA.SKU' is invalid in the select list
 because it is not contained in either an aggregate function or the GROUP BY clause.
```

这是 SQL Server 2019 中给出的错误消息，其他 DBMS 产品也会有类似的消息。这样的语句是无效的，因为每一个 Department 组有许多 SKU 值。DBMS 没有地方在结果中放置多个值。如果不理解这个问题，可以亲自尝试这条语句，它不会成功执行。而 MySQL 8.0 会处理这个查询并返回一个结果，但是结果中的 SKU 值是随机选取的。

当然，ORDER BY 子句也可以用于使用 GROUP BY 子句的查询，如下面的查询所示：

```
/* *** SQL-Query-CH02-52 *** */
SELECT      Department, COUNT(SKU) AS Dept_SKU_Count
FROM        SKU_DATA
WHERE       SKU <> 302000
GROUP BY    Department
HAVING      COUNT(SKU) > 1
ORDER BY    Dept_SKU_Count;
```

结果为：

	Department	Dept_SKU_Count
1	Camping	3
2	Water Sports	8

注意，Climbing 部门的其中一行已从计数中删除，因为它不满足 WHERE 子句条件；Climbing 部门本身已从最终结果中删除，因为它不满足 HAVING 子句要求。如果没有 ORDER BY 子句，则行将以 Department 的任意顺序显示。有了这个 ORDER BY 子句，才能得到如图所示的结果。一般来说，为了安全起见，应总是将 WHERE 子句放在 GROUP BY 子句之前。有些 DBMS 产品不需要这样的顺序，有些则需要。

 不要使用 Microsoft Access ANSI-89 SQL Microsoft Access 在 ORDER BY 子句中无法正确识别名称 Dept_SKU_Count，它会创建一个参数查询，该查询请求一个尚未存在的 Dept_SKU_Count 的输入值！但是，是否输入参数值并不重要——单击 OK 按钮，查询就会运行。结果基本上是正确的，但是排序不正确。

解决办法：使用 Microsoft Access QBE GUI 修改查询结构。正确的 QBE 结构如图 2.28 所示。由此产生的 Microsoft Access ANSI-89 SQL 是：

```
/* *** SQL-Query-CH02-52-Access-A *** */
SELECT      SKU_DATA.Department, COUNT(SKU) AS Dept_SKU_Count
FROM        SKU_DATA
WHERE       (((SKU_DATA.SKU)<>302000))
GROUP BY    SKU_DATA.Department
HAVING      COUNT(SKU) > 1
ORDER BY    COUNT(SKU);
```

它可以被编辑成：

```
/* *** SQL-Query-CH02-52-Access-B *** */
SELECT      Department, COUNT(SKU) AS Dept_SKU_Count
FROM        SKU_DATA
WHERE       SKU <> 302000
GROUP BY    Department
HAVING      COUNT(SKU) > 1
ORDER BY    COUNT(SKU);
```

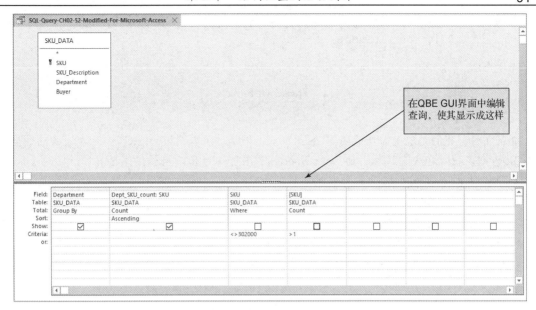

图 2.28　在 Microsoft Access 2019 QBE GUI 界面编辑 SQL 查询

2.9　用 SQL 查询两个或多个表

到目前为止，还只使用了一个表。下面讲解用于查询两个或多个表的 SQL 语句。

假设老板问你这样一个问题："由 Water Sports 部门管理的 SKU 所产生的总收入是多少？"可以用 ExtendedPrice 的和来计算总收入，但存在一个问题：ExtendedPrice 存储在 ORDER_ITEM 表中，而 Department 存储在 SKU_DATA 表中。这需要处理两个表中的数据，但前面所有的 SQL 都是在一个表上操作的。

为了从多个表查询数据，SQL 提供了两种不同的技术：

- SQL 子查询
- SQL 连接

后面将看到，尽管两者都可以处理多个表，但它们的用途略有不同。

2.9.1　用子查询操作多个表

首先探讨用 SQL 子查询处理多个表的情形。为了理解子查询是如何工作的，让我们回到前面的问题：如何获得由 Water Sports 部门管理的商品的 ExtendedPrice 和值。从图 2.4 中的 ORDER_ITEM 表数据结构可以看到，如果以某种方式知道了 Water Sports 部门商品的 SKU 值，就可以在带有 IN 关键字的 WHERE 子句中使用它们。

查看图 2.6 中的 SKU_DATA 表数据，可以确定 Water Sports 部门商品的 SKU 值分别为 100100、100200、100300、100400、100500、100600、101100 和 101200。知道了这些值，就能够通过下面的 SQL 查询获得它们的 ExtendedPrice 和值：

```
/* *** SQL-Query-CH02-53 *** */
SELECT      SUM(ExtendedPrice) AS WaterSportsRevenue
FROM        ORDER_ITEM
```

```
WHERE        SKU IN (100100, 100200, 100300, 100400, 100500, 100600,
             101100, 101200);
```

结果为：

	WaterSportsRevenue
1	750.00

通常而言，我们无法提前知道所需的 SKU 值。但是，可以通过对 SKU_DATA 表中的数据使用 SQL 查询来获得这些值。为获取 Water Sports 部门的 SKU 值，可以使用 SQL 语句：

```
/* *** SQL-Query-CH02-54 *** */
SELECT       SKU
FROM         SKU_DATA
WHERE        Department = 'Water Sports';
```

这条 SQL 语句的结果就是我们需要的 SKU 值集。

	SKU
1	100100
2	100200
3	100300
4	100400
5	100500
6	100600
7	101100
8	101200

现在需要组合最后的两个 SQL 语句来获得想要的结果。将第一个 SQL 查询的 WHERE 子句中的值列表替换为第二个 SQL 语句，如下所示：

```
/* *** SQL-Query-CH02-55 *** */
SELECT       SUM(ExtendedPrice) AS WaterSportsRevenue
FROM         ORDER_ITEM
WHERE        SKU IN
             (SELECT    SKU
              FROM      SKU_DATA
              WHERE     Department = 'Water Sports');
```

查询的结果与之前知道使用哪些特定的 SKU 值时得到的结果相同：

	WaterSportsRevenue
1	750.00

在 SQL-Query-CH02-55 中，第二个 SELECT 语句（包含在括号里的语句）称为 SQL 子查询（SQL subquery）。SQL 子查询也是一种 SQL 查询语句，用于确定提供（或返回）给使用（或调用）它的 SQL 查询的一组值。这个 SQL 查询，通常称为顶级查询。子查询通常被描述为嵌套查询或查询中的查询。

需要注意的是，使用子查询的 SQL 查询的功能仍然类似于单个表查询，因为只能在查询结果中显示顶级查询的列。例如，在 SQL-Query-CH02-55 中，由于 Department 列仅在 SKU_DATA 表

（子查询本身使用的表）中，Department 列的值不能显示在最终结果中。

可以使用多个子查询来处理三个甚至更多的表。例如，假设希望知道在 2018 年 1 月购买了任何商品的采购员的名字。首先，注意 Buyer 数据（采购员数据）存储在 SKU_DATA 表中，而 OrderMonth 和 OrderYear 数据存储在 RETAIL_ORDER 表中。

现在，可以使用带有两个子查询的 SQL 查询来获得所需的数据，如下所示：

```
/* *** SQL-Query-CH02-56 *** */
SELECT      DISTINCT Buyer, Department
FROM        SKU_DATA
WHERE       SKU IN
            (SELECT    SKU
             FROM      ORDER_ITEM
             WHERE     OrderNumber      IN
                       (SELECT          OrderNumber
                        FROM            RETAIL_ORDER
                        WHERE           OrderMonth = 'January'
                          AND           OrderYear = 2021));
```

结果为：

	Buyer	Department
1	Nancy Meyers	Water Sports
2	Pete Hansen	Water Sports

要理解这个查询，需要从下至上地分析它。底部的 SELECT 语句，获取 2018 年 1 月订单的 OrderNumber 列表；中间的 SELECT 语句，获取 2018 年 1 月订单中销售的商品的 SKU 值；最后，顶层 SELECT 查询获得中间 SELECT 语句中找到的所有 SKU 的 Buyer 值和 Department 值。

无论 SQL 看起来有多么复杂，在本章前面学习的 SQL 语言的任何部分都可以应用于子查询生成的表。例如，在 SQL-Query-CH02-56 中，可以对结果应用 DISTINCT 关键字以消除重复行，还可以将 GROUP BY 和 ORDER BY 子句以及聚合应用于 SQL-Query-CH02-56，形成如下所示的 SQL-Query-CH02-57：

```
/* *** SQL-Query-CH02-57 *** */
SELECT      Buyer, Department, COUNT(SKU) AS Number_Of_SKU_Sold
FROM        SKU_DATA
WHERE       SKU IN
            (SELECT    SKU
             FROM      ORDER_ITEM
             WHERE     OrderNumber  IN
                       (SELECT          OrderNumber
                        FROM            RETAIL_ORDER
                        WHERE           OrderMonth = 'January'
                          AND           OrderYear = 2021))
GROUP BY    Buyer, Department
ORDER BY    Number_Of_SKU_Sold;
```

不要使用 Microsoft Access ANSI-89 SQL

此查询在 Microsoft Access ANSI-89 SQL 中会出错，原因与第 93 页中描述的相同。

解决办法：参见第 93 页 "不要使用 Microsoft Access ANSI-89 SQL" 框中描述的解决办法。这个查询的正确 Microsoft Access ANSI-89 SQL 语句是：

```
/* *** SQL-Query-CH02-57-Access *** */
SELECT      Buyer, Department, COUNT(*) AS Number_Of_SKU_Sold
FROM        SKU_DATA
WHERE       SKU IN
            (SELECT    SKU
             FROM      ORDER_ITEM
             WHERE     OrderNumber    IN
                       (SELECT        OrderNumber
                        FROM          RETAIL_ORDER
                        WHERE         OrderMonth = 'January'
                        AND           OrderYear = 2021))
GROUP BY    Buyer, Department
ORDER BY    COUNT(*) ASC;
```

结果为：

	Buyer	Department	Number_Of_SKU_Sold
1	Pete Hansen	Water Sports	1
2	Nancy Meyers	Water Sports	2

2.9.2　用连接操作多个表

尽管子查询功能非常强大，但如前所述，它有一个严重的局限性：所选数据只能来自顶级表。因此，不能使用子查询来显示从多个表中获得的数据。为此，必须使用 SQL 连接。

在 SQL 连接操作中，JOIN 运算符用于合并两个或多个表，方法是将一个表的行与另一个表的行连接在一起。如果 JOIN 运算符实际用作 SQL 语句语法的一部分，则这种连接操作称为显式连接（Explicit Join）；如果 JOIN 运算符本身没有出现在 SQL 语句中，则称为隐式连接（Implicit Join）。

考虑如何组合 RETAIL_ORDER 和 ORDER_ITEM 表中的数据。可以用下面的 SQL 语句将一个表的行与第二个表的行连接起来，只需列出希望组合的表的名称即可。

```
/* *** SQL-Query-CH02-58 *** */
SELECT      *
FROM        RETAIL_ORDER, ORDER_ITEM;
```

这称为交叉连接（CROSS JOIN），其结果在数学上被称为表中行的笛卡尔积（Cartesian product），表示这个语句将一个表的每一行与第二个表的每一行粘在一起。对于图 2.6 中的数据，结果为：

	OrderNumber	StoreNumber	StoreZIP	OrderMonth	OrderYear	OrderTotal	OrderNumber	SKU	Quantity	Price	ExtendedPrice
1	1000	10	98110	December	2020	445.00	3000	100200	1	300.00	300.00
2	1000	10	98110	December	2020	445.00	2000	101100	4	50.00	200.00
3	1000	10	98110	December	2020	445.00	3000	101100	2	50.00	100.00
4	1000	10	98110	December	2020	445.00	2000	101200	2	50.00	100.00
5	1000	10	98110	December	2020	445.00	3000	101200	1	50.00	50.00
6	1000	10	98110	December	2020	445.00	1000	201000	1	300.00	300.00
7	1000	10	98110	December	2020	445.00	1000	202000	1	130.00	130.00
8	2000	20	02335	December	2020	310.00	3000	100200	1	300.00	300.00
9	2000	20	02335	December	2020	310.00	2000	101100	4	50.00	200.00
10	2000	20	02335	December	2020	310.00	3000	101100	2	50.00	100.00
11	2000	20	02335	December	2020	310.00	2000	101200	2	50.00	100.00
12	2000	20	02335	December	2020	310.00	3000	101200	1	50.00	50.00
13	2000	20	02335	December	2020	310.00	1000	201000	1	300.00	300.00
14	2000	20	02335	December	2020	310.00	1000	202000	1	130.00	130.00
15	3000	10	98110	January	2021	480.00	3000	100200	1	300.00	300.00
16	3000	10	98110	January	2021	480.00	2000	101100	4	50.00	200.00
17	3000	10	98110	January	2021	480.00	3000	101100	2	50.00	100.00
18	3000	10	98110	January	2021	480.00	2000	101200	2	50.00	100.00
19	3000	10	98110	January	2021	480.00	3000	101200	1	50.00	50.00
20	3000	10	98110	January	2021	480.00	1000	201000	1	300.00	300.00
21	3000	10	98110	January	2021	480.00	1000	202000	1	130.00	130.00

因为有 3 行零售订单和 7 行订单项，所以这个表中有 3 乘以 7，即 21 行。注意，OrderNumber 为 1000 的零售订单与 ORDER_ITEM 的 7 行进行了组合，OrderNumber 2000 和 3000 也是如此。

这不符合逻辑——我们真正需要做的是只选择那些 RETAIL_ORDER 的 OrderNumber（主键）与 ORDER_ITEM 中的 OrderNumber（外键）匹配的行。这就是内连接（Inner Join），这很容易做到——只需在查询中添加一个 SQL WHERE 子句，要求两列中的值相等，如下所示：

```
/* *** SQL-Query-CH02-59 *** */
SELECT      *
FROM        RETAIL_ORDER, ORDER_ITEM
WHERE       RETAIL_ORDER.OrderNumber = ORDER_ITEM.OrderNumber;
```

结果为：

	OrderNumber	StoreNumber	StoreZIP	OrderMonth	OrderYear	OrderTotal	OrderNumber	SKU	Quantity	Price	ExtendedPrice
1	3000	10	98110	January	2021	480.00	3000	100200	1	300.00	300.00
2	2000	20	02335	December	2020	310.00	2000	101100	4	50.00	200.00
3	3000	10	98110	January	2021	480.00	3000	101100	2	50.00	100.00
4	2000	20	02335	December	2020	310.00	2000	101200	2	50.00	100.00
5	3000	10	98110	January	2021	480.00	3000	101200	1	50.00	50.00
6	1000	10	98110	December	2020	445.00	1000	201000	1	300.00	300.00
7	1000	10	98110	December	2020	445.00	1000	202000	1	130.00	130.00

在 SQL WHERE 子句中使用匹配的主键和外键的用法如图 2.29 所示。尽管这个查询在技术上是正确的，但如果使用 ORDER BY 子句对结果排序，将更容易解释结果。

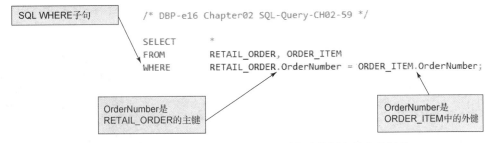

图 2.29　在 SQL 连接的 SQL WHERE 子句中使用主键和外键值

```
/* *** SQL-Query-CH02-60 *** */
SELECT          *
FROM            RETAIL_ORDER, ORDER_ITEM
WHERE           RETAIL_ORDER.OrderNumber = ORDER_ITEM.OrderNumber
ORDER BY        RETAIL_ORDER.OrderNumber, ORDER_ITEM.SKU;
```

结果为：

	OrderNumber	StoreNumber	StoreZIP	OrderMonth	OrderYear	OrderTotal	OrderNumber	SKU	Quantity	Price	ExtendedPrice
1	1000	10	98110	December	2020	445.00	1000	201000	1	300.00	300.00
2	1000	10	98110	December	2020	445.00	1000	202000	1	130.00	130.00
3	2000	20	02335	December	2020	310.00	2000	101100	4	50.00	200.00
4	2000	20	02335	December	2020	310.00	2000	101200	2	50.00	100.00
5	3000	10	98110	January	2021	480.00	3000	100200	1	300.00	300.00
6	3000	10	98110	January	2021	480.00	3000	101100	2	50.00	100.00
7	3000	10	98110	January	2021	480.00	3000	101200	1	50.00	50.00

查看 SQL-Query-CH02-60 中的语句语法，注意 SQL 语句中没有使用 SQL JOIN 关键字——因此，这是隐式的内连接。

如果将此结果与图 2.6 中的数据比较，会看到只有适当的订单项与每个零售订单进行了关联。注意到在每一行中，来自 RETAIL_ORDER 的 OrderNumber 的值（第 1 列），等于来自 ORDER_ITEM 的 OrderNumber 的值（第 7 列）。而在第一次查询时，不是这样的结果。

连接操作的工作方式可以这样来理解：从 RETAIL_ORDER 中的第一行开始，在这一行中使用 OrderNumber 的值（图 2.6 中的数据为 1000），检查 ORDER_ITEM 中的行。当在 ORDER_ITEM 中发现 OrderNumber 也等于 1000 的一行时，将 RETAIL_ORDER 的第一行的所有列与在 ORDER_ITEM 中找到的行中的列连接起来。

对于图 2.6 中的数据，ORDER_ITEM 第一行的 OrderNumber 等于 1000，因此将 RETAIL_ORDER 的第一行与 ORDER_ITEM 第一行中的列连接起来，形成连接的第一行。结果为：

	OrderNumber	StoreNumber	StoreZIP	OrderMonth	OrderYear	OrderTotal	OrderNumber	SKU	Quantity	Price	ExtendedPrice
1	1000	10	98110	December	2020	445.00	1000	201000	1	300.00	300.00

现在，仍然使用 OrderNumber 值 1000，在 ORDER_ITEM 中查找 OrderNumber 等于 1000 的第二行。对于图中的数据，ORDER_ITEM 的第二行有这样一个值。因此，将 RETAIL_ORDER 的第一行连接到 ORDER_ITEM 的第二行，得到连接的第二行，如下所示：

	OrderNumber	StoreNumber	StoreZIP	OrderMonth	OrderYear	OrderTotal	OrderNumber	SKU	Quantity	Price	ExtendedPrice
1	1000	10	98110	December	2020	445.00	1000	201000	1	300.00	300.00
2	1000	10	98110	December	2020	445.00	1000	202000	1	130.00	130.00

继续采用这种方式，寻找与 OrderNumber 值 1000 匹配的值。此时，示例数据中不再有值为 1000 的 OrderNumber，因此现在移到 RETAIL_ORDER 的第二行，获得 OrderNumber 的新值（2000），并开始在 ORDER_ITEM 的行中搜索与之匹配的值。第三行具有这样的匹配，因此将这些行与之前的结果结合起来得到新的结果：

	OrderNumber	StoreNumber	StoreZIP	OrderMonth	OrderYear	OrderTotal	OrderNumber	SKU	Quantity	Price	ExtendedPrice
1	1000	10	98110	December	2020	445.00	1000	201000	1	300.00	300.00
2	1000	10	98110	December	2020	445.00	1000	202000	1	130.00	130.00
3	2000	20	02335	December	2020	310.00	2000	101100	4	50.00	200.00

继续操作，直到检查完 RETAIL_ORDER 的所有行。最后的结果为：

	OrderNumber	StoreNumber	StoreZIP	OrderMonth	OrderYear	OrderTotal	OrderNumber	SKU	Quantity	Price	ExtendedPrice
1	1000	10	98110	December	2020	445.00	1000	201000	1	300.00	300.00
2	1000	10	98110	December	2020	445.00	1000	202000	1	130.00	130.00
3	2000	20	02335	December	2020	310.00	2000	101100	4	50.00	200.00
4	2000	20	02335	December	2020	310.00	2000	101200	2	50.00	100.00
5	3000	10	98110	January	2021	480.00	3000	100200	1	300.00	300.00
6	3000	10	98110	January	2021	480.00	3000	101100	2	50.00	100.00
7	3000	10	98110	January	2021	480.00	3000	101200	1	50.00	50.00

实际上，这是一种理论结果。SQL 查询中的行顺序可以是任意的，SQL-Query-CH02-59 的结果展示了这一点。为了确保得到前面的结果，需要添加 ORDER BY 子句，如 SQL-Query-CH02-60 所示。

可能已经注意到，前两个查询中引入了新的 SQL 语句语法变体，采用了术语 RETAIL_ORDER.OrderNumber、ORDER_ITEM.OrderNumber 和 ORDER_ITEM.SKU。新的语法格式是 TableName.ColumnName，它用于指定连接的是哪一个表中的哪一个列。RETAIL_ORDER.OrderNumber 表示来自 RETAIL_ORDER 表的 OrderNumber 列。同样，ORDER_ITEM.OrderNumber 指的是 ORDER_ITEM 表中的 OrderNumber 列；ORDER_ITEM.SKU 引用了 ORDER_ITEM 表中的 SKU 列。采用这种做法可以用表名来限定列名。以前没有这样做，是因为只处理一个表。但是，前面显示的 SQL 语句也可以将 Buyer 写成 SKU_DATA.Buyer；将 Price 写成 ORDER_ITEM.Price。

通过 SQL 连接操作组合来自两个表的数据，创建结果表的过程称为"连接两个表"。连接表时，如果使用带有"等于"条件的内连接（如 OrderNumber 上的连接），则此连接称为"等值连接"。当谈到"连接"时，99.999 99%的情形表示等值连接。

可以使用连接从两个或多个表中获取数据。例如，使用图 2.6 中的数据，假设希望显示采购员的姓名和由该采购员管理的所有 SKU 产品的 ExtendedPrice 值。下面的 SQL 查询将获得该结果：

```
/* *** SQL-Query-CH02-61 *** */
SELECT      Buyer, SKU_DATA.SKU, SKU_Description,
            OrderNumber, ExtendedPrice
FROM        SKU_DATA, ORDER_ITEM
WHERE       SKU_DATA.SKU = ORDER_ITEM.SKU;
```

结果为：

	Buyer	SKU	SKU_Description	OrderNumber	ExtendedPrice
1	Pete Hansen	100200	Std. Scuba Tank, Magenta	3000	300.00
2	Nancy Meyers	101100	Dive Mask, Small Clear	2000	200.00
3	Nancy Meyers	101100	Dive Mask, Small Clear	3000	100.00
4	Nancy Meyers	101200	Dive Mask, Med Clear	2000	100.00
5	Nancy Meyers	101200	Dive Mask, Med Clear	3000	50.00
6	Cindy Lo	201000	Half-dome Tent	1000	300.00
7	Cindy Lo	202000	Half-dome Tent Vestibule	1000	130.00

同样，每个 SQL 语句的结果只是一个表，因此可以将适用于单个表的任何 SQL 语法应用到这个结果中。例如，可以使用 GROUP BY 和 ORDER BY 子句获取每一位采购员管理的每一个 SKU 的总收益，如下面的 SQL 查询所示：

```
/* *** SQL-Query-CH02-62 *** */
SELECT      Buyer, SKU_DATA.SKU, SKU_Description,
            SUM(ExtendedPrice) AS BuyerSKURevenue
FROM        SKU_DATA, ORDER_ITEM
WHERE       SKU_DATA.SKU = ORDER_ITEM.SKU
GROUP BY    Buyer, SKU_DATA.SKU, SKU_Description
ORDER BY    BuyerSKURevenue DESC;
```

结果为：

	Buyer	SKU	SKU_Description	BuyerSKURevenue
1	Pete Hansen	100200	Std. Scuba Tank, Magenta	300.00
2	Nancy Meyers	101100	Dive Mask, Small Clear	300.00
3	Cindy Lo	201000	Half-dome Tent	300.00
4	Nancy Meyers	101200	Dive Mask, Med Clear	150.00
5	Cindy Lo	202000	Half-dome Tent Vestibule	130.00

不要使用 Microsoft Access ANSI-89 SQL　　此查询在 Microsoft Access ANSI-89 SQL 中会出错，原因与第 93 页中描述的相同。

解决办法：参见第 93 页"不要使用 Microsoft Access ANSI-89 SQL"框中描述的解决办法。这个查询的正确 Microsoft Access ANSI-89 SQL 语句是：

```
/* *** SQL-Query-CH02-62-Access *** */
SELECT      Buyer, SKU_DATA.SKU, SKU_Description,
            SUM(ExtendedPrice) AS BuyerSKURevenue
FROM        SKU_DATA, ORDER_ITEM
WHERE       SKU_DATA.SKU = ORDER_ITEM.SKU
GROUP BY    Buyer, SKU_DATA.SKU, SKU_Description
ORDER BY    Sum(ExtendedPrice) DESC;
```

注意，在 SQL-Query-CH02-62 中，GROUP BY 子句用于对 Buyer、SKU 和 SKU_Description 进行分组。考虑到 SKU 和 SKU_Description 是对应的，因此这种分组似乎没有必要。但是，正如前面提到的，SQL 语法要求在 SELECT 子句中输入的、没有在聚合函数中使用的列名，也必须在 GROUP BY 子句中出现。为了演示这一点，将 SQL-Query-CH02-62 中 GROUP BY 子句的 SKU_Description 删除，形成 SQL-Query-CH02-63，如下所示：

```
/* *** SQL-Query-CH02-63 *** */
SELECT      Buyer, SKU_DATA.SKU, SKU_Description,
            SUM(ExtendedPrice) AS BuyerSKURevenue
FROM        SKU_DATA, ORDER_ITEM
WHERE       SKU_DATA.SKU = ORDER_ITEM.SKU
GROUP BY    Buyer, SKU_DATA.SKU
ORDER BY    BuyerSKURevenue DESC;
```

结果是一个错误消息（SQL Server 2019）：

```
Messages
Msg 8120, Level 16, State 1, Line 469
Column 'SKU_DATA.SKU_Description' is invalid in the select list
because it is not contained in either an aggregate function or the GROUP BY clause.

Completion time: 2020-07-06T15:42:17.2220469-07:00
```

Microsoft Access 2019 和 Oracle Database 也会给出类似的错误消息。对于这种特殊情形，MySQL 8.0 将执行查询并给出期望的结果，因为每一个 SKU 只有一个 SKU_Description。然而，在 SQL-Query-CH02-51 中，MySQL 8.0 通常会从这样的查询返回无意义的结果：一个部门有很多 SKU，因此 MySQL 8.0 可以任意选择一个。

可以扩展这种隐式连接语法来连接三个或更多的表。例如，假设希望获得每一位采购员管理的所有商品的 Buyer、SKU、SKU_Description、OrderNumber、OrderMonth 和 ExtendedPrice 值。为了取得这些数据，需要将三个表连接在一起，如下面的 SQL 查询所示：

```
/* *** SQL-Query-CH02-64 *** */
SELECT        Buyer, SKU_DATA.SKU, SKU_Description,
              RETAIL_ORDER.OrderNumber, OrderMonth, ExtendedPrice
FROM          SKU_DATA, ORDER_ITEM, RETAIL_ORDER
WHERE         SKU_DATA.SKU = ORDER_ITEM.SKU
AND           ORDER_ITEM.OrderNumber=RETAIL_ORDER.OrderNumber;
```

结果为：

	Buyer	SKU	SKU_Description	OrderNumber	OrderMonth	ExtendedPrice
1	Pete Hansen	100200	Std. Scuba Tank, Magenta	3000	January	300.00
2	Nancy Meyers	101100	Dive Mask, Small Clear	2000	December	200.00
3	Nancy Meyers	101100	Dive Mask, Small Clear	3000	January	100.00
4	Nancy Meyers	101200	Dive Mask, Med Clear	2000	December	100.00
5	Nancy Meyers	101200	Dive Mask, Med Clear	3000	January	50.00
6	Cindy Lo	201000	Half-dome Tent	1000	December	300.00
7	Cindy Lo	202000	Half-dome Tent Vestibule	1000	December	130.00

2.9.3 子查询与连接的比较

子查询和连接都处理多个表，但它们略有不同。如前所述，子查询只能用于从顶级表检索数据，而连接可以用于从任意数量的表中获取数据。因此，连接可以完成子查询能够做的所有工作，甚至更多。那么，为什么还需要讲解子查询呢？例如，如果只需要来自单个表的数据，就可以使用子查询，因为它更容易编写和理解。

在第 8 章中，将讲解一种称为相关子查询（Correlated Subquery）的子查询类型。相关子查询可以完成连接无法实现的工作。因此，学习连接和子查询是很重要的，尽管现在看来连接更好用。如果有信心，可跳到第 8 章提前学习相关子查询。

2.9.4 SQL JOIN ON 语法

到目前为止，讲解的都是使用隐式连接语法编写 SQL 连接。还有另一种编写连接语句的方法：使用 SQL JOIN ON 语法创建显式连接。这种 SQL 连接语法称为 SQL 内连接（INNER JOIN），而不是 SQL 外连接（OUTER JOIN，将在本章后面讨论），而且大多数 SQL 语句允许（但不要求）

在 SQL 语句中使用 SQL INNER 关键字。下面的查询故意省略了 INNER 关键字，它与 SQL-Query-CH02-60 等价。

```
/* *** SQL-Query-CH02-65 *** */
SELECT        *
FROM          RETAIL_ORDER JOIN ORDER_ITEM
        ON    RETAIL_ORDER.OrderNumber = ORDER_ITEM.OrderNumber
ORDER BY      RETAIL_ORDER.OrderNumber, ORDER_ITEM.SKU;
```

结果为：

	OrderNumber	StoreNumber	StoreZIP	OrderMonth	OrderYear	OrderTotal	OrderNumber	SKU	Quantity	Price	ExtendedPrice
1	1000	10	98110	December	2020	445.00	1000	201000	1	300.00	300.00
2	1000	10	98110	December	2020	445.00	1000	202000	1	130.00	130.00
3	2000	20	02335	December	2020	310.00	2000	101100	4	50.00	200.00
4	2000	20	02335	December	2020	310.00	2000	101200	2	50.00	100.00
5	3000	10	98110	January	2021	480.00	3000	100200	1	300.00	300.00
6	3000	10	98110	January	2021	480.00	3000	101100	2	50.00	100.00
7	3000	10	98110	January	2021	480.00	3000	101200	1	50.00	50.00

虽然这两个连接语法在功能上是等同的，但是隐式连接语法是早期的 SQL 标准语法，它已经被 1992 SQL-92 标准中的显式 SQL JOIN ON 语法所取代。大多数人认为，SQL JOIN ON 语法比第一个语法更容易理解。注意，当使用 SQL JOIN ON 语法时：

- SQL JOIN 关键字被放在 SQL FROM 子句中的表名之间，它替换了之前分隔两个表名的逗号。
- SQL ON 关键字引出一个 SQL ON 子句，该子句包含匹配以前在 SQL WHERE 子句中的键值的语句。
- SQL WHERE 子句不再作为连接的一部分使用，这使得理解在 WHERE 子句中对行的限制更加容易。

注意，JOIN ON 语法仍然需要主键到等价外键的语句，如图 2.30 所示。还要注意，SQL ON 子句没有替换 SQL WHERE 子句，它仍然可以用于确定将显示哪些行。例如，可以使用 SQL WHERE 子句将显示的记录限制成 OrderYear 为 2020 年：

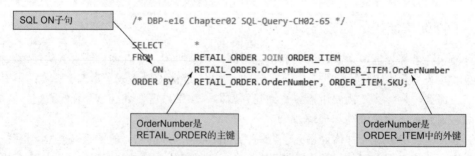

图 2.30　在 SQL 连接的 SQL ON 子句中使用主键和外键值

```
/* *** SQL-Query-CH02-66 *** */
SELECT        *
FROM          RETAIL_ORDER JOIN ORDER_ITEM
        ON    RETAIL_ORDER.OrderNumber = ORDER_ITEM.OrderNumber
WHERE         OrderYear = 2020
ORDER BY      RETAIL_ORDER.OrderNumber, ORDER_ITEM.SKU;
```

结果为：

	OrderNumber	StoreNumber	StoreZIP	OrderMonth	OrderYear	OrderTotal	OrderNumber	SKU	Quantity	Price	ExtendedPrice
1	1000	10	98110	December	2020	445.00	1000	201000	1	300.00	300.00
2	1000	10	98110	December	2020	445.00	1000	202000	1	130.00	130.00
3	2000	20	02335	December	2020	310.00	2000	101100	4	50.00	200.00
4	2000	20	02335	December	2020	310.00	2000	101200	2	50.00	100.00

不要使用 Microsoft Access ANSI-89 SQL　这个查询在 Microsoft Access ANSI-89 SQL 中会失败，因为 Microsoft Access 要求使用 SQL 关键字 INNER。

解决办法：将 SQL 关键字 INNER 添加到语句中。正确的 Microsoft Access ANSI-89 SQL 语句是：

```
/* *** SQL-Query-CH02-66-Access *** */
SELECT      *
FROM        RETAIL_ORDER INNER JOIN ORDER_ITEM
    ON      RETAIL_ORDER.OrderNumber = ORDER_ITEM.OrderNumber
WHERE       OrderYear = 2020
ORDER BY    RETAIL_ORDER.OrderNumber, ORDER_ITEM.SKU;
```

本章的其余所有 INNER JOIN 语句都需要进行同样的修正。

还可以使用 SQL JOIN ON 语法作为连接三个或更多表的替代格式。例如，如果希望获取 OrderNumber、StoreNumber、OrderYear 和 SKU 数据的列表，可以使用以下 SQL 语句：

```
/* *** SQL-Query-CH02-67 *** */
SELECT      RETAIL_ORDER.OrderNumber, StoreNumber, OrderYear,
            ORDER_ITEM.SKU, SKU_Description, Department
FROM        RETAIL_ORDER JOIN ORDER_ITEM
    ON      RETAIL_ORDER.OrderNumber = ORDER_ITEM.OrderNumber
            JOIN        SKU_DATA
                ON      ORDER_ITEM.SKU=SKU_DATA.SKU
WHERE       OrderYear = 2020
ORDER BY    RETAIL_ORDER.OrderNumber, ORDER_ITEM.SKU;
```

结果为：

	OrderNumber	StoreNumber	OrderYear	SKU	SKU_Description	Department
1	1000	10	2020	201000	Half-dome Tent	Camping
2	1000	10	2020	202000	Half-dome Tent Vestibule	Camping
3	2000	20	2020	101100	Dive Mask, Small Clear	Water Sports
4	2000	20	2020	101200	Dive Mask, Med Clear	Water Sports

使用 SQL AS 关键字，为查询中的一个或多个表创建别名，并用别名命名输出列，可以使该语句更简单。

```
/* *** SQL-Query-CH02-68 *** */
SELECT      RO.OrderNumber, StoreNumber, OrderYear,
            OI.SKU, SKU_Description, Department
FROM        RETAIL_ORDER AS RO JOIN ORDER_ITEM AS OI
```

```
        ON    RO.OrderNumber = OI.OrderNumber
        JOIN        SKU_DATA AS SD
            ON    OI.SKU = SD.SKU
WHERE       OrderYear = 2020
ORDER BY  RO.OrderNumber, OI.SKU;
```

结果同样为：

	OrderNumber	StoreNumber	OrderYear	SKU	SKU_Description	Department
1	1000	10	2020	201000	Half-dome Tent	Camping
2	1000	10	2020	202000	Half-dome Tent Vestibule	Camping
3	2000	20	2020	101100	Dive Mask, Small Clear	Water Sports
4	2000	20	2020	101200	Dive Mask, Med Clear	Water Sports

BY THE WAY　　Oracle Database 和 MySQL 以类似的方式创建别名，但是 Oracle Database 不允许使用 SQL AS 关键字。在 Oracle Database 中，表名后面紧跟着的是要使用的别名。如 SQL-Query-CH02-68-Oracle 所示：

```
/* *** SQL-Query-CH02-68-Oracle *** */
SELECT      RO.OrderNumber, StoreNumber, OrderYear,
            OI.SKU, SKU_Description, Department
FROM        RETAIL_ORDER RO JOIN ORDER_ITEM OI
        ON    RO.OrderNumber = OI.OrderNumber
        JOIN        SKU_DATA SD
            ON    OI.SKU = SD.SKU
WHERE       OrderYear = 2020
ORDER BY    RO.OrderNumber, OI.SKU;
```

关于 SQL 连接的最后一项说明：尽管到目前为止，已经通过使用匹配主键和外键值创建了 SQL 连接，但是 SQL 连接并不仅限于这些匹配。实际上，两个表中任何匹配的列都可以作为连接的基础，而这些列不必是主键列或外键列。例如，假设老板问你这样一个问题："谁是 Cape Codd 2020 目录册中商品的采购员？"

在本例中，关于 2020 目录册中商品的数据在 CATALOG_SKU_2020 表中，关于采购员的数据在 SKU_DATA 表中。快速看一下图 2.4，这两个表没有通过主键连接到外键——实际上，CATALOG_SKU_2020 是一个独立表，没有连接到数据库中的任何其他表。

尽管如此，利用如下的 SQL 查询，依然可以得到结果。

```
/* *** SQL-Query-CH02-69 *** */
SELECT      CatalogID, CS2020.SKU, CS2020.SKU_description, Buyer
FROM        CATALOG_SKU_2020 AS CS2020 JOIN SKU_DATA AS SD
        ON    CS2020.SKU = SD.SKU
WHERE       CatalogPage IS NOT NULL
ORDER BY    CatalogID;
```

这个查询使用了 SKU 上的显式连接，即使 SKU 不是 CATALOG_SKU_2020 表中的键。结果正是我们所期望的：

	CatalogID	SKU	SKU_description	Buyer
1	20200001	100100	Std. Scuba Tank, Yellow	Pete Hansen
2	20200002	100300	Std. Scuba Tank, Light Blue	Pete Hansen
3	20200004	101100	Dive Mask, Small Clear	Nancy Meyers
4	20200005	101200	Dive Mask, Med Clear	Nancy Meyers
5	20200006	201000	Half-dome Tent	Cindy Lo
6	20200007	202000	Half-dome Tent Vestibule	Cindy Lo
7	20200008	301000	Light Fly Climbing Harness	Jerry Martin
8	20200009	302000	Locking Carabiner, Oval	Jerry Martin

2.9.5　递归关系中的 SQL 查询

递归（Recursive）表示循环或重复。在计算机编程语言中，递归过程（Recursive Procedure）是调用自身的代码块。在数据库结构中，递归关系是同一表中两列之间的关系。

对于 Cape Codd 的数据，BUYER 表有一个递归关系：Supervisor 列保存 BuyerName 列的值作为数据，同时也是引用 BuyerName 作为关联主键的外键。根据下面列出的 Position 从最高（Manager）到最低（Buyer 1）的采购员，可以在 BUYER 表数据中清楚地看到这种关系：

```
/* *** SQL-Query-CH02-70 *** */
SELECT    BuyerName, Department, Position, Supervisor
FROM      BUYER
ORDER BY  Position DESC;
```

其结果为：

	BuyerName	Department	Position	Supervisor
1	Mary Smith	Purchasing	Manager	NULL
2	Pete Hansen	Purchasing	Buyer 3	Mary Smith
3	Cindy Lo	Purchasing	Buyer 2	Mary Smith
4	Jerry Martin	Purchasing	Buyer 1	Cindy Lo
5	Nancy Meyers	Purchasing	Buyer 1	Pete Hansen

请注意，作为 Manager，Mary Smith 没有 Supervisor，因此该列中的值为 NULL。因此，对于递归关系的 SQL 查询在技术上是单个表查询，因为这两列都在同一个表中。遗憾的是，SQL 查询语句只允许在两个不同表之间匹配外键和主键。

解决方案是使用表别名为同一个表创建两个别名版本。因此，可以通过如下的语句得到每一位采购员的姓名和他的主管：

```
/* *** SQL-Query-CH02-71 *** */
SELECT      S.BuyerName AS SupervisorName,
            S.Position AS SupervisorPosition,
            B.BuyerName, B.Position
FROM        BUYER S JOIN BUYER B
      ON    S.BuyerName = B.Supervisor
ORDER BY    S.BuyerName;
```

结果为：

	SupervisorName	SupervisiorPosition	BuyerName	Position
1	Cindy Lo	Buyer 2	Jerry Martin	Buyer 1
2	Mary Smith	Manager	Cindy Lo	Buyer 2
3	Mary Smith	Manager	Pete Hansen	Buyer 3
4	Pete Hansen	Buyer 3	Nancy Meyers	Buyer 1

 不要使用 Microsoft Access ANSI-89 SQL　　这个查询在 Microsoft Access ANSI-89 SQL 中会失败，因为 Microsoft Access 要求使用 SQL 关键字 INNER。

解决办法：将 SQL 关键字 INNER 添加到语句中。正确的 Microsoft Access ANSI-89 SQL 语句是：

```
/* *** SQL-Query-CH02-71-ACCESS *** */
SELECT      S.BuyerName AS SupervisorName,
            S.Position AS SupervisorPosition,
            B.BuyerName, B.Position
FROM        BUYER S INNER JOIN BUYER B
      ON    S.BuyerName = B.Supervisor
ORDER BY    S.BuyerName;
```

图 2.4 中故意省略了 BUYER 关系中的递归关系，因为在 Microsoft Access 中演示递归关系的唯一方法是实际显示第二个 BUYER 表的别名版本，如图 2.31 所示。

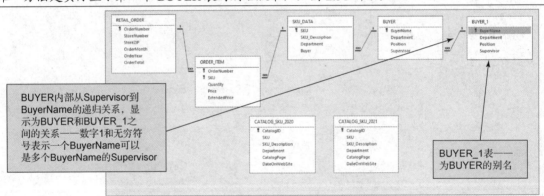

图 2.31　Microsoft Access 2019 中的递归关系

2.9.6　外连接

前面使用的 SQL 连接都是内连接，只有在连接的表中具有匹配值的行，才会显示在结果中。假设希望了解 Cape Codd 公司的产品销售与采购员之间的关系——采购员采购的商品是否已经销售了？可以从 SQL-Query-CH02-72 开始：

```
/* *** SQL-Query-CH02-72 *** */
SELECT      OI.OrderNumber, Quantity,
            SD.SKU, SKU_Description, Department, Buyer
FROM        ORDER_ITEM AS OI JOIN SKU_DATA AS SD
      ON    OI.SKU = SD.SKU
ORDER BY    OI.OrderNumber, SD.SKU;
```

得到的结果集为：

	OrderNumber	Quantity	SKU	SKU_Description	Department	Buyer
1	1000	1	201000	Half-dome Tent	Camping	Cindy Lo
2	1000	1	202000	Half-dome Tent Vestibule	Camping	Cindy Lo
3	2000	4	101100	Dive Mask, Small Clear	Water Sports	Nancy Meyers
4	2000	2	101200	Dive Mask, Med Clear	Water Sports	Nancy Meyers
5	3000	1	100200	Std. Scuba Tank, Magenta	Water Sports	Pete Hansen
6	3000	2	101100	Dive Mask, Small Clear	Water Sports	Nancy Meyers
7	3000	2	101200	Dive Mask, Med Clear	Water Sports	Nancy Meyers

这个结果是正确的，但它只给出了 SKU_DATA 表中 13 个 SKU 项中的 5 个。其他的 SKU 项及其相关联的采购员，为什么没有出现在结果中呢？仔细查看图 2.6 中的数据，可以找到这些 SKU 项及其采购员。例如，采购员 Pete Hansen 的 SKU 100100 是一个从未作为零售订单的一部分出售的 SKU 项。因此，这些 SKU 项的主键值不与 ORDER_ITEM 表中的任何外键值相匹配；正是因为没有匹配值，所以它们不会出现在这条连接语句的结果中。当创建 SQL 查询时，如果希望查看销售情况，应该如何处理呢？

考虑图 2.32（a）中的 STUDENT 表和 LOCKER 表，这里将它们并排放置，以突显两个表中行之间的关系。STUDENT 表显示了某所大学的学生学号（StudentPK）、姓名（StudentName）和储物柜编号（LockerFK）。LOCKER 表给出的是校园娱乐中心储物柜的 LockerPK（编号）和 LockerType（全尺寸或半尺寸）。如果对这两个表运行一个使用 SQL JOIN ON 语法的标准连接 SQL-Query-CH02-73，则会得到一个表，其中包含已经分配了储物柜的学生以及所分配的储物柜。结果如图 2.32（b）所示。

```
/* *** EXAMPLE CODE - DO NOT RUN *** *//* *** SQL-Query-CH02-73 *** */
SELECT      StudentPK, StudentName, LockerFK, LockerPK, LockerType
FROM        STUDENT JOIN LOCKER
     ON   STUDENT.LockerFK = LOCKER.LockerPK
ORDER BY  StudentPK;
```

这种类型的 SQL 连接，称为 SQL 内连接（SQL inner join）。可以使用 SQL INNER JOIN 短语运行这个查询，见 SQL-Query-CH02-74。其结果与图 2.32（b）完全相同。

```
/* *** EXAMPLE CODE - DO NOT RUN *** */
/* *** SQL-Query-CH02-74 *** */
SELECT      StudentPK, StudentName, LockerFK, LockerPK, LockerType
FROM        STUDENT INNER JOIN LOCKER
     ON   STUDENT.LockerFK = LOCKER.LockerPK
ORDER BY  StudentPK;
```

现在，假设希望得到连接中已经存在的所有行，还希望显示 STUDENT 表中未包含在内连接中的任何行（学生）。这表示希望看到所有的学生，包括那些没有被分配储物柜的学生。这称为外连接（Outer Join）。为此，需要使用 SQL 外连接（SQL outer join），它就是为此目的而设计的。由于所期望的表在查询中首先列出，它位于表清单的左侧，因此特别使用 SQL 左外连接，即 SQL LEFT OUTER JOIN 语法，见 SQL-Query-CH02-75。其结果与图 2.32（b）完全相同。

```
/* *** EXAMPLE CODE - DO NOT RUN *** */
/* *** SQL-Query-CH02-75 *** */
SELECT      StudentPK, StudentName, LockerFK, LockerPK, LockerType
FROM        STUDENT LEFT OUTER JOIN LOCKER
```

```
          ON  STUDENT.LockerFK = LOCKER.LockerPK
ORDER BY  StudentPK;
```

图 2.32（c）中，注意现在包含了 STUDENT 表中的所有行，并且在 LOCKER 表中没有匹配的行显示为 NULL 值。从输出结果可以看出，学生 Adams 和 Buchanan 在 LOCKER 表中没有连接的行，这意味着他们没有分配到储物柜。

如果希望显示连接中已经存在的所有行，同时还要显示那些没有包含在内连接中的 LOCKER 表的行，则需专门使用一个 SQL 右外连接，即 SQL RIGHT OUTER JOIN 语法，因为我们想要的表在查询中第二个列出，所以它位于表清单的右侧。这意味着需要得到所有的储物柜，包括那些没有被分配给学生的储物柜，见 SQL-Query-CH02-76。其结果与图 2.32（b）完全相同。

```
/* *** EXAMPLE CODE - DO NOT RUN *** */
/* *** SQL-Query-CH02-76 *** */
SELECT    StudentPK, StudentName, LockerFK, LockerPK, LockerType
FROM      STUDENT RIGHT OUTER JOIN LOCKER
      ON  STUDENT.LockerFK = LOCKER.LockerPK
ORDER BY  LockerPK;
```

图 2.32（d）中，注意现在包含了 LOCKER 表中的所有行，并且在 STUDENT 表中没有匹配的行显示为 NULL 值。从输出结果可以看出，储物柜编号 70、80 和 90 在 STUDENT 表中没有连接的行，这意味着这些储物柜目前没有分配给学生。

回到前面关于 SKU 和采购员的问题，可以对它使用 SQL 外连接，特别是 SQL 右外连接来获得期望的结果：

```
/* *** SQL-Query-CH02-77 *** */
SELECT    OI.OrderNumber, Quantity,
          SD.SKU, SKU_Description, Department, Buyer
FROM      ORDER_ITEM AS OI RIGHT OUTER JOIN SKU_DATA AS SD
      ON  OI.SKU = SD.SKU
ORDER BY  OI.OrderNumber, SD.SKU;
```

这就产生了以下结果，结果清楚地显示了那些还没有零售订单的 SKU 及其采购员（特别要注意的是，还没有售出 SKU 以 3 开头的任何一件商品，它们是攀登设备——也许管理层应该对此进行调查）。

	OrderNumber	Quantity	SKU	SKU_Description	Department	Buyer
1	NULL	NULL	100100	Std. Scuba Tank, Yellow	Water Sports	Pete Hansen
2	NULL	NULL	100300	Std. Scuba Tank, Light Blue	Water Sports	Pete Hansen
3	NULL	NULL	100400	Std. Scuba Tank, Dark Blue	Water Sports	Pete Hansen
4	NULL	NULL	100500	Std. Scuba Tank, Light Green	Water Sports	Pete Hansen
5	NULL	NULL	100600	Std. Scuba Tank, Dark Green	Water Sports	Pete Hansen
6	NULL	NULL	203000	Half-dome Tent Vestibule - Wide	Camping	Cindy Lo
7	NULL	NULL	301000	Light Fly Climbing Harness	Climbing	Jerry Martin
8	NULL	NULL	302000	Locking Carabiner, Oval	Climbing	Jerry Martin
9	1000	1	201000	Half-dome Tent	Camping	Cindy Lo
10	1000	1	202000	Half-dome Tent Vestibule	Camping	Cindy Lo
11	2000	4	101100	Dive Mask, Small Clear	Water Sports	Nancy Meyers
12	2000	2	101200	Dive Mask, Med Clear	Water Sports	Nancy Meyers
13	3000	1	100200	Std. Scuba Tank, Magenta	Water Sports	Pete Hansen
14	3000	2	101100	Dive Mask, Small Clear	Water Sports	Nancy Meyers
15	3000	1	101200	Dive Mask, Med Clear	Water Sports	Nancy Meyers

BY THE WAY　内连接会剔除不匹配的行很容易被忘记。几年前，本书作者之一为一个非常大的机构从事咨询工作。该客户有一个预算规划程序，其中包括一长串复杂的 SQL 语句。这个语句中的一个连接是内连接，它本应该是外连接。这样，就导致了约 3000 名员工没有包含在预算计算中。几个月后，当实际的工资费用大大超出了预算时，才发现了这个错误。这件事情，让董事会一直感到很尴尬。

STUDENT

StudentPK	StudentName	LockerFK
1	Adams	NULL
2	Buchanan	NULL
3	Carter	10
4	Ford	20
5	Hoover	30
6	Kennedy	40
7	Roosevelt	50
8	Truman	60

LOCKER

LockerPK	LockerType
10	Full
20	Full
30	Half
40	Full
50	Full
60	Half
70	Full
80	Full
90	Half

(a) STUDENT 表和 LOCKER 表对齐，以显示行关系

只显示了 LockerFK=LockerPK 所在的行——注意，有些 StudentPK 值和 LockerPK 值不在结果中

StudentPK	StudentName	LockerFK	LockerPK	LockerType
3	Carter	10	10	Full
4	Ford	20	20	Full
5	Hoover	30	30	Half
6	Kennedy	40	40	Full
7	Roosevelt	50	50	Full
8	Truman	60	60	Half

(b) STUDENT 表和 LOCKER 表的内连接

即使没有匹配的 LockerFK = LockerPK 值，也会显示来自 STUDENT 表的所有行

StudentPK	StudentName	LockerFK	LockerPK	LockerType
1	Adams	NULL	NULL	NULL
2	Buchanan	NULL	NULL	NULL
3	Carter	10	10	Full
4	Ford	20	20	Full
5	Hoover	30	30	Half
6	Kennedy	40	40	Full
7	Roosevelt	50	50	Full
8	Truman	60	60	Half

(c) STUDENT 表和 LOCKER 表的左外连接

即使没有匹配的 LockerFK = LockerPK 值，也会显示来自 LOCKER 表的所有行

StudentPK	StudentName	LockerFK	LockerPK	LockerType
3	Carter	10	10	Full
4	Ford	20	20	Full
5	Hoover	30	30	Half
6	Kennedy	40	40	Full
7	Roosevelt	50	50	Full
8	Truman	60	60	Half
NULL	NULL	NULL	70	Full
NULL	NULL	NULL	80	Full
NULL	NULL	NULL	90	Half

(d) STUDENT 表和 LOCKER 表的右外连接

图 2.32　几种连接类型

2.9.7　使用 SQL 集合运算符

数学家使用术语"集合论"（Set Theory）来描述集合上的数学运算，其中"集合"（Set）被定义为一组不同的项。关系数据库表满足集合的定义，因此 SQL 包含一组用于 SQL 查询的集合运算符（Set Operator）就不足为奇了。

维恩图（Venn Diagram）是将集合及其关系可视化的标准方法。如图 2.33 所示：

- 图 2.33（a）用一个做了标注的圆表示集合。
- 子集（Subset）是完全包含在集合中的一部分，如图 2.33（b）所示。
- 图 2.33（c）显示了两个集合的并集（Union），它将两个集合并在一起，得到一个包含两个集合中所有值的集合。这相当于 OR 逻辑运算（A OR B）。
- 两个集合的交集（Intersection）如图 2.33（d）所示，表示两个集合共有的区域。这相当于 AND 逻辑运算（A AND B）。
- 集合 A 中集合 B 的补集（Complement）如图 2.33（e）所示，表示集合 A 中所有不位于集合 B 中的区域。这相当于逻辑运算 A AND（NOT B）。它也等价于差集（A-B）。

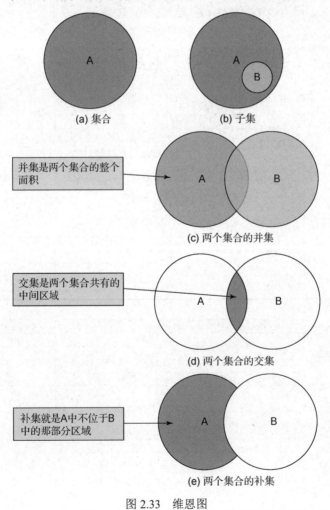

图 2.33　维恩图

　　SQL 为这些集合运算提供了 SQL 集合运算符，如图 2.34 所示。注意，为了使用 SQL 集合运算符，每个 SELECT 部分中涉及的表列数必须相同，并且对应的列必须具有相同的或兼容的数据类型（如第 6 章中讨论的 CHAR 和 VARCHAR）。

SQL 集合运算符	
运　算　符	含　　义
UNION	结果是一个或两个表中的所有行值
INTERSECT	结果是两个表共有的所有行值
EXCEPT	结果是位于第一个表、但不位于第二个表中的所有行值

图 2.34　SQL 集合运算符

　　为了演示 SQL 集合运算，假设老板问这样一个问题："2020 年或 2021 年有哪些商品（通过目录册或网站）可供销售？"从图 2.6（b）可以看到，要回答这个问题，必须合并 CATALOG_SKU_2020 和 CATALOG_SKU_2021 表中的所有数据。可以使用 SQL UNION 运算符来实现，如 SQL-Query-CH02-78 所示。

```
/* *** SQL-Query-CH02-78 *** */
SELECT      SKU, SKU_Description, Department
FROM        CATALOG_SKU_2020
UNION
SELECT      SKU, SKU_Description, Department
FROM        CATALOG_SKU_2021;
```

其结果如下所示，它清楚地显示了 2020 年或 2021 年可销售的所有 SKU。

	SKU	SKU_Description	Department
1	100100	Std. Scuba Tank, Yellow	Water Sports
2	100200	Std. Scuba Tank, Magenta	Water Sports
3	100300	Std. Scuba Tank, Light Blue	Water Sports
4	100400	Std. Scuba Tank, Dark Blue	Water Sports
5	101100	Dive Mask, Small Clear	Water Sports
6	101200	Dive Mask, Med Clear	Water Sports
7	201000	Half-dome Tent	Camping
8	202000	Half-dome Tent Vestibule	Camping
9	203000	Half-dome Tent Vestibule - Wide	Camping
10	301000	Light Fly Climbing Harness	Climbing
11	302000	Locking Carabiner, Oval	Climbing

　　假设老板问你这样一个问题："有哪些商品在 2020 年和 2021 年（通过目录册或网站）都可供销售？"查看图 2.33 中的维恩图和图 2.6（b）中的表数据，可以看到，要回答这个问题，必须找到同时出现在 CATALOG_SKU_2020 和 CATALOG_SKU_2021 表中的数据。可以使用 SQL INTERSECT 运算符（注意，Microsoft Access 2019 和 MySQL 8.0 都不支持该运算符），如 SQL-Query-CH02-79 所示。

```
/* *** SQL-Query-CH02-79 *** */
SELECT      SKU, SKU_Description, Department
FROM        CATALOG_SKU_2020
INTERSECT
SELECT      SKU, SKU_Description, Department
FROM        CATALOG_SKU_2021;
```

BY THE WAY　如果将 SQL-Query-CH02-78 的输出与 CATALOG-SKU_2020 和 CATALOG_SKU_2021 中的数据进行比较，会看到结果中没有重复的行。例如，Half-Dome Tent SKU 201000 在两个表中都存在，但只在查询输出中出现了一次。如果出于某种原因，希望在查询输出中显示重复的行，则只需将 SQL ALL 关键字添加到查询中：

```
/* *** SQL-Query-CH02-78-ALL *** */
SELECT      SKU, SKU_Description, Department
FROM        CATALOG_SKU_2020
UNION ALL
SELECT      SKU, SKU_Description, Department
FROM        CATALOG_SKU_2021;
```

其结果如下所示，它清楚地显示了在 2020 年和 2021 年都可销售的所有 SKU。

	SKU	SKU_Description	Department
1	100100	Std. Scuba Tank, Yellow	Water Sports
2	101100	Dive Mask, Small Clear	Water Sports
3	101200	Dive Mask, Med Clear	Water Sports
4	201000	Half-dome Tent	Camping
5	202000	Half-dome Tent Vestibule	Camping
6	301000	Light Fly Climbing Harness	Climbing
7	302000	Locking Carabiner, Oval	Climbing

最后，假设老板问你这样一个问题："有哪些商品在 2020 年（通过目录册或网站）可供销售、在 2021 年不能销售？"查看图 2.33 中的维恩图和图 2.6（b）中的表数据，可以看到，要回答这个问题，必须找到出现在 CATALOG_SKU_2020、但不出现在 CATALOG_SKU_2021 表中的数据。可以使用 SQL EXCEPT 运算符（注意，Oracle Database 中称为 SQL MINUS 运算符；Microsoft Access 2019 和 MySQL 8.0 都不支持 EXCEPT 运算符），如 SQL-Query-CH02-80 所示。

```
/* *** SQL-Query-CH02-80 *** */
SELECT      SKU, SKU_Description, Department
FROM        CATALOG_SKU_2020
EXCEPT
SELECT      SKU, SKU_Description, Department
FROM        CATALOG_SKU_2021;
```

这将产生以下结果，它清楚地显示了仅在 2020 目录册中销售的 SKU。

	SKU	SKU_Description	Department
1	100300	Std. Scuba Tank, Light Blue	Water Sports
2	100400	Std. Scuba Tank, Dark Blue	Water Sports

至此，对 SQL 查询语句的讨论就结束了。本章讲解了允许在一个或多个表上编写即席 SQL 查询所需的 SQL 语法，仅显示希望看到的特定行、列或计算结果。第 7 章中，将回到 SQL 来讨论 SQL DDL、SQL DML 的其他部分以及 SQL/PSM。第 8 章中，会再次回到 SQL 来讨论相关子查询。

2.10　小结

结构化查询语言（SQL）是由 IBM 开发的，并得到了 ANSI SQL-92 以及后续标准的认可。SQL 是一种数据子语言，可以嵌入完整的编程语言中，也可以直接提交给 DBMS。对于知识工作者、应用程序员和数据库管理员来说，了解 SQL 非常重要。

所有 DBMS 产品都使用 SQL。Microsoft Access 隐藏了 SQL，但是 SQL Server、Oracle Database 和 MySQL 要求用户使用它。

我们主要对 5 类 SQL 语句感兴趣：DML、DDL、SQL/PSM、TCL 和 DCL。DML 语句包括查询数据的语句，以及用于插入、更新和删除数据的语句。本章只讨论了 DML 查询语句。其他的 DML 语句、DDL 和 SQL/PSM 语句，将在第 7 章中讨论；第 9 章讨论的是 TCL 和 DCL。

本章中的示例，是基于从 Cape Codd Outdoor Sports 公司运营数据库中提取的 6 个表。这样的数据库提取，很常见也很重要。6 个表的样本数据在图 2.6（a）和图 2.6（b）中给出。

SQL 查询语句的基本结构是 SELECT/FROM/WHERE。要选择的列在 SELECT 之后列出；要处理的表在 FROM 之后列出；对数据值的任何限制在 WHERE 之后列出。在 WHERE 子句中，字符和日期数据值必须用单引号括起来。数值数据不需要用引号括起来。可以直接向 Microsoft Access、SQL Server、Oracle Database 和 MySQL 提交 SQL 语句，如本章所述。

本章讲解了以下 SQL 子句的用法：SELECT、FROM、WHERE、ORDER BY、GROUP BY 和 HAVING。默认情况下，WHERE 子句位于 HAVING 子句之前。本章还讲解了以下 SQL 关键字的用法：DISTINCT、TOP 和 TOP PERCENT。讨论了 SQL 比较运算符，包括 SQL 关键字 IN、NOT IN、BETWEEN、NOT BETWEEN、LIKE、NOT LIKE、IS NULL 和 IS NOT NULL。使用了 SQL 通配符%（Microsoft Access 中用*）和_（Microsoft Access 中用?）。探讨了 SQL 逻辑运算符 AND、OR 和 NOT。使用了 SQL 内置的聚合函数 COUNT、SUM、AVG、MIN 和 MAX，讨论了 SQL 别名运算符 AS 和 SQL 集合运算符 UNION、UNIONALL、INTERSECT 和 EXCEPT。现在应该知道了如何综合利用这些特性来获得期望的结果。

利用子查询和连接，可以查询多个表。子查询是嵌套查询，通常使用 SQL 比较运算符 IN 和 NOT IN；SQL SELECT 表达式放在括号内。使用子查询时，只能显示来自顶级表的数据。通过在 FROM 子句中指定多个表名，可以创建隐式连接；利用 SQL WHERE 子句，可以获得等值连接。大多数情况下，等值连接是最明智的选择。连接可以显示来自多个表的数据。第 8 章中，将讲解另一种类型的子查询，它可以执行无法用连接完成的工作。

递归关系的查询针对的是单个表，但是可以使用表别名，将 SQL 语句构造成对两个不同表的查询。

SQL-92 标准以后，显式 SQL JOIN ON 语法被认为是 SQL 连接的正确语法。使用常规的 INNER 连接时，那些不满足连接条件的行，不会出现在结果中。为了保留这些行，可使用 LEFT OUTER 或 RIGHT OUTER 连接。

重要术语

/*和*/	MIN 函数
即席查询	空值
美国国家标准协会（ANSI）	联机交易处理（OLTP）
AVG 函数	外连接
商业智能（BI）系统	主键
笛卡尔积	示例查询（QBE）
字符串	关系数据库
补集	记录
组合主键	递归
相关子查询	递归过程
COUNT 函数	递归关系
数据控制语言（DCL）	关系
数据定义语言（DDL）	模式
数据操作语言（DML）	集合
数据集市	集合运算符
数据子语言	集合论
数据仓库	SQL ALL 关键字
数据仓库 DBMS	SQL AND 运算符
域	SQL AS 关键字
空集	SQL 星号（*）通配符
等值连接	SQL BETWEEN 运算符
显式连接	SQL 的内置聚合函数
可扩展标记语言（XML）	SQL 注释
提取、转换和加载（ETL）系统	SQL 比较运算符
外键	SQL DESC 关键字
图形用户界面（GUI）	SQL DISTINCT 关键字
隐式连接	SQL EXCEPT 运算符
内连接	SQL 表达式
国际标准化组织（ISO）	SQL FROM 子句
交集	SQL GROUP BY 子句
连接	SQL HAVING 子句
连接两个表	SQL IN 运算符
最大	SQL INNER 关键字
Microsoft Access 星号（*）通配符	SQL 内连接
Microsoft Access 问号（?）通配符	SQL INNER JOIN 短语

习题

2.1　什么是联机交易处理（OLTP）系统？什么是商业智能（BI）系统？什么是数据仓库？

2.2　什么是即席查询？

2.3　"SQL"是什么的缩写？它有什么作用？

2.4　"SKU"是什么的缩写？它表示什么？

2.5　在提取 Cape Codd 数据时，是如何改变和过滤数据的？

2.6　简要描述一下 RETAIL_ORDER、ORDER_ITEM、SKU_DATA 和 BUYER 表之间的关系。这些表与 CATALOG_SKU_2020 和 CATALOG_SKU_2021 表的关系是什么？

2.7　给出 SQL 产生的背景。

2.8　什么是 SQL-92？它与本章中的 SQL 语句有什么关系？

2.9　SQL-92 之后的 SQL 版本中添加了哪些特性？

2.10　为什么 SQL 被描述为一种数据子语言？

2.11　"DML"是什么的缩写？什么是 DML 语句？

2.12　"DDL"是什么的缩写？什么是 DDL 语句？

2.13　什么是 SQL SELECT/FROM/WHERE 框架？

2.14　描述一下 Microsoft Access 如何使用 SQL。

2.15　解释企业级 DBMS 产品如何使用 SQL。

Cape Codd 公司的销售数据库已进行了修改，增加了三个表：INVENTORY 表、WAREHOUSE 表和 CATALOG_SKU_2019 表。这些表以及 RETAIL_ORDER、ORDER_ITEM、SKU_DATA、BUYER、CATALOG_SKU_2020 和 CATALOG_SKU_2021 表的表模式如下：

RETAIL_ORDER (OrderNumber, StoreNumber, StoreZIP, OrderMonth, OrderYear, OrderTotal)

ORDER_ITEM (*OrderNumber*, *SKU*, Quantity, Price, ExtendedPrice)

SKU_DATA (SKU, SKU_Description, Department, *Buyer*)

BUYER (BuyerName, Department, Position, *Supervisor*)

WAREHOUSE (WarehouseID, WarehouseCity, WarehouseState, Manager, SquareFeet)

INVENTORY (*WarehouseID*, *SKU*, SKU_Description, QuantityOnHand, QuantityOnOrder)

CATALOG_SKU_2019 (CatalogID, SKU, SKU_Description, CatalogPage, DateOnWebSite)

CATALOG_SKU_2020 (CatalogID, SKU, SKU_Description, CatalogPage, DateOnWebSite)

CATALOG_SKU_2021 (CatalogID, SKU, SKU_Description, CatalogPage, DateOnWebSite)

修改后的 Cape Codd 数据库模式中的 9 个表如图 2.35 所示。WAREHOUSE 表的列特性见图 2.36；INVENTORY 表的列特性见图 2.37；CATALOG_SKU_2016 表的列特性见图 2.38。WAREHOUSE 表的数据见图 2.39；INVENTORY 表的数据见图 2.40；CATALOG_SKU_2019 表的数据见图 2.41。

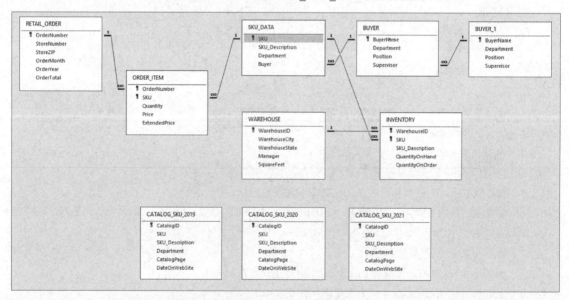

图 2.35　包含 WAREHOUSE、INVENTORY 和 CATALOG_SKU_2019 表的 Cape Codd 数据库

WAREHOUSE

列 名 称	类 型	键	是 否 要 求	备 注
WarehouseID	Integer	主键	是	代理键
WarehouseCity	Character(30)	否	是	
WarehouseState	Character(2)	否	是	
Manager	Character(35)	否	否	
SquareFeet	Integer	否	否	

图 2.36　Cape Codd 数据库 WAREHOUSE 表的列特性

INVENTORY

列 名 称	类 型	键	是 否 要 求	备 注
WarehouseID	Integer	主键，外键	是	引用表：WAREHOUSE
SKU	Integer	主键，外键	是	引用表：SKU_DATA
SKU Description	Character(35)	否	是	
QuantityOnHand	Integer	否	否	
QuantityOnOrder	Integer	否	否	

图 2.37　Cape Codd 数据库 INVENTORY 表的列特性

CATALOG_SKU_2019

列 名 称	类 型	键	是 否 要 求	备 注
CatalogID	Integer	主键	是	代理键
SKU	Integer	否	是	
SKU_Description	Character(35)	否	是	
Department	Character(30)	否	是	
CatalogPage	Integer	否	否	
DateOnWebSite	Date	否	否	

图 2.38　Cape Codd 数据库 CATALOG_SKU_2019 表的列特性

WarehouseID	WarehouseCity	WarehouseState	Manager	SquareFeet
100Atlanta	GA	Dave.Jones	125,000	
200	Chicago	IL	Lucille.Smith	100,000
300Bangor	MEBart.Evans	150,000		
400	Seattle	WA	Dale.Rogers	130,000
500	San.Francisco	CA	Grace.Jefferson	200,000

图 2.39　Cape Codd 数据库 WAREHOUSE 表数据

WarehouseID	SKU	SKU_Description	QuantityOnHand	QuantityOnOrder
100	100100	Std. Scuba Tank, Yellow	250	0
200	100100	Std. Scuba Tank, Yellow	100	50
300	100100	Std. Scuba Tank, Yellow	100	0
400	100100	Std. Scuba Tank, Yellow	200	0
100	100200	Std. Scuba Tank, Magenta	200	30
200	100200	Std. Scuba Tank, Magenta	75	75
300	100200	Std. Scuba Tank, Magenta	100	100
400	100200	Std. Scuba Tank, Magenta	250	0
100	101100	Dive Mask, Small Clear	0	500
200	101100	Dive Mask, Small Clear	0	500
300	101100	Dive Mask, Small Clear	300	200
400	101100	Dive Mask, Small Clear	450	0
100	101200	Dive Mask, Med Clear	100	500
200	101200	Dive Mask, Med Clear	50	500
300	101200	Dive Mask, Med Clear	475	0
400	101200	Dive Mask, Med Clear	250	250
100	201000	Half-Dome Tent	2	100
200	201000	Half-Dome Tent	10	250
300	201000	Half-Dome Tent	250	0
400	201000	Half-Dome Tent	0	250
100	202000	Half-Dome Tent Vestibule	10	250
200	202000	Half-Dome Tent Vestibule	1	250
300	202000	Half-Dome Tent Vestibule	100	0
400	202000	Half-Dome Tent Vestibule	0	200
100	301000	Light Fly Climbing Harness	300	250
200	301000	Light Fly Climbing Harness	250	250
300	301000	Light Fly Climbing Harness	0	250
400	301000	Light Fly Climbing Harness	0	250
100	302000	Locking Carabiner, Oval	1000	0
200	302000	Locking Carabiner, Oval	1250	0
300	302000	Locking Carabiner, Oval	500	500
400	302000	Locking Carabiner, Oval	0	1000

图 2.40　Cape Codd 数据库 INVENTORY 表数据

	CatalogID	SKU	SKU_Description	Department	CatalogPage	DateOnWebSite
1	20190001	100100	Std. Scuba Tank, Yellow	Water Sports	23	2019-01-01
2	20190002	100500	Std. Scuba Tank, Light Green	Water Sports	NULL	2019-07-01
3	20190003	100600	Std. Scuba Tank, Light Green	Water Sports	NULL	2019-07-01
4	20190004	101100	Dive Mask, Small Clear	Water Sports	24	2019-01-01
5	20190005	101200	Dive Mask, Med Clear	Water Sports	24	2019-01-01
6	20190006	201000	Half-dome Tent	Camping	45	2019-01-01
7	20190007	202000	Half-dome Tent Vestibule	Camping	47	2019-01-01
8	20190008	301000	Light Fly Climbing Hamess	Climbing	76	2019-01-01
9	20190009	302000	Locking Carabiner, Oval	Climbing	78	2019-01-01

图 2.41 Cape Codd 数据库 CATALOG_SKU_2019 表数据

需要创建并设置一个名为 Cape_Codd 的数据库，以用于与 Cape Codd 有关的习题。也许已经按照本章的讲解创建了这个数据库，并用它来运行本章中讨论的 SQL 查询。如果还没有完成这些工作，则现在就需要行动。

一个名为 Cape_Codd.accdb 的 Microsoft Access 数据库可在本书资源网站获得，网站还包含 Cape Codd 公司销售数据库的所有表和数据，还提供了用于在 Microsoft SQL Server、Oracle Database 和 MySQL 中为 Cape_Codd 数据库创建并填充表的 SQL 脚本。

如果使用的是 Microsoft Access 2019 Cape_Codd.accdb 数据库，则只需将其复制到 Documents 文件夹中的适当位置即可。否则，需要参考在 DBMS 产品中设置 Cape_Codd 数据库所需的讨论和说明：

● 对于 Microsoft SQL Server 2019，请参阅在线第 10A 章。
● 对于 Oracle Database，请参阅在线第 10B 章。
● 对于 MySQL 8.0 Community Server，请参阅在线第 10C 章。

设置好 Cape_Codd 数据库后，创建一个名为 Cape-Codd-CH02-RQ.sql 的 SQL 脚本，并用它来记录和存储回答以下问题的 SQL 语句（如果需要书面回答，使用 SQL 注释来记录答案）。

2.16 这些练习中使用的 INVENTORY 表在设计时故意存在缺陷。这个缺陷被故意包含在 INVENTORY 表中，这样就可以只用这个表来回答下面的一些问题。比较 SKU 和 INVENTORY 表，确定 INVENTORY 中包含哪一个设计缺陷。具体来说，为什么要包括它？

只使用 INVENTORY 表来回答习题 2.17 到习题 2.39 的问题。

2.17 编写一条 SQL 语句，显示 SKU 和 SKU_Description。

2.18 编写一条 SQL 语句，显示 SKU_Description 和 SKU。

2.19 编写一条 SQL 语句，显示 WarehouseID。

2.20 编写一条 SQL 语句，显示不重复的 WarehouseID。

2.21 编写一条 SQL 语句，不使用 SQL 星号通配符来显示所有的列。

2.22 编写一条 SQL 语句，使用 SQL 星号通配符来显示所有的列。

2.23 编写一条 SQL 语句，显示 QuantityOnHand 值大于 0 的商品的所有数据。

2.24 编写一条 SQL 语句，显示 QuantityOnHand 等于 0 的商品的 SKU 和 SKU_Description。

2.25 编写一条 SQL 语句，显示 QuantityOnHand 值等于 0 的商品的 SKU、SKU_Description 和

WarehouseID。按 WarehouseID 升序排序。

2.26　编写一条 SQL 语句，显示 QuantityOnHand 值大于 0 的商品的 SKU、SKU_Description 和 WarehouseID。按 WarehouseID 降序、SKU 升序排序。

2.27　编写一条 SQL 语句，显示 QuantityOnHand 值等于 0、QuantityOnOrder 值大于 0 的商品的 SKU、SKU_Description 和 WarehouseID。按 WarehouseID 降序、SKU 升序排序。

2.28　编写一条 SQL 语句，显示 QuantityOnHand 值等于 0，或者 QuantityOnOrder 值等于 0 的商品的 SKU、SKU_Description 和 WarehouseID。按 WarehouseID 降序、SKU 升序排序。

2.29　编写一条 SQL 语句，显示 QuantityOnHand 值大于 1 且小于 10 的商品的 SKU、SKU_Description、WarehouseID 和 QuantityOnHand，不要使用 BETWEEN 关键字。

2.30　编写一条 SQL 语句，显示 QuantityOnHand 值大于 1 且小于 10 的商品的 SKU、SKU_Description、WarehouseID 和 QuantityOnHand。使用 BETWEEN 关键字。

2.31　编写一条 SQL 语句，显示 SKU 描述以"Half-Dome"开头的商品的不重复 SKU 和 SKU_Description。

2.32　编写一条 SQL 语句，显示 SKU 描述包含单词"Climb"的商品的不重复 SKU 和 SKU_Description。

2.33　编写一条 SQL 语句，显示 SKU_Description 从左侧开始第三个位置为字母 d 的商品的不重复 SKU 和 SKU_Description。

2.34　编写一条 SQL 语句，对 QuantityOnHand 列使用所有的 SQL 内置函数。在结果中包含有意义的列名。

2.35　说明 SQL 内置函数 COUNT 和 SUM 之间的区别。

2.36　编写一条 SQL 语句，显示 WarehouseID 以及按 WarehouseID 分组的 QuantityOnHand 和值。将和值命名为 TotalItemsOnHand，并按它的降序显示结果。

2.37　编写一条 SQL 语句，显示 WarehouseID 以及按 WarehouseID 分组的 QuantityOnHand 和值，并将和值中等于或大于 3 件的 SKU 商品去除。将和值命名为 TotalItemsOnHandLT3，并按它的降序显示结果。

2.38　编写一条 SQL 语句，显示 WarehouseID 以及按 WarehouseID 分组的 QuantityOnHand 和值，并将和值中等于或大于 3 件的 SKU 商品去除。将和值命名为 TotalItemsOnHandLT3。仅为在其 TotalItemsOnHandLT3 中拥有少于两个 SKU 的仓库显示 WarehouseID。按 TotalItemsOnHandLT3 的降序显示结果。

2.39　解答习题 2.38 时，WHERE 子句和 HAVING 子句哪一个先使用？为什么？

同时使用 INVENTORY 表和 WAREHOUSE 表来回答习题 2.40 到习题 2.55 的问题。

2.40　编写一条 SQL 语句，显示存储在 Atlanta、Bangor 或 Chicago 仓库中的所有商品的 SKU、SKU_Description、WarehouseID、WarehouseCity 和 WarehouseState。不要使用 IN 关键字。

2.41　编写一条 SQL 语句，显示存储在 Atlanta、Bangor 或 Chicago 仓库中的所有商品的 SKU、SKU_Description、WarehouseID、WarehouseCity 和 WarehouseState。使用 IN 关键字。

2.42　编写一条 SQL 语句，显示不存储在 Atlanta、Bangor 或 Chicago 仓库中的所有商品的 SKU、SKU_Description、WarehouseID、WarehouseCity 和 WarehouseState。不要使用 NOT IN 关键字。

2.43　编写一条 SQL 语句，显示不存储在 Atlanta、Bangor 或 Chicago 仓库中的所有商品的 SKU、SKU_Description、WarehouseID、WarehouseCity 和 WarehouseState。使用 NOT IN 关键字。

2.44　编写一条 SQL 语句，生成一个名为 ItemLocation 的列，它由 SKU_Description、短语"is located in"和 WarehouseCity 组成。不必去除前面或后面的空格。

2.45　编写一条 SQL 语句，显示存储在由 Lucille Smith 管理的仓库中的所有商品的 SKU、SKU_Description 和 WarehouseID。使用子查询。

2.46　编写一条 SQL 语句，显示存储在由 Lucille Smith 管理的仓库中的所有商品的 SKU、

SKU_Description 和 WarehouseID。使用连接，但不要使用 JOIN ON 语法。

2.47 编写一条 SQL 语句，显示存储在由 Lucille Smith 管理的仓库中的所有商品的 SKU、SKU_Description 和 WarehouseID。使用包含 JOIN ON 语法的连接。

2.48 编写一条 SQL 语句，显示存储在由 Lucille Smith 管理的仓库中的所有商品的 WarehouseID 以及 QuantityOnHand 的平均值。使用子查询。

2.49 编写一条 SQL 语句，显示存储在由 Lucille Smith 管理的仓库中的所有商品的 WarehouseID 以及 QuantityOnHand 的平均值。使用连接，但不要使用 JOIN ON 语法。

2.50 编写一条 SQL 语句，显示存储在由 Lucille Smith 管理的仓库中的所有商品的 WarehouseID 以及 QuantityOnHand 的平均值。使用包含 JOIN ON 语法的连接。

2.51 编写一条 SQL 语句，显示存储在由 Lucille Smith 管理的仓库中的所有商品的 WarehouseID、WarehouseCity、WarehouseState、Manager、SKU、SKU_Description 以及 QuantityOnHand。使用包含 JOIN ON 语法的连接。

2.52 编写一条 SQL 语句，按 WarehouseID 和 QuantityOnOrder 分组，显示 WarehouseID、QuantityOnOrder 和值以及 QuantityOnHand 和值。将 QuantityOnOrder 和值命名为 TotalItemsOnOrder，将 QuantityOnHand 和值命名为 TotalItemsOnHand。只使用 INVENTORY 表。

2.53 说明为什么不能在习题 2.52 的答案中使用子查询。

2.54 给出子查询和连接的不同之处。

2.55 编写一条 SQL 语句，连接 WAREHOUSE 表和 INVENTORY 表，将 WAREHOUSE 表的所有行都包含在结果中，不管它们是否有任何对应的 INVENTORY 数据。结果中要包含两个表的所有列，重复的列除外。

使用 CATALOG_SKU_2016 表和 CATALOG_SKU_2017 表来回答习题 2.56～习题 2.60 的问题（习题 2.56 和习题 2.57 仅适用于 Microsoft Access 2019 和 MySQL 8.0）。

2.56 编写一条 SQL 语句，显示出现在 Cape Codd 2019 目录（印刷版目录册或网站）或 Cape Codd 2020 目录（印刷版目录册或网站）上的所有 SKU 的 SKU、SKU_Description 和 Department 信息。

2.57 编写一条 SQL 语句，显示出现在 Cape Codd 2019 目录（只在印刷版目录册上出现）或 Cape Codd 2020 目录（只在印刷版目录册上出现）上的所有 SKU 的 SKU、SKU_Description 和 Department 信息。

2.58 编写一条 SQL 语句，显示同时出现在 Cape Codd 2019 目录（印刷版目录册或网站）和 Cape Codd 2020 目录（印刷版目录册或网站）上的所有 SKU 的 SKU、SKU_Description 和 Department 信息。

2.59 编写一条 SQL 语句，显示同时出现在 Cape Codd 2019 目录（只在印刷版目录册上出现）和 Cape Codd 2020 目录（只在印刷版目录册上出现）上的所有 SKU 的 SKU、SKU_Description 和 Department 信息。

2.60 编写一条 SQL 语句，显示只出现在 Cape Codd 2019 目录（印刷版目录册或网站）、不在 Cape Codd 2020 目录（印刷版目录册或网站）上出现的所有 SKU 的 SKU、SKU_Description 和 Department 信息。

练习

这一组练习将对第 1 章中创建的 Wedgewood Pacific（WP）的 Microsoft Access 2019 数据库进行扩展。这家公司于 1987 年在华盛顿州的西雅图成立，生产和销售民用无人机。这是一个充满创新而快速发展的市场。2020 年 10 月，美国联邦航空管理局（FAA）表示，在新的登记规则下，已注册了超过 170 万架的无人机。其中，约 50 万架为商用，其他的均为民用。此外，FAA 还报告称，有超过 19.8 万名远程飞行员获得了驾驶证。

WP 目前生产三种型号的无人机：Alpha III、Bravo III 和 Delta IV。这些产品由 WP 的研发小组设计，并由 WP 生产。WP 生产用于无人机的部分部件，但也从其他供应商购买部件。

公司坐落在两栋大楼里。一栋楼里有行政、法律、财务、会计、人力资源、销售和市场部门，另一栋楼里有信息系统、研发和生产部门。公司数据库包含关于员工、部门、项目、资产（如成品库存、零部件库存和计算机设备）和公司运营的其他方面的数据。

在下面的项目问题中，将首先创建一个 WP.accdb 数据库，它有以下两个表（参见第 1 章的项目题）：

DEPARTMENT (DepartmentName, BudgetCode, OfficeNumber,
　　DepartmentPhone)

EMPLOYEE (EmployeeNumber, FirstName, LastName, *Department*, Position,
　　Supervisor, OfficePhone, EmailAddress)

现在，添加以下两个表：

PROJECT (ProjectID, ProjectName, *Department*, MaxHours, StartDate, EndDate)

ASSIGNMENT (*ProjectID*, *EmployeeNumber*, HoursWorked)

其中：

EMPLOYEE 表中的 Department 值，必须存在于 DEPARTMENT 表的 DepartmentName 列中
EMPLOYEE 表中的 Supervisor 值，必须存在于 EMPLOYEE 表的 EmployeeNumber 列中
PROJECT 表中的 Department 值，必须存在于 DEPARTMENT 表的 DepartmentName 列中
ASSIGNMENT 表中的 EmployeeNumber 值，必须存在于 EMPLOYEE 表的 EmployeeNumber 列中
ASSIGNMENT 表中的 ProjectID 值，必须存在于 PROJECT 表的 ProjectID 列中

图 2.42 显示了修改后的 WP 数据库模式中的 4 个表，其中 EMPLOYEE 表中没有递归关系（将在下面的练习题中添加它）。PROJECT 表的列特性和数据，分别见图 2.43 和图 2.44；ASSIGNMENT 表的列特性和数据，分别见图 2.45 和图 2.46。

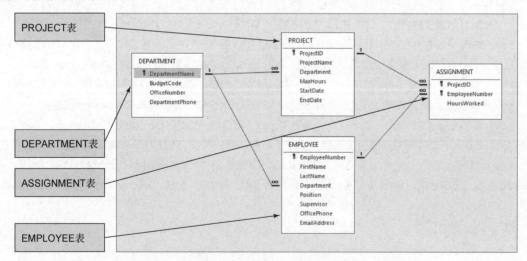

图 2.42　包含 PROJECT 表和 ASSIGNMENT 表的 WP 数据库

2.61　图 2.43 给出了 WP PROJECT 表的列特性。利用这些列特性，在 WP.accdb 数据库中创建 PROJECT 表。

PROJECT

列　名　称	类　型	键	是否要求	备　注
ProjectID	Integer	主键	是	代理键
ProjectName	Character(50)	否	是	
Department	Character(35)	外键	是	引用表：DEPARTMENT
MaxHours	Number(8.2)	否	是	
StartDate	Date	否	否	
EndDate	Date	否	否	

图 2.43　WP 数据库 PROJECT 表的列特性

ProjectID	ProjectName	Department	MaxHours	StartDate	EndDate
1000	2021 Q3 Production Plan	Production	100.00	05/10/21	06/15/21
1100	2021 Q3 Marketing Plan	Sales and Marketing	135.00	05/10/21	06/15/21
1200	2021 Q3 Portfolio Analysis	Finance	120.00	07/05/21	07/25/21
1300	2021 Q3 Tax Preparation	Accounting	145.00	08/10/21	10/15/21
1400	2021 Q4 Production Plan	Production	100.00	08/10/21	09/15/21
1500	2021 Q4 Marketing Plan	Sales and Marketing	135.00	08/10/21	09/15/21
1600	2021 Q4 Portfolio Analysis	Finance	140.00	10/05/21	

图 2.44　WP 数据库 PROJECT 表的样本数据

ASSIGNMENT

列　名　称	类　型	键	是否要求	备　注
ProjectID	Integer	主键，外键	是	引用表：PROJECT
EmployeeNumber	Integer	主键，外键	是	引用表：EMPLOYEE
HoursWorked	Number(6.2)	否	否	

图 2.45　WP 数据库 ASSIGNMENT 表的列特性

2.62　建立 PROJECT 表与 DEPARTMENT 表之间的关系和引用完整性约束。在 Edit Relationship 对话框中，执行引用完整性和数据的级联更新，但不能对删除的记录进行数据级联。注：第 6 章中将定义级联操作。

2.63　图 2.44 给出了 WP PROJECT 表的数据。利用数据表视图，在 PROJECT 表中输入图 2.44 中的数据。

2.64　图 2.45 给出了 WPASSIGNMENT 表的列特性。利用这些列特性，在 WP.accdb 数据库中创建 ASSIGNMENT 表。

2.65　建立 ASSIGNMENT 表与 EMPLOYE 表之间的关系和引用完整性约束。在 Edit Relationship 对话框中，执行引用完整性，但不能进行级联更新，也不能对删除的记录进行数据级联。

2.66　建立 ASSIGNMENT 表与 PROJECT 表之间的关系和引用完整性约束。在 Edit Relationship 对话框中，执行引用完整性并对删除的记录进行数据级联，但不进行级联更新。

2.67　图 2.46 给出了 WPASSIGNMENT 表的数据。利用数据表视图，在 ASSIGNMENT 表中输入图 2.46 中的数据。

ProjectID	EmployeeNumber	HoursWorked
1000	1	30.00
1000	6	50.00
1000	10	50.00
1000	16	75.00
1000	17	75.00
1100	1	30.00
1100	6	75.00
1100	10	55.00
1100	11	55.00
1200	3	20.00
1200	6	40.00
1200	7	45.00
1200	8	45.00
1300	3	25.00
1300	6	40.00
1300	8	50.00
1300	9	50.00
1400	1	30.00
1400	6	50.00
1400	10	50.00
1400	16	75.00
1400	17	75.00
1500	1	30.00
1500	6	75.00
1500	10	55.00
1500	11	55.00
1600	3	20.00
1600	6	40.00
1600	7	45.00
1600	8	45.00

图 2.46　WP 数据库 ASSIGNMENT 表的样本数据

2.68　在练习 2.63 中，表数据是在练习 2.62 中创建引用完整性约束之后输入的。在练习 2.67 中，表数据是在练习 2.65 和练习 2.66 中创建引用完整性约束之后输入的。为什么是在创建引用完整性约束之后输入数据，而不是在创建约束之前？

2.69　根据图 2.31，创建 BUYER 表中 Supervisor 和 BuyerName 之间的递归关系和引用完整性约束。在 Edit Relationship 对话框中，执行引用完整性和数据的级联更新，但不能对删除的记录进行数据级联。提示：要创建递归关系，右键单击 relationships 窗口并选择 Show table，在该窗口中添加一个 BUYER 表副本。

2.70　使用 Microsoft Access SQL，创建并运行查询来回答以下问题。使用查询名称格式 SQL-Query-02-## 保存每个查询，其中 ## 符号用问题的字母编号替换。例如，第一个查询将保存为 SQL-Query-02-A。

A．PROJECT 表中有哪些项目？显示每一个项目的所有信息。

B．PROJECT 表中每一个项目的 ProjectID、ProjectName、StartDate 和 EndDate 值各是什么？

C．PROJECT 表中哪些项目是在 2018 年 8 月 1 日前开工的？显示这些项目的所有信息。

D．PROJECT 表中哪些项目尚未完成？显示这些项目的所有信息。

E．负责每一个项目的员工是谁？显示每一个项目的 ProjectID、EmployeeNumber、LastName、FirstName 和 OfficePhone 值。

F．负责每一个项目的员工是谁？显示每一个项目的 ProjectID、ProjectName 和 Department 值。显示每一个项目的 EmployeeNumber、LastName、FirstName 和 OfficePhone 值。

G．负责每一个项目的员工是谁？显示每一个项目的 ProjectID、ProjectName、Department、DepartmentPhone、EmployeeNumber、LastName、FirstName 和 OfficePhone 值。按 ProjectID 升序排序。

H．负责市场部项目的员工是谁？显示每一个项目的 ProjectID、ProjectName、Department 和 DepartmentPhone 值。显示每一个项目的 EmployeeNumber、LastName、FirstName 和 OfficePhone 值。按 ProjectID 升序排序。

I．市场部目前有多少个项目？为计算结果赋予一个合适的列名称。

J．市场部所运作的项目的 MaxHours 总和是多少？为计算结果赋予一个合适的列名称。

K．市场部所运作的项目的 MaxHours 平均值是多少？为计算结果赋予一个合适的列名称。

L．每一个部门分别运作多少个项目？需要显示每一个部门的 DepartmentName，并为计算结果赋予一个合适的列名称。

M．谁在管理 Wedgewood Pacific 公司的员工？在查询结果中包含没有主管的员工姓名。

N．使用 JOIN ON 语法编写一条 SQL 语句，连接 EMPLOYEE、ASSIGNMENT 和 PROJECT 表。运行此语句。

O．编写一条 SQL 语句，连接 EMPLOYEE 表和 ASSIGNMENT 表，将 EMPLOYEE 表的所有行都包含在结果中，无论它们是否有任何对应的 ASSIGNMENT 数据。运行此语句。

2.71　使用 Microsoft Access QBE，创建并运行一些新查询，回答练习 2.70 中的问题。使用查询名称格式 QBE-Query-02-## 保存每个查询，其中 ## 符号用问题的字母编号替换。例如，第一个查询将保存为 QBE-Query-02-A。提示：对于问题 G 和 H，接受所有连接的默认方法会失败，可能需要从原始 QBE 查询中删除一些连接。

Marcia 干洗店案例题

Marcia Wilson 拥有并经营着 Marcia 干洗店。这是一家高档干洗店，位于一个富裕的郊区社区。通过提供优质的客户服务，Marcia 使她的公司在竞争中脱颖而出。她希望跟踪每一位客户及其订单的情况。最重要的是，她希望通过电子邮件通知客户衣服已经干洗完毕，可以来取了。为了提供这项服务，她开发了一个包含几个表的初始数据库。其中的三个表如下所示。

CUSTOMER (CustomerID, FirstName, LastName, Phone, EmailAddress, *ReferredBy*)

INVOICE (InvoiceNumber, *Customer*ID, DateIn, DateOut, TotalAmount)

INVOICE_ITEM (*InvoiceNumber*, ItemNumber, Item, Quantity, UnitPrice)

其中：

CUSTOMER 表中的 ReferredBy 值，必须存在于 CUSTOMER 表的 CustomerID 列中

INVOICE 表中的 CustomerID 值，必须存在于 CUSTOMER 表的 CustomerID 列中

INVOICE_ITEM 表中的 InvoiceNumber 值，必须存在于 INVOICE 表的 InvoiceNumber 列中

在这个数据库模式中，主键用下画线表示，外键以斜体显示。注意，CUSTOMER 表包含 ReferredBy 和 CustomerID 之间的递归关系，其中 ReferredBy 包含将新客户介绍到 Marcia 干洗店的现有客户的 CustomerID 值。Marcia 创建的数据库名为 MDC，其数据库模式中的三个表如图 2.47 所示。

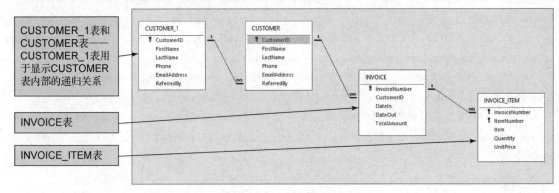

图 2.47　MDC 数据库

这些表的列特性，分别见图 2.48、图 2.49 和图 2.50。CUSTOMER 表和 INVOICE 表之间的关系，是强制引用完整性，但不强制级联更新或删除；INVOICE 表和 INVOICE_ITEM 表之间的关系，是强制引用完整性，并同时强制级联更新和删除。这些表中的样本数据，分别见图 2.51、图 2.52 和图 2.53。

CUSTOMER

列　名　称	类　　型	键	是　否　要　求	备　注
CustomerID	Integer	主键	是	代理键
FirstName	Character(25)	否	是	
LastName	Character(25)	否	是	
Phone	Character(12)	否	否	
EmailAddress	Character(100)	否	否	Varchar 类型
ReferredBy	Integer	外键	否	引用表：CustomerID

图 2.48　MDC 数据库 CUSTOMER 表的列特性

INVOICE

列　名　称	类　　型	键	是否要求	备　　注
InvoiceNumber	Integer	主键	是	代理键
CustomerID	Integer	外键	是	引用表：CUSTOMER
DateIn	Date	否	是	
DateOut	Date	否	否	
TotalAmount	Number(8.2)	否	否	

图 2.49　MDC 数据库 INVOICE 表的列特性

INVOICE_ITEM

列　名　称	类　　型	键	是否要求	备　　注
InvoiceNumber	Integer	主键，外键	是	引用表：INVOICE
ItemNumber	Integer	主键	是	序列值，但不是代理键
Item	Character(50)	否	是	
Quantity	Integer	否	是	
UnitPrice	Number(8.2)	否	是	

图 2.50　MDC 数据库 INVOICE_ITEM 表的列特性

CustomerID	FirstName	LastName	Phone	EmailAddress	RefferedBy
1	Nikki	Kaccaton	723-543-1233	Nikki.Kaccaton@somewhere.com	
2	Brenda	Catnazaro	723-543-2344	Brenda.Catnazaro@somewhere.com	1
3	Bruce	LeCat	723-543-3455	Bruce.LeCat@somewhere.com	2
4	Betsy	Miller	723-654-3211	Betsy.Miller@somewhere.com	3
5	George	Miller	723-654-4322	George.Miller@somewhere.com	4
6	Kathy	Miller	723-514-9877	Kathy.Miller@somewhere.com	2
7	Betsy	Miller	723-514-8766	Betsy.Miller@elsewhere.com	1

图 2.51　MDC 数据库 CUSTOMER 表的样本数据

InvoiceNumber	CustomerNumber	DateIn	DateOut	TotalAmount
2021001	1	04-Oct-21	06-Oct-21	$158.50
2021002	2	04-Oct-21	06-Oct-21	$25.00
2021003	1	06-Oct-21	08-Oct-21	$49.00
2021004	4	06-Oct-21	08-Oct-21	$17.50
2021005	6	07-Oct-21	11-Oct-21	$12.00
2021006	3	11-Oct-21	13-Oct-21	$152.50
2021007	3	11-Oct-21	13-Oct-21	$7.00
2021008	7	12-Oct-21	14-Oct-21	$140.50
2021009	5	12-Oct-21	14-Oct-21	$27.00

图 2.52　MDC 数据库 INVOICE 表的样本数据

InvoiceNumber	ItemNumber	Item	Quantity	UnitPrice
2021001	1	Blouse	2	$3.50
2021001	2	Dress Shirt	5	$2.50
2021001	3	Formal Gown	2	$10.00
2021001	4	Slacks-Mens	10	$5.00
2021001	5	Slacks-Womens	10	$6.00
2021001	6	Suit-Mens	1	$9.00
2021002	1	Dress Shirt	10	$2.50
2021003	1	Slacks-Mens	5	$5.00
2021003	2	Slacks-Womens	4	$6.00
2021004	1	Dress Shirt	7	$2.50
2021005	1	Blouse	2	$3.50
2021005	2	Dress Shirt	2	$2.50
2021006	1	Blouse	5	$3.50
2021006	2	Dress Shirt	10	$2.50
2021006	3	Slacks-Mens	10	$5.00
2021006	4	Slacks-Womens	10	$6.00
2021007	1	Blouse	2	$3.50
2021008	1	Blouse	3	$3.50
2021008	2	Dress Shirt	12	$2.50
2021008	3	Slacks-Mens	8	$5.00
2021008	4	Slacks-Womens	10	$6.00
2021009	1	Suit-Mens	3	$9.00

图 2.53　MDC 数据库 INVOICE_ITEM 表的样本数据

　　需要创建并设置一个名 MDC_CH02 的数据库用于这些案例题。在本书资源中可以下载一个用于 Microsoft Access 2019 的 MDC_CH02.accdb 数据库。同时，还可以下载用于 Microsoft SQL Server、Oracle Database 和 MySQL 的 SQL 脚本，创建这个数据库。

　　如果使用的是 Microsoft Access 2019 MDC_CH02.accdb 数据库，则只需将其复制到 Documents 文件夹中的适当位置即可。否则，需要参考在 DBMS 产品中设置 MDC_CH02 数据库所需的讨论和说明：

- 对于 Microsoft SQL Server 2019，请参阅第 10A 章。
- 对于 Oracle Database，请参阅第 10B 章。
- 对于 MySQL 8.0 Community Server，请参阅第 10C 章。

　　设置好 MDC_CH02 数据库后，创建一个名为 MDC-CH02-CQ.sql 的 SQL 脚本，并用它来记录和存储回答以下问题的 SQL 语句（如果需要书面回答，使用 SQL 注释来记录答案）。

A．显示每一个表中的所有数据。

B．列出每一位客户的 LastName、FirstName 和 Phone。

C．列出所有名字（FirstName）为"Nikki"的客户的 LastName、FirstName 和 Phone。

D．列出所有订单值超过 100 美元的 LastName、FirstName、Phone、DateIn 和 DateOut。

E．列出名字以字母'B'开头的所有客户的 LastName、FirstName 和 Phone。

F．列出姓氏（LastName）包含字符"cat"的所有客户的 LastName、FirstName 和 Phone。

G．列出电话号码（从左边开始）第二位和第三位分别为 2 和 3 的所有客户的 LastName、FirstName 和 Phone。例如，区号为 723 的任何电话号码，就符合这个标准。

H．找出 TotalAmount 的最大和最小值。

I．计算 TotalAmount 的平均值。

J．统计客户人数。

K．按照先姓氏、后名字的顺序分组客户。

L．按照名字和姓氏的组合统计客户数。

M．使用子查询，显示 TotalAmount 超过 100 美元的所有客户的 LastName、FirstName 和 Phone。显示结果时，先按 LastName 升序排序，后按 FirstName 降序排序。

N．显示 TotalAmount 超过 100 美元的所有客户的 LastName、FirstName 和 Phone。使用连接，但不要使用 JOIN ON 语法。显示结果时，先按 LastName 升序排序，后按 FirstName 降序排序。

O．显示 TotalAmount 超过 100 美元的所有客户的 LastName、FirstName 和 Phone。使用包含 JOIN ON 语法的连接。显示结果时，先按 LastName 升序排序，后按 FirstName 降序排序。

P．显示 Item 为"Dress Shirt"的所有客户的 LastName、FirstName 和 Phone。使用子查询。显示结果时，先按 LastName 升序排序，后按 FirstName 降序排序。

Q．显示 Item 为"Dress Shirt"的所有客户的 LastName、FirstName 和 Phone。使用连接，但不要使用 JOIN ON 语法。显示结果时，先按 LastName 升序排序，后按 FirstName 降序排序。

R．显示 Item 为"Dress Shirt"的所有客户的 LastName、FirstName 和 Phone。使用包含 JOIN ON 语法的连接。显示结果时，先按 LastName 升序排序，后按 FirstName 降序排序。

S．有谁为 Marcia 干洗店介绍过客户？显示列名称 CustomerLastName、CustomerFirstName、ReferredByLastName 和 ReferredByFirstName。在查询结果中包含没有被任何其他客户介绍过的客户的姓名。

T．显示 Item 为"Dress Shirt"的所有客户的 LastName、FirstName 和 Phone。组合使用 JOIN ON 连接和子查询。显示结果时，先按 LastName 升序排序，后按 FirstName 降序排序。

U．显示 Item 为"Dress Shirt"的所有客户的 LastName、FirstName、Phone 和 TotalAmount。还要列出所有其他客户的 LastName、FirstName 和 Phone。显示结果时，按 TotalAmount 和 LastName 升序排序，然后按 FirstName 降序排序。提示：在 Microsoft Access 2019 中，需要使用 UNION 语句或两个查询序列来解决这个问题，因为 Microsoft Access 不允许在 LEFT OUTER 或 RIGHT OUTER 连接中嵌套 INNER 连接。其他 DBMS 产品，可以用一个查询（不使用 UNION 语句）来实现。

Queen Anne 古董店项目题

Queen Anne 古董店是一家高档家居店，位于一个富裕的城市社区。它既出售古董，也出售与古董相配的新款家居用品。例如，这家商店同时出售古董餐桌和新桌布。古董是从个人和批发商那里购买的，而新物品从分销商那里进货。商店的顾客包括个人、民宿店老板以及与个人和小企业合作的当地室内设计师。每一个古董都独一无二，但有一些可能有多件可供销售，例如餐桌椅子是按套出售的（不分开出售）。新商品不是唯一的；如果缺货，可以重新订购；商品也有各种尺寸和颜色可供选择（例如，一种特殊样式的桌布可能有多种尺寸和颜色可供选择）。

假设 Queen Anne 古董店设计了一个数据库，包含以下的表：

CUSTOMER (CustomerID, LastName, FirstName, EmailAddress,
　　EncryptedPassword, Address, City, State, ZIP, Phone, *ReferredBy*)

ITEM (ItemID, ItemDescription, CompanyName, PurchaseDate, ItemCost,
　　ItemPrice)

SALE (*SaleID*, *CustomerID*, SaleDate, SubTotal, Tax, Total)

SALE_ITEM (*SaleID*, SaleItemID, *ItemID*, ItemPrice)

引用完整性约束为：

CUSTOMER 表中的 ReferredBy 值，必须存在于 CUSTOMER 表的 CustomerID 列中
SALE 表中的 CustomerID 值，必须存在于 CUSTOMER 表的 CustomerID 列中
SALE_ITEM 表中的 SaleID 值，必须存在于 SALE 表的 SaleID 列中
SALE_ITEM 表中的 ItemID 值，必须存在于 ITEM 表的 ItemID 列中

假设 CUSTOMER 表的 CustomerID、ITEM 表的 ItemID、SALE 表的 SaleID 和 SALE_ITEM 表的 SaleItemID 都是代理键，值如下：

CustomerID 起始值 1，按 1 递增
ItemID 起始值 1，按 1 递增
SaleID 起始值 1，按 1 递增
SaleItemID 起始值 1，按 1 递增

Queen Anne 古董店创建的数据库名为 QACS，数据库模式中的 4 个表如图 2.54 所示。注意，CUSTOMER 表包含 ReferredBy 和 CustomerID 之间的递归关系，其中 ReferredBy 包含将新客户介绍到店里的现有客户的 CustomerID 值。

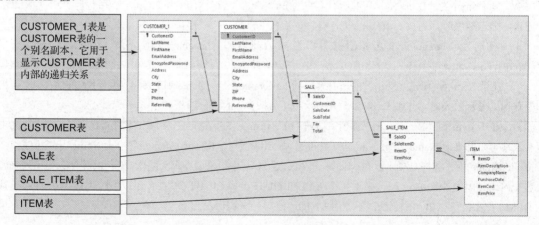

图 2.54　QACS 数据库

这些表的列特性，分别见图 2.55、图 2.56、图 2.57 和图 2.58。CUSTOMER 表和 SALE 表之间，以及 ITEM 表和 SALE_ITEM 表之间的关系，是强制引用完整性，但不强制级联更新或删除；SALE 表和 SALE_ITEM 表之间的关系，是强制引用完整性，并同时强制级联更新和删除。这些表中的样本数据分别见图 2.59、图 2.60、图 2.6 和图 2.62。

CUSTOMER

列　名　称	类　　型	键	是 否 要 求	备　　注
CustomerID	Integer	主键	是	代理键
LastName	Character(25)	否	是	
FirstName	Character(25)	否	是	
EmailAddress	Character(100)	否	否	Varchar 类型
EncryptedPassword	Character(50)	否	否	Varchar 类型
Address	Character(35)	否	否	
City	Character(35)	否	否	
State	Character(2)	否	否	
ZIP	Character(10)	否	否	
Phone	Character(12)	否	是	
ReferredBy	Integer	外键	否	引用表：CustomerID

图 2.55　QACS 数据库 CUSTOMER 表的列特性

SALE

列　名　称	类　　型	键	是 否 要 求	备　　注
SaleID	Integer	主键	是	代理键
CustomerID	Integer	外键	是	引用表：CUSTOMER
SaleDate	Date	否	是	
SubTotal	Number(15.2)	否	否	
Tax	Number(15.2)	否	否	
Total	Number(15.2)	否	否	

图 2.56　QACS 数据库 SALE 表的列特性

SALE_ITEM

列　名　称	类　　型	键	是 否 要 求	备　　注
SaleID	Integer	主键，外键	是	引用表：SALE
SaleItemID	Integer	主键	是	序列值，但不是代理键
ItemID	Integer	外键	是	引用表：ITEM
ItemPrice	Number(9.2)	否	是	

图 2.57　QACS 数据库 SALE_ITEM 表的列特性

ITEM

列　名　称	类　　型	键	是 否 要 求	备　　注
ItemID	Integer	主键	是	代理键
ItemDescription	Character(255)	否	是	Varchar 类型
CompanyName	Character(100)	否	是	
PurchaseDate	Date	否	是	
ItemCost	Number(9.2)	否	是	
ItemPrice	Number(9.2)	否	是	

图 2.58　QACS 数据库 ITEM 表的列特性

CustomerID	LastName	FirstName	EmailAddress	EncyptedPassword	Address	City	State	ZIP	Phone	ReferredBy
1	Shire	Robert	Rober.Shire@somewhere.com	56gHji8w	6225 Evanston Ave N	Seattle	WA	98103	206-524-2433	
2	Goodyear	Katherine	Katherine.Goodyear@somewhere.com	fkJU0K24	7335 11th Ave NE	Seattle	WA	98105	206-524-3544	1
3	Bancroft	Chris	Chris.Bancroft@somewhere.com	98bpT4vw	12605 NE 6th Street	Bellevue	WA	98005	425-635-9788	
4	Griffith	John	John.Griffith@somewhere.com	mnBh88t4	335 Aloha Street	Seattle	WA	98109	206-524-4655	1
5	Tierney	Doris	Doris.Tierney@somewhere.com	as87PP3z	14510 NE 4th Street	Bellevue	WA	98005	425-635-8677	2
6	Anderson	Donna	Donna.Anderson@elsewhere.com	34Gf7e0t	1410 Hillcrest Parkway	Mt. Vernon	WA	98273	360-538-7566	3
7	Svane	Jack	Jack.Svane@somewhere.com	wpv7FF9q	3211 42nd Street	Seattle	WA	98115	206-524-5766	1
8	Walsh	Denesha	Denesha.Walsh@somewhere.com	D7gb7T84	6712 24th Avenue NE	Redmond	WA	98053	425-635-7566	5
9	Enquist	Craig	Craig.Enquist@elsewhere.com	gg7ER53t	534 15th Street	Bellingham	WA	98225	360-538-6455	6
10	Anderson	Rose	Rose.Anderson@elsewhere.com	vx67gH8W	6823 17th Ave NE	Seattle	WA	98105	206-524-6877	3

图 2.59　QACS 数据库 CUSTOMER 表的样本数据

SaleID	CustomerID	SaleDate	SubTotal	Tax	Total
1	1	12/14/2020	$3,500.00	$290.50	$3,790.50
2	2	12/15/2020	$1,000.00	$83.00	$1,083.00
3	3	12/15/2020	$50.00	$4.15	$54.15
4	4	12/23/2020	$45.00	$3.74	$48.74
5	1	1/5/2021	$250.00	$20.75	$270.75
6	5	1/10/2021	$750.00	$62.25	$812.25
7	6	1/12/2021	$250.00	$20.75	$270.75
8	2	1/15/2021	$3,000.00	$249.00	$3,249.00
9	5	1/25/2021	$350.00	$29.05	$379.05
10	7	2/4/2021	$14,250.00	$1,182.75	$15,432.75
11	8	2/4/2021	$250.00	$20.75	$270.75
12	5	2/7/2021	$50.00	$4.15	$54.15
13	9	2/7/2021	$4,500.00	$373.50	$4,873.50
14	10	2/11/2021	$3,675.00	$305.03	$3,980.03
15	2	2/11/2021	$800.00	$66.40	$866.40

图 2.60　QACS 数据库 SALE 表的样本数据

需要创建并设置一个名 QACS_CH02 的数据库，以用于这些项目题。在本书资源网站上可以下载一个用于 Microsoft Access 2019 的 QACS_CH02.accdb 数据库。同时，还可以下载用于 Microsoft SQL Server、Oracle Database 和 MySQL 的 SQL 脚本，创建这个数据库。

如果使用的是 Microsoft Access 2019 QACS_CH02.accdb 数据库，则只需将其复制到 Documents 文件夹中的适当位置即可。否则，需要参考在 DBMS 产品中设置 QACS_CH02 数据库所需的讨论和说明：

● 对于 Microsoft SQL Server 2019，请参阅第 10A 章。
● 对于 Oracle Database，请参阅第 10B 章。
● 对于 MySQL 8.0 Community Server，请参阅第 10C 章。

设置好 QACS_CH02 数据库后，创建一个名为 QACS-CH02-PQ.sql 的 SQL 脚本，并用它来记录和存储回答以下问题的 SQL 语句（如果需要书面回答，使用 SQL 注释来记录答案）。

A．显示每一个表中的所有数据。
B．列出每一位客户的 LastName、FirstName 和 Phone。
C．列出所有名字（FirstName）为"John"的客户的 LastName、FirstName 和 Phone。
D．列出所有销售额超过 100 美元的 LastName、FirstName、Phone、SaleDate 和 Total。
E．列出名字以字母'D'开头的所有客户的 LastName、FirstName 和 Phone。
F．列出姓氏（LastName）包含字符"ne"的所有客户的 LastName、FirstName 和 Phone。

SaleID	SaleItemID	ItemID	ItemPrice
1	1	1	$3,000.00
1	2	2	$500.00
2	1	3	$1,000.00
3	1	4	$50.00
4	1	5	$45.00
5	1	6	$250.00
6	1	7	$750.00
7	1	8	$250.00
8	1	9	$1,250.00
8	2	10	$1,750.00
9	1	11	$350.00
10	1	19	$5,000.00
10	2	21	$8,500.00
10	3	22	$750.00
11	1	17	$250.00
12	1	24	$50.00
13	1	20	$4,500.00
14	1	12	$3,200.00
14	2	14	$475.00
15	1	23	$800.00

图 2.61　QACS 数据库 SALE_ITEM 表的样本数据

G．列出电话号码（从左边开始）第八位和第九位分别为 5 和 6 的所有客户的 LastName、FirstName 和 Phone。例如，以 567 结尾的电话号码，就符合这个标准。

H．找出销售额 Total 的最大和最小值。

I．计算销售额 Total 的平均值。

J．统计客户人数。

K．按照先姓氏、后名字的顺序分组客户。

L．按照名字和姓氏的组合统计客户数。

ItemID	ItemDescription	CompanyName	PurchaseDate	ItemCost	ItemPrice
1	Antique Desk	European Specialties	11/7/2020	$1,800.00	$3,000.00
2	Antique Desk Chair	Andrew Lee	11/10/2020	$300.00	$500.00
3	Dining Table Linens	Linens and Things	11/14/2020	$600.00	$1,000.00
4	Candles	Linens and Things	11/14/2020	$30.00	$50.00
5	Candles	Linens and Things	11/14/2020	$27.00	$45.00
6	Desk Lamp	Lamps and Lighting	11/14/2020	$150.00	$250.00
7	Dining Table Linens	Linens and Things	11/14/2020	$450.00	$750.00
8	Book Shelf	Denise Harrion	11/21/2020	$150.00	$250.00
9	Antique Chair	New York Brokerage	11/21/2020	$750.00	$1,250.00
10	Antique Chair	New York Brokerage	11/21/2020	$1,050.00	$1,750.00
11	Antique Candle Holders	European Specialties	11/28/2020	$210.00	$350.00
12	Antique Desk	European Specialties	1/5/2021	$1,920.00	$3,200.00
13	Antique Desk	European Specialties	1/5/2021	$2,100.00	$3,500.00
14	Antique Desk Chair	Specialty Antiques	1/6/2021	$285.00	$475.00
15	Antique Desk Chair	Specialty Antiques	1/6/2021	$339.00	$565.00
16	Desk Lamp	General Antiques	1/6/2021	$150.00	$250.00
17	Desk Lamp	General Antiques	1/6/2021	$150.00	$250.00
18	Desk Lamp	Lamps and Lighting	1/6/2021	$144.00	$240.00
19	Antique Dining Table	Denesha Walsh	1/10/2021	$3,000.00	$5,000.00
20	Antique Sideboard	Chris Bancroft	1/11/2021	$2,700.00	$4,500.00
21	Dining Table Chairs	Specialty Antiques	1/11/2021	$5,100.00	$8,500.00
22	Dining Table Linens	Linens and Things	1/12/2021	$450.00	$750.00
23	Dining Table Linens	Linens and Things	1/12/2021	$480.00	$800.00
24	Candles	Linens and Things	1/17/2021	$30.00	$50.00
25	Candles	Linens and Things	1/17/2021	$36.00	$60.00

图 2.62　QACS 数据库 ITEM 表的样本数据

　　M．使用子查询，显示 Total 值超过 100 美元的所有客户的 LastName、FirstName 和 Phone。显示结果时，先按 LastName 升序排序，后按 FirstName 降序排序。

　　N．显示 Total 值超过 100 美元的所有客户的 LastName、FirstName 和 Phone。使用连接，但不要使用 JOIN ON 语法。显示结果时，先按 LastName 升序排序，后按 FirstName 降序排序。

　　O．显示 Total 值超过 100 美元的所有客户的 LastName、FirstName 和 Phone。使用包含 JOIN ON 语法的连接。显示结果时，先按 LastName 升序排序，后按 FirstName 降序排序。

　　P．显示 Item 为"Desk Lamp"的所有客户的 LastName、FirstName 和 Phone。使用子查询。显示结果

时，先按 LastName 升序排序，后按 FirstName 降序排序。

Q．显示 Item 为"Desk Lamp"的所有客户的 LastName、FirstName 和 Phone。使用连接，但不要使用 JOIN ON 语法。显示结果时，先按 LastName 升序排序，后按 FirstName 降序排序。

R．显示 Item 为"Desk Lamp"的所有客户的 LastName、FirstName 和 Phone。使用包含 JOIN ON 语法的连接。显示结果时，先按 LastName 升序排序，后按 FirstName 降序排序。

S．显示 Item 为"Desk Lamp"的所有客户的 LastName、FirstName 和 Phone。组合使用 JOIN ON 连接和子查询。显示结果时，先按 LastName 升序排序，后按 FirstName 降序排序。

T．显示 Item 为"Desk Lamp"的所有客户的 LastName、FirstName 和 Phone。组合使用 JOIN ON 连接和子查询，但不能与上题相同。显示结果时，先按 LastName 升序排序，后按 FirstName 降序排序。

U．显示 Item 为"Desk Lamp"的所有客户的 LastName、FirstName、Phone 和 ItemDescription。还要列出所有其他客户的 LastName、FirstName 和 Phone。显示结果时，按 Item 和 LastName 升序排序，然后按 FirstName 降序排序。提示：在 Microsoft Access 2019 中，需要使用 UNION 语句或两个查询列来解决这个问题，因为 Microsoft Access 不允许在 LEFT 或 RIGHT 连接中嵌套 INNER 连接。其他 DBMS 产品，可以用一个查询（不为 UNION 语句）来实现。

V．有谁为 Queen Anne 古董店介绍过客户？显示列名称 CustomerLastName、CustomerFirstName、ReferredByLastName 和 ReferredByFirstName。在查询结果中包含没有被任何其他客户介绍过的客户的姓名。

Morgan 进口公司项目题

James Morgan 拥有并经营着 Morgan 进口公司，该公司从亚洲购买古董和家具，将它们运到洛杉矶的一个仓库，然后在美国销售。James 通过使用一个数据库来跟踪亚洲的购买情况以及随后将这些物品运往洛杉矶的情况。该数据库保存了所购物品清单、所购物品的船运信息以及每一次船运的物品清单。他的数据库包含如下几个表：

ITEM (ItemID, Description, PurchaseDate, Store, City, Quantity, LocalCurrencyAmount, ExchangeRate)

SHIPMENT (ShipmentID, ShipperName, ShipperInvoiceNumber, DepartureDate, ArrivalDate, InsuredValue)

SHIPMENT_ITEM (*ShipmentID*, ShipmentItemID, *ItemID*, Value)

在这个数据库模式中，主键用下画线标示，外键以斜体显示。James 创建的数据库名为 MI，其数据库模式中的三个表如图 2.63 所示。

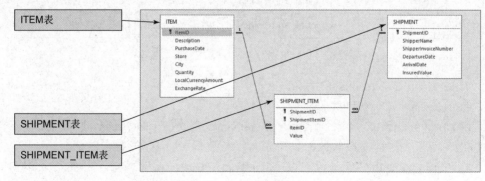

图 2.63　MI 数据库

这些表的列特性,分别见图 2.64、图 2.65 和图 2.66;表中的数据分别见图 2.67、图 2.68 和图 2.69。ITEM 表和 SHIPMENT_ITEM 表之间的关系,是强制引用完整性和级联更新,但不进行级联删除。SHIPMENT 表和 SHIPMENT_ITEM 表之间的关系,是强制引用完整性、级联更新和级联删除。

ITEM

列　名　称	类　　型	键	是 否 要 求	备　　注
ItemID	Integer	主键	是	代理键
描述	Character(255)	否	是	Varchar 类型
PurchaseDate	Date	否	是	
Store	Character(50)	否	是	
City	Character(35)	否	是	
Quantity	Integer	否	是	
LocalCurrencyAmount	Number(18.2)	否	是	
ExchangeRate	Number(12.6)	否	是	

图 2.64　MI 数据库 ITEM 表的列特性

SHIPMENT

列　名　称	类　　型	键	是 否 要 求	备　　注
ShipmentID	Integer	主键	是	代理键
ShipperName	Character(35)	否	是	
ShipperInvoiceNumber	Integer	否	是	
DepartureDate	Date	否	否	
ArrivalDate	Date	否	否	
InsuredValue	Number(12,2)	否	否	

图 2.65　MI 数据库 SHIPMENT 表的列特性

SHIPMENT_ITEM

列　名　称	类　　型	键	是 否 要 求	备　　注
ShipmentID	Integer	主键,外键	是	引用表:SHIPMENT
ShipmentItemID	Integer	主键	是	序列值,但不是代理键
ItemID	Integer	外键	是	引用表:ITEM
Value	Number(12,2)	否	是	

图 2.66　MI 数据库 SHIPMENT_ITEM 表的列特性

需要创建并设置一个名 MI_CH02 的数据库,以用于这些案例题。在本书资源网站上可以下载一个用于 Microsoft Access 2019 的 MI_CH02.accdb 数据库。同时,还可以下载用于 Microsoft SQL Server、Oracle Database 和 MySQL 的 SQL 脚本,创建这个数据库。

如果使用的是 Microsoft Access 2019 MDC_CH02.accdb 数据库,则只需将其复制到 Documents 文件夹中的适当位置即可。否则,需要参考在 DBMS 产品中设置 MI_CH02 数据库所需的讨论和说明。

ItemID	Description	PurchaseDate	Store	City	Quantity	LocalCurrencyAmount	ExchangeRate
1	QE Dining Set	07-Apr-21	Eastern Treasures	Manila	2	403405	0.01774
2	Willow Serving Dishes	15-Jul-21	Jade Antiques	Singapore	75	102	0.5903
3	Large Bureau	17-Jul-21	Eastern Sales	Singapore	8	2000	0.5903
4	Brass Lamps	20-Jul-21	Jade Antiques	Singapore	40	50	0.5903

图 2.67 MI 数据库 ITEM 表的样本数据

ShipmentID	ShipperName	ShipperInvoiceNumber	DepartureDate	ArrivalDate	InsuredValue
1	ABC Trans-Oceanic	2017651	10-Dec-20	15-Mar-21	$15,000.00
2	ABC Trans-Oceanic	2018012	10-Jan-21	20-Mar-21	$12,000.00
3	Worldwide	49100300	05-May-21	17-Jun-21	$20,000.00
4	International	399400	02-Jun-21	17-Jul-21	$17,500.00
5	Worldwide	84899440	10-Jul-21	28-Jul-21	$25,000.00
6	International	488955	05-Aug-21	11-Sep-21	$18,000.00

图 2.68 MI 数据库 SHIPMENT 表的样本数据

ShipmentID	ShipmentItemID	ItemID	Value
3	1	1	$15,000.00
4	1	4	$1,200.00
4	2	3	$9,500.00
4	3	2	$4,500.00

图 2.69 MI 数据库 SHIPMENT_ITEM 表的样本数据

- 对于 Microsoft SQL Server 2019，请参阅第 10A 章。
- 对于 Oracle Database，请参阅第 10B 章。
- 对于 MySQL 8.0 Community Server，请参阅第 10C 章。

设置好 MI_CH02 数据库后，创建一个名为 MI-CH02-PQ.sql 的 SQL 脚本，并用它来记录和存储回答以下问题的 SQL 语句（如果需要书面回答，使用 SQL 注释来记录答案）。

A．显示每一个表中的所有数据。

B．列出所有船运记录的 ShipmentID、ShipperName 和 ShipperInvoiceNumber。

C．显示保额（InsuredValue）超过 10 000 美元的所有船运的 ShipmentID、ShipperName 和 ShipperInvoiceNumber。

D．列出承运人名称（ShipperName）以"AB"开头的 ShipmentID、ShipperName 和 ShipperInvoiceNumber。

E．列出开船日期（DepartureDate）为 12 月的所有船运记录的 ShipmentID、ShipperName、

ShipperInvoiceNumber 和 ArrivalDate。提示：对于您所使用的 DBMS，需要研究如何从日期值中提取月份或某一天的值，以便将其与数字比较。

F．列出开船日期为任何月份第 10 日的所有船运记录的 ShipmentID、ShipperName、ShipperInvoiceNumber 和 ArrivalDate 。提示：对于您所使用的 DBMS，需要研究如何从日期值中提取月份或某一天的值，以便将其与数字比较。

G．找出 InsuredValue 的最大和最小值。

H．计算 InsuredValue 的平均值。

I．统计船运数量。

J．显示 ItemID、Description、Store 和一个名为 USCurrencyAmount 的计算列，该列的值等于 LocalCurrencyAmount 乘以 ExchangeRate。

K．按 City 和 Store 分组购买的物品。

L．按照 City 和 Store 的组合统计采购的次数。

M．使用子查询，显示包含单价等于或超过 1000 美元的物品的船运 ShipperName、ShipmentID 和 DepartureDate。显示结果时，先按 ShipperName 升序排序，后按 DepartureDate 降序排序。

N．使用连接，显示包含单价等于或超过 1000 美元的物品的船运 ShipperName、ShipmentID 和 DepartureDate。显示结果时，先按 ShipperName 升序排序，后按 DepartureDate 降序排序。

O．使用子查询，显示在新加坡购买的物品的 ShipperName、ShipmentID 和 DepartureDate。显示结果时，先按 ShipperName 升序排序，后按 DepartureDate 降序排序。

P．显示在新加坡购买的物品的 ShipperName、ShipmentID 和 DepartureDate。使用连接，但不要使用 JOIN ON 语法。显示结果时，先按 ShipperName 升序排序，后按 DepartureDate 降序排序。

Q．使用包含 JOIN ON 语法的连接，显示在新加坡购买的物品的 ShipperName、ShipmentID 和 DepartureDate。显示结果时，先按 ShipperName 升序排序，后按 DepartureDate 降序排序。

R．组合使用连接和子查询，显示在新加坡购买的物品的 ShipperName、ShipmentID、DepartureDate 和 Value。显示结果时，先按 ShipperName 升序排序，后按 DepartureDate 降序排序。

S．显示在新加坡购买的物品的 ShipperName、ShipmentID、DepartureDate 和 Value，还要显示所有其他船运记录的 ShipperName、ShipmentID 和 DepartureDate。显示结果时，按 Value 和 ShipperName 升序排序，然后按 DepartureDate 降序排序。提示：在 Microsoft Access 2019 中，需要使用 UNION 语句或两个查询序列来解决这个问题，因为 Microsoft Access 不允许在 LEFT 或 RIGHT 连接中嵌套 INNER 连接。其他 DBMS 产品中可以用一个查询（不为 UNION 语句）来实现。

第二部分
数据库设计

第二部分的 4 章内容，讨论的是数据库设计原则和技术。第 3 章和第 4 章讲解来自现有数据源的数据库设计，例如电子表格、文本文件和数据库摘要。第 3 章中给出关系模型的定义，并讨论规范化，它是一个转换关系和修改问题的过程。第 4 章利用规范化原则来指导现有数据的数据库设计。

第 5 章和第 6 章探讨的是数据库设计，它来自新信息系统的发展需求。第 5 章描述实体-关系数据模型，这是一个用于构建数据库设计规划的工具。这种数据模型是通过分析表单、报表和其他信息系统需求而开发的。第 6 章讲解将实体-关系数据模型转换为数据库设计的技术。

第3章 关系模型与规范化

本章目标

- 理解基本的关系术语
- 理解关系的特征
- 认识用于描述关系模型的其他术语
- 能够识别函数依赖、决定因素和依赖属性
- 区分主键、候选键和组合键
- 能够识别关系中可能的插入、删除和更新异常
- 能够将关系置于 BCNF 范式中
- 理解域/键范式的特殊重要性
- 能够识别多值依赖关系
- 能够将关系置于第四范式中

正如第 1 章所述，数据库有三种来源：现有数据、新系统开发以及数据库再设计。本章和第 4 章将探讨如何用现有数据设计数据库，如电子表格或数据库摘要。

第 3 章和第 4 章的前提是已经从某个数据源接收到一个或多个数据表，这些数据表将存储在一个新数据库中。问题在于：这些数据应该按原样存储，还是应该在存储之前进行某种转换？例如，考虑图 3.1（a）中的两个表，它们是从第 2 章中使用过的 Cape Codd 数据库 SKU_DATA 表和 ORDER_ITEM 表中提取的。

可以设计一个新数据库，将这些数据存储为两个单独的表；也可以将两个表组合在一起，仅使用一个表来设计数据库，如图 3.1（b）中的 SKU_ITEM_DATA 表所示。每种选择都有优点和缺点。当决定使用某种设计时，就以付出一些成本为代价获得某些优势。本章的目的是帮助了解这些优势和成本。

这些问题似乎不难，但为什么需要两章的篇幅来回答它们呢？事实上，即使是单个表也可能具有惊人的复杂性。例如，考虑图 3.2 中的表，它显示了从公司数据库提取的示例数据。这个简单的表有三列：采购员姓名、采购员所买产品的库存单位（SKU）和采购员的大学专业名称。一位采购员管理着多个 SKU，他可以拥有多个大学专业。

为了理解这为什么是一个奇怪的表，假设 Nancy Meyers 被分配了一个新的 SKU，比如 101300。那么，应该对这个表做什么补充呢？显然，需要为这个新 SKU 添加一行，但是如果只添加一行（'Nancy Meyers'，101300，'Art'），那么似乎她是以 Art 专业而不是 Info Systems 专业管理着产品 101300。为了避免这种不合逻辑的状态，需要添加两行：（'Nancy Meyers'，101300，'Art'）和（'Nancy Meyers'，101300，'Info Systems'）。

这是一个奇怪的要求。为什么必须添加两行数据来简单地记录一个新 SKU 已分配给采购员的事实？此外，如果将产品分配给 Pete Hansen，则只需要添加一行；如果将产品分配给一位拥有 4 个专业的采购员，就需要添加 4 行。

对图 3.2 中的表考虑得越多，它就变得越奇怪。如果将 SKU 101100 分配给 Pete Hansen，需要做哪些更改呢？如果将 SKU 100100 分配给 Nancy Meyers，又需要做哪些更改？如果图 3.2 中所有的 SKU 值都被删除了，应该做什么呢？本章的后面将讲解出现这些问题的原因，即存在一个

称为多值依赖关系的问题。而且，还会讲解如何消除这类问题。

ORDER_ITEM

	OrderNumber	SKU	Quantity	Price	ExtendedPrice
1	1000	201000	1	300.00	300.00
2	1000	202000	1	130.00	130.00
3	2000	101100	4	50.00	200.00
4	2000	101200	2	50.00	100.00
5	3000	100200	1	300.00	300.00
6	3000	101100	2	50.00	100.00
7	3000	101200	1	50.00	50.00

SKU_DATA

	SKU	SKU_Description	Department	Buyer
1	100100	Std. Scuba Tank, Yellow	Water Sports	Pete Hansen
2	100200	Std. Scuba Tank, Magenta	Water Sports	Pete Hansen
3	100300	Std. Scuba Tank, Light Blue	Water Sports	Pete Hansen
4	100400	Std. Scuba Tank, Dark Blue	Water Sports	Pete Hansen
5	100500	Std. Scuba Tank, Light Green	Water Sports	Pete Hansen
6	100600	Std. Scuba Tank, Dark Green	Water Sports	Pete Hansen
7	101100	Dive Mask, Small Clear	Water Sports	Nancy Meyers
8	101200	Dive Mask, Med Clear	Water Sports	Nancy Meyers
9	201000	Half-dome Tent	Camping	Cindy Lo
10	202000	Half-dome Tent Vestibule	Camping	Cindy Lo
11	203000	Half-dome Tent Vestibule - Wide	Camping	Cindy Lo
12	301000	Light Fly Climbing Harness	Climbing	Jerry Martin
13	302000	Locking Carabiner, Oval	Climbing	Jerry Martin

（a）存储在两个表中的数据

SKU_ITEM_DATA

	OrderNumber	SKU	Quantity	Price	SKU_Description	Department	Buyer
1	1000	201000	1	300.00	Half-dome Tent	Camping	Cindy Lo
2	1000	202000	1	130.00	Half-dome Tent Vestibule	Camping	Cindy Lo
3	2000	101100	4	50.00	Dive Mask, Small Clear	Water Sports	Nancy Meyers
4	2000	101200	2	50.00	Dive Mask, Med Clear	Water Sports	Nancy Meyers
5	3000	100200	1	300.00	Std. Scuba Tank, Magenta	Water Sports	Pete Hansen
6	3000	101100	2	50.00	Dive Mask, Small Clear	Water Sports	Nancy Meyers
7	3000	101200	1	50.00	Dive Mask, Med Clear	Water Sports	Nancy Meyers

（b）存储在一个表中的数据

图 3.1　设计数据库时对表的数量的考量

PRODUCT_BUYER

	BuyerName	SKU_Managed	CollegeMajor
1	Pete Hansen	100100	Business Administration
2	Pete Hansen	100200	Business Administration
3	Pete Hansen	100300	Business Administration
4	Pete Hansen	100400	Business Administration
5	Pete Hansen	100500	Business Administration
6	Pete Hansen	100600	Business Administration
7	Nancy Meyers	101100	Art
8	Nancy Meyers	101100	Info Systems
9	Nancy Meyers	101200	Art
10	Nancy Meyers	101200	Info Systems
11	Cindy Lo	201000	History
12	Cindy Lo	202000	History
13	Jenny Martin	301000	Business Administration
14	Jenny Martin	301000	English Literature
15	Jenny Martin	302000	Business Administration
16	Jenny Martin	302000	English Literature

图 3.2　PRODUCT_BUYER 表

表可以有许多不同的模式，有些模式容易出现严重问题，有些模式则不会。在解决问题之前，需要学习一些基本的术语。

3.1　关系模型术语

图 3.3 给出了关系模型中使用的一些重要术语。学习完第 3 章和第 4 章后，应该能够定义这些术语，并解释它们如何与关系数据库的设计相关。通过这些术语，可以检验你的理解能力。

3.1.1　关系

前面已经交替使用过"表"和"关系"这两个术语。事实上，关系是表的一种特殊情形。这意味着所有的关系都是表，但不是所有的表都是关系。Codd 在他 1970 年的论文中定义了关系的特征，为关系模型奠定了基础。[①]图 3.4 总结了这些特征。

关系模型中的重要术语
关系
函数依赖
决定因素
候选键
组合键
主键
代理键
外键
引用完整性约束
范式
多值依赖

图 3.3　关系模型中的重要术语

BY THE WAY　在图 3.4 以及相应的讨论中，采用术语"实体"（Entity）来表示某些可识别的东西。客户、销售员、订单、零件和租约，都是实体的例子。在第 5 章讲解实体-关系模型时，将更加精确地定义它。现在，只需将实体认为是用户希望跟踪的可识别的东西。

3.1.2　关系的特征

关系（Relation）有一个特定的定义。要使表成为关系，必须具有图 3.4 中给出的关系的特征。

关系的特征
行中包含关于实体的数据
列中包含关于实体特征的数据
列中的所有实体，都为同一种类型
每一个列都具有唯一的名称
表的每一个单元格只包含一个值
列的顺序不重要
行的顺序不重要
不能有两行是相同的

图 3.4　关系的特征

首先，表的行必须存储关于实体的数据，表的列必须存储关于这些实体特征的数据。而且，列的名称是唯一的；同一关系中的两列不能有相同的名称。

此外，在关系中，列中的所有值都是相同类型的。例如，如果一个关系的第一行的第二列为 FirstName，那么该关系中每一行的第二列都是 FirstName。这是一个重要的条件，称为域完整性约束（Domain Integrity Constraint），术语"域"（Domain）表示满足特定类型定义的数据分组。例如，假设 FirstName 的域为 Albert、Bruce、Cathy、David、Edith 等名称，则它的所有值都必须来自这个域。图 3.5 中的 EMPLOYEE 表符合这些要求，因此是一个关系。

---

① 参见 E.F. Codd, "A Relational Model of Data for Large Shared Data Banks," *Communications of the ACM*, June 1970, pp. 377 – 387。

EmployeeNumber	FirstName	LastName	Department	EmailAddress	Phone
100	Jerry	Johnson	Accounting	JJ@somewhere.com	518-834-1101
200	Mary	Abernathy	Finance	MA@somewhere.com	518-834-2101
300	Liz	Smathers	Finance	LS@somewhere.com	518-834-2102
400	Tom	Caruthers	Accounting	TC@somewhere.com	518-834-1102
500	Tom	Jackson	Production	TJ@somewhere.com	518-834-4101
600	Eleanore	Caldera	Legal	EC@somewhere.com	518-834-3101
700	Richard	Bandalone	Legal	RB@somewhere.com	518-834-3102

图 3.5　EMPLOYEE 关系示例

BY THE WAY　不同关系中的列可能具有相同的名称。例如，在第 2 章中，有两个关系具有相同的列名称 SKU。如果存在混淆的风险，可以在列名前面加上关系名称，后接一个句点。因此，SKU_DATA 关系中 SKU 列的名称是 SKU_DATA.SKU，R1 关系中 C1 列的名称是 R1.C1。因为关系名称在数据库中是唯一的，而且列名称在关系中也是唯一的，所以关系名称和列名称的组合就唯一地标识了数据库中的每一个列。

关系的每一个单元格，只有一个值或项，不允许存在多个值或项。图 3.6 中的表不是一个关系，因为员工 Caruthers 和 Bandalone 的 Phone 值存储了多个电话号码。

EmployeeNumber	FirstName	LastName	Department	EmailAddress	Phone
100	Jerry	Johnson	Accounting	JJ@somewhere.com	518-834-1101
200	Mary	Abernathy	Finance	MA@somewhere.com	518-834-2101
300	Liz	Smathers	Finance	LS@somewhere.com	518-834-2102
400	Tom	Caruthers	Accounting	TC@somewhere.com	518-834-1102, 518-834-1191, 518-834-1192
500	Tom	Jackson	Production	TJ@somewhere.com	518-834-4101
600	Eleanore	Caldera	Legal	EC@somewhere.com	518-834-3101
700	Richard	Bandalone	Legal	RB@somewhere.com	518-834-3102, 518-834-3191

图 3.6　非关系型表：一个单元格中存在多个项

在关系中，行和列的顺序是无关紧要的。行或列的顺序不会携带任何信息。图 3.7 中的表不是一个关系，因为员工 Caruthers 和 Caldera 的项需要特定的行顺序。如果这个表中的行顺序被重新编排，则无法知道哪一位员工有图中所示的传真号码（Fax）和家庭号码（Home）。

根据图 3.4 中的最后一个特征，对于一个关系表，没有两行可以是相同的。正如第 2 章所讲，一些 SQL 语句确实能生成包含重复行的表。这时，可以使用 DISTINCT 关键字来强制唯一性。这种重复的行，只会在 SQL 操作时出现。存储在数据库中的表从来不会包含重复的行。

EmployeeNumber	FirstName	LastName	Department	EmailAddress	Phone
100	Jerry	Johnson	Accounting	JJ@somewhere.com	518-834-1101
200	Mary	Abernathy	Finance	MA@somewhere.com	518-834-2101
300	Liz	Smathers	Finance	LS@somewhere.com	518-834-2102
400	Tom	Caruthers	Accounting	TC@somewhere.com	518-834-1102
				Fax:	518-834-9911
				Home:	518-723-8795
500	Tom	Jackson	Production	TJ@somewhere.com	518-834-4101
600	Eleanore	Caldera	Legal	EC@somewhere.com	518-834-3101
				Fax:	518-834-9912
				Home:	518-723-7654
700	Richard	Bandalone	Legal	RB@somewhere.com	518-834-3102

图 3.7　非关系型表：行的顺序会导致问题

BY THE WAY　　不要犯常识性错误，尽管关系中的每一个单元格都必须有一个值，但这并不意味着所有的值都必须具有相同的长度。图 3.8 中的表是一个关系，尽管 Comments 列的长度随行而异。它是一个关系，因为即使 Comments 列有不同的长度，但每个单元格只有一个 Comments 值。

EmployeeNumber	FirstName	LastName	Department	EmailAddress	Phone	Comments
100	Jerry	Johnson	Accounting	JJ@somewhere.com	518-834-1101	Joined the Accounting Department in March after completing his MBA. Will take the CPA exam this fall.
200	Mary	Abernathy	Finance	MA@somewhere.com	518-834-2101	
300	Liz	Smathers	Finance	LS@somewhere.com	518-834-2102	
400	Tom	Caruthers	Accounting	TC@somewhere.com	518-834-1102	
500	Tom	Jackson	Production	TJ@somewhere.com	518-834-4101	
600	Eleanore	Caldera	Legal	EC@somewhere.com	518-834-3101	
700	Richard	Bandalone	Legal	RB@somewhere.com	518-834-3102	Is a full-time consultant to Legal on a retainer basis.

图 3.8　具有可变长度列值的关系

3.1.3　其他术语

按照 Codd 的定义，关系的列称为"属性"（Attribute），关系的行称为"元组"（Tuple）。然而，大多数从业者并不使用这些听起来很具学术性的术语，而是使用术语"列"和"行"。此外，尽管表不一定是关系，但大多数从业者只要提到"表"就表示关系。因此，在大多数情形中，术语"关系"和"表"是同义的。因此，本书中会将这两个术语作为同义词使用。

此外，还可以使用第三组术语。一些从业者将"表"、"列"和"行"分别称为"文件"、"字段"和"记录"。这些术语起源于传统的数据处理，在已停产的系统中很常见。有时，人们会混用这些术语。例如，可能会听到有人说：一个关系有一个列，包含 47 条记录。图 3.9 总结了这三组术语。

表	列	行
关系	属性	元组
文件	字段	记录

图 3.9 三组等价的术语

3.1.4 键的指定

正如 Codd 所定义的，关系的行必须是唯一的（没有两行是相同的），但是不需要在关系中指定主键。回顾第 1 章可知，主键被描述为一个（或多个）列，它具有一组唯一标识每行的值。

然而，要求两行不相同，意味着可以为关系定义一个主键。并且，在现实的数据库中，每一个关系（或日常中更经常地称其为表）都有一个已定义的主键。

为了理解如何为关系指定或分配主键，需要先了解关系数据库中使用的不同类型的键，这意味着需要了解函数依赖，它是构建键的基础。然后，将具体讨论如何在关系中指定主键。

3.1.5 函数依赖

函数依赖（Functional Dependency）是数据库设计过程的核心，理解它非常重要。首先将解释一般概念，然后给出两个例子。这样，就可以确切地定义什么是函数依赖了。

先短暂回顾代数世界。假设你要买一些饼干，每盒单价 5 美元。根据这个事实，可以用下面的公式计算出购买多盒饼干的费用：

$$CookieCost = NumberOfBoxes \times \$5$$

总价格（CookieCost）和盒数（NumberOfBoxes）之间关系的通用表述是：CookieCost 依赖于 NumberOfBoxes。这样的表述明确了 CookieCost 和 NumberOfBoxes 之间的关系特征，尽管它没有给出公式。更正式地说，CookieCost 函数依赖于 NumberOfBoxes。可以写为：

$$NumberOfBoxes \rightarrow CookieCost$$

可以将这个表达式理解为"NumberOfBoxes 决定了 CookieCost"。左边的变量 NumberOfBoxes 称为决定因素（Determinant）。

用另一个公式，可以通过数量（Quantity）乘以单价（UnitPrice），计算出某个订单的总金额（ExtendedPrice）：

$$ExtendedPrice = Quantity \times UnitPrice$$

在这个例子中，我们说 ExtendedPrice 函数依赖于 Quantity 和 UnitPrice，即：

$$(Quantity, UnitPrice) \rightarrow ExtendedPrice$$

此处的决定因素为（Quantity, UnitPrice）组合。

1. 函数依赖不是等式

通常而言，当一个或多个属性的值决定了另一个属性的值时，就存在函数依赖。存在许多不涉及等式的函数依赖。

例如，假设一个袋子中有红色（Red）、蓝色（Blue）或黄色（Yellow）物体。红色和蓝色物体的重量（Weight）都为 5 磅（1 磅 = 453.6 克），黄色物体重 7 磅。如果有人看到袋子里的一个物体，则根据它的颜色（ObjectColor）就能知道它的重量。可以将此形式化为：

ObjectColor → Weight

因此，可以说 Weight 函数依赖于 ObjectColor，而 ObjectColor 决定了 Weight。此处的这种关系不涉及等式，但保持函数依赖。根据 ObjectColor 的值，就可以确定物体的重量。

如果还知道物体的形状（Shape），红色的是球（Ball），蓝色和黄色的是立方体（Cube），则可以说：

ObjectColor → Shape

因此，ObjectColor 决定了 Shape。将二者放在一起，就是：

ObjectColor → (Weight, Shape)

因此，ObjectColor 决定了 Weight 和 Shape。

描述这些事实的另一种方法，是将它们放入表中：

ObjectColor	Weight	Shape
Red	5	Ball
Blue	5	Cube
Yellow	7	Cube

这个表满足图 3.4 中列出的所有条件，因此它是一个关系。您可能会认为这里使用了一些技巧来实现这种关系，但事实上，需要关系的唯一原因是用它来存储函数依赖的实例。如果有一个公式，可以通过 ObjectColor 来计算 Weight 和 Shape，那么就不需要这个表，只需要进行计算就行了。类似地，如果有一个公式，可以通过工号（EmployeeNumber）得到员工姓名（EmployeeName）和雇佣日期（HireDate），那么就不需要 EMPLOYEE 关系了。但是，因为没有这样的公式，所以必须在关系的行中存储 EmployeeNumber、EmployeeName 和 HireDate 的组合。

BY THE WAY　理解函数依赖最简单的方法也许是：

如果告诉你某个具体的事实，你能回应一个唯一的相关事实吗？

根据前面的表，如果告诉你物体是红色的，能够明确地知道相关的形状吗？是的，形状是球。因此，ObjectColor 决定了 Shape; 将 ObjectColor 作为决定因素，它和 Shape 之间就存在函数依赖。反过来，如果告诉你形状是立方体，能够明确地知道物体颜色吗？这是不可能的，因为它可以是蓝色或黄色。所以，Shape 并不决定 ObjectColor, ObjectColor 在函数上不依赖于 Shape。

2. 组合函数依赖

函数依赖的决定因素，可以由多个属性组成。例如，一个班级（Grade），是由学号

（StudentNumber）和班号（ClassNumber）共同决定的，即：

(StudentNumber, ClassNumber) → Grade

这样的决定因素，称为组合决定因素（Composite Determinant）。

注意，同时需要学号和班号才能够确定班级。一般来说，如果(A, B)→C，那么 A 或 B 无法独自决定 C。但是，如果 A→(B, C)，则 A→B 和 A→C 均成立，这称为分解规则（Decomposition Rule）。对于上述这两种情形给出自己的一些实例，以便理解为什么是这样。还要注意，如果 A→B 且 A→C，则 A→(B, C)也成立，这称为合并规则（Union Rule）。

3.1.6　找出函数依赖

为了正确理解函数依赖的概念，考虑图 3.1 中的 SKU_DATA 表和 ORDER_ITEM 表中的函数依赖。

1. SKU_DATA 表中的函数依赖

为了找出表中的函数依赖，必须考虑是否有列决定了另一列的值。例如，考虑图 3.1 中 SKU_DATA 表的值：

	SKU	SKU_Description	Department	Buyer
1	100100	Std. Scuba Tank, Yellow	Water Sports	Pete Hansen
2	100200	Std. Scuba Tank, Magenta	Water Sports	Pete Hansen
3	100300	Std. Scuba Tank, Light Blue	Water Sports	Pete Hansen
4	100400	Std. Scuba Tank, Dark Blue	Water Sports	Pete Hansen
5	100500	Std. Scuba Tank, Light Green	Water Sports	Pete Hansen
6	100600	Std. Scuba Tank, Dark Green	Water Sports	Pete Hansen
7	101100	Dive Mask, Small Clear	Water Sports	Nancy Meyers
8	101200	Dive Mask, Med Clear	Water Sports	Nancy Meyers
9	201000	Half-dome Tent	Camping	Cindy Lo
10	202000	Half-dome Tent Vestibule	Camping	Cindy Lo
11	203000	Half-dome Tent Vestibule - Wide	Camping	Cindy Lo
12	301000	Light Fly Climbing Harness	Climbing	Jerry Martin
13	302000	Locking Carabiner, Oval	Climbing	Jerry Martin

看最后的两列。如果知道了 Department 值，能否唯一地确定 Buyer 值呢？这不可能，因为 Department 列上的一个值可以有多个 Buyer 值与之相对应。图中的数据，Water Sports 与 Pete Hansen 和 Nancy Meyers 都有关。因此，Department 在函数上不依赖于 Buyer。

反过来怎么样？Buyer 函数决定 Department 吗？在每一行中，对于某一个 Buyer 值，能否找出唯一的 Department 值呢？例如，只要出现 Jerry Martin 时，Department 列上是否有相同的值与之配对？答案是肯定的。此外，每次出现 Cindy Lo 时，Department 列上都有相同的值。Buyer 列上的其他值，也是同样的情况。因此，假设这些数据具有代表性，则 Buyer 列就决定了 Department 列，可以写成：

Buyer → Department

Buyer 列还决定了其他的列吗？如果知道了 Buyer 值，是不是也能知道 SKU 值呢？不能。因为对于一个 Buyer 值，有多个 SKU 值与之对应。Buyer 值是否决定了 SKU_Description 值呢？没有。因为对于一个 Buyer 值，有多个 SKU_Description 值与之对应。

如前所述，Buyer→Department 是函数依赖的；每一个 Buyer 值，有且仅有一个 Department 值与之对应。注意，一个 Buyer 值可能在表中出现多次。如果是这样，则同一个 Buyer 值总是有相同的 Department 值与之匹配。这对于所有的函数依赖都成立。如果 A→B，那么对于每一个 A 值，有且仅有一个 B 值与之对应。关系中的某个 A 值可能会出现多次，但是与之对应的 B 值总是相同的。还要注意，这个结论反过来不一定成立。如果 A→B，则与 B 值对应的 A 值可能有多个。

其他列之间是否也存在函数依赖呢？事实上，如果知道了 SKU 值，也就知道了所有其他列的值。换句话说：

SKU → SKU_Description

因为对于每一个 SKU 值，都有一个 SKU_Description 值与之对应。其次：

SKU → Department

因为对于每一个 SKU 值，都有一个 Department 值与之对应。最后：

SKU → Buyer

因为对于每一个 SKU 值，都有一个 Buyer 值与之对应。

可以将这三条语句组合在一起：

SKU → (SKU_Description, Department, Buyer)

出于同样的原因，SKU_Description 决定了所有其他列，可以写成：

SKU_Description → (SKU, Department, Buyer)

综上所述，SKU_DATA 表中的函数依赖如下：

SKU → (SKU_Description, Department, Buyer)

SKU_Description → (SKU, Department, Buyer)

Buyer → Department

不能总是依靠样本数据来找出函数依赖。可能不存在任何样本数据，或者可能只有几行不能代表所有条件的数据。这时，必须咨询创建这些数据的专家。对于 SKU_DATA 表，可以提出一些问题，如"Buyer 是否总是与同一个 Department 关联？""一个 Department 是否可以有多个 Buyer？"多数情况下，这类问题的答案比样本数据更加可靠。有疑问时，应当信任专家。

2. ORDER_ITEM 表中的函数依赖

现在考虑图 3.1 中的 ORDER_ITEM 表。为方便起见，下面给出该表中的数据副本。

	OrderNumber	SKU	Quantity	Price	ExtendedPrice
1	1000	201000	1	300.00	300.00
2	1000	202000	1	130.00	130.00
3	2000	101100	4	50.00	200.00
4	2000	101200	2	50.00	100.00
5	3000	100200	1	300.00	300.00
6	3000	101100	2	50.00	100.00
7	3000	101200	1	50.00	50.00

这个表中的函数依赖是什么？从左侧开始，OrderNumber 列决定了其他的列吗？它没有决定 SKU，因为对于某一个订单，有多个 SKU 与之关联。同样的原因，OrderNumber 也不能决定 Quantity、Price 或 ExtendedPrice。

SKU 列能决定其他列吗？它不能决定 OrderNumber，因为有多个 OrderNumber 值对应一个 SKU 值。同样，SKU 也不能决定 Quantity 或 ExtendedPrice。

SKU 和 Price 之间又怎么样呢？从数据来看，似乎存在：

SKU → Price

但一般情况下可能不是这样。事实上，我们知道订单完成后价格可以调整。此外，由于促销等原因，某个订单可能有特价。为了准确记录客户的实际支付情况，需要将 SKU 与订单关联在一起。即：

(OrderNumber, SKU) → Price

再看其他的列，Quantity、Price 或者 ExtendedPrice 是没有这种决定关系的。这从样本数据就能够看出来，也可以根据销售常识来加以印证。值为 2 的 Quantity 能够决定一个 OrderNumber 值或者一个 SKU 值吗？这种问题没有任何意义。如果我从杂货店买了两件东西，则没有理由断定我的订单号（OrderNumber）是 1010022203466 或者我买的是胡萝卜。Quantity 无法决定 OrderNumber 或 SKU。

类似地，如果某件商品的价格是 3.99 美元，也没有合理的方法来确定订单号是多少或者购买的是不是一罐绿橄榄。因此，Price 无法决定 OrderNumber 或 SKU。同样的结论也适用于 ExtendedPrice。这样，在 ORDER_ITEM 表中没有任何单独的一列是决定因素。

如果是两列呢？我们已经知道：

(OrderNumber, SKU) → Price

查看数据可知，（OrderNumber, SKU）同样决定了其他的两列。即：

(OrderNumber, SKU) → (Quantity, Price, ExtendedPrice)

存在这样的函数依赖是有道理的。它意味着对于某个订单（OrderNumber）和该订单上的某个商品（SKU），都有唯一的数量（Quantity）、单价（Price）和总价（ExtendedPrice）。

还要注意，由于 ExtendedPrice 是通过公式 ExtendedPrice = Quantity * Price 计算得到的，所以有：

(Quantity, Price) → ExtendedPrice

综上所述，ORDER_ITEM 表中的函数依赖有：

(OrderNumber, SKU) → (Quantity, Price, ExtendedPrice)

(Quantity, Price) → ExtendedPrice

在设计数据库时，没有哪一项技能比识别函数依赖的能力更重要了。因此，需要深刻理解本节的内容。认真解答本章后面的习题 3.58、习题 3.59、Regional Labs 案例题，以及 Queen Anne 古董店项目题和 Morgan 进口公司项目题。如果需要帮助，可咨询老师。必须理解函数依赖并能够使用它。

3. 什么时候决定因素值是唯一的

在上一节中，可能已经注意到一种不规则性。有时，函数依赖的决定因素在关系中是唯一的，有时则不是。考虑 SKU_DATA 关系，其决定因素有 SKU、SKU_Description 和 Buyer。在 SKU_DATA 中，SKU 和 SKU_Description 的值在表中都是唯一的。例如，SKU 值 100100 只出现一次。类似地，SKU_Description 值"Half-dome Tent"也只出现一次。由此，似乎很容易就能得出结论：决定因素的值在关系中总是唯一的。然而，事实并非如此。

例如，Buyer 是一个决定因素，但在 SKU_DATA 表中不是唯一的。采购员 Cindy Lo 在两行中都出现了。实际上，对于这里的样本数据，所有采购员都出现在两行中。

事实上，只有当一个决定因素能够决定关系中所有其他的列时，它才在关系中是唯一的。对于 SKU_DATA 关系，SKU 决定了所有其他列。同样，SKU_Description 也决定了所有其他列。因此，它们都是唯一的。但是，Buyer 只能够决定 Department 列，它无法决定 SKU 列或 SKU_Description 列。

ORDER_ITEM 的决定因素，是（OrderNumber, SKU）和（Quantity, Price）。因为（OrderNumber, SKU）决定了所有其他列，所以它在关系中是唯一的。Quantity 和 Price 的组合，只决定 ExtendedPrice。因此，它在关系中不是唯一的。

这个事实表明，不能简单地通过寻找唯一值来找出所有函数依赖关系的决定因素。有些决定因素是唯一的，有些则不是。为了判断 A 列是否决定了 B 列，需要查看数据并询问，"每次出现 A 列值时，它是否与同一个 B 列值匹配？"如果是，则 A 可能就是 B 的决定因素。然而，样本数据可能是不完整的。因此，最好的策略是考虑产生数据的业务活动的性质并咨询用户。

3.1.7　键

关系模型中，存在着比键盘键还要多的键（Key）。有候选键、组合键、主键、代理键和外键。本节中，将定义这些类型的键。因为键的定义与函数依赖有关，所以需要预先理解函数依赖。

通常而言，键是一个或多个列的组合，用于标识关系中的特定行。具有两个或多个列的键称为组合键（Composite Key）。

1. 候选键

候选键（Candidate Key）是确定关系中所有其他列的决定因素。SKU_DATA 关系有两个候选键：SKU 和 SKU_Description。Buyer 是一个决定因素，但它不是一个候选键，因为它只决定了 Department 列。

ORDER_ITEM 表只有一个候选键：（OrderNumber，SKU）。表中的另一个决定因素（Quantity，Price）不是候选键，因为它只决定了 ExtendedPrice。

候选键标识关系中的唯一一行。给定候选键的值，可以在关系中找到一行且只有一行具有该值。例如，给定 SKU 值 100100，只能在 SKU_DATA 表中找到一行且只有一行。类似地，给定 OrderNumber 和 SKU 值（2000,101100），可以在 ORDER_ITEM 表中找到一行且只有一行。

2. 主键

在设计数据库时，将选择一个候选键作为主键。之所以使用这个术语，是因为数据库管理系统（DBMS）将定义这个键，且会将它作为搜索表中的行的主要手段。一个表只有一个主键。主键可以是一列，也可以是多个列的组合。

本书中为了方便讨论，在展示表的结构时，有时会显示表的名称，后跟用括号括起来的列名称。当这样做时，将在组成主键的列下面加下画线。例如，可以将 SKU_DATA 表和 ORDER_ITEM 表的结构展示如下：

SKU_DATA (SKU, SKU_Description, Department, Buyer)

ORDER_ITEM (OrderNumber, *SKU*, Quantity, Price, ExtendedPrice)

这种记法，表示 SKU 是 SKU_DATA 表的主键，而（OrderNumber, SKU）是 ORDER_ITEM 表的主键。

为了正常运行，无论主键是单列还是组合键，都必须在表的每一行中插入唯一的数据值。尽管这个事实看起来很明显，但由于它的重要性，所以将其命名为实体完整性约束（Entity Integrity Constraint），它是关系数据库正常运行的基本要求。

BY THE WAY 如果表没有候选键怎么办？这种情况下，可以将主键定义为表中所有列的集合。因为存储的关系中没有重复的行，所以表中所有列的组合总是唯一的。同样，尽管 SQL 操作生成的表可能有重复的行，但设计用于存储数据的表时，不应该有数据重复。因此，所有列的组合总是一个候选键。

---

3. 代理键

代理键（Surrogate Key）是人为添加到表中作为主键的一列。创建行时，DBMS 会为代理键分配一个唯一值，所分配的值永远不变。如果主键较大且难以处理，就可以使用代理键。例如，考虑 RENTAL_PROPERTY 关系：

RENTAL_PROPERTY (Street, City, State/Province, ZIP/PostalCode, Country, Rental_Rate)

该表的主键是（Street, City, State/Province, ZIP/PostalCode, Country）。正如第 6 章中将讨论的，为了获得良好的性能，主键必须简短，且应尽可能为数字。RENTAL_PROPERTY 的主键不满足这两个条件。

为此，数据库设计人员可能会创建一个代理键。这样，表的结构就变成：

RENTAL_PROPERTY (PropertyID, Street, City, State/Province, ZIP/PostalCode, Country, Rental_Rate)

当创建行时，DBMS 可以为 PropertyID 分配一个数值（具体如何分配，取决于使用的 DBMS 产品）。使用这个键，将比使用原来的键获得更好的性能。注意，代理键值是人为添加的，对用户没有意义。事实上，代理键值通常不会出现在表单和报表中。

另一个例子，回顾一下第 2 章中创建的 Cape Codd 的 BUYER 表，这个表的结构为：

BUYER (BuyerName, Department, Position, *Supervisor*)

主键为 BuyerName，Supervisor 为递归关系中引用 BuyerName 的外键。表中的数据为：

	BuyerName	Department	Position	Supervisor
1	Cindy Lo	Purchasing	Buyer 2	Mary Smith
2	Jerry Martin	Purchasing	Buyer 1	Cindy Lo
3	Mary Smith	Purchasing	Manager	NULL
4	Nancy Meyers	Purchasing	Buyer 1	Pete Hansen
5	Pete Hansen	Purchasing	Buyer 3	Mary Smith

但是主键必须是唯一的，而 BuyerName 值之所以唯一，是因为该表中的记录太少了——例如，Mary Smith 是一个普通的姓名，可以很容易地让多个 Mary Smith 在 Cape Codd 从事采购员的工作。

另一个问题是，BuyerName 列实际上包含两段数据：采购员的名字和姓氏。好的数据库设计，要求将这一列分成两列：BuyerFirstName 和 BuyerLastName。将这两列作为组合主键并不能解决姓名可能重复的问题。

解决方案是使用代理主键，并将 BuyerName 拆分为两列。由此，就可得到改进后的 BUYER 表结构：

BUYER (BuyerID, BuyerFirstName, BuyerLastName, Department, Position,
    Supervisor)

注意，因为现在使用了代理主键 BuyerID，所以现在 Supervisor 列必须包含指向适当的 BuyerID 的数值！现在，表中的数据应该是这样的：

	BuyerID	BuyerFirstName	BuyerLastName	Department	Position	Supervisor
1	1	Mary	Smith	Purchasing	Manager	NULL
2	2	Pete	Hansen	Purchasing	Buyer 3	1
3	3	Nancy	Meyers	Purchasing	Buyer 1	2
4	4	Cindy	Lo	Purchasing	Buyer 2	1
5	5	Jerry	Martin	Purchasing	Buyer 1	4

后面将继续使用原始的 BUYER 表作为本章讨论的基础。第 8 章中讨论数据库再设计时，会讲解将原始的 BUYER 表转换为新 BUYER 表的技术。

4. 外键

外键（Foreign Key）由一列或多列组成，它不是所在表的主键，而是另一个表的主键。之所以称为外键，是因为它作为键所在的表，与它作为主键所在的表不同。在下面的两个表中，DEPARTMENT.DepartmentName 是 DEPARTMENT 表的主键，而 EMPLOYEE.Department 是一个外键。本书中，外键用斜体表示：

DEPARTMENT (DepartmentName, BudgetCode, OfficeNumber, DepartmentPhone)

EMPLOYEE (EmployeeNumber, LastName, FirstName, *Department*)

外键描述的是两个表的行之间的关系。本例中，外键 EMPLOYEE.Department 存储了员工和部门之间的关系。注意，外键不需要与它引用的主键有相同的名称——它只需要包含相同类型的数据！

考虑 SKU_DATA 表和 ORDER_ITEM 表之间的关系。SKU_DATA.SKU 是 SKU_DATA 的主键，ORDER_ITEM.SKU 是一个外键。

SKU_DATA (SKU, SKU_Description, Department, Buyer)

ORDER_ITEM (OrderNumber, *SKU*, Quantity, Price, ExtendedPrice)

注意，ORDER_ITEM.SKU 既是外键，也是 ORDER_ITEM 主键的一部分。这种情况有时会发生，但不是必需的。前面的例子中，EMPLOYEE.Department 是一个外键，但不是 EMPLOYEE 主键的一部分。本章和下一章中，将看到外键的一些用法，第 6 章中还会详细研究它。

大多数情况下，需要确保外键的值与主键的有效值匹配。对于 SKU_DATA 表和 ORDER_ITEM 表，我们需要确保 ORDER_ITEM.SKU 的所有值都匹配 SKU_DATA.SKU 的值。为此，需要创建一个引用完整性约束（Referential Integrity Constraint），它是一条限制外键值的语句。本例中创建的约束是：

ORDER_ITEM 表中的 SKU 值，必须存在于 SKU_DATA 表的 SKU 列中

该约束规定，ORDER_ITEM 表中的每一个 SKU 值，都必须与 SKU_DATA 表中的一个 SKU 值匹配。

注意，可以对同一表中两列之间的递归关系创建引用完整性约束。前面讨论过的改进后的 BUYER 表（包含 BuyerID 列的表）的引用完整性约束是：

BUYER 表中的 Supervisor 值，必须存在于 BUYER 表的 BuyerID 列中

> **BY THE WAY** 尽管定义了引用完整性约束来要求对应的表中有相应的主键值，但是引用完整性约束的技术定义允许另一种选择——表中的外键单元为空，没有值。[①]如果表中的一个单元格没有值，那么它就被称为空值——例如，在前面的 BUYER 表中，可以看到 Mary Smith 的 Supervisor 为空值（以 NULL 的形式出现）。第 4 章中将探讨空值。
>
> 除了 BUYER 表中的递归关系，很难想象在有引用完整性约束的情况下，真实数据库的外键会有空值。本书中，将坚持采用引用完整性约束的基本定义。注意，引用完整性约束的完整规范定义中允许外键列出现空值，并且在递归关系中就会出现这种情况。BUYER 表数据提供了一个示例，说明了这是如何发生的。

> **BY THE WAY** 到目前为止，已经定义了三种约束条件：
>
> ● 域完整性约束
> ● 实体完整性约束
> ● 引用完整性约束
>
> 总之，这三种约束的目的是实现数据完整性，这意味着数据库中的数据将是有用的、有意义的数据。[②]

3.2 范式

不是所有的关系都是平等的。有些易于处理，有些则麻烦。根据关系存在的问题类型，可以将关系归类为几种范式（Normal Form）。了解这些范式，将有助于设计合适的数据库。为了理解范式，首先需要给出几种修改异常的定义。

3.2.1 修改异常

考虑图 3.10 中的 EQUIPMENT_REPAIR 表（关系），它存储了设备及其维修的数据。假设删除了维修号（RepairNumber）为 2100 的数据。删除这一行（图 3.10 中的第二行）时，不仅删除了关于维修的数据，还删除了关于设备本身的数据。由此，将不再知道那个设备是一台车床（Lathe），它的购置成本（AcquisitionCost）是 4750 美元。删除一行时，这个表的结构导致了两个事实数据的丢失：一台设备和一次维修。这种情况，称为删除异常（Deletion Anomaly）。

现在假设要输入某台设备的首次维修数据。为此，不仅需要知道 RepairNumber、RepairDate 和 RepairCost 的值，还需要知道 ItemNumber、EquipmentType 和 AcquisitionCost 的值。对于在维修部工作的人，这就是个问题，因为不太可能知道 AcquisitionCost 值。当希望只输入关于一个实

① 例如，可参见维基百科关于引用完整性的文章。
② 更多信息和讨论，请参见维基百科关于数据完整性的文章以及与它相链接的其他文章。

体的数据时,这个表的结构强制要求输入关于两个实体的数据。这种情况,称为插入异常(Insertion Anomaly)。

最后,假设希望更改现有的数据。如果更改的是 RepairNumber、RepairDate 或 RepairCost 值,则不存在问题。但是,如果更改的是 ItemNumber、EquipmentType 或 AcquisitionCost 值,则可能会导致数据不一致。例如,假设使用数据(100, 'Drill Press', 5500, 2500, '08/17/18', 275)更新图 3.10 中表的最后一行。

	ItemNumber	EquipmentType	AcquisitionCost	RepairNumber	RepairDate	RepairCost
1	100	Drill Press	3500.00	2000	2021-05-05	375.00
2	200	Lathe	4750.00	2100	2021-05-07	255.00
3	100	Drill Press	3500.00	2200	2021-06-19	178.00
4	300	Mill	27300.00	2300	2021-06-19	1875.00
5	100	Drill Press	3500.00	2400	2021-07-05	0.00
6	100	Drill Press	3500.00	2500	2021-08-17	275.00

图 3.10　EQUIPMENT_REPAIR 表

图 3.11 显示了错误更新后的表。这台钻床有两个不同的购置成本,这显然是错误的。同一台设备不可能有两种不同的采购价格。如果表中有 10 000 行,则可能很难发现此类错误。这种情况,称为更新异常(Update Anomaly)。

	ItemNumber	EquipmentType	AcquisitionCost	RepairNumber	RepairDate	RepairCost
1	100	Drill Press	3500.00	2000	2021-05-05	375.00
2	200	Lathe	4750.00	2100	2021-05-07	255.00
3	100	Drill Press	3500.00	2200	2021-06-19	178.00
4	300	Mill	27300.00	2300	2021-06-19	1875.00
5	100	Drill Press	3500.00	2400	2021-07-05	0.00
6	100	Drill Press	5500.00	2500	2021-08-17	275.00

图 3.11　执行错误更新后的 EQUIPMENT_REPAIR 表

BY THE WAY　注意,图 3.10 和图 3.11 中的 EQUIPMENT_REPAIR 表存在重复数据。例如,同一设备的 AcquisitionCost 值出现了好几次。任何包含重复数据的表,都容易受到更新异常的影响,如图 3.11 所示。具有这种不一致性的表,被认为存在数据完整性问题(Data Integrity Problem)。

第 4 章中将进一步讨论,为了提高查询速度,有时会设计一个包含重复数据的表。但是要注意,以这种方式设计表时,就可能存在数据完整性问题。

3.2.2　范式的简要回顾

当 Codd 定义关系模型时,他注意到一些表存在修改异常。在他的第二篇论文中,他给出了第一范式、第二范式和第三范式的定义。[①]他将第一范式(First Normal Form,1NF)定义为关系的条件集,如图 3.4 所示。因此,满足图 3.4 中条件的任何表,在 1NF 中都是一个关系。

然而,这个定义又把我们带回到了"是否需要键"的讨论。虽然 Codd 的关系条件集不需要

---

① 参见 E. F. Codd and A. L. Dean, "Proceedings of 1971 ACM-SIGFIDET Workshop on Data Description," *Access and Control*, San Diego, California, November 11 - 12, 1971ACM 1971。

主键，但是"所有行必须唯一"这个条件，清楚地暗示了需要主键。因此，对于关系是否必须在 1NF 中定义一个主键，存在各种各样的观点。[①]

出于实际目的，本书中将 1NF 定义为这样一个表：

1．满足关系的条件集

2．有一个定义的主键[②]

Codd 还注意到，1NF 中的一些表（或者本书中所称的关系）存在修改异常。他发现，通过应用某些条件，可以消除一些异常现象。满足这些条件的关系（将在本章后面讨论），被称为第二范式（Second Normal Form，2NF）。然而，他观察到 2NF 中的关系也可能有异常，因此定义了第三范式（Third Normal Form，3NF），这是一组消除更多异常的条件，将在本章后面讨论。后来，其他研究人员还发现了异常发生的其他方式，由此就出现了 Boyce-Codd 范式（Boyce-Codd Normal Form，BCNF）。

根据这些范式的定义，BCNF 中的关系一定满足 3NF，3NF 中的关系满足 2NF，2NF 中的关系满足 1NF。因此，如果一个关系满足 BCNF，它也会自动满足较低的范式。

从 2NF 到 BCNF，主要考虑的是函数依赖所导致的异常。[③]后来又发现了其他的异常源，这导致了第四范式（4NF）和第五范式（5NF）的出现，它们都将在本章后面讲解。随着研究者们对修改异常的消除，范式理论不断发展，每一种新的范式都是对前一种范式的改进。

1982 年，Ronald Fagin 发表了一篇与众不同的论文。他并没有寻找另一种范式，而是提出了一个问题："什么样的条件才能使关系没有异常？"在该论文中，他给出了域/键范式（Domain/Key Normal Form，DK/NF）的定义。他证明了满足 DK/NF 的关系没有修改异常，且没有修改异常的关系也满足 DK/NF。本章后面，将更加详细地探讨 DK/NF。

3.2.3　范式的分类

如图 3.12 所示，范式理论可以分为三大类。一些异常是由函数依赖引起的，另一些异常是由多值依赖引起的，还有一些异常是由数据约束和奇特条件引起的。

2NF、3NF 和 BCNF 都与函数依赖导致的异常有关。满足 BCNF 的关系，不存在来自函数依赖的修改异常，它也自动满足 2NF 和 3NF。因此，下面重点讨论如何将一个关系转换成满足 BCNF 的关系。然而，为了理解每一种范式是如何处理异常的，了解从 1NF 到 BCNF 的演进很有指导意义，本章的后面将详细介绍。[④]

如图 3.12 的第二行所示，有些异常是由于一种称为多值依赖的依赖关系而导致的。通过将每个多值依赖关系放在一个自身的关系中，可以消除这些异常。这种操作称为第四范式（4NF）。本章的最后一节中，将看到如何使用 4NF。

---

① 有关这些讨论的回顾，请参阅维基百科的文章。

② 1NF 的一些定义还指出，不能有"重复组"。这指的是在第 4 章中讨论的多值、多列问题，也会在本章后面讨论多值依赖时涉及它。

③ 参见 Ronald Fagin, "A Normal Form for Relational Databases That Is Based on Domains and Keys," *ACM Transactions on Database Systems*, September 1981, pp. 387-415。

④ 关于范式的完整讨论，可参见 Christopher J. Date, *An Introduction to Database Systems, 8th ed.*(New York：Addison-Wesley, 2003)。

异　常　源	范　式	设　计　原　则
函数依赖	1NF, 2NF, 3NF, BCNF	BCNF：设计表时，让每一个决定因素都为一个候选键
多值依赖	4NF	4NF：将每一个多值依赖移到自己的表中
数据约束和奇特条件	5NF, DK/NF	DK/NF：使每一个约束变成候选键和域的逻辑序列

图 3.12　执行错误更新后的 EQUIPMENT_REPAIR 表

异常的第三个来源有些深奥。这些问题涉及特定的、罕见的甚至奇怪的数据约束。因此，本书中不准备探讨它。

3.2.4　从 1NF 到 BCNF

正如本章前面讨论的，满足 1NF 的表，需要：（1）满足图 3.4 中关系的定义；（2）有一个已定义的主键。从图 3.4 可知，这意味着它必须满足：表的单元格中必须是单一值，不允许将重复的集合或数组作为值；一列中的所有项必须具有相同的数据类型；每个列必须有一个唯一的名称，但是表中列的顺序不重要；一个表中没有两行是相同的，但是行的顺序不重要。为此，需要为表定义一个主键。

1. 第二范式（2NF）

当 Codd 发现 1NF 表中的异常时，他定义了 2NF 以消除其中的一些异常。当且仅当一个关系满足 1NF 且所有的非键属性都由整个主键决定时，这个关系满足 2NF。这意味着，如果主键为组合主键，则任何非键属性都不能由构成该主键一部分的一个或多个属性决定。因此，如果有关系 R(A, B, N, O, P) 和组合主键（A, B），则任何非键属性 N、O 或 P，都不能只由 A 或 B 来决定。

注意，非键属性依赖于部分主键的唯一方式，是存在组合主键。这意味着，包含单属性主键的关系自动满足 2NF。

例如，考虑 STUDENT_ACTIVITY 关系：

STUDENT_ACTIVITY (StudentID, Activity, ActivityFee)

STUDENT_ACTIVITY 关系满足 1NF，其数据在图 3.13 中给出。注意，STUDENT_ACTIVITY 具有组合主键（StudentID, Activity），它用于确定某位学生必须为某项活动支付的费用。但是，因为费用是由活动决定的，所以 ActivityFee 函数依赖于 Activity，即 ActivityFee 部分依赖于表的键。因此，函数依赖集为：

(StudentID, Activity) → ActivityFee

Activity → ActivityFee

STUDENT_ACTIVITY

	StudentID	Activity	ActivityFee
1	100	Golf	65.00
2	100	Skiing	200.00
3	200	Skiing	200.00
4	200	Swimming	50.00
5	300	Skiing	200.00
6	300	Swimming	50.00
7	400	Golf	65.00
8	400	Swimming	50.00

图 3.13　STUDENT_ACTIVITY 关系

这样，就存在一个由组合主键的一部分确定的非键属性，且 STUDENT_ACTIVITY 关系不满足 2NF。应该怎么做呢？必须将基于部分主键属性的函数依赖列移到单独的关系中，同时将原始关系中的决定因素作为外键保留。这样，就得到两个关系：

STUDENT_ACTIVITY (StudentID, *Activity*)

ACTIVITY_FEE (Activity, ActivityFee)

STUDENT_ACTIVITY 关系中的 Activity 列成为一个外键。新的关系如图 3.14 所示。那么，这两个新关系满足 2NF 吗？是的。STUDENT_ACTIVITY 仍然有一个组合主键，但是现在没有只依赖于这个组合主键的一部分的属性。ACTIVITY_FEE 有一组依赖于整个主键的属性（这里只有一个属性）。

STUDENT_ACTIVITY

	StudentID	Activity
1	100	Golf
2	100	Skiing
3	200	Skiing
4	200	Swimming
5	300	Skiing
6	300	Swimming
7	400	Golf
8	400	Swimming

ACTIVITY_FEE

	Activity	ActivityFee
1	Golf	65.00
2	Skiing	200.00
3	Swimming	50.00

图 3.14　满足 2NF 的 STUDENT_ACTIVITY 关系和 ACTIVITY_FEE 关系

2. 第三范式（3NF）

2NF 所需的条件并不能消除所有的异常。为了处理其他异常，Codd 定义了 3NF。当且仅当一个关系满足 2NF 且不存在由另一个非键属性决定的非键属性时，这个关系满足 3NF。由一个非键属性决定另一个非键属性，在技术上称为传递依赖（Transitive Dependency）。[①]因此，可以重新给出 3NF 的定义：当且仅当一个关系满足 2NF 且不存在传递依赖时，这个关系满足 3NF。为了使关系 R(A, B, N, O, P) 满足 3NF，非键属性 N、O 或 P 都不能由 N、O 或 P 决定。

例如，考虑图 3.15 中的关系 STUDENT_HOUSING。它满足 2NF，表模式为：

STUDENT_HOUSING (StudentID, Building, BuildingFee)

STUDENT_HOUSING

	StudentID	Building	BuildingFee
1	100	Randoplh	3200.00
2	200	Ingersoll	3400.00
3	300	Randoplh	3200.00
4	400	Randoplh	3200.00
5	500	Pitkin	3500.00
6	600	Ingersoll	3400.00
7	700	Ingersoll	3400.00
8	800	Pitkin	3500.00

图 3.15　STUDENT_HOUSING 关系

---

① 用函数依赖的表示法，可以将传递依赖定义为：如果 A→B 且 B→C，则 A→C。

此处有一个单属性主键 StudentID，因为非键属性不可能只依赖于部分主键，因此该关系满足 2NF。此外，如果已经知道了学生的学号（StudentID），就可以确定他所居住的宿舍楼（Building），因此：

StudentID → Building

然而，住宿费（BuildingFee）与住在某个宿舍楼的学生没有关联。事实上，一栋楼的所有房间收费都是相同的。因此，Building 决定了 BuildingFee。

Building → BuildingFee

这样，非键属性 BuildingFee 由另一个非键属性 Building 决定，因此该关系不满足 3NF。

为了使它满足 3NF，必须将函数依赖列移到单独的关系中，同时将原始关系中的决定因素作为外键保留。这样，就得到两个关系：

STUDENT_HOUSING (StudentID, *Building*)

BUILDING_FEE (Building, BuildingFee)

STUDENT_HOUSING 关系中的 Building 列，成为一个外键。现在，这两个关系都满足 3NF（自己验证一下，以确保理解了 3NF），见图 3.16。

STUDENT_HOUSING

	StudentID	Building
1	100	Randoplh
2	200	Ingersoll
3	300	Randoplh
4	400	Randoplh
5	500	Pitkin
6	600	Ingersoll
7	700	Ingersoll
8	800	Pitkin

HOUSING_FEE

	Building	BuildingFee
1	Ingersoll	3400.00
2	Pitkin	3500.00
3	Randoplh	3200.00

图 3.16　满足 3NF 的 STUDENT_HOUSING 关系和 HOUSING_FEE 关系

3．Boyce-Codd 范式（BCNF）

一些数据库设计人员将关系规范化到满足 3NF。然而，由于 3NF 中的函数依赖，关系依然存在异常。Codd 与 Raymond Boyce 共同定义了 BCNF 来解决这个问题。当且仅当一个关系满足 3NF 且每个决定因素都是一个候选键时，这个关系满足 BCNF。

例如，考虑图 3.17 中的 STUDENT_ADVISOR 关系，一个学生（StudentID）可以有一个或多个专业（Major），一个专业可以有一位或多位教师（AdvisorName），一位教师只能讲授一门专业课。注意，图中显示有两名学生（StudentID 为 700 和 800）选了两个专业（数学和心理学），还有两门学科（数学和心理学）有两位教师。

由于一名学生可以选多个专业，所以 StudentID 并不能决定 Major。此外，一名学生可以有多位教师，所以 StudentID 也不能决定 AdvisorName。这样，StudentID 就不能够成为键。但是，组合键（StudentID, Major）决定 AdvisorName，组合键（StudentID, AdvisorName）决定 Major。这样，就存在（StudentID, Major）和（StudentID, AdvisorName）两个候选键。可以选择其中任何一

个作为关系的主键。这样，就能够使用具有不同候选键的两个 STUDENT_ADVISOR 模式：

STUDENT_ADVISOR (StudentID, Major, AdvisorName)

以及

STUDENT_ADVISOR (StudentID, Major, AdvisorName)

STUDENT_ADVISOR

	StudentID	Major	AdvisorName
1	100	Math	Cauchy
2	200	Psychology	Jung
3	300	Math	Riemann
4	400	Math	Cauchy
5	500	Psychology	Perls
6	600	English	Austin
7	700	Psychology	Perls
8	700	Math	Riemann
9	800	Math	Cauchy
10	800	Psychology	Jung

图 3.17　STUDENT_ADVISOR 关系

注意，STUDENT_ADVISOR 关系满足 2NF，因为它没有非键属性，每一个属性都至少是一个候选键的一部分。这是一个微妙的条件，根据 2NF 的定义，不包含在任何候选键中的非主键属性（Non-prime Attribute），不能部分依赖于候选键。此外，STUDENT_ADVISOR 关系满足 3NF，因为在该关系中不存在传递依赖。该关系的两个候选键是重叠的，因为它们共享了属性 StudentID。当满足 3NF 的表有重叠的候选键时，由于函数依赖它依然存在修改异常。STUDENT_ADVISOR 关系中就存在修改异常，因为它还有另一个函数依赖。因为教师只能讲授一门专业课，所以 AdvisorName 决定了 Major。这样，AdvisorName 是一个决定因素，而不是一个候选键。

假设有一名学生（StudentID = 300）主修心理学（Major = Psychology），教师为 Perls（AdvisorName = Perls）。此外，假设这一行是表中 AdvisorName 值为 Perls 的唯一一行。如果删除这一行，则会丢失所有关于 Perls 的数据。这是一种删除异常。类似地，在学生选择 Economics（经济学）之前，不能插入数据来表示这门专业课的教师 Keynes。这是一种插入异常。这样的情况导致了 BCNF 的发展。

应该如何处理 STUDENT_ADVISOR 关系呢？与前面一样，需要将产生问题的函数依赖转移到另一个关系，同时将原始关系中的决定因素保留为外键。这样，就创建了两个关系：

STUDENT_ADVISOR (StudentID, *AdvisorName*)

ADVISOR_MAJOR (AdvisorName, Major)

STUDENT_ADVISOR 中的 AdvisorName 列是外键，最终的两个关系如图 3.18 所示。

注意，满足 3NF 的关系，可能也满足 BCNF。如果满足 3NF 的关系中存在重叠的组合候选键，那么需要进一步的规范化工作才能使其满足 BCNF。如果一个满足 3NF 的关系没有组合候选键，或者没有重叠的组合候选键，那么它就满足 BCNF。

STUDENT_ADVISOR

	StudentID	AdvisorName
1	100	Cauchy
2	200	Jung
3	300	Riemann
4	400	Cauchy
5	500	Perls
6	600	Austin
7	700	Perls
8	700	Riemann
9	800	Cauchy
10	800	Jung

ADVISOR_SUBJECT

	AdvisorName	Major
1	Austin	English
2	Cauchy	Math
3	Riemann	Math
4	Jung	Psychology
5	Perls	Psychology

图 3.18　满足 BCNF 的 STUDENT_ADVISOR 关系和 ADVISOR_SUBJECT 关系

3.2.5　使用 BCNF 消除函数依赖导致的异常

大多数修改异常都是由于函数依赖的问题造成的。利用前面给出的范式定义，用 1NF、2NF、3NF 和 BCNF 逐步测试关系，可以消除这些异常。这个过程，可以称为"逐步"法。

通过简单地设计（或再设计）表，使每一个决定因素都成为候选键，也可以消除这些异常。根据定义，满足 BCNF 的关系中不存在由于函数依赖而导致的任何异常。这种方法，被称为"直通 BCNF"法或"一般规范化"法。

本书中偏爱"直通 BCNF"的通用规范化策略，因此会广泛使用它，但也会用到另一种方法。然而，这只是我们的偏好——两种方法都能产生相同的结果，而你（或者教师）可能更喜欢"逐步"法。

"一般规范化"法使关系满足 BCNF 的过程如图 3.19 所示。首先需要找出关系中的所有函数依赖，然后确定候选键。如果存在非候选键的决定因素，则该关系不满足 BCNF 且会存在修改异常。按照图 3.19 中步骤 3 的流程使关系满足 BCNF。为了牢记这个流程，下面将用 5 个不同的例子来说明它，并将它与"逐步"法进行比较。

使关系满足 BCNF 的过程
1. 找出所有的函数依赖
2. 确定候选键
3. 如果有一个函数依赖包含非候选键的决定因素，则：
A. 将该函数依赖列移到一个新关系中
B. 将该函数依赖的决定因素作为新关系的主键
C. 在原始关系中将决定因素保留成外键
D. 在原始关系和新关系之间创建一个引用完整性约束
4. 重复步骤 3，让每一个关系的所有决定因素都成为候选键

注：步骤 3 中如果有多个函数依赖，则从包含最多列的那一个开始

图 3.19　使关系满足 BCNF 的过程

BY THE WAY　　当且仅当每一个决定因素都是一个候选键时，这个关系满足 BCNF，这一过程被总结为一句众所周知的话：

我保证所构建的表，表中所有的非键列都只依赖于键、整个键和全部的键。

下面这句话实际上是记住范式顺序的一个好办法：

我保证所构建的表，表中所有的非键列都依赖于：

- 键　　　　　（满足 1NF）
- 整个键　　　（满足 2NF）
- 全部的键　　（满足 3NF 和 BCNF）

BY THE WAY　　规范化过程的目标是创建满足 BCNF 的关系。有时，我们的目标是创建满足 3NF 的关系，但是在本章的讨论之后，你应该理解为什么 BCNF 比 3NF 更受欢迎。

注意，满足 BCNF 的关系也有可能存在无法解决的问题，这些问题需要在 4NF 中解决。在讨论了将关系规范化到 BCNF 的例子后，将解释什么时候需要使用 4NF。

1．规范化示例 1

考虑如下的 SKU_DATA 表：

SKU_DATA (SKU, SKU_Description, Department, Buyer)

正如前面讨论的，该表存在三个函数依赖。

SKU → (SKU_Description, Department, Buyer)

SKU_Description → (SKU, Department, Buyer)

Buyer → Department

2．规范化示例 1："逐步"法

SKU 和 SKU_Description 都为候选键。逻辑上，SKU 作为主键更有意义，因为它是代理键，所以根据图 3.20 中的关系，有：

SKU_DATA (<u>SKU</u>, SKU_Description, Department, Buyer)

SKU_DATA

	SKU	SKU_Description	Department	Buyer
1	100100	Std. Scuba Tank, Yellow	Water Sports	Pete Hansen
2	100200	Std. Scuba Tank, Magenta	Water Sports	Pete Hansen
3	100300	Std. Scuba Tank, Light Blue	Water Sports	Pete Hansen
4	100400	Std. Scuba Tank, Dark Blue	Water Sports	Pete Hansen
5	100500	Std. Scuba Tank, Light Green	Water Sports	Pete Hansen
6	100600	Std. Scuba Tank, Dark Green	Water Sports	Pete Hansen
7	101100	Dive Mask, Small Clear	Water Sports	Nancy Meyers
8	101200	Dive Mask, Med Clear	Water Sports	Nancy Meyers
9	201000	Half-dome Tent	Camping	Cindy Lo
10	202000	Half-dome Tent Vestibule	Camping	Cindy Lo
11	203000	Half-dome Tent Vestibule - Wide	Camping	Cindy Lo
12	301000	Light Fly Climbing Harness	Climbing	Jerry Martin
13	302000	Locking Carabiner, Oval	Climbing	Jerry Martin

图 3.20　SKU_DATA 关系

对照图 3.4 检查这个关系，并注意到它有一个定义的主键，所以 SKU_DATA 满足 1NF。

它是否满足 2NF 呢？当且仅当一个关系满足 1NF 且所有的非键属性都由整个主键决定时，这个关系满足 2NF。因为主键 SKU 是一个单属性键，所以所有非键属性都依赖于整个主键。因此，SKU_DATA 关系满足 2NF。

它是否满足 3NF 呢？当且仅当一个关系满足 2NF 且不存在由另一个非键属性决定的非键属性时，这个关系满足 3NF。因为存在两个决定非键属性的非键属性（SKU_Description 和 Buyer），所以它不满足 3NF。

然而，还需要深入思考一下。非键属性有两个条件：（1）不是候选键；（2）不是候选键的一部分。因此，SKU_Description 不是一个非键属性（注意，这是一个双重否定）。唯一的非键属性是 Buyer。

因此，只需要移除下面这个函数依赖：

Buyer → Department

现在，就有了两个关系（使用关系名称 BUYER_2 来区分本章前面讨论过的 Cape Codd 数据库中的 BUYER）：

SKU_DATA_2 (SKU, SKU_Description, *Buyer*)

BUYER_2 (Buyer, Department)

SKU_DATA_2 是否满足 3NF 呢？是的——不存在决定另一个非键属性的非键属性。

SKU_DATA_2 是否满足 BCNF 呢？当且仅当它满足 3NF 且每个决定因素都是一个候选键时，这个关系满足 BCNF。SKU_DATA_2 中的决定因素有 SKU 和 SKU_Description。

SKU → (SKU_Description, Buyer)

SKU_Description → (SKU, Buyer)

它们都是候选键（都决定了关系中的所有其他属性）。因此，每个决定因素都是一个候选键，关系满足 BCNF。

现在分析一下 BUYER_2 关系，以判断它是否也满足 BCNF。自己完成对 BUYER_2 的分析，检验一下对"逐步"法的理解。你会发现 BUYER_2 满足 BCNF，因此有如下两个规范化关系，其样本数据在图 3.21 中给出。

SKU_DATA_2 (SKU, SKU_Description, *Buyer*)

BUYER_2 (Buyer, Department)

这两个关系现在都满足 BCNF，不会因为函数依赖而出现异常。然而，为了使这些关系中的数据保持一致，还需要定义一个引用完整性约束（注意，这是图 3.19 中的步骤 3D）：

SKU_DATA_2 表中的 Buyer 值，必须存在于 BUYER_2 表的 Buyer 列中

这条约束意味着 SKU_DATA_2 的 Buyer 列中的每一个值，也必须作为 BUYER_2 的 Buyer 列中的一个值存在。

3．规范化示例 1："直通 BCNF"法

下面使用"直通 BCNF"法来重新分析这个例子。SKU 和 SKU_Description 决定表中的所有列，因此它们是候选键。Buyer 是一个决定因素，但它不能确定其他所有的列，因此它不是一个候选键。这样，SKU_DATA 有一个决定因素不是候选键，因此不满足 BCNF，它存在修改异常。

SKU_DATA_2

	SKU	SKU_Description	Buyer
1	100100	Std. Scuba Tank, Yellow	Pete Hansen
2	100200	Std. Scuba Tank, Magenta	Pete Hansen
3	100300	Std. Scuba Tank, Light Blue	Pete Hansen
4	100400	Std. Scuba Tank, Dark Blue	Pete Hansen
5	100500	Std. Scuba Tank, Light Green	Pete Hansen
6	100600	Std. Scuba Tank, Dark Green	Pete Hansen
7	101100	Dive Mask, Small Clear	Nancy Meyers
8	101200	Dive Mask, Med Clear	Nancy Meyers
9	201000	Half-dome Tent	Cindy Lo
10	202000	Half-dome Tent Vestibule	Cindy Lo
11	203000	Half-dome Tent Vestibule - Wide	Cindy Lo
12	301000	Light Fly Climbing Harness	Jerry Martin
13	302000	Locking Carabiner, Oval	Jerry Martin

BUYER_2

	Buyer	Department
1	Cindy Lo	Camping
2	Jerry Martin	Climbing
3	Nancy Meyers	Water Sports
4	Pete Hansen	Water Sports

图 3.21　规范化后的 SKU_DATA_2 关系和 BUYER_2 关系

为了消除这种异常，在图 3.19 的步骤 3A 中，将其决定因素不是候选键的函数依赖列移到一个新关系中。在本例中，是将 Buyer 和 Department 放置到一个新关系中（同样使用名称 BUYER_2 来区别本章前面讨论过的 Cape Codd 数据库中的 Buyer）。

BUYER_2 (Buyer, Department)

接下来，按照图 3.19 中的步骤 3B，将函数依赖的决定因素作为新关系的主键。这样，Buyer 就成为主键。

BUYER_2 (<u>Buyer</u>, Department)

接下来，按照图 3.19 中的步骤 3C，在原始关系中将决定因素保留并作为外键，从而使 SKU_DATA 变成 SKU_DATA_2。

SKU_DATA_2 (<u>SKU</u>, SKU_Description, *Buyer*)

得到的关系是：

SKU_DATA_2 (<u>SKU</u>, SKU_Description, *Buyer*)
BUYER_2 (<u>Buyer</u>, Department)

其中，SKU_DATA_2.Buyer 是 BUYER_2 关系的外键。

这两个关系现在都满足 BCNF，不会因为函数依赖而出现异常。然而，为了使这些表中的数据保持一致，还需要定义一个引用完整性约束（这是图 3.19 中的步骤 3D）：

SKU_DATA_2 表中的 Buyer 值，必须存在于 BUYER_2 表的 Buyer 列中

这条语句意味着 SKU_DATA_2 的 Buyer 列中的每一个值，也必须作为 BUYER_2 的 Buyer 列中的一个值存在。它们的样本数据，同样在图 3.21 中给出。

注意，"逐步"法和"直通 BCNF"法产生的结果完全相同。为了使本章尽量简短，后面将只使用"直通 BCNF"法来处理其余的规范化示例。

4．规范化示例 2

现在考虑图 3.10 中的 EQUIPMENT_REPAIR 关系。表的结构为：

EQUIPMENT_REPAIR (ItemNumber, EquipmentType, AcquisitionCost,
　　　RepairNumber, RepairDate, RepairCost)

查看图 3.10 中的数据，发现存在如下函数依赖：

ItemNumber → (EquipmentType, AcquisitionCost)

RepairNumber → (ItemNumber, EquipmentType, AcquisitionCost, RepairDate,
　　　RepairCost)

ItemNumber 和 RepairNumber 都是决定因素，但只有 RepairNumber 是候选键。因此，EQUIPMENT_REPAIR 不满足 BCNF 且会存在修改异常。按照图 3.19 的步骤，将存在问题的函数依赖列放入一个单独的表中，如下所示：

EQUIPMENT_ITEM (ItemNumber, EquipmentType, AcquisitionCost)

并用 EQUIPMENT_REPAIR 中的几个列新创建一个关系（这些列被重新排列了，使主键 RepairNumber 为第一列）：

REPAIR (RepairNumber, *ItemNumber*, RepairDate, RepairCost)

还需要创建一个引用完整性约束。

REPAIR 表中的 ItemNumber 值，必须存在于 EQUIPMENT_ITEM 表的 ItemNumber 列中

这两个新关系的数据在图 3.22 中给出。

EQUIPMENT_ITEM

	ItemNumber	Equipment Type	AcquisitionCost
1	100	Drill Press	3500.00
2	200	Lathe	4750.00
3	300	Mill	27300.00

REPAIR

	RepairNumber	ItemNumber	RepairDate	RepairCost
1	2000	100	2021-05-05	375.00
2	2100	200	2021-05-07	255.00
3	2200	100	2021-06-19	178.00
4	2300	300	2021-06-19	1875.00
5	2400	100	2021-07-05	0.00
6	2500	100	2021-08-17	275.00

图 3.22　规范化后的 EQUIPMENT_ITEM 关系和 REPAIR 关系

BY THE WAY 还有另一种更直观的方法来考虑规范化。例如，每一个段落都应该有一个主题。如果一个段落有两个主题，则应该将它分成两个段落，每个段落一个主题。

EQUIPMENT_REPAIR 关系的问题，在于它有两个主题：一个与修理有关，另一个与设备有关。将单个表中的两个主题拆分到两个表中，使每个表只包含一个主题，这样就能消除修改异常。有时，思考一下这个表有多少个主题是很有帮助的。如果有多个主题，则需要重新定义这个表，使其只包含一个主题。

5. 规范化示例 3

现在考虑如图 3.1 所示的 Cape Codd 数据库 ORDER_ITEM 关系，其结构为：

ORDER_ITEM (OrderNumber, SKU, Quantity, Price, ExtendedPrice)

这个关系具有如下函数依赖：

(OrderNumber, SKU) → (Quantity, Price, ExtendedPrice)

(Quantity, Price) → ExtendedPrice

此表不满足 BCNF，因为决定因素（Quantity, Price）不是候选键。可以按照前两个例子中的做法，对它进行规范化。但在本例中，因为第二个函数依赖来自公式：

$$ExtendedPrice = (Quantity * Price)$$

所以得到了一个愚蠢的结果。为了找出原因，需要按照图 3.19 中的步骤创建表，使每个决定因素都成为候选键。这意味着需将 Quantity、Price 和 ExtendedPrice 这三列移到各自的表中，如下所示：

EXTENDED_PRICE (Quantity, Price, ExtendedPrice)

ORDER_ITEM_2 (OrderNumber, SKU, *Quantity*, *Price*)

注意，原始关系中的 Quantity 和 Price 被保留为组合外键。这两个表满足 BCNF，但是 EXTENDED_PRICE 表中的值很荒谬，它们只是 Quantity 和 Price 相乘的结果。不需要创建一个表来存储这样的结果，而是一旦需要 ExtendedPrice 的值，计算它即可。实际上，可以在 DBMS 中定义这个公式，并让 DBMS 在必要时计算 ExtendedPrice 值。在第 10A 章、第 10B 章和第 10C 章中，可以分别了解如何在 Microsoft SQL Server 2019、Oracle Database 和 MySQL 8.0 中实现这一点。

利用公式，可以将 ExtendedPrice 从表中去掉。这样，得到的表就满足 BCNF。

ORDER_ITEM_2 (OrderNumber, SKU, Quantity, Price)

注意，Quantity 和 Price 不再是外键。包含示例数据的 ORDER_ITEM_2 表在图 3.23 中给出。

ORDER_ITEM

	OrderNumber	SKU	Quantity	Price
1	1000	201000	1	300.00
2	1000	202000	1	130.00
3	2000	101100	4	50.00
4	2000	101200	2	50.00
5	3000	100200	1	300.00
6	3000	101100	2	50.00
7	3000	101200	1	50.00

图 3.23　规范化后的 ORDER_ITEM_2 关系

6. 规范化示例 4

考虑下表，它存储关于学生活动的数据：

STUDENT_ACTIVITY (StudentID, StudentName, Activity, ActivityFee,
AmountPaid)

其中 StudentID 是学号，StudentName 是学生姓名，Activity 是俱乐部或其他有组织的学生活动的名称，ActivityFee 是加入俱乐部或参加活动的费用，AmountPaid 是学生已经支付的活动费。图 3.24 中提供了这个表的一些样本数据。

STUDENT_ACTIVITY

	StudentID	StudentName	Activity	ActivityFee	AmountPaid
1	100	Jones	Golf	65.00	65.00
2	100	Jones	Skiing	200.00	0.00
3	200	Davis	Skiing	200.00	0.00
4	200	Davis	Swimming	50.00	50.00
5	300	Garrett	Skiing	200.00	100.00
6	300	Garrett	Swimming	50.00	50.00
7	400	Jones	Golf	65.00	65.00
8	400	Jones	Swimming	50.00	50.00

图 3.24 STUDENT_ACTIVITY 关系的样本数据

由于 StudentID 是唯一的，所以有：

StudentID → StudentName

但是，是否存在以下函数依赖呢？

StudentID → Activity

如果一名学生只属于一个俱乐部或者只参加了一项活动，那么就存在这样的函数依赖；如果一名学生加入了多个俱乐部或者参加了多项活动，那么就不存在此函数信赖。从数据来看，StudentID 为 200 的 Davis 同时参加滑雪（Skiing）和游泳（Swimming），所以 StudentID 不决定 Club。StudentID 也不能决定 ActivityFee 或 AmountPaid。

现在分析 StudentName 列。StudentName 能够决定 StudentID 吗？例如，"Jones" 这个值总是和同一个 StudentID 值对应吗？不是的，有两名学生的名字都是 Jones，他们有不同的 StudentID 值。此表中的 StudentName，也不能决定其他任何列。

考虑 Activity 列。一个俱乐部可能有许多名学生，因此 Activity 并不决定 StudentID 或 StudentName。Activity 能够决定 ActivityFee 吗？例如，"Skiing" 这个值总是和同一个 ActivityFee 值对应吗？根据样本数据，可以得出 Activity 决定 ActivityFee 的结论。

但是，它们是样本数据。从逻辑上讲，如果学生的俱乐部会员级别不同，则可能支付的费用也不同。如果是这种情况，则有：

(StudentID, Activity) → ActivityFee

对于这个结论，需要咨询用户来验证。假设所有学生为某项活动支付的费用相同，则最后一列 AmountPaid，它不决定任何属性。

至此，已经有了两个函数依赖。

StudentID → StudentName

Activity → ActivityFee

　　会不会存在包含组合决定因素的函数依赖呢？没有单一的列能够决定 AmountPaid，因此需要考虑可能的组合决定因素。AmountPaid 同时依赖于学生和其所参加的俱乐部，因此它是由决定因素 StudentID 和 Activity 的组合决定的。这样，就存在：

(StudentID, Activity) → AmountPaid

　　现在有了三个决定因素：StudentID、Activity 和（StudentID，Activity）。它们是候选键吗？它们能否唯一地确定一行？从数据中可以看出，（StudentID，Activity）唯一地确定了一行，因此是一个候选键。同样，在实际情况中，需要咨询用户来验证这个结论。

　　STUDENT_ACTIVITY_PAYMENT 不满足 BCNF，因为 StudentID 列和 Activity 列都是决定因素，但都不是候选键。StudentID 和 Activity 都只是候选键（StudentID，Activity）的一部分。

BY THE WAY　　StudentID 和 Activity 都只是候选键（StudentID，Activity）的一部分。但是，这还不够，决定因素必须与候选键具有完全相同的列。

　　为了规范化这个表，需要构造几个表，使每个决定因素都成为候选键。可以像前面那样，为每一个函数依赖列创建一个单独的表。结果为：

STUDENT (StudentID, StudentName)

ACTIVITY (Activity, ActivityFee)

PAYMENT (*StudentID*, *Activity*, AmountPaid)

引用完整性约束为：

PAYMENT 表中的 StudentID 值，必须存在于 STUDENT 表的 StudentID 列中

以及

PAYMENT 表中的 Activity 值，必须存在于 ACTIVITY 表的 Activity 列中

　　这些表满足 BCNF，不会因为函数依赖而出现异常。规范化后的表的样本数据在图 3.25 中给出。

STUDENT

	StudentID	StudentName
1	100	Jones
2	200	Davis
3	300	Garrett
4	400	Jones

ACTIVITY

	Activity	ActivityFee
1	Golf	65.00
2	Skiing	200.00
3	Swimming	50.00

PAYMENT

	StudentID	Activity	AmountPaid
1	100	Golf	65.00
2	100	Skiing	0.00
3	200	Skiing	0.00
4	200	Swimming	50.00
5	300	Skiing	100.00
6	300	Swimming	50.00
7	400	Golf	65.00
8	400	Swimming	50.00

图 3.25　规范化后的 STUDENT、ACTIVITY 和 PAYMENT 关系

7．规范化示例 5

现在考虑一个规范化过程，它需要对图 3.19 的步骤 3 进行两次迭代。为此，将通过添加每个部门的预算代码（DeptBudgetCode）来扩展 SKU_DATA 关系。这个改进后的关系称为 SKU_DATA_3，其定义为：

SKU_DATA_3 (SKU, SKU_Description, Department, DeptBudgetCode, Buyer)

这个关系的样本数据在图 3.26 中给出。SKU_DATA_3 有以下函数依赖：

SKU → (SKU_Description, Department, DeptBudgetCode, Buyer)

SKU_Description → (SKU, Department, DeptBudgetCode, Buyer)

Buyer → (Department, DeptBudgetCode)

Department → DeptBudgetCode

DeptBudgetCode → Department

在 5 个决定因素里，SKU 和 SKU_Description 都是候选键，而 Buyer、Department 和 DeptBudgetCode 都不是候选键。因此，这个关系不满足 BCNF。

SKU_DATA_3

	SKU	SKU_Description	Department	DeptBudgetCode	Buyer
1	100100	Std. Scuba Tank, Yellow	Water Sports	BC-100	Pete Hansen
2	100200	Std. Scuba Tank, Magenta	Water Sports	BC-100	Pete Hansen
3	100300	Std. Scuba Tank, Light Blue	Water Sports	BC-100	Pete Hansen
4	100400	Std. Scuba Tank, Dark Blue	Water Sports	BC-100	Pete Hansen
5	100500	Std. Scuba Tank, Light Green	Water Sports	BC-100	Pete Hansen
6	100600	Std. Scuba Tank, Dark Green	Water Sports	BC-100	Pete Hansen
7	101100	Dive Mask, Small Clear	Water Sports	BC-100	Nancy Meyers
8	101200	Dive Mask, Med Clear	Water Sports	BC-100	Nancy Meyers
9	201000	Half-dome Tent	Camping	BC-200	Cindy Lo
10	202000	Half-dome Tent Vestibule	Camping	BC-200	Cindy Lo
11	203000	Half-dome Tent Vestibule - Wide	Camping	BC-200	Cindy Lo
12	301000	Light Fly Climbing Harness	Climbing	BC-300	Jerry Martin
13	302000	Locking carabiner, Oval	Climbing	BC-300	Jerry Martin

图 3.26　SKU_DATA_3 关系的样本数据

为了规范化这个表，必须将它转换为满足 BCNF 的两个或多个表。此处存在两个有问题的函数依赖。根据图 3.19 过程末尾的说明，首先取其决定因素不是候选键且列数最多的函数依赖。此处选取的是两个列，并将它们置于一个表中。

Buyer → (Department, DeptBudgetCode)

接下来，将决定因素作为新表的主键，从 SKU_DATA_3 中移除 Buyer 之外的所有列，并将 Buyer 作为新版本 SKU_DATA_3 的外键，将其命名为 SKU_DATA_4。现在也可以指定 SKU 作为 SKU_DATA_4 的主键。结果是（使用名称 BUYER_3，将此关系与本章前面讨论的其他版本的 BUYER 区别开来）：

BUYER_3 (Buyer, Department, DeptBudgetCode)

SKU_DATA_4 (SKU, SKU_Description, *Buyer*)

还需要创建一个引用完整性约束：

SKU_DATA_4 表中的 Buyer 值，必须存在于 BUYER_3 表的 Buyer 列中

SKU_DATA_4 中的函数依赖有：

SKU → (SKU_Description, Buyer)

SKU_Description → (SKU, Buyer)

因为 SKU_DATA_4 的每个决定因素也是一个候选键，所以这个关系现在满足 BCNF。查看 BUYER_3 中的函数依赖，会发现：

Buyer → (Department, DeptBudgetCode)

Department → DeptBudgetCode

DeptBudgetCode → Department

BUYER_3 不满足 BCNF，因为决定因素 Department 和 DeptBudgetCode 都不是候选键。在这种情况下，必须将（Department, DeptBudgetCode）移到单独的表中。按照图 3.19 中的过程，将 BUYER_3 分解成两个表（DEPARTMENT 和 BUYER_4），得到三个表（作为代理键的 SKU 是 SKU_DATA_4 的逻辑主键，Department 是 DEPARTMENT 的逻辑主键，因为其他的列只是用来描述部门的）。

DEPARTMENT (Department, DeptBudgetCode)

BUYER_4 (Buyer, *Department*)

SKU_DATA_4 (SKU, SKU_Description, *Buyer*)

这几个表的引用完整性约束为：

SKU_DATA_4 表中的 Buyer 值，必须存在于 BUYER_4 表的 Buyer 列中
BUYER_4 表中的 Department 值，必须存在于 DEPARTMENT 表的 Department 列中

它们的函数依赖有：

Department → DeptBudgetCode

DeptBudgetCode → Department

Buyer → Department

SKU → (SKU_Description, Buyer)

SKU_Description → (SKU, Buyer)

最后，每个决定因素都是一个候选键，三个表都满足 BCNF。进行这些操作后得到的关系，在图 3.27 中给出。

3.2.6　消除由于多值依赖引起的异常

上一节中出现的所有异常，都是由函数依赖引起的。当将关系规范化成满足 BCNF 时，就消除了这些异常。然而，异常也可能来自另一种依赖：多值依赖（Multivalued Dependency）。当决定因素与一组特定的值匹配时，就会发生多值依赖。

下面是几个多值依赖的例子。

EmployeeName → EmployeeDegree

EmployeeName → EmployeeSibling

PartKitName → Part

每一个例子中，决定因素都与一组值相关联，图 3.28 中给出了每个多值依赖的示例数据。这样的表达式，分别被解读为"EmployeeName 多值决定 EmployeeDegree"、"EmployeeName 多值决定 EmployeeSibling"和"PartKitName 多值决定 Part"。注意，多值依赖用双箭头表示。

DEPARTMENT

	Department	DeptBudgetCode
1	Camping	BC-200
2	Climbing	BC-300
3	Water Sports	BC-100

BUYER_2

	Buyer	Department
1	Cindy Lo	Camping
2	Jerry Martin	Climbing
3	Nancy Meyers	Water Sports
4	Pete Hansen	Water Sports

SKU_DATA_4

	SKU	SKU_Description	Buyer
1	100100	Std. Scuba Tank, Yellow	Pete Hansen
2	100200	Std. Scuba Tank, Magenta	Pete Hansen
3	100300	Std. Scuba Tank, Light Blue	Pete Hansen
4	100400	Std. Scuba Tank, Dark Blue	Pete Hansen
5	100500	Std. Scuba Tank, Light Green	Pete Hansen
6	100600	Std. Scuba Tank, Dark Green	Pete Hansen
7	101100	Dive Mask, Small Clear	Nancy Meyers
8	101200	Dive Mask, Med Clear	Nancy Meyers
9	201000	Half-dome Tent	Cindy Lo
10	202000	Half-dome Tent Vestibule	Cindy Lo
11	203000	Half-dome Tent Vestibule - Wide	Cindy Lo
12	301000	Light Fly Climbing Harness	Jerry Martin
13	302000	Locking carabiner, Oval	Jerry Martin

图 3.27　规范化后的 DEPARTMENT、BUYER_2 和 SKU_DATA_4 关系

EMPLOYEE_DEGREE

	EmployeeName	EmployeeDegree
1	Chau	BS
2	Green	BS
3	Green	MS
4	Green	PhD
5	Jones	AA
6	Jones	BA

EMPLOYEE_SIBLING

	EmployeeName	EmployeeSibling
1	Chau	Eileen
2	Chau	Jonathan
3	Green	Nicki
4	Jones	Frank
5	Jones	Fred
6	Jones	Sally

PARTKIT_PART

	PartKitName	Part
1	Bike Repair	Screwdriver
2	Bike Repair	Tube Fix
3	Bike Repair	Wrench
4	First Aid	Aspirin
5	First Aid	Bandaids
6	First Aid	Elastic Band
7	First Aid	Ibuprofin
8	Toolbox	Drill
9	Toolbox	Drill Bits
10	Toolbox	Hammer
11	Toolbox	Saw
12	Toolbox	Screwdriver

图 3.28　多值依赖的三个例子

例如，员工 Jones 拥有 AA 和 BA 学位（EmployeeDegree），Green 拥有 BS、MS 和 PhD 学位，而 Chau 只有一个 BS 学位。员工 Jones 有兄弟或姐妹 Fred、Sally 和 Frank，Green 有 Nicki，Chau 有 Jonathan 和 Eileen。最后，零部件套装名称（PartKitName）Bike Repair 中的零部件（Part），包括 Wrench、Screwdriver 和 Tube Fix。其他套装中的零部件在图 3.28 中给出。

与函数依赖不同，多值依赖的决定因素永远不能成为主键。图 3.28 的所有三个表中，主键由每个表中的两列组成。例如，EMPLOYEE_DEGREE 表的主键是组合键（EmployeeName，EmployeeDegree）。

只要多值依赖存在于自身的表中，那么就不存在问题。图 3.28 中的表，都没有修改异常。但是，如果 A→→B，那么任何包含 A、B 和附加列（一列或多列）的关系，都会有修改异常。

例如，考虑这样一种情况，将图 3.28 中的员工数据合并到一个单独的表——EMPLOYEE_DEGREE_SIBLING 关系中，该表有三列（EmployeeName、EmployeeDegree、EmployeeSibling），如图 3.29 所示。

EMPLOYEE_DEGREE_SIBLING

	EmployeeName	EmployeeDegree	EmployeeSibling
1	Chau	BS	Eileen
2	Chau	BS	Jonathan
3	Green	BS	Nicki
4	Green	MS	Nicki
5	Green	PhD	Nicki
6	Jones	AA	Frank
7	Jones	AA	Fred
8	Jones	AA	Sally
9	Jones	BA	Frank
10	Jones	BA	Fred
11	Jones	BA	Sally

图 3.29　具有两个多值依赖的 EMPLOYEE_DEGREE_SIBLING 关系

那么，如果员工 Jones 获得了 MBA 学位，需要进行哪些操作呢？必须在表中添加三行。如果只添加一行（'Jones'，'MBA'，'Fred'），则看起来 Jones 只有和她的兄弟 Fred 在一起时才有 MBA 学位；与她的姐姐 Sally 或另一个兄弟 Frank 在一起时，就没有这个学位。现在假设 Green 拥有了 MBA 学位，则只需添加一行（'Green'，'MBA'，'Nicki'）。但是，如果是 Chau 获得的 MBA 学位，就需要添加两行。这些情况，导致了插入异常。同样，也会存在修改异常和删除异常。

图 3.29 中，将两个多值依赖合并到一个表中，从而导致了修改异常。遗憾的是，如果将一个多值依赖与其他任何列组合在一起，即使那一列没有多值依赖，也会导致异常。

图 3.30 显示了将多值依赖

PartKitName →→ Part

与函数依赖

PartKitName → PartKitPrice

组合在一起时会发生什么。

PARTKIT_PART_PRICE

	Part Kit Name	Part	Part Kit Price
1	Bike Repair	Screwdriver	14.95
2	Bike Repair	Tube Fix	14.95
3	Bike Repair	Wrench	14.95
4	First Aid	Aspirin	24.95
5	First Aid	Bandaids	24.95
6	First Aid	Elastic Band	24.95
7	First Aid	Ibuprofin	24.95
8	Toolbox	Drill	74.95
9	Toolbox	Drill Bits	74.95
10	Toolbox	Hammer	74.95
11	Toolbox	Saw	74.95
12	Toolbox	Screwdriver	74.95

图 3.30　具有函数依赖和多值依赖的 PARTKIT_PART_PRICE 关系

为了使数据保持一致，必须将价格 PartKitPrice 值重复多次——每一个套装中有多少个零部件，就需要重复多少次 PartKitPrice。对于本例，必须为 Bike Repair 套装添加 3 行，为 FirstAid 套装添加 4 行，为 Toolbox 套装添加 5 行。其结果是重复的数据，可能引起数据完整性问题。

现在已经知道了图 3.2 中表（关系）的问题。该表中存在异常，因为它包含两个多值依赖。

BuyerName →→ SKU_Managed

BuyerName →→ CollegeMajor

幸运的是，处理多值依赖关系很容易：将它放入自己的表中。图 3.28 中的所有表都没有修改异常，因为每个表都由单个多值依赖的列组成。因此，为了使图 3.2 中的表不出现异常，必须将 BuyerName 和 SKU_Managed 移到一个表中，将 BuyerName 和 CollegeMajor 移到另一个表中。

PRODUCT_BUYER_SKU (BuyerName, SKU_Managed)

PRODUCT_BUYER_MAJOR (BuyerName, CollegeMajor)

结果如图 3.31 所示。如果希望在这些表之间保持严格的等价性，还需要添加引用完整性约束：

PRODUCT_BUYER_MAJOR 表中的 BuyerName 值，必须存在于 PRODUCT_BUYER_SKU 表的 BuyerName 列中

根据应用的需求，可能不需要这种引用完整性约束。

注意，当将多值依赖放入自己的表中时，它就会消失。结果是一个只有两列的表，而主键（唯一的候选键）是这两列的组合。当以这种方式隔离多值依赖时，表就满足了 4NF。

多值依赖中最困难的部分是如何找出它。一旦知道它存在于表中，只需将它移到自己的表中即可。每当表出现奇怪的异常时，特别是需要插入、修改或删除不同数量的行以维护完整性时，就需要检查多值依赖。

PRODUCT_BUYER_SKU

	BuyerName	SKU_Managed
1	Cindy Lo	201000
2	Cindy Lo	202000
3	Cindy Lo	203000
4	Jenny Martin	301000
5	Jenny Martin	302000
6	Nancy Meyers	101100
7	Nancy Meyers	101200
8	Pete Hansen	100100
9	Pete Hansen	100200
10	Pete Hansen	100300
11	Pete Hansen	100400
12	Pete Hansen	100500
13	Pete Hansen	100600

PRODUCT_BUYER_MAJOR

	BuyerName	CollegeMajor
1	Cindy Lo	History
2	Jenny Martin	Business Administration
3	Jenny Martin	English Literature
4	Nancy Meyers	Art
5	Nancy Meyers	Info Systems
6	Pete Hansen	Business Administration

图 3.31　将图 3.2 中的两个多值依赖放入两个表（关系）中

BY THE WAY　有时会在诸如"该表已被规范化"或"检查这些表是否被规范化"这样的短语中，听到人们使用"规范化"这个词。遗憾的是，并不是每个人表述的是同一个意思。有些人不知道 BCNF，他们以为这和 3NF 等同，而 3NF 是一种允许出现 BCNF 中不会发生的函数依赖异常的更低级范式；有些人认为"规范化"表示同时满足 BCNF 和 4NF；有些人还存在其他的解读。最好的做法，是使用术语"规范化"来表示一个表既满足 BCNF，也满足 4NF。

3.2.7　第五范式

第五范式（5NF），也称为投影-连接范式（Project-Join Normal Form，PJ/NF），它涉及一种异常情况，即表可以被分解，但不能正确地连接回去。出现这种情形的条件很复杂。通常情况下，如果一个关系满足 4NF，那么它也满足 5NF。本书中将不讲解 5NF。有关 5NF 的更多信息，可参考本章前面引用的文章以及维基百科。

3.2.8　域/键范式

正如本章前面所讲，1982 年，Ronald Fagin 发表了一篇定义域/键范式（DK/NF）的论文。他问道："什么情况下才能使关系没有异常呢？"他指出，满足 DK/NF 的关系不存在修改异常，此外，不存在修改异常的关系满足 DK/NF。

这个结论表示什么意思呢？简单地说，DK/NF 要求数据值上的所有约束都是域和键定义的逻辑含义。根据 99%的数据库从业者的经历，可以这样理解 DK/NF：函数依赖的每一个决定因素，都必须是候选键。显然，这与 BCNF 的定义一致。出于实用的目的，可以认为满足 BCNF 的关系，也满足 DK/NF。

3.3　小结

数据库有三个来源：现有数据，新系统开发，数据库再设计。本章和下一章，探讨的是由现有数据产生的数据库。尽管表是一个简单的概念，但某些表可能会导致异常困难的处理问题。本章使用了"规范化"的概念来理解和解决这些问题。图 3.3 列出了应该熟悉的一些术语。

关系是表的特殊情况；所有的关系都是表，但不是所有的表都是关系。关系是具有图 3.4 中列出的属性的表。可以用三组术语来描述关系结构：（关系，属性，元组）、（表，列，行）以及（文件，字段，记录）。有时会混用这些术语。在实践中，术语"表"和"关系"通常是同义词，本书中会交替使用它们。

当一个或多个属性的值决定了另一个属性的值时，就存在函数依赖。函数依赖 A→B 中，属性 A 被称为决定因素。有些函数依赖源自相等性，但还有许多不是这样的。实际上，数据库的目的是存储那些不是由相等性产生的函数依赖的实例。

具有一个以上属性的决定因素，称为组合决定因素。如果 A→(B, C)，则根据分解规则，有 A→B，A→C。但是，如果(A, B)→C，则通常不存在 A→C 或 B→C。如果 A→B 且 A→C，则根据合并规则，有 A→(B, C)。

如果 A→B，则 A 的值在关系中不必唯一。但是，对于同一个 A 值，都会有相同的 B 值配对。当且仅当决定因素能够决定关系中的其他所有属性时，它在该关系中的取值才是唯一的。不能总是依靠样本数据来找出函数依赖，最好的做法是从使用数据的用户那里验证结论。

键是一个或多个列的组合，用于标识一个或多个行。组合键是包含两个或更多属性的键。决定其他所有属性的决定因素，称为候选键。一个关系可以有多个候选键。其中一个键被 DBMS 用来查找行，称为主键。代理键是人为添加到表中作为主键的一列。代理键的值由 DBMS 提供，对用户没有意义。外键是一个表中引用另一个表主键的键。引用完整性约束是对外键的数据值的限制，它确保外键的每个值都与主键的值匹配。

三种修改异常是插入、更新和删除。Codd 和其他人定义了用于描述导致不同表结构的异常范式。符合图 3.4 中列出的条件的表，满足 1NF。一些异常是由函数依赖引起的。有 2NF、3NF 和 BCNF 三种范式，用于处理这些异常。

本书中，只关心最强的范式 BCNF。如果关系满足 BCNF，就不会有因函数依赖而导致的异常。如果每个决定因素都是一个候选键，那么关系就满足 BCNF。

可以使用"逐步"法或"直通 BCNF"法来规范化关系。使用哪一种方法取决于个人喜好，两种方法产生的结果是相同的。

一些异常是由多值依赖引起的。如果 A 决定一个值集合，那么 A 多值决定 B，即 A→→B。如果 A→→B，那么任何包含 A、B 和附加列（一个或多个列）的关系，都会有修改异常。由于多值依赖而引起的异常，可以通过将多值依赖放在自己的表中来消除。这样的表，满足 4NF。

还存在一种 5NF，但是通常而言，满足 4NF 的表，也满足 5NF。尽管已经给出了 DK/NF 的定义，但在实践中，它的定义与 BCNF 相同。

重要术语

属性	数据完整性问题
Boyce-Codd 范式（BCNF）	分解规则
候选键	删除异常
组合决定因素	决定因素
组合键	域
数据完整性	域完整性约束

域/键范式（DK/NF）	重叠候选键
实体	部分依赖
实体完整性约束	主键
第五范式（5NF）	投影-连接范式（PJ/NF）
第一范式（1NF）	引用完整性约束
外键	关系
第四范式（4NF）	第二范式（2NF）
函数依赖	库存单位（SKU）
插入异常	代理键
键	第三范式（3NF）
多值依赖	传递依赖
非主键属性	元组
范式	合并规则
空值	更新异常

习题

3.1　给出数据库的三种来源。

3.2　本章内容的前提条件是什么？

3.3　解释图 3.2 中的表有什么问题。

3.4　定义图 3.3 中的每一个术语。

3.5　描述能够成为关系的表的特征。定义术语"域"，并解释域完整性约束对关系的重要性。

3.6　给出两个不是关系的表。

3.7　假设两个不同表中的两列具有相同的列名称。为了唯一地确定它们，应该使用哪一种约定？

3.8　关系中同一列的所有值，必须有相同的长度吗？

3.9　给出用于描述表、列和行的三组不同的术语。

3.10　解释由相等性产生的函数依赖与不由相等性产生的函数依赖之间的区别。

3.11　给出如下函数依赖的直观含义：

PartNumber → PartWeight

3.12　解释以下陈述：使用关系的唯一原因，是存储函数依赖的实例。

3.13　解释以下表达式的含义：

(FirstName, LastName) → Phone

3.14　什么是组合决定因素？

3.15　如果(A, B)→C，则 A→C 成立吗？

3.16　如果 A→(B, C)，则 A→B 成立吗？

3.17　对于图 3.1 中的 SKU_DATA 表，解释为什么 Buyer 决定 Department，而 Department 不能决定 Buyer。

3.18　对于图 3.1 中的 SKU_DATA 表，解释为什么 SKU_Description→(SKU, Department, Buyer)。

3.19　如果 PartNumber→PartWeight 成立，是不是表明 PartNumber 在关系中唯一呢？

3.20　在什么条件下，关系的决定因素是唯一的？

3.21 确定一个决定因素是否唯一的最佳检验方法是什么？

3.22 什么是组合键？

3.23 什么是候选键？

3.24 什么是主键？解释实体完整性约束对主键的重要性。

3.25 给出候选键和主键之间的区别。

3.26 什么是代理键？

3.27 代理键的值从哪里来？

3.28 何时使用代理键？

3.29 什么是外键？解释引用完整性约束对外键的重要性。

3.30 本书中没有使用术语"内键"（Domestic Key）。如果使用它，则会表示什么意思？

3.31 什么是范式？

3.32 解释图 3.24 中 STUDENT_ACTIVITY 关系的删除、修改和插入异常。

3.33 为什么重复数据会导致数据完整性问题？

3.34 哪些关系满足 1NF？

3.35 哪些范式与函数依赖有关？

3.36 为了使关系满足 2NF，需要哪些条件？

3.37 为了使关系满足 3NF，需要哪些条件？

3.38 为了使关系满足 BCNF，需要哪些条件？

3.39 如果一个关系满足 BCNF，那么它也满足 2NF 和 3NF 吗？

3.40 哪一个范式与多值依赖有关？

3.41 Fagin 关于 DK/NF 的工作的前提是什么？

3.42 总结规范化理论的三个类别。

3.43 通常而言，应该如何将一个不满足 BCNF 的关系转换成满足 BCNF 的？

3.44 什么是引用完整性约束？给出它的定义，并提供一个使用它的实例。在具有引用完整性约束的外键列中允许空值吗？引用完整性约束如何影响数据完整性？

3.45 解释引用完整性约束在规范化中的作用。

3.46 为什么非规范化关系就如同一个有多个主题的段落？

3.47 在规范化示例 3 中，为什么 EXTENDED_PRICE 关系有些"愚蠢"？

3.48 在规范化示例 4 中，什么条件下函数依赖：

(StudentID, Activity) → ActivityFee

会比函数依赖：

Activity → ActivityFee

更精确？

3.49 如果关系中的一个决定因素是候选键的一部分，那么该关系是否满足 BCNF？

3.50 对于规范化示例 5，为什么下面的两个表不是 SKU_DATA_3 规范化问题的正确解决方案？

DEPARTMENT (<u>Department</u>, DeptBudgetCode, Buyer)

SKU_DATA_4 (<u>SKU</u>, SKU_Description, *Department*)

3.51 多值依赖与函数依赖有何不同？

3.52 给定关系：

PERSON (Name, Sibling, ShoeSize)

假设存在如下的函数依赖：

Name →→ Sibling

Name → ShoeSize

描述该关系中的删除、修改和插入异常。

3.53　使习题 3.52 中的 PERSON 关系满足 4NF。

3.54　给定关系：

PERSON_2 (Name, Sibling, ShoeSize, Hobby)

假设存在如下的函数依赖：

Name →→ Sibling

Name → ShoeSize

Name →→ Hobby

描述该关系中的删除、修改和插入异常。

3.55　使习题 3.54 中的 PERSON_2 关系满足 4NF。

3.56　什么是 5NF？

3.57　DK/NF 的条件与 BCNF 的条件如何对应？

练习

3.58　给定表：

STAFF_MEETING (EmployeeName, ProjectName, Date)

该表的行记录的事实，是某个特定项目（ProjectName）的员工（EmployeeName）在给定日期（Date）参加的会议。假设一个项目每天最多开会一次。还假设只有一名员工代表一个给定的项目，但是员工可以被分配到多个项目。

A．列出 STAFF_MEETING 中的函数依赖。

B．将这个表转换成一个或多个满足 BCNF 的表。找出主键、候选键、外键和引用完整性约束。

C．B 部分的设计是对原始表的改进吗？这个设计有什么优缺点？

3.59　给定表：

STUDENT (StudentNumber, StudentName, Dorm, RoomType, DormCost,
　　　Club, ClubCost, Sibling, Nickname)

假设学生根据房间的类型支付不同的住宿费用，但俱乐部的所有成员支付的费用相同。还假设学生可以有多个昵称（Nickname）。

A．给出 STUDENT 表中的多值依赖。

B．给出 STUDENT 表中的函数依赖。

C．将此表转换为两个或多个表，使每个表都满足 BCNF 和 4NF。找出主键、候选键、外键和引用完整性约束。

Regional Labs 案例题

Regional Labs 公司，根据合同为其他公司和机构进行研究和开发工作。图 3.32 显示了这家公司收集的关于项目和分配给项目的员工的数据。这些数据存储在一个名为 PROJECT 的关系（表）中：

PROJECT (ProjectID, EmployeeName, EmployeeSalary)

A. 假设所有的函数依赖在数据中都是明显的，下面哪些是正确的？

1. ProjectID → EmployeeName

2. ProjectID → EmployeeSalary

3. (ProjectID, EmployeeName) → EmployeeSalary

4. EmployeeName → EmployeeSalary

5. EmployeeSalary → ProjectID

6. EmployeeSalary → (ProjectID, EmployeeName)

B. PROJECT 中的主键是什么？

C. 所有的非键属性（如果有的话）都依赖于主键吗？

D. PROJECT 关系满足哪一种范式？

E. 描述两个影响 PROJECT 关系的修改异常。

ProjectID	EmployeeName	EmployeeSalary
100-A	Eric Jones	64,000.00
100-A	Donna Smith	70,000.00
100-B	Donna Smith	70,000.00
200-A	Eric Jones	64,000.00
200-B	Eric Jones	64,000.00
200-C	Eric Parks	58,000.00
200-C	Donna Smith	70,000.00
200-D	Eric Parks	58,000.00

图 3.32　Regional Labs 公司的样本数据

F. ProjectID 是决定因素吗？如果是，则它的依据是 A 部分的哪些函数依赖？

G. EmployeeName 是决定因素吗？如果是，则它的依据是 A 部分的哪些函数依赖？

H. (ProjectID, EmployeeName)是决定因素吗？如果是，则它的依据是 A 部分的哪些函数依赖？

I. EmployeeSalary 是决定因素吗？如果是，则它的依据是 A 部分的哪些函数依赖？

J. 这个关系包含传递依赖吗？如果包含，它是什么？

K. 重新设计这个关系，以消除修改异常。

Queen Anne 古董店项目题

图 3.33 为 Queen Anne 古董店典型的销售数据，图 3.34 为典型的采购数据。

LastName	FirstName	Phone	InvoiceDate	InvoiceItem	Price	Tax	Total
Shire	Robert	206-524-2433	14-Dec-20	Antique Desk	3,000.00	249.00	3,249.00
Shire	Robert	206-524-2433	14-Dec-20	Antique Desk Chair	500.00	41.50	541.50
Goodyear	Katherine	206-524-3544	15-Dec-20	Dining Table Linens	1,000.00	83.00	1,083.00
Bancroft	Chris	425-635-9788	15-Dec-20	Candles	50.00	4.15	54.15
Griffith	John	206-524-4655	23-Dec-20	Candles	45.00	3.74	48.74
Shire	Robert	206-524-2433	5-Jan-21	Desk Lamp	250.00	20.75	270.75
Tierney	Doris	425-635-8677	10-Jan-21	Dining Table Linens	750.00	62.25	812.25
Anderson	Donna	360-538-7566	12-Jan-21	Book Shelf	250.00	20.75	270.75
Goodyear	Katherine	206-524-3544	15-Jan-21	Antique Chair	1,250.00	103.75	1,353.75
Goodyear	Katherine	206-524-3544	15-Jan-21	Antique Chair	1,750.00	145.25	1,895.25
Tierney	Doris	425-635-8677	25-Jan-21	Antique Candle Holders	350.00	29.05	379.05

图 3.33　Queen Anne 古董店的销售数据

PurchaseItem	PurchasePrice	PurchaseDate	Vendor	Phone
Antique Desk	1,800.00	7-Nov-20	European Specialties	206-325-7866
Antique Desk	1,750.00	7-Nov-20	European Specialties	206-325-7866
Antique Candle Holders	210.00	7-Nov-20	European Specialties	206-325-7866
Antique Candle Holders	200.00	7-Nov-20	European Specialties	206-325-7866
Dining Table Linens	600.00	14-Nov-20	Linens and Things	206-325-6755
Candles	30.00	14-Nov-20	Linens and Things	206-325-6755
Desk Lamp	150.00	14-Nov-20	Lamps and Lighting	206-325-8977
Floor Lamp	300.00	14-Nov-20	Lamps and Lighting	206-325-8977
Dining Table Linens	450.00	21-Nov-20	Linens and Things	206-325-6755
Candles	27.00	21-Nov-20	Linens and Things	206-325-6755
Book Shelf	150.00	21-Nov-20	Harrison, Denise	425-746-4322
Antique Desk	1,000.00	28-Nov-20	Lee, Andrew	425-746-5433
Antique Desk Chair	300.00	28-Nov-20	Lee, Andrew	425-746-5433
Antique Chair	750.00	28-Nov-20	New York Brokerage	206-325-9088
Antique Chair	1,050.00	28-Nov-20	New York Brokerage	206-325-9088

图 3.34　Queen Anne 古董店的采购数据

A．利用这些数据，给出这些数据列之间的函数依赖的可能性。根据这些样本数据和对零售业的了解，证明这些可能的函数依赖。

B．根据 A 部分的结果，以下设计是否合理？

1. CUSTOMER (<u>LastName</u>, FirstName, Phone, EmailAddress, InvoiceDate, InvoiceItem, Price, Tax, Total)

2. CUSTOMER (<u>LastName</u>, <u>FirstName</u>, Phone, EmailAddress, InvoiceDate, InvoiceItem, Price, Tax, Total)

3. CUSTOMER (LastName, FirstName, <u>Phone</u>, EmailAddress, InvoiceDate, InvoiceItem, Price, Tax, Total)

4. CUSTOMER (LastName, <u>FirstName</u>, Phone, EmailAddress, <u>InvoiceDate</u>, InvoiceItem, Price, Tax, Total)

5. CUSTOMER (LastName, <u>FirstName</u>, Phone, EmailAddress, InvoiceDate, <u>InvoiceItem</u>, Price, Tax, Total)

6. CUSTOMER (<u>LastName</u>, <u>FirstName</u>, Phone, EmailAddress)

   以及：

   SALE (<u>InvoiceDate</u>, InvoiceItem, Price, Tax, Total)

7. CUSTOMER (<u>LastName</u>, <u>FirstName</u>, Phone, EmailAddress, *InvoiceDate*)

   以及：

   SALE (<u>InvoiceDate</u>, InvoiceItem, Price, Tax, Total)

8. CUSTOMER (<u>LastName</u>, <u>FirstName</u>, <u>Phone</u>, EmailAddress, *InvoiceDate*, *InvoiceItem*)

   以及：

   SALE (InvoiceDate, <u>InvoiceItem</u>, Price, Tax, Total)

C．将 B 部分修改成一个最佳的设计，使其包含称为 CustomerID 和 SaleID 的代理 ID 列。这种改进是如何提升设计的？

D．修改 C 部分的设计，将 SALE 表分解成两个名称分别为 SALE 和 SALE_ITEM 的关系。必要时可修改或添加列。这种改进是如何提升设计的？

E．根据上面的改进，以下设计是否合理？

1. PURCHASE (<u>PurchaseItem</u>, PurchasePrice, PurchaseDate, Vendor, Phone)

2. PURCHASE (<u>PurchaseItem</u>, <u>PurchasePrice</u>, PurchaseDate, Vendor, Phone)

3. PURCHASE (<u>PurchaseItem</u>, PurchasePrice, <u>PurchaseDate</u>, Vendor, Phone)

4. PURCHASE (<u>PurchaseItem</u>, PurchasePrice, PurchaseDate, <u>Vendor</u>, Phone)

5. PURCHASE (<u>PurchaseItem</u>, PurchasePrice, <u>PurchaseDate</u>)

   以及：

   VENDOR (<u>Vendor</u>, Phone)

6. PURCHASE (<u>PurchaseItem</u>, PurchasePrice, <u>PurchaseDate</u>, Vendor)

   以及：

   VENDOR (<u>Vendor</u>, Phone)

7. PURCHASE (<u>PurchaseItem</u>, PurchasePrice, <u>PurchaseDate</u>, *Vendor*)

以及：

VENDOR (Vendor, Phone)

F．将 E 部分修改成一个最佳的设计，使其包含称为 PurchaseID 和 VendorID 的代理 ID 列。这种改进是如何提升设计的？

G．D 部分和 F 部分中设计的两个关系，没有彼此连接起来。修改数据库设计，使销售数据和采购数据相关联。

Morgan 进口公司项目题

James Morgan 保存了一个关于他从哪些商店进口并销售产品的数据表。这些商店位于不同的国家，有不同的特色。

A．考虑下面这个关系：

STORE (StoreName, City, Country, OwnerName, Specialty)

给出使下列各项成立的条件：

1. StoreName•• City

2. City → StoreName

3. City → Country

4. (StoreName, Country) → (City, OwnerName)

5. (City, Specialty) → StoreName

6. OwnerName →→ StoreName

7. StoreName →→ Specialty

B．针对 A 部分中的关系：

1．A 部分中哪些依赖项最适合小型进出口业务？

2．根据 B.1 中的结果，将 STORE 表转换为一组同时满足 4NF 和 BCNF 的表。找出主键、候选键、外键和引用完整性约束。

C．给定关系：

SHIPMENT (ShipmentNumber, ShipperName, ShipperContact, ShipperFax,
　　DepartureDate, ArrivalDate, CountryOfOrigin, Destination,
　　ShipmentCost, InsuranceValue, Insurer)

1．编写一个函数依赖，表示两个城市之间的运输成本（ShipmentCost）总是相同的这一事实。

2．编写一个函数依赖，表示对于给定的托运人，保险值（InsuranceValue）始终是相同的这一事实。

3．编写一个函数依赖，表示对于给定的托运人和原产国，保险值始终是相同的这一事实。

4．给出 SHIPMENT 中两个可能的多值依赖。

5．对小型进出口业务来说，SHIPMENT 关系的合理的函数依赖是什么？

6．SHIPMENT 关系的合理的多值依赖是什么？

7．根据上面两个问题的答案，将 SHIPMENT 转换为满足 BCNF 和 4NF 的一组表。找出主键、候选键、外键和引用完整性约束。

第4章　利用规范化进行数据库设计

本章目标
- 设计可更新的数据库以存储从其他源接收的数据
- 使用 SQL 访问表结构
- 理解规范化的优缺点
- 理解反规范化
- 设计只读数据库以存储来自可更新数据库的数据
- 识别并纠正常见的设计问题:
  - 多值多列问题
  - 值不一致问题
  - 缺失值问题
  - 通用目的备注列问题

第 3 章中定义了关系模型,描述了修改异常,并利用 BCNF 和 4NF 讨论了规范化。本章中,会将这些概念应用到从现有数据创建的数据库的设计中。

本章以及第 3 章的前提是,已经从某个数据源接收到一个或多个数据表,这些数据表将存储在一个新数据库中。问题在于:这些数据应该按原样存储,还是应该在存储之前进行某种转换?后面将看到,规范化理论起到了重要的作用。

4.1　评估表结构

当有人提供一组表并要求构建一个数据库来存储它们时,第一步应该是评估表的结构和内容。图 4.1 总结了评估表结构的一般原则。

如图 4.1 所示,应该检查数据并确定函数依赖、多值依赖、候选键以及每个表的主键。同时,还要关注可能存在的外键。可以基于示例数据得出结论,但是它们可能没有涵盖所有可能的数据情况。因此,应该向用户求证这些结论。

例如,假设得到的是以下 SKU_DATA 表和 BUYER 表的数据(两个表的主键已经根据应用逻辑确定):

SKU_DATA (SKU, SKU_Description, Department, Buyer)
BUYER (BuyerName, Department, Position, Supervisor)

首先使用 SQL COUNT(*)函数计算每个表中的行数。然

评估表结构的一般原则
● 统计行数并检查列
● 检查数据值并咨询用户,以确定:
多值依赖
函数依赖
候选键
主键
外键
● 评估假设的引用完整性约束的有效性

图 4.1　评估表结构的一般原则

后,使用 SQL SELECT *语句来确定表列的数量和类型。如果表有数千甚至数百万行,完整的查询会花费相当长的时间。限制查询结果的一种方法,是使用第 2 章中讨论的 SQL TOP {NumberOfRows}函数(这是 Microsoft SQL Server 语句,Oracle Database 和 MySQL 使用不同的语句)。例如,要获取 SKU_DATA 表前 5 行的所有列,可以编写语句:

```
/* *** SQL-Query-CH04-01 *** */
SELECT     TOP 5 *
FROM       SKU_DATA;
```

这个查询将显示前 5 行的所有列和数据，如下面的结果所示。如果希望得到前 50 行，只需使用 TOP 50 即可，依次类推。此时，就可以确认主键并知道表中每个列的数据类型。

	SKU	SKU_Description	Department	Buyer
1	100100	Std. Scuba Tank, Yellow	Water Sports	Pete Hansen
2	100200	Std. Scuba Tank, Magenta	Water Sports	Pete Hansen
3	100300	Std. Scuba Tank, Light Blue	Water Sports	Pete Hansen
4	100400	Std. Scuba Tank, Dark Blue	Water Sports	Pete Hansen
5	100500	Std. Scuba Tank, Light Green	Water Sports	Pete Hansen

对于外键，假定对数据执行了引用完整性约束是有风险的，所以需要亲自检查外键。假设经过确认之后，发现 SKU 是 SKU_DATA 的主键，BuyerName 是 BUYER 的主键，还可能会认为 SKU_DATA.Buyer 是 BUYER.BuyerName 的一个外键。这关系到是否存在下面的引用完整性约束：

SKU_DATA 表中的 Buyer 值，必须存在于 BUYER 表的 BuyerName 列中

可以使用 SQL 来判断这个引用完整性约束是否正确。下面的查询，将返回任何违反该约束的外键值。

```
/* *** SQL-Query-CH04-02 *** */
SELECT     Buyer
FROM       SKU_DATA
WHERE      Buyer NOT IN
           (SELECT     BuyerName
            FROM       BUYER);
```

子查询查找 BUYER.BuyerName 的所有值。如果有任何 Buyer 值不在此子查询中，那么该值将显示在主查询的结果中。所有这样的值，都违反了引用完整性约束。用上述查询语句对图 2.6 的数据集中的数据进行操作，得到的实际结果是一个空集，这意味着不存在违反引用完整性约束的外键值。

Buyer

评估了输入表之后，接下来的步骤取决于创建的是可更新数据库还是只读数据库。首先探讨可更新数据库。

4.2 设计可更新数据库

可更新数据库通常是公司的运营数据库，例如在第 2 章开头讨论的 Cape Codd 户外运动的联机交易处理（OLTP）系统。如果正在构建的是一个可更新数据库，那么需要关注修改异常和数据不一致的问题。因此，必须仔细考虑规范化原则。在开始之前，先回顾一下规范化的优缺点。

4.2.1 规范化的优缺点

图 4.2 总结了规范化的优缺点。从积极的方面来说,规范化消除了修改异常并减少了数据重复。减少了数据重复,就消除了由于数据值不一致而导致数据完整性问题的可能性。同时,也节省了文件空间。

> **BY THE WAY** 为什么说是"减少"而不是"消除"数据重复?因为外键的存在,所以无法完全消除数据重复。例如,不能从 SKU_DATA 表中删除 Buyer,因为这样就无法关联 Buyer 表和 SKU_DATA 表中的行。因此,Buyer 的值在这两个表中是重复的。
>
> 这就引出了第二个问题:如果仅仅减少了数据重复,就能够声称消除了不一致的数据值吗?重复的外键中的数据不会导致不一致,因为引用完整性约束禁止出现不一致的数据。只要执行了这样的约束,重复的外键值就不会存在问题。

规范化的优缺点
● 优点
消除修改异常
减少重复数据
● 消除数据完整性问题
● 节省文件空间
查询单个表会更快些
● 缺点
多表子查询和连接需要更复杂的 SQL
对 DBMS 的额外工作,可能意味着应用的运行速度会变慢

图 4.2 规范化的优缺点

在不利的方面,规范化要求应用程序员编写更复杂的 SQL。为了恢复原始数据,必须编写子查询和连接来处理存储在不同表中的数据。此外,对于规范化的数据,DBMS 必须读取两个或多个表,这可能意味着应用的处理速度会变慢。

4.2.2 函数依赖

正如第 3 章中所讨论的,可以通过使所有表满足 BCNF 来消除由于函数依赖而导致的异常。多数情况下,修改异常导致的问题会非常严重,因此需要使表满足 BCNF。但是,后面将看到,会存在一些例外情形。

4.2.3 用 SQL 进行规范化

正如第 3 章中所解释的,如果表中的所有决定因素都是候选键,那么它就满足 BCNF。如果有任何决定因素不是候选键,那么必须将表拆分成两个或多个表。例如,假设有一个如图 4.3 所示的 EQUIPMENT_REPAIR 表(与图 3.10 中的表相同)。第 3 章中讲过,ItemNumber 是一个决定因素而不是一个候选键。因此,需要创建如图 4.4 所示的 EQUIPMENT_ITEM 表和 REPAIR 表。其中,ItemNumber 是 EQUIPMENT_ITEM 表的决定因素和候选键,RepairNumber 是 REPAIR 表的决定因素和主键。这样,两个表都满足 BCNF。

现在，如何才能将图 4.3 中的数据格式转换为图 4.4 中的格式呢？需要使用 SQL INSERT 语句。有关该语句的细节，将在第 7 章讲解。下面使用它的一个版本来演示规范化的过程。

EQUIPMENT_REPAIR

	ItemNumber	EquipmentType	AcquisitionCost	RepairNumber	RepairDate	RepairCost
1	100	Drill Press	3500.00	2000	2021-05-05	375.00
2	200	Lathe	4750.00	2100	2021-05-07	255.00
3	100	Drill Press	3500.00	2200	2021-06-19	178.00
4	300	Mill	27300.00	2300	2021-06-19	1875.00
5	100	Drill Press	3500.00	2400	2021-07-05	0.00
6	100	Drill Press	3500.00	2500	2021-08-17	275.00

图 4.3　EQUIPMENT_REPAIR 表

EQUIPMENT_ITEM

	ItemNumber	EquipmentType	AcquisitionCost
1	100	Drill Press	3500.00
2	200	Lathe	4750.00
3	300	Mill	27300.00

REPAIR

	RepairNumber	ItemNumber	RepairDate	RepairCost
1	2000	100	2021-05-05	375.00
2	2100	200	2021-05-07	255.00
3	2200	100	2021-06-19	178.00
4	2300	300	2021-06-19	1875.00
5	2400	100	2021-07-05	0.00
6	2500	100	2021-08-17	275.00

图 4.4　规范化后的 EQUIPMENT_ITEM 关系和 REPAIR 关系

首先，需要为图 4.4 中的两个新表创建结构。如果使用的是 Microsoft Access，可以按照附录 A 中步骤创建表。第 7 章中，将解释如何使用 SQL 来创建表，这是一个适用于所有 DBMS 产品的操作。

如果创建的表具有合适的主键，就可以使用 SQL INSERT 命令来填充这个表。为了填充 ITEM 表，可以使用语句

```
/* *** SQL-INSERT-CH04-01 *** */
INSERT INTO EQUIPMENT_ITEM
    SELECT    DISTINCT ItemNumber, EquipmentType, AcquisitionCost
    FROM      EQUIPMENT_REPAIR;
```

注意，必须使用 DISTINCT 关键字，因为组合（ItemNumber, EquipmentType, AcquisitionCost）在 EQUIPMENT_REPAIR 表中不是唯一的。创建了 EQUIPMENT_ITEM 表中的行之后，就可以使用下面的 INSERT 命令来填充 REPAIR 行：

```
/* *** SQL-INSERT-CH04-02 *** */
INSERT INTO REPAIR
    SELECT      RepairNumber, ItemNumber, RepairDate, RepairCost
    FROM        EQUIPMENT_REPAIR;
```

可以看到，用于规范化表的 SQL 语句相当简单。完成这种转换之后，就可以删除 EQUIPMENT_REPAIR 表了。利用 Microsoft Access、Microsoft SQL Server、Oracle Database 或 MySQL 中的图形工具，同样可以完成相同的任务。第 7 章中，将讲解如何使用 SQL DROP TABLE 语句来删除表，还会讲解如何使用 SQL 来创建引用完整性约束。

REPAIR 表中的 ItemNumber 值，必须存在于 ITEM 表的 ItemNumber 列中

注意，如果这个引用完整性约束是在插入数据之前创建的，则必须按照前面讲解的 SQL INSERT 语句的顺序执行插入操作。否则，试图插入的就是不存在的设备的维修记录。

如果希望亲自尝试一下这个示例，可访问网站下载一个 Microsoft Access 2019 数据库文件 Equipment-Repair-Database.accdb。该数据库中包含了 EQUIPMENT_REPAIR 表及其数据。创建两个新表（参考附录 A），然后通过执行上面的 SQL INSERT 语句进行规范化。

可以将这个过程扩展到任意数量的表。第 7 章中会给出更多的例子。至此，就应该已经理解了该过程的要点。

4.2.4　不使用 BCNF

尽管在大多数情况下，可更新数据库中的表应该满足 BCNF，但有时候，BCNF 的要求有些苛刻。不需要规范化的典型例子，涉及美国邮政编码（ZIP）和其他国家类似的邮政编码（尽管在事实上，并不总是能通过邮政编码来确定城市和州）。考虑如下针对美国客户的表：

CUSTOMER (CustomerID, LastName, FirstName, Street, City, State, ZIP)

它的函数依赖是：

CustomerID → (LastName, FirstName, Street, City, State, ZIP)

ZIP → (City, State)

此表不满足 BCNF，因为 ZIP 是一个决定因素而不是候选键。可以将这个表规范化成：

CUSTOMER_2 (CustomerID, LastName, FirstName, Street, ZIP)

ZIP_CODE (ZIP, City, State)

引用完整性约束为：

CUSTOMER_2 表中的 ZIP 值，必须存在于 ZIP_CODE 表的 ZIP 列中

CUSTOMER_2 表和 ZIP_CODE 表都满足 BCNF，但是需要根据图 4.2 中列出的规范化的优缺点来考虑它们。规范化消除了修改异常，但是邮政编码数据多久才会更改一次呢？邮局会经常更改与邮政编码值对应的城市和州吗？几乎不会。对企业和个人来说，更改邮政编码的后果会很严重。因此，即使数据库的设计允许发生异常，但在实践中永远不会出现，因为数据值是固定不变的。规范化的第二个优点是：规范化减少了数据重复，从而提高了数据完整性。事实上，如果输入了错误的城市、州或 ZIP 值，那么在上述单表例子中可能会出现数据完整性问题，数据库中的 ZIP 值会不一致。对于普通的业务流程而言，会注意到邮政编码的错误，并且能毫不费力地纠正它。

　　下面探讨规范化的缺点。对于两个独立的表，会使应用中的 SQL 更复杂。此外，DBMS 需要处理两个表，这可能会使应用变慢。权衡利弊，大多数人会觉得规范化的数据太严格了。因此，会将邮政编码数据保留在原始表中。

　　总之，当从现有表设计可更新数据库时，需要检查每个表以确定是否满足 BCNF。如果不满足，则表很容易受到修改异常和不一致数据的影响。绝大多数情况下，需要将一个表转换为满足 BCNF 的多个表。但是，如果数据从不会被修改，并且通过业务活动的正常操作可以很容易地纠正数据不一致的问题，那么可以选择让表不满足 BCNF。

4.2.5　多值依赖

　　与函数依赖不同，多值依赖异常的后果非常严重，因此必须消除它。与 BCNF 相比，多值依赖不存在"灰色地带"。只需将多值依赖的列放入自己的表中即可。

　　如上一节所示，使用 SQL 语句创建和填充规范化的表并不困难。这意味着，应用程序员必须编写子查询和连接来重建原始数据。然而，与处理由于多值依赖关系而产生异常所必须编写的代码的复杂性相比，编写子查询和连接根本不值一提。

　　一些专家可能会反对这样的硬性规定，但这是合理的。尽管在一些罕见的、模糊的、奇怪的情况下，多值依赖关系并没有问题，但这些情况完全可以忽略。除非有多年的数据库设计经验，否则要坚持从任何可更新表中消除多值依赖。

4.3　设计只读数据库

　　正如第 2 章中对 Cape Codd 户外运动例子所讨论的那样，在商业智能（BI）系统中，只读数据库产生用于评估、分析、规划和控制的信息。第 12 章中深入讨论 BI 时，还将再次用到这个例子。第 2 章中也介绍过只读数据库通常用于数据仓库。为 Cape Codd 公司提取的销售数据，是一个小型但经典的只读数据库示例。因为这样的数据库是通过精心控制和定时的程序更新的，所以其设计原则和设计优先级不同于那些频繁更新的运营数据库。

　　工作时可能会要求根据一些数据表来创建一个只读数据库。事实上，这项任务通常被分配给初级数据库管理员。

　　由于一些原因，规范化对于只读数据库很少能带来好处。例如，如果数据库从未更新过，那么就不会发生修改异常。因此，根据图 4.2，规范化只读数据库的主要目的是减少数据重复。但是，如果没有数据更新，就不存在数据完整性问题的风险。因此，避免重复数据的唯一目的是节省文件空间。

　　然而，当今的文件空间已经非常便宜——几乎是免费的。因此，除非数据库非常庞大，否则存储成本会很小。的确，DBMS 在查找和处理大型表中的数据时会花费更长的时间，因此可以对数据进行规范化以加速处理。但是，即使这样的优势也不是很明显。如果数据是规范化的，那么可能需要读取来自两个或多个表的数据，连接这些表所需的时间，可能会超过在小表中搜索所节省的时间。在几乎所有情况下，对只读数据库中的表进行规范化都不是一个好主意。

4.3.1　反规范化

　　只读数据库的数据通常是从运营数据库中提取的。因为运营数据库是可更新的，所以可能已经被规范化。因此，提取的数据很可能也已经被规范化。实际上，只要有可能，就应该要求规范化的数据。首先，规范化数据更小，可以更快地传输。此外，如果数据是规范化的，就能更容易地根据特定需要重新安排数据格式。

　　根据上一节的讲解，可能不希望在只读数据库中规范化数据。如果是这种情况，则需要在存储之前对数据进行反规范化（Denormalize）或连接操作。

　　考虑图 4.5 中的例子。这是图 3.25 中规范化的 STUDENT、ACTIVITY 和 PAYMENT 表的副本。假设要创建一个只读数据库，用于生成学生活动应支付金额的报表。如果将数据存储在三个表中，每当有人需要比较 AmountPaid 和 ActivityFee 以得到一个仍拖欠 ActivityFee 的学生姓名报表时，则必须将这三个表连接在一起。为此，需要知道如何编写一个三表连接，每次准备报表时，DBMS 需要执行这个连接。

STUDENT

	StudentID	StudentName
1	100	Jones
2	200	Davis
3	300	Garrett
4	400	Jones

PAYMENT

	StudentID	Activity	AmountPaid
1	100	Golf	65.00
2	100	Skiing	0.00
3	200	Skiing	0.00
4	200	Swimming	50.00
5	300	Skiing	100.00
6	300	Swimming	50.00
7	400	Golf	65.00
8	400	Swimming	50.00

ACTIVITY

	Activity	ActivityFee
1	Golf	65.00
2	Skiing	200.00
3	Swimming	50.00

图 4.5　规范化后的 STUDENT、ACTIVITY 和 PAYMENT 关系

　　通过一次性连接表并将连接的结果存储为单个表可以降低读取这些数据所需的 SQL 的复杂性，还可以减少 DBMS 处理。首先，使用第 7 章中讨论的技术创建一个名为 STUDENT_ACTIVITY_PAYMENT 的新表来保存结果。下面的 SQL 语句将三个表连接在一起，并将它们存储在 STUDENT_ACTIVITY_PAYMENT 中。

```
/* *** SQL-INSERT-CH04-03 *** */
INSERT INTO STUDENT_ACTIVITY_PAYMENT
    SELECT      STUDENT.StudentID, StudentName,
                ACTIVITY.Activity, ActivityFee,
                AmountPaid
    FROM        STUDENT, PAYMENT, ACTIVITY
    WHERE       STUDENT.StudentID = PAYMENT.StudentID
        AND     PAYMENT.Activity = ACTIVITY.Activity;
```

　　如图 4.6 所示，此连接产生的 STUDENT_ACTIVITY_PAYMENT_DATA 表，与图 3.24 所示的原始 STUDENT_ACTIVITY 表具有相同的数据。

　　可以看出，反规范化操作很简单。只需将数据连接在一起，并将连接结果存储为一个表即可。通过这种操作将数据放入只读数据库时，应用程序员不必为每个应用编写连接代码，而且 DBMS 也不必在每次用户运行查询或创建报表时执行连接和子查询操作。

STUDENT_ACTIVITY_PAYMENT

	StudentID	StudentName	Activity	ActivityFee	AmountPaid
1	100	Jones	Golf	65.00	65.00
2	100	Jones	Skiing	200.00	0.00
3	200	Davis	Skiing	200.00	0.00
4	200	Davis	Swimming	50.00	50.00
5	300	Garrett	Skiing	200.00	100.00
6	300	Garrett	Swimming	50.00	50.00
7	400	Jones	Golf	65.00	65.00
8	400	Jones	Swimming	50.00	50.00

图 4.6　反规范化后的 STUDENT_ACTIVITY_PAYMENT 关系

4.3.2　定制化的重复表

因为在只读数据库中不存在数据完整性问题的风险，而且当今的存储成本非常低，所以只读数据库通常被设计成包含相同数据的多个副本，每个副本都是针对特定应用而定制的。

例如，假设一家公司有一个大型 PRODUCT 表，其中的列在图 4.7 给出，它们用于不同的业务流程，业务包括采购、销售分析、网站展示、市场营销、库存控制等。

Product
• SKU (主键)
• PartNumber (候选键)
• SKU_Description (候选键)
• VendorNumber
• VendorName
• VendorContact_1
• VendorContact_2
• VendorStreet
• VendorCity
• VendorState
• VendorZIP
• QuantitySoldPastYear
• QuantitySoldPastQuarter
• QuantitySoldPastMonth
• DetailPicture
• ThumbNailPicture
• MarketingShortDescription
• MarketingLongDescription
• PartColor
• UnitsCode
• BinNumber
• ProductionKeyCode

图 4.7　PRODUCT 表中的列

某些列，例如存储图形图像的列，存储空间很大。如果 DBMS 需要为每个查询读取所有这些数据，则处理过程可能会很慢。因此，公司可能会创建此表的几个定制化版本，供不同的应用使用。在可更新数据库中，大量的重复数据将面临严重的数据完整性问题；对于只读数据库，则没有这种风险。

假设公司设计了以下几个表：

PRODUCT_PURCHASING (<u>SKU</u>, SKU_Description, VendorNumber, VendorName, VendorContact_1, VendorContact_2, VendorStreet, VendorCity, VendorState, VendorZIP)

PRODUCT_USAGE (<u>SKU</u>, SKU_Description, QuantitySoldPastYear, QuantitySoldPastQuarter, QuantitySoldPastMonth)

PRODUCT_WEB (<u>SKU</u>, DetailPicture, ThumbnailPicture, MarketingShortDescription, MarketingLongDescription, PartColor)

PRODUCT_INVENTORY (<u>SKU</u>, PartNumber, SKU_Description, UnitsCode, BinNumber, ProductionKeyCode)

则可以使用 Access 或其他 DBMS 的图形化设计工具来创建它们。一旦创建了表，就可以使用与前面讨论的类似的 INSERT 命令来填充它们。唯一需要注意的是重复数据，必要时可使用 DISTINCT。

4.4　常见的设计问题

尽管规范化和反规范化是根据现有数据设计数据库时的主要考虑因素，但还有 4 个额外的实际问题需要考虑，它们总结在图 4.8 中。

根据现有数据设计数据库的几个实际问题
多值多列问题
值不一致问题
缺失值问题
通用目的备注列问题

图 4.8　根据现有数据设计数据库的几个实际问题

4.4.1　多值多列问题

图 4.7 中的表演示了第一个常见问题：多值多列问题（Multivalue, Multicolumn problem）。注意 VendorContact_1 列和 VendorContact_2 列，它们存储一个部件供应商的两个联系人名称。如果公司希望使用这种策略来存储三个或四个联系人名称，就需要添加 VendorContact_3 列和 VendorContact_4 列。

考虑另一个例子：员工停车应用。假设 EMPLOYEE_AUTO 表包含基本的员工数据和至多三辆车的牌照号等几个列。下面是这个表的典型结构。

EMPLOYEE (<u>EmployeeNumber</u>, EmployeeLastName, EmployeeFirstName, EmailAddress, Auto1_LicenseNumber, Auto2_LicenseNumber, Auto3_LicenseNumber)

　　类似的例子还有：存储员工子女信息的表，每一列存储一个孩子的姓名，比如 Child_1、Child_2、Child_3；在房地产应用中用列 Picture_1、Picture_2、Picture_3 存储一栋房子的照片。

　　以这种方式存储多个值很方便，但它有两个严重的缺点。明显的缺点是：能够存储的列数量是固定的。如果某个供应商有三位联系人，该怎么办？如果只有列 VendorContact_1 和 VendorContact_2 可用，那么第三位联系人放在哪里呢？或者，如果用于存储员工子女姓名的只有三列，那么第四个孩子的信息应如何保存呢？等等。

　　第二个缺点发生在查询数据时。假设存在如下的 EMPLOYEE 表：

EMPLOYEE(EmployeeNumber, EmployeeLastName, EmployeeFirstName, EmailAddress, Child_1, Child_2, Child_3, . . . {其他数据})

　　此外，还假设希望查询有一个名字为 Gretchen 的孩子的员工姓名。如果在 EMPLOYEE 表中有三个孩子姓名列，则必须将语句写成：

```
/* *** EXAMPLE CODE - DO NOT RUN *** */
/* *** SQL-Query-CH04-03 *** */
SELECT      *
FROM        EMPLOYEE
WHERE       Child_1 = 'Gretchen'
    OR      Child_2 = 'Gretchen'
    OR      Child_3 = 'Gretchen';
```

　　如果有 7 个列呢？可以想象有多复杂。

　　利用另一个表来存储多值属性，就可以解决这类问题。对于上面这个例子，可以有如下的两个表：

EMPLOYEE(EmployeeNumber, EmployeeLastName, EmployeeFirstName, EmailAddress, . . . {其他数据})

CHILD(EmployeeNumber, ChildFirstName, . . . {其他数据})

　　这样，员工可以有无数个孩子，并且会为没有孩子的员工节省存储空间。此外，要找到有一个名字为 Gretchen 的孩子的所有员工，可以这样编写语句：

```
/* *** EXAMPLE CODE - DO NOT RUN *** */
/* *** SQL-Query-CH04-04 *** */
SELECT      *
FROM        EMPLOYEE
WHERE       EmployeeNumber IN
            (SELECT     EmployeeNumber
             FROM       CHILD
             WHERE      ChildFirstName = 'Gretchen');
```

　　这个查询更容易编写和理解，并且无论员工有多少个孩子，都可以用它得到结果。这种设计的另一个优点是避免在数据库中存储大量的 NULL 值。例如，如果员工最多可以有三辆车，但是99%的员工只有一辆车，那么为那些不存在第二辆和第三辆车的员工存储 NULL 值，将会浪费大量空间。

　　但是，这种设计要求 DBMS 处理两个表，如果表很大则性能会是一个问题。这时，就可以认为原始设计更合理。在这种情况下，将多个值存储在多个列中可能更好。另一种反对两表设计方案的理由是："我们只需要三辆车的列空间，因为学校政策规定每位员工登记的车辆不得超过三辆。"现实情况是，数据库的寿命通常比政策要长。下一年的政策可能会变，如果改变了，就需要重新设计数据库。正如将在第 8 章中讨论的，数据库再设计是一件棘手的、复杂的和高成本的事情，最好避免。

BY THE WAY　　多年前，人们认为每人只需要三个电话号码列：Home、Office 和 Fax。后来，增加成了 4 列：Home、Office、Fax 和 Mobile。今天，谁能够猜出一个人可能拥有的最多电话号码？与其猜测，不如设计一个独立的 Phone 表，这样就不必担心电话号码数量了。

从非数据库数据创建数据库时，可能会遇到多值多列的问题。它在电子表格和文本数据文件中特别常见。幸运的是，首选的两表设计方案很容易实现，用于将数据迁移到新设计的 SQL 也很容易编写。

BY THE WAY　　多值多列问题只不过是多值依赖的另一种形式。例如，对于停车应用，不是为每辆汽车在 EMPLOYEE 表中存储一行，而是在表中创建多个列。然而，潜在的问题是相同的。

4.4.2　值不一致问题

当从现有数据创建数据库时，值不一致（Inconsistent Value）的问题会很严重。出现这种问题，是因为不同的用户或数据源可能对同一个数据值采用了不同的形式。这些细微的差异可能很难被发现，从而导致不一致和错误的信息。

当不同的用户对相同的数据使用不同的编码方式时，就会出现这样的问题。一个用户可能将 SKU_Description 的值设为 Corn, Large Can；另一个用户的值可能为 Can, Corn, Large；还有一种可能是 Large Can Corn。这三种方式都表示同一个 SKU，但是它们非常难协调。这些例子不是人为设计的，它们经常发生，特别是在组合来自不同数据库、电子表格和文件源的数据时。

另一种与此相关但更简单的情形，是拼写错误。一个用户输入的是 Coffee，另一个输入的可能是 Coffeee。它们会被当成两种不同的产品。

对于主键和外键列，值不一致尤其是个问题。如果外键数据不一致或出现拼写错误时，就会丢失关系或出错。

有两种技术可以用于发现此类问题。一种方法与第 189-190 页中讲解的引用完整性检查相同。该检查将找出不匹配的值，并能发现拼写错误和其他不一致的情形。

另一种技术，是对可疑的列使用 GROUP BY 子句。例如，如果怀疑 SKU_DATA 表中的 SKU_Description 列有不一致的值，可以使用 SQL 查询。

```
/* *** SQL-Query-CH04-05 *** */
SELECT      SKU_Description, COUNT(*) as SKU_Description_Count
FROM        SKU_DATA
GROUP BY    SKU_Description;
```

查询结果如下：

	SKU_Description	SKU_Description_Count
1	Dive Mask, Med Clear	1
2	Dive Mask, Small Clear	1
3	Half-dome Tent	1
4	Half-dome Tent Vestibule	1
5	Half-dome Tent Vestibule - Wide	1
6	Light Fly Climbing Harness	1
7	Locking Carabiner, Oval	1
8	Std. Scuba Tank, Dark Blue	1
9	Std. Scuba Tank, Dark Green	1
10	Std. Scuba Tank, Light Blue	1
11	Std. Scuba Tank, Light Green	1
12	Std. Scuba Tank, Magenta	1
13	Std. Scuba Tank, Yellow	1

　　这里没有值不一致的情况出现；如果有的话，它们会很明显。如果产生的列表太长，则可以使用 HAVING 子句，选择只有一个或两个元素的组。这两种检查都不是万无一失的。有时，需要通过查看数据来检查。

　　处理这样的数据时，需要开发一个错误报告和跟踪系统，以确保用户发现的不一致性确实被记录和修复了。当已经报告的不一致数据再次出现时，用户会很快变得失去耐心。

4.4.3　缺失值问题

　　当从现有数据创建数据库时，可能会发生的第三个问题是缺失值（Missing Value）。缺失值或空值（在数据库表中，通常以全大写字母 NULL 出现）是从未提供过的值。它与空白值不同，因为空白值是已知为空白的值，而空值不代表任何数据。

　　空值的问题是不确定性。空值可以表示以下三种情况之一：值是不合适的；值是合适的，但未知；该值是合适且已知的，但没有人将其输入数据库中。遗憾的是，无法判断是哪一个原因导致了空值。

　　例如，考虑一个 PATIENT 表中 DateOfLastChildbirth 列的空值。如果有一行表示一位男性患者，则会出现空值，因为该值不合适——男性不能生育；如果患者是女性，但是从来没有向她询问过数据，那么空值就是合适的，但未知；空值还可能意味着日期值是合适的且已知的，但没有人将其记录到数据库中。

　　如第 2 章所述，可以使用 SQL 比较运算符 IS NULL 来检查空值。例如，要在 ORDER_ITEM 表中查找 Quantity 的空值的数量，可以编码：

```
/* *** SQL-Query-CH04-06 *** */
SELECT    COUNT (*) as QuantityNullCount
FROM      ORDER_ITEM
WHERE     Quantity IS NULL;
```

其结果是：

	QuantityNullCount
1	0

本例中不存在空值；如果存在，就能够知道有多少个空值，然后使用 SELECT *语句查找任何有空值的行。

当从现有数据创建数据库时，如果试图将一个包含空值的列定义成主键，则 DBMS 将产生一条错误消息。在创建主键之前，必须先删除空值。此外，还可以通知 DBMS 某个列不允许出现空值。当导入数据时，如果任何行在该列中有空值，DBMS 将产生一条错误消息。具体情况取决于使用的 DBMS 产品。请分别参考第 10A 章（Microsoft SQL Server 2019）、第 10B 章（Oracle Database）和第 10C 章（MySQL 8.0）。应该养成检查所有外键中的空值的习惯。任何外键值为空的行，都不参与关系间的连接。这样做可能合适，也可能不合适——需要咨询用户以得到答案。此外，在创建和填充新数据库时，由于引用完整性空值可能会带来问题。第 7 章将讨论外键中允许空值的含义。

关于空值的最后一点说明：对于空值，提供数据的用户通常会使用其他术语或数据值。应该搜索诸如"未知"、"NULL"、空字符串、一串空格、一个无意义的值（比如负的工资值）的列值，还可能会发现应该使用 NULL 的其他地方。

4.4.4　通用目的备注列问题

通用目的备注列问题是一种常见的、严重的且很难解决的问题。具有诸如 Remarks、Comments 以及 Notes 等名称的列，通常包含以不一致的、口头的和冗长的方式存储的重要数据。要对此类名称的列高度警惕。

要了解原因，请考虑一家销售昂贵商品（如飞机、名车、游艇或画作）的公司的客户数据。通常情况下，公司会使用电子表格来保存客户数据。之所以使用电子表格，并不是因为它是最佳工具，而是因为有现成的电子表格程序并且知道如何使用它。

典型的电子表格文件有 LastName、FirstName、Email、Phone、Address 等列，并且几乎总是包括一个标题为 Remarks、Comments、Notes 或类似的列。问题在于：所需的数据通常"埋藏"在这样的备注列中，几乎不可能挖出来。假设希望为一家飞机代理公司的客户联系应用创建一个数据库。这个数据库包含如下的两个表：

CONTACT(ContactID, ContactLastName, ContactFirstName, Address, . . . {其他数据}, Remarks, *AirplaneModelID*)

AIRPLANE_MODEL(AirplaneModelID, AirplaneModelName, AirplaneModelDescription, . . . {其他飞机模型数据})

其中，CONTACT.AirplaneModelID 是 AIRPLANE_MODEL.AirplaneModelID 的外键。希望利用此关系来确定谁拥有、已经拥有或有兴趣购买特定型号的飞机。

典型情况下，外键的数据被记录在 Remarks 列中。如果查看 CONTACT 表中 Remarks 列的数据，会发现以下条目：

"希望购买一架 Piper Seneca II"，"已经拥有 Piper Seneca II"，"turbo Seneca 的潜在买家"。这三行都应该有一个 AirplaneModelID 值（CONTACT 中的外键），它等于 AirplaneModelName 为 "Piper Seneca II" 的 AIRPLANE_MODEL.AirplaneModelID 值。如果没有适当的外键值，将会非常难以确定这种联系。

通用目的备注列的另一个问题，是使用它们时的不一致性，并且备注列可能包含多个数据项。一个用户可能使用该列存储联系人配偶的姓名，另一个用户可能存储如上所述的飞机型号，第三个用户可能存储最后一次联系客户的日期。或者，同一个用户可能在不同的时间将它用于这三个目的。

最好的解决方案是辨别出备注列的所有不同用途，为每一种用途创建新列，然后提取数据并将其存储在新列中。然而，这种解决方案很少能够自动实现。

实际上，所有的解决方案都需要耐心和长时间的劳动。要学会警惕这样的列，并且要考虑解决它的时间成本。

4.5　小结

从现有数据构造数据库时，第一步是评估输入表的结构和内容。需要计算行数，并使用 SQL Server 的 SQL SELECT TOP {NumberOfRows} *语句（或其他 DBMS 产品中的等效 SQL 语句）来了解数据中的列。然后，检查数据并确定函数依赖、多值依赖、候选键、每个表的主键和外键。检查可能的引用完整性约束的有效性。

根据构建的是可更新数据库还是只读数据库，设计原则有所不同。如果是前者，则需要关注修改异常和不一致的数据。规范化的优点是消除修改异常、减少数据重复和消除数据不一致，缺点是需要更复杂的 SQL、应用的性能可能会更慢。

对于可更新数据库，大多数时候修改异常的问题非常严重，所以应使所有的表都满足 BCNF。用于规范化的 SQL 很容易编写。在某些情况下，如果数据不经常更新，并且业务流程很容易改正不一致的数据，那么 BCNF 可能过于严格，可以不对表进行规范化。多值依赖的问题后患无穷，因此应该消除它。

只读数据库用于报表、查询和数据挖掘应用。创建这样的数据库，通常是分配给初级数据库管理员的任务。设计只读数据库时，不太需要规范化。如果输入的数据是规范化的，则通常需要通过将它们连接在一起并存储连接结果来反规范化。此外，有时相同数据的多个副本会存储在为特定应用而定制的多个表中。

从现有数据创建数据库时，通常会出现 4 种问题。多值多列设计会设置固定数量的重复值，并将每个重复值存储在自己的列中。这样的设计限制了允许的列数量，并使得对它们的 SQL 查询难以编写。如果将多个值放在自己的表中，就会获得更好的设计。

当数据来自不同的用户和应用时，会导致不一致的值。不一致的外键值，会导致不正确的关系。如本章所示，可以使用 SQL 语句来检测数据的不一致性。空值或缺失值与空白值不同，空值不代表任何数据。空值是一个问题，因为它是不明确的。空值可能意味着某个值是不合适的、未知的、或是已知的但还没有输入数据库中。

通用目的备注列用于不同目的，它以不一致且冗长的方式收集数据项。如果备注列包含外键所需的数据，则问题尤其严重。即使没有外键数据，它们也常常包含几个不同列的数据。自动化解决方案是不可能的，改正这样的备注列需要耐心和精力。

重要术语

商业智能（BI）系统	缺失值问题
数据仓库	多值多列问题
反规范化	空值（NULL）
空集	联机交易处理（OLTP）系统
通用目的的备注列问题	SQL COUNT(*)函数
值不一致问题	SQL DROP TABLE 语句

SQL INSERT 语句

SQL SELECT *语句

SQL TOP {NumberOfRows} 函数

习题

4.1　本章内容的前提条件是什么？

4.2　得到一些表之后，应采取什么步骤来评估表的结构和内容？

4.3　用 SQL 语句来计算行数，并列出 RETAIL_ORDER 表的前 15 行。

4.4　假设有以下两个表：

DEPARTMENT (<u>DepartmentName</u>, BudgetCode)

EMPLOYEE (<u>EmployeeNumber</u>, EmployeeLastName, EmployeeFirstName,
　　EmailAddress, DepartmentName)

可以得出结论：EMPLOYEE.DepartmentName 是 DEPARTMENT.DepartmentName 的外键。编写 SQL 语句，以确定是否执行了以下引用完整性约束：

EMPLOYEE 表中的 DepartmentName 值，必须存在于 DEPARTMENT 表的 DepartmentName 列中

4.5　针对数据库设计原则，给出它在可更新数据库和只读数据库设计方面的差异。可更新和只读数据库，分别适合哪些类型的系统？

4.6　给出规范化表的两个优点。

4.7　为什么说数据重复只能减少而不能消除？

4.8　如果只能减少数据重复，为什么可以消除数据不一致性？

4.9　给出规范化表的两个缺点。

4.10　假设有一个表：

EMPLOYEE_DEPARTMENT (<u>EmployeeNumber</u>, EmployeeLastName,
　　EmployeeFirstName, EmailAddress, DepartmentName, BudgetCode)

希望将它转换成两个表：

DEPARTMENT (<u>DepartmentName</u>, BudgetCode)

EMPLOYEE (<u>EmployeeNumber</u>, EmployeeLastName, EmployeeFirstName,
　　EmailAddress, *DepartmentName*)

编写 SQL 语句，用 EMPLOYEE_DEPARTMENT 表的数据填充 EMPLOYEE 表和 DEPARTMENT 表。

4.11　总结本章解释的不使邮政编码值满足 BCNF 的原因。

4.12　描述一种除邮政编码以外的情况，可以使表不满足 BCNF。验证你的结论。

4.13　什么情况下应该选择不从关系中移除多值依赖？

4.14　编写子查询和连接的难度，与处理由于多值依赖而引起的异常的难度相比，有什么不同？

4.15　描述只读数据库的三种用法。

4.16　从不更新的只读数据库，如何影响规范化？

4.17　对于只读数据库，规范化减少文件空间的说法有多大说服力？

4.18　什么是反规范化？

4.19　假设已经从习题 4.10 中得到了 DEPARTMENT 表和 EMPLOYEE 表，要求将它们反规范化成 EMPLOYEE_DEPARTMENT 关系。给出 EMPLOYEE_DEPARTMENT 关系的设计。编写 SQL 语句，用数据

填充该表。

4.20　给出创建定制化的重复表的几个原因。

4.21　为什么定制化的重复表不用于可更新数据库？

4.22　从现有数据创建数据库时，通常会出现哪 4 种设计问题？

4.23　除本章讨论的表外，请给出一个多值多列表的例子。

4.24　根据习题 4.23 中的例子，请解释由多值多列表引起的问题。

4.25　对于习题 4.23 的答案，如何用两个表来表示它们之间的关系？

4.26　根据习题 4.25 答案中的表，说明它们是如何解决习题 4.24 中发现的问题的。

4.27　解释以下陈述："多值多列问题只不过是多值依赖的另一种形式"。

4.28　给出产生不一致值的几种途径。

4.29　为什么外键中的不一致值特别麻烦？

4.30　给出识别不一致值的两种方法。这些技术一定能找到所有的不一致值吗？还需要采取哪些步骤？

4.31　什么是空值？

4.32　空值和空白值有何不同？

4.33　空值有哪三种形式？给出一个不同于本书中的空值示例。

4.34　编写 SQL 语句，确定 EMPLOYEE 表 EmployeeFirstName 列中的空值数量。

4.35　描述通用目的的备注列问题。

4.36　给出一个示例，表明难以通过其通用目的的备注列获取外键值。

4.37　给出一个示例，当多个值存储在同一个通用目的的备注列中时，会造成困难。如何才能解决这个问题？

4.38　为什么要提防通用目的的备注列？

练习

Quincy Bay 运动俱乐部拥有并经营着三家店面，它们分别位于马萨诸塞州的波士顿、剑桥和昆西。每家分店都有大量的现代运动设备、健身房以及用于瑜伽和其他运动课程的房间。该俱乐部提供 3 个月或者 1 年的会员制。会员可以使用任何一家分店的设施。

Quincy Bay 有一个私人教练的花名册，他们是俱乐部外聘的独立顾问。只要客户是俱乐部会员，经过认证的教练就可以安排与客户在 Quincy Bay 进行训练。教练也教授瑜伽、普拉提和其他课程。根据以下三个数据表，回答问题（PT 代表私人教练）。

PT_SESSION (Trainer, Phone, EmailAddress, Fee, ClientLastName, ClientFirstName, ClientPhone, ClientEmailAddress, Date, Time)

CLUB_MEMBERSHIP (ClientNumber, ClientLastName, ClientFirstName, ClientPhone, ClientEmailAddress, MembershipType, EndingDate, Street, City, State, ZIP)

CLASS (ClassName, Trainer, StartDate, EndDate, Time, DayOfWeek, Cost)

4.39　确定这些表中可能的多值依赖。

4.40　确定这些表中可能的函数依赖。

4.41　判断每个表是否满足 BCNF 或者 4NF。给出你的假设。

4.42　修改这些表，使它们都满足 BCNF 和 4NF。使用练习 4.41 中提出的假设。不需要提供主键和外键。

4.43　利用这些表和你的假设，为可更新数据库推荐一种设计，包括主键和外键。

4.44　在练习 4.43 的答案中添加一个表，允许俱乐部将会员分配给特定的课程。在新表中包含一个 AmountPaid（已付费用）列。

4.45　给出一种只读数据库的设计，以支持下列需求。

A．使教练能够确保他们的客户是俱乐部的会员。

B．使俱乐部能够评估不同教练的受欢迎程度。

C．使教练能够确定他们是否在服务同一位客户。

D．使教练能够确定参加课程的人是否已经付费。

Marcia 干洗店案例题

Marcia Wilson 是 Marcia 干洗店的老板，她正在创建数据库，以支持其生意的运营和管理。过去一年里，她和她的员工一直在使用收银机系统来收集以下数据：

SALE (InvoiceNumber, DateIn, DateOut, Total, Phone, FirstName, LastName)

遗憾的是，在高峰期，并不是所有的数据都被输入了，并且在 Phone、FirstName 和 LastName 中有许多空值。有时，这二个列的值都为空；有时，是一个或两个列为空。InvoiceNumber、DateIn 和 Total 从来不会为空值，DateOut 有一些值为空。此外，在高峰期，电话号码和姓名数据偶尔会输入错误。为了帮助创建数据库，Marcia 从当地商务局购买了一份邮件列表。邮件列表包括以下数据：

HOUSEHOLD (Phone, FirstName, LastName, Street, City, State, ZIP, Apartment)

在某些情况下，一个电话号码会对应多个姓名。因此，主键是组合键（Phone, FirstName, LastName）。Phone、FirstName 和 LastName 中没有空值，但是地址数据中有一些空值。

SALE 表中有许多姓名不在 HOUSEHOLD 表中，反过来也如此。

A．设计一个可更新数据库，存储客户和销售数据。解释如何处理数据缺失的问题。解释如何处理不正确的电话号码和姓名数据的问题。

B．设计一个只读数据库，存储客户和销售数据。解释如何处理数据缺失的问题。解释如何处理不正确的电话号码和姓名数据的问题。

Queen Anne 古董店项目题

第 3 章中的 Queen Anne 古董店项目题，要求创建一组关系来组织和连接古董店的典型销售数据（如图 3.33 所示）和采购数据（如图 3.34 所示）。关系集可能与下面的类似。这里已经在 CUSTOMER 关系中添加了一些额外的列，以更接近于第 2 章的 Queen Anne 古董店数据库模式。

CUSTOMER (CustomerID, LastName, FirstName, EmailAddress,
　　EncryptedPassword, Address, City, State, ZIP, Phone, ReferredBy)

SALE (SaleID, CustomerID, InvoiceDate, PreTaxTotal, Tax, Total)

SALE_ITEM (SaleID, SaleItemID, PurchaseID, SalePrice)

PURCHASE (PurchaseID, PurchaseItem, PurchasePrice, PurchaseDate,
　　VendorID)

VENDOR (VendorID, Vendor, Phone)

利用这些关系以及图 3.33 和图 3.34 中的数据（图中没有包含此模式中所示的所有列的数据），回答以下问题。

　A．按照图 4.1 所示的过程评估这些数据。

　1．列出所有的函数依赖。

　2．列出所有的多值依赖。

　3．列出所有的候选键。

　4．列出所有的主键。

　5．列出所有的外键。

　6．在列出这些元素时，给出所做的任何假设。

　B．列出你会询问古董店老板的一些问题，以验证你的假设。

　C．如果存在任何多值依赖，创建用于消除它们的表。

　D．这些数据有多值多列问题吗？如果有，应该如何处理？

　E．这些数据有值不一致的问题吗？如果有，应该如何处理？

　F．这些数据是否存在空值问题？如果有，应该如何处理？

　G．这些数据是否存在通用目的备注列问题？如果有，应该如何处理？

Morgan 进口公司项目题

Phillip Morgan 是 Morgan 进口公司的老板，他定期到不同的国家采购商品。在旅途中，他会记录下购买的商品以及装运情况的基本数据。他雇佣了一名大学实习生，将所记录的信息转换成电子表格，如图 4.9 所示（图中为一些样本数据）。在过去几年里，Phillip 购买了数百件商品，它们被装运过几十次。

他希望进入信息时代，所以决定为存货建立一个数据库。他希望跟踪购买的商品、商品的装运情况以及最终的客户和销售情况。首先，需要为图 4.9 中的数据创建一个数据库。

　A．按照图 4.1 所示的过程评估这些数据。

　1．列出所有的函数依赖。

　2．列出所有的多值依赖。

　3．列出所有的候选键。

　4．列出所有的主键。

	ShipmentNumber	Shipper	Phone	Contact	From	Departure	Arrival	Contents	InsuredValue
1	ShipmentNumber	Shipper	Phone	Contact	From	Departure	Arrival	Contents	InsuredValue
2	49100300	Wordwide	800-123-4567	Jose	Philippines	5/5/2021	6/17/1999	QE dining set, large bureau, porcelain lamps	$27,500
3	488955	Intenational	800-123-8898	Marilyn	Singapore	6/2/2021		Miscellaneous linen, large masks, 14 setting Willow design china	$7,500
4	84899440	Wordwide	800-123-4567	Jose	Peru	7/3/2021	7/28/2021	Woven goods, antique leather chairs	
5	399400	Intenational	800-123-8898	Marilyn	Singaporeee	8/5/2021	9/11/2021	Large bureau, brass lamps, willow design serving dishes	$18,000
6									
7									
8									

	Item	Date	City	Store	Salesperson	Price
9	Item	Date	City	Store	Salesperson	Price
10	QE Dining Set	4/7/2021	Manila	E. Treasures	Gracielle	$14,300
11	Willow Serving Dishes	7/15/2021	Singapore	Jade Antiques	Swee Lai	$4,500
12	Large bureau	7/17/2021	Singapore	Eastern Sales	Jeremey	$9,500
13	Brass lamps	7/20/2021	Singapore	Jade Antiques	Mr. James	$1,200
14						
15						

图 4.9　Morgan 进口公司的电子表格文件

　　5．列出所有的外键。

　　6．在列出这些元素时，给出所做的任何假设。

　　B．列出你会询问 Phillip 的一些问题，以验证你的假设。

　　C．如果存在任何多值依赖，创建用于消除它们的表。

　　D．通过将 From 单元格中的值与 City 单元格中的值相匹配，可以推断装运数据与商品数据之间的关系。描述这种策略带来的两个问题。

　　E．应该如何更改这个电子表格，使其表示一个装运与商品之间的关系。

　　F．假设 Phillip 希望根据这些数据创建一个可更新数据库。设计一些合适的表，并指出其中的引用完整性约束。

　　G．假设 Phillip 希望根据这些数据创建一个只读数据库。设计一些合适的表，并指出其中的引用完整性约束。

　　H．这些数据有多值多列问题吗？如果有，应该如何处理？

　　I．这些数据有值不一致的问题吗？如果有，应该如何处理？

　　J．这些数据是否存在空值问题？如果有，应该如何处理？

　　K．这些数据是否存在通用目的备注列问题？如果有，应该如何处理？

第 5 章　数据建模与实体关系模型

本章目标
- 了解两阶段数据建模/数据库设计过程
- 理解数据建模过程的目的
- 理解实体关系（E-R）图
- 能够确定实体、属性和关系
- 能够创建实体标识符
- 能够确定最大和最小基数
- 了解 E-R 模型的各种变体
- 理解并能够使用 ID 依赖和其他弱实体
- 理解并能够使用超类型/子类型实体
- 理解并能够使用强实体关系模式
- 理解并能够使用 ID 依赖关联关系模式
- 理解并能够使用 ID 依赖多值属性关系模式
- 理解并能够使用 ID 依赖原型/实例关系模式
- 理解并能够使用 line-item 模式
- 理解并能够使用 for-use-by 子类型模式
- 理解并能够使用递归关系模式
- 理解数据建模的迭代过程
- 能够处理数据建模过程

本章和下一章探讨的是数据库设计，它来自新信息系统的发展需求。这样的数据库，是通过分析需求并创建满足这些需求的数据库的数据模型或蓝图来设计的。随后，将数据模型转换为数据库设计。

本章讲解的是最流行的建模技术——实体关系数据模型。本章由三部分组成。首先讲解实体关系模型的主要元素，并简要描述该模型的几种变体。接下来，将研究数据建模时会遇到的表单、报表和数据模型中的一些模式。最后，将利用一个大学的小型数据库例子来演示数据建模过程。不过，在开始之前，需要了解数据模型的作用。

在系统分析和设计过程中，数据建模发生在系统开发生命周期（SDLC）的需求分析阶段。关于系统分析、设计以及 SDLC 的介绍见附录 B。

5.1　数据模型的用途

数据模型（Data Model）是数据库设计的计划或蓝图，它是一种通用的、非特定于 DBMS 的设计。可以用宿舍楼或公寓的建造来做类比。承包商不会买一些建筑材料，找好混凝土搅拌车，然后就开始工作。相反，早在开始施工之前，建筑师就为该建筑物确定了建造方案。在规划阶段，如果发现房间的尺寸不合适，只需重新画线就可以修正。如果是在建造完成后才去改变，则墙壁、电力系统、管道等将需要重建，耗时耗力。更改设计，要比改变已建好的建筑物更容易、更简单、更快速。

这个原则同样适应于数据模型和数据库。在数据建模阶段更改关系，是一个重新绘图和修改相关文档的问题。如果是在数据库和应用完成之后再更改关系，则事情会变得困难很多。必须将数据迁移到新结构中，重新编写 SQL 语句，更改表单和报表，等等。

BY THE WAY　讲解系统分析和设计的图书，通常将设计分为三个阶段：

- 概念设计（概念模式）
- 逻辑设计（逻辑模式）
- 物理设计（物理模式）

本书讨论的数据模型，相当于这些图书中定义的概念设计。

5.2　实体关系模型

多年来，用于构建数据模型的工具和技术，已经发展了数十种。它们包括层次数据模型、网络数据模型、ANSI/SPARC 数据模型、实体关系数据模型、语义对象模型以及其他许多模型。其中，实体关系数据模型已成为标准数据模型，本章中将只探讨这种数据模型。

实体关系数据模型（Entity-Relationship Data Model）通常被称为 E-R 模型，由 Peter Chen 在 1976[①]年首次提出。在他的论文中，给出了这个模型的基本要素。后来，子类型（稍后讨论）被添加到了 E-R 模型中[②]，形成了扩展 E-R 模型。现在，大多数人在使用术语 "E-R 模型" 时，所指的是扩展 E-R 模型。本书中使用的是扩展 E-R 模型。

5.2.1　实体

实体是用户希望跟踪的对象。实体在用户的工作环境中很容易被识别出。例如，EMPLOYEE Mary Lai、CUSTOMER 12345、SALES-ORDER 1000、SALESPERSON Wally Smith、PRODUCT A4200 等都是实体。同一类型的实体，构成了一个实体类（Entity Class）。因此，EMPLOYEE 实体类是所有 EMPLOYEE 实体的集合。本书中，将用全大写字母来表示实体类。

理解实体类和实体实例之间的区别很重要。实体类是实体的集合，由该类中实体的结构来描述。实体类的实体实例（Entity Instance），指的是一个特定实体的出现，比如 CUSTOMER 12345。一个实体类通常有多个实体实例。例如，实体类 CUSTOMER 有许多实例——每一个实例对应数据库中的一位客户。CUSTOMER 实体类及其两个实例，如图 5.1 所示。

5.2.2　属性

实体具有描述其特征的属性。比如 EmployeeNumber、EmployeeName、Phone 和 Email。本书中，属性用首字母大写的形式表示。E-R 模型假定一个实体类的所有实例都具有相同的属性。

---

① 参见 Peter P. Chen, "The Entity-Relationship Model—Towards a Unified View of Data," ACM Transactions on Database Systems, January 1976, pp. 9-36。

② 参见 T. J. Teorey, D. Yang, and J. P. Fry, "A Logical Design Methodology for Relational Databases Using the Extended Entity-Relationship Model," ACM Computing Surveys, June 1986, pp. 197-222。

CUSTOMER实体

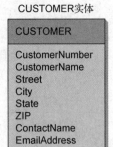

两个实例

图 5.1　CUSTOMER 实体和两个实例

　　图 5.2 是表示实体属性的两种不同方法。图 5.2（a）用椭圆表示连接到实体的属性。在数据建模软件出现之前，这种风格用于原始 E-R 模型中。图 5.2（b）是当今数据建模软件产品常用的矩形风格。

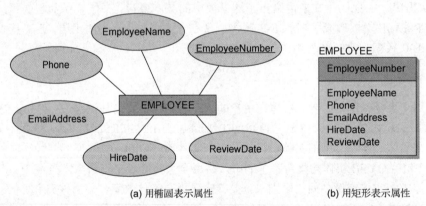

(a) 用椭圆表示属性　　　　　　　　　　　　(b) 用矩形表示属性

图 5.2　E-R 模型中属性的不同表示方法

5.2.3　标识符

　　实体实例具有标识符（Identifier），它是用于命名或标识实体实例的属性。例如，EMPLOYEE 实例可以通过 EmployeeNumber、SocialSecurityNumber 或 EmployeeName 来标识（只要两位员工的姓名不同）。EMPLOYEE 实例不太可能通过诸如 Salary 或 HireDate 之类的属性来标识，因为这些属性通常不是唯一的。类似地，客户可以通过 CustomerNumber 或 CustomerName 标识，销售订单可以通过 OrderNumber 标识。

　　实体实例的标识符由实体的一个或多个属性组成。由两个或多个属性组成的标识符称为组合标识符（Composite Identifier）。例如，（AreaCode，LocalNumber）、（ProjectName，TaskName）和（FirstName，LastName，DateOfHire）。

BY THE WAY　要注意标识符和键之间的对应关系。在数据模型中使用术语"标识符"，在数据库设计中使用术语"键"（第 3 章关于关系数据库的讨论中已经介绍过）。因此，实体中有标识符，而表（或关系）中有键。标识符对于实体的作用与键对于表的作用相同。

　　如图 5.3 所示，在数据模型中，实体可以被细分为三个层次。如图 5.3（a）所示，有时会显示实体及其所有属性。这时，属性的标识符显示在实体的顶部，而标识符的下面有一条水平线。然而，在大型数据模型中，如此多的细节会使数据模型图变得笨拙。这时，可以将实体图简化成仅显示标识符，如图 5.3（b）所示；或仅在矩形中显示实体名称，如图 5.3（c）所示。这三种技术都会在实践中使用，图 5.3（c）中更简短的形式用于显示全局图和整体实体关系；图 5.3（a）中更详细的实体属性，经常在数据库设计期间使用。大多数数据建模软件产品都能够显示这三种形式。

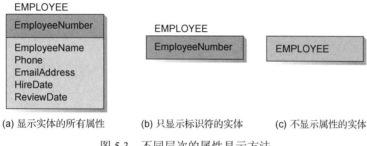

(a) 显示实体的所有属性　　　(b) 只显示标识符的实体　　　(c) 不显示属性的实体

图 5.3　不同层次的属性显示方法

5.2.4　关系

　　E-R 模型同时包含关系类和关系实例。关系类（Relationship Class）是实体类之间的关联，而关系实例（Relationship Instance）是实体实例之间的关联。[①]在原始的 E-R 模型中，关系可以具有属性。今天，这个特性不那么常见了，本书中也不会使用它。

　　如图 5.4 所示，关系的名称描述了关系的本质。图 5.4（a）中，Qualification 关系显示了哪些员工拥有哪些技能；图 5.4（b）中，Assignment 关系将客户、建筑师和项目组合到一起。为了避免不必要的复杂性，本章中将只在有歧义的情况下才显示关系的名称。

BY THE WAY　有些教师可能会认为，提供关系的名称是很重要的。如果是这样，请注意可以从任何一个实体或两个实体的角度来命名关系。例如，可以将 DEPARTMENT 和 EMPLOYEE 之间的关系命名为"Department Consists Of"或者"Employee Works In"，还可以将它命名为"Department Consists Of/Employee Works In"。当两个实体之间存在两种不同的关系时，关系名称是必需的。

　　关系类可以包含两个或多个实体类。关系中实体类的数量是关系的度（Degree）。图 5.4（a）中，Qualification 关系的度为 2，因为它涉及两个实体类：EMPLOYEE 和 SKILL；图 5.4（b）中，Assignment 关系的度为 3，因为它涉及三个实体类：CLIENT、ARCHITECT 和 PROJECT。度为 2 的关系称为二元关系（Binary Relationship）；度为 3 的关系称为三元关系（Ternary Relationship）。

---

　　① 为了简洁，当上下文清楚地表明涉及的是实例还是类时，有时会省略文字"实例"或"类"。对实体和关系都可以这么做。

将数据模型转换为关系数据库设计时，任何度的关系都被视为二元关系的组合。例如，图5.4（b）中的 Assignment 关系，可以被分解为3个二元关系。多数情况下，这种策略不存在问题。然而，第6章中会讲解一些非二元关系需要额外的工作。所有数据建模软件产品都要求将关系表示为二元关系。

![BY THE WAY] 此时，可能希望知道"实体和表之间的区别是什么"？目前为止，它们似乎是同一件事的不同术语。实体和表之间的主要区别是可以不使用外键来表达实体之间的关系。E-R 模型中，可以通过画一条连接两个实体的线来指定关系。因为正在进行的是逻辑数据建模而不是物理数据库设计，所以不必考虑主键、外键、引用完整性约束等问题。如果愿意，大多数数据建模产品允许考虑这些细节，但不是必需的。

这个特性使得实体比表更容易使用，特别是在项目早期，当实体和关系还不稳定和不确定时。甚至在定义标识符之前，就能够展示实体间的关系。例如，在知道 EMPLOYEE 或 DEPARTMENT 的任何属性之前，就可以说一个 DEPARTMENT 与许多 EMPLOYEE 相关。这个特性能够逐步推进工作从概要设计到具体实现。可以先确定实体，然后考虑关系，最后确定属性。

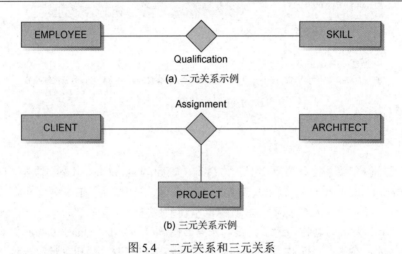

(a) 二元关系示例

(b) 三元关系示例

图 5.4　二元关系和三元关系

E-R 模型中可以根据基数（Cardinality）对关系进行分类。最大基数（Maximum Cardinality）是一个实体可以参与的关系实例的最大数量；最小基数（Minimum Cardinality）是一个实体可以参与的关系实例的最小数量。

5.2.5　最大基数

在图5.5中，最大基数显示在表示关系的菱形中。该图的三个部分分别显示了 E-R 模型中的三种最大基数。

图5.5（a）表示一对一（缩写为1:1）关系。在1:1关系中，一种类型的实体实例，最多与另一种类型的一个实体实例相关。图5.5（a）中的 Employee_Identity 关系，将一个 EMPLOYEE 实例与一个 BADGE 实例关联起来。根据这个图，一位员工最多有一枚胸牌，而且一枚胸牌最多被分配给一位员工。

图5.5（b）中的Computer_Assignment关系，是一种一对多（缩写为1:N）关系。一个EMPLOYEE实例可以与多个COMPUTER实例相关联，但是一个COMPUTER实例最多只与一个EMPLOYEE实例相关联。根据这个图，一位员工可以拥有多台计算机，但是一台计算机只能分配给一位员工。

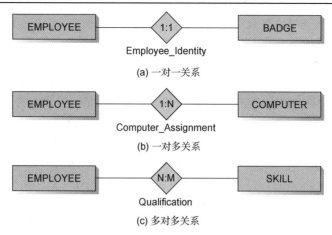

(a) 一对一关系

(b) 一对多关系

(c) 多对多关系

图 5.5　三种类型的最大基数

1 和 N 的位置很重要。1 与连接 EMPLOYEE 的线靠近，这意味着 1 代表关系中的 EMPLOYEE 一方；N 与连接 COMPUTER 的线靠近，意味着 N 代表关系中的 COMPUTER 一方。如果将 1 和 N 对调，将关系写成 N:1，则表示一位员工只拥有一台计算机，而一台计算机可以分配给许多员工。

讨论一对多关系时，有时会使用术语"父"和"子"。父表示关系中对应于"1"一侧的实体，子表示关系中对应于"N"一侧的实体。因此，在 DEPARTMENT 和 EMPLOYEE 的 1:N 关系中，DEPARTMENT 是父，EMPLOYEE 是子（一个部门有很多员工）。

图 5.5（c）表示多对多（简写为 N:M）关系。根据 Qualification 关系，一个 EMPLOYEE 实例可以与许多 SKILL 实例相关联；一个 SKILL 实例可以与许多 EMPLOYEE 实例相关联。这种关系，证明了一位员工可能拥有多项技能，且一项技能可以被很多员工掌握。

为什么不将多对多关系写成 N:N 或 M:M 呢？原因是一个方向的基数可能与另一个方向的基数不同。换句话说，在 N:M 关系中，N 不需要等于 M。例如，一位员工可以有 5 项技能，但其中的一项只有三位员工掌握了。将关系写成 N:M 强调了基数不同的可能性。

有时，最大基数是一个确切的数字。例如，对于一支球队来说，球员名册上的人数被限制在一个固定的数量，比如 15 人。这种情况下，TEAM 和 PLAYER 之间的最大基数将被设置为 15，而不是更一般化的 N。

BY THE WAY　　图 5.5 中所示的关系，有时称为 HAS-A（"有"）关系。之所以使用这个术语，是因为每一个实体实例都有与另一个实体实例的关系。员工有胸牌，胸牌有（属于）员工。如果最大基数大于 1，则每一个实体都有一组其他的实体。例如，一位员工有一组技能，一项技能有一组拥有它的员工。

5.2.6　最小基数

最小基数是必须参与关系的实体实例的数量。一般来说，最小基数为 0 或 1。如果为 0，则是否参与关系是可选的（Optional）；如果为 1，则实体实例必须参与到关系中，称为"强制参与"（Mandatory Participation）。在 E-R 图中，可选关系用关系线上的小圆表示，强制关系由跨关系线的竖线表示。

为了更好地理解这些术语，请看图 5.6。在图 5.6（a）中的 Employee_Identity 关系中，竖线表示一位员工必须拥有一枚胸牌，而且每一枚胸牌都必须分配给一位员工。这样的关系，称为强制到强制（M-M）关系，因为线的两端都必须有实体。Employee_Identity 关系的完整描述为：它是 1：1 的 M-M 关系。

图 5.6（b）中，两个小圆圈表明 Computer_Assignment 关系是一个可选到可选（O-O）关系。这意味着员工可以不拥有计算机，计算机也不需要分配给员工。因此，Computer_Assignment 关系是 1：N 的 O-O 关系。

最后，在图 5.6（c）中，一个圆圈和一条竖线的组合表明这是一个可选到强制（O-M）关系。此处表示，一位员工至少应拥有一项技能，但某项技能可以不被任何员工掌握。因此，Qualification 关系的完整描述为：它是一个 N：M 的 O-M 关系。圆圈和竖线的位置很重要。因为圆圈靠近 EMPLOYEE 一侧，所以员工在关系中是可选的。

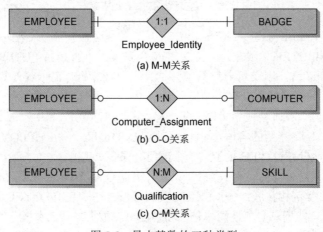

(a) M-M关系

(b) O-O关系

(c) O-M关系

图 5.6　最小基数的三种类型

> **BY THE WAY**　有时，当解读类似图 5.6（c）这样的图时，可能不清楚哪一个实体是可选的，哪一个是必需的。解决办法很简单：设想你站在关系线的菱形上来看这些实体。如果看到一个圆圈，则表示实体是可选的；如果看到一条竖线，则实体是必需的。因此，在图 5.6（c）中，如果站在菱形上向 SKILL 方向看，会看到一条竖线，这意味着 SKILL 是必需的；如果回头看 EMPLOYEE 方向，会看到一个圆圈，这意味着 EMPLOYEE 是可选的。

第四种情况是强制到可选（M-O）关系，没有在图 5.6 中显示。如果交换图 5.6（c）中的圆圈和竖线，那么 Qualification 就变成了一种 M-O 关系。在这种情况下，员工可以没有技能，但每一项技能必须至少被一名员工掌握。

与最大基数一样，在极少数情况下，最小基数是一个具体的数字。例如，为了表示 PERSON 与 MARRIAGE 之间的关系，最小基数可以为 2-O。

5.2.7　E-R 图及其版本

图 5.5 和图 5.6 中的图，有时被称为实体关系（E-R）图。E-R 模型的最初版本规定使用菱形表示关系，矩形表示实体，椭圆表示属性，如图 5.2 所示。以后可能还会看到这样的 E-R 图，所以需要理解它。

然而，由于两个原因，这种类型的 E-R 图现在已经很少使用了。首先，存在多个版本的不同 E-R 模型，它们使用不同的符号。其次，数据建模软件产品采用的是另外的技术。例如，erwin Data Modeler 使用一组符号，而 Microsoft Visio 使用另一组符号。

5.2.8 E-R 模型的变体

目前使用的 E-R 模型至少有三个版本。其中之一是信息工程（Information Engineering，IE）模型，它是由 James Martin 在 1990 年开发的。这个模型使用"乌鸦脚"（Crow's Foot）来显示关系的多个方面，它被称为 IE 乌鸦脚模型（IE Crow's Foot model）。它很容易理解，本书中将使用它。1993 年，美国国家标准和技术研究所发布了另一个版本的 E-R 模型作为国家标准，这个版本称为 Integrated Definition 1, Extended（IDEF1X）[①]。这个标准包含了 E-R 模型的基本思想，但是使用了另一组图形符号。虽然是国家标准，但它很难理解和使用。然而，作为一个国家标准，它在政府中使用，因此也很重要。因此，附录 C 中讲解了 IDEF1X 模型的基本原理。

与此同时，为了进一步增加复杂性，一种称为统一建模语言（Unified Modeling Language，UML）的较新的面向对象开发方法采用了 E-R 模型，但其引入了自己的符号，同时在上添加了面向对象编程。附录 C 中总结了 UML 表示法。

BY THE WAY 除了 E-R 型号不同版本的差异，还有软件产品的差异。例如，实现 IE 乌鸦脚模型的两种产品，可能有不同的实现方式。因此，在创建数据模型图时，不仅需要知道所使用的 E-R 模型的版本，还需要知道所使用的数据建模产品的特性。

5.2.9 采用 IE 乌鸦脚模型的 E-R 图

图 5.7 显示了一个 1∶N、O-M 关系的两个版本。图 5.7（a）为原始 E-R 模型版本，图 5.7（b）显示了使用常见的乌鸦脚符号的乌鸦脚模型。注意，图 5.7（b）中的关系是用虚线连接的，原因将在本章后面解释。还要注意，乌鸦脚符号用来表示关系中"多"的一侧。

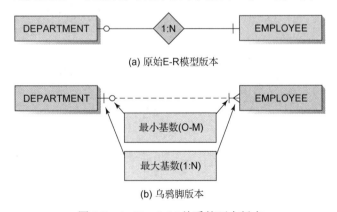

(a) 原始E-R模型版本

(b) 乌鸦脚版本

图 5.7 1∶N、O-M 关系的两个版本

乌鸦脚模型使用图 5.8 中的符号来表示关系基数。最靠近实体的符号表示最大基数，另一个符号表示最小基数。竖线表示"1"（因此也是强制的），圆圈表示"0"（可选的），乌鸦脚符号表

---

① 参见 Integrated Definition for Information Modeling(IDEF1X), Federal Information Processing Standards Publication 184, 1993。

示"多个"。注意，图 5.8 中的第一个符号，既可以将其按纯数字（"正好一个"）理解，也可以按半数字（"强制对一个"）理解，采用哪种方式取决于个人偏好。

符号	含义	数字含义
──┤├──	强制对一个	正好一个
──┤<	强制对多个	一个或多个
──○┤──	可选对一个	零个或一个
──○<	可选对多个	零个或多个

图 5.8　乌鸦脚符号

因此，图 5.7（b）中的图表示一个 DEPARTMENT 有一位或多位 EMPLOYEE（符号表示"许多"和"强制"），一位 EMPLOYEE 属于零个或一个 DEPARTMENT（符号表示"一个"和"可选"）。

1:1 关系可以用类似的方式绘制，但连接到每个实体的线应与图 5.7（b）中 1:N 关系一侧的连接线相似。

图 5.9 显示了一个 N:M、O-M 关系的两个版本。N:M 关系的建模存在一些复杂性。根据图 5.9（a）所示的原始 E-R 模型图，一位 EMPLOYEE 必须至少具备一项 SKILL，也可能具备多项。同时，一项 SKILL 可以不被任何 EMPLOYEE 掌握，也可能被多位 EMPLOYEE 掌握。图 5.9（b）中的乌鸦脚版本，使用图 5.8 中的符号显示了 N:M 关系的最大基数和最小基数。

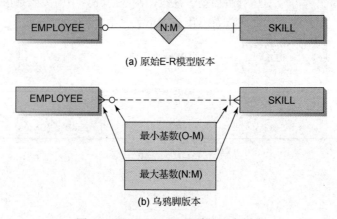

(a) 原始E-R模型版本

(b) 乌鸦脚版本

图 5.9　N:M、O-M 关系的两个版本

除在附录 C 和附录 F 中讨论的其他建模符号外，在本书的其余部分，将对 E-R 图使用 IE 乌鸦脚模型。由于不存在整套的乌鸦脚标准符号，所以当首次使用某个符号时，会解释它的用途。有多种建模产品能够生成乌鸦脚模型，它们很容易理解且都与原始 E-R 模型相关。注意，其他产品中使用的圆圈、竖线、乌鸦脚和其他符号，可能略有不同。此外，老师可能有一款最偏爱的建模工具。如果该工具不支持乌鸦脚模型，则必须将本书中的数据模型转换到工具中。

BY THE WAY　有许多建模产品可供选择，每一个都有自己的特性。Erwin 公司的 erwin Data Modeler 是一个商业数据建模产品，可以处理数据建模并承担数据库设计任务。可以使用 erwin Data Modeler 来生成乌鸦脚或 IDEF1X 数据模型。

还可以尝试 ER-Assistant，可以从 Software Informer 免费下载。

Microsoft Visio 2019 也是一种选择，可以从 Microsoft 网站下载试用版。有关使用 Microsoft Visio 2019 进行数据建模的完整讨论见附录 E。

最后，如第 2 章和第 10C 章所述，Oracle 正在持续开发 MySQL Workbench，MySQL 开发网站提供了免费版本（如果使用的是 Microsoft 操作系统，则应该下载并运行 MySQL Installer for Windows，以安装 MySQL Workbench）。尽管 MySQL Workbench 在数据库设计方面要强于数据建模，它还是一个非常有用的工具，而且用它设计的数据库可以与任何 DBMS 一起使用，而不仅仅是 MySQL。有关使用 MySQL Workbench 进行数据库设计的完整讨论，请参阅附录 D。

5.2.10　强实体和弱实体

强实体（Strong Entity）表示一个可以独立存在的实体。例如，PERSON 是一个强实体——人是可以独立存在的。同样，AUTOMOBILE 是一个强实体。除了强实体，E-R 模型的最初版本还包含了弱实体（Weak Entity）的概念，即实体的存在依赖于另一个实体。

5.2.11　ID 依赖实体

E-R 模型包括一种特殊类型的弱实体，称为 ID 依赖实体（ID-dependent Entity）。ID 依赖实体是其标识符包含另一个实体标识符的实体。例如，考虑一个建筑中的学生公寓实体，如图 5.10（a）所示。

此类实体的标识符，是一个组合体（BuildingName, ApartmentNumber），其中 BuildingName 是 BUILDING 实体的标识符。ApartmentNumber 本身不足以明确具体的地址。如果你住在 5 号公寓，那么一定会有人问你，"哪一栋楼？"因此，APARTMENT 是 ID 依赖于 BUILDING 的。

图 5.10 显示了三种不同的 ID 依赖实体。除了 APARTMENT（ID 依赖于 BUILDING），图 5.10（b）中的 PRINT 实体 ID 依赖于 PAINTING，图 5.10（c）中的 EXAM 实体 ID 依赖于 PATIENT。

对于这些情况，只有当父实体（被依赖的实体）存在时，ID 依赖实体才能存在。因此，从 ID 依赖实体到父实体的最小基数始终为 1。

但是，父实体是否必须拥有 ID 依赖实体，取决于应用的需求。图 5.10 中，APARTMENT 和 PRINT 都是可选的，但是 EXAM 是必需的。这些限制来自应用的性质，而不是任何逻辑需求。

如图 5.10 所示，在 E-R 模型中的 ID 依赖实体用圆角矩形表示，还使用实线表示 ID 依赖实体与父实体之间的关系。这种类型的关系，称为标识关系（Identifying Relationship）。两个强实体之间用虚线画的关系（见图 5.7），被称为非标识关系（Nonidentifying Relationship），因为在关系中不存在 ID 依赖实体（ID 依赖实体可以出现在其他非标识关系中，图 5.33 给出了一个示例）。

ID 依赖实体限制了由它而构造的数据库的处理。也就是说，必须先创建表示父实体的行，然后才能创建 ID 依赖的子行。此外，在删除父行时，也必须删除所有子行。

ID 依赖实体非常普遍。一个例子是 PRODUCT 和 VERSION 关系中的 VERSION 实体，其中 PRODUCT 是软件产品，VERSION 是软件产品的发布版本。PRODUCT 的标识符是 ProductName，VERSION 的标识符是（ProductName, ReleaseNumber）。另一个例子是 TEXTBOOK 和 EDITION 关系中的 EDITION 实体。TEXTBOOK 的标识符是 Title，EDITION 的标识符是（Title, EditionNumber）。

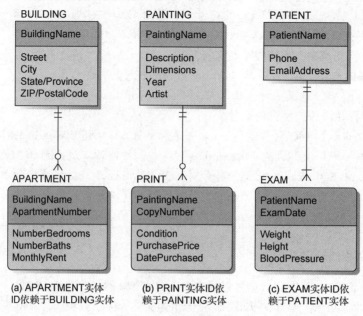

图 5.10　ID 依赖实体示例

ID 依赖子实体的父实体，有时被称为主实体（Owner Entity）。例如，BUILDING 是它内部的 APARTMENT 的主实体。

5.2.12　非 ID 依赖弱实体

所有 ID 依赖实体都是弱实体。但根据原始的 E-R 模型，一些弱实体并不是 ID 依赖实体。如图 5.11 所示，考虑汽车制造商（如 Ford 或 Honda）数据库中的 AUTO_MODEL 和 VEHICLE 实体类。

图 5.11（a）中，每一辆汽车（VEHICLE）在制造时都被分配了一个序列号。因此，对于 AUTO_MODEL 为"Super SUV"的实体而言，第一辆车的 ManufacturingSeqNumber（生产序列号）为 1，下一辆车的 ManufacturingSeqNumber 为 2，依次类推。显然，这是一个 ID 依赖关系，因为 ManufacturingSeqNumber 要以 Manufacturer 和 Model 为基础。

现在，为 VEHICLE 分配一个独立于 Manufacturer 和 Model 的标识符。如图 5.11（b）所示，分配的标识符为 VIN（车辆识别码）。这样，VEHICLE 就有了自己的唯一标识符，不需要通过与 AUTO_MODEL 的关系来标识。

这是一个有趣的情况。VEHICLE 有自己的标识符，因此不是 ID 依赖实体。然而，由于 VEHICLE 是一个 AUTO_MODEL，如果某个特定的 AUTO_MODEL 不存在，则 VEHICLE 本身就不会存在。因此，VEHICLE 现在是一个弱实体但不是 ID 依赖实体。

假设有一辆车 Ford Mustang（福特野马）。Mustang 是 VEHICLE，它作为一个实体存在，由一个已注册汽车所需的 VIN 标识。由于 VIN 的存在，所以 Mustang 不 ID 依赖于 AUTO_MODEL。但是，如果 Ford Mustang 从来没有被当作一个 AUTO_MODEL 制造（AUTO_MODEL 是最初纸面设计的一个逻辑概念），那么它就永远不会被制造出来，因为没有 Ford Mustang 会被生产。因此，如果没有 Ford Mustang 的逻辑 AUTO_MODEL，实体 VEHICLE 将不存在；在数据模型中，如果没有相关的 AUTO_MODEL，VEHICLE 就不可能存在。这样，VEHICLE 就是一个弱实体但不是

ID 依赖实体。大多数数据建模工具不能建模非 ID 依赖弱实体。因此，为了表示这种情况，本书中将采用非标识关系，同时在数据模型中添加一个注解，表明实体是弱的，如图 5.11（b）所示。

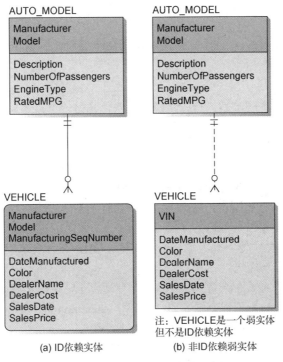

(a) ID依赖实体　　　　(b) 非ID依赖弱实体

图 5.11　非 ID 依赖弱实体示例

5.2.13　弱实体的歧义

弱实体的定义中隐藏了一种歧义，不同的数据库设计人员（以及不同的教材作者）对这种歧义有不同的解释。从严格意义上讲，这种歧义在于：如果弱实体被定义为任何存在于数据库中依赖于另一个实体的实体，那么最小基数为 1 的任何实体，都是弱实体。因此，在学术数据库中，如果 STUDENT 必须有一个 ADVISER，那么 STUDENT 就是一个弱实体，因为没有 ADVISER 就不能存储 STUDENT 实体。

弱实体总结
弱实体的存在依赖于另一个实体
ID 依赖弱实体，是其标识符包含另一个实体标识符的实体
标识关系用于表示 ID 依赖实体
有些实体为弱实体，但不是 ID 依赖实体。数据建模工具中，这种实体被显示为非标识关系，并有额外的文字注明它是弱实体

图 5.12　ID 依赖和非 ID 依赖弱实体的总结

这种解释似乎太宽泛了。在现实中，STUDENT 并不依赖于 ADVISER（不同于 APARTMENT 依赖于 BUILDING）；在逻辑上，STUDENT 也不依赖于 ADVISER。因此，STUDENT 应该被视为一个强实体。

　　为了避免这种情况，有些人对弱实体的定义进行了更狭义的解释。他们认为，弱实体必须在逻辑上依赖于另一个实体。根据这个定义，APARTMENT 是一个弱实体，而 STUDENT 不是。一个 APARTMENT 不能离开它所在的 BUILDING 而存在。但是，即使业务规则有要求，在逻辑上STUDENT 在没有 ADVISER 的情况下也可以存在。

　　我们认为后一种定义更合适。ID 依赖和非 ID 依赖弱实体的特征，总结在图 5.12 中。

5.2.14　子类型实体

　　扩展 E-R 模型中引入了子类型的概念。子类型实体是另一个称为超类型的实体的特殊情况。例如，学生可以分为本科生和研究生。这里，STUDENT 是超类型，UNDERGRADUATE（本科生）和 GRADUATE（研究生）是子类型。

　　学生也可以按大一、大二、大三或大四分类。这时，STUDENT 是超类型，FRESHMAN（大一）、SOPHOMORE（大二）、JUNIOR（大三）和 SENIOR（大四）是子类型。

　　如图 5.13 所示，在 E-R 模型中，使用了一个下面有一条线的圆作为子类型符号，表示超类型－子类型关系。可以将此看作是可选的（圆）1:1（线）关系的符号。此外，还使用实线和圆角矩形来表示 ID 依赖子类型实体，因为每一个子类型都是 ID 依赖于超类型的。还要注意，图 5.8 中的线端符号都没有用于连接线。

　　某些情况下，超类型的属性表明了哪一个子类型适合于特定的实例。决定哪个子类型合适的属性，称为鉴别器（Discriminator）。图 5.13（a）中，isGradStudent 属性（只有 Yes 和 No 值）是鉴别器。E-R 图中，鉴别器显示在子类型符号旁边，如图 5.13（a）所示。并不是所有的超类型都有鉴别器。如果超类型没有鉴别器，则必须编写应用代码来确定实体属于哪个子类型。

　　子类型可以是互斥的或相容的（也分别称为不相交的和重叠的）。对于互斥子类型（Exclusive Subtype），超类型实例最多只与一个子类型相关；对于相容子类型（Inclusive Subtype），超类型实例可以关联到一个或多个子类型。图 5.13（a）中，圆圈中的 X 表示 UNDERGRADUATE 和GRADUATE 子类型是互斥的。因此，STUDENT 可以是 UNDERGRADUATE 或者 GRADUATE，但不能两者都是。图 5.13（b）显示，STUDENT 可以加入 HIKIEING_CLUB 或 SAILING_CLUB，也可以同时加入。这些子类型是相容的（圆圈中没有 X）。由于超类型可能与多个子类型相关，所以相容子类型没有鉴别器。

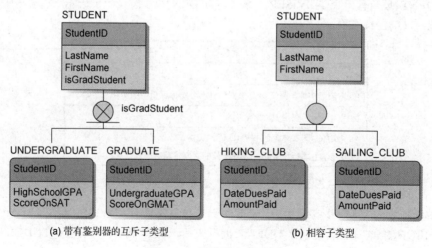

(a) 带有鉴别器的互斥子类型　　　　　　(b) 相容子类型

图 5.13　子类型实体示例

有些模型包括子类型的另一个维度，称为"整体"或"部分"。例如，图 5.13（b）中，是否有学生没有参加任何俱乐部？如果是，则子类型/超类型关系是部分关系；如果不是，则是整体关系。为了表示这种整体关系，需在超类型实体下面的关系线上加一条横线，以表示关系中必须有超类型实体和至少一个子类型实体。

在数据模型中创建子类型的最重要（有人认为是唯一）原因，是避免出现不合适的空值。本科生参加 SAT 考试并会得到分数，研究生参加 GMAT 考试并得到分数。因此，所有 STUDENT 实体中研究生的 SAT 分数都为 NULL，本科生的 GMAT 分数也为 NULL。可以通过创建子类型来避免这样的空值。创建子类型的另一个原因是：在某些数据库中，一个子类型可能参与到另一个子类型不参与的关系中。

BY THE WAY　连接超类型和子类型的关系称为 IS-A（"是"）关系，因为子类型与超类型是同一种类型的实体。正因为如此，超类型及其所有子类型的标识符必须是相同的，它们代表同一实体的不同方面。相反，HAS-A 关系中，一个实体与另一个实体存在关系，但两个实体的标识符不同。

图 5.14 总结了 E-R 模型的要素及其乌鸦脚表示。标识符和属性只在第一个示例中给出。注意，对于 1∶1 和 1∶N 非标识关系，父实体是可选的；对于标识关系，父实体是必需的。

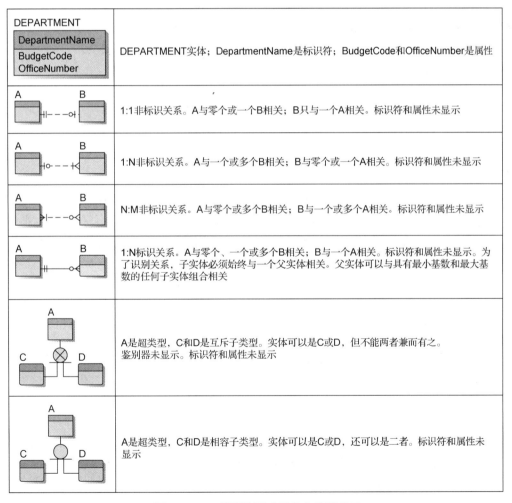

图 5.14　ER 模型的要素及其乌鸦脚表示

5.3 表单、报表和 E-R 模型中的模式

数据模型体现了用户如何认知世界。但对于大多数计算机用户而言，无法回答诸如"EMPLOYEE 实体和 SKILL 实体之间的最大基数是多少？"这样的问题。很少有用户明白它的含义。相反，必须根据用户文档、与用户的对话和行为来间接推断数据模型。

推断数据模型的最佳方法之一，是研究用户的表单和报表。从这些文档中，可以了解到实体及其关系。事实上，表单和报表的结构决定了数据模型的结构，反过来也如此。这意味着可以分析表单或报表，由此判断其底层的实体和关系。

还可以利用表单和报表来验证数据模型。不应该向用户展示数据模型以获得反馈，而是构造出反映数据模型结构的表单或报表，然后获取用户对它的反馈。例如，如果希望知道一个 ORDER（订单）是否有一个或多个 SALESPERSON（销售员），可以向用户显示一个表单，其中有一个空格用于输入一位销售人员的姓名。如果用户问："第二位销售员的名字在哪里输入？"这样就知道了订单中至少有两位甚至更多的销售员。有时，当没有合适的表单或报表存在时，可以创建原型表单或报表供用户评估。

总之，必须理解表单和报表的结构如何决定了数据模型的结构，反之亦然。幸运的是，许多表单和报表都有常见的模式。如果知道如何分析这些模式，就可以很好地理解表单、报表和数据模型之间的逻辑关系。因此，在后面几个小节中，将详细讨论几种最常见的模式。

5.3.1 强实体关系模式

两个强实体之间可能存在三种基本关系类型：1∶1、1∶N 和 N∶M。建模此类关系时，必须确定最大和最小基数。最大基数通常可以根据表单和报表确定。大多数情况下，为了确定最小基数，必须询问用户。

1. 1∶1 强实体关系

图 5.15 给出了一个数据输入表单和一个报表，表示两个实体 CLUB_MEMBER 和 LOCKER 之间的一对一关系。图 5.15（a）中的 Club Member Locker 表单，显示了某位运动俱乐部会员数据，并且只列出了该会员的一个储物柜信息。这个表单表明，每位会员最多拥有一个储物柜。图 5.15（b）中的报表，显示了俱乐部的储物柜，并指明了它被分配给哪一位会员。一个储物柜只能被分配给一位会员。

因此，图 5.15 中的表单和报表表明，一位 CLUB_MEMBER 有一个 LOCKER，一个 LOCKER 被分配给一位 CLUB_MEMBER。因此，它们之间的关系是 1∶1。为了建模这种关系，在两个实体之间画一个非标识关系（表示两个实体都不是 ID 依赖的），如图 5.16 所示。然后，将最大基数设置为 1∶1。可以看出这是一个非标识关系，因为关系线是虚线。此外，由于没有出现乌鸦脚，所以两者的关系为 1∶1。

关于最小基数，表单中显示的每位成员都有一个储物柜，而报表中显示的每个储物柜都被分配给了一位会员，所以这种关系似乎为 M-M。但是，这个表单和报表只是实例，不能代表所有的可能性。如果俱乐部对大众开放，允许他们成为会员，那么并不是每一位会员都有一个储物柜。此外，不太可能每个储物柜都有人使用，可能有一些储物柜未使用或未分配。因此，图 5.16 给出的是可选到可选的关系，用关系线上的小圆圈所示。

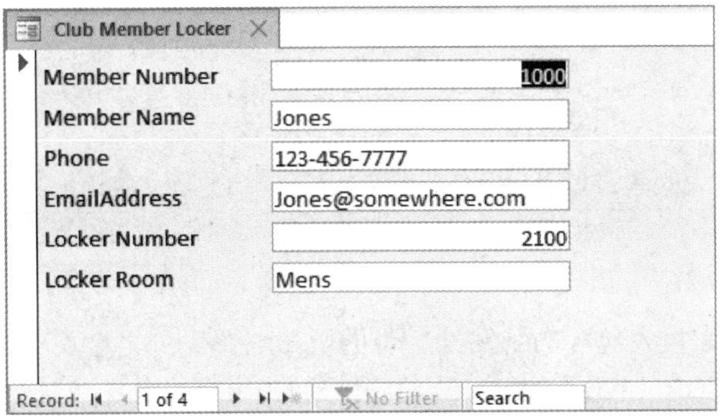

（a）俱乐部会员数据输入表单

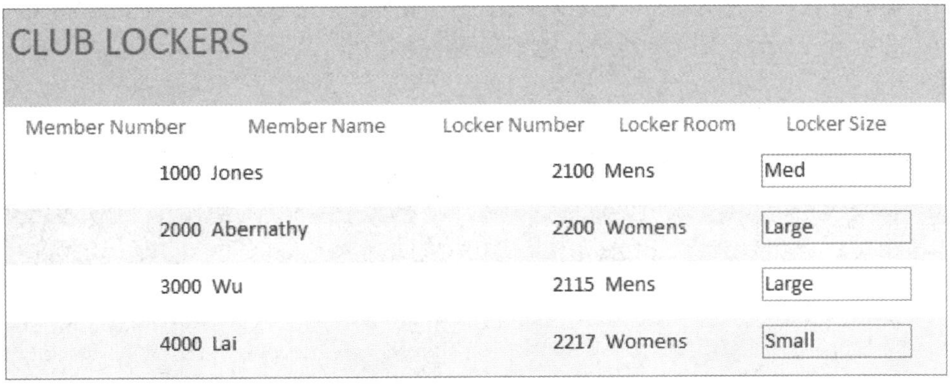

（b）俱乐部储物柜报表

图 5.15　表示 1：1 关系的表单和报表

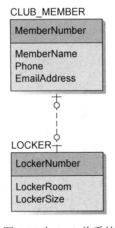

图 5.16　图 5.15 中 1：1 关系的数据模型

BY THE WAY　　　如何识别强实体呢？可以进行两种测试。首先，实体是否有自己的标识符？如果它与另一个实体共享标识符的一部分，那么它是一个 ID 依赖实体，因此是弱实体。其次，这个实体在逻辑上是否与其他实体不同或者分离？它是独立的，还是其他事物的一部分？这里，CLUB_MEMBER 和 LOCKER 是两个完全不同的事物，它们不是彼此或其他事物的一部分。因此，它们是强实体。

还要注意，表单或报表只展现了关系的一面。给定实体 A 和 B，表单可以显示 A 到 B 的关系，但不能显示 B 到 A 的关系。要了解从 B 到 A 的基数，必须检查另外的表单或报表、询问用户，或者采取其他操作。

最后，几乎不可能从表单或报表中推断出最小基数，通常需要询问用户才能得知。

2. 1 : N 强实体关系

图 5.17 中的表单和报表包含的是发给会员的队服清单。一名会员可以有许多队服，因此从 CLUB_MEMBER 到 CLUB_UNIFORM 的最大基数是 N（如果关系是多对多的，则会使用符号 M）。反过来会怎么样呢？为了判断一件队服是否与一名或多名俱乐部会员（将在 N∶M 关系中标记为 N）有关，需要查看表单或报表，以确认从 CLUB_UNIFORM 到 CLUB_MEMBER 之间的关系。或者，可以和俱乐部管理队服的人谈谈。这个问题不能忽视，因为需要知道关系是 1∶N 的还是 N∶M 的。

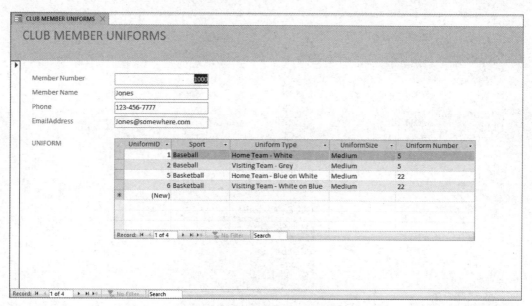

（a）CLUB MEMBER UNIFORM 表单

（b）CLUB MEMBER UNIFORM 报表

图 5.17　表示 1∶N 关系的表单和报表

对于这种情况，必须询问用户，或者至少要根据业务的性质做出决定。一件队服可否同时由多名俱乐部会员共用呢？由于队服上有编号来区分会员，而且号码通常用于整个赛季（比如棒球、篮球或足球队），所以共用队服似乎不太可能发生。因此，可以合理地假设一个 CLUB_UNIFORM 只与一个 CLUB_MEMBER 相关。这样，就能得出关系为 1∶N。图 5.18 显示了最终的数据模型。注意，这个关系的"多"一侧是由 CLUB_UNIFORM 旁边的乌鸦脚表示的。

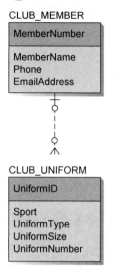

图 5.18　图 5.17 中 1∶N 关系的数据模型

下面考虑最小基数。CLUB_MEMBER 可能不在一个运动队中，因此不需要有队服似乎是合理的。类似地，在一个特定的赛季里，有些队服可能不会被用到，这似乎也是合理的。显然，需要通过询问用户来确认这些结论。图 5.18 描述了 CLUB_MEMBER 不需要拥有 CLUB_UNIFORM、CLUB_UNIFORM 不需要发放给 CLUB_MEMBER 的情形。

3．N∶M 强实体关系

图 5.19（a）中的表单表示供应商和它所提供的零部件之间的关系；图 5.19（b）中的报表，汇总了一些零部件并列出了可以提供这些零部件的公司。这两种情况的关系都为"多"：一个公司可以供应多种部件；一种部件可由多个不同的公司供应。因此，这是一种 N∶M 关系。

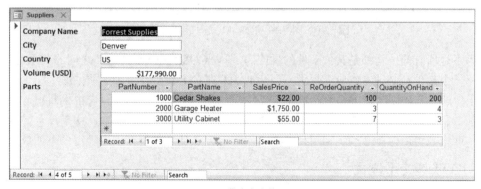

（a）供应商表单

图 5.19　表示 N∶M 关系的表单和报表

PART							
Part Number	Part Name	Sales Price	ROQ	QOH	Company Name	City	Country
1000	Cedar Shakes	$22.00	100	200			
					Bristol Systems	Manchester	England
					ERS Systems	Vancouver	Canada
					Forrest Supplies	Denver	US
2000	Garage Heater	$1,750.00	3	4			
					Bristol Systems	Manchester	England
					ERS Systems	Vancouver	Canada
					Forrest Supplies	Denver	US
					Kyoto Importers	Kyoto	Japan
3000	Utility Cabinet	$55.00	7	3			
					Ajax Manufacturing	Sydney	Australia
					Forrest Supplies	Denver	US

（b）零部件报表

图 5.19　表示 N∶M 关系的表单和报表（续）

图 5.20 是表示这种关系的数据模型。供应商是一个公司，所以将供应商实体表示为 COMPANY。

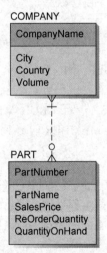

图 5.20　图 5.19 中 N∶M 关系的数据模型

因为不是所有的公司都是某种部件的供应商，所以 COMPANY 到 PART 之间的关系是可选的。但是，每一个部件都必须有供应商提供，因此 PART 到 COMPANY 的关系是强制的。

综上所述，三种强实体关系为：1∶1、1∶N、N∶M。可以从表单或报表中推断出一个方向上的最大基数。必须检查其他的表单或报表，以确定另一个方向的最大基数。如果没有显示这种关系的表单或报表可用，则必须询问用户。通常而言，无法从表单和报表中确定最小基数。

5.3.2　ID 依赖关系模式

有三种主要模式使用 ID 依赖实体：多值属性、原型/实例（也称版本/实例）和关联。由于关联模式经常与前面讨论的 N∶M 强实体关系相混淆，所以首先探讨它。

1．关联模式与关联实体

关联模式（Association Pattern）与 N∶M 强关系有着微妙而令人困惑的相似之处。要了解原因，可将图 5.21 中的报表与图 5.19（b）中的报表进行比较。

PART QUOTATIONS								
PartNumber	PartName	SalesPrice	ROQ	QOH	CompanyName	City	Country	Price
1000	Cedar Shakes	$22.00	100	200				
					Bristol Systems	Manchester	England	$14.00
					ERS Systems	Vancouver	Canada	$12.50
					Forrest Supplies	Denver	US	$15.50
2000	Garage Heater	$1,750.00	3	4				
					Bristol Systems	Manchester	England	$950.00
					ERS Systems	Vancouver	Canada	$875.00
					Forrest Supplies	Denver	US	$915.00
					Kyoto Importers	Kyoto	Japan	$1,100.00
3000	Utility Cabinet	$55.00	7	3				
					Ajax Manufacturing	Sydney	Australia	$37.50
					Forrest Supplies	Denver	US	$42.50

图 5.21　表示关联模式的报表

如果仔细观察，会发现唯一的区别是图 5.21 中的报表包含 Price，它是来自特定供应商的某个零部件的报价。该报表的第一行表明，零部件 Cedar Shakes 由 Bristol Systems 供应，价格为 14.00 美元。

Price 既不是 COMPANY 的属性，也不是 PART 的属性。它是将二者组合在一起的属性。图 5.22 给出了适合这种情况的数据模型。

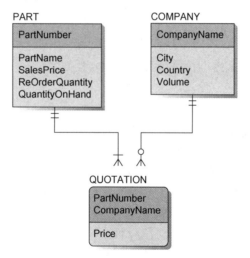

图 5.22　图 5.21 中报表的关联模式数据模型

图中创建的第三个实体 QUOTATION 用于保存 Price 属性。该实体连接数据模型中的其他两个实体，称为关联实体（Associative Entity 或 Association Entity）。QUOTATION 的标识符是 PartNumber 和 CompanyName 的组合。注意，PartNumber 是 PART 的标识符 CompanyName 是 COMPANY 的标识符。因此，QUOTATION 是 ID 依赖于 PART 和 COMPANY 的。

图 5.22 中，PART 和 QUOTATION 之间，以及 COMPANY 和 QUOTATION 之间，都是标识

关系。图 5.22 中用实线表示了这些关系。

与所有标识关系一样，父实体是必需的。因此，QUOTATION 到 PART 的最小基数为 1，QUOTATION 到 COMPANY 的最小基数也为 1。相反方向的最小基数由业务需求决定。此处，PART 必须要有 QUOTATION，但 COMPANY 不需要有 QUOTATION。

BY THE WAY　　考虑图 5.20 和图 5.22 中的数据模型之间的差异。两者之间唯一的不同，是后者中 COMPANY 和 PART 之间的关系有一个 Price 属性。当建模 N : M 关系时，可以参考这个示例。是否缺失了一个与组合有关，而不仅仅与某一个实体有关的属性呢？如果是，那么这就是一个 ID 依赖的关联模式，而不是一个 N : M 强实体模式。

关联可以发生在两个以上的实体类型之间。例如，图 5.23 中的数据模型，用于为特定项目向特定架构师分配特定客户。ASSIGNMENT 的属性是 HoursWorked。该数据模型展示了如何将图 5.4（b）中的三元关系建模为三个二元关系的组合。

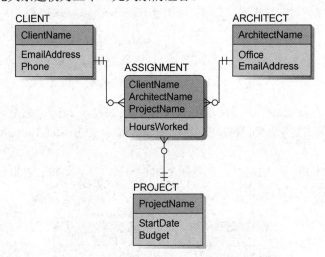

图 5.23　图 5.4 中三元关系的关联模式数据模型

2. 多值属性模式

在目前使用的 E-R 模型中，[①]每一个属性必须有一个值。如果 COMPANY 实体具有 PhoneNumber 和 Contact 属性，那么一个公司最多可以有一个电话号码值和一个联系人值。

但实际上，一家公司可以有多个电话号码和多位联系人。例如，考虑图 5.24 中的数据输入表单。这家公司有三个电话号码，其他公司可能会有一个、两个或四个号码。需要创建一个允许公司拥有多个电话号码的数据模型，而 COMPANY 中的 PhoneNumber 属性无法做到这一点。

图 5.25 提供了一种解决办法。图中没有将 PhoneNumber 作为 COMPANY 的属性，而是创建一个 ID 依赖实体 PHONE，它包含属性 PhoneNumber。COMPANY 到 PHONE 的关系是 1 : N，所以一个公司可以有多个电话号码。由于 PHONE 是一个 ID 依赖实体，它的标识符包括 CompanyName 和 PhoneNumber。

[①] 原始的 E-R 模型允许多值属性。随着时间的推移，这个特性被忽略了，现在大多数人都认为 E-R 模型要求单值属性。本书中也假定 E-R 模型只允许单值属性。

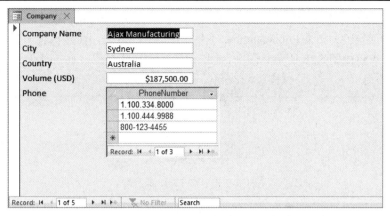

图 5.24 具有多值属性的数据输入表单

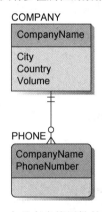

图 5.25 图 5.24 中具有多值属性的表单的数据模型

可以将此策略扩展到任意数量的多值属性。图 5.26 中的 COMPANY 数据输入表单具有多值属性 Phone 和 Contact。这里为每一个多值属性创建了一个 ID 依赖实体，如图 5.27 所示。

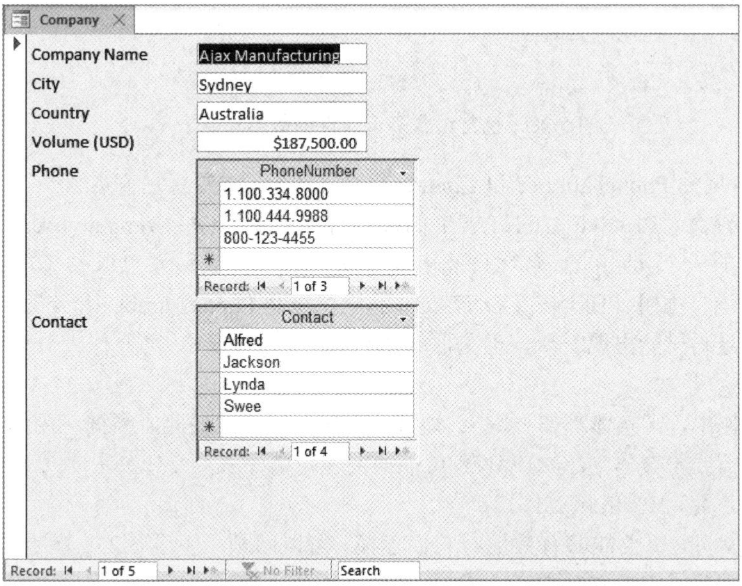

图 5.26 包含不同多值属性的数据输入表单

图 5.27 中，PhoneNumber 和 Contact 是彼此独立的。PhoneNumber 是公司的电话号码，不一定是联系人的电话号码。如果 PhoneNumber 不是一般的公司号码，而是该公司某位员工的号码，那么数据输入表单将如图 5.28 所示。图中，Alfred 有一个电话号码，而 Jackson 有另一个。

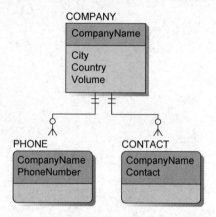

图 5.27　图 5.26 中包含不同多值属性的表单的数据模型

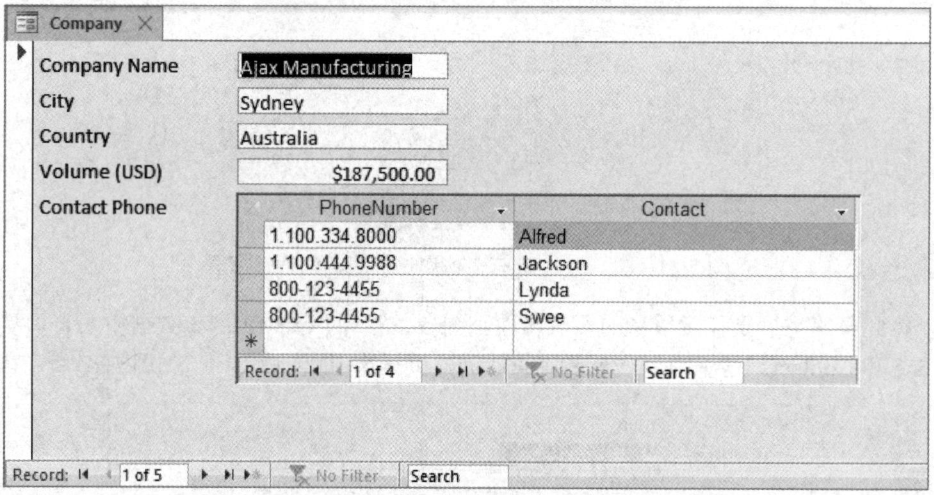

图 5.28　包含组合多值属性的数据输入表单

这种情况下，属性 PhoneNumber 和 Contact 组合在一起，需要将它们放入一个 ID 依赖实体中，如图 5.29 所示。注意，PHONE_CONTACT 的标识符是 Contact 和 CompanyName。这种安排，意味着一家公司中的一个 Contact 名称只能出现一次，而多位联系人可以共享电话号码，如员工 Lynda 和 Swee 所示。如果 PHONE_CONTACT 的标识符是 PhoneNumber 和 CompanyName，那么每家公司的电话号码只能出现一次，但是联系人可以有多个号码。需要仔细分析示例，以确保理解它们。

所有这些示例中，子实体都需要父实体，ID 依赖实体总是如此。根据应用的要求，父实体可能需要也可能不需要子实体。COMPANY 可能需要也可能不需要 PHONE 或 CONTACT，必须询问用户确定它们是否为 ID 依赖实体。

多值属性很常见，需要能够有效地对它们建模。可以回顾一下图 5.25、图 5.27 和图 5.29 中的模型，确保已经理解了它们的差异以及含义。

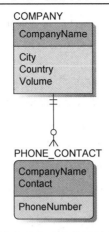

图 5.29　图 5.28 中包含组合多值属性的表单的数据模型

3．原型/实例模式

原型/实例模式（Archetype/Instance Pattern）也称为版本/实例模式（Version/Instance Pattern），发生在一个实体表示另一个实体时。图 5.10 的 PAINTING 和 PRINT，就是一个原型/实例。画作（PAINTING）是原型，印刷品（PRINT）就是原型的实例。

其他原型/实例的例子如图 5.30 所示。对于课程和课程的节号，课程为原型，而该课程的节号是它的实例。对于设计和成品，游艇制造商有各种各样的游艇设计，每一艘游艇成品都是一个特定设计原型的实例。而在房屋开发中，开发商提供几种不同的房屋模型，特定的房屋是该房屋模型原型的实例。

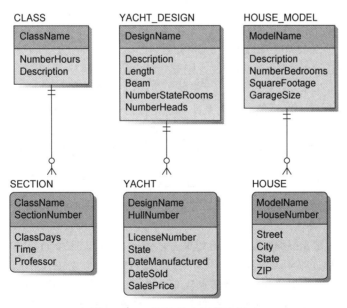

图 5.30　三种原型/实例模式例子

对于所有的 ID 依赖实体，都要求存在父实体。根据应用需求的不同，子实体（此处分别为 SECTION、YACHT 和 HOUSE）可有可无。

逻辑上，每个原型/实例模式的子实体都是一个 ID 依赖实体。图 5.30 中的三个例子都准确地表示了底层数据的逻辑结构。然而，有时用户会向实例实体添加替代标识符，并在过程中将 ID 依赖实体更改为非 ID 依赖弱实体（ID 依赖实体用圆角表示，而非 ID 依赖弱实体用直角表示，以便区分）。

例如，尽管可以通过课程名和节号来标识 SECTION，但学校通常会在 SECTION 中添加一个唯一标识符，比如 ReferenceNumber。这样，SECTION 就不再是 ID 依赖实体，但它仍然依赖于 CLASS。因此，如图 5.31 所示，SECTION 就成为一个非 ID 依赖弱实体。

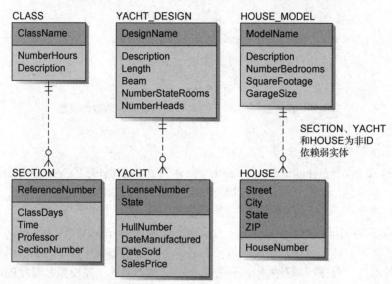

图 5.31　采用非 ID 依赖关系的三种原型/实例模式

对 YACHT 实体同样可以进行类似的操作。虽然游艇制造商可以通过船体编号来确定一艘游艇，但税务机关是通过 State 和 LicenseNumber 来确定的。如果将 YACHT 的标识符从（HullNumber, DesignName）变成（LicenseNumber, State），则 YACHT 就不再是 ID 依赖的，而会成为一个非 ID 依赖弱实体。

同样地，尽管房屋建筑商可能会认为某个房子是根据 Cape Codd 的设计而建造的第三栋，但其他人会用它的地址来指代它。将 HOUSE 的标识符从（HouseNumber，ModelName）更改为（Street，City，State，ZIP）时，HOUSE 就变成了一个非 ID 依赖弱实体。所有这些改变，都显示在图 5.31 中。

BY THE WAY　数据建模者对非 ID 依赖弱实体的重要性存在争论。所有人都认可它的存在，但不是每个人都认同它的重要性。

首先，要理解依赖性会影响数据库应用的编写方式。对于图 5.31 中的 CLASS/SECTION 例子，必须在为该类添加 SECTION 之前插入一个新 CLASS。此外，当删除一个 CLASS 时，必须删除它的全部 SECTION。这就是一些数据建模者认为非 ID 依赖弱实体很重要的原因之一。

怀疑论者说，尽管非 ID 依赖弱实体可能存在，但不是必要的。他们认为，让 SECTION 成为强实体并使 CLASS 成为必需的，就能够得到相同的结果。由于 CLASS 是必需的，应用需要在创建 SECTION 之前插入一个 CLASS，并在删除 CLASS 时也要删除那些被依赖的 SECTION。因此，根据这种观点，一个非 ID 依赖弱实体和一个具有必要关系的强实体之间没有实质区别。

其他人则不同意这种观点。他们的理由如下：SECTION 在逻辑上必须具有 CLASS 的要求——

它来源于现实的本质。强实体必须与另一个强实体具有关系的要求源于业务规则。最初，人们认为一个 ORDER 必须有一个 CUSTOMER（两个强实体）。但是，应用的需求发生了改变，销售商品时可以接收现金，这意味着一个 ORDER 不一定必须有 CUSTOMER。业务规则经常变化，但逻辑需求从不变化。需要对非 ID 依赖弱实体建模，以便知道所需父规则的强度。

在老师的帮助下，可以明确自己的设计模式。非 ID 依赖弱实体与具有必需关系的强实体之间，存在区别吗？在图 5.31 中，只要关系是必需的，就能够将 SECTION、YACHT 和 HOUSE 称为强实体吗？答案是否定的——它们存在区别。但是，有些人不这么认为。

5.3.3　混用标识和非标识关系模式

有些模式同时涉及标识关系和非标识关系。其中一个经典的例子是 line-item 模式，另外还有一些其他的混合模式。首先讲解 line-item 模式。

1. line-item 模式

图 5.32 显示了一个典型的销售订单。它通常包含有关订单本身的数据，例如订单编号和订单日期、客户数据、销售员数据以及订单明细数据。典型的销售订单的数据模型在图 5.33 中给出。

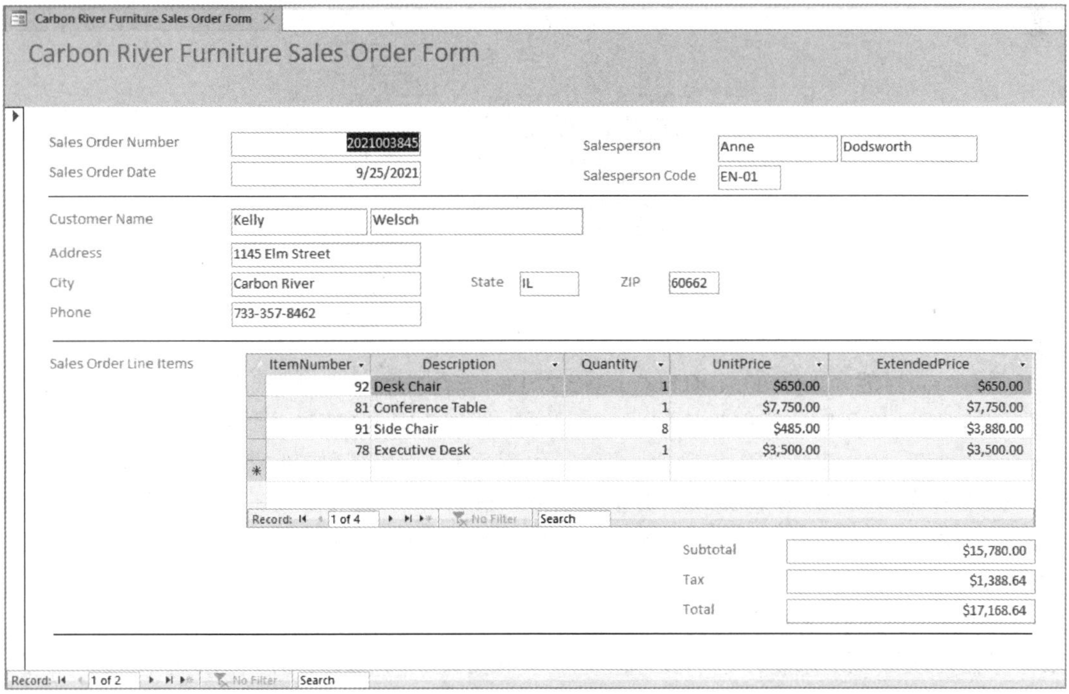

图 5.32　销售订单的数据输入表单

图 5.33 中，CUSTOMER、SALESPERSON 和 SALES_ORDER 都是强实体，它们具有非标识关系。CUSTOMER 到 SALES_ORDER 的关系是 1∶N，SALESPERSON 到 SALES_ORDER 的关系也是 1∶N。根据这个模型，SALES_ORDER 必须有一个 CUSTOMER，可能有也可能没有 SALESPERSON。这些都是显而易见的。

查看图 5.32 中表单里的数据网格，会发现一些数据值属于订单本身，但其他数据值则与明细有关。具体来说，Quantity 和 ExtendedPrice 属于 SALES_ORDER，而 ItemNumber、Description

和 UnitPrice 属于 ITEM。订单上的所有行都没有自己的标识符。没有人会说："请提供第 12 行的数据"，而是会说："给我订单 12345 上的第 12 行数据"。因此，行的标识符，是特定行的标识符和特定订单标识符的组合。这样，某一行的明细项，总是 ID 依赖于它在订单上出现的顺序。图 5.33 中，ORDER_LINE_ITEM 是 ID 依赖于 SALES_ORDER 的。ORDER_LINE_ITEM 实体的标识符为（SalesOrderNumber, LineNumber）。

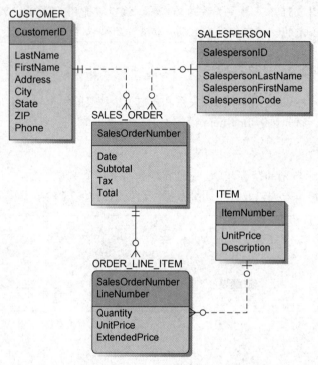

图 5.33　图 5.32 中销售订单的数据模型

这里有一点可能令人迷惑：ORDER_LINE_ITEM 并不依赖于 ITEM 而存在。即使不存在明细项，对应的 ORDER_LINE_ITEM 也可以存在。这在图 5.33 中由 ITEM 上的可选"1"关系符号表示——它允许在 ORDER_LINE_ITEM 中存在一条新记录，而不需要同时指定对应的 ITEM（将在第 6 章中详细讨论这种情况）。并且，如果删除一个 ITEM，也不希望将包含它的 ORDER_LINE_ITEM 删除。ITEM 的删除，可能会导致 ItemNumber 值和其他数据无效，但不会导致明细本身消失。

现在考虑一下删除订单时它的明细会发生什么。与只导致数据项无效的删除明细操作不同，删除订单会导致所有的明细丢失。从逻辑上讲，如果订单删除了，则它的所有明细也不存在了。因此，明细的存在是依赖于订单的。

分析图 5.33 中的每一个关系，确保已经理解它们的类型以及最大和最小基数，并且要明白这个数据模型的含义。思考一下，对于按佣金支付销售员工资的公司，为什么不太可能使用这个销售订单数据模型呢？

2. 其他的混合关系模式

标识关系和非标识关系的混合模式经常出现。当一个强实体由多个值组合而成，并且其中的一个元素是另一个强实体的标识符时，应该思考是否存在混合模式。

用烘焙配方作为例子。每一个配方都包含一定量的特定配料，例如面粉、糖或黄油。配料表是一个多值组合组，但是该组的一个元素（配料的名称）是一个强实体的标识符。如图 5.34 所示，配方和配料都是强实体，但每种配料的用量和用法都 ID 依赖于配方。

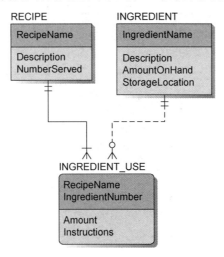

图 5.34　烘焙配方的混合关系模式

另一个例子是员工的技能熟练度。技能的名称（在 EMPLOYEE_SKILL 中暂未列出，但在第 6 章将作为一个外键添加）、熟练水平以及员工参与过的课程是一个多值组合组，但技能本身是一个强实体，如图 5.35 所示。还有很多其他的例子。

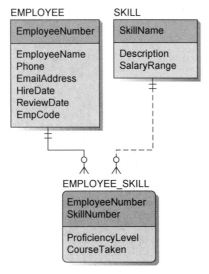

图 5.35　员工技能的混合关系模式

在继续讲解之前，将图 5.33、图 5.34 和图 5.35 中的模型与图 5.22 中的关联模式进行比较。确保已经理解了这些差异，以及为什么图 5.22 中的模型有两个标识关系，而后面三个图中的模型只有一个。

5.3.4　for-use-by 子类型模式

如本章前面所述，在数据库设计中使用子类型的主要原因是避免出现不合适的空值。当表单中显示灰色的数据字段块并标记为"仅供某人/某物使用"时，就可能会出现这种空值。例如，图 5.36 中可以看到有深颜色背景的两个部分，一个用于商业捕捞，另一个用于娱乐性垂钓。这些深色背景部分的存在，表示需要子类型实体。

Resident Fishing License 2021 Season		License No: 03-1123432	
Name:			
Street:			
City:		State:	ZIP:
For Use by Commercial Fishers Only		For Use by Sport Fishers Only	
Vessel Number:		Number Years at This Address:	
Vessel Name:		Prior Year License Number:	
Vessel Type:			
Tax ID:			

图 5.36　表示需要子类型的数据输入表单

此表单的数据模型如图 5.37 所示。注意，每一个深色的部分都有一个子类型。这两个子类型的属性不同，而且其中一个具有另一个没有的关系。有时，子类型之间的唯一区别，是它们拥有不同的关系。

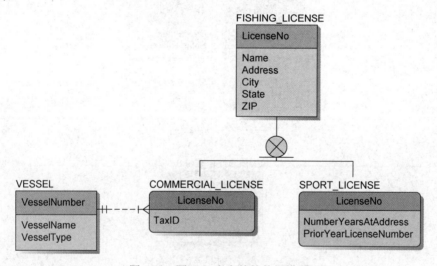

图 5.37　图 5.36 中表单的数据模型

从 VESSEL 到 COMMERCIAL_LICENSE 的非识别关系显示为 1：N、M-M。事实上，这个表单没有足够的数据得出结论：从 VESSEL 到 COMMERCIAL_LICENSE 的最大基数是 N。这个事实是通过采访用户并了解到一艘船有时被多个商业渔民使用而确定的。最小基数表明商业渔民必须拥有一艘船，并且只有具备许可证的船只才能被存储在数据库中。

这个例子的重点是演示表单通常如何表明需要子类型。当看到表单中有一个灰色或其他特色的部分，且包含类似"仅供……使用"的句子时，应考虑使用子类型。

5.3.5　递归关系模式

当实体类型与自身存在关系时，就出现了递归关系（Recursive Relationship）或一元关系（Unary Relationship）。递归关系的经典示例出现在制造业应用中，但也有许多其他示例。对于强实体，可以使用三种递归关系：1∶1、1∶N 和 N∶M，下面分别讲解。

1．1∶1 递归关系

假设要为一条铁路构建一个数据库，并且需要构建一个货运列车的模型。已经知道其中一个实体是 BOXCAR（火车车厢），它们是如何关联的呢？为了回答这个问题，假设有一列如图 5.38 所示的火车。除了第一节，每个车厢前面都有一节车厢；除了最后一节，每节车厢后面都有一节车厢。因此，车厢之间的关系是 1∶1，第一节和最后一节车厢的关系是可选的。

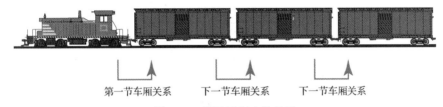

图 5.38　货运列车中的关系

图 5.39 给出了一个数据模型，其中每一个 BOXCAR 与后面的 BOXCAR 有 1∶1 关系。列车前部的 BOXCAR 实体与 ENGINE 的关系为 1∶1。（这个模型假定火车只有一个火车头。为了建模具有多个火车头的火车，可在火车头之间创建第二个递归关系。这种关系的构建，与构建车厢之间的关系类似。）

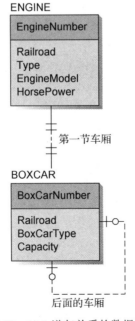

图 5.39　1∶1 递归关系的数据模型

注意，ENGINE 实体和 BOXCAR 实体之间的 1：1 关系是 O-O。这是因为，BOXCAR 实体表示火车上的所有 BOXCAR。虽然第一节 BOXCAR 必须直接连接到 ENGINE，但第二节 BOXCAR 没有与它相连。因此，从 ENGINE 到 BOXCAR 的关系是可选的，因为 ENGINE 最多只直接连接到一个 BOXCAR；从 BOXCAR 到 ENGINE 的关系是可选的，因为每一节 BOXCAR 不必连接到 ENGINE（只有一节会与 ENGINE 相连，其他所有的 BOXCAR 将连接到另一节 BOXCAR）。

还要注意，以前需要一个 CABOOSE 实体来表示列车尾部。如今，铁路被允许在最后一节货运车厢上使用车尾标志灯，这样就不再需要尾车了。

另一种模型是使用关系来表示前面的 BOXCAR。这两种模型都可行。1：1 递归关系的其他例子包括美国总统的继任、大学院长的继任以及候补名单上乘客的顺序等。

2．1：N 递归关系

1：N 递归关系的典型例子出现在机构图中，其中的每一位员工都有一个经理，而经理可能还管理着其他的员工。图 5.40 给出了一个机构图例子。注意，员工之间的关系为 1：N。

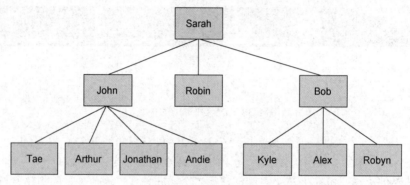

图 5.40　机构图关系

图 5.41 是表示这种管理关系的数据模型。乌鸦脚表示一个经理可以管理多名员工。这个关系是 O-O 的，因为一个经理（总裁）没有经理，而且有些员工不管理任何人。

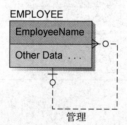

图 5.41　图 5.40 中管理结构的数据模型为 1：N 递归关系

另一个 1：N 递归关系的例子是地图。例如，一个世界地图与多个大陆地图有关系，每一个大陆地图与多个国家地图有关系，等等。第三个例子是关于生身父母的，PERSON 与 PERSON 之间的关系是通过追踪母亲或父亲（而不是两者）来表现的。

3．N：M 递归关系

N：M 递归关系经常出现在制造业应用中，用于表示物料清单。图 5.42 给出了一个例子。

物料清单的中心思想是一个部件是由其他部件组成的。例如，一辆儿童红色马车由一个把手总成、一个车身和一个车轮总成组成，它们都是部件。把手总成由把手、螺栓、垫圈和螺母组成，车轮总成由车轮、车轴、垫圈和螺母组成。部件之间的关系是 N : M，因为一个部件可以由很多部件组成，而一个部件（比如垫圈和螺母）可以用在很多部件上。

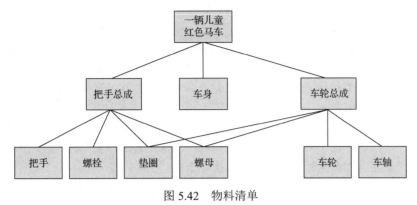

图 5.42　物料清单

物料清单的数据模型如图 5.43 所示。注意，部件与部件之间有 N : M 关系。因为部件不需要有任何其他部件，且部件也不需要有包含它的部件，所以最小基数是 O-O。

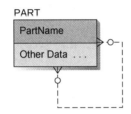

图 5.43　图 5.42 中的物料清单数据模型为 N : M 递归关系

BY THE WAY　　如果图表显示每种部件使用了多少个，那么数据模型会发生什么？例如，假设车轮总成需要 4 个垫圈，而把手总成只需要 1 个。图 5.43 中的数据模型不适用于这种情况。事实上，可以在这个 N : M 关系上加入 Quantity，就如同在图 5.22 中的 N : M 关系上加入 Price。

N : M 递归关系可用于建模定向网络，如文档通过公司部门的交接或气体通过管道的流动。它还可以用来建模父母的继承关系，其中包括母亲、父亲和继父母。

如果递归结构看起来难以理解，不必担心。初看起来它可能很奇怪，但并不难。可以通过一些数据示例来熟悉它。画出一组列车，看图 5.39 中的模型是如何应用到它的，或者将图 5.40 中示例的员工改为部门，再看看图 5.41 中的模型需要如何调整。一旦学会了识别递归模式，就会发现为它创建模型很容易。

5.4　数据建模过程

数据建模过程中，开发团队分析用户需求，并根据表单、报表、数据源和用户访谈构建数据模型。这个过程总是迭代的：从一个表单或报表构建模型，然后在分析更多的表单和报表时进行补充和调整。应定期向用户询问其他的信息，比如评估最小基数所需的信息。用户会检查和验证数据模型。在审查期间，可能需要构建用于证明数据模型构造的原型数据库，以帮助用户了解数据库将如何工作（Microsoft Access 2019 经常用于此目的）。

为了理解数据建模的迭代特性，下面考虑为一所大学开发一个简单的数据模型。讲解这个示例时，需努力理解随着分析越来越多的需求，模型是如何发展的。有关此数据建模练习的更详细版本以及系统分析和设计过程的概述见附录 B。

BY THE WAY　本书作者之一曾经为美国陆军后勤系统开发过一个大型数据模型。该模型包含 500多种不同的实体类型，一个 7 人团队花了一年多的时间来开发、记录和验证它。在某些情况下，对新需求的分析表明模型被错误地构造了，需要重做几天的工作。项目最困难的方面是管理的复杂性，比如实体之间的关联性；实体是否已被定义；一个新实体是强的、弱的、超类型还是子类型，都需要对模型有全局理解。单凭记忆是不可能的，因为在 7 月份创建的实体，可能是在 2 月份创建的数百个实体之一的子类型。为了管理模型，团队使用了许多不同的管理工具。讲解下面的 Highline 大学数据模型开发过程时，请记住这个示例。

假设 Highline 大学的管理人员希望创建一个数据库，以记录学院、系、教师和学生的信息。为此，数据建模团队收集了一系列报表，作为其需求文档的一部分。后面的几个小节中，将分析这些报表以生成一个数据模型。

5.4.1　学院报表

图 5.44 给出了该大学商学院的一个报表。其他学院也有类似的报表，比如工程学院和社会科学学院。数据建模团队需要收集足够的例子，以获取所有报表的代表性样本。假设图 5.44 中的报表具有代表性。

College of Business Mary B. Jefferson, Dean			
Phone: 232-1187		Campus Address: Business Building, Room 100	
Department	Chairperson	Phone	Total Majors
Accounting	Jackson, Seymour P.	232-1841	318
Finance	HeuTeng, Susan	232-1414	211
Info Systems	Brammer, Nathaniel D.	236-0011	247
Management	Tuttle, Christine A.	236-9988	184
Production	Barnes, Jack T.	236-1184	212

图 5.44　Highline 大学学院报表样本

可以看出，这个报表中的数据与学院相关，比如学院名称、院长、电话号码和校园地址，还包含学院内每一个系的信息。这些数据表明，数据模型中应该有 COLLEGE 和 DEPARTMENT 实体，它们之间的关系如图 5.45 所示。

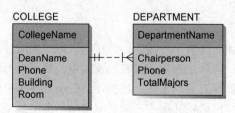

图 5.45　图 5.44 的学院报表数据模型

图 5.45 中的关系是非标识的。之所以使用这种关系，是因为 DEPARTMENT 是非 ID 依赖的，而且从逻辑上讲，DEPARTMENT 是独立于 COLLEGE 的。从图 5.44 的报表中无法判断一个系是否可以属于多个学院。要回答这个问题，需要询问用户或查看其他表单和报表。

假设从用户那里知道一个系只属于一个学院，因此 COLLEGE 和 DEPARTMENT 之间的关系为 1∶N。图 5.44 中的报表没有显示最小基数。同样，需要询问用户才能得知。假设从用户那里了解到，每个学院必须至少有一个系，而且必须将每个系分配给一个学院。

5.4.2 系报表

图 5.46 所示的系报表样本包含系数据以及分配到该系的教授名单。该报表包含系的校园地址数据。由于这些数据没有出现在图 5.45 的 DEPARTMENT 实体中，所以需要添加它们，如图 5.47（a）所示。这是一个典型的数据建模过程。也就是说，在分析其他的表单、报表和需求时调整实体和关系。图 5.47（a）中还添加了 DEPARTMENT 与 PROFESSOR 之间的关系。

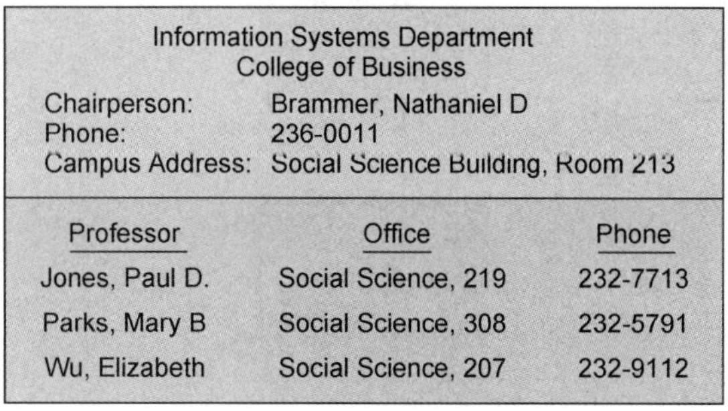

图 5.46　Highline 大学的系报表样本

最初将其建模为 N∶M 关系，因为一位教授可能属于多个系。数据建模团队必须进一步调查，以确定是否允许教授跨系任职。如果不是，则可以将关系重新定义为非标识的 1∶N，如图 5.47（b）所示。

关于 N∶M 关系的另一种可能是教授和系的组合缺少了一些属性。如果是这样，则关联模式更合适。假设团队发现了一个报表，其中描述了每个系中每一位教授的头衔和聘用期。图 5.47（c）给出了该报表的实体，名为 APPOINTMENT。正如从关联模式中所期望的那样，APPOINTMENT 是 ID 依赖于 DEPARTMENT 和 PROFESSOR 的。

主任由教授担任，因此对该模型的另一个改进，是从 DEPARTMENT 中删除 Chairperson 数据，并用一个主任关系替换它，如图 5.47（d）所示。在这个 Chairs/Chaired By 关系中，教授可以是零个或一个系的主任，而一个系必须只有一位教授担任主任。

有了 Chairs/Chaired By 关系，DEPARTMENT 中就不再需要 Chairperson 属性，因此将其删除。通常而言，主任有自己的系办公室。如果是这种情况，则 DEPARTMENT 中的 Phone、Building 和 Room 属性，分别对应 PROFESSOR 中的 Phone、Building 和 OfficeNumber 属性。因此，可以删除 DEPARTMENT 中的 Phone、Building 和 Room。但是，教授的电话号码可能与系的官方号码不同，教授的办公室也可以与系办公室不同。由于存在这些可能性，所以在 DEPARTMENT 中保留了 Phone、Building 和 Room 属性。

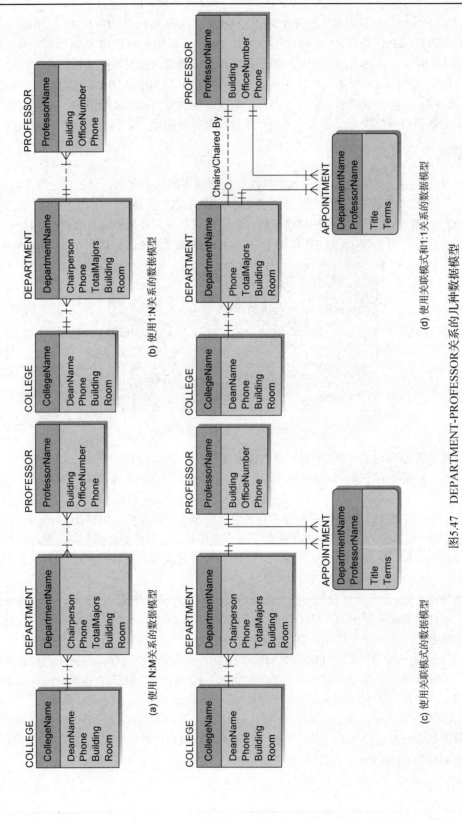

图5.47 DEPARTMENT-PROFESSOR关系的几种数据模型

5.4.3 Department/Major 报表

图 5.48 是关于系和该系学生的报表。报表表明需要一个名为 STUDENT 的新实体。由于学生不是 ID 依赖于系的，所以 DEPARTMENT 与 STUDENT 之间的关系是非标识的，如图 5.49 所示。无法从图 5.48 中确定最小基数，需要假定与用户的访谈表明 STUDENT 必须有 MAJOR（专业），但是存在 MAJOR 无学生选取的情况。此外，根据这个报表，需要在 STUDENT 中增加属性 StudentNumber、StudentName 和 Phone。

Student Major List Information Systems Department		
Chairperson: Brammer, Nathaniel D	Phone: 236-0011	
Major's Name	Student Number	Phone
Jackson, Robin R.	12345	237-8713
Lincoln, Fred J.	48127	237-8924
Madison, Janice A.	37512	237-9035

图 5.48　Highline 大学某个系的学生报表样本

图 5.48 中有两个细微之处。首先，Major's Name 在 STUDENT 中被改成了 StudentName，这样做因为 StudentName 更通用。在 Major 关系的上下文之外，Major's Name 没有任何意义。此外，图 5.48 中的报表标题存在歧义。系的电话号码，是 DEPARTMENT.Phone 值还是 PROFESSOR.Phone 值？建模小组需要对用户进行进一步的调查，这很可能为 DEPARTMENT.Phone 值。

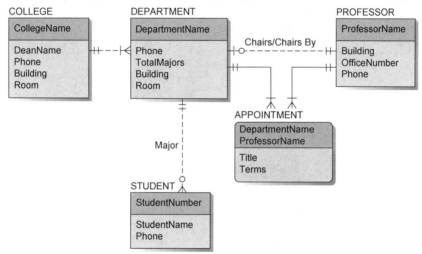

图 5.49　包含 STUDENT 实体的数据模型

5.4.4 学生录取通知书

图 5.50 给出了一封 Highline 大学发送给新生的录取通知书。通知书中需要在数据模型中表示的数据项以黑体显示。除了关于学生的数据，通知书还包含了关于学生的专业以及关于指导教师的数据。

可以根据通知书在数据模型中添加一个 Advises/Advised By 关系。但是，哪个实体应该是此关系的父实体呢？因为指导教师由教授担任，所以看起来应该是 PROFESSOR 为父实体。然而，教授可能只在某个系担任指导教师。因此，图 5.51 中将 APPOINTMENT 作为 STUDENT 的父实体。为了生成图 5.50 中的报表，可以通过访问相关联的 APPOINTMENT 实体，然后取得它的

PROFESSOR 父实体来获得教授的数据。然而，这种判断不是一成不变的，还可以认为该关系的父实体是 PROFESSOR。

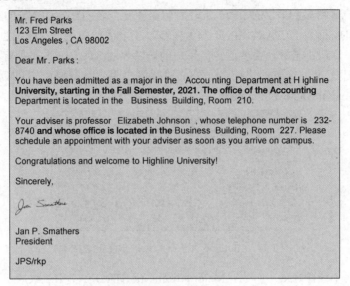

图 5.50　Highline 大学学生录取通知书样本

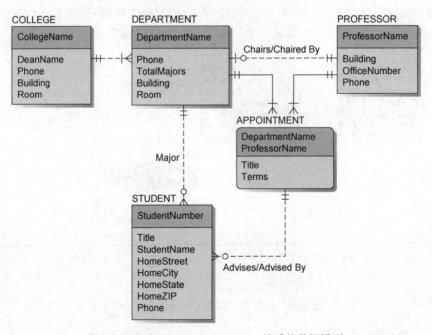

图 5.51　包含 Advises/Advised By 关系的数据模型

　　根据这个数据模型，一名学生最多有一位指导教师。此外，学生必须有指导教师，且教授可以（通过 APPOINTMENT）不指导任何学生。这些约束不能从任何现成的报表中得出，需要和用户进行验证。录取通知书中，在学生名字前使用了称呼"Mr."。因此，一个名为 Title 的新属性被添加到 STUDENT 中。请注意，这个 Title 与 APPOINTMENT 中的不同，需要在数据模型中记录这种差异，以避免混淆。录取通知书还表明，需要在 STUDENT 中添加新生的的家庭住址属性。

　　还存在一个问题，学生的名字是 Fred Parks，但是在 STUDENT 中只分配了一个属性

StudentName。很难可靠地从一个属性中分离出名字和姓氏，所以更好的模型是有两个属性：StudentFirstName 和 StudentLastName。同样，请注意，通知书中的指导教师是 Elizabeth Johnson。到目前为止，所有教授的名字格式都是"Johnson, Elizabeth"。为了适应这种形式的名字，PROFESSOR 中的 ProfessorName 必须更改为两个属性：ProfessorFirstName 和 ProfessorLastName。对 DeanName 也必须做同样的改变。这些变化如图 5.52 所示，这是该数据模型的最终形式。

通过本节，应该已经感受到数据建模的过程。依次检查表单和报表，并根据需要调整数据模型，以适应从每个新表单或报表中获得的信息。在整个数据建模过程中，对数据模型进行多次修改是非常典型的。练习 5.64 中，涉及另一种可能的修改。

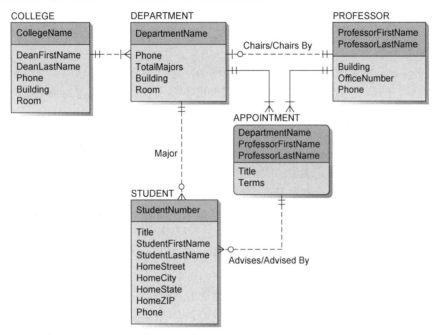

图 5.52　最后的 Highline 大学数据模型

5.5　小结

当数据库作为新信息系统项目的一部分开发时，数据库设计分两个阶段完成。首先，根据表单、报表、数据源和其他需求构建数据模型。随后，将数据模型转换为数据库设计。数据模型是数据库设计的蓝图。就像建筑物的蓝图一样，数据模型可以在必要时进行修改。但是，一旦构建了数据库，这样的更改将费时费力。

目前使用最多的数据模型，是实体关系（E-R）数据模型。它由 Peter Chen 发明，后来有人将它扩展成了包含子类型。实体是用户希望跟踪的对象；实体类是同一类型实体的集合，由该类中实体的结构来描述；实体实例是某个类的一个实体。实体具有描述其特征的属性，标识符是命名实体实例的属性。组合标识符由两个或多个属性组成。

E-R 模型包括关系，即实体之间的关联。关系类是实体类之间的关联，而关系实例是实体实例之间的关联。现在，已经不允许关系具有属性。可以给关系命名，以便能够识别它们。

关系的度，是参与关系的实体类型的数量。二元关系只有两种实体类型。实践中，度大于 2 的关系会被分解为多个二元关系。

实体和表之间的主要区别是可以不使用外键来表达实体之间的关系。使用实体降低了复杂性，并使得在工作中更容易修改数据模型。

可以根据关系的基数对关系进行分类。最大基数是一个实体可以参与的关系实例的最大数量，最小基数是一个实体必须参与的关系实例的最小数量。

关系通常存在三种最大基数：1:1、1:N 或者 N:M。极少数情况下，最大基数可能是一个特定的数字，比如 1:15。关系通常有 4 种基本的最小基数：O-O（可选到可选）、M-O（强制到可选）、O-M（可选到强制）、M-M（强制到强制）。极少数情况下，最小基数是一个特定的数字。

然而，E-R 模型存在许多种变体。原始版本用菱形表示关系，信息工程版本使用包含乌鸦脚的线，IDEF1X 版本使用另一组符号，UML 也使用一组不同的符号。更复杂的情况是，许多数据建模产品都添加了自己的符号。本文中使用的 IE 乌鸦脚模型和符号，总结在图 5.14 中。附录 B、附录 C 和附录 G 中给出了其他的模型和技术。

ID 依赖实体是其标识符包含另一个实体标识符的实体。这样的实体使用标识关系。这种关系总是需要父实体，但是根据应用的需求，可能需要或不需要子实体（ID 依赖实体）。E-R 图中用实线表示标识关系。

弱实体的存在依赖于另一个实体。所有 ID 依赖实体都是弱实体。有些实体为弱实体，但不是 ID 依赖实体。有些人认为这样的实体并不重要，有些人则不这么认为。

子类型实体是另一个称为超类型的实体的特殊情况。子类型可以是互斥的，也可以是相容的。互斥子类型有时具有鉴别器，鉴别器是指定超类型的子类型的属性。在数据模型中创建子类型最重要的（有人认为是唯一的）原因是避免出现不合适的空值。

实体与自身之间的关系是递归关系。递归关系可以是 1:1、1:N 或 N:M。

非子类型实体之间的关系，称为 HAS-A 关系；超类型/子类型实体之间的关系，称为 IS-A 关系。

数据模型的元素是通过分析表单、报表和数据源而构建的。许多表单和报表都有常见的模式。本书中讨论了 1:1、1:N 和 N:M 强实体模式，还讨论了使用 ID 依赖关系的三种模式：关联、多值属性和版本/实例。有些表单同时包含了标识模式和非标识模式。订单及其明细是混合表单的典型示例，但还有其他示例。

for-use-by 模式表明了对子类型的需求。某些情况下，子类型会因不同的属性而不同，但也可能由于具有不同的关系而不同。数据建模过程是迭代的，需要分析表单和报表，并根据需要创建、修改和调整数据模型。有时，对表单或报表的分析可能导致工作从头再来。

重要术语

关联实体	数据模型
关联模式	度
关联实体	鉴别器
属性	实体
二元关系	实体类
基数	实体实例
子实体	实体关系（E-R）图
组合标识符	实体关系（E-R）模型
乌鸦脚符号	互斥子类型

扩展 E-R 模型	可选到强制（O-M）关系
HAS-A 关系	可选到可选（O-O）关系
ID 依赖实体	主实体
标识符	父实体
标识关系	部分关系
IE 乌鸦脚模型	递归关系
相容子类型	关系
信息工程（IE）模型	关系类
IS-A 关系	关系实例
强制的	需求分析
强制到强制（M-M）关系	强实体
强制到可选（M-O）关系	子类型
多对多（N∶M）关系	超类型
最大基数	系统分析和设计
最小基数	系统开发生命周期（SDLC）
非标识关系	三元关系
一对多（1∶N）关系	一元关系
一对一（1∶1）关系	统一建模语言（UML）
可选	弱实体

习题

5.1　描述由于开发新信息系统而产生的设计数据库的两个阶段。

5.2　用通俗语言描述如何用数据模型为小型图书馆的借阅系统设计数据库。

5.3　解释数据模型与建筑蓝图的相似之处。在数据建模阶段进行修改的好处是什么？

5.4　实体-关系数据模型的发明者是谁？

5.5　给出实体的定义，给出一个实体的例子（本章中的除外）。

5.6　实体类和实体实例有什么区别？

5.7　给出属性的定义，为习题 5.5 中的实体提供一个属性。

5.8　给出标识符的定义，为习题 5.5 中的实体提供一个标识符。

5.9　给出一个组合标识符的示例。

5.10　给出关系的定义，给出一个关系的例子（本章中的除外）。命名这个关系。

5.11　解释关系类和关系实例之间的区别。

5.12　关系的度是什么？给出一个度为 3 的关系的例子（本章中的除外）。

5.13　什么是二元关系？

5.14　解释实体和表之间的区别。为什么这种区别是重要的？

5.15　什么是基数？

5.16　解释术语"最大基数"和"最小基数"。

5.17　举例说明 1∶1、1∶N 和 N∶M 关系（本章中的除外）。为每一个例子画两个 E-R 图：一个用传统的菱形符号，另一个用 IE 乌鸦脚符号。

5.18　给出一个例子，其中最大基数必须是一个精确的数字（本章中的除外）。

5.19 举例说明 M-M、M-O、O-M 和 O-O 关系（本章中的除外）。为每一个例子画两个 E-R 图：一个用传统的菱形符号，另一个用 IE 乌鸦脚符号。

5.20 解释传统的 E-R 模型、IE 乌鸦脚版本，IDEF1X 版本以及 UML 版本之间的区别。本书中主要采用哪一种版本？

5.21 解释图 5.7 中显示的那些符号有何不同。

5.22 解释图 5.9 中显示的那些符号有何不同。

5.23 什么是 ID 依赖实体？给出一个 ID 依赖实体的例子（本章中的除外）。

5.24 解释如何确定 ID 依赖关系双方的最小基数。

5.25 创建 ID 依赖实体的实例时，存在哪些规则？删除 ID 依赖实体的父实体时，存在哪些规则？

5.26 什么是标识关系？如何使用它？

5.27 解释为什么 216 页讨论的 BUILDING 和 APARTMENT 之间的关系是一种标识关系。

5.28 什么是弱实体？弱实体如何与 ID 依赖实体关联？

5.29 弱实体与强实体有何不同？

5.30 分别给出子类型和超类型的定义。举出一个子类型-超类型关系的例子（本章中的除外）。

5.31 给出互斥子类型和相容子类型之间的区别。分别举例说明。

5.32 什么是鉴别器？

5.33 解释 IS-A 关系和 HAS-A 关系的区别。

5.34 在数据模型中使用子类型的最重要原因是什么？

5.35 描述表单/报表的结构与数据模型之间的关系。

5.36 给出表单和报表用于数据建模的两种方式。

5.37 解释为什么图 5.15 中的表单和报表所表明的潜在关系是 1:1。

5.38 为什么不能从图 5.15 中的表单和报表推断出最小基数？

5.39 描述判定一个实体是否为强实体的两种测试方法。

5.40 为什么图 5.17 中的表单无法表明潜在的关系是 1:N？为了得到 1:N 关系，还需要哪些额外的信息？

5.41 解释为什么通常需要两个表单或报表才能推断出最大基数。

5.42 如何评估图 5.17 中表单实体的最小基数？

5.43 解释为什么图 5.19 中的表单和报表所表明的潜在关系是 N:M。

5.44 给出使用 ID 依赖关系的三种模式。

5.45 解释关联模式与 N:M 强实体模式的区别。图 5.21 中报表的什么特征表明需要一个关联模式？

5.46 用通俗语言解释如何区分 N:M 强实体模式与关联模式。

5.47 解释为什么需要两个实体来建模多值属性。

5.48 图 5.26 和图 5.28 的表单有何不同？这种差异如何影响数据模型？

5.49 简要描述原型/实例模式。为什么此模式需要 ID 依赖关系？在答案中使用图 5.30 的 CLASS/SECTION 示例。

5.50 解释是什么导致图 5.31 中的 ID 依赖实体发生了变化。

5.51 总结关于非 ID 依赖弱实体的重要性的两种争论。

5.52 通过描述船运的物品清单，举例说明 line-item 模式。假定清单包含各种物品的名称和数量以及每件物品的保险价值。将保险价值放在 ITEM 实体中。

5.53 当表单中出现"仅供某人/某物使用"这句话时，应使用什么类型的实体？

5.54 举例说明 1:1、1:N 和 N:M 递归关系（本章中的除外）。

5.55 解释为什么数据建模过程必须是迭代的。用 Highline 大学作为例子。

练习

用 IE 乌鸦脚符号回答下列问题。

5.56　根据图 5.53 所示的订阅表单，完成以下任务。

Subscription Form

☐ 1 year (6 issues) for just $18-20% off the newsstand price.
(Outside the U.S. $21/year—U.S. funds, please)

☐ 2 years (12 issues) for just $34—save 24%
(Outside the U.S. $40/2 years—U.S. funds, please)

Name _____

Address _____

City _____ State _____ ZIP _____

☐ My payment is enclosed.　☐ Please bill me.

Please start my subscription with　☐ current issue　☐ next issue.

图 5.53　订阅表单

A. 创建一个只有一个实体的模型。给出它的标识符和属性。

B. 创建具有两个实体的模型，一个用于客户，另一个用于订阅。给出它的标识符、属性、关系名称、类型和基数。

C. 在什么情况下更倾向于使用 A 的模型而不是 B 的？

D. 在什么情况下更倾向于使用 B 的模型而不是 A 的？

5.57　根据图 5.54 中的电子邮件列表结构和示例数据项，完成以下任务。

📭 From	Subject	Date ↓	Size
SailorBob256@somewhere.com	Big Wind	5/13/2021	3 KB
SailorBob256@somewhere.com	Update	5/12/2021	4 KB
SailorBob256@somewhere.com	Re: Saturday Am	5/11/2021	4 KB
SailorBob256@somewhere.com	Re: Weather window!	5/10/2021	4 KB
SailorBob256@somewhere.com	Re: Howdy!	5/10/2021	3 KB
SailorBob256@somewhere.com	Still here	5/9/2021	3 KB
SailorBob256@somewhere.com	Re: Turtle Bay	5/8/2021	4 KB
SailorBob256@somewhere.com	Turtle Bay	5/8/2021	4 KB
SailorBob256@somewhere.com	Re: Hi	5/6/2021	3 KB
SailorBob256@somewhere.com	Sunday, Santa Maria	5/5/2021	3 KB
MotorboatBobby314@elsewhere.com	Cabo, Thurs. Noon	5/2/2021	2 KB
SailorBob256@somewhere.com	turbo	5/1/2021	3 KB
SailorBob256@somewhere.com	on our way	4/28/2021	3 KB
TugboatAmanda756@anotherwhere.com	RE: Hola!	4/26/2021	3 KB
TugboatAmanda756@anotherwhere.com	RE: Hola!	4/24/2021	2 KB
TugboatAmanda756@anotherwhere.com	RE: Hola!	4/23/2021	3 KB

图 5.54　电子邮件列表

A. 为这个列表创建一个单实体数据模型。给出它的标识符和所有实体。

B. 修改 A 的答案，以包含实体 SENDER 和 SUBJECT。给出实体的标识符和属性，以及关系的类型和基数。说明哪些基数可以从图 5.54 中推断出来，哪些需要与用户沟通？

5.58　根据图 5.55 中的股票报价列表结构和示例数据项，完成以下任务。

Symbol	Exchange	Name	Last Close		Change	Pct Change
$COMPX	NASDAQ	NASDAQ Composite Index	6,387.75	↓	-2.25	-0.040%
$INDU	NYSE	Dow Jones Industrial Average	21,580.07	↓	-31.71	-0.150%
AMZN	NASDAQ	Amazon.com Inc.	1,025.67	↓	-3.03	-0.290%
CISCO	NASDAQ	Cisco Systems Inc.	31.84	↓	-0.02	-0.060%
DVMT	NYSE	Dell Technologies Inc.	63.63	↓	-0.31	-0.480%
INTC	NASDAQ	Intel Corporation	34.75	↓	-0.02	-0.060%
JNJ	NYSE	Johnson & Johnson	135.31	↓	-1.26	-0.920%
KO	NYSE	Coca-Cola Company	45.03	↑	0.21	0.470%
MSFT	NASDAQ	Microsoft Corporation	73.79	↓	-0.43	-0.580%
NKE	NYSE	NIKE Inc.	59.95	↑	0.85	1.440%
TSLA	NASDAQ	Tesla Motors Inc.	328.40	↓	-1.52	-0.460%

图 5.55　股市报价列表

A. 为这个列表创建一个单实体数据模型。给出它的标识符和属性。

B. 修改 A 的答案，以包含实体 COMPANY 和 INDEX。给出实体的标识符和属性，以及关系的类型和基数。说明哪些基数可以从图 5.55 中推断出来，哪些需要与用户沟通？

C. 图 5.55 中的列表是某一天某一特定时间的股市报价。假设列表被更改为显示这些股票的每日收盘价，并且它包含一个新列：QuoteDate。修改 B 中的模型，以反应这个变化。

D. 改变 C 中的模型，包括对投资组合的跟踪。假设投资组合有投资者姓名、电话号码、电子邮件地址和持有的股票清单。这个清单包括股票的标识符和持有的股票数量。给出其他所有的实体、它们的标识符和属性，以及每个关系的类型和基数。

E. 更改 D 中的答案，记录一个投资组合中的股票买卖情况。给出实体、标识符和属性，以及每个关系的类型和基数。

5.59　图 5.56 给出了一些单级空压机产品的规格。注意，根据 Air Performance 将产品分成了两类：A 型是每平方英寸的压力为 125 磅，C 型是每平方英寸的压力为 150 磅。使用列表中的结构和示例数据项，完成以下任务。

HP	Model	Tank Gal	A @ 125 Pump RPM	A @ 125 CFM Disp	A @ 125 DEL'D Air	C @ 150 Pump RPM	C @ 150 CFM Disp	C @ 150 DEL'D Air	Approx Ship Weight	L	W	H
1/2	R12A-17	17	680	3.4	2.2	590	2.9	1.6	135	37	14	25
3/4	R34A-17	17	1080	5.3	3.1	950	4.7	2.3	140	37	14	25
3/4	R34A-30	30	1080	5.3	3.1	950	4.7	2.3	160	38	16	31
1	S1A-30	30	560	6.2	4.0	500	5.7	3.1	190	38	16	34
1 1/2	S15A-30	30	870	9.8	6.2	860	9.7	5.8	205	49	20	34
1 1/2	S15A-60	60	870	9.8	6.2	860	9.7	5.8	315	38	16	34
2	S2A-30	30	1140	13.1	8.0	1060	12.0	7.0	205	49	20	39
2	S2A-60	60	1140	13.1	8.0	1060	12.0	7.0	315	49	20	34
2	TD2A-30	30	480	13.1	9.1	460	12.4	7.9	270	38	16	36
2	TD2A-60	60	480	13.1	9.1	460	12.4	7.9	370	49	20	41
3	TD3A-60	60	770	21.0	14.0	740	19.9	12.3	288	38	16	36
5	TD5A-80	60	770	21.0	14.0	740	19.9	12.3	388	49	20	41
5	TD5A-60	60	1020	27.8	17.8	910	24.6	15.0	410	49	20	41
5	TD5A-80	80	1020	27.8	17.8	910	24.6	15.0	450	62	20	41
5	UE5A-80	60	780	28.7	19.0	770	28.6	18.0	570	49	23	43
5	UE5A-80	80	780	28.7	19.0	770	28.6	18.0	610	63	23	43

Single-Stage Air Compressors
Set 95 to 150 PSI also available, subsitute "C" for "A" in model number. i.e., S15A-30 make S15E-30

图 5.56　空压机规格

A. 创建一组互斥子类型来表示这些空压机。超类型具有所有单级压缩机的属性，子类型具有两种不同 Air Performance 类型的产品的属性。假设还存在其他 Air Performance 类型的产品。给出实体、标识符、属性、关系、互斥/相容属性、全部/部分属性，以及可能的鉴别器。

B. 图 5.57 显示了空压机数据的另一种模型。给出实体和类型，以及关系、关系的类型和基数。这个模型与图 5.56 中显示的数据吻合程度如何？

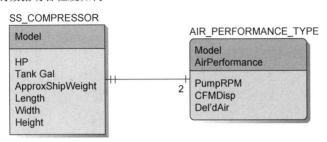

图 5.57 空压机数据的另一种模型

C. 将 A 中的答案与图 5.57 中的模型进行比较。这两种模型的本质区别是什么？哪一个更好？

D. 假设需要向一个高度积极、聪明的终端用户解释这两种模型的不同。应该怎么做？

5.60 图 5.58 显示了华盛顿州西雅图电影院的电影放映时间表。以图中的数据为例，完成以下任务。

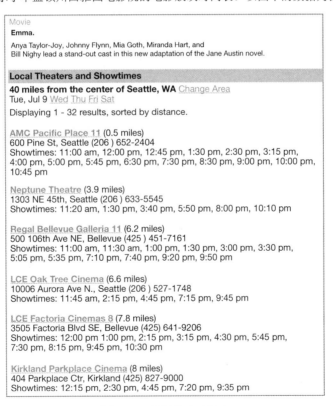

图 5.58 电影放映时间表

A. 使用实体 MOVIE、THEATER 和 SHOW_TIME，创建一个模型来表示这个时间表。假设电影院可能会放映多部电影。尽管这个时间表是针对某一天的，数据模型也应该考虑不同日期的放映时间。给出实体的标识符及其属性。命名关系，给出每个关系的类型和基数。说明哪些基数可以从图 5.58 中推断出来，哪些需要与用户沟通？假设 distance（距离）是 THEATER 的一个属性。

B．这个时间表是为西雅图市区附近的一个用户准备的。假设有必要为这些电影院生成相同的时间表，但用户位于大西雅图地区，如 Bellevue、Renton、Redmond 或 Tacoma。这时，距离就不能成为 THEATER 的属性。针对这种情况修改 A 中的答案。给出实体的标识符和属性。命名关系，给出每个关系的类型和基数。

C．假设需要使这个数据模型适应全美国。修改 B 中的答案，使其适应于其他大城市。给出实体的标识符和属性。命名关系，给出每个关系的类型和基数。

D．修改 C 的答案，使其包含主要演员。假设不需要建模主演所饰演的角色。给出这些新实体的标识符及其属性。命名关系，给出每个关系的类型和基数。

E．修改 C 的答案，使其包含主要演员。假设需要建模主演所饰演的角色。给出这些新实体的标识符及其属性。命名关系，给出每个关系的类型和基数。

5.61　查看图 5.59 中的三个报表，其中提供了一些示例数据。

KELLY'S

RICE

Cereal

Nutrition Information

SERVING SIZE: 1 OZ. (28.4 g, ABOUT 1 CUP)
SERVINGS PER PACKAGE:　　　　13

	CEREAL	WITH 1/2 CUP VITAMINS A & D SUM MILK
CALORIES	110	150*
PROTEIN	2 g	6g
CARBOHYDRATE	25 g	31g
FAT	0 g	0g*
CHOLESTEROL	0 mg	0mg*
SODIUM	290 mg	350mg
POTASSIUM	35 mg	240mg

PERCENTAGE OF U.S. RECOMMENDED
DAILY ALLOWANCES (U.S. RDA)

PROTEIN	2	10
VITAMIN A	25	30
VITAMIN C	25	25
THIAMIN	35	40
RIBOFLAVIN	35	45
NIACIN	35	35
CALCIUM	**	15
IRON	10	10
VITAMIN D	10	25
VITAMIN B₆	35	35
FOLIC ACID	35	35
PHOSPHORUS	4	15
MAGNESIUM	2	6
ZINC	2	6
COPPER	2	4

*WHOLE MILK SUPPLIES AN ADDITIONAL 30 CALORIES, 4 g FAT, AND 15 mg CHOLESTEROL
**CONTAINS LESS THAN 2% OF THE U.S. RDA OF THIS NUTRIENT

INGREDIENTS: RICE, SUGAR, SALT, CORN SYRUP

VITAMINS AND IRON: VITAMIN C (SODIUM ASCORBATE AND ASCORBIC ACID), NIACINAMIDE, IRON, VITAMIN B₆ (PYRIDOXINE HYDROCHLORIDE), VITAMIN A (PALMITATE), VITAMIN B₂ (RIBOFLAVIN), VITAMIN B₁ (THIAMIN HYDROCHLORIDE), FOLIC ACID, AND VITAMIN D.

FDA REPORT #6272
Date: June 30, 2020
Issuer: Kelly's Corporation
Report Title: Product Summary by Ingredient

Corn	Kelly's Corn Cereal Kelly's Multigrain Cereal Kelly's Crunchy Cereal
Corn syrup	Kelly's Corn Cereal Kelly's Rice Cereal Kelly's Crunchy Cereal
Malt	Kelly's Corn Cereal Kelly's Crunchy Cereal
Wheat	Kelly's Multigrain Cereal Kelly's Crunchy Cereal

SUPPLIERS LIST
Date: June 30, 2020

Ingredient	Supplier	Price
Corn	Wilson	2.80
	J. Perkins	2.72
	Pollack	2.83
	McKay	2.80
Wheat	Adams	1.19
	Kroner	1.19
	Schmidt	1.22
Barley	Wilson	0.85
	Pollack	0.84

图 5.59　谷物产品报表

A．根据这些报表列出尽可能多的潜在实体。

B．检查实体列表，判断是否存在含义相同的实体。如果有，则需整合列表。

C．构造一个 IE 乌鸦脚模型，展示实体间的关系。

命名每一个关系，并确定它的最大和最小基数。指出哪些基数可以根据报表确定，哪一些需要咨询用户。

5.62　在音乐下载和流媒体播放出现之前，用光盘（CD）——装在塑料盒子里的银色塑料盘——来存储音乐。图 5.60 给出的是一张 CD 的封面内容。

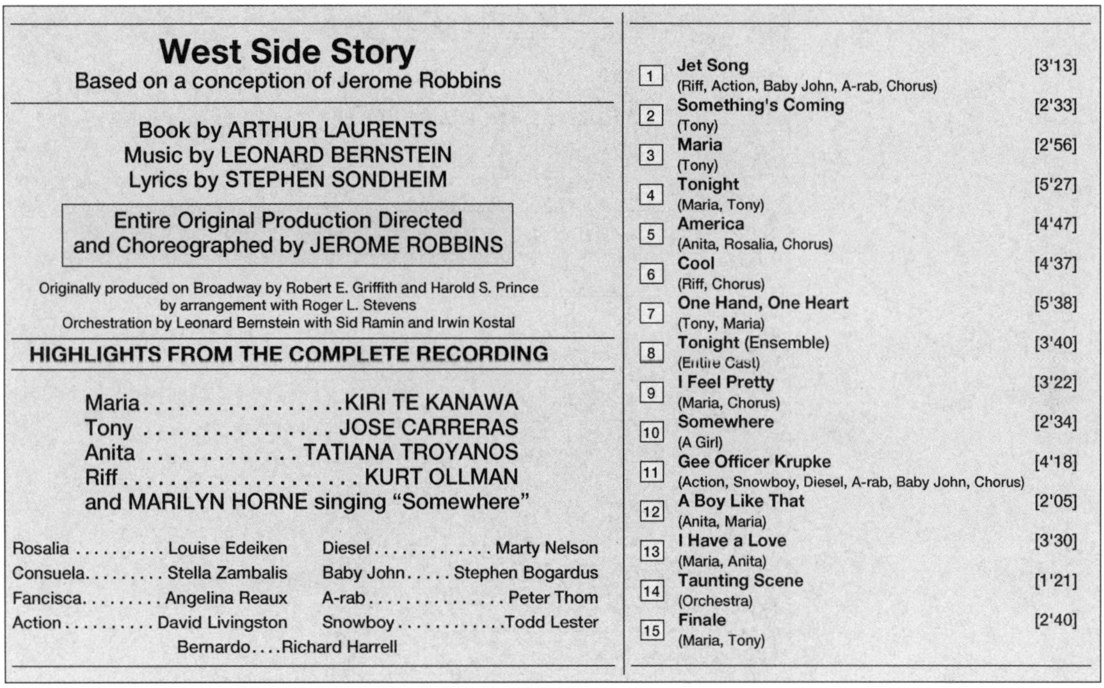

West Side Story
Based on a conception of Jerome Robbins

Book by ARTHUR LAURENTS
Music by LEONARD BERNSTEIN
Lyrics by STEPHEN SONDHEIM

Entire Original Production Directed
and Choreographed by JEROME ROBBINS

Originally produced on Broadway by Robert E. Griffith and Harold S. Prince
by arrangement with Roger L. Stevens
Orchestration by Leonard Bernstein with Sid Ramin and Irwin Kostal

HIGHLIGHTS FROM THE COMPLETE RECORDING

Maria.................KIRI TE KANAWA
Tony .... JOSE CARRERAS
Anita .... TATIANA TROYANOS
Riff.................... KURT OLLMAN
and MARILYN HORNE singing “Somewhere”

Rosalia .... Louise Edeiken
Consuela......... Stella Zambalis
Fancisca......... Angelina Reaux
Action .... David Livingston
Diesel .... Marty Nelson
Baby John..... Stephen Bogardus
A-rab .... Peter Thom
Snowboy ....Todd Lester
Bernardo....Richard Harrell

1	Jet Song (Riff, Action, Baby John, A-rab, Chorus)	[3'13]
2	Something's Coming (Tony)	[2'33]
3	Maria (Tony)	[2'56]
4	Tonight (Maria, Tony)	[5'27]
5	America (Anita, Rosalia, Chorus)	[4'47]
6	Cool (Riff, Chorus)	[4'37]
7	One Hand, One Heart (Tony, Maria)	[5'38]
8	Tonight (Ensemble) (Entire Cast)	[3'40]
9	I Feel Pretty (Maria, Chorus)	[3'22]
10	Somewhere (A Girl)	[2'34]
11	Gee Officer Krupke (Action, Snowboy, Diesel, A-rab, Baby John, Chorus)	[4'18]
12	A Boy Like That (Anita, Maria)	[2'05]
13	I Have a Love (Maria, Anita)	[3'30]
14	Taunting Scene (Orchestra)	[1'21]
15	Finale (Maria, Tony)	[2'40]

图 5.60　CD 封面

A．确定 CD、ARTIST、ROLE 和 SONG 的标识符及属性。

B．创建一个 IE 乌鸦脚模型，展示这些实体之间的关系。命名每一个关系，并确定它的最大和最小基数。指出哪些基数可以根据图中的信息确定，哪一些需要咨询用户。

C．假设这是一张没有音乐剧的 CD，这样就不需要 ROLE 实体了。但是，需要一个 SONG_WRITER 实体。为 CD、ARTIST、SONG 和 SONG_WRITER 实体创建乌鸦脚模型。假设 ARTIST 可以是一个团体，也可以是个人。还要假设一些歌手是单独录制 CD 的，也可能作为团队的一部分参与录制。

D．合并 B 和 C 中创建的模型。必要时可创建新实体，但是要尽量使模型简单。确定这些新实体的标识符和属性，命名关系，并确定它们的基数。

5.63　回顾图 5.43 中的数据模型。如果用户希望跟踪每个部件的使用数量，该如何更改该模型？例如，假设车轮组件需要 4 个垫圈，而把手组件只需要 1 个。数据库中必须保存这些数量信息。（提示：可以在这个 N∶M 关系上加入 Quantity，如同在图 5.22 中的 N∶M 关系上加入 Price。）

5.64 图 5.52 中的数据模型，在 COLLEGE 和 DEPARTMENT 中使用了属性 Room，在 PROFESSOR 中使用了属性 OfficeNumber。尽管这两个属性的名称不同，但它们的数据类型相同。根据图 5.46 解释这种情况是如何产生的。具有相同类型的属性，但它们的名称不同，这种情况罕见吗？这样做会存在什么问题？为什么？

交通罚单案例题

图 5.61 是一张交通罚单。罚单上的圆角给出了有关实体边界的提示。

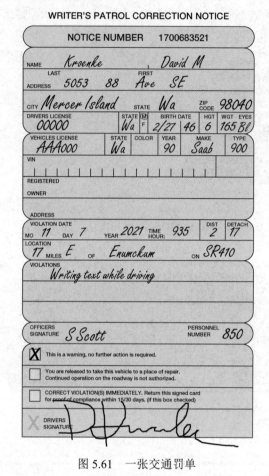

图 5.61　一张交通罚单

A．根据这张罚单创建 E-R 数据模型的实体。使用 5 个实体，并使用罚单上的数据项确定这些实体的标识符和属性。在这些实体中，应该将作为此罚单唯一标识符的 Notice Number（罚单编号）放在哪里？

B．指定实体之间的关系，完成 E-R 数据模型。使用如图 5.8 所示的 IE 乌鸦脚 E-R 符号。命名关系，并指定关系类型和基数。验证最小和最大基数的正确性，指出哪些基数可以从罚单上的数据推断出来，哪些需要咨询用户。

Highline 大学导师项目案例题

Highline 大学是一所四年制本科学校，位于华盛顿州的普吉特湾地区。本章前面有一个关于 Highline 大学的信息系统学院设计的讨论，它是作为创建数据模型的一个示例。附录 B 中探讨了该模型的另一种情况。

这一系列的案例题将为 Highline 大学设计另一个信息系统，用于其导师项目。Highline 大学导师项目为 Highline 大学的学生聘请业界专业人士作为导师。这些导师是无偿志愿者，他们与学生的指导教师一起工作，以确保参与该项目的学生能够学到相关的知识和管理技能。本案例中，将为这个导师项目的信息系统开发一个数据模型。

和太平洋西北部的许多学院和大学一样（参见维基百科上关于 Pacific_Northwest 的文章），Highline 大学也是由西北学院和大学委员会（NWCCU）认证的。和所有 NWCCU 认证的学院与大学一样，Highline 大学也必须每隔大约 5 年重新认证一次。此外，NWCCU 要求学校提供年度状态更新报告。

Highline 大学由 5 个学院组成：商学院、社会科学与人文学院、表演艺术学院、科学与技术学院以及环境科学学院。Highline 大学的校长为 Jan Smathers，教务长是 Dennis Endersby（教务长为负责学术的副校长，各学院的院长向教务长汇报工作）。Highline 是一所虚构的大学，不要将它与位于华盛顿州得梅因地区的 Highline 社区学院混淆。Highline 大学和 Highline 社区学院之间的任何相似之处，都纯属巧合。

A．为 Highline 大学导师项目信息系统（MPIS）绘制一个 E-R 数据模型。在 E-R 图中使用 IE 乌鸦脚 E-R 模型。验证最小和最大基数的正确性。

模型应该能够跟踪学生、指导教师和导师。此外，Highline 大学需要跟踪校友，因为项目管理者认为校友是潜在的导师。

1．为学生、校友、指导教师和导师分别创建实体。

● 在 Highline 大学，所有学生都必须住在校园里，他们会被分配一个 ID 号和电子邮件账号，格式为 FirstName.LastName@students.hu.edu。学生实体应跟踪学生的姓氏、名字、ID 号、电子邮件地址、宿舍名称、房间号以及电话号码。

● 所有指导教师在校园里都有办公室，他们会被分配一个 ID 号和电子邮件账号，格式为 FirstName.LastName@hu.edu。指导教师实体应跟踪教师的姓氏、名字、ID 号、电子邮件地址、办公楼名称、办公室房号以及电话号码。

● Highline 大学的校友住在校外，之前被分配过 Highline 大学的 ID 号。校友拥有 FirstName.LastName@somewhere.com 格式的私人电子邮件账户。校友实体应跟踪校友的姓氏、名字、以前的 ID 号、电子邮件地址、家庭住址、所在城市、所在州、家庭邮政编码以及电话号码。

● Highline 大学的导师为公司工作，使用公司地址、电话和电子邮件地址作为联系信息。作为导师，他们没有 Highline 大学的 ID 号。电子邮件地址的格式是 FirstName.LastName@companyname.com。导师实体应该跟踪导师的姓氏、名字、电子邮件地址、公司的名称、地址、所在城市、所在州、邮政编码以及电话号码。

2．基于以下事实创建实体之间的关系。

● 每个学生有且只有一个导师。一位指导教师可以指导多名学生，但是也可以不指导任何学生。在数据模型中只记录这种指导关系的事实，而不记录相关的数据（例如，指导教师被分配给学生的日期）。

● 每一名学生有且只有一位指导教师，但学生不一定有导师。一位导师可以指导多名学生；而且在被实际分配给学生之前，他就可以被称为导师。在数据模型中只记录这种指导关系的事实，而不记录相关的数据（例如，导师被分配给学生的日期）。

● 对每一位导师，有且只有一位指导教师与他一起工作。一位指导教师可以和多位导师合作，也可以不与任何导师一起工作。在数据模型中只记录这种合作关系的事实，而不记录相关的数据（例如，指导教师与导师合作的日期）。

● 导师可以是校友，但不一定必须是校友。当然，也不能要求校友都是导师。

B．根据学生、指导教师、校友和导师都为 PERSON 这一事实，按照 A 中的结果创建一个新的 E-R 数据模型。在 E-R 图中使用 IE 乌鸦脚 E-R 模型。验证最小和最大基数的正确性。注意：

● 一个人可能是在读学生、校友，或者两者都是，因为 Highline 大学确实有校友回来继续深造的情况。

● 一个人可以是指导教师或导师，但不能两者都是

- 一个人可以是指导教师和校友
- 一个人可以是导师和校友
- 在读学生不能成为导师
- 导师可以是校友，但不一定必须是校友
- 当然，也不能要求校友都是导师

提示：如果有任何不能在数据模型中直接表示的约束，可将它们写下来，以便在数据库设计阶段实现它们。E-R 图无法体现所有的可能性。

C. 扩展和修改 B 中创建的 E-R 数据模型，以允许在 MPIS 系统中记录更多数据。在 E-R 图中使用 IE 乌鸦脚 E-R 模型。验证最小和最大基数的正确性。MPIS 需要记录：

- 学生进入 Highline 大学的日期、毕业日期以及获得学位的日期
- 指导教师被分配给学生的日期以及解除分配的日期
- 指导教师与导师合作的日期以及解除合作的日期
- 导师被分配给学生的日期以及解除分配的日期

D. 简要讨论一下所创建的三个数据模型之间的差异。数据模型 B 与 A 有何不同？C 与 B 呢？在创建数据模型 B 和 C 时，引入了哪些 E-R 数据模型的其他特性？

Queen Anne 古董店项目题

Queen Anne 古董店希望将其数据库应用扩展到目前的销售记录之外。它仍然希望维护有关客户、员工、供应商、销售记录以及商品的数据，但需要：（a）修改库存处理的方式；（b）简化客户和员工数据的存储。

目前，每一件商品都被认为是唯一的，这意味着该商品必须作为一个整体出售，而库存中相同的多件商品必须在 ITEM 表中作为不同的商品对待。古董店的管理人员希望修改数据库，使其包含一个库存系统，该系统允许在一个 ItemID 下存储多个同一件商品。系统应该考虑现有数量、订单数量和订单到期日期。如果同一件商品由多个供应商提供，那么该商品可以从任意供应商订购。SALE_ITEM 表应该包括 Quantity 和 ExtendedPrice 列，以允许销售多件商品。

管理人员注意到，CUSTOMER 表和 EMPLOYEE 表中的一些字段存储的数据相似。在当前系统中，当员工购买商品时，必须将他的数据重新输入到 CUSTOMER 表中。管理人员希望使用子类型重新设计 CUSTOMER 表和 EMPLOYEE 表。

A. 为第 3 章的 Queen Anne 古董店项目题中所示的数据库模式绘制一个 E-R 数据模型。在 E-R 图中使用 IE 乌鸦脚 E-R 模型。验证最小和最大基数的正确性。

B. 扩展并修改 E-R 数据模型，增加库存系统需求。在 E-R 图中使用 IE 乌鸦脚 E-R 模型。为每一个实体创建适当的标识符和属性。验证最小和最大基数的正确性。

C. 扩展和修改 E-R 数据模型，增加更高效地存储 CUSTOMER 和 EMPLOYEE 数据的需求。在 E-R 图中使用 IE 乌鸦脚 E-R 模型。为每一个实体创建适当的标识符和属性。验证最小和最大基数的正确性。

D. 结合 B 和 C 中的 E-R 数据模型，以满足所有新需求，必要时可进行额外的修改。在 E-R 图中使用 IE 乌鸦脚 E-R 模型。

E. 描述如何验证 D 中的数据模型。

Morgan 进口公司项目题

Morgan 进口公司的 James Morgan 决定扩大业务，为采购系统配备人员并提供支持，以购买公司出售的

商品①。假设需要创建并实现一个数据库应用来支持这个采购信息系统。采购信息系统中的数据包括：

- Morgan 进口公司的采购代理
- Morgan 进口公司的接收人
- 采购代理所购买商品的商店
- 在商店发生的采购
- 承运人
- 承运人的运输信息
- Morgan 进口公司的接收人开具的收货收据

James Morgan 和夫人 Susan 经常去不同国家旅行，并亲自进行采购（因此，即使他们本身不是采购代理，在输入数据的时候也需要在系统中将他们列为采购代理）。采购可以发生在商店，也可以通过网络或电话进行。有时，一次就可以从商店购买多件商品，但是不要假设所有的商品都会一起发货。运输信息必须跟踪每一件商品，并且要为每一件商品确定不同的保险价值。收货信息必须记录商品的到达日期和时间，还要记录收货人信息以及每件商品在收到时的情况。

A．为 Morgan 进口公司的采购信息系统创建一个数据模型。命名每一个实体，描述其类型，并给出其属性和标识符。命名每一个关系，描述其类型，并确定最小和最大基数。

B．根据 A 的结果，列出你认为应该向 James Morgan 或他的员工核实的任何事项。

---

① 如果不熟悉采购系统的概念，请参阅维基百科的文章 Procurement。

第6章　将数据模型转换为数据库设计

本章目标
- 了解如何将数据模型转换为数据库设计
- 能够识别主键并理解何时使用代理键
- 理解引用完整性约束的使用
- 了解引用完整性操作的使用
- 能够将 ID 依赖、1∶1、1∶N 和 N∶M 关系表示为表
- 能够将弱实体表示为表
- 能够将超类型/子类型表示为表
- 能够将递归关系表示为表
- 能够将三元关系表示为表
- 能够实现最小基数所需的引用完整性操作

本章讲解如何将 E-R 数据模型转换成数据库设计。这种转换包括三个主要任务：（1）用表和列替换实体和属性；（2）用外键替换关系和最大基数；（3）通过定义限制主键和外键值的行为来表示最小基数。前两项任务相对容易，第三项任务的难易程度取决于最小基数的类型。本章将创建一些数据库设计；第 7 章中将用 SQL DDL 和 DML 建立数据库，实现一个数据库设计。

数据库设计发生在系统分析和设计过程中的系统开发生命周期（SDLC）的组件设计（Component Design）阶段。关于系统分析和设计以及 SDLC 的介绍，请参见附录 B。

6.1　数据库设计的目的

数据库设计（Database Design）是一组真正能够实现成 DBMS 中的数据库的数据库规范。第 5 章中探讨的数据模型是一个泛化的、非专用于 DBMS 的设计。数据库设计是专用于 DBMS 的，能够在 DBMS 产品中得到实现，比如 Microsoft SQL Server 2019 或 Oracle Database。

由于 DBMS 产品各有特点，即使基于相同的关系数据库模型和同一个 SQL 标准，也必须针对特定的 DBMS 产品建立相应的数据库设计。根据不同的 DBMS 产品，同一个数据模型也会得到稍有差异的数据库设计。

BY THE WAY　讲解系统分析和设计的图书，通常将设计分为三个阶段：

- 概念设计（概念模式）
- 逻辑设计（逻辑模式）
- 物理设计（物理模式）

本书讨论的数据库设计，基本等同于逻辑设计。有些教材中，将逻辑设计定义成在特定的 DBMS 产品中实现的概念设计。物理设计解决的是真正在 DBMS 中实现数据库时遇到的各种问题（见第 10A 章的 Microsoft SQL Server 2019、第 10B 章的 Oracle Database 和第 10C 章的 MySQL 8.0 的讨论），如物理记录、文件结构、索引和查询优化。但是，本书对数据库设计的讨论，还包括数据类型规范，它常被认为属于系统分析与设计中的物理设计范畴。

6.2　为实体创建表

首先，使用图 6.1 中的步骤为每一个实体创建一个表。大多数情况下，表的名称与实体名称相同。实体的每一个属性会成为表的一列，实体的标识符成为表的主键。图 6.2 中，显示了从 EMPLOYEE 实体创建 EMPLOYEE 表的过程。本书中为了区分实体和表，将实体显示为带有阴影框，而表没有阴影框。这种做法有助于正文的讲解，但请注意，它不是行业的标准做法。

将数据模型转换为数据库设计
1. 为实体创建表
— 指定主键（根据需要考虑代理键）
— 指定替代键
— 指定列的属性
● 空状态
● 数据类型
● 默认值（如果有）
● 数据约束（如果有）
— 验证规范化
2. 确定主键，创建关系
— 强实体之间的关系（1:1、1:N 或 N:M）
— 确定 ID 依赖实体的关系（交集表、关联模式、多值属性、原型/实例模式）
— 强实体和非 ID 依赖弱实体之间的关系（1:1、1:N 或 N:M）
— 混合关系
— 超类型/子类型实体之间的关系
— 递归关系（1:1、1:N 或 N:M）
3. 确定满足最小基数的逻辑
— O-O 关系
— M-O 关系
— O-M 关系
— M-M 关系

图 6.1　将数据模型转换为数据库设计的步骤

确保理解这些外观相似的图形之间的区别。图 6.2（a）中的阴影矩形表示一个还没有物理存在的逻辑结构，它只是一个蓝图。图 6.2（b）中的无阴影矩形表示一个数据库表。它与第 3 章和第 4 章中使用的符号相同。

EMPLOYEE (<u>EmployeeNumber</u>, EmployeeName, Phone, EmailAddress, HireDate, ReviewDate, EmpCode)

还要注意 EmployeeNumber 旁边的钥匙符号，它表明 EmployeeNumber 是表的主键，就如同第 3 章和第 4 章中使用的下画线。

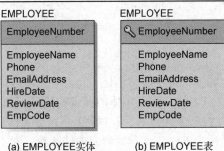

(a) EMPLOYEE实体   (b) EMPLOYEE表

图 6.2   将实体转换成表

6.2.1   选择主键

主键的选择很重要。DBMS 通过主键来优化对表的行的搜索和排序，一些 DBMS 产品还利用它来处理表的存储。DBMS 产品几乎总是利用主键值来创建索引和其他数据结构。

理想的主键是短的、数字型的、且长度固定的。图 6.2 中的 EmployeeNumber 满足这些条件，可将其作为主键。注意，诸如 EmployeeName、EmailAddress、（AreaCode, PhoneNumber）、（Street, City, State, ZIP）以及其他长字符列，也可以作为主键。当标识符不是短的、数字型的或长度固定的时，可以考虑使用另一个候选键作为主键。如果没有其他候选键，或者没有更好的候选键，可以考虑使用代理键。

代理键是 DBMS 为表中每一行提供的标识符。代理键值在表中是唯一的，它们永远不会改变。在创建行时会分配一个代理键值，在删除行时销毁。代理键可能是最好的主键，因为它被设计为短小、数值型且长度固定的。由于这些优点，一些公司甚至要求所有的表都用代理键作为主键。

但是，代理键存在两个缺点。首先，它的值对用户没有意义。假设希望找出一位员工属于哪一个部门。如果 DepartmentName 是 EMPLOYEE 中的外键，那么当检索 EMPLOYEE 行时，会获得一个值，比如"Accounting"或"Finance"。这个值可能就是希望获取的关于部门的所有信息。

反过来，如果将 DEPARTMENT 的主键定义为代理键 DepartmentID，则 DepartmentID 也将是 EMPLOYEE 的外键。检索 EMPLOYEE 行时，得到的 DepartmentID 会是一个数字，例如 123499788，它没有任何意义。必须对 DEPARTMENT 执行第二个查询，以获得 DepartmentName 值。

代理键的第二个缺点出现在不同数据库之间共享数据时。例如，假设一家公司有三个不同的 SALES 数据库，分别对应三个不同的产品线。假设每个数据库都有一个 SALES_ORDER 的表，它的代理键名称为 ID。DBMS 会将值分配给 ID，以便它们在数据库的特定表中是唯一的。但是，它分配的 ID 值无法保证在三个不同的数据库中都是唯一的。因此，在两个不同的数据库中，两个不同的 SALES_ORDER 行可能具有相同的 ID 值。

如果不合并来自不同数据库的数据，这种重复值不存在问题。如果需要合并数据库，为了防止出现重复，则需要更改一些 ID 值。如果更改了 ID 值，那么可能也需要更改外键值。这会导致混乱的结果，或者至少要做大量工作来防止出现混乱。

当然，对于不同数据库中的代理键，可以采用不同的起始值。这样的策略，可确保每一个数据库都有自己的代理键值范围。但是，这需要仔细的管理和维护，如果起始值彼此太接近，则值范围会重叠，仍然会产生重复的代理键值。

BY THE WAY　一些数据库设计者认为，为了一致性，如果一个表有一个代理键，那么数据库中的所有表都应该有一个代理键。另一些人则认为这样的策略太死板，毕竟，有一些好的数据键可作为主键，比如 ProductSKU（它使用第 2 章中讨论的 SKU 代码）。如果存在这样的键，则应该用它作为主键而不是采用代理键。在这个问题上，公司可能已经制订了标准。

请注意，DBMS 产品对代理键的支持各不相同。Microsoft Access 2019、Microsoft SQL Server 2019 和 MySQL 8.0 都支持代理键。Microsoft SQL Server 2019 允许设计者选择代理键的起始值和增量，MySQL 8.0 允许选择起始值。然而，Oracle Database 并不提供对代理键的直接支持，但是可以通过一种间接的方式实现，如第 10B 章所述。

除非有充分的理由不支持这样做，否则本书中将使用化理键。除了前面描述的优点，代理键是固定长度的这一事实也简化了最小基数的实施，本章的最后一节中将讲解这一点。

6.2.2　指定替代键

创建表的下一步是指定替代键。如第 3 章所述，候选键是表中不同行的标识符。一个表中可能有多个候选键，但最终只选择其中的一个作为主键。其他的候选键就成为一个替代键（Alternate Key，AK）。注意，替代键依然可以被称为候选键，因为它唯一地标识表中的行；如果可以的话，也能将它用作主键。图 6.3 中，用 AK 符号演示了替代键的用法。

图 6.3（a）中的 EMPLOYEE 表主键为 EmployeeNumber，候选键或替代键为 EmailAddress；图 6.3（b）中的 CUSTOMER 表主键为 CustomerNumber，组合键（Name, City）和 EmailAddress 都是候选键。图中的符号 AKn.m 表示第 n 个替代键和该键的第 m 列。在 EMPLOYEE 表中，EmailAddress 被标记为 AK1.1，因为它是第一个替代键的第一列。CUSTOMER 表具有两个替代键。第一个是两列的组合，分别标记为 AK1.1 和 AK1.2。Name(AK1.1)表示 Name 是第一个替代键的第一列，而 City(AK1.2)表示 City 是第一个替代键的第二列。CUSTOMER 表中，EmailAddress 被标记为 AK2.1，因为它是第二个替代键的第一列（唯一列）。

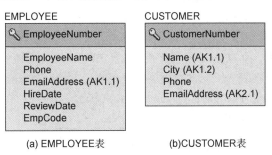

图 6.3　替代键的表示

6.2.3　指定列属性

创建关系的下一步是指定列属性。图 6.1 中显示了 4 种属性：空状态、数据类型、默认值和数据约束。

1．空状态

空状态是指列是否能够包含空值。通常而言，空状态是用 NULL（允许空状态）或 NOT NULL（不允许空状态）表示的。因此，NULL 并不意味着列值总是为空，它只表示允许出现空值。由于可能出现这种混淆，所以一些人更喜欢使用 NULL ALLOWED 而不是 NULL。图 6.4 中给出了 EMPLOYEE 表中每个列的空状态。

EMPLOYEE

🔑 EmployeeNumber: NOT NULL

EmployeeName: NOT NULL
Phone: NULL
EmailAddress: NULL (AK1.1)
HireDate: NOT NULL
ReviewDate: NULL
EmpCode: NULL

图 6.4　显示空状态的表

BY THE WAY　　图 6.4 中的 EMPLOYEE 表有一个值得注意的地方。主键 EmployeeNumber 被标记为 NOT NULL，而替代键 EmailAddress 被标记为 NULL。EmployeeNumber 不允许为空值是有意义的。如果它为空值，且多个行都具有空值，则 EmployeeNumber 将不能唯一地标识行。但是，既然：（1）替代键是候选键；（2）候选键必须唯一地标识一行，为什么 EmailAddress 允许有空值呢？

答案是替代键通常只用来表明数据的唯一性。将 EmailAddress 标记为替代键（可能为空），意味着 EmailAddress 不需要有值；但是，如果它有值，那么该值将是唯一的，并且不同于 EMPLOYEE 表中 EmailAddress 的其他所有值。

这意味着以这种方式使用的替代键不是真正的替代主键，因此也不是真正的候选键。需要记住：主键不允许出现空值，而替代键允许空值。

2．数据类型

下一步是为每个列定义数据类型。对于数据库设计，数据类型是 DBMS 特有的。然而，每一种 DBMS 的数据类型都有所不同。例如，为了记录货币值，Microsoft Access 有一个称为 Currency 的数据类型，Microsoft SQL Server 中为 Money。而 Oracle Database 中没有这样的数据类型，它用数值数据类型表示。

一旦明确了将采用哪一种 DBMS 来创建数据库，在设计中就应该使用它的数据类型。图 6.5 给出了使用 SQL Server 时在表中显示的数据类型（例如，Char、Varchar 和 Date 都是它的数据类型）。Microsoft SQL Server 2019、Oracle Database 和 MySQL 8.0 中的数据类型如图 6.6 所示。

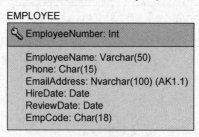

图 6.5　包含数据类型的表

事实上，在许多数据建模产品（如 erwin Data Modeler）中，可以指定将使用的 DBMS，它就会提供合适的数据类型集。其他数据建模产品与特定的 DBMS 有关。例如，Oracle 的 MySQL Workbench 旨在为 MySQL 设计数据库，因此使用 MySQL 特定的数据类型。

数值数据类型	描　　述
Bit	1 比特整数。值为 0、1 或 NULL
Tinyint	1 字节整数。值范围 0～255
Smallint	2 字节整数。值范围-2^{15}(-32 768)～$+2^{15}-1$(+32 767)
Int	4 字节整数。值范围-2^{31}(-2 147 483 468)～$+2^{31}-1$(+2 147 483 467)
Bigint	8 字节整数。值范围-2^{63}(-9 223 372 036 854 775 808)～$+2^{63}-1$(+9 223 372 036 854 775 807)
Decimal(p[,s])	包含固定有效位数(p)和小数位数(s)的数字。值范围$-10^{38}+1$～$10^{38}-1$，最大有效位数(p)为 38。有效位数范围为 1～38，默认为 18。小数位数表示小数点右边的数字个数。小数位数范围为 0～p，其中 0 <= s <= p；默认小数位数为 0
Numeric(p[,s])	数字工作原理与 Decimal 相同
Smallmoney	4 字节货币值。值范围-214 748.3648～+214 748.3647，精度为货币单位的万分之一。使用小数点分隔数字
Money	9 字节货币值。值范围-922 337 203 685 477.5808～+922 337 203 685 477.5807，精度为货币单位的万分之一。使用小数点分隔数字
Float(n)	科学浮点表示法，尾数为 n 比特。n 值范围 1～53，默认值为 53
Real	等价于 Float(24)
日期和时间数据类型	描　　述
Date	固定 3 字节长度。默认格式为 YYYY-MM-DD。值范围为 1 年 1 月 1 日（0001-01-01）～9999 年 12 月 31 日（9999-12-31）
Time	默认为固定 5 字节，精度为 100 纳秒。默认格式为 HH:MM:SS.NNNNNNN，值范围 00:00:00.000 000 0～23:59:59.999 999 9
Smalldatetime	固定 4 字节长度。限制日期范围，将时间四舍五入到最近的秒。值范围为 1900 年 1 月 1 日 00:00:00（1900-01-01 00:00:00）～2079 年 6 月 6 日 23:59.59（2079-06-06 23:59.59）
Datetime	固定 8 字节长度。大致为 Date 和 Time 的组合，但日期跨度较少，且具有更小的时间精度（四舍五入到 0.000、0.003 或 0.007 秒）。如果需要更大的精度，则需使用 DATETIME2，日期范围为 1753 年 1 月 1 日（1753-01-01）到 9999 年 12 月 31 日（9999-12-31）
Datetime2	固定 8 字节长度。具有完整精度的 Date 和 Time 的组合。Datetime 的替代类型。值范围为 1 年 1 月 1 日 00:00:00.000 000 0（0001-01-01 00:00:00.000 000 0）到 9999 年 12 月 31 日 23:59.59.999 999 9（9999-12-31 23:59.59.999 999 9）
Datetimeoffset	默认为固定 10 字节，精度为 100 纳秒。根据国际标准时间（UTC）采用 24 小时时钟。UTC 是格林尼治标准时间（GMT）的改进，它根据英国格林尼治的本初子午线定义了午夜（00:00:00.000 000 0）发生的时间。时差是指与格林尼治时区的时差。默认格式为 YYYY-MM-DD HH:MM:SS.NNNNNNN(+|?)HH:MM。值范围为 1 年 1 月 1 日 00:00:00.000 000 0(0001-01-01 00:00:00.000 000 0)到 9999 年 12 月 31 日 23:59.59.999 999 9（9999-12-31 23:59.59.999 999 9），时差范围为-14:59 到+14:59。采用 24 小时制
Timestamp	参见相关文档
字符串数据类型	描　　述
Char(n)	固定长度的 n 字节字符串数据（非 Unicode）。n 的范围为 1～8000
Varchar(n | max)	可变长度的 n 字节字符串数据（非 Unicode）。n 的范围为 1～8000。最多可包含$+2^{31}-1$字节（2 GB）
Text	使用 VARCHAR(max)。参见相关文档

图 6.6　DBMS 产品中的 SQL 数据类型

日期和时间数据类型	描　　述
Nchar(n)	固定长度的 n×2 字节 Unicode 字符串数据。n 的范围为 1～4000
Nvarchar(n | max)	可变长度的 n×2 字节 Unicode 字符串数据。n 的范围为 1～4000。最多可包含+2^{31}-1 字节（2 GB）
Ntext	使用 NVARCHAR(max)。参见相关文档
Binary(n)	固定长度的 n 字节二进制数据。n 的范围为 1～8000
其他数据类型	描　　述
Varbinary(n | max)	可变长度二进制数据。n 的范围为 1～8000。最多可包含+2^{31}-1 字节（2 GB）
Image	使用 VARBINARY(max)。参见相关文档
Uniqueidentifier	16 字节全局唯一标识符（GUID）。参见相关文档
Hierarchyid	参见相关文档
Cursor	参见相关文档
Table	参见相关文档
XML	用于存储 XML 数据。参见相关文档
Sql_variant	参见相关文档

（a）SQL Server 2019 中常用的数据类型

数值数据类型	描　　述
SMALLINT	与 INTEGER 同义，实现成 NUMBER(38, 0)
INT	与 INTEGER 同义，实现成 NUMBER(38, 0)
INTEGER	当指定为数据类型时，它被实现成 NUMBER(38, 0)
NUMBER(p[,s])	1～22 字节。包含固定有效位数(p)和小数位数(s)的数字。值范围-10^{38}+1～1^{038}-1，最大有效位数(p)为 38。有效位数范围为 1～38，默认为 18。小数位数表示小数点右边的数字个数。小数位数范围为 -84～127，它可以大于 p；默认小数位数为 0。
FLOAT(p)	1～22 字节。实现成 NUMBER(p)。p 值范围为 1～126
BINARY_FLOAT	5 字节 32 比特浮点数
BINARY_LONG	9 字节 64 比特浮点数
RAW(n)	固定长度的 n 字节原始二进制数据。n 的范围为 1～2000
LONG RAW	可变长度原始二进制数据。最大为 2 GB
BLOB	最大可存储[(4 GB-1) ×(数据库块大小)]的二进制大对象
BFILE	参见相关文档
日期和时间数据类型	描　　述
DATE	固定 7 字节长度。使用 NLS_DATE_FORMAT 参数设置默认格式。值范围为公元前 4712 年 1 月 1 日到公元 9999 年 12 月 31 日。它包含字段 YEAR、MONTH、DAY、HOUR、MINUTE 和 SECOND（没有分秒）。不包含时区信息
TIMESTAMP(p)	包括基于精度 p 的分秒。默认 p 值为 6，范围为 0～9。根据精度的不同，可为 7～11 字节固定值。使用 NLS_TIMESTAMP_FORMAT 参数设置默认格式。值范围为公元前 4712 年 1 月 1 日到公元 9999 年 12 月 31 日。它包含字段 YEAR、MONTH、DAY、HOUR、MINUTE 和 SECOND。包含分秒，不包含时区信息

图 6.6　DBMS 产品中的 SQL 数据类型（续）

日期和时间数据类型	描　　述
TIMESTAMP(p) WITH TIME ZONE	包括基于精度 p 的分秒。默认 p 值为 6，范围为 0～9，为 13 字节固定值。使用 NLS_TIMESTAMP_ FORMAT 参数设置默认格式。值范围为公元前 4712 年 1 月 1 日到公元 9999 年 12 月 31 日。包含字 段 YEAR、MONTH、DAY、TIMEZONE_HOUR、TIMEZONE_MINUTE 和 TIMEZONE_SECOND。 包含分秒，包含时区
TIMESTAMP(p) WITH LOCAL TIME ZONE	与包含时区信息的 TIMESTAMP 基本相同，有如下改动：（1）数据按数据库时区存储；（2）用户在会 话时区查看数据
INTERVAL YEAR [p(year)] TO MONTH	参见相关文档
INTERVAL DAY [p(day)] TO SECOND [p(seconds)]	参见相关文档
字符串数据类型	描　　述
CHAR(n[BYTE | CHAR])	固定长度的 n 字节字符串数据（非 Unicode）。值范围为 1～2000。BYTE 和 CHAR 指的是语义用法。 参见相关文档
VARCHAR2(n[BYTE | CHAR])	可变长度的 n 字节字符串数据（非 Unicode）。n 的范围为 1～4000（字节或字符数）。BYTE 和 CHAR 指的是语义用法。参见相关文档
NCHAR(n)	固定长度的 n×2 字节 Unicode 字符串数据。对于 UTF-8 编码，最大为 n×3 字节。最多可达 2000 字节
NVARCHAR2(n)	可变长度 Unicode 字符串数据。对于 UTF-8 编码，最大为 n×3 字节。最多可达 4000 字节
LONG	可变长度的字符串数据（非 Unicode），最大 $2^{31}-1$ 字节（2 GB）。参见相关文档
CLOB	最大可存储[(4 GB-1) ×(数据库块大小)]的字符型大对象（非 Unicode）。支持固定长度和可变长度字符集
NCLOB	最大可存储[(4 GB-1) ×(数据库块大小)]的 Unicode 字符大对象。支持固定长度和可变长度字符集
其他数据类型	描　　述
ROWID	参见相关文档
UROWID	参见相关文档
HTTPURIType	参见相关文档
XMLType	用于存储 XML 数据。参见相关文档
SDO_GEOMETRY	参见相关文档

（b）Oracle Database 中常用的数据类型

数值数据类型	描　　述
BIT(M)	M 值为 1～64
TINYINT	值范围-128～127
TINYINT UNSIGNED	值范围 0～255
BOOLEAN	0 = FALSE，1 = TRUE。与 TINYINT(1)同义
SMALLINT	值范围-32 768～32 767
SMALLINT UNSIGNED	值范围 0～65 535
MEDIUMINT	值范围-8 388 608～8 388 607
MEDIUMINT UNSIGNED	值范围 0～16 777 215

图 6.6　DBMS 产品中的 SQL 数据类型（续）

数值数据类型	描　　述
INT 或 INTEGER	值范围-2 147 483 648～2 147 483 647
INT UNSIGNED 或 INTEGER UNSIGNED	值范围 0～4 294 967 295
BIGINT	值范围-9 223 372 036 854 775 808～9 223 372 036 854 775 807
BIGINT UNSIGNED	值范围 0～18 446 744 073 709 551 616
FLOAT(P)	P 为精度，值范围 0～53
FLOAT 或 REAL(M, D)	小的（单精度）4 字节浮点数。M 为显示宽度，D 为小数位数
DOUBLE(M, D)	正常（双精度）8 字节浮点数。M 为显示宽度，D 为小数位数
DEC(M[,D])或 DECIMAL(M[,D])或 FIXED(M[,D])或 NUMERIC(M[,D])	固定位数的数。M 为总位数，D 为小数位数
日期和时间数据类型	描　　述
DATE	YYYY-MM-DD：值范围 1000-01-01～9999-12-31
DATETIME	格式为 YYYY-MM-DD HH:MM:SS。值范围 1000-01-01 00:00:00～9999-12-31 23:59:59
TIMESTAMP	值范围 01.01.70 00:00:01～19.01.38 03:14:07
TIME	格式为 HH:MM:SS。值范围-838:59:59:000000～838:59:59:000000
YEAR(M)	值范围 1901～2155
字符串数据类型	描　　述
CHAR(M)	固定长度的字符串。M 值为 0～255
VARCHAR(M)	可变长度的字符串。M 值为 0～65 535
BLOB(M)	BLOB 表示二进制大对象。最大可为 65 535 字符
TEXT(M)	最大可为 65 535 字符
TINYBLOB, TINYTEXT	参见相关文档
MEDIUMBLOB, MEDIUMTEXT	参见相关文档
LONGBLOB, LONGTEXT	参见相关文档
ENUM('value1','value2', . . .)	枚举。只会从值列表中选取一个值。参见相关文档
SET('value1', 'value2', . . .)	值集。可以从值列表中选取 0 个或多个值。参见相关文档

（c）MySQL 8.0 中常用的数据类型

图 6.6　DBMS 产品中的 SQL 数据类型（续）

　　如果不知道将使用哪一种 DBMS 产品，或者希望保持与特定 DBMS 的独立性，则可以按通用方式指定数据类型。SQL 标准定义了许多标准的数据类型。典型的字符串数据类型包括：针对长度为 n 的固定字符串的 CHAR(n)，针对最大长度为 n 的可变长度字符串的 VARCHAR(n)，针对最大长度为 n 的可变长度 Unicode 字符串的 NVARCHAR(n)；日期/时间数据类型有 DATE 和 TIME；数值数据类型有 INTEGER（或 INT）、FLOAT、NUMERIC(m, n)和 DECIMAL(m, n)。对于 NUMERIC 和 DECIMAL 类型，(m, n)表示数字的最大位数为 m，小数点右边有 n 位。对于大型公司，很可能已经制订了自己的通用数据标准。如果存在这样的标准，则应采用它。

　　图 6.7 中的 EMPLOYEE 表包含了数据类型和空状态信息。但是，这样做会使显示变得拥挤，所以后面将只提供表的列名称。对于大多数 DBMS 产品，可以根据需要开启或关闭它的显示内容。

设计工具专门用于某种 DBMS 产品这一事实，并不意味着它不能用于其他 DBMS 的数据库设计。例如，可以在 MySQL Workbench 中设计一个 SQL Server 数据库，大多数设计都是正确的。但是，必须了解不同 DBMS 产品的差异，以便在创建实际数据库时进行调整。

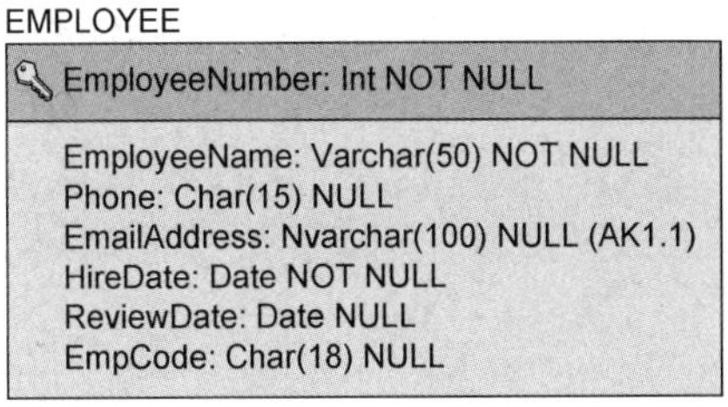

EMPLOYEE

🔑 EmployeeNumber: Int NOT NULL

EmployeeName: Varchar(50) NOT NULL
Phone: Char(15) NULL
EmailAddress: Nvarchar(100) NULL (AK1.1)
HireDate: Date NOT NULL
ReviewDate: Date NULL
EmpCode: Char(18) NULL

图 6.7　显示数据类型和空状态的表

3. 默认值

默认值是 DBMS 在创建新行时提供的值。该值可以是一个常量，如 EMPLOYEE 表中 EmpCode 列的字符串 'New Hire'；也可以是函数的结果，如 HireDate 列的计算机时钟的日期值。

某些情况下，默认值是通过复杂的逻辑计算得出的。例如，价格的默认值可以通过对默认成本加价和对客户的折扣降低加价来计算。这种情况下，需要编写一个应用组件或触发器（在第 7 章中讨论）来提供此类值。

可以使用数据建模工具来记录默认值，但是通常将它们放置在一个单独的设计文档中。例如，图 6.8 中给出了记录默认值的一种方法。

表	列	默认值
ITEM	ItemNumber	代理键
ITEM	Category	无
ITEM	ItemPrefix	If Category = 'Perishable' then 'P' If Category = 'Imported' then 'I' If Category = 'One-off' then 'O' Otherwise = 'N'
ITEM	ApprovingDept	If ItemPrefix = 'I' then 　'SHIPPING/PURCHASING' Otherwise = 'PURCHASING'
ITEM	ShippingMethod	If ItemPrefix = 'P' then 'Next Day' Otherwise = 'Ground'

图 6.8　包含默认值的示例文档

4. 数据约束

数据约束（Data Constraint）是对数据值的限制。存在几种不同类型的数据约束。域约束（Domain Constraint）将列值限制为一组特定的值。例如，可以将 EMPLOYEE.EmpCode 的值限制为"New Hire"、"Hourly"、"Salary"或"Part Time"。范围约束（Range Constraint）将值限制为特定的值区间。例如，可以将 EMPLOYEE.HireDate 限制在 1990 年 1 月 1 日到 2025 年 12 月 31 日之间。

内部关系约束（Intrarelation Constraint）通过与同一表中其他列的比较限制列的值。EMPLOYEE.ReviewDate 至少为 EMPLOYEE.HireDate 后三个月，这就是一个内部关系约束。外部关系约束（Interrelation Constraint）通过与其他表中的列的比较限制列的值。CUSTOMER 表中的 CUSTOMER.Name 值，不能等于 BAD_CUSTOMER.Name 值，这就是一个外部关系约束的例子。其中，BAD_CUSTOMER 是一个包含有信用和欠费问题的客户列表的表。

第 3 章讨论过的引用完整性约束是一种外部关系约束。因为这种约束特别常见，所以有时只有在不强制执行时才记录它们。例如，为了节省时间，设计团队可能会要求，如果每一个外键对其所引用的表都存在引用完整性约束，则只需记录此规则的例外情况。

6.2.4　验证规范化

图 6.1 中步骤 1 的最后一项任务是验证表的规范化。如果是根据表单和报表开发数据模型，则通常会得到规范化的实体。这是因为表单和报表的结构通常反映了用户对数据的看法。例如，表单的边界通常体现了函数依赖的范围。如果这很难理解，可以将函数依赖看作一个主题。一个设计良好的表单或报表，会使用线条、颜色、方框或其他图形元素来体现主题。数据建模团队将根据这些图形提示来开发实体，得到的就是规范化的表。

然而，所有这些都应该进行验证。需要验证所得到的表是否满足 Boyce-Codd 范式（BCNF），以及是否删除了所有的多值依赖关系。如果没有，则可能应该规范化这些表。然而，正如第 4 章中所讨论的，有时规范化是不可取的。因此，还应该检查表以确定是否应该将任何已经规范化的表去规范化。

6.3　创建关系

执行完步骤 1 得到的结果是一组完整但独立的表。下一步是创建关系。通常而言，关系是通过在表中放置外键来创建的。执行此操作的方式和确定外键列的属性取决于关系的类型。本节中，将探讨第 5 章中描述的每一种关系：强实体之间的非标识关系、ID 依赖实体之间的标识关系、混合实体模式中的关系、超类型/子类型之间的关系以及递归关系。最后，将讨论三元关系的几种特殊情形。

6.3.1　强实体间的关系

正如第 5 章所讲，强实体之间的非标识关系由它们的最大基数来表征。这种关系有三种类型：1 : 1、1 : N 和 N : M。

1．强实体之间的 1 : 1 关系

在设计了与强实体对应的表之后，这些实体之间的 1 : 1 关系可以用两种方式表示。可以将第一个表的主键作为外键放在第二个表中，也可以将第二个表的主键作为外键放在第一个表中。图 6.9 显示了 CLUB_MEMBER 与 LOCKER 之间 1 : 1 的非标识关系。图 6.9（a）中，MemberNumber 在 LOCKER 中为外键；图 6.9（b）中，LockerNumber 在 CLUB_MEMBER 中为外键。

这两种设计都可行。如果已知俱乐部成员的编号，希望找到他的储物柜，则可以使用图 6.9（a）的设计，根据给定的 MemberNumber 值查询 LOCKER 表。如果已知 LockerNumber 并且希望找出俱乐部成员的数据，则可以使用图 6.9（a）中的设计，根据 LockerNumber 查询 LOCKER 表，获得 MemberNumber 值，然后利用该值查询 CLUB_MEMBER 表，以获得俱乐部成员的其余数据。

　　按照类似的过程，同样可以验证图 6.9（b）中的设计。但是，对于这两种设计，存在一个数据约束。因为关系是 1:1，一个给定的外键值只能在表中出现一次。例如，在图 6.9（a）的设计中，给定的 MemberNumber 值只能出现一次，LOCKER 表中的每一个值都必须是唯一的。如果一个 MemberNumber 值出现在两行中，则表示一个成员有两个储物柜，而这种关系不是 1:1 的。

　　为了使 DBMS 强制执行外键值所需的唯一性，可以将外键列定义为唯一的。定义外键列唯一性，既可以在它的列定义中直接完成（表设计图中没有指定），也可以通过将外键定义为替代键实现。后一种技术虽然很常见，但有点令人困惑，因为从逻辑上讲，MemberNumber 不是 LOCKER 的替代键。这里仅仅利用了替代键是唯一的这一事实，以记录外键在 1:1 关系中的唯一性。根据所使用的数据库设计软件，替代键名称可能出现在表和关系的数据库设计中，如图 6.9（a）所示。在图 6.9（b）中的外键 LockerNumber 上也使用了类似的技术。

　　图 6.9 将关系的最小基数显示为可选到可选（O-O），这样，图 6.9 中的任何一种设计都可行，但设计团队可能更偏爱某一种。然而，如果关系的最小基数是强制到可选（M-O）或可选到强制（O-M），则根据本章后面讲解的最小基数设计，应首选其中的一种设计。此外，根据应用的需求，有可能意味着一种设计比另一种运行得更快。

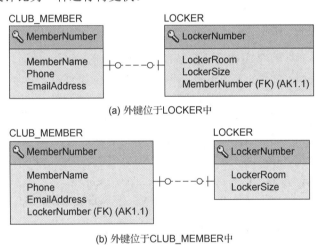

图 6.9　强实体间 1:1 关系转换的两种选择

　　总而言之，为了表示 1:1 强实体关系，需将一个表中的主键作为另一个表中的外键。通过将外键定义为唯一的（或作为替代键）可强制执行最大基数。

2．强实体之间的 1:N 关系

　　设计好与强实体对应的表之后，通过将对应于"1"侧的表的主键作为"N"侧的表的外键，就可以表示实体之间的 1:N 关系。从第 5 章可知，术语"父表"指的是对应于"1"侧的表，"子表"指的是"N"侧的表。利用这些术语，可以将 1:N 关系的设计总结为："将父表的主键作为外键放在子表中。"如图 6.10 所示。

　　图 6.10（a）中的 E-R 图，表示 CLUB_MEMBER 和 CLUB_UNIFORM 实体之间 1:N 关系。图 6.10（b）中的关系，将父表的主键（MemberNumber）作为外键放在子表（CLUB_UNIFORM）中。因为一个父表可以有很多子表（关系是 1:N），所以没有必要使外键唯一。

　　对于强实体之间的 1:N 关系，需要做的就是这些。只需记住：将父表的主键作为外键放入子表中。

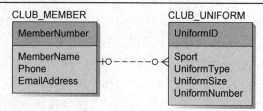

(a) 强实体之间的1:N关系

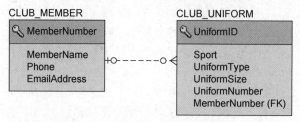

(b) 将父表的主键作为外键放入子表中

图 6.10　强实体间 1∶N 关系的转换

3. 强实体之间的 N∶M 关系

同样，必须首先从数据模型实体设计数据库表，然后创建关系。然而，N∶M 关系的情况要复杂一些。问题是在 N∶M 关系的两个表中，没有位置可以放置外键。考虑图 6.11（a）中的例子，它展示了 COMPANY 表和 PART 表之间的关系，指定了哪些公司可以供应哪些部件。一个公司可以供应多种部件，一种部件可由多个不同的公司供应。

假设要尝试通过将一个表的主键作为外键放在第二个表中来表示这种关系，就如同对 1∶N 关系所做的那样。假设将 PART 的主键放在 COMPANY 表中，如下所示：

COMPANY (<u>CompanyName</u>, City, Country, Volume, *PartNumber*)

PART (<u>PartNumber</u>, PartName, SalesPrice, ReOrderQuantity, QuantityOnHand)

根据这种设计，一个给定的 PartNumber 值可能出现在 COMPANY 表的许多行中，这样多个公司都可以供应该部件。但是，如何才能表明一个公司可以供应多种部件呢？这种设计只能表示一个部件。我们不希望为了显示第二种部件而复制公司的整个行，这种策略会导致不可接受的数据重复和数据完整性问题。因此，这是一种不可行的解决方案。如果试图将 COMPANY 表的主键 CompanyName 作为外键放入 PART 表中，也会出现类似的问题。

解决办法是创建第三个表，称为交集表（Intersection Table）。[①]交集表体现的是公司与部件之间的关系。它将两个表的主键作为外键保存，而这些外键就成为交集表中的组合主键。交集表只保存外键数据，不包含任何其他用户数据。对于图 6.11（a）中的例子，可以创建交集表：

COMPANY_PART_INT (*CompanyName*, *PartNumber*)

对于每一个公司–部件的组合，COMPANY_PART_INT 表都有一行数据。注意，这两个列都是组合主键（CompanyName, PartNumber）的一部分，而且每一列也为不同表的外键。因为这两

---

① 尽管本书中使用了术语“交集表”，但是这种表结构还有很多其他的名称。实际上，维基百科中目前已经列出了 15 个备选名称，包括连接表、桥接表、关联表等。本书中，将术语“关联表”用于关联关系（如本章后面所解释的），但是授课老师可能会采用其他术语。

列都是其他表的主键，所以交集表总是 ID 依赖于两个父表，并且与父表的关系为标识关系。

　　因此，图 6.11（b）中的数据库设计是使用 ID 依赖于 COMPANY_PART_INT 交集表和标识关系线绘制的。与所有 ID 依赖表一样，父表是必须存在的——COMPANY_PART_INT 表要求存在 COMPANY 表和 PART 表。根据应用的要求，父表可能需要也可能不需要交集表中存在行数据。图 6.11（b）中，公司可能不会供应某种部件，但是一个部件必须至少由一个公司供应。

BY THE WAY　　　强实体之间 N∶M 关系的数据模型的问题是它们无法直接表示对方。在数据库设计中，N∶M 关系必须通过一个交集表分解为两个 1∶N 关系。这就是为什么像 MySQL Workbench 这样的产品不能在数据模型中表示 N∶M 关系的原因。这些产品强制在建模期间提前转换为两个 1∶N 关系。然而，正如第 5 章所述，大多数数据建模人员认为这一需求令人讨厌，因为它增加了数据建模的复杂性，而数据建模的目的就是降低逻辑要素的复杂度。

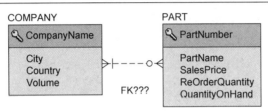

(a) 外键在两个表中都没有位置放置

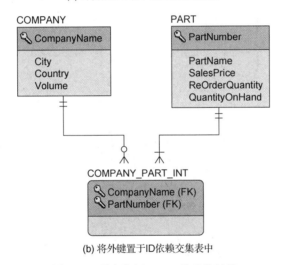

(b) 将外键置于ID依赖交集表中

图 6.11　强实体间 N∶M 关系的转换

6.3.2　使用 ID 依赖实体的关系

　　图 6.12 总结了 ID 依赖实体的 4 种用法。根据该图，表示 N∶M 关系的情形已经讨论过了。如图 6.11 所示，需要创建一个 ID 依赖的交集表来保存参与关系的两个表的主键，并在每个表和交集表之间创建一个 1∶N 标识关系。

　　图 6.12 中所示的其他三种用法，在第 5 章中已经讨论过，下面将讲解如何创建表和关系。

ID 依赖实体的 4 种用法
表示 N∶M 关系
表示关联关系
存储多值属性
表示原型/实例关系

图 6.12　ID 依赖实体的 4 种用法

1. 关联关系

如第 5 章所述，两个强实体之间的关联关系（Association Relationship）微妙地接近于 N : M 关系。这两种关系类型之间的唯一区别是关联关系具有一个或多个属性，这些属性属于实体之间的关系，而不属于任何一个实体本身。这些属性必须添加到 N : M 关系中的交集表中。在第 5 章中，将这个添加的实体描述为一个关联实体（Associative Entity 或 Association Entity）。图 6.13（a）给出了图 5.22 中创建的关联关系数据模型。本例中，公司和部件的关联包含一个名为 Price 的属性，该属性存储在一个名为 QUOTATION 的关联实体中。

这种关系的表示很简单：首先创建一个 ID 依赖于两个父表的交集表，然后通过向该表添加关联实体的非标识符属性，将其转换为关联表（Association Table）。图 6.13（a）示例的结果是关联表：

QUOTATION (*CompanyName*, *PartNumber*, Price)

这个表出现在图 6.13（b）的数据库设计中。与所有 ID 依赖关系一样，关联表的父表也是必要的。根据应用的要求，父表可能需要也可能不需要关联表中存在行数据。图 6.13（b）中，COMPANY 表不需要有对应的 QUOTATION 行存在，但 PART 表必须至少有对应的一个 QUOTATION 行。

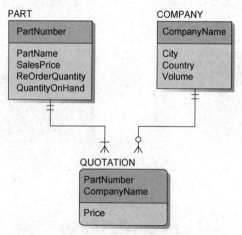

(a) 图5.22中的关联模式数据模型

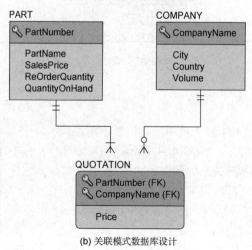

(b) 关联模式数据库设计

图 6.13　关联关系中的 ID 依赖实体转换

　　表示关联实体的表看起来很像一个交集表，唯一的区别是 Price 属性的存在。由于该属性，用户需求中会出现如 QUOTATION 等关联表的需求。一定存在一个包含 Price 属性的表单或报表。但是，用户那里永远无法体现对交集表的需求。这样的表是关系模型的人为产物，没有任何表单、报表或用户需求会表明需要这样的表。

交集表使应用的构造复杂化了。必须对它们进行处理以获取相关行，但它们从不直接出现在表单或报表上。在 Microsoft Access 中，很难将它们嵌入表单和报表设计工具中。后面的几章中，将看到更多这样的情形。现在，只需记住关联表和交集表之间的主要区别为：关联表有用户数据，但交集表没有。

如图 6.14 所示，关联实体有时会连接两个以上的实体类型。图 6.14（a）显示了图 5.23 创建的数据模型中 CLIENT、ARCHITECT 和 PROJECT 实体之间的关联关系。当有多个实体参与这个关系时，只需扩展前面讲解的策略即可。如图 6.14（b）所示，关联表拥有其父表的所有主键。本例中，ASSIGNMENT 表有三个外键和一个非键属性 HoursWorked。

这两个例子中，关联表只有一个非键属性仅仅是一种巧合。通常，为了满足用户需求，关联表可以有尽可能多的非键属性。

2. 多值属性

ID 依赖实体的第三个用法是表示多值实体属性，如图 6.15 所示，其中图 6.15（a）是图 5.29 的副本。此处的 COMPANY 表包含一个多值组合（Contact, PhoneNumber），由 ID 依赖实体 PHONE_CONTACT 表示。

如图 6.15（b）所示，表示 PHONE_CONTACT 实体很简单，只需将其替换为一个表，并将其每个属性替换为一个列即可。本例中，CompanyName 属性既是主键的一部分，也是一个外键。

与所有 ID 依赖的表一样，PHONE_CONTACT 必须在 COMPANY 父表中有一个行。但是，COMPANY 中的行可能有也可能没有对应的 PHONE_CONTACT 行，这取决于应用的需求。

　　从这些示例中可以看到，将 ID 依赖实体转换为表并不需要做太多工作。需要做的就是将实体转换为表，并将属性复制成列。

为什么这么简单呢？有两个原因。首先，所有标识关系都是 1:N。如果关系为 1:1，则不需要 ID 依赖关系。子实体的属性只能放在父实体中。其次，如果关系为 1:N，则设计原则是将父实体的主键放到子实体中。但是，ID 依赖关系被定义为父实体的标识符是子实体标识符的一部分。因此，根据定义，父表的主键已经包含在子表中。这样，不需要再创建外键，这项工作已经在数据建模期间完成了。

3. 原型/实例模式

如图 6.16 所示，ID 依赖实体和标识关系的第四种用法是原型/实例模式（也称为版本/实例模式）。图 6.16（a）与图 5.30 相同，它为第 5 章中的 CLASS/SECTION 原型/实例示例；图 6.16（b）给出了关系设计。

然而，正如前一章所述，有时原型/实例模式的实例被赋予自己的标识符。这时，实例实体就变成了非 ID 依赖弱实体。这时，必须使用强实体和非 ID 依赖弱实体之间的 1:N 关系规则转换关系。但是，这种转换与两个强实体之间的 1:N 关系相同。只需将父表的主键作为外键放在子表中即可。图 6.17（a）与图 5.31 中的数据模型相同，其中 SECTION 被赋予了标识符 ReferenceNumber。在图 6.17（b）中的关系数据库设计中，ClassName（CLASS 父表的主键）作为外键被放在了子表 SECTION 中。

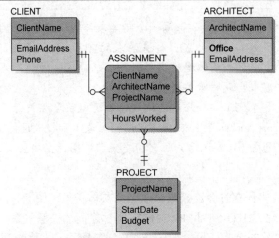

(a) 图5.23中关联模式的数据模型

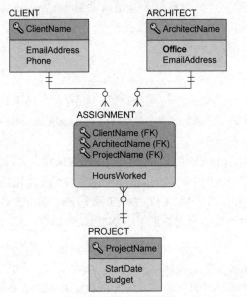

(b) 关联模式的数据库设计

图 6.14　三个实体关联关系中 ID 依赖实体的转换

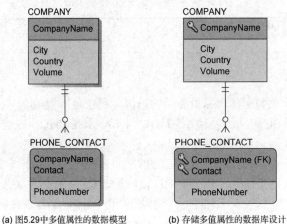

(a) 图5.29中多值属性的数据模型　　　(b) 存储多值属性的数据库设计

图 6.15　ID 依赖实体存储多值属性的转换

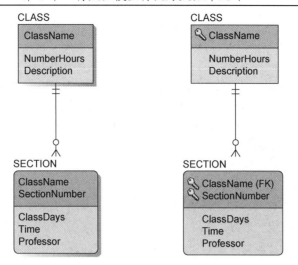

(a) 图5.30中原型/实例模式的数据模型　　　(b) 原型/实例模式的数据库设计

图 6.16　原型/实例模式中的 ID 依赖实体转换

但是，即使 SECTION 不再是 ID 依赖的，它仍然为弱实体。SECTION 需要 CLASS 表的存在。这意味着 SECTION 必须始终拥有 CLASS 父表。这一限制来自逻辑需要，而不仅仅是应用的需求。SECTION 为非 ID 依赖弱实体这一事实必须记录在设计文档中。

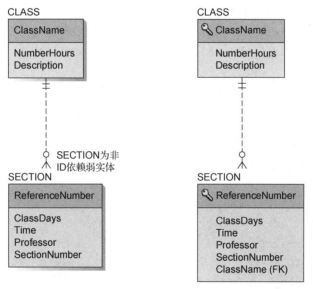

(a) 图5.31中非ID依赖弱实体的数据模型　　　(b) 非ID依赖弱实体的数据库设计

图 6.17　具有非 ID 依赖弱实体关系的原型/实例模式转换

6.3.3　非 ID 依赖弱实体的关系

正如第 5 章中所讲，强实体与非 ID 依赖弱实体之间的关系，与两个强实体之间的关系相同。该关系是一种非标识关系，由最大基数来表征。前面讨论过的强实体之间 1∶1、1∶N 和 N∶M 关系，也适用于强实体与非 ID 依赖弱实体之间。

例如，当 ID 依赖实体的父实体标识符被替换为代理键时，会发生什么？以 BUILDING 和

APARTMENT 为例，其中 APARTMENT 的标识符为公寓编号和建筑物标识符的组合。

假设 BUILDING 的标识符是（Street, City, State/Province, Country），则 APARTMENT 的标识符就是（Street, City, State/Province, Country, ApartmentNumber）。用代理键替换长的 BUILDING 标识符就可以改进这种设计。假设将 BUILDING 的组合键替换为代理键 BuildingID。

这时，APARTMENT 的键应该是什么呢？将父表的键放在子表中，就得到了 APARTMENT 的键（BuildingID, ApartmentNumber）。但是这个组合对用户没有意义。标识符（10045898, '5C'）对用户意味着什么呢？无从知道。当 Street、City、State/Province、Country 在 BUILDING 中被 BuildingID 取代时，这些键就变得无意义了。

可以通过以下办法来改进设计：当将 ID 依赖实体的父标识符替换为代理键时，将 ID 依赖实体的标识符替换为自己的代理键。结果就是一个非 ID 依赖的弱表（本章后面将采用同样的办法为 View Ridge 画廊创建一个数据库设计——在图 6.38 和图 6.39 中可以看到这些变化，对于与 ARTIST 表的关系，WORK 已经变成了一个非 ID 依赖的弱表）。

6.3.4 混合实体设计中的关系

不难猜到，混合实体模式的设计是强实体和 ID 依赖实体设计的组合。考虑图 6.18 中的员工和技能的例子。图6.18（a）与图5.35相同。此处的实体EMPLOYEE_SKILL是ID依赖于EMPLOYEE的，但它与 SKILL 之间是非标识关系。

图 6.18（a）的 E-R 模型数据库设计如图 6.18（b）所示。注意，EmployeeNumber 既是 EMPLOYEE_SKILL 主键的一部分，也是 EMPLOYEE 的外键。通过在 EMPLOYEE_SKILL 中放置 SKILL 的键 SkillName，就可以表示 SKILL 和 EMPLOYEE_SKILL 之间的 1∶N 非标识关系。注意，EMPLOYEE_SKILL.SkillName 是一个外键，但不是 EMPLOYEE_SKILL 主键的一部分。

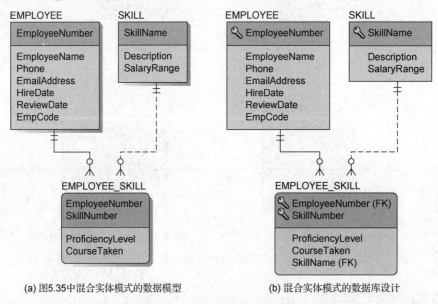

(a) 图5.35中混合实体模式的数据模型　　　　(b) 混合实体模式的数据库设计

图 6.18　混合实体模式的转换

图 6.19 中使用了类似的策略来转换 SALES_ORDER 数据模型。图 6.19（a）是图 5.33 中显示的 SALES_ORDER 数据模型的一个副本。图 6.19（b）中，ID 依赖表 ORDER_LINE_ITEM 将 SalesOrderNumber 作为其主键的一部分，它也是一个外键。它只存在一个外键 ItemNumber。

可以将所有 HAS-A 关系的设计转换过程总结为："将父表的主键作为外键放在子表中。"对于强实体，1∶1 关系可以将任何一个实体作为父实体，因此外键可以放在任何一个表中；对于 1∶N 关系，将父表的主键作为外键放入子表中；对于 N∶M 关系，通过定义一个交集表，将模型分解为两个 1∶N 关系，并将父表的主键作为子表的外键。

对于标识关系，父表的主键已经在子表中了，因此无须再做什么。对于混合关系，若为标识关系，则父表的主键已经在子表中；若为非标识关系，则需将父表的主键放入子表中。简而言之，只需要记住创建关系的几个规则，第一个是 "HAS-A：将父表的主键作为外键放入子表中"。

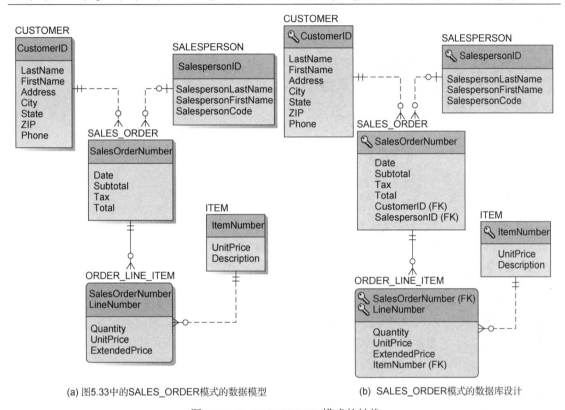

(a) 图5.33中的SALES_ORDER模式的数据模型　　　　(b) SALES_ORDER模式的数据库设计

图 6.19　SALES_ORDER 模式的转换

6.3.5　超类型和子类型实体间的关系

表示超类型实体及其子类型之间的关系很简单。前面说过，这种关系也称为 IS-A 关系，因为子类型及其超类型表示的是同一底层实体。MANAGER（子类型）是 EMPLOYEE（超类型），SALESCLERK（子类型）也是 EMPLOYEE（超类型）。由于这种等价性，所有子类型表的键与超类型表的键都相同。

图 6.20(a)显示了图 5.13(a)中的数据模型，以 STUDENT 的两种子类型为例。注意 STUDENT 的键是 StudentID，每个子类型的键也是 StudentID。UNDERGRADUATE.StudentID 和 GRADUATE.StudentID 是其超类型的主键和外键。

尽管这里展示的是一组互斥子类型的转换（利用鉴别器属性 isGradStudent），但是对于一组相容子类型的转换，可通过完全相同的方式完成。注意，鉴别器属性无法在关系设计中表示出来。图 6.20（b）中，除了在设计文档中注明 isGradStudent 决定子类型，不能对它做任何事情。编写应用时，需要使用 isGradStudent 来判断 STUDENT 的具体子类型。

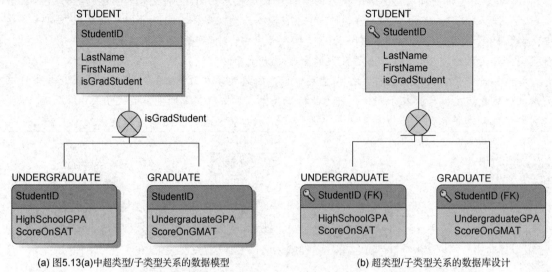

(a) 图5.13(a)中超类型/子类型关系的数据模型　　　　(b) 超类型/子类型关系的数据库设计

图 6.20　超类型/子类型实体的转换

6.3.6　递归关系

递归关系的表示只是用于表示强实体之间关系的技术的一种延伸。刚开始时，这些技术可能有点难以理解，因为看起来很奇怪，但你已经掌握它们包含的原理。

1. 1∶1 递归关系

考虑图 6.21（a）中 1∶1 递归的 BOXCAR 关系，它与图 5.39 中开发的数据模型相同。为了表示这种关系，在 BOXCAR 中创建一个外键，它包含后面车厢的标识符，如图 6.21（b）所示。由于这是一个 1∶1 关系，所以可以将外键定义为唯一的（这里显示为替代键）。这个限制强化了一个事实，即一节车厢的后面最多只能有另一节车厢。

注意，关系的两端都是可选的。这是因为最后一节车厢的后面没有其他车厢，且第一节车厢的前面也没有其他车厢。如果数据结构是循环的，就没有必要进行这种限制。例如，如果希望表示日历月份的名称序列，并且希望 12 月的后面是 1 月，则可以使用带有所需子元素的 1∶1 递归结构。

BY THE WAY　　如果对递归关系的概念感到困惑，可以尝试使用下面这个技巧。假设有两个实体 BOXCAR_AHEAD 和 BOXCAR_BEHIND，它们都具有相同的属性。注意，这两个实体之间存在 1∶1 的关系。为这两个实体分别创建一个表。与所有 1∶1 强实体关系一样，可以将任何一个表的键作为外键放在另一个表中。假设是将 BOXCAR_BEHIND 的键放入 BOXCAR_AHEAD 中。

注意，BOXCAR_BEHIND 只是重复了 BOXCAR_AHEAD 中的那些数据。这些数据是不必要的。所以，可以放弃 BOXCAR_BEHIND，就得到了如图 6.21（b）所示的相同设计。

---

2. 1∶N 递归关系

与所有的 1∶N 关系一样，1∶N 递归关系是通过将父表的主键作为外键放在子表中来表示的。考虑图 6.22（a）中的管理关系，它是图 5.41 中开发的数据模型。在本例中，需要经理的姓名放在每一位员工的行中。因此，图 6.22（b）的 Employee 表中添加了一个 EmployeeNameMgr 列。

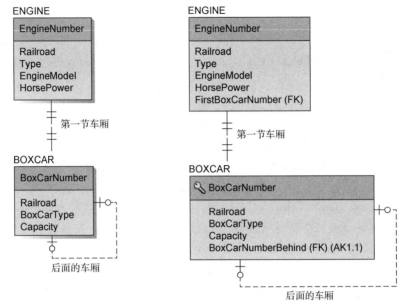

(a) 图5.38中1:1递归关系的数据模型　　　　(b) 1:1递归关系的数据库设计

图 6.21　1：1 递归关系的转换

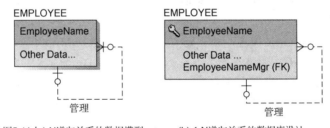

(a) 图5.41中1:N递归关系的数据模型　　　　(b) 1:N递归关系的数据库设计

图 6.22　1：N 递归关系的转换

注意，父关系和子关系都是可选的。因为最低级别的员工不管理任何人，而最高级别的人（CEO或其他最高职位的人）没有经理。但是，如果数据结构是循环的，则关系的两端就不是可选的。

3．N：M 递归关系

表示 N：M 递归关系的技巧是将它分解为两个 1：N 关系。这可以通过创建一个交集表来实现，就如同对强实体之间的 N：M 关系所做的那样。

图 6.23（a）是图 5.43 中建立的数据模型，它给出了一个物料清单问题的解决方案。每个部件都可能是由许多其他部件组成的，而一个部件也可能被用作其他部件的组成部分。为了表示这种关系，需要创建一个交集表来显示部件/部件使用的对应关系。可以前向或后向建模。如果是前向建模，交集表将保存部件的对应关系和它用于的部件；如果为后向建模，则交集表将保存部件的对应关系和它使用的部件。图 6.23（b）显示了在物料清单中后向建模的交集表。

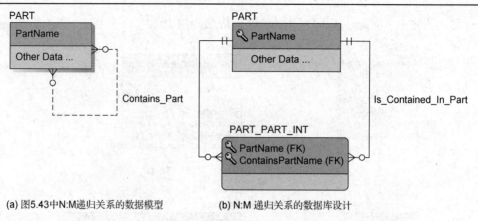

(a) 图5.43中N:M递归关系的数据模型　　(b) N:M 递归关系的数据库设计

图 6.23　　N：M 递归关系的转换

BY THE WAY　　同样，如果觉得这种关系难以理解，则可以假设存在两个不同的表，一个为 PART，另一个为 CONTAINED_PART。创建两个表之间的交集表。注意，CONTAINED_PART 表中重复了 PART 表的属性，因此没有必要。删除 CONTAINED_PART 表，就得到了图 6.23（b）中的设计。

6.3.7　表示三元或高阶关系

正如第 5 章中讨论的，三元关系和高阶关系可以用多个二元关系来表示，这样的表示通常没有任何问题。但是，在某些情况下，某些约束会增加情况的复杂性。例如，考虑实体 ORDER、CUSTOMER 和 SALESPERSON 之间的三元关系。假设 CUSTOMER 到 ORDER 的关系是 1：N，从 SALESPERSON 到 ORDER 的关系也是 1：N。可以将 ORDER:CUSTOMER:SALESPERSON 之间的三元关系表示为两个独立的二元关系：一个是 ORDER 和 CUSTOMER 之间的关系，另一个为 SALESPERSON 和 CUSTOMER 之间的关系。这样，设计出的表就是：

CUSTOMER (<u>CustomerNumber</u>, {non-key data attributes})

SALESPERSON (<u>SalespersonNumber</u>, {non-key data attributes})

ORDER (<u>OrderNumber</u>, {non-key data attributes}, *CustomerNumber, SalespersonNumber*)

但是，假设存在一条规定：客户只能向指定的销售人员下订单。这时，三元关系 ORDER:CUSTOMER:SALESPERSON 受到 SALESPERSON 和 CUSTOMER 之间另一个 1：N 关系的约束。为了表示这个约束，需要将 SALESPERSON 表的键添加到 CUSTOMER 表中。这样，三个表就变成了：

CUSTOMER (<u>CustomerNumber</u>, {non-key data attributes}, *SalespersonNumber*)

SALESPERSON (<u>SalespersonNumber</u>, {non-key data attributes})

ORDER (<u>OrderNumber</u>, {non-key data attributes}, *CustomerNumber, SalespersonNumber*)

客户只能从指定的销售人员购买商品的约束意味着 ORDER 表中只能存在特定的 CustomerNumber 和 SalespersonNumber 的组合。然而，这种限制无法在关系模型中体现，必须将其记录在设计文档中，并通过程序代码实现，如图 6.24 所示。

SALESPERSON表

SalespersonNumber	其他非键数据
10	
20	
30	

CUSTOMER表

CustomerNumber	其他非键数据	*SalespersonNumber*
1000		10
2000		20
3000		30

二元MUST约束

ORDER表

OrderNumber	其他非键数据	*SalespersonNumber*	*CustomerNumber*
100		10	1000
200		20	2000
300		10	1000
400		30	3000
500			2000

此处只允许值为20

图 6.24　包含 MUST 约束的三元关系

要求一个实体必须与另一个实体组合的约束，称为 MUST 约束。类似的约束还有 MUST NOT 和 MUST COVER。在 MUST NOT 约束中，二元关系表明了不允许出现在三元关系中的组合。例如，图 6.25 所示的三元关系 PRESCRIPTION∶DRUG∶CUSTOMER，可以受到 ALLERGY 表中的二元关系的约束，该表列出了不允许客户服用的药物。

DRUG表

DrugNumber	其他非键数据
10	
20	
30	
45	
70	
90	

ALLERGY表

CustomerNumber	DrugNumber	其他非键数据
1000	10	
1000	20	
2000	20	
2000	45	
3000	30	
3000	45	
3000	70	

二元MUST NOT约束

PRESCRIPTION表

PrescriptionNumber	其他非键数据	*DrugNumber*	*CustomerNumber*
100		45	1000
200		10	2000
300		70	1000
400		20	3000
500			2000

值20和45都不允许

图 6.25　包含 MUST NOT 约束的三元关系

在 MUST COVER 约束中，二元关系表示必须出现在三元关系的所有组合中。例如，考虑图 6.26

中的关系 AUTO_REPAIR：REPAIR：TASK。假设某个 REPAIR 由许多 TASK 组成，则只有当所有的 TASK 都被执行，REPAIR 才能成功。这时，在 AUTO_REPAIR 表中，当一个 AUTO_REPAIR 已经被分配了某个 REPAIR 时，则这个 REPAIR 的每一个 TASK 必须作为一行出现在该表中。

REPAIR表

RepairNumber	其他非键数据
10	
20	
30	
40	

TASK表

TaskNumber	其他非键数据	*RepairNumber*
1001		10
1002		10
1003		10
2001		20
2002		20
3001		30
4001		40

二元MUST COVER约束

AUTO_REPAIR表

InvoiceNumber	RepairNumber	TaskNumber	其他非键数据
100	10	1001	
100	10	1002	
100	10	1003	
200	20	2001	
200	20		

此处只允许值为2002

图 6.26 包含 MUST COVER 约束的三元关系

这里讨论的三种类型的二元约束都无法在关系设计中体现。需要将它们记录在设计文档中，并在应用代码中实现。

6.3.8 Highline 大学数据模型的关系表示

下面探讨在第 5 章中为 Highline 大学创建的数据模型，Highline 大学的最终数据模型如图 6.27 所示。

使用本章中讨论过的原则，可以将这个模型转换为关系数据库设计，其过程就是本章中描述的原则的直接运用。它的数据库设计如图 6.28 所示。

查看图 6.28，确保理解了每一个关系的表示。注意，对于 STUDENT 中的 DepartmentName 主键列，实际上有两个外键引用。第一个是 DepartmentName（FK），它是连接到 DEPARTMENT 中的 DepartmentName 主键的外键。这个关系具有以下引用完整性约束：

STUDENT 表中的 DepartmentName 值，必须存在于 DEPARTMENT 表的 DepartmentName 列中

第二个是 ProfessorDepartment（FK），它是组合外键（ProfessorDepartment, ProfessorFirstName, ProfessorLastName）的一部分。这个外键连接到 APPOINTMENT 表的主键（DepartmentName, ProfessorFirstName, ProfessorLastName），并具有以下引用完整性约束：

STUDENT 表中的（ProfessorDepartment, ProfessorFirstName, ProfessorLastName）值，必须存在于 APPOINTMENT 表的（DepartmentName, ProfessorFirstName, ProfessorLastName）列中

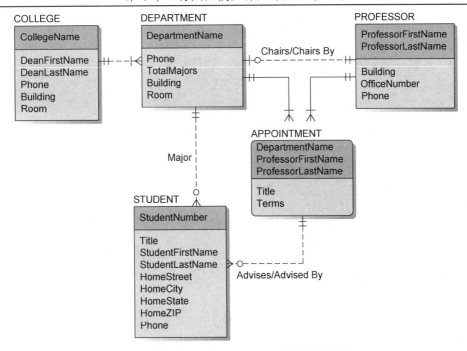

图 6.27 图 5.52 中 Highline 大学的数据模型

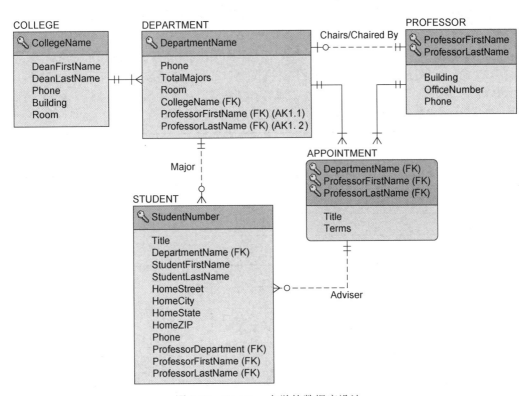

图 6.28 Highline 大学的数据库设计

注意，必须将 APPOINTMENT 中的 DepartmentName 更改为 STUDENT 中的 ProfessorDepartment，因为不能在 STUDENT 中有两个名为 DepartmentName 的列，而且已经将

DepartmentName 作为连接到 DEPARTMENT 的外键。而且，教授可以在多个系任职，在这些表中使用不同的列名，有助于区分不同的引用。

这表明了外键不需要与它连接到的主键有相同的名称。只要正确地指定了引用完整性约束，外键名可以是任何名称。

除了前面在数据库设计中讨论的两个引用完整性约束，还存在以下约束：

DEPARTMENT 表中的 CollegeName 值，必须存在于 COLLEGE 表的 CollegeName 列中

DEPARTMENT 表中的（ProfessorFirstName, ProfessorLastName）值，必须存在于 PROFESSOR 表的（ProfessorFirstName, ProfessorLastName）列中

APPOINTMENT 表中的 DepartmentName 值，必须存在于 DEPARTMENT 表的 DepartmentName 列中

APPOINTMENT 表中的（ProfessorFirstName, ProfessorLastName）值，必须存在于 PROFESSOR 表的（ProfessorFirstName, ProfessorLastName）列中

6.4　最小基数的设计

将数据模型转换为数据库设计的第三步也是最后一步是创建一个强制执行最小基数的计划。这一步可能比前两个步骤要复杂得多。需要子实体的关系尤其是个问题，因为无法在数据库结构中强制执行这样的约束。替代的做法是设计一些由 DBMS 或应用执行的过程。

关系可以有 4 种最小基数之一：父可选到子可选（O-O），父强制到子可选（M-O），父可选到子强制（O-M），父强制到子强制（M-M）。就保证最小基数而言，不需要对 O-O 关系采取任何动作，也不需要进一步考虑它。其余三种关系，对插入、更新和删除操作施加了约束。

图 6.29 总结了保证最小基数所需的动作。图 6.29（a）显示了要求存在父记录时所需的操作（M-O 和 M-M 关系），图 6.29（b）显示了要求存在子记录时所需的操作（O-M 和 M-M 关系）。为了方便讨论，用术语"动作"表示保证最小基数所需的操作。

父记录必需	父表的动作	子表的动作
插入	无	获得父记录。禁止
修改主键或外键	将子记录的外键值改成与新值匹配（级联更新）。禁止	如果新的外键值与父记录中的主键值相同，则允许。禁止
删除	删除子记录（级联删除）。禁止	无

(a) 父记录必需时的动作

子记录必需	父表的动作	子表的动作
插入	获得子记录。禁止	无
修改主键或外键	更新（至少一个）子记录的外键。禁止	如果不是最后一个子记录，则允许；如果为最后一个子记录，则禁止或找出一个替换者
删除	无	如果不是最后一个子记录，则允许；如果为最后一个子记录，则禁止或找出一个替换者

(b) 子记录必需时的动作

图 6.29　用于保证最小基数的动作汇总

为了讨论这些规则，将使用图 6.30 所示的数据库设计来存储几个公司的数据。图中，

COMPANY 和 DEPARTMENT 之间、DEPARTMENT 和 EMPLOYEE 之间存在 1：N，M-O 关系，COMPANY 和 PHONE_CONTACT 之间存在 1：N, M-M 关系。在 COMPANY-to-DEPARTMENT 关系中，COMPANY（位于关系的"1"侧）是父实体，DEPARTMENT（位于关系的"N"侧）为子实体；在 DEPARMENT-to-EMPLOYEE 关系中，DEPARTMENT（位于关系的"1"侧）是父实体，EMPLOYEE（位于关系的"N"侧）为子实体；在 COMPANY-to-PHONE_CONTACT 关系中，COMPANY（位于关系的"1"侧）是父实体，PHONE_CONTACT（位于关系的"N"侧）为子实体。

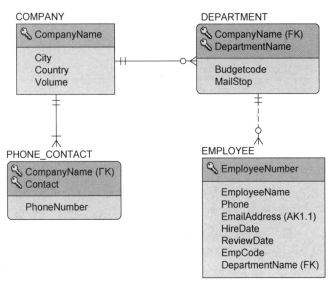

图 6.30　用于存储几个公司的数据的数据库设计

6.4.1　父记录必需时的动作

如果父记录是必需的，则应确保子表的每一行都有一个有效的、非空的外键值。为此，必须限制更新或删除父表主键的动作，以及创建或修改子表外键的动作。首先探讨父表上的动作。

1. 父记录必需时父表中的动作

根据图 6.29（a），当创建一个新的父记录时，不需要做任何事情。因为这时子表中没有任何行会依赖于这条新记录。这个示例中，可以创建一条新的 DEPARTMENT 记录，而不必担心 EMPLOYEE 中的最小基数限制。

考虑一下如果试图更改现有父行的主键值会发生什么。如果该行有子行，那么这些子行中有一个与当前主键值匹配的外键值。如果父表的主键发生了变化，那么任何现有的子行都将成为"孤儿"，它们的外键值将不再匹配父行。为了防止出现"孤儿"，必须将外键值更改为与父主键的新值相匹配或禁止修改父主键。

这个示例中，如果一个 DEPARTMENT 试图将其 DepartmentName 从"Info Sys"改为"Information Systems"，则 EMPLOYEE 中任何外键值为"Info Sys"的子行，都将不再与父行匹配，成为"孤儿"。为了防止出现这种情况，可以将 EMPLOYEE 中的外键值也更改为"Information Systems"，也可以禁止更新 DEPARTMENT 的主键。父记录的主键变化导致子记录的外键改变的策略，称为级联更新（Cascading UpdatE）。

下面探讨删除一条父记录时会发生什么情况。如果这条记录有子记录且允许删除，则它的子记录将成为"孤儿"。因此，当尝试这种删除时，可以禁止进行这种删除，或者在删除父记录时将它的子记录也删除。删除父记录的同时将子记录也删除的策略称为级联删除（Cascading Deletion）。这个示例中，当删除一个 DEPARTMENT 记录时，也必须删除 EMPLOYEE 中相关的子记录。或者，也可以禁止删除 DEPARTMENT 记录。

BY THE WAY　通常而言，对于强实体之间的关系不会选择级联删除。删除 DEPARTMENT 中的一条记录，不应该强制删除 EMPLOYEE 行。相反，这种删除应该被禁止。为了删除 DEPARTMENT 中的一行，首先应将它的子记录分配一个新的 DEPARTMENT 行，然后再删除 DEPARTMENT 行。

对于弱子实体而言，则应该采用级联删除。例如，删除一条 COMPANY 记录时，应该将依赖于它的所有 PHONE_NUMBER 行也删除。

2．父记录必需时子表中的动作

下面探讨子表中的动作。如果父记录是必需的，则当创建一个新的子记录时，它必须有一个有效的外键值。例如，新创建一条 EMPLOYEE 记录时，如果 DEPARTMENT 是必需的，则这个新的 EMPLOYEE 记录中必须包含一个有效的 DepartmentName 值。如果没有，则不允许进行插入。通常而言，为新的子记录分配父记录需要确定一种默认策略。这个示例中，当向 EMPLOYEE 添加新行时，默认策略可以是将新员工添加到名为"Human Resources"的部门。

关于外键的修改，新值必须匹配父记录中的主键值。在 EMPLOYEE 中，如果将 DepartmentName 从"Accounting"改为"Finance"，那么一定必须有一个 DEPARTMENT 行的主键值为"Finance"。如果没有，则必须禁止修改。

如果父记录是必需的，则可以随意删除子记录；删除子记录时，对父记录没有影响。

BY THE WAY　如果父表包含代理键，则父记录和子记录中的强制更新操作有所不同。父表中的代理键永远不会改变，因此不会有更新操作；但是，如果子表中的记录被转移到了一个新的父记录，则需更改它的外键值。因此，对于包含代理键的父表，可以不考虑更新操作；对于子表，必须考虑。

6.4.2　子记录必需时的动作

当需要子记录时，需要确保任何时候父表中的记录都至少有一条子记录。这时，父记录所对应的最后一个子记录，不允许删除。例如，在 DEPARTMENT-to-EMPLOYEE 关系中，如果一个 DEPARTMENT 要求至少有一个 EMPLOYEE，则不允许删除 DEPARTMENT 的最后一个 EMPLOYEE。对子记录动作的影响在图 6.29（b）中给出。

与强制要求父记录存在的要求相比，强制要求子记录存在的处理要困难得多。为了保证父记录存在，只需要检查主键值是否与外键值相匹配；为了保证子记录存在，必须计算一个父记录有多少个子记录。这种差异，导致需要编写代码才能够满足子记录要求。首先考虑子记录必需时父表中的动作。

1．子记录必需时父表中的动作

如果子记录是必需的，则不能在不创建与子记录的关系下创建新的父记录。这意味着，要么需要找到一个现有的子记录并将其外键值更改成与新的父记录匹配，要么必须在创建父记录的同时创建一个新的子记录。如果没有采取任何动作，则应该禁止插入新父记录。这条规则总结在图 6.29（b）的第一行。

如果子记录是必需的，为了修改父记录的主键值，至少需要更改子记录的一个外键，否则必须禁止这种更新。这个限制不适应于具有代理键的父表，因为代理键的值从不更改。

最后，如果子记录是必需的，则删除父记录时，不需要任何动作。因为只有子记录（而不是父记录）是必需的，所以可以删除父记录而没有任何后果。

2．子记录必需时子表中的动作

如图 6.29（b）所示，如果子记录是必需的，那么在插入新的子记录时不需要有任何特殊的动作。子记录的出现，对父表没有任何影响。

但是，如果子记录是必需的，则更新它的外键时存在一些限制。特别地，如果当前父记录只有最后一条记录，则无法更新子记录的外键。否则，会导致当前父记录不存在任何子记录，这是不允许的。因此，必须编写一个程序来确定当前父记录的子记录数。如果该数值大于或等于 2，则可以更改子外键值，否则不允许。

类似的限制也适用于子记录必需时的删除动作。如果是最后一条子记录，则不允许删除。否则，可以不受限制地删除子记录。

图 6.31 总结了图 6.29 中对每种最小基数类型可以采取的动作。如前所述，O-O 关系没有任何限制，不需要考虑。

6.4.3 M-O 关系中允许的动作

M-O 关系需要执行图 6.29（a）中的动作。需要确保每一个子记录都有一个父记录，并且对父表或子表的操作不会导致"孤儿"的出现。

这些动作很容易使用大多数 DBMS 产品中的工具来实现。事实证明，只需利用两个限制就能完成。首先，定义一个引用完整性约束，以确保每一个外键值都与父表中的一个主键值匹配。其次，将外键列定义为 NOT NULL。利用这两个限制，图 6.29（a）中的所有动作都将执行。

以 DEPARTMENT-to-EMPLOYEE 关系为例。如果定义引用完整性约束如下：

EMPLOYEE 表中的 DepartmentName 值，必须存在于 DEPARTMENT 表的 DepartmentName 列中

最小基数关系	动　作	备　注
O-O	无	
M-O	图 6.29（a）中父记录必需时的动作	容易由 DBMS 实现；定义引用完整性约束并使外键不为空
O-M	图 6.29（b）中子记录必需时的动作	难以实现，要求使用触发器或应用代码
M-M	图 6.29（a）中父记录必需时的动作和图 6.29（b）中子记录必需时的动作	非常难以实现，要求复杂的触发器组合，且触发器之间可能会相互锁定，导致出现很多问题

图 6.31　用于保证最小基数的动作

这样，就知道 EMPLOYEE 中 DepartmentName 的每一个值都会匹配 DEPARTMENT 中的一个值。如果 DepartmentName 是必需的，则 EMPLOYEE 中的每一行都存在一个有效的 DEPARTMENT。

几乎每个 DBMS 产品都有定义引用完整性约束的工具。下一章中，将讲解如何编写 SQL 语

句来实现引用完整性约束。在这些语句中，可以声明是否能够进行级联删除/更新，或者禁止这类动作。一旦定义了约束并将外键设置成 NOT NULL，DBMS 就会处理图 6.29（a）中的所有动作。

BY THE WAY　前面说过，在强实体之间的 1∶1 关系中，任何一个表的主键都可以成为另一个表的外键。如果这种关系的最小基数是 M-O 或 O-M，通常最好是将主键放在可选表（"O" 侧的表）中。这样，就使父记录成为必需的，更容易实现它。如果父记录是必需的，则所要做的就是定义引用完整性约束并将外键设置为 NOT NULL。相反，如果将外键设置成使子记录为必需的，则会有大量工作要做。

6.4.4　O-M 关系中允许的动作

如果子记录是必需的，则 DBMS 不会提供太多帮助。没有简单的机制可以确保存在合适的子外键，也没有任何简单的方法可以确保在插入、更新或删除行时关系依然有效。对于这些情形，需要亲自操作。

大多数情况下，必须使用触发器来强制实现子记录约束，触发器是在发生特定事件时 DBMS 调用的代码模块。几乎所有 DBMS 产品都有用于插入、更新和删除操作的触发器。触发器是针对特定表上的某些动作定义的。因此，可以在 CUSTOMER INSERT 上创建触发器，也可以在 EMPLOYEE UPDATE 上创建触发器，等等。第 7 章中将讲解触发器。

为了查看如何使用触发器来保证子记录是必需的，再次考虑图 6.29（b）。在父表上，需要为插入和更新编写触发器。这些触发器可以创建所需的子记录，也可以从另一个父记录 "窃取" 一个现有的子记录。如果两种动作都无法执行，则必须取消插入或更新操作。

对于子表，可以放心地插入子记录。然而，如果父记录只有最后或唯一的一个子记录，则它们的关系无法分离。因此，需要按照以下逻辑对子表写入更新和删除触发器：如果外键为空，则子记录没有对应的父记录，可以进行更新或删除；如果外键存在值，则需检查它是否为父记录的最后一个子记录。如果是，则触发器可以选择进行如下某个操作：

- 删除父记录
- 找到一个替代子记录
- 不允许进行更新或删除

DBMS 不会自动实现这些动作，所以必须编写代码来满足这些规则。下一章中会给出此类代码的一些示例。真实案例分别参见第 10A 章、第 10B 章和第 10C 章。

6.4.5　M-M 关系中允许的动作

保证 M-M 关系的最小基数是非常困难的，必须同时执行图 6.29（a）和图 6.29（b）中的所有动作。父记录和子记录都是必需的，导致问题变复杂了。

例如，如果将图 6.30 中的 DEPARTMENT-to-EMPLOYEE 关系更改为 M-M，这会对 DEPARTMENT 和 EMPLOYEE 中创建新行产生什么影响？对于 DEPARTMENT，必须编写一个插入触发器，为这条新 DEPARTMENT 记录插入一条新的 EMPLOYEE 记录。然而，EMPLOYEE 表有自己的插入触发器。当试图插入新的 EMPLOYEE 记录时，DBMS 会调用插入触发器，除非它已经有自己的 DEPARTMENT 记录，否则会阻止这条记录的插入。但是，新的 DEPARTMENT 记录还不存在，因为它正在尝试创建新的 EMPLOYEE 记录；而新的 EMPLOYEE 记录并不存在，因为新的 DEPARTMENT 记录还不存在。这是一个死循环。

现在考虑相同 M-M 关系中的删除。假设希望删除一条 DEPARTMENT 记录。我们不能删除拥有 EMPLOYEE 子记录的 DEPARTMENT 记录。因此，在删除 DEPARTMENT 记录之前，必须首先重新分配（或删除）它的所有子记录。但是，当尝试重新分配最后一条 EMPLOYEE 记录时，会启用 EMPLOYEE 更新触发器，不允许重新分配最后一名员工（该触发器的作用，是确保每一个部门都至少有一名员工）。这会导致僵局：最后一名员工无法离开该部门，而在所有员工都离开之前，无法删除部门！

这个问题有几种解决方法，但每一种都不是完美的。下一章中将给出一种采用 SQL 视图的方法。这种方法很复杂，需要仔细地编码，且很难测试和修复。最好的建议是尽可能避免出现 M-M 关系。如果无法避免，则应该预知这是一项艰巨的任务，并据此来安排时间。

6.4.6　特殊 M∶M 关系的设计

并不是所有的 M∶M 关系都像前一节中讲解的那样如此困难。尽管强实体间的 M∶M 关系通常是复杂的，但强实体和弱实体间的 M∶M 关系并非如此。例如，考虑图 6.30 中的 COMPANY-to-PHONE_CONTACT 关系。因为 PHONE_CONTACT 是 ID 依赖弱实体，它必须有一个 COMPANY 父实体。此外，还要假定应用要求每一条 COMPANY 记录都必须拥有一条 PHONE_CONTACT 子记录。因此，这是一种 M-M 关系。

然而，事务几乎总是从强实体一方发起的。数据输入表单将从 COMPANY 开始，然后在表单的某个地方出现 PHONE_CONTACT 表中的数据。因此，PHONE_CONTACT 上的所有插入、更新和删除动作，都将是 COMPANY 上某些动作的结果。对于这种情况，可以忽略图 6.29（a）和图 6.29（b）中"子表的动作"列，因为除非是在插入、修改或删除 COMPANY 记录的环境下，是不会有人对 PHONE_CONTACT 进行这些操作的。

但是，因为关系为 M-M，所以必须执行图 6.29（a）和图 6.29（b）"父表的动作"列中的所有操作。如果是插入一条父记录，则必须也创建一条子记录。可以编写一个 COMPANY INSERT 触发器来满足这一需求，它会自动创建一个新的 PHONE_CONTACT 记录，其中 Contact 和 PhoneNumber 的值为空。

关于更新和删除，需要做的是级联（更新或删除）图 6.29（a）和图 6.29（b）中剩下的所有动作。COMPANY.CompanyName 的改变会传播到 PHONE_CONTACT.CompanyName；删除一条 COMPANY 记录，将导致该公司 PHONE_CONTACT 记录的自动删除。这是有道理的。如果不再需要一个公司的数据，当然也不再需要它的联系人和电话数据。

BY THE WAY　由于执行 M-M 关系存在困难，开发人员需要寻找特定的环境来简化这项任务。如上所述，这种情况通常存在于强实体和弱实体之间的关系中。对于强实体之间的关系，这种特殊情况可能不存在。这时，M-M 关系有时会被忽略。当然，这不能用于财务管理或需要详细记录的管理等应用；对于机票预订之类的应用，有时座位会被超售，所以最好的做法是将关系重新定义为 M-O。

6.4.7　文档化最小基数的设计

因为执行最小基数可能很复杂，而且经常涉及触发器或其他过程的创建，所以清晰的文档是必不可少的。由于与子记录必需的情况相比，父记录必需的情况相对较简单，所以将对它们采用不同的技术。

1．父记录必需时的文档化

数据库建模和设计工具，如 erwin Data Modeler 和 Oracle 的 MySQL Workbench，允许在每一个表上定义引用完整性（Referential Integrity，RI）动作。对于父记录必需时所需操作的文档化，这些定义非常有用。根据图 6.29（a），对于父记录必需的情况，有三个必要的设计决策：（1）确定对父主键的更新是级联的还是应该禁止；（2）确定对父记录的删除是级联的还是应该禁止；（3）判断在插入一条子记录时如何选择父记录。

BY THE WAY　理论上，引用完整性约束可用于文档化父记录必需时的动作，也可用于文档化子记录必需时的动作。但是，当同时文档化它们时，这些引用完整性动作会变得不明确，使人迷惑。例如，在 M-M 关系中，对于子表而言，也许存在一套用于父记录必需时的引用完整性规则，还可能存在另一套用于子记录必需时的引用完整性规则。这会导致针对这两种情形的插入引用完整性动作的重叠，使其含义变得不再明确。因此，本书中将只对文档化父记录必需时使用引用完整性动作；用于文档化子记录必需时的引用完整性动作，将会采用下面介绍的另一种技术。

2．子记录必需时的文档化

一种简单的且没有歧义的定义强制执行子记录必需的动作的方法是将图 6.28（b）作为样板文档。为子记录必需时的每一个关系创建此图的副本，并填入特定的动作（插入、更新和删除）。

例如，图 6.32 展示了 DEPARTMENT 和 EMPLOYEE 之间的 O-M 关系。一个部门必须至少有一名员工，但不必将员工分配到特定的部门。例如，公司可能有一名没有被正式指派到某个部门的联络员（其工作是解决整个公司的问题，不管问题来自哪个部门）。DEPARTMENT 具有代理键 DepartmentID 和其他的列，如图 6.32 所示。

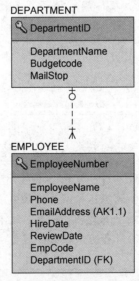

图 6.32　DEPARTMENT-to-EMPLOYEE 的 O-M 关系

因为 DEPARTMENT-to-EMPLOYEE 关系中，子记录是必需的，所以将按此填写图 6.29（b）中的表。图 6.33 是填写完毕的表。表中的几个触发器，用于 DEPARTMENT 插入、EMPLOYEE 修改（或更新）以及 EMPLOYEE 删除。不需要 DEPARTMENT 的修改（或更新）动作，因为它有一个代理键。

EMPLOYEE 子记录是必需的	DEPARTMENT 的动作	EMPLOYEE 的动作
插入	触发器在插入 DEPARTMENT 时创建 EMPLOYEE 行。如果 EMPLOYEE 数据不可用，则不允许 DEPARTMENT 的插入动作	无
修改主键或外键	因为是代理键，所以不可能发生	需要的触发器：如果不是最后一个 EMPLOYEE，则允许；如果是最后一个 EMPLOYEE，则禁止，或者分配另一个 EMPLOYEE
删除	无	需要的触发器：如果不是最后一个 EMPLOYEE，则允许；如果是最后一个 EMPLOYEE，则禁止，或者分配另一个 EMPLOYEE

图 6.33　执行 DEPARTMENT 和 EMPLOYEE 之间的 O-M 关系的动作

6.4.8　更复杂的情况

还有一种更复杂的情况超出了本书的范围：一个表可以参与多个关系中。事实上，相同的两个表之间可能存在多种关系，需要针对每一种关系的最小基数来进行数据库设计。不同关系的最小基数可能不同，O-M、M-O、M-M 关系都有可能存在。一些关系需要触发器，这可能意味着一个表有几组插入、更新和删除触发器。这组触发器不仅编写和测试很复杂，在执行过程中，不同触发器的动作还可能会相互干扰。设计、实现和测试如此复杂的触发器代码组和 DBMS 约束，需要更多的经验和知识。现在，只需注意到这些问题的存在即可。

6.4.9　最小基数设计汇总

图 6.34 总结了最小基数关系的设计，它显示了每一种类型的关系、需要做出的设计决策以及应该创建的文档。可以将其作为一个指南。

最小基数关系	需执行的设计决策	设 计 文 档
M-O	● 级联更新或禁止？ ● 级联删除或禁止？ ● 在插入子记录时获取父记录的策略	引用完整性（RI）动作以及用于插入子记录时获取父记录的策略文档
O-M	● 在插入父记录时获取子记录的策略 ● 主键级联更新或禁止？ ● 用于更新子记录外键的策略 ● 用于删除子记录的策略	将图 6.28（b）作为样板文档
M-M	所有以上针对 M-O 和 O-M 的决策，加上如何处理插入第一个父/子记录实例和删除最后一个父/子记录实例的触发器冲突	对于强制要求存在的父记录，RI 动作以及用于插入子记录时获取父记录的策略文档；对于强制要求存在的子记录，将图 6.28（b）作为样板文档。添加关于如何处理触发器冲突的文档

图 6.34　最小基数的设计决策汇总

6.5 View Ridge 画廊数据库

下面以一个数据库设计问题的例子来结束本章。这个设计将贯穿后面的一些章节，所以需花些时间来理解它。之所以选择这个特定的例子，是因为它具有典型的关系和中等程度的复杂性。它有足够的难度使其变得有趣，但也不至于令人生畏。

6.5.1 View Ridge 画廊数据库需求汇总

View Ridge 画廊（View Ridge 或 VRG）是一家小型的艺术画廊，出售当代欧洲和北美的美术作品，包括平版画、高质量的复制品、原创绘画和其他艺术品，还出售照片。所有的平版画、复制品和照片都有签名和编号，原创绘画通常也有签名。View Ridge 还提供艺术品装帧服务。它为每一件艺术品定制相框（而不是销售标准化的预制相框），并以其优秀的相框材料收藏而闻名。View Ridge 画廊的网站如图 6.35 所示。

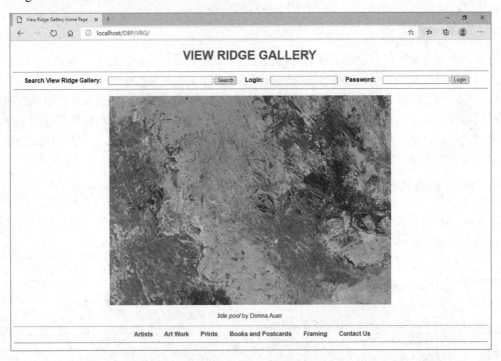

图 6.35   View Ridge 画廊的网站主页

它推崇欧洲印象派、抽象派和现代主义艺术家作品的复制品，如 Wassily Kandinsky 和 Henri Matisse 的作品。在原创艺术方面，View Ridge 专注于 Northwest School 的艺术家，如 Mark Tobey、Morris Graves、Guy Anderson 和 Paul Horiuchi，并举办 Northwest School 或 Northwest Maritime 的当代艺术家的展览。新复制品的价格每件不超过 1000 美元；当代艺术家作品的价格从 500 美元到 1 万美元不等；Northwest School 艺术品的价格差别很大，取决于艺术品本身。小的铅笔画、炭画或水彩素描艺术品的售价可能低至 2000 美元，大型艺术品的售价则在 1 万至 10 万美元之间。极少数情况下，View Ridge 可能会出售价格高达 50 万美元的 Northwest School 艺术品，但价格超过 25 万美元的艺术品更有可能在大型艺术品拍卖行的拍卖会上被卖出。

View Ridge 画廊已经经营了 30 年,有一位全职老板、三位销售员和两名工人。工人负责制作画框、在画廊里悬挂艺术品及装运艺术品。View Ridge 通过举办开幕式和其他画廊活动来吸引顾客。View Ridge 拥有它所收购和出售的所有艺术品——它购买当代艺术品,然后再转售给客户。画廊不提供艺术品的寄售服务。

注意,这不是图 6.19 所示的销售订单数据库。相反,它是一个艺术品收购数据库,旨在记录 View Ridge 画廊对一件艺术品的每次收购,然后记录该艺术品的销售细节。这个系统是必要的,因为一件艺术品可能会被多次收购和转售,而画廊需要一个数据库设计来满足这些专门的数据以及信息需求。

除了艺术品,View Ridge 画廊也提供其他产品和服务。例如,它提供相框服务、出售有关艺术和艺术家的图书以及有特色的明信片。然而,对于这些产品和服务,使用的是一个与采购数据库相连接的销售订单系统。

View Ridge 采购应用的需求总结在图 6.36 中。首先,老板和销售人员都希望获取客户的姓名、地址、电话号码和电子邮件地址信息。他们还希望知道哪些艺术家对哪些顾客有吸引力。利用这些信息,销售人员可以决定有新艺术品到货时应与谁联系,并与客户进行个性化的口头和电子邮件交流。

View Ridge 画廊数据库需求汇总
跟踪客户及其对特定艺术家的兴趣
记录画廊的采购信息
记录客户的购买信息
报告每一位艺术家的作品的销售速度和利润
在网页上展示画廊的艺术家代表
在网页上显示当前的艺术品清单
在网页上展示所有曾经出现在画廊中的所有艺术品

图 6.36 View Ridge 画廊数据库需求汇总

当画廊采购新的艺术品时,有关艺术家、作品的性质、购买日期和购买价格的数据都会被记录下来。此外,画廊有时会从客户那里回购艺术品并转售;因此,一件作品可能会在画廊中多次出现。当艺术品被回购时,不会重新输入艺术家和作品数据,但会记录最近的购买日期和价格。此外,当艺术品被出售时,购买日期、销售价格和买家的身份信息都应存储在数据库中。

销售人员希望检查过去的购买数据,这样就可以将更多的时间花在最活跃的买家身上。有时,他们也会利用购买记录来确定他们过去出售过的艺术品现在的下落。

出于市场营销的目的,View Ridge 希望它的数据库应用能够提供已在画廊中出现过的艺术家及其作品的列表。老板还希望能够确定艺术家的作品的销售速度和销售利润率。数据库应用还应该在网页上显示当前库存,以便让客户可以通过 Internet 查看。

6.5.2 View Ridge 的数据模型

图 6.37 是表示 View Ridge 数据库的数据模型。这个模型有两个强实体:CUSTOMER 和 ARTIST。此外,WORK 实体 ID 依赖于 ARTIST,TRANS 实体 ID 依赖于 WORK。CUSTOMER-to-TRANS 为非标识关系。

注意,这里采用的实体名是 TRANS 而不是 TRANSACTION。这是因为在大多数 DBMS 产品中，transaction 为保留字。使用 DBMS 保留字，如 table、column 或其他名称，可能会产生问题。同样，保留字 tran 也不能使用。然而，trans 不是 DBMS 的保留字，所以使用它不会导致问题。第 10A 章、第 10B 章和第 10C 章中，将进一步探讨保留字的问题。

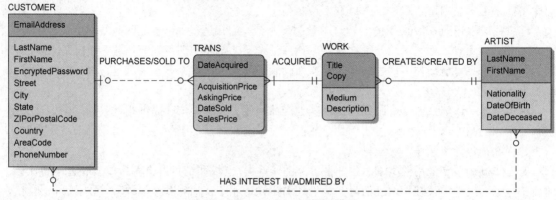

图 6.37　View Ridge 数据模型

在 View Ridge 数据模型中，即使某位艺术家的作品没有出现在画廊中，有关他的信息也可以被记录在数据库里。这样做，是为了记录客户对将来可能出现作品的艺术家的偏好。因此，一位艺术家可能有有零个到多件作品。

WORK 的组合标识符是（Title, Copy），因为对于平版画和照片，一件作品可能有许多副本。此外，需求表明一件作品可能会多次出现在画廊中，因此一个 WORK 可能需要有许多个 TRANS 实体。只要一件作品到达画廊，就必须记录购买日期和价格。因此，每一个 WORK 必须至少有一个 TRANS 记录。

一位顾客可以购买很多作品，因此从 CUSTOMER 到 TRANS 的关系为 1∶N。注意，这种关系在两端都是可选的。最后，CUSTOMER 和 ARTIST 之间存在一种 N∶M 关系。这是强实体之间的 N∶M 关系。

6.5.3　包含数据键的数据库设计

图 6.37 中数据模型的数据库设计如图 6.38 所示。设计中给出了一些数据键，但是除组合键（ARTIST.LastName, ARTIST.FirstName）之外的每一个主键都存在问题。WORK 和 TRANS 的键太大，CUSTOMER 的键不够明确，许多客户可能没有电子邮件地址等。针对这些问题，应该考虑使用代理键。

1. 采用代理键的数据库设计

采用代理键的 View Ridge 数据库设计如图 6.39 所示。注意，两个标识关系（TRANS-to-WORK 和 WORK-to-ARTIST）已经更改为用虚线表示的非标识关系。这样做是因为一旦 ARTIST 有了代理键，就不需要在 WORK 和 TRANS 中保留 ID 依赖键了。注意，即使 WORK 和 TRANS 不再是 ID 依赖的，它们依然为弱实体。

还要注意，ARTIST 中的（LastName, FirstName）被定义为一个替代键。这个标记法表明（LastName, FirstName）有一个 UNIQUE 约束，这确保了艺术家的名字不会在数据库中多次出现。类似地，WORK 中的（Title, Copy）被定义为一个替代键，这样一件作品就不会在数据库中多次出现。

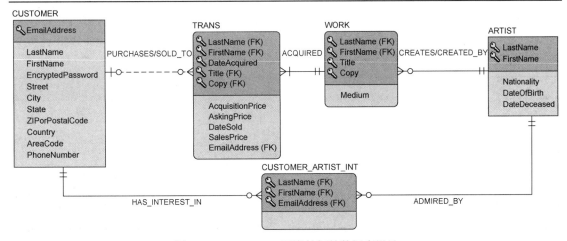

图 6.38　View Ridge 画廊的初始数据库设计

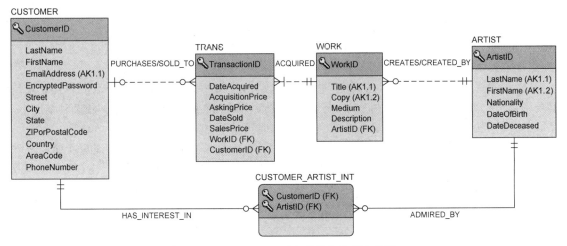

图 6.39　View Ridge 画廊的最终数据库设计

外键的设置是本章中讲解过的技术的简单应用，但是请注意，TRANS 中的外键 CustomerID 可以有空值。这样，就允许在收购一件作品后，在任何客户购买它之前能够创建一个 TRANS 行。所有其他的外键都是必需的。

6.5.4　父记录必需时最小基数的设计

根据图 6.29（a），对于每一个父记录必需时的关系，需要确定：

● 是否级联或禁止父主键的更新
● 是否级联或禁止父记录的删除
● 当新创建一个子记录时，如何获得它的父记录

因为在商业数据库设计产品中没有统一的方法来用文档记录这些动作，所以需要使用图 6.29 中的模板来进行文档化。图 6.40 汇总了 View Ridge 数据库设计中的关系。

因为所有的表都有代理键，所以不需要对任何父表进行级联更新。但是，必须限制子表上的一些更新动作。例如，一旦一条 WORK 记录（子记录）被分配给一个 ARTIST（父记录），它就

永远不会被更改成另一个父记录。因为此数据库用于记录购买和销售信息，所以 View Ridge 的管理系统永远都不希望删除与交易相关的任何数据。有时，它可能会批量删除上一年的数据，但会使用批量数据传输工具来完成这一操作，而不会通过某个应用模块完成。

关　　系		基　　数		
父 记 录	子 记 录	类　型	最　　大	最　　小
ARTIST	WORK	非标识	1 : N	M-O
WORK	TRANS	非标识	1 : N	M-M
CUSTOMER	TRANS	非标识	1 : N	O-O
CUSTOMER	CUSTOMER_ARTIST_INT	标识	1 : N	M-O
ARTIST	CUSTOMER_ARTIST_INT	标识	1 : N	M-O

图 6.40　View Ridge 数据库设计中的关系汇总

因此，与 TRANS 行相关的任何 CUSTOMER、WORK 或 ARTIST 行永远不会被删除。但请注意，没有购买记录的 CUSTOMER 行，以及从未在画廊展出过作品的 ARTIST 行，都可以被删除。如果是由于这些原因而删除的 CUSTOMER 或 ARTIST 行，则相关信息会被添加到交集表 CUSTOMER_ARTIST_INT 中。

最后，就引用完整性操作而言，当创建一个 TRANS 记录时，对于获得一个父 WORK 记录是必要的；当创建一个 WORK 记录时，对于获得一个父 ARTIST 记录也是必要的。这两种情况下，采取的策略是让应用在创建 WORK 或 TRANS 记录时提供所需父记录的 ID。

所有这些操作都记录在图 6.41 中，其中每一个部分都基于图 6.29（a）所示的子记录必需时的模板。注意，没有 CUSTOMER-to-TRANS 的关系图，因为这是一个 O-O 关系，没有父记录（或子记录）是必需的。

ARTIST 父记录必需	ARTIST 父表的动作	WORK 子表的动作
插入	无	获得父记录
修改主键或外键	禁止——ARTIST 使用代理键	禁止——ARTIST 使用代理键
删除	如果存在 WORK 记录，则禁止——关于作品及其相关交易的数据永远不会被删除（业务规则）；否则，允许删除（业务规则）	无

（a）ARTIST-to-WORK 关系

WORK 父记录必需	WORK 父表的动作	TRANS 子表的动作
插入	无	获得父记录
修改主键或外键	禁止——WORK 使用代理键	禁止——WORK 使用代理键
删除	如果存在 WORK 记录，则禁止——关于作品及其相关交易的数据永远不会被删除（业务规则）	无

（b）WORK-to-TRANS 关系

CUSTOMER 父记录必需	CUSTOMER 父表的动作	CUSTOMER_ARTIST_INT 子表的动作
插入	无	获得父记录

图 6.41　父记录必需时满足最小基数的动作

CUSTOMER 父记录必需	CUSTOMER 父表的动作	CUSTOMER_ARTIST_INT 子表的动作
修改主键或外键	禁止——CUSTOMER 使用代理键	禁止——CUSTOMER 使用代理键
删除	如果与这个 CUSTOMER 相关的购买记录存在，则禁止——与交易相关的数据永远不会删除（业务规则）；如果不存在与该 CUSTOMER 相关的购买记录，则允许——级联删除子记录（业务规则）	无

（c）CUSTOMER-to-CUSTOMER_ARTIST_INT 关系

ARTIST 父记录必需	ARTIST 父表的动作	CUSTOMER_ARTIST_INT 子表的动作
插入	无	获得父记录
修改主键或外键	禁止——ARTIST 使用代理键	禁止——ARTIST 使用代理键
删除	如果与这个 ARTIST 的作品相关的购买记录存在，则禁止——与交易相关的数据永远不会删除（业务规则）；如果不存在与该 ARTIST 的作品相关的购买记录，则允许——级联删除子记录（业务规则）	无

（d）ARTIST-to-CUSTOMER ARTIST INT 关系

图 6.41　父记录必需时满足最小基数的动作（续）

6.5.5　子记录必需时最小基数的设计

如图 6.40 的总结所示，在图 6.39 的数据库设计中，TRANS 是唯一必需的子记录。图 6.42 中文档化了子记录必需时的动作，它以图 6.29（b）为模板。

TRANS 子记录必需	WORK 父表的动作	TRANS 子表的动作
插入	使用 WORK 上的 INSERT 触发器，创建 TRANS 行。TRANS 行被赋值 DateAcquired 和 AcquisitionPrice 数据。其他列为空	由 WORK 上的 INSERT 触发器创建
修改主键或外键	禁止——代理键	禁止——TRANS 必须总是有一个 WORK 记录与它相关联
删除	禁止——与交易相关的数据永远不会删除（业务规则）	禁止——与交易相关的数据永远不会删除（业务规则）

图 6.42　WORK-to-TRANS 关系中子元素必需时最小基数的动作

根据该文档，需要编写 WORK 上的 INSERT 触发器来创建所需的子记录。当一件作品首次出现在画廊时，就会触发这个触发器。此时，将创建一个新的 TRANS 行，以存储 DateAcquired 和 AcquisitionPrice 的值。

WORK 的主键值不会变化，因为它是一个代理键。TRANS 的外键值不允许改变，因为一个 TRANS 永远不会与另一件作品相关。如前所述，画廊不会删除任何与交易有关的数据。因此，对 WORK 或 TRANS 的删除是不允许的。

6.5.6　View Ridge 数据库表的列属性

正如本章开始时所讨论的，除了为每个表中的列命名，还必须为每个列指定图 6.1 中总结的列属性：空状态、数据类型、默认值和数据约束。列属性在图 6.43 给出，其中代理键使用了 SQL

Server 的 IDENTITY({StartValue}, {Increment})属性，以指定代理键将使用的值。第 7 章和第 10A 章、第 10B 章和第 10C 章中，将讨论如何实现代理键。

至此，View Ridge 画廊的数据库设计已经完成，现在准备在 DBMS 产品中创建一个真正的、有效的数据库。它将在接下来的几章中完成，因此一定要理解本章建立的 View Ridge 画廊数据库设计。

列 名 称	类 型	键	空 状 态	备 注
ArtistID	Int	主键	NOT NULL	代理键 IDENTITY（1,1）
LastName	Char（25）	替代键	NOT NULL	Unique（AK1.1）
FirstName	Char（25）	替代键	NOT NULL	Unique（AK1.2）
Nationality	Char（30）	No	NULL	IN（'Canadian', 'English', 'French', 'German', 'Mexican', 'Russian', 'Spanish', 'United States'）
DateOfBirth	Numeric（4）	No	NULL	（DateOfBirth < DateDeceased）（1900～2999）
DateDeceased	Numeric（4）	No	NULL	（1900～2999）

（a）ARTIST 表的列属性

列 名 称	类 型	键	空 状 态	备 注
WorkID	Int	主键	NOT NULL	代理键 IDENTITY（500,1）
Title	Char（35）	替代键	NOT NULL	Unique（AK1.1）
Copy	Char（12）	替代键	NOT NULL	Unique（AK1.2）
Medium	Char（35）	No	NULL	
Description	Varchar（1000）	No	NULL	DEFAULT value = 'Unknown provenance'
ArtistID	Int	外键	NOT NULL	

（b）WORK 表的列属性

列 名 称	类 型	键	空 状 态	备 注
TransactionID	Int	主键	NOT NULL	代理键 IDENTITY（100,1）
DateAcquired	Date	No	NOT NULL	
AcquisitionPrice	Numeric（8,2）	No	NOT NULL	
AskingPrice	Numeric（8,2）	No	NULL	
DateSold	Date	No	NULL	（DateAcquired <= DateSold）
SalesPrice	Numeric（8,2）	No	NULL	（SalesPrice > 0）AND（SalesPrice <= 500000）
CustomerID	Int	外键	NULL	
WorkID	Int	外键	NOT NULL	

（c）TRANS 表的列属性

图 6.43　View Ridge 数据库设计的列属性

列　名　称	类　　型	键	空　状　态	备　　注
CustomerID	Int	主键	NOT NULL	代理键 IDENTITY（1000,1）
LastName	Char（25）	No	NOT NULL	
FirstName	Char（25）	No	NOT NULL	
EmailAddress	Varchar（100）	替代键	NULL	Unique（AK1.1）
EncryptedPassword	Varchar（50）	No	NULL	
Street	Char（30）	No	NULL	
City	Char（35）	No	NULL	
State	Char（2）	No	NULL	
ZIPorPostalCode	Char（9）	No	NULL	
Country	Char（50）	No	NULL	
AreaCode	Char（3）	No	NULL	
PhoneNumber	Char（8）	No	NULL	

（d）CUSTOMER 表的列属性

列　名　称	类　　型	键	空　状　态	备　　注
ArtistID	Int	主键，外键	NOT NULL	
CustomerID	Int	主键，外键	NOT NULL	

（e）CUSTOMER_ARTIST_INT 表的列属性

图 6.43　View Ridge 数据库设计的列属性（续）

6.6　小结

本章讨论了将数据模型转换为数据库设计的过程。图 6.44 为数据模型和数据库设计提供了全方位的总结，展示了它们彼此如何关联、它们如何与系统分析和设计过程挂钩，特别是与系统开发生命周期（SDLC）的联系。有关系统分析和设计以及 SDLC 的更多信息见附录 B。

将数据模型转换为数据库设计，有三项主要任务：用表替换实体，用列替换属性；通过设置外键来表示关系和最大基数；定义限制主键和外键值上的动作来表示最小基数。

数据库设计期间，每一个实体都会被一个表替换。实体的属性，会成为表的列。实体的标识符成为表的主键，实体中的候选键成为表中的候选键。理想的主键是短的、数字型的、且长度固定的。如果无法获得一个好的主键，则可以使用代理键代替。一些公司要求对所有的表都使用代理键。替代键与候选键相同，用于确保列中的值是唯一的。符号 AKn.m 表示第 n 个替代键和该键的第 m 列。

表中的每一个列，都需要明确 4 个属性：空状态、数据类型、默认值和数据约束。一个列可以是 NULL 或 NOT NULL。主键总是 NOT NULL 的，替代键可以是 NULL 的。数据库中能够使用的数据类型，与 DBMS 有关。通用的数据类型包括 CHAR(n)、VARCHAR(n)、NVARCHAR(n)、DATE、TIME、INTEGER、FLOAT、NUMERIC 和 DECIMAL。默认值是 DBMS 在创建新行时提供的值。它可以是一个简单的值，也可以是函数运算的结果。有时，需要触发器来提供更复杂的表达式的值。

数据约束包括域约束、范围约束、内部关系约束和外部关系约束。域约束指定列可能具有一组值；范围约束指定允许值的区间；内部关系约束通过与同一表中其他列的比较限制列的值；外部关系约束通过与其他表中的列的比较限制列的值。引用完整性约束就是一种外部关系约束。

一旦定义了表、键和列，就应该检查它们是否满足规范化要求。通常而言，表是规范化的，但是任何时候都应该检查它。此外，必要时还必须对某些表进行反规范化操作。

数据库设计的第二步是通过设置合适的外键来创建关系。对于 1 : 1 强实体关系，可以把任意一个表的主键作为另一个表的外键；对于 1 : N 强实体关系，需将父表的主键作为子表的外键；对于 N : M 强实体关系，需要创建一个交集表，它只包含两个表的主键。

	数据模型	数据库设计
SDLC 阶段	需求分析	组件设计
系统分析和设计阶段	概念设计/模式	
		逻辑设计/模式
		物理设计（数据类型）
数据结构	实体	表（关系）
关系结构	关系	包含外键的关系
通用性程度	通用	DBMS 特定
关系：		
1 : 1	是	是
1 : N	是	是
ID 依赖 1 : N	是	是
N : M	是	否——参见交集表
具有两个 ID 依赖 1 : N 关系的交集表	否——参见 N : M 关系	是
具有两个 ID 依赖 1 : N 关系的关联表	是（关联实体）	是
超类型/子类型	是——与数据建模软件有关	是——与数据建模软件有关
递归	是	是
软件工具（本书中采用）	Microsoft Visio 2019	MySQL Workbench

图 6.44　数据库设计过程汇总

ID 依赖实体有 4 种用途：N : M 关系、关联关系、多值属性和原型/实例关系。关联关系不同于交集表，因为 ID 依赖实体具有非键数据。所有的 ID 依赖实体中，父表的主键已经包含在子表中。因此，不需要创建外键。如果原型/实例模式的实例实体的标识符是非 ID 依赖的，则它就从 ID 依赖实体变为弱实体。用于这些实体的表，必须将父表的主键作为外键。但是，它依然是弱实体。如果 ID 依赖实体的父实体使用代理键，则也需要为该 ID 依赖实体提供代理键。但是，它依然为弱实体。

混合实体的表示方法是将非标识关系的父实体的主键放入子实体中，标识关系的父实体的键已经在子实体中。子类型是通过将超类型中的主键作为外键复制到子类型中来表示的。递归关系的表示方式与 1 : 1、1 : N 和 N : M 关系的表示方式相同，唯一的区别是外键引用了它所在表中的行。

三元关系被分解为几个二元关系。但是，有时必须将二元约束记录到文档中。三个这样的约束是：MUST、MUST NOT 和 MUST COVER。

数据库设计的第三步是创建一个计划来保证关系的最小基数。图 6.29 中给出了父记录或子记录必需时应该采取的动作。图 6.29（a）中的动作用于 M-O 和 M-M 关系；图 6.29（b）中的动作用于 O-M 和 M-M 关系。

通过定义适当的引用完整性约束和将外键设置为 NOT NULL，可以满足父记录必需时的情形。设计者必须明确对父表主键的更新是级联的还是禁止的，对父记录的删除是级联的还是禁止的，以及在创建新的子记录时使用什么策略来查找父记录。

子记录必需时的情形有些复杂，需要使用触发器或应用代码。能够采取的具体动作在图 6.29（b）中给出。保证 M-M 关系可能非常困难。主要的挑战是来自创建第一对父/子行和删除最后一对父/子行，两个表上的触发器会相互干扰。强实体和弱实体之间的 M-M 关系，没有两个强实体之间的 M-M 关系那样复杂。

本书中，利用的是表设计图上的引用完整性动作，以记录满足父记录必需时应采取的动作。图 6.29（b）提供的样板文档，可用于记录满足子记录必需时应采取的动作。另一个复杂问题是一个表可以参与多个关系。用于保证不同关系最小基数的触发器，可能会互相冲突。这个问题超出了本书的范围，但要注意它的存在。图 6.34 总结了实现最小基数的几个原则。

View Ridge 画廊的数据库设计，分别在图 6.39～图 6.43 中给出。需要理解这个设计，因为它将贯穿本书的其余部分。

重要术语

动作	MUST NOT 约束
替代键（AK）	空状态
关联实体	父强制到子强制（M-M）
关联关系	父强制到子可选（M-O）
关联表	父可选到子强制（O-M）
关联实体	父可选到子可选（O-O）
候选键	主键
级联删除	范围约束
级联更新	引用完整性（RI）动作
组件设计	SQL Server 的 IDENTITY({StartValue}, {Increment})属性
数据限制	代理键
数据库设计	系统分析和设计
DBMS 保留字	系统开发生命周期（SDLC）
默认值	表
域约束	触发器
外部关系约束	可选
交集表	可选到强制（O-M）关系
内部关系约束	可选到可选（O-O）关系
实现最小基数的动作	主实体
MUST 约束	父实体
MUST COVER 约束	部分关系

递归关系	超类型
关系	系统分析和设计
关系类	系统开发生命周期（SDLC）
关系实例	三元关系
需求分析	一元关系
强实体	统一建模语言（UML）
子类型	弱实体

习题

6.1 列出将数据模型转换为数据库设计的三项主要任务。

6.2 实体与表之间的关系是什么？属性与列之间的关系呢？

6.3 为什么主键的选择重要？

6.4 理想的主键的三个特征是什么？

6.5 什么是代理键？它有什么优点？

6.6 何时使用代理键？

6.7 列出代理键的两个缺点。

6.8 替代键和候选键的区别是什么？

6.9 LastName(AK2.2)表示什么意思？

6.10 给出列的 4 种属性。

6.11 解释为什么主键永远不能为空，但替代键可以为空。

6.12 列出 5 种通用的数据类型。

6.13 描述三种分配默认值的方法。

6.14 什么是域约束？提供一个例子。

6.15 什么是范围约束？提供一个例子。

6.16 什么是内部关系约束？提供一个例子。

6.17 什么是外部关系约束？提供一个例子。

6.18 在验证数据库设计的规范化时，应完成哪些任务？

6.19 描述两种表示 1∶1 强实体关系的方法。提供一个例子（本章中的除外）。

6.20 描述表示 1∶N 强实体关系的方法。提供一个例子（本章中的除外）。

6.21 描述表示 N∶M 强实体关系的方法。提供一个例子（本章中的除外）。

6.22 什么是交集表？为什么需要它？

6.23 表示 ID 依赖关联实体的表和交集表有什么不同？

6.24 列出 ID 依赖实体的 4 种用法。

6.25 描述如何表示关联实体关系。提供一个例子（本章中的除外）。

6.26 描述表示多值属性实体关系的方法。提供一个例子（本章中的除外）。

6.27 描述如何表示原型/实例实体关系。提供一个例子（本章中的除外）。

6.28 当一个实例实体被赋予一个非 ID 依赖标识符时，会发生什么？它会如何影响关系的设计？

6.29 当 ID 依赖关系中的父实体被赋予代理键时，会发生什么？子实体的键应该变成什么？

6.30 描述表示混合属性实体关系的方法。提供一个例子（本章中的除外）。

6.31 描述表示超类型/子类型实体关系的方法。提供一个例子（本章中的除外）。

6.32 描述两种表示 1∶1 递归关系的方法。提供一个例子（本章中的除外）。

6.33 描述表示 1∶N 递归关系的方法。提供一个例子（本章中的除外）。

6.34 描述表示 N∶M 递归关系的方法。提供一个例子（本章中的除外）。

6.35 一般来说，三元关系是如何表示的？解释二元约束如何影响这种关系。

6.36 描述 MUST 约束。提供一个例子（本章中的除外）。

6.37 描述 MUST NOT 约束。提供一个例子（本章中的除外）。

6.38 描述 MUST COVER 约束。提供一个例子（本章中的除外）。

6.39 简要描述一下需要做什么来保证最小基数。

6.40 解释需要图 6.29（a）中每项动作的理由。

6.41 解释需要图 6.29（b）中每项动作的理由。

6.42 说明图 6.29 中的哪些动作必须分别应用于 M-O、O-M 以及 M-M 关系。

6.43 如果父记录是必需的，DBMS 应该做什么？

6.44 如果父记录是必需的，需要做哪些设计决定？

6.45 解释为什么无法用 DBMS 来保证子记录是必需的。

6.46 什么是触发器？如何用触发器来保证子记录是必需的。

6.47 为什么保证 M-M 关系尤其困难。

6.48 解释需要图 6.34 中每项设计决定的理由。

6.49 解释图 6.40 中每一个最小基数规范的含义。

6.50 解释图 6.42 中表的每一个规则的合理性。

练习

6.51 为练习 5.56（b）中的模型设计一个数据库。数据库设计中应该包括表、属性以及主键、候选键和外键。还要指定如何保证最小基数。对于父记录必需的情况，通过引用完整性动作的方式，利用文档来保证最小基数；对于子记录必需的情况，用图 6.29（b）为模板来保证最小基数。

6.52 为练习 5.57（c）中的模型设计一个数据库。数据库设计中应该包括表、属性以及主键、候选键和外键。还要指定如何保证最小基数。对于父记录必需的情况，通过引用完整性动作的方式，利用文档来保证最小基数；对于子记录必需的情况，用图 6.29（b）为模板来保证最小基数。

6.53 为练习 5.58（d）中的模型设计一个数据库。数据库设计中应该包括表、属性以及主键、候选键和外键。还要指定如何保证最小基数。对于父记录必需的情况，通过引用完整性动作的方式，利用文档来保证最小基数；对于子记录必需的情况，用图 6.29（b）为模板来保证最小基数。

6.54 为练习 5.59（a）中的模型和图 5.57 中的模型设计数据库。数据库设计中应该包括表、属性以及主键、候选键和外键。还要指定如何保证最小基数。对于父记录必需的情况，通过引用完整性动作的方式，利用文档来保证最小基数；对于子记录必需的情况，用图 6.29（b）为模板来保证最小基数。

6.55 为练习 5.60（e）中的模型设计一个数据库。数据库设计中应该包括表、属性以及主键、候选键和外键。还要指定如何保证最小基数。对于父记录必需的情况，通过引用完整性动作的方式，利用文档来保证最小基数；对于子记录必需的情况，用图 6.29（b）为模板来保证最小基数。

6.56 为练习 5.61（c）中的模型设计一个数据库。数据库设计中应该包括表、属性以及主键、候选键和外键。还要指定如何保证最小基数。对于父记录必需的情况，通过引用完整性动作的方式，利用文档来保证最小基数；对于子记录必需的情况，用图 6.29（b）为模板来保证最小基数。

6.57 为练习 5.62（d）中的模型设计一个数据库。数据库设计中应该包括表、属性以及主键、候选键和外键。还要指定如何保证最小基数。对于父记录必需的情况，通过引用完整性动作的方式，利用文档来保证最小基数；对于子记录必需的情况，用图 6.29（b）为模板来保证最小基数。

交通罚单案例题

为第 5 章中的这个案例题数据模型设计一个数据库。

A．将数据模型转换为数据库设计。确定表、主键和外键。按照图 6.43 的指导确定列属性。

B．如果存在弱实体，则应如何表示它？

C．如果存在超类型和子类型实体，则应如何表示它们？

D．采用与图 6.39 的乌鸦脚 E-R 图类似的形式，创建一个可视化的数据库设计表示。

E．对于父记录必需的情况，通过引用完整性动作的方式，利用文档来保证最小基数；对于子记录必需的情况，用图 6.29（b）为模板来保证最小基数。

San Juan 帆船租赁公司案例题

San Juan 帆船租赁公司（SJSBC）是一家出租帆船的代理公司。该公司自身不拥有帆船，而是代表船主出租帆船。这些船主希望在他们不使用船只时通过出租获得收入，SJSBC 向船主收取服务费。SJSBC 专门经营可用于多日出租或按周出租的帆船。最小的帆船有 28 英尺长，最大的有 51 英尺长。

每艘帆船在租用时都装备齐全。大部分装备是在合同签订时提供的，这些装备由船主提供，但也有一些由 SJSBC 提供。船主提供的装备包括固定在船体上的设备，如无线电、罗盘、深度探测仪和其他仪器、炉灶和冰箱，与船体分离的装备，如船帆、缆绳、锚、小艇、救生衣和船舱内的设备（餐盘、酒器、炊具、床上用品等）。SJSBC 提供一些消耗品，如航海图、航海书、潮汐表、肥皂、擦碗布、厕纸以及类似的物品。消耗品被 SJSBC 视为设备，用于跟踪和核算费用。

记录这些设备的情况是 SJSBC 职责的重要组成部分。许多设备都很昂贵，而且那些没有固定在船体上的物品很容易损坏或丢失。SJSBC 要求客户在租船期间对所有设备负责。

SJSBC 希望保存客户和租船的准确记录，且客户在每次租船期间都需要记录日志。有些行程和天气条件很危险，有关这些情况的日志数据提供了客户体验的信息。对于市场营销以及评估客户处理特定船只和旅程的能力而言，这些信息很有用。

帆船需要维护。关于"船"的两种"定义"是：（1）"再破浪一千次"（正常使用）；（2）"一个往水里扔钱的洞"（需要维护）。根据与船主签订的合同，SJSBC 需要准确记录所有维修活动和费用。

用于支持 SJSBC 信息系统数据库的数据模型如图 6.45 所示。注意，因为 OWNER 实体允许船主既可以是公司也可以是个人，所以 SJSBC 可以是设备所有者（图中的基数允许 SJSBC 拥有设备，但不拥有任何船只）。还要注意，这个模型将 EQUIPMENT 与 CHARTER 相关联，而不是与 BOAT 相关联（即使设备是固定在船体上的）。这只是处理 EQUIPMENT 的一种可能的方式，但 SJSBC 的管理人员对此是满意的。

A．将数据模型转换为数据库设计。确定表、主键和外键。按照图 6.43 的指导确定列属性。

B．如果存在弱实体，则应如何表示它？

C．如果存在超类型和子类型实体，则应如何表示它们？

D．采用与图 6.39 的乌鸦脚 E-R 图类似的形式，创建一个可视化的数据库设计表示。

E．对于父记录必需的情况，通过引用完整性动作的方式，利用文档来保证最小基数；对于子记录必需的情况，用图 6.29（b）为模板来保证最小基数。

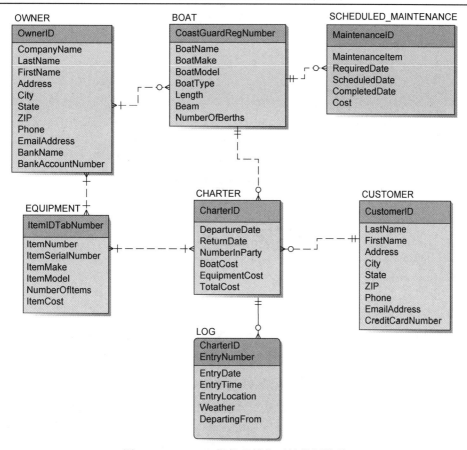

图 6.45　San Juan 帆船租赁公司的数据模型

Queen Anne 古董店项目题

A. 将数据模型转换为数据库设计。确定表、主键和外键。按照图 6.43 的指导确定列属性。

B. 如果存在弱实体，则应如何表示它？

C. 如果存在超类型和子类型实体，则应如何表示它们？

D. 采用与图 6.39 的乌鸦脚 E-R 图类似的形式，创建一个可视化的数据库设计表示。

E. 对于父记录必需的情况，通过引用完整性动作的方式，利用文档来保证最小基数；对于子记录必需的情况，用图 6.29（b）为模板来保证最小基数。

Morgan 进口公司项目题

A. 将数据模型转换为数据库设计。确定表、主键和外键。按照图 6.43 的指导确定列属性。

B. 如果存在弱实体，则应如何表示它？

C. 如果存在超类型和子类型实体，则应如何表示它们？

D. 采用与图 6.39 的乌鸦脚 E-R 图类似的形式，创建一个可视化的数据库设计表示。

E. 对于父记录必需的情况，通过引用完整性动作的方式，利用文档来保证最小基数；对于子记录必需的情况，用图 6.29（b）为模板来保证最小基数。

第三部分
数据库实现

第 5 章探讨了如何为新数据库创建数据模型；第 6 章讲解了如何将数据模型转换为数据库设计，以便在关系 DBMS 中构建实际的数据库。第 6 章以 View Ridge 画廊（VRG）数据库为例，完成了一套完整的 VRG 数据库规范。本书的这一部分，将在 Microsoft SQL Server 2019 中实现这个 VRG 数据库设计（Oracle Database 版本和 MySQL 8.0 版本的数据库实现，请分别参见第 10B 章和第 10C 章；第 10D 章中用 ArangoDB 实现的几种不同版本，演示了非关系文档数据库的设计和查询功能）。

本部分包含两章。第 7 章讲解用于构建数据库组件的 SQL 数据定义语言语句，并描述了用于插入、更新和删除数据的 SQL 数据操作语句。还讲解了如何构建和使用 SQL 视图。这一章的最后，讲解的是在应用程序和 SQL/持久存储模块（SQL/PSM）中嵌入 SQL 语句，这引出了对 SQL 用户定义函数、触发器和存储过程的讨论。

第 8 章探讨的是如何使用 SQL 语句对数据库进行再设计。它涉及 SQL 相关子查询，然后通过 EXISTS 和 NOT EXISTS 关键字引入 SQL 语句。数据库再设计需要这两种高级 SQL 语句。第 8 章还讲解了数据库逆向工程，分析了常见的数据库再设计问题，并展示了如何使用 SQL 来解决这些问题。

第7章 用于数据库构建和应用处理的 SQL

本章目标

● 使用 SQL 语句创建和管理表结构
● 了解如何在 SQL 语句中实现引用完整性操作
● 创建和执行 SQL 约束
● 了解 SQL 视图的几种用法
● 使用 SQL 语句创建、使用和管理视图
● 了解如何在应用编程中使用 SQL
● 了解 SQL/持久存储模块（SQL/PSM）
● 了解如何创建和使用函数
● 了解如何创建和使用触发器
● 了解如何创建和使用存储过程

第 2 章中介绍了 SQL，并将 SQL 语句分为 5 类：

• 数据定义语言（DDL）语句，用于创建表、关系和其他数据库结构。
• 数据操作语言（DML）语句，用于查询、插入、更新和删除数据。
• SQL/持久存储模块（SQL/PSM）语句，通过添加过程性编程功能（例如，变量和流控制语句）来扩展 SQL，这些功能在 SQL 框架中提供了一些可编程性。
• 事务控制语言（TCL）语句，用于标记事务边界和控制事务行为。
• 数据控制语言（DCL）语句，用于向用户和用户组授予（或撤销）数据库权限，以便用户或组可以对数据库中的数据执行各种操作。

第 2 章中只讲解了 DML 查询语句。本章将描述和说明用于构建数据库的 SQL DDL 语句，用于插入、修改和删除数据的 SQL DML 语句和用于创建和使用 SQL 视图的 SQL 语句。还将讨论如何将 SQL 语句嵌入应用和 SQL/PSM 中，以及如何使用 SQL/PSM 创建函数、触发器和存储过程。SQL TCL 语句和 SQL DCL 语句在第 9 章讲解。

本章将使用 DBMS 产品来创建数据库，该数据库是第 6 章中以第 5 章中的数据模型为基础设计的。在系统分析和设计过程中，现正处于系统发展生命周期（SDLC）的实现阶段。SDLC 的这个阶段是我们最终的目的——构建并实现使用该数据库的数据库和管理信息系统应用。（关于系统分析和设计以及 SDLC 的介绍参见附录 B。）

对于数据库管理员和应用程序员而言，本章的知识很重要。即使不必亲自构造 SQL 用户定义函数、触发器或存储过程，也必须了解它们是什么、它们如何工作以及它们如何影响数据库处理。

7.1 使用已安装的 DBMS 产品的重要性

为了充分理解本章中讨论的 DBMS 概念和特性，需要一个已安装好的 DBMS 产品。实际的上手经验很有必要，因为可以使用户从对这些概念和特性的抽象理解转变为对实际知识和实现原

理的掌握。

本章以及第 9 章和第 10 章的主题，概述了本书中讨论的三个主要 DBMS 产品的相关材料。

下载、安装和使用这些 DBMS 产品所需的具体信息，可以在在线章节中找到。第 10A 章讨论了 Microsoft SQL Server 2019，第 10B 章讨论 Oracle Database 18c Express Edition（简称 Oracle Database XE），第 10C 章讨论 MySQL 8.0。正如第 10 章的引言所讲，这三章线上内容与本章内容是并行的，它们分别讲解了每一种 DBMS 产品中的概念和特性的实际用法。

为了充分理解本章的知识点，需要下载并安装选定的 DBMS 产品，然后按照每一节的要求在安装好的 DBMS 上进行操作。

7.2　View Ridge 画廊的数据库

第 6 章介绍过一个 View Ridge 画廊案例，它是一家出售当代北美和欧洲艺术品并提供装帧服务的小型画廊。还为 View Ridge 画廊数据库开发了数据模型和数据库设计。这个数据库设计的最终版本如图 7.1 所示。需要回顾一下第 6 章中给出的数据库设计、表的列特征以及关系规范。本章将以这个设计为基础，使用 SQL 为 View Ridge 画廊建立一个名为 VRG 的数据库。创建 VRG 数据库所需的 SQL 脚本可以在配套资源中获得。

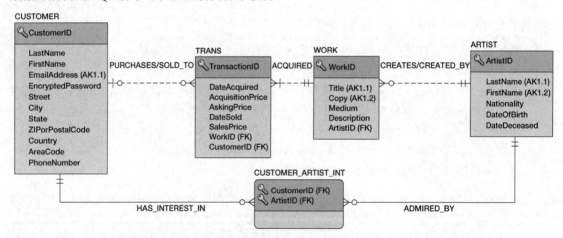

图 7.1　用于 View Ridge 画廊数据库的 VRG 数据库设计

7.3　SQL DDL 和 DML

图 7.2 总结了本章中使用的一些新 SQL DDL 和 DML 语句。首先讲解的是用于管理表结构的 SQL DDL 语句，包括 CREATE TABLE、ALTER TABLE、DROP TABLE 和 TRUNCATE TABLE。利用这些语句，可以为 VRG 数据库构建表结构。然后，介绍 4 个用于管理数据的 SQL DML 语句：INSERT、UPDATE、DELETE 和 MERGE。接下来，探讨用于创建、使用和管理 SQL 视图的 SQL 语句。最后，讨论 SQL/持久存储模块（SQL/PSM）以及函数、触发器和存储过程。

本章中探讨 SQL 基本元素
● SQL 数据定义语言（DDL）
—CREATE TABLE
—ALTER TABLE
—DROP TABLE
—TRUNCATE TABLE
● SQL 数据操作语言（DML）
—INSERT
—UPDATE
—DELETE
—MERGE
● SQL 视图
—CREATE VIEW
—ALTER VIEW
—DROP VIEW
● SQL/持久存储模块（SQL/PSM）
—函数
—触发器
—存储过程

图 7.2　SQL 基本元素

7.4　用 SQL DDL 管理表结构

SQL CREATE TABLE 语句用于构造表、定义列和列约束以及创建关系。大多数 DBMS 产品都提供了图形化工具来执行这些任务，为什么还需要学习 SQL 来执行完成同样的任务呢？有 4 个原因。首先，使用 SQL 创建表和关系比使用图形工具更快。一旦知道了如何使用 SQL CREATE TABLE 语句，就能够比使用按钮和图形化技巧更快速、更容易地构造表。其次，一些应用，特别是那些用于报表、查询和数据挖掘的应用，需要重复创建相同的表。如果创建一个 SQL 脚本文本文件，使其包含所需的 SQL CREATE TABLE 语句，就可以高效地完成此任务；重新创建表时，只需执行 SQL 脚本即可。第三，有些应用需要在运行期间创建临时表。附录 J 中讨论的 RFM 报告（RFM 为销售分析报告的名称，R 是指最近一次的销售，F 表示客户的购买频率，M 为消费金额）就是这样一个应用。从程序代码创建表的唯一方法是使用 SQL。最后，SQL DDL 是标准化的且独立于 DBMS。除某些数据类型之外，同样的 CREATE TABLE 语句也可以用于 SQL Server、Oracle Database、DB2 或 MySQL。

7.4.1　创建 VRG 数据库

显然，在创建任何表之前，必须先创建数据库。SQL-92 及其后续标准包括用于创建数据库的 SQL 语句，但很少使用。大多数开发人员使用特殊命令或图形工具来创建数据库。这些技术都与特定的 DBMS 有关，可分别参见附录 A、第 10A 章、第 10B 章和第 10C 章。

　　强烈建议先阅读关于您所使用的 DBMS 产品中创建新数据库的部分，并使用适当的步骤为 View Ridge 画廊创建一个名称为 VRG 的新数据库。本章中使用的是 Microsoft SQL Server 2019，SQL 代码将是该产品的正确代码。用于其他 DBMS 产品的 SQL 语句应该与它类似，但会略有不同。用于 Oracle Database 和 MySQL 8.0 的正确 SQL 语句可分别在第 10B 章和第 10C 章找到。图 7.3 展示了 Microsoft SQL Server 2019 Management Studio 中的 VRG 数据库。

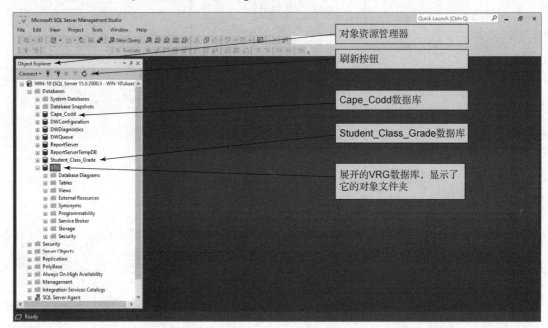

图 7.3　Microsoft SQL Server Management Studio 中的 VRG 数据库

7.4.2　使用 SQL 脚本

　　每一个 DBMS 产品都有一个图形用户界面（GUI）实用工具，用于创建、编辑和存储 SQL 脚本文件。SQL 脚本文件（SQL script file）或 SQL 脚本（SQL script）是单独存储的纯文本文件，通常使用扩展名 ".sql"。可以打开 SQL 脚本并作为 SQL 命令（或命令组）运行。SQL 脚本通常用于创建和填充数据库，还可以用于存储一个或一组查询。它们还被用来存储 SQL 语句以创建本章后面将讨论的 SQL 元素（SQL 视图和 SQL/PSM 函数）、触发器和存储过程。建议使用 SQL 脚本来编辑和存储本章中使用的 SQL。

　　用于创建 SQL 脚本的 GUI 实用工具有：

- 与 Microsoft SQL Server 2019 配套的 Microsoft SQL Server Management Studio（有关它的讨论，参见第 10A 章）
- 与 Oracle Database 和 Oracle Database XE 配套的 Oracle SQL Developer（有关它的讨论，参见第 10B 章）
- 与 Oracle MySQL 8.0 配套的 Oracle MySQL Workbench（有关它的讨论，参见第 10C 章）

当安装 Microsoft SQL Server 2019 Management Studio 时，会在 Documents（或 My Documents）文件夹中创建一个名为 SQL Server Management Studio 的新文件夹。建议创建一个子文件夹

Projects，并将该文件夹作为 SQL 脚本文件的默认位置。此外，对于每一个数据库，在 Projects 文件夹中创建一个新文件夹。例如，可以创建一个名为 View-Ridge-Gallery-Database 的文件夹来存储与 View Ridge 画廊数据库关联的脚本文件。

默认情况下，Oracle SQL Developer 会将*.sql 文件保存在 C:\users\{username}文件夹下，其中 username 是登录到 Windows 的用户名。建议在 Documents（或 My Documents）文件夹下创建一个名为 SQL Developer 的子文件夹，然后在 SQL Developer 文件夹中为每一个数据库创建一个子文件夹。例如，可以创建一个名为 View-Ridge-Gallery-Database 的文件夹来存储与 View Ridge 画廊数据库关联的脚本文件。

默认情况下，MySQL Workbench 将文件存储在用户的 Documents（或 My Documents）文件夹中。建议在 Documents（或 My Documents）文件夹中创建一个名为 MySQL Workbench 的子文件夹，然后创建两个子文件夹，分别为 EER Models 和 Schemas。在这两个子文件夹下，再为每一个 MySQL 数据库创建一个子文件夹。例如，可以创建一个名为 View-Ridge-Gallery-Database 的文件夹来存储与 View Ridge 画廊数据库关联的脚本文件。

7.4.3　使用 SQL CREATE TABLE 语句

SQL CREATE TABLE 的基本格式为：

```
CREATE TABLE (
    three-part column definition,
    three-part column definition,
    ...
    optional table constraint
    ...
    );
```

列定义由三部分组成，包括列名、列数据类型和对列值的约束（可选）。因此，可以将创建表的格式明确为：

```
CREATE TABLE (
    ColumnName    DataType    OptionalConstraint,
    ColumnName    DataType    OptionalConstraint,
    ...
    Optional table constraint
    ...
    );
```

本书中考虑的列和表约束包括：PRIMARY KEY、FOREIGN KEY、NULL、NOT NULL、UNIQUE 和 CHECK.。此外，DEFAULT 关键字（DEFAULT 不被认为是列约束）可用于设置初始值。最后，大多数 SQL 的变体都拥有一个用于实现代理主键的属性。例如，SQL Server 2019 有 IDENTITY({StartValue}, {Increment})属性。Oracle Database、MySQL 和 Microsoft Access，采用不同的技术来创建代理键。

如果使用的是这些产品，可分别参见第 10B 章、第 10C 章和附录 A。在本章的讨论中，将逐一解释这些约束、关键字和属性。

7.4.4　SQL 数据类型和 SQL/PSM 的变体

尽管 Microsoft Access 能够读取标准 SQL 和 SQL Server 2019 中的 SQL，但结果可能有些不同。例如，Microsoft Access ANSI-89 SQL 会将数据类型 Char 和 Varchar 转换为固定的 Short Text 数据类型（如果字符串长度超过 255 个字符，则为 Long Text）。

每一个 DBMS 产品都有自己的 SQL 变体和 SQL 过程编程语言（procedural programming language）扩展，这些扩展允许 SQL 以类似于过程编程语言的方式运行(例如，IF...THEN...ELSE 结构)。在 ANSI/ISO SQL 标准中，这些过程编程语言扩展称为 SQL/持久存储模块（SQL/Persistent Stored Module，SQL/PSM）。一些供应商为它们的 SQL 变体赋予特定的名字。SQL 的 Microsoft SQL Server 版本称为 Transact-SQL（T-SQL），Oracle Database 版本称为过程语言/SQL（PL/SQL）。虽然 MySQL 的变体也包含基于 SQL/PSM 的过程扩展，但它没有特殊的名称，在 MySQL 文档中仅称为 SQL。在后面的讨论中，会指出特定 SQL 语法的差异。有关 T-SQL 的更多信息见在线的 SQL Server 2019 Books 中 Transact-SQL Reference 一节；[①]有关 PL/SQL 的讨论见 Oracle Database PL/SQL Reference 19c；[②]有关 MySQL 中的 SQL 讨论见 MySQL 8.0 Reference Manual 第 13 章。[③]

出现 DBMS SQL 变体的一个原因是不同供应商实现的数据类型不同。SQL 标准定义的一组数据类型，以及 DBMS 数据类型的变体，总结在图 6.6 中。

7.4.5　创建 VRG 数据库 ARTIST 表

首先探讨在第 6 章末尾开发的 VRG 数据库设计中的两个表：ARTIST 表和 WORK 表，如图 7.1 所示；图 7.4 和图 7.5 给出了它们的列属性。图中展示了三个新特性。

列名称	类型	键	空状态	备注
ArtistID	Int	主键	NOT NULL	代理键 IDENTITY(1,1)
LastName	Char(25)	替代键	NOT NULL	AK1.1
FirstName	Char(25)	替代键	NOT NULL	AK1.2
Nationality	Char(30)	否	NULL	
DateOfBirth	Numeric(4,0)	否	NULL	
DateDeceased	Numeric(4,0)	否	NULL	

图 7.4　VRG 数据库 ARTIST 表的列特性

列名称	类型	键	空状态	备注
WorkID	Int	主键	NOT NULL	代理键 IDENTITY(500.1)
Title	Char(35)	否	NOT NULL	AK1.1
Copy	Char(12)	否	NOT NULL	AK1.2
Medium	Char(35)	否	NULL	
Description	Varchar(1000)	否	NULL	默认值：'Unknown provenance'
ArtistID	Int	外键	NOT NULL	

图 7.5　VRG 数据库 WORK 表的列特性

---

① 可在 Microsoft 网站中查询。

② 可在 Oracle 网站中查询。

③ 可在 Mysql 网站中查询。

第一个是 Microsoft SQL Server 的 IDENTITY({StartValue}, {Increment})属性,它用于指定代理键。ARTIST 表中,表达式 IDENTITY(1,1)表示 ArtistID 是一个代理键,其值从 1 开始并递增 1。因此,ARTIST 中第二行 ArtistID 的值为(1 + 1) = 2。WORK 表中,表达式 IDENTITY(500,1)表示 WorkID 是一个代理键,其值从 500 开始并递增 1。因此,WORK 表第二行的 WorkID 值将为(500 + 1) = 501。

第二个新特性是在 ARTIST 中将(LastName,FirstName)指定为替代键。这表明(LastName,FirstName)是 ARTIST 表的候选键。替代键是使用 UNIQUE 约束定义的。

第三个新特性是在 WORK 表的 Description 列中使用了 DEFAULT 列约束。DEFAULT 约束用于将插入每一行的值,除非指定了其他值。

图 7.6 以表格形式描述了图 7.1 中 ARTIST 和 WORK 之间的 M-O 关系;图 7.7 以图 6.29(a)为模板,详细描述了 ARTIST-to-WORK 关系中保证最小基数所需的引用完整性操作(图 7.1 中被标记为 CREATES/CREATED_BY)。

关　　　系		基　　　数		
父表	子表	类型	最大	最小
ARTIST	WORK	非标识	1 : N	M-O

图 7.6　VRG 数据库的 ARTIST-to-WORK 关系

ARTIST 父记录必需	ARTIST 父表的动作	WORK 子表的动作
插入	无	获得父记录
修改主键或外键	禁止——ARTIST 使用代理键	如果父主键存在,允许外键更新
删除	如果 WORK 存在,则禁止——与交易相关的数据永远不会删除(业务规则);否则,允许删除(业务规则)	无

图 7.7　为 VRG 数据库 ARTIST-to-WORK 关系保证最小基数的动作

图 7.8 显示了用于构建 ARTIST 表的 SQL CREATE TABLE 语句(本章中的所有 SQL 都运行在 SQL Server 上。如果使用的是另一种 DBMS,则可能需要做出调整,请参考本书对应的章节或附录)。CREATE TABLE 语句的格式是:表的名称,后面是用圆括号括起来的所有列定义和约束列表,并以一个 SQL 分号(;)结尾。

如前所述,SQL 有几个列和表约束:PRIMARY KEY、NULL、NOT NULL、UNIQUE、FOREIGN KEY 以及 CHECK。PRIMARY KEY 约束用于定义表的主键。虽然它可以用作列约束,但因为它必须用作表约束来定义组合主键,所以始终倾向于将它用作表约束,如图 7.8 所示。NULL 和 NOT NULL 列约束用于设置列的空状态,表示该列中是否需要数据值。UNIQUE 约束表示一个或多个列的值不能重复。FOREIGN KEY 约束用于定义引用完整性约束,CHECK 约束用于定义数据约束。

在 ARTIST 表的 CREATE TABLE 语句的第一部分中,通过给出其名称、数据类型和空状态来定义每一个列。如果不使用 NULL 或 NOT NULL 指定空状态,则假定为 NULL。

在这个数据库中,DateOfBirth 和 DateDeceased 为年份。YearOfBirth 和 YearDeceased 可能是更好的列名,但画廊工作人员不是这样称呼它们的。因为画廊对艺术家出生和死亡的月份和日期不感兴趣,所以这些列被定义为 Numeric(4, 0),表示一个没有小数位数的四位数。

图 7.8 中的 SQL 表定义语句中的最后两个表达式,用于定义主键和候选键(或替代键)的约

束。如第 6 章所述，替代键的主要用途是确保列值的唯一性。因此在 SQL 中，替代键是用 UNIQUE 约束定义的。

```
CREATE TABLE ARTIST (
      ArtistID            Int                NOT NULL IDENTITY(1,1),
      LastName            Char(25)           NOT NULL,
      FirstName           Char(25)           NOT NULL,
      Nationality         Char(30)           NULL,
      DateOfBirth         Numeric(4)         NULL,
      DateDeceased        Numeric(4)         NULL,
      CONSTRAINT          ArtistPK           PRIMARY KEY(ArtistID),
      CONSTRAINT          ArtistAK1          UNIQUE(LastName, FirstName)
      );
```

图 7.8　用于创建 VRG 数据库 ARTIST 表初始版本的 SQL 语句

这种约束的格式是单词 CONSTRAINT 后面跟着由开发人员提供的约束名称，后面跟着表示约束类型的关键字（本例中是 PRIMARY KEY 或 UNIQUE），然后是括号中的一列或多列。例如，下面的部分 SQL 语句定义了一个名为 MyExample 的约束，以确保名字和姓氏的组合是唯一的。

CONSTRAINT　MyExample　UNIQUE (FirstName, LastName)

如第 6 章所述，主键列必须为 NOT NULL，但替代键可以为 NULL 或 NOT NULL。

BY THE WAY SQL 起源于穿孔卡数据处理时代（穿孔卡的概念参见维基百科的文章 Punched card）。穿孔卡上只有大写字母，所以不需要考虑大小写问题。当穿孔卡被常规键盘取代时，DBMS 供应商选择忽略大小写字母之间的区别。因此，CREATE TABLE、create table 和 CReatE taBle 在 SQL 中都是相同的；NULL、null 和 Null 也是相同的。

注意，图 7.8 中的 SQL 语句的最后一行是一个右括号，后面跟着一个分号。这些字符可以放在上面的一行中，但是将它们单独成行是一种样式约定，这使得确定 CREATE TABLE 语句的边界更加容易。还要注意，列描述和约束用逗号分隔，但最后一个的后面没有逗号。

BY THE WAY 许多机构都有自己的 SQL 编码标准。这些标准不仅指定了 SQL 语句的格式，而且还会给出命名约束的约定。例如，在本章的图中，对主键约束的名称使用后缀 PK，对外键约束使用后缀 FK。大多数机构都有更全面的标准。尽管有可能不认同这些标准，但是应该遵循它们。一致的 SQL 编码，能够提高机构的效率并减少错误。

7.4.6　创建 VRG 数据库 WORK 表和 1:N 的 ARTIST-to-WORK 关系

图 7.9 给出了用于创建 ARTIST 表和 WORK 表及其关系的 SQL 语句。图中唯一的新语法是 WORK 表末尾的 FOREIGN KEY 约束。此类约束用于定义引用完整性约束。

图 7.9 中的 FOREIGN KEY 约束等价于以下引用完整性约束：

WORK 表中的 ArtistID 值，必须存在于 ARTIST 表的 ArtistID 列中

注意，外键约束包含两个 SQL 子句，它们实现了图 7.7 所示的最小基数强制要求。SQL ON UPDATE 子句指定更新是否应该从 ARTIST 级联到 WORK，而 SQL ON DELETE 子句指定 ARTIST 中的删除是否应该级联到 WORK。

ON UPDATE NO ACTION 表达式表示应该禁止对有子表的主键进行更新（这是代理键的标准

设置）。ON UPDATE CASCADE 表达式表示更新应该级联。默认设置为 ON UPDATE NO ACTION。

```
CREATE TABLE ARTIST (
      ArtistID            Int                 NOT NULL IDENTITY(1,1),
      LastName            Char(25)            NOT NULL,
      FirstName           Char(25)            NOT NULL,
      Nationality         Char(30)            NULL,
      DateOfBirth         Numeric(4)          NULL,
      DateDeceased        Numeric(4)          NULL,
      CONSTRAINT          ArtistPK            PRIMARY KEY(ArtistID),
      CONSTRAINT          ArtistAK1           UNIQUE(LastName, FirstName)
      );

CREATE TABLE WORK (
      WorkID              Int                 NOT NULL IDENTITY(500,1),
      Title               Char(35)            NOT NULL,
      [Copy]              Char(12)            NOT NULL,
      Medium              Char(35)            NULL,
      [Description]       Varchar(1000)       NULL DEFAULT 'Unknown provenance',
      ArtistID            Int                 NOT NULL,
      CONSTRAINT          WorkPK              PRIMARY KEY(WorkID),
      CONSTRAINT          WorkAK1             UNIQUE(Title, Copy),
      CONSTRAINT          ArtistFK            FOREIGN KEY(ArtistID)
                              REFERENCES ARTIST(ArtistID)
                                  ON UPDATE NO ACTION
                                  ON DELETE NO ACTION
      );
```

图 7.9　用于创建 VRG 数据库 ARTIST- to-WORK 1:N 关系的 SQL 语句

类似地，ON DELETE NO ACTION 表达式表示应该禁止删除具有子记录的行。ON DELETE CASCADE 表达式表示删除应该级联。默认设置为 ON DELETE NO ACTION。

在本例中，ON UPDATE NO ACTION 是没有意义的，因为 ARTIST 的主键是一个代理键，永远不会被更改。不过，需要为非代理键指定 ON UPDATE 动作。此处显示该选项是为了理解如何对其进行编码。

BY THE WAY　　注意，必须在子表之前定义父表。此处表示必须在创建 WORK 表之前先创建 ARTIST 表。如果顺序颠倒了，则 DBMS 将在 FOREIGN KEY 约束上生成一条错误消息，因为 ARTIST 表还不存在。

类似地，必须以相反的顺序删除表。即，必须先 DROP（本章稍后将讲解它）子表，然后才能删除父表。较好的 SQL 解析器可以对这些语句进行排序，因此语句顺序并不重要，但不总是这样。只需记住一条即可：父表是先入后出的。

7.4.7　实现必需的父记录

第 6 章中讲解过，为了强制执行所需的父约束，必须定义引用完整性约束，并将子表中的外键设置为 NOT NULL。图 7.9 中，用于创建 WORK 表的 SQL CREATE TABLE 语句同时执行了这两种动作。这里，ARTIST 是必需的父表，WORK 是子表。因此，WORK 表中的 ArtistID 被指定为 NOT NULL（使用 NOT NULL 列约束），而 ArtistFK 外键表约束被用于定义引用完整性约束。这样，就会使 DBMS 强制实现必需的父记录。

如果不需要父记录存在，则可以在 WORK 中指定 ArtistID 为 NULL。在这种情况下，WORK 不需要 ArtistID 值，因此不需要父记录。但是，FOREIGN KEY 约束仍然会确保 WORK 中的 ArtistID 的所有值都出现在 ARTIST 中的 ArtistID 列中。

7.4.8　实现 1:1 关系

如上所示，用于实现 1:1 关系的 SQL 几乎与用于 1:N 关系的 SQL 相同。唯一的区别是外键必须被声明为唯一的。例如，如果 ARTIST 和 WORK 之间的关系是 1:1（在 View Ridge 画廊中，一位艺术家只能有一件作品），则图 7.9 中，需在 WORK 表上添加以下约束：

```
CONSTRAINT   UniqueWork   UNIQUE (ArtistID)
```

注意，图 7.1 中的 ARTIST-to-WORK 关系当然不是 1:1，所以不会在当前的 SQL 语句中指定这个约束。与前面一样，如果父记录是必需的，那么外键应该设置为 NOT NULL。否则，就应该为 NULL。

7.4.9　临时关系

有时，可以创建一个外键列但不指定 FOREIGN KEY 约束。这时，外键值与父记录中的主键值可能匹配，也可能不匹配。例如，如果在 EMPLOYEE 中定义了 DepartmentName 列，但是没有指定 FOREIGN KEY 约束，那么行中的 DepartmentName 值可能与 DEPARTMENT 表中的 DepartmentName 值不匹配。

这种关系称为临时关系（casual relationship），经常用于处理数据丢失的表的应用中。例如，如果购买了一些包含消费者雇主姓名的消费者数据，假设存在一个 EMPLOYER 表，其不可能包含消费者工作的所有公司。如果恰好拥有这些数据，并想使用该关系，但不想要求拥有这些值，可以通过在消费者数据表中放置 EMPLOYER 的键，但不定义 FOREIGN KEY 约束来创建一个临时关系。

图 7.10 总结了在 1:N、1:1 和临时关系中使用 FOREIGN KEY、NULL、NOT NULL 和 UNIQUE 约束创建关系的技术。

关系类型	CREATE TABLE 约束
1:N 关系，父记录可选	指定 FOREIGN KEY 约束，外键设置为 NULL
1:N 关系，父记录必需	指定 FOREIGN KEY 约束，外键设置为 NOT NULL
1:1 关系，父记录可选	指定 FOREIGN KEY 约束，指定外键 UNIQUE 约束，外键设置为 NULL
1:1 关系，父记录必需	指定 FOREIGN KEY 约束，指定外键 UNIQUE 约束，外键设置为 NOT NULL
临时关系	创建外键列，但不指定 FOREIGN KEY 约束。如果关系为 1:1，则指定外键 UNIQUE 约束

图 7.10　使用 SQL CREATE TABLE 语句的关系定义汇总

7.4.10　用 SQL 创建默认值和数据约束

图 7.11 显示了 VRG 数据库的一些默认值和数据约束示例。WORK 表中的 Description 列被赋予默认值 'Unknown provenance'。ARTIST 表和 TRANS 表被分配了各种数据约束。

在 ARTIST 表中，Nationality 被限制为域约束中的那些值，而 DateOfBirth 被（同一个表中的）内部关系约束限制，即 DateOfBirth 出现在 DateDeceased 之前。此外，如前所述，DateOfBirth 和

DateDeceased 是年份，它们被限制为第一个数字为 1 或 2，其余三个数字为任意十进制数。因此，它们可以是 1000~2999 之间的任何值。TRANS 表中的 SalesPrice，被一个范围约束限制成一个大于 0 但小于或等于 500 000 美元的值。PurchaseDate 被一个内部关系约束限制成 DateSold 不早于 DateAcquired（即 DateAcquired 小于或等于 DateSold）。

表	列	默 认 值	约　　束
WORK	描述	'Unknown provenance'	
ARTIST	Nationality		IN（'Candian'，'English'，'French'，'German'，'Mexican'，'Russian'，'Spanish'，'United States'）.
ARTIST	DateOfBirth		小于 DateDeceased
ARTIST	DateOfBirth		4 个数字-1 或 2 是第一个数字，0~9 是剩下的三个数字
ARTIST	DateDeceased		4 个数字-1 或 2 是第一个数字，0~9 是剩下的三个数字
TRANS	SalesPrice		大于 0，小于等于 500 000
TRANS	DateAcquired		小于或等于 DateSold

图 7.11　VRG 数据库的默认值和数据约束

图 7.11 表明表之间没有外部关系约束。尽管 SQL-92 规范定义了用于创建此类约束的工具，但没有 DBMS 供应商实现过这些工具。这类约束必须在触发器中实现，本章后面会给出一个例子。图 7.12 提供了用适当的默认值和数据约束创建 ARTIST 表和 WORK 表的 SQL 语句。

1．实现默认值

SQL Server 和 MySQL 中，通过列定义中在 NULL/NOT NULL 之后指定 DEFAULT 关键字，就可以创建默认值（Oracle Database 中，DEFAULT 被放在 NULL/NOT NULL 之前）。注意，图 7.12 中，WORK 表中的 Description 列通过这种技术提供了默认值 'Unknown provenance'。

2．实现数据约束

数据约束通过 SQL CHECK 约束创建。CHECK 约束的格式是单词 CONSTRAINT 后接开发人员提供的约束名称，然后是单词 CHECK 以及括号中的约束规范。CHECK 约束中的表达式类似于 SQL 语句的 WHERE 子句中使用的表达式。因此，SQL IN 关键字用于提供一个有效值列表。SQL NOT IN 关键字用排除一个值列表（本例中没有提供）。SQL LIKE 关键字用于指定小数位数，或用于字符数据的字符串匹配。范围检查是通过比较运算符指定的，例如小于（<）和大于（>）符号。由于不支持外部关系约束，所以比较运算只能作为同一表的行中的列之间的内部关系约束进行。

BY THE WAY　不同 DBMS 产品在实现 CHECK 约束上是不一致的。例如，图 7.12 中的 ValidBirthYear 和 ValidDeathYear 约束不能用于 Oracle Database 中。但是，Oracle Database 可以使用包含或者没有包含 LIKE 关键字来实现其他类型的约束。必须了解所使用的 DBMS 特性，以便更好地实现约束。

```
CREATE TABLE ARTIST (
      ArtistID              Int                   NOT NULL IDENTITY(1,1),
      LastName              Char(25)              NOT NULL,
      FirstName             Char(25)              NOT NULL,
      Nationality           Char(30)              NULL,
      DateOfBirth           Numeric(4)            NULL,
      DateDeceased          Numeric(4)            NULL,
      CONSTRAINT            ArtistPK              PRIMARY KEY(ArtistID),
      CONSTRAINT            ArtistAK1             UNIQUE(LastName, FirstName),
      CONSTRAINT            NationalityValues     CHECK
                            (Nationality IN
                              ('Canadian', 'English', 'French',
                               'German', 'Mexican', 'Russian', 'Spanish',
                               'United States')),
      CONSTRAINT            BirthValuesCheck      CHECK (DateOfBirth < DateDeceased),
      CONSTRAINT            ValidBirthYear        CHECK
                            (DateOfBirth LIKE '[1-2][0-9][0-9][0-9]'),
      CONSTRAINT            ValidDeathYear        CHECK
                            (DateDeceased LIKE '[1-2][0-9][0-9][0-9]')
      );

CREATE TABLE WORK (
      WorkID                Int                   NOT NULL IDENTITY(500,1),
      Title                 Char(35)              NOT NULL,
      [Copy]                Char(12)              NOT NULL,
      Medium                Char(35)              NULL,
      [Description]         Varchar(1000)         NULL DEFAULT 'Unknown provenance',
      ArtistID              Int                   NOT NULL,
      CONSTRAINT            WorkPK                PRIMARY KEY(WorkID),
      CONSTRAINT            WorkAK1               UNIQUE(Title, Copy),
      CONSTRAINT            ArtistFK              FOREIGN KEY(ArtistID)
                            REFERENCES ARTIST(ArtistID)
                                ON UPDATE NO ACTION
                                ON DELETE NO ACTION
      );
```

图 7.12　用 SQL 语句创建带有默认值和数据约束的 ARTIST 表和 WORK 表

7.4.11　创建 VRG 数据库表

图 7.13 给出了创建第 6 章末尾的 VRG 数据库的所有表的 SQL 语句。阅读每一行并确保理解了它的功能和目的。注意，CUSTOMER 和 CUSTOMER_ARTIST_INT 之间，以及 ARTIST 和 CUSTOMER_ARTIST_INT 之间的关系是级联删除的。

所有用作表[①]或列名的 DBMS 保留字都需要用方括号括起来，从而转换为分隔符。这里使用了表名 TRANS 而不是 TRANSACTION，因此没有使用保留字 transaction。表名称 WORK 也是一个潜在的问题。在一些 DBMS 产品中，work 是保留字。同样的问题，还包括 WORK 表中的列名 Description 和 TRANS 表中的 State。可以将这些名称放在括号内[②]表示对 SQL 解析器而言，它们是由开发人员提供的，不应以标准方式使用。此外，SQL Server 在处理单词 TRANSACTION 时遇到问题，在 Oracle Database 中则毫无问题。

---

① 需参阅 DBMS 文档。对于本章中使用的 Microsoft SQL Server 2019，可参见 Microsoft 网站。

② Microsoft SQL Server 中使用括号，它是本章示例中使用的 DBMS。Oracle Database 使用双引号，而 MySQL 8.0 使用向后单引号。有关引号的用法见 DBMS 文档。

```
/***********************************************************************/
/*                                                                     */
/*      Kroenke, Auer, and Vandenberg                                  */
/*      Database Processing (16th Edition) Chapters 07/10A             */
/*                                                                     */
/*      The View Ridge Gallery (VRG) Database - Create Tables          */
/*                                                                     */
/*      These are the Microsoft SQL Server 2017/2019 SQL code solutions */
/*                                                                     */
/***********************************************************************/

USE VRG
GO

CREATE TABLE ARTIST (
        ArtistID            Int                 NOT NULL IDENTITY(1,1),
        LastName            Char(25)            NOT NULL,
        FirstName           Char(25)            NOT NULL,
        Nationality         Char(30)            NULL,
        DateOfBirth         Numeric(4)          NULL,
        DateDeceased        Numeric(4)          NULL,
        CONSTRAINT          ArtistPK            PRIMARY KEY(ArtistID),
        CONSTRAINT          ArtistAK1           UNIQUE(LastName, FirstName),
        CONSTRAINT          NationalityValues   CHECK
                            (Nationality IN
                             ('Canadian', 'English', 'French',
                              'German', 'Mexican', 'Russian', 'Spanish',
                              'United States')),
        CONSTRAINT          BirthValuesCheck    CHECK (DateOfBirth < DateDeceased),
        CONSTRAINT          ValidBirthYear      CHECK
                            (DateOfBirth LIKE '[1-2][0-9][0-9][0-9]'),
        CONSTRAINT          ValidDeathYear      CHECK
                            (DateDeceased LIKE '[1-2][0-9][0-9][0-9]')
        );

CREATE TABLE WORK (
        WorkID              Int                 NOT NULL IDENTITY(500,1),
        Title               Char(35)            NOT NULL,
        [Copy]              Char(12)            NOT NULL,
        Medium              Char(35)            NULL,
        [Description]       Varchar(1000)       NULL DEFAULT 'Unknown provenance',
        ArtistID            Int                 NOT NULL,
        CONSTRAINT          WorkPK              PRIMARY KEY(WorkID),
        CONSTRAINT          WorkAK1             UNIQUE(Title, Copy),
        CONSTRAINT          ArtistFK            FOREIGN KEY(ArtistID)
                            REFERENCES ARTIST(ArtistID)
                                ON UPDATE NO ACTION
                                ON DELETE NO ACTION
        );

CREATE TABLE CUSTOMER (
        CustomerID          Int                 NOT NULL IDENTITY(1000,1),
        LastName            Char(25)            NOT NULL,
        FirstName           Char(25)            NOT NULL,
        EmailAddress        Varchar(100)        NULL,
        EncryptedPassword   VarChar(50)         NULL,
        Street              Char(30)            NULL,
        City                Char(35)            NULL,
        [State]             Char(2)             NULL,
        ZIPorPostalCode     Char(9)             NULL,
        Country             Char(50)            NULL,
        AreaCode            Char(3)             NULL,
        PhoneNumber         Char(8)             NULL,
        CONSTRAINT          CustomerPK          PRIMARY KEY(CustomerID),
        CONSTRAINT          EmailAK1            UNIQUE(EmailAddress)
        );
```

图 7.13　用于创建 VRG 数据库表结构的 SQL 语句

```
CREATE TABLE TRANS (
     TransactionID          Int                    NOT NULL IDENTITY(100,1),
     DateAcquired           Date                   NOT NULL,
     AcquisitionPrice       Numeric(8,2)           NOT NULL,
     AskingPrice            Numeric(8,2)           NULL,
     DateSold               Date                   NULL,
     SalesPrice             Numeric(8,2)           NULL,
     CustomerID             Int                    NULL,
     WorkID                 Int                    NOT NULL,
     CONSTRAINT             TransPK                PRIMARY KEY(TransactionID),
     CONSTRAINT             TransWorkFK            FOREIGN KEY(WorkID)
                            REFERENCES WORK(WorkID)
                                ON UPDATE NO ACTION
                                ON DELETE NO ACTION,
     CONSTRAINT             TransCustomerFK        FOREIGN KEY(CustomerID)
                            REFERENCES CUSTOMER(CustomerID)
                                ON UPDATE NO ACTION
                                ON DELETE NO ACTION,
     CONSTRAINT             SalesPriceRange        CHECK
                            ((SalesPrice > 0) AND (SalesPrice <=500000)),
     CONSTRAINT             ValidTransDate         CHECK (DateAcquired <= DateSold)
     );

CREATE TABLE CUSTOMER_ARTIST_INT(
     ArtistID               Int                    NOT NULL,
     CustomerID             Int                    NOT NULL,
     CONSTRAINT             CAIntPK                PRIMARY KEY(ArtistID, CustomerID),
     CONSTRAINT             CAInt_ArtistFK         FOREIGN KEY(ArtistID)
                            REFERENCES ARTIST(ArtistID)
                                ON UPDATE NO ACTION
                                ON DELETE CASCADE,
     CONSTRAINT             CAInt_CustomerFK       FOREIGN KEY(CustomerID)
                            REFERENCES CUSTOMER(CustomerID)
                                ON UPDATE NO ACTION
                                ON DELETE CASCADE
     );
```

图 7.13　用于创建 VRG 数据库表结构的 SQL 语句（续）

可以在所使用的 DBMS 产品的文档中找到保留字清单。在专门针对 Microsoft SQL Server 2019、Oracle Database 和 MySQL 8.0 的部分中会处理一些特定的情况。可以明确的是，如果对表名或列名使用了 SQL 语法中的任何关键字，如 SELECT、FROM、WHERE、LIKE、ORDER、ASC 或 DESC，则会出现问题。在 Microsoft SQL Server 中，需将这些单词放在方括号中；其他 DBMS 产品中，也有对应的符号。当然，如果能够避免在表或列中使用这些单词，则会使工作简单一些。

BY THE WAY　有时，DBMS 可能会生成奇怪的语法错误消息。例如，假设定义了一个 ORDER 表。当执行 SELECT * FROM ORDER;语句时，则会得到非常奇怪的消息，因为 ORDER 是一个 SQL 保留字。

如果确认是从编码正确的语句得到的奇怪消息，请考虑保留字。如果是一个保留字，则将它放在括号中，看提交到 DBMS 时会发生什么。将 SQL 术语放在括号中不会造成任何影响。

如果希望"折磨"一下 DBMS，则可以提交查询：

SELECT [SELECT] FROM [FROM] WHERE [WHERE] < [NOT FIVE];

然而，最好还是不要这样做。毫无疑问，DBMS 有更好的方式来消磨时间！

在 DBMS 中运行图 7.13 的 SQL 语句（针对 Oracle Database、MySQL 8.0 的 SQL 语句，分别

参见第 10B 章和第 10C 章），为 VRG 数据库生成所有的表、关系和约束。图 7.14 作为数据库图展示了 SQL Server 2019 中完成的表结构。使用 SQL 代码创建这些表和关系要比使用 GUI 容易得多。通过 GUI 创建表和关系的讨论，分别参见第 10A 章、第 10B 章和第 10C 章。

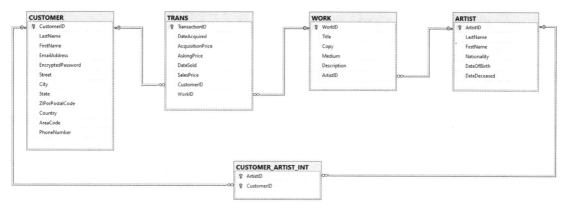

图 7.14 Microsoft SQL Server 2019 中的 VRG 数据库图

 不要使用 Microsoft Access ANSI-89 SQL Microsoft Access 2019 ANSI-89 SQL 不支持前面讨论过的许多标准 SQL 特性。但是，可以在 ANSI-89 SQL 中运行一个基本的 SQL CREATE TABLE 语句，然后使用 Microsoft Access GUI 来完成表和关系的构建。特别要注意如下几点：

1. 尽管 Microsoft Access 支持 Number 数据类型，但它不支持用括号来指定位数和小数点右边的位数。

解决办法：在创建列之后，可以在表的 Design 视图中设置这些值。

2. 尽管 Microsoft Access 支持 AutoNumber 数据类型，但它从 1 开始并以 1 递增。此外，AutoNumber 可以用作 SQL 数据类型。

解决办法：创建表后手动设置 AutoNumber 数据类型。任何其他的编号系统都必须支持手动设置或通过应用代码设置。

3. Microsoft Access ANSI-89 SQL 不支持 UNIQUE 和 CHECK 列约束以及 DEFAULT 关键字。

解决办法：等效的约束和初始值，可以在 GUI 中表的 Design 视图里设置。

4. Microsoft Access 不完全支持外键 CONSTRAINT 短语。尽管可以使用 SQL 创建基本的引用完整性约束，但不支持 ON UPDATE 和 ON DELETE 子句。

解决办法：在关系创建之后，可以手动设置 ON UPDATE 和 ON DELETE 操作。

5. 与 SQL Server、Oracle Database 和 MySQL 不同，Microsoft Access 不支持 SQL 脚本。

解决办法：仍然可以使用 SQL CREATE 命令创建表并使用 SQL INSERT 命令插入数据（本章稍后将讨论），但是必须一次执行一个命令。

7.4.12 SQL ALTER TABLE 语句

SQL ALTER TABLE 语句是一条 SQL DDL 语句，用于更改现有表的结构。它可用于添加、删除或更改列，也可以用于添加或删除约束。

1. 添加和删除列

下面的语句使用 SQL ALTER TABLE 语句中的 SQL ADD 子句，将名为 MyColumn 的列添加到 CUSTOMER 表中：

```
/* *** SQL-ALTER-TABLE-CH07-01 *** */
ALTER TABLE CUSTOMER
    ADD MyColumn Char(5) NULL;
```

通过使用 SQL ALTER TABLE 语句中的 SQL DROP COLUMN 子句，可以删除现有的列。

```
/* *** SQL-ALTER-TABLE-CH07-02 *** */
ALTER TABLE CUSTOMER
    DROP COLUMN MyColumn;
```

注意语法上的不对称：关键字 COLUMN 用在 DROP COLUMN 子句中，但不在 ADD 子句中使用。还可以使用 ALTER TABLE 语句来更改列属性，后面的三章中将看到它的用法。

2. 添加和删除约束

ALTER TABLE 语句可以与 SQL ADD CONSTRAINT 子句一起使用以添加约束，如下所示：

```
/* *** SQL-ALTER-TABLE-CH07-03 *** */
ALTER TABLE CUSTOMER
    ADD CONSTRAINT MyConstraint CHECK
        (LastName NOT IN ('RobertsNoPay'));
```

还可以使用带有 SQL DROP CONSTRAINT 子句的 ALTER TABLE 语句来删除约束。

```
/* *** SQL-ALTER-TABLE-CH07-04 *** */
ALTER TABLE CUSTOMER
    DROP CONSTRAINT MyConstraint;
```

BY THE WAY   SQL ALTER TABLE 语句可用于添加或删除任何 SQL 约束。用它能够创建主键和替代键、设置空状态、创建引用完整性约束以及创建数据约束。实际上，另一种 SQL 编码风格只使用 CREATE TABLE 来声明表的列，所有的约束都通过 ALTER TABLE 添加。本书中不采用这种风格，但应知道它确实存在，而且有可能需要采用它。

7.4.13 SQL DROP TABLE 语句

在 SQL 中删除表非常容易。下面的 SQL DROP TABLE 语句将删除 TRANS 表及其所有数据：

```
/* *** EXAMPLE CODE - DO NOT RUN *** */
/* *** SQL-DROP-TABLE-CH07-01 *** */
DROP TABLE TRANS;
```

因为这条简单的语句会删除表及其所有数据，所以使用时要非常小心。不要在错误的表上执行此语句！

DBMS 不会删除存在 FOREIGN KEY 约束的父表。即使不存在子表或者即使已经编码了 DELETE CASCADE，它也不会删除父表。为了删除这样的表，必须首先删除外键约束或删除子表，然后才能删除父表。正如前面提到的，父表必须是先入后出的。

删除 CUSTOMER 表需要以下语句：

```
/* *** EXAMPLE CODE - DO NOT RUN *** */
/* *** SQL-DROP-TABLE-CH07-02 *** */
DROP TABLE CUSTOMER_ARTIST_INT;
DROP TABLE TRANS;
DROP TABLE CUSTOMER;
```

或者，也可以用如下方式删除 CUSTOMER 表：

```
/* *** EXAMPLE CODE - DO NOT RUN *** */
/* *** SQL-ALTER-TABLE-CH07-05 *** */
ALTER TABLE CUSTOMER_ARTIST_INT
    DROP CONSTRAINT CAInt_CustomerFK;
ALTER TABLE TRANS
    DROP CONSTRAINT TransCustomerFK;
/* *** SQL-DROP-TABLE-CH07-03 *** */
DROP TABLE CUSTOMER;
```

7.4.14　SQL TRUNCATE TABLE 语句

SQL TRUNCATE TABLE 语句是 SQL 2008 标准中新加入的。该语句用于从表中删除所有数据，同时将表结构本身保留在数据库中。SQL TRUNCATE TABLE 语句不使用 SQL WHERE 子句来指定删除数据的条件——使用 TRUNCATE 时，表中的所有数据都将删除。尽管它类似于本章后面讨论的 SQL DELETE 语句，但这两个命令存在两个重要的区别。首先，DELETE 语句允许使用 SQL WHERE 子句。其次，TRUNCATE 会将任何代理键值重新设置为初始值，而 DELETE 语句不会。

下面的语句用来删除 CUSTOMER_ARTIST_INT 表中的所有数据：

```
/* *** EXAMPLE CODE - DO NOT RUN *** */
/* *** SQL-TRUNCATE-TABLE-CH07-01 *** */
TRUNCATE TABLE CUSTOMER_ARTIST_INT;
```

TRUNCATE TABLE 语句不能用于由外键约束引用的表，因为这会创建没有对应主键值的外键值。因此，尽管可以将 TRUNCATE TABLE 语句用于 CUSTOMER_ARTIST_INT 表，但不能将其用于 CUSTOMER 表。

7.4.15　SQL CREATE INDEX 语句

索引是一种为提高数据库性能而创建的特殊的数据结构。SQL Server 会自动在所有主键和外键上创建索引。开发人员还可以指示 SQL Server 在 WHERE 子句中经常使用的其他列上创建索引；对于用于查询和报表的表上进行数据排序的列，也可以创建索引。有关索引的讨论，请参见附录 F。

SQL DDL 包括用于创建索引的 SQL CREATE INDEX 语句、用于修改现有数据库索引的 SQL ALTER INDEX 语句以及用于从数据库中删除索引的 SQL DROP INDEX 语句。因为每个 DBMS 产品实现索引的方式存在差异，所以在详细讨论每一种 DBMS 产品时，会探讨它的索引实现细节：

- 第 10A 章中的 Microsoft SQL Server 2019

- 第 10B 章中的 Oracle Database
- 第 10C 章中的 MySQL 8.0

BY THE WAY　　有关系统分析和设计的图书通常将设计分为三个阶段：

概念设计（概念模式）

逻辑设计（逻辑模式）

物理设计（物理模式）

索引的创建和使用属于物理设计阶段，在这些书中被定义为在 DBMS 中实际实现的数据库的一部分。除了索引，还包括物理记录和文件结构、组织以及查询优化。细节请分别参见第 10A 章、第 10B 章以及第 10C 章。

7.5　SQL DML 语句

前面已经讲解过如何使用 SQL SELECT 语句查询表（第 2 章），还讲解了如何创建、更改和删除表、列以及约束。但是，还没有讲解如何使用 SQL 语句来插入、更新和删除数据。下面将依次讲解它们。

7.5.1　SQL INSERT 语句

SQL INSERT 语句用于向表中添加数据行。该语句有许多不同的选项。

1. 使用列名称的 SQL INSERT 语句

INSERT 语句的标准版本用于命名表、命名有数据的列，然后按以下检式列出数据：

```
/* *** EXAMPLE CODE - DO NOT RUN *** */
/* *** SQL-INSERT-CH07-01 *** */
INSERT INTO ARTIST
    (LastName, FirstName, Nationality, DateOfBirth, DateDeceased)
    VALUES ('Miro', 'Joan', 'Spanish', 1893, 1983);
```

注意，列名称和值都放在括号中，而由 DBMS 填充的代理键不包括在语句中。如果为所有的列提供数据，且数据的顺序与表中的列顺序相同，并且没有代理键，则可以省略列的列表。

```
/* *** EXAMPLE CODE - DO NOT RUN *** */
/* *** SQL-INSERT-CH07-02 *** */
INSERT INTO ARTIST VALUES
    ('Miro', 'Joan', 'Spanish', 1893, 1983);
```

此外，还可以不必按照表中相同的列顺序提供值。如果由于某种理由希望首先提供 Nationality 值，则可以按如下所示调整列名称和数据值的顺序：

```
/* *** EXAMPLE CODE - DO NOT RUN *** */
/* *** SQL-INSERT-CH07-03 *** */
INSERT INTO ARTIST
    (Nationality, LastName, FirstName, DateOfBirth, DateDeceased)
    VALUES ('Spanish', 'Miro', 'Joan', 1893, 1983);
```

如果有部分值，只需对有数据的列的名称进行编程。例如，如果只有一位艺术家的 LastName、FirstName 和 Nationality，则可以使用下面的 SQL 语句：

```
/* *** EXAMPLE CODE - DO NOT RUN *** */
/* *** SQL-INSERT-CH07-04 *** */
INSERT INTO ARTIST
    (LastName, FirstName, Nationality)
    VALUES ('Miro', 'Joan', 'Spanish');
```

当然，必须为所有 NOT NULL 列设置值。INSERT 语句中未指定的列的值将设置为 NULL。

2. 批量插入

最常用的 INSERT 形式之一是使用 SQL SELECT 语句来提供值。假设在一个名为 IMPORTED_ARTIST 的表中，有许多艺术家的姓名、国籍、出生年份和去世年份。这时，可以使用以下语句将这些数据添加到 ARTIST 表中：

```
/* *** EXAMPLE CODE - DO NOT RUN *** */
/* *** SQL-INSERT-CH07-05 *** */
INSERT INTO ARTIST
    (LastName, FirstName, Nationality, DateOfBirth, DateDeceased)
    SELECT    LastName, FirstName, Nationality,
              DateOfBirth, DateDeceased
    FROM      IMPORTED_ARTIST;
```

注意，SQL 关键字 VALUES 不用于这种形式的插入。这种语法应该已经很熟悉了，第 3 章和第 4 章中将它用于规范化和反规范化的示例。

7.5.2　填充 VRG 数据库表

前面讲解了如何使用 SQL INSERT 语句向表中添加数据行，从而将数据放入 VRG 数据库中。VRG 数据库的样本数据如图 7.15 所示。（注意，为了便于显示，图 7.15（a）中 CUSTOMER 表的行被分割开来——它们在数据库中没有被分割）。

CustomerID	LastName	FirstName	EmailAddress	EncryptedPassword
1000	Janes	Jeffrey	Jeffrey.Janes@somewhere.com	ng76tG9E
1001	Smith	David	David.Smith@somewhere.com	ttr67i23
1015	Twilight	Tiffany	Tiffany.Twilight@somewhere.com	gr44t5uz
1033	Smathers	Fred	Fred.Smathers@somewhere.com	mnF3D00Q
1034	Frederickson	Mary Beth	MaryBeth.Frederickson@somewhere.com	Nd5qr4Tv
1036	Warning	Selma	Selma.Warning@somewhere.com	CAe3Gh98
1037	Wu	Susan	Susan.Wu@somewhere.com	Ues3thQ2
1040	Gray	Donald	Donald.Gray@somewhere.com	NULL
1041	Johnson	Lynda	NULL	NULL
1051	Wilkens	Chris	Chris.Wilkens@somewhere.com	45QZjx59

图 7.15　VRG 数据库的样本数据

CustomerID	LastName	FirstName	Street	City	State	ZIPorPostalCode
1000	Janes	Jeffrey	123 W. Elm St	Renton	WA	98055
1001	Smith	David	813 Tumbleweed Lane	Loveland	CO	81201
1015	Twilight	Tiffany	88 1st Avenue	Langley	WA	98260
1033	Smathers	Fred	10899 88th Ave	Bainbridge Island	WA	98110
1034	Frederickson	Mary Beth	25 South Lafayette	Denver	CO	80201
1036	Warning	Selma	205 Burnaby	Vancouver	BC	V6Z 1W2
1037	Wu	Susan	105 Locust Ave	Atlanta	GA	30322
1040	Gray	Donald	55 Bodega Ave	Bodega Bay	CA	94923
1041	Johnson	Lynda	117 C Street	Washington	DC	20003
1051	Wilkens	Chris	87 Highland Drive	Olympia	WA	98508

CustomerID	LastName	FirstName	Country	AreaCode	PhoneNumber
1000	Janes	Jeffrey	USA	425	543-2345
1001	Smith	David	USA	970	654-9876
1015	Twilight	Tiffany	USA	360	765-5566
1033	Smathers	Fred	USA	206	876-9911
1034	Frederickson	Mary Beth	USA	303	513-8822
1036	Warning	Selma	Canada	604	988-0512
1037	Wu	Susan	USA	404	653-3465
1040	Gray	Donald	USA	707	568-4839
1041	Johnson	Lynda	USA	202	438-5498
1051	Wilkens	Chris	USA	360	876-8822

（a）CUSTOMER 表的数据

ArtistID	LastName	FirstName	Nationality	DateOfBirth	DateDeceased
1	Miro	Joan	Spanish	1893	1983
2	Kandinsky	Wassily	Russian	1866	1944
3	Klee	Paul	German	1879	1940
4	Matisse	Henri	French	1869	1954
5	Chagall	Marc	French	1887	1985
11	Sargent	John Singer	United States	1856	1925
17	Tobey	Mark	United States	1890	1976
18	Horiuchi	Paul	United States	1906	1999
19	Graves	Morris	United States	1920	2001

（b）ARTIST 表的数据

ArtistID	CustomerID		ArtistID	CustomerID
1	1001		17	1033
1	1034		17	1040
2	1001		17	1051
2	1034		18	1000
4	1001		18	1015
4	1034		18	1033
5	1001		18	1040
5	1034		18	1051
5	1036		19	1000
11	1001		19	1015
11	1015		19	1033
11	1036		19	1036
17	1000		19	1040
17	1015		19	1051

（c）CUSTOMER_ARTIST_INT 表的数据

图 7.15　VRG 数据库的样本数据（续）

WorkID	Title	Copy	Medium	Description	ArtistID
500	Memories IV	Unique	Casein rice paper collage	31 × 24.8 in.	18
511	Surf and Bird	142/500	High Quality Limited Print	Northwest School Expressionist style	19
521	The Tilled Field	788/1000	High Quality Limited Print	Early Surrealist style	1
522	La Lecon de Ski	353/500	High Quality Limited Print	Surrealist style	1
523	On White II	435/500	High Quality Limited Print	Bauhaus style of Kandinsky	2
524	Woman with a Hat	596/750	High Quality Limited Print	A very colorful Impressionist piece	4
537	The Woven World	17/750	Color lithograph	Signed	17
548	Night Bird	Unique	Watercolor on Paper	50 × 72.5 cm.—Signed	19
551	Der Blaue Reiter	236/1000	High Quality Limited Print	The Blue Rider—Early Pointilism influence	2
552	Angelus Novus	659/750	High Quality Limited Print	Bauhaus style of Klee	3
553	The Dance	734/1000	High Quality Limited Print	An Impressionist masterpiece	4
554	I and the Village	834/1000	High Quality Limited Print	Shows Belarusian folk-life themes and symbology	5
555	Claude Monet Painting	684/1000	High Quality Limited Print	Shows French Impressionist influence of Monet	11
561	Sunflower	Unique	Watercolor and ink	33.3 × 16.1 cm.—Signed	19
562	The Fiddler	251/1000	High Quality Limited Print	Shows Belarusian folk-life themes and symbology	5
563	Spanish Dancer	583/750	High Quality Limited Print	American realist style—From work in Spain	11
564	Farmer's Market #2	267/500	High Quality Limited Print	Northwest School Abstract Expressionist style	17

(d) WORK 表的数据

图 7.15　VRG 数据库的样本数据（续）

WorkID	Title	Copy	Medium	Description	ArtistID
565	Farmer's Market #2	268/500	High Quality Limited Print	Northwest School Abstract Expressionist style	17
566	Into Time	323/500	High Quality Limited Print	Northwest School Abstract Expressionist style	18
570	Untitled Number 1	Unique	Monotype with tempera	4.3 × 6.1 in.—Signed	17
571	Yellow covers blue	Unique	Oil and collage	71 × 78 in.—Signed	18
578	Mid-Century Hibernation	362/500	High Quality Limited Print	Northwest School Expressionist style	19
580	Forms in Progress I	Unique	Color aquatint	19.3 × 24.4 in.—Signed	17
581	Forms in Progress II	Unique	Color aquatint	19.3 × 24.4 in.—Signed	17
585	The Fiddler	252/1000	High Quality Limited Print	Shows Belarusian folk-life themes and symbology	5
586	Spanish Dancer	588/750	High Quality Limited Print	American Realist style—From work in Spain	11
587	Broadway Boggie	433/500	High Quality Limited Print	Northwest School Abstract Expressionist style	17
588	Universal Field	114/500	High Quality Limited Print	Northwest School Abstract Expressionist style	17
589	Color Floating in Time	487/500	High Quality Limited Print	Northwest School Abstract Expressionist style	18
590	Blue Interior	Unique	Tempera on card	43.9 × 28 in.	17
593	Surf and Bird	Unique	Gouache	26.5 × 29.75 in.—Signed	19
594	Surf and Bird	362/500	High Quality Limited Print	Northwest School Expressionist style	19
595	Surf and Bird	365/500	High Quality Limited Print	Northwest School Expressionist style	19
596	Surf and Bird	366/500	High Quality Limited Print	Northwest School Expressionist style	19

（d）WORK 表的数据

图 7.15　VRG 数据库的样本数据（续）

TransactionID	DateAcquired	AcquisitionPrice	AskingPrice	DateSoldID	SalesPrice	CustomerID	WorkID
100	11/4/2017	$30,000.00	$45,000.00	12/14/2017	$42,500.00	1000	500
101	11/7/2017	$250.00	$500.00	12/19/2017	$500.00	1015	511
102	11/17/2017	$125.00	$250.00	1/18/2018	$200.00	1001	521
103	11/17/2017	$250.00	$500.00	12/12/2018	$400.00	1034	522
104	11/17/2017	$250.00	$250.00	1/18/2018	$200.00	1001	523
105	11/17/2017	$200.00	$500.00	12/12/2018	$400.00	1034	524
115	3/3/2018	$1,500.00	$3,000.00	6/7/2018	$2,750.00	1033	537
121	9/21/2018	$15,000.00	$30,000.00	11/28/2018	$27,500.00	1015	548
125	11/21/2018	$125.00	$250.00	12/18/2018	$200.00	1001	551
126	11/21/2018	$200.00	$400.00	NULL	NULL	NULL	552
127	11/21/2018	$125.00	$500.00	12/22/2018	$400.00	1034	553
128	11/21/2018	$125.00	$250.00	3/16/2019	$225.00	1036	554
129	11/21/2018	$125.00	$250.00	3/16/2019	$225.00	1036	555
161	5/7/2019	$10,000.00	$20,000.00	6/28/2019	$17,500.00	1036	661
152	5/18/2019	$125.00	$250.00	8/15/2019	$225.00	1001	562
153	5/18/2019	$200.00	$400.00	8/15/2019	$350.00	1001	563
154	5/18/2019	$250.00	$500.00	9/28/2019	$400.00	1040	564
155	5/18/2019	$250.00	$500.00	NULL	NULL	NULL	565
156	5/18/2019	$250.00	$500.00	9/27/2019	$400.00	1040	566
161	6/28/2019	$7,500.00	$15,000.00	9/29/2019	$13,750.00	1033	570
171	8/23/2019	$35,000.00	$60,000.00	9/29/2019	$55,000.00	1000	571
175	9/29/2019	$40,000.00	$75,000.00	12/18/2019	$72,500.00	1036	500
181	10/11/2019	$250.00	$500.00	NULL	NULL	NULL	578
201	2/28/2020	$2,000.00	$3,500.00	4/26/2020	$3,250.00	1040	580
202	2/28/2020	$2,000.00	$3,500.00	4/26/2020	$3,250.00	1040	581
225	6/8/2020	$125.00	$250.00	9/27/2020	$225.00	1051	585
226	6/8/2020	$200.00	$400.00	NULL	NULL	NULL	586
227	6/8/2020	$250.00	$500.00	9/27/2020	$475.00	1051	587
228	6/8/2020	$250.00	$500.00	NULL	NULL	NULL	588
229	6/8/2020	$250.00	$500.00	NULL	NULL	NULL	589
241	8/29/2020	$2,500.00	$5,000.00	9/27/2020	$4,750.00	1015	590
251	10/25/2020	$25,000.00	$50,000.00	NULL	NULL	NULL	593
252	10/27/2020	$250.00	$500.00	NULL	NULL	NULL	594
253	10/27/2020	$250.00	$500.00	NULL	NULL	NULL	595
254	10/27/2020	$250.00	$500.00	NULL	NULL	NULL	596

（e）TRANS 表的数据

图 7.15　VRG 数据库的样本数据（续）

但是，对于如何将这些数据准确地输入 VRG 数据库中，需要非常小心。注意，在图 7.13 的 SQL CREATE TABLE 语句中，CustomerID、ArtistID、WorkID 和 TransactionID 都是 DBMS 自动插入值的代理键。这将生成一组序数。例如，如果使用来自 IDENTITY(1,1)的自动 ArtistID 编号，插入如图 7.15（b）所示的 ARTIST 表数据，则 9 位艺术家的 ArtistID 编号将是 1、2、3、4、5、6、7、8、9。但是在图 7.15（b）中，ArtistID 值是 1、2、3、4、5、11、17、18、19。

这是因为图 7.15 中显示的 View Ridge 画廊数据是示例数据，而不是 VRG 数据库的完整数据。因此，数据集中的 CustomerID、ArtistID、WorkID 和 TransactionID 的主键值不是顺序的。

这就提出了如何克服提供自动代理键编号的 DBMS 机制的问题。答案会因 DBMS 产品的不同而不同（就如同生成代理键值的方法一样）。本书中针对不同 DBMS 产品的这个主题的讨论以及用于输入 VRG 数据的完整 SQL INSERT 语句，可分别参见第 10A 章、第 10B 章和第 10C 章。建议阅读正在使用的 DBMS 产品的相关章节，并据此填充 VRG 数据库。

7.5.3　SQL UPDATE 语句

SQL UPDATE 语句用于更改现有行的值。例如，下面的语句将 CustomerID 为 1000 的 View Ridge 画廊客户（Jeffrey Janes）的 City 值改为'New York City'：

```
/* *** EXAMPLE CODE - DO NOT RUN *** */
/* *** SQL-UPDATE-CH07-01 *** */
UPDATE      CUSTOMER
    SET     City = 'New York City'
    WHERE   CustomerID = 1000;
```

为了同时更改 City 值和 State 值，可使用如下 SQL 语句：

```
/* *** EXAMPLE CODE - DO NOT RUN *** */
/* *** SQL-UPDATE-CH07-02 *** */
UPDATE      CUSTOMER
    SET     City = 'New York City', State = 'NY'
    WHERE   CustomerID = 1000;
```

在处理 UPDATE 命令时，DBMS 将强制执行所有引用完整性约束。对于 VRG 数据库，所有键都是代理键。但是，对于具有数据键的表，DBMS 将根据 FOREIGN KEY 约束中的规范来级联或不允许（NO ACTION）更新。此外，如果存在 FOREIGN KEY 约束，DBMS 将在更新外键时强制执行引用完整性约束。

1. 批量更新

使用 UPDATE 语句进行批量更新非常容易。事实上，它虽然简单但存在危险。考虑下面的 SQL UPDATE 语句：

```
/* *** EXAMPLE CODE - DO NOT RUN *** */
/* *** SQL-UPDATE-CH07-03 *** */
UPDATE      CUSTOMER
    SET     City = 'New York City';
```

该语句将更改 CUSTOMER 表中每一行的 City 值。如果原本只打算更改客户 1000 的值，则会得到一个意外的结果——所有客户的 City 值都是‘New York City’（数据恢复方法将在第 9 章中讨论)。

还可以使用查找多行的 SQL WHERE 子句执行批量更新。例如，如果希望为居住在 Denver 的所有客户更改 AreaCode，则可以编写语句：

```
/* *** EXAMPLE CODE - DO NOT RUN *** */
/* *** SQL-UPDATE-CH07-04 *** */
UPDATE        CUSTOMER
    SET       AreaCode = '303'
    WHERE     City = 'Denver';
```

2. 使用其他表中的值进行更新

SQL UPDATE 语句可以将一个列设置为与不同表中的列的值相等。VRG 数据库没有适合此操作的示例，因此假设有一个名为 TAX_TABLE 的表，其列为(Tax, City)，其中 Tax 为该 City 的税率。

现在，假设有一个名为 PURCHASE_ORDER 的表，其中包含列 TaxRate 和 City。用下面的 SQL 语句可以更新 Bodega Bay 市采购订单的所有行：

```
/* *** EXAMPLE CODE - DO NOT RUN *** */
/* *** SQL-UPDATE-CH07-05 *** */
UPDATE        PURCHASE_ORDER
    SET       TaxRate =
              (SELECT   Tax
               FROM     TAX_TABLE
               WHERE    TAX_TABLE.City = 'Bodega Bay')
    WHERE     PURCHASE_ORDER.City = 'Bodega Bay';
```

更可能的情况是，希望在不指定城市的情形下更新采购订单的税率值。假设希望更新采购订单编号 1000 的 TaxRate。这时，可以使用稍微复杂一些的 SQL 语句。

```
/* *** EXAMPLE CODE - DO NOT RUN *** */
/* *** SQL-UPDATE-CH07-06 *** */
UPDATE        PURCHASE_ORDER
    SET       TaxRate =
              (SELECT   Tax
               From     TAX_TABLE
               WHERE    TAX_TABLE.City = PURCHASE_ORDER.City)
    WHERE     PURCHASE_ORDER.Number = 1000;
```

SQL SELECT 语句能够以许多不同的方式与 UPDATE 语句组合在一起。尽管本书中不准备继续探讨它，但应亲自尝试 UPDATE 的各种用法。

7.5.4　SQL MERGE 语句

SQL:2003 中引入了 SQL MERGE 语句（不能在 Microsoft Access 2019 ANSI-89 SQL 中使用），和前面讨论的 SQL TRUNCATE TABLE 语句一样，它是 SQL 的新增项之一。SQL MERGE 语句本质上是将 SQL INSERT 和 SQL UPDATE 语句组合到一条语句中，该语句可以根据是否满足某些条件来插入或更新数据。

　　例如，假设在 ARTIST 表插入数据之前，VRG 员工会仔细研究关于每一位艺术家的数据，并将其存储在一个名为 ARTIST_DATA_RESEARCH 的表中。关于新艺术家的数据最初存储在 ARTIST_DATA_RESEARCH 中，而 ARTIST 表中存储的是有关艺术家的正确数据。VRG 的业务规则是艺术家的姓名在输入之后不会更改，但如果发现 Nationality、DateOfBirth 或 DateDeceased 存在错误，则必须纠正它们。这时，使用以下的 SQL MERGE 语句，可以插入新的 ARTIST 数据并更新 ARTIST 数据：

```
/* *** EXAMPLE CODE - DO NOT RUN *** */
/* *** SQL-MERGE-CH07-01 *** */
MERGE INTO ARTIST AS A USING ARTIST_DATA_RESEARCH AS ADR
    ON  (A.LastName = ADR.LastName
         AND
         A.FirstName = ADR.FirstName)
    WHEN MATCHED THEN
        UPDATE SET
            A.Nationality = ADR.Nationality,
            A.DateOfBirth = ADR.DateOfBirth,
            A.DateDeceased = ADR.DateDeceased
    WHEN NOT MATCHED THEN
        INSERT (LastName, FirstName, Nationality,
                DateOfBirth, DateDeceased)
        VALUES (ADR.LastName, ADR.FirstName,
                ADR.Nationality, ADR.DateOfBirth, ADR.DateDeceased);
```

7.5.5　SQL DELETE 语句

　　SQL DELETE 语句也很容易使用。下面的 SQL 语句将删除 CustomerID 为 1000 的客户的行：

```
/* *** EXAMPLE CODE - DO NOT RUN *** */
/* *** SQL-DELETE-CH07-01 *** */
DELETE      FROM CUSTOMER
WHERE       CustomerID = 1000;
```

　　当然，如果省略 WHERE 子句，就会删除所有客户行，因此要小心使用这个命令。注意，没有 WHERE 子句的 DELETE 语句在逻辑上等同于前面讨论的 SQL TRUNCATE TABLE 语句。但是，这两个语句使用不同的方法从表中删除数据，并且不完全相同。例如，DELETE 语句可以触发触发器（本章后面将讨论），但是 TRUNCATE TABLE 语句永远不会。其次，TRUNCATE 会将任何代理键值重新设置为初始值，而 DELETE 语句不会。

　　在处理 DELETE 命令时，DBMS 将强制执行所有引用完整性约束。例如，在 VRG 数据库中，如果 CUSTOMER 行有任何 TRANS 子行，则将无法删除该行。此外，如果删除了没有 TRANS 子行的行，那么现有的 CUSTOMER_ARTIST_INT 子行也将被删除。后一个操作发生是因为 CUSTOMER 和 CUSTOMER_ARTIST_INT 之间的关系存在 CASCADE DELETE 规范。

7.6　使用 SQL 视图

　　SQL 视图（SQL view）是由其他表或视图构造的一个虚拟表。视图本身没有数据，但可以从表或其他视图中获取数据。视图是使用 SQL CREATE VIEW 语句从 SQL SELECT 语句构造的，然后使用视图名，就如同在其他 SQL SELECT 语句的 FROM 子句中使用表名一样。

SQL 视图是基于 Web 客户端的应用和智能手机应用开发中非常重要的部分，如图 7.16 所示。设计原则是：当应用从服务器请求在用户的客户端中显示的信息时，请求应该尽可能简单。附录 B 中将数据定义成被记录的事实和数字。根据这个定义，可以将信息定义为：[①]

- 从数据得出的知识
- 用有意义的上下文表示数据
- 通过求和、排序、平均、分组、比较或其他类似操作处理的数据

通常而言，应用程序员希望将数据库数据转换为应用中使用和呈现的信息的工作能够由 DBMS 自己完成。SQL 视图是用于这项工作的主要 DBMS 工具。基本原则是：所有的求和、平均、分组、比较和其他类似操作都应该在 SQL 视图中完成，并且传递给应用使用的 SQL 视图中显示的最终结果。这就是如图 7.16 所示的过程。

在 SQL-92 标准中，用于创建视图的 SQL 语句的唯一限制是它不能包含 ORDER BY 子句。这时，排序顺序必须由处理视图的 SELECT 语句提供。

然而，视图的实际实现方法因 DBMS 产品而异。例如，Oracle Database 和 MySQL 允许视图包含 ORDER BY 子句，而仅在 SQL 查询语句的 SELECT 子句中包含 SQL 短语 TOP 100 PERCENT 时，SQL Server 才允许使用 ORDER BY 子句。本例中，所包含的 ORDER BY 子句确定默认排序顺序，可以通过在处理视图的 SELECT 语句中包含另一个 ORDER BY 子句来修改该默认排序顺序。

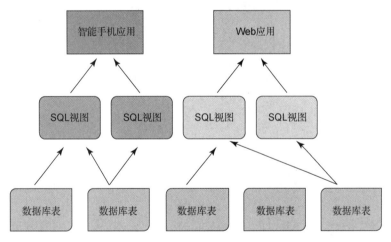

图 7.16　作为应用报表基础的 SQL 视图

BY THE WAY　视图是一种标准且流行的 SQL 构造。然而，Microsoft Access 不支持它。在 Microsoft Access 中，可以创建一个与视图等价的查询，命名并保存它。然后，可以用以下讨论中处理视图的相同方法处理这个查询。SQL Server、Oracle Database 和 MySQL 都支持视图，它们是一种有多种用途的重要结构。不要因为 Microsoft Access 不支持它而得出视图不重要的结论。如果可能的话，应使用 SQL Server、Oracle Database 或 MySQL 来处理本节中的语句。

---

① 这些定义来自 David M. Kroenke 和 Randall J. Boyle 的著作 *Using MIS*（2020）和 *Experiencing MIS*（2021）。有关这些定义的完整讨论以及关于第四个定义的讨论见这些图书。第四个定义是"产生影响的差异"。

　　下面将通过在 CUSTOMER 表上定义一个名为 CustomerNameView 的视图来开始 SQL 视图的讨论，该视图显示客户的 LastName 和 FirstName 数据，但会将其重新命名为 CustomerLastName 和 CustomerFirstName：

```
/* *** SQL-CREATE-VIEW-CH07-01 *** */
CREATE VIEW CustomerNameView AS
    SELECT    LastName AS CustomerLastName,
              FirstName AS CustomerFirstName
    FROM      CUSTOMER;
```

　　注意，执行此语句的结果是一条表明操作已完成的系统消息。使用 SQL Server Management Studio 等 GUI 工具，会创建一个适当命名的对象。[①]

　　视图一旦创建，就可以像表一样在 SELECT 语句的 FROM 子句中使用。下面的语句，将获得按顺序排列的客户姓名列表：

```
/* *** SQL-Query-View-CH07-01 *** */
SELECT        *
FROM          CustomerNameView
ORDER BY      CustomerLastName, CustomerFirstName;
```

　　从图 7.15 样本数据得到的结果为：

	CustomerLastName	CustomerFirstName
1	Frederickson	Mary Beth
2	Gray	Donald
3	Janes	Jeffrey
4	Johnson	Lynda
5	Smathers	Fred
6	Smith	David
7	Twilight	Tiffany
8	Warning	Selma
9	Wilkens	Chris
10	Wu	Susan

　　注意，结果中返回的列数取决于视图中的列数，而不是基础表中的列数。本例中，SELECT 子句只生成两列，因为 CustomerNameView 本身只有两列。

　　还要注意，CUSTOMER 表中的列 LastName 和 FirstName 在视图中被分别重命名为 CustomerLastName 和 CustomerFirstName。因此，SELECT 语句中的 ORDER BY 短语使用 CustomerLastName 和 CustomerFirstName，而不是 LastName 和 FirstName。此外，DBMS 在生成结果时使用了标签 CustomerLastName 和 CustomerFirstName。

---

　　① 当前版本的 SQL Server、Oracle Database 和 MySQL 都可以毫无困难地处理这里所写的 CREATE VIEW 语句。但是，SQL Server 的早期版本 SQL Server 2000 有一个问题：为了创建视图，必须删除 CREATE VIEW 语句中的分号。SQL Server 2000 对所有其他 SQL 语句都接受分号，但对创建视图的 SQL 语句不接受分号。如果仍然在使用 SQL Server 2000，请注意在编写 CREATE VIEW 语句时必须删除分号。更好的做法，是升级 SQL Server 版本——Microsoft 在 2013 年 4 月停止了对 SQL Server 2000 的支持，并且不再提供重要的安全更新。

BY THE WAY 如果在创建 SQL 视图之后需要更改它,可使用 SQL ALTER VIEW 语句。例如,如果希望在 CustomerNameView 中对调姓氏和名字的顺序,则可以使用以下 SQL 语句:

```
/* *** EXAMPLE CODE - DO NOT RUN *** */
/* *** SQL-ALTER-VIEW-CH07-01 *** */
ALTER VIEW CustomerNameView AS
 SELECT   FirstName AS CustomerFirstName,
          LastName AS CustomerLastName,
 FROM     CUSTOMER;
```

此外,在 Microsoft SQL Server 中,从 SQL Server 2016 SP1 到现在的 SQL Server 2019,可以使用 SQL CREATE 或 ALTER VIEW 语句来创建或更改视图。

```
/* *** EXAMPLE CODE - DO NOT RUN *** */
/* *** SQL-CREATE-OR-ALTER-VIEW-CH07-01 *** */
CREATE OR ALTER VIEW CustomerNameView AS
 SELECT   FirstName AS CustomerFirstName,
          LastName AS CustomerLastName,
 FROM     CUSTOMER;
```

这允许在不使用单独的 SQL ALTER VIEW 语法的情况下修改存储的视图。

如果使用的是 Oracle Database 或 MySQL 8.0,则还可以使用 SQL CREATE OR REPLACE VIEW 语句来代替 SQL CREATE VIEW 语法。同样,这允许在不使用单独的 SQL ALTER VIEW 语法的情况下修改存储的视图。

图 7.17 列出了 SQL 视图的用途。SQL 视图可以隐藏列或行,还可用于显示列的计算结果、隐藏复杂的 SQL 语法、分层内置函数以创建单个 SQL 语句无法获得的结果。此外,SQL 视图可以为表名提供别名,从而对应用和用户隐藏真实的表名。SQL 视图还用于为同一表的不同视图分配不同的处理权限和不同的触发器。针对这些用途,后面将给出一些示例。

SQL 视图的用途
隐藏列或行
显示列的计算结果
隐藏复杂的 SQL 语法
分层内置函数
在表数据和用户数据视图之间提供隔离级别
为同一表的不同视图分配不同的处理权限
为同一表的不同视图分配不同的触发器

图 7.17 SQL 视图的用途

7.6.1 使用 SQL 视图隐藏列或行

SQL 视图可用于隐藏列以简化结果或防止显示敏感数据。例如,假设 View Ridge 画廊的用户需要一个简化的客户列表,其中只包含姓名和电话号码。下面的 SQL 语句定义了一个视图 BasicCustomerDataView,它将生成该列表:

```
/* *** SQL-CREATE-VIEW-CH07-02 *** */
CREATE VIEW CustomerBasicDataView AS
    SELECT      LastName AS CustomerLastName,
                FirstName AS CustomerFirstName,
                AreaCode, PhoneNumber
    FROM        CUSTOMER;
```

要使用这个视图，可以运行下面的 SQL 语句：

```
/* *** SQL-Query-View-CH07-02 *** */
SELECT          *
FROM            CustomerBasicDataView
ORDER BY        CustomerLastName, CustomerFirstName;
```

结果为：

	CustomerLastName	CustomerFirstName	AreaCode	PhoneNumber
1	Frederickson	Mary Beth	303	513-8822
2	Gray	Donald	707	568-4839
3	Janes	Jeffrey	425	543-2345
4	Johnson	Lynda	202	438-5498
5	Smathers	Fred	206	876-9911
6	Smith	David	970	654-9876
7	Twilight	Tiffany	360	765-5566
8	Waming	Selma	604	988-0512
9	Wilkens	Chris	360	876-8822
10	Wu	Susan	404	653-3465

如果 View Ridge 画廊的管理人员希望隐藏 TRANS 表中的 AcquisitionPrice 和 SalesPrice 列，那么可以定义一个不包含这些列的视图。这种视图的一个用途是填充 Web 页面。

SQL 视图还可以通过在视图定义中提供 WHERE 子句来隐藏行。下面的 SQL 语句定义了一个地址为华盛顿州的所有客户的客户姓名和电话数据视图：

```
/* *** SQL-CREATE-VIEW-CH07-03 *** */
CREATE VIEW CustomerBasicDataWAView AS
    SELECT      LastName AS CustomerLastName,
                FirstName AS CustomerFirstName,
                AreaCode, PhoneNumber
    FROM        CUSTOMER
    WHERE       State='WA';
```

要使用这个视图，可以运行下面的 SQL 语句：

```
/* *** SQL-Query-View-CH07-03 *** */
SELECT          *
FROM            CustomerBasicDataWAView
ORDER BY        CustomerLastName, CustomerFirstName;
```

结果为：

	CustomerLastName	CustomerFirstName	AreaCode	PhoneNumber
1	Janes	Jeffrey	425	543-2345
2	Smathers	Fred	206	876-9911
3	Twilight	Tiffany	360	765-5566
4	Wilkens	Chris	360	876-8822

正如所期望的，只有居住在华盛顿州的客户才会显示在这个视图中。从结果来看，这个限制并不明显，因为 State 列值并不包含在视图中。这个特性的好坏取决于视图的使用。如果这个视图被用在只有华盛顿州的客户才重要的环境中，则是一件好事；如果视图误以为这些客户是画廊的所有客户，则是一件坏事。

7.6.2　使用 SQL 视图显示列的计算结果

视图的另一个用途是显示列的计算结果，而不需要用户输入计算表达式。例如，下面的视图结合了 AreaCode 和 PhoneNumber 列并格式化了结果：

```
/* *** SQL-CREATE-VIEW-CH07-04 *** */
CREATE VIEW CustomerPhoneView AS
    SELECT    LastName AS CustomerLastName,
              FirstName AS CustomerFirstName,
              ('(' + AreaCode + ') ' + PhoneNumber) AS CustomerPhone
    FROM      CUSTOMER;
```

当视图用户执行以下 SQL 语句时，

```
/* *** SQL-Query-View-CH07-04 *** */
SELECT        *
FROM          CustomerPhoneView
ORDER BY      CustomerLastName, CustomerFirstName;
```

得到的结果为：[①]

	CustomerLastName	CustomerFirstName	CustomerPhone
1	Frederickson	Mary Beth	(303) 513-8822
2	Gray	Donald	(707) 568-4839
3	Janes	Jeffrey	(425) 543-2345
4	Johnson	Lynda	(202) 438-5498
5	Smathers	Fred	(206) 876-9911
6	Smith	David	(970) 654-9876
7	Twilight	Tiffany	(360) 765-5566
8	Warning	Selma	(604) 988-0512
9	Wilkens	Chris	(360) 876-8822
10	Wu	Susan	(404) 653-3465

将计算放在视图中有两个主要优点。首先，它让用户不必知道或记住如何编写表达式来获得期望的结果。其次，它确保了结果的一致性。如果每一个使用计算的开发人员都编写自己的 SQL 表达式，那么可能会编写出不同的 SQL 表达式，从而导致不一致的结果。

---

① 在 CustomerPhoneView 定义中，不同的 DBMS 产品使用不同的运算符来进行连接操作。例如，在 Oracle Database 中，字符串连接必须用双竖线（||）替换加号（+），而 MySQL 使用 CONCAT()字符串函数。细节可参见第 2 章中的例子以及 DBMS 文档。

7.6.3　使用 SQL 视图隐藏复杂的 SQL 语法

SQL 视图的另一个用途是隐藏复杂的 SQL 语法。利用视图，开发人员在需要特定结果时不需要输入复杂的 SQL 语句。此外，对于不知道如何编写这类语句的开发人员，这种视图还提供了复杂 SQL 语句的好处。视图的这种用法也确保了结果的一致性。

假设 View Ridge 画廊的销售人员希望查看哪些客户对哪些艺术家感兴趣，并且希望查看客户和艺术家的名字。为了得到结果，需要使用两个连接：一个连接 CUSTOMER 和 CUSTOMER_ARTIST_INT，另一个将结果与 ARTIST 连接。可以编写一条 SQL 语句来构造这些连接，并将其定义为一个 SQL 视图以创建 CustomerInterestsView。

```
/* *** SQL-CREATE-VIEW-CH07-05 *** */
CREATE VIEW CustomerInterestsView AS
    SELECT    C.LastName AS CustomerLastName,
              C.FirstName AS CustomerFirstName,
              A.LastName AS ArtistName
    FROM      CUSTOMER AS C JOIN CUSTOMER_ARTIST_INT AS CAI
         ON C.CustomerID = CAI.CustomerID
         JOIN          ARTIST AS A
              ON      CAI.ArtistID = A.ArtistID;
```

> **BY THE WAY** 虽然 Oracle Database 在指定列别名时使用 SQL AS 关键字，但在指定表别名时并不使用它。因此，在 Oracle Database 中使用的是：
>
> ```
> /* *** SQL-CREATE-VIEW-CH07-05-ORACLE-DATABASE *** */
> CREATE VIEW CustomerInterestsView AS
>  SELECT    C.LastName AS CustomerLastName,
>            C.FirstName AS CustomerFirstName,
>            A.LastName AS ArtistName
>  FROM      CUSTOMER C JOIN CUSTOMER_ARTIST_INT CAI
>       ON   C.CustomerID = CAI.CustomerID
>       JOIN          ARTIST A
>            ON      CAI.ArtistID = A.ArtistID;
> ```

注意，C.LastName 的别名为 CustomerLastName，A.LastName 的别名为 ArtistName。必须至少使用其中一个列别名，因为如果没有它，生成的表就有两个名为 LastName 的列。DBMS 无法区分是哪一个 LastName，导致在试图创建这样一个视图时产生错误。

这是一条复杂的 SQL 语句，但是一旦创建了视图，就可以使用简单的 SELECT 语句获得该语句的结果。例如，下面的语句显示了按 CustomerLastName 和 CustomerFirstName 排序的结果：

```
/* *** SQL-Query-View-CH07-05 *** */
SELECT      *
FROM        CustomerInterestsView
ORDER BY    CustomerLastName, CustomerFirstName;
```

图 7.18 显示的结果集相当大。显然，使用视图比构造连接语法要简单得多。即使是熟悉 SQL 的开发人员，也愿意使用更简单的 SQL 视图。

	CustomerLastName	CustomerFirstName	ArtistName
1	Frederickson	Mary Beth	Chagall
2	Frederickson	Mary Beth	Kandinsky
3	Frederickson	Mary Beth	Miro
4	Frederickson	Mary Beth	Matisse
5	Gray	Donald	Tobey
6	Gray	Donald	Horiuchi
7	Gray	Donald	Graves
8	Janes	Jeffrey	Graves
9	Janes	Jeffrey	Horiuchi
10	Janes	Jeffrey	Tobey
11	Smathers	Fred	Tobey
12	Smathers	Fred	Horiuchi
13	Smathers	Fred	Graves
14	Smith	David	Chagall
15	Smith	David	Matisse
16	Smith	David	Kandinsky
17	Smith	David	Miro
18	Smith	David	Sargent
19	Twilight	Tiffany	Sargent
20	Twilight	Tiffany	Tobey
21	Twilight	Tiffany	Horiuchi
22	Twilight	Tiffany	Graves
23	Warning	Selma	Chagall
24	Warning	Selma	Graves
25	Warning	Selma	Sargent
26	Wilkens	Chris	Tobey
27	Wilkens	Chris	Graves
28	Wilkens	Chris	Horiuchi

图 7.18　在 CustomerInterestsView 上进行 SELECT 操作的结果

7.6.4　分层内置函数

回顾第 2 章可知，不能将计算或内置函数作为 SQL WHERE 子句的一部分。但是，可以构造一个计算变量的视图，然后在该视图上编写 SQL 语句，在 WHERE 子句中使用计算出的变量。为了理解这一点，考虑 ArtistWorkNetView 的 SQL 视图定义。

```
/* *** SQL-CREATE-VIEW-CH07-06 *** */
CREATE VIEW ArtistWorkNetView AS
    SELECT      LastName AS ArtistLastName,
                FirstName AS ArtistFirstName,
                W.WorkID, Title, Copy, DateSold,
                AcquisitionPrice, SalesPrice,
                (SalesPrice - AcquisitionPrice) AS NetProfit
    FROM        TRANS AS T JOIN WORK AS W
         ON     T.WorkID = W.WorkID
                JOIN        ARTIST AS A
                    ON      W.ArtistID = A.ArtistID;
```

这个 SQL 视图连接了 TRANS 表、WORK 表和 ARTIST 表，并创建了一个计算后的列 NetProfit。现在，可以在查询中将 NetProfit 放入 SQL WHERE 子句，如下所示：

```
/* *** SQL-Query-View-CH07-06 *** */
SELECT          ArtistLastName, ArtistFirstName,
                WorkID, Title, Copy, DateSold, NetProfit
FROM            ArtistWorkNetView
WHERE           NetProfit > 5000
ORDER BY        DateSold;
```

WHERE 子句中使用了命名的计算结果，这在单个 SQL 语句中是不允许的（计算结果可以在 WHERE 子句中使用，但不能按名称使用）。这条 SQL SELECT 语句的结果为：

	ArtistLastName	ArtistFirstName	WorkID	Title	Copy	DateSold	NetProfit
1	Horiuchi	Paul	500	Memories IV	Unique	2017-12-14	12500.00
2	Graves	Morris	548	Night Bird	Unique	2018-11-28	12500.00
3	Graves	Morris	561	Sunflower	Unique	2019-06-28	7500.00
4	Tobey	Mark	570	Untitled Number 1	Unique	2019-09-29	6250.00
5	Horiuchi	Paul	571	Yellow Covers Blue	Unique	2019-09-29	20000.00
6	Horiuchi	Paul	500	Memories IV	Unique	2019-12-18	32500.00

这样的分层可以在许多层上持续进行。在第一个视图的计算基础上，可以用另一个计算来定义另一个视图。例如，在上面的结果中，Horiuchi 的作品 Memories IV 已经不止一次被画廊收购和出售。如果创建一个 SQL 视图 ArtistWorkTotalNetView，就能够计算出每一件作品的所有销售利润总额。

```
/* *** SQL-CREATE-VIEW-CH07-07 *** */
CREATE VIEW ArtistWorkTotalNetView AS
    SELECT          ArtistLastName, ArtistFirstName,
                    WorkID,Title, Copy,
                    SUM(NetProfit) AS TotalNetProfit
    FROM            ArtistWorkNetView
    GROUP BY        ArtistLastName, ArtistFirstName,
                    WorkID, Title, Copy;
```

现在，可以在 ArtistWorkTotalNetView 视图的 SQL WHERE 子句中使用 TotalNetProfit，如下所示：

```
/* *** SQL-Query-View-CH07-07 *** */
SELECT          *
FROM            ArtistWorkTotalNetView
WHERE           TotalNetProfit > 5000
ORDER BY        TotalNetProfit;
```

这个语句中，对一个 SQL 视图使用了另一个 SQL 视图，在 WHERE 子句中的计算变量使用了内置函数。结果如下：

	ArtistLastName	ArtistFirstName	WorkID	Title	Copy	TotalNetProfit
1	Tobey	Mark	570	Untitled Number 1	Unique	6250.00
2	Graves	Morris	561	Sunflower	Unique	7500.00
3	Graves	Morris	548	Night Bird	Unique	12500.00
4	Horiuchi	Paul	571	Yellow Covers Blue	Unique	20000.00
5	Horiuchi	Paul	500	Memories IV	Unique	45000.00

7.6.5　使用 SQL 视图实现隔离、多种权限和多个触发器

SQL 视图还有其他三个重要用途。首先，可以将源数据表与应用代码隔离开来。为了理解它是如何实现的，假设有以下视图。

```
/* *** SQL-CREATE-VIEW-CH07-08 *** */
CREATE VIEW CustomerTableBasicDataView AS
    SELECT    *
    FROM      CUSTOMER;
```

这个视图为 CUSTOMER 表定义了一个别名 CustomerTableBasicDataView，当查询这个视图时，可以简单地选择视图中的所有数据。

```
/* *** SQL-Query-View-CH07-08 *** */
SELECT    *
FROM      CustomerTableBasicDataView;
```

正如预期的那样，得到的结果就是 CUSTOMER 表中本身的数据。如果所有应用代码都使用CustomerTableBasicDataView 视图作为 SQL 语句中的数据源，那么对应用程序员来说，真正的数据源是隐藏的。

	CustomerID	LastName	FirstName	EmailAddress	EncryptedPassword	Street	City	State	ZIPorPostalCode	Country	AreaCode	PhoneNumber
1	1000	Janes	Jeffrey	Jeffrey.Janes@somewhere.com	ng7GG9E	123 W. Elm St	Renton	WA	98055	USA	425	543-2345
2	1001	Smith	David	David.Smith@somewhere.com	ttr67l23	813 Tumbleweed Lane	Loveland	CO	81201	USA	970	654-9876
3	1015	Twilight	Tiffany	Tiffany.Twilight@somewhere.com	gr44t5uz	88 1st Avenue	Langley	WA	98260	USA	360	765-5566
4	1033	Smathers	Fred	Fred.Smathers@somewhere.com	rinF3D00Q	10899 88th Ave	Bainbridge Island	WA	98110	USA	206	876-9911
5	1034	Frederickson	Mary Beth	MaryBeth.Frederickson@somewhere.com	Nd5qr4Tv	25 South Lafayette	Denver	CO	80201	USA	303	513-8822
6	1036	Warning	Selma	Selma.Warning@somewhere.com	CAe3Gh98	205 Burnaby	Vancouver	BC	V6Z 1W2	Canada	604	988-0512
7	1037	Wu	Susan	Susan.Wu@somewhere.com	Ues3thQ2	105 Locust Ave	Atlanta	GA	30322	USA	404	653-3465
8	1040	Gray	Donald	Donald.Gray@somewhere.com	NULL	55 Bodega Ave	Bodega Bay	CA	94923	USA	707	568-4839
9	1041	Johnson	Lynda	NULL	NULL	117 C Street	Washington	DC	20003	USA	202	438-5498
10	1051	Wilkens	Chris	Chris.Wilkens@somewhere.com	45QZjx59	87 Highland Drive	Olympia	WA	98508	USA	360	876-8822

这种表隔离为数据库管理人员提供了灵活性。例如，假设在将来某一天，客户数据源被更改为一个名为 NEW_CUSTOMER 的表（可能是从另一个数据库导入的表）。这时，数据库管理员需要做的就是使用 SQL ALTER VIEW 语句重新定义 CustomerTableBasicDataView，如下所示：

```
/* *** EXAMPLE CODE - DO NOT RUN *** */
/* *** SQL-ALTER-VIEW-CH07-08 *** */
ALTER VIEW CustomerTableBasicDataView AS
    SELECT    *
    FROM      NEW_CUSTOMER;
```

所有使用 CustomerTableBasicDataView 的应用代码，现在都将在新的数据源上运行，不会出现任何问题（假设列名、数据类型和其他表特征没有被更改）。

SQL 视图的另一个重要用途是为同一表提供不同的处理权限集。第 9 章、第 10 章、第 10A章、第 10B 章和第 10C 章中将更详细地讨论安全性。现在要了解的是可以对表和视图的插入、更新、删除和读取等操作设置权限。

例如，一个机构可能定义一个 CUSTOMER 视图 CustomerTableReadView，该视图具有只读权限；定义另一个 CUSTOMER 视图 CustomerTableUpdateView，具有读取和更新权限。不需要更新客户数据的应用，可以使用 CustomerTableReadView；需要更新这些数据的应用，可以使用CustomerTableUpdateView。

SQL 视图的最后一个用途是能够在同一个数据源上定义多个触发器。这种技术，通常用于保证 O-M 关系和 M-M 关系。这时，一个视图用一组触发器禁止删除必需的子视图，而另一个视图用一组触发器删除必需的子视图和父视图。这些视图被分配给不同的应用，具体取决于应用的权限。

7.6.6　更新 SQL 视图

一些视图可以更新，有些则不能。决定视图能够更新的规则，既复杂又依赖于所使用的 DBMS。为了理解为什么会这样，考虑以下两个视图的更新请求：

```
/* *** EXAMPLE CODE - DO NOT RUN *** */
/* *** SQL-UPDATE-VIEW-CH07-01 *** */
UPDATE      CustomerTableBasicDataView
    SET     Phone = '543-3456'
    WHERE   CustomerID = 1000;
```

和

```
/* *** EXAMPLE CODE - DO NOT RUN *** */
/* *** SQL-UPDATE-VIEW-CH07-02 *** */
UPDATE      ArtistWorkTotalNetView
    SET     TotalNetProfit = 23000
    WHERE   ArtistLastName = 'Tobey';
```

处理第一个请求没有问题，因为 CustomerTableBasicDataView 只不过是 CUSTOMER 表的别名。然而，第二个更新操作毫无意义。TotalNetProfit 是一个计算列的和。数据库中实际的表中，没有任何需要更新的列，DBMS 也不可能决定如何在不同的销售中分配总利润。

图 7.19 给出了确定视图是否可更新的通用指导原则。同样，具体情况取决于使用的 DBMS 产品。一般而言，DBMS 必须能够将要更新的列与特定表中的特定行关联起来。解决这个问题的一种方法，是提出问题"如果我是 DBMS，要求更新这个视图，我会做什么呢？这个请求有意义吗？是否有足够的数据来完成这个更新"？显然，如果存在整个表并且没有计算列，则视图是可更新的。此外，如果视图定义了一个 INSTEAD OF 触发器，DBMS 会将视图标记为可更新的，稍后将对此进行解释。

但是，如果缺少任何必需的列，则该视图不能用于插入。但是，只要主键（或一些 DBMS 产品中的候选键）在视图中，它就可以用于更新和删除；多表视图可以在最从属的表上更新。同样，只有在视图中存在表的主键或候选键时，才能执行此操作。第 10A 章、第 10B 章和第 10C 章中将进一步探讨这一主题。

可更新的视图
视图基于单个表，没有计算列且视图中存在所有非空列
视图基于任意数量的表（有或没有计算列），且为该视图定义了一个 INSTEAD OF 触发器
可能是可更新的视图
视图基于单个表，主键位于视图中，缺少一些必需的列，可以允许更新和删除。不允许插入
基于多个表，可以允许对视图中最从属的表进行更新，前提是该表的行可以唯一标识

图 7.19　更新 SQL 视图的指导原则

7.7　在程序代码中嵌入 SQL

可以将 SQL 语句嵌入应用、用户定义函数、触发器以及存储过程中。但在讨论这些主题之前，需要解释 SQL 语句在程序代码中的位置。

为了在程序代码中嵌入 SQL 语句，必须解决两个问题。第一个问题是必须存在一些将 SQL 语句结果分配给程序变量的方法。有许多不同的技术在使用，其中一些涉及面向对象编程，另一些则比较简单。例如，在 Oracle 的 PL/SQL 中，下面的语句（一个大程序的一部分，声明了在程序中使用的变量）将 CUSTOMER 表中的行数赋予用户定义的变量 rowCount：

```
/* *** EXAMPLE CODE - DO NOT RUN *** */
/* *** SQL-Code-Example-CH07-01 *** */
SELECT     Count(*) INTO rowCount
FROM       CUSTOMER;
```

MySQL 的 SQL 采用相同的语法。在 SQL Server 的 T-SQL 中，所有用户定义的变量必须使用 @作为第一个字符。因此，T-SQL 中的代码使用用户定义变量@rowcount。

```
/* *** EXAMPLE CODE - DO NOT RUN *** */
/* *** SQL-Code-Example-CH07-02 *** */
SELECT     @rowCount = Count(*)
FROM       CUSTOMER;
```

在这两种情况下，这段代码的执行都是将 CUSTOMER 表中的行数放到程序变量 rowCount 或@rowCount 中。

第二个问题涉及 SQL 和应用编程语言之间的编程范式不匹配。SQL 是面向表的，SQL SELECT 语句从一个或多个表开始并生成一个表作为输出。然而，程序是从一个或多个变量开始的，对其进行操作，并将结果存储在一个变量中。由于这种差异，下面这样的 SQL 语句没有意义：

```
/* *** EXAMPLE CODE - DO NOT RUN *** */
/* *** SQL-Code-Example-CH07-03 *** */
SELECT     LastName INTO CustomerLastName
FROM       CUSTOMER;
```

如果 CUSTOMER 表中有 100 行，那么将有 100 个 LastName 值。然而，Customer LastName 期望只接收一个值。

为了避免这个问题，SQL 语句的结果被当作伪文件处理。当 SQL 语句返回一个行组时，会建立一个游标，它是指向特定行的指针。然后，应用程序可以将游标放在 SQL 语句输出表的第一行、最后一行或其他行上。放置游标后，该行的列值可以分配给程序变量。当应用完成了某一行时，会将游标移动到下一行、前一行或其他行并继续处理。

使用游标的典型模式如下：

```
/* *** EXAMPLE CODE - DO NOT RUN *** */
/* *** SQL-Code-Example-CH07-04 *** */
DECLARE SQLcursor CURSOR FOR (SELECT * FROM CUSTOMER);
/* Opening SQLcursor executes (SELECT * FROM CUSTOMER) */
OPEN SQLcursor;
```

```
MOVE SQLcursor to first row of (SELECT * FROM CUSTOMER);
    WHILE (SQLcursor not past the last row) LOOP
        SET CustomerLastName = LastName;
        ... other statements...
        REPEAT LOOP UNTIL DONE;
CLOSE SQLcursor
...other processing ...
```

通过这种方式，一次只处理 SQL SELECT 语句中的一行。在接下来的几章中，将看到许多使用这些技术和其他类似技术的例子。

在应用中嵌入 SQL 语句的一个典型且有用的示例是在 Web 数据库应用中使用 SQL。这个主题将在第 11 章中详细讨论，其中会提供几个嵌入 PHP 脚本语言中的 SQL 语句示例。现在，当讨论 SQL 应用代码如何嵌入数据库本身时，请尝试直观地理解 SQL 是如何嵌入程序代码中的。

7.7.1　SQL/持久存储模块（SQL/PSM）

正如本章前面讨论的，每一个 DBMS 产品都有自己的 SQL 变体或扩展，包括允许 SQL 具有类似于过程编程语言的功能。ANSI/ISO 标准将其称为 SQL/持久存储模块（SQL/PSM）；Microsoft SQL Server 称其为 SQL Transact-SQL（T-SQL）；Oracle Database 中称为 SQL 过程语言/SQL（PL/SQL）。MySQL 变体中也包含了 SQL/PSM 组件，但它没有特殊的名称，在 MySQL 文档中仅称为 SQL。

SQL/PSM 提供了前面讨论的程序变量和游标功能。它还包括流控制语言，比如 BEGIN...END 语句块、IF...THEN...ELSE 逻辑结构、LOOP 等，同时还具有为用户提供输出结果的能力。

然而，SQL/PSM 最重要的特性是它允许将数据库中实现这些特性的代码包含在数据库中。SQL/PSM 代码可以写成三种模块类型：用户定义函数、触发器和存储过程。这就是它的名称来源：持久性（Persistent）——代码在一段时间内仍然可用；存储（Stored）——代码被保存下来，以便在数据库中重复使用；模块（Modules）——代码被编写为用户定义的函数、触发器或存储过程。

7.7.2　使用 SQL 用户定义函数

用户定义函数（也称为存储函数）是一组存储的 SQL 语句，具有如下特性：

- 从另一条 SQL 语句按名称调用
- 允许存在通过调用 SQL 语句传递的输入参数
- 向调用函数的 SQL 语句返回一个输出值

用户定义函数的逻辑处理流程如图 7.20 所示。SQL/PSM 用户定义函数类似于第 2 章中讨论和使用的 SQL 内置聚合函数（COUNT、SUM、AVG、MAX 和 MIN），不同之处是，顾名思义，需要用户自己创建它来执行特定任务。

图 7.20　用户定义函数的逻辑处理流程

根据 DBMS 产品的实现方式，可以将用户定义函数写成：

- 标量值函数，根据一行返回单个值
- 表值函数，返回一个值表
- 聚合函数，根据列分组返回单个值（类似于 SUM 等 SQL 内置聚合函数）

本节中，将只讨论标量值函数。

使用标量值的用户定义函数可以解决的一个常见问题是当数据库将基本数据存储在名为 FirstName 和 LastName 的两列中时，报表中需要使用"LastName, FirstName"（包括逗号）格式的姓名。使用 VRG 数据库中的数据，当然只需在 SQL 语句中包含执行此操作的代码（类似于第 2 章中的 SQL-Query-CH02-45——Oracle Database 和 MySQL 中的方法的讨论，参见第 88 页的"**BY THE WAY**"讨论），如下所示：

```
/* *** SQL-Query-CH07-01 *** */
SELECT      RTRIM(LastName)+', '+RTRIM(FirstName) AS CustomerName,
            AreaCode, PhoneNumber, EmailAddress
FROM        CUSTOMER
ORDER BY    CustomerName;
```

这会得到预期的结果，但代价是编写一些复杂的编码：

	CustomerName	AreaCode	PhoneNumber	EmailAddress
1	Frederickson, Mary Beth	303	513-8822	MaryBeth.Frederickson@somewhere.com
2	Gray, Donald	707	568-4839	Donald.Gray@somewhere.com
3	Janes, Jeffrey	425	543-2345	Jeffrey.Janes@somewhere.com
4	Johnson, Lynda	202	438-5498	NULL
5	Smathers, Fred	206	876-9911	Fred.Smathers@somewhere.com
6	Smith, David	970	654-9876	David.Smith@somewhere.com
7	Twilight, Tiffany	360	765-5566	Tiffany.Twilight@somewhere.com
8	Warning, Selma	604	988-0512	Selma.Warning@somewhere.com
9	Wilkens, Chris	360	876-8822	Chris.Wilkens@somewhere.com
10	Wu, Susan	404	653-3465	Susan.Wu@somewhere.com

另一种方法是创建一个用户定义函数来存储这些代码。这不仅使它更容易使用，而且还使它可以用于其他 SQL 语句中。图 7.21 给出了一个用 T-SQL 编写的用于 Microsoft SQL Server 2019 的自定义函数，以及所预期的用于 Microsoft SQL Server T-SQL 2019 的特定语法要求的 SQL 代码：

```
CREATE FUNCTION dbo.NameConcatenation

-- These are the input parameters
(
        @FirstName      CHAR(25),
        @LastName       CHAR(25)
)
RETURNS VARCHAR(60)
AS
BEGIN
        -- This is the variable that will hold the value to be returned
        DECLARE @FullName VARCHAR(60);

        -- SQL statements to concatenate the names in the proper order
        SELECT @FullName = RTRIM(@LastName) + ', ' + RTRIM(@FirstName);

        -- Return the concatentate name
        RETURN @FullName;
END;
```

图 7.21　连接 FirstName 和 LastName 的用户定义函数

- 该函数是使用 SQL CREATE FUNCTION 语句创建并存储在数据库中的。
- 函数名称以 dbo 开头，这是一个 Microsoft SQL Server 模式名称（SQL Server 模式将在第 10A 章讨论）。将模式名称附加到数据库对象名称的这种用法在 Microsoft SQL Server 中很常见。
- 输入参数和返回的输出值的变量名都以@开头。
- 连接语法是 T-SQL 语法。

第 10B 章讨论了该函数的 Oracle Database 版本，使用的是 Oracle 的 PL/SQL；第 10C 章讨论了 MySQL 版本，使用的是 MySQL SQL/PSM 标准。

至此，就已经创建并存储了一个用户定义函数，可以在 SQL-Query-CH07-02 中使用它。

```
/* *** SQL-Query-CH07-02 *** */
SELECT      dbo.NameConcatenation(FirstName, LastName) AS
            CustomerName,  AreaCode, PhoneNumber, EmailAddress
FROM        CUSTOMER
ORDER BY    CustomerName;
```

利用这个函数就可以生成期望的结果，当然，它与前面 SQL-Query-CH07-01 的结果是相同的。

	CustomerName	AreaCode	PhoneNumber	EmailAddress
1	Frederickson, Mary Beth	303	513-8822	MaryBeth.Frederickson@somewhere.com
2	Gray, Donald	707	568-4839	Donald.Gray@somewhere.com
3	Janes, Jeffrey	425	543-2345	Jeffrey.Janes@somewhere.com
4	Johnson, Lynda	202	438-5498	NULL
5	Smathers, Fred	206	876-9911	Fred.Smathers@somewhere.com
6	Smith, David	970	654-9876	David.Smith@somewhere.com
7	Twilight, Tiffany	360	765-5566	Tiffany.Twilight@somewhere.com
8	Warning, Selma	604	988-0512	Selma.Warning@somewhere.com
9	Wilkens, Chris	360	876-8822	Chris.Wilkens@somewhere.com
10	Wu, Susan	404	653-3465	Susan.Wu@somewhere.com

用户定义函数的优点是可以在任何需要的时候使用它，而不必重新创建代码。例如，前面的查询使用的是 View Ridge 画廊 CUSTOMER 表中的数据，同样可以轻松地将函数用于 ARTIST 表中的数据。

```
/* *** SQL-Query-CH07-03 *** */
SELECT      dbo.NameConcatenation(FirstName, LastName) AS ArtistName,
            DateofBirth, DateDeceased
FROM        ARTIST
ORDER BY    ArtistName;
```

此查询会产生预期的结果：

	ArtistName	DateOfBirth	DateDeceased
1	Chagall, Marc	1887	1985
2	Graves, Morris	1920	2001
3	Horiuchi, Paul	1906	1999
4	Kandinsky, Wassily	1866	1944
5	Klee, Paul	1879	1940
6	Matisse, Henri	1869	1954
7	Miro, Joan	1893	1983
8	Sargent, John Singer	1856	1925
9	Tobey, Mark	1890	1976

　　甚至可以在同一条 SQL 语句中多次使用该函数，如下面的 SQL-Query-CH07-04 所示，这是前面讨论 SQL 视图时用于创建 SQL 视图 CustomerInterestsView 的 SQL 查询的变体：

```
/* *** SQL-Query-CH07-04 *** */
SELECT      dbo.NameConcatenation(C.FirstName, C.LastName) AS
            CustomerName, dbo.NameConcatenation(A.FirstName,
            A.LastName) AS ArtistName
FROM        CUSTOMER AS C JOIN CUSTOMER_ARTIST_INT AS CAI
    ON      C.CustomerID = CAI.CustomerID
    JOIN      ARTIST AS A
        ON      CAI.ArtistID = A.ArtistID
ORDER BY    CustomerName, ArtistName;
```

　　这个查询会产生预期的结果，如图 7.22 所示。在图中，可以看到 CustomerName 和 ArtistName 都按照 NameConcatenation 用户定义函数的 "LastName, FirstName" 语法显示了姓名。将此图与图 7.18 比较，会发现显示的结果基本相同，但图 7.18 中没有 NameConcatenation 函数提供的格式。

	CustomerName	ArtistName
1	Frederickson, Mary Beth	Chagall, Marc
2	Frederickson, Mary Beth	Kandinsky, Wassily
3	Frederickson, Mary Beth	Matisse, Henri
4	Frederickson, Mary Beth	Miro, Joan
5	Gray, Donald	Graves, Morris
6	Gray, Donald	Horiuchi, Paul
7	Gray, Donald	Tobey, Mark
8	Janes, Jeffrey	Graves, Morris
9	Janes, Jeffrey	Horiuchi, Paul
10	Janes, Jeffrey	Tobey, Mark
11	Smathers, Fred	Graves, Morris
12	Smathers, Fred	Horiuchi, Paul
13	Smathers, Fred	Tobey, Mark
14	Smith, David	Chagall, Marc
15	Smith, David	Kandinsky, Wassily
16	Smith, David	Matisse, Henri
17	Smith, David	Miro, Joan
18	Smith, David	Sargent, John Singer
19	Twilight, Tiffany	Graves, Morris
20	Twilight, Tiffany	Horiuchi, Paul
21	Twilight, Tiffany	Sargent, John Singer
22	Twilight, Tiffany	Tobey, Mark
23	Warning, Selma	Chagall, Marc
24	Warning, Selma	Graves, Morris
25	Warning, Selma	Sargent, John Singer
26	Wilkens, Chris	Graves, Morris
27	Wilkens, Chris	Horiuchi, Paul
28	Wilkens, Chris	Tobey, Mark

图 7.22　使用 NameConcatenation 用户定义函数进行 SQL 查询的结果

7.7.3　使用 SQL 触发器

　　触发器（trigger）是一个存储的程序，当特定事件发生时由 DBMS 执行。Oracle Database 的触发器是用 Java 或 Oracle 的 PL/SQL 编写的；Microsoft SQL Server 触发器是用 Microsoft .NET 公

共语言运行时（CLR）编写的，如 Visual Basic .NET（VB.NET）或 Microsoft 的 T-SQL；MySQL 触发器是用 MySQL 的 SQL 变体编写的。本章将以一种通用的方式来讨论触发器，而不考虑这些语言的细节。用特定 DBMS 的 SQL 变体编写的触发器可参见第 10A 章、第 10B 章和第 10C 章。

　　触发器是与表或视图相关联的。一个表或视图可能有许多触发器，但一个触发器只与一个表或视图关联。触发器由关联到它的表或视图上的 SQL DML INSERT、UPDATE 或 DELETE 请求调用。图 7.23 总结了 SQL Server 2019、Oracle Database 和 MySQL 8.0 中可用的触发器。

触发器类型 DML动作	BEFORE	INSTEAD OF	AFTER
INSERT	Oracle Database MySQL	Oracle Database SQL Server	Oracle Database SQL Server MySQL
UPDATE	Oracle Database MySQL	Oracle Database SQL Server	Oracle Database SQL Server MySQL
DELETE	Oracle Database MySQL	Oracle Database SQL Server	Oracle Database SQL Server MySQL

图 7.23　不同 DBMS 中的 SQL 触发器汇总

　　Oracle Database 和 Oracle Database XE 都支持三种触发器：BEFORE、INSTEAD OF 和 AFTER。正如所料，BEFORE 触发器在 DBMS 处理插入、更新或删除请求之前执行；INSTEAD OF 触发器在 DBMS 处理插入、更新或删除请求的过程中执行；AFTER 触发器在插入、更新或删除请求处理之后执行。一共存在 9 种触发器类型：BEFORE（INSERT、UPDATE、DELETE）；INSTEAD OF（INSERT、UPDATE、DELETE）以及 AFTER（INSERT、UPDATE、DELETE）。

　　自 SQL Server 2005 以后，SQL Server 支持 DDL 触发器（在诸如 CREATE、ALTER 和 DROP 这样的 SQL DDL 语句上的触发器）和 DML 触发器。本书只探讨 DML 触发器，对于 SQL Server 2019 来说，它是 INSERT、UPDATE 和 DELETE 上的 INSTEAD OF 触发器和 AFTER 触发器（Microsoft 采用 FOR 关键字，但在 Microsoft 语法中它是 AFTER 的同义词）。因此，就存在 6 种可能的触发器类型。

　　MySQL 8.0 只支持 BEFORE 触发器和 AFTER 触发器——因此，和 SQL Server 2019 一样，它也只支持 6 种触发器类型。其他 DBMS 产品支持的触发器，也是不同的。需要参阅产品的文档，以确定它支持哪些触发器类型。

　　当调用触发器时，DBMS 使触发器代码可以使用触发操作中涉及的数据。对于插入，DBMS 将提供要插入的行的列值；对于删除，DBMS 将提供要删除的行的列值；对于更新，DBMS 将同时提供旧值和新值。

　　提供值的具体方式与 DBMS 产品有关。现在，假设新值是通过在列名前加上 "new:" 提供的。因此，在 CUSTOMER 表上进行插入时，变量 new:LastName 就是要插入行的 LastName 的值。对于更新，new:LastName 就是在更新发生后的 LastName 值。类似地，假设旧值是通过在列名前加上 "old:" 提供的。这样，对于删除，变量 old:LastName 就是要删除的行的 LastName 值。对于更新，old:LastName 表示在更新之前的 LastName 值。事实上，这是 Oracle PL/SQL 和 MySQL SQL 使用的基本策略（语法上有细微的差异）——第 10A 章中可以看到对应的 SQL Server 策略。

触发器有很多用途。本章中，将探讨图 7.24 总结的 4 种用途：

SQL 触发器的用途
提供默认值
执行数据约束
更新视图
实现引用完整性操作

- 提供默认值
- 执行数据约束
- 更新视图
- 实现引用完整性操作

1. 使用触发器提供默认值

图 7.24　SQL 触发器的用途

本章前面讲解过使用 SQL DEFAULT 关键字来提供初始列值的方法。但是，DEFAULT 关键字只适用于简单的表达式，如果默认值需要复杂的逻辑计算，则必须使用 INSERT 触发器。

例如，假设 View Ridge 画廊有一个政策，将 AskingPrice 设定为 AcquisitionPrice 的两倍或 AcquisitionPrice 加上这件艺术品过去销售的平均净收益，以两者中较大者为准。图 7.25 中的 AFTER 触发器实现了这个策略。注意，图 7.25 中的代码虽然类似于 Oracle Database PL/SQL，但它是通用的伪代码。关于如何编写不同 DBMS 中的代码，可分别参见第 10A 章、第 10B 章和第 10C 章。

```
/* *** EXAMPLE CODE - DO NOT RUN ***                                      */

CREATE TRIGGER TRANS_AskingPriceInitialValue
    AFTER INSERT ON TRANS
DECLARE
    rowCount        Int;
    sumNetProfit    Numeric(10,2);
    avgNetProfit    Numeric(10,2);
BEGIN
    /* First find if work has been here before                            */

    SELECT      Count(*) INTO rowCount
    FROM        TRANS AS T
    WHERE       new:WorkID = T.WorkID;

    IF (rowCount = 1)
    THEN
        /* This is first time work has been in gallery                    */

        new:AskingPrice = 2 * new:AcquisitionPrice;

    ELSE
        IF rowCount > 1
        THEN
            /* Work has been here before                                  */

            SELECT      SUM(NetProfit) into sumNetProfit
            FROM        ArtistWorkNetView AWNV
            WHERE       AWNV.WorkID = new:WorkID;

            avgNetProfit = sumNetProfit / (rowCount - 1);

            /* Now choose larger value for the new AskingPrice            */

            IF ((new:AcquisitionPrice + avgNetProfit)
                    > (2 * new:AcquisitionPrice))
            THEN
                new:AskingPrice = (new:AcquisitionPrice + avgNetProfit);
            ELSE
                new:AskingPrice = (2 * new:AcquisitionPrice);
            END IF;
        ELSE
            /* Error, rowCount cannot be less than 1                      */
            /* Do something!                                              */
        END IF;
    END IF;
END;
```

图 7.25　用于插入默认值的触发器代码

在声明程序变量之后，触发器读取 TRANS 表，以确定针对这件艺术品有多少 TRANS 行存在。因为这是一个 AFTER 触发器，所以该艺术品的新 TRANS 行已经被插入。这样，如果这件艺术品首次出现在画廊中，则计数将是 1 个。如果是这样，则 SalesPrice 的新值将被设置为 AcquisitionPrice 的两倍。

如果用户变量 rowCount 大于 1，则表示该作品以前已经在画廊了。为了计算它的平均收益，触发器使用第 341 页中给出的 ArtistWorkNetView 来计算它的总利润 SUM(NetProfit)。结果被放在变量 sumNetProfit 中。注意，WHERE 子句将视图中使用的行限制为只针对这一件作品。然后，通过将这个和值除以（rowCount-1）来计算平均值。

为什么不在 SQL 语句中使用 AVG（NetProfit）呢？因为默认的 SQL 求平均值函数会将新插入的行也计算在内。我们不希望包含这一行，因此在计算平均值时要将 rowCount 减 1。计算出 avgNetProfit 值后，将其与 AcquisitionPrice 的两倍比较，较大的结果用于 AskingPrice 的新值。

```
/* *** EXAMPLE CODE - DO NOT RUN ***                                 */

CREATE TRIGGER TRANS_CheckSalesPrice
      AFTER INSERT, UPDATE ON TRANS

DECLARE

      artistNationality   Char (30);

BEGIN
      /* First determine if work is by a Mexican artist */

      SELECT    Nationality into artistNationality
      FROM      ARTIST AS A JOIN WORK AS W
            ON A.ArtistID = W.ArtistID
      WHERE     W.WorkID = new:WorkID;

      IF (artistNationality <> 'Mexican')
      THEN
         Exit Trigger;
      ELSE

         /* Work is by a Mexican artist - enforce constraint         */

         IF (new:SalesPrice < new:AskingPrice)
         THEN

            /* Sales Price is too low, reset it                      */

            UPDATE    TRANS
            SET       SalesPrice = new:AskingPrice
            WHERE     TransactionID = new:TransactionID;

            /* Note:  The above update will cause a recursive call on this */
            /* trigger. The recursion will stop the second time through    */
            /* because SalesPrice will be = AskingPrice.                    */

            /* At this point send a message to the user saying what's been */
            /* done so that the customer has to pay the full amount        */

         ELSE
            /* new:SalesPrice >= new:AskingPrice                     */
         Exit Trigger;
         END IF;
      END IF;
END;
```

图 7.26　执行外部关系数据约束的触发器代码

2. 使用触发器执行数据约束

触发器的第二个用途是执行数据约束。尽管 SQL CHECK 约束可用于执行域、范围和内部关系约束，但还没有 DBMS 供应商实现 SQL-92 中外部关系 CHECK 约束的特性。在 SQL 标准中，这些特性被称为 ASSERTION。因此，这些约束是在触发器中实现的。

例如，假设画廊对墨西哥画家特别感兴趣，并且从不降低他们作品的价格。因此，一件作品的 SalesPrice 必须始终不低于 AskingPrice。为了执行这一规则，画廊数据库在 TRANS 表上有一个插入和更新触发器，用于检查该作品是否出自墨西哥画家之手。如果是，则将 SalesPrice 与 AskingPrice 进行比较。如果前者小于后者，则将 SalesPrice 重置为 AskingPrice。当然，这必须发生在艺术品实际出售且客户全额支付的前提下。这不是销售后的账目调整。

图 7.26 给出了实现此规则的通用触发器代码。此触发器将在对 TRANS 行进行任何插入或更新之后触发。触发器首先检查它是否为墨西哥艺术家的作品。如果不是，则退出触发器。否则，将比较 SalesPrice 与 AskingPrice，如果前者小于后者，则将 SalesPrice 设置为与 AskingPrice 相等。

这个触发器将被递归调用，触发器中的 UPDATE 语句将导致对 TRANS 表进行更新，从而再次调用触发器。然而，此时的 SalesPrice 将等于 AskingPrice，所以将不再进行更新，递归终止。

3．使用触发器更新视图

如前所述，DBMS 可以更新某些视图但不更新其他视图，这取决于视图的构造方式。有时，通过特定于某种业务设置的逻辑，可以在应用中更新那些 DBMS 无法更新的视图。在这种情况下，用于更新视图的特定于应用的逻辑被放置在 INSTEAD OF 触发器中。

当视图中声明了一个 INSTEAD OF 触发器时，DBMS 除了调用触发器不执行任何操作。所有其他事情都由触发器负责。如果在视图 MyView 上声明了一个 INSTEAD OF INSERT 触发器，并且触发器除了发送电子邮件消息什么也不做，那么该电子邮件消息将成为视图上 INSERT 的结果。INSERT MyView 的意思是"发送电子邮件"，仅此而已。

更实际地考虑第 340 页的 SQL 视图 CustomerInterestsView 和图 7.18 中该视图的结果。这个视图是 CUSTOMER 和 ARTIST 之间交集表的两次连接的结果。假设该视图用于填充用户表单上的网格，进一步假设用户希望在必要时更正表单上的客户姓名。如果不能进行这样的更改，用户会说："姓名就在这里，为什么不能修改它呢？"他们几乎不知道 DBMS 为显示这些数据所经历的过程！

如果客户的 LastName 值在数据库中是唯一的，那么视图就有足够的信息来更新客户的姓氏。图 7.27 给出了这种更新的通用触发器代码。代码只计算使用旧 LastName 值的客户数量。如果只有一位客户拥有该值，则可以进行更新；否则，将生成错误消息。注意，更新活动针对的是视图下的一个表。视图中没有实际的数据，只能更新实际的表。

4．使用触发器实现引用完整性操作

触发器的第四个用途是实现引用完整性操作。例如，考虑 DEPARTMENT 和 EMPLOYEE 之间的 1:N 关系。假设关系是 M-M 且 EMPLOYEE.DepartmentName 是 DEPARTMENT 的一个外键。

为了实现这个约束，需要构建两个基于 EMPLOYEE 的视图。第一个视图 DeleteEmployeeView，会删除一个 EMPLOYEE 行，前提是该行不是 DEPARTMENT 中的最后一个子行。第二个视图 DeleteEmployeeDepartmentView，将删除一个 EMPLOYEE 行，如果该行是 DEPARTMENT 中的最后一个 EMPLOYEE 子行，还将删除 DEPARTMENT 行。

视图 DeleteEmployeeView 只对那些没有权限删除 DEPARTMENT 行的应用可用；视图 DeleteEmployeeDepartmentView 将被授予那些同时拥有删除员工和无员工部门权限的应用。同时，禁止所有针对 EMPLOYEE 表和 DEPARTMENT 表的直接删除。

视图 DeleteEmployeeView 和 DeleteEmployeeDepartmentView 具有相同的结构。

```
/* *** EXAMPLE CODE - DO NOT RUN *** */

/* *** SQL-CREATE-VIEW-CH07-09 *** */

CREATE VIEW DeleteEmployeeView AS

    SELECT  *

    FROM    EMPLOYEE;
/* *** EXAMPLE CODE - DO NOT RUN *** */

/* *** SQL-CREATE-VIEW-CH07-10 *** */

CREATE VIEW DeleteEmployeeDepartmentView AS

    SELECT    *

    FROM    EMPLOYEE;
```

```
    /* *** EXAMPLE CODE - DO NOT RUN ***                           */
    CREATE TRIGGER CustomerInterestView_UpdateCustomerLastName
          INSTEAD OF UPDATE ON CustomerInterestView

    DECLARE

          rowCount          Int;

    BEGIN

          SELECT    COUNT(*) into rowCount
          FROM      CUSTOMER
          WHERE     CUSTOMER.LastName = old:LastName;

          IF (rowCount = 1)
          THEN

              /* If get here, then only one customer has this last name.   */
              /* Make the name change.                                     */

              UPDATE    CUSTOMER
              SET       CUSTOMER.LastName = new:LastName
              WHERE     CUSTOMER.LastName = old:LastName;

          ELSE

              IF (rowCount > 1 )
              THEN

                  /* Send a message to the user saying cannot update because */
                  /* there are too many customers with this last name.       */

              ELSE
                  /* Error, if rowcount <= 0 there is an error!              */
                  /* Do something!                                          */
              END IF;
          END IF;
    END;
```

图 7.27　用于更新 SQL 视图的触发器代码

　　DeleteEmployeeView 上的触发器如图 7.28 所示，判断员工是否是部门中的最后一位。如果不是，则删除 EMPLOYEE 行；如果是，则不执行任何操作。再次注意，当删除操作中声明了 INSTEAD OF 触发器时，DBMS 什么也不做。所有事情，都由触发器负责。如果是最后一位员工，那么该触发器不执行任何操作，这意味着不会对数据库进行任何更改，因为 DBMS 将所有处理任务留给了 INSTEAD OF 触发器。

　　如图 7.29 所示，DeleteEmployeeDepartmentView 上的触发器对员工删除的处理略有不同。首先，触发器检查该员工是否为该部门的最后一位。如果是，则删除 EMPLOYEF 行，然后删除 DEPARTMENT。注意，两种情况下，EMPLOYEE 中的行都被删除了。

图 7.28 和图 7.29 中的触发器，用于执行 O-M 和 M-M 关系的引用完整性操作，如第 6 章末尾所述（注意，这些操作的完整实现，还必须考虑插入部门的情况）。关于如何编写不同 DBMS 中的触发器代码，可分别参见第 10A 章、第 10B 章和第 10C 章。

```
/* *** EXAMPLE CODE - DO NOT RUN ***                              */
CREATE TRIGGER EMPLOYEE_DeleteCheck
      INSTEAD OF DELETE ON DeleteEmployeeView

DECLARE

      rowCount         Int;

BEGIN

      /*  First determine if this is the last employee in the department */

      SELECT    Count(*) into rowCount
      FROM      EMPLOYEE
      WHERE     EMPLOYEE.EmployeeNumber = old:EmployeeNumber;

      IF (rowCount > 1)
      THEN

         /* Not last employee, allow deletion                    */

         DELETE    EMPLOYEE
         WHERE     EMPLOYEE.EmployeeNumber = old:EmployeeNumber;

      ELSE

         /* Send a message to user saying that the last employee  */
         /* in a department cannot be deleted.                    */

         END IF;

END;
```

图 7.28　删除非最后一个子行的触发器代码

```
/* *** EXAMPLE CODE - DO NOT RUN ***                              */

CREATE TRIGGER EMPLOYEE_DEPARTMENT_DeleteCheck
      INSTEAD OF DELETE ON DeleteEmployeeDepartmentView

DECLARE

      rowCount         Int;

BEGIN

      /*  First determine if this is the last employee in the department   */

      SELECT    Count(*) into rowCount
      FROM      EMPLOYEE
      WHERE     EMPLOYEE.EmployeeNumber = old:EmployeeNumber;

      /* Delete Employee row regardless of whether Department is deleted   */

      DELETE    EMPLOYEE
      WHERE     EMPLOYEE.EmployeeNumber = old:EmployeeNumber;

      IF (rowCount = 1)
      THEN

         /* Last employee in Department, delete Department            */

         DELETE    DEPARTMENT
         WHERE     DEPARTMENT.DepartmentName = old:DepartmentName;

      END IF;

END;
```

图 7.29　删除最后一个子行以及父行的触发器代码

7.7.4 使用存储过程

存储过程（Stored Procedure）是存储在数据库中并在使用时进行编译的程序。在 Oracle Database 中，存储过程可以用 PL/SQL 或 Java 编写；在 Microsoft SQL Server 2019 中，存储过程是用 T-SQL 或.NET CLR 语言编写的，如 Visual Basic .NET（VB.NET）、Visual C#或 Visual C++ .NET（都包含在 Microsoft Visual Studio 集成开发环境（IDE）中并由第 11 章中讨论的.NET Framework 支持）。MySQL 的存储过程是用 MySQL 的 SQL 变体编写的。

存储过程可以接收输入参数并返回结果。它不同于与表或视图相关联的触发器，存储过程是与数据库相关联的。它可以由使用数据库的任何进程执行，只要该数据库拥有使用存储过程的权限。图 7.30 给出了触发器和存储过程的对比。

触发器与存储过程的对比
触发器
当发出 INSERT、UPDATE 或 DELETE 命令时，由 DBMS 调用的代码模块
与表或视图相关联
根据 DBMS 的不同，一个表或视图可能有多个触发器
触发器可能会发出 INSERT、UPDATE 或 DELETE 命令，因此可能会调用其他触发器
存储过程
由用户或数据库管理员调用的代码模块
与数据库相关联，与表或视图无关
可以发出 INSERT、UPDATE、DELETE 或 MERGE 命令
用于重复性的管理任务，也可作为应用的一部分

图 7.30   触发器与存储过程的对比

存储过程有多种用途。尽管数据库管理员可以使用它来执行常见的管理任务，但其主要用途是在数据库应用中。可以从用 COBOL、C、Java、C#或 C++等语言编写的应用中调用它们，也可以通过 VBScript、JavaScript 或 PHP 从 Web 页面中调用（参见第 11 章）。特定的用户可以在一些 DBMS 管理产品中执行存储过程，如 Oracle Database 中的 SQL*Plus 或 SQL Developer、SQL Server 中的 SQL Server Management Studio 或 MySQL 中的 MySQLWorkbench。

1．存储过程的优点

存储过程的优点
更好的安全性
减少网络流量
SQL 可以被优化
代码共享
较少的工作量
标准化处理
开发人员之间的分工

图 7.31   存储过程的优点

图 7.31 列出了使用存储过程的一些优点。与应用代码不同，存储过程从不分发到客户端计算机，它总是驻留在数据库中，并由数据库服务器上的 DBMS 处理。因此，它们比分布式应用代码更安全，而且减少了网络流量。存储过程越来越成为 Internet 或企业内部网上处理应用逻辑的首选模式。另一个优点是 DBMS 编译器可以对存储过程的 SQL 语句进行优化。

在存储过程中设置了应用逻辑后，不同的应用程序员都可以使用它。这种共享不仅减少了工作，而且实现了标准化处理。此外，最适合数据库工作的开发人员可以创建存储过程，而其他开发人员（比如那些专门从事 Web 层编程的开发人员）可以做其他工作。由于这些优点，存储过程在将来可能会得到更多的使用。

2. WORK_AddWorkTransaction 存储过程

图 7.32 给出的存储过程记录了如何将获取的一件艺术品保存到 VRG 数据库。这段代码是通用的，但是图中的代码样式更接近于 Microsoft SQL Server T-SQL 中使用的样式，而不是前一节中用于触发器示例的 Oracle Database PL/SQL 样式。如果比较这两个图中的伪代码，就可以了解使用 PL/SQL 和 T-SQL 编写的代码之间的差异。

```
/* *** EXAMPLE CODE - DO NOT RUN ***                              */
CREATE PROCEDURE WORK_AddWorkTransaction
        (
        @ArtistID           Int,   -- Artist must already exist in database   */
        @Title              Char(25),
        @Copy               Char(8),
        @Description        Varchar(1000),
        @AcquisitionPrice   Numeric(6,2) )

/* Stored procedure to record the acquisition of a work.  If the work has  */
/* never been in the gallery before, add a new WORK row.  Otherwise, use   */
/* the existing WORK row.  Add a new TRANS row for the work and set        */
/* DateAcquired to the system date.                                        */
AS
BEGIN

        DECLARE    @rowCount     AS Int,
                   @WorkID       AS Int

        /* Check that the ArtistID is valid                               */
        SELECT     @rowCount = COUNT(*)
        FROM       ARTIST AS A
        WHERE      A.ArtistID = @ArtistID;

        IF (@rowCount = 0)
           /* The Artist does not exist in the database               */
           BEGIN
              Print 'No artist with ID of ' + CONVERT(Char(6), @artistID)
              Print 'Processing terminated.'
              RETURN
           END

        /* Check to see if the work is in the database                 */

        SELECT     @rowCount = COUNT(*)
        FROM       WORK AS W
        WHERE      W.ArtistID = @ArtistID and
           AND     W.Title = @Title and
           AND     W.Copy = @Copy;

        IF (@rowCount = 0)
        /* The Work is not in database, so put it in.                  */
           BEGIN
              INSERT INTO WORK (Title, Copy, Description, ArtistID)
                 VALUES (@Title, @Copy, @Description, @ArtistID);
           END

        /* Get the work surrogate key WorkID value                     */

        SELECT     @WorkID = W.WorkID
        FROM       WORK AS W
        WHERE      W.ArtistID = @ArtistID
           AND     W.Title = @Title
           AND     W.Copy = @Copy;

        /* Now put the new TRANS row into database.                    */

        INSERT INTO TRANS (DateAcquired, AcquisitionPrice, WorkID)
           VALUES (GetDate(), @AcquisitionPrice, @WorkID);

        RETURN
    END
```

图 7.32　记录一件艺术品的存储过程

WORK_addWorkTransaction 过程接收 5 个输入参数，但不返回值。在更实际的示例中，将向调用者传递一个返回参数，以指示操作的成功或失败。不过，这个讨论将会偏离数据库概念，所以此处省略它。这段代码没有假设传递给它的 ArtistID 值是一个有效的 ID。相反，存储过程中的第一步是检查 ArtistID 值是否有效[①]。为此，第一个语句块计算具有给定 ArtistID 值的行数。如果行数为零，那么 ArtistID 值是无效的，过程输出一条错误消息并返回。

否则，过程将检查该作品之前是否已经在 View Ridge 画廊中。如果是，则 WORK 表就已经包含具有该 ArtistID、Title 和 Copy 的一行。如果不存在这样的行，则过程会创建一个新的 WORK 行。完成此操作后，将使用 SELECT 来获取具有该 WorkID 的值。如果 WORK 行是刚刚创建的，则需要此语句来获取 WorkID 代理键的新值。如果未创建 WORK 行，则需要在 WorkID 上执行 SELECT 语句以获得现有行的 WorkID。一旦获得了 WorkID 的值，就将新行插入到 TRANS 表中。注意，系统函数 GetDate()用于为新行中的 DateAcquired 提供一个值。

这个过程演示了 SQL 是如何嵌入存储过程中的。它并不完整，因为还需要确保从存储过程发起的全部更新都在数据库中进行了，或者没有进行任何更新。第 9 章中将讲解如何做到这一点。现在，只需关注如何将 SQL 用作数据库应用的一部分。

7.7.5　比较用户定义函数、触发器和存储过程

用户定义函数、触发器和存储过程都是与数据库一起存储和使用的编程代码模块。它们的用途和在数据库中执行特定操作的能力有所不同。图 7.33 给出了 SQL/PSM 的这三个模块的对比。

	用户定义函数	触　发　器	存储过程
能否接收参数	是	否	是
能否返回一个或多个结果值	是	否	是
能够用于 SELECT 语句	是	否	否
能否使用 SELECT 语句	是	是	是
能否使用 INSERT 语句	否	是	是
能否使用 UPDATE 语句	否	是	是
能否使用 DELETE 语句	否	是	是
能否调用用户定义函数	是	是	是
能否调用触发器	否	是（间接通过 INSERT、UPDATE 或 DELETE）	是（间接通过 INSERT、UPDATE 或 DELETE）
能否调用存储过程	否	是	是
是否被保存为数据库范围的对象	是	否	是
是否被保存为特定表的对象	否	是	否

图 7.33　用户定义函数、触发器和存储过程的对比

7.8　小结

本章讨论了根据数据库设计在 DBMS 产品中实现数据库的过程（如第 6 章所述）。图 7.34 为

---

① 这段代码不检查是否存在多行有给定的 ArtistID 值的情况，因为 ArtistID 是一个代理键。

数据模型和数据库设计提供了全方位的总结，展示了它们彼此如何关联、它们如何与系统分析和设计过程挂钩，特别是与系统开发生命周期（SDLC）的联系。有关系统分析和设计以及 SDLC 的更多信息见附录 B。

	数据模型（第 5 章）	数据库设计（第 6 章）	数据库实现（第 7 章）
SDLC 阶段	需求分析	组件设计	实现
系统分析和设计阶段	概念设计/模式		
		逻辑设计/模式	
		物理设计（数据类型）	物理设计（文件、记录等）
数据结构	实体	表（关系）	表
关系结构	关系	包含外键的关系	外键
通用性程度	通用	DBMS 特定	DBMS 和 OS 特定
关系：			
1∶1	是	是	是
1∶N	是	是	是
ID 依赖 1∶N	是	是	是
N∶M	是	否——参见交集表	否——参见交集表
具有两个 ID 依赖 1∶N 关系的交集表	否——参见 N∶M 关系	是	是
具有两个 ID 依赖 1∶N 关系的关联表	是（关联实体）	是	是
超类型/子类型	是——与数据建模软件有关	是——与数据建模软件有关	否——对列值使用 1∶1 关系
递归	是	是	是
软件工具（本书中采用）	Microsoft Visio 2019	MySQL Workbench	Microsoft SQL Server Management Studio Oracle SQL Developer MySQL Workbench

图 7.34　数据模型数据库设计和实现过程汇总

SQL DDL 语句用于管理表的结构。本章给出了 4 种 SQL DDL 语句：CREATE TABLE、ALTER TABLE、DROP TABLE 和 TRUNCATE TABLE。与图形化工具相比，SQL 更适合用于创建表，因为它更快、可以重复地创建相同的表、可以从程序代码创建表，它是标准化的而且（大部分）与 DBMS 无关。

IDENTITY(N, M)数据类型用于在 Microsoft SQL Server 2019 中创建代理键，其中 N 是起始值，M 是要添加的增量。SQL CREATE TABLE 语句用于定义表的名称、列和列上的约束。存在 5 种约束类型：PRIMARY KEY、UNIQUE、NULL/NOT NULL、FOREIGN KEY 以及 CHECK。

前三种约束的作用很明显。FOREIGN KEY 用于创建引用完整性约束，CHECK 用于创建数据约束。图 7.10 总结了使用 SQL 约束创建关系的技术。

可以使用 DEFAULT 关键字分配简单的默认值。一些数据约束是通过 CHECK 约束定义的。可以定义域、范围和内部关系约束。尽管 SQL-92 为外部关系 CHECK 约束定义了一些工具，但 DBMS 供应商并没有实现它们。外部关系约束通过触发器执行。

　　ALTER TABLE 语句用于添加/删除列和约束，DROP TABLE 语句用于删除表。在 SQL DDL 中，父表是先创建、后删除的。

　　DML SQL 语句包括 INSERT、UPDATE、DELETE 和 MERGE。每个语句可以用于单个行、一组行或整个表。由于其功能强大，UPDATE 和 DELETE 操作需要小心进行。

　　SQL 视图是由其他表或视图构造的一个虚拟表。SQL SELECT 语句用于定义视图。唯一的限制是视图定义可能不包括 SQL Server 中的 ORDER BY 子句。

　　视图用于隐藏列或行，并可显示列的计算结果。它还可以隐藏复杂的 SQL 语法，比如用于连接和 GROUP BY 查询的 SQL 语法。视图还能够隐藏分层计算和内置函数，以便在 WHERE 子句中使用计算。一些机构通过视图为表提供别名。视图还可用于为表分配不同的处理权限和不同的触发器。决定视图是否可以更新的规则，既复杂又与特定的 DBMS 有关。图 7.19 给出了一些原则。

　　可以将 SQL 语句嵌入应用代码、用户定义函数、触发器以及存储过程中。为此，必须有一种方法将 SQL 表的列与程序变量关联起来。此外，SQL 和程序之间存在编程范式不匹配的情况。大多数 SQL 语句返回一个行集，而应用希望一次只处理一行。为了解决这个问题，SQL 语句的结果通过游标被当作伪文件处理。在应用中嵌入 SQL 语句的一个典型示例是在 Web 数据库应用中使用 SQL。

　　SQL/PSM 是 SQL 标准的一部分，用于在数据库中存储程序代码的可重用模块。SQL/PSM 指定将嵌入用户定义函数、触发器和存储过程中的 SQL 语句。它还可以指定 SQL 变量、游标、流控制语句和输出过程。

　　用户定义函数接受来自 SQL 语句的输入参数值，处理参数值，并将结果值返回给调用语句。用户定义函数，可以返回基于行值的单个值（标量值函数）、基于行值的值表（表值函数）或基于分组列值的单个值（聚合函数）。

　　触发器是一个存储的程序，当特定事件在特定的表或视图上发生时由 DBMS 执行。在 Oracle 中，触发器可以用 Java 或专用的 Oracle 语言 PL/SQL 编写；在 SQL Server 中，触发器可以用 SQL Server 语言 TRANSACT-SQL 或 T-SQL 编写，也可以用 Microsoft CLR 语言编写，如 Visual Basic .NET、C# .NET 或 C++ .NET；MySQL 的触发器，是用 MySQL 的 SQL 变体编写的。

　　触发器包括 BEFORE、INSTEAD OF 和 AFTER。可以为插入、更新和删除操作声明触发器，因此有 9 种类型的触发器可用。Oracle 支持所有 9 种触发器类型，SQL Server 只支持 INSTEAD OF 触发器和 AFTER 触发器，MySQL 支持 BEFORE 和 AFTER 触发器。当执行触发器时，DBMS 会为更新提供旧值和新值，为插入和更新操作提供新值，为更新和删除操作提供旧值。如何将这些值提供给触发器，取决于所使用的 DBMS。

　　触发器有很多用途。本章讨论了其中的 4 种：设置默认值、执行外部关系数据约束、更新视图和执行引用完整性操作。

　　存储过程是存储在数据库中并在使用时进行编译的程序。存储过程可以接收输入参数并返回结果。与触发器不同，存储过程的作用域是数据库范围的，任何具有运行存储过程权限的进程都可以使用它。

　　可以从与触发器使用相同语言编写的程序中调用存储过程，也可以从 DBMS SQL 实用程序中调用。图 7.31 总结了使用存储过程的优点。

　　用户定义函数、触发器和存储过程的总结和比较在图 7.33 中给出。

重要术语

聚合函数	SQL CREATE INDEX 语句
临时关系	SQL CREATE ORALTER VIEW 语句
CHECK	SQL CREATE OR REPLACE VIEW 语句
游标	SQL CREATE TABLE 语句
数据	SQL CREATE VIEW 语句
数据控制语言（DCL）	SQL DELETE 语句
数据定义语言（DDL）	SQL DROP COLUMN 子句
数据操作语言（DML）	SQL DROP CONSTRAINT 子句
数据模型	SQL DROP INDEX 语句
数据库设计	SQL DROP TABLE 语句
DEFAULT 关键字	SQL INSERT 语句
图形用户界面（GUI）	SQL MERGE 语句
IDENTITY({StartValue}, {Increment})属性	SQL ON DELETE 子句
实现	SQL ON UPDATE 子句
索引	SQL/持久存储模块（SQL/PSM）
信息	SQL 脚本
外部关系约束	SQL 脚本文件
内部关系约束	SQL TRUNCATE TABLE 语句
过程编程语言	SQL UPDATE 语句
过程语言/SQL（PL/SQL）	SQL 视图
伪文件	存储过程
标量值函数	系统分析和设计
SQL ADD 子句	系统开发生命周期（SDLC）
SQL ADD CONSTRAINT 子句	表值函数
SQL ALTER INDEX 语句	事务控制语言（TCL）
SQL ALTER TABLE 语句	触发器
SQL ALTER VIEW 语句	用户定义函数（存储函数）
SQL CREATE FUNCTION 语句	

习题

7.1　"DDL"是什么的缩写？给出一些 SQL DDL 语句。

7.2　"DML"是什么的缩写？给出一些 SQL DML 语句。

7.3　表达式 IDENTITY(4000, 5)的含义是什么？

对于后面的这组习题，将创建并使用一个带有一组表的数据库，用于比较 SQL CREATE TABLE 语句和 SQL INSERT 语句的各种变体。这些习题目的是为了演示不同情况下使用各种 SQL CREATE TABLE 和 SQL INSERT 语句的选项。

该数据库名为 CH07_RQ_TABLES，它包含以下 6 个表：

CUSTOMER_01 (<u>EmailAddress</u>, LastName, FirstName)
CUSTOMER_02 (<u>CustomerID</u>, EmailAddress, LastName, FirstName)
CUSTOMER_03 (<u>CustomerID</u>, EmailAddress, LastName, FirstName)
CUSTOMER_04 (<u>CustomerID</u>, EmailAddress, LastName, FirstName)
SALE_01 (<u>SaleID</u>, DateOfSale, EmailAddress, SaleAmount)
SALE_02 (<u>SaleID</u>, DateOfSale, CustomerID, SaleAmount)

EmailAddress 是包含电子邮件地址的文本列，因此不是代理键；CustomerID 是一个代理键，从 1 开始并递增 1；SaleID 是一个代理键，从 20210001 开始递增 1。

CH07_RQ_TABLES 数据库有以下引用完整性约束：

SALE_01 表中的 EmailAddress 值，必须存在于 CUSTOMER_01 表的 EmailAddress 列中

SALE_02 表中的 CustomerID 值，必须存在于 CUSTOMER_04 表的 CustomerID 列中

从 SALE_01 到 CUSTOMER_01 的关系是 N:1，O-M。

从 SALE_02 到 CUSTOMER_04 的关系是 N:1，O-M。

这些表的列特性，分别见图 7.35（CUSTOMER_01）、图 7.36（CUSTOMER_02、CUSTOMER_03 和 CUSTOMER_04）、图 7.37（SALE_01）和图 7.38（SALE_02）。这些表的数据，分别见图 7.39（CUSTOMER_01）、图 7.40（CUSTOMER_02）、图 7.41（CUSTOMER_04）、图 7.42（SALE_01）和图 7.43（SALE_02）。

列 名 称	类 型	键	是 否 要 求	备 注
EmailAddress	Varchar(100)	主键	是	
LastName	Varchar(25)	否	是	
FirstName	Varchar(25)	否	是	

图 7.35　CH07_RQ_TABLES 数据库 CUSTOMER_01 表的列特性

列 名 称	类 型	键	是 否 要 求	备 注
CustomerID	Integer	主键	是	代理键 初始值 1，递增 1
EmailAddress	Varchar(100)	否	是	
LastName	Varchar(25)	否	是	
FirstName	Varchar(25)	否	是	

图 7.36　CH07_RQ_TABLES 数据库 CUSTOMER_02、CUSTOMER_03 和 CUSTOMER_04 表的列特性

列名称	类 型	键	是否要求	备 注
SaleID	Integer	主键	是	代理键 初始值 1，递增 1
DateOfSale	Date	否	是	
EmailAddress	Varchar(100)	外键	是	引用表：CUSTOMER_01
SaleAmount	Numeric(7, 2)	否	是	

图 7.37　CH07_RQ_TABLES 数据库 SALE_01 表的列特性

列 名 称	类 型	键	是 否 要 求	备 注
SaleID	Integer	主键	是	代理键 初始值 1，递增 1
DateOfSale	Date	否	是	
CustomerID	Integer	外键	是	引用表：CUSTOMER_04
SaleAmount	Numeric(7, 2)	否	是	

图 7.38　CH07_RQ_TABLES 数据库 SALE_02 表的列特性

EmailAddress	LastName	FirstName
Robert.Shire@somewhere.com	Shire	Robert
Katherine.Goodyear@somewhere.com	Goodyear	Katherine
Chris.Bancroft@somewhere.com	Bancroft	Chris

图 7.39　CH07_RQ_TABLES 数据库 CUSTOMER_01 表的数据

CustomerID	EmailAddress	LastName	FirstName
1	Robert.Shire@somewhere.com	Shire	Robert
2	Katherine.Goodyear@somewhere.com	Goodyear	Katherine
3	Chris.Bancroft@somewhere.com	Bancroft	Chris

图 7.40　CH07_RQ_TABLES 数据库 CUSTOMER_02 表的数据

CustomerID	EmailAddress	LastName	FirstName
17	Robert.Shire@somewhere.com	Shire	Robert
23	Katherine.Goodyear@somewhere.com	Goodyear	Katherine
46	Chris.Bancroft@somewhere.com	Bancroft	Chris
47	John.Griffith@somewhere.com	Griffith	John
48	Doris.Tiemey@somewhere.com	Tiemey	Doris
49	Donna.Anderson@elsewhere.com	Anderson	Donna

图 7.41　CH07_RQ_TABLES 数据库 CUSTOMER_04 表的数据

SaleID	DateOfSale	EmailAddress	SaleAmount
20210001	2021-01-14	Robert.Shire@somewhere.com	234.00
20210002	2021-01-14	Chris.Bancroft@somewhere.com	56.50
20210003	2021-01-16	Robert.Shire@somewhere.com	123.00
20210004	2021-01-17	Katherine.Goodyear@somewhere.com	34.25

图 7.42　CH07_RQ_TABLES 数据库 SALE_01 表的数据

SaleID	DateOfSale	CustomerID	SaleAmount
20210001	2021-01-14	17	234.00
20210002	2021-01-14	46	56.50
20210003	2021-01-16	17	123.00
20210004	2021-01-17	23	34.25
20210005	2021-01-18	49	345.00
20210006	2021-01-21	46	567.35
20210007	2021-01-23	47	78.50

图 7.43　CH07_RQ_TABLES 数据库 SALE_02 表的数据

7.4   如果使用的是 Microsoft SQL Server、Oracle Database 或 MySQL，在 Documents 文件夹中创建如下的文件夹，以保存和存储一些*.sql 脚本，它们包含以下关于 CH07_RQ_TABLES 数据库的习题中要求创建的 SQL 语句：

- 对于 SQL Server Management Studio，在 SQL Server Management Studio/Projects 文件夹中创建一个名为 CH07-RQ-TABLES-Database 的文件夹。
- 对于 Oracle SQL Developer，在 SQL Developer 文件夹中创建一个名为 CH07-RQ-TABLES-Database 的文件夹。
- 对于 SQL Workbench，在 MySQL Workbench/Schemas 文件夹中创建一个名为 CH07-RQ-TABLES-Database 的文件夹。

如果使用的是 Microsoft Access 2019，则在 DBP-e16-Access-2019-Databases 文件夹中创建一个名为 CH07-Databases 的文件夹。

7.5   创建一个 CH07_RQ_TABLES 数据库。

7.6   如果使用的是 Microsoft SQL Server、Oracle Database 或 MySQL，创建并保存一个名为 CH07-RQ-TABLES-Tables-Data-and-Views.sql 的 SQL 脚本，保存习题 7.7～7.40 的答案。在答案中使用 SQL 脚本注释（/*和*/符号），用于回答那些需要将答案写成注释的问题。

如果使用的是 Microsoft Access 2019，创建一个 Microsoft Notepad 文本文件 CH07-RQ-TABLES-Tables-Data-and-Views.txt，用于保存习题 7.7～7.40 的答案。在 Microsoft Access 2019 中运行每一个 SQL 语句后，将这些语句复制到该文件中。

7.7   编写并运行一个 SQL CREATE TABLE 语句，创建 CUSTOMER_01 表。

7.8   编写并运行一个 SQL CREATE TABLE 语句，创建 CUSTOMER_02 表。

7.9   CUSTOMER_01 和 CUSTOMER_02 表有明显的区别吗？如果有，区别是什么？

7.10   编写并运行一个 SQL CREATE TABLE 语句，创建 CUSTOMER_03 表。

7.11   CUSTOMER_02 和 CUSTOMER_03 表有明显的区别吗？如果有，区别是什么？

7.12   编写并运行一个 SQL CREATE TABLE 语句，创建 CUSTOMER_04 表。

7.13   CUSTOMER_03 和 CUSTOMER_04 表之间有明显的区别吗？如果有，区别是什么？

7.14   编写并运行一个 SQL CREATE TABLE 语句，创建 SALE_01 表。注意，外键是 EmailAddress，它引用 CUSTOMER_01.EmailAddress。这个数据库中，CUSTOMER_01 和 SALE_01 记录永远不会被删除，因此不会有 ON DELETE 引用完整性操作。但是，需要确定如何实现 ON UPDATE 引用完整性操作。

7.15   在上一题中，应该如何实现 ON UPDATE 引用完整性操作？为什么？

7.16   CUSTOMER_01 和 SALE_01 表之间有明显的区别吗？如果有，区别是什么？

7.17   是否可以在创建 CUSTOMER_01 表之前创建 SALE_01 表？如果不可以，为什么？

7.18   编写并运行一个 SQL CREATE TABLE 语句，创建 SALE_02 表。注意，外键是 CustomerID，它引用 CUSTOMER_04.CustomerID。这个数据库中，CUSTOMER_04 和 SALE_02 记录永远不会被删除，因此不会有 ON DELETE 引用完整性操作。但是，需要确定如何实现 ON UPDATE 引用完整性操作。

7.19   在上一题中，应该如何实现 ON UPDATE 引用完整性操作？为什么？

7.20   SALE_01 和 SALE_02 表之间有明显的区别吗？如果有，区别是什么？

7.21   是否可以在创建 CUSTOMER_04 表之前创建 SALE_02 表？如果不可以，为什么？

7.22   编写并运行一组 SQL INSERT 语句，填充 CUSTOMER_01 表。

7.23   编写并运行一组 SQL INSERT 语句，填充 CUSTOMER_02 表。不要使用批量的 INSERT 命令。

7.24   用于填充 CUSTOMER_01 和 CUSTOMER_02 表的 SQL INSERT 语句集之间有显著的区别吗？如

果有，区别是什么？

7.25 编写并运行一个 SQL INSERT 语句，填充 CUSTOMER_03 表。使用批量 INSERT 命令和 CUSTOMER_01 表中的数据。（提示：在 Oracle Database 中，这需要在 FROM 子句中使用一个嵌套查询，该子句在本书中没有涉及。参见 Oracle Database 文档。）

7.26 用于填充 CUSTOMER_02 和 CUSTOMER_03 表的 SQL INSERT 语句集之间有显著的区别吗？如果有，区别是什么？

7.27 编写并运行一组 SQL INSERT 语句，填充 CUSTOMER_04 表的第 1～3 行。注意，这个问题涉及非顺序代理键值，它基于第 10A 章中的 Microsoft SQL Server 2019、第 10B 章中的 Oracle Database 或者第 10C 章中的 MySQL 8.0 技术，取决于所用的 DBMS 产品。

7.28 用于填充 CUSTOMER_02 表和 CUSTOMER_04 表第 1～3 行的 SQL INSERT 语句集之间有显著的区别吗？如果有，区别是什么？

7.29 编写并运行一组 SQL INSERT 语句，填充 CUSTOMER_04 表的第 4～6 行。注意，这个问题涉及顺序代理键值，它基于第 10A 章中的 Microsoft SQL Server 2019、第 10B 章中的 Oracle Database 或者第 10C 章中的 MySQL 8.0 技术，取决于所用的 DBMS 产品。

7.30 用于填充 CUSTOMER_02 表和 CUSTOMER_04 表第 4～6 行的 SQL INSERT 语句集之间有显著的区别吗？如果有，区别是什么？

7.31 编写并运行一组 SQL INSERT 语句，填充 SALE_01 表。

7.32 用于填充 CUSTOMER_01 表和 SALE_01 表的 SQL INSERT 语句集之间有显著的区别吗？如果有，区别是什么？

7.33 是否可以在填充 CUSTOMER_01 表之前填充 SALE_01 表？如果不可以，为什么？

7.34 编写并运行一组 SQL INSERT 语句，填充 SALE_02 表。

7.35 用于填充 SALE_01 表和 SALE_02 表的 SQL INSERT 语句集之间有显著的区别吗？如果有，区别是什么？

7.36 是否可以在填充 CUSTOMER_04 表之前填充 SALE_02 表？如果不可以，为什么？

7.37 编写并运行一条 SQL INSERT 语句，将图 7.44 中的数据插入 SALE_02 表中。运行这条语句的结果是什么？为什么会得到这样的结果？

SaleID	DateOfSale	CustomerID	SaleAmount
20210008	2021-01-25	50	890.15

图 7.44 用于 CH07_RQ_TABLES 数据库 SALE_02 表的数据

7.38 编写一条 SQL 语句，根据 CUSTOMER_01 表创建一个名为 Customer01DataView 的视图。视图中需包含 EmailAddress、LastName（显示为 CustomerLastName）以及 FirstName（显示为 CustomerFirstName）的值。运行该语句以创建视图，然后通过编写和运行适当的 SQL SELECT 语句来测试它。

7.39 编写一条 SQL 语句，根据 CUSTOMER_04 表创建一个名为 Customer04DataView 的视图。视图中需按顺序包含 CustomerID、LastName（显示为 CustomerLastName）、FirstName（显示为 CustomerFirstName）以及 EmailAddress 值。运行该语句以创建视图，然后通过编写和运行适当的 SQL SELECT 语句来测试它。

7.40 编写一条 SQL 语句，根据 CUSTOMER_04 表和 SALE_02 创建一个名为 CustomerSalesView 的视图。视图中需按顺序包含 CustomerID、LastName（显示为 CustomerLastName）、FirstName（显示为 CustomerFirstName）、EmailAddress、SaleID、DateOfSale 以及 SaleAmount 值。运行该语句以创建视图，然后通过编写和运行适当的 SQL SELECT 语句来测试它。

关于 Wedgewood Pacific 公司的习题

创建并使用一个 Wedgewood Pacific（WP）公司的数据库，它类似于第 1 章和第 2 章中创建的 Microsoft Access 数据库。这家公司于 1987 年在华盛顿州的西雅图成立，生产和销售民用无人机。这是一个充满创新而快速发展的市场。

2020 年 10 月，美国联邦航空管理局（FAA）表示，在新的登记规则下，已注册了超过 170 万架的无人机。其中，约 50 万架为商用，其他的均为民用。此外，FAA 还报告称，有超过 19.8 万名远程飞行员获得了驾驶证。

WP 目前生产三种型号的无人机：Alpha III，Bravo III 和 Delta IV。这些产品由 WP 的研发小组设计，并由 WP 生产。WP 生产用于无人机的部分部件，但也从其他供应商处购买部件。

公司坐落在两栋大楼里。一栋楼里有行政、法律、财务、会计、人力资源、销售和市场部门，另一栋楼里有信息系统、研发和生产部门。公司数据库包含关于员工、部门、项目、资产（如成品库存、零部件库存和计算机设备）和公司运营的其他方面的数据。

该数据库被命名为 WP，它包含以下 4 个表：

DEPARTMENT (DepartmentName, BudgetCode, OfficeNumber, DepartmentPhone)

EMPLOYEE (EmployeeNumber, FirstName, LastName, *Department*, Position, Supervisor, OfficePhone, EmailAddress)

PROJECT (ProjectID, ProjectName, *Department*, MaxHours, StartDate, EndDate)

ASSIGNMENT (*ProjectID*, *EmployeeNumber*, HoursWorked)

EmployeeNumber 是一个代理键，它从 1 开始并以 1 递增；ProjectID 是一个代理键，起始值 1000，递增值为 100；DepartmentName 是部门名称（文本），因此不是代理键。

WP 数据库具有以下引用完整性约束：

EMPLOYEE 表中的 Department 值，必须存在于 DEPARTMENT 表的 DepartmentName 列中

EMPLOYEE 表中的 Supervisor 值，必须存在于 EMPLOYEE 表的 EmployeeNumber 列中

PROJECT 表中的 Department 值，必须存在于 DEPARTMENT 表的 DepartmentName 列中

ASSIGNMENT 表中的 ProjectID 值，必须存在于 PROJECT 表的 ProjectID 列中

ASSIGNMENT 表中的 EmployeeNumber 值，必须存在于 EMPLOYEE 表的 EmployeeNumber 列中

EMPLOYEE 到 ASSIGNMENT 的关系为 1:N，M-O；PROJECT 到 ASSIGNMENT 的关系为 1:N，M-O。

该数据库还具有以下业务规则：

● 如果要删除一个 EMPLOYEE 行并且该行连接到一个 ASSIGNMENT 行，则不允许删除 EMPLOYEE 行。

● 如果删除了一个 PROJECT 行，那么连接到它的所有 ASSIGNMENT 行也将被删除。

这些规则的商业含义如下：

● 如果删除了一个 EMPLOYEE 行（例如，员工被调离），那么必须有人接管该员工的工作。因此，在删除 EMPLOYEE 行之前，应用需要将工作重新分配给其他人。

● 如果删除了一个 PROJECT 行，那么表示该项目已经被取消，没有必要维护它的派工记录。

这些表的列特性，分别参见图 1.34（DEPARTMENT）、图 1.36（EMPLOYEE）、图 2.43（PROJECT）和图 2.45（ASSIGNMENT）。这些表的数据，分别参见图 1.35（DEPARTMENT）、图 1.37（EMPLOYEE）、图 2.44（PROJECT）和图 2.46（ASSIGNMENT）。

如果可能的话，应该在一个实际的数据库上运行针对以下问题的 SQL 解决方案。因为已经在 Microsoft Access 中创建了这个数据库，所以在这些练习中应该使用面向 SQL 的 DBMS，如 Microsoft SQL Server 2019、

Oracle Database 或 MySQL 8.0。创建一个名为 WP 的数据库，并在 Documents 文件夹中创建一个文件夹来保存和存储*.sql 脚本，这些脚本包含与本节的 WP 数据库相关的剩余问题以及后面的练习题中要求创建的 SQL 语句。

- 对于 SQL Server Management Studio，在 SQL Server Management Studio/Projects 文件夹中创建一个名为 WP-Database 的文件夹。
- 对于 Oracle SQL Developer，在 SQL Developer 文件夹中创建一个名为 WP-Database 的文件夹。
- 对于 MySQL Workbench，在 MySQL Workbench/Schemas 文件夹中创建一个名为 WP-Database 的文件夹。

如果不方便进行以上任何一个操作，则创建一个新的 Microsoft Access 数据库 WP-CH07.accdb，并在下面这些练习中使用 SQL 功能。在所有的练习中，需使用适合 DBMS 的数据类型。

编写一个名为 WP-Create-Tables.sql 的 SQL 脚本，保存习题 7.41～7.50 的答案。在答案中使用 SQL 脚本注释（/*和*/符号），用于回答习题 7.45 和习题 7.46 中需要将答案写成注释的问题。对于习题 7.41～7.44，需测试并运行 SQL 语句。在创建表之后，运行习题 7.47～7.50 的答案。注意，执行完这 4 个语句之后，表结构应与运行它们之前完全相同。

7.41　为 DEPARTMENT 表编写 CREATE TABLE 语句。

7.42　为 EMPLOYEE 表编写 CREATE TABLE 语句。电子邮件是必需的且是一个替代键，Department 的默认值是 Human Resources。DEPARTMENT 到 EMPLOYEE 的关系是级联更新，但不是级联删除。

7.43　为 PROJECT 表编写 CREATE TABLE 语句。MaxHours 的默认值是 100。DEPARTMENT 到 PROJECT 的关系是级联更新，但不是级联删除。

7.44　为 ASSIGNMENT 表编写 CREATE TABLE 语句。PROJECT 到 ASSIGNMENT 的关系是级联删除；EMPLOYEE 到 ASSIGNMENT 的关系，既不是级联删除，也不是级联更新。

7.45　修改习题 7.43 的答案，使其包含 StartDate 在 EndDate 之前的约束。

7.46　编写另一条 SQL 语句，修改习题 7.44 的答案，使 EMPLOYEE 和 ASSIGNMENT 之间的关系为 1:1。

7.47　编写一个 ALTER 语句，将 AreaCode 列添加到 EMPLOYEE。假定 AreaCode 不是必需的。

7.48　编写一个 ALTER 语句，将 AreaCode 列从 EMPLOYEE 删除。

7.49　编写一个 ALTER 语句，使 OfficePhone 成为 EMPLOYEE 的替代键。

7.50　编写一个 ALTER 语句，删除 OfficePhone 是 EMPLOYEE 中替代键的约束。

创建 SQL 脚本，回答习题 7.51～习题 7.56 的问题。以 SQL 文本注释的形式给出习题 7.55 的答案，但要将其包含在脚本中。以 SQL 注释的形式给出习题 7.56 的答案，使其不能运行。

7.51　编写 INSERT 语句，将图 1.29 中的数据添加到 DEPARTMENT 表中。运行这些语句来填充 DEPARTMENT 表。（提示：编写并测试 SQL 脚本，然后运行该脚本。将脚本保存为 WP-Insert-PROJECT-Data.sql，以供后用。）

7.52　编写 INSERT 语句，将图 1.31 中的数据添加到 EMPLOYEE 表中。运行这些语句来填充 EMPLOYEE 表。（提示：编写并测试 SQL 脚本，然后运行该脚本。将脚本保存为 WP-Insert-EMPLOYEE-Data.sql，以供后用。）

7.53　编写 INSERT 语句，将图 2.44 中的数据添加到 PROJECT 表中。运行这些语句来填充 PROJECT 表。（提示：编写并测试 SQL 脚本，然后运行该脚本。将脚本保存为 WP-Insert-PROJECT-Data.sql，以供后用。）

7.54　编写 INSERT 语句，将图 2.46 中的数据添加到 ASSIGNMENT 表中。运行这些语句来填充

ASSIGNMENT 表。（提示：编写并测试 SQL 脚本，然后运行该脚本。将脚本保存为 WP-Insert-ASSIGNMENT-Data.sql，以供后用。）

7.55 为什么表需要按照习题 7.51～7.54 中给出的顺序填充？

7.56 假设有一个名为 NEW_EMPLOYEE 的表，该表按顺序具有列 Department、Email、FirstName 和 LastName。编写一个 INSERT 语句，将表 NEW_EMPLOYEE 中的所有行添加到 EMPLOYEE 中。不要运行此语句。

创建并运行一个名为 WP-Update-Data.sql 的 SQL 脚本，用于回答习题 7.57～习题 7.62 的问题。以 SQL 注释的形式给出习题 7.62 的答案，使其不能运行。

7.57 编写一个 UPDATE 语句，将 EmployeeNumber 为 11 的员工电话号码更改为 360-287-8810。运行此 SQL 语句。

7.58 编写一个 UPDATE 语句，将 EmployeeNumber 为 5 的员工所属部门更改为 Finance。运行此 SQL 语句。

7.59 编写一个 UPDATE 语句，将 EmployeeNumber 为 5 的员工电话号码更改为 360-287-8420。运行此 SQL 语句。

7.60 将习题 7.58 和 7.59 的答案合并到一条 SQL 语句中。运行此语句。

7.61 编写一个 UPDATE 语句，将 ASSIGNMENT 中 EmployeeNumber 值为 10 的所有行的 HoursWorked 设置为 60。运行此语句。

7.62 假设有一个名为 NEW_EMAIL 的表，它为一些员工提供了新的电子邮件值。这个表具有两列：EmployeeNumber 和 NewEmail。编写一个 MERGE 语句，将 EMPLOYEE 中的 Email 值更改为 NEW_EMAIL 表中的值。不要运行这个语句。

创建并运行一个名为 WP-Delete-Data.sql 的 SQL 脚本，用于回答习题 7.63 和习题 7.64 的问题。以 SQL 注释的形式给出习题 7.63 和习题 7.64 的答案，使其不能运行。

7.63 编写一个 DELETE 语句，删除项目"2021 Q3 Production Plan"的所有数据以及 ASSIGNMENT 中与该项目有关的所有行。不要运行这个语句。

7.64 编写一个 DELETE 语句，删除姓氏（LastName）为"Smith"的员工的行。不要运行这个语句。如果其中一位员工在 ASSIGNMENT 中存在记录，会发生什么？

7.65 什么是 SQL 视图？它的用途是什么？

7.66 SQL 视图中使用 SELECT 语句的限制是什么？

创建并运行一个名为 WP-Create-Views.sql 的 SQL 脚本，用于回答习题 7.67～习题 7.72 的问题。

7.67 编写一条 SQL 语句，创建一个名为 EmployeePhoneView 的视图，它提供 EMPLOYEE.LastName（显示为 EmployeeLastName）、EMPLOYEE.FirstName（显示为 EmployeeFirstName）和 EMPLOYEE.OfficePhone（显示为 EmployeePhone）的值。运行该语句以创建视图，然后通过编写和运行适当的 SQL SELECT 语句来测试它。

7.68 编写一条 SQL 语句，创建一个名为 FinanceEmployeePhoneView 的视图，它提供 Finance 部门员工的 EMPLOYEE.LastName（显示为 EmployeeLastName）、EMPLOYEE.FirstName（显示为 EmployeeFirstName）和 EMPLOYEE.OfficePhone（显示为 EmployeePhone）的值。运行该语句以创建视图，然后通过编写和运行适当的 SQL SELECT 语句来测试它。

7.69 编写一条 SQL 语句，创建一个名为 CombinedNameEmployeePhoneView 的视图，它提供 EMPLOYEE.LastName、EMPLOYEE.FirstName 以及 EMPLOYEE.OfficePhone（显示为 EmployeePhone）的值，但是要将 EMPLOYEE.LastName 和 EMPLOYEE.FirstName 组合成一个 EmployeeName 列，且名字在前、姓氏在后。运行该语句以创建视图，然后通过编写和运行适当的 SQL SELECT 语句来测试它。

7.70　编写一条 SQL 语句，创建一个名为 EmployeeProjectAssignmentView 的视图，它提供 EMPLOYEE.LastName（显示为 EmployeeLastName）、EMPLOYEE.FirstName（显示为 EmployeeFirstName）、EMPLOYEE.OfficePhone（显示为 EmployeePhone）以及 PROJECT.ProjectName（显示为 ProjectName）的值。运行该语句以创建视图，然后通过编写和运行适当的 SQL SELECT 语句来测试它。

7.71　编写一条 SQL 语句，创建一个名为 DepartmentEmployeeProjectAssignmentView 的视图，它提供 EMPLOYEE.LastName（显示为 EmployeeLastName）、EMPLOYEE.FirstName（显示为 EmployeeFirstName）、EMPLOYEE.OfficePhone（显示为 EmployeePhone）、DEPARTMENT.DepartmentName、DEPARTMENT.DepartmentPhone（显示为 DepartmentPhone）以及 PROJECT.ProjectName（显示为 ProjectName）的值。运行该语句以创建视图，然后通过编写和运行适当的 SQL SELECT 语句来测试它。

7.72　编写一条 SQL 语句，创建一个名为 ProjectHoursToDateView 的视图，它提供 PROJECT.ProjectID、PROJECT.ProjectName、PROJECT.MaxHours（显示为 ProjectMaxHours）的值以及 ASSIGNMENT.HoursWorked 的和值（显示为 ProjectHoursWorkedToDate）。运行该语句以创建视图，然后通过编写和运行适当的 SQL SELECT 语句来测试它。

7.73　描述如何使用视图为表提供别名。为什么这样做是有用的？

7.74　解释视图如何能够提升数据安全性。

7.75　解释如何使用视图来提供额外的触发器功能。

7.76　给出一个明显可更新的视图示例。

7.77　给出一个明显不可更新的视图示例。

7.78　总结一下判断视图是否可更新的一般概念。

7.79　如果一个视图缺少必需的项，则视图上的什么操作是绝对不允许的？

7.80　解释 SQL 和编程语言之间的编程范式不匹配的情况。

7.81　对于上一习题，应该如何纠正不匹配的情况？

7.82　描述 SQL 标准的 SQL/PSM 组件。什么是 PL/SQL 和 T-SQL？在 MySQL 中它称为什么？

7.83　什么是用户定义函数？

使用 WP 数据库，创建一个名为 WP-Create-Function-and-View.sql 的 SQL 脚本。回答习题 7.84 和习题 7.85。

7.84　创建并测试一个名为 FirstNameFirst 的用户定义函数，该函数将两个名为 FirstName 和 LastName 的参数组合成一个名为 FullName 的连接值，并按顺序显示 FirstName、空格和 LastName（提示：Steve 和 Smith 会被组合成 Steve Smith）。

7.85　创建并测试一个名为 EmployeeDepartmentDataView 的视图，它包含由 FirstNameFirst 用户定义函数组合成的员工姓名 EmployeeName、EMPLOYEE.Department、DEPARTMENT.OfficeNumber、DEPARTMENT.DepartmentPhone 以及 EMPLOYEE.OfficePhone（显示为 EmployeePhone）。运行该语句以创建视图，然后通过编写和运行适当的 SQL SELECT 语句来测试它。

7.86　什么是触发器？

7.87　触发器与表或视图之间的关系是什么？

7.88　列出 9 种可能的触发器类型。

7.89　用通俗语言解释如何使新值和旧值对触发器可用。

7.90　描述触发器的 4 种用途。

7.91　假设 View Ridge 画廊允许从 WORK 表中删除未售出的作品。用通俗的语言解释如何使用触发器来完成这样的删除操作。（提示：检查交易情况。）

7.92　假设 Wedgewood Pacific 公司允许删除 EMPLOYEE 中没有项目任务的行。用通俗的语言解释如何使用触发器来完成这样的删除操作。（提示：检查任务分配情况。）

7.93　什么是存储过程？它与触发器有何不同？

7.94　总结如何调用存储过程。

7.95　总结存储过程的主要优点。

练习

关于 Wedgewood Pacific 公司的练习

下面这些练习通过两个名为COMPUTER 和 COMPUTER_ASSIGNMENT 的新表扩展了在上面的习题中创建并使用的 Wedgewood Pacific 数据库。

修改后的数据模型如图 7.45 所示，COMPUTER 表的列特性如图 7.46 所示，COMPUTER_ASSIGNMENT 表的列特性如图 7.46 所示。COMPUTER 表的数据见图 7.48，COMPUTER_ASSIGNMENT 表的数据见图 7.49。

7.96　用类型（标识或非标识）以及最大和最小基数来描述这两个表之间的关系。

7.97　解释每一个外键存在的必要性。

7.98　仅为 COMPUTER-to-COMPUTER_ASSIGNMENT 关系定义引用完整性操作（例如，ON UPDATE CASCADE）。解释这些操作的必要性。

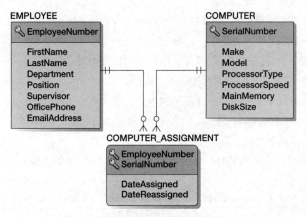

图 7.45　扩展后的 WP 数据库设计

COMPUTER 表				
列 名 称	类 型	键	是 否 要 求	备 注
SerialNumber	Integer	主键	是	
Make	Char(12)	否	是	必须为 Dell、HP 或 Other
Model	Char(24)	否	是	
ProcessorType	Char(24)	否	否	
ProcessorSpeed	Numeric(3.2)	否	是	2.0～5.0
MainMemory	Char(15)	否	是	
DiskSize	Char(15)	否	是	

图 7.46　WP 数据库 COMPUTER 表的列特性

COMPUTER_ASSIGNMENT 表				
列 名 称	类 型	键	是 否 要 求	备 注
SerialNumber	Integer	主键，外键	是	引用表：COMPUTER
EmployeeNumber	Integer	主键，外键	是	引用表：EMPLOYEE
DateAssigned	Date	否	是	
DateReassigned	Date	否	否	

图 7.47　WP 数据库 COMPUTER_ASSIGNMENT 表的列特性

7.99　假设在 EMPLOYEE-to-COMPUTER_ASSIGNMENT 关系中，COMPUTER_ASSIGNMENT 现在是强制的（即每一位雇员必须至少有一台计算机）。将图 6.29（b）作为样板，描述在 EMPLOYEE 和 COMPUTER_ASSIGNMENT 之间保证子记录是必需的触发器。指出任何必要的触发器的用途。

7.100　解释上题答案中的触发器与 COMPUTER-to-COMPUTER_ASSIGNMENT 关系的相互作用。如果有的话，期望发生什么级联行为？如何进行测试，以确定它是否按所期望的方式工作？

使用 WP 数据库，创建一个名为 WP-Create-New-Tables.sql 的 SQL 脚本。回答下面这个练习。

7.101　使用图 7.46 和图 7.47 中给出的列特性，为图 7.45 中的 COMPUTER 和 COMPUTER_ASSIGNMENT 表编写 CREATE TABLE 语句。编写 CHECK 约束以确保 Make 值为 Dell、HP 或 Other。另外，还要编写几个约束，以确保 ProcessorSpeed 在 2.0 和 5.0 之间（单位为 GHz）。在 WP 数据库上运行这些语句，以扩展数据库结构。

SerialNumber	Make	Model	ProcessorType	ProcessorSpeed	MainMemory	DiskSize
9871234	HP	ProDesk 600 G5	Intel i5-9500T	3.70	16.0 GBytes	1.0 TBytes
9871235	HP	ProDesk 600 G5	Intel i5-9500T	3.70	16.0 GBytes	1.0 TBytes
9871236	HP	ProDesk 600 G5	Intel i5-9500T	3.70	16.0 GBytes	1.0 TBytes
9871237	HP	ProDesk 600 G5	Intel i5-9500T	3.70	16.0 GBytes	1.0 TBytes
9871238	HP	ProDesk 600 G5	Intel i5-9500T	3.70	16.0 GBytes	1.0 TBytes
9871239	HP	ProDesk 600 G5	Intel i5-9500T	3.70	16.0 GBytes	1.0 TBytes
9871240	HP	ProDesk 600 G5	Intel i5-9500T	3.70	16.0 GBytes	1.0 TBytes
9871241	HP	ProDesk 600 G5	Intel i5-9500T	3.70	16.0 GBytes	1.0 TBytes
9871242	HP	ProDesk 600 G5	Intel i5-9500T	3.70	16.0 GBytes	1.0 TBytes
9871243	HP	ProDesk 600 G5	Intel i5-9500T	3.70	16.0 GBytes	1.0 TBytes
6541001	Dell	OptiPlex 7060	Intel i7-8700	4.60	32.0 GBytes	2.0 TBytes
6541002	Dell	OptiPlex 7060	Intel i7-8700	4.60	32.0 GBytes	2.0 TBytes
6541003	Dell	OptiPlex 7060	Intel i7-8700	4.60	32.0 GBytes	2.0 TBytes
6541004	Dell	OptiPlex 7060	Intel i7-8700	4.60	32.0 GBytes	2.0 TBytes
6541005	Dell	OptiPlex 7060	Intel i7-8700	4.60	32.0 GBytes	2.0 TBytes
6541006	Dell	OptiPlex 7060	Intel i7-8700	4.60	32.0 GBytes	2.0 TBytes
6541007	Dell	OptiPlex 7060	Intel i7-8700	4.60	32.0 GBytes	2.0 TBytes
6541008	Dell	OptiPlex 7060	Intel i7-8700	4.60	32.0 GBytes	2.0 TBytes
6541009	Dell	OptiPlex 7060	Intel i7-8700	4.60	32.0 GBytes	2.0 TBytes
6541010	Dell	OptiPlex 7060	Intel i7-8700	4.60	32.0 GBytes	2.0 TBytes

图 7.48　WP 数据库 COMPUTER 表的数据

使用 WP 数据库，创建一个名为 WP-Insert-New-Data.sql 的 SQL 脚本。回答下面这个练习。

7.102 使用图 7.48 中的 COMPUTER 表和图 7.49 中的 COMPUTER_ASSIGNMENT 表的样例数据，编写一些 INSERT 语句，将它们添加到 WP 数据库中的这两个表中。运行这些语句来填充表。

使用 WP 数据库，创建一个名为 WP-Create-New-Views-And-Functions.sql 的 SQL 脚本。回答练习7.103～练习 7.108。

7.103 创建一个名为 ComputerView 的 COMPUTER 视图，显示 SerialNumber，然后将 Make 和 Model 组合在一起显示成一个名为 ComputerType 的属性。Make 和 Model 之间要加冒号和空格，例如 Dell: OptiPlex 7060。不要创建用户定义函数来执行此任务。运行该语句以创建视图，然后用适当的 SQL SELECT 语句来测试它。

SerialNumber	EmployeeNumber	DateAssigned	DateReassigned
9871234	12	15-Sep-21	21-Oct-21
9871235	13	15-Sep-21	21-Oct-21
9871236	14	15-Sep-21	21-Oct-21
9871237	15	15-Sep-21	21-Oct-21
9871238	6	15-Sep-21	21-Oct-21
9871239	7	15-Sep-21	21-Oct-21
9871240	8	15-Sep-21	21-Oct-21
9871241	9	15-Sep-21	21-Oct-21
9871242	16	15-Sep-21	21-Oct-21
9871243	17	15-Sep-21	21-Oct-21
6541001	12	21-Oct-21	
6541002	13	21-Oct-21	
6541003	14	21-Oct-21	
6541004	15	21-Oct-21	
6541005	6	21-Oct-21	
6541006	7	21-Oct-21	
6541007	8	21-Oct-21	
6541008	9	21-Oct-21	
6541009	16	21-Oct-21	
6541010	17	21-Oct-21	
9871234	1	21-Oct-21	
9871235	2	21-Oct-21	
9871236	3	21-Oct-21	
9871237	4	21-Oct-21	
9871238	5	21-Oct-21	
9871239	10	21-Oct-21	
9871240	11	21-Oct-21	
9871241	18	21-Oct-21	
9871242	19	21-Oct-21	
9871243	20	21-Oct-21	

图 7.49 WP 数据库 COMPUTER_ASSIGNMENT 表的数据

7.104　创建一个名为 ComputerMakeView 的视图，显示所有计算机的 Make 和平均 ProcessorSpeed。运行该语句以创建视图，然后用适当的 SQL SELECT 语句来测试它。

7.105　创建一个名为 ComputerUserView 的视图，使其拥有 COMPUTER 和 ASSIGNMENT 的所有数据。运行该语句以创建视图，然后用适当的 SQL SELECT 语句来测试它。

7.106　创建一个 SQL SELECT 语句，使用前面创建的 ComputerView 视图来显示计算机的 SerialNumber、ComputerType 和 Employee 姓名。运行此语句。

7.107　创建并测试一个名为 ComputerMakeAndModel 的用户定义函数，将 Make 和 Model 连接起来，形成{Make}:{Model}字符串，就如同练习题 7.103 中没有函数时所做的那样。

7.108　创建一个名为 ComputerMakeAndModelView 的 COMPUTER 视图，显示 SerialNumber，然后使用练习题 7.107 中创建的 ComputerMakeAndModel 函数来显示一个名为 ComputerType 的属性。使用适当的 SQL SELECT 语句测试这个视图。

7.109　假设在将一个新行插入到 COMPUTER_ASSIGNMENT 中以记录计算机的新分配情况时，希望有一个触发器自动地在 COMPUTER_ASSIGNMENT 表的旧行中放置一个 DateReassigned 值。用通俗语言描述一下这个触发器的逻辑。

7.110　假设希望使用存储过程在 COMPUTER 表中存储新行。列出过程中需要包含的最小参数个数。用通俗语言描述一下这个存储过程的逻辑。

Heather Sweeney Designs 案例题

Heather Sweeney 是一位专门从事家庭厨房设计的室内设计师，她的公司名为 Heather Sweeney Designs。Heather 在家居展览、厨房和家电商店以及其他公共场所举办各种各样的免费研讨会，并将研讨会作为积累客户群的一种方式。她通过出售指导人们如何设计厨房的书籍和视频来赚取收入，还提供定制设计咨询服务。

研讨会结束后，Heather 尽力向听众推销她的产品和服务。因此，她希望开发一个数据库来记录客户的情况，包含他们参加过的研讨会、联系方式以及购买情况。希望能够用这个数据库继续联系客户，并向他们提供产品和服务。

该数据库被命名为 HSD。这里的 SQL 语句是根据图 7.50 的 HSD 数据库设计、图 7.51 的列特性和图 7.52 的引用完整性约束规范构建的。

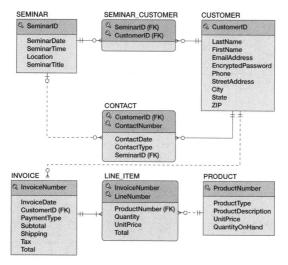

图 7.50　HSD 数据库的数据库设计

列名称	数据类型	键	是否要求	默认值	备注
SeminarID	Integer	主键	是		DBMS 提供代理键：初始值 1，递增 1
SeminarDate	Date	否	是	无	格式：yyyy-mm-dd
SeminarTime	Time	否	是	无	格式：00:00:00.00
Location	VarChar(100)	否	是	无	
SeminarTitle	VarChar(100)	否	是	无	

（a）SEMINAR 表

列名称	数据类型	键	是否要求	默认值	备注
CustomerID	Integer	主键	是		DBMS 提供代理键：初始值 1，递增 1
LastName	Char(25)	否	是	无	
FirstName	Char(25)	否	是	无	
EmailAddress	VarChar(100)	替代键	是	无	AK1.1
EncryptedPassword	VarChar(50)	否	否	无	
Phone	Char(12)	否	是	无	格式：###-###-####
StreetAddress	Char(35)	否	否	无	
City	Char(35)	否	否	Dallas	
State	Char(2)	否	否	TX	格式：AA
ZIP	Char(10)	否	否	75201	格式：#####-####

（b）CUSTOMER 表

列名称	数据类型	键	是否要求	默认值	备注
SeminarID	Integer	主键，外键	是	无	引用表：SEMINAR
CustomerID	Integer	主键，外键	是	无	引用表：CUSTOMER

（c）SEMINAR_CUSTOMER 表

列名称	数据类型	键	是否要求	默认值	备注
CustomerID	Integer	主键，外键	是	无	引用表：CUSTOMER
ContactNumber	Integer	主键	是	无	并不完全是代理键——对于每一个 ContactNumber：初始值 1，递增 1。需要应用逻辑来提供正确的值
ContactDate	Date	否	是	无	格式：yyyy-mm-dd
ContactType	VarChar(30)	否	是	无	允许的值：Seminar, FormLetterSeminar, WebAccountCreation, WebPurchase, EmailAccountMessage, EmailSeminarMessage, EmailPurchaseMessage, EmailExchangeMessage, PhoneConversation
SeminarID	Integer	外键	否	无	引用表：SEMINAR

（d）CONTACT 表

图 7.51　HSD 数据库的列特性

列名称	数据类型	键	是否要求	默认值	备注
InvoiceNumber	Integer	主键	是		DBMS 提供代理键：初始值 35000，递增 1
InvoiceDate	Date	否	是	无	格式：yyyy-mm-dd
CustomerID	Integer	外键	是	无	引用表：CUSTOMER
PaymentType	Char(25)	否	是	Cash	允许的值：VISA, MasterCard, American Express, PayPal, Check, Cash
Subtotal	Numeric(9, 2)	否	否	无	
Shipping	Numeric(9, 2)	否	否	无	
Tax	Numeric(9, 2)	否	否	无	
Total	Numeric(9, 2)	否	否	无	

（e）INVOICE 表

列名称	数据类型	键	是否要求	默认值	备注
InvoiceNumber	Integer	主键，外键	是	无	引用表：INVOICE
LineNumber	Integer	主键	是	无	并不完全是代理键——对于每一个 InvoiceNumber：初始值 1，递增 1。需要应用逻辑来提供正确的值
ProductNumber	Char(35)	外键	是	无	引用表：PRODUCT
Quantity	Integer	否	是	无	
UnitPrice	Numeric(9.2)	否	否	无	
Total	Numeric(9.2)	否	否	无	

（f）LINE_ITEM 表

列名称	数据类型	键	是否要求	默认值	备注
ProductNumber	Char(35)	主键	是	无	
ProductType	Char(24)	否	是	无	允许的值：Video, Video Companion, Book
ProductDescription	VarChar(100)	否	是	无	
UnitPrice	Numeric(9, 2)	否	是	无	
QuantityOnHand	Integer	否	是	无	

（g）PRODUCT 表

图 7.51 HSD 数据库的列特性（续）

关 系		引用完整性约束	级联行为	
父表	子表		更新	删除
SEMINAR	SEMINAR_CUSTOMER	SEMINAR_CUSTOMER 表中的 SeminarID 值，必须存在于 SEMINAR 表的 SeminarID 列中	否	否
CUSTOMER	SEMINAR_CUSTOMER	SEMINAR_CUSTOMER 表中的 CustomerID 值，必须存在于 CUSTOMER 表的 CustomerID 列中	否	否
SEMINAR	CONTACT	CONTACT 表中的 SeminarID 值，必须存在于 SEMINAR 表的 SeminarID 列中	否	否
CUSTOMER	CONTACT	CONTACT 表中的 CustomerID 值，必须存在于 CUSTOMER 表的 CustomerID 列中	否	是
CUSTOMER	INVOICE	INVOICE 表中的 CustomerID 值，必须存在于 CUSTOMER 表的 CustomerID 列中	否	否
INVOICE	LINE_ITEM	LINE_ITEM 表中的 InvoiceNumber 值，必须存在于 INVOICE 表的 InvoiceNumber 列中	否	是
PRODUCT	LINE_ITEM	LINE_ITEM 表中的 ProductNumber 值，必须存在于 PRODUCT 表的 ProductNumber 列中	是	否

图 7.52　HSD 数据库的引用完整性约束

　　在 Microsoft SQL Server 中，用于为 Heather Sweeney Designs 创建 HSD 数据库的 SQL 语句如图 7.53 所示。填充 HSD 数据库的 SQL 语句在图 7.54 中给出，同样采用 Microsoft SQL Server 语法。

```
USE HSD
GO

CREATE   TABLE CUSTOMER(
     CustomerID            Int              NOT NULL IDENTITY (1, 1),
     LastName              Char(25)         NOT NULL,
     FirstName             Char(25)         NOT NULL,
     EmailAddress          VarChar(100)     NOT NULL,
     EncryptedPassword     VarChar(50)      NULL,
     Phone                 Char(12)         NOT NULL,
     StreetAddress         Char(35)         NULL,
     City                  Char(35)         NULL DEFAULT 'Dallas',
     State                 Char(2)          NULL DEFAULT 'TX',
     ZIP                   Char(10)         NULL DEFAULT '75201',
     CONSTRAINT            CUSTOMER_PK      PRIMARY KEY(CustomerID),
     CONSTRAINT            CUSTOMER_EMAIL   UNIQUE(EmailAddress)
     );

CREATE   TABLE SEMINAR(
     SeminarID             Int              NOT NULL IDENTITY (1, 1),
     SeminarDate           Date             NOT NULL,
     SeminarTime           Time             NOT NULL,
     Location              VarChar(100)     NOT NULL,
     SeminarTitle          VarChar(100)     NOT NULL,
     CONSTRAINT            SEMINAR_PK       PRIMARY KEY(SeminarID)
     );

CREATE   TABLE SEMINAR_CUSTOMER(
     SeminarID             Int              NOT NULL,
     CustomerID            Int              NOT NULL,
     CONSTRAINT            S_C_PK           PRIMARY KEY(SeminarID, CustomerID),
     CONSTRAINT            S_C_SEMINAR_FK   FOREIGN KEY(SeminarID)
                           REFERENCES SEMINAR(SeminarID)
                              ON UPDATE NO ACTION
                              ON DELETE NO ACTION,
     CONSTRAINT            S_C_CUSTOMER_FK  FOREIGN KEY(CustomerID)
                           REFERENCES CUSTOMER(CustomerID)
                              ON UPDATE NO ACTION
                              ON DELETE NO ACTION
     );
```

图 7.53　创建 HSD 数据库的 SQL 语句

```
CREATE  TABLE CONTACT(
        CustomerID              Int                 NOT NULL,
        ContactNumber           Int                 NOT NULL,
        ContactDate             Date                NOT NULL,
        ContactType             VarChar(30)         NOT NULL,
        SeminarID               Int                 NULL,
        CONSTRAINT              CONTACT_PK          PRIMARY KEY(CustomerID, ContactNumber),
        CONSTRAINT              CONTACT_ContactType
                                CHECK (ContactType IN ('Seminar', 'FormLetterSeminar',
                                        'WebAccountCreation', 'WebPurchase',
                                        'EmailAccountMessage', 'EmailSeminarMessage',
                                        'EmailPurchaseMessage', 'EmailMessageExchange',
                                        'PhoneConversation')),
        CONSTRAINT              CONTACT_SEMINAR_FK FOREIGN KEY(SeminarID)
                                REFERENCES SEMINAR(SeminarID)
                                        ON UPDATE NO ACTION
                                        ON DELETE NO ACTION,
        CONSTRAINT              CONTACT_CUSTOMER_FK FOREIGN KEY(CustomerID)
                                REFERENCES CUSTOMER(CustomerID)
                                        ON UPDATE NO ACTION
                                        ON DELETE NO ACTION
        );


CREATE  TABLE PRODUCT(
        ProductNumber           Char(35)            NOT NULL,
        ProductType             Char(24)            NOT NULL,
        ProductDescription      VarChar(100)        NOT NULL,
        UnitPrice               Numeric(9,2)        NOT NULL,
        QuantityOnHand          Int                 NULL,
        CONSTRAINT              PRODUCT_PK          PRIMARY KEY(ProductNumber),
        CONSTRAINT              PRODUCT_ProductType
                                CHECK (ProductType IN ('Video',
                                        'Video Companion', 'Book'))
        );

CREATE  TABLE INVOICE(
        InvoiceNumber           Int                 NOT NULL IDENTITY (35000, 1),
        InvoiceDate             Date                NOT NULL,
        CustomerID              Int                 NOT NULL,
        PaymentType             Char(25)            NOT NULL DEFAULT 'Cash',
        SubTotal                Numeric(9,2)        NULL,
        Shipping                Numeric(9,2)        NULL,
        Tax                     Numeric(9,2)        NULL,
        Total                   Numeric(9,2)        NULL,
        CONSTRAINT              INVOICE_PK          PRIMARY KEY (InvoiceNumber),
        CONSTRAINT              INVOICE_PaymentType
                                CHECK (PaymentType IN ('VISA',
                                        'MasterCard', 'American Express',
                                        'PayPal', 'Check', 'Cash')),
        CONSTRAINT              INVOICE_CUSTOMER_FK FOREIGN KEY(CustomerID)
                                REFERENCES CUSTOMER(CustomerID)
                                        ON UPDATE NO ACTION
                                        ON DELETE NO ACTION
        );

CREATE  TABLE LINE_ITEM(
        InvoiceNumber           Int                 NOT NULL,
        LineNumber              Int                 NOT NULL,
        ProductNumber           Char(35)            NOT NULL,
        Quantity                Int                 NOT NULL,
        UnitPrice               Numeric(9,2)        NULL,
        Total                   Numeric(9,2)        NULL,
        CONSTRAINT              LINE_ITEM_PK        PRIMARY KEY (InvoiceNumber, LineNumber),
        CONSTRAINT              L_I_INVOICE_FK      FOREIGN KEY(InvoiceNumber)
                                REFERENCES INVOICE(InvoiceNumber)
                                        ON UPDATE NO ACTION
                                        ON DELETE CASCADE,
        CONSTRAINT              L_I_PRODUCT_FK FOREIGN KEY(ProductNumber)
                                REFERENCES PRODUCT (ProductNumber)
                                        ON UPDATE CASCADE
                                        ON DELETE NO ACTION
        );
```

图 7.53　创建 HSD 数据库的 SQL 语句（续）

```
/*****    CUSTOMER DATA    ************************************************************/

INSERT INTO CUSTOMER VALUES(
      'Jacobs', 'Nancy', 'Nancy.Jacobs@somewhere.com', 'nf46tG9E', '817-871-8123',
      '1440 West Palm Drive', 'Fort Worth', 'TX', '76110');
INSERT INTO CUSTOMER VALUES(
      'Jacobs', 'Chantel', 'Chantel.Jacobs@somewhere.com', 'b65TG03f', '817-871-8234',
      '1550 East Palm Drive', 'Fort Worth', 'TX', '76112');
INSERT INTO CUSTOMER VALUES(
      'Able', 'Ralph', 'Ralph.Able@somewhere.com', 'm56fGH08', '210-281-7987',
      '123 Elm Street', 'San Antonio', 'TX', '78214');
INSERT INTO CUSTOMER VALUES(
      'Baker', 'Susan', 'Susan.Baker@elsewhere.com', 'PC93fEk9', '210-281-7876',
      '456 Oak Street', 'San Antonio', 'TX', '78216');
INSERT INTO CUSTOMER VALUES(
      'Eagleton', 'Sam', 'Sam.Eagleton@elsewhere.com', 'bnvR44W8', '210-281-7765',
      '789 Pine Street', 'San Antonio', 'TX', '78218');
INSERT INTO CUSTOMER VALUES(
      'Foxtrot', 'Kathy', 'Kathy.Foxtrot@somewhere.com', 'aa8tY4GL', '972-233-6234',
      '11023 Elm Street', 'Dallas', 'TX', '75220');
INSERT INTO CUSTOMER VALUES(
      'George', 'Sally', 'Sally.George@somewhere.com', 'LK8G2tyF', '972-233-6345',
      '12034 San Jacinto', 'Dallas', 'TX', '75223');
INSERT INTO CUSTOMER VALUES(
      'Hullett', 'Shawn', 'Shawn.Hullett@elsewhere.com', 'bu78WW3t', '972-233-6456',
      '13045 Flora', 'Dallas', 'TX', '75224');
INSERT INTO CUSTOMER VALUES(
      'Pearson', 'Bobbi', 'Bobbi.Pearson@elsewhere.com', 'kq6N2O0p', '512-974-3344',
      '43 West 23rd Street', 'Austin', 'TX', '78710');
INSERT INTO CUSTOMER VALUES(
      'Ranger', 'Terry', 'Terry.Ranger@somewhere.com', 'bv3F9Qc4', '512-974-4455',
      '56 East 18th Street', 'Austin', 'TX', '78712');
INSERT INTO CUSTOMER VALUES(
      'Tyler', 'Jenny', 'Jenny.Tyler@somewhere.com', 'Yu4be77Z', '972-233-6567',
      '14056 South Ervay Street', 'Dallas', 'TX', '75225');
INSERT INTO CUSTOMER VALUES(
      'Wayne', 'Joan', 'Joan.Wayne@elsewhere.com', 'JW4TX6g', '817-871-8245',
      '1660 South Aspen Drive', 'Fort Worth', 'TX', '76115');

/*****    SEMINAR    ************************************************************/

INSERT INTO SEMINAR VALUES(
      '12-OCT-2020', '11:00 AM', 'San Antonio Convention Center',
      'Kitchen on a Budget');
INSERT INTO SEMINAR VALUES(
      '26-OCT-2020', '04:00 PM', 'Dallas Convention Center',
      'Kitchen on a Big D Budget');
INSERT INTO SEMINAR VALUES(
      '02-NOV-2020', '08:30 AM', 'Austin Convention Center',
      'Kitchen on a Budget');
INSERT INTO SEMINAR VALUES(
      '22-MAR-2021', '11:00 AM', 'Dallas Convention Center',
      'Kitchen on a Big D Budget');
INSERT INTO SEMINAR VALUES(
      '23-MAR-2021', '11:00 AM', 'Dallas Convention Center',
      'Kitchen on a Big D Budget');
INSERT INTO SEMINAR VALUES(
      '05-APR-2021', '08:30 AM', 'Austin Convention Center',
      'Kitchen on a Budget');

/*****    SEMINAR_CUSTOMER DATA    ************************************************/

INSERT INTO SEMINAR_CUSTOMER VALUES(1, 1);
INSERT INTO SEMINAR_CUSTOMER VALUES(1, 2);
```

图 7.54　填充 HSD 数据库的 SQL 语句

```
INSERT INTO SEMINAR_CUSTOMER VALUES(1, 3);
INSERT INTO SEMINAR_CUSTOMER VALUES(1, 4);
INSERT INTO SEMINAR_CUSTOMER VALUES(1, 5);
INSERT INTO SEMINAR_CUSTOMER VALUES(2, 6);
INSERT INTO SEMINAR_CUSTOMER VALUES(2, 7);
INSERT INTO SEMINAR_CUSTOMER VALUES(2, 8);
INSERT INTO SEMINAR_CUSTOMER VALUES(3, 9);
INSERT INTO SEMINAR_CUSTOMER VALUES(3, 10);
INSERT INTO SEMINAR_CUSTOMER VALUES(4, 6);
INSERT INTO SEMINAR_CUSTOMER VALUES(4, 7);
INSERT INTO SEMINAR_CUSTOMER VALUES(4, 11);
INSERT INTO SEMINAR_CUSTOMER VALUES(4, 12);


/*****   CONTACT DATA    **************************************************/

-- 'Nancy.Jacobs@somewhere.com'
INSERT INTO CONTACT VALUES(1, 1, '12-OCT-2020', 'Seminar', 1);
-- 'Chantel.Jacobs@somewhere.com'
INSERT INTO CONTACT VALUES(2, 1, '12-OCT-2020', 'Seminar', 1);
-- 'Ralph.Able@somewhere.com'
INSERT INTO CONTACT VALUES(3, 1, '12-OCT-2020', 'Seminar', 1);
-- 'Susan.Baker@elsewhere.com'
INSERT INTO CONTACT VALUES(4, 1, '12-OCT-2020', 'Seminar', 1);
   'Sam.Eagleton@elsewhere.com'
INSERT INTO CONTACT VALUES(5, 1, '12-OCT-2020', 'Seminar', 1);

-- 'Nancy.Jacobs@somewhere.com',
INSERT INTO CONTACT (CustomerID, ContactNumber, ContactDate,  ContactType)
     VALUES(1, 2, '15-OCT-2020', 'EmailSeminarMessage');
-- 'Chantel.Jacobs@somewhere.com'
INSERT INTO CONTACT (CustomerID, ContactNumber, ContactDate,  ContactType)
     VALUES(2, 2, '15-OCT-2020', 'EmailSeminarMessage');
-- 'Ralph.Able@somewhere.com'
INSERT INTO CONTACT (CustomerID, ContactNumber, ContactDate,  ContactType)
     VALUES(3, 2, '15-OCT-2020', 'EmailSeminarMessage');
-- 'Susan.Baker@elsewhere.com'
INSERT INTO CONTACT (CustomerID, ContactNumber, ContactDate,  ContactType)
     VALUES(4, 2, '15-OCT-2020', 'EmailSeminarMessage');
-- 'Sam.Eagleton@elsewhere.com'
INSERT INTO CONTACT (CustomerID, ContactNumber, ContactDate,  ContactType)
     VALUES(5, 2, '15-OCT-2020', 'EmailSeminarMessage');

-- 'Nancy.Jacobs@somewhere.com',
INSERT INTO CONTACT (CustomerID, ContactNumber, ContactDate,  ContactType)
     VALUES(1, 3, '15-OCT-2020', 'FormLetterSeminar');
-- 'Chantel.Jacobs@somewhere.com'
INSERT INTO CONTACT (CustomerID, ContactNumber, ContactDate,  ContactType)
     VALUES(2, 3, '15-OCT-2020', 'FormLetterSeminar');
-- 'Ralph.Able@somewhere.com'
INSERT INTO CONTACT (CustomerID, ContactNumber, ContactDate,  ContactType)
     VALUES(3, 3, '15-OCT-2020', 'FormLetterSeminar');

-- 'Susan.Baker@elsewhere.com'
INSERT INTO CONTACT (CustomerID, ContactNumber, ContactDate,  ContactType)
     VALUES(4, 3, '15-OCT-2020', 'FormLetterSeminar');
-- 'Sam.Eagleton@elsewhere.com'
INSERT INTO CONTACT (CustomerID, ContactNumber, ContactDate,  ContactType)
     VALUES(5, 3, '15-OCT-2020', 'FormLetterSeminar');

-- 'Kathy.Foxtrot@somewhere.com'
INSERT INTO CONTACT VALUES(6, 1, '26-OCT-2020', 'Seminar', 2);
-- 'Sally.George@somewhere.com'
```

图 7.54 填充 HSD 数据库的 SQL 语句（续）

```
INSERT INTO CONTACT VALUES(7, 1, '26-OCT-2020', 'Seminar', 2);
-- 'Shawn.Hullett@elsewhere.com'
INSERT INTO CONTACT VALUES(8, 1, '26-OCT-2020', 'Seminar', 2);

-- 'Kathy.Foxtrot@somewhere.com'
INSERT INTO CONTACT (CustomerID, ContactNumber, ContactDate,  ContactType)
      VALUES(6, 2, '30-OCT-2020', 'EmailSeminarMessage');
-- 'Sally.George@somewhere.com'
INSERT INTO CONTACT (CustomerID, ContactNumber, ContactDate,  ContactType)
      VALUES(7, 2, '30-OCT-2020', 'EmailSeminarMessage');
-- 'Shawn.Hullett@elsewhere.com'
INSERT INTO CONTACT (CustomerID, ContactNumber, ContactDate,  ContactType)
      VALUES(8, 2, '30-OCT-2020', 'EmailSeminarMessage');

-- 'Kathy.Foxtrot@somewhere.com'
INSERT INTO CONTACT (CustomerID, ContactNumber, ContactDate,  ContactType)
      VALUES(6, 3, '30-OCT-2020', 'FormLetterSeminar');
-- 'Sally.George@somewhere.com'
INSERT INTO CONTACT (CustomerID, ContactNumber, ContactDate,  ContactType)
      VALUES(7, 3, '30-OCT-2020', 'FormLetterSeminar');
-- 'Shawn.Hullett@elsewhere.com'
INSERT INTO CONTACT (CustomerID, ContactNumber, ContactDate,  ContactType)
      VALUES(8, 3, '30-OCT-2020', 'FormLetterSeminar');

-- 'Bobbi.Pearson@elsewhere.com'
INSERT INTO CONTACT VALUES(9, 1, '02-NOV-2020', 'Seminar', 3);
-- 'Terry.Ranger@somewhere.com'
INSERT INTO CONTACT VALUES(10, 1, '02-NOV-2020', 'Seminar', 3);

-- 'Bobbi.Pearson@elsewhere.com'
INSERT INTO CONTACT (CustomerID, ContactNumber, ContactDate,  ContactType)
      VALUES(9, 2, '06-NOV-2020', 'EmailSeminarMessage');
-- 'Terry.Ranger@somewhere.com'
INSERT INTO CONTACT (CustomerID, ContactNumber, ContactDate,  ContactType)
      VALUES(10, 2, '06-NOV-2020', 'EmailSeminarMessage');

-- 'Bobbi.Pearson@elsewhere.com'
INSERT INTO CONTACT (CustomerID, ContactNumber, ContactDate,  ContactType)
      VALUES(9, 3, '06-NOV-2020', 'FormLetterSeminar');
-- 'Terry.Ranger@somewhere.com'
INSERT INTO CONTACT (CustomerID, ContactNumber, ContactDate,  ContactType)
      VALUES(10, 3, '06-NOV-2020', 'FormLetterSeminar');

-- 'Ralph.Able@somewhere.com'
INSERT INTO CONTACT (CustomerID, ContactNumber, ContactDate,  ContactType)
      VALUES(3, 4, '20-FEB-2021', 'WebAccountCreation');
-- 'Ralph.Able@somewhere.com'
INSERT INTO CONTACT (CustomerID, ContactNumber, ContactDate,  ContactType)
      VALUES(3, 5, '20-FEB-2021', 'EmailAccountMessage');

-- 'Kathy.Foxtrot@somewhere.com'
INSERT INTO CONTACT (CustomerID, ContactNumber, ContactDate,  ContactType)
      VALUES(6, 4, '22-FEB-2021', 'WebAccountCreation');
-- 'Kathy.Foxtrot@somewhere.com'
INSERT INTO CONTACT (CustomerID, ContactNumber, ContactDate,  ContactType)
      VALUES(6, 5, '22-FEB-2021', 'EmailAccountMessage');
-- 'Sally.George@somewhere.com'
INSERT INTO CONTACT (CustomerID, ContactNumber, ContactDate,  ContactType)
      VALUES(7, 4, '25-FEB-2021', 'WebAccountCreation');
-- 'Sally.George@somewhere.com'
INSERT INTO CONTACT (CustomerID, ContactNumber, ContactDate,  ContactType)
      VALUES(7, 5, '25-FEB-2021', 'EmailAccountMessage');
-- 'Shawn.Hullett@elsewhere.com'
```

图 7.54 填充 HSD 数据库的 SQL 语句（续）

```
INSERT INTO CONTACT (CustomerID, ContactNumber, ContactDate,  ContactType)
     VALUES(8, 4, '07-MAR-2021', 'WebAccountCreation');
-- 'Shawn.Hullett@elsewhere.com'
INSERT INTO CONTACT (CustomerID, ContactNumber, ContactDate,  ContactType)
     VALUES(8, 5, '07-MAR-2021', 'EmailAccountMessage');

-- 'Kathy.Foxtrot@somewhere.com'
INSERT INTO CONTACT VALUES(6, 6, '22-MAR-2021', 'Seminar', 4);
-- 'Sally.George@somewhere.com'
INSERT INTO CONTACT VALUES(7, 6, '22-MAR-2021', 'Seminar', 4);
-- 'Jenny.Tyler@somewhere.com'
INSERT INTO CONTACT VALUES(11, 1, '22-MAR-2021', 'Seminar', 4);
-- 'Joan.Wayne@elsewhere.com'
INSERT INTO CONTACT VALUES(12, 1, '22-MAR-2021', 'Seminar', 4);

/*****    PRODUCT DATA    ********************************************************/

INSERT INTO PRODUCT VALUES(
     'VK001', 'Video', 'Kitchen Remodeling Basics', 14.95, 50);
INSERT INTO PRODUCT VALUES(
     'VK002', 'Video', 'Advanced Kitchen Remodeling', 14.95, 35);
INSERT INTO PRODUCT VALUES(
     'VK003', 'Video', 'Kitchen Remodeling Dallas Style', 19.95, 25);
INSERT INTO PRODUCT VALUES(
     'VK004', 'Video', 'Heather Sweeney Seminar Live in Dallas on 25-OCT-16',
     24.95, 20);
INSERT INTO PRODUCT VALUES(
     'VB001', 'Video Companion', 'Kitchen Remodeling Basics', 7.99, 50);
INSERT INTO PRODUCT VALUES(
     'VB002', 'Video Companion', 'Advanced Kitchen Remodeling I',7.99, 35);
INSERT INTO PRODUCT VALUES(
     'VB003', 'Video Companion', 'Kitchen Remodeling Dallas Style', 9.99, 25);
INSERT INTO PRODUCT VALUES(
     'BK001', 'Book', 'Kitchen Remodeling Basics For Everyone', 24.95, 75);
INSERT INTO PRODUCT VALUES(
     'BK002', 'Book', 'Advanced Kitchen Remodeling For Everyone', 24.95, 75);
INSERT INTO PRODUCT VALUES(
     'BK003', 'Book', 'Kitchen Remodeling Dallas Style For Everyone', 24.95, 75);

/*****    INVOICE DATA    ****************************************************/

/*****    Invoice 35000    ************************************************/
-- 'Ralph.Able@somewhere.com'
INSERT INTO INVOICE VALUES(
     '15-Oct-2020', 3, 'VISA', 22.94, 5.95, 1.31, 30.20);
INSERT INTO LINE_ITEM VALUES(35000, 1, 'VK001', 1, 14.95, 14.95);
INSERT INTO LINE_ITEM VALUES(35000, 2, 'VB001', 1, 7.99, 7.99);

/*****    Invoice 35001    ************************************************/
-- 'Susan.Baker@elsewhere.com'
INSERT INTO INVOICE VALUES(
     '25-Oct-2020', 4, 'MasterCard', 47.89, 5.95, 2.73, 56.57);
INSERT INTO LINE_ITEM VALUES(35001, 1, 'VK001', 1, 14.95, 14.95);
INSERT INTO LINE_ITEM VALUES(35001, 2, 'VB001', 1, 7.99, 7.99);
INSERT INTO LINE_ITEM VALUES(35001, 3, 'BK001', 1, 24.95, 24.95);

/*****    Invoice 35002    ************************************************/
-- 'Sally.George@somewhere.com'
INSERT INTO INVOICE VALUES(
     '20-Dec-2020', 7, 'VISA', 24.95, 5.95, 1.42, 32.32);
INSERT INTO LINE_ITEM VALUES(35002, 1, 'VK004', 1, 24.95, 24.95);

/*****    Invoice 35003    *********************************************/
-- 'Susan.Baker@elsewhere.com'
```

图 7.54　填充 HSD 数据库的 SQL 语句（续）

```
INSERT INTO INVOICE VALUES(
        '25-Mar-2021', 4, 'MasterCard', 64.85, 5.95, 3.70, 74.50);
INSERT INTO LINE_ITEM VALUES(35003, 1, 'VK002', 1, 14.95, 14.95);
INSERT INTO LINE_ITEM VALUES(35003, 2, 'BK002', 1, 24.95, 24.95);
INSERT INTO LINE_ITEM VALUES(35003, 3, 'VK004', 1, 24.95, 24.95);

/*****    Invoice 35004    ****************************************************/
-- 'Kathy.Foxtrot@somewhere.com'
INSERT INTO INVOICE VALUES(
        '27-Mar-2021', 6, 'MasterCard', 94.79, 5.95, 5.40, 106.14);
INSERT INTO LINE_ITEM VALUES(35004, 1, 'VK002', 1, 14.95, 14.95);
INSERT INTO LINE_ITEM VALUES(35004, 2, 'BK002', 1, 24.95, 24.95);
INSERT INTO LINE_ITEM VALUES(35004, 3, 'VK003', 1, 19.95, 19.95);
INSERT INTO LINE_ITEM VALUES(35004, 4, 'VB003', 1, 9.99, 9.99);
INSERT INTO LINE_ITEM VALUES(35004, 5, 'VK004', 1, 24.95, 24.95);

/*****    Invoice 35005    ****************************************************/
-- 'Sally.George@somewhere.com'
INSERT INTO INVOICE VALUES(
        '27-Mar-2021', 7, 'MasterCard', 94.80, 5.95, 5.40, 106.15);
INSERT INTO LINE_ITEM VALUES(35005, 1, 'BK001', 1, 24.95, 24.95);
INSERT INTO LINE_ITEM VALUES(35005, 2, 'BK002', 1, 24.95, 24.95);
INSERT INTO LINE_ITEM VALUES(35005, 3, 'VK003', 1, 19.95, 19.95);
INSERT INTO LINE_ITEM VALUES(35005, 4, 'VK004', 1, 24.95, 24.95);

/*****    Invoice 35006    ****************************************************/
-- 'Bobbi.Pearson@elsewhere.com'
INSERT INTO INVOICE VALUES(
        '31-Mar-2021', 9, 'VISA', 47.89,      5.95, 2.73, 56.57);
INSERT INTO LINE_ITEM VALUES(35006, 1, 'BK001', 1, 24.95, 24.95);
INSERT INTO LINE_ITEM VALUES(35006, 2, 'VK001', 1, 14.95, 14.95);
INSERT INTO LINE_ITEM VALUES(35006, 3, 'VB001', 1, 7.99, 7.99);

/*****    Invoice 35007    ****************************************************/
-- 'Jenny.Tyler@somewhere.com'
INSERT INTO INVOICE VALUES(
        '03-Apr-2021', 11, 'MasterCard', 109.78, 5.95, 6.26, 121.99);
INSERT INTO LINE_ITEM VALUES(35007, 1, 'VK003', 2, 19.95, 39.90);
INSERT INTO LINE_ITEM VALUES(35007, 2, 'VB003', 2, 9.99, 19.98);
INSERT INTO LINE_ITEM VALUES(35007, 3, 'VK004', 2, 24.95, 49.90);

/*****    Invoice 35008    ****************************************************/
-- 'Sam.Eagleton@elsewhere.com'
INSERT INTO INVOICE VALUES(
        '08-Apr-2021', 5, 'MasterCard', 47.89, 5.95, 2.73, 56.57);
INSERT INTO LINE_ITEM VALUES(35008, 1, 'BK001', 1, 24.95, 24.95);
INSERT INTO LINE_ITEM VALUES(35008, 2, 'VK001', 1, 14.95, 14.95);
INSERT INTO LINE_ITEM VALUES(35008, 3, 'VB001', 1, 7.99, 7.99);

/*****    Invoice 35009    ****************************************************/
-- 'Nancy.Jacobs@somewhere.com'
INSERT INTO INVOICE VALUES(
        '08-Apr-2021', 1, 'VISA', 47.89,      5.95, 2.73, 56.57);
INSERT INTO LINE_ITEM VALUES(35009, 1, 'BK001', 1, 24.95, 24.95);
INSERT INTO LINE_ITEM VALUES(35009, 2, 'VK001', 1, 14.95, 14.95);
INSERT INTO LINE_ITEM VALUES(35009, 3, 'VB001', 1, 7.99, 7.99);
```

图 7.54　填充 HSD 数据库的 SQL 语句（续）

```
/*****   Invoice 35010   *******************************************/
-- 'Ralph.Able@somewhere.com'
INSERT INTO INVOICE VALUES(
     '23-Apr-2021', 3, 'VISA', 24.95,      5.95, 1.42, 32.32);
INSERT INTO LINE_ITEM VALUES(35010, 1, 'BK001', 1, 24.95, 24.95);

/*****   Invoice 35011   *******************************************/
-- 'Bobbi.Pearson@elsewhere.com'
INSERT INTO INVOICE VALUES(
     '07-May-2021', 9, 'VISA', 22.94,      5.95, 1.31, 30.20);
INSERT INTO LINE_ITEM VALUES(35011, 1, 'VK002', 1, 14.95, 14.95);
INSERT INTO LINE_ITEM VALUES(35011, 2, 'VB002', 1, 7.99, 7.99);

/*****   Invoice 35012   *******************************************/
-- 'Shawn.Hullett@elsewhere.com'
INSERT INTO INVOICE VALUES(
     '21-May-2021', 8, 'MasterCard', 54.89, 5.95, 3.13, 63.97);
INSERT INTO LINE_ITEM VALUES(35012, 1, 'VK003', 1, 19.95, 19.95);
INSERT INTO LINE_ITEM VALUES(35012, 2, 'VB003', 1, 9.99, 9.99);
INSERT INTO LINE_ITEM VALUES(35012, 3, 'VK004', 1, 24.95, 24.95);

/*****   Invoice 35013   *******************************************/
-- 'Ralph.Able@somewhere.com'
INSERT INTO INVOICE VALUES(
     '05-Jun-2021', 3, 'VISA', 47.89,      5.95, 2.73, 56.57);
INSERT INTO LINE_ITEM VALUES(35013, 1, 'VK002', 1, 14.95, 14.95);
INSERT INTO LINE_ITEM VALUES(35013, 2, 'VB002', 1, 7.99, 7.99);
INSERT INTO LINE_ITEM VALUES(35013, 3, 'BK002', 1, 24.95, 24.95);

/*****   Invoice 35014   *******************************************/
-- 'Jenny.Tyler@somewhere.com'
INSERT INTO INVOICE VALUES(
     '05-Jun-2021', 11, 'MasterCard', 45.88, 5.95, 2.62, 54.45);
INSERT INTO LINE_ITEM VALUES(35014, 1, 'VK002', 2, 14.95, 29.90);
INSERT INTO LINE_ITEM VALUES(35014, 2, 'VB002', 2, 7.99, 15.98);

/*****   Invoice 35015   *******************************************/
-- 'Joan.Wayne@elsewhere.com'
INSERT INTO INVOICE VALUES(
     '05-Jun-2021', 12, 'MasterCard', 94.79, 5.95, 5.40, 106.14);
INSERT INTO LINE_ITEM VALUES(35015, 1, 'VK002', 1, 14.95, 14.95);
INSERT INTO LINE_ITEM VALUES(35015, 2, 'BK002', 1, 24.95, 24.95);
INSERT INTO LINE_ITEM VALUES(35015, 3, 'VK003', 1, 19.95, 19.95);
INSERT INTO LINE_ITEM VALUES(35015, 4, 'VB003', 1, 9.99, 9.99);
INSERT INTO LINE_ITEM VALUES(35015, 5, 'VK004', 1, 24.95, 24.95);

/*****   Invoice 35016   *******************************************/
-- 'Ralph.Able@somewhere.com'
INSERT INTO INVOICE VALUES(
     '05-Jun-2021', 3, 'VISA', 45.88,      5.95, 2.62, 54.45);
INSERT INTO LINE_ITEM VALUES(35016, 1, 'VK001', 1, 14.95, 14.95);
INSERT INTO LINE_ITEM VALUES(35016, 2, 'VB001', 1, 7.99, 7.99);
INSERT INTO LINE_ITEM VALUES(35016, 3, 'VK002', 1, 14.95, 14.95);
INSERT INTO LINE_ITEM VALUES(35016, 4, 'VB002', 1, 7.99, 7.99);

/*****************************************************************/
```

图 7.54　填充 HSD 数据库的 SQL 语句（续）

编写 SQL 语句并回答以下问题。

A．在 DBMS 中创建 HSD 数据库。

B．在 Documents 文件夹中创建一个文件夹，保存和存储*.sql 脚本，它包含下列问题中要求创建的 SQL 语句。

- 对于 SQL Server Management Studio，在 SQL Server Management Studio/Projects 文件夹中创建一个名为 HSD-Database 的文件夹。
- 对于 Oracle SQL Developer，在 SQL Developer 文件夹中创建一个名为 HSD-Database 的文件夹。
- 对于 MySQL Workbench，在 MySQL Workbench/Schemas 文件夹中创建一个名为 HSD-Database 的文件夹。

C．编写一个名为 HSD-Create-Tables.sql 的 SQL 脚本，根据图 7.53 创建用于 HSD 数据库的表和关系。保存该脚本，然后执行它以创建 HSD 表。

D．编写一个名为 HSD-Insert-Data.sql 的 SQL 脚本，根据图 7.54 在 HSD 数据库中插入数据。保存该脚本，然后执行它以填充 HSD 表。

使用 HSD 数据库，创建一个名为 HSD-CQ-CH07.sql 的 SQL 脚本，回答以下问题。对于问题 Q，需将答案放在注释标记中，这样它就被 DBMS 解释为注释而不会实际运行。

E．编写 SQL 语句，列出所有表的所有列。

F．编写 SQL 语句，列出所有住在 Dallas 的客户的 LastName、FirstName 和 Phone。

G．编写 SQL 语句，列出所有住在 Dallas 且 LastName 以字母 T 开头的客户的 LastName、FirstName 和 Phone。

H．编写 SQL 语句，列出日期为 25-OCT-19、地点为 Dallas 的 Heather Sweeney 研讨会直播视频时销售过产品的 INVOICE.InvoiceNumber。使用子查询。（提示：正确的解决方案在查询中使用三个表，因为这个问题要求找出 INVOICE.InvoiceNumber。有一种可能的解决方案是查询中只使用两个表。）

I．使用 JOIN ON 语法重新解答问题 H。（提示：正确的解决方案在查询中使用三个表，因为这个问题要求找出 INVOICE.InvoiceNumber。有一种可能的解决方案是查询中只使用两个表。）

J．编写 SQL 语句，列出参加过 Kitchen on a Big D Budget 研讨会的客户的 FirstName、LastName 和 Phone（每个姓名只能列出一次）。将结果按先 LastName 降序、后 FirstName 降序排列。

K．编写 SQL 语句，列出购买过视频产品的客户的 FirstName、LastName、Phone、ProductNumber 和 ProductDescription（姓名和视频产品的组合只列出一次）。将结果按先 LastName 降序、FirstName 降序、后 ProductNumber 降序排列。（提示：视频产品的 ProductNumber 以 VK 开头。）

L．编写 SQL 语句，以 SumOfSubTotal 显示 INVOICE 的 SubTotal 总额（这是 HSD 在销售的产品上所赚的钱，不包括运费和税费）。

M．编写 SQL 语句，以 AverageOfSubTotal 显示 INVOICE 的 SubTotal 平均值。

N．编写 SQL 语句，分别以 SumOfSubTotal 和 AverageOfSubTotal 显示 INVOICE 的 SubTotal 总额和平均值。

O．编写 SQL 语句，将 ProductNumber 为 VK004 的 UnitPrice 从当前的 24.95 美元修改为 34.95 美元。

P．编写 SQL 语句，撤销上一题中对 UnitPrice 的修改。

Q．不要在真正的数据库上运行此问题的答案。编写尽可能少的 DELETE 语句，删除数据库中的所有数据，但保持表结构不变。

使用 HSD 数据库，创建一个名为 HSD-Create-Views-and-Functions.sql 的 SQL 脚本，回答以下问题。

R．编写 SQL 语句，创建一个名为 InvoiceSummaryView 的视图，它包含 INVOICE.InvoiceNumber、

INVOICE.InvoiceDate、LINE_ITEM.LineNumber、LINE_ITEM.ProductNumber、PRODUCT.ProductDescription 以及 LINE_ITEM.UnitPrice。运行该语句以创建视图，然后使用适当的 SQL SELECT 语句测试它。

S．创建并测试一个名为 FirstNameFirst 的用户定义函数，该函数将两个名为 FirstName 和 LastName 的参数组合成一个名为 FullName 的连接值，并按顺序显示 FirstName、空格和 LastName（提示：Steve 和 Smith 会被组合成 Steve Smith）。

T．编写 SQL 语句，创建一个名为 CustomerInvoiceSummaryView 的视图，它包含 INVOICE.InvoiceNumber、INVOICE.InvoiceDate、利用 FirstNameFirst 函数得到的客户姓名、CUSTOMER.EmailAddress 以及 INVOICE.Total。运行该语句以创建视图，然后使用适当的 SQL SELECT 语句测试它。

Queen Anne 古董店项目题

假设 Queen Anne 古董店设计了一个数据库，包含以下的表：

CUSTOMER (<u>CustomerID</u>, LastName, FirstName, EmailAddress, EncryptedPassword, Address, City, State, ZIP, Phone, *ReferredBy*)

EMPLOYEE (<u>EmployeeID</u>, LastName, FirstName, Position, *Supervisor*, OfficePhone, EmailAddress)

VENDOR (<u>VendorID</u>, CompanyName, ContactLastName, ContactFirstName, Address, City, State, ZIP, Phone, Fax, EmailAddress)

ITEM (<u>ItemID</u>, ItemDescription, PurchaseDate, ItemCost, ItemPrice, *VendorID*)

SALE (<u>SaleID</u>, CustomerID, *EmployeeID*, SaleDate, SubTotal, Tax, Total)

SALE_ITEM (<u>SaleID</u>, <u>SaleItemID</u>, *ItemID*, ItemPrice)

引用完整性约束为：

CUSTOMER 表中的 ReferredBy 值，必须存在于 CUSTOMER 表的 CustomerID 列中
EMPLOYEE 表中的 Supervisor 值，必须存在于 EMPLOYEE 表的 EmployeeID 列中
SALE 表中的 CustomerID 值，必须存在于 CUSTOMER 表的 CustomerID 列中
ITEM 表中的 VendorID 值，必须存在于 VENDOR 表的 VendorID 列中
SALE 表中的 EmployeeID 值，必须存在于 EMPLOYEE 表的 EmployeeID 列中
SALE_ITEM 表中的 SaleID 值，必须存在于 SALE 表的 SaleID 列中
SALE_ITEM 表中的 ItemID 值，必须存在于 ITEM 表的 ItemID 列中

假设 CUSTOMER 表的 CustomerID、EMPLOYEE 表的 EmployeeID、VENDOR 表的 VendorID、ITEM 表的 ItemID 和 SALE 表的 SaleID 都是代理键，它们的值如下：

CustomerID　　起始值 1，递增 1
EmployeeID　　起始值 1，递增 1
VendorID　起始值 1，递增 1
ItemID　　起始值 1，递增 1
SaleID　　起始值 1，递增 1

供应商可以是个人，也可以是公司。如果供应商是个人，则 CompanyName 列留空，而 ContactLastName 和 ContactFirstName 列必须有数据值。如果供应商是公司，则公司名称记录在 CompanyName 列中，公司主要联系人的姓名记录在 ContactLastName 和 ContactFirstName 列中。

A．为每一个表的列指定 NULL/NOT NULL 约束。

B．指定替代键（如果有的话）。

C．声明外键所暗示的关系，并指定每个关系的最大和最小基数。证明你的结论。

D．解释如何在上一题的答案中强制执行最小基数。对于父记录必需的情况，使用引用完整性操作。对于子记录必需的情况，将图 6.28（b）作为样板文档。

E．在 DBMS 中创建 QACS 数据库。

F．在 Documents 文件夹中创建一个文件夹，保存和存储*.sql 脚本，它包含下列问题中要求创建的 SQL 语句。

- 对于 SQL Server Management Studio，在 SQL Server Management Studio/Projects 文件夹中创建一个名为 QACS-Database 的文件夹。
- 对于 Oracle SQL Developer，在 SQL Developer 文件夹中创建一个名为 QACS-Database 的文件夹。
- 对于 MySQL Workbench，在 MySQL Workbench/Schemas 文件夹中创建一个名为 QACS-Database 的文件夹。

使用 QACS 数据库，创建一个名为 QACS-Create-Tables.sql 的 SQL 脚本，回答问题 G 和问题 H，其中问题 H 的答案应该以脚本中的 SQL 注释的形式出现。

G．根据需要，对问题 A～D 的答案中的每一个表，编写 CREATE TABLE 语句。按照前面所示设置代理键值。利用 FOREIGN KEY 约束创建适当的引用完整性约束。根据引用完整性操作的设计，设置 UPDATE 和 DELETE 的行为。运行语句，创建这些 QACS 表。

H．解释如何执行 SALE_ITEM.UnitPrice = ITEM.ItemPrice 的数据约束，其中 SALE_ITEM.ItemID = ITEM.ItemID。

使用 QACS 数据库，创建一个名为 QACS-Insert-Data.sql 的 SQL 脚本。回答下面这个问题。

I．编写 INSERT 语句，插入图 7.55～图 7.60 中的数据。

使用 QACS 数据库，创建一个名为 QACS-DML-CH07.sql 的 SQL 脚本。回答下面两个问题。

J．编写 UPDATE 语句，将 ITEM.ItemDescription 的值从 Desk Lamp 更改为 Desk Lamps。

K．新创建一些数据行，记录一次销售（SALE）以及出售的产品（SALE_ITEM）。

编写 INSERT 语句，将这些新数据行添加到 QACS 数据库。然后，编写 DELETE 语句，删除该次销售以及出售的所有产品。需要使用多少条 DELETE 语句？为什么？

使用 QACS 数据库，创建一个名为 QACS-Create-Views-and-Functions.sql 的 SQL 脚本，回答问题 L～S。

L．编写 SQL 语句，创建一个名为 CustomerReferralsView 的视图，该视图显示谁（如果有的话）将客户引荐到了 Queen Anne 古董店。它包含 C1.LastName（显示为 CustomerLastName）、C1.FirstName（显示为 CustomerFirstName）、C2.Lastname（显示为 ReferringCustomerLastName）以及 C2.FirstName（显示为 ReferringCustomerFirstName）。其中，C1 和 C2 是 CUSTOMER 表的两个别名。这需要在递归关系上运行查询。视图中需要包含那些没有被其他客户推荐的客户。运行该语句以创建视图，然后用适当的 SQL SELECT 语句来测试它。

M．编写 SQL 语句，创建一个名为 EmployeeSupervisorView 的视图，该视图显示谁（如果有的话）管理 Queen Anne 古董店的所有员工。它包含 E1.LastName（显示为 EmployeeLastName）、E1.FirstName（显示为 EmplyeeFirstName）、E1.Position、E2.LastName（显示为 SupervisorLastName）以及 E2.FirstName（显示为 SupervisorFirstName）。其中，E1 和 E2 是 EMPLOYEE 表的两个别名。这需要在递归关系上运行查询。视图中需要包含那些没有领导的员工。运行该语句以创建视图，然后用适当的 SQL SELECT 语句来测试它。

N．编写 SQL 语句，创建一个名为 SaleSummaryView 的视图，它包含 SALE.SaleID、SALE.SaleDate、SALE_ITEM.SaleItemID、SALE_ITEM.ItemID、ITEM.Item Description 以及 ITEM.ItemPrice。运行该语句以创建视图，然后使用适当的 SQL SELECT 语句测试它。

CustomerID	LastName	FirstName	EmailAddress	EncyptedPassword	Address	City	State	ZIP	Phone	Referred By
1	Shire	Robert	Robert.Shire@somewhere.com	56gHlj8w	6225 Evanston Ave N	Seattle	WA	98103	206-524-2433	
2	Goodyear	Katherine	Katherine.Goodyear@somewhere.com	fkJU0K24	7335 11th Ave NE	Seattle	WA	98105	206-524-3544	1
3	Bancroft	Chris	Chris.Bancroft@somewhere.com	98bpT4vw	12605 NE 6th Street	Bellevue	WA	98005	425-635-9788	
4	Griffith	John	John.Griffith@somewhere.com	mnBh88t4	335 Aloha Street	Seattle	WA	98109	206-524-4655	1
5	Tiemey	Doris	Doris.Tiemey@somewhere.com	as87PP3z	14510 NE 4th Street	Bellevue	WA	98005	425-635-8677	2
6	Anderson	Donna	Donna.Anderson@elsewhere.com	34Gf7e0t	1410 Hillcrest Parkway	Mt. Vemon	WA	98273	360-538-7566	3
7	Svane	Jack	Jack.Svane@somewhere.com	wpv7FF9q	3211 42nd Street	Seattle	WA	98115	206-524-5766	1
8	Walsh	Denesha	Denesha.Walsh@somewhere.com	D7gb7T84	6712 24th Avenue NE	Redmond	WA	98053	425-635-7566	5
9	Enquist	Craig	Craig.Enquist@elsewhere.com	gg7ER53t	534 15th Street	Bellingham	WA	98225	360-538-6455	6
10	Anderson	Rose	Rose.Anderson@elsewhere.com	vx67gH8W	6823 17th Ave NE	Seattle	WA	98105	206-524-6877	3

图 7.55　QACS 数据库 CUSTOMER 表的样本数据

EmployeeID	LastName	FirstName	Position	Supervisor	OfficePhone	EmailAddress
1	Stuart	Anne	CEO		206-527-0010	Anne.Stuart@QACS.com
2	Stuart	George	SalesManager	1	206-527-0011	George.Stuart@QACS.com
3	Stuart	Mary	CFO	1	206-527-0012	Mary.Stuart@QACS.com
4	Orange	William	SalesPerson	2	206-527-0013	William.Orange@QACS.com
5	Griffith	John	SalesPerson	2	206-527-0014	John.Griffith@QACS.com

图 7.56　QACS 数据库 EMPLOYEE 表的样本数据

O. 创建并测试一个名为 FirstNameFirst 的用户定义函数，该函数将两个名为 FirstName 和 LastName 的参数组合成一个名为 FullName 的连接值，并按顺序显示 FirstName、空格和 LastName（提示：Steve 和 Smith 会被组合成 Steve Smith）。

P. 编写 SQL 语句，创建一个名为 CustomerSaleSummaryView 的视图，它包含 SALE.SaleID、SALE.SaleDate、CUSTOMER.CustomerID、CUSTOMER.LastName、CUSTOMER.FirstName、SALE_ITEM.SaleItemID、SALE_ITEM.ItemID、ITEM.ItemDescription 以及 ITEM.ItemPrice。运行该语句以创建视图，然后使用适当的 SQL SELECT 语句测试它。

Q. 编写 SQL 语句，创建一个名为 CustomerLastNameFirstSaleSummaryView 的视图，它包含 SALE.SaleID、SALE.SaleDate、CUSTOMER.CustomerID、利用 FirstNameFirst 函数得到的客户姓名、SALE_ITEM.SaleItemID、SALE_ITEM.ItemID、ITEM.ItemDescription 以及 ITEM.ItemPrice。运行该语句以创建视图，然后使用适当的 SQL SELECT 语句测试它。

R. 编写 SQL 语句，创建一个名为 CustomerSaleHistoryView 的视图，它包含以下条件：

（1）包含 CustomerSaleSummaryView 中除 SALE_ITEM.SaleItemID、SALE_ITEM.ItemID 和 ITEM.ItemDescription 的所有列。

（2）依次按 SALE.SaleID、CUSTOMER.CustomerID、CUSTOMER.LastName、CUSTOMER.FirstName 以及 SALE.SaleDate 的顺序将订单分组。

（3）为每一位客户的每一个订单计算 SALE_ITEM.ItemPrice 的总额和平均值。

运行该语句以创建视图，然后用适当的 SQL SELECT 语句来测试它。

S. 编写 SQL 语句，创建一个名为 CustomerSaleCheckView 的视图，该视图使用 CustomerSaleHistoryView 来显示客户和销售情况，条件为销售的产品价格之和不等于 SALE.SubTotal。运行该语句创建视图，然后使用适当的 SQL SELECT 语句测试视图。

T. 用通俗语言解释如何使用触发器来执行设计所需的最小基数操作。不必编写触发器，只要指定需要哪些触发器并描述它们的逻辑即可。

VendorID	CompanyName	ContactLastName	ContactFirstName	Address	City	State	ZIP	Phone	Fax	EmailAddress
1	Linens and Things	Huntington	Anne	1515 NW Market Street	Seattle	WA	98107	206-325-6755	206-329-9675	LAT@business.com
2	European Specialties	Tadema	Ken	6123 15th Avenue NW	Seattle	WA	98107	206-325-7866	206-329-9786	ES@business.com
3	Lamps and Lighting	Swanson	Sally	506 Prospect Street	Seattle	WA	98109	206-325-8977	206-329-9897	LAL@business.com
4	NULL	Lee	Andrew	1102 3rd Street	Kirkland	WA	98033	425-746-5433	NULL	Andrew.Lee@somewhere.com
5	NULL	Hamison	Denise	533 10th Avenue	Kirkland	WA	98033	425-746-4322	NULL	Denise.Hamison@somewhere.com
6	New York Brokerage	Smith	Mark	621 Roy Street	Seattle	WA	98109	206-325-9088	206-329-9908	NYB@business.com
7	NULL	Walsh	Denesha	6712 24th Avenue NE	Redmond	WA	98053	425-635-7566	NULL	Denesha.Walsh@somewhere.com
8	NULL	Bancroft	Chris	12605 NE 6th Street	Bellevue	WA	98005	425-635-9788	425-639-9978	Chris.Bancroft@somewhere.com
9	Specialty Antiques	Nelson	Fred	2512 Lucky Street	San Francisco	CA	94110	415-422-2121	415-423-5212	SA@business.com
10	General Antiques	Gamer	Patty	2515 Lucky Street	San Francisco	CA	94110	415-422-3232	415-429-9323	GA@business.com

图 7.57　QACS 数据库 VENDOR 表的样本数据

ItemID	ItemDescription	PurchaseDate	ItemCost	ItemPrice	VendorID
1	Antique Desk	2020-11-07	$1,800.00	$3,000.00	2
2	Antique Desk Chair	2020-11-10	$300.00	$500.00	4
3	Dining Table Linens	2020-11-14	$600.00	$1,000.00	1
4	Candles	2020-11-14	$30.00	$50.00	1
5	Candles	2020-11-14	$27.00	$45.00	1
6	Desk Lamp	2020-11-14	$150.00	$250.00	3
7	Dining Table Linens	2020-11-14	$450.00	$750.00	1
8	Book Shelf	2020-11-21	$150.00	$250.00	5
9	Antique Chair	2020-11-21	$750.00	$1,250.00	6
10	Antique Chair	2020-11-21	$1,050.00	$1,750.00	6
11	Antique Candle Holders	2020-11-28	$210.00	$350.00	2
12	Antique Desk	2021-01-05	$1,920.00	$3,200.000	2
13	Antique Desk	2021-01-05	$2,100.00	$3,500.00	2
14	Antique Desk Chair	2021-01-06	$285.00	$475.00	9
15	Antique Desk Chair	2021-01-06	$339.00	$565.00	9
16	Desk Lamp	2021-01-06	$150.00	$250.00	10
17	Desk Lamp	2021-01-06	$150.00	$250.00	10
18	Desk Lamp	2021-01-06	$144.00	$240.00	3
19	Antique Dining Table	2021-01-10	$3,000.00	$5,000.00	7
20	Antique Sideboard	2021-01-11	$2,700.00	$4,500.00	8
21	Dining Table Chairs	2021-01-11	$5,100.00	$8,500.00	9
22	Dining Table Linens	2021-01-12	$450.00	$750.00	1
23	Dining Table Linens	2021-01-12	$480.00	$800.00	1
24	Candles	2021-01-17	$30.00	$50.00	1
25	Candles	2021-01-17	$36.00	$60.00	1

图 7.58　QACS 数据库 ITEM 表的样本数据

SaleID	CustomerID	EmployeeID	SaleDate	SubTotal	Tax	Total
1	1	1	2020-12-14	$3,500.00	$290.50	$3,790.50
2	2	1	2020-12-15	$1,000.00	$83.00	$1,083.00
3	3	1	2020-12-15	$50.00	$4.15	$54.15
4	4	3	2020-12-23	$45.00	$3.74	$48.74
5	1	5	2021-01-05	$250.00	$20.75	$270.75
6	5	5	2021-01-10	$750.00	$62.25	$812.25
7	6	4	2021-01-12	$250.00	$20.75	$270.75
8	2	1	2021-01-15	$3,000.00	$249.00	$3,249.00
9	5	5	2021-01-25	$350.00	$29.05	$379.05
10	7	1	2021-02-04	$14,250.00	$1,182.75	$15,432.75
11	8	5	2021-02-04	$250.00	$20.75	$270.75
12	5	4	2021-02-07	$50.00	$4.15	$54.15
13	9	2	2021-02-07	$4,500.00	$373.50	$4,873.50
14	10	3	2021-02-11	$3,675.00	$305.03	$3,980.03
15	2	2	2021-02-11	$800.00	$66.40	$866.40

图 7.59　QACS 数据库 SALE 表的样本数据

SaleID	SaleItemID	ItemID	ItemPrice
1	1	1	$3,000.00
1	2	2	$500.00
2	1	3	$1,000.00
3	1	4	$50.00
4	1	5	$45.00
5	1	6	$250.00
6	1	7	$750.00
7	1	8	$250.00
8	1	9	$1,250.00
8	2	10	$1,750.00
9	1	11	$350.00
10	1	19	$5,000.00
10	2	21	$8,500.00
10	3	22	$750.00
11	1	17	$250.00
12	1	24	$50.00
13	1	20	$4,500.00
14	1	12	$3,200.00
14	2	14	$475.00
15	1	23	$800.00

图 7.60　QACS 数据库 SALE_ITEM 表的样本数据

Morgan 进口公司项目题

假设已经为 Morgan 进口公司设计了一个数据库，该数据库有以下的表：

EMPLOYEE (EmployeeID, LastName, FirstName, Department, Position, *Supervisor*, OfficePhone, OfficeFax, EmailAddress)

STORE (StoreName, City, Country, Phone, Fax, EmailAddress, Contact)

PURCHASE_ITEM (PurchaseItemID, *StoreName*, *PurchasingAgentID*, PurchaseDate, ItemDescription, Category, PriceUSD)

SHIPPER (ShipperID, ShipperName, Phone, Fax, EmailAddress, Contact)

SHIPMENT (ShipmentID, *ShipperID*, *PurchasingAgentID*, ShipperInvoiceNumber, Origin, Destination, ScheduledDepartureDate, ActualDepartureDate, EstimatedArrivalDate)

SHIPMENT_ITEM (*ShipmentID*, ShipmentItemID, *PurchaseItemID*, InsuredValue)

SHIPMENT_RECEIPT (ReceiptNumber, *ShipmentID*, *PurchaseItemID*, *ReceivingAgentID*, ReceiptDate, ReceiptTime, ReceiptQuantity, isReceivedUndamaged, DamageNotes)

引用完整性约束为：

EMPLOYEE 表中的 Supervisor 值，必须存在于 EMPLOYEE 表的 EmployeeID 列中
PURCHASE_ITEM 表中的 StoreName 值，必须存在于 STORE 表的 StoreName 列中
PURCHASE_ITEM 表中的 PurchasingAgentID 值，必须存在于 EMPLOYEE 表的 EmployeeID 列中
SHIPMENT 表中的 ShipperID 值，必须存在于 SHIPPER 表的 ShipperID 列中
PurchasingAgentID in SHIPMENT must exist in EmployeeID in EMPLOYEE
SHIPMENT_ITEM 表中的 PurchaseItemID 值，必须存在于 PURCHASE_ITEM 表的 PurchaseItemID 列中
SHIPMENT_RECEIPT 表中的 ShipmentID 值，必须存在于 SHIPMENT 表的 ShipmentID 列中

SHIPMENT_RECEIPT 表中的 PurchaseItemID 值，必须存在于 PURCHASE_ITEM 表的 PurchaseItemID 列中

SHIPMENT_RECEIPT 表中的 ReceivingAgentID 值，必须存在于 EMPLOYEE 表的 EmployeeID 列中

假设 STORE 表的 StoreID、EMPLOYEE 表的 EmployeeID、PURCHASE_ITEM 表的 PurchaseItemID、SHIPPER 表的 ShipperID、SHIPMENT 表的 ShipmentID 和 SHIPMENT_RECEIPT 表的 ReceiptNumber 都是代理键，它们的值如下：

EmployeeID　　起始值 101，递增 1
PurchaseItemID 起始值 500，递增 5
ShipperID 起始值 1，递增 1
ShipmentID　　起始值 100，递增 1
ReceiptNumber 起始值 200001，递增 1

STORE 表中的 Country 列值被限制为：India、Japan、Peru、Philippines、Singapore 和 United States。

A．STORE 表应该有一个代理键吗？如果是，创建它并在数据库设计中进行任何必要的调整。如果不需要代理键，为什么？对 STORE 表和其他表是否需要进行其他的调整？如果是，需要进行哪些调整？如果确定要为 STORE 表使用代理键，将其起始值设为 1000，递增 50。

B．为每一个表的列指定 NULL/NOT NULL 约束。

C．指定替代键（如果有的话）。

D．声明外键所暗示的关系，并指定每个关系的最大和最小基数，证明。

E．解释如何在上一题的答案中强制执行最小基数。对于父记录必需的情况，使用引用完整性操作。对于子记录必需的情况，将图 6.28（b）作为样板文档。

F．在 DBMS 中创建 MI 数据库。

G．在 Documents 文件夹中创建一个文件夹，保存和存储*.sql 脚本，它包含下列问题中要求创建的 SQL 语句。

- 对于 SQL Server Management Studio，在 SQL Server Management Studio/Projects 文件夹中创建一个名为 MI-Database 的文件夹。
- 对于 Oracle SQL Developer，在 SQL Developer 文件夹中创建一个名为 MI-Database 的文件夹。
- 对于 MySQL Workbench，在 MySQL Workbench/Schemas 文件夹中创建一个名为 MI-Database 的文件夹。

使用 MI 数据库，创建一个名为 MI-Create-Tables.sql 的 SQL 脚本，回答问题 H 和问题 I，其中问题 I 的答案应该以脚本中的 SQL 注释的形式出现。

H．根据需要，对问题 A～E 的答案中的每一个表，编写 CREATE TABLE 语句。如果确定要使用 StoreID 代理键，将其起始值设为 1000，递增 50；EmployeeID 的起始值 101，递增 1；ShipperID 的起始值 1，递增 1；PurchaseItemID 的起始值 500，递增 5；ShipmentID 的起始值 100，递增 1；ReceiptNumber 的起始值 200001，递增 1。利用 FOREIGN KEY 约束创建适当的引用完整性约束。根据引用完整性操作的设计，设置 UPDATE 和 DELETE 的行为。将 InsuredValue 的默认值设置为 100。编写一个约束，使 STORE.Country 的值仅从 India、Japan、Peru、Philippines、Singapore 和 United States 可选。

I．解释如何执行规则，使 SHIPMENT_ITEM.InsuredValue 值不小于 PURCHASE_ITEM.PriceUSD 值。

使用 MI 数据库，创建一个名为 MI-Insert-Data.sql 的 SQL 脚本。回答下面这个问题。

J．编写 INSERT 语句，插入图 7.61～图 7.67 中的数据。

EmployeeID	LastName	FirstName	Department	Position	Supervisor	OfficePhone	OfficeFax	EmailAddress
101	Morgan	James	Executive	CEO		310-208-1401	310-208-1499	James.Morgan@morganimporting.com
102	Morgan	Jessica	Executive	CFO	101	310-208-1402	310-208-1499	Jessica.Morgan@morganimporting.com
103	Williams	David	Purchasing	Purchasing Manager	101	310-208-1434	310-208-1498	David.Williams@morganimporting.com
104	Gilbertson	Teri	Purchasing	Purchasing Agent	103	310-208-1435	310-208-1498	Teri.Gilbertson@morganimporting.com
105	Wright	James	Receiving	Receiving Supervisor	101	310-208-1456	310-208-1497	James.Wright@morganimporting.com
106	Douglas	Tom	Receiving	Receiving Agent	105	310-208-1457	310-208-1497	Tom.Douglas@morganimporting.com

图 7.61　MI 数据库 EMPLOYEE 表的样本数据

StoreID	StoreName	City	Country	Phone	Fax	EmailAddress	Contact
1000	Eastern Sales	Singapore	Singapore	65-543-1233	65-543-1239	Sales@EasternSales.com.sg	Jeremy
1050	Eastern Treasures	Manila	Philippines	63-2-654-2344	63-2-654-2349	Sales@EasternTreasures.com.ph	Gracielle
1100	Jade Antiques	Singapore	Singapore	65-543-3455	65-543-3459	Sales@JadeAntiques.com.sg	Swee Lai
1150	Andes Treasures	Lima	Peru	51-14-765-4566	51-14-765-4569	Sales@AndesTreasures.com.pe	Juan Carlos
1200	Eastern Sales	Hong Kong	People's Republic of China	852-876-5677	852-876-5679	Sales@EasternSales.com.hk	Sam
1250	Eastern Treasures	New Delhi	India	91-11-987-6788	91-11-987-6789	Sales@EasternTreasures.com.in	Deepinder
1300	European Imports	New York City	United States	800-432-8766	800-432-8769	Sales@EuropeanImports.com.sg	Marcello

图 7.62　MI 数据库 STORE 表的样本数据

PurchaseItemID	StoreID	PurchasingAgentID	PurchaseDate	ItemDescription	Category	PriceUSD
500	1050	101	12/10/2020	Antique Large Bureaus	Furniture	$ 13,415.00
505	1050	102	12/12/2020	Porcelain Lamps	Lamps	$ 13,300.00
510	1200	104	12/15/2020	Gold Rim Design China	Tableware	$ 38,500.00
515	1200	104	12/16/2020	Gold Rim Design Serving Dishes	Tableware	$ 3,200.00
520	1050	102	4/7/2021	QE Dining Set	Furniture	$ 14,300.00
525	1100	103	5/18/2021	Misc Linen	Linens	$ 88,545.00
530	1000	103	5/19/2021	Large Masks	Decorations	$ 22,135.00
535	1100	104	5/20/2021	Willow Design China	Tableware	$ 147,575.00
540	1100	104	5/20/2021	Willow Design Serving Dishes	Tableware	$ 12,040.00
545	1150	102	6/14/2021	Woven Goods	Decorations	$ 1,200.00
550	1150	101	6/16/2021	Antique Leather Chairs	Furniture	$ 5,375.00
555	1100	104	7/15/2021	Willow Design Serving Dishes	Tableware	$ 4,500.00
560	1000	103	7/17/2021	Large Bureau	Furniture	$ 9,500.00
565	1100	104	7/20/2021	Brass Lamps	Lamps	$ 1,200.00

图 7.63 MI 数据库 PURCHASE_ITEM 表的样本数据

ShipperID	ShipperName	Phone	Fax	EmailAddress	Contact
1	ABC Trans-Oceanic	800-234-5656	800-234-5659	Sales@ABCTransOceanic.com	Jonathan
2	International	800-123-8898	800-123-8899	Sales@International.com	Marylin
3	Worldwide	800-123-4567	800-123-4569	Sales@worldwide.com	Jose

图 7.64 MI 数据库 SHIPPER 表的样本数据

使用 MI 数据库，创建一个名为 MI-DML-CH07.sql 的 SQL 脚本。回答下面两个问题。

K. 编写 UPDATE 语句，将 STORE.City 的值从 New York City 改成 NYC。

L. 新创建一些数据行，记录一次运输（SHIPMENT）以及所运送的商品（SHIPMENT_ITEM）。编写将这些记录添加到 MI 数据库所需的 INSERT 语句。然后，编写 DELETE 语句，删除该次运输以及所运送的所有商品？需要使用多少条 DELETE 语句？为什么？

使用 MI 数据库，创建一个名为 MI-Create-Views-and-Functions.sql 的 SQL 脚本，回答以下问题。

M. 编写 SQL 语句，创建一个名为 EmployeeSupervisorView 的视图，该视图显示谁（如果有的话）管理 Morgan 进口公司的所有员工。它包含 E1.LastName（显示为 EmployeeLastName）、E1.FirstName（显示为 EmplyeeFirstName）、E1.Position、E2.LastName（显示为 SupervisorLastName）以及 E2.FirstName（显示为 SupervisorFirstName）。其中，E1 和 E2 是 EMPLOYEE 表的两个别名。这需要在递归关系上运行查询。视图中需要包含那些没有领导的员工。运行该语句以创建视图，然后用适当的 SQL SELECT 语句来测试它。

N. 编写 SQL 语句，创建一个名为 PurchaseSummaryView 的视图，它包含 PUCHASE_ITEM.PurchaseItemID、PURCHASE_ITEM.PurchaseDate、PURCHASE_ITEM.ItemDescription 以及 PURCHASE_ITEM.PriceUSD。运行该语句以创建视图，然后使用适当的 SQL SELECT 语句测试它。

O. 创建并测试一个名为 StoreContactAndPhone 的用户定义函数，该函数将两个名为 StoreContact 和 ContactPhone 的参数组合成一个相连的数据字段格式 StoreContact: ContactPhone（包括冒号和空格）。

P. 编写 SQL 语句，创建一个名为 StorePurchaseHistoryView 的视图，它包含 STORE.StoreName、STORE.Phone、STORE.Contact、PURCHASE_ITEM.PurchaseItemID、PURCHASE_ITEM.PurchaseDate、PURCHASE_ITEM.ItemDescription 以及 PURCHASE_ITEM.PriceUSD。运行该语句以创建视图，然后使用适当的 SQL SELECT 语句测试它。

ShipmentID	ShipperID	PurchasingAgentID	ShipperInvoiceNumber	Origin	Destination	ScheduledDepartureDate	ActualDepartureDate	EstimatedArrivalDate
100	1	103	2017651	Manila	Los Angeles	10-Dec-20	10-Dec-20	15-Mar-21
101	1	104	2018012	Hong Kong	Seattle	10-Jan-21	12-Jan-21	20-Mar-21
102	3	103	49100300	Manila	Los Angeles	05-May-21	05-May-21	17-Jun-21
103	2	104	399400	Singapore	Portland	02-Jun-21	04-Jun-21	17-Jul-21
104	3	103	84899440	Lima	Los Angeles	10-Jul-21	10-Jul-21	28-Jul-21
105	2	104	488955	Singapore	Portland	05-Aug-21	09-Aug-21	11-Sep-21

图 7.65　MI 数据库 SHIPMENT 表的样本数据

ShipmentID	ShipmentItemID	PurchaseItemID	InsuredValue
100	1	500	$15,000.00
100	2	505	$15,000.00
101	1	510	$40,000.00
101	2	515	$3,500.00
102	1	520	$15,000.00
103	1	525	$90,000.00
103	2	530	$25,000.00
103	3	535	$150,000.00
103	4	540	$12,500.00
104	1	545	$12,500.00
104	2	550	$5,500.00
105	1	555	$4,500.00
105	2	560	$10,000.00
105	3	565	$1,500.00

图 7.66　MI 数据库 SHIPMENT_ITEM 表的样本数据

Q. 编写 SQL 语句，创建一个名为 StoreContactPurchaseHistoryView 的视图，它包含 STORE.StoreName、利用 StoreContactAndPhone 函数得到的 STORE.Phone 和 STORE.Contact、PURCHASE_ITEM.PurchaseItemID、PURCHASE_ITEM.PurchaseDate、PURCHASE_ITEM.ItemDescription 以及 PURCHASE_ITEM.PriceUSD。运行该语句以创建视图，然后使用适当的 SQL SELECT 语句测试它。

R. 编写 SQL 语句，创建一个名为 StoreHistoryView 的视图，它将 StorePurchaseHistoryView 中每个商店的 PriceUSD 列值相加，放入一个名为 TotalPurchase 的列中。运行该语句以创建视图，然后用适当的 SQL SELECT 语句来测试它。（提示：假定商店名称是唯一的。）

S. 编写 SQL 语句，创建一个名为 MajorSources 的视图，它使用 StoreHistoryView 并只选择那些 TotalPurchases 值大于 100 000 美元的商店。运行该语句以创建视图，然后用适当的 SQL SELECT 语句来测试它。

T. 用通俗语言解释如何使用触发器来执行设计所需的最小基数操作。不必编写触发器，只要指定需要哪些触发器并描述它们的逻辑即可。

ReceiptNumber	ShipmentID	PurchaseItemID	ReceivingAgentID	ReceiptDate	ReceiptTime	ReceiptQuantity	isReceivedUndamaged	DamageNotes
200001	100	500	105	17-Mar-21	10:00 AM	3	Yes	NULL
200002	100	505	105	17-Mar-21	10:00 AM	50	Yes	NULL
200003	101	510	105	23-Mar-21	3:30 PM	100	Yes	NULL
200004	101	515	105	23-Mar-21	3:30 PM	10	Yes	NULL
200005	102	520	106	19-Jun-21	10:15 AM	1	No	One leg on one chair broken.
200006	103	525	106	20-Jul-21	2:20 AM	1000	Yes	NULL
200007	103	530	106	20-Jul-21	2:20 AM	100	Yes	NULL
200008	103	535	106	20-Jul-21	2:20 AM	100	Yes	NULL
200009	103	540	106	20-Jul-21	2:20 AM	10	Yes	NULL
200010	104	545	105	29-Jul-21	9:00 PM	100	Yes	NULL
200011	104	550	105	29-Jul-21	9:00 PM	5	Yes	NULL
200012	105	555	106	14-Sep-21	2:45 PM	4	Yes	NULL
200013	105	560	106	14-Sep-21	2:45 PM	1	Yes	NULL
200014	105	565	106	14-Sep-21	2:45 PM	10	No	Base of one lamp scratched

图 7.67　MI 数据库 SHIPMENT_RECEIPT 表的样本数据

第 8 章　数据库再设计

本章目标

- 理解数据库再设计的必要性
- 能够使用相关子查询
- 能够在相关子查询中使用 SQL EXISTS 和 NOT EXISTS 比较运算符
- 理解逆向工程
- 能够使用依赖关系图
- 能够更改表名
- 能够修改表的列
- 能够修改关系的基数
- 能够改变关系的属性
- 能够添加和删除关系

如第 1 章所述，数据库的设计和实现有三个来源。数据库可以：（1）从现有数据（如电子表格和数据库表）创建；（2）用于新系统开发项目；（3）用于数据库再设计。第 2～7 章已经讨论过前两个来源，本章将探讨最后一种：数据库再设计。

首先讨论数据库再设计的必要性，然后给出两个重要的 SQL 语句：相关子查询和 EXISTS。在再设计之前分析数据时，这两种语句扮演着重要的角色。它们还可以用于高级查询，而且就其本身而言也是很重要的。讲解完之后，将转向各种常见的数据库再设计方案。

8.1　数据库再设计的必要性

为什么必须重新设计数据库呢？如果第一次就正确地构建了数据库，有必要再设计它吗？第一，一次性正确地构建出数据库是不容易的，尤其是当数据库来自新系统的开发时。即使获得了所有用户需求并构建了正确的数据模型，将该数据模型转换为正确的数据库设计，也是一件困难的事情。对于大型数据库而言，任务是艰巨的，可能需要几个开发阶段。在这些阶段中，数据库的某些方面将需要重新设计。而且，不可避免地会犯一些必须纠正的错误。

第二，思考一下信息系统和使用它的机构之间的关系。很显然它们相互影响。也就是说，信息系统影响机构，机构也会影响信息系统。

事实上这种关系比相互影响还要牢固得多。信息系统和机构不仅相互影响，还互相创建。安装了新的信息系统后，用户可以以新的方式行事。当用户以这些新的方式行事时，需要对信息系统进行更改以适应他们的新行为。随着这些变化的发生，用户会有更多的新行为，他们会请求对信息系统进行更多的更改，如此循环往复。

在系统分析与设计过程中，现在处于系统开发生命周期（SDLC）的系统维护阶段。这个阶段面临着这样一个事实：在使用和维护信息系统时，改进信息系统是一个自然的步骤。（有关 SDLC 和系统分析与设计的介绍见附录 B。）因此，系统维护阶段可能导致需要重新设计并实现系统，从而开始 SDLC 的新迭代。这种循环过程意味着对信息系统的更改不是实现不当的结果，而是信息系统使用的自然结果。因此，改变信息系统的需要永远不会消失，它既不能也不应该通过更好的需求定义、更好的初始设计、更好的实现或其他任何东西来消除。相反，变更是信息系统使用的重要组成部分。因此，需要为此做好计划。对于数据库处理而言，这意味着需要知道如何执行数据库再设计。

8.2 检查函数依赖关系的 SQL 语句

如果数据库没有数据，数据库再设计并不是很困难。如果必须更改包含数据的数据库，并且希望在对现有数据的影响最小的情况下进行变更时，就会出现严重的困难。如果告诉用户系统能够按照期望的方式工作，但是在进行更改时会丢失所有数据，这是不可接受的。

通常而言，需要知道数据中某些条件或假设是否有效，然后才能进行更改。例如，可能从用户需求中知道 Department 在职能上决定了 DeptPhone，但是可能不知道在所有数据中是否正确地表示了这种函数依赖关系。

从第 3 章可知，如果 Department 决定 DeptPhone，则 Department 的每一个值必须与相同的 DeptPhone 值配对。例如，如果 Accounting 在一行中有一个 DeptPhone 值 834-1100，那么它在出现的每一行中都应该有这个值。类似地，如果 Finance 在一行中有一个 DeptPhone 值为 834-2100，那么在它出现的所有行中都应该有这个值。图 8.1 中的数据违反了这个假设。第三行中，Finance 的 DeptPhone 值与其他行不同，多了一个 0。很可能是在输入这个值时发生了错误。这类错误很典型。

在更改数据库之前，需要找出所有这些违规之处并改正它们。对于图 8.1 所示的表，查看数据即可。但是，如果一个 EMPLOYEE 表有 4000 行，该怎么办呢？有两条 SQL 语句在这方面特别有用：相关子查询和它的"表亲"——关键字 SQL EXISTS 和 NOT EXISTS。下面将依次探讨它们。

EmployeeNumber	LastName	EmailAddress	Department	DeptPhone
100	Johnson	JJ@somewhere.com	Accounting	834-1100
200	Abernathy	MA@somewhere.com	Finance	834-2100
300	Smathers	LS@somewhere.com	Finance	834-21000
400	Caruthers	TC@somewhere.com	Accounting	834-1100
500	Jackson	TJ@somewhere.com	Production	834-4100
600	Caldera	EC@somewhere.com	Legal	834-3100
700	Bandalone	RB@somewhere.com	Legal	834-3100

图 8.1 违反了假设约束的表

8.2.1 什么是相关子查询

相关子查询（Correlated Subquery）看起来与第 2 章中讨论的非相关子查询非常相似，但实际上它们完全不同。要理解它们的区别，不妨考虑如下的子查询，它与第 2 章中的子查询非常相似：

```
/* *** SQL-Query-CH08-01 *** */
SELECT       A.FirstName, A.LastName
FROM         ARTIST AS A
WHERE        A.ArtistID IN
             (SELECT     W.ArtistID
              FROM       WORK AS W
              WHERE      W.Title = 'Blue Interior');
```

DBMS 可以自底向上处理这些子查询。也就是说，首先在 WORK 表中找到标题为 'Blue Interior' 的 ArtistID 的所有值，然后使用该值集处理上面的查询。不需要在两个 SELECT 语句之间来回移动。根据图 7.15 中的数据，可以预期这个查询的结果是艺术家 Mark Tobey。

	FirstName	LastName
1	Mark	Tobey

1. 搜索具有给定标题的多行

现在，为了引入相关子查询，假设 View Ridge 画廊中有人提议将 WORK 表的 Title 列当作一个替代键。如果查看图 7.15（d）中的数据，可以看到虽然只有一个 'Blue Interior' 副本，但是其他作品名称有两个甚至多个副本，如 'Surf and Bird'。因此，Title 不能作为替代键，只需查看数据集就能够确定这一点。

但是，如果 WORK 表有 10 000 行或更多行，就很难得出这个结论了。这时，需要一个查询来检查 WORK 表，并显示具有相同名称的任何作品的 Title 和 Copy 值。

如果要求写一个程序来执行这样的查询，则程序逻辑将会是这样的：从 WORK 表的第一行中获取 Title 值，然后检查表中的所有其他行。如果发现某一行的名称与第一行的名称相同，就知道它们是重复值，所以输出第一件作品的 Title 和 Copy 值。继续搜索重复的名称值，直到到达表的末尾。

然后，读取第二行的 Title 值，并将其与表中的所有其他行比较，输出所有重复作品的 Title 和 Copy 值。进行这一过程，直到所有的行都被检查完为止。

2. 查找具有相同名称的行的相关子查询

以下相关子查询，执行上面描述的操作：

```
/* *** SQL-Query-CH08-02 *** */
SELECT    W1.Title, W1.Copy
FROM      WORK AS W1
WHERE     W1.Title IN
          (SELECT     W2.Title
           FROM       WORK AS W2
           WHERE      W1.Title = W2.Title
             AND      W1.WorkID <> W2.WorkID);
```

对图 7.15（d）中的数据进行查询的结果为：

	Title	Copy
1	Farmer's Market #2	267/500
2	Farmer's Market #2	268/500
3	Spanish Dancer	583/750
4	Spanish Dancer	588/750
5	Surf and Bird	142/500
6	Surf and Bird	362/500
7	Surf and Bird	365/500
8	Surf and Bird	366/500
9	Surf and Bird	Unique
10	The Fiddler	251/1000
11	The Fiddler	252/1000

查看结果，很容易看到一些非唯一的重复 Title 数据，这些数据使 Title 无法成为替代键。注意，结果中 Copy 列的 Unique 值表示原版艺术品，根据定义，它是唯一的。类似 142/500 这样的数字，表示从该艺术品的一组有编号的复制品中得到的一个带编号的印刷品。

这个子查询是一个相关子查询，它看起来与常规的、不相关的子查询非常相似。令许多学生惊讶的是，这个子查询和之前的子查询完全不同。他们的相似性只在表面上。

在解释原因之前，首先要注意相关子查询中的符号。WORK 表在顶部和底部的 SELECT 语句中都使用。在顶部的 SELECT 语句中，它被赋予别名 W1；在底部，它被赋予别名 W2。

本质上，当采用这种符号时，就如同使用了 WORK 表的两个副本。一个称为 W1，另一个称为 W2。因此，在相关子查询的最后两行中，将 WORK 的 W1 副本中的值与 W2 副本中的值进行比较。

3．常规子查询和相关子查询的区别

现在探讨一下是什么使这个子查询如此不同。与常规的、非相关子查询不同，DBMS 不能自己运行底部的 SELECT 语句来获取一组 Title 值，并使用该集合执行顶部的查询。原因出现在查询的最后两行：

```
WHERE      W1.Title = W2.Title
  AND      W1.WorkID <> W2.WorkID);
```

这两个表达式，表示将（来自顶部 SELECT 语句的）W1.Title 与（来自底部 SELECT 语句的）W2.Title 进行比较；同时将 W1.WorkID 与 W2.WorkID 进行比较。由于这个事实，DBMS 无法处理不依赖于上层 SELECT 的这个子查询部分。相反，DBMS 必须将该语句作为嵌套在主查询中的子查询处理。其执行逻辑为：从 W1 取得第一行，使用这一行的结果来计算第二个查询。为此，对于 W2 中的每一行，分别比较 W1.Title 和 W2.Title、W1.WorkID 和 W2.WorkID。如果 Title 相同而 WorkID 的值不同，则将 W2.Title 的值返回给顶部的查询。对 W2 中的每一行都如此处理。

一旦 W1 中的第一行对 W2 中的所有行都处理完毕后，就移到 W1 中的第二行，再次计算 W2 中的所有行。如此往复，直到 W1 的所有行都与 W2 的所有行进行了比较为止。

如果还不清楚它的执行机制，可以在一张纸上写下图 7.15（d）中 WORK 数据的两个副本。将其中一个标记为 W1，另一个为 W2，然后按上面所述逻辑梳理一遍。这样，就能理解相关子查询总是要求进行嵌套处理。

4．一个常见的陷阱

要小心下面这种常见的陷阱：

```
/* *** SQL-Query-CH08-03 *** */
SELECT      W1.Title, W1.Copy
FROM        WORK AS W1
WHERE       W1.WorkID IN
            (SELECT      W2.WorkID
             FROM        WORK AS W2
             WHERE       W1.Title = W2.Title
                AND      W1.WorkID <> W2.WorkID);
```

这里的逻辑看似是正确的，但并非如此。比较 SQL-Query-CH08-03 和 SQL-Query-CH08-02，注意两个 SQL 语句之间的差异。在图 7.15(d) 的 View Ridge 画廊数据上运行 SQL-Query-CH08-03，得到的结果是一个空集：

Title	Copy

实际上，无论底层数据是什么，这个查询都不会显示任何行。在继续讨论之前，先分析一下为什么会这样。

底部查询将找出具有相同名称和不同 WorkID 的所有行。找到一行之后，就会得到该行的 W2.WorkID 值。然后，将这个值与 W1.WorkID 进行比较。由于存在以下条件，这两个值将永远不会相等：

W1.WorkID <> W2.WorkID

这样，就不会返回任何行，因为在 WHERE W1.WorkID IN 子句调用的子查询 SELECT 语句中使用了两个不相等的 WorkID 值，而不是两个相等的 Title 值。

5. 使用相关子查询检查函数依赖关系

可以将相关子查询用于数据库再设计。如前所述，相关子查询的一个用途是验证函数依赖关系。例如，假设数据库中有如图 8.1 所示的 EMPLOYEE 数据，我们希望知道这些数据是否符合以下函数依赖关系：

Department → DeptPhone

如果是，则只要表中出现某个 Department 值时，该值与 DeptPhone 的相同值匹配。

下面的相关子查询，可以找出任何违反这个假设的行：

```
/* *** SQL-Query-CH08-04 *** */
SELECT      E1.EmployeeNumber, E1.Department, E1.DeptPhone
FROM        EMPLOYEE AS E1
WHERE       E1.Department IN
            (SELECT      E2.Department
             FROM        EMPLOYEE AS E2
             WHERE       E1.Department = E2.Department
                AND      E1.DeptPhone <> E2.DeptPhone);
```

对图 8.1（d）中的数据进行查询的结果为：

	EmployeeNumber	Department	DeptPhone
1	200	Finance	834-2100
2	300	Finance	834-21000

这样的表可以很容易地用于查找和修复任何违反函数依赖关系的行。

6. 使用 EXISTS 和 NOT EXISTS 比较运算符的 SQL 相关子查询

第 2 章讨论了一组 SQL 比较运算符，总结在图 2.23 中。下面探讨另外两个比较运算符：EXISTS 和 NOT EXISTS，如图 8.2 所示。当在查询中使用 EXISTS 或 NOT EXISTS 时，表示是在创建另一种形式的相关子查询。

SQL 比较运算符	
运算符	含义
EXISTS	一组非空值
NOT EXISTS	一个空集

图 8.2　SQL 比较运算符 EXISTS 和 NOT EXISTS

这两个运算符测试子查询是否返回值，从而表明存在满足条件的结果。如果返回一个或多个值，则子查询的返回值将被用于顶级查询中；如果没有返回值，则顶级查询将生成一个空集结果。

例如，可以使用 EXISTS 关键字重写 SQL-Query-CH08-4 相关子查询如下：

```
/* *** SQL-Query-CH08-05 *** */
SELECT      E1.EmployeeNumber, E1.Department, E1.DeptPhone
FROM        EMPLOYEE AS E1
WHERE       EXISTS
            (SELECT    E2.Department
             FROM      EMPLOYEE AS E2
             WHERE     E1.Department = E2.Department
             AND       E1.DeptPhone <> E2.DeptPhone);
```

因为使用 EXISTS 会创建一种相关子查询形式，所以 SELECT 语句的处理是嵌套的。E1 的第一行被输入到子查询中。如果子查询在 E2 中发现部门名称相同而部门电话号码不同的任何行，则 EXISTS 为真（返回一组非空值），并会选择第一行的 Department 和 DeptPhone 值。接下来，将 E1 的第二行输入子查询，处理 SELECT 并计算 EXISTS 的结果。如果为真，则选择第二行的 Department 和 DeptPhone 值。对 E1 中的所有行重复这个过程。

执行 SQL-Query-CH08-05 的结果，与执行 SQL-Query-CH08-04 的结果相同。

	EmployeeNumber	Department	DeptPhone
1	200	Finance	834-2100
2	300	Finance	834-21000

7. 在双重否定中使用 NOT EXISTS

如果子查询中的任何一行满足条件，则 EXISTS 运算符的结果将为真（返回一组非空值）。只有在子查询中的所有行都不能满足条件时，NOT EXISTS 运算符的结果才会为真（返回一个空集）。

因此，可以双重使用 NOT EXISTS 找出那些不"不匹配条件"的行。两个"不"，就是一个双重否定。

由于双重否定的逻辑，如果一行不"不匹配"任何一行，就表示它匹配所有的行。例如，假设在 View Ridge 画廊，用户希望知道所有客户都感兴趣的艺术家的名字，可以进行如下操作：

● 首先，获得一个对某位特定艺术家感兴趣的所有客户的集合。
● 然后取该集合的补集，它包含的就是对该艺术家不感兴趣的客户。
● 如果补集是一个空集，则表示所有客户都对这位艺术家感兴趣。

BY THE WAY　　双重嵌套的 NOT EXISTS 模式在 SQL 从业者中以多种形式闻名。在求职面试或炫耀技能时，它经常被用作 SQL 知识的测试；在评估某些数据库再设计的可行性时，正如本章最后一节看到的，就可以利用这种双重否定模式。因此，尽管本示例看似有些"严肃"，但还是值得去理解它。

8. 包含两个 NOT EXISTS 的查询

下面的 SQL 语句，实现了上面描述的策略：

```
/* *** SQL-Query-CH08-06 *** */
SELECT      A.FirstName, A.LastName
FROM        ARTIST AS A
WHERE       NOT EXISTS
            (SELECT    C.CustomerID
              FROM     CUSTOMER AS C
              WHERE    NOT EXISTS
                (SELECT     CAI.CustomerID
                 FROM       CUSTOMER_ARTIST_INT AS CAI
                 WHERE      C.CustomerID = CAI.CustomerID
                  AND       A.ArtistID = CAI.ArtistID));
```

这个查询的结果是一个空集，表明没有艺术家是所有客户都感兴趣的：

FirstName	LastName

下面分析一下它的执行过程。底部的 SELECT（SQL 语句中的第三个）找到对某位艺术家感兴趣的所有客户。注意，这个 SELECT（查询中的最后一个 SELECT）是一个相关子查询，它嵌套在 CUSTOMER 的查询中，而后者又嵌套在 ARTIST 的查询中。C.CustomerID 来自中间对 CUSTOMER 表的 SELECT，A.ArtistID 来自顶部对 ARTIST 表的 SELECT。

查询的第 6 行中的 NOT EXISTS，将查找对给定艺术家不感兴趣的客户。如果所有客户都对该艺术家感兴趣，则中间 SELECT 的结果将为空。这样，查询的第三行中的 NOT EXISTS 将为真，从而得到该艺术家的姓名，这正是希望得到的结果。

考虑一下不符合此查询条件的艺术家。假设除了 Tiffany Twilight，所有顾客都对艺术家 Joan Miro 感兴趣。（图 7.15 中的数据并非如此，但假设它是真实的。）对于前面的查询，当考虑 Joan Miro 所在的行时，底部的 SELECT 将检索除 Tiffany Twilight 之外的所有客户。这时，由于查询的第 6 行的 NOT EXISTS，中间的 SELECT 将产生 Tiffany Twilight 的 CustomerID（因为其所在行是底部

SELECT 中唯一没有出现的行）。现在，因为中间的 SELECT 有一个结果，所以顶部 SELECT 中的 NOT EXISTS 为假，查询的输出中将不包括 Joan Miro 这个姓名。这是正确的，因为有一个客户对 Joan Miro 不感兴趣。

重申一下，需要花些时间研究一下这个模式。它是一个很有名的例子，如果希望成为一名数据库专家，一定会多次遇到它的各种形式。

8.3　如何分析现有数据库

在继续讨论数据库再设计之前，先思考一下，对依赖于数据库才能运营的公司而言，这项任务意味着什么。例如，假设你为 Amazon 这样的公司工作，你被分配了一项重要的数据库再设计任务，比如更改供应商表的主键。

首先需要知道，Amazon 为什么要这样做？可能是在早期只销售图书时，它使用公司名称作为供应商来管理。但是，随着销售产品的种类变得越来越多，公司名称不再够用了。可能有一些公司名称是重复的，所以公司决定将其切换成一个自己创建的 VendorID。

切换主键有什么需要考虑的呢？除了将新数据添加到正确的行，它还意味着什么？显然，如果旧的主键被用作外键，那么所有的外键也都需要更改。所以，需要知道使用过旧主键的所有关联。视图又如何呢？是否有视图使用了旧主键？如果有，它们就需要修改。触发器和存储过程呢？它们是否使用了旧主键？此外，移除旧主键时任何现有的应用代码都有可能崩溃。

噩梦还在继续：如果在切换过程的中途失败了，会发生什么呢？假设在尝试添加新主键时遇到了意外数据，且 DBMS 发出了错误提示。Amazon 不可能将其网站显示为"对不起，我们的数据库产生故障——请明天再来"。

这个噩梦引出了许多主题，其中大多数都与系统分析和设计有关（系统分析和设计的简要介绍见附录 B）。关于数据库处理，有三条原则是很清楚的。首先，需三思而后行。在对数据库进行任何结构更改之前，必须清楚地了解数据库当前的结构和内容，知道数据库内部之间的依赖关系。其次，在对运营数据库进行任何结构更改之前，必须在包含所有重要测试数据用例的、真实大小的测试数据库上测试这些更改。最后，如果可能的话，需要在进行任何结构更改之前创建运营数据库的完整备份。如果有任何错误出现，就可以使用备份数据库的同时进行错误修复。下面将依次探讨。

8.3.1　逆向工程

逆向工程（Reverse Engineering，RE）是读取数据库模式并从中生成数据模型的过程。生成的数据模型并不是真正的逻辑模型，因为逆向过程中将为每一个表生成实体，包括没有非键数据且根本不应该出现在逻辑模型中的交集表的实体。由逆向工程生成的模型是一个披着实体关系外衣的表关系图。本书中，将其称为逆向工程数据模型。

图 8.3 显示的 RE 数据模型是由 MySQL Workbench 从第 7 章创建的 VRG 数据库的 MySQL 8.0 版本生成的 View Ridge 画廊 VRG 数据库的。注意，由于 MySQL Workbench 的局限性，这是一个物理数据库设计，而不是逻辑数据模型。尽管如此，它依然演示了此处讨论的逆向工程技术。

之所以使用 MySQL Workbench，是因为它的通用可用性。正如附录 E 中讨论的那样，MySQL Workbench 使用了标准的 IE 乌鸦脚数据库建模符号。图 6.37 给出的是 VRG 数据模型，而图 6.39 显示了它的数据库设计。

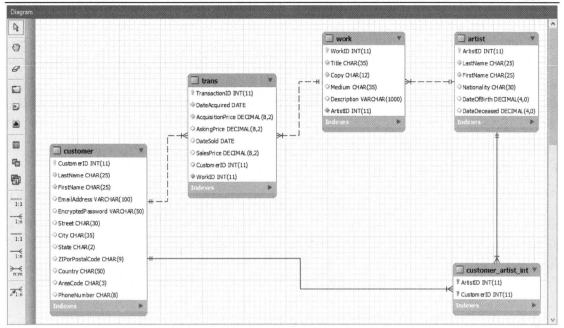

图 8.3　逆向工程 VRG 数据模型

如果将这些与图 8.3 中的 VRG RE 数据模型进行比较，会看到 MySQL Workbench 几乎复制了 VRG 数据库设计而不是 VRG 数据模型。这个 MySQL Workbench 具有如下特点：

● 包含最终的主键和外键，而不是数据模型实体标识符。

● 包含 CUSTOMER_ARTIST_INT 表，而不是数据模型中显示的 CUSTOMER 和 ARTIST 之间的 N：M 关系。

● 包含错误的最小基数值。根据 VRG 数据库设计，除了 WORK-to-TRANS 关系，所有 1：N 关系都应该是可选的。

不过，总体来说，这是 VRG 数据库设计的一个合理表现。

虽然 MySQL Workbench 只生成数据库设计而不是数据模型，但其他一些设计软件，如 erwin Data Modeler，可以同时创建数据库结构的逻辑版本（数据模型）和物理版本（数据库设计）。除了表和视图，一些数据建模产品还能够从数据库中捕获约束、触发器和存储过程（实际上，MySQL Workbench 可以捕获其中的一些，但图 8.3 中没有体现）。

这些结构没有被解释，而是将它们的程序代码和其他文本导入到数据模型中。在某些产品中，还可以得到文本与所引用条目的关系。约束、触发器和存储过程的再设计，超出了这里讨论的范围。但是，应该认识到它们也是数据库的一部分，并且需要再设计。

8.3.2　依赖关系图

在更改数据库结构之前，理解这些结构的依赖关系是非常重要的。改变结构会有什么影响呢？例如，考虑更改表名称。该表名称用在哪些地方？在哪些触发器中？在哪些存储过程中？在哪些关系中呢？由于需要知道所有的依赖关系，许多数据库再设计项目都会先创建一个依赖关系图（Dependency Graph）。

术语"图"产生于图论的数学论题。依赖关系图不是像柱状图那样的图形显示，它们是由节点和连接这些节点的线组成的图。

图 8.4 显示了一个依赖关系图的一部分，它是用 RE 模型的结果绘制的，但是其中的视图和触发器是人为解释的。为简单起见，此图没有显示 CUSTOMER 的视图和触发器，也没有显示 CUSTOMER_ARTIST_INT 和相关结构。另外，也没有显示存储过程 WORK_AddWorkTransaction 以及约束。

即使这个图只显示了一部分，它仍然揭示了数据库结构之间依赖关系的复杂性。由此可见，在更改 TRANS 表中的任何内容时，小心行事是明智的。需要根据两个关系、两个触发器和两个视图来评估这种更改的后果。

8.3.3　数据库备份与测试数据库

由于在再设计过程中可能对数据库造成潜在的损害，所以在进行任何更改之前，应该对运营数据库进行完整的备份。同样重要的是，任何提议的变更都必须经过彻底的测试。不仅结构更改必须成功完成，而且所有触发器、存储过程和应用代码，也必须能够在修改后的数据库上正确运行。

通常而言，在再设计过程中至少要使用数据库模式的三个不同副本。一个是可以用于初始测试的小型测试数据库。第二个是大型测试数据库，它甚至可能是运营数据库的完整副本。有时，可能需要多个大型的测试数据库。最后一个是运营数据库。

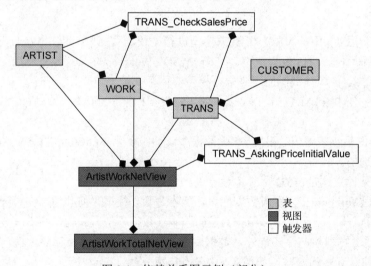

图 8.4　依赖关系图示例（部分）

在测试过程中，必须创建一种方法来将所有测试数据库恢复到原始状态。这样，就可以根据需要让测试在同一个起点上重新运行。根据 DBMS 的功能，可以在测试运行后使用备份、恢复工具或其他方法来恢复数据库。

显然，对于拥有大型数据库的企业来说，不可能将运营数据库的副本作为测试数据库。这时，需要创建较小的测试数据库，但是它必须具有运营数据库的所有重要数据特征，否则就不能提供一个真实的测试环境。这类测试数据库的搭建，本身就是一项困难而富有挑战性的工作。事实上，开发测试数据库和数据库测试套件，存在许多有趣的职业机会。

最后，对于拥有非常大的数据库的机构来说，在进行结构更改之前，可能无法对运营数据库进行完整的复制。在这种情况下，数据库是分块备份的，更改也是分块进行的。这项任务相当困难，需要大量的专业知识和经验。这也需要几周或几个月的规划。你可以作为团队的初级成员参与这样的更改，但是在尝试对这样大的数据库进行结构更改之前，必须拥有多年的数据库经验。即便如此，这也是一项艰巨的任务。

8.4　更改表名和表列

本节考虑对表及其列的更改。为了完成这些更改，将只使用 SQL 语句。许多 DBMS 产品都有一些特性，可以方便地不使用 SQL 来改变结构。例如，一些产品用图形设计工具来简化这个过程。但是，这些特性不是标准化的，所以不应该依赖于它们。本章中给出的语句，能够适用于任何企业级 DBMS 产品，大多数也能够适用于 Microsoft Access。

8.4.1　更改表名

初看起来，更改表名似乎是一个简单而无害的操作。然而，回顾一下图 8.3，就会发现这种更改的后果比想象的要大。例如，如果希望将 WORK 表的名称更改为 WORK_VERSION2，则必需执行几项任务。必须更改从 WORK 到 TRANS 关系的约束，必须重新定义 ArtistWorkNetView 视图，必须重写 TRANS_CheckSalesPrice 触发器以使用新名称。

Oracle Database 和 MySQL 中，有一个 SQL RENAME {Name01} TO {Name02} 语句，可以用来重命名表，而 Microsoft SQL Server 使用系统存储过程 sp_rename 来完成相同的任务。但是，虽然表名本身被更改，但是使用该表名的其他对象，如触发器和存储过程，将不会被修改！因此，这些重命名表的方法只在某些情况下有用。所以，更改表名需要使用以下策略。先创建一个带有所有相关结构的新表，然后在新表工作正常后再删除旧表。如果要重命名的表太大而无法复制，则必须采用其他策略，这里暂不讨论。

然而，这种策略存在一个严重的问题：WorkID 是一个代理键。创建新表时，DBMS 将在新表中创建 WorkID 的新值。新值不一定与旧表中的值相同，这意味着外键 TRANS.WorkID 的值将是错误的。解决此问题的最简单方法是先创建 WORK 表的新版本，并且不将 WorkID 定义为代理键，然后用 WORK 表的当前数据（包括 WorkID 的当前值）填充该表，最后将 WorkID 更改为代理键。

首先，通过向 DBMS 提交一条 SQL CREATE TABLE WORK_VERSION2 语句来创建表。让 WorkID 值为一个整数，但不是代理键。还必须为那些 WORK 约束赋予新的名称。以前的约束仍然存在，如果没有使用新的名称，则 DBMS 将在处理 CREATE TABLE 语句时提示存在重复约束错误。新的约束名称可以有：

```
/* *** EXAMPLE CODE - DO NOT RUN *** */
CONSTRAINT      WorkV2PK          PRIMARY KEY (WorkID),
CONSTRAINT      WorkV2AK1         UNIQUE (Title, Copy),
CONSTRAINT      ArtistV2FK        FOREIGN KEY(ArtistID)
                      REFERENCES ARTIST(ArtistID)
                          ON DELETE NO ACTION
                          ON UPDATE NO ACTION
```

接下来，用下面的 SQL 语句将数据复制到新表中：

```
/* *** EXAMPLE CODE - DO NOT RUN *** */
/* *** SQL-INSERT-CH08-01 *** */
INSERT INTO WORK_VERSION2
    (WorkID, Copy, Title, Medium, Description, ArtistID)
    SELECT    WorkID, Copy, Title, Medium, Description, ArtistID
    FROM      WORK;
```

然后，修改 WORK_VERSION2 表，使 WorkID 成为代理键。在 Microsoft SQL Server 中，最简单的方法是打开图形化表设计器并将 WorkID 重新定义为 IDENTITY 列（标准 SQL 中没有此项功能）。将 Identity Seed 设置为 Microsoft SQL Server 2019 IDENTITY({StartValue}, {Increment})属性中的{StartValue}值，即初始值 500，Microsoft SQL Server 会将下一个 WorkID 的新值设置为 WorkID 的最大的值加 1。Oracle Database 和 MySQL 中的代理键采用另一种策略，它们分别在第 10B 章和第 10C 章中讨论。

现在，剩下的工作就是定义两个触发器。复制旧触发器的文本，并将名称 WORK 更改为 WORK_VERSION2，即可重新定义触发器。

此时，应该对数据库运行测试，以验证所有更改都已正确完成。在此之后，可以将使用 WORK 的存储过程和应用更改为根据新表名运行。[①]如果一切正常，则可以删除外键约束 TransWorkFK 和 WORK 表，操作如下：

```
/* *** EXAMPLE CODE - DO NOT RUN *** */
/* *** SQL-ALTER-TABLE-CH08-01 *** */
ALTER TABLE TRANS
    DROP CONSTRAINT TransWorkFK;
/* *** SQL-DROP-TABLE-CH08-01 *** */
DROP TABLE WORK;
```

然后，可以使用 WORK 表的新名称将 TransWorkFK 约束添加到 TRANS。

```
/* *** EXAMPLE CODE - DO NOT RUN *** */
/* *** SQL-ALTER-TABLE-CH08-02 *** */
ALTER TABLE TRANS
    ADD CONSTRAINT    TransWorkFK        FOREIGN KEY(WorkID)
                            REFERENCES WORK_VERSION2(WorkID)
                            ON UPDATE NO ACTION
                            ON DELETE NO ACTION;
```

显然，更改表名比想像的要复杂得多。现在，就能够理解为什么有些机构不允许程序员或用户使用表的真实名称了。如第 7 章所述，视图被描述为表的别名。如果是这样，则只要视图使用星号（*）通配符引用表中的所有列，在更改源表名称时，只需要更改定义了别名的那些视图。但是，如果视图是按名称引用的列并且有列名被更改了，则需要做更多工作来修改视图。

---

① 时机很重要。WORK_VERSION2 表是从 WORK 表创建的。如果在对 WORK_VERSION2 进行验证时，触发器、存储过程和应用继续针对 WORK 表运行，那么 WORK_VERSION2 将得不到验证。在将存储过程和应用切换到 WORK_VERSION2 之前，需要采取一些措施。

8.4.2 添加和删除列

向表中添加空列很简单。例如，要添加一个 DateCreated 空列到 Work 表，只需使用以下 ALTER TABLE 语句：

```
/* *** EXAMPLE CODE - DO NOT RUN *** */
/* *** SQL-ALTER-TABLE-CH08-03 *** */
ALTER TABLE WORK
    ADD DateCreated    Date     NULL;
```

如果还有其他的列约束，比如 DEFAULT 或 UNIQUE，那么可以将它们包含在列定义中，就如同列定义是 CREATE TABLE 语句的一部分时那样。但是，如果包含 DEFAULT 约束，请注意默认值将应用于所有的新行，但现有行将具有空值。

例如，假设希望将 DateCreated 的默认值设置为 1/1/1900 以表示还没有输入该值。这时，需使用以下 ALTER TABLE 语句：

```
/* *** EXAMPLE CODE - DO NOT RUN *** */
/* *** SQL-ALTER-TABLE-CH08-04 *** */
ALTER TABLE WORK
    ADD   DateCreated   Date   NULL DEFAULT '01/01/1900';
```

该语句表示默认情况下将 WORK 表中的新行 DateCreated 值设置为 1/1/1900。为了设置现有的行，需要执行以下查询：

```
/* *** EXAMPLE CODE - DO NOT RUN *** */
/* *** SQL-UPDATE-CH08-01 *** */
UPDATE WORK
   SET       DateCreated = '01/01/1900'
   WHERE     DateCreated IS NULL;
```

1. 添加 NOT NULL 列

为了添加新的 NOT NULL 列，首先将列添加为 NULL。然后，使用类似上面的 UPDATE 语句，在所有行中为列提供一个值。更新完成后，可以执行以下 SQL ALTER TABLE ALTER COLUMN 语句，将 DateCreated 从 NULL 更改为 NOT NULL：

```
/* *** EXAMPLE CODE - DO NOT RUN *** */
/* *** SQL-ALTER-TABLE-CH08-05 *** */
ALTER TABLE WORK
    ALTER COLUMN         DateCreated   Date   NOT NULL;
```

注意，如果 DateCreated 没有在所有行中被赋予值，则该语句将失败。

2. 删除列

删除非键列很容易。例如，从 WORK 表中删除 DateCreated 列，可以用以下方法完成：

```
/* *** EXAMPLE CODE - DO NOT RUN *** */
/* *** SQL-ALTER-TABLE-CH08-06 *** */
ALTER TABLE WORK
   DROP COLUMN DateCreated;
```

为了删除外键列，必须首先删除定义外键的约束。进行这样的更改相当于删除一个关系，这个主题将在本章后面讨论。

为了删除主键，首先需要删除主键约束。但是，为了删除主键约束，必须首先删除所有使用主键的外键。因此，为了删除 WORK 表的主键并将其替换为组合主键（Title, Copy, ArtistID），需要执行以下步骤：

- 从 TRANS 中删除约束 WorkFK。
- 从 WORK 中删除约束 WorkPK。
- 新创建 WorkPK 约束（Title, Copy, ArtistID）。
- 在 TRANS 中新创建 WorkFK 引用约束（Title, Copy, ArtistID）。
- 删除 WorkID 列。

在删除 WorkID 列之前，务必验证所有更改都已正确完成。一旦它被删除，除了从备份中恢复 WORK 表，没有其他办法可以恢复它。

8.4.3　更改列数据类型或列约束

为了更改列数据类型或列约束，可以使用 ALTER TABLE ALTER COLUMN 命令重新定义列。但是，如果将列从 NULL 更改为 NOT NULL，那么为了使更改成功，该列中的每一行都必须具有值。

此外，一些数据类型的更改可能会导致数据丢失。例如，将 Char(50)更改为 Date 会导致 DBMS 无法成功转换为 Date 值的任何文本字段的丢失。DBMS 也有可能简单地拒绝对列进行更改。获得的结果，取决于所使用的 DBMS 产品。

将 Numeric 转换为 Char 或 Varchar 通常会成功。此外，将 Date、Money 或其他更具体的数据类型转换为 Char 或 Varchar，通常也会成功。将 Char 或 Varchar 转换回 Date、Money 或 Numeric 是有风险的，有时可行，有时则不允许。

在 View Ridge 模式中，如果 DateOfBirth 被定义为 Char(4)，那么一个有风险但合理的数据类型更改是将 ARTIST 表中的 DateOfBirth 修改为 Numeric(4,0)。

这是一个合理的更改，因为该列中的所有值都是数值。回忆一下用于定义 DateOfBirth 的 CHECK 约束（参见图 7.13）。下面更改并简化了这个 CHECK 约束：

```
/* *** EXAMPLE CODE - DO NOT RUN *** */
/* *** SQL-ALTER-TABLE-CH08-07 *** */
ALTER TABLE ARTIST
    ALTER COLUMN          DateOfBirth   Numeric(4,0)   NULL;
ALTER TABLE ARTIST
    ADD CONSTRAINT NumericBirthYearCheck
        CHECK (DateOfBirth > 1900 AND DateOfBirth < 2100);
```

现在，需要删除以前 DateOfBirth 上的 CHECK 约束。

8.4.4　添加和删除约束

如前所述，利用 ALTER TABLE ADD CONSTRAINT 和 ALTER TABLE DROP CONSTRAINT 语句，可以添加和删除约束。

8.5　更改关系基数

更改基数是一项常见的数据库再设计任务。有时，需要将最小基数从 0 更改为 1 或从 1 更改为 0。另一个常见的任务是将最大基数从 1 : 1 更改为 1 : N，或从 1 : N 更改为 N : M。还有一种不太常见的可能性是将最大基数从 N : M 减少到 1 : N 或从 1 : N 减少到 1 : 1。正如将看到的，后一种更改会导致数据丢失。

8.5.1　更改最小基数

更改最小基数时所采取的操作取决于更改是在关系的父端还是子端。

1. 更改父端上的最小基数

如果更改发生在父端，这意味着子端需要或不需要拥有父端，那么进行更改就表明是否允许代表关系的外键为空值。例如，假设 DEPARTMENT-to-EMPLOYEE 为 1 : N 关系，外键 DepartmentNumber 出现在 EMPLOYEE 表中。更改是否要求员工属于某个部门的问题，只不过是变更 DepartmentNumber 空状态的事情。

如果将最小基数从 0 更改为 1，则必须将原本可以为空的外键更改为 NOT NULL。只有当表中的每一行都有值时，才能将列更改为 NOT NULL。对于外键，这意味着每一条记录都必须是相关联的。如果不是，则必须更改所有记录，以便在将外键设置为 NOT NULL 之前，所有记录都具有一个关联。前面的示例中，在将 DepartmentNumber 更改为 NOT NULL 之前，每一位员工都必须与某个部门相关联。

根据所使用的 DBMS 产品，必须在对外键进行更改之前删除定义关系的外键约束。然后，可以重新添加外键约束。下面的 SQL 适用于前面的示例：

```
/* *** EXAMPLE CODE - DO NOT RUN *** */
/* *** SQL-ALTER-TABLE-CH08-08 *** */
ALTER TABLE EMPLOYEE
    DROP CONSTRAINT DepartmentFK;
ALTER TABLE EMPLOYEE
    ALTER COLUMN   DepartmentNumber   Int   NOT NULL;
ALTER TABLE EMPLOYEE
    ADD CONSTRAINT     DepartmentFK     FOREIGN KEY(DepartmentNumber)
                   REFERENCES DEPARTMENT(DepartmentNumber)
                       ON UPDATE CASCADE;
```

此外，在将最小基数从 0 变为 1 时，必须指定 UPDATE 和 DELETE 的级联行为。这个示例中，UPDATE 是级联的，但 DELETE 不是（回想一下，它的默认行为是 NO ACTION）。

将最小基数从 1 更改为 0 很简单。只需将 DepartmentNumber 从 NOT NULL 更改为 NULL 即可。如果合适的话，还可能需要更改其他 UPDATE 和 DELETE 的级联行为。

2. 更改子端上的最小基数

如第 6 章所述，在关系的子端执行非零的最小基数的唯一方法，是编写执行约束的触发器或应用代码。因此，要将最小基数从 0 更改为 1，就需要编写适当的触发器。利用图 6.29 来定义触发器行为，然后编写触发器。为了将最小基数从 1 更改为 0，只需删除执行该约束的触发器即可。

在 DEPARTMENT-to-EMPLOYEE 关系示例中，要求每一个 DEPARTMENT 都有一位 EMPLOYEE，意味着需要编写对 DEPARTMENT 执行 INSERT 操作时的触发器，以及对 EMPLOYEE 执行 UPDATE 和 DELETE 操作时的触发器。DEPARTMENT 中的触发器代码，能够确保将员工分配到新部门；EMPLOYEE 中的触发器代码，会确保分配到新部门的员工或要删除的员工，不是其父部门中的最后一位。

这里的讨论，假定所需的子约束是由触发器强制执行的。如果是通过应用程序强制执行所需的子约束，则所有这些程序也必须更改。可能需要更改数十个这样的程序，这就是为什么使用触发器能够而不是应用代码更好地执行此类约束的原因之一。

8.5.2 更改最大基数

当基数从 1:1 增加到 1:N 或从 1:N 增加到 N:M 时，唯一的困难是保持现有的关系。这是可以做到的，但是将看到，它需要一些专门的处理。当减少基数时，关系数据将丢失。这时，必须创建一种策略来决定丢失哪些关系。

1. 将 1:1 关系更改为 1:N 关系

图 8.5 显示了 EMPLOYEE 和 PARKING_PERMIT 之间的 1:1 关系。正如第 6 章中讨论的，外键可以放置在 1:1 关系的任意一个表中。所采取的动作取决于 EMPLOYEE 或者 PARKING_PERMIT 是否要成为 1:N 关系中的父实体。

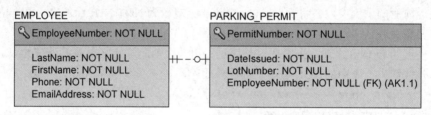

图 8.5　EMPLOYEE-to-PARKING_PERMIT 的 1:1 关系

如果 EMPLOYEE 是父表（一位员工可以拥有多个停车证），那么唯一需要做的更改是删除"PARKING_PERMIT.EmployeeNumber 是唯一的"这个约束。这样，关系就变成了 1:N。

如果 PARKING_PERMIT 是父表（也就是说，一个停车证要分配给多位员工，用于停车共享），那么必须将外键以及一些合适的值从 PARKING_PERMIT 移到 EMPLOYEE。下面的 SQL 可以完成这个任务：

```
/* *** EXAMPLE CODE - DO NOT RUN *** */
/* *** SQL-ALTER-TABLE-CH08-09 *** */
ALTER TABLE EMPLOYEE
   ADD    PermitNumber   Int    NULL;
/* *** SQL-UPDATE-CH08-02 *** */
UPDATE EMPLOYEE
   SET EMPLOYEE.PermitNumber =
        (SELECT    PP.PermitNumber
         FROM      PARKING_PERMIT AS PP
         WHERE     PP.EmployeeNumber = EMPLOYEE.EmployeeNumber);
```

将外键转移到 EMPLOYEE 之后，应该删除 PARKING_PERMIT 的 EmployeeNumber 列。接下来，创建一个新的外键约束来定义引用完整性。这样，多位员工可以关联到同一个停车证，所以新的外键不能有 UNIQUE 约束。

2. 将 1∶N 关系改为 N∶M 关系

假设 View Ridge 画廊希望对某次交易记录多位购买者的信息。例如，一些艺术品可能是客户与银行或信托账户共同拥有的；或者，当一对夫妇购买艺术品时，可能希望记录双方所有者的姓名。无论出于何种原因，这一更改要求将 CUSTOMER 和 TRANS 之间的 1∶N 关系更改为 N∶M 关系。

将 1∶N 关系更改为 N∶M 关系非常简单。①只需用适当的外键约束创建新的交集表，用数据填充它，并删除旧的外键列。图 8.6 给出的 View Ridge 数据库设计，用一个新的交集表来支持 N∶M 关系。

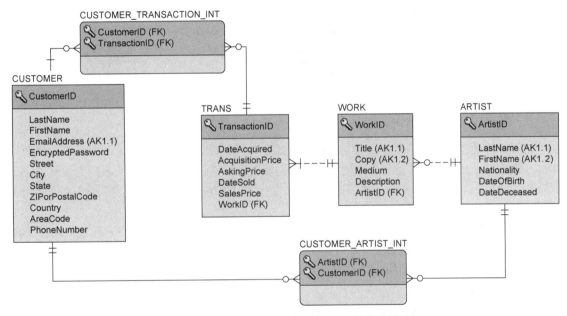

图 8.6　具有新的 N∶M 关系的 VRG 数据库设计

需要创建这个表，然后对于那些 CustomerID 不为空的行，将 TransactionID 和 CustomerID 的值从 TRANS 表中复制到这个表中。首先，使用以下 SQL 创建新的交集表：

```
/* *** EXAMPLE CODE - DO NOT RUN *** */
/* *** SQL-CREATE-TABLE-CH08-01 *** */
CREATE TABLE CUSTOMER_TRANSACTION_INT(
    CustomerID      Int    NOT NULL,
    TransactionID   Int    NOT NULL,
```

---

① 更改数据很容易，更改与视图、触发器、存储过程和应用代码相关的数据，则会困难一些。所有的视图、触发器、存储过程和应用代码都需要重写，以便通过新的交集表进行连接。所有的表单和报表也需要更改，以允许某个交易中包含多位客户。例如，需要将文本框更改为网格。所有这些工作都是费时费力的。

```
        CONSTRAINT      CustomerTransaction_PK
            PRIMARY KEY(CustomerID, TransactionID),
        CONSTRAINT      Customer_Transaction_Int_Trans_FK
            FOREIGN KEY(TransactionID) REFERENCES TRANS(TransactionID),
        CONSTRAINT      Customer_Transaction_Int_Customer_FK
            FOREIGN KEY(CustomerID) REFERENCES CUSTOMER(CustomerID)
        );
```

　　注意，这里没有更新级联行为，因为 CustomerID 是一个代理键。也不存在删除级联行为，因为业务策略规定从不删除涉及交易的数据。接下来的任务是使用下面的 SQL 语句用来自 TRANS 表的数据填充这个表：

```
/* *** EXAMPLE CODE - DO NOT RUN *** */
/* *** SQL-INSERT-CH08-02 *** */
INSERT INTO CUSTOMER_TRANSACTION_INT (CustomerID, TransactionID)
    SELECT   CustomerID, TransactionID
    FROM     TRANS
    WHERE    CustomerID IS NOT NULL;
```

　　完成所有这些更改之后，可以删除 TRANS 表的 CustomerID 列。

3. 减少基数（存在数据丢失）

　　进行结构更改以减少基数是很容易实现的。要将 N：M 关系降为 1：N 关系，只需在关系的子实体中新创建一个外键，并使用来自交集表的数据填充它即可。为了将 1：N 关系降为 1：1 关系，只需使 1：N 关系的外键值唯一，然后在外键上定义一个 UNIQUE 约束。无论哪种情况，最困难的问题是决定丢失哪些数据。

　　考虑将 N：M 变为 1：N 的情况。假设 View Ridge 画廊决定为每一位客户只保留一位感兴趣的艺术家。因此，从 ARTIST 到 CUSTOMER 的关系将是 1：N。这样，需将一个新的外键列 ArtistID 添加到 CUSTOMER 中，并设置针对该客户的 ARTIST 的外键约束。下面的 SQL 可以完成这个任务：

```
/* *** EXAMPLE CODE - DO NOT RUN *** */
/* *** SQL-ALTER-TABLE-CH08-10 *** */
ALTER TABLE CUSTOMER
    ADD   ArtistID   Int   NULL;
ALTER TABLE CUSTOMER
    ADD CONSTRAINT   ArtistInterestFK   FOREIGN KEY(ArtistID)
                        REFERENCES ARTIST(ArtistID);
```

　　由于 ArtistID 是一个代理键，更新不需要级联，而删除无法级联，因为客户可能有一个有效的交易，不应该因为对某位艺术家不再感兴趣而被删除。

　　现在，对于新的关系，客户潜在的众多感兴趣的艺术家中，应该保留哪一位呢？答案取决于画廊的业务策略。此处假设决定取第一位感兴趣的艺术家：

```
/* *** EXAMPLE CODE - DO NOT RUN *** */
/* *** SQL-UPDATE-CH08-03 *** */
UPDATE      CUSTOMER
    SET     ArtistID =
                (SELECT     TOP 1 ArtistID
                 FROM       CUSTOMER_ARTIST_INT AS CAI
                 WHERE      CUSTOMER.CustomerID = CAI.CustomerID);
```

短语 "Top 1"，用于返回第一个符合条件的行。

需要更改所有的视图、触发器、存储过程和应用代码，以符合这种新的 1:N 关系。然后，可以删除在 CUSTOMER_ARTIST_INT 上定义的约束。最后，删除表 CUSTOMER_ARTIST_INT。

为了将 1:N 关系改为 1:1 关系，只需要删除关系外键的任何重复值，然后在外键上添加 UNIQUE 约束。参见习题 8.51。

8.6　添加/删除表和关系

添加新表和关系很简单。如前所述，只需使用带有 FOREIGN KEY 约束的 CREATE TABLE 语句添加表和关系即可。如果现有表与新表存在子关系，则使用现有表来添加 FOREIGN KEY 约束。

例如，如果新添加到 VRG 数据库中的一个表 COUNTRY 具有主键 Name，而 CUSTOMER.Country 为外键，新的 FOREIGN KEY 约束将在 CUSTOMER 中被定义为：

```
/* *** EXAMPLE CODE - DO NOT RUN *** */
/* *** SQL-ALTER-TABLE-CH08-11 *** */
ALTER TABLE CUSTOMER
    ADD CONSTRAINT CountryFK FOREIGN KEY(Country)
                    REFERENCES COUNTRY(Name)
                        ON UPDATE CASCADE;
```

删除关系和表时，需首先删除外键约束，然后删除表。当然，在此之前，必须构造依赖关系图，并通过它来确定哪些视图、触发器、存储过程和应用将受到删除的影响。

如第 4 章所述，添加新表和关系或将现有的表压缩为更少的表的另一个原因是为了规范化和反规范化。本章中不会进一步讨论这个主题，但是规范化和反规范化是数据库再设计期间的常见任务。

8.7　前向工程

可以使用各种不同的数据建模产品来进行数据库更改。为此，首先需要对数据库进行逆向工程，对 RE 数据模型进行更改，然后利用数据建模工具的前向工程（Forward Engineering）功能。

这里不详细讨论前向工程，因为它隐藏了需要学习的 SQL 功能。此外，前向工程过程的细节是依赖于产品的。

由于正确更改数据模型的重要性，许多专业人员对使用自动化流程再设计数据库持怀疑态度。当然，对运营数据使用前向工程之前，有必要对结果进行彻底的测试。有些产品会在对数据库进行更改之前显示将要执行的 SQL，以供检查。

数据库再设计并非实现自动化的最佳场所，它在很大程度上取决于要进行的更改的性质以及数据建模产品的前向工程特性的质量。根据本章所讲内容，应该能够通过编写自己的 SQL 来进行大多数再设计工作了。

8.8 小结

数据库的设计和实现有三个来源。数据库可以：（1）从现有数据（如电子表格和数据库表）创建；（2）用于新的系统开发项目；（3）用于数据库再设计。数据库再设计是 SDLC 的系统维护步骤的一部分，它对于修复初始数据库设计期间所犯的错误，以及调整数据库以适应系统需求的变化，都是必要的。这样的变化很常见，因为信息系统和机构不仅相互影响——它们还相互创建。因此，新的信息系统会导致系统需求的变化。

相关子查询以及 SQL EXISTS 和 NOT EXISTS 比较运算符，都是重要的工具，它们可以用来实现高级查询；在数据库再设计期间，它们还可以用于判断指定的数据条件是否存在。例如，可用于判断数据中是否存在可能的函数依赖关系。

相关子查询看起来与常规子查询非常相似。区别在于，常规子查询可以自底向上处理。在常规子查询中，可以确定来自最低级查询的结果，然后使用这些结果来计算较高级别的查询。相反，在相关子查询中，处理是嵌套的；也就是说，需要将高层查询语句中的行与低层查询中的行进行比较。相关子查询的重要特性在于低层 SELECT 语句使用来自高层语句的列。

EXISTS 和 NOT EXISTS 关键字创建了相关子查询的特殊形式。当使用这些语句时，高层查询将根据低层查询中的行是否存在而产生结果。如果子查询中的任何行满足指定的条件，则 EXISTS 条件为真；只有当子查询中的所有行不满足指定的条件时，NOT EXISTS 条件才为真。对于涉及所有行必须为真的条件查询，例如"购买了所有产品的客户"，NOT EXISTS 非常有用。NOT EXISTS 的双重使用是一个著名的 SQL 模式，通常用于测试一个人的 SQL 知识。

在数据库再设计之前，需要仔细检查现有数据库，以避免只对数据库进行了部分更改而导致不可用。基本原则是三思而后行。逆向工程用于创建现有数据库的数据模型。它是为了在进行更改之前更好地理解数据库结构。产生的数据模型称为逆向工程数据模型，它不是真正的数据模型。大多数数据建模工具都可以执行逆向工程。RE 数据模型几乎总是存在缺失信息，所以应该仔细审查这些模型。

数据库的所有元素都是相互关联的。依赖关系图用于描述一个元素对另一个元素的依赖关系。例如，表中的更改可能会潜在地影响关系、视图、索引、触发器、存储过程和应用程序。在进行数据库更改之前，需要知道并考虑这些影响。

在执行任何数据库再设计之前，必须对运营数据库进行完整备份。此外，这些更改必须经过彻底的测试，最初在小型测试数据库上测试，然后在大型测试数据库上测试，这些大型测试数据库甚至可能是运营数据库的副本。只有在完成了广泛的测试之后，才能真正实施再设计。

可以将数据库再设计分为不同的类型。一种类型涉及更改表名和表列。更改表名存在大量的潜在后果。在继续进行更改之前，应该使用依赖关系图来理解这些后果。添加和删除非键列可以很容易地进行。添加一个 NOT NULL 列必须用三个步骤完成：首先，添加列为 NULL；然后，将数据添加到每一行；最后，将列约束更改为 NOT NULL。为了删除外键列，必须先删除定义外键的约束。

可以使用 ALTER TABLE ALTER COLUMN 语句更改列数据类型和约束。将数据类型从特定的类型（如 Date）更改为 Char 或 Varchar，通常不会存在问题。但是，将数据类型从 Char 或 Varchar 更改为更特定的类型，可能会出现问题。在某些情况下，数据会丢失，或者 DBMS 可能拒绝更改。

可以使用 SQL ALTER TABLE 语句的 ADD CONSTRAINT 和 DROP CONSTRAINT，添加或

删除约束。如果开发人员为所有约束提供了名称，那么使用此语句会更容易。

更改关系父端上的最小基数，只需将外键上的约束从 NULL 更改为 NOT NULL，或从 NOT NULL 更改为 NULL。只有通过添加或删除执行约束的触发器，才能完成对关系的子端最小基数的更改。

如果外键位于正确的表中，那么将最大基数从 1：1 更改为 1：N 是很简单的。只需删除外键列上的 UNIQUE 约束即可。如果此更改的外键位于错误的表中，则需将外键移到另一个表中，并且不要在该表上设置 UNIQUE 约束。

将 1：N 关系更改为 N：M 关系，需要构建一个新的交集表，并将主键和外键值移到交集表中。这种改变相对较简单。为了在所有视图、触发器、存储过程、应用程序以及表单和报表中使用新的交集表，需做的改变相对要困难一些。

减少基数很容易，但是这样的更改可能会导致数据丢失。在进行此类更改之前，必须制订一个策略来决定保留哪些数据。将 N：M 关系更改为 1：N 关系，涉及在子表中创建一个外键，并将一个值从交集表移到该外键中。将 1：N 关系改为 1：1 关系，需要首先消除外键中的重复项，然后对该键设置 UNIQUE 约束。添加和删除关系，可以通过定义新的外键约束或删除现有的外键约束来完成。

大多数数据建模工具都具有执行前向工程的能力，这是将更改后的数据模型应用到现有数据库的过程。如果使用前向工程，则在运营数据库上使用它之前，应该对结果进行彻底的测试。一些工具会显示它将在前向工程过程中执行的 SQL。应该仔细检查由这类工具生成的任何 SQL。总而言之，手工编写数据库再设计 SQL 语句而不使用前向工程没有任何问题。

重要术语

相关子查询	SQL NOT EXISTS 比较运算符
依赖关系图	系统分析和设计
SQL EXISTS 比较运算符	系统开发生命周期（SDLC）

习题

8.1　回顾一下数据库设计和实现的三种来源。

8.2　为什么需要进行数据库再设计？

8.3　用自己的语言解释"信息系统和机构相互创建"。这与数据库再设计有什么关系？

8.4　假设一个表包含两个非键列：AdviserName 和 AdviserPhone。进一步假设可能存在 AdviserPhone → AdviserName。解释如何检查数据来确定这个假设是否正确。

8.5　编写一个非相关子查询的子查询（本章中的除外）。

8.6　解释"关联子查询的处理是嵌套的，而常规子查询的处理不是嵌套的"。

8.7　编写一个相关子查询（本章中的除外）。

8.8　解释你对习题 8.5 的回答与对习题 8.7 的回答有何不同。

8.9　解释第 406 页相关子查询 SQL-Query-CH08-03 存在的问题。

8.10　写一个相关子查询，确定数据是否支持习题 8.4 中的假设。

8.11　解释 EXISTS 比较运算符的含义。

8.12　使用 EXISTS 比较运算符解答习题 8.10。

8.13　解释 EXISTS 和 NOT EXISTS 比较运算符中"任何一个"（any）和"所有"（all）用法的区别。

8.14　解释第 408 页 SQL-Query-CH08-06 的处理过程。

8.15　使用 VRG 数据库，编写一个查询，显示对所有艺术家感兴趣的客户姓名。

8.16　对于上一题，解释这个查询是如何工作的。

8.17　在执行数据库再设计任务之前，为什么分析数据库很重要？如果不这样做会发生什么？

8.18　解释逆向工程的过程。

8.19　为什么仔细评估逆向工程的结果很重要？

8.20　什么是依赖关系图？其用途是什么？

8.21　解释图 8.4 中 WORK 表的依赖关系。

8.22　在创建依赖关系图时使用了哪些数据源？

8.23　在测试数据库再设计所做的更改时，应该使用哪两种不同类型的测试数据库？

8.24　解释在更改表名时可能出现的问题。

8.25　描述更改表名的过程。

8.26　将图 8.4 中的 WORK 表名称更改为 WORK_VERSION2，需要执行哪些任务？

8.27　视图如何简化更改表名的过程。

8.28　下列 SQL 语句在什么条件下有效？

```
INSERT    INTO T1 (A, B)
    SELECT    (C, D)
    FROM    T2;
```

8.29　编写一条 SQL 语句，假设 C1 的约束为 NULL，将整数列 C1 添加到表 T2 中。

8.30　当 C1 的约束为 NOT NULL 时，重新解答上一习题。

8.31　编写一条 SQL 语句，从表 T2 中删除列 C1。

8.32　描述删除主键 C1 并生成新主键 C2 的过程。

8.33　哪些数据类型的改变风险最小？

8.34　哪些数据类型的改变风险最大？

8.35　编写一条 SQL 语句，将列 C1 更改为 Char(10) NOT NULL。为了使更改成功，数据中必须存在哪些条件？

8.36　如果子端原来需要存在父端，则当它不再需要有父端时，如何更改最小基数？

8.37　如果子端原来不需要存在父端，则当它现在需要有父端时，如何更改最小基数？为了使更改成功，数据中必须存在哪些条件？

8.38　如果父端原来需要存在子端，则当它不再需要有子端时，如何更改最小基数？

8.39　如果父端原来不需要存在子端，则当它现在需要有子端时，如何更改最小基数？

8.40　描述如何将最大基数从 1∶1 更改为 1∶N。假设外键位于 1∶N 关系中的新子端一侧。

8.41　描述如何将最大基数从 1∶1 更改为 1∶N。假设外键位于 1∶N 关系中的新父端一侧。

8.42　假设表 T1 与表 T2 为 1∶1 关系，T2 具有外键。编写将外键移到 T1 所需的 SQL 语句。分别为主键和外键创建一个名称。

8.43　解释如何将 1∶N 关系转换为 N∶M 关系。

8.44　假设表 T1 与表 T2 为 1∶N 关系。编写填充一个名为 T1_T2_INT 的交集表所需的 SQL 语句，以便为建立关系 N∶M 做准备。分别为主键和外键创建一个名称。

8.45　解释最大基数的减少如何会导致数据丢失。

8.46　使用习题 8.44 中的表，编写将关系更改回 1∶N 所需的 SQL 语句。假设交集表中符合条件的行中的第一行将提供外键。使用习题 8.44 中的主键和外键。

8.47　根据习题 8.46 的答案，解释如何才能将这个关系转化为 1∶1。使用习题 8.46 中的主键和外键。

8.48　一般来说，添加新关系必须做些什么？

8.49　假设表 T1 与表 T2 为 1∶N 关系，其中 T2 为子表。编写删除 T1 表所需的 SQL 语句。主键和外键的名称可随意假定。

8.50　前向工程存在什么风险和问题？

练习

8.51　假设表 EMPLOYEE 与表 PHONE_NUMBER 有一个 1∶N 关系。进一步假设 EMPLOYEE 的主键是 EmployeeID，PHONE_NUMBER 的列是 PhoneNumberID（代理键）、AreaCode、LocalNumber 和 EmployeeID（EMPLOYEE 的外键）。更改此设计，使 EMPLOYEE 与 PHONE_NUMBER 有 1∶1 关系。对于拥有多个电话号码的员工，只保留第一个。

8.52　假设表 EMPLOYEE 与表 PHONE_NUMBER 有一个 1∶N 关系。进一步假设 EMPLOYEE 的主键是 EmployeeID，PHONE_NUMBER 的列是 PhoneNumberID（代理键）、AreaCode、LocalNumber 和 EmployeeID（EMPLOYEE 的外键）。编写 SQL 语句，对这个数据库再设计，使它只包含一个表。请解释它与上一题的结果之间的差异。

8.53　给定表：

TASK (EmployeeID, EmpLastName, EmpFirstName, Phone, OfficeNumber, ProjectName, Sponsor, WorkDate, HoursWorked)

还要考虑以下可能的函数依赖关系：

EmployeeID → (EmpLastName, EmpFirstName, Phone, OfficeNumber)

ProjectName → Sponsor

A．编写 SQL 语句，显示违反这些函数依赖关系的任何行的值。

B．如果没有数据违反这些函数依赖关系，能假设它们是有效的吗？为什么？

C．假设这些函数依赖关系是正确的，并且数据已经被修正以满足这些关系。编写所有必要的 SQL 语句，将这个表重新设计为满足 BCNF 和 4NF 范式的一组表。假设该表包含一定合适转换为新表的数据值。

Marcia 干洗店案例题

Marcia Wilson 拥有并经营着 Marcia 干洗店。这是一家高档干洗店，位于一个富裕的郊区社区。通过提供优质的客户服务，Marcia 使她的公司在竞争中脱颖而出。她希望跟踪每一位客户及其订单的情况。最重要的是，她希望通过电子邮件通知客户衣服已经干洗完毕，可以来取了。假设已经为 Marcia 干洗店设计了一个数据库，该数据库有以下的表：

CUSTOMER (CustomerID, FirstName, LastName, Phone, EmailAddress)

INVOICE (InvoiceNumber, *CustomerID*, DateIn, DateOut, Subtotal, Tax, TotalAmount)

INVOICE_ITEM (*InvoiceNumber*, ItemNumber, ServiceID, Quantity, UnitPrice, ExtendedPrice)

SERVICE (ServiceID, ServiceDescription, UnitPrice)

假设已经定义了所有关系（如表清单中的外键所暗示的那样），并且适当的引用完整性约束已经就位。引用完整性约束为：

INVOICE 表中的 CustomerID 值，必须存在于 CUSTOMER 表的 CustomerID 列中

INVOICE_ITEM 表中的 InvoiceNumber 值，必须存在于 INVOICE 表的 InvoiceNumber 列中

INVOICE_ITEM 表中的 ServiceID 值，必须存在于 SERVICE 表的 ServiceID 列中

假设 CUSTOMER 表的 CustomerID、EMPLOYEE 表的 EmployeeID、VENDOR 表的 VendorID、ITEM 表的 ItemID、SALE 表的 SaleID 以及 SALE_ITEM 表的 SaleItemID 都是代理键，值如下：

CustomerID   起始值 100   按 1 递增
InvoiceNumber 起始值 2021001   按 1 递增

如果希望在某种 DBMS 产品中运行这些解决方案，首先需要创建一个数据库，分别参见第 10A 章中的 Microsoft SQL Server 2019、第 10B 章中的 Oracle Database 和第 10C 章中的 MySQL 8.0。将这个数据库命名为 MDC_CH08。

A. 创建一个依赖关系图，显示这些表之间的依赖关系。解释需要如何为视图和其他数据库结构（如触发器和存储过程）扩展此图。

B. 使用这个依赖关系图，描述将 INVOICE 表的名称更改为 CUST_INVOICE 所需的任务。

C. 编写 SQL 语句，完成问题 B 中描述的名称更改。

D. 假设 Marcia 决定允许每一个订单有多位客户（例如，客户的配偶）。修改这些表的设计，以适应这种更改。

E. 编写再设计数据库所需的 SQL 语句，完成问题 D 中所述的更改。

F. 假设 Marcia 考虑将 CUSTOMER 的主键更改为（FirstName, LastName）。编写相关子查询，以显示任何表明此更改不合理的数据。

G. 假设（FirstName, LastName）可以作为 CUSTOMER 的主键。使用这个新的主键对表设计进行适当的更改。

H. 编写实现问题 G 中描述的更改所需的所有 SQL 语句。

Queen Anne 古董店项目题

假设 Queen Anne 古董店设计了一个数据库，其中包含第 7 章中所描述的表：

CUSTOMER (CustomerID, LastName, FirstName, EmailAddress, EncryptedPassword, Address, City, State, ZIP, Phone, *ReferredBy*)

EMPLOYEE (EmployeeID, LastName, FirstName, Position, *Supervisor*, OfficePhone, EmailAddress)

VENDOR (VendorID, CompanyName, ContactLastName, ContactFirstName, Address, City, State, ZIP, Phone, Fax, EmailAddresss)

ITEM (ItemID, ItemDescription, PurchaseDate, ItemCost, ItemPrice, *VendorID*)

SALE (SaleID, CustomerID, *EmployeeID*, SaleDate, SubTotal, Tax, Total)

SALE_ITEM (*SaleID*, SaleItemID, *ItemID*, ItemPrice)

引用完整性约束为：

CUSTOMER 表中的 ReferredBy 值，必须存在于 CUSTOMER 表的 CustomerID 列中

EMPLOYEE 表中的 Supervisor 值，必须存在于 EMPLOYEE 表的 EmployeeID 列中

SALE 表中的 CustomerID 值，必须存在于 CUSTOMER 表的 CustomerID 列中

ITEM 表中的 VendorID 值，必须存在于 VENDOR 表的 VendorID 列中

SALE 表中的 EmployeeID 值，必须存在于 EMPLOYEE 表的 EmployeeID 列中

SALE_ITEM 表中的 SaleID 值，必须存在于 SALE 表的 SaleID 列中

SALE_ITEM 表中的 ItemID 值，必须存在于 ITEM 表的 ItemID 列中

假设 CUSTOMER 表的 CustomerID、EMPLOYEE 表的 EmployeeID、VENDOR 表的 VendorID、ITEM 表的 ItemID、SALE 表的 SaleID 以及 SALE_ITEM 表的 SaleItemID 都是代理键，值如下：

CustomerID	起始值 1	按 1 递增
EmployeeID	起始值 1	按 1 递增
VendorID	起始值 1	按 1 递增
ItemID	起始值 1	按 1 递增
SaleID	起始值 1	按 1 递增

供应商可以是个人，也可以是公司。如果供应商是个人，则 CompanyName 列留空，而 ContactLastName 和 ContactFirstName 列必须有数据值。如果供应商是一家公司，则公司名称记录在 CompanyName 列中，公司主要联系人的姓名记录在 ContactLastName 和 ContactFirstName 列中。

如果希望在某种 DBMS 产品中运行这些解决方案，需先创建第 7 章中描述的 QACS 数据库的一个版本，并将其命名为 QACS_CH08。

A. 创建一个依赖关系图，显示这些表之间的依赖关系。解释需要如何为视图和其他数据库结构（如触发器和存储过程）扩展此图。

B. 使用这个依赖关系图，描述将 SALE 表的名称更改为 CUSTOMER_SALE 所需的任务。

C. 编写 SQL 语句，完成问题 B 中描述的名称更改。

D. 假设古董店决定允许每一个订单有多位客户（例如，客户的配偶）。修改这些表的设计，以适应这种更改。

E. 编写再设计数据库所需的 SQL 语句，完成问题 D 中所述的更改。

F. 假设古董店正在考虑将 CUSTOMER 的主键更改为（FirstName, LastName）。编写相关子查询，以显示任何表明此更改不合理的数据。

G. 假设（FirstName, LastName）可以作为 CUSTOMER 的主键。使用这个新的主键对表设计进行适当的更改。

H. 编写实现问题 G 中描述的更改所需的所有 SQL 语句。

Morgan 进口公司项目题

假设 Morgan 用第 7 章末尾描述的表创建了一个数据库（注意，STORE 表使用了代理键 StoreID）：

EMPLOYEE (<u>EmployeeID</u>, LastName, FirstName, Department, Position, *Supervisor*, OfficePhone, OfficeFax, EmailAddress)

STORE (<u>StoreID</u>, StoreName, City, Country, Phone, Fax, EmailAddress, Contact)

PURCHASE_ITEM (<u>PurchaseItemID</u>, StoreID, *PurchasingAgentID*, PurchaseDate, ItemDescription, Category, PriceUSD)

SHIPMENT (<u>ShipmentID</u>, *ShipperID*, *PurchasingAgentID*, ShipperInvoiceNumber, Origin, Destination, ScheduledDepartureDate, ActualDepartureDate, EstimatedArrivalDate)

SHIPMENT_ITEM (<u>ShipmentID</u>, <u>ShipmentItemID</u>, *PurchaseItemID*, InsuredValue)

SHIPPER (<u>ShipperID</u>, ShipperName, Phone, Fax, Email, Contact)

SHIPMENT_RECEIPT (<u>ReceiptNumber</u>, *ShipmentID*, *PurchaseItemID*,
　　ReceivingAgent, ReceiptDate, ReceiptTime, ReceiptQuantity,
　　isReceivedUndamaged, DamageNotes)

假设这个表清单中的外键已经定义了所有的关系。引用完整性约束为：

EMPLOYEE 表中的 Supervisor 值，必须存在于 EMPLOYEE 表的 EmployeeID 列中

PURCHASE_ITEM 表中的 StoreID 值，必须存在于 STORE 表的 StoreID 列中

PURCHASE_ITEM 表中的 PurchasingAgentID 值，必须存在于 EMPLOYEE 表的 EmployeeID 列中

SHIPMENT 表中的 ShipperID 值，必须存在于 SHIPPER 表的 ShipperID 列中

SHIPMENT 表中的 PurchasingAgentID 值，必须存在于 EMPLOYEE 表的 EmployeeID 列中

SHIPMENT_ITEM 表中的 PurchaseItemID 值，必须存在于 PURCHASE_ITEM 表的 PurchaseItemID 列中

SHIPMENT_RECEIPT 表中的 ShipmentID 值，必须存在于 SHIPMENT 表的 ShipmentID 列中

SHIPMENT_RECEIPT 表 中 的 PurchaseItemID 值，必 须 存 在 于 PURCHASE_ITEM 表 的 PurchaseItemID 列中

SHIPMENT_RECEIPT 表中的 ReceivingAgentID 值，必须存在于 EMPLOYEE 表的 EmployeeID 列中

假设 STORE 表的 StoreID、EMPLOYEE 表的 EmployeeID、PURCHASE_ITEM 表的 PurchaseItemID、SHIPPER 表的 ShipperID、SHIPMENT 表的 ShipmentID 和 SHIPMENT_RECEIPT 表的 ReceiptNumber 都是代理键，它们的值如下：

StoreID	起始值 100	按 50 递增
EmployeeID	起始值 101	按 1 递增
PurhaseItemID	起始值 500	按 5 递增
ShipperID	起始值 1	按 1 递增
ShipmentID	起始值 100	按 1 递增
ReceiptNumber	起始值 200001	按 1 递增

STORE 表中的 Country 列值被限制为：India、Japan、Peru、Philippines、Singapore 和 United States。

James Morgan 希望修改 Morgan 进口采购信息系统（MIPIS）的数据库设计，将 PURCHASE_ITEM 中的商品数据分离到一个单独的 ITEM 表中。这样就使每件商品在整个购买和销售过程中作为一个独特的实体被跟踪。ITEM 表的模式为：

ITEM (<u>ItemID</u>, ItemDescription, Category)

PURCHASE_ITEM 将被两个名为 INVOICE 和 INVOICE_LINE_ITEM 的表所取代，由一个改进后的销售订单配置连接，如图 8.7 所示。可以将这个图与图 6.18（b）进行比较。

类似地，MIPIS 的配送部分将通过对 SHIPMENT_ITEM 表的更改进行修改。

SHIPMENT_LINE_ITEM (<u>ShipmentID</u>, <u>ShipmentLineNumber</u>, *ItemID*,
　　InsuredValue)

如果希望在某种 DBMS 产品中运行这些解决方案，需先创建第 7 章中描述的 MI 数据库的一个版本，并将其命名为 MI_CH08。

A. 创建一个依赖关系图，显示这些原始表之间的依赖关系。解释需要如何为视图和其他数据库结构（如存储过程）扩展此图。

B. 利用这个依赖关系图，描述创建和填充 ITEM 表所需的任务。

C. 编写 SQL 语句，完成问题 B 中描述的名称更改。

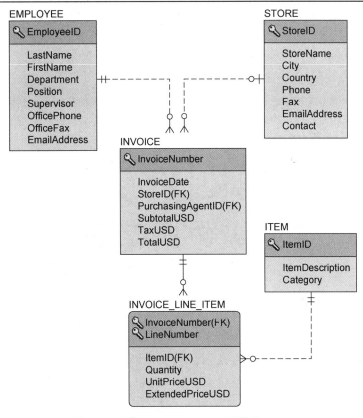

图 8.7 改进 SALES_ORDER 配置的 MIPIS

D. 利用这个依赖关系图，描述将 SHIPMENT_ITEM 表的名称更改为 SHIPMENT_LINE_ITEM 所需的任务，以及对列名所需的更改。

E. 编写 SQL 语句，完成问题 D 中描述的名称更改。

F. 使用依赖关系图，描述将 MIPIS 的销售订单部分转换为新配置所需的任务。

G. 编写 SQL 语句，实现问题 F 的再设计过程。

第四部分
企业级数据库处理

这一部分介绍了多用户数据库处理的主要问题，并描述了 4 种重要的 DBMS 产品为解决这些问题所提供的特性和功能。第 9 章讲解了数据库管理以及用于企业和多用户数据库管理的主要任务及技术。第 10 章中，将详细介绍在线的第 10A 章、第 10B 章、第 10C 章和第 10D 章所涵盖的主题，这 4 章分别讨论和演示了 Microsoft SQL Server 2019、Oracle Database、MySQL 8.0 以及 ArangoDB 的特性及功能。

第9章 管理企业数据库

本章目标

- 了解数据库管理的必要性和重要性
- 理解并发性控制、安全性、备份和恢复的需求
- 了解多个用户并发处理数据库时可能出现的典型问题
- 理解锁的使用和死锁的问题
- 学习区分乐观锁定和悲观锁定
- 了解 ACID 事务的含义
- 学习 ANSI 标准中的 4 种隔离级别
- 了解利用游标处理数据库的不同途径
- 了解对安全性的需求以及改善数据库安全性的特定任务
- 理解通过再处理的恢复和通过回滚/前滚的恢复之间的区别
- 了解使用回滚/前滚进行恢复所需的任务的性质
- 知晓 DBA 的基本管理职责
- 学习有关物理数据库设计以及查询优化的一些基本术语和概念

尽管企业数据库为创建和使用它的机构提供了巨大的价值，但也给它们带来了难题。首先，企业数据库的设计和开发很复杂，因为需要支持许多相互交叠的用户视图。

此外，正如在上一章中所讨论的，需求会随着时间的推移而变化，这些变化使得数据库结构必须进行更改。必须仔细地计划和控制这种结构上的变化，以便一个地方的改变不会给另一个地方带来问题。此外，当用户并发地处理数据库时，需要特殊的控制来确保一个用户的工作不会对另一个用户的工作产生不良后果。下面将看到，这个主题既重要又复杂。

在大型机构中，需要定义并执行处理权限和责任。例如，当员工离开公司时会发生什么？什么时候可以删除员工的记录？对于工资处理，可以在最后一次发薪之后删除记录；对于季度报表，可以在季度末删除员工记录；对于年终税务记录的处理，可以在年终后删除记录。显然，没有哪个部门可以单方面决定何时删除这些数据。类似的情况也适用于数据值的插入和更改。出于诸如此类的原因，需要开发安全系统，使其仅允许授权用户能够在授权的时间里执行授权的操作。

数据库已经成为机构运营的重要一环，甚至是机构价值的重要资产。遗憾的是，数据库故障和灾难确实会发生。因此，有效的备份和恢复计划、技术以及例程是必不可少的。

随着时间的推移，需要对 DBMS 本身进行更改，以通过融入新的特性和版本来提高性能，并使其符合底层操作系统的变化。同样，随着数据和需求的变化，需要对数据库进行性能调优。所有这些，都需要细心的管理。

为了确保这些问题得到解决，大多数机构都有一个数据库管理办公室。本章将首先描述这种办公室的任务，然后描述用于履行这些职责的软件、实践经验以及例程。

9.1 使用已安装好的 DBMS 产品的重要性

为了全面理解本章中讨论的 DBMS 概念和特性，需要一个已安装好的 DBMS 产品。实际的上手经验很有必要，因为可以使你从对这些概念和特性的抽象理解转变为对实际知识和实现原理的掌握。有关下载、安装和使用本书中讨论的关系 DBMS 产品的信息，可分别参见第 10 章、第 10A 章、第 10B 章和第 10C 章。第 10D 章中讲解的 ArangoDB 也会涉及这些主题，但学习它们的最佳环境是在关系数据库中。这几章的内容与本章的讨论并行，并分别演示了每一种 DBMS 产品的概念和特性的实际用法。

为了充分理解本章的知识点，需要下载并安装选定的 DBMS 产品，然后按照每一节的要求在安装好的关系 DBMS 上进行操作。

9.2 数据库管理

术语"数据管理"（Data Administration）和"数据库管理"（Database Administration）在实践中都可以使用。某些情况下，这两个术语被认为是同义的；在其他情况下，它们有不同的含义。最常见的是，术语"数据管理"指的是适用于整个企业的一项功能；它是一种面向管理的功能，涉及企业数据隐私和安全问题。相反，术语"数据库管理"指的是特定于某个数据库的更技术性的功能，包括处理该数据库的应用。本章将只探讨数据库管理。

从单用户个人数据库到大型跨机构数据库（如航空预订系统），数据库的大小和范围差别很大。尽管要完成的任务在复杂性方面有所不同，但是所有这些数据库都需要管理。对于个人数据库来说，可以遵循简单的例程来备份数据，并且只需保留最少的文档记录。在这种情况下，使用数据库的人承担了数据库管理职责，即使他可能没有意识到这一点。

对于企业和多用户数据库应用，数据库管理变得更加重要和困难。因此，通常需要正式的认可。对于某些应用，一到两个人会兼职地履行管理职能。对于大型 Internet 或内部网数据库，数据库管理职责往往太耗时、太多样化，即使一个全职人员也无法胜任。支持拥有数十或数百名用户的数据库，需要相当长的时间以及技术知识和协调技能。对这类数据库的支持，通常是由数据库管理办公室处理的。办公室的经理，通常被称为数据库管理员（Database Administrator）。这里，缩写 DBA 指的是办公室或经理。DBA 通常与机构的系统编程人员一起，安装新版本的 DBMS 以及应用由数据库供应商提供的维护修复程序。DBA 的总体职责是促进数据库的开发和使用。通常，这意味着要平衡保护数据库、最大化其可用性和对用户的好处这两个相互冲突的目标。有关数据库管理的具体任务如图 9.1 所示。下面的几节中，将分别探讨这些任务。

数据库管理任务汇总
● 管理数据库结构
● 控制并发性
● 管理处理权限和责任
● 负责数据库安全
● 提供数据库恢复功能
● 管理 DBMS
● 维护数据存储库

图 9.1 数据库管理任务汇总

9.2.1 管理数据库结构

管理数据库结构包括参与数据库的初始设计和实现，以及控制和管理数据库的更改。理想情况下，DBA 在数据库及其应用开发的早期就参与其中，进行需求研究，帮助评估备选方案（包括使用的 DBMS），并参与设计数据库结构。对于大型机构的应用，DBA 通常是一位经理，负责管理面向技术的数据库设计人员的工作。

创建数据库涉及几个不同的任务。首先，需创建数据库并为数据库文件和日志分配磁盘空间。然后，创建表和索引，编写存储过程和触发器。接下来的 5 章中，将详细探讨这些任务。创建了数据库结构之后，就可以用数据填充数据库了。

1. 配置控制

如第 8 章所述，在数据库及其应用实现后，需求的变化在所难免。这些更改可能来自新的需求、业务环境的变化、策略的更改以及随系统使用而发展的业务流程的变更。如果需求的变化涉及更改数据库结构，必须非常小心，因为对数据库结构的更改几乎不可能只涉及一个应用。

因此，有效的数据库管理涉及例程和策略。用户可以通过这些例程和策略注册他们的变更需求，整个数据库社区可以讨论变更带来的影响，并能够做出是否实现这些变更的全局决策。由于数据库及其应用的规模和复杂性，变更有时会产生意想不到的结果。因此，DBA 必须为数据库修复做好准备，并收集足够的信息来诊断并纠正造成损害的问题。数据库在其结构被更改后最容易发生故障。

2. 文档管理

DBA 管理数据库结构的最后一项职责是文档管理。文档中极其重要的一项任务是记录数据库发生了什么变化、如何发生的、什么时候发生的。数据库结构的改变，可能在 6 个月后才出现错误；如果没有正确的变更文档记录，诊断问题几乎是不可能的。确定某些症状最初出现的时间点，可能需要做大量的工作。为此，为测试例程以及运行情况保存记录，以便验证变更，同样很重要。如果使用了标准化的测试例程、测试表格和记录保存方法，记录测试结果就不必花费太多的时间。

尽管文档的维护工作单调乏味且没有成就感，但是当灾难发生时，这些努力是值得的，文档是快速解决问题的依靠，避免陷入混乱。如今，市场上已经出现了一些能够减轻文档维护负担的产品。例如，许多计算机辅助软件工程（CASE）工具可以用来记录逻辑数据库设计。版本控制软件可用于跟踪数据库的变更情况。数据字典提供了显示数据库数据结构的报告和其他结果。

仔细记录数据库结构变更的另一个目的是正确地使用历史数据。例如，如果营销部门希望分析已经存档了两年的销售数据，那么就需要知道数据最后一次处于活动状态时的结构是什么。显示结构变化的记录可以用来回答这个问题。当必须使用六个月前的数据备份副本来修复损坏的数据库时，也会出现类似的情况（虽然这种情况不应该发生，但有时会发生）。备份副本可用于将数据库重新构建到备份时的状态。然后，可以按时间顺序进行事务和结构变更，以将数据库恢复到当前状态。图 9.2 总结了 DBA 管理数据库结构的职责。

参与数据库和应用的开发
在需求分析阶段和创建数据模型时提供协助
在数据库设计和创建中发挥积极作用
促进数据库结构的更改
在社区内寻求解决方案
评估对所有用户的影响
提供配置控制论坛
更改完成后，为可能出现的问题做好准备
文档管理

图 9.2　DBA 管理数据库结构的职责

9.2.2　物理数据库的设计与优化

DBA 需要考虑的另一个重要问题是 DBMS 的高性能。这涉及一个基本概念：索引，它是一种辅助结构，对于某些查询类型的数据访问，可以提高速度。例如，常见的情形是根据员工姓名查询员工数据，那么对 EMPLOYEE.Name 创建一个索引，就能够将查询速度提高一个或多个数量级（参见 SQL-Code-Example-CH-09-11）。索引是物理数据库设计（Physical Database

Design）的一个组成部分。物理数据库设计的其他方面，包括确定数据库对主存的使用，以及确定从辅存读入主存的数据块的大小。DBA 必须很好地理解主存和辅存的相对大小和速度，以便创建最佳的物理数据库设计。DBA 还需要决定数据的复制量。常见的数据存储技术包括磁盘镜像（数据的两个副本，以防止出现由于磁盘故障而导致数据不可用）和各种形式的独立磁盘冗余阵列（RAID）存储，以利用多个磁盘存储单个数据库，综合使用数据副本，同时将数据分散到多个磁盘中。

除了物理数据库设计问题（主要涉及数据库的静态图），DBA 还必须注意随着数据库的发展出现的查询性能的问题。所有企业 DBMS 都有一个称为查询优化器（Query Optimizer）的组件，该组件会评估执行查询的几种潜在方法，并执行最低预期执行时间的方法。优化器将比较连接多个表的不同方式（例如，应该是首先连接表 A 和表 B，然后再将结果与表 C 相连接，还是应该先连接表 B 和表 C，然后再将结果与表 A 连接），确定使用哪一种算法来执行连接（有多种算法），是否使用现有的索引来加快查询，等等。所有这些都是自动发生的，但是 DBA 能够极大地影响优化器的抉择。随着数据库的变化，DBA 可能会决定创建一个新索引、删除一个现有索引、改变 DBMS 使用的内存量、通过提供一些提示来帮助查询优化器，等等。物理数据库设计和查询处理/优化的细节超出了本书的范围，但是了解这些问题对于大型企业数据库的 DBA 来说是至关重要的，这一点很重要。在线的附录 F 包含了更多关于物理数据库设计的内容，包括文件和数据结构，并介绍了用于增强 DBMS 性能的多列索引、聚类和分解技术。

9.3 并发性控制

DBMS 控制并发性的方式，是通过确保一个用户的工作不会对另一个用户的工作产生不良后果来实现的。某些情况下，这些措施可确保用户在与其他用户同时处理数据库时，获得的结果与单独处理数据库时相同。在其他情况下，它意味着尽管用户的工作会受到其他用户的影响，但这些影响是可预见的。例如，在订单输入系统中，无论是否有其他用户在使用系统，一个用户也应该能够输入一个订单并得到相同的结果。另一方面，一个正在打印当前最新库存报表的用户，或许会希望得到其他用户正在处理的数据的变动情况，哪怕这些变动有可能随后会被取消。

事实上，没有一种并发性控制技术或机制适合于所有的情况，因此，需要对这些技术和机制进行权衡。例如，一个程序可以通过锁定整个数据库来获得非常严格的并发性控制，但这会导致其他正在运行的程序不能做任何事情。这是一种严格的保护，但代价高昂。后面将会看到，还存在一些更难以编程或执行，但能提高效率的方法。还有一些方法可以使效率最大化，但是只能提供较低的并发性控制。在设计多用户数据库应用时，需要对这些因素进行取舍。

9.3.1 原子事务的需求

在大多数数据库应用中，用户以事务的形式提交工作，事务也称为逻辑工作单元（Logical Units of Work，LUW）。事务（或 LUW）是在数据库上执行的一系列操作，以便所有操作都成功执行，或者根本不执行任何操作。在后一种情况下，数据库将保持不变。这样的事务，有时被称为原子事务（Atomic Transaction），因为它是作为一个单元执行的。

考虑在记录一个新订单时可能发生的下列数据库操作序列：

1．修改客户的行，增加欠款额（AmtDue）。
2．修改销售员的行，增加佣金额（Commission Due）。
3．向数据库中插入一个新的订单行。

　　假设由于文件空间不足，最后一个步骤失败了。设想一下，如果前两项更改已经完成，但没有执行第三项，会有多么混乱：客户将为他没有收到的订单付款，销售人员将为没有发送给客户的订单而得到佣金。显然，这三个操作需要作为一个单元来完成——要么全部执行，要么都不执行。

　　图 9.3 比较了将这些操作作为一系列独立的步骤和作为一个原子事务执行的结果，分别参见图 9.3（a）和图 9.3（b）。注意，当按原子事务执行这些步骤并且其中一个步骤失败时，不会对数据库进行任何更改。还要注意，应用程序发出的"启动事务"、"提交事务"和"回滚事务"命令，用于标记事务逻辑的边界。在本章后面以及第 10A 章、第 10B 章、第 10C 章和第 10D 章中，将会讲解更多关于这些命令的知识。

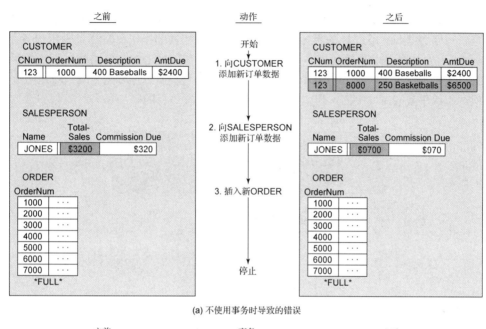

(a) 不使用事务时导致的错误

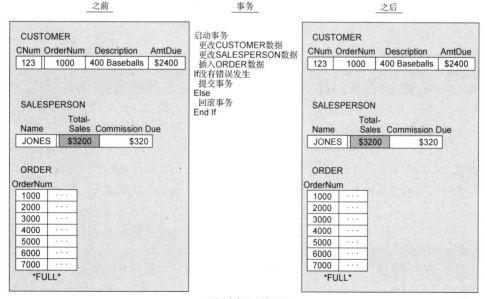

(b) 原子事务防止错误发生

图 9.3　事务处理示例

1．并发性事务处理

当同时针对一个数据库处理两个事务时，它们被称为并发性事务（Concurrent Transaction）。虽然在用户看来，并发性事务似乎是同时被处理的，但这不是真的，因为处理数据库的 CPU 一次只能执行一条指令。即使是较新的多核 CPU，在处理事务的方式上也会受到限制，因为只有几个线程（一次可以运行的最小指令序列）可以并发地运行。通常，事务是交替执行的，即操作系统会在任务之间切换 CPU 服务，以便在给定的时间间隔内执行事务的一部分。任务间的切换非常快，以至于两个人并排坐在浏览器前处理同一个数据库时，可能会看到他们的事务是同时完成的；然而，实际上，这两个事务是交替完成的。

图 9.4 展示了两个并发性事务的执行过程。用户 A 的事务读取编号 100 的商品，修改它，然后将它重新写回数据库；用户 B 的事务对 200 号商品执行相同的操作。CPU 处理用户 A 的事务，直到遇到一个 I/O 中断或其他针对用户 A 的延迟。操作系统（或 DBMS）将控制切换给用户 B。然后，CPU 处理用户 B 的事务，直到中断，此时操作系统将控制返回到用户 A。对这两个用户而言，处理过程似乎是同时发生的，但实际上它是交替或并发进行的。

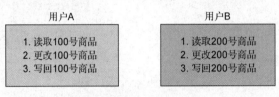

图 9.4　并发性处理示例

2．丢失更新问题

图 9.4 所示的并发性处理不存在任何问题，因为针对的是不同的数据。如果两个用户都处理 100 号商品，会怎么样呢？例如，用户 A 希望订购 5 件 100 号商品，而用户 B 希望订购 3 件相同的商品。图 9.5 演示了这种情形。

用户 A 将 100 号商品的副本读入内存。根据记录，库存中有 10 件商品。然后，用户 B 将同一商品的另一个副本读入内存的另一个位置。同样，根据记录，库存中有 10 件商品。现在，用户 A 购买了 5 件，因此将其副本中的库存数减为 5，并将新的记录写回数据库。然后，用户 B 购买 3 件，将库存数减为 7，并将新的记录写回。这样，数据库中就会错误地将 100 号商品的库存数记录为 7。总结如下：开始时有 10 件库存，用户 A 取走 5 件，用户 B 取走 3 件，而数据库显示还有 7 件库存。这显然是错误的。

两个用户获得的数据在获取的那一刻都是正确的。但是，当用户 B 读取记录时，用户 A 已经有了一个要更新的副本。这种情况，被称为丢失更新问题或并发更新问题。还存在一种类似的情况，称为不一致读取问题。也就是说，用户 A 读取的数据是用户 B 的事务部分处理过的。其后果是用户 A 读取了错误的数据。

注：第3步和第4步中的更改和写入会丢失

图 9.5　丢失更新问题

对于并发性处理导致的不一致性，一个补救方法是防止多个应用在将要更改记录时获得同一记录的副本。这种补救方法称为资源锁定。

9.3.2　资源锁定

防止出现并发性处理问题的一种方法是锁定为更新而获取的数据来禁止共享。图 9.6 显示了使用锁命令时的处理顺序。

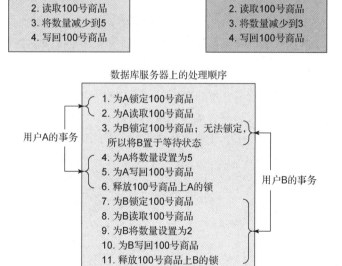

图 9.6　使用锁的并发性处理

由于锁的存在，用户 B 的事务必须等待用户 A 完成 100 号商品的数据处理。利用这种策略，用户 B 只有在用户 A 完成修改后，才能读取 100 号商品的记录。这样，保存在数据库中的最终库存数，就是正常的值 2（开始时有 10 件，用户 A 取走 5 件，用户 B 取走 3 件，剩下 2 件）。

1．有关锁的术语

锁可以由 DBMS 自动放置，也可以由应用程序向 DBMS 发出命令而设置。由 DBMS 放置的锁，称为隐式锁；由命令放置的锁，称为显式锁。如今，几乎所有的锁定都是隐式的。程序只需声明它希望执行的动作，DBMS 会相应地放置锁。本章后面，将讲解如何进行这种操作。

在前面的示例中，锁是针对数据行的。然而，并非所有的锁都应用于此级别。有些 DBMS 产品能够锁住一个表中的行组，有些会锁住整个表，还有一些可以锁住整个数据库。加锁的范围，称为锁粒度。大粒度的锁对于 DBMS 来说很容易管理，但经常会导致冲突。小粒度的锁难于管理（DBMS 必须跟踪和检查更多的细节），但是冲突会少一些。

锁的类型也存在不同。用排他锁锁定的项，会拒绝其他任何访问；其他事务不能读取或更改它的数据。用共享锁锁定的项，能够被读取，但不能被更改。也就是说，只要不去试图修改它，其他事务就可以读取该项。

2．串行化事务

当并发地处理两个或多个事务时，数据库中的结果，应该与按照任意串行的方式处理这些事务所获得的结果在逻辑上一致。以这种方式处理并发性事务的模式，称为串行化。

可通过许多不同的方法来实现串行化。一种方法是使用两阶段锁定来处理事务。利用这种策略，事务可以根据需要获得锁，但是一旦释放了锁，就不能获得其他的锁。因此，事务还存在一个获得锁的增长阶段和一个释放锁的收缩阶段。许多 DBMS 产品都使用了两阶段锁定的一种特殊情形。利用它，可以在整个事务中获得锁，直到发出 COMMIT（提交）或 ROLLBACK（回滚）命令后才会释放锁。这种策略比两阶段锁定要求的限制更严格，但更容易实现。它被称为严格的两阶段锁定。

考虑一个处理 CUSTOMER、SALESPERSON 和 ORDER 表中数据的订单输入事务。为了防止出现并发性问题，订单输入事务会根据需要锁定这三个表，更改数据库，然后释放所有的锁。

3．死锁

尽管锁机制解决了一个问题，但它也导致了另一个问题。考虑一下，当两个用户希望订购两种商品时会发生什么。假设用户 A 希望订购一些纸；如果成功，她还会订购一些铅笔。用户 B 则希望订购一些铅笔；如果成功，他还会订购一些纸。处理顺序如图 9.7 所示。

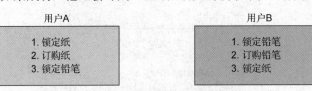

图 9.7　死锁示例

在该图中，用户 A 和用户 B 被锁定在一种称为死锁（Deadlock）或有时称为"致命拥抱"（Deadly Embrace）的状态中。每个用户都在等待另一个用户已经锁定的资源。解决这个问题有两种方法：防止出现死锁；或者允许发生死锁，然后破解它。

可以通过几种方式来防止出现死锁。一种方法是要求用户一次性发出全部的加锁请求。图 9.7 中，如果用户 A 一开始就锁定了纸和铅笔记录，那么死锁就不会发生。防止死锁的另一种方法是要求所有应用程序都以相同的顺序锁定资源。

BY THE WAY　　即使所有的应用程序不以相同的顺序锁定资源，也可以防止出现死锁。有时，这种策略是通过编程标准实现的，比如"每当处理父-子关系中的表中的行时，应先锁定父行，再锁定子行"。这个策略将减少死锁的可能性，从而使 DBMS 不必从一些死锁事务中进行恢复。

当死锁发生时，几乎每个 DBMS 都有破解死锁的算法。首先，DBMS 必须检测到死锁已经发生。然后，典型的解决方案是取消其中一个事务，并删除其对数据库所做的更改。接下来的 5 章中，将看到 Microsoft SQL Server、Oracle Database、MySQL 以及 ArangoDB 中的处理方法。

9.3.3　乐观锁定与悲观锁定

存在两种基本的锁定形式。对于乐观锁定（Optimistic Locking），假定不会发生冲突。其处理过程为：读取数据、处理事务、更新数据，然后检查是否发生了冲突。如果没有发生，则事务完成。如果发生了冲突，则不断处理该事务，直到没有冲突为止。悲观锁定（Pessimistic Locking）则假定发生了冲突。其处理过程为：首先加锁、处理事务，然后释放锁。

图 9.8 和图 9.9 分别给出了这两种锁定形式的示例。该事务将 PRODUCT 表中的铅笔行的数量减少 5（这些语句中的代码是伪代码，尽管它与 Microsoft SQL Server T-SQL 代码非常类似，但不是用真正的编程语言编写的，它旨在简单地演示代码所包含的动作所需的代码元素）。图 9.8 展示的是乐观锁定。首先读取数据，将铅笔 Quantity 的当前值保存在变量 varOldQuantity 中。接着处理事务，并假定一切都正常。这时，会发出一条 SQL 语句，将铅笔行更新为一个等于 varNewQuantity 的数量，其中的 WHERE 条件是当前的 Quantity 值等于 varOldQuantity 值。如果没有其他事务更改铅笔行的 Quantity 值，则此 UPDATE 操作将成功。如果有另一个事务更改了铅笔行的 Quantity 值，则 UPDATE 操作将失败。如果事务失败，则重复这一过程，直到事务完成且没有冲突为止。注意，在此过程中没有发生锁定。尽管乐观锁定是一个广泛使用的术语，但它实际上有些用词不当，通常也称为乐观并发控制（Optimistic Concurrency Control），以避免出现混淆。

图 9.9 展示的是用悲观锁定来处理同一事务。在所有工作开始之前，PRODUCT 表上获得了一个锁（实际上，这个锁可能只针对铅笔行，或者它可能在更大的粒度级别上，但原理是相同的）。然后，读取值、处理事务、进行 UPDATE 操作，最后解锁 PRODUCT。

乐观锁定的优点是并不一定需要锁。如果预期的冲突很少（例如，如果两个事务很少同时更改同一数据），那么数据库将非常高效，因为可以避免锁定的成本。乐观锁定的缺点是，如果铅笔行上有很多活动，则事务可能需要重复许多次。因此，对于给定行上涉及大量活动的事务（例如，购买热门股票），不适合乐观锁定。

一般而言，Internet 是一个混乱的地方，用户很可能会采取意想不到的行动，比如半途放弃股票交易。因此，除非 Internet 用户预先具备资格（例如，通过注册在线经纪公司股票购买计划），否则乐观锁定是该环境中更好的选择。在内部网上做出决定就比较困难了。对多数内部网应用而言，乐观锁定可能仍然是首选，除非应用的某些特性导致特定数据的大量活动，或者应用的需求特别不希望重新处理事务。然而，在特定的 DBMS 环境中，几乎所有企业级 DBMS 都主要使用悲观锁定方法来进行并发控制。Microsoft SQL Server 提供一种称为行版本控制的机制来实现乐观并发控制，但默认并发是使用悲观锁定实现的。悲观锁定也是 Oracle 和 MySQL 的默认操作模式，尽管在这些系统中实现乐观方法是可能的。ArangoDB 使用悲观锁定进行并发控制。

```
/* *** EXAMPLE CODE - DO NOT RUN   *** */
/* *** !!! This is pseudo code !!! *** */
/* *** SQL-Code-Example-CH09-01    *** */

SELECT   varOldQuantity = PRODUCT.Quantity
FROM     PRODUCT
WHERE    PRODUCT.ProductName = 'Pencil';

SET      varNewQuantity = varOldQuantity - 5;

-- Process transaction - take exception action if varNewQuantity < 0, etc.

-- Assuming all is OK:

UPDATE   PRODUCT
         SET    PRODUCT.Quantity = varNewQuantity
         WHERE  PRODUCT.ProductName = 'Pencil'
            AND PRODUCT.Quantity = varOldQuantity;

-- Check to see if update was successful - IF NOT, repeat transaction.
```

图 9.8　乐观锁定

```
/* *** EXAMPLE CODE - DO NOT RUN   *** */
/* *** !!! This is pseudo code !!! *** */
/* *** SQL-Code-Example-CH09-02    *** */

LOCK     PRODUCT EXCLUSIVE MODE;

SELECT   varOldQuantity = PRODUCT.Quantity
FROM     PRODUCT
WHERE    PRODUCT.ProductName = 'Pencil';

SET      varNewQuantity = varOldQuantity - 5;

-- Process transaction - take exception action if varNewQuantity < 0, etc.

-- Assuming all is OK:

UPDATE   PRODUCT
         SET    PRODUCT.Quantity = varNewQuantity
         WHERE  PRODUCT.ProductName = 'Pencil'
            AND PRODUCT.Quantity = varOldQuantity;


UNLOCK   PRODUCT;

-- No need to check to see if update was successful.
```

图 9.9　悲观锁定

9.3.4　SQL 事务控制语言和锁特征声明

并发性控制是一个复杂的主题：确定锁的级别、类型和位置是困难的。有时，最佳的锁定策略还取决于哪些事务是活动的以及它们在做什么。出于诸如此类的原因，数据库应用程序通常不会如图 9.8 和图 9.9 中那样显式地加锁，相反，会使用 SQL 事务控制语言（Transaction Control Language, TCL）来标记事务边界，然后声明希望 DBMS 使用的锁定行为的类型。通过这种方式，DBMS 可以放置和删除锁，甚至能够动态地更改锁的级别和类型。

图 9.10 给出的铅笔事务（同样是伪代码），其事务边界用如下的 SQL TCL 标准命令标记：

- SQL BEGIN TRANSACTION 语句
- SQL COMMIT TRANSACTION 语句
- SQL ROLLBACK TRANSACTION 语句

SQL BEGIN TRANSACTION 语句表示新事务的开始；SQL COMMIT TRANSACTION 语句使事务所做的任何数据库变动都永久保存，并标记事务的结束。如果由于在处理过程中出现错误而需要撤销在事务期间所做的更改，则使用 SQL ROLLBACK TRANSACTION 语句撤销所有事务更改，并将数据库返回到尝试事务之前的状态。因此，SQL ROLLBACK TRANSACTION 语句也标记了事务的结束，但结果完全不同。

```
/* *** EXAMPLE CODE - DO NOT RUN   *** */
/* *** !!! This is pseudo code !!! *** */
/* *** SQL-Code-Example-CH09-03    *** */

BEGIN TRANSACTION;

SELECT     varOldQuantity = PRODUCT.Quantity
FROM       PRODUCT
WHERE      PRODUCT.ProductName = 'Pencil';

SET        varNewQuantity = varOldQuantity - 5;

-- Process transaction - take exception action if varNewQuantity < 0, etc.

UPDATE     PRODUCT
           SET          PRODUCT.Quantity = varNewQuantity
           WHERE        PRODUCT.ProductName = 'Pencil';

-- Continue processing the transaction.

IF /* {Transaction has completed normally}  */
     THEN
        COMMIT TRANSACTION;
     ELSE
        ROLLBACK TRANSACTION;
     END IF;

-- Continue processing other actions not part of this transaction.
```

图 9.10　标记事务边界

这些边界是 DBMS 执行不同的锁定策略所需的基本信息。如前所述，大多数企业 DBMS 都使用某种悲观锁定来实现所需的并发级别（如下一节所讲，DBA 可以选择不同的并发级别）。如果开发人员希望采用乐观锁定，则需要使用 DBMS 编程工具，如 SQL/PSM（参见第 7 章）或其他编程接口来获得此功能。尽管这需要编程和数据库方面的专业知识，但如果乐观并发控制对应用程序足够重要，就需要这样做。

> **BY THE WAY**　通常而言，不同 DBMS 产品实现这些 SQL 语句的方式略有不同。Microsoft SQL Server 不需要 SQL 关键字 TRANSACTION，它采用缩写 TRANS，还允许对 COMMIT 和 ROLLBACK 使用 SQL 关键字 WORK。Oracle Database 对 COMMIT 和 ROLLBACK 使用 SET TRANSACTION。MySQL 使用 SQL 关键字 TRANSACTION，但是它允许（但不要求）在创建事务时使用 SQL WORK 关键字。
>
> 还要注意，SQL BEGIN TRANSACTION 语句与 SQL/PSM 流控制语句中使用的 SQL BEGIN 语句不同（如第 7 章、第 10A 章、第 10B 章和第 10C 章所述）。因此，在触发器或存储过程中标记事务时，可能需要使用不同的语法。例如，MySQL 用 SQL START TRANSACTION 语句在 BEGIN...END 块中标记事务的开始。有关这些语法的用法，需参阅 DBMS 文档。

9.3.5　隐式和显式 COMMIT TRANSACTION

在运行 SQL DML 语句时，一些 DBMS 产品允许并实现隐式 COMMIT TRANSACTION。例如，假设使用以下 SQL UPDATE 命令运行一个事务：

```
/* *** EXAMPLE CODE - DO NOT RUN *** */
/* *** SQL-UPDATE-CH09-01 *** */
UPDATE          CUSTOMER
    SET         AreaCode = '425'
    WHERE       ZIPCode = '98050';
```

默认情况下，Microsoft SQL Server 2019 和 MySQL 8.0 会在事务完成后自动将更改提交到数据库。不必使用 COMMIT 语句来使数据库更改永久保存。这是一种隐式 COMMIT 设置。

另一方面，Oracle Database 没有提供隐式 COMMIT 的机制，必须运行显式的 COMMIT 语句才能永久地更改数据库（Oracle Database 使用 COMMIT 而不是 COMMIT TRANSACTION）。因此，SQL UPDATE 的执行过程为：

```
/* *** EXAMPLE CODE - DO NOT RUN *** */
/* *** SQL-UPDATE-CH09-02 *** */
UPDATE          CUSTOMER
    SET         AreaCode = '425'
    WHERE       ZIPCode = '98050';
COMMIT;
```

注意，这条语句只适用于 Oracle Database DBMS 本身。一些 Oracle Database 实用程序确实实现了自动发出 COMMIT 语句的能力，因此用户可以认为存在隐式 COMMIT。在第 10B 章中讨论 Oracle Database 时，将详细探讨这个问题。

9.3.6　一致性事务

有时，可能会看到缩略词 ACID 应用于事务。所谓 ACID 事务，表示原子的、一致的、隔离的和持久的事务。原子性和持久性很容易理解。正如前面所讲，原子事务是指所有数据库操作都发生或者都不发生的事务。持久事务是指所有已提交的更改都是永久保存的。一旦提交了持久的更改，DBMS 将负责确保这些更改在系统失效后仍然存在。

术语"一致性"和"隔离性"，不如原子性和持久性那样容易理解。考虑一个只有一条 SQL UPDATE 语句的事务：

```
/* *** EXAMPLE CODE - DO NOT RUN *** */
/* *** SQL-UPDATE-CH09-03 *** */
BEGIN TRANSACTION;
UPDATE          CUSTOMER
    SET         AreaCode = '425'
    WHERE       ZIPCode = '98050';
COMMIT TRANSACTION;
```

假设 CUSTOMER 表中有 50 万行数据，其中有 500 行的 ZIPCode 值为'98050'。DBMS 将花费一些时间来查找这 500 行数据。在此期间，其他事务可能尝试更新 CUSTOMER 表的 AreaCode 或 ZIPCode 列。如果 SQL 语句是一致的，则不允许这样的更新请求。因此，SQL-UPDATE-CH09-03 中显示的更新将应用于 SQL 语句启动时存在的行集。这种一致性称为语句级一致性。

现在考虑另一个事务（SQL-Code-Example-CH09-04），它包含的两个 SQL UPDATE 语句，是事务的一部分（可能还有其他事务操作），该事务由 SQL 事务边界标记：

```
/* *** EXAMPLE CODE - DO NOT RUN *** */
/* *** SQL-Code-Example-CH09-04 *** */
BEGIN TRANSACTION;
    /* *** SQL-UPDATE-CH09-03 *** */
    UPDATE    CUSTOMER
        SET       AreaCode = '425'
        WHERE     ZIPCode = '98050';
    -- Other transaction work
    /* *** SQL-UPDATE-CH09-04 *** */
    UPDATE    CUSTOMER
        SET       Discount = 0.05
        WHERE     AreaCode = '425';
    -- Other transaction work
COMMIT TRANSACTION;
```

对于这种情况，一致性代表什么呢？语句级一致性意味着每条语句都独立一致地处理行，但是在两个 SQL 语句之间的时间间隔内，可以允许其他用户更改这些行。事务级一致性表示在整个事务期间，受 SQL 语句影响的所有行都会得到保护，不允许更改。

注意，事务级一致性非常强，对于它的某些实现，事务将看不到自己所做的更改。在本例中，SQL 语句 SQL-Update-CH09-04 可能不会看到 SQL 语句 SQL-Update-CH09-03 更改过的行。

因此，当看到"一致性"这个术语时，需进一步确定它的类型。还要注意事务级一致性的潜在陷阱。

9.3.7　事务的隔离级别

术语"隔离性"有多种不同的含义。为了理解这些含义，首先需要定义几个新术语来描述从数据库读取数据时可能出现的各种问题，如图 9.11 所示。

数据读取问题类型	含　义
脏读	事务读取已更改但未提交更改的行。如果更改回滚，则事务就包含错误的数据。
不可重复读	事务重新读取已更改的数据，并发现由于提交的事务而发生的更新或删除。
幻读	事务重新读取数据并发现已提交事务插入的新行。

图 9.11　数据读取问题汇总

- 当事务读取已更改但更改尚未提交给数据库的行时，就会发生脏读（Dirty Read）。脏读的危险在于：未提交的更改可能会回滚。如果是这样，进行脏读的事务将处理错误的数据。
- 当事务重新读取它先前读取过的数据，并发现由已提交的事务引起的修改或删除时，就会出现不可重复读（Nonrepeatable Read）的问题。
- 当事务重新读取数据，并发现前一次读取之后由已提交事务插入的新行时，就会发生幻读（phantom read）。

为了处理这些潜在的数据读取问题，SQL 标准定义了 4 个事务隔离级别（Transaction Isolation Level）或简称为隔离级别，以控制允许哪些问题发生。使用这些 SQL 定义的隔离级别，应用程序员可以声明期望的隔离级别类型，DBMS 会创建并管理锁来实现这种隔离级别。

这些隔离级别总结在图 9.12 中，可以定义为：

- 未提交读（Read-uncommitted）隔离级别，允许发生脏读、不可重复读和幻读。
- 已提交读（Read-committed）隔离级别，允许发生不可重复读和幻读，但不允许脏读。
- 可重复读（Repeatable-read）隔离级别，允许发生幻读，但不允许脏读和不可重复读。
- 串行化（Serializable）隔离级别，不允许出现上述三种数据读取问题。

通常，隔离级别限制越严格，吞吐量就越少，尽管这在很大程度上取决于工作负载和应用程序的编写方式。此外，并非所有 DBMS 产品都支持这些隔离级别。不同 DBMS 产品对 SQL 事务隔离级别的支持是不同的，在第 10A 章、第 10B 章和第 10C 章中，将分别讲解 Microsoft SQL Server 2019、Oracle Database 和 MySQL 8.0 如何支持这些隔离级别。

		隔离级别			
		未提交读	已提交读	可重复读	串行化
问题类型	脏读	可能	不可能	不可能	不可能
	不可重复读	可能	可能	不可能	不可能
	幻读	可能	可能	可能	不可能

图 9.12　事务隔离级别汇总

9.3.8　SQL 游标

　　SQL 游标是指向一个行集的指针。SQL 游标通常用 SQL DECLARE CURSOR 语句定义，该语句通过使用 SQL SELECT 语句定义游标。例如，下面的 DECLARE CURSOR 语句定义了一个名为 TransCursor 的游标，它对包含的 SELECT 语句指示的一个行集进行操作：

```
/* *** EXAMPLE CODE - DO NOT RUN *** */
/* *** SQL-Code-Example-CH09-05 *** */
DECLARE CURSOR TransCursor AS
    SELECT          *
    FROM            TRANS
    WHERE           PurchasePrice > 10000;
```

　　正如第 7 章所解释的，在应用打开游标之后，可以将它放在结果集中的某个地方。最常见的情况是将游标放在第一行或最后一行，但也存在其他可能。

　　一个事务可以依次或同时打开多个游标。此外，同一表上可能打开两个或多个游标——可以直接在表上打开，也可以通过表上的 SQL 视图打开。由于游标需要相当大的内存，因此同时为一千个并发事务打开许多游标，会消耗过高的内存。减少游标负担的一种方法是定义低功能游标并在不需要全功能游标时使用它。

　　图 9.13 列出了 Microsoft SQL Server 2019 环境中使用的 4 种 SQL 游标类型（其他系统的游标类型与之类似）。最简单的游标是前向游标。使用这种游标，应用只能沿着记录集向前移动。其他游标在事务中所做的更改只有发生在该游标前面的行上时才可见。

　　其余三种类型的游标，称为可滚动游标（scrollable cursor），因为应用可以在记录中向前和向后滚动。静态游标获取关系的快照并处理该快照。使用此游标所做的更改是可见的，来自其他源的更改是不可见的。

　　键集游标将静态游标和动态游标的一些特性结合在一起。当打开这种游标时，将为记录集中的每一行保存一个主键值。当应用将游标定位在一行上时，DBMS 将使用它的主键值读取该行的当前值。（本事务或其他事务中的）其他游标插入的新行是不可见的。如果应用对已被其他游标删除的行发出更新请求，DBMS 将使用旧的主键值创建一个新行，并将更新过的值放在新行中（假设提供了所有必需的列值）。除非事务的隔离级别允许脏读，否则只有提交的更新和删除对游标才是可见的。

　　动态游标是全功能游标。所有对记录集顺序的插入、更新、删除以及更改，对动态游标都是可见的。与键集游标一样，除非事务的隔离级别允许脏读，否则只能看到已提交的更改。

　　支持游标所需的开销和处理量，因游标类型而异。一般而言，按照图 9.13 中的游标类型从上到下，开销会逐渐增加。为了提高 DBMS 性能，应用程序开发人员应该创建足够强大的游标来完成这项工作。了解特定 DBMS 如何实现游标以及游标是位于服务器上还是位于客户机上，同样非常重要。某些情况下，在客户机上放置动态游标，可能比在服务器上放置静态游标更好。由于性能取决于 DBMS 产品所采用的实现方式和应用需求，因此不存在一种通用的游标规则。

　　需要提醒的是：如果没有指定事务的隔离级别，或者没有指定打开的游标类型，DBMS 将使用默认级别和默认类型。这些默认设置可能非常适合应用程序，但也可能完全不适合。尽管可以忽略这些问题，但其后果是无法避免的。因此，必须了解 DBMS 产品的功能。

游标类型	描　　述	注　　释
前向游标	应用只能在行集中向前移动。	其他游标在事务中所做的更改，只有发生在该游标前面的行上时才可见
静态游标	应用看到的数据，与打开游标时的数据相同	此游标所做的更改是可见的。其他来源的更改是不可见的。允许向后或向前滚动
键集游标	当打开游标时，将为记录集中的每一行保存一个主键值。当应用访问一行时，该主键用于获取该行的当前值	任何来源的更新都是可见的。来自游标之外的插入是不可见的（键集中没有针对它们的主键）。来自此游标的插入出现在记录集的底部。任何来源的删除都是可见的。行顺序的更改不可见。如果隔离级别是读取未提交，则未提交的更新和删除是可见的；否则，只有提交的更新和删除是可见的。
动态游标	任何类型和任何来源的变化都是可见的	所有对记录集顺序的插入、更新、删除以及更改都是可见的。如果隔离级别是脏读，那么未提交的更改是可见的。否则，只有已提交的更改是可见的

图 9.13　SQL 游标类型汇总

9.4　数据库安全性

　　数据库安全性的目标是确保只有经过授权的用户才能在授权的时间执行授权的活动。这个目标很难实现。为了尽力实现这个目标，数据库开发团队必须在项目的需求规范阶段就确定所有用户的处理权限和责任。然后，可以使用 DBMS 的安全特性和添加到应用中的安全特性来强制满足这些安全性需求。

9.4.1　处理权限和责任

　　以 View Ridge 画廊的需求为例。View Ridge 数据库有三种类型的用户：销售人员、管理人员和系统管理员。View Ridge 设计的处理权限如下：销售人员允许输入新的客户数据和交易数据、修改客户数据和查询任何数据，不允许输入新的艺术家或作品数据，也不允许删除任何数据。

　　管理人员拥有销售人员的所有权限，此外还能够输入新的艺术家和作品数据、修改交易数据。尽管管理人员有删除数据的权限，但在此应用中他们没有获得该权限。这一限制是为了防止数据意外丢失的可能性。

　　系统管理员可以将处理权限授予其他用户，并且可以更改数据库元素的结构，如表、索引、存储过程等。系统管理员没有处理数据的权限。图 9.14 对这些处理权限进行了总结。

	CUSTOMER	TRANSACTION	WORK	ARTIST
销售人员	插入、修改、查询	插入、查询	查询	查询
管理人员	插入、修改、查询	插入、修改、查询	插入、修改、查询	插入、修改、查询
系统管理员	授予权限、修改结构	授予权限、修改结构	授予权限、修改结构	授予权限、修改结构

图 9.14　View Ridge 画廊的处理权限

BY THE WAY 系统管理员有能力授予处理权限，但不能处理数据，这有什么好处？系统管理员完全能够将修改数据的权限授予自己。尽管可以这样做，但授予处理权限时能够在数据库日志中留下审计痕迹。显然，尽管只授予处理权限并不是万无一失的，但它比允许系统管理员（或 DBA）拥有数据库里的所有权限要好一些。

该表中的权限不是授予某个特定的人，而是授予一组人。有时，这组人被称为角色，它描述了以某种特定能力行事的人。有时，也被称为"用户组"。将权限分配给角色（或用户组）是典型的做法，但不是必需的。例如，可以这样说，"Benjamin Franklin"用户具有某些处理权限。还要注意，在使用角色时，必须有一种方法将用户分配给角色。当"Mary Smith"登录到计算机时，必须有某种方法确定其角色。下一节中将进一步讨论这个问题。

本讨论中使用了短语"处理权限和责任（processing rights and responsibilities）"。正如它所暗示的，责任和处理权限是伴生的。例如，如果管理人员修改了交易数据，则他有责任确保这些修改不会对画廊的运营、财务等产生不利影响。

责任的履行无法由 DBMS 或数据库应用强制执行。相反，需要将它们编码在手动程序中，并在系统培训期间向用户详细阐述。这些都是系统开发方面的主题，此处不再进一步讨论——除非要再次重申"责任和处理权限是伴生的"。责任必须编写成文档并予以执行。

根据图 9.1，DBA 的任务之一是管理处理权限和责任。这意味着，这些权限和责任将随时间而变。随着对数据库的使用以及对应用和 DBMS 结构的更改，新的或不同的权限和责任将出现。DBA 是讨论这些更改及其实现方法的焦点人物。

定义了处理权限之后，它们可以在许多级别上实现：操作系统、网络、Web 服务器、DBMS以及应用。后面的两节中，将探讨它在 DBMS 和应用中的实现。其他级别上的实现方法超出了本书的范围。

9.4.2　DBMS 安全性

DBMS 安全性的术语、特性和功能取决于所使用的 DBMS 产品。基本上，所有 DBMS 产品都提供了限制特定用户对特定对象的特定操作的功能。DBMS 安全性的通用模型如图 9.15 所示。

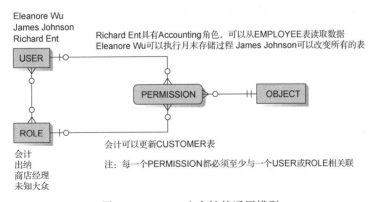

图 9.15　DBMS 安全性的通用模型

一个用户（USER）可以被分配给一个或多个角色（ROLE）或用户组（USER GROUP），一个角色可以有一个或多个用户。对象（OBJECT）是数据库的一个元素，例如表、视图或存储过程。权限（PERMISSION）是用户或角色（或者二者）和对象之间的关联实体。因此，USER-to-PERMISSION、ROLE-to-PERMISSION、OBJECT-to-PERMISSION 的关系，都是 1:N；

PERMISSION-to-OBJECT 的关系为 M-O（父实体是必需的），因为对于每一个 PERMISSION，至少存在一个 PERMISSION-to-USER 和 PERMISSION-to-ROLE 关系。另外，尽管在图 9.15 中没有显示，但是每个 PERMISSION 都有一个类型（例如，SELECT、UPDATE、EXECUTE 等），该类型描述了被授予 USER 或 ROLE 的对象上的权限类型。

权限可以使用 SQL 数据控制语言（DCL）语句进行管理：

- SQL GRANT 语句，用于向用户和用户组分配权限，以便用户或用户组可以对数据库中的数据执行各种操作。
- SQL REVOKE 语句，用于收回用户和用户组的现有权限。

创建 Accounting 角色并使其能够更新 CUSTOMER 表的 SQL 语句如下：

```
/* *** EXAMPLE CODE - DO NOT RUN *** */
/* *** SQL-Code-Example-CH09-06 *** */
CREATE ROLE Accounting;
GRANT UPDATE ON CUSTOMER TO Accounting;
```

下面的 SQL 语句使 Richard Ent 成为一个 Accountant（拥有该角色包含的所有权限），并能够 EMPLOYEE 表的读取权限：

```
/* *** EXAMPLE CODE - DO NOT RUN *** */
/* *** SQL-Code-Example-CH09-07 *** */
GRANT Accounting to RichardEnt;
GRANT SELECT ON EMPLOYEE TO RichardEnt;
```

SQL REVOKE 命令还可以用于删除以前授予的权限。如果 DBA 不再希望 Richard Ent 能够查看 EMPLOYEE 表中的内容，则可以使用以下 SQL 命令：

```
/* *** EXAMPLE CODE - DO NOT RUN *** */
/* *** SQL-Code-Example-CH09-08 *** */
REVOKE SELECT ON EMPLOYEE FROM RichardEnt;
```

尽管这些语句可用于 SQL 脚本和 SQL 命令行工具，但更简便的方法是使用随 DBMS 产品提供的 GUI DBMS 管理工具。第 10A 章、第 10B 章、第 10C 章以及第 10D 章中，分别讲解了这些工具的用法。Microsoft SQL Server 2019、Oracle Database 和 MySQL 8.0 中的安全系统是图 9.15 中模型的变体。

当用户登录数据库时，DBMS 将其操作限制在为该用户定义的权限以及为该用户分配的角色的权限。一般来说，判断某人是否真正是他所声称的那个人是一项困难的任务。所有的商业 DBMS 产品，都采用某种形式的用户名和密码验证。但是，如果用户故意规避自己的身份，这种安全性很容易被破解。

用户可以输入用户名（也称为登录名）和密码；或者，某些应用可以代表用户输入用户名和密码。例如，可以直接将 Windows 用户名和密码传递给 DBMS。在其他情况下，应用会提供用户名和密码。互联网应用通常会定义一个组，如"未知大众"，并在用户登录时将匿名用户分配给该组。这样，像 Dell 这样的公司就不需要通过用户名和密码将每个潜在客户纳入它的安全系统中。

9.4.3 DBMS 安全性指导原则

图 9.16 中列出了用于改善数据库系统安全性的一些指导原则。首先，DBMS 必须始终在防火

墙后运行。但是，DBA 在规划安全性时，应该假定防火墙已经被破坏。即使防火墙被破坏，DBMS、数据库和所有应用也应该是安全的。

DBMS 供应商，包括 IBM、Oracle 和 Microsoft，正在不断地添加产品特性，以提高安全性和减少漏洞。因此，使用 DBMS 产品的机构应该不断地检查供应商的网站，以获取服务包和补丁。任何涉及安全特性、功能和处理的服务包或补丁，都应该尽快安装。

服务包和补丁的安装，并不像这里描述的那么简单。安装服务包或补丁可能会破坏某些应用，特别是那些需要安装（或不安装）特定服务包和补丁的授权软件。必要时，可能要推迟 DBMS 服务包的安装，直到授权软件供应商将他们的产品升级成可以使用的新版本。有时，仅仅是安装 DBMS 服务包或补丁后授权软件可能失败的原因，就足以成为延迟修复的理由。当然，在这段时间里，DBMS 仍然是脆弱的，但不必对此耿耿于怀。

```
● 在防火墙后运行 DBMS，但是规划时应假定防火墙已经被破坏
● 采用最新的操作系统以及 DBMS 服务包和补丁
● 使用尽可能少的功能
   ✧ 支持尽可能少的网络协议
   ✧ 删除不必要的或未使用的系统存储过程
   ✧ 如果可能，禁用默认登录和来宾用户
   ✧ 除非需要，绝不允许用户以交互模式直接登录到 DBMS
● 保护运行 DBMS 的计算机
   ✧ 不允许任何用户在运行 DBMS 的计算机上工作
   ✧ 将 DBMS 计算机置于被锁的门后
   ✧ 对放置 DBMS 计算机的房间的访问应该记录在日志中
● 管理账户和密码
   ✧ 为 DBMS 服务使用低特权用户账户
   ✧ 使用强密码保护数据库账户
   ✧ 监视失败的登录企图
   ✧ 经常检查组和角色的成员关系
   ✧ 审计使用空密码的账户
   ✧ 为账户分配尽可能低的特权
   ✧ 限制 DBA 账户权限
● 规划
   ✧ 制定安全计划，以预防和发现安全问题
   ✧ 为安全紧急事件制定例程并实践它们
```

图 9.16 DBMS 安全指导原则汇总

此外，应该从 DBMS 中删除或禁用应用不需要的数据库特性和功能。例如，如果使用 TCP/IP 连接到 DBMS，则应该删除其他通信协议。这一操作，减少了未经授权的活动到达 DBMS 的路径。此外，所有 DBMS 产品都安装了系统存储过程，这些过程提供诸如启动命令文件、修改系统注册表、启动电子邮件等服务。任何不需要的存储过程，都应该被删除。如果所有的用户都是 DBMS 所知的，那么默认的登录和来宾账户也应该被删除。最后，除非另有要求，否则绝不允许用户以交互模式登录 DBMS。应该始终通过应用来访问数据库。

此外，运行 DBMS 的计算机必须受到保护。除了经过授权的 DBA，不允许任何人在运行

DBMS 的计算机上工作。运行 DBMS 的计算机应该被锁在门后进行物理保护，并且应该控制对存放计算机的设施的访问。对放置 DBMS 计算机的房间的访问，应该记录在日志中。

账户和密码应谨慎分配并妥善保管。DBMS 本身应该运行在具有最低操作系统特权的账户上。这样，即使入侵者获得了对 DBMS 的控制，他在本地计算机或网络上的权限也会受到限制。此外，DBMS 中的所有账户都应该使用强密码进行保护。这种密码至少有 15 个字符，并包含大小写字母、数字、特殊字符（如+、@、#、*）以及不可打印的组合键（Alt 键与其他键的组合）。[①]

DBA 应该经常检查分配给用户组和角色的账户，以确保所有账户和角色都是已知的、被授权的，且具有正确的权限。此外，DBA 应该审核使用空密码的账户。应该要求这些账户的用户使用强密码。另外，作为一般规则，应该给账户尽可能低的权限。

如上所述，DBA 的权限通常不应该包括处理用户数据的权限。如果 DBA 将该权限授予自己，则在数据库日志中可以看到这种授予操作的痕迹。

2003 年，Slammer 蠕虫入侵了数千个运行 Microsoft SQL Server 的网站。Microsoft 事先已经发布了一个 SQL Server 补丁来阻止这种攻击。安装了补丁的网站没有受到攻击。需要尽可能快地为 DBMS 安装安全补丁。还需要创建一个例程来定期检查这些补丁。2017 年，利用 DBA 糟糕的安全设置而进行勒索的软件，攻击并影响了超过 1 万个数据库，其目的是勒索酬金。它涉及的 DBMS 是 MongoDB，一个流行的 NoSQL DBMS（见第 13 章），但它也可能发生在任何其他 DBMS 上。这种成功的攻击，只针对那些直接连接到 Internet 并且没有为默认管理用户设置密码的数据库。这些 DBA 在安全管理方面做得不太好。

最后，DBA 应该参与安全规划。应制订预防和发现安全问题的例程。此外，还应制订例程，以便在出现违反安全的情况时采取行动。这些例程，应该定期进行测试。近年来，信息系统安全的重要性显著增加。DBA 应该定期在网络上以及 DBMS 供应商的网站上搜索安全信息。

9.4.4　应用安全性

虽然 DBMS 产品提供了大量的数据库安全功能，如 Oracle Database、Microsoft SQL Server 和 MySQL，但这些功能是通用的。如果一个应用需要特殊的安全措施，例如"任何用户都不能查看雇员名不是自己的表或连接表中的行"，那么 DBMS 工具将是不够的。对于这些情况，必须通过数据库应用中的特性来强化安全系统。

例如，正如第 11 章中将讲解的，Internet 应用的安全性，通常是在 Web 服务器上提供的。在 Web 服务器上执行应用安全性，意味着不需要通过网络传输敏感的安全性数据。

为了更好地理解这一点，假设一个应用是这样编写的，当用户单击浏览器页面上的一个特定按钮时，下面的查询会被发送到 Web 服务器，然后发送到 DBMS。

```
/* *** EXAMPLE CODE - DO NOT RUN *** */
/* *** SQL-Code-Example-CH09-09 *** */
SELECT      *
FROM        EMPLOYEE;
```

当然，该语句将返回所有 EMPLOYEE 行。如果应用的安全策略只允许员工查询自己的数据，

---

① 真正强大的密码的关键之处，在于密码中的字符数——越多越好。当然，具体取决于系统能接受多少字符。因此，诸如"itwasacoldandlonelynightandtheboystoodonthedeck"这样的长密码，会比"Pa$$w0rd"这样的短密码更安全。

那么 Web 服务器可以向该查询添加以下 WHERE 子句：

```
/* *** EXAMPLE CODE - DO NOT RUN *** */
/* *** SQL-Code-Example-CH09-10 *** */
SELECT        *
FROM          EMPLOYEE
WHERE         EMPLOYEE.Name = '<% = SESSION(("EmployeeName"))%>';
```

类似这样的表达式，将使 Web 服务器将雇员的姓名填充到 WHERE 子句中。对于以"Benjamin Franklin"为名登录的用户，从这个表达式得到的语句是：

```
/* *** EXAMPLE CODE - DO NOT RUN *** */
/* *** SQL-Code-Example-CH09-11 *** */
SELECT        *
FROM          EMPLOYEE
WHERE         EMPLOYEE.Name = 'Benjamin Franklin';
```

因为姓名是由 Web 服务器上的程序插入的，所以浏览器用户不知道它正在发生；即使知道，也无法干预。

这样的安全处理可以在 Web 服务器上完成，但是也可以在应用本身中实现，或者编写成存储过程或触发器，以便 DBMS 在适当的时候执行。

可以通过在安全数据库中存储附加数据来扩展这一想法，该安全数据库由 Web 服务器或存储过程和触发器访问，并且可以包含与 WHERE 子句的附加值相匹配的用户标识符。例如，人事部门的用户能够访问除自己的数据之外的更多数据。可以在安全数据库中预先存储适当的 WHERE 子句的谓词，由应用读取，并根据需要附加到 SQL SELECT 语句中。

通过应用处理扩展 DBMS 安全性，还有许多其他途径。但是，通常应该首先使用 DBMS 的安全性。只有当它们不足以满足需求时，才应该通过应用代码来补充安全性。安全措施越接近数据，被渗透的机会就越少。此外，使用 DBMS 的安全性更快、更便宜，而且其质量可能比自己开发的安全措施更高。

9.4.5 SQL 注入攻击

只要使用来自用户的数据修改 SQL 语句，就可能发生 SQL 注入攻击（SQL injection attack）。例如，在上一节里，如果 SELECT 语句中使用的 EmployeeName 的值不是通过安全方法获得的（比如，不是从操作系统而是从 Web 表单获得），那么用户就有可能将 SQL 注入语句。

例如，假设用户被要求在 Web 表单文本框中输入姓名。假设用户输入的姓名值为 'Benjamin Franklin' OR 'x' = 'x'，则应用生成的 SQL 语句为：

```
/* *** EXAMPLE CODE - DO NOT RUN *** */
/* *** SQL-Code-Example-CH09-12 *** */
SELECT        *
FROM          EMPLOYEE
WHERE         EMPLOYEE.Name = 'Benjamin Franklin' OR 'x' = 'x';
```

当然，'x' = 'x' 的值对于每一行都为真，因此 EMPLOYEE 表的所有行都将被返回。注意，用户名通常会被输入到一个不带引号的文本框中，引号是由应用程序添加的，如本例所示。这就是为什么额外的比较涉及一个没有结尾引号的字符串；无论文本框中输入的是什么，应用程序都会添加这个引号。可以看到，在使用用户输入值修改 SQL 语句时，必须仔细编辑该值，以确保只接收到有效的输入，并且没有包含任何其他 SQL 语法。

尽管 SQL 注入攻击已经是一种众所周知的黑客攻击方法，但如果不加防御，仍然存在危害性。2020 年 5 月，一名纽约男子因使用 SQL 注入获取支付卡数据和其他个人识别信息，而被指控犯有黑客和洗钱罪。

9.5　数据库备份和恢复

计算机系统是有可能出现故障的。硬件会损坏，程序会有 bug，人为的例程会包含错误，人本身也会犯错。所有这些情况，都可能发生在数据库应用中。由于数据库由许多人共享，而且它通常是机构运营的关键要素，因此尽快恢复它尤其重要。

有几个问题必须解决。首先，从业务的角度来看，业务职能必须维持。在故障期间，客户订单、财务交易和装箱单必须以某种方式完成，甚至需要手工完成。当数据库应用重新运行时，必须将来自这些活动的数据输入数据库中。其次，操作人员必须尽快将系统恢复到可用状态，并尽可能使其接近系统崩溃时的状态。第三，用户必须知道当系统重新可用时该做什么。有些工作可能需要重新输入，用户必须知道需要回溯多远。

一旦出现故障，不可能简单地修复问题并恢复运行。即使在故障期间没有数据丢失（假设所有类型的内存都是非易失性的——这是一个不现实的假设），要精确地重建计算机处理的时间片和调度，也是一件非常复杂的事情。操作系统为了在中断的地方精确地重新启动，需要大量的数据和处理开销。让时钟回滚并将所有要素恢复到故障发生时的相同配置，简直是不可能的。存在两种可能的办法：通过重新处理进行恢复，或者通过回滚/前滚进行恢复。

9.5.1　通过重新处理进行恢复

因为处理无法在一个精确的点上恢复，所以退一步的选择是回到一个已知的点并从那里重新开始装载处理。这种类型的恢复的最简单形式是周期性地复制数据库（称为保存件、数据库备份或备份），并保存一份自保存件以来处理的所有事务的记录。这样，当出现故障时，操作人员可以从保存件中恢复数据库，然后重新处理所有后面发生的事务。然而，这种简单的策略通常是不可行的。首先，重新处理事务所花费的时间与最初处理事务所花费的时间相同。如果计算机的调度任务繁重，则系统可能永远也赶不上当前的事务。

其次，当事务并发处理时，事件是不同步的。人员活动中的微小变化，例如，用户在响应应用提示之前阅读电子邮件，可以改变并发事务的执行顺序。因此，客户 A 在原始处理过程中获得了航班的最后一个座位，而在重新处理过程中获得这个座位的可能是客户 B。由于这些原因，在并发处理系统中，通过重新处理进行恢复通常不是一种可行的方法。

9.5.2　通过回滚/前滚进行恢复

第二种方法是定期复制数据库，并保存一份日志，记录自保存件以来事务对数据库所做的更改。这样，一旦发生故障，有两种方法可供选择。第一种方法称为前滚（rollforward），使用保存的数据恢复数据库，并重新应用保存件后的所有有效事务。（不是重新处理这些事务，因为在前滚时没有涉及应用。重新应用的是记录在日志中的已处理的更改。）

第二种方法是回滚（rollback）。利用这种方法，可以撤销已经在数据库中所做的更改，这些更改是由于错误的或部分处理的事务而做出的。接着，重新启动故障发生时正在处理的有效事务。

这两种方法都要求保留一份事务结果的日志。该日志按时间顺序包含数据变化的记录。在将事务应用到数据库之前，必须先写入日志。这样，如果系统在记录事务的时间和应用事务的时间区间内崩溃，最坏的情况是存在一个未应用事务的记录。但是，如果要在记录事务之前应用这些事务，则可能更改了数据库，但在日志中没有更改的记录。如果发生这种情况，粗心的用户可能会重新输入已经完成了的事务。发生故障时，日志可用于撤销和重做事务，如图 9.17 所示。

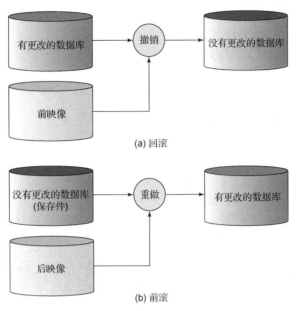

图 9.17　事务的撤销和重做

为了撤销事务，日志必须包含更改之前的每一个数据库记录（或页面）的副本。这些记录被称为前映像（Before Image）。通过对数据库应用所有更改的前映像，可以撤销一个事务。为了重做事务，日志必须包含更改之后的每一个数据库记录（或页面）的副本。这些记录被称为后映像（After Image）。通过对数据库应用所有更改的后映像，可以重做一个事务。事务日志中可能包含的数据项如图 9.18 所示。

相对记录编号	事务ID	逆向指针	正向指针	时间	操作类型	对象	前映像	后映像
1	OT1	0	2	11:42	START			
2	OT1	1	4	11:43	MODIFY	CUST 100	(旧值)	(新值)
3	OT2	0	8	11:46	START			
4	OT1	2	5	11:47	MODIFY	SP AA	(旧值)	(新值)
5	OT1	4	7	11:47	INSERT	ORDER 11		(值)
6	CT1	0	9	11:48	START			
7	OT1	5	0	11:49	COMMIT			
8	OT2	3	0	11:50	COMMIT			
9	CT1	6	10	11:51	MODIFY	SP BB	(旧值)	(新值)
10	CT1	9	0	11:51	COMMIT			

图 9.18　事务日志示例

这个日志中，每一个事务都有一个用于标识它的唯一名称。此外，某个事务中的所有映像，都用指针连在一起。一个指针指向该事务所做的上一个更改（逆向指针），另一个指针指向该事务所做的下一个更改（正向指针）。指针字段中的 0 值，表示该事务链的结束。DBMS 恢复子系统利用这些指针来定位特定事务的所有记录。图 9.18 给出了一个日志示例。日志中的其他数据项包括操作发生的时间、操作的类型（START 标记事务的开始；COMMIT 终止事务，释放所有的锁）、操作的对象（如记录类型和标识符）以及前映像和后映像。

给定一个包含前映像和后映像的日志，撤销和重做操作就是一件很简单的事情。为了撤销图 9.19 中的事务，恢复处理器只需用它的前映像替换每个更改的记录即可。前滚时，按正向时间顺序应用后映像；回滚时，按逆向时间顺序应用前映像。

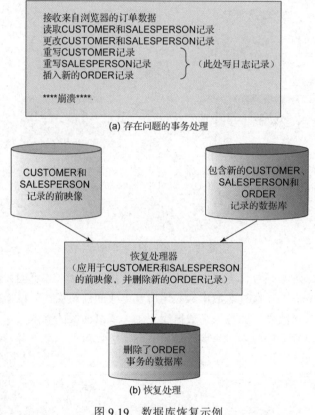

图 9.19　数据库恢复示例

当所有前映像都已恢复时，事务将被撤销。为了重做事务，恢复处理器从事务启动时的数据库版本开始，应用所有的后映像。如上所述，此操作假设数据库的早期版本可以从数据库保存件中获得。

将数据库恢复到最近保存的状态并重新应用所有事务，可能需要大量的处理。为了减少延迟，DBMS 产品有时使用检查点。检查点是数据库和事务日志之间的同步点。为了执行检查点，DBMS 会拒绝新的请求，完成正在处理尚未结束的请求，并将主存缓冲区的内容写入磁盘。然后，DBMS 将等待，直到操作系统通知它对数据库和日志的所有未完成的写入请求都已成功完成。此时，日志和数据库是同步的。然后，日志中会写入一个检查点记录。稍后，数据库可以从这个检查点恢复，并且只需要恢复在检查点之后才开始的事务的后映像。有时，检查点是一种不太耗费资源的操作，每小时使用 3～4 个（或更多）检查点是可行的。这样，需要恢复的处理时间不超过 15～20 分钟。对于繁忙的应用程序，停止接受新事务可能并不总是可行的，即使时间很短。但是，在企业 DBMS 中可以使用更复杂的检查点方法。大多数 DBMS 产品都会执行自动检查点，无需人工干预，但是 DBA 通常可以根据需要指定它们的频率。

接下来的 5 章中，将看到 Microsoft SQL Server、Oracle Database、MySQL 以及 ArangoDB 关于备份和恢复技术的具体示例。目前只需要了解其基本思路，并意识到 DBA 有责任确保制定足够的备份和恢复规划，并根据需要生成了一些数据库保存件和事务日志。

9.6　管理 DBMS

除了管理数据活动和数据库结构，DBA 还必须管理 DBMS 本身。DBA 应该汇编和分析有关系统性能的统计数据并识别出潜在的问题域。需要记住，数据库是为许多用户组提供服务的。DBA 需要调查关于系统响应时间、准确性、易用性等方面的所有投诉。如果需要进行更改，DBA 必须规划并实现它。

DBA 必须定期监视用户在数据库上的活动。DBMS 产品中具有收集和报告统计数据的特性。例如，其中一些报告可能指出哪些用户处于活动状态，使用了哪些文件（或数据项），以及使用了哪些访问方法。还可以捕获并报告错误率和错误类型。通过分析这些数据，DBA 能够确定是否需要对数据库设计进行更改，以提高性能或减轻用户的任务。如果需要更改，DBA 需确保它们已经完成。

DBA 应该分析关于数据库活动和性能的运行时统计信息。当（通过报告或用户投诉）发现性能问题时，DBA 必须确定修改数据库结构或系统是否合适。可能的结构修改示例包括建立新的键和索引、清除数据、删除键、在对象之间建立新的关系等。

当所使用的 DBMS 供应商发布新的产品功能时，DBA 必须根据用户社区的总体需求来考虑它。如果 DBA 决定集成这些新功能，则必须通知开发人员并培训他们如何使用。因此，DBA 必须管理和控制 DBMS 及数据库结构的变化。

DBA 负责的系统中的其他职责差别很大，这取决于 DBMS 产品以及正在使用的其他软硬件。例如，其他软件（如操作系统或 Web 服务器）中的变化，可能意味着必须更改 DBMS 的某些特性、功能或参数。因此，DBA 还必须根据其他软件来调优 DBMS 产品。

最初确定 DBMS 选项（如事务隔离级别）时，对系统在特定用户环境中如何执行所知甚少。因此，一段时间内的操作经验和性能分析，可能表明有必要进行改变。即使性能看起来能够接受，DBA 也可能希望更改选项并观察其对性能的影响。这个过程，称为系统调优或优化。图 9.20 总结了 DBA 管理 DBMS 产品时的职责。

● 生成数据库应用性能报告
● 调查用户性能投诉
● 评估数据库结构或应用设计变更的需要
● 修改数据库结构
● 评估并实施新的 DBMS 特性
● 使用物理数据库设计、查询优化和其他技术来调优 DBMS 性能

图 9.20　DBA 管理 DBMS 产品时的职责总结

9.6.1　维护数据存储库

考虑一个大型的、活跃的 Internet 数据库应用，例如电子商务公司使用的那些应用——通过

Internet 销售服装的公司使用的一个应用。这样的系统，可能涉及来自几个不同的数据库、几十个不同的 Web 页面和数百甚至数千名用户的数据。

假设使用此应用的公司决定扩展其产品线以包括体育用品的销售。该公司的高级管理人员可能会要求 DBA 估算修改数据库应用以支持这个新产品线所需的时间和其他资源。

为了响应此请求，DBA 需要与数据库、数据库应用和应用组件、用户及其权限和责任，以及其他系统元素有关的精确元数据。数据库在系统表中确实包含了一些元数据，但是它们不足以回答高级管理人员提出的问题。DBA 还需要一些额外的元数据，包括 COM 和 ActiveX 对象（Microsoft 采用的用于网络数据的软件框架）、脚本过程和函数、活动服务器页面（ASP）、样式表、文档类型定义等。此外，尽管 DBMS 安全机制对用户、组和权限进行了文档记录，但它们是以一种高度结构化的、通常不便于阅读的形式记录的。

出于这些原因，许多机构会开发并维护一些数据存储库，它们是关于数据库、数据库应用、Web 页面、用户和其他应用组件的元数据的集合。存储库可能是虚拟的，因为它是由许多不同来源的元数据组成的：DBMS、版本控制软件、代码库、Web 页面生成和编辑工具等。数据存储库也可能是 CASE 工具供应商或诸如 Microsoft 或 Oracle 等公司的集成产品。

无论如何，在高级管理人员提出问题之前，DBA 就应该考虑构造这样的存储库了。事实上，存储库应该在开发系统时就构建，并且应该被视为系统交付的重要组成部分。如果没有构建这样的存储库，则 DBA 将总是疲于奔命——试图维护现有应用、使应用适应新的需求、需要以某种方式将元数据收集起来以形成存储库。

最好的存储库是主动型的——它们是系统开发过程的一部分，因为元数据是在创建系统组件时自动创建的。不太理想但仍然有效的是被动存储库，这需要花时间生成所需的元数据，并将其放入存储库。

Internet 为企业创造了巨大的机会来扩大客户群、提升销售额和利润，但管理 DBMS 和数据库是其中的关键一环。支持这些公司的数据库和数据库应用是成功的关键因素。然而，由于不能发展应用或适应变化的需求，一些机构的发展将受到阻碍。通常而言，构建一个新系统比适应一个现有系统更容易。建立一个与旧系统集成的新系统，同时要用新系统取代旧系统，这是一件非常困难的事情。

9.7　小结

企业和多用户数据库给创建和使用它的机构带来了困难，大多数机构都创建了数据库管理办公室来确保问题得到解决。本书中，"数据库管理员"指的是负责管理机构数据库的人或办公室，用于描述与机构的数据策略和安全性有关的管理功能。图 9.1 列出了数据库管理员的主要职责。

数据库管理员（DBA）参与数据库结构的初始开发，并在出现更改请求时提供配置控制。为数据库结构和更改保存精确的文档记录，尤其是关于性能调优的记录，是 DBA 的一项重要职能。

并发性控制的目标是确保一个用户的工作不会对另一个用户的工作产生不良影响。不存在单一的并发性控制技术能够适用于所有情况，需要在保护级别和吞吐量之间进行权衡。事务或逻辑工作单元（LUW）是作为原子单元对数据库采取的一系列操作；这些操作要么全部发生，要么全部不发生。并发性事务的活动，在数据库服务器上是彼此交织的。某些情况下，如果不控制并发性事务，则更新操作可能会丢失。另一个并发性问题与不一致读取有关。

为了避免并发性问题，需要锁定数据库元素。隐式锁由 DBMS 放置，显式锁由应用发出。锁定资源的大小，称为锁粒度。排他锁禁止其他用户读取锁定的资源；共享锁允许其他用户读取锁定的资源，但不能更新它。两个并发性事务的执行结果，如果与分别执行它们所得的结果一致，就称为串行化事务。两阶段锁定是一种串行化模式。这种模式中，在增长阶段获得锁，在收缩阶段释放锁。两阶段锁定的一种特殊情况是在整个事务中获取锁，但在事务完成之前不释放任何锁。

死锁或致命拥抱发生在两个事务各自等待另一个事务所持有的资源时。通过要求事务一次性获得所有的锁，就可以防止出现死锁。一旦发生死锁，解决它的唯一方法是中止一个事务（并退回部分完成的工作）。乐观锁定假设不会发生事务冲突，如果发生冲突，则会对它进行处理；悲观锁定假设会发生冲突，因此可以提前用锁来防止冲突。通常而言，乐观锁定对于 Internet 和某些内部网应用程序是首选，而悲观锁定是大多数企业 DBMS 的默认设置。

大多数应用都不会显式地声明锁。相反，使用 SQL 事务控制语言（TCL）来标记事务边界，并声明它们希望的并发行为，这种语言包括 BEGIN、COMMIT、ROLLBACK 等事务语句。然后，DBMS 会相应地放置锁。

所谓 ACID 事务，表示原子的、一致的、隔离的和持久的事务。"持久"表示数据库的更改是永久性的。"一致"可以是语句级的一致性，也可以是事务级的一致性。对于事务级一致性，事务可能看不到自己所做的更改。SQL 标准定义了 4 种 SQL 事务隔离级别：未提交读、已提交读、可重复读和串行化。图 9.12 总结了这些隔离级别的特征。

SQL 游标是指向一个行集的指针。存在 4 种类型的游标：前向游标、静态游标、键集游标和动态游标。开发人员应该根据具体的应用负载和所使用的 DBMS 产品，来选择适合的隔离级别和游标类型。

数据库安全性的目标是确保只有经过授权的用户才能在授权的时间执行授权的活动。为了得到有效的数据库安全性，必须明确所有用户的处理权限和责任。

DBMS 产品提供了一些安全工具。其中的多数都涉及用户、组、要保护的对象以及这些对象上的权限的声明。几乎所有的 DBMS 产品，都使用某种形式的用户名和密码来维持安全性。一些安全性指导原则在图 9.16 中列出。DBMS 安全性可以通过应用安全性来增强。

在发生系统故障时，必须尽快将数据库恢复到可用状态。发生故障时，正在处理的事务必须重新应用或重新启动。尽管在某些情况下可以通过重新处理进行恢复，但使用日志、回滚和前滚几乎总是首选的。检查点可以用来减少发生故障后需要完成的工作量。

除了这些任务，DBA 还要管理 DBMS 产品本身，衡量数据库应用的性能，评估更改数据库结构或 DBMS 性能调优的需要。DBA 还要确保新的 DBMS 特性得到适当的评估和使用。最后，DBA 需负责维护数据存储库。

重要术语

ACID 事务	并发更新问题
主动存储库	一致的
后映像	游标
原子的	数据管理
备份	数据存储库
前映像	数据库管理
检查点	数据库管理员
计算机辅助软件工程（CASE）	数据库备份
并发事务	数据库保存件

DBA	通过重新处理进行恢复
死锁	通过回滚/前滚进行恢复
致命拥抱	独立磁盘冗余阵列（RAID）
脏读	可重复读隔离级别
磁盘镜像	资源锁定
持久的	角色
动态游标	回滚
排他锁	前滚
显式 COMMIT	可滚动游标
显式锁	串行化
前向游标	串行化隔离级别
增长阶段	共享锁
隐式 COMMIT	收缩阶段
隐式锁	BEGIN TRANSACTION 语句
不一致读取问题	COMMIT TRANSACTION 语句
索引	游标
隔离的	数据控制语言（DCL）
隔离级别	DECLARE CURSOR 语句
键集游标	GRANT 语句
锁	注入攻击
锁粒度	REVOKE 语句
日志	ROLLBACK TRANSACTION 语句
逻辑工作单元（LUW）	START TRANSACTION 语句
登录名	事务控制语言（TCL）
丢失更新问题	WORK 关键字
不可重复读	语句级一致性
乐观并发控制	静态游标
乐观锁定	严格的两阶段锁定
被动存储库	强密码
悲观锁定	线程
幻读	事务
物理数据库设计	事务隔离级别
处理权限和责任	事务级一致性
伪代码	两阶段锁定
查询优化器	用户组
已提交读隔离级别	用户名
未提交读隔离级别	

习题

9.1 简要描述创建和使用多用户企业数据库的机构所面临的 5 个难题。

9.2　数据库管理员与数据管理员有何不同？

9.3　列出 DBA 的 7 项重要任务。

9.4　总结 DBA 管理数据库结构的职责。

9.5　什么是配置控制？为什么需要它？

9.6　短语"一个用户的工作不应对另一个用户的工作产生不良影响"中，"不良影响"表示什么含义？

9.7　解释并发性控制中存在的权衡。

9.8　定义原子事务，为什么原子性很重要？

9.9　并发性事务和同步事务有什么区别。同步事务需要多少个 CPU？

9.10　给出一个丢失更新问题的例子（本书中的除外）。

9.11　显式锁和隐式锁有什么区别？

9.12　什么是锁粒度？

9.13　排他锁和共享锁有什么区别？

9.14　两阶段锁定是如何进行的？

9.15　在与两阶段锁定有关的事务结束时，如何释放所有的锁？

9.16　一般来说，如何定义事务的边界？

9.17　什么是死锁？应该如何避免它？如果发生死锁，应该如何解决？

9.18　乐观锁定和悲观锁定有什么区别？

9.19　解释标记事务边界、声明锁特性和让 DBMS 放置锁的好处。

9.20　什么是事务控制语言（TCL）？解释 SQL BEGIN TRANSACTION、COMMIT TRANSACTION 以及 ROLLBACK TRANSACTION 语句的用法。为什么 MySQL 也使用 SQL START TRANSACTION 语句？

9.21　什么是隐式 COMMIT？什么是显式 COMMIT？哪些是由 Microsoft SQL Server 2019、Oracle Database 和 MySQL 8.0 默认使用的？

9.22　解释表达式 ACID 事务的含义。

9.23　描述语句级一致性。

9.24　描述事务级一致性。它有什么缺点？

9.25　事务隔离级别的作用是什么？

9.26　什么是未提交读隔离级别？举例说明它的用法。

9.27　什么是已提交读隔离级别？举例说明它的用法。

9.28　什么是可重复读隔离级别？举例说明它的用法。

9.29　什么是串行化隔离级别？举例说明它的用法。

9.30　解释术语"SQL 游标"。

9.31　一个事务为什么可能有很多游标？一个事务如何可能在一个给定表上有多个游标？

9.32　使用不同类型的游标有什么优点？

9.33　什么是前向游标？举例说明它的用法。

9.34　什么是静态游标？举例说明它的用法。

9.35　什么是键集游标？举例说明它的用法。

9.36　什么是动态游标？举例说明它的用法。

9.37　如果没有向 DBMS 声明事务隔离级别和游标类型，会发生什么？这是好事还是坏事？

9.38　什么是 SQL 数据控制语言（DCL）？解释定义处理权限和责任的必要性。这些责任是如何执行的？SQL DCL 在强化这些责任时扮演什么角色？

9.39　解释通用数据库安全系统中用户、角色、权限和对象之间的关系。

9.40   DBA 在规划安全性时是否应该假定存在防火墙？

9.41   对于尚未使用的 DBMS 特性和功能，应该如何处理？

9.42   应该如何保护运行 DBMS 的计算机？

9.43   关于安全性，DBA 应该对用户账户和密码采取什么动作？

9.44   列出数据库安全规划的两个要素。

9.45   比较 DBMS 提供的安全性和应用提供的安全性的优缺点。

9.46   什么是 SQL 注入攻击？如何预防？

9.47   解释如何通过重新处理来恢复数据库。为什么它通常是不可行的？

9.48   定义回滚和前滚。

9.49   为什么在更改数据库值之前写入日志很重要？

9.50   描述回滚过程。它应在什么条件下使用？

9.51   描述前滚过程。它应在什么条件下使用？

9.52   对数据库经常设置检查点有什么好处？

9.53   总结 DBA 管理 DBMS 的职责。

9.54   什么是数据存储库？什么是被动数据存储库？什么是主动数据存储库？

9.55   为什么数据存储库是重要的？如果没有存储库可用，可能会发生什么？

练习

9.56   访问 Oracle 网站，搜索"Oracle Security Guidelines"。阅读找到的三个链接中的文章，并总结它们。将找到的信息与图 9.15 中的相比较。

9.57   访问 Microsoft 网站，搜索"SQL Server Security Guidelines"。阅读找到的三个链接中的文章，并总结它们。将找到的信息与图 9.15 中的相比。

9.58   访问 Mysql 网站，搜索"MySQL Security Guidelines"。阅读找到的三个链接中的文章，并总结它们。将找到的信息与图 9.15 中的相比。

9.59   使用 Google 或其他搜索引擎，在 Web 上搜索"Database Security Guidelines"。阅读找到的三个链接中的文章，并总结它们。将找到的信息与图 9.15 中的相比。

9.60   在网站上搜索"distributed two-phase locking"（分布式两阶段锁定）。找出一个关于这个主题的教程，用通俗语言解释这个锁定算法是如何工作的。

9.61   用图 7.13、图 7.14 中的表和图 7.15 中的数据，对第 7 章中讨论的 VRG 数据库回答下列问题。

A. 假设需要开发一个存储过程，记录一位以前从未在画廊中出现过的艺术家和该艺术家的作品，还要在 TRANS 表中添加一行，以记录获得该作品的日期和价格，应该如何声明事务的边界？应该使用哪一种事务隔离级别？

B. 假设需要编写一个存储过程来更改 CUSTOMER 表中的值，应该使用哪一种事务隔离级别？

C. 假设需要编写一个存储过程来记录客户的购买行为，如果客户的数据是新的，应该如何声明事务的边界？使用哪一种事务隔离级别？

D. 假设需要编写一个存储过程来检查交集表的有效性。具体来说，对于每一位客户，存储过程应该读取客户的交易情况并确定该作品的艺术家。对于艺术家，存储过程应该检查是否对该艺术家感兴趣的客户都在交集表中声明了。如果没有这样的交集行，则需要在存储过程中创建它。应该如何设置事务的边界？使用哪一种事务隔离级别？应该使用哪一种游标类型（如果有的话）？

Marcia 干洗店案例题

Marcia Wilson 拥有并经营着 Marcia 干洗店。这是一家高档干洗店，位于一个富裕的郊区社区。通过提供优质的客户服务，Marcia 使她的公司在竞争中脱颖而出。她希望跟踪每一位客户及其订单的情况。最重要的是，她希望通过电子邮件通知客户衣服已经干洗完毕，可以来取了。假设 Marcia 雇佣了你为数据库顾问，为干洗店开发一个数据库，它有以下几个表：

CUSTOMER (CustomerID, FirstName, LastName, Phone, EmailAddress, *ReferredBy*)

INVOICE (<u>InvoiceNumber</u>, *CustomerID*, DateIn, DateOut, Subtotal, Tax, TotalAmount)

INVOICE_ITEM (<u>*InvoiceNumber*</u>, <u>ItemNumber</u>, *ServiceID*, Quantity, UnitPrice, ExtendedPrice)

SERVICE (<u>ServiceID</u>, ServiceDescription, UnitPrice)

其中：

CUSTOMER 表中的 ReferredBy 值，必须存在于 CUSTOMER 表的 CustomerID 列中

INVOICE 表中的 CustomerID 值，必须存在于 CUSTOMER 表的 CustomerID 列中

INVOICE_ITEM 表中的 InvoiceNumber 值，必须存在于 INVOICE 表的 InvoiceNumber 列中

INVOICE_ITEM 表中的 ServiceID 值，必须存在于 SERVICE 表的 ServiceID 列中

假设已经定义了所有关系（如表清单中的外键所暗示的那样），并且适当的引用完整性约束已经就位。注意，CUSTOMER 表包含 ReferredBy 和 CustomerID 之间的递归关系，其中 ReferredBy 包含将新客户介绍到 Marcia 干洗店的现有客户的 CustomerID 值。

A．假设干洗店有以下人员：两个老板，一位值班经理，一个兼职裁缝和两位店员。准备一份 2～3 页的备忘录，记录以下几点：

1．数据库管理的必要性。

2．关于谁应该担任数据库管理员的建议。假设这个数据库不够大，不需要一位全职数据库管理员。

3．以图 9.1 为指导，描述该数据库管理活动的性质。作为一名有上进心的顾问，你可以推荐自己承担一部分 DBA 职能。

B．对于 A 中描述的员工，定义这 4 个表中的用户、组和数据权限。以图 9.15 所示的安全模式为例，创建一个如图 9.14 所示的表，不要忘记包括你自己。

C．假设需要编写一个存储过程，以便在 SERVICE 表中为将要提供的新服务创建新记录。假设已经知道当这个存储过程运行时，另一个存储过程也可以在运行，它记录新的客户订单和订单明细，或者是修改它们。此外，还可能正在运行记录新客户数据的第三个存储过程。

1．给出一个在这组存储过程中进行脏读、不可重复读和幻读的例子。

2．哪些并发性控制措施适合正在创建的这个存储过程？

3．对于另外两个存储过程，哪些并发性控制措施是合适的？

Queen Anne 古董店项目题

假设 Queen Anne 古董店的老板需要数据库顾问来开发一个运营数据库，该数据库使用的表，与第 7 章末尾描述的相同：

CUSTOMER (<u>CustomerID</u>, LastName, FirstName, EmailAddress,
　　EncryptedPassword, Address, City, State, ZIP, Phone, *ReferredBy*)

EMPLOYEE (<u>EmployeeID</u>, LastName, FirstName, Position, *Supervisor*,
　　OfficePhone, EmailAddress)

VENDOR (<u>VendorID</u>, CompanyName, ContactLastName, ContactFirstName,
　　Address, City, State, ZIP, Phone, Fax, EmailAddress)

ITEM (<u>ItemID</u>, ItemDescription, PurchaseDate, ItemCost, ItemPrice,
　　VendorID)

SALE (<u>SaleID</u>, *CustomerID*, *EmployeeID*, SaleDate, SubTotal, Tax, Total)

SALE_ITEM (*<u>SaleID</u>*, <u>SaleItemID</u>, *ItemID*, ItemPrice)

引用完整性约束为：

CUSTOMER 表中的 ReferredBy 值，必须存在于 CUSTOMER 表的 CustomerID 列中

EMPLOYEE 表中的 Supervisor 值，必须存在于 EMPLOYEE 表的 EmployeeID 列中

SALE 表中的 CustomerID 值，必须存在于 CUSTOMER 表的 CustomerID 列中

ITEM 表中的 VendorID 值，必须存在于 VENDOR 表的 VendorID 列中

SALE 表中的 EmployeeID 值，必须存在于 EMPLOYEE 表的 EmployeeID 列中

SALE_ITEM 表中的 SaleID 值，必须存在于 SALE 表的 SaleID 列中

SALE_ITEM 表中的 ItemID 值，必须存在于 ITEM 表的 ItemID 列中

假设 CUSTOMER 表的 CustomerID、EMPLOYEE 表的 EmployeeID、VENDOR 表的 VendorID、ITEM 表的 ItemID、SALE 表的 SaleID 以及 SALE_ITEM 表的 SaleItemID 都是代理键，值如下：

CustomerID	起始值 1	按 1 递增
EmployeeID	起始值 1	按 1 递增
VendorID	起始值 1	按 1 递增
ItemID	起始值 1	按 1 递增
SaleID	起始值 1	按 1 递增

供应商可以是个人，也可以是公司。如果供应商是个人，则 CompanyName 列留空，ContactLastName 和 ContactFirstName 列必须有数据值。如果供应商是一家公司，则公司名称记录在 CompanyName 列中，公司主要联系人的姓名记录在 ContactLastName 和 ContactFirstName 列中。

A．假设古董店的工作人员是两位老板、一位办公室管理员、一位全职销售员和两位兼职销售员。两位老板和办公室管理员希望能够处理所有表中的数据。另外，专职销售员可以输入采购和销售数据，兼职销售员只能读取销售数据。准备一份 3～5 页的备忘录，记录以下几点：

1．Queen Anne 古董店需要数据库管理。

2．关于谁应该担任数据库管理员的建议。假设这个数据库不够大，不需要一位全职数据库管理员。

3．以图 9.1 为指导，描述该数据库管理活动的性质。

B．对于 A 中描述的员工，定义这 6 个表中的用户、组和数据权限。以图 9.15 所示的安全模式为例，创建一个如图 9.14 所示的表。

C．假设需要编写一个存储过程来记录新的购买行为。假设已经知道当这个存储过程运行时，另一个存储过程也可以在运行，它记录新的客户订单和订单明细。此外，还可能正在运行记录新客户数据的第三个存储过程。

1．给出一个在这组存储过程中进行脏读、不可重复读和幻读的例子。

2．哪些并发性控制措施适合正在创建的这个存储过程？

3．对于另外两个存储过程，哪些并发性控制措施是合适的？

Morgan 进口公司项目题

假设 Morgan 雇佣了你为数据库顾问，请为它开发一个运营数据库，用到的表与第 7 章末尾给出的表相同（注意，STORE 表使用了代理键 StoreID）：

EMPLOYEE (EmployeeID, LastName, FirstName, Department, Position, Supervisor, OfficePhone, OfficeFax, EmailAddress)

STORE (StoreName, City, Country, Phone, Fax, EmailAddress, Contact)

PURCHASE_ITEM (PurchaseItemID, StoreName, PurchasingAgentID, PurchaseDate, ItemDescription, Category, PriceUSD)

SHIPPER (ShipperID, ShipperName, Phone, Fax, EmailAddress, Contact)

SHIPMENT (ShipmentID, ShipperID, PurchasingAgentID, ShipperInvoiceNumber, Origin, Destination, ScheduledDepartureDate, ActualDepartureDate, EstimatedArrivalDate)

SHIPMENT_ITEM (ShipmentID, ShipmentItemID, PurchaseItemID, InsuredValue)

SHIPMENT_RECEIPT (ReceiptNumber, ShipmentID, PurchaseItemID, ReceivingAgentID, ReceiptDate, ReceiptTime, ReceiptQuantity, isReceivedUndamaged, DamageNotes)

引用完整性约束为：

EMPLOYEE 表中的 Supervisor 值，必须存在于 EMPLOYEE 表的 EmployeeID 列中
PURCHASE_ITEM 表中的 StoreName 值，必须存在于 STORE 表的 StoreName 列中
PURCHASE_ITEM 表中的 PurchasingAgentID 值，必须存在于 EMPLOYEE 表的 EmployeeID 列中
SHIPMENT 表中的 ShipperID 值，必须存在于 SHIPPER 表的 ShipperID 列中
SHIPMENT 表中的 PurchasingAgentID 值，必须存在于 EMPLOYEE 表的 EmployeeID 列中
SHIPMENT_ITEM 表中的 ShipmentID 值，必须存在于 SHIPMENT 表的 ShipmentID 列中
SHIPMENT_ITEM 表中的 PurchaseItemID 值，必须存在于 PURCHASE_ITEM 表的 PurchaseItemID 列中
SHIPMENT_RECEIPT 表中的 ShipmentID 值，必须存在于 SHIPMENT 表的 ShipmentID 列中
SHIPMENT_RECEIPT 表中的 PurchaseItemID 值，必须存在于 PURCHASE_ITEM 表的 PurchaseItemID 列中
SHIPMENT_RECEIPT 表中的 ReceivingAgentID 值，必须存在于 EMPLOYEE 表的 EmployeeID 列中

假设 STORE 表的 StoreID、EMPLOYEE 表的 EmployeeID、PURCHASE_ITEM 表的 PurchaseItemID、SHIPPER 表的 ShipperID、SHIPMENT 表的 ShipmentID 和 SHIPMENT_RECEIPT 表的 ReceiptNumber 都是代理键，它们的值如下：

EmployeeID	起始值 101	按 1 递增
PurchaseItemID	起始值 500	按 5 递增
ShipperID	起始值 1	按 1 递增
ShipmentID	起始值 100	按 1 递增
ReceiptNumber	起始值 200001	按 1 递增

A．假设工作人员是一位老板、一位办公室管理员、一位全职销售员和两位兼职销售员。老板和办公室管理员希望能够处理所有表中的数据。另外，专职销售员可以输入采购和装运数据，兼职销售员只能读取装运数据，但是不允许查看 InsuredValue 值。准备一份 3～5 页的备忘录，记录以下几点：

1．数据库管理的必要性。

2．关于谁应该担任数据库管理员的建议。假设这个数据库不够大，不需要一位全职数据库管理员。

3．以图 9.1 为指导，描述该数据库管理活动的性质。

B．对于 A 中描述的员工，定义这 5 个表中的用户、组和数据权限。以图 9.15 所示的安全模式为例，创建一个如图 9.14 所示的表。

C．假设需要编写一个存储过程来记录新的购买行为。假设已经知道当这个存储过程运行时，另一个存储过程也可以在运行，它记录新的装运数据。还可能有第三个存储过程在更新托运人数据。

1．给出一个在这组存储过程中进行脏读、不可重复读和幻读的例子。

2．哪些并发性控制措施适合正在创建的这个存储过程？

3．对于另外两个存储过程，哪些并发性控制措施是合适的？

第 10 章　用 Microsoft SQL Server 2019、Oracle Database、MySQL 8.0 和 ArangoDB 管理数据库

本章目标

- 能够安装 DBMS 软件
- 了解 DBMS 在云计算服务中的位置
- 能够管理 DBMS 并使用数据库开发图形化工具
- 在 DBMS 中创建数据库
- 通过 DBMS 实用程序同时提交 SQL DDL 和 DML（ArangoDB 中为 AQL DML）
- 将 Microsoft Excel 数据导入数据库表中
- 了解关系 DBMS 中 SQL/PSM 的实现和使用
- 了解用户定义函数的用途和角色，创建简单的用户定义函数
- 了解存储过程的用途和角色，创建简单的存储过程
- 了解触发器的用途和角色，创建简单的触发器
- 了解 DMBS 如何实现游标
- 了解 DBMS 如何实现索引和并发性控制
- 了解 DBMS 如何实现服务器和数据库安全性
- 了解 DBMS 备份和恢复功能的基本特性

本章是对三种企业级 DBMS 产品和一个 NoSQL 企业级 DBMS 产品的概述。有关它们的深度讲解，可分别参见在线的 4 章：

- 第 10A 章　Microsoft SQL Server 2019
- 第 10B 章　Oracle 的 Oracle Database
- 第 10C 章　Oracle 的 MySQL 8.0
- 第 10D 章　ArangoDB GmbH 的 ArangoDB

将这 4 章的内容放在网上，以便不受本书篇幅的限制，提供更多与每一种 DBMS 产品相关的材料。

这些线上材料为 PDF 格式，要求用 PDF 阅读器查看。如果需要一个 PDF 阅读器，建议从 Adobe 网站下载并安装免费的 Adobe Reader。

这几章分别讲解了 Microsoft SQL Server 2019（第 10A 章）、Oracle Database XE（第 10B 章）、MySQL Community Server（第 10C 章）和 ArangoDB Community Edition 3.7（第 10D 章）的基本特性和功能。这几章中的讨论，使用了第 7 章中的 VRG 数据库，它与第 7 章中关于 SQL DDL、DML 和 SQL/PSM 的讨论以及第 9 章中关于数据库管理任务的讨论平行。注意，这三章中的讨论并不适合于非关系 DBMS ArangoDB（第 10D 章）。

这些 DBMS 产品都是大型而复杂的系统。这几章中，仅仅触及了它们的一点点浅显的功能，其目的是提供足够的基础知识，以便进一步深入学习。

　　这几章中讨论的主题和技术，通常也适用于每个软件产品的早期版本。例如，有关 Microsoft SQL Server 2019 的讨论，也适应于 SQL Server 2017/2016/2014/2012 甚至 SQL Server 2008 R2，尽管这些版本中的某些功能会与 2019 版本稍微不同。同样，有关 Oracle Database XE 的讨论，除了安装方式不同，同样也适应于 Oracle Database 19c/12c 以及 Oracle Database 11g Release 2 Express Edition（有关如何安装 Oracle Enterprise Edition 和 Oracle Database Express Edition 11g Release 2 的细节，可参见本书前版）。有关 MySQL 8.0 的内容，也适应于 MySQL 5.7 和 MySQL 5.6。有关 ArangoDB Community Edition 3.7 的讲解，虽略有差异，也适应于 ArangoDB 3.0 以后的版本。

10.1　安装 DBMS

　　在线的每一章的这一节，讨论的是 DBMS 的不同版本以及建议使用的版本，并涵盖了有关 DBMS 安装和设置的要点。这些 DBMS 产品都有免费版本，很容易下载和安装，除了第 12 章中讲解的商业智能（BI）主题，本书中的大部分内容都可以使用免费版本。

　　例如，在 Microsoft SQL Server 2019 Developer Edition 中就可以使用 Microsoft SQL Server 2019，[1]但是 Microsoft SQL Server 2019 Reporting Services[2]（见第 12 章）必须单独下载（见第 10A 章）。

　　Oracle Database 的情况有些复杂。它的当前版本是 Oracle Database 19c（版本 19.3 是最新的、能用于所有平台的可下载版本）。如果已经在计算机实验室或其他地方安装过 Oracle Database 19c（Standard、Enterprise 或 Personal 版本），则它就能够用于本书的学习。第 10B 章详细讲解了 Oracle Database 18c Express Edition 的安装和运行。如果还没有安装任何版本的 Oracle Database，则建议下载并使用 Oracle Database Express Edition 的最新版本，即 Oracle Database Express Edition 18c[3]。本章后面讲解的 Oracle SQL Developer GUI 实用程序，可以用于 Oracle Database 的所有版本，并几乎能够用它完成本书各章后面所有与 Oracle Database 有关的练习题。与 Enterprise 版本和其他版本相比，Express Edition 的更新频率较慢，所以预计 Oracle Database XE 会维持一段时间。这个版本包含了本书中用到的所有功能，包括第 12 章讨论的高级商业智能和数据挖掘。

　　MySQL Community Server 807 中包含了 MySQL 8.0[4]。但是如果使用的是 Windows 操作系统，则应该下载并使用 MySQL Installer for Windows[5]。

　　ArangoDB 也存在多种版本，但它们的下载、安装和管理相当简单。安装和使用某种 DBMS 产品（或者，至少拥有 Microsoft Access 2019）是充分利用本书内容的必要条件——在一个真正的 DBMS 中体验这些内容是学习过程中的一个重要部分。

　　当然，为了使用某种 DBMS 产品，首先必须在计算机上安装和配置它。因此，在相关的在线章节中，讨论了成功安装和使用每一个 DBMS 产品的一些前提条件。

10.2　在云上使用 DBMS

　　这些 DBMS 产品都可以在一个或多个云计算服务上使用，比如 Microsoft Azure、Amazon Web

---

① 可从 Microsoft 网站下载。

② 可从 Microsoft 网站下载。

③ 可从 Oracle 网站下载。

④ 可从 Mysql 网站下载。

⑤ 可从 Mysql 网站下载。

Services（AWS），等等。在线的 4 章中，分别讲解了每一种 DBMS 的云计算功能。

10.3　使用 DBMS 数据库管理和开发实用程序

每一种 DBMS 产品都有一个或多个实用程序，它们能够执行数据库管理任务和进行数据库开发。例如：

● Microsoft SQL Server 2019 使用 Microsoft SQL Server Management Studio（SSMS）[1]。
● Oracle Database XE 使用 Oracle SQL Developer[2]。
● MySQL 5.7 使用 MySQL Workbench[3]。但如果使用的是 Windows 操作系统，则应该通过 MySQL Installer for Windows 来安装它[4]。
● ArangoDB 3.7 使用 Arango Management Interface，它是基于 Web 浏览器的，并作为 ArangoDB 的一部分安装。

在这些在线章节中，讨论了每一种 DBMS 产品的实用程序，并讲解了如何使用它们。

10.4　创建数据库

在 DBMS 中使用数据库的第一步是创建该数据库。然而，这个步骤比它看起来要复杂一些，因为不同 DBMS 产品针对数据库有不同的术语！

● 在 Microsoft SQL Server 2019 和 ArangoDB 3.7 中，创建的是数据库（这很简单）。
● 在 Oracle Database 19c 和 Oracle Database XE 中，可以（但不是必需的）创建表空间（tablespace）来存储表和其他对象，它构成了我们所说的数据库。
● 在 MySQL 8.0 中，创建的是模式。

在每一个关于特定 DBMS 产品的在线章节中，将详细讲解数据库的构成，以及创建和命名它的步骤。这几章的最后，都会得到一个可用的 Cape_Codd 数据库（尽管确切的名称会随 DBMS 而不同），它可用于第 2 章讲解的 SQL 查询。也会得到另一个 VRG 数据库（确切的名称会随 DBMS 而不同），它可用于 View Ridge 画廊数据库项目。

10.5　创建并运行 SQL 脚本

假设已经创建了 Cape_Codd 数据库和 VRG 数据库，接下来，需要创建它们的表和关系结构，然后用数据填充这些表。对于这三种关系 DBMS 产品，正如第 2 章和第 7 章中讨论的那样，用 SQL 脚本实现它们更方便一些。ArangoDB 没有提供从文件中执行命令序列的简单方法（这个功能可以通过使用 SQL-PSM 和嵌入 AQL 语句来实现，本书中暂不讨论）。这并不一定是缺点，只是表明在 NoSQL 数据库中，有些事情的处理方式不同。在 NoSQL 数据库中，由于导入 JSON 文

---

① 可从 Microsoft 网站下载。
② 可从 Oracle 网站下载。
③ 可从 Mysql 网站下载。
④ 可从 Mysql 网站下载。

件更为常见，因此不太需要这样的脚本。在某种程度上，这是由于 JSON 是一种标准的 NoSQL 格式，而没有像 SQL 和关系数据库那样的标准文档查询语言。在关系数据库中使用 SQL 脚本的任务，在 NoSQL 数据库中以不同的方式执行，将在第 10D 章中介绍。因此，下面将探讨如何使用 DBMS 实用程序来创建、存储、检索和运行 SQL 脚本，这些实用程序为：

- Microsoft SQL Server 2019 中使用 SQL Server Management Studio。
- Oracle Database XE 中使用 SQL Developer。
- MySQL 8.0 中使用 MySQL Workbench。

此外，每一种关系 DBMS 产品都有自己的 SQL 和 SQL/持久存储模块（SQL/PSM）：

- Microsoft SQL Server 2019 中使用 Transact-SQL（T-SQL）。
- Oracle Database XE 中使用 Procedural Language/SQL（PL/SQL）。
- MySQL 8.0 中，没有特殊的名称，只需使用 SQL 和 SQL/PSM 即可。

在线的三章中分别讨论了这些实用程序。

10.6　在 DBMS GUI 实用程序中检查数据库结构

所有 DBMS 产品都提供 GUI 实用程序，能够以 GUI 模式处理数据库对象，如表（或 ArangoDB 中的集合），它与 Microsoft Access 2019 中的做法类似。在线的 4 章中，讲解了如何使用这些 GUI 实用程序：

- Microsoft SQL Server 2019 中使用 SQL Server 2019 Management Studio。
- Oracle Database XE 中使用 Oracle SQL Developer。
- MySQL 8.0 中使用 MySQL Workbench。
- ArangoDB 中使用 Arango Management Interface。

10.7　创建并填充 VRG 数据库表

创建了 VRG 数据库并知道如何使用 SQL 脚本（或 AQL 查询）之后，接下来要创建 VRG 表、引用完整性约束以及构成数据库本身基本结构的索引。正如所期望的那样，每一种 DBMS 产品都有其具体的方法。例如，不同 DBMS 产品处理代理键的方法存在差异：

- Microsoft SQL Server 2019 中使用 T-SQL IDENTITY 属性。
- Oracle Database XE 中使用 PL/SQL SEQUENCE 对象。
- MySQL 8.0 中使用 MySQL AUTO_INCREMENT 属性。
- 在 ArangoDB 中新创建文档时，都会被自动分配一个代理键值。创建文档的人，可以为这个代理键指定一个值。不存在自动生成递增的数字键值的工具，因此如果需要，必须通过编程来实现。

创建了数据库结构之后，需要考虑如何用数据填充这些表（或集合）。由于图 7.15 中提供的 VRG 数据包含不连续的代理键值，因此需要探讨将数据输入表或集合时如何处理这种情况。

10.8　为 VRG 数据库创建 SQL 视图

第 7 章中讲解过 SQL 视图在数据库中的使用。现在探讨如何在每个特定的关系 DBMS 中创建和使用它。ArangoDB 中也包含视图，但它与典型的关系视图不同，其作用也不同。

10.9　将 Microsoft Excel 数据导入数据库表

在开发支持应用的数据库时，经常会发现数据库中需要的一些数据以数据形式存在于用户工作表（也称为电子表格）中。一个典型的例子是将用户一直在使用的 Microsoft Excel 2019 工作表文件转换为存储在数据库中的数据。

因此，需要探讨一下如何将 Microsoft Excel 2019 数据导入数据库表。当然，每一种 DBMS 产品都有自己的方法：

- Microsoft SQL Server 2019 中使用 SQL Server Management Studio 的数据导入工具。
- Oracle Database XE 中使用 SQL Developer 的数据导入工具。
- MySQL 8.0 中，必须下载并安装 MySQL For Excel 实用程序[①]，它随 MySQL Installer 一起安装。
- ArangoDB 3.7 中使用 Arango Management Interface 导入 CSV 文件，这些文件能够从 Microsoft Excel 文件创建。

10.10　数据库应用逻辑和 SQL/持久存储模块（SQL/PSM）

为了在应用中使用数据库（如 Web 站点应用），必须能够从该应用访问数据库，并且还要克服几个与应用相关的问题（如创建和存储应用变量）。尽管这可以在应用程序编程语言（Java 等）、Microsoft .NET 语言（C#.NET、C++.NET、VB.NET）或者 PHP Web 脚本语言（参见第 11 章）中完成，这里主要讨论的是如何将应用逻辑嵌入 SQL/持久存储模块（SQL/PSM）——用户定义函数、触发器和存储过程。

对于每一种特定的关系 DBMS 产品，将讲解它们的不同 SQL/PSM 构造和特性：

- 变量
- 参数
- 流控制语句
  - ◇ BEGIN ... END 语句块
  - ◇ IF ... THEN ... ELSE 结构
  - ◇ WHILE（循环）结构
  - ◇ RETURN{值}语句
- 游标结构和语句
- SQL 事务控制语句
- 输出语句

---

① 可作为 MySQL Installer for Windows 的一部分下载。

然后，使用这些元素来构建特定于 DBMS SQL/PSM 的用户定义函数、存储过程和触发器，对这些主题的深入讨论远远超出了第 7 章的范围。将构建并运行几个存储过程和触发器，解释触发器或存储过程在应用中的用法，还会讲解在创建用户定义函数、存储过程和触发器时有用的其他编程元素。

类似 ArangoDB 这样的非关系 DBMS，SQL/PSM 功能通常是通过编程语言和 API 实现的。例如，在 ArangoDB 中，用户定义函数可以用 JavaScript 编写，使用内置的 API 来访问 ArangoDB 数据。存储过程和触发器功能可以通过使用 Foxx 服务框架来实现，该框架也是基于 JavaScript 的，并在 DBMS 中运行。

10.11　DBMS 并发性控制

第 9 章讨论了并发性控制的概念。每一个 DBMS 产品都以自己的方式实现并发事务隔离级别和锁定行为。相应的在线章节对每一种特定的 DBMS 产品进行了这方面的讲解。

10.12　DBMS 安全性

第 9 章中讨论了基本的安全性。对于每一种特定的 DBMS 产品，概括了这些基本概念如何适用于本产品，给出了一些特定的服务器和数据库安全选项，并创建了一些具有特定安全权限的用户。对这些主题的深入讨论，远远超出了第 7 章的内容。当完成了为 VRG 数据库创建所需的数据库用户时，就可以使用这些用户为第 11 章中的 Web 数据库应用提供所需的数据库安全性了。

10.13　DBMS 数据库备份和恢复

如第 9 章所述，应该定期备份数据库和相关的日志文件。如果有备份可用，则能够从以前的数据库保存件中恢复，并可以应用日志中的更改来恢复失效的数据库。同样，这些主题的讨论深度远远超出了第 7 章的范围。此外，还研究和探讨了特定 DBMS 的特定备份和恢复特性及方法。

10.14　其他没有涵盖的 DBMS 主题

每一个在线章节都涵盖了特定 DBMS 产品的基本主题，但不可能在这本书和在线章节中包罗它的全部内容。因此，只能将本章未涉及的一些重要主题简要说明一下，并指明了进一步了解这些主题的方向。

10.15　选择自己的 DBMS 产品

有关安装和使用某种 DBMS 产品的信息，在在线章节中给出。下载合适的在线章节并学习它，因为它是在 DBMS 中实现本书中讨论的概念的指南。为了真正理解书中的这些概念，需要在 DBMS 中实践它们。

> 第 10A 章 用 Microsoft SQL Server 2019 管理数据库
> 第 10B 章 用 Oracle Database 管理数据库
> 第 10C 章 用 MySQL 8.0 管理数据库
> 第 10D 章 用 ArangoDB 管理文档数据库

10.16 小结

在线的 4 章内容可从本书配套网站获取。

将这几章的内容放在网上，以便不受本书篇幅的限制，提供更多与每一种 DBMS 产品相关的材料。这些线上材料为 PDF 格式，请使用 PDF 阅读器查看。

这几章的内容，分别讲解了 Microsoft SQL Server 2019（第 10A 章）、Oracle Database XE（第 10B 章）、Oracle MySQL 8.0（第 10C 章）和 ArangoDB 3.7（第 10D 章）的基本特性和功能。这几章中的讨论，使用了第 2 章中的 Cape_Codd 数据库和第 7 章中的 VRG 数据库，它与第 7 章中关于 SQL DDL、DML 和 SQL/PSM 的讨论以及第 9 章中关于数据库管理任务的讨论平行。

在每一个在线章节中，针对特定的 DBMS 产品涵盖的主题包括：

- 安装 DBMS
- 在云中使用 DBMS
- 使用 DBMS 数据库管理和开发实用程序
- 创建数据库
- 创建并运行 SQL 脚本（用于关系 DBMS）
- 在 DBMS GUI 实用程序中检查数据库结构
- 创建并填充 VRG 数据库表
- 为 VRG 数据库创建 SQL 视图
- 将 Microsoft Excel 2019 数据导入数据库表
- 数据库应用逻辑和 SQL/持久存储模块（SQL/PSM，用于关系 DBMS）
- DBMS 并发性控制
- DBMS 安全性
- DBMS 数据库备份和恢复
- 其他没有涵盖的 DBMS 主题

这些章节以第 7 章为基础，但是它的讲解深度远远超过第 7 章所提供的内容。有关安装和使用某种 DBMS 产品的信息，参见在线章节。

重要术语

云计算服务	PL/SQL SEQUENCE 对象
数据库	过程语言/SQL（PL/SQL）
锁定行为	模式
MySQLAUTO_INCREMENT 属性	电子表格

SQL/持久存储模块（SQL/PSM）	触发器
存储过程	T-SQL IDENTITY 属性
表空间	用户定义函数
事务隔离级别	工作表

习题

10.1　在学习本书的过程中，确定你将使用哪一种 DBMS 产品。

10.2　根据上一题的答案，下载相应第 10A 章、第 10B 章、第 10C 章或第 10D 章的内容。

10.3　根据习题 10.1 的答案，下载并安装对应的 DBMS 软件。完成本练习之后，就应当具有了一个可用的 DBMS 了。

第五部分
数据库访问标准和技术

这一部分的 3 章，探讨了数据库应用处理的标准，以及深刻影响数据库系统使用的新兴技术。每一章的内容都超越了第 1~10 章中描述的通用关系 DBMS 的讲解，将数据库扩展到了其他维度。

第 11 章中，首先讲解的是访问关系 DBMS 之外的关系数据的方法。探讨了一些数据库访问标准，包括 Microsoft .NET Framework 中的 ODBC、ADO.NET 和 ASP.NET，以及基于 Java 的 JDBC 和 JSP 技术。这些标准用于访问关系（以及其他）数据库，即使它们在某种意义上不属于 DBMS。尽管其中一些标准已经落伍，但许多应用仍在使用它们，而且在你的职业生涯中可能会遇到它们。事实上，随着关系型 DBMS 产品需要与大数据结构化存储产品互连（在第 13 章中讨论），ODBC 正在卷土重来，而它是一个可以处理这种任务的既定标准。然后，第 11 章讲解了如何使用流行的 PHP 脚本语言创建 Web 页面以访问 VRG 数据库。接着，在介绍 XML 时讨论了数据库处理与文档处理的结合。

第 12 章从另一个角度讲解数据库技术，介绍了关系数据的一些用途，这些用途远远超出了标准 SQL 查询和 SQL/PSM 代码的范畴。将讨论商业智能（BI）系统，包括支持它们的数据仓库和数据集市数据库。这种技术以本书中讲解的主要关系概念为基础，以各种报表和数据挖掘解决方案（例如，市场购物篮分析和决策树）的形式提供有用的信息。某些情况下，这种功能已经被合并到 DBMS 中，但多数情况下没有合并。

第 13 章以另一个角度结束本书的讲解，内容包括：将云作为管理关系数据的另一种方式；完全脱离关系模型，探讨有关大数据、NoSQL 以及应用于管理大数据的云系统的相对较新的话题。当然，企业关系型 DBMS 已经管理并将继续管理大量数据，但是放松对数据结构和系统所需的一致性的典型关系要求，可以使许多应用领域受益。此外，这些系统的设计通常以分布式数据为重点。

第 11 章　Web 服务器环境

本章目标

- 了解围绕 Internet 技术的数据库应用的数据环境的性质和特点
- 了解 ODBC 的目的、特性和功能
- 了解 Microsoft .NET Framework 的特性
- 理解 OLE DB 的性质和目标
- 了解 ADO.NET 的特性和对象模型
- 了解 JDBC 的特征和 4 种类型的 JDBC 驱动程序
- 了解 JSP 的本质、JSP 和 ASP.NET 的区别
- 理解 HTML 和 PHP
- 能够使用 PHP 构建 Web 数据库应用页面
- 理解 XML 的重要性
- 学习使用 SQL SELECT . . . FOR XML 语句的基本概念

前面已经讲解了如何设计和实现数据库。具体地说，使用了为 View Ridge 画廊设计和实现的 VRG 数据库，它是贯穿本书大部分内容的示例。第 6 章中，首先创建了 VRG 数据模型和 VRG 数据库设计，然后第 7 章在 SQL Server 2019 中实现了这个数据库设计。第 8 章和第 9 章中，它是数据库再设计和数据库管理讨论的基础。

然而，数据库并不是孤立存在的。相反，它是作为信息系统的一部分创建的，用于存储系统处理的数据，以便向使用它的人提供信息。

如今所使用的万维网（WWW 或 W3 或 Web）十分普遍，以至于人们认为它是理所当然的。在诸如 Microsoft Edge、Microsoft Internet Explorer、Apple Safari、Google Chrome 或 Mozilla Firefox 等 Web 浏览器上运行的应用客户端，允许用户在线购物，还能够通过 Facebook 或 Twitter 上的帖子与朋友交流。

WWW 本身并不是一个通信网络。相反，WWW 是在 Internet 上运行的，Internet 最初是一种连接小网络的系统，现在已遍及全球，允许全世界的计算机通信。

已经不再需要计算机就能使用网络了。除了在计算机上使用 Web，人们还可以通过 Verizon、T-Mobile、AT&T 和 Sprint 等供应商提供的蜂窝网络使用移动电话（或手机）。广泛使用的智能手机利用手机供应商提供的数据包访问 WWW，使它成为便携式计算机。

另一种流行的形式是平板电脑，其中 Apple iPad 是最好的例子（还有许多其他运行 Google Android 操作系统的平板电脑）。与 Internet 相连的平板电脑，为我们提供了另一种相互连接的生活方式。

图 11.1 展示了当今人们如何使用这些设备，技术上称为客户/服务器架构。用户需要某些服务，比如在线购物或在线交流。为了获得这种服务，用户需要一个硬件设备（计算机、智能手机或平板电脑），该硬件设备运行一个软件客户端应用，为用户提供所需服务的接口。Web 浏览器通常是 Facebook 或 Twitter 等服务的客户端　（智能手机应用也是这些服务的客户端）。服务是由一种称为服务器的特殊计算机提供的。例如，Twitter 使用服务器来接收、存储和广播推文。客户端和

服务器通过 Internet 或蜂窝数据网络（它本身会在某个点连接到 Internet）进行通信。Internet 硬件（如运行联网软件的路由器）负责客户端和服务器之间的连接。

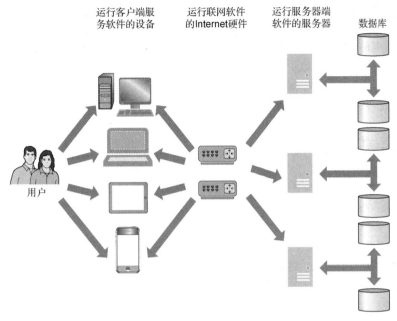

图 11.1　客户/服务器架构

支持所有客户/服务器应用的是数据库。每一个应用都需要存储、更新、读取和删除数据。这就是数据库的用途。数据库的存在并不是为了自己——它是供需要它所保存和维护的数据的应用使用的。

本章中，将详细讨论并演示如何使用数据库来支持用户所需的服务。首先探讨一些传统的标准接口和一些当前用于访问数据库服务器的工具。ODBC 或开放数据库连接标准是在 20 世纪 90 年代初期开发的，用于为关系数据和其他表格数据提供与产品无关的接口。今天，由于新的非关系数据库正在被开发，ODBC 在处理大数据环境中重新焕发了青春（第 13 章中将详细讨论）。20 世纪 90 年代中期，Microsoft 推出了 OLE DB，它是一个封装数据服务器功能的面向对象接口。随后，Microsoft 开发了 Active Data Objects（ADO），它是一组利用 OLE DB 的对象，可用于任何语言，包括 VBScript 和 JScript/JavaScript。该技术被应用于作为 Web 数据库应用基础的活动服务器页面（ASP）中。2002 年，Microsoft 推出.NET Framework，其中包括 ADO.NET 组件（ADO 的继承者）和 ASP.NET（ASP 的继承者）组件。今天，.NET Framework 是所有使用 Microsoft 技术的应用开发的基础。

作为 Microsoft 技术的替代品，Sun Microsystems 公司在 20 世纪 90 年代开发了 Java 平台，其中包括 Java 编程语言、Java 数据库连接（JDBC）和 Java 服务器页面（JSP）。2010 年，这家公司被 Oracle Corporation 收购，Java 平台现在是 Oracle 产品的一部分。

尽管.NET 和 Java 技术是重要的开发平台，但其他公司和开源项目也开发了一些技术。本章中，将使用其中两个独立开发的工具：NetBeans 集成开发环境（IDE）和 PHP 脚本语言。

本章还将考虑信息系统技术中最近的一个很重要的发展。它讨论了两个信息技术主题领域的结合：数据库处理和文档处理。二十多年来，这两个领域彼此独立发展。然而，随着 Internet 的出现，它们发生了被称为"技术列车碰撞"的融合。最终的结果还有待观察，而几乎每个月都会有新的产品、产品特征、技术标准和开发实践出现。

11.1　一个用于 View Ridge 画廊的 Web 数据库应用

前面创建的 VRG 数据库，本章中会将它作为 View Ridge 画廊 Web 数据库应用的基础。这个 Web 数据库应用称为 View Ridge 画廊信息系统（VRGIS），它为画廊提供报表和数据输入功能。图 6.35 使用了 VRGIS 的屏幕截图，用于介绍 View Ridge 画廊。但是在构建 VRGIS 之前，需要了解开发 Web 数据库应用的基本概念和过程。

11.2　本章的准备工作

为了重新创建本章中的示例，需要首先完成以下工作：

1．为 VRG 数据库创建一个 VRG-User 账号。有关如何在数据库中创建账号的讨论，可分别参见第 10A 章、第 10B 章和第 10C 章。

2．为 VRG 数据库创建一个 InsertCustomerAndInterests 存储过程。有关如何创建存储过程的讨论，可分别参见第 10A 章、第 10B 章和第 10C 章。

3．为 DBMS 安装对应的 ODBC 驱动程序。有关如何创建安装 ODBC 驱动程序的讨论，可分别参见第 10A 章、第 10B 章和第 10C 章。

4．设置 Web 服务器及其支持程序。有关它的详细讨论，可参见附录 G。尽管可以选择其他的组件，但本章中将进行如下操作：

- 设置 Web 服务器。这里使用 Microsoft Internet Information Services（IIS）10 Web 服务器。
- 通过安装 Java Development Kit（JDK）获得 Java 功能。本章使用 OpenJDK 14.0.2。
- 为创建和编辑 Web 页面安装 NetBeans 集成开发环境（IDE）。本书使用 Apache NetBeans 12.0。
- 安装 PHP Web 页面脚本语言。本书使用 PHP 7.4.1，它是利用 Microsoft Web Platform Installer 5.1 下载并设置的。
- 为 DBMS 安装对应的 PHP 驱动程序。本书使用 Microsoft Drivers for PHP for SQL Server 5.8。

如果还没有完成上面这些工作，则需要先完成它们。

11.3　Web 数据库处理环境

当今的 Web 数据库应用所处的环境既丰富又复杂。如图 11.2 所示，用户使用计算机上的 Web 浏览器向 Web 服务器请求 Web 页面，Web 服务器反过来向数据库服务器请求信息，数据库服务器使用 DBMS 从其数据库中获取数据。在创建返回到 Web 浏览器的 Web 页面代码的过程中，使用了各种编程语言，Web 浏览器会格式化 Web 页面并显示它。最终编码的 Web 网页可能包括：

- 运行在用户计算机上的脚本语言代码，如 JavaScript。
- 由 Web 服务器编程语言（如 PHP）生成的代码，用于控制返回到 Web 浏览器的代码内容。
- 使用 SQL 和 SQL/PSM 发送 DBMS 操作请求的 Web 服务器生成的数据库输出。

　　尽管本书中不讨论脚本语言，但应该了解它们。一个熟悉的例子是，每当 Web 表单要求输入一些数据（如电子邮件地址或密码）进行验证时，可能会得到一条"不匹配"的消息，表示输入有错。这种类型的错误检查是由 Web 页面脚本语言（如 JavaScript）执行的。

　　本章将讨论 Web 服务器和 DBMS 之间的交互。在基于 Web 的数据库处理环境中，如果 Web 服务器和 DBMS 都可以在同一台计算机上运行，则系统具有两层体系结构（一层用于 Web 浏览器，另一层用于 Web 服务器/DBMS 计算机）。Web 服务器和 DBMS 可以在不同的计算机上运行。这时，系统具有三层架构，如图 11.2 所示。高性能应用可能会使用许多 Web 服务器计算机；在某些系统中，一个 DBMS 可以运行在多台计算机上。在后一种情况下，如果几台 DBMS 计算机处理同一个数据库，则该系统被称为分布式数据库。分布式数据库将在本章后面讨论。

图 11.2　三层架构

　　如图 11.3 所示，典型的 Web 服务器需要创建包含来自数十个不同数据源的 Web 页面，每个源都有不同的数据类型。到目前为止，本书中只探讨过关系数据库，但是从图中可以看到，还存在许多其他数据类型。

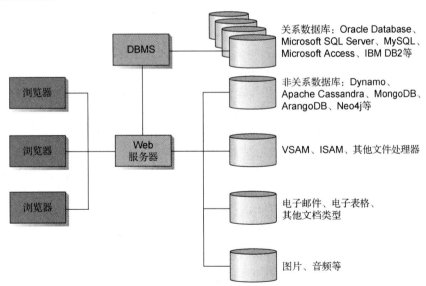

图 11.3　Web 数据库应用中的各种数据类型

　　思考一下，Web 服务器应用开发人员在集成这些数据时会遇到什么问题。开发人员可能需要连接到：

● 在 Microsoft SQL Server 或 Oracle Database 中创建的关系数据库

- 一个非关系数据库，例如 MongoDB 或 Neo Technology 的 Neo4j
- 基于文件的数据，如 Microsoft Excel 等电子表格中的数据
- 电子邮件目录

　　每一个这样的产品，都有一个开发人员必须学习的编程接口。此外，这些产品还在不断发展。因此，随着时间的推移会添加新的特性和功能，这会增加开发人员的负担。

11.4　数据库服务器访问标准

　　为了解决与不同产品的通信问题，开发了几种用于访问数据库服务器的标准接口。每一种 DBMS 产品，都有一个应用编程接口（API）。API 是对象、方法和属性的集合，用于在程序代码中实现 DBMS 功能。每一个 DBMS 都有自己的 API，而 API 因 DBMS 产品而异。为了使程序员不必学习许多不同接口的用法，计算机行业开发了数据库访问的标准。

　　开放数据库连接（ODBC）标准是在 20 世纪 90 年代初期开发的，它为处理关系数据库数据提供了一种与 DBMS 无关的方法。20 世纪 90 年代中期，Microsoft 推出了 OLE DB，它是一个封装数据服务器功能的面向对象接口。OLE DB 不仅是为访问关系数据库而设计的，也可用来访问许多其他类型的数据。作为一个组件对象模型（Component Object Model，COM）接口，通过使用 C、C# 和 Java 等编程语言，程序员可以很容易地使用 OLE DB。然而，OLE DB 不可用于 Visual Basic（VB）和脚本语言。因此，Microsoft 开发了 Active Data Objects（ADO），它是一组利用 OLE DB 的对象，可用于任何语言，包括 Visual Basic（VB）、VBScript 和 JScript/JavaScript。现在，ADO.NET 已经取代了 ADO，它是 ADO 的改进版本，是作为 Microsoft .NET 计划的一部分开发的，也是 .NET Framework 的一个组件。

　　作为活动服务器页面（Active Server Pages，ASP）一部分，ADO 技术用于构建 Web 页面，进而可用来创建基于 Web 的数据库应用。ASP 是超文本标记语言（HTML）和 VBScript 或 JScript 的组合，可以读写数据库数据并使用 Internet 协议在公共和私有网络上传输数据。ASP 运行在 Microsoft 的 Web 服务器产品 Internet Information Services（IIS）上。当推出 ADO.NET 时，也出现了 ASP.NET，用于替代 ASP。ASP.NET 是 .NET Framework 中首选的 Web 页面技术。

　　当然，除了 Microsoft 推崇的那些连接方法和标准，还存在其他的连接方法和标准。ADO.NET 的主要替代者，都以 Oracle Corporation 的 Java 平台为基础或者与之相关，它们包括 Java 编程语言、Java 数据库连接（JDBC）、Java 数据对象（JDO）和 JavaServer Pages（JSP）。

　　JSP 技术是 HTML 和 Java 的组合，通过将页面编译成 Java servlet，可以实现与 ASP.NET 相同的功能。JSP 可以使用 JDBC 连接到数据库。JSP 经常与 Apache Tomcat 一起使用，后者在开源 Web 服务器中实现了 JSP（并且经常与开源 Apache Web 服务器一起使用）。

　　但是，与 Java 相关的技术，必须使用 Java 作为编程语言。甚至连 JavaScript 都不能使用，尽管它与 Java 有些关联。如果已经了解（或准备学习）Java，则会有所帮助。

　　尽管 .NET Framework 和 Java 平台是 Web 数据库应用开发中的两大主流，但也有其他的选择。其中一种产品是 PHP，它是一种开源的 Web 页面编程语言。Web 开发人员最喜欢的另一种组合是 Apache Web 服务器、MySQL DBMS 和 PHP 语言。这种组合被称为 AMP（Apache-MySQL-PHP）。在 Linux 操作系统上运行时，它被称为 LAMP；在 Windows 上，则为 WAMP。因为 PHP 适用于所有 DBMS 产品，所以本书中将使用它。其他的可能，包括 Perl 和 Python 语言（这两种语言都可以是 AMP、LAMP 或 WAMP 中的"P"）和 Ruby 语言，后者的 Web 开发框架称为 Ruby on Rails。

11.5　ODBC 标准

创建 ODBC 标准的目的，是为了解决与关系数据库和表格型数据源（如电子表格）有关的数据访问问题。如图 11.4 所示，ODBC 是 Web 服务器（或其他数据库应用）与 DBMS 之间的接口。它由一组标准组成，根据这些标准可以发布 SQL 语句、返回结果和错误消息。如图 11.4 所示，开发人员可以使用本地 DBMS 接口（API）调用 DBMS（有时这么做是为了提高性能）。如果开发人员没有时间或意愿学习许多不同的 DBMS 本地库，则可以使用 ODBC。

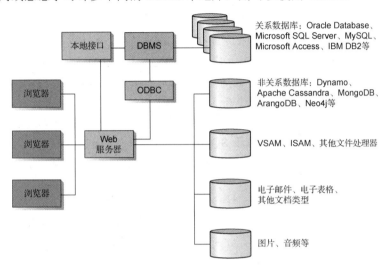

图 11.4　ODBC 标准中的各种角色

ODBC 标准是一个接口，通过它，应用能够以与 DBMS 无关的方式访问并处理数据库和表格数据。这意味着，使用 ODBC 接口的应用可以处理 Oracle Database 数据库、SQL Server 数据库、电子表格或任何其他兼容 ODBC 的数据库，而无须进行任何编码更改。这样做的目的，是允许开发人员只创建一个应用，但它能够访问由不同 DBMS 产品支持的数据库，而不需要更改甚至重新编译。

ODBC 是由 X/Open 和 SQL 访问组的行业专家组成的委员会开发的。曾经有几个这样的标准被提出，但 ODBC 最终胜出，主要是因为它已由 Microsoft 实现，并且是 Windows 的重要组成部分。Microsoft 最初支持这一标准的目的，是允许 Microsoft Excel 等产品访问来自各种 DBMS 产品的数据库数据，而无须重新编译。当然，自从推出 OLE DB 和 ADO.NET 以后，Microsoft 的兴趣就发生了变化。

11.5.1　ODBC 架构

图 11.5 显示了 ODBC 标准的组成要素。应用、驱动程序管理器和 DBMS 驱动程序都驻留在应用服务器计算机上。驱动程序将请求发送到驻留在数据库服务器上的数据源。根据标准，ODBC 数据源（ODBC Data Source）是数据库及其关联的 DBMS、操作系统和网络平台。ODBC 数据源可以是关系数据库、文件服务器（例如 BTrieve），甚至是一个电子表格。

应用可以发出创建与数据源连接的请求，发出 SQL 语句并接收结果，处理错误，启动、提交和回滚事务。ODBC 为每个请求提供了标准方法，并定义了一组标准的错误代码和消息。

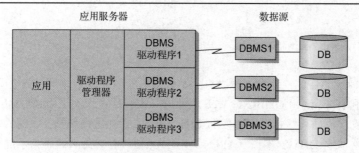

应用可以使用三种DBMS产品中的任何一种来处理数据库

图 11.5　ODBC 架构

ODBC 驱动程序管理器（ODBC Driver Manager）是应用与 DBMS 驱动程序之间的中介。当应用请求连接时，驱动程序管理器将确定处理给定 ODBC 数据源的 DBMS 的类型，并将该驱动程序加载到内存中（如果还没有加载）。驱动程序管理器还处理某些初始化请求，并验证从应用接收到的 ODBC 请求的格式和顺序。对于 Windows，驱动程序管理器是由 Microsoft 提供的。

ODBC 驱动程序处理 ODBC 请求，并向给定类型的数据源提交特定的 SQL 语句。不同的数据源类型有不同的驱动程序。例如，有用于 SQL Server、Oracle Database、MySQL、Microsoft Access 的驱动程序，还存在其他供应商符合 ODBC 标准的产品的驱动程序。驱动程序由 DBMS 供应商和独立软件公司提供。

驱动程序负责确保标准的 ODBC 命令能够正确执行。在某些情况下，如果数据源本身不兼容 SQL，驱动程序可能需要执行相当多的处理，以弥补数据源上的能力不足。当数据源全面支持 SQL 时，驱动程序只需要将请求传递给数据源进行处理即可。驱动程序还会将数据源错误代码和消息转换为 ODBC 标准代码和消息。

ODBC 定义了两种类型的驱动程序：单层和多层。ODBC 单层驱动程序同时处理 ODBC 调用和 SQL 语句。单层驱动程序的一个例子在图 11.6（a）中给出。这个例子中，数据保存在 Xbase 文件中（FoxPro 和 dBase 和其他文件使用的格式）。因为 Xbase 文件管理器不处理 SQL，所以以驱动程序的工作是将 SQL 请求转换为 Xbase 文件操作命令，并将结果转换回 SQL 形式。

ODBC 多层驱动程序处理 ODBC 调用，但将 SQL 请求直接传递给数据库服务器。尽管它可以将 SQL 请求重新格式化成符合特定数据源的要求，但它不处理 SQL。多层驱动程序的一个例子在图 11.6（b）中给出。

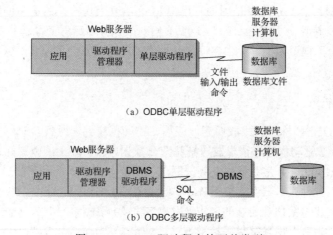

（a）ODBC单层驱动程序

（b）ODBC多层驱动程序

图 11.6　ODBC 驱动程序的两种类型

11.5.2　一致性级别

ODBC 标准的创建者面临着一个困境。如果标准只规定了最低级别的功能，则会有许多供应商遵守它。但是，这样的标准将只代表 ODBC 和 SQL 全部功能的一小部分。然而，如果标准的要求太高，则只有少数供应商能够支持它，从而会使它变得无足轻重。为了脱离这种困境，委员会明智地选择了定义标准的级别。两种类型的级别分别是：ODBC 一致性和 SQL 一致性。

1. ODBC 一致性级别

ODBC 一致性级别（ODBC Conformance Level）与通过驱动程序的 API 提供的特性和功能有关。如前所述，驱动程序 API 是应用可以调用来接收服务的一组函数。图 11.7 概括了标准中定义的三个 ODBC 一致性级别。实践中，几乎所有驱动程序都至少支持一级 API，所以核心 API 级别并不太重要。

核心 API
连接数据源
准备并执行 SQL 语句
从结果集中提取数据
提交或回滚事务
获取错误信息

一级 API
核心 API
用驱动程序特定的信息连接数据源
发送和接收部分结果
提取目录信息
提取有关驱动程序选项、功能和函数的信息

二级 API
一级 API
浏览可能的连接和数据源
提取 SQL 的原始形式
调用翻译库
处理可滚动游标

图 11.7　ODBC 一致性级别汇总

应用可以调用驱动程序，以确定它提供的 ODBC 一致性级别。如果应用需要的一致性级别不存在，它能够以有序的方式终止会话并为用户生成适当的消息。或者，可以编写应用来使用高级别一致性中的一些功能，同时能够绕过那些没有提供的功能。

例如，二级 API 的驱动程序必须提供可滚动游标功能。利用这些一致性级别，可以编写应用来使用可用的游标。但是，如果这样的一致性级别不可用，则为了实现缺失的功能，需要通过具有高度限制性的 WHERE 子句来选择所需的数据。这样做，将确保一次只向应用返回几行，并且能够使用自己维护的游标来处理这些行。如果使用 WHERE 子句，尽管性能可能会较慢，但至少应用能够成功执行。

2. SQL 一致性级别

ODBC SQL 一致性级别指定驱动程序可以处理的 SQL 语句、表达式和数据类型。定义了三个 SQL 一致性级别，如图 11.8 所示。最小 SQL 语法的能力非常有限，大多数驱动程序至少支持核心 SQL 语法。

最小 SQL 语法
CREATE TABLE、DROP TABLE
简单 SELECT 语句（不包含子查询）
INSERT、UPDATE、DELETE
简单表达式（A > B + C）
CHAR、VARCHAR、LONG VARCHAR 数据类型

核心 SQL 语法
最小 SQL 语法
ALTER TABLE、CREATE INDEX、DROP INDEX
CREATE VIEW、DROP VIEW
GRANT、REVOKE
完整 SELECT 语句（包含子查询）
聚合函数，如 SUM、COUNT、MAX、MIN、AVG
DECIMAL、NUMERIC、SMALLINT、INTEGER、REAL、FLOAT、DOUBLE PRECISION 数据类型

扩展 SQL 语法
核心 SQL 语法
外连接
使用游标定位的 UPDATE 和 DELETE 语句
标量函数，如 SUBSTRING、ABS
日期、时间和时间戳
批量 SQL 语句
存储过程

图 11.8　SQL 一致性级别汇总

与 ODBC 一致性级别一样，应用可以调用驱动程序来确定它支持的 SQL 一致性级别。有了这些信息，应用就可以决定可以发出哪些 SQL 语句。如果有必要，应用可以终止会话或者使用其他功能较弱的方法来获取数据。

11.5.3　创建 ODBC 数据源名称

ODBC 数据源是一种 ODBC 数据结构，用于标识数据库和处理它的 DBMS。数据源可以标识其他类型的数据，比如电子表格和其他非数据库的表格式数据。但是，这里将不讨论这些用法。

存在三种类型的数据源：文件、系统和用户。文件数据源（File Data Source）是可以在数据库用户之间共享的文件。唯一的要求是用户具有相同的 DBMS 驱动程序和数据库访问权限。数据源文件可以通过电子邮件或其他方式分发给用户。系统数据源（System Data Source）是位于单台计算机上的本地数据源。操作系统和该系统上（具有适当权限）的任何用户，都可以使用系统数据源。用户数据源（User Data Source）仅对创建它的用户可用。

通常而言，Internet 应用的最佳选择是在 Web 服务器上创建一个系统数据源。浏览器用户访问 Web 服务器，而 Web 服务器使用系统数据源建立与 DBMS 和数据库的连接。

开发 VRGIS 的第一步，需要为 VRG 数据库创建系统数据源，以便能够在 Web 数据库处理应用中使用它。这个 VRG 数据库是在 SQL Server 2019 中创建的，系统数据源将提供与 SQL Server 2019 DBMS 的连接。为了在 Windows 操作系统中创建系统数据源，需要使用 ODBC Data Source Administrator[①]。

在 Windows 10 中打开 ODBC 数据源管理器的步骤为：

1．单击 Start 按钮。

2．进入 Windows Administrative Tools 文件夹，然后单击该文件夹打开它。

3．右键单击 ODBC Data Sources(64-bit)，显示快捷菜单。

4．单击 More | Run As Administrator，打开程序。

现在，就可以使用 ODBC 数据源管理器创建一个名为 VRG 的系统数据源，用于 SQL Server 2019。

创建 VRG 系统数据源

1．在 ODBC 数据源管理器中，单击 System DSN 选项卡，然后单击 Add 按钮。

2．在 Create New Data Source 对话框中，需要连接到 SQL Server 2019，因此选择 Microsoft ODBC Driver 17 for SQL Server，如图 11.9 所示。

3．单击 Finish 按钮。将出现 Create A New Data Source to SQL Server 对话框。

4．在这个对话框中，输入如图 11.10（a）所示的信息（数据库服务器是从 Server 下拉清单中选取的），然后单击 Next 按钮。

● 注：如果安装的 SQL Server 实例名称（前面是安装它的计算机的名称）没有出现在 Server 下拉清单中，则需要按 ComputerName\SQLServerName 的格式手工输入。可以在 SQL Server Management Studio 的 Object Explorer 中找到要使用的正确名称，它是作为已连接的 SQL 服务器的名称出现的。如果 SQL Server 实例是在计算机上默认安装的（其名称为 MSSQLSERVER），则只需输入 ComputerName 即可。

5．如图 11.10（b）所示，在 Create A New Data Source to SQL Server 对话框的下一页，需选中 SQL ServerAuthentication 单选钮，然后输入 Login ID 值（VRG-User）和 Password 值（VRGUser+ password），它们是在第 10A 章中创建的（在 Oracle Database 和 MySQL 8.0 中创建用户的操作，可分别参见第 10B 章和第 10C 章）。输入这些数据后，单击 Next 按钮。

● 注：如果登录名或口令错误，就会得到错误消息。需确保已经正确地创建了第 10A 章中所讨论的 SQL Server 登录名和口令，并且输入无误。

6．在图 11.10（c）中，单击上面的复选框以更改默认数据库，将它设置为 VRG，然后单击 Next 按钮。

---

① 如果使用 64 位 Windows 操作系统，注意存在两种不同的 ODBC 数据源管理器程序，一种用于 32 位应用，另一种用于 64 位应用。如果遵循本书中的步骤，则使用的 ODBC 数据源管理器是 64 位版本。但是，如果运行的是 32 位 Web 应用（例如，32 位 Web 浏览器），则必须使用 32 位版本的 ODBC 数据源管理器。幸运的是，从 Windows 8 和 Windows Server 2012 开始，数据源管理器已经被明确地标记为 32 位或 64 位。如果一切设置看似都正确，但 Web 页面显示不正确，那么这可能就是问题所在。

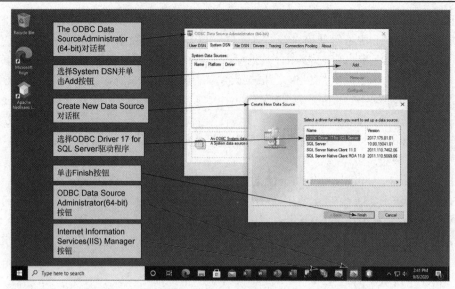

图 11.9　Create New Data Source to SQL Server 对话框

7. 图 11.10（d）中显示了另一组设置。不需要更改这些设置，因此单击 Finish 按钮，关闭 Create A New Data Source to SQL Server 对话框。

8. 这会显示 ODBC Microsoft SQL Server Setup 对话框，如图 11.10（e）所示。此对话框用于总结为新的 ODBC 数据源所创建的设置。单击 Test Data Source 按钮，测试这些设置。

9. 如图 11.10（f）所示，出现的 SQL Server ODBC Data Source Test 对话框，表明了测试成功。单击 OK 按钮，退出对话框。这样，就创建了一个 ODBC 数据源。

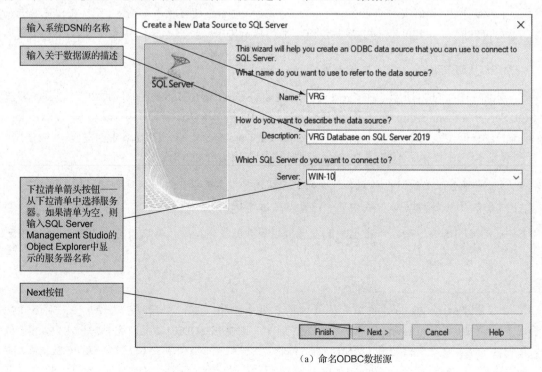

（a）命名ODBC数据源

图 11.10　Create A New Data Source to SQL Server 对话框

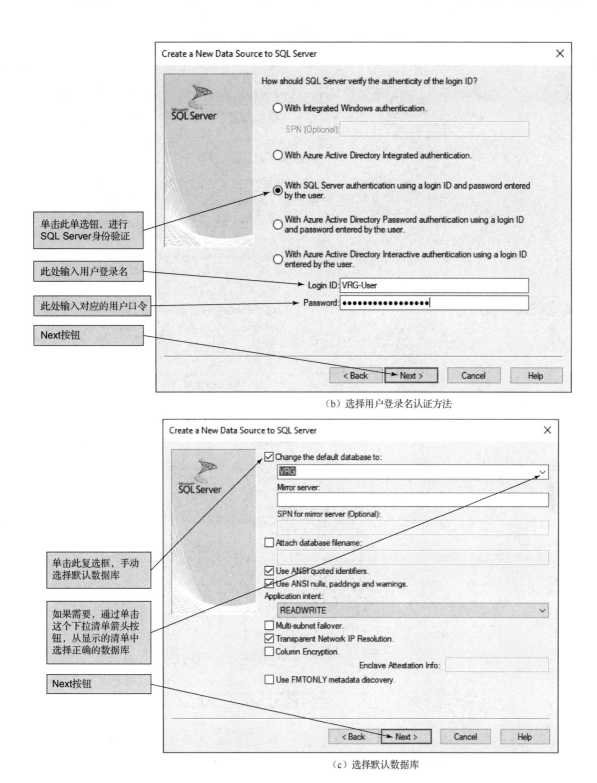

（b）选择用户登录名认证方法

（c）选择默认数据库

图 11.10　Create A New Data Source to SQL Server 对话框（续）

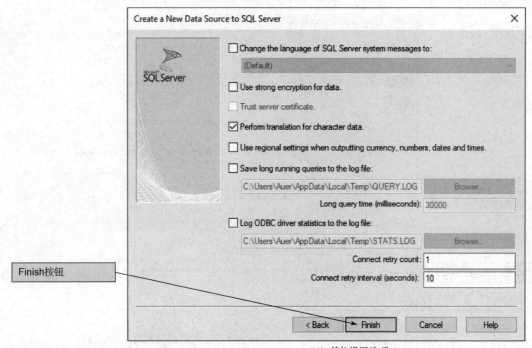

（d）其他设置选项

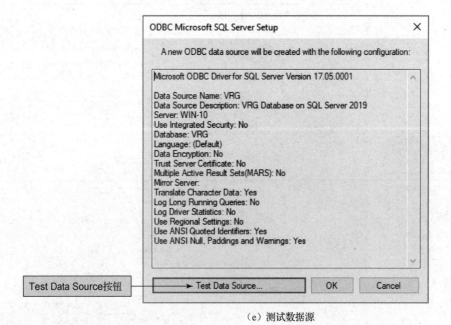

（e）测试数据源

图 11.10　Create A New Data Source to SQL Server 对话框（续）

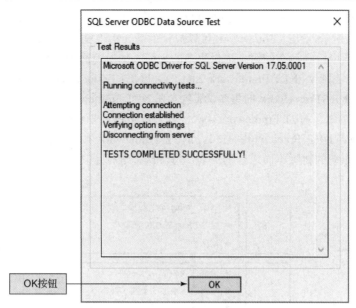

（f）数据源测试成功

图 11.10　Create A New Data Source to SQL Server 对话框（续）

10. 完成后的 VRG 系统数据源如图 11.11 所示。单击 OK 按钮，关闭 ODBC 数据源管理器。

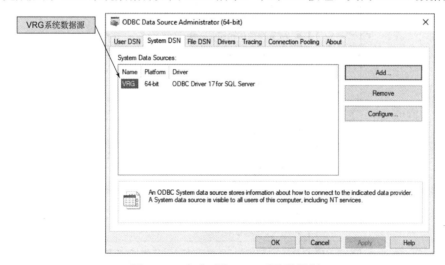

图 11.11　完成后的 VRG 系统数据源

本章的后面，将使用 VRG DSN 来处理第 10A 章中创建的 SQL Server 2019 VRG 数据库。如果使用的是 Oracle Database 或 MySQL，则同样需要为 VRG 数据库创建合适的系统数据源（见第 10B 章和第 10C 章）。

11.6　Microsoft .NET Framework 和 ADO.NET

.NET Framework 是 Microsoft 的综合应用开发平台。它包含 Web 数据库应用工具。最初的.NET Framework 1.0 是在 2002 年 1 月发布的，目前的版本是.NET Framework 4.8，它将是.NET Framework

的最终版本。跨平台的.NET 5 已经在 2020 年 11 月发布[①]。

如图 11.12 所示，.NET Framework 可以被认为是一组堆叠在一起的模块。每一个新增的模块，都为前面的模块中已经存在的组件提供更多的功能；如果前面的组件需要更新，则会通过旧模块的服务包进行。因此，.NET Framework 2.0 SP2 和.NET Framework SP2 都包含在.NET Framework 3.5 SP1 中。对.NET Framework 的更新，都包含在.NET Framework 4.0、.NET Framework 4.5、.NET Framework 4.5.1 中。.NET Framework 4.6、.NET Framework 4.6.1、.NET Framework 4.6.2、.NET Framework 4.7、.NET Framework 4.7.1、.NET Framework 4.7.2 和.NET Framework 4.8 都是随 Windows 操作系统的新版本而进行的更新，每一次都进行了功能增强，尤其是在网络安全和加密领域。

图 11.12   .NET Framework 结构

---

① 参见 Introducing .NET 5，可在微软官网查看。

　　尽管图 11.12 中没有给出.NET Framework 3.5 SP1 的所有特性，但其基本结构已经很清楚。.NET Framework 2.0 是基础层，包含了最基本的特性。这包括公共语言运行时（Common Language Runtime，CLR）和基本类库（Base Class Library），它们支持所有采用.NET Framework 的编程语言（例如 VB.NET 和 Visual C# .NET）。这一层还包括 ADO.NET 和 ASP.NET 组件，用于 Web 数据库应用。

　　.NET Framework 3.0 添加了一组与本书内容无关的组件。需要关注的是.NET Framework 3.5 和.NET Framework 3.5 SP1 中添加的特性，尽管这些特性已经在.NET Framework 4.0 升级了，但没有被取代。注意，ADO 的几个扩展已经包含在.NET Framework 3.5 和.NET Framework 3.5 SP1 中，比如 ADO.NET 实体框架和语言集成查询（Language Integrated Query，LINQ）组件，前者支持 Microsoft 新推出的实体数据模型（Entity Data Model，EDM）数据建模技术，后者允许以简单的方式将 SQL 查询直接编程到应用中。

　　除了更新现有的特性，.NET Framework 4.0 中还增加了在集群服务器上进行并行处理所需的特性。这些特性，包括并行 LINQ（Parallel LINQ，PLINQ）和任务并行库（Task Parallel Library，TPL），但是这些并行处理特性已经超出了本书的范围。同样，.NET Framework 4.5 更新了许多现有的特性并为 Windows 8 应用增加了功能，包括.NET for Windows Store Apps、可移植类库（Portable Class Libraries）和托管可扩展框架（Managed Extensibility Framework，MEF）。.NET Framework 4.5.1 和 4.5.2，是随 Windows 8.1 和 Windows Server 2012 R2 发布的小更新。

　　Windows Vista SP 2（也称为.NET 2015）中，增加了.NET Framework 4.6 和 ASP.NET 5，包括即时 64 位编译器和重要的加密更新。.NET Framework 3.0 安全套接字层（Secure Sockets Layer，SSL）中引入的 Windows 通信基础（Windows Communication Foundation，WCF），包含传输层安全性（Transport Layer Security，TLS）1.1 和传输层安全性 1.2。在放弃对 Windows Vista 和 Windows Server 2008 的支持的同时，.NET Framework 4.6.1 和.NET Framework 4.6.2 在加密、ADO.NET 和 ASP.NET 上增加了新功能。

　　随 Windows 10 Creators Update 一同发布的.NET Framework 4.7 和.NET Framework 4.7.1，包含了椭圆曲线加密和操作系统对 TLS 的支持。.NET Framework 4.7.2 中增加了对 SQL 客户端身份验证的服务器增强特性，包括多因素身份验证和 HttpClientHandler 联网支持的实现。

　　.NET Framework 在基本的.NET 类、Windows 通信基础（WCF）、Windows 表示基础（WPF）和公共语言运行时（CLR）中添加了新特性。有关.NET Framework 变更的更多信息，请参见 Microsoft MSDN 网页。现在已经了解了.NET Framework 的基本结构，下面探讨其中的一些细节。

BY THE WAY　　Microsoft 实体数据模型（EDM）在概念上与附录 F 中讨论的语义对象模型相似。有关 EDM 的讨论可参考 Microsoft MSDN 网站。

11.6.1　OLE DB

　　ODBC 取得了巨大的成功，极大地简化了一些数据库开发任务。但是，它确实有一些缺点，所以 Microsoft 为了解决其中的一个大缺点而推出了 OLE DB。图 11.13 显示了 OLE DB、ODBC 和其他数据类型之间的关系。OLE DB 是 Microsoft 产品中进行数据访问的基础之一。因此，即使只使用其上层的 ADO.NET 接口，理解 OLE DB 的基本概念也很重要，因为随后将看到，OLE DB 仍然是 ADO.NET 的数据提供者。本节中，将讲解一些基本的 OLE DB 概念并使用它们来引入一些重要的面向对象编程主题。

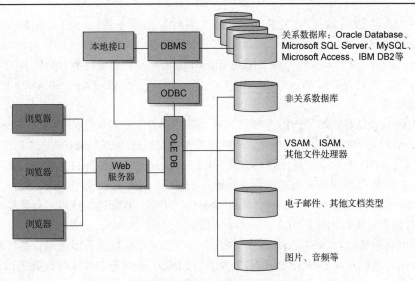

图 11.13　OLE DB 的角色

OLE DB 为几乎所有类型的数据提供了面向对象的接口。DBMS 供应商可以在 OLE DB 对象中包装一部分本地函数库，通过这个接口公开 Microsoft 产品的一些功能。OLE DB 还可以用作 ODBC 数据源的接口。同时，OLE DB 也支持非关系数据的处理。

OLE DB 是 Microsoft 对象链接和嵌入（Microsoft Object Linking and Embedding，OLE）对象标准的一个实现。OLE DB 对象是组件对象模型（COM）对象，支持这些对象所需的所有接口。从根本上说，OLE DB 将 DBMS 的特性和功能分解成了一些 COM 对象。一些对象支持查询操作；一些执行更新；一些支持创建数据库模式，如表、索引和视图；还有一些执行事务管理，如乐观锁定。

这个特性克服了 ODBC 的一个主要缺点。为了支持 ODBC，需要创建一个 ODBC 驱动程序来支持几乎所有的 DBMS 特征和功能。这是一项艰巨的任务，需要大量的投资。但是，如果使用 OLE DB，则 DBMS 厂商只需要实现产品的一部分功能。例如，只需在 OLE DB 中实现一个查询处理器，客户就能够利用 ADO.NET 来使用它。以后，DBMS 厂商可以添加更多的对象和接口，以增强 OLE DB 的功能。

本书并不是针对面向对象程序员的，所以需要明确一些概念。尤其需要理解对象、抽象、方法、属性、集合等。抽象是事物的泛化。ODBC 接口就是 DBMS 访问方法的一种抽象。抽象会失去一些细节，但获得了与更广泛的类型合作的能力。

例如，记录集是关系的抽象。在这个抽象中，一个记录集被定义为具有所有记录的集合中共有的特征。例如，每一个记录集都有一个列集，它在抽象中被称为域（field）。抽象的目的，是提取所有重要的东西，而忽略那些用户不需要的细节。因此，Oracle 关系中的一些特性，可能没有在记录集中体现。SQL Server、DB2 和其他 DBMS 产品中的关系，也会有类似的情况。尽管一些独有的特性在抽象中丢失，但只要抽象足够好，用户就不会在意。

再进一步，行集是记录集的 OLE DB 抽象。为什么 OLE DB 需要另外定义一种抽象呢？因为 OLE DB 处理的数据源不是表，但确实具有表的某些特征。考虑一下电子邮件文件中的全部电子邮件地址。这些地址和关系并不一样，但它们确实有一些共同的特征。每一个地址都是一组语义相关的数据项。如同表中的行一样，它们可以从一行转到下一个行。但与关系不同的是，它们并不都是同一类型的。有些地址是针对个人的，有些用于邮件列表。因此，任何依赖于记录集中类型一致性的操作，都不能在行集上使用。

OLE DB 为行集自顶向下定义了一组数据属性和行为。每一个行集都具有这些属性和行为。此外，OLE DB 将记录集定义为行集的子类型。记录集拥有行集的所有属性和行为，而且它还有一些记录集独有的特征。

抽象既常见又有用。例如，事务管理的抽象、查询的抽象或接口的抽象。这只是表示一组事物的某些特征被正式定义成了一种类型。面向对象编程中的对象是由其属性和方法定义的抽象。例如，一个记录集对象可以有一个 AllowEdits 属性、一个 RecordsetType 属性和一个 EOF 属性。这些属性表示了记录集抽象的特征。对象还具有它可以执行的的操作，称为方法。一个记录集可以有 Open、MoveFirst、MoveNext 和 Close 等方法。严格地说，对象抽象的定义被称为对象类或类。对象类的实例，如特定记录集，称为对象。类的所有对象，都有相同的方法和属性，但是属性的值因对象而异。

最后一个术语是集合。集合是一个包含一组其他对象的对象。记录集具有称为域的其他对象的集合。集合具有属性和方法。所有集合的属性之一是 Count，它表示集合中对象的数量。因此，recordset.Fields.Count 是集合中域的数量。在 OLE DB 中，集合以所包含的对象的复数形式命名。因此，Fields 是 Field 对象的集合、Errors 是 Error 对象的集合、Parameters 是 Parameter 对象的集合，等等。集合的一个重要方法是使用迭代器，它用于处理集合的每一个成员或标识集合中的项。

1．OLE DB 的目标

OLE DB 的主要目标在图 11.14 中给出。首先，如前所述，OLE DB 将 DBMS 的功能和服务分解到不同的对象中。这种分解，对于数据消费者（OLE DB 功能的用户）和数据提供者（提供 OLE DB 功能的产品供应商）来说，意味着极大的灵活性。数据消费者只获取他们需要的对象和功能；用于读取数据库的无线设备，可以只占用非常小的空间。与 ODBC 不同，数据提供者只需要实现一部分 DBMS 功能。这种分解，还意味着数据提供者可以在多个接口中提供功能。

为不同的 DBMS 功能创建对象接口
查询
更新
事务管理
其他 DBMS 功能
提升灵活性
允许数据消费者只使用所需要的对象
允许数据提供者提供部分 DBMS 功能
提供者可以在多个接口中交付功能
接口是标准化的和可扩展的
对象接口中可包含任何类型的数据
关系数据库
ODBC 或本地接口
非关系数据库
VSAM 和其他文件
电子邮件
其他
不强制转换或移动数据

图 11.14　OLE DB 的主要目标

需要进一步说明，对象接口是对象的封装。接口由一组对象及其提供的属性和方法定义。对象不需要在给定接口中公开其所有属性和方法。因此，记录集对象将只在查询接口中公开读取方法，但在修改接口中会公开创建、更新和删除方法。

对象如何支持接口或实现，对用户完全是隐藏的。实际上，对象的开发人员可以随时更改实现。但是，如果修改了接口，则可能会招致用户的责备。

OLE DB 定义了一些标准化的接口。然而，数据提供者可以在基本标准的基础上自由添加接口。这种可扩展性对于下一个目标至关重要，即为任何数据类型提供对象接口。通过使用 ODBC 或本地 DBMS 驱动程序的 OLE DB 对象，可以处理关系数据库。如图 11.13 所示，OLE DB 包括对其他类型的支持。

这些设计目标的最终结果是不需要将数据从一种形式转换为另一种形式，也不需要将它们从一个数据源移动到另一个数据源。图 11.13 所示的 Web 服务器，可以使用 OLE DB 处理任何地方任何格式的数据。这意味着事务可以跨越多个数据源，并且可以分布在不同的计算机上。OLE DB 通过 Microsoft Transaction Server（MTS）来处理这个问题。

2. OLE DB 术语

如图 11.15 所示，OLE DB 有两种类型的数据提供者。表格数据提供者通过行集显示数据。例如，DBMS 产品、电子表格以及 dBase 和 FoxPro 之类的 ISAM 文件处理器。此外，其他类型的数据，如电子邮件，可以在行集中显示。表格数据提供者将某些类型的数据带入了 OLE DB 世界。

相反，服务提供者则是数据的转换器。服务提供者接受来自 OLE DB 表格数据提供者的 OLE DB 数据，并以某种方式对其进行转换。服务提供者既是被转换数据的使用者也是其提供者。例如，服务提供者可以从关系 DBMS 获取数据，然后将其转换为 XML 文档。数据提供者和服务提供者都处理行集对象。行集等同于第 9 章中所说的游标。实际上，这两个术语经常被当作同义词使用。

表格数据提供者
通过行集提供数据
例如：DBMS、电子表格、ISAM、电子邮件
服务提供者
通过 OLE DB 接口转换数据
同时为数据使用者和提供者
例如：查询处理器、XML 文档创建程序

图 11.15　两种类型的 OLE DB 数据提供者

对于数据库应用，行集是通过处理 SQL 语句创建的。例如，可以将查询的结果存储在行集中。OLE DB 行集有几十种不同的方法，它们通过图 11.16 中列出的接口向外提供。

IRowSet 提供的对象方法用于在行集中前向顺序移动。当在 OLE DB 中声明前向游标时，就是调用 IRowSet 接口。IAccessor 接口用于将程序变量绑定到行集的域上。

IColumnsInfo 接口包含获取行集中列信息的方法。IRowSet、IAccessor 和 IColumnsInfo 是基本的行集接口。其他接口用于更高级的操作，如可滚动游标、更新操作、直接访问特定行、显式加锁，等等。

IRowSet
通过行集进行顺序迭代的方法
IAccessor
用于设置和确定行集与客户端程序变量之间的绑定的方法
IColumnsInfo
用于确定有关行集中列的信息的方法
其他接口
可滚动游标
创建、更新、删除行
直接访问特定的行（书签）
显式地设置锁
其他功能

图 11.16　行集接口

11.6.2　ADO 与 ADO.NET

由于 OLE DB 是一个面向对象的接口，所以它特别适合于面向对象的语言，比如 VB.NET 和 Visual C# .NET。然而，许多数据库应用开发人员都使用脚本语言编程，如 VBScript 或 Jscript（Microsoft 版本的 JavaScript）。为了满足这些程序员的需求，Microsoft 开发了 Active Data object（ADO）来包装 OLE DB 对象，如图 11.17 所示。ADO 使得程序员几乎可以使用任何语言来获得 OLE DB 功能。

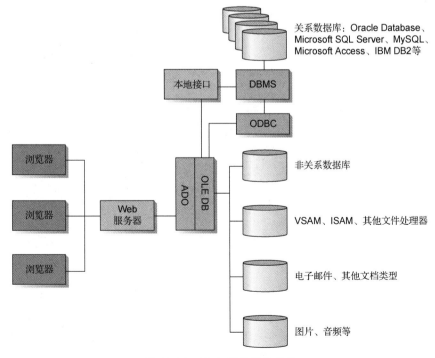

图 11.17　ADO 所扮演的角色

ADO 是一个简单的对象模型，它掩盖了更为复杂的 OLE DB。脚本语言（如 JScript 和 VBScript）可以调用 ADO，更强大的语言（如 Visual Basic .NET、Visual C#.NET、Visual C++ .NET、Java）也可以调用它。由于 ADO 比 OLE DB 更容易理解和使用，所以它经常用于数据库应用。

ADO.NET 是 ADO 的一个新的改进版本，它进行了很多扩展，是 Microsoft .NET 计划的一部分。它包含了 ADO 和 OLE DB 的功能，但做了大量扩充。特别地，ADO.NET 促进了 XML 文档（将在本章后面讨论）与关系数据库之间的转换。ADO.NET 还提供了创建和处理内存数据库的能力，内存数据库被称为数据集。图 11.18 总结了 ADO.NET 的作用。

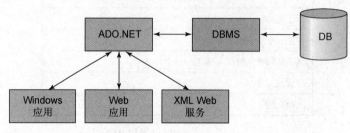

图 11.18　ADO.NET 的作用

11.6.3　ADO.NET 对象模型

下面详细探讨一下 ADO.NET。如图 11.19 所示，ADO.NET 数据提供者是一个提供 ADO.NET 服务的类库。ADO.NET 数据提供者，可用于 ODBC、OLE DB、SQL Server、Oracle Database 和 EDM 应用，这意味着 ADO.NET 不仅能用于本章中讨论的 ODBC 和 OLE DB 数据访问方法，还可以直接用于 EDM 的 SQL Server、Oracle Database 和.NET 语言应用。由 Microsoft 和其他供应商开发的 ADO 数据提供者清单可在 Microsoft 网站查询。

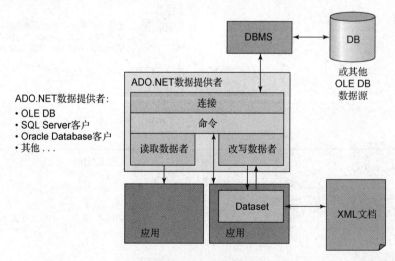

图 11.19　ADO.NET 数据提供者的构成

ADO.NET 对象模型的一个简化版，在图 11.20 中给出。ADO.NET 对象类被分组为数据提供者和数据集。

ADO.NET 连接对象负责与数据源的连接。除了不将 ODBC 用作数据源，它基本上与 ADO 连接对象相同。

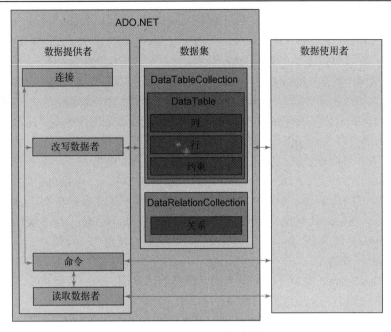

图 11.20　ADO.NET 对象模型

ADO.NET 数据集是存储在计算机内存中的数据的一种表示，它不同于 DBMS 中的数据，也不与数据库连接。这样，就可以在数据集而不是实际的数据上执行命令。数据集中的数据，可以来自多个数据库，而这些数据库可以由不同的 DBMS 产品管理。数据集包含 DataTableCollection 和 DataRelationCollection。有关 ADO.NET 数据集对象模型的详细分类见图 11.21。

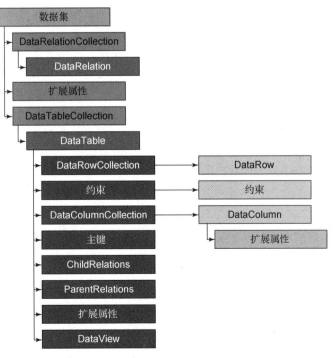

图 11.21　ADO.NET 数据集对象模型

DataTableCollection 用 DataTable 对象模拟 DBMS 表。DataTable 对象包括 DataColumn Collection、DataRowCollection 和 Constraints（约束）。数据值以三种形式存储在 DataRow 集中：原始值、当前值和建议值。每一个 DataTable 对象，都用一个 PrimaryKey 属性来保证行的唯一性。Constraints 集使用两个约束：ForeignKeyConstraint 支持引用完整性，UniqueConstraint 支持数据完整性。

DataRelationCollection 存储 DataRelation，这些数据充当表之间的关系。注意，引用完整性是由 Constraints 集合中的 ForeignKeyConstraint 维护的。数据集中的表间关系，可以像数据库中的关系一样处理。关系可用于计算列的值，数据集表也可以具有视图。

图 11.19 和图 11.20 中的 ADO.NET 命令对象，被用作 SQL 语句或存储过程，运行于数据集中的数据。ADO.NET DataAdapter 对象是连接对象和数据集对象之间的桥梁。DataAdapter 使用 4 个命令对象：SelectCommand 对象、InsertCommand 对象、UpdateCommand 对象和 DeleteCommand 对象。SelectCommand 对象从 DBMS 获取数据并将其放到数据集中；其他命令，将数据集中的数据变化发送回 DBMS 数据。

ADO.NET DataReader 类似于游标，提供从数据源的只读、前向数据传输，并且只能通过命令的 Execute 方法使用。

根据本章后面对 XML 的讨论，可以看到 ADO.NET 相对于 ADO 的一些优点。一旦构建了数据集，一个简单的命令就可以将它的内容格式化成 XML 文档。类似地，数据集的 XML 模式文档也可以通过单个命令生成。这个过程也可以反向进行。XML 模式文档可用于创建数据集的结构，然后可以通过读取 XML 文档来填充数据集。

BY THE WAY　随着.NET 技术的开发，需要一种通用的方法来定义和处理数据库视图及其相关结构。Microsoft 本可以为此定义一种新的专有技术，但它没有这样做。相反，Microsoft 认识到用于管理常规数据库的概念、技术和工具，也可以用于管理内存数据库。这样做的好处是，前面所讲的用于处理常规数据库的所有概念和技术也可以用于处理数据集。

那么，为什么需要内存数据库呢？答案在于数据库视图，比如附录 I 中讨论 XML 时的那些数据视图，尤其是图 I.14。不存在标准化的方法来描述和处理这样的数据结构。因为它涉及两条多值数据路径，所以 SQL 不能用于描述这样的数据。相反，必须执行两条 SQL 语句并以某种方式将结果拼起来，才能获得视图。

类似图 I.14 所示的视图，已经被处理了很多年，但采用的都是私有的、独特的方法。每当需要处理这样的结构时，开发人员就会设计程序来创建和处理内存中的数据，然后将其保存到数据库中。面向对象程序员为这种数据结构定义了一个类，并会创建串行化方法来将这个类的对象保存到数据库中（从内存表示转换到持久磁盘存储）。其他程序员，会采用不同的方法。问题在于：每次定义不同的视图时，都必须设计和开发新的模式来处理这个新视图。

数据集存在一个缺点，而且在某些应用中是很严重的缺点。由于数据集数据与常规数据库不存在连接，所以只能使用乐观锁定。数据从数据库中读取，放入数据集，并在数据集中进行处理，没有考虑如何将数据集中的更改传回数据库。如果在处理之后，应用希望将数据集的全部数据保存到常规数据库中，则需要使用乐观锁定。如果其他应用更改了数据，则需要重新处理数据集，或者将这些更改强加到数据库上，从而导致丢失更新问题。

因此，数据集不能用于存在乐观锁定问题的应用。对于这样的应用，应该使用 ADO.NET 命令对象。但是，对于很少发生冲突的应用，或者对于那些冲突后能够重新处理的应用，数据集提供了重要的价值。

| BY THE WAY | Oracle Database 与 ASP.NET 应用组合的情况有些复杂，超出了本书的讨论范围。 |

| BY THE WAY | 使用 Oracle Database XML 工具的唯一方法是用 Java 编写应用，它是一种面向对象的编程语言。而且，处理 ADO.NET 只能通过某种 .NET 语言，如 Visual Basic .NET，它们都是面向对象语言。因此，如果还不了解面向对象设计和编程，但希望在新兴的数据库处理领域谋取职位，则应该快速参加一个面向对象设计和编程的培训班。 |

11.7　Java 平台

在详细了解了 .NET Framework 之后，现在将注意力转向 Java 平台，研究一下它的构成。

11.7.1　JDBC

最初，与许多其他情况不同的是，JDBC 并不是"Java 数据库连接"的缩写。根据 Sun Microsystems（Java 的发明者和许多面向 Java 产品的提供者）的说法，JDBC 不是一个缩写词，它就是 JDBC。然而，甚至现在还能够在 Oracle 的网站上找到"Java Database Connectivity(JDBC)"这个名称（2010 年 1 月，Sun Microsystems 被 Oracle 收购）。

JDBC 驱动程序几乎适用于所有可能的 DBMS 产品。一些驱动程序是免费的，而且几乎所有的驱动程序都有一个试用版本，可以在有限的时间内免费使用。SQL Server 2019 的 Microsoft JDBC 驱动程序可从 Microsoft 官方网站下载；MySQL 的 JDBC 驱动程序可从 MySQL 官方网站下载。

1．驱动程序类型

如图 11.22 所示，存在 4 种已定义的 JDBC 驱动程序类型。类型 1 驱动程序是 JDBC-ODBC 的桥接，它在 Java 和常规 ODBC 驱动程序之间提供一个接口。大多数 ODBC 驱动程序是用 C 或 C++编写的。由于一些对本书并不重要的原因，Java 和 C/C++之间存在不兼容。桥接驱动程序解决了这些不兼容问题，允许从 Java 访问 ODBC 数据源。由于本章讲解的是 ODBC，所以如果使用 MySQL，则需要下载 MySQL Connector/ODBC 驱动程序。MySQL Connector/ODBC 可以从网站下载。注意，Windows 操作系统的 MySQL 连接器，包含在第 10C 章讨论的 MySQL Installer for Windows 中。

JDBC 驱动程序类型汇总	
驱动程序类型	特　　征
1	JDBC-ODBC 桥接。提供与 ODBC 驱动程序接口的 Java API。支持从 Java 处理 ODBC 数据源
2	连接到 DBMS 产品本地函数库的 Java API。Java 程序和 DBMS，必须位于同一台机器上，或者 DBMS 必须处理机器间的通信
3	连接到独立于 DBMS 的网络协议的 Java API。可用于 servlet 和 applet
4	连接到特定 DBMS 的网络协议的 Java API。可用于 servlet 和 applet

图 11.22　JDBC 驱动程序类型汇总

类型 2～类型 4 的驱动程序完全是用 Java 编写的，它们的区别仅仅在于与 DBMS 的连接方式。类型 2 驱动程序连接到 DBMS 的本地 API。例如，可以使用标准（非 ODBC）编程接口调用 Oracle

Database。类型 3 和类型 4 的驱动程序，用于在通信网络上使用。类型 3 驱动程序将 JDBC 调用转换为独立于 DBMS 的网络协议。然后，该协议被转换为特定 DBMS 使用的网络协议。类型 4 驱动程序将 JDBC 调用转换为特定于 DBMS 的网络协议。

要理解驱动程序的不同，必须首先理解 servlet 和 applet 之间的差异。众所周知，Java 具有可移植性。为了实现可移植性，Java 程序没有编译成特定的机器语言，而是编译成与机器无关的字节码。Oracle、Microsoft 和其他公司已经为每种机器环境（Intel Pentium、Intel Core、Alpha 等）编写了字节码解释器（Bytecode Interpreter）。这些解释器被称为 Java 虚拟机（Java virtual machine）。

为了运行编译后的 Java 程序，虚拟机在运行时将解析这些与机器无关的字节码。当然，这样做的代价是字节码的解析变成额外的一个步骤，其运行速度比直接编译成机器码的程序慢。这是否会成为一个问题取决于应用的负载情况。

applet 是运行在应用所在计算机上的 Java 字节码程序。applet 字节码通过 HTTP 发送给用户，并使用用户计算机上的 HTTP 协议调用。字节码由虚拟机解释，虚拟机通常是浏览器的一部分。由于可移植性，相同的字节码可以发送到 Windows、UNIX 或 Apple 计算机。

servlet 是通过 Web 服务器计算机上的 HTTP 调用的 Java 程序。它响应来自浏览器的请求。servlet 由服务器上运行的 Java 虚拟机解释并执行。

因为存在一个到通信协议的连接，类型 3 和类型 4 驱动程序可以在 applet 或 servlet 代码中使用。类型 2 驱动程序只能在 Java 程序和 DBMS 位于同一台机器上的情况下使用；或者，类型 2 驱动程序连接到一个 DBMS 程序，这个程序处理运行 Java 程序的计算机和运行 DBMS 的计算机之间的通信。

因此，如果编写从 applet 连接到数据库的代码（两层架构），则只能使用类型 3 或类型 4 驱动程序。这时，如果 DBMS 产品有类型 4 驱动程序，那么使用它会比使用类型 3 驱动程序更快。

在三层或 n 层架构中，如果 Web 服务器和 DBMS 运行在同一台机器上，则可以使用这 4 种驱动程序中的任何一种。如果 Web 服务器和 DBMS 运行在不同的机器上，则可以毫不犹豫地使用类型 3 和类型 4 驱动程序。如果 DBMS 供应商能够处理 Web 服务器和 DBMS 之间的通信，也可以使用类型 2 驱动程序。MySQL Connector/J 是一种类型 4 驱动程序。

2．使用 JDBC

与 ODBC 不同，JDBC 没有用于创建 JDBC 数据源的独立工具。相反，定义连接的所有工作，都是通过 JDBC 驱动程序在 Java 代码中完成的。使用 JDBC 驱动程序的编码模式如下：

1．加载驱动程序。
2．建立与数据库的连接。
3．创建语句。
4．通过语句完成某些工作。

为了加载驱动程序，必须首先获得驱动程序库并将其安装到一个目录中。需要确保在 CLASSPATH 中为 Java 编译器和 Java 虚拟机都提供了目录。步骤 2 中提供了将要使用的 DBMS 产品的名称和数据库的名称。图 11.23 概括了这些 JDBC 组件。

注意，Java 用于创建图中所示的那些应用，并且由于 Java 是一种面向对象的编程语言，在应用中看到的一组对象，与 ADO.NET 中所讨论的对象类似。应用会创建一个 JDBC 连接对象、一些 JDBC 语句对象、一个 JDBC ResultSet 对象和一个 JDBC ResultSetMetaData 对象。来自这些对象的调用通过 JDBC 驱动程序管理器路由到合适的驱动程序。然后，驱动程序处理数据库。注意，该图中的 Oracle 数据库可以通过 JDBC‐ODBC 桥接或 JDBC 驱动程序进行处理。

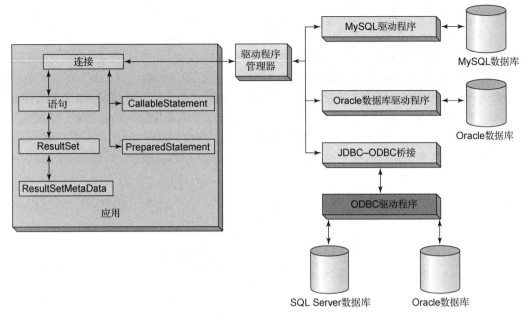

图 11.23　JDBC 组件

> **BY THE WAY**　这些技术大多数来自 Unix 操作系统领域（还可以看到全大写形式 UNIX，这是它的商标——参见维基百科文章 Unix）。Unix 是区分大小写字母的，所以这里所有的输入都区分大小写。因此，jdbc 不同于 JDBC。

Prepared 语句对象和 Callable 语句对象，可用于调用数据库中已编译的查询和存储过程。它们的用法，类似于本章前面讨论的 ADO.NET 命令对象。也可以从调用的过程接收返回值。

11.7.2　JSP 与 servlet

Java 服务器页面（JSP）技术，提供了一种使用 HTML（和 XML）以及 Java 编程语言创建动态 Web 页面的方法。通过 Java，Web 页面开发人员可以直接使用完整的面向对象语言功能。这类似于在.NET 语言中使用 ASP.NET。

因为 Java 是独立于机器的，所以 JSP 也是独立于机器的。使用 JSP 就不会被局限于使用 Windows 和 IIS。可以在 Linux 服务器、Windows 服务器以及其他服务器上运行相同的 JSP 页面。JSP 的官方规范可以在 Oracle 网站找到。

JSP 页面会被转换为标准的 Java 语言，然后像编译常规程序一样进行编译。特别地，它被转换为 Java servlet，这意味着 JSP 页面在幕后被转换为 HTTPServlet 类的子类。因此，JSP 代码能够访问 HTTP 请求和响应对象，还能够获取对象的方法以及其他 HTTP 功能。

11.7.3　Apache Tomcat

Apache Web 服务器不支持 servlet。然而，Apache 基金会和 Sun 共同发起了 Jakarta 项目，该项目开发了一个名为 Apache Tomcat 的 servlet 处理器（现在是 9.0.37 版；10.0 版正在开发中）。可以从 Apache Tomcat 网站获取 Tomcat 的源代码和二进制代码。

Tomcat 是一个 servlet 处理器，它可以与 Apache 一起工作，也可以作为一个独立的 Web 服务器。然而，由于 Tomcat 的 Web 服务器功能有限，因此它的独立模式仅用于测试 servlet 和 JSP 页面。对于商业应用，应该将 Tomcat 与 Apache 结合使用。如果在同一个 Web 服务器上分别运行 Tomcat 和 Apache，那么它们需要使用不同的端口。Web 服务器的默认端口是 80，Apache 通常使用它。在独立模式下使用 Tomcat 时，通常被配置为使用端口 8080。当然，这是可以更改的。

图 11.24 给出了 JSP 页面的编译过程。当收到对 JSP 页面的请求时，Tomcat（或其他）servlet 处理器会找到该页面的编译版本并进行检查，以判断它是否是当前的。其判断方法是查找创建日期和时间晚于已编译页面的创建日期和时间的未编译页面版本。如果页面不是当前的，则解析新页面并将其转换为 Java 源文件，然后编译该源文件。然后，加载并执行 servlet。如果已编译的 JSP 页面是当前的，则将其加载到内存中（如果还没有位于内存中），然后执行；如果已经位于内存中，则执行它。

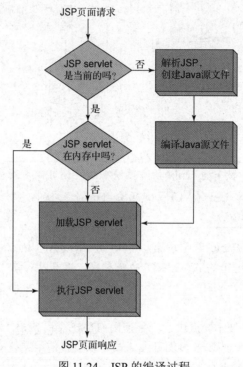

图 11.24　JSP 的编译过程

BY THE WAY　这种自动编译的缺点是，如果出现语法错误而忘记测试页面，那么第一个访问页面的用户将收到编译错误消息。

与通用网关接口（CGI）文件和其他一些 Web 服务器程序不同，一次只能在内存中保存一个 JSP 页面的副本。而且，页面是由 Tomcat 的一个线程执行的，而不是由一个独立的进程执行。这意味着执行 JSP 页面所需的内存和处理器时间，要比执行类似的 CGI 脚本少得多。

尽管如此，JSP 页面的开发仍在继续。

11.8　使用 PHP 处理 Web 数据库

现在，可以构建一个实际的 Web 数据库应用了，它将用到本章中的知识和一些尚未讨论的新技术。前面已经为 VRG 数据库创建了一个 ODBC 数据源，现在将它用于 Web 数据库处理。尽管全面已经讲解了 ADO.NET、ASP.NET、Java、JSP，但这些技术都过于复杂，超出了本书的范围。

而且，这些技术往往是特定于供应商的——要么是以.NET 技术和 ASP 为主的 Microsoft 世界，要么是以 Java 和 JSP 为主的 Oracle 世界。

> **BY THE WAY**　在学习本章时，应该安装并设置一些软件：Microsoft IIS Web 服务器、Java JRE、PHP、NetBeans IDE。正确安装和设置这些软件虽然复杂但很容易，详见附录 H。强烈建议先阅读附录 H，并确保计算机已经完全设置好。然后，在计算机上尝试每一个例子，尽可能体验它们。

本书中，将采用与供应商无关的方法，并使用可用于任何操作系统或 DBMS 的技术。采用的是 PHP 语言。PHP 是 PHP: Hypertext Processor 的简称（以前称为 Personal Hypertext Processor），是一种可以嵌入 Web 页面的脚本语言。虽然 PHP 开始时只不过是一种纯粹的脚本语言，但它现在也有面向对象的编程元素，本书中暂不介绍。

PHP 非常流行。到 2013 年 1 月，大约有 2.44 亿个 PHP 网站；2020 年 9 月的 TIOBE Programming Community Index，将 PHP 列为第八大最流行的编程语言（前 7 位依次是 C、Java、Python、C++、C#、Visual Basic .NET 和 JavaScript）。PHP 易于学习，可以在大多数 Web 服务器环境和大多数数据库中使用。它是一个开源产品，可以从 PHP 网站免费下载。

尽管 Microsoft 可能更愿意对 Web 应用使用 ASP.NET，但在 Microsoft 网站上仍然有关于在 Microsoft 环境下使用 PHP 的好信息 Oracle Database 和 MySQL 都支持 PHP。Oracle 的文章 Oracle Database 2 Day + PHP Developer's Guide，其针对 Oracle Database 的 HTML 和 PDF 版本、针对 Oracle Database XE（它以 Oracle Database 18c 为基础）的 HTML 和 PDF 版本，可在 Oracle 网站上查看。由于 PHP 通常表示 AMP、LAMP 和 WAMP 中的"P"，所以有很多书籍讨论了 PHP 和 MySQL 的组合。MySQL 网站包含了关于在 MySQL 中使用 PHP 的基本文档。

11.8.1　使用 PHP 和 NetBeans IDE 处理 Web 数据库

首先，需要一个 Web 服务器来存储将构建和使用的 Web 页面。可以使用 Apache HTTP 服务器（从 Apache 软件基金会网站下载）。这是使用最广泛的 Web 服务器，有一个版本可以在几乎所有现有的操作系统上运行。然而，因为本书使用 Windows 操作系统的 DBMS 产品，所以将建立一个使用 Microsoft IIS Web 服务器的网站。使用此 Web 服务器的 Windows 10 和 Windows Server 2016 操作系统用户，优势是操作系统中已经包含了 IIS，IIS 10 包含在 Windows 10 和 Windows Server 2019 中。安装 IIS 后，默认情况不会运行，但是可以随时启动它。这意味着，任何用户都可以在自己的工作站或者 Web 服务器上练习创建和使用 Web 页面。关于设置 IIS 的细节，可参见附录 G。

> **BY THE WAY**　这里关于 Web 数据库处理的讨论，是为了尽可能使其具有通用性。通过对以下步骤进行细微的调整，就能够用于 Apache Web 服务器。只要有可能，本书中就会选择使用可用于多种操作系统的产品和技术。

安装 IIS 时，它会创建一个 C:\inetpub 文件夹。其下是 wwwroot 文件夹，它保存的是 Web 服务器使用的大多数基本 Web 页面。图 11.25 展示的是 Windows 10 中安装了 IIS 之后的目录结构，给出了 wwwroot 文件夹下的那些文件。

Windows 10 中，IIS 是由一个名为 Internet Information Services Manager 的程序管理的，如图 11.26 所示。程序图标的位置与操作系统有关：

对于 Windows 7，打开控制面板，然后依次打开 System And Security |Administrative Tools。Internet Information Services Manager 的快捷图标位于 Administrative Tools 中。

对于 Windows 10，按下 Windows 键打开菜单，然后打开 Windows Admininstrative Tools 文件夹，在这个文件夹中打开 Internet Information Services(IIS) Manager。

注意，图 11.26 中 Default Web Site 文件夹下的那些文件，与图 11.25 中 wwwroot 文件夹下的文件相同——它们是安装 IIS 时创建的默认文件。在 Windows 7、Windows 8.1 和 Windows 10 中，iisstart.htm 文件生成 Internet Explorer（或任何其他 Web 浏览器）通过 Internet 联系此 Web 服务器将显示的 Web 页面。

为了测试 Web 服务器是否安装成功，可打开 Web 浏览器，输入 URL http://localhost，并按回车键。Windows 10 中，将出现如图 11.27 所示的 Web 页面（在 Microsoft Edge Web 浏览器中）。如果没有显示，则说明 Web 服务器安装有误。

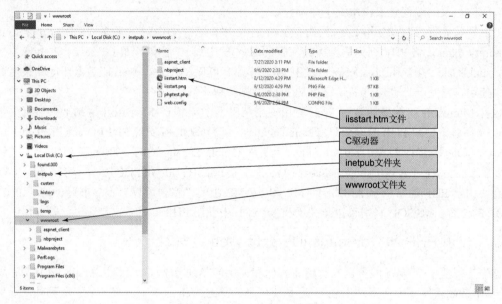

图 11.25　IIS wwwroot 文件夹

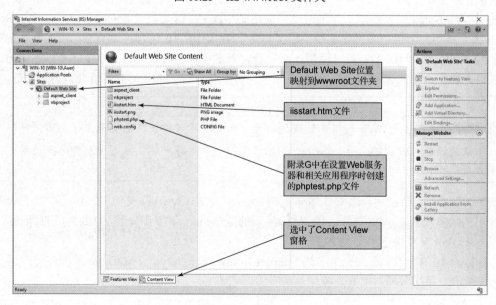

图 11.26　管理 IIS

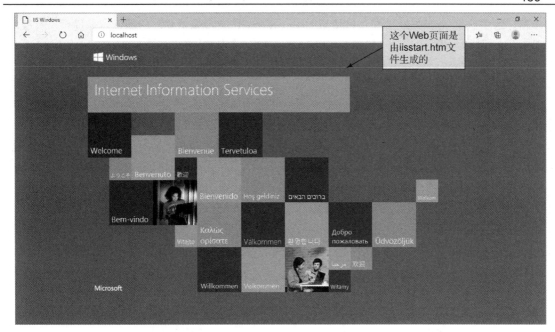

图 11.27　默认的 IIS Web 页面

　　下面将建立一个小型的 Web 站点，用于 VRG 数据库的 Web 数据库处理。首先，在 wwwroot 文件夹下创建一个名为 DBP 的新文件夹（DBP 表示"数据库处理"）。这个新文件夹将用来存放正文中讨论的以及练习中开发的所有网页。然后，在 DBP 下创建一个名为 VRG 的子文件夹。它保存的是 View Ridge 画廊的 Web 站点。可以用 Window Explorer 创建这两个文件夹。

11.8.2　从 HTML Web 页面开始

　　最基本的 Web 页面是使用超文本标记语言（Hypertext Markup Language，HTML）创建的。超文本表示可以包含其他对象的链接，如网页、地图、图片、音频和视频文件。在一个 Web 页面单击链接时，能够立即访问另一个对象且显示在 Web 浏览器中。HTML 本身是一组标准的 HTML 语法规则和 HTML 文档标签，Web 浏览器可以解析它们以创建特定的屏幕显示。

　　标签通常是成对的，它包含一个特定的开始标签和一个匹配的斜线字符（/）结束标签。因此，文本标签为<p>{段落文本}</p>，主标题标签为<h1>{标题文本}</h1>。有些标签并不需要结束标签，因为它们是自包含的。例如，要在 Web 页面上插入水平线，可以使用水平线标签<hr />。注意，这样的单个自包含的标签，必须将斜线字符作为标签的一部分。在 HTML5 中，可以选择不使用斜线（例如水平线标签为<hr>），但本书中将使用前一种形式。

　　HTML 的规则由万维网联盟（W3C）定义为标准。W3C 网站有 HTML 和可扩展标记语言（XML）的当前标准（将在本章后面讨论）。对这些标准的全面讨论超出了本文的范围，本章使用的是当前的 HTML5 标准。

　　要了解更多关于 HTML 的内容，可访问万维网联盟的网站。有一些好的 HTML 教程，可参见 David Raggett 的 Getting Started with HTML 教程 More Advanced Features 教程以及 Adding A Touch of Style 教程。

　　本章将为 View Ridge 画廊网站创建一个简单的 HTML 主页，并将其放在 VRG 文件夹中。将简要介绍众多 Web 页面编辑器中的一些，但是，创建 Web 页面真正需要的只是一个简单的文本编辑器。对于这第一个 Web 页面，将使用 Notepad ASCII 文本编辑器，它的优点是提供所有版本的 Windows 操作系统。

11.8.3　index.html Web 页面

将要创建的文件的名称是 index.html。这里需要使用名称 index.html，因为对 Web 服务器而言，它有一些特殊。文件名 index.html，是大多数 Web 服务器在没有特定文件引用的情况下发出 URL 请求时自动显示的少数文件名之一，因此它将成为 Web 数据库应用的默认显示页面。注意，这里所说的是"大多数 Web 服务器"。尽管 Apache、IIS 7.0 和更高版本的 IIS（如图 11.28 所示的 IIS 10）可以识别 index.html，但 IIS 5.1 不能。

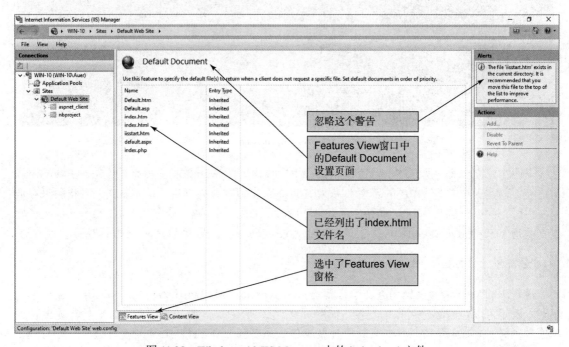

图 11.28　Windows 10 IIS Manager 中的 index.html 文件

11.8.4　创建 index.html Web 页面

下面创建的 index.html Web 页面，由图 11.29 所示的基本 HTML 语句组成。图 11.30 给出了 Microsoft Notepad 中的 HTML 代码。

　　在 index.html 的 HTML 代码中，HTML 代码段：

BY THE WAY

<!DOCTYPE html>

是一个 HTML/XML 文档类型声明（DTD），用于检查和验证所编写的代码的内容。DTD 将在本章后面讨论。现在，先按这样包含这部分代码。

```
<!DOCTYPE html>
<html>
    <head>
        <title>View Ridge Gallery Demonstration Pages Home Page</title>
        <meta charset="UTF-8">
        <meta name="viewport" content="width=device-width, initial-scale=1.0">
    </head>
    <body>
        <h1 style="text-align: center; color: blue">
            Database Processing (16th Edition)
        </h1>
        <h2 style="text-align: center; font-weight: bold">
            David M. Kroenke, David J. Auer, and Scott L. Vandenberg
        </h2>
        <h2 style="text-align: center; font-weight: bold">
            David J. Auer
        </h2>
        <hr />
        <h2 style="text-align: center; color: blue">
            Welcome to the View Ridge Gallery Home Page
        </h2>
        <hr />
        <p>Chapter 11 Demonstration Pages From Figures in the Text: </p>
        <p>Example 1:   
            <a href="ReadArtist.php">
                Display the ARTIST Table (LastName, FirstName, Nationality)
            </a>
        </p>
        <hr />
    </body>
</html>
```

图 11.29　VRG 文件夹中 index.html 文件的 HTML 代码

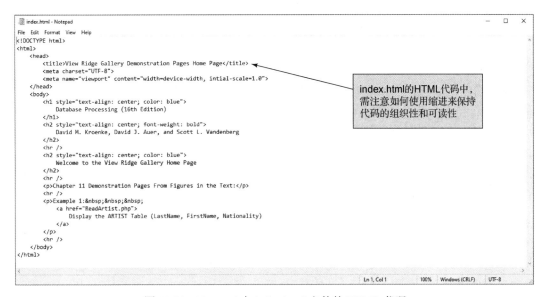

图 11.30　Notepad 中 index.html 文件的 HTML 代码

如果现在使用 URL http://localhost/DBP/VRG（如果 Web 服务器在同一台计算机上）或 URL http://{Web 服务器的 DNS 名称或 IP 号码}/DBP/VRG（如果 Web 服务器在另一台计算机上），则会得到如图 11.31 所示的 Web 页面。

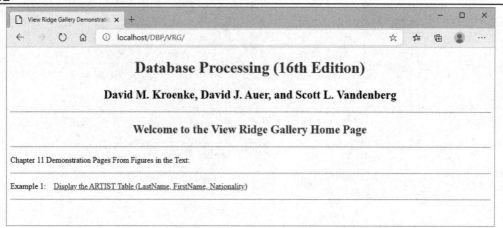

图 11.31   VRG 的 index.html 页面

BY THE WAY   如果在单台计算机上同时安装了 DBMS、Web 服务器和开发工具，则会看到一致的用户界面。操作系统可以是 Windows 7/8.1/10 或 Linux 的某个版本。实际上，这是小型开发平台的典型特点，允许在创建每一个应用组件时轻松地测试它。

然而，在更大的生产环境中，Web 服务器和数据库服务器（它们可能位于同一台物理服务器上，也可能不是）与开发人员的工作站是分开的。这种情况下，作为开发人员，会根据所使用的计算机不同而看到不同的用户界面。

用于本书的 Web 服务器（IIS）和 DBMS 服务器（SQL server 2019），被安装在一台运行 Windows 10 的服务器上；开发工具（Microsoft Edge Web 浏览器和 NetBeans IDE）位于同一个工作站上。

11.8.5   使用 PHP

既然已经建立了基本的 Web 站点，下面将使用 Web 开发环境来扩展它的功能，允许将 Web 页面连接到数据库。有几种技术可以使用。使用 Microsoft 产品的开发人员，通常使用.NET Framework 和 ASP.NET 技术。使用 Apache Web 服务器的开发人员，可能更喜欢使用 JavaScript 脚本语言或在 Java Enterprise Edition（Java EE）环境中使用 Java 编程语言创建 JSP 文件。

1. PHP 脚本语言

本章使用 PHP。PHP 的版本有 7.2.33、7.3.21、7.4.9（本书使用 7.4），可以从 PHP 网站免费下载，Windows 版本也可从网站下载。有关在计算机上安装和测试 PHP 的完整讨论请参阅附录 G（有多个 Windows 版本可选）。应该下载最新版本的 PHP，并将其安装到计算机上。除了附录 G，还可以在 PHP 网站上找到相关文档；通过在 Web 上搜索"PHP installation"可以找到相关信息。设置 PHP 通常需要几个步骤（不仅仅只是运行安装例程），因此需要花一些时间确保 PHP 正确运行。还要确保启用了 PHP 数据对象（PDO）。

2. NetBeans 集成开发环境（IDE）

虽然简单的文本编辑器（如 Microsoft Notepad）适用于简单的 Web 页面，但当创建复杂的页面时，需要转向集成开发环境（IDE）。IDE 旨在成为一个完整的开发框架，在一个地方包含所需的全部工具。对于创建和维护 Web 页面，IDE 提供了一些功能强大而用户友好的方法。

如果使用的是 Microsoft 产品，则很可能会用到 Visual Studio（或 Visual Studio Community

2019 版）。事实上，如果已经安装了 SQL Server 2019 Express Advanced 或任何非 Express 版本的产品，就已经安装了一些 Visual Studio 组件。安装这些工具是为了支持 SQL Server Reporting Services，它们足以创建基本的 Web 页面。如果使用的是 JavaScript 或 Java，则可能更喜欢 Eclipse IDE。

本章将再次转向开源开发社区并使用 NetBeans IDE。NetBeans 提供了一个框架，可以通过使用插件模块进行多用途的修改。对于 PHP，可以使用 NetBeans 的 PHP 插件，它是专门来在 NetBeans IDE 中提供 PHP 开发环境的。有关安装和使用 PHP 和 NetBeans IDE 的更多信息，请参阅附录 I。

图 11.32 显示了在 NetBeans IDE 中创建的 index.html 文件。将这个版本与图 11.30 中的 Notepad 版本比较一下。

图 11.32　NetBeans IDE 中 index.html 文件的 HTML 代码

3. ReadArtist.php 文件

现在已经建立了基本的 Web 站点，下面将 PHP 集成到 Web 页面中。首先，创建一个页面来从数据库表读取数据并在一个 Web 页面中显示结果。具体来说，将在 VRG 文件夹中创建一个名为 ReadArtist.php 的 Web 页面，运行 SQL 查询：

```
SELECT LastName, FirstName, Nationality FROM ARTIST;
```

此页面在 Web 页面中显示查询结果，但不包含表的代理键 ArtistID。ReadArtist.php 的 HTML 和 PHP 代码显示在图 11.33 中，同样的 NetBeans 代码显示在图 11.34 中。

现在，如果在 Web 浏览器中使用 URL http://localhost/DBP/VRG，然后单击 Example 1: Display the ARTIST Table(No surrogate key)，会显示如图 11.35 所示的页面。

```html
<!DOCTYPE html>
<html>
    <head>
        <title>ReadArtist</title>
        <meta charset="UTF-8">
        <meta name="viewport" content="width=device-width, initial-scale=1.0">
        <style type="text/css">
            h1 {text-align: center; color: blue}
            h2 {font-family: Ariel, sans-serif; text-align: left; color: blue}
            p.footer {text-align: center}
            table.output {font-family: Ariel, sans-serif}
        </style>
    </head>
    <body>
    <?php
        // Get connection
        $DSN = "VRG";
        $User = "VRG-User";
        $Password = "VRG-User+password";

        $Conn = odbc_connect($DSN, $User, $Password);

        // Test connection
        if (!$Conn)
        {
            exit ("ODBC Connection Failed: " . $Conn);
        }
        // Create SQL statement
        $SQL = "SELECT LastName, FirstName, Nationality FROM ARTIST";

        // Execute SQL statement
        $RecordSet = odbc_exec($Conn,$SQL);

        // Test existence of recordset
        if (!$RecordSet)
            {
                exit ("SQL Statement Error: " . $SQL);
            }
    ?>
        <!-- Page Headers -->
        <h1>
            The View Ridge Gallery ARTIST Table
        </h1>
        <hr />
        <h2>
            ARTIST
        </h2>
    <?php

        // Table headers
        echo "<table class='output' border='1'>
            <tr>
                <th>LastName</th>
                <th>FirstName</th>
                <th>Nationality</th>
            </tr>";

        // Table data
        while($RecordSetRow = odbc_fetch_array($RecordSet))
            {
            echo "<tr>";
            echo "<td>" . $RecordSetRow['LastName'] . "</td>";
            echo "<td>" . $RecordSetRow['FirstName'] . "</td>";
            echo "<td>" . $RecordSetRow['Nationality'] . "</td>";
            echo "</tr>";
            }
        echo "</table>";

        // Close connection
        odbc_close($Conn);
    ?>
        <br />
        <hr />
        <p class="footer">
            <a href="../VRG/index.html">
                Return to View Ridge Gallery Home Page
            </a>
        </p>
        <hr />
    </body>
</html>
```

图 11.33　ReadArtist.php 的 HTML 和 PHP 代码

ReadArtist.php 代码混合了 HTML（在用户工作站上执行）和 PHP 语句（在 Web 服务器上执行）。图 11.33 中，包含在"?php"和"?"标签之间的语句，是要在 Web 服务器计算机上执行的程序代码。其余的代码，都是生成并发送到浏览器客户机的 HTML。图 11.33 中的如下语句：

```html
<!DOCTYPE html>
<html>
    <head>
        <title>ReadArtist</title>
        <meta charset="UTF-8">
        <meta name="viewport" content="width=device-width,
        initial-scale=1.0">
        <style type="text/css">
            h1 {text-align: center; color: blue}
            h2 {font-family: Ariel, sans-serif; text-align:
            left; color: blue}
            p.footer {text-align: center}
            table.output {font-family: Ariel, sans-serif}
        </style>
    </head>
    <body>
```

是常规的 HTML 代码。当发送到浏览器时，这些语句将浏览器窗口的标题设置为 ReadArtist PHP Page，并定义了标题、结果表和页脚使用的样式①，同时引发了其他与 HTML 相关的操作。下一组语句包含在"<?php"和"?>"之间，因此是将在 Web 服务器上执行的 PHP 代码。还要注意，所有 PHP 语句都必须以分号（;）结束。

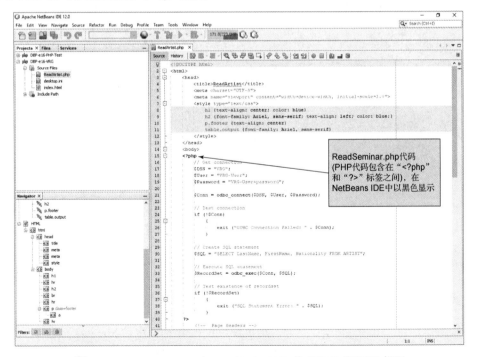

图 11.34　NetBeans IDE 中 ReadArtist.PHP 的 HTML 和 PHP 代码

---

① 样式用于控制 Web 页面的视觉显示，它在<style>和</style>标签之间的 HTML 部分中定义。有关样式的更多信息，可参见 David Raggett 的教程 Adding A Touch of Style。

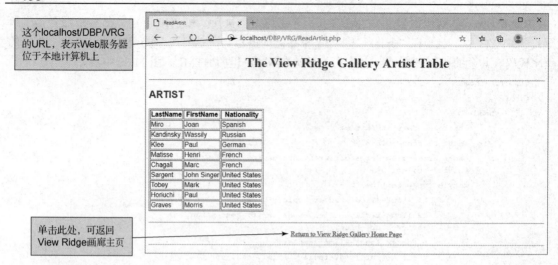

图 11.35　ReadArtist.php 的运行结果

4．建立与数据库的连接

在图 11.33 的 HTML 和 PHP 代码中，下面的 PHP 代码被嵌套在 HTML 代码中，用于创建和测试与数据库的连接：

```php
<?php
    // Get connection
    $DSN = "VRG";
    $User = "VRG-User";
    $Password = "VRG-User+password";
    $Conn = odbc_connect($DSN, $User, $Password);
    // Test connection
    if (!$Conn)
        {
                exit ("ODBC Connection Failed: " . $Conn);
        }
```

运行后，就可以使用变量$Conn 连接到 ODBC 数据源 VRG 了。注意，所有 PHP 变量都以美元符号（$）开头。

BY THE WAY　一定要使用注释来记录 Web 页面。前面有两条斜线（//）的 PHP 代码段就是注释。此符号用于定义单行注释。在 PHP 中，注释还可以位于符号"/*"和"*/"之间的块中；在 HTML 中，注释必须位于符号"<!--"和"-->"之间。

该连接用于打开 VRG ODBC 数据源。这里使用了在第 10A 章为 Microsoft SQL Server 2019 创建的 VRG-User 用户 ID 和 VRG-User+password 口令来对 DBMS 进行身份验证。如果使用 Oracle Database 或 MySQL，在为数据库创建 ODBC 数据源时，应使用它的名称、用户名和用户口令。注意，用户 ID 和口令被发送到数据库服务器，只是为了获取数据，而不会出现在：（1）用户 Web 浏览器中显示的结果 Web 页面；（2）底层 HTML 代码。因此这里不存在安全问题。

连接的测试包含在如下代码段中：

```
// Test connection
if (!$Conn)
        {
                exit ("ODBC Connection Failed: " . $Conn);
        }
```

在英文中，该语句的意思是：如果连接 Conn 不存在，则输出错误消息 "ODBC connection Failed"，后面跟着变量$Conn 的内容。注意，代码 "(!$Conn)" 表示 "不是$Conn" ——PHP 感叹号（!）表示否定。

这样，就已经通过 ODBC 数据源与 DBMS 建立了连接，并且数据库是开放的。每当需要连接到数据库时，就可以使用$Conn 变量。

5．创建一个记录集

与开放数据库进行连接后，图 11.33 中的代码段将在变量$SQL 中存储一条 SQL 语句，然后使用 PHP odbc_exec 命令对数据库运行该语句，以检索查询结果并将其存储在变量$RecordSet 中。

```
// Create SQL statement
$SQL = "SELECT LastName, FirstName, Nationality FROM ARTIST";
// Execute SQL statement
$RecordSet = odbc_exec($Conn,$SQL);
// Test existence of recordset
if (!$RecordSet)
        {
                exit ("SQL Statement Error: " . $SQL);
        }
?>
```

注意，需要测试结果以确保 PHP 命令正确执行。

6．显示结果

现在已经创建并填充了记录集名称$RecordSet，可以用以下代码处理这个$RecordSet 集合：

```
<!-- Page Headers -->
<H1>
      The View Ridge Gallery ARTIST Table
</H1>
<hr />
<H2>
      ARTIST
</H2>
<?php
    // Table headers
    echo "<table class='output' border='1'>
        <tr>
            <th>LastName</th>
            <th>FirstName</th>
```

```
            <th>Nationality</th>
        </tr>";
    // Table data
    while($RecordSetRow = odbc_fetch_array($RecordSet))
        {
            echo "<tr>";
            echo "<td>" . $RecordSetRow['LastName'] . "</td>";
        echo "<td>" . $RecordSetRow['FirstName'] . "</td>";
            echo "<td>" . $RecordSetRow['Nationality'] . "</td>";
            echo "</tr>";
        }
echo "</table>";
```

HTML 部分定义页面标题，PHP 部分定义如何以表格形式显示 SQL 结果。注意，PHP 命令 echo 允许 PHP 在 PHP 代码部分中使用 HTML 语法。还要注意，这里使用了 PHP 变量 $RecordSetRow 执行循环来遍历记录集的行。

7. 断开与数据库的连接

前面已经运行了 SQL 语句并显示了结果，可以用下面的代码结束与数据库的 ODBC 连接：

```
    // Close connection
    odbc_close($Conn);
?>
```

这里创建的基本页面演示了使用 ODBC 和 PHP 连接数据库，并在 Web 数据库处理应用中处理数据的基本概念。这样，就可以在这个基础上学习 PHP 命令语法，并将其他 PHP 特性融合到 Web 页面中[①]。

11.9　采用 PHP 的 Web 页面示例

下面的三个示例，扩展了前面关于在 Web 数据库应用中使用 PHP Web 页面的讨论。这些示例主要关注 PHP 的使用，而不注重页面的图形表示、结果展示或运行流程。如果希望得到一个华丽的、性能更好的应用，则需要修改这些示例。此处关注的是 PHP 的用法。

所有这些示例都处理 VRG 画廊数据库。每一个 DBMS 中都使用了 VRG 数据库，这些 DBMS 分别参见第 10A 章、第 10B 章和第 10C 章。为简单起见，使用了 ODBC 系统数据源来连接到每个数据库——SQL Server 中使用 VRG，Oracle 使用 VRG-Oracle，MySQL 中使用 VRG-MySQL。如果在每个 DBMS 中使用相同的用户名和口令，则只需要更改 ODBC 数据源名称，就可以在 DBMS 之间切换！这确实令人惊奇，但它正是 ODBC 的发起者在创建 ODBC 规范时所希望的。

但是请注意，尽管使用的是 ODBC 函数，但 PHP 实际上为大多数 DBMS 产品提供了一组特定的函数。这些函数通常比 ODBC 的函数更有效，如果使用的是特定的 DBMS，则需要研究一下

---

① 关于 PHP 的更多信息，可参见 PHP 文档。

用于它的 PHP 函数集①。使用了以下方法来连接到数据库作为示例：

```
// Get connection
$DSN = "VRG";
$User = "VRG-User";
$Password = "VRG-User+password";
$Conn = odbc_connect($DSN, $User, $Password);
```

如果是 MySQL，则可以使用：

```
// Get connection
$Host = "localhost";
$User = "VRG-User";
$Password = "VRG-User+password";
$Database = "VRG";
$Conn = mysqli_connect($Host, $User, $Password, $Database);
```

类似地，SQL Server 使用 sqlsrv_connect 函数（采用脚注中描述的 Microsoft PHP 驱动程序），Oracle 使用 oci_connect 函数。

PHP 5.3.x 和更高的版本还支持面向对象编程和一个名为 PHP 数据对象（PDO）的新数据抽象层，它提供了访问 DBMS 产品的通用语法。PHP 有很多强大的功能，此处仅能触及较少。

但是，在继续讲解示例之前，需要添加一些到 VRG 主页的链接。这些代码如图 11.36 所示。如果正在使用这些示例（并且应该如此），请确保进行了这些更改。

```
<p>Chapter 11 Demonstration Pages From Figures in the Text:</p>
<p>Example 1:   
        <a href="ReadArtist.php">
                Display the ARTIST Table (LastName, FirstName, Nationality)
        </a>
</p>
<!-- ************ New text starts here ************ -->
<p>Example 2:   
        <a href="NewArtistForm.html">
                Add a New Artist to the ARTIST Table
        </a>
</p>
<p>Example 3:   
        <a href="ReadArtistPDO.php">
                Display the ARTIST Table Using PHP PDO
        </a>
</p>
<p>Example 4:   
        <a href="NewCustomerWithInterestsForm.html">
                Add a New Customer to the CUSTOMER Table
        </a>
</p>
<!-- ************ New text ends here ************ -->
        <hr />
```

图 11.36　对 VRG index.html 主页的修改

---

① Microsoft 已经为 SQL Server 创建了一组改进过的功能。如果希望使用特定于 SQL Server 的函数，应该从 Microsoft 网站下载 Microsoft Drivers for PHP for SQL Server，它还包含一些文档。

11.9.1　示例 1：更新表

前面的示例，只读取了一些数据用于 PHP Web 页面显示。下一个示例，将展示如何通过 PHP 向表中添加一行来更新表数据。图 11.37 给出了一个数据输入表单，它能获取艺术家姓名和国籍，并创建一个新行。此表单有三个数据输入域：First Name 和 Last Name 域为文本框，用户在其中输入艺术家姓名；Nationality 域被实现为一个下拉清单，以控制可能的值并确保它拼写正确。当用户单击 Add New Artist 按钮时，该艺术家的数据就会添加到数据库中；如果添加成功，则会显示如图 11.38 所示的结果页面。Display the ARTIST Table(LastName, FirstName, Nationality)链接将调用 ReadArtist.php 页面，该页面显示包含新行的 ARTIST 表内容，如图 11.39 所示。这里添加的是美国艺术家 Guy Anderson（1906-1998），他是 Northwest School 成员。

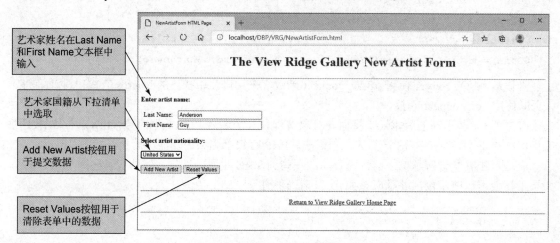

图 11.37　用于添加新艺术家的表单

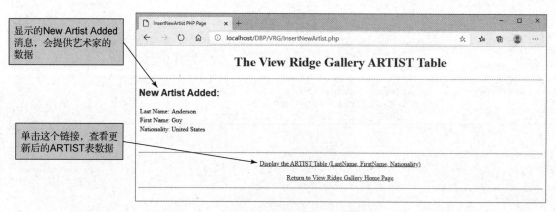

图 11.38　确认已经添加了新艺术家的页面

这个处理需要两个 PHP 页面。如图 11.40 所示，第一个页面是包含三个域的数据输入表单：艺术家姓氏、名字和国籍。它还包含表单标签：

```
<form action="InsertNewArtist.php" method="POST">
```

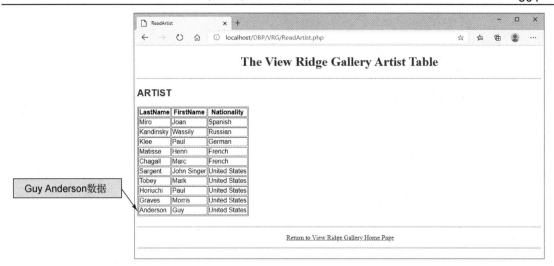

图 11.39　包含新艺术家的 ARTIST 表数据

　　这个标签在页面上定义了一个表单部分，该部分将被设置为获取数据输入值。这个表单只有一个数据输入值：表名称。POST 方法引用一个进程，将表单中的数据（这里是姓氏、名字和国籍）传递到 PHP 服务器，以便在名为$_POST 的数组变量中使用它们。注意，$_POST 是一个数组，因此可以有多个值。另一种方法是 GET，但是 POST 可以携带更多的数据，这种区别对我们来说不是很重要。表单标签的第二个参数是 action，它被设置为 InsertNewArtist.php。这个参数通知 Web 服务器，当它从这个表单接收到响应时，应该将数据值存储在$_POST 数组中，并将控制权传递给 InsertNewArtist.php 页面。

　　页面的其余部分是标准的 HTML，但添加了<select>标签。</select>结构用于在表单中创建下拉清单。注意，所选值的名称是 Nationality。

　　当用户单击 Add New Artist 按钮时，这些数据将由 InsertNewArtist.php 页面处理。图 11.41 显示的 InsertNewArtist.php，当从表单接收到响应时将调用它。注意，INSERT 语句的变量值，是从$_POST[]数组中获得的。首先，为该名称的$_POST 版本创建短变量名。然后，使用这些短变量名创建 SQL INSERT 语句。即：

```
// Create short variable names
$LastName = $_POST["LastName"];
$FirstName = $_POST["FirstName"];
$Nationality = $_POST["Nationality"];

// Create SQL statement
$SQL = "INSERT INTO ARTIST(LastName, FirstName, Nationality) ";
$SQL .= "VALUES('$LastName', '$FirstName', '$Nationality')";
```

　　注意，这里使用了 PHP 连接运算符（.=，句点和等号）来组合 SQL INSERT 语句的两个部分。再举一个例子，要创建一个名为$AllOfUs 的变量，其值为"me, myself, and I"，可以使用：

```
$AllOfUs = "me, ";
$AllOfUs .= "myself, ";
$AllOfUs .= "and I";
```

　　大部分代码的意义是显而易见的，但是需理解它的工作原理。

```html
<!DOCTYPE html>
<html>
    <head>
        <title>NewArtistForm</title>
        <meta charset="UTF-8">
        <meta name="viewport" content="width=device-width,
        initial-scale=1.0">
        <style type="text/css">
            h1 {text-align: center; color: blue}
            h2 {font-family: Ariel, sans-serif; text-align: left; color: blue}
            p.footer {text-align: center}
            table.output {font-family: Ariel, sans-serif}
        </style>
    </head>
    <body>
        <form action="InsertNewArtist.php" method="POST">
            <!--  Page Headers -->
            <h1>
                The View Ridge Gallery New Artist Form
            </h1>
            <hr />
            <br />
            <p>
                <b>Enter artist name:</b>
            </p>
            <table>
                <tr>
                    <td> Last Name:  </td>
                    <td>
                        <input type="text" name="LastName" size="25" />
                    </td>
                </tr>
                <tr>
                    <td> First Name:  </td>
                    <td>
                        <input type="text" name="FirstName" size="25" />
                    </td>
                </tr>
            </table>
            <p>
                <b>Select artist nationality:</b>
            </p>
            <select name="Nationality">
                <option value="Canadian">Canadian</option>
                <option value="English">English</option>
                <option value="French">French</option>
                <option value="German">German</option>
                <option value="Mexican">Mexican</option>
                <option value="Russian">Russian</option>
                <option value="Spanish">Spanish</option>
                <option value="United States">United States</option>
            </select>
            <br />
            <p>
                <input type="submit" value="Add New Artist" />
                <input type="reset" value="Reset Values" />
            </p>
        </form>
        <br />
        <hr />
        <p class="footer">
            <a href="../VRG/index.html">
                Return to View Ridge Gallery Home Page
            </a>
        </p>
        <hr />
    </body>
</html>
```

图 11.40　NewArtistForm.html 的 HTML 代码

```html
<!DOCTYPE html>
<html>
    <head>
        <title>InsertNewArtist</title>
        <meta charset="UTF-8">
        <meta name="viewport" content="width=device-width,
        initial-scale=1.0">
        <style type="text/css">
            h1 {text-align: center; color: blue}
            h2 {font-family: Ariel, sans-serif; text-align: left; color: blue}
            p.footer {text-align: center}
            table.output {font-family: Ariel, sans-serif}
        </style>
    </head>
    <body>
    <?php
        // Get connection
        $DSN = "VRG";
        $User = "VRG-User";
        $Password = "VRG-User+password";

        $Conn = odbc_connect($DSN, $User, $Password);

        // Test connection
        if (!$Conn)
            {
                exit ("ODBC Connection Failed: " . $Conn);
            }
        // Create short variable names
        $LastName = $_POST["LastName"];
        $FirstName = $_POST["FirstName"];
        $Nationality = $_POST["Nationality"];

        // Create SQL statement
        $SQL = "INSERT INTO ARTIST(LastName, FirstName, Nationality) ";
        $SQL .= "VALUES('$LastName', '$FirstName', '$Nationality')";

        // Execute SQL statement
        $Result = odbc_exec($Conn, $SQL);

        // Test existence of result
        echo "<h1>
            The View Ridge Gallery ARTIST Table
            </h1>
            <hr />";
        if ($Result){
        echo "<h2>
            New Artist Added:
            </h2>
```

图 11.41　InsertNewArtist.php 的 HTML 和 PHP 代码

11.9.2　示例 2：使用 PHP 数据对象（PDO）

示例 2 是一个使用 PHP 数据对象（PDO）的练习。这里将使用 PDO 重新创建 ReadArtist.php 页面。这个新网页被命名为 ReadArtistPDO.php，如图 11.42 所示。创建页面的 PHP 代码在图 11.43 中给出，将它与图 11.33 中 ReadArtist.php 的代码进行对比。

随着 PHP 新版本的发布，PHP PDO 将变得非常重要。PHP PDO 的强大之处在于当使用不同的 DBMS 产品时，唯一需要更改的 PHP 代码行是建立与数据库的连接的那一行。图 11.43 中为：

```php
$PDOconnection = new PDO("odbc:$DSN", $User, $Password);
```

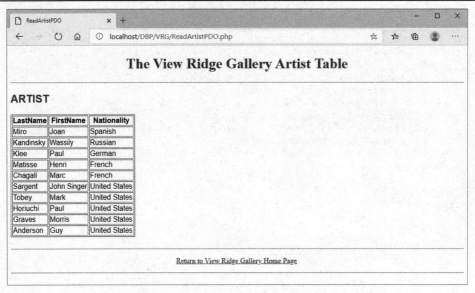

图 11.42 ReadArtistPDO.php 的运行结果

```html
<!DOCTYPE html>
<html>
    <head>
        <title>ReadArtistPDO</title>
        <meta charset="UTF-8">
        <meta name="viewport" content="width=device-width, initial-scale=1.0">
        <style type="text/css">
            h1 {text-align: center; color: blue}
            h2 {font-family: Ariel, sans-serif; text-align: left; color: blue;}
            p.footer {text-align: center}
            table.output {font-family: Ariel, sans-serif}
        </style>
    </head>
    <body>
    <?php
        // Get connection
        $DSN = "VRG";
        $User = "VRG-User";
        $Password = "VRG-User+password";

        $PDOconnection = new PDO("odbc:$DSN", $User, $Password);

        // Test connection
        if (!$PDOconnection)
            {
                exit ("ODBC Connection Failed: " . $PDOconnection);
            }

        // Create SQL statement
        $SQL = "SELECT LastName, FirstName, Nationality FROM ARTIST";

        // Execute SQL statement
        $RecordSet = $PDOconnection->query($SQL);
```

图 11.43 ReadArtistPDO.php 的 HTML 和 PHP 代码

```
            // Test existence of recordset
            if (!$RecordSet)
                {
                    exit ("SQL Statement Error: " . $SQL);
                }
        ?>
        <!--  Page Headers -->
        <h1>
            The View Ridge Gallery Artist Table
        </h1>
        <hr />
        <h2>
            ARTIST
        </h2>
<?php

        // Table headers
        echo "<table class='output' border='1'
            <tr>
                <th>LastName</th>
                <th>FirstName</th>
                <th>Nationality</th>
            </tr>";

        //Table data
        while($RecordSetRow = $RecordSet->fetch())
            {
                echo "<tr>";
                    echo "<td>" . $RecordSetRow['LastName'] . "</td>";
                    echo "<td>" . $RecordSetRow['FirstName'] . "</td>";
                    echo "<td>" . $RecordSetRow['Nationality'] . "</td>";
                echo "</tr>";
            }
        echo "</table>";

        // Close connection
        $PDOconnection = null;
    ?>
        <br />
        <hr />
        <p class="footer">
            <a href="../VRG/index.html">
                Return to View Ridge Gallery Home Page
            </a>
        </p>
        <hr />
    </body>
</html>
```

图 11.43　ReadArtistPDO.php 的 HTML 和 PHP 代码（续）

11.9.3　示例 3：调用存储过程

在第 10A 章、第 10B 章和第 10C 章中，分别为 SQL Server 2019、Oracle Database 和 MySQL 8.0 版本的 VRG 数据库创建了名为 InsertCustomerAndInterest 的存储过程。在所有情况下，存储过程接受一个新客户的姓氏、名字、地区码、本地号码和电子邮件，以及他感兴趣的艺术家的国籍。然后，在 CUSTOMER 中创建一个新行，并将适当的行添加到 CUSTOMER_ARTIST_INT 表中。

为了从一个使用 PDO 的 PHP 页面调用存储过程，需要创建一个 Web 表单页面来收集必要的数据，如图 11.44 所示。然后，当用户单击 Add New Customer 按钮时，会调用一个 PHP 页面，该页面使用 PDO 调用存储过程，并以表单数据为输入参数的。为了使用户能够验证新数据是否输入正确，PHP 代码随后会查询一个将客户姓名与艺术家姓名和国籍连起来的视图。结果如图 11.45 所示。本例中添加的是 Richard Baxendale，电话号码为 206-876-7733，电子邮件地址是 Richard.Baxendale@elsewhere.com，他对美国艺术家感兴趣。

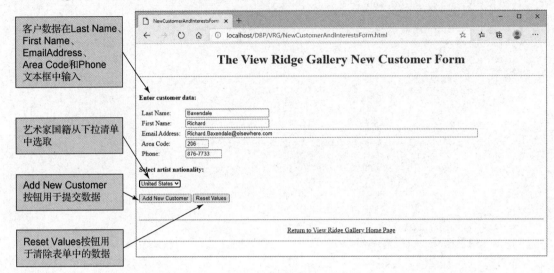

图 11.44　收集数据的表单

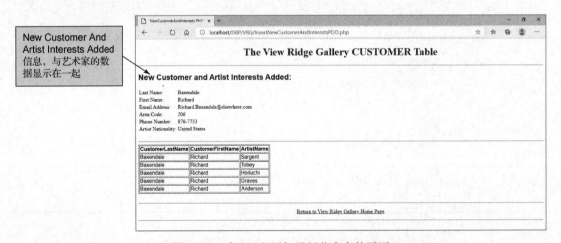

图 11.45　确认已经添加了新艺术家的页面

图 11.46 显示了用于生成数据收集表单的 NewCustomerAndInterestsForm.html 页面的代码。这个表单调用了图 11.47 中的 InsertNewCustomerAndInterestsPDO.php 页面代码。

```
<!DOCTYPE html>
<html>
  <head>
    <title>NewCustomerAndInterestsForm</title>
    <meta charset="UTF-8">
    <meta name="viewport" content="width=device-width, initial-scale=1.0">
    <style type="text/css">
      h1 {text-align: center; color: blue}
```

图 11.46　NewCustomerAndInterestsForm.html 的 HTML 代码

```
        h2 {font-family: Ariel, sans-serif; text-align: left; color: blue}
        p.footer {text-align: center}
        table.output {font-family: Ariel, sans-serif}
    </style>
</head>
<body>
    <form action="InsertNewCustomerAndInterestsPDO.php" method="POST">
        <!--  Page Headers -->
        <h1>
            The View Ridge Gallery New Customer Form
        </h1>
        <hr />
        <br />
        <p>
            <b>Enter customer data:</b>
        </p>
        <table>
            <tr>
                <td> Last Name:  </td>
                <td>
                    <input type="text" name="LastName" size="25" />
                </td>
            </tr>
            <tr>
                <td> First Name:  </td>
                <td>
                    <input type="text" name="FirstName" size="25" />
                </td>
            </tr>
            <tr>
                <td> Area Code:  </td>
                <td>
                    <input type="text" name="AreaCode" size="3" />
                </td>
            </tr>
            <tr>
                <td> Phone:  </td>
                <td>
                    <input type="text" name="PhoneNumber" size="8" />
                </td>
            </tr>
            <tr>
                <td> Email:  </td>
                <td>
                    <input type="text" name="Email" size="100" />
                </td>
            </tr>
        </table>
        <p>
            <b>Select artist nationality:</b>
        </p>
        <select name="Nationality">
            <option value="Canadian">Canadian</option>
            <option value="English">English</option>
            <option value="French">French</option>
            <option value="German">German</option>
            <option value="Mexican">Mexican</option>
            <option value="Russian">Russian</option>
            <option value="Spanish">Spanish</option>
            <option value="United States">United States</option>
        </select>
        <br />
        <p>
            <input type="submit" value="Add New Customer" />
            <input type="reset" value="Reset Values" />
        </p>
```

图 11.46　NewCustomerAndInterestsForm.html 的 HTML 代码（续）

```
            </form>
        <br />
        <hr />
        <p class="footer">
            <a href="../VRG/index.html">
                Return to View Ridge Gallery Home Page
            </a>
        </p>
        <hr />
    </body>
</html>
```

图 11.46　NewCustomerAndInterestsForm.html 的 HTML 代码（续）

```
<!DOCTYPE html>
<html>
    <head>
        <title>InsertNewCustomerAndInterestsPDO</title>
        <meta charset="UTF-8">
        <meta name="viewport" content="width=device-width, initial-scale=1.0">
        <style type="text/css">
            h1 {text-align: center; color: blue}
            h2 {font-family: Ariel, sans-serif; text-align: left; color: blue}
            p.footer {text-align: center}
            table.output {font-family: Ariel, sans-serif}
        </style>
    </head>
    <body>
    <?php
        // Get connection
            $DSN = "VRG";
            $User = "VRG-User";
            $Password = "VRG-User+password";

            $PDOConnection = new PDO("odbc:$DSN", $User, $Password);

        // Test connection
        if (!$PDOConnection)
        {
            exit ("ODBC Connection Failed: " . $PDOConnection);
        }
        // Create short variable names
        $LastName = $_POST["LastName"];
        $FirstName = $_POST["FirstName"];
        $AreaCode = $_POST["AreaCode"];
        $PhoneNumber = $_POST["PhoneNumber"];
        $EmailAddress = $_POST["EmailAddress"];
        $Nationality = $_POST["Nationality"];

        // Create SQL statement to call the Stored Procedure
        $SQLSP  = "EXEC InsertCustomerAndInterests ";
        $SQLSP .= "'$LastName', '$FirstName', '$AreaCode','$PhoneNumber', ";
        $SQLSP .= "'$EmailAddress', '$Nationality'";

        // Create SQL statement to retrieve additions to
        // CUSTOMER_ARTIST_INT table
        $SQL  = "SELECT * FROM CustomerInterestsView ";
        $SQL .= "WHERE CustomerLastName = '$LastName' ";
        $SQL .= "AND CustomerFirstName = '$FirstName'";

        // Execute SQL Stored Procedure statement
        $Result = $PDOConnection->exec($SQLSP);

        // Test existence of $Result
        if (!$Result)
            {
                exit ("SQL Statement Error: " . $SQL);
            }
```

图 11.47　InsertNewCustomerAndInterestsPDO.php 的 HTML 和 PHP 代码

注意，图 11.47 中 PDO 语句的形式为：

```
$Variable01 = $Variable02->{PDO command}()
```

例如，

```
$RecordSet = $PDOconnection->query()
```

使用了 PDO 命令查询，通过名为$PDOconnection 的连接将变量$SQL 的内容发送到数据库，然后将结果存储在变量$RecordSet 中。注意，虽然 PDO 标准化了 PDO 命令集本身，但不同 DBMS 产品使用的确切 SQL 语句将有所不同，甚至使用 PDO 的 PHP 代码也必须针对这些差异进行修改。例如，SQL Server 使用 EXEC 来调用存储过程，而 MySQL 使用 CALL。

这个 PHP 页面很简单，但它很有趣，因为它包含两条 SQL 语句。首先，使用一个 SQL CALL 语句来调用存储过程并将必要的参数传递给它。然后，使用 SQL SELECT 语句检索构建 Web 页面所需的值，确认添加了一个新客户。页面的其余部分重用了在前面的示例中使用的相同元素。

这个页面中同时使用了 SQL 视图（CustomerInterestsView）和 SQL 存储过程（InsertCustomerAndInterests）。此页面演示了这两种 SQL 结构的强大功能，还演示了如何在 Web 数据库处理环境中使用它们。

通过这些示例，就了解了 PHP 的一些用法。希望学习更多知识的最好方法是亲自编写一些页面。本章展示的是一些基本技术。需要努力学习这些内容，如果能够亲自创建一些页面，则表明已经取得了很大的进步。

11.9.4　Web 数据库处理面临的挑战

HTTP 的一个重要特性是使得 Web 数据库应用的处理变得复杂。具体来说，HTTP 是无状态的，它没有提供维护多个请求之间的会话的功能。浏览器上的客户端利用 HTTP 向 Web 服务器发出请求。服务器为客户机请求提供服务，将结果发送回浏览器，然后会忘记与客户端的交互。来自同一客户端的第二个请求会被视为来自新客户端的新请求，不会保存任何数据来维护与客户端的会话或连接。

这个特性对于提供内容（静态 Web 页面或对数据库查询的响应）而言不存在任何问题。但是，对于在原子事务中需要多个数据库操作的应用来说，这是不可接受的。回忆第 9 章可知，在某些情况下，需要将一组数据库操作合并到一个事务中，根据情况可以将所有操作的结果都提交到数据库中，或者全部不提交。在这种情况下，Web 服务器或其他程序必须强化 HTTP 的基本功能。

例如，IIS 提供的一些特性和功能可用于维护多个 HTTP 请求和响应之间的会话数据。利用这些特性和功能，Web 服务器上的应用可以保存往来于浏览器的数据。某个特定的会话将与一组特定的数据相关联。通过这种方式，应用可以启动一个事务，在浏览器上与用户进行多次交互，对数据库进行中途更改，并在结束事务时提交或回滚所有更改。还可以使用其他方法通过 Apache 提供会话和会话数据。

在某些情况下，应用必须创建自己的方法来跟踪会话数据。PHP 确实包含对会话的支持。

会话管理的细节超出了本章的范围。但是，需要知道 HTTP 是无状态的，并且无论 Web 服务器是什么，都必须向数据库应用添加额外的代码以启用事务处理。

11.9.5　SQL 注入攻击

当创建允许在数据库上插入、更新或删除数据的 Web 页面时，可能会导致出现一个 SQL 注入攻击的漏洞。SQL 注入攻击试图向 DBMS 发出经过黑客修改的 SQL 命令。例如，假设使用一个 Web 页面来更新用户的电话号码，因此需要用户输入新号码。然后，Web 应用使用 PHP 代码创建并运行一条 SQL 语句，例如：

```
// Create SQL statement
$varSQL = "UPDATE CUSTOMER SET PHONE = '$NewPhone' ";
$varSQL .= "WHERE CustomerID = '$CustomerID'";
// Execute SQL statement
$RecordSet = odbc_exec($Conn, $varSQL);
```

如果没有仔细检查 NewPhone 的输入值，攻击者可能会使用如下值：

```
678-345-1234; DELETE FROM CUSTOMER;
```

如果这个输入值被接收并运行 SQL 语句，则只要 Web 应用对 CUSTOMER 表具有 DELETE 权限，就可能会丢失 CUSTOMER 表中的所有数据。因此，必须仔细编写 Web 数据库应用，以提供数据检查并确保只授予必要的数据库权限。

11.10　可扩展标记语言（XML）

XML 是定义文档结构和将文档从一台计算机传输到另一台的标准化方法。XML 对于数据库处理很重要，因为它提供了向数据库提交数据和从数据库接收结果的标准化方法。XML 是一个庞大而复杂的主题，需要几本书才能讲解清楚。这里只介绍其基本原理，并解释为什么 XML 对于数据库处理很重要。

11.10.1　XML 的重要性

数据库处理和文档处理相互依赖。数据库处理需要文档处理来传输数据库视图，文档处理需要数据库处理来存储和操作数据。然而，尽管它们彼此需要，但 Internet 的普及使这种关系变得更为紧密。随着 Web 站点的发展，各个机构希望使用 Internet 技术来显示和更新数据库中的数据。Web 开发人员开始对 SQL、数据库性能、数据库安全性以及数据库处理的其他方面产生了浓厚的兴趣。

当 Web 开发人员进入数据库领域时，数据库从业者希望知道：这些人是谁，他们想要什么？数据库从业者开始学习 HTML，这是用于格式化文档以供 Web 浏览器显示的语言。起初，数据库从业者因为 HTML 的局限性而嘲笑它，但很快就了解到 HTML 是一种更强大的文档标记语言，称为标准通用标记语言（SGML）。对于文档处理而言，SGML 很重要，就如同关系模型对于数据库处理的重要性一样。显然，这种强大的语言在数据库数据的显示方面发挥了一定的作用，但是具体情况是什么呢？

20 世纪 90 年代初期，这两个领域达成一致，其成果是一系列有关 XML 的标准。XML 是 SGML 的一个子集，但是 XML 中添加了更多的标准和功能。现在，XML 技术已经是文档处理和数据库处理的混合体。事实上，随着 XML 标准的发展，两个领域的人员发现他们实际上已经在同一个问题的不同方面进行了多年的工作。他们甚至使用了相同的术语，但表达的是不同的含义。本章的后面，将看到在 XML 中使用的术语"模式"，其概念与数据库中使用的模式完全不同。

XML 提供了一种标准化、可定制的方法来描述文档的内容。因此，它可以用标准化的方式描述任何数据库视图。从附录 I 中可以了解到，SQL 视图存在某些限制，但通过使用 XML 视图能够克服它们。

此外，当与 XML Schema 标准一起使用时，可以从数据库数据自动生成 XML 文档。而且，数据库数据可以自动从 XML 文档中提取。还有一些标准化的方法，用于定义文档组件与数据库模式组件之间的相互对应关系。

与此同时,计算领域的其他人员,也开始关注 XML。SOAP 的原意是简单对象访问协议(Simple Object Access Protocol),后来被定义为一种基于 XML 的标准,用于在 Internet 上提供远程过程调用。最初,SOAP 使用 HTTP 作为传输机制。当 Microsoft、IBM、Oracle 和其他大公司联合起来支持 SOAP 标准时,SOAP 就成为能够使用任何协议、能够发送任意类型的消息的标准协议。随着这种变化,SOAP 不再是一个简单对象访问协议,它现在是一个名称而不是缩写。

如今,XML 有多种用途。最重要的一点是将其用于定义和传输在 Internet 上处理的文档的标准化手段。XML 在 Microsoft 的.NET 计划中扮演着重要的角色。2001 年,Bill Gates 称其为"Internet 时代的通用语"。

当阅读本章的其余部分以及附录 H 中有关 XML 的更多信息时,需要记住,XML 是数据库处理的重要部分。有关 XML 的各种标准、产品和产品功能,经常会发生变化。可以浏览 W3C、XML、Microsoft MSDN Oracle、MySQL 以及 IBM 网站,了解相关的最新信息。尽可能多地学习 XML 和数据库处理是在数据库处理领域取得成功的最好方法之一。

11.10.2　作为标记语言的 XML

作为一种标记语言,XML 在几个方面明显优于 HTML。首先,XML 在文档结构、内容和物化(在特定设备上呈现结果)之间提供了一种清晰的分离。XML 具备处理这三者的能力,而且不会像在 HTML 中那样将它们混为一谈。

此外,尽管 XML 是标准化的,但正如其名称所暗示的,这些标准允许开发人员进行扩展。XML 并不局限于类似<title>、<H1>、<p>这样的固定元素集合,而可以由开发者自己定义新元素。

第三,XML 消除了 HTML 中可能(和普遍)出现的标签不一致情况。例如,考虑以下 HTML:

```
<H2>Hello World</H2>
```

尽管这里的<H2> 用于标记二级标题,但它也可以用于其他目的,例如使"Hello World"以特定的字号、粗细和颜色显示。由于标签有很多潜在的用途,因此不能依靠标签来判断 HTML 页面的结构。标签的使用较为随意,它可能表示一个标题,也可能没有任何意义。

在 XML 中,可以形式化地定义文档结构。标签是根据彼此之间的关系定义的。在 XML 中,如果有一个<street>标签,就能够确切地知道这是一个什么数据,它在文档中的位置,以及该标签如何与其他标签相关联。

11.11　从数据库数据创建 XML 文档

SQL Server、Oracle Database 和 MySQL 都具有从数据库数据生成 XML 文档的功能。Oracle Database 的 XML 特性要求使用 Java。但是,本章中不会进一步讨论涉及 Java 的 XML 特性。如果希望对 Oracle Database 的 XML 特性有更多了解,可参考 Oracle 网站。

SQL Server、Oracle Database 和 MySQL 中的 XML 功能正在快速发展。SQL Server 7.0 中,在 SQL SELECT 语法里添加了表达式 FOR XML。该表达式在 SQL Server 2000 中被保留。2002 年,SQL Server 的功能被扩展到能够使用 SQLXML 类库。与 ADO.NET 不同,SQLXML 是由 SQL Server 工作组创建的。所有这些特性和功能,都合并在 SQL Server 2005 中,并在 SQL Server 2019 中得到继承。

11.11.1　使用 SQL SELECT...FOR XML 语句

SQL Server 2019 通过 SQL SELECT...FOR XML 语句来使用 XML。考虑下面的 SQL 语句:

```
/* *** SQL-Query-CH11-01 *** */
SELECT       *
FROM         ARTIST
  FOR    XML RAW;
```

图 11.48（a）给出了一个在 Microsoft SQL Server Management Studio 中使用 FOR XML RAW 查询的示例。查询的结果，显示在一个单元格中。单击该单元格，将显示如图 11.48（b）所示的结果。正如预期的那样，每个列都是作为一个名为 row 的元素属性放置的。完整的输出经过编辑后显示在 XML 文档中（去掉了属性值中的额外空格），如图 11.48（c）所示。附录 I 中将深入讨论 FOR XML 子句。

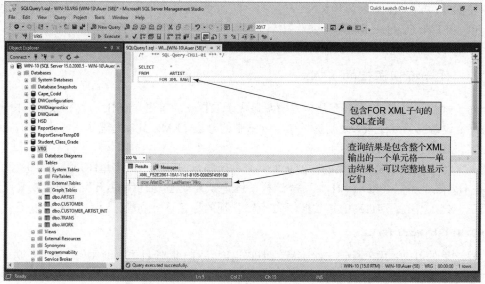

（a）FOR XML RAW查询

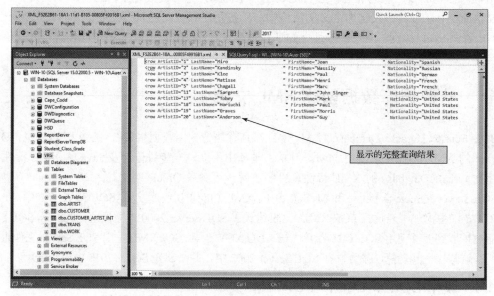

（b）Microsoft SQL Server Management Studio中的FOR XML RAW查询结果

图 11.48　FOR XML RAW 查询示例

```
<rowArtistID="1"LastName="Miro"FirstName="Joan"
        Nationality="Spanish"DateOfBirth="1893"DateDeceased="1983" />
<rowArtistID="2"LastName="Kandinsky"FirstName="Wassily"
        Nationality="Russian"DateOfBirth="1866"DateDeceased="1944" />
<rowArtistID="3"LastName="Klee"FirstName="Paul"
        Nationality="German"DateOfBirth="1879"DateDeceased="1940" />
<rowArtistID="4"LastName="Matisse"FirstName="Henri"
        Nationality="French"DateOfBirth="1869"DateDeceased="1954" />
<rowArtistID="5"LastName="Chagall"FirstName="Marc"
        Nationality="French"DateOfBirth="1887"DateDeceased="1985" />
<rowArtistID="11"LastName="Sargent"FirstName="John Singer"
        Nationality="United States"DateOfBirth="1856"DateDeceased="1925" />
<rowArtistID="17"LastName="Tobey"FirstName="Mark"
        Nationality="United States"DateOfBirth="1890"DateDeceased="1976" />
<rowArtistID="18"LastName="Horiuchi"FirstName="Paul"
        Nationality="United States"DateOfBirth="1906"DateDeceased="1999" />
<rowArtistID="19"LastName="Graves"FirstName="Morris"
        Nationality="United States"DateOfBirth="1920"DateDeceased="2001" />
<rowArtistID="20"LastName="Anderson"FirstName="Guy"
        Nationality="United States" />
```

（c）XML文档中的FOR XML RAW查询结果

图 11.48　FOR XML RAW 查询示例（续）

11.12　小结

如今的数据库应用，通常都处于纷繁而复杂的环境中。除了关系数据库，还有非关系数据库、VSAM 和其他文件处理数据、电子邮件以及其他类型的数据。为了简化应用程序员的工作，开发出了各种标准。ODBC 标准用于关系数据库，OLE DB 标准适用于关系数据库和其他数据源。开发 ADO 是为了让非面向对象的程序员更容易访问 OLE DB 数据。

ODBC 标准提供了一个接口，数据库应用可以通过该接口以独立于 DBMS 的方式访问并处理关系数据源。ODBC 由一个行业委员会开发，并由 Microsoft 和许多其他供应商实现。ODBC 由一个应用、一个驱动程序管理器、一些 DBMS 驱动程序以及数据源组件组成，并定义了一些单层和多层驱动程序。三种类型的数据源分别是：文件、系统和用户。系统数据源建议用于 Web 服务器。定义系统数据源名称的过程，涉及指定要处理的驱动程序的类型和数据库的确认。

.NET Framework 是 Microsoft 的综合应用开发框架。当前版本是.NET Framework 4.8（.NET Framework 的最后版本），它以.NET Framework 2.0 和.NET Framework 3.0（以及它们的服务更新包）为基础。.NET Framework 包含 ADO.NET、ASP.NET、CLR 以及基础类库。在.NET Framework 3.5 中增加了 ADO.NET 实体框架，它支持 EDM（实体数据模型）。.NET Framework 4.0 中添加了并行 LINQ（PLINQ）和任务并行库（TPL）。.NET Framework 4.5 为 Windows 8 应用增加了一些功能，包括.NET for Windows Store Apps、可移植类库和托管可扩展框架（MEF）。

.NET Framework 4.6 中包含了一个即时 64 位编译器和重要的加密更新。.NET Framework 3.0 中引入的 WCF，包含 TLS 1.1 和 TLS 1.2。.NET Framework 4.6.1/4.6.2 中，对加密、ADO.NET 以及 ASP.NET 进行了改进。随 Windows 10 Creators Update 一同发布的.NET Framework 4.7、.NET Framework 4.7.1 和.NET Framework 4.7.2，包含了椭圆曲线加密和操作系统对 TLS 的支持，还提供联网 HyypClientHandler 属性，并支持 Azure 活动目录和多因素身份验证。

OLE DB 是 Microsoft 产品中进行数据访问的基础之一。它实现了 Microsoft OLE 标准和 COM 标准，面向对象的程序可以通过这些接口访问它。OLE DB 将 DBMS 的特性和功能分解为对象，从而使供应商更容易实现部分功能。重要的对象术语包括：抽象、方法、属性和集合。行集是记录集的抽象，而记录集又是关系的抽象。对象由指定其特征的属性和可以执行的操作的方法定义。集合是一个包含一组其他对象的对象。接口由一组对象及其提供的属性和方法定义。对象可以在不同的接口中公开不同的属性和方法。实现是对象完成其任务的方式。实现对外部世界是隐藏的，可以在不影响对象用户的情况下进行更改。接口不应该被改变。

表格数据提供者以行集的形式显示数据。服务提供者将数据转换为另一种形式；这些提供者既是数据的使用者，也是数据的提供者。行集相当于游标。基本的行集接口是 IRowSet、IAccessor 和 IColumnsInfo。其他接口是为更高级的功能定义的。

ADO.NET 是 ADO 的一个新的改进版本，它进行了很多扩展，是 Microsoft .NET 计划的一部分。ADO.NET 整合了 ADO 的所有功能，但添加的功能更多。特别地，ADO.NET 简化了 XML 文档与数据库数据之间的转换。

.NET 数据提供者是一个提供 ADO.NET 服务的类库。ADO.NET DataReader 提供从数据源的只读、前向数据传输。命令对象用于执行 SQL 和调用存储过程，其方式与 ADO 类似，但有所改进。ADO.NET 中的主要新概念是数据集。数据集是一种内存中的数据库，它与任何常规数据库无关，但具有常规数据库的所有重要特征。数据集可以有多个表、关系、引用完整性规则、引用完整性操作、视图以及触发器。数据集表可以有代理键列（称为自动递增列）和主键，并且代理键列可以被声明为唯一的。

数据集与构建它的数据库无关联，它可能由几个不同的数据库构建，并可能由不同的 DBMS 产品管理。在构造了数据集之后，很容易生成其内容的 XML 文档和其结构的 XML 模式。这个过程也可以反向进行。可以读取 XML 模式文档来创建数据集的结构，也可以读取 XML 文档来填充数据集。

数据集需要提供标准化的、非专有的方法来处理数据库视图。如附录 I 中所述，这些方法对于处理具有多个多值路径的视图尤其重要。数据集的潜在缺点是：由于数据集与数据库是断开连接的，因此对其访问的数据库的任何更新都必须使用乐观锁定来执行。如果发生冲突，则可以重新处理数据集，或者将数据更改强加到数据库上，从而导致丢失更新问题。

JDBC 是 ODBC 和 ADO 的替代品，它提供对用 Java 编写的程序的数据库访问。JDBC 驱动程序几乎适用于所有可能的 DBMS 产品。Sun 定义了 4 种类型的驱动程序。类型 1 驱动程序，是 Java 和 ODBC 之间的桥梁；类型 2～类型 4 驱动程序，完全是用 Java 编写的。类型 2 驱动程序根据 DBMS 产品在机器间通信；类型 3 驱动程序将 JDBC 调用转换为独立于 DBMS 的网络协议；类型 4 驱动程序将 JDBC 调用转换为特定于 DBMS 的网络协议。

applet 是一个经过编译的 Java 字节码程序，通过 HTTP 传输到浏览器，并使用 HTTP 协议调用。servlet 是在服务器调用的 Java 程序，它响应 HTTP 请求。类型 3 和类型 4 驱动程序可用于 applet 和 servlet。类型 2 驱动程序只能在 servlet 中使用，并且只有当 DBMS 和 Web 服务器在同一台机器上或者 DBMS 供应商处理 Web 服务器和数据库服务器之间的机器间通信时，才可以使用。

使用 JDBC 有 4 个步骤：①加载驱动程序；②建立到数据库的连接；③创建一条语句；④执行语句。

JSP 技术提供了一种使用 HTML（和 XML）以及 Java 编程语言创建动态 Web 页面的方法。JSP 页面为页面开发人员提供了完整的面向对象语言的功能。VBScript 和 JavaScript 都不能在 JSP 页面中使用。JSP 页面会被编译成与机器无关的字节码。

JSP 页面也会被编译成 HTTPServlet 类的子类。因此，可以将一小段代码放入 JSP 页面和完整的 Java 程序中。为了使用 JSP，Web 服务器必须实现 Java Servlet 2.1 和 JSP 1.0 以上的规范。来自 Jakarta 项目的开源产品 Apache Tomcat 实现了这些规范。Tomcat 可以与 Apache 一起使用，也可以作为独立的 Web 服务器用于测试。

在使用 Tomcat（或任何其他 JSP 处理器）时，JDBC 驱动程序和 JSP 页面必须位于指定的目录中。当请求 JSP 页面时，Tomcat 将确保使用最新的页面。如果有未编译的新版本可用，Tomcat 将自动对其进行解析和编译。一次只能在内存中存在一个 JSP 页面，并且 JSP 请求是作为 servlet 处理器的线程执行的，而不是作为一个独立的进程，如果需要 JSP 页面中的 Java 代码可以调用已编译的 Java bean。

PHP 是一种可以嵌入 Web 页面的脚本语言。PHP 非常流行且易于学习，可以在大多数 Web 服务器环境和大多数数据库中使用。

创建复杂的页面需要一个集成开发环境（IDE）。对于创建和维护 Web 页面，IDE 提供了一些功能强大而用户友好的方法。Microsoft Visual Studio、面向 Java 用户的 NetBeans 和开源 Eclipse IDE，都是很好的 IDE。NetBeans IDE 提供了一个可由插件模块修改的框架。

PHP 现在包括面向对象的特性和 PDO，它们简化了 Web 页面与数据库的连接。

数据库处理和文件处理的结合，是当今信息系统技术中最重要的发展之一。数据库处理和文档处理相互依赖。数据库处理需要对数据库视图的表示和物化（在特定设备上呈现结果）进行文档处理。文档处理需要数据库处理来永久存储数据。

对于文档处理而言，SGML 很重要，就如同关系模型对于数据库处理的重要性一样。XML 是由数据库处理和文档处理团体联合开发的一系列标准。XML 提供了一种标准化、可定制的方法来描述文档的内容。可以从数据库数据自动生成 XML 文档，也可以从 XML 文档自动提取数据库数据。

尽管 XML 可以用于物化 Web 页面，但这是它最不重要的用途之一。更重要的是它用于描述、表示和物化数据库视图。

XML 是一种比 HTML 更好的标记语言，这主要是因为 XML 在文档结构、内容和物化之间提供了清晰的分离。此外，XML 标签的含义很明确。

SQL Server、Oracle Database 和 MySQL，都具有从数据库数据生成 XML 文档的功能。Oracle Database 中需要使用 Java；更多信息可参见 Oracle 网站。SQL Server 支持 SQL SELECT 语句的附加表达式，即 FOR XML 表达式。

重要术语

?php 和?	应用编程接口（API）
抽象	基本类库
活动数据对象（ADO）	字节码解释器
活动服务器页面（ASP）	Callable 语句对象
ADO.NET 命令对象	手机
ADO.NET 连接对象	蜂窝网络
ADO.NET 数据提供者	客户端
ADO.NET DataAdapter 对象	客户/服务器结构
ADO.NET 数据集	集合
ADO.NET 实体框架	公共语言运行时（CLR）
Apache Web 服务器	组件对象模型（COM）

传输层安全性（TSL）1.2

两层架构

UpdateCommand 对象

用户数据源

Web 浏览器

万维网联盟（W3C）

wwwroot 文件夹

习题

11.1　为什么数据环境是复杂的？

11.2　解释 ODBC、OLE DB 和 ADO 的关联性。

11.3　给出本书对 Microsoft 标准观点。你是否同意？

11.4　给出 ODBC 标准的一些组件名称。

11.5　ODBC 驱动程序管理器的作用是什么？由谁提供？

11.6　ODBC DBMS 驱动程序的作用是什么？由谁提供？

11.7　什么是 ODBC 单层驱动程序？

11.8　什么是 ODBC 多层驱动程序？

11.9　三层体系结构中的术语“层”与 ODBC 中的“层”之间有什么关系？

11.10　为什么 ODBC 一致性级别很重要？

11.11　总结三种 ODBC API 一致性级别。

11.12　总结三种 ODBC SQL 语法一致性级别。

11.13　解释三种类型的 ODBC 数据源有何不同。

11.14　在 Web 服务器中应使用哪一种 ODBC 数据源类型？

11.15　设置 ODBC 数据源名称时，需要完成的两项任务是什么？

11.16　什么是 Microsoft .NET Framework？它的基本元素有哪些？

11.17　.NET Framework 的当前版本是什么？它包含哪些新特性？

11.18　为什么 OLE DB 重要？

11.19　OLE DB 克服了 ODBC 的什么缺点？

11.20　给出“抽象”的定义，并解释它与 OLE DB 的关系。

11.21　给出一个涉及行集的抽象的例子。

11.22　定义对象的属性和方法。

11.23　对象类与对象有什么区别？

11.24　解释 OLE 数据使用者和数据提供者的角色。

11.25　什么是对象接口？

11.26　在对象术语中，接口和实现有什么区别？

11.27　解释为什么实现可以改变，但接口不应该改变。

11.28　总结 OLE DB 的目标。

11.29　解释表格数据提供者和服务提供者之间的区别。如何将 OLE DB 数据转换成 XML 文档？

11.30　在 OLE DB 上下文中，行集和游标有什么区别？

11.31　什么是 ADO.NET？

11.32　什么是 ADO.NET 数据提供者？

11.33　什么是 ADO.NET 数据使用者？

11.34　ADO.NET 如何不使用 DataReader 或数据集来处理数据库？

11.35　什么是 ADO.NET 数据集？

11.36　ADO.NET 数据集与数据库在概念上有什么区别？

11.37　列出本章描述的 ADO.NET 数据集的主要结构。

11.38　ADO.NET 数据集如何解决多值路径视图的问题？

11.39　ADO.NET 数据集的主要缺点是什么？什么时候有可能出现这个问题？

11.40　在数据库处理中，为什么成为一个面向对象的程序员是重要的？

11.41　什么是 ADO.NET 连接？

11.42　什么是 ADO.NET DataAdapter？

11.43　DataAdapter 的 SelectCommand 属性的作用是什么？

11.44　在 ADO.NET 中如何构造数据表关系？

11.45　在 ADO.NET 中引用完整性是如何定义的？可能存在哪些引用完整性操作？

11.46　解释原始值、当前值和建议值之间的差异。

11.47　ADO.NET 数据集如何进行触发器处理？

11.48　DataAdapter 的 UpdateCommand 属性的作用是什么？

11.49　ADO.NET DataAdapter 的 InsertCommand 和 DeleteCommand 的作用是什么？

11.50　解释使用 InsertCommand、UpdateCommand 和 DeleteCommand 属性的灵活性。

11.51　使用 JDBC 的一个主要要求是什么？

11.52　"JDBC" 是什么的缩写？

11.53　JDBC 驱动程序的 4 种类型分别是什么？

11.54　解释类型 1 JDBC 驱动程序的用途。

11.55　解释类型 2～4 JDBC 驱动程序的用途。

11.56　给出 applet 和 servlet 的定义。

11.57　Java 是如何实现可移植性的？

11.58　给出使用 JDBC 驱动程序的 4 个步骤。

11.59　JSP 的作用是什么？

11.60　ASP 和 JSP 有什么不同？

11.61　解释 JSP 页面如何实现可移植性。

11.62　Tomcat 的用途是什么？

11.63　描述 JSP 页面的编译和执行过程。用户可以访问一个过时的页面吗？为什么？

11.64　为什么 JSP 程序比 CGI 程序好？

11.65　什么是超文本标记语言（HTML）？它有什么功能？

11.66　什么是 HTML 文档标签，它们是如何使用的？

11.67　什么是万维网联盟（W3C）？

11.68　为什么 index.html 是一个重要的文件名？

11.69　什么是 PHP？它提供什么功能？

11.70　如何在 Web 页面中指定 PHP 代码？

11.71　PHP 代码中的注释是如何指定的？

11.72　HTML 代码中的注释是如何指定的？

11.73　什么是集成开发环境（IDE）？它是如何使用的？

11.74　什么是 NetBeans IDE？

11.75　给出用于创建到数据库的连接的 PHP 代码段。解释代码段的含义。

11.76　给出用于创建记录集的 PHP 代码段。解释代码段的含义。

11.77　给出用于显示记录集内容的 PHP 代码段。解释代码段的含义。

11.78　给出用于断开与数据库连接的 PHP 代码段。解释代码段的含义。

11.79　HTTP 的无状态是什么含义？

11.80　在什么情况下无状态会给数据库处理带来问题？

11.81　一般来说，使用 HTTP 时数据库应用会如何管理会话？

11.82　什么是 PHP 数据对象（PDO）？

11.83　PDO 的作用是什么？

11.84　给出两个 PHP 代码段，比较用标准 PHP 和 PDO 创建数据库连接的情况。比较其异同。

11.85　为什么数据库处理和文档处理相互需要？

11.86　HTML、SGML 和 XML 有什么关系？

11.87　短语"标准化但可自定义"的含义是什么？

11.88　什么是 SOAP？它最初的意思是什么？今天它代表什么？

11.89　在解析一个标签（如 HTML 标签）时会存在什么问题？

11.90　处理 Oracle 中的 XML 文档需要什么条件？

11.91　解释 SQL Server 2019 如何使用 FOR XML RAW 子句生成 XML 输出。

练习

11.92　本练习中，将在 DBP 文件夹下创建一个 Web 页面，并将其链接到 VRG 文件夹下的 VRG Web 页面。

A．图 11.49 给出了 DBP 文件夹下 Web 页面的 HTML 代码。注意，该页面称为 index.html，它与 VRG 文件夹中的 Web 页面名称相同。这不会存在问题，因为文件位于不同的文件夹中。在 DBP 文件夹中创建这个 index.html Web 页面。

```
<!DOCTYPE html>
<html>
    <head>
        <title>DBP-e16 Home Page</title>
        <meta charset="UTF-8">
        <meta name="viewport" content="width=device-width, initial-scale=1.0">
    </head>
    <body>
        <h1 style="text-align: center; color: blue">
            Database Processing (16th Edition) Home Page
        </h1>
        <hr />
        <h3 style="text-align: center">
            Use this page to access Web-based materials from Chapter 11 of:
        </h3>
        <h2 style="text-align: center; color: blue">
            Database Processing (16th Edition)
        </h2>
        <p style="text-align: center; font-weight: bold">
            David M. Kroenke, David J. Auer, and Scott L. Vandenberg
        </p>
        <hr />
        <h3>Chapter 11 Demonstration Pages from Figures in the Text:</h3>
        <p>
            <a href="VRG/index.html">
                View Ridge Gallery Demonstration Pages
            </a>
        </p>
        <hr />
    </body>
</html>
```

图 11.49　DBP 文件夹下 index.html 文件的 HTML 代码

B. 图 11.50 是一些附加的 HTML 代码，需要将它们添加到 VRG 文件夹的 index.html 文件的末尾。用这些代码更新 VRG index.html 文件。

```
            <p>Example 4:   
                <a href="NewCustomerWithInterestsForm.html">
                    Add a New Customer to the CUSTOMER Table
                </a>
            </p>
            <hr />
    <!-- ************ NEW CODE STARTS HERE ************ -->
            <p style="text-align: center">
                <a href="../index.html">
                    Return to the Database Processing Home Page
                </a>
            </p>
            <hr />
    <!-- ************ NEW CODE ENDS HERE ************ -->
        </body>
    </html>
```

图 11.50　VRG 文件夹下添加到 index.html 文件的 HTML 代码

C. 测试这些页面。在 Web 浏览器中进入 DBP 主页。从主页开始，应该能够通过超链接在两个页面之间来回转换。注：在使用 VRG 主页时，可能需要单击 Web 浏览器上的 Refresh 按钮，以使超链接能正常返回 DBP 主页。

Marcia 干洗店案例题

根据所选的 DBMS，首先需要创建并填充 Marcia 干洗店的 MDC 数据库：

A. 向 DBP 站点添加一个名为 MDC 的新文件夹。在这个文件夹中为 Marcia 干洗店创建一个 Web 页面，使用文件名 index.html。将此页面链接到 DBP Web 页面。

B. 为数据库创建适当的 ODBC 数据源。

C. 在 INVOICE 表中添加一个 Status 列。假设 Status 列的值可以是 Waiting、In-process、Finished 或 Pending。

D. 创建一个名为 CustomerInvoiceView 的视图，它有列 LastName、FirstName、Phone、InvoiceNumber、DateIn、DateOut、Total 和 Status。

E. 编写一个 PHP 页面，显示 CustomerInvoiceView。用示例数据库验证这个页面工作正常。

F. 编写两个 HTML/PHP 页面，接收日期值 AsOfDate，并显示 CustomerInvoiceView 行，条件是订单的 DateIn 值大于或等于 AsOfDate 值。用示例数据库验证页面工作正常。

G. 编写两个 HTML/PHP 页面，接收客户的 Phone、LastName 和 FirstName 值，并显示具有这些值的客户的行。用示例数据库验证页面工作正常。

H. 编写一个存储过程，它接收 InvoiceNumber 和 NewStatus 值，并将具有 InvoiceNumber 值的行的 Status 值设置为 NewStatus 值。如果没有行具有给定的 InvoiceNumber 值，则输出错误消息。用示例数据库验证这个存储过程工作正常。

I. 编写两个 HTML/PHP 页面，调用在上一题中创建的存储过程。用示例数据库验证这个页面工作正常。

Queen Anne 古董店项目题

根据所选的 DBMS，首先需要创建并填充 Queen Anne 古董店的 QACS 数据库（参见第 7 章的项目题）：

A. 向 DBP 站点添加一个名为 QACS 的新文件夹。在这个文件夹中为 Queen Anne 古董店创建一个 Web 页面，使用文件名 index.html。将此页面链接到 DBP Web 页面。

B．为数据库创建适当的 ODBC 数据源。

C．编写一个 PHP 页面，显示 CUSTOMER 表中的数据。用示例数据库验证这个页面工作正常。

D．创建一个名为 CustomerPurchasesView 的视图，它的列包含 CustomerID、LastName、FirstName、SaleID、SaleDate、SaleItemID、ItemID、ItemDescription 和 ItemPrice。

E．编写一个 PHP 页面，显示 CustomerPurchasesView。用示例数据库验证这个页面工作正常。

F．编写两个 HTML/PHP 页面，接收日期值 AsOfDate，并显示 CustomerPurchasesView 行，条件是 SaleDate 值大于或等于 AsOfDate 值。用示例数据库验证页面工作正常。

G．编写一个存储过程，它接收 SaleItemID 和 NewItemPrice 值，并将具有 SaleItemID 值的行的 ItemPrice 值设置为 NewItemPrice 值。如果没有行具有给定的 SaleItemID 值，则输出错误消息。用示例数据库验证这个存储过程工作正常。

H．编写两个 HTML/PHP 页面，调用在上一题中创建的存储过程。用示例数据库验证这个页面工作正常。

Morgan 进口公司项目题

根据如下所选的 DBMS，首先需要创建并填充 Morgan 进口公司的 MI 数据库（参见第 7 章末尾的项目题）：

- 第 10A 章　Microsoft SQL Server 2019
- 第 10B 章　Oracle Database
- 第 10C 章　MySQL 8.0

A．向 DBP 站点添加一个名为 MI 的新文件夹。在这个文件夹中为 Morgan 进口公司创建一个 Web 页面，使用文件名 index.html。将此页面链接到 DBP Web 页面。

B．为数据库创建适当的 ODBC 数据源。

C．创建一个名为 StorePurchasesView 的视图，它的列包含 StoreName、City、Country、Email、Contact、PurchaseDate、ItemDescription、Category 和 PriceUSD。

D．编写一个 PHP 页面，显示 StorePurchasesView。用示例数据库验证这个页面工作正常。

E．编写两个 HTML/PHP 页面，接收日期值 AsOfDate，并显示 StorePurchasesView 行，条件是 PurchaseDate 值大于或等于 AsOfDate 值。用示例数据库验证页面工作正常。

F．编写两个 HTML/PHP 页面，接收值 Country 和 Category，并显示具有这两个值的 StorePurchasesView 行。用示例数据库验证页面工作正常。

G．编写一个存储过程，它接收 PurchaseItemID 和 NewPriceUSD 值，并将具有 PurchaseItemID 值的行的 PriceUSD 值设置为 NewPriceUSD 值。如果没有行具有给定的 PurchaseItemID 值，则输出错误消息。用示例数据库验证这个存储过程工作正常。

H．编写两个 HTML/PHP 页面，调用在上一题中创建的存储过程。用示例数据库验证这个页面工作正常。

第 12 章　数据仓库和商业智能系统

本章目标
- 理解商业智能（BI）系统的基本概念
- 了解数据仓库和数据集市的基本概念
- 学习维度数据库的基本概念
- 学习报表系统的基本概念
- 了解如何创建 RFM 报表
- 知晓联机分析处理（OLAP）的基本概念
- 学习数据挖掘的基本概念
- 学习市场购物篮分析的基本概念
- 学习决策树的基本概念

这一章讲解的主题建立在本书其他章节的基础之上。在设计并构建了数据库之后，就可以开始使用它们了。第 11 章，为 View Ridge 画廊（VRG）信息系统构建了一个 Web 数据库应用。这一章中，将研究商业智能（BI）系统的应用，它通常（但不总是）利用数据仓库数据库来支持决策制定。

对业务分析人员而言，通常需要使用大型数据集（例如，数据仓库或其他大型生产数据库），以供商业智能（BI）系统进行分析，特别是联机分析处理（OLAP），还需要为其使用而设计数据仓库结构。这些新的且通常非常明显的应用和方法凸显了处理大型数据集的问题。本章将讲解在大量数据基础上经常发生的商业智能活动，这些数据通常存储在数据仓库或类似的数据库中。下一章中，将从不同的方向介绍这些大型数据库，并讨论由庞大的规模、新的（非关系）数据模型和基于云的存储和处理所引起的问题。

12.1　商业智能系统

商业智能（BI）系统是帮助管理人员和其他专业人员分析当前和过去的活动以及预测未来事件的信息系统。与事务处理系统不同，BI 系统不支持运营活动，例如订单的记录和处理。BI 系统用于支持评估、分析、计划、控制以及最终的决策制定。BI 系统，通常以数据仓库数据库而不是运营数据库为基础构建。

12.2　运营系统和 BI 系统的关系

图 12.1 总结了运营系统和商业智能系统的关系。运营系统（Operational System）（例如销售、采购和库存控制系统）支持主要的业务活动。它使用 DBMS 在运营数据库中读写数据和存储数据。运营系统也称为交易系统（Transactional System）或联机交易处理（OLTP）系统，因为记录的是正在进行的业务交易流。

BI 系统不支持主要的业务活动，而是支持分析和决策活动。BI 系统的数据源有三个。第一，

BI 系统读取和处理存在于运营数据库中的数据——通过运营 DBMS 来获取这些数据，但不进行插入、修改或删除操作。第二，BI 系统处理从运营数据库中提取的数据。这时，它使用 BI DBMS 来管理被提取的数据库，BI DBMS 可能与运营 DBMS 相同，也可能不同。第三，BI 系统能够读取从数据供应商处购买的数据。

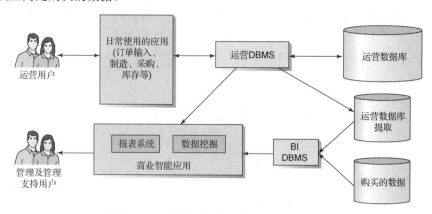

图 12.1　运营系统和商业智能系统的关系

12.3　报表系统和数据挖掘应用

BI 系统分为两大类：报表系统和数据挖掘应用。报表系统（Reporting System）对运营数据进行排序、过滤、分组和基本的计算；数据挖掘应用（**data mining application**）对数据进行复杂的分析，通常涉及复杂的统计和数学处理。图 12.2 总结了这两种 BI 系统的特征。

商业智能应用的特征
● 报表系统
一排序、过滤、分组和基本的计算
一总结当前状况
一将当前状态与过去或预测的未来状态进行比较
一分类实体（客户、产品、员工等）
一报表交付很重要
● 数据挖掘应用
一经常使用复杂的统计和数学技术
一用于：
◇ 假设分析
◇ 预测
◇ 决定
一结果通常并入其他报表系统

图 12.2　商业智能应用的特征

12.3.1　报表系统

报表系统执行排序、过滤、分组和基本的计算。所有的报表分析都可以使用标准 SQL 执行，但是有时会使用对 SQL 的扩展（比如用于联机分析处理的扩展），以简化报表生成的任务。

报表系统总结业务活动的当前状态，并将该状态与过去或预测的未来进行比较。必须将结果以适当的格式及时交付给适当的用户。例如，可以以书面形式通过 Web 浏览器或其他格式交付。本章后面将详细讲解两种常见的报表系统：RFM 和 OLAP。

12.3.2　数据挖掘应用

数据挖掘应用使用复杂的统计学和数学知识进行假设分析和预测，并促进决策制定。例如，数据挖掘技术可以分析过去的手机使用情况，并预测哪些客户可能会转向竞争对手的电话公司。数据挖掘还可以用于分析过去的贷款行为，以确定哪些客户最可能（或最不可能）拖欠贷款。

数据挖掘结果的交付，并不如报表系统那样重要。首先，大多数数据挖掘应用只有少数用户，而这些用户具备深厚的计算机技能。其次，数据挖掘分析的结果通常会被合并到其他的报表、分析或信息系统中。在手机使用情况的例子中，有可能转换到另一家公司的客户的特征，称为"客户流失"，可以交给销售部门采取行动；用于确定贷款违约可能性的方程的参数，可以并入贷款审批应用中。

本章后面将讨论更多细节，同时会讲解一种名为"聚类"（Clustering）的数据挖掘示例。另外两种常见的数据挖掘技术：市场购物篮分析和决策树，也将在本章后面详细讲解。

12.4　数据仓库和数据集市

从图 12.1 可以看出，一些 BI 系统直接从运营数据库中读取运营数据并处理。这对于简单的报表系统和小型数据库是可行的，但对于更复杂的应用或更大的数据库，这种直接读取运营数据的方式是不可行的。那些较大的应用通常处理一个从运营数据库提取而来的独立的数据库。

出于如下几个理由，运营数据难以读取。首先，为 BI 应用查询数据会给 DBMS 带来沉重负担，并且会使日常使用的应用的性能降低到不可接受的程度。其次，运营数据存在的问题，会限制其在 BI 应用中的使用。最后，BI 系统的创建和维护，需要程序、工具和专业知识，这些通常是侧重于运营的部门无法提供的。由于存在这些问题，许多机构选择开发数据仓库和数据集市来支持 BI 应用。有些机构甚至会更进一步，创建一个数据湖（Data Lake），这是一个存储库，包含所有与业务相关的数据，有些是相关的，有些不是（例如，任意类型的文件、照片、文档，等等）。这些信息可以来自数据库、网站和其他应用。通常，更专业的用户会将这些数据用于高级分析、机器学习、数据挖掘等目的，而不是用于标准的 BI 任务。Amazon 的 AWS 服务提供了云中的数据湖功能。

12.4.1　运营数据存在的问题

除了最简单的 BI 应用，大多数运营数据库都存在一些问题，这些问题限制了它们在应用中的使用。图 12.3 列出了一些主要的问题类别。

首先，尽管对于成功的运营至关重要的数据必须完整且准确，但一些边缘性数据没有必要这样。例如，一些运营系统在订单处理过程中会收集客户的人口统计数据。然而，由于填写、发货或订单记账时不需要这些数据，因此人口统计数据的质量可能会受到影响。

有问题的数据称为脏数据（Dirty Data）。例如，客户性别值为"G"和客户年龄值为"213"。其他例子还有：美国电话号码的值"999-999-9999"，颜色值"gren"和电子邮件地址"WhyMe@somewhereelseintheuniverse.who"，这些值都给报表和数据挖掘带来了问题。

为商业智能使用事务数据存在的问题
● 脏数据
● 缺失值问题
● 不一致的数据
● 数据没有集成
● 格式错误
• 一太好
• 不够好
● 数据太多
• 属性太多
• 数据太庞大

图 12.3　为商业智能使用事务数据存在的问题

购买的数据常常包含缺失的元素。事实上，大多数数据供应商都会声明所出售数据中每个属性缺失值的百分比。机构购买这样的数据，是因为对于某些用途来说，有数据总比没有数据好。对于难以获得的一些有价值的数据项，例如家庭中成年人的人数、家庭收入、居住类型和主要收入者的教育程度，尤其如此。对于报表应用来说，丢失一些数据并不是太大的问题。然而，对于某些数据挖掘应用来说，一些缺失或错误的数据实际上比没有数据更糟糕，因为它们会使分析产生偏差。

图 12.3 中的第三个问题是不一致的数据，对于长期收集的数据尤其常见。例如，当区号更改时，则更改前客户的电话号码将与更改后客户的电话号码不同。部件代码可以更改，销售区域也可以更改。在使用这类数据之前，这些变化必须记录下来，以保证在研究过程中的数据一致性。不一致也经常以更简单的形式出现，例如，用"Yes"或"y"来表示同一个含义。

由于业务活动的性质，会出现一些数据不一致的情况。考虑一个由世界各地的客户使用的基于 Web 的订单输入系统。当 Web 服务器记录订单时间时，应该使用哪个时区呢？服务器的系统时钟时间与客户行为分析无关。即使采用国际标准时间（UTC），也是无意义的。因此，Web 服务器时间必须根据客户的时区进行调整。

另一个问题是非集成数据。例如，假设一个机构希望得到有关客户订单和支付行为的报表。订单数据可能存储在 Microsoft Dynamics CRM 系统中，而支付数据则记录在 Oracle PeopleSoft 财务管理数据库中。为了执行分析，必须以某种方式对数据进行集成。

下一个问题是数据格式不正确。一方面，数据可能过于精细。例如，假设希望分析订单输入 Web 页面上图形和控件的布置问题。利用所谓的"点击流数据"可以捕捉客户的点击行为。然而，点击流数据包括客户的所有动作信息。在有关订单的操作中间，可能存在用于点击新闻、电子邮件、即时聊天和天气的数据。尽管所有这些数据可能对研究消费者在计算机上的行为有用，但如果只希望知道消费者对屏幕上的广告有何反应，那么数据就显得太多了。数据过于精细，数据分析人员必须先抛弃掉数百万次无关的点击才能进行数据分析。

另一方面，数据也可能过于粗糙。订单总额文件不能用于市场购物篮分析法，因为它需要识别出通常被一起购买的每一件商品。市场购物篮分析需要单项级数据，需要知道订单中包含哪些商品。这并不意味着订单总量数据是无用的。对于其他分析来说，这类数据可能是足够的；对于市场购物篮分析来说，它们不够详细。

如果数据太细，可以通过汇总和合并使其变得粗糙一些。分析师或计算机可以对数据进行这类操作。但是，如果数据太粗，则无法将其分割而使其变细。

图 12.3 中列出的最后一个问题涉及数据过于庞大的情形，包括：多余的列、多余的行，或者两者都有。为了演示列（属性的同义词）太多的问题，假设希望知道哪些属性会影响客户对营销推广的响应。对于存储在机构中的客户数据和购买的客户数据，可能需要考虑上百个甚至更多的属性或列。应该如何选择那些真正影响客户决策的列呢？存在一种称为维度诅咒的现象——属性越多，就越容易建立适合样本数据的模型，但作为预测会变得毫无价值。由于这样或那样的原因，属性的数量可能需要减少。数据挖掘的主要行为之一是高效和有效地选择变量（属性）。

最后，数据的实例或行数可能太多。假设希望分析 CNN 网站上的点击流数据。这个网站每月有数以百万计的点击。为了使数据分析变得有意义，需要减少实例的数量。解决这个问题的一个好办法是统计抽样。但是，开发一个可靠的样本，需要有专业知识和信息系统工具。

12.4.2 数据仓库的构成

为了克服上面描述的问题，许多机构创建了数据仓库，它是一个数据库系统，拥有数据、程序和专门为 BI 处理而准备数据的人员。数据仓库数据库与运营数据库不同，这是因为前者的数据经常是反规范化的，并且，用户永远不会插入、更新或删除数据，这些操作只能由数据仓库管理员进行。数据仓库的规模和范围各不相同。它可以简单到只有一名员工兼职处理数据提取，也可以复杂到一个部门有几十名员工一起维护数据和程序库。

图 12.4 列出了数据仓库的构成。数据由提取、转换和加载（Extract, Transform, and Load, ETL）系统从运营数据库中读取。然后，ETL 系统会清理并准备数据，以用于 BI 处理。这是一个复杂的过程。

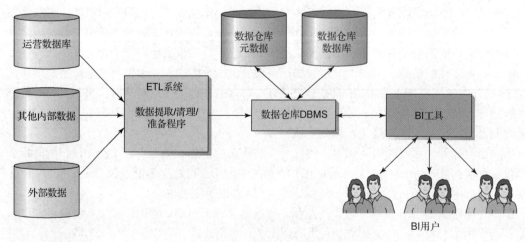

图 12.4　数据仓库的组件

BY THE WAY　在 ETL 系统中清理了有问题的运营数据之后，还可以使用更正后的数据来更新运营系统，以修复原始数据问题。

　　首先，数据可能存在问题，这在前一节中已经讨论过。其次，数据可能需要更改或转换，以便在数据仓库中使用。例如，运营系统存储的国家数据，有可能采用标准的两字母国家代码，例如 US（美国）和 CA（加拿大）。但是，使用数据仓库的应用可能需要使用完整的国家名称。因此，在将数据加载到数据仓库之前，需要进行数据转换{CountryCode→CountryName}。

　　ETL 系统使用数据仓库 DBMS 将提取的数据存储在数据仓库数据库中，数据仓库 DBMS 可能与机构的运营 DBMS 不同。例如，一个机构可能使用 Oracle Database 作为运营数据库，但使用 Microsoft SQL Server 2019 作为数据仓库。其他机构，可能使用 Microsoft SQL Server 2019 为运营数据库，而在数据仓库中使用统计软件包供应商提供的数据管理程序，如 SAS 的 SAS Analytics 程序或 IBM 的 IBM SPSS Statistics 程序。

　　有关数据来源、格式、假设、约束和其他事实的元数据保存在数据仓库的元数据数据库中。数据仓库 DBMS 为 BI 工具（如数据挖掘程序）提取并提供数据。

1．向供应商采购数据

　　数据仓库中通常包含从外部源购买的数据。一个典型的例子是客户信用数据。图 12.5 列出的这些消费者数据可以从 KBM 集团的 AmeriLINK 消费者数据数据库购买。从隐私的角度来看，一个供应商就能提供如此详尽的信息，这有些令人吃惊且害怕。

AmeriLINK 数据类别
● 姓名、地址、电话
● 年龄、性别
● 种族、宗教
● 收入
● 教育
● 婚姻状况
● 健康状况
● 配偶姓名、出生日期等
● 小孩出生日期
● 房屋所有权
● 车辆情况
● 杂志订阅
● 选民登记
● 目录订单
● 业余爱好
● 心态

图 12.5　AmeriLINK 销售 2.6 亿多美国人的数据

2．数据仓库与数据集市的比较

　　可以将数据仓库视为供应链中的分销商。数据仓库从数据制造商获取数据（运营系统和购买的数据），清理并处理它们，然后将数据置于数据仓库的"货架"上。在数据仓库工作的人都是数据管理、数据清理、数据转换等方面的专家，但他们通常不是其他更具体的业务功能方面的专家。

数据集市是比包含在数据仓库中的数据更少的数据集合，用于表示特定的业务组件或功能区域。数据集市就如同供应链中的零售商店。数据集市中的用户从数据仓库获取与特定业务功能相关的数据。这类用户不具备数据仓库员工所具备的数据管理专业知识，但他们是特定业务功能的资深分析师。图 12.6 说明了这些关系。

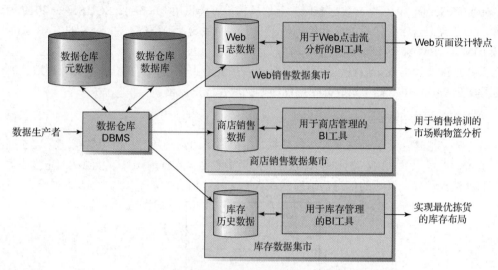

图 12.6　数据仓库与数据集市

该数据仓库从数据生产者获取数据，并将其分发到三个数据集市。一个数据集市分析点击流数据，用于设计 Web 页面。第二个分析商店的销售数据，确定哪些产品会被一起购买。这些信息被用来培训销售人员如何向客户推销产品。第三个数据集市分析客户订单数据，以帮助降低从仓库取货时的人工成本。类似 Amazon 这样的公司，都在不遗余力地整理它们的仓库，以减少取货时间和费用。

将如图 12.6 所示的数据集市结构与图 12.4 中的数据仓库架构相结合得到的系统，称为企业数据仓库（Enterprise Data Warehouse，EDW）架构。在此配置中，数据仓库维护企业所有 BI 数据，并作为数据提取的权威数据源提供数据给数据集市。数据集市从数据仓库接收所有数据——它不添加或维护任何其他数据。

当然，创建、配置并运营数据仓库和数据集市是昂贵的，只有财力雄厚的大型机构才能负担得起像 EDW 这样的系统的运营。较小的机构，通常运营的是这类系统的子集。例如，小机构可能只有一个用于分析营销和促销数据的数据集市。

12.4.3　维度数据库

与用于运营系统的规范化关系数据库相比，数据仓库或数据集市中的数据库被构建为数据库设计的另一种类型。数据仓库数据库是根据一个称为维度数据库（Dimensional Database）的设计构建的，该设计旨在有效地进行数据查询和分析。维度数据库用于存储历史数据，而不仅仅是存储在运营数据库中的当前数据。图 12.7 比较了运营数据库和维度数据库。

维度数据库中的维度是描述企业某些方面（例如，位置或客户）的一列或一组列。在数据仓库中，维度通常被建模为一个基于运营数据库中的一列或多列的表。例如，地址列可以扩展为一个位置维度表，该表包含街道、城市和州三个列。

由于维度数据库用于分析历史数据，因此必须将其设计为能够处理随时间变化的数据。为了跟踪这些变化，维度数据库还必须具有日期维度或时间维度。例如，客户可能从一个住所搬到同一城市的另一个住所，也可能搬到完全不同的城市和州。这种类型的数据被称为缓慢变化维度（Slowly Changing Dimension），因为对这类数据的更改很少。

运营数据库	维度数据库
用于结构化事务数据处理	用于非结构化分析数据处理
使用当前数据	使用当前和历史数据
数据由用户插入、更新和删除	数据被系统地加载和更新，而不由用户操作

图 12.7　运营数据库和维度数据库的特征

1．星型模式

与运营数据库中采用的规范化数据库设计不同，维度数据库采用星型模式。星型模式（之所以这样命名，是因为它在视觉上类似于星型，如图 12.8 所示，在中心有一个事实表（Fact Table），从中心向外辐射维度表（Dimension Table）。事实表总是完全规范化的，但维度表可能是非规范化的。

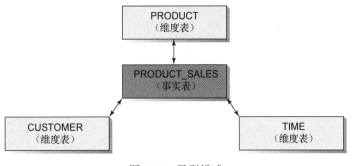

图 12.8　星型模式

> **BY THE WAY**　星型模式还有一个更复杂的版本，称为雪花模式。在这种模式中，每个维度表都是规范化的，这可能会创建附加到维度表的其他表。

为了演示维度数据库的星型模式，下面将为 Heather Sweeney Designs（HSD）公司构建一个非常小的数据仓库。HSD 是一家位于得克萨斯州专门生产厨房改造服务产品的公司。除了做实际的设计工作，HSD 还提供研讨会来吸引顾客，并销售图书和视频。有关这家公司的更多信息，请参阅第 7 章案例题。HSD 的数据库设计如图 12.9 所示；图 12.10 中提供了 HSD 数据库的 MySQL Workbench 数据库图；该数据库的列特性见图 7.51；引用完整性约束见图 7.52；用于创建和填充 HSD 数据库的 SQL 语句分别见图 7.53 和图 7.54。这个 HSD 数据库是公司的运营数据库。所有运营数据都存储在 HSD 数据库中，这些数据是维度数据库的数据源，该维度数据库将用于公司的 BI 工作。

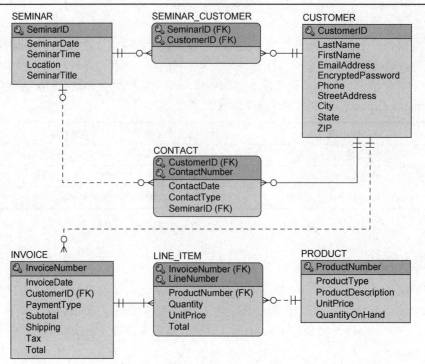

图 12.9　HSD 数据库设计

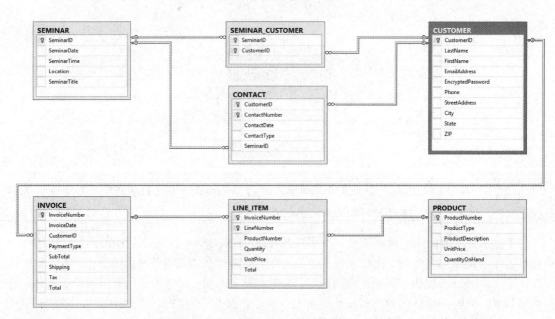

图 12.10　HSD 数据库图

　　BI 实际使用的维度数据库的名称为 HSD_DW，如图 12.11 所示。在这个数据库中创建表所需的 SQL 语句，如图 12.12 所示；HSD_DW 数据库的数据，见图 12.13。比较图 12.11 中的 HSD_DW 维度数据库模型和图 12.10 中的 HSD 数据库图，注意 HSD 数据库中的数据是如何在 HSD_DW 模式中使用的。例如，LINE_ITEM 表中的一些细节，包含在 HSD_DW 数据库的 PRODUCT_SALES 事实表中。

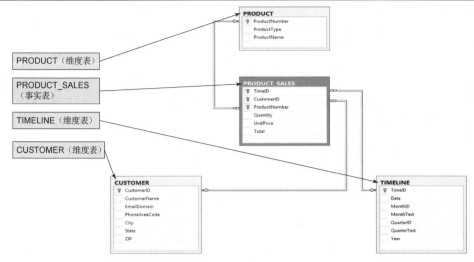

图 12.11 HSD_DW 星型模式

```
CREATE TABLE TIMELINE(
        TimeID              Int                 NOT NULL,
        Date                Date                NOT NULL,
        MonthID             Int                 NOT NULL,
        MonthText           Char(15)            NOT NULL,
        QuarterID           Int                 NOT NULL,
        QuarterText         Char(10)            NOT NULL,
        Year                Char(10)            NOT NULL,
        CONSTRAINT          TIMELINE_PK         PRIMARY KEY(TimeID)
        );

CREATE TABLE CUSTOMER(
        CustomerID          Int                 NOT NULL,
        CustomerName        Char(75)            NOT NULL,
        EmailDomain         VarChar(100)        NOT NULL,
        PhoneAreaCode       Char(6)             NOT NULL,
        City                Char(35)            NULL,
        State               Char(2)             NULL,
        ZIP                 Char(10)            NULL,
        CONSTRAINT          CUSTOMER_PK         PRIMARY KEY(CustomerID)
        );

CREATE TABLE PRODUCT(
        ProductNumber       Char(35)            NOT NULL,
        ProductType         Char(25)            NOT NULL,
        ProductName         VarChar(75)         NOT NULL,
        CONSTRAINT          PRODUCT_PK          PRIMARY KEY(ProductNumber)
        );

CREATE TABLE PRODUCT_SALES(
        TimeID              Int                 NOT NULL,
        CustomerID          Int                 NOT NULL,
        ProductNumber       Char(35)            NOT NULL,
        Quantity            Int                 NOT NULL,
        UnitPrice           Numeric(9,2)        NOT NULL,
        Total               Numeric(9,2)        NULL,
        CONSTRAINT          SALES_PK
                PRIMARY KEY         (TimeID, CustomerID, ProductNumber),
        CONSTRAINT          PS_TIMELINE_FK FOREIGN KEY(TimeID)
                                            REFERENCES TIMELINE(TimeID)
                                                    ON UPDATE NO ACTION
                                                    ON DELETE NO ACTION,
        CONSTRAINT          PS_CUSTOMER_FK FOREIGN KEY(CustomerID)
                                            REFERENCES CUSTOMER(CustomerID)
                                                    ON UPDATE NO ACTION
                                                    ON DELETE NO ACTION,
        CONSTRAINT          PS_PRODUCT_FK FOREIGN KEY(ProductNumber)
                                            REFERENCES PRODUCT(ProductNumber)
                                                    ON UPDATE NO ACTION
                                                    ON DELETE NO ACTION
        );
```

图 12.12 创建 HSD_DW 表的 SQL 语句

	TimeID	Date	MonthID	MonthText	QuarterID	QuarterText	Year
1	44119	2020-10-15	10	October	3	Qtr4	2020
2	44129	2020-10-25	10	October	3	Qtr4	2020
3	44185	2020-12-20	12	December	3	Qtr4	2020
4	44280	2021-03-25	3	March	1	Qtr1	2021
5	44282	2021-03-27	3	March	1	Qtr1	2021
6	44286	2021-03-31	3	March	1	Qtr1	2021
7	44289	2021-04-03	4	April	2	Qtr2	2021
8	44294	2021-04-08	4	April	2	Qtr2	2021
9	44309	2021-04-23	4	April	2	Qtr2	2021
10	44323	2021-05-07	5	May	2	Qtr2	2021
11	44337	2021-05-21	5	May	2	Qtr2	2021
12	44352	2021-06-05	6	June	2	Qtr2	2021

(a) TIMELINE维度表

	CustomerID	CustomerName	EmailDomain	PhoneAreaCode	City	State	ZIP
1	1	Jacobs, Nancy	somewhere.com	817	Fort Worth	TX	76110
2	2	Jacobs, Chantel	somewhere.com	817	Fort Worth	TX	76112
3	3	Able, Ralph	somewhere.com	210	San Antonio	TX	78214
4	4	Baker, Susan	elsewhere.com	210	San Antonio	TX	78216
5	5	Eagleton, Sam	elsewhere.com	210	San Antonio	TX	78218
6	6	Foxtrot, Kathy	somewhere.com	972	Dallas	TX	75220
7	7	George, Sally	somewhere.com	972	Dallas	TX	75223
8	8	Hullett, Shawn	elsewhere.com	972	Dallas	TX	75224
9	9	Pearson, Bobbi	elsewhere.com	512	Austin	TX	78710
10	10	Ranger, Terry	somewhere.com	512	Austin	TX	78712
11	11	Tyler, Jenny	somewhere.com	972	Dallas	TX	75225
12	12	Wayne, Joan	elsewhere.com	817	Fort Worth	TX	76115

(b) CUSTOMER维度表

	ProductNumber	ProductType	ProductName
1	BK001	Book	Kitchen Remodeling Basics For Everyone
2	BK002	Book	Advanced Kitchen Remodeling For Everyone
3	BK003	Book	Kitchen Remodeling Dallas Style For Everyone
4	VB001	Video Companion	Kitchen Remodeling Basics
5	VB002	Video Companion	Advanced Kitchen Remodeling I
6	VB003	Video Companion	Kitchen Remodeling Dallas Style
7	VK001	Video	Kitchen Remodeling Basics
8	VK002	Video	Advanced Kitchen Remodeling
9	VK003	Video	Kitchen Remodeling Dallas Style
10	VK004	Video	Heather Sweeney Seminar Live in Dallas on 25-OCT-19

(c) PRODUCT维度表

	TimeID	CustomerID	ProductNumber	Quantity	UnitPrice	Total
1	44119	3	VB001	1	7.99	7.99
2	44119	3	VK001	1	14.95	14.95
3	44129	4	BK001	1	24.95	24.95
4	44129	4	VB001	1	7.99	7.99
5	44129	4	VK001	1	14.95	14.95
6	44185	7	VK001	1	24.95	24.95
7	44280	4	BK002	1	24.95	24.95
8	44280	4	VK002	1	14.95	14.95
9	44280	4	VK004	1	24.95	24.95
10	44282	6	BK002	1	24.95	24.95
11	44282	6	VB003	1	9.99	9.99
12	44282	6	VK002	1	14.95	14.95
13	44282	6	VK003	1	19.95	19.95
14	44282	6	VK004	1	24.95	24.95
15	44282	7	BK001	1	24.95	24.95
16	44282	7	BK002	1	24.95	24.95
17	44282	7	VK003	1	19.95	19.95
18	44282	7	VK004	1	24.95	24.95
19	44286	9	BK001	1	24.95	24.95
20	44286	9	VB001	1	7.99	7.99
21	44286	9	VK001	1	14.95	14.95
22	44289	11	VB003	2	9.99	19.98
23	44289	11	VK003	2	19.95	39.90
24	44289	11	VK004	2	24.95	49.90
25	44294	1	BK001	1	24.95	24.95
26	44294	1	VB001	1	7.99	7.99
27	44294	1	VK001	1	14.95	14.95
28	44294	5	BK001	1	24.95	24.95
29	44294	5	VB001	1	7.99	7.99
30	44294	5	VK001	1	14.95	14.95
31	44309	1	BK001	1	24.95	24.95
32	44323	9	VB002	1	7.99	7.99
33	44323	9	VK002	1	14.95	14.95
34	44337	8	VB003	1	9.99	9.99
35	44337	8	VK003	1	19.95	19.95
36	44337	8	VK004	1	24.95	24.95
37	44352	3	BK002	1	24.95	24.95
38	44352	3	VB001	1	7.99	7.99
39	44352	3	VB002	2	7.99	15.98
40	44352	3	VK001	1	14.95	14.95
41	44352	3	VK002	2	14.95	29.90
42	44352	11	VB002	2	7.99	15.98
43	44352	11	VK002	2	14.95	29.90
44	44352	12	BK002	1	24.95	24.95
45	44352	12	VB003	1	9.99	9.99
46	44352	12	VK002	1	14.95	14.95
47	44352	12	VK003	1	19.95	19.95
48	44352	12	VK004	1	24.95	24.95

(d) PRODUCT_SALES事实表

图 12.13　HSD_DW 表的数据

BY THE WAY　　不需要创建 HSD 数据库，就能够创建和使用本章中的 HSD_DW 数据库。但是，由于 HSD_DW 数据库使用了从 HSD 数据库提取的数据，因此有必要研究和理解 HSD 数据库的结构以及包含在该数据库中的数据，以充分理解应该如何转换这些数据以使用于 HSD_DW 数据库。

事实表用于存储业务活动的量度，这些量度是关于由事实表所表示的实体的量化或事实数据。例如，在 HSD_DW 数据库中，事实表是 PRODUCT_SALES：

PRODUCT_SALES (*TimeID*, *CustomerID*, *ProductNumber*, Quantity,
**　　UnitPrice, Total)**

在此表中：

- Quantity 是记录商品售出量的定量数据。
- UnitPrice 是记录每件商品单价（美元）的定量数据。
- Total（= Quantity × UnitPrice）是记录商品销售总额的定量数据。

PRODUCT_SALES 表中的量度是针对每一位客户每一天所购买的商品。这里没有使用单个的销售数据（这将以 InvoiceNumber 为基础），而是针对每一位客户每一天的汇总数据。例如，如果查看 HSD 数据库中客户 Ralph Able 在 2021 年 6 月 5 日购买商品的发票（INVOICE）数据，会看到他购买了两次商品（InvoiceNumber 分别为 35013 和 35016）。然而，在 HSD_DW 数据库中，这两次购买记录在 PRODUCT_SALES 表中进行了汇总：TimeID = 44352，CustomerID = 3。

> **BY THE WAY**　TimeID 值是 Excel 中用于表示日期的顺序序列值。1900 年 1 月 1 日的 TimeID 值为 1，每个日历日的值增加 1。因此，2021 年 6 月 5 日的 TimeID 值为 44352。更多信息，可在 Excel 帮助系统中搜索"日期格式"。

维度表用于记录事实表中描述事实量度的属性值，这些属性在查询中用于选择事实表中的量度并对其进行分组。因此，CUSTOMER 表中记录的有关客户的数据，被 SALES 表的 CustomerID 引用；TIMELINE 表中提供的数据可以用于根据时间（月份和季度）来解释销售事件，等等。按 Customer（CustomerName）和 Product（ProductName）汇总客户购买的商品查询为：

```
/* *** SQL-Query-CH12-01 *** */
SELECT      C.CustomerID, C.CustomerName,
            P.ProductNumber, P.ProductName,
            SUM(PS.Quantity) AS TotalQuantity
FROM        CUSTOMER AS C, PRODUCT_SALES AS PS, PRODUCT AS P
WHERE       C.CustomerID = PS.CustomerID
AND         P.ProductNumber = PS.ProductNumber
GROUP BY    C.CustomerID, C.CustomerName,
            P.ProductNumber, P.ProductName
ORDER BY    C.CustomerID, P.ProductNumber;
```

此查询的结果如图 12.14 所示。

第 6 章中讨论过如何使用一个交集表（或关联表）在数据库中将一个 N:M 关系创建为两个 1:N 关系。还讨论了如何在关联关系的交集表中添加额外的属性。在星型模式中，事实表是维度表与其中存储的其他量度之间关系的交集表。而且，与所有其他交集表和关联表一样，事实表的键是由维度表的所有外键构成的组合键。因此，事实表将位于连接的"多"端。

2. 维度模型演示

当提到"维度"这个词时，可能会想到"二维"或"三维"。维度模型可以用二维矩阵和三维立方体来体现。图 12.15 显示了来自图 12.14 的 SQL 查询结果，显示为一个包含 Product（使用 ProductNumber）和 Customer（使用 CustomerID）的二维矩阵，每个单元格显示了每一位客户所购买的每种商品的数量。注意 ProductNumber 和 CustomerID 定义为矩阵的两个维度：CustomerID 为 X 轴，ProductNumber 为 Y 轴。

图 12.16 显示了一个具有相同 ProductNumber 和 CustomerID 维度的三维数据集，Z 轴上为 Time 维度。现在，每一位顾客每天购买的商品总量不再是一个二维矩阵，而是一个小的三维立方体；

这些小立方体结合起来，形成了一个大立方体。

尽管可以可视化二维矩阵和三维立方体，但无法可视化具有四维、五维或更多维度的模型。不过，BI 系统和维度数据库通常能够处理这样的模型。

	CustomerID	CustomerName	ProductNumber	ProductName	TotalQuantity
1	1	Jacobs, Nancy	BK001	Kitchen Remodeling Basics For Everyone	1
2	1	Jacobs, Nancy	VB001	Kitchen Remodeling Basics	1
3	1	Jacobs, Nancy	VK001	Kitchen Remodeling Basics	1
4	3	Able, Ralph	BK001	Kitchen Remodeling Basics For Everyone	1
5	3	Able, Ralph	BK002	Advanced Kitchen Remodeling For Everyone	1
6	3	Able, Ralph	VB001	Kitchen Remodeling Basics	2
7	3	Able, Ralph	VB002	Advanced Kitchen Remodeling I	2
8	3	Able, Ralph	VK001	Kitchen Remodeling Basics	2
9	3	Able, Ralph	VK002	Advanced Kitchen Remodeling	2
10	4	Baker, Susan	BK001	Kitchen Remodeling Basics For Everyone	1
11	4	Baker, Susan	BK002	Advanced Kitchen Remodeling For Everyone	1
12	4	Baker, Susan	VB001	Kitchen Remodeling Basics	1
13	4	Baker, Susan	VK001	Kitchen Remodeling Basics	1
14	4	Baker, Susan	VK002	Advanced Kitchen Remodeling	1
15	4	Baker, Susan	VK004	Heather Sweeney Seminar Live in Dallas on 25-OCT-19	1
16	5	Eagleton, Sam	BK001	Kitchen Remodeling Basics For Everyone	1
17	5	Eagleton, Sam	VB001	Kitchen Remodeling Basics	1
18	5	Eagleton, Sam	VK001	Kitchen Remodeling Basics	1
19	6	Foxtrot, Kathy	BK002	Advanced Kitchen Remodeling For Everyone	1
20	6	Foxtrot, Kathy	VB003	Kitchen Remodeling Dallas Style	1
21	6	Foxtrot, Kathy	VK002	Advanced Kitchen Remodeling	1
22	6	Foxtrot, Kathy	VK003	Kitchen Remodeling Dallas Style	1
23	6	Foxtrot, Kathy	VK004	Heather Sweeney Seminar Live in Dallas on 25-OCT-19	1
24	7	George, Sally	BK001	Kitchen Remodeling Basics For Everyone	1
25	7	George, Sally	BK002	Advanced Kitchen Remodeling For Everyone	1
26	7	George, Sally	VK003	Kitchen Remodeling Dallas Style	1
27	7	George, Sally	VK004	Heather Sweeney Seminar Live in Dallas on 25-OCT-19	2
28	8	Hullett, Shawn	VB003	Kitchen Remodeling Dallas Style	1
29	8	Hullett, Shawn	VK003	Kitchen Remodeling Dallas Style	1
30	8	Hullett, Shawn	VK004	Heather Sweeney Seminar Live in Dallas on 25-OCT-19	1
31	9	Pearson, Bobbi	BK001	Kitchen Remodeling Basics For Everyone	1
32	9	Pearson, Bobbi	VB001	Kitchen Remodeling Basics	1
33	9	Pearson, Bobbi	VB002	Advanced Kitchen Remodeling I	1
34	9	Pearson, Bobbi	VK001	Kitchen Remodeling Basics	1
35	9	Pearson, Bobbi	VK002	Advanced Kitchen Remodeling	1
36	11	Tyler, Jenny	VB002	Advanced Kitchen Remodeling I	2
37	11	Tyler, Jenny	VB003	Kitchen Remodeling Dallas Style	2
38	11	Tyler, Jenny	VK002	Advanced Kitchen Remodeling	2
39	11	Tyler, Jenny	VK003	Kitchen Remodeling Dallas Style	2
40	11	Tyler, Jenny	VK004	Heather Sweeney Seminar Live in Dallas on 25-OCT-19	2
41	12	Wayne, Joan	BK002	Advanced Kitchen Remodeling For Everyone	1
42	12	Wayne, Joan	VB003	Kitchen Remodeling Dallas Style	1
43	12	Wayne, Joan	VK002	Advanced Kitchen Remodeling	1
44	12	Wayne, Joan	VK003	Kitchen Remodeling Dallas Style	1
45	12	Wayne, Joan	VK004	Heather Sweeney Seminar Live in Dallas on 25-OCT-19	1

图 12.14　HSD_DW 的 SQL 查询结果：按客户和产品汇总销售的商品数量

每个单元格显示了每一位客户购买的每种商品的总数

ProductNumber	CustomerID											
	1	2	3	4	5	6	7	8	9	10	11	12
BK001	1		1	1					1			
BK002			1	1		1	1					1
VB001	1		2	1					1			
VB002			2						1		2	
VB003						1		1			2	1
VK001	1		2	1					1			
VK002			2			1			1		2	
VK003							1	1	1		2	1
VK004				1		1	2	1			2	1

图 12.15　二维 ProductNumber-CustomerID 矩阵

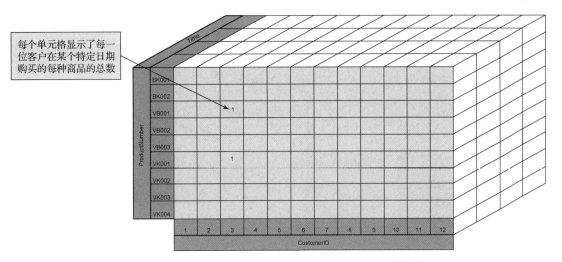

每个单元格显示了每一位客户在某个特定日期购买的每种商品的总数

图 12.16　三维的 Time-ProductNumber-CustomerID 数据集

3．多事实表与一致维度

数据仓库系统根据需要构建维度模型来分析 BI 问题，图 12.11 中的 HSD_DW 星型模式只是各种模式中的一种。图 12.17 显示了扩展的 HSD_DW 模式。

图 12.17 中，添加了第二个名为 SALES_FOR_RFM 的事实表：

SALES_FOR_RFM (*TimeID*, *CustomerID*, InvoiceNumber, PreTaxTotalSale)

这个事实表的主键不需要仅由连接到维度表的外键组成。在 SALES_FOR_RFM 表中，主键包括 InvoiceNumber 属性。这个属性是必需的，因为组合键(TimeID, CustomerID)不是唯一的，因此不能作为主键（客户可以在同一天下多个订单）。注意，和 PRODUCT_SALES 表一样，SALES_FOR_RFM 也连接到 CUSTOMER 和 TIMELINE 维度表。这样做是为了维护数据仓库内的一致性。当维度表连接到两个或多个事实表时，就称为一致维度。本例中，TIMELINE 和 CUSTOMER 为一致维度。

为什么要添加一个名为 SALES_FOR_RFM 的事实表呢？为了解释这一点，下面讨论一下报表系统。

12.5　报表系统

报表系统的目的是从不同的数据源得到有意义的信息,并及时将这些信息交付给适当的用户。如前所述，报表系统与数据挖掘不同，因为它使用排序、过滤、分组并进行简单计算等操作来创建信息。本节将首先描述一个典型的报表问题：RFM 分析。然后将详细讲解一个 OLAP 报表。

12.5.1　RFM 分析

RFM 分析是一种根据客户的购买行为进行分析和排名的方法。这是一种简单的技术，它考虑了客户的订单时间（R）、客户下单的频率（F）以及客户在每个订单上的花费（M）。图 12.18 总结了 RFM。

为了得到 RFM 分数，只需要客户数据以及客户每次购买时的销售数据（包括销售日期和销售总额）。如果查看图 12.17 中的 SALES_FOR_RFM 表及其关联的 CUSTOMER 和 TIMELINE 维度表，会看到它们确实包含了这些数据，SALES_FOR_RFM 表是 HSD_DWBI 系统中进行 RFM 分析的起点。

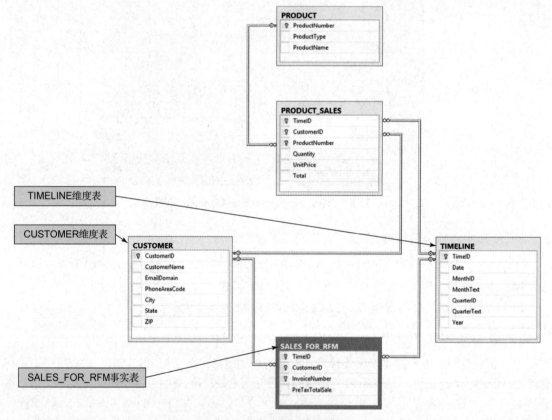

图 12.17　扩展的 HSD_DW 星型模式

RFM 分析
● 简单的基于报表的客户分类方案
● 根据订单的最近程度、频率和金额大小对客户进行评分
● 通常，将每个量度分成 5 组，从 1 到 5 打分

图 12.18　RFM 分析

为了获得 RFM 分数，首先根据客户最近购买的日期对其购买记录进行排序。这种分析的常见形式是将顾客分为 5 组，每一组的顾客得分从 1 到 5。因此，对于购买记录时间距离当前最近的 20%的客户，其 R 分数为 1；接下来的 20%的客户，其 R 得分为 2；依次类推，到最后 20%的客户，其购买记录的 R 得分为 5。

然后，根据客户的购买频率对客户记录进行排序。订单最频繁的 20%的客户，其 F 分数为 1；接下来的 20%客户，F 分数为 2；依次类推，订单最不频繁的客户，其 F 分数为 5。

		RFM Score	
Customer	R	F	M
Able, Ralph	1	1	2
Baker, Susan	2	2	3
George, Sally	3	3	3
Tyler, Jenny	5	1	1
Jacobs, Chantel	5	5	5

每一位客户按 R（最近时间）、F（购买频率）和 M（金额）来评分——1 是最高的（最好的），5 是最低的（最差的）

图 12.19 RFM 评分报表

最后，根据客户在订单上的平均花费，再次对客户进行排序。订单额最高的 20%客户，其 M 分数为 1，接下来的 20%客户，M 分数为 2，依次类推，花费最少的 20%客户，得到 M 分数 5。

图 12.19 给出了 HSD 的样本 RFM 数据（注意，这些数据未经计算，仅供演示之用）。第一位客户 Ralph Able 的分数是{1 1 2}，这表示他最近订购了很多次。然而，他的 M 得分为 2，表明他并没有订购昂贵的商品。根据这些分数，销售人员可以推测 Ralph 是一位很好的客户，他可能愿意购买更贵的商品或更多数量的商品。

Susan Baker 的 RFM 得分为{2 2 3}，她的最近购物次数和购物频率高于平均水平，但她购买的商品价值处于平均水平。根据 Sally George 的 RFM 得分{3 3 3}，可知其购买习惯处于中间位置。客户 Jenny Tyler 的 RFM 得分为{5 1 1}。这表明她已经有一段时间没有订购了；但在过去，一旦订购时，她就会经常订购，而且订单价值处于最高的水平。这些数据表明，Jenny 可能会去寻找其他供应商。因此销售团队的人应该马上联系她。销售人员没必要与 Chantel Jacobs 沟通，因为她的 RFM 得分为{5 5 5}。她已经有一段时间没有下过订单了，而且并不经常下单，即使有订单也只购买少量的便宜商品。

1. 生成 RFM 报表

和大多数报表一样，RFM 报表可以利用一系列 SQL 表达式创建。本节将提供得到 RFM 分数的两个 SQL Server 存储过程。图 12.20 中的 SQL 脚本用于创建前面使用过的 5 个表。

CUSTOMER_SALES 表包含 RFM 计算中使用的原始数据，CUSTOMER_RFM 表包含 CustomerID 和最终的 R、F 和 M 分数。其余三个表——CUSTOMER_R、CUSTOMER_F 和 CUSTOMER_M——用于存储中间结果。所有的 CustomerID 列都是非空的。

图 12.21 中的存储过程，用于计算和存储 R、F、M 三个分数。它首先从 CUSTOMER_R、CUSTOMER_F 和 CUSTOMER_M 表中删除之前任何分析的结果。然后，调用三个存储过程来分别计算 R、F 和 M 分数。接下来，显示每个 R、F 和 M 分数的客户数量。最后，将这些分数存储在 CUSTOMER_RFM 表中。生成报表时，只需要用到这个表。

图 12.22 中给出的 Calculate_R 存储过程演示了如何计算 R 分数。该过程首先将每个客户最近订单的日期放入 MostRecentOrderDate 列中。然后，在一系列 SQL SELECT 语句中使用 SQL TOP…PERCENT 表达式来设置 R_Score 值。第一个 UPDATE 语句，将前 20%的客户的 R_Score 值设置为 1（将 MostRecentOrderDate 降序排序之后）。然后，将剩下的前 25%客户的 R_Score 设置为 2（按 MostRecentOrderDate 降序排列），这些客户以前的 R_Score 值为空。后面依次为其他客户计

算他们的 R 值。有关 Calculate_F 值和 Calculate_M 值的计算与此类似，在习题 12.73 中给出。

```sql
CREATE TABLE CUSTOMER_SALES (
      TransactionID             Int                   NOT NULL,
      CustomerID                Int                   NOT NULL,
      TransactionDate           Date                  NOT NULL,
      OrderAmount               Money                 NOT NULL,
      CONSTRAINT    Customer_Sales_PK    PRIMARY KEY(TransactionID)
      );

CREATE TABLE CUSTOMER_RFM (
      CustomerID                Int                   NOT NULL,
      R                         SmallInt              NULL,
      F                         SmallInt              NULL,
      M                         SmallInt              NULL,
      CONSTRAINT    Customer_RFM_PK      PRIMARY KEY(CustomerID)
      );

CREATE TABLE CUSTOMER_R (
      CustomerID                Int                   NOT NULL,
      MostRecentOrderDate       Date                  NULL,
      R_Score                   SmallInt              NULL,
      CONSTRAINT    Customer_R_PK        PRIMARY KEY(CustomerID)
      );

CREATE TABLE CUSTOMER_F (
      CustomerID                Int                   NOT NULL,
      OrderCount                Int                   NULL,
      F_Score                   SmallInt              NULL,
      CONSTRAINT    Customer_F_PK        PRIMARY KEY(CustomerID)
      );

CREATE TABLE CUSTOMER_M (
      CustomerID                Int                   NOT NULL,
      AverageOrderAmourt        Money                 NULL,
      M_Score                   SmallInt              NULL,
      CONSTRAINT    Customer_M_PK        PRIMARY KEY(CustomerID)
      );
```

图 12.20　用于 RFM 分析的 Microsoft SQL Server 2019 表

```sql
CREATE PROCEDURE RFM_Analysis

AS

/* Delete any existing RFM data  ****************************/

DELETE FROM CUSTOMER_RFM;
DELETE FROM CUSTOMER_R;
DELETE FROM CUSTOMER_F;
DELETE FROM CUSTOMER_M;

/* *** Compute R, F, M Scores ****************************/
Exec Calculate_R;
Exec Calculate_F;
Exec Calculate_M;
```

图 12.21　Microsoft SQL Server 2019 中的 RFM_Analysis 存储过程

```
/* *** Dipslay Results ********************************/
SELECT      R_Score, Count(*)AS R_Count
FROM        CUSTOMER_R
GROUP BY    R_Score;

SELECT      F_Score, Count(*)AS F_Count
FROM        CUSTOMER_F
GROUP BY    F_Score;

SELECT      M_Score, Count(*) AS M_Count
FROM        CUSTOMER_M
GROUP BY    M_Score;

/* *** Store Results *********************************/
INSERT INTO CUSTOMER_RFM (CustomerID)
     (SELECT      CustomerID
      FROM  CUSTOMER_SALES);

UPDATE CUSTOMER_RFM
SET    R =
      (SELECT R_Score
       FROM CUSTOMER_R
       WHERE CUSTOMER_RFM.CustomerID = CUSTOMER_R.CustomerID);

UPDATE CUSTOMER_RFM
SET    F =
      (SELECT F_Score
       FROM CUSTOMER_F
       WHERE CUSTOMER_RFM.CustomerID = CUSTOMER_F.CustomerID);

UPDATE CUSTOMER_RFM
SET    M =
      (SELECT M_Score
       FROM CUSTOMER_M
       WHERE CUSTOMER_RFM.CustomerID = CUSTOMER_M.CustomerID);

/* *** End of Procedure RFM Analysis *********************/
```

图 12.21　Microsoft SQL Server 2019 中的 RFM_Analysis 存储过程（续）

```
CREATE PROCEDURE Calculate_R

AS

/* *** Compute R_Score  *********************************/

INSERT INTO CUSTOMER_R (CustomerID, MostRecentOrderDate)
     (SELECT      CustomerID, MAX (TransactionDate)
      FROM CUSTOMER_SALES
      GROUP BY CustomerID);

UPDATE      CUSTOMER_R
     SET    R_Score = 1
     WHERE CustomerID IN
           (SELECT TOP 20 PERCENT CustomerID
            FROM CUSTOMER_R
            ORDER BY MostRecentOrderDate DESC);

UPDATE      CUSTOMER_R
     SET    R_Score = 2
     WHERE CustomerID IN
           (SELECT TOP 25 PERCENT CustomerID
```

图 12.22　Microsoft SQL Server 2019 中的 Calculate_R 存储过程

```
                FROM CUSTOMER_R
                WHERE R_Score IS NULL
                ORDER BY MostRecentOrderDate DESC);

    UPDATE      CUSTOMER_R
        SET     R_Score = 3
        WHERE CustomerID IN
                (SELECT TOP 33 PERCENT CustomerID
                FROM CUSTOMER_R
                WHERE R_Score IS NULL
                ORDER BY MostRecentOrderDate DESC);

    UPDATE      CUSTOMER_R
        SET     R_Score = 4
        WHERE CustomerID IN
                (SELECT TOP 50 PERCENT CustomerID
                FROM CUSTOMER_R
                WHERE R_Score IS NULL
                ORDER BY MostRecentOrderDate DESC);

    UPDATE      CUSTOMER_R
        SET     R_Score = 5
        WHERE CustomerID IN
                (Select CustomerID
                FROM CUSTOMER_R
                WHERE R_Score IS NULL);
```

图 12.22　Microsoft SQL Server 2019 中的 Calculate_R 存储过程（续）

图 12.23 展示了如何将 CUSTOMER_RFM 表用于生成报表。它显示了 CUSTOMER_RFM 上的一个 SELECT 语句，从一个包含 5000 多位客户和 100 多万个事务的数据库中提取 5061 条记录进行汇总。这些记录是从一个 Excel 工作表导入表中的，该数据用于填充 CUSTOMER_SALES 表，它是 CUSTOMER_RFM 表中数据的基础。

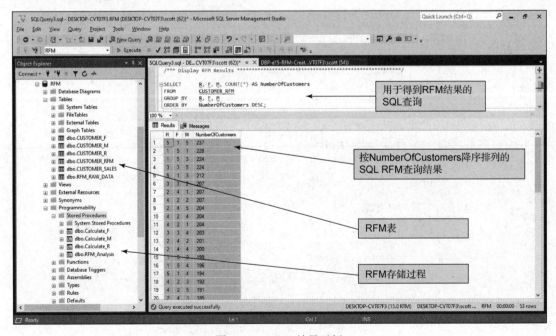

图 12.23　RFM 结果示例

图 12.23 中的结果很有趣，但是除非将它交付给正确的用户，否则它对机构没有什么价值。

例如，图中的第一行显示有 237 位客户的 RFM 评分为{5　1　5}。这些客户最近有昂贵的订单，但是他们的购买行为并不频繁。公司可能希望鼓励他们经常采购。有时，需要将这个报表和有这些分数的客户信息（参见习题 12.34）提供给销售人员。为了理解实现这一点的现代方法，首先介绍一个 OLAP 报表示例，然后探讨报表系统的组成部分。

12.5.2　OLAP

OLAP（联机分析处理）提供了对数据组进行求和、统计数量、求平均值以及其他简单操作的能力。OLAP 系统可产生 OLAP 报表。OLAP 报表也称为 OLAP 立方体（OLAP cube）。参照维度数据模型中的用法，一些 OLAP 产品使用三个轴（类似几何立方体）来展现 OLAP 信息。OLAP 报表的显著特点是它的动态性：OLAP 报表的格式可以由浏览者改变，这就是术语中"O"（联机）的含义。

OLAP 使用本章前面讨论的维度数据库模型，因此 OLAP 报表同时包含量度和维度并不奇怪。量度是维度模型中的事实——在 OLAP 报表中求和或平均值，或者以其他方式处理的感兴趣的数据项。例如，可以将销售数据相加得到总销售额，或者计算平均值得到平均销售额。之所以使用"量度"这个术语，是因为处理的是已经或可以测量和记录的量。正如前面所讲，维度是量度的属性或特征。购买日期（TimeID）、客户位置（City）和销售区域（ZIP 或 State）都是维度之一。在 HSD_DW 数据库中可以看到了时间维度的重要性。

本节中，将使用来自 HSD_DW 数据库的 SQL 查询和 Microsoft Excel PivotTable（数据透视表）生成 OLAP 报表。

> **BY THE WAY**　这里使用了 Microsoft SQL Server 和 Microsoft Excel 来演示对 OLAP 报表和数据透视表的讨论。对于其他 DBMS 产品，比如 MySQL，可以在 LibreOffice 或 Apache OpenOffice 产品套件中使用 Calc 电子表格应用的 DataPilot 特性。

处理方法有三种：

- 手工复制 SQL 查询结果并将其格式化为 Excel 工作表中的格式化表：
  - ◇ 将 SQL 查询结果复制到 Excel 工作表中。
  - ◇ 为结果添加列名。
  - ◇ 将查询结果格式化为 Excel 表（可选）。
  - ◇ 选择带有列名的包含结果的 Excel 范围。
  - ◇ 创建数据透视表。
- 或者，可以通过 Excel 的 Get Data（获取数据）命令连接到一个 DBMS 数据源：
  - ◇ 单击 DATA 命令选项卡上的 Get Data 命令。
  - ◇ 选择 Microsoft SQL Server 数据库作为数据源。
  - ◇ 指定数据应该进入 Excel 表。
  - ◇ 创建数据透视表。
- 或者，可以利用 Microsoft Power Pivot for Excel 2019 插件功能，连接到 DBMS 数据源，然后创建数据透视表。

下面将为第一种方法提供一个 SQL 查询，但将重点讲解第三种方法。这个 OLAP 报表的作用是根据 HSD_DW 数据库中选定的维度来分析 HSD 产品的销售情况。例如，如果希望了解产品销售如何随客户居住的城市而变化，则可以编写一个 SQL 查询，从维度数据库中收集所需的信息。然后，将数据复制到 Excel 工作表中，就可以使用该查询的结果。SQL Server 2019 中使用的 SQL 查询为：

```
/* *** SQL-Query-CH12-02 *** */
SELECT      C.CustomerID, CustomerName, C.City,
            P.ProductNumber, P.ProductName,
            T.Year, T.QuarterText,
            SUM(PS.Quantity) AS TotalQuantity
FROM        CUSTOMER C, PRODUCT_SALES PS, PRODUCT P, TIMELINE T
WHERE       C.CustomerID = PS.CustomerID
    AND     P.ProductNumber = PS.ProductNumber
    AND     T.TimeID = PS.TimeID
GROUP BY    C.CustomerID, C.CustomerName, C.City,
            P.ProductNumber, P.ProductName,
            T.QuarterText, T.Year
ORDER BY    C.CustomerName, T.Year, T.QuarterText;
```

然而，如果希望使用第二种或第三种方法（将 Microsoft Excel 连接到 DBMS 数据源），则必须首先基于该查询创建一个视图（参见第 7 章）。这是因为 SQL Server（以及其他基于 SQL 的 DBMS 产品，如 Oracle Database 和 MySQL）可以存储视图，但不能存储查询。SQL Server 2019 中用于创建 HSDDWProductSalesView 视图的 SQL 查询为：

```
/* *** SQL-CREATE-VIEW-CH12-01 *** */
CREATE VIEW HSDDWProductSalesView AS
SELECT      C.CustomerID, C.CustomerName, C.City,
            P.ProductNumber, P.ProductName,
            T.Year, T.QuarterText,
            SUM(PS.Quantity) AS TotalQuantity
FROM        CUSTOMER C, PRODUCT_SALES PS, PRODUCT P, TIMELINE T
WHERE       C.CustomerID = PS.CustomerID
    AND     P.ProductNumber = PS.ProductNumber
    AND     T.TimeID = PS.TimeID
GROUP BY    C.CustomerID, C.CustomerName, C.City,
            P.ProductNumber, P.ProductName,
            T.QuarterText, T.Year;
```

BY THE WAY　　Microsoft Excel 2019 插件的 Power Pivot 功能提供了额外的工具，可以处理比 Microsoft Excel 2019 本身更大的数据集。这是一个有用的工具，很值得研究。如果 Power Pivot 选项卡没有出现在 Microsoft Excel 中，则可以通过 File | Options | Add-Ins，在 COMAdd-Ins 节中找到。

现在，当连接到数据库时，可以将 HSDDWProductSalesView 用作 OLAP 报表的数据源。可以使用标准的 Microsoft Excel 2019 Power Pivot 工具来完成这项工作——图 12.24（a）是工作的起点，它是一个空白的 Microsoft Excel 2019 工作簿（名称为 DBP-e16-HSD-BI.xlsx）。

为了连接 HSD_DW 数据，需单击 Power Pivot 命令选项卡。如图 12.24（a）所示，这会显示几个 Power Pivot 命令。单击 Manage 按钮，出现一个新的 Power Pivot for Excel 窗口，如图 12.24（b）所示。

单击 From Database 按钮，然后选中 From SQL Server 选项，启动 Table Import Wizard 窗口，如图 12.24（c）所示。选择希望使用的 SQL Server（本例中为本地计算机名 DESKTOP-CVT07F3）和数据库（HSD_DW），然后单击 Next 按钮。

BY THE WAY　　图 12.24（c）中将 DESKTOP-CVT-07F3 作为实例名，因为它是本地计算机上的默认实例。如果连接到非默认实例，则应先使用计算机名，再使用实例名，例如 DESKTOP-CVT-07F3\MSSQLSERVER。

在下一个 Table Import Wizard 窗口中的 Choose How to Import the Data 选项下，保持默认选项，如图 12.24（d）所示，然后单击 Next 按钮。如图 12.24（e）所示，在 Select Tables and Views 对话框中，将 HSDDWProductSalesView 选为数据源。注意，从 SQL-CREATE-VIEW-CH12-01 语句得到的 HSDDWProductSalesView 视图为 PivotTable OLAP 报表中的精确数据提供了很大的便利。选中了视图之后，单击 Finish 按钮，会在 Importing 对话框中看到 Success 消息，这时可以单击 Close 按钮。

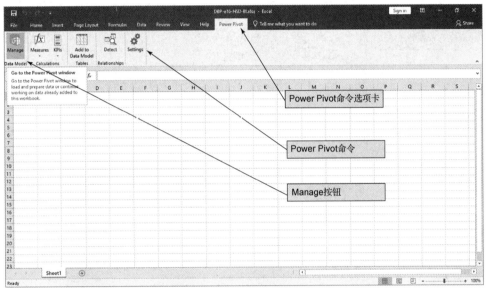

（a）Power Pivot选项卡

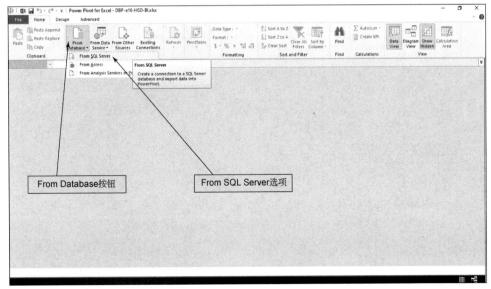

（b）Power Pivot for Excel窗口

图 12.24　创建 OLAP 报表

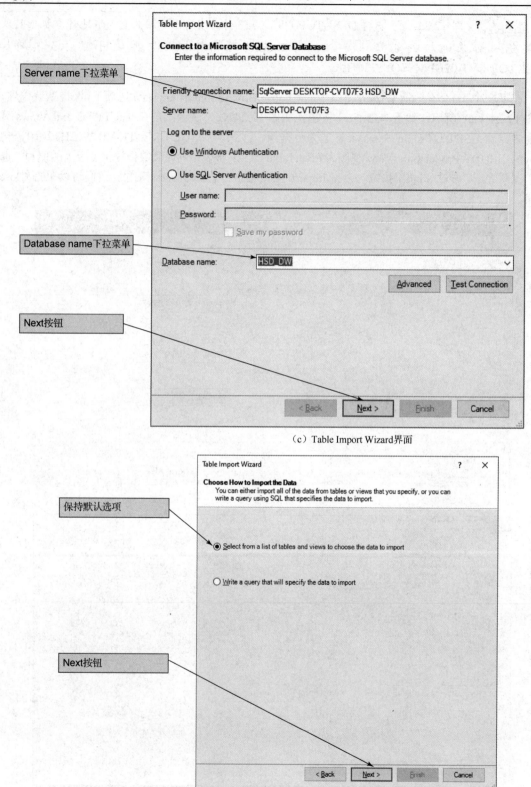

（c）Table Import Wizard界面

（d）Choose How to Import the Data对话框

图 12.24　创建 OLAP 报表（续）

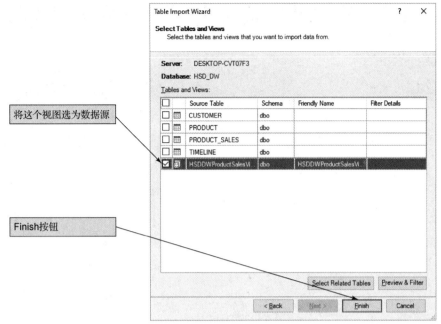

（e）Select TablesAnd Views对话框

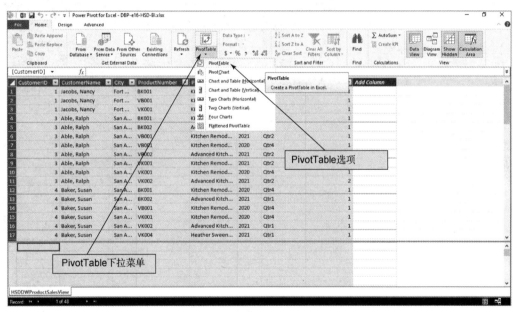

（f）创建PivotTable

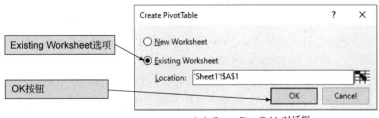

（g）Create PivotTable对话框

图 12.24　创建 OLAP 报表（续）

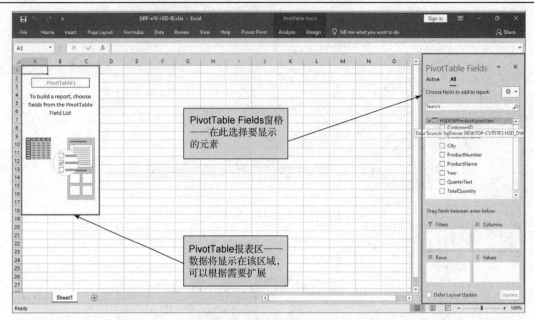

（h）新工作表中的空PivotTable

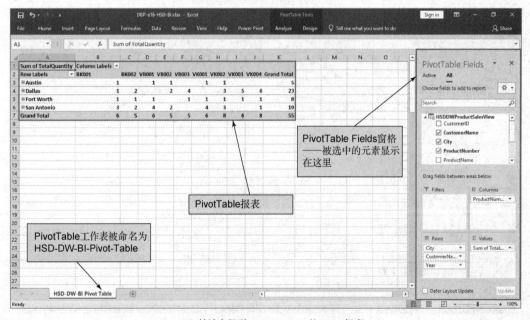

（i）按城市得到ProductNumber的OLAP报表

图 12.24　创建 OLAP 报表（续）

　　此时，希望将数据存储在原始 DBPe16-HSD-BI.xlsx 工作簿中的 PivotTable 中。如图 12.24（f）所示，在 Power Pivot 窗口中，打开 PivotTable 下拉菜单，选择 PivotTable 选项。

　　如图 12.24（g）所示，接下来会显示一个 Create PivotTable 对话框。在创建 PivotTable 之前，希望将数据存储在 Microsoft Excel 工作簿中的现有工作表中，因此单击 Existing Worksheet 按钮，然后单击 OK 按钮。

　　数据透视表如图 12.24（h）所示。在 PivotTable Fields 窗格中选择适当的字段，然后创建

PivotTable 本身，如图 12.24(i)所示：将 CustomerName、City、ProductNumber、Year 和 TotalQuantity 选为 PivotTable 的字段。将 ProductNumber 从 ROWS 部分拖到 COLUMNS 部分，并确保 ROWS 部分按 City、CustomerName 和 Year 排列。VALUES 部分应该包含 Sum of Total Quantity。注意，这里重命名了工作表，以更好地反映其用途。

图 12.24(i)中，量度为销售数量，维度为 ProductNumber 和 City。这份报表，显示了不同产品和城市的商品销量是如何变化的。例如，VB003（达拉斯风格厨房改造的视频指南）在 Dallas 市售出了 4 份，但在 Austin 市没有人购买。

这里使用了简单的 SQL 视图和 Microsoft Excel 来生成图 12.24(i)中的 OLAP 报表，有许多 DBMS 和 BI 产品包含更强大和更复杂的工具。例如，Microsoft SQL Server 2019 Developer Edition（本书中使用）中包含了 SQL ServerAnalysis Services[①]。除了 Excel，还可以通过多种方式显示 OLAP 立方体。

一些第三方供应商提供更复杂的图形化显示，可以类似为报表管理系统所描述的任何其他报表一样交付 OLAP 报表。

OLAP 报表的显著特点是用户可以更改格式。图 12.25 显示了另一种格式，其中在水平位置添加了两个额外维度：客户姓名和购买年份。销售数量现在是按每个城市的客户划分的；在一个城市中，再按客户的年份划分。使用 OLAP 报表可以向下分解数据——将数据进一步划分为更详细的内容。例如，在图 12.25 中，用户可以分解 San Antonio 的数据，以显示该城市的所有客户数据，并显示客户 Ralph Able 的年度购买数据。

| Sum of TotalQuantity | Column Labels | | | | | | | | | |
Row Labels	BK001	BK002	VB001	VB002	VB003	VK001	VK002	VK003	VK004	Grand Total
⊟Austin										
⊞ Pearson, Bobbi	1		1	1		1	1			5
⊟Dallas										
⊞ Foxtrot, Kathy		1			1		1	1	1	5
⊞ George, Sally	1	1						1	2	5
⊞ Hullett, Shawn				1				1	1	3
⊞ Tyler, Jenny				2	2		2	2	2	10
⊟ Fort Worth										
⊞ Jacobs, Nancy		1		1			1			3
⊞ Wayne, Joan	1		1			1		1	1	5
⊟ San Antonio										
⊟ Able, Ralph										
2020			1			1				2
2021	1	1	1		2	1	2			8
⊞ Baker, Susan	1	1	1			1	1		1	6
⊞ Eagleton, Sam	1		1			1				3
Grand Total	6	5	6	5	5	6	8	6	8	55

图 12.25　按城市、客户和年份得到 ProductNumber 的 OLAP 报表

（左侧批注：San Antonio 市的数据中包含客户数据；Customer =Able, Ralph 数据还显示了年份数据）

在 OLAP 报表中，还可以更改维度的顺序。图 12.26 显示的结果，将城市显示为垂直数据，ProductID 及其数量显示为水平数据。该 OLAP 报表按城市、产品、客户和年份显示销售数量。

上述两种显示方式都是有效且有用的，采用哪一种由用户决定。产品经理可能希望首先查看产品（ProductID），然后查看位置数据（City）；销售经理可能希望先查看位置数据，然后再查看

---

① 尽管 OLAP 报表可以在没有 SQL ServerAnalysis Services 的情况下创建，正如此处所做的，但是 Analysis Services 添加了相当多的功能。它是 SQL Server 2019 Developer Edition 的标准部分，直接在 DBMS 中提供数据挖掘功能。

产品数据。OLAP 报表提供了这两种透视图，在查看报表时可以在它们之间切换。

　　所有这些灵活性都是有代价的。如果数据库很大，为这种动态显示执行必要的计算、分组和排序，需要大量的计算能力。尽管标准的、商业的 DBMS 产品确实具有创建 OLAP 报表所需的特性和功能，而且它们还在不断发展以提供更复杂的报表能力，但它们的关注点是为事务处理应用提供快速响应，如订单输入应用或生产计划应用。因此，即使 DBMS 产品在提供分析特性方面做得越来越好，数据仓库和 BI 特性通常仍然是独立安装并运行的。

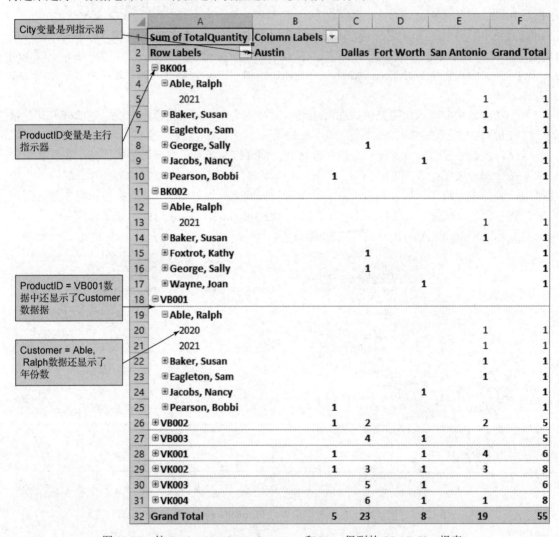

图 12.26　按 ProductNumber、Customer 和 Year 得到的 OLAP City 报表

　　因此，开发出了一种称为 OLAP 服务器的专用产品来执行 OLAP 分析。如图 12.27 所示，OLAP 服务器从运营数据库读取数据，执行初步计算，并将计算结果存储在 OLAP 数据库中。出于性能和安全方面的考虑，OLAP 服务器和 DBMS 通常运行于不同的计算机上，即使 OLAP 服务器是 DBMS 包的一部分也如此。OLAP 服务器通常位于数据仓库或数据集市中。

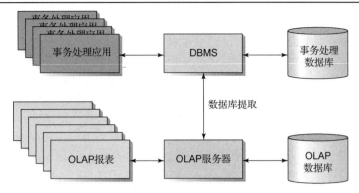

图 12.27　OLAP 服务器和 OLAP 数据库的角色

12.5.3　报表系统的组成

　　无论报表是来自 OLAP 系统、RFM 还是其他类型的报表系统，它们都需要在适当的时间提供给适当的人员。为了理解如何在现代数据库系统中实现这一点，本节中将描述报表系统的组成，下一节中将讲解报表系统的功能。图 12.28 列出了报表系统的组成。如图所示，需要读取和处理不同来源的数据，报表系统可以从运营数据库、数据仓库和数据集市获取数据。

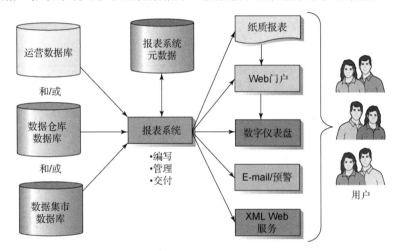

图 12.28　报表系统的组成

　　报表系统维护着一个报表元数据的数据库。元数据描述了报表、用户、组、角色、事件以及报表活动中涉及的其他实体。使用这些元数据，报表系统以正确的格式及时准备并向相关用户交付适当的报表。如图 12.28 所示，报表可以采用多种媒介或格式。

　　图 12.29 列出了报表的一些特征，下面将更详细地描述它们。

1．报表类型

　　有些报表是静态的。它们是根据底层数据一次性准备的，并且不会更改。例如，过去一年的销售报表就是一个静态报表。有些报表是动态报表——在创建时，报表系统会读取最近、最新的数据，并据此生成报表。有关当天销售情况和当前股价的报表，就是动态报表。

　　查询报表（Query Report）是根据用户输入的信息而得到的。Google Web 搜索就是一个查询报表：用户输入希望搜索的关键字，Google 的报表系统搜索其数据库并生成针对该查询的响应。

对于某个特定的机构（如 Heather Sweeney Designs），可以生成查询报表来显示当前库存水平。用户输入商品编号，报表系统会以这些商品的库存水平作为响应。

就报表系统而言，OLAP 报表允许用户动态更改报表的分组结构。

2．报表媒介

如图 12.28 和图 12.29 所示，可以通过多种渠道交付报表。有些报表可以是纸质的打印格式，也可以是类似的 PDF 电子格式。有些报表可以通过 Web 门户交付。机构可以将销售报表放置于销售部门的 Web 门户上，将客户报表放置于客户服务部门的 Web 门户上。

数字仪表盘是为特定用户定制的电子报表。诸如 Google、MSN、Yahoo!等这样的公司，可能已经见过或使用过它们的数字仪表盘服务。用户可以定义希望看到的内容——例如，本地天气预报、股价清单、新闻源列表，供应商会为每一位用户构建一个定制的显示结果。机构还可以设计特定的仪表盘。例如，制造企业的高管，可能有一个显示最新的生产和销售活动的仪表盘。这些仪表盘，可以由 IBM 和 SAP 等公司提供。

类型	媒介	模式
静态	纸质	推送
动态	Web 门户	拉取
查询	数字仪表盘	
联机分析处理（OLAP）	E-mail/预警	
	XML Web 服务及特定应用	

图 12.29　报表的特性

报表也可以通过预警交付。通过 E-mail 或手机，用户能够获得新闻和事件的通知。如 iPhone 和那些使用 Android 系统的智能手机，能够显示 Web 页面并可以使用数字仪表盘。

最后，报表还可以交付给其他信息系统。一种方法是通过 XML Web Services 提交报表，如第 11 章所述。这种报表形式对于机构间的信息系统特别有用，如供应链管理。

3．报表模式

如图 12.29 所示，最后一个报表特性是模式。推送报表是根据预定的时间表发送给用户的。用户可以在没有任何活动的情况下接收报表。相反，用户必须提出请求才能拉取报表。为了获得拉取报表，用户可以访问 Web 门户或数字仪表盘，并单击某个链接或按钮，以使报表系统能够生成并交付报表。

12.5.4　报表系统的功能

如图 12.28 所示，报表系统提供三种功能：报表编写、报表管理和报表交付。

1．报表编写

报表编写（Report Authoring）包括连接到所需的数据源、创建报表结构和格式化报表。然后，使用报表编写系统创建报表，并分配给组和用户。报表分配元数据，不仅包括用户或用户组以及所分配的报表，还包括应发送给用户的报表格式、交付报表的通道、推送或拉取报表等。如果模式为推送，则管理员需声明报表是按常规计划生成的还是根据数据库中的特定事件生成预警的。

图 12.30、图 12.31 和图 12.32，显示了如何用 SQL Server Data Tools（SSDT）编写报表，并

将它发布在 SQL Server 中进行的 RFM 分析结果。

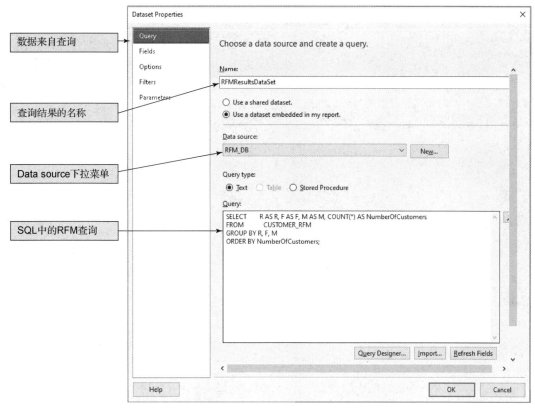

图 12.30　使用 SSDT 设置报表数据源

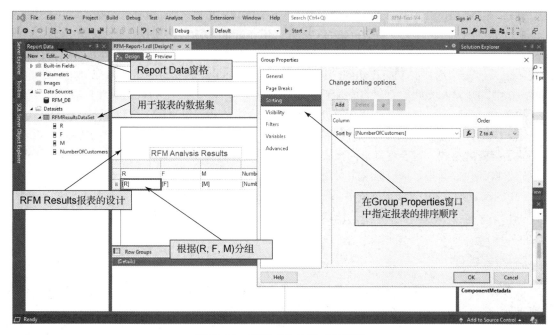

图 12.31　利用 SSDT 格式化报表

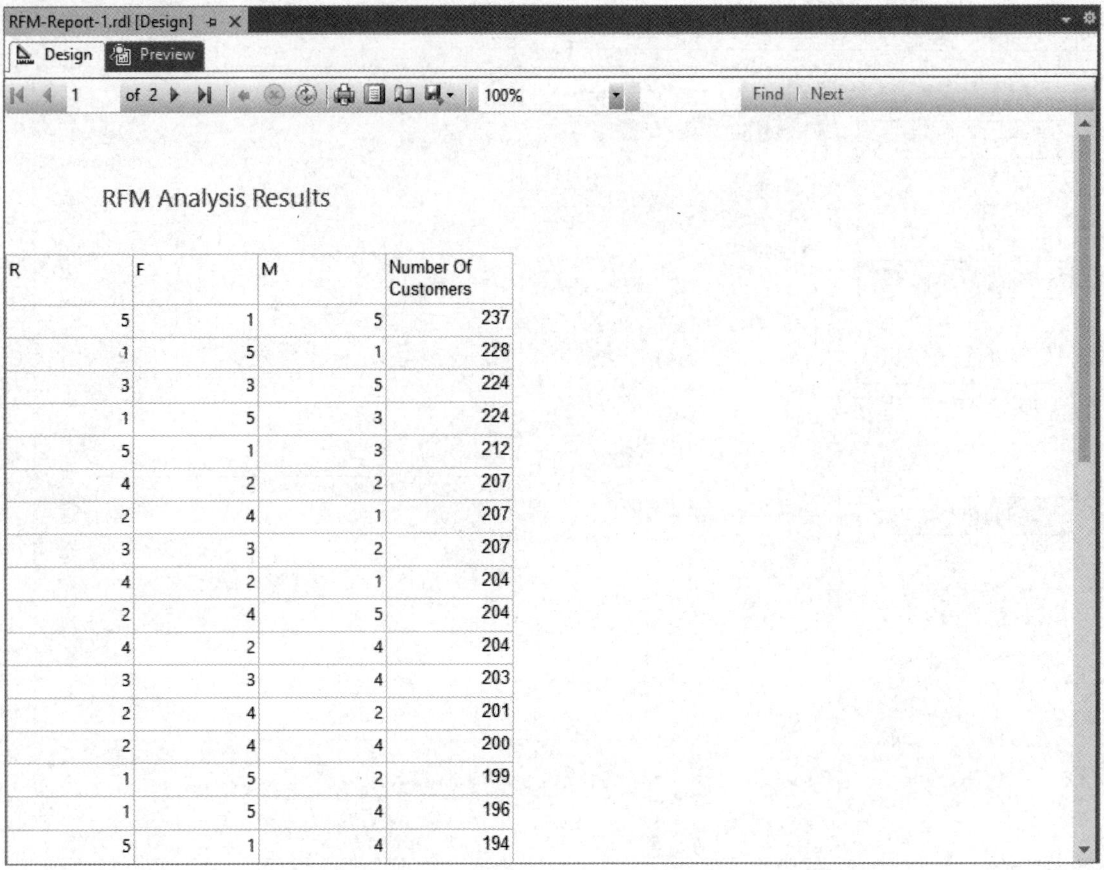

图 12.32　利用 SSDT 预览报表

　　SSDT 是 Microsoft Visual Studio 2019 中的一个工具，可以从 Microsoft 网站下载。SSDT 是 Visual Studio 2019 的一部分，包括免费的 Community Edition，但必须在 Visual Studio 2019 安装期间或之后，通过添加 SQL Server Data Tools 作为一个工作负载来激活。此外，还可以安装 Microsoft Reporting Services（这是在 Visual Studio 中使用 Manage Extensions 特性完成的），以利用它的功能。图 12.30 中，开发人员指定了一个数据源（RFM_DB），其中包含 CUSTOMER_RFM 表，并且输入了如图 12.23 所示的 SQL 语句作为 RFM_DB 数据源中的数据集，用于构建报表。

　　图 12.31 中，通过指定标题、选择数据项格式以及排序顺序（数据集不会自动排序），报表作者创建了报表的格式。对于更复杂的报表，作者可以对数据项进行分组并指定其他特性。报表中使用的数据源和数据集包括数据集中可用的字段，显示在图 12.31 左侧的 Report Data 窗格中。SSDT 中的报表预览，如图 12.32 所示。最终的报表在 Web 浏览器中以静态 Web 页面的形式呈现，如图 12.33 所示。要了解有关此应用的更多信息，可在 Microsoft 网站上搜索"SSDT reporting services"。

2．报表管理

　　报表管理（Report Management）包括定义谁能接收什么报表、何时接收报表以及用什么方式接收报表。大多数报表管理系统允许报表系统管理员定义用户账户和用户组，并将特定用户分配给特定的组。例如，所有销售人员将被分配到 Sales（销售）组，所有高级管理人员将被分配到 Executive（执行）组，以此类推。所有这些账户及其分配，都存储在报表系统元数据中，如图 12.28

所示。使用报表编写系统创建的报表会被分配给组和用户。将报表分配给组，可以减轻管理员的工作；当创建、更改或删除报表时，管理员只需更改组的报表特性即可。组中的所有用户都会继承这些更改。例如，图 12.34 给出了 XML 格式的部分 RFM 报表（通过 SQL Server Reporting Services 利用 Visual Studio Microsoft Reporting Tools 和 SSDT 实现）。这个 XML 文件可以输入到任何能够解析 XML 的程序中，并能够通过 XSL 进行操作，如第 11 章和附录 H 所述。

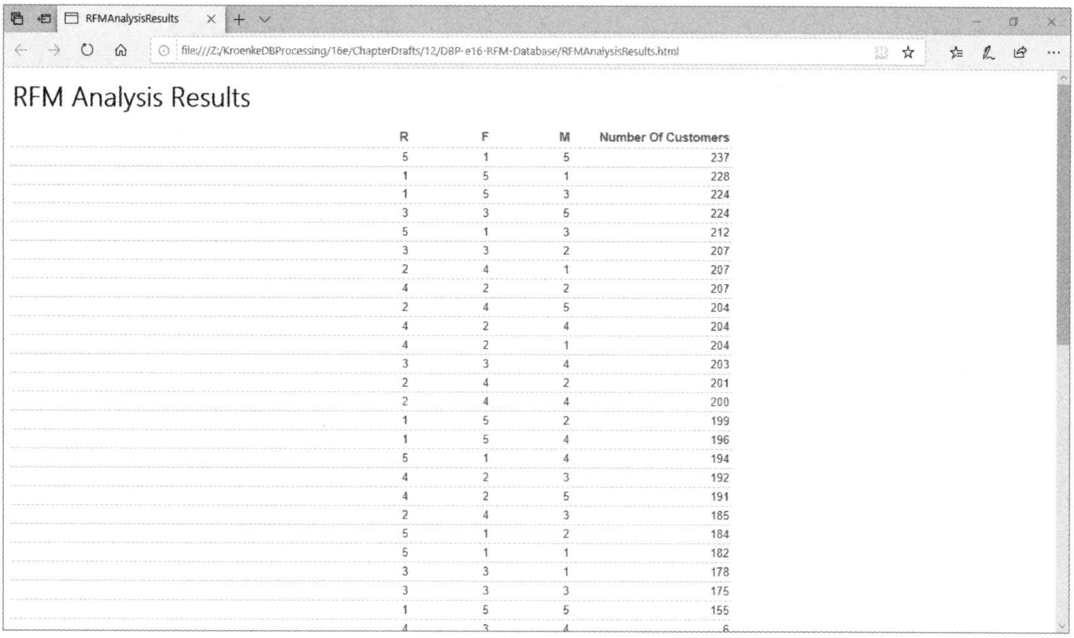

R	F	M	Number Of Customers
5	1	5	237
1	5	1	228
1	5	3	224
3	3	5	224
5	1	3	212
3	3	2	207
2	4	1	207
4	2	2	207
2	4	5	204
4	2	4	204
4	2	1	204
3	3	4	203
2	4	2	201
2	4	4	200
1	5	2	199
1	5	4	196
5	1	4	194
4	2	3	192
4	2	5	191
2	4	3	185
5	1	2	184
5	1	1	182
3	3	1	178
3	3	3	175
1	5	5	155

图 12.33　Web 浏览器中的 RFM 报表

如前所述，报表管理元数据指示应该将报表的哪种格式发送给哪个用户。它还指明了使用什么渠道，以及报表的推送和拉取。如果模式为推送，则管理员将声明报表是按常规计划生成的还是根据数据库中的某个事件作为预警生成的。

3. 报表交付

报表系统的报表交付（Report Delivery）功能根据报表管理元数据推送或拉取报表。报表可以通过手工或电子邮件服务器交付，也可以按如图 12.33 所示的 Web 门户、如图 12.34 所示的 XML Web Services 或其他特定于程序的方式交付。利用操作系统和其他程序安全组件，报表交付系统可以确保只有授权用户才能接收授权的报表，并确保在适当的时间生成推送报表。

对于查询报表，报表交付系统充当用户和报表生成器之间的中介。它接收用户的查询请求，例如库存查询中的商品编号，将查询请求传递给报表生成器，接收结果报表，并将报表交付给用户。

```
<?xml version="1.0" encoding="utf-8"?>
<Report xsi:schemaLocation="RFM-Report-1 http://reportserver?%2FRFM-Report-
1&amp;rs%3AFormat=XML&amp;rc%3ASchema=True" Name="RFM-Report-1"
xmlns:xsi="http://www.w3.org/2001/XMLSchema-instance" xmlns="RFM-Report-1">
      <Tablix1>
            <Details_Collection>
                  <Details R="5" F="1" M="5" NumberOfCustomers="237"/>
```

图 12.34　XML 格式的 RFM 报表（部分）

```
                    <Details R="1" F="5" M="1" NumberOfCustomers="228"/>
                    <Details R="3" F="3" M="5" NumberOfCustomers="224"/>
                    <Details R="1" F="5" M="3" NumberOfCustomers="224"/>
                    <Details R="5" F="1" M="3" NumberOfCustomers="212"/>
                    <Details R="4" F="2" M="2" NumberOfCustomers="207"/>
                    <Details R="2" F="4" M="1" NumberOfCustomers="207"/>
                    <Details R="3" F="3" M="2" NumberOfCustomers="207"/>
                    <Details R="4" F="2" M="1" NumberOfCustomers="204"/>
                    <Details R="2" F="4" M="5" NumberOfCustomers="204"/>
                    <Details R="4" F="2" M="4" NumberOfCustomers="204"/>
                    <Details R="3" F="3" M="4" NumberOfCustomers="203"/>
                    <Details R="2" F="4" M="2" NumberOfCustomers="201"/>
                    <Details R="2" F="4" M="4" NumberOfCustomers="200"/>
                    <Details R="1" F="5" M="2" NumberOfCustomers="199"/>
                    <Details R="1" F="5" M="4" NumberOfCustomers="196"/>
                    <Details R="5" F="1" M="4" NumberOfCustomers="194"/>
                    <Details R="4" F="2" M="3" NumberOfCustomers="192"/>
                    <Details R="4" F="2" M="5" NumberOfCustomers="191"/>
                    <Details R="2" F="4" M="3" NumberOfCustomers="185"/>
                    <Details R="5" F="1" M="2" NumberOfCustomers="184"/>
                    <Details R="5" F="1" M="1" NumberOfCustomers="182"/>
                    <Details R="3" F="3" M="1" NumberOfCustomers="178"/>
                    <Details R="3" F="3" M="3" NumberOfCustomers="175"/>
                    <Details R="1" F="5" M="5" NumberOfCustomers="155"/>
                    <Details R="4" F="3" M="4" NumberOfCustomers="6"/>
                    <Details R="2" F="5" M="4" NumberOfCustomers="5"/>
                    <Details R="3" F="4" M="3" NumberOfCustomers="5"/>
                    <Details R="1" F="4" M="4" NumberOfCustomers="5"/>
                    <Details R="4" F="3" M="2" NumberOfCustomers="4"/>
                    <Details R="3" F="2" M="1" NumberOfCustomers="4"/>
                    <Details R="2" F="5" M="3" NumberOfCustomers="4"/>
                    <Details R="5" F="2" M="4" NumberOfCustomers="4"/>
                    <Details R="2" F="5" M="2" NumberOfCustomers="3"/>
                    <Details R="2" F="5" M="1" NumberOfCustomers="3"/>
                    <Details R="3" F="4" M="1" NumberOfCustomers="2"/>
                    <Details R="1" F="4" M="5" NumberOfCustomers="2"/>
                    <Details R="1" F="4" M="1" NumberOfCustomers="2"/>
                    <Details R="5" F="2" M="4" NumberOfCustomers="2"/>
                    <Details R="4" F="3" M="5" NumberOfCustomers="2"/>
                </Details_Collection>
            </Tablix1>
        </Report>
```

图 12.34　XML 格式的 RFM 报表（部分）（续）

12.6　数据挖掘

　　与报表应用中使用的基本计算、过滤、排序和分组不同，数据挖掘涉及复杂的数学和统计学知识的应用，以发现可用于对数据进行分类和预测未来结果的模式和关系。如图 12.35 所示，数据挖掘是多种因素的集合体。数据挖掘技术已经出现在统计学和数学，以及人工智能和机器学习领域。事实上，数据挖掘中的术语是这些不同学科使用的术语的奇特组合。

　　数据挖掘技术利用了过去 20 年来出现的大规模数据库处理的发展成果。当然，如果没有快速而廉价的计算机，这些数据就不会产生；如果没有这些计算机，新技术的成果也不可能在合理的时间段内获得。

　　大多数数据挖掘技术，都是复杂且难以使用的。然而，这些技术对机构是有价值的。在一些专业的商业领域，特别是金融和市场营销领域，已经开发出了专门的数据挖掘技术。几乎所有的数据挖掘技术，都需要使用专业的软件。流行的数据挖掘产品有：SAS Corporation 的 Enterprise Miner、IBM 的 SPSS Modeler、Micro Focus 的 Vertica。

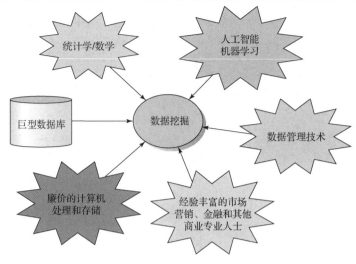

图 12.35　数据挖掘的学科融合

　　然而，现在出现了一种让更多用户能够使用数据挖掘的趋势。例如，许多数据挖掘特性包含在 SQL Server Machine Learning Services 中，但它们要求具备 R 或 Python 编程专业知识。Oracle 通过"Oracle Advanced Analytics"选项提供了数据挖掘功能，并将 GUI 作为 SQL Developer 的一部分（无须编程）。图 12.36 显示了将 Oracle Data Miner 应用于 HSDDWProductSalesView 数据的集群结果。数据挖掘模型的创建在 Oracle Advanced Analytics 包中进行，它是 Oracle Database Express Edition 18c 的一部分。在 SQL Developer 中，可以利用 Oracle Data Miner 工具对这些模型进行处理和可视化。图 12.36 所示的集群展示了购买行为的城市与季度之间的高度相关性：Cluster 3 的购买记录来自 San Antonio；Cluster 2 中所有的购买记录来自其他城市，等等。尽管这是一个很小的数据库，但也可以得出结论：2021 年第一季度 San Antonio 市似乎没什么变化。图中显示的集群是使用 Oracle 自己的"OC"集群算法创建的，但 Oracle Data Miner 还提供了其他流行的集群算法，如 K-Means（见图 12.36 中的另一个选项卡）。

12.6.1　无监督与有监督的数据挖掘

　　数据挖掘技术可分为两大类：无监督和有监督。

1. 无监督数据挖掘

　　当使用无监督数据挖掘技术时，在开始分析之前，分析人员不会创建模型或假设。相反，只会将数据挖掘技术应用于数据，并观察结果。进行分析之后，需要进行一些解释和假设来理解所发现的模式。

　　一种常用的无监督技术是聚类分析（Cluster Analysis）。通过聚类分析，统计技术被用来识别具有相似特征的实体组。聚类分析的一个常见用途是在订单数据或客户统计数据中找到客户群体。例如，Heather Sweeney Designs 可以使用聚类分析来确定哪些客户群体与特定产品的购买相关。利用为创建 OLAP 报表而开发的同一个 HSD_DW 数据表，可以创建聚类分析。这种情况下，聚类分析工具可能会指出 Dallas 地区和其他地区有不同的销售模式。例如，在两个集群中，特定视频产品的销售可能有显著差异。图 12.36 中的集群是以 SQL Server Analysis Services 创建的。

　　市场购物篮分析是另一种形式的无监督数据挖掘。由于它是最常见和最重要的数据挖掘形式之一，所以将在本章后面更详细地讲解。

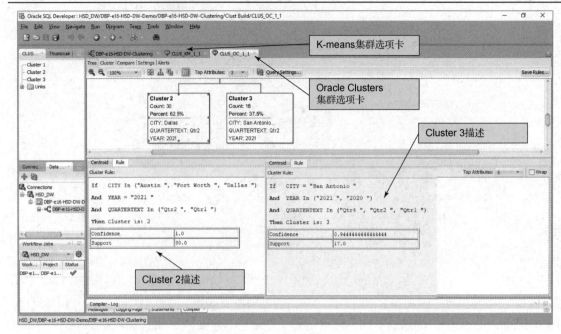

图 12.36　Oracle Database Data Miner 中的集群处理

2．有监督数据挖掘

当使用有监督数据挖掘技术时，在分析之前，数据挖掘者会开发一个模型，然后对数据采用统计技术来估计模型的参数。例如，假设某家通信公司的营销专家认为周末使用手机的时间是由客户的年龄和客户拥有手机账户的月数决定的。然后，数据挖掘分析师可以运行一种称为回归分析的统计分析技术，以确定该模型方程的系数。一种可能的结果是：

$$CellPhoneWeekendMinutes = 12 + (17.5 * CustomerAge)$$
$$+ (23.7 * NumberMonthsOfAccount)$$

正如统计学课程上可能会讲到的，评估一个模型的质量，需要相当高的技能。回归工具会创建一个方程，它是否能很好地预测未来的手机使用情况，取决于很多超出本书范围的因素，比如 t 值、置信区间和相关的统计技术。

下一节中，将讲解其他一些流行的有监督数据挖掘技术。其中之一是决策树，将在后面详细介绍。

12.6.2　4 种流行的数据挖掘技术

4 种流行的数据挖掘技术是：市场购物篮分析、决策树分析、逻辑回归和神经网络。市场购物篮分析（Market Basket Analysis）是一种无监督数据挖掘技术，通常用于发掘采购模式（例如，哪些商品通常一起购买）。其他三种方法都是有监督数据挖掘技术。决策树分析（Decision Tree Analysis）根据历史将客户或其他感兴趣的实体划分为两个或多个组。逻辑回归（Logistic Regression）得到的方程可以确定特定事件发生的概率。逻辑回归的常见应用，是利用捐助者特性来预测在给定时期内进行捐赠的可能性，以及利用客户特性来预测客户转换到另一个供应商的可能性。神经网络（Neural Network）是一种复杂的统计预测技术。这个名字有点用词不当——尽管神经网络和生物神经元网络的结构有一些相似之处，但这只是表面上的。在数据挖掘中，神经网络只是一种用来创建非常复杂的数学函数进行预测的技术。

与几乎所有的数据挖掘技术一样，这 4 种技术需要专门的软件，本章前面给出了一些例子。所有这些产品都具有从关系数据库导入数据的功能，作为数据库专业人员，可能会被要求准备数据，以供数据挖掘产品使用。通常，这项工作包括将各种关系置入一个大型普通文件中，然后过滤特定数据案例的数据。这种文件可以用简单的 SQL 来创建。此外，如前所述，许多企业级 DBMS 产品，如 Microsoft SQL Server 和 Oracle Database，都在 DBMS 中包含了此功能。

12.6.3　市场购物篮分析

数据挖掘技术通常是复杂的。然而，市场购物篮分析作为一种数据挖掘技术，可以很容易地用纯 SQL 实现。所有主要的数据挖掘产品，都具备进行市场购物篮分析的特性和功能。市场购物篮分析，也称为关联规则。

假设有人经营一家潜水店，有一天老板发现一位销售员比其他人更擅长推销。任何销售员都可以填写客户订单，但该销售员特别能够推销客户所要求的产品之外的其他产品。老板问他是怎么做到的。

"这很简单。"他说道，"我会问自己，他们希望购买的下一件商品是什么？如果购买的是潜水电脑，则不会向他推销脚蹼。因为购买的是潜水电脑，则表明他已经是一名潜水员，不再需要脚蹼了。但是，潜水电脑的显示屏很难读取。一个好的面罩能使它更容易阅读，从而能够充分利用潜水电脑。"因此，市场购物篮分析可能包括一个关联规则：如果客户购买了潜水电脑，那么他也可能购买面罩。当然，并不是所有购买潜水电脑的顾客都会购买面罩，所以需要通过市场购物篮分析来确定这种情况发生的可能性。

市场购物篮分析是一种用于确定此类模式的数据挖掘技术。市场购物篮分析，提供的是消费者倾向于同时购买的产品。可以使用多种不同的统计技术（包括 SQL 查询）来进行市场购物篮分析。如前所示，这里讨论的一种技术涉及条件概率。

图 12.37 给出的是潜水店 1000 个交易的假设数据。每一列下的第一行数字是包含该列中的产品的交易总数。例如，"面罩"列顶部的 270，表示 1000 个交易中有 270 个涉及面罩购买；"潜水电脑"项下的 120，是指在 1000 个交易中有 120 个涉及潜水电脑。

1000 笔交易	面罩	气瓶	脚蹼	配重	潜水电脑
	270	200	280	130	120
面罩	20	20	150	20	50
气瓶	20	80	40	30	30
脚蹼	150	40	10	60	20
配重	20	30	60	10	10
潜水电脑	50	30	20	10	5
无其他商品	10	—	—	—	5

支持度　= P(A&B)　　　　示例：P(脚蹼&面罩) = 150/1000 = 0.15

置信度　= P(A | B)　　　　示例：P(脚蹼 | 面罩) = 150/270 = 0.555 56

提升度　= P(A | B)/P(A)　　示例：P(脚蹼 | 面罩)/P(脚蹼) = 0.555 56/0.28 = 1.98

注：　　　　　　　　　　　P(面罩 | 脚蹼)/P(面罩) = 150/280/0.27 = 1.98

图 12.37　市场购物篮分析示例

　　注意，这个例子中，每个交易都涉及图 12.37 中列出的一到两项。那些有两个不同项的交易，会被计算在蓝色行的两列中。还要注意，在 1000 笔交易中，有些交易并不包含表中列出的 5 种产品中的任何一种（例如，有人只购买了一件潜水衣，而不购买其他任何东西）。

　　可以使用交易总数来估计客户购买某件商品的概率。因为每 1000 笔交易中有 270 笔包含面罩，所以可以估计客户购买面罩的可能性为 270/1000，即 0.27。同样，购买气瓶的可能性是 200/1000，即 0.2；购买脚蹼的可能性是 280/1000，即 0.28。接下来的 5 行，显示了涉及两项的交易。例如，最后一列表明有 50 笔交易涉及潜水电脑和面罩，30 笔包括潜水电脑和气瓶，20 笔为潜水电脑和脚蹼，10 笔有潜水电脑和配重，5 笔包含一个潜水电脑和另一个潜水电脑（客户购买了两个），5 笔交易只有潜水电脑而没有其他产品。

　　这些数据很有趣，但可以通过考虑其他因素来完善分析。营销专家将支持度（support）定义为同时购买两件商品的概率。从这些数据来看，脚蹼和面罩的支持度为 150/1000，即 0.15。类似地，对潜水电脑和面罩的支持度是 50/1000，即 0.05。

　　置信度（Confidence）被定义为一位客户购买了某件商品时，再购买另一件商品的概率。如果客户购买了面罩，则购买脚蹼的置信度是同时购买脚蹼和面罩的数量除以面罩的购买数量。因此，购买脚蹼的置信度是 150/270，即 0.555 56。如果客户购买了脚蹼，则购买气瓶的置信度是 40/280，即 0.142 86。再举一个例子，明星销售员提到的规则（"如果客户购买潜水电脑，那么也会购买面罩"）的置信度是 50/120 = 0.416 67，大约 42%。

　　提升度（Lift）被定义为置信度除以购买某件商品的概率。面罩对于脚蹼的提升度，是顾客正在购买面罩时再购买脚蹼的概率，除以顾客只购买脚蹼的概率。如果提升度大于 1，则当顾客购买面罩时，购买脚蹼的概率会增加；如果提升度小于 1，则当顾客购买面罩时，购买脚蹼的概率会降低。

　　根据图 12.37 中的数据，顾客购买面罩后，脚蹼的提升度为 0.555 56/0.28，即 1.98。这表明，当顾客购买面罩时，再购买脚蹼的可能性几乎翻倍。购买潜水电脑时，脚蹼的提升度是 20/120（购买潜水电脑时脚蹼的置信度）除以 0.28，即购买脚蹼的概率（1000 笔交易中有 280 笔涉及脚蹼）。因此，20/120 = 0.166 67，0.166 67/0.28 = 0.595 25。这样，购买潜水电脑时，脚蹼的提升度略低于 0.6，表示当顾客购买潜水电脑时，再购买脚蹼的可能性会降低。最后，回到销售员的例子，购买潜水电脑时，面罩的提升度是 0.416 67（置信度）除以购买面罩的概率（0.27），即 0.416 67/0.27 = 1.5432，说明销售员的直觉是正确的：购买潜水电脑，会增加同时购买面罩的可能性。

　　注意，如图 12.37 最后两行所示，提升度是对称的。购买面罩时，脚蹼的提升度为 1.98；购买脚蹼时，面罩的提升度也为 1.98。

12.6.4　决策树

　　一旦构建了决策树，这种直观的图形表示的潜力，使得不需要大量背景和训练就可以进行解释。但是，构建决策树需要复杂的算法和足够的经验，以便正确地参数化这些算法。本节中将通过一个示例，重点关注决策树的结构及其使用。该示例还将在练习题中进一步探讨。

　　决策树直观地表示一组规则，可以很容易地用英语或 SQL 表示。考虑一个孩子决定是否阅读某一本书的情况。孩子的特性，决定了书籍的特点，这些特点可能会使孩子在阅读时做出好的或坏的判断。例如，孩子可能不喜欢太厚的书，但喜欢有大量图片的短小的书。如果意识到这一点，则可以使用一个类似于图 12.38 所示的决策树。

　　图 12.38 中的结构，称为树。在计算领域，树是倒过来的，其根在顶部，叶在底部。包括决策树在内的任何树，都只有一个根，并且从根到任何特定的叶只有一种途径。与所有决策树一样，

本例中也从树的根提出的一个问题开始。这里用矩形表示问题，用椭圆表示决策。

　　孩子首先提出的问题，是这本书是否少于 100 页。树的根问题包含要检查的属性的名称，本例中为书的页数。如果至少有 100 页，那么问题就会沿着根右侧伸出的箭头而行。箭头末端是一个包含"否"字的叶，表示孩子对阅读这本书不感兴趣。注意，箭头被标记为"页数"属性的值，导致了这样的问题。

　　如果在根部这个问题的答案是不超过 100 页，则为了做出最终决定，需要再提出一个问题。这时，沿着箭头来到根的左边（标记为"< 100"），到达第二个问题。该问题询问的是书中有多少幅图片。如果每一页至少有一幅图片，则孩子就会阅读它。这对应于"每页图片数"矩形右侧的箭头。与其他地方一样，这个箭头的旁边标记了它的条件（>= 1）。另一方面，如果平均每页少于一张图片，那么根据每页图片数矩形左侧箭头所示，孩子不会阅读该书。

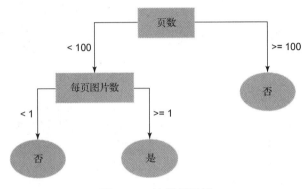

图 12.38　决策树示例

　　这个决策树从何而来？它是基于孩子阅读和查看其他图书的经验。通常，决策树的创建分为两个主要阶段。在训练阶段，决策树是基于发现的数据构造的，例如数据仓库中的数据。这些数据包含每一条记录的正确分类（答案）。前面的示例中，数据可能包含"《战争与和平》超过 100 页，它没有图片，我不喜欢它"或"《绿色鸡蛋和火腿》不到 100 页，它有很多图片，我喜欢它"。这些是决策树的训练数据。

　　用于构建决策树的确切过程，可能非常复杂。创建决策树的算法有很多。它们需要确定每个问题应该使用哪个属性，每个属性的哪一个值应该用于将问题引导到树的下一层。这里将不再进一步讨论这些算法。

　　决策树创建的第二个阶段称为测试阶段。在这个阶段，将一些已经知道答案的"新"数据点置于树上，然后判断它的结果。这可能会导致以各种方式改变决策树。测试阶段完成后，可以部署树并用于做出未来的决策。当然，随着对数据分类能力的提升，它可以在未来不断改进。例如，随着年龄的增长，孩子可能会变得更喜欢页数多一些的书。这时，可以将决策树中的值"100"更改为"200"。

　　决策树表示一组规则，用于对表示样本或事件的记录做出决策。理想情况下，树能够表示一系列简短的问题。树中的矩形和椭圆，称为节点。每一个矩形节点都是一个问题，而每一个椭圆节点都是最终答案。图 12.38 的示例中，所有问题都只有两种可能的结果，但通常每个问题都可以有任意数量的可能结果（当然，至少有两个）。从根开始，问题的答案将决定下一步访问的节点。这一过程将持续进行，直到到达一个叶节点为止。从根到叶的完整问题序列，表示了一个分类规则。例如，在前面提到的《绿色鸡蛋和火腿》案例中，使用的分类规则是：

页数　**< 100**　且　每页图片数　**>= 1**

　　为了体现构建精确、高效的决策树的难度，考虑图 12.39 中的树，它解决了与图 12.38 中相同的问题。图 12.39 中的决策树与图 12.38 中的关于图书的决策相同，但对于某些图书，现在需要更长的时间来做出决策。特别地，有很多图片的厚书现在需要回答两个问题。这个决策树的另一个缺点，将在练习题中讨论。

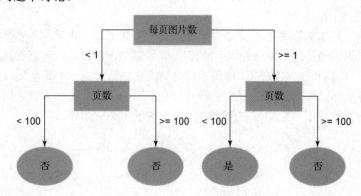

图 12.39　第二个决策树示例

　　前面已经讲解了一个简单示例并介绍了相关术语，接下来将考虑一个更完整的示例，并演示它在 Oracle Data Miner 中可能出现的情况。至此，还没有考虑决策树的精确性：决策树如何真正地为训练和测试数据做出决策，从而期望它在未来的数据上表现良好？考虑一个是否能够在附近的湖上溜冰的问题。根据过去的经验，有以下数据和过去的决策来指导我们（训练数据），这些数据基于对天气条件（晴天或多云）、温度和到目前为止观察到的冰钓天数：

	WEATHER	TEMP	ICEFISHDAYS	CLASS
1	cloudy	32	2	no skate
2	sunny	32	17	skate
3	cloudy	10	15	no skate
4	sunny	7	28	skate
5	cloudy	-5	38	skate
6	sunny	26	23	skate
7	sunny	-7	12	no skate
8	cloudy	26	20	skate
9	sunny	17	3	no skate
10	sunny	-3	19	no skate
11	cloudy	35	35	skate
12	sunny	-10	32	no skate
13	cloudy	15	13	no skate
14	sunny	-6	4	no skate
15	cloudy	27	10	skate

　　最终的决策（"CLASS" 属性）为是否溜冰，这取决于不同的天气、温度和冰钓时间的组合。我们希望建立一个决策树来帮助在未来做出决策。图 12.40 显示了由 Oracle Data Miner 创建的两个小决策树，用于将数据分类为 "skate"（溜冰）或 "no skate"（不溜冰）。两棵树都只包含一个问题和两个叶节点。注意，Oracle Data Miner 对问题节点和叶节点（或决策节点）都使用矩形。

　　图 12.40（a）的第一个问题基于 ICEFISHDAYS（冰钓天数）属性，左边的叶节点对应于 ICEFISHDAYS <= 7，右边的叶节点（标记为节点 2）对应 ICEFISHDAYS > 7。注意，每一个叶节点都包含对导致该节点的规则的支持度和置信度。节点 1 代表 ICEFISHDAYS <= 7 的所有三个记录，并且所有这些记录（置信度 100%）都被标记为 "不溜冰"。然而，节点 2 并不擅长预测结果：它预测其他 12 项训练记录都与 "溜冰" 相关，而实际上其中只有 7 项是这样的（这导致对这一规则的置信度为 58.33%）。图 12.40（b）中，Oracle Data Miner 首先选择了一个不同的问题，这一

次基于 TEMP（温度）属性，节点 1 对应的是 TEMP <= 2。这棵决策树在确定决策方面做得更好，但二者都基于非常少量的数据。图 12.41 显示了一个更精确的溜冰数据集决策树，它使用了与图 12.38 和图 12.39 相同的符号。

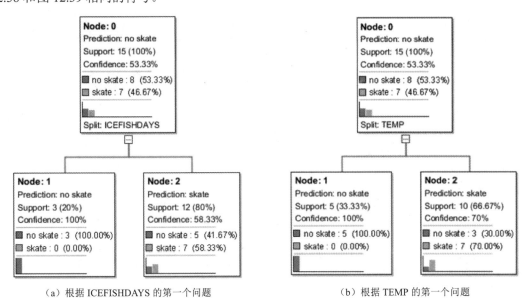

（a）根据 ICEFISHDAYS 的第一个问题 （b）根据 TEMP 的第一个问题

图 12.40　用于溜冰示例的 Oracle Data Miner 决策树

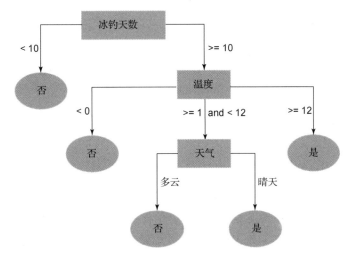

图 12.41　用于溜冰数据集的决策树

由 Oracle Data Miner 基于更大的数据集生成的更现实的决策树[①]，见图 12.42。这个图中，可以看到决策树的一部分，根据蘑菇的一些特性很好地决定了蘑菇是有毒的（p）还是可食用的（e）。节点 8（叶节点）的规则在图的底部给出，它（基于蘑菇的气味、孢子颜色和表面的伤痕）显示了导致该节点的一系列问题和答案，表明存在 44 个有毒蘑菇和 0 个可食用蘑菇。因此，如果看到一种具有这些特征的蘑菇，则可以认定（置信度 1.0 = 100%）它是有毒的。

----

① 来自 UCI 机器学习库（Lichman, M., 2013）的毒蘑菇识别数据集。

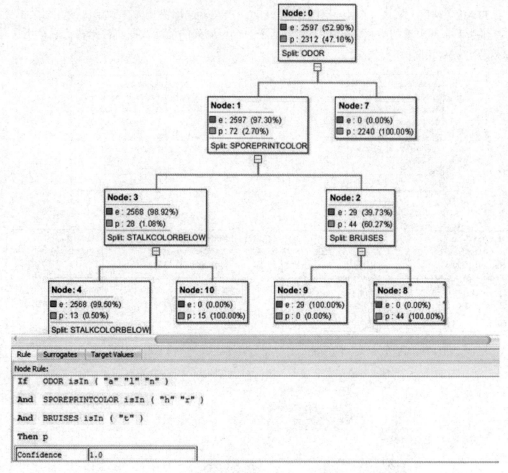

图 12.42　用于毒蘑菇数据的 Oracle Data Miner 部分决策树和规则

12.7　小结

本章介绍了一些超出操作数据库"标准"设置的概念。数据库可以支持用于 BI 报表和数据挖掘功能的标准 SQL 查询。

商业智能（BI）系统可用于帮助管理人员和其他专业人员分析当前和过去的活动以及预测未来事件。BI 应用有两种主要类型：报表应用和数据挖掘应用。报表应用对数据进行基本计算，数据挖掘应用使用复杂的数学和统计学知识。

BI 系统的数据源有三个：运营数据库、运营数据库提取的数据、购买的数据。BI 系统可以具有自己的 DBMS，它可能是运营 DBMS，也可能不是。图 12.2 中列出了报表和数据挖掘应用的特征。

除了最小和最简单的 BI 应用和数据库，直接读取运营数据库是不可行的，原因有几个。查询运营数据会使运营系统的性能慢得不可接受；运营数据存在一些问题，限制了它们在 BI 应用中的可用性；BI 系统的创建和维护需要程序、工具和专业知识，而这些通常是运营数据库所不具备的。

图 12.3 中列出了运营数据的问题。由于运营数据的问题，许多机构选择创建并配备数据仓库和数据集市。ETL 系统用于从运营系统提取数据、转换数据并将其加载到数据仓库中。数据仓库

还维护描述数据来源、格式、假设和约束的元数据。数据集市是比包含在数据仓库中的数据更小的数据集合，用于表示特定的业务组件或功能区域。

运营数据库和维度（数据仓库）数据库具有不同的特征。维度数据库使用星型模式，必须处理缓慢变化的维度，因此时间维度在维度数据库中非常重要。事实表保存感兴趣的量度，维度表保存查询中使用的属性值。星型模式可以通过附加的事实表、维度表和一致维度进行扩展。

报表系统的目的是从不同的数据源中得到有意义的信息，并及时将这些信息交付给适当的用户。报表是通过对数据进行排序、过滤、分组和简单计算而生成的。RFM 分析是一个典型的报表应用，它根据订单的最近程度、频率和金额大小三个维度对客户进行评分，（通常）将客户在每个维度上分为 5 个组。可以使用 SQL 语句生成 RFM 报表。

OLAP 报表应用通常使用维度数据库，它允许用户动态地调整报表的结构。量度是一个感兴趣的数据项，维度是量度的一个特征。OLAP 报表或 OLAP 立方体是量度和维度的组合。利用 OLAP，用户可以向下分解并交换维度的顺序。

数据挖掘是数学和统计学知识的应用，用于发现模式和关系，并进行分类和预测。由于受如图 12.35 所示的各种因素的影响，数据挖掘在最近几十年逐渐兴起。数据挖掘主要有两种类型：有监督的和无监督的。市场购物篮分析（也称为关联规则）是一种流行的无监督数据挖掘形式，用户通常希望发现关于产品或其他数据的规则（例如，购买咖啡的人有 76% 的可能性也会购买鸡蛋）。这些规则可以通过各种有用的统计数据来衡量，包括支持度、置信度和提升度。决策树是一种常见的有监督数据挖掘形式。决策树允许对新数据进行分类，方法是从树的根开始，前进到叶节点，在每个分支上回答关于新数据点的特定问题，以确定下一步的走向。当到达叶节点时，新的数据点就被分类了。

重要术语

预警	维度数据库
关联规则	脏数据
商业智能（BI）系统	向下分解
点击流数据	动态报表
集群分析	企业数据仓库（EDW）架构
置信度	提取、转换和加载（ETL）系统
一致维度	F 分数
维度诅咒	事实表
数据湖	不一致数据
数据集市	叶
数据挖掘应用	提升度
数据仓库	逻辑回归
数据仓库元数据数据库	M 分数
日期维度	市场购物篮分析
决策树分析	量度
数字仪表盘	缺失值
维度	神经网络
维度表	节点

习题

12.1 什么是 BI 系统？

12.2 BI 系统与事务处理系统有何不同？

12.3 命名并描述 BI 系统的两个主要类别。

12.4 BI 系统的三种数据源是什么？

12.5 解释报表应用和数据挖掘应用在处理数据时的差异。

12.6 描述直接读取运营数据对 BI 应用不可行的三个原因。

12.7 总结运营数据库中哪些问题的存在限制了其在 BI 应用中的使用。

12.8 什么是脏数据？它是如何产生的？

12.9 什么是 ETL 系统，它的作用是什么？

12.10 转换数据表示什么？提供一个例子（本章中的除外）。

12.11 为什么服务器时间对基于 Web 的订单输入 BI 应用没有用处？

12.12 什么是点击流数据？它是如何在 BI 应用中使用的？

12.13 为什么需要数据仓库？

12.14 为什么要将图 12.5 中的数据描述为"可怕的"？

12.15 给出数据仓库元数据的一些例子。

12.16 解释数据仓库和数据集市的区别。用供应链作为类比。

12.17 什么是企业数据仓库（EDW）架构？

12.18 描述运营数据库和维度数据库的区别。

12.19 什么是星型模式？

12.20 什么是事实表？事实表中存储什么类型的数据？

12.21 什么是量度？

12.22 什么是维度表？维度表中存储什么类型的数据？

12.23 什么是缓慢变化维度？

12.24　为什么时间维度在维度模型中很重要？

12.25　什么是一致维数？

12.26　阐述报表系统的作用。

12.27　RFM 分析中的这三个字母分别代表什么？

12.28　概要描述如何进行 RFM 分析。

12.29　用以下 RFM 分数解释客户的特征：{1 1 5}，{1 5 1}，{5 5 5}，{2 5 5}，{5 1 2}，{1 1 3}。

12.30　在图 12.20～图 12.23 的 RFM 分析中，CUSTOMER_RFM 表起什么作用？ CUSTOMER_R 表呢？

12.31　解释图 12.22 中的如下 SQL 语句的用途。

```
INSERT INTO CUSTOMER_R (CustomerID, MostRecentOrderDate)
            (SELECT      CustomerID, MAX (TransactionDate)
             FROM        CUSTOMER_SALES
             GROUP BY    CustomerID);
```

12.32　解释图 12.22 中的如下 SQL 语句的用途和执行情况。

```
UPDATE    CUSTOMER_R
    SET        R_Score = 1
    WHERE      CustomerID IN
                    (SELECT      TOP 20 PERCENT CustomerID
                     FROM        CUSTOMER_R
                     ORDER BY    MostRecentOrderDate DESC);
```

12.33　解释图 12.22 中的如下 SQL 语句的用途和执行情况。

```
UPDATE    CUSTOMER_R
    SET        R_Score = 2
    WHERE      CustomerID IN
                    (SELECT      TOP 25 PERCENT CustomerID
                     FROM        CUSTOMER_R
                     WHERE       R_Score IS NULL
                     ORDER BY    MostRecentOrderDate DESC);
```

12.34　编写 SQL 语句，查询 CUSTOMER_RFM 表，显示所有 RFM 评分为{5 1 1}或{4 1 1}的客户的 CustomerID 值。为什么这些客户很重要？

12.35　“OLAP”是什么的缩写？

12.36　OLAP 报表的显著特征是什么？

12.37　定义量度、维度和立方体。

12.38　除本章中的例子外，给出一个量度、与量度相关的两个维度和一个立方体的例子。

12.39　什么是向下分解？

12.40　解释图 12.26 中的 OLAP 报表与图 12.25 中的 OLAP 报表有何不同。

12.41　OLAP 服务器的作用是什么？

12.42　命名并描述报表系统的主要组成部分及其用途。

12.43　报表系统的主要功能是什么？

12.44　总结本章描述的报表类型。

12.45　描述用于提交报表的各种媒介。

12.46 总结本章描述的报表模式。

12.47 描述报表管理的主要任务。解释报表元数据在报表管理中的作用。

12.48 列出报表编写的三项任务。

12.49 描述报表提交的主要任务。

12.50 什么是数据挖掘？

12.51 解释无监督的和有监督的数据挖掘之间的区别。

12.52 给出 5 种流行的数据挖掘技术。

12.53 市场购物篮分析的作用是什么？

12.54 解释与市场购物篮分析有关的术语"支持度"和"可信度"。

12.55 解释与市场购物篮分析有关的术语"提升度"。

12.56 在市场购物篮分析中，"同时购买 A 和 B 的支持度为 20%"表示什么意思？

12.57 在市场购物篮分析中，"购买 A 后再购买 B 的可信度为 20%"表示什么意思？

12.58 在市场购物篮分析中，"购买 A 后再购买 B 的提升度为 1.5"表示什么意思？

12.59 决策树的用途是什么？

12.60 当试图对新数据进行分类时，在决策树的哪个部分开始提出问题？

12.61 在构造决策树时，训练阶段的作用是什么？

12.62 在构造决策树时，测试阶段的作用是什么？

12.63 当决策树用于分类一个新的数据点，到达一个叶节点时，关于数据点还存在多少个问题？

12.64 如果两个决策树在分类新数据点方面做得同样好，但是其中一个比另一个高，则哪一个决策树更好，为什么？

练习

12.65 根据正文中讨论的 Heather Sweeney Designs 运营数据库（HSD）和维度数据库（HSD_DW），回答以下问题。

A. 使用图 12.12 中的 SQL 语句，在 DBMS 中创建 HSD_DW 数据库。

B. 在向 HSD_DW 加载数据之前，可能进行哪些数据转换？列出一些可能的转换，给出 HSD 数据的原始格式以及它们在 HSD_DW 数据库中的格式。

C. 编写将转换后的数据加载到 HSD_DW 数据库所需的完整 SQL 语句集。

D. 使用上一题中编写的 SQL 语句，填充 HSD_DW 数据库。

E. 图 12.43 给出了创建 SALES_FOR_RFM 事实表（见图 12.17）的 SQL 代码。使用这些语句，将 SALES_FOR_RFM 表添加到 HSD_DW 数据库中。

F. 加载 SALES_FOR_RFM 表需要哪些可能的数据转换？列出一些可能的转换，显示 HSD 数据的原始格式以及它们如何在 HSD_DW 数据库中出现。

G. 编写一个类似 SQL-Query-CH12-02 的 SQL 查询，使用每日产品销售的总美元额作为量度（而不是每天销售的产品数量）。

H. 编写 SQL 视图，它等价于上一题中编写的 SQL 查询。

I. 在 HSD_DW 数据库中创建上一题中的 SQL 视图。

J. 创建一个名为 HSD-DW-BI-Exercises.xlsx 的 Microsoft Excel 2019 工作簿。

K. 用 G 中的 SQL 查询（将查询结果复制到 HSD-DW-BI-Exercises.xlsx 工作簿的一个工作表中，然后调整其格式），或者使用 I 中的 SQL 视图（建立一个到该视图的 Excel 数据连接），创建一个类似于图 12.25

中的 OLAP 报表（提示：如果需要有关 Microsoft Excel 操作的帮助，可在其帮助系统中搜索有关信息）。

```
CREATE TABLE SALES_FOR_RFM(
        TimeID              Int                     NOT NULL,
        CustomerID          Int                     NOT NULL,
        InvoiceNumber       Int                     NOT NULL,
        PreTaxTotalSale     Numeric(9,2)            NOT NULL,
        CONSTRAINT          SALES_FOR_RFM_PK
            PRIMARY KEY (TimeID, CustomerID, InvoiceNumber),
        CONSTRAINT          SRFM_TIMELINE_FK FOREIGN KEY(TimeID)
                                        REFERENCES TIMELINE(TimeID)
                                            ON UPDATE NO ACTION
                                            ON DELETE NO ACTION,
        CONSTRAINT          SRFM_CUSTOMER_FK FOREIGN KEY(CustomerID)
                                        REFERENCES CUSTOMER(CustomerID)
                                            ON UPDATE NO ACTION
                                            ON DELETE NO ACTION,
);
```

图 12.43　创建 HSD_DW 的 SALES_FOR_RFM 表的 SQL 语句

L. Heather Sweeney 对销售中的支付方式的效果很感兴趣。

1. 在 HSD_DW 维度数据库中，创建一个 PAYMENT_TYPE 维度表。

2. 修改 HSD_DW 数据库，将 PaymentTypeID 列添加到事实表中。

3. PAYMENT_TYPE 维度表中将加载什么样的数据？在将外键数据加载到 PRODUCT_SALES 事实表中时，将使用哪些数据？编写加载这些数据所需的完整 SQL 语句集。

4. 使用上一题中编写的 SQL 语句，填充 PAYMENT_TYPE 表和 PRODUCT_SALES 表。

5. 创建 SQL 查询或 SQL 视图，以便将 PaymentType 属性合并到能够在 OLAP 报表中使用 PaymentType 的查询或视图中。

6. 创建一个 Microsoft Excel 2019 OLAP 报表，显示支付类型对产品销售的影响。

使用图 12.37 中的数据，回答以下问题。

12.66　顾客会买气瓶的概率是多少？

12.67　购买气瓶和脚蹼的支持度是多少？购买两个气瓶的支持度是多少？

12.68　如果已经购买了气瓶，则购买脚蹼的置信度是多少？

12.69　如果已经购买了气瓶，则购买第二个气瓶的置信度是多少？

12.70　如果已经购买了气瓶，则购买脚蹼的提升度是多少？

12.71　如果已经购买了气瓶，则购买第二个气瓶的提升度是多少？

12.72　在 1000 个交易中，有多少个交易不涉及表中提到的 5 种产品（面罩、脚蹼、气瓶、潜水电脑和配重）？

12.73　以图 12.22 中的代码为例，编写图 12.21 中 Calculate_RFM 存储过程调用的过程 Calculate_F 和 Calculate_M。

使用图 12.41 中的决策树，回答以下问题。

12.74　新的数据点(cloudy, −3, 16)应被分类为"skate"还是"no skate"？树中的哪些节点（问题）将被问及这个新记录？

12.75　新的数据点(sunny, 5, 22)应被分类为"skate"还是"no skate"？树中的哪些节点（问题）将被问及这个新记录？

12.76　将第二个问题基于另一个属性，根据相同的数据绘制一个决策树。与书中的决策树相比，平均而言，你的决策树提出的问题更多还是更少？其精度更高还是更低？

12.77　考虑图 12.39 中的决策树，书中讨论了它的一个缺点。与图 12.38 中的决策树相比，此树还有另一个缺点。这个缺点是什么？

Marcia 干洗店案例题

根据所选的 DBMS，首先需要创建并填充 Marcia 干洗店的 MDC 数据库：

A. 为维度数据库 MDC_DW 设计一个数据仓库星型模式。事实表量度是 ExtendedPrice，应该至少有 4 个维度表。

B. 在 DBMS 中创建 MDC_DW 数据库。

C. 在 MDC_DW 数据库加载数据之前，需要进行哪些数据转换？列出所有的转换，给出 MDC 数据的原始格式以及它们在 MDC_DW 数据库中的格式。

D. 编写将转换后的数据加载到 MDC_DW 数据库所需的完整 SQL 语句集。

利用合适的 MDC 数据或转换后的数据，填充 MDC_DW 数据库。

F. 编写一个类似 SQL-Query-CH12-02 的 SQL 查询，使用 ExtendedPrice 作为量度。

G. 编写 SQL 视图，它等价于上一题中编写的 SQL 查询。

H. 在 MDC_DW 数据库中创建上一题中的 SQL 视图。

I. 创建名为 MDC-DW-BI-Exercises.xlsx 的 Microsoft Excel 2019 工作簿。

J. 用 F 中的 SQL 查询（将查询结果复制到 MDC-DW-BI-Exercises.xlsx 工作簿的一个工作表中，然后调整其格式），或者使用 H 中的 SQL 视图（建立一个到该视图的 Excel 数据连接），创建一个类似于图 12.24(i) 中的 OLAP 报表（提示：如果需要有关 Microsoft Excel 操作的帮助，可在其帮助系统中搜索有关信息）。

K. 描述 RFM 分析如何有利于 Marcia 干洗店的业务。

L. 根据图 12.20 中的 5 个表编写一组存储过程，计算对 Marcia 干洗店数据的 RFM 分析。

M. 使用 SQL 来处理在上一题中得到的表，以显示 RFM 得分为{5 1 1}或{4 1 1}的所有客户的姓名和电子邮件数据。

N. 概括描述一下，如何对干洗订单使用市场购物篮分析。选择同一个订单中已经干洗过多次的一对物品，使用数据库中的数据，计算涉及它们的规则的支持度和置信度。例如，如果物品是 A 和 B，则需计算 A 和 B 的支持度、干洗了 A 时 B 的置信度，以及干洗了 B 时 A 的置信度。

O. 假设 Marcia 希望能够预测哪些发票可能会按时支付。为此，在 INVOICE 表中添加一个 DatePaid 列（付款日期为 DateOut 日）。概括描述一下，决策树如何结合这些新数据，帮助 Marcia 预测哪些发票将会按时支付。

Queen Anne 古董店项目题

如果还没有在 DBMS 中实现第 7 章的 Queen Anne 古董店数据库，则应创建并填充这个 QACS 数据库。

A. 为维度数据库 QACS_DW 设计一个数据仓库星型模式。事实表量度是 ItemPrice，应该至少有 4 个维度表。

B. 在 DBMS 中创建 QACS_DW 数据库。

C. 在 QACS_DW 数据库加载数据之前，需要进行哪些数据转换？列出所有的转换，给出 QACS 数据的原始格式以及它们在 QACS_DW 数据库中的格式。

D. 编写将转换后的数据加载到 QACS_DW 数据库所需的完整 SQL 语句集。

E. 利用合适的 QACS 数据或转换后的数据，填充 QACS_DW 数据库。

F. 编写一个类似 SQL-Query-CH12-02 的 SQL 查询，使用零售价作为量度。

G. 编写 SQL 视图，它等价于 F 中编写的 SQL 查询。

H．在 QACS_DW 数据库中创建 G 中的 SQL 视图。

I．创建名为 QACS-DW-BI-Exercises.xlsx 的 Microsoft Excel 2019 工作簿。

J．用 F 中的 SQL 查询（将查询结果复制到 QACS-DW-BI-Exercises.xlsx 工作簿的一个工作表中，然后调整其格式），或者使用 G 中的 SQL 视图（建立一个到该视图的 Excel 数据连接），创建一个类似于图 12.24(i)中的 OLAP 报表（提示：如果需要有关 Microsoft Excel 操作的帮助，可在其帮助系统中搜索有关信息）。

K．描述 RFM 分析如何有利于 Queen Anne 古董店的业务。

L．根据图 12.20 中的 5 个表编写一组存储过程，计算对 Queen Anne 古董店数据的 RFM 分析。

M．使用 SQL 来处理在上一题中得到的表，以显示 RFM 得分为{5 1 1}或{4 1 1}的所有客户的姓名和电子邮件数据。

N．概括描述一下，如何对 Queen Anne 古董店使用市场购物篮分析。选择已经购买过多次的一对古董（考虑古董的描述，而不是单个的古董），使用数据库中的数据，计算涉及它们的规则的支持度和置信度。例如，如果古董是 A 和 B，则需计算 A 和 B 的支持度、购买了 A 时 B 的置信度以及购买了 B 时 A 的置信度。

O．假设 Queen Anne 古董店希望能够预测哪些销售行为可能会按时付款。付款日期为 SALE 表中的 SaleDate 值。为此，需在 SALE 表中添加一个 DatePaid 列。概括描述一下，决策树如何结合这些新数据，帮助 Queen Anne 古董店预测哪些销售行为将会按时付款。

Morgan 进口公司项目题

如果还没有在 DBMS 中实现第 7 章的 Morgan 进口公司数据库，则应创建并填充这个 MI 数据库。

James Morgan 希望根据货物的预定出发日期和实际出发日期之间的差异来分析托运人的表现。这个值被命名为 DepartureDelay，它以天为单位进行量度。DepartureDelay 的值可以为正（货物晚于预定日期发出）、零（货物在预定日期发出）或负（货物在预定日期之前发出）。

由于公司的采购代理会负责联系发货人并安排发货，James 还希望基于同样的衡量标准对采购代理的表现进行分析。

A．为维度数据库 MI_DW 设计一个数据仓库星型模式。事实表的量度为 DepartureDelay（ScheduledDepartureDate 与 ActualDepartureDate 的差值）。维度表分别为 TIMELINE、SHIPMENT、SHIPPER 和 PURCHASING_AGENT（PURCHASING_AGENT 是 EMPLOYEE 的一个子集，它只包含采购代理的数据）。

B．在 DBMS 中创建 MI_DW 数据库。

C．在 MI_DW 数据库加载数据之前，需要进行哪些数据转换？列出所有的转换，给出 MI 数据的原始格式以及它们在 MI_DW 数据库中的格式。

D．编写将转换后的数据加载到 MI_DW 数据库所需的完整 SQL 语句集。

E．利用合适的 MI 数据或转换后的数据，填充 MI_DW 数据库。

F．编写一个类似 SQL-Query-CH12-02 的 SQL 查询，使用 DepartureDelay 作为量度。

G．编写 SQL 视图，它等价于 F 中编写的 SQL 查询。

H．在 MI_DW 数据库中创建 G 中的 SQL 视图。

I．创建名为 MI-DW-BI-Exercises.xlsx 的 Microsoft Excel 2019 工作簿。

J．用 F 中的 SQL 查询（将查询结果复制到 MI-DW-BI-Exercises.xlsx 工作簿的一个工作表中，然后调整其格式），或者使用 H 中的 SQL 视图（建立一个到该视图的 Excel 数据连接），创建一个类似于图 12.24(i)中的 OLAP 报表（提示：如果需要有关 Microsoft Excel 操作的帮助，可在其帮助系统中搜索有关信息）。

K．注意，因为创建的 Morgan 进口公司数据库是用来跟踪采购和运输情况的，而不是客户的购买信息，所以 RFM 不能应用到数据库中的客户数据，因为不存在这样的数据。描述一下 RFM 分析如何对 Morgan 进口公司有用。RFM 分析能够应用到业务的哪一部分？

L．注意，因为创建的 Morgan 进口公司数据库是用来跟踪采购和运输情况的，而不是客户的购买信息，所以市场购物篮分析不能应用到客户数据，因为不存在这样的数据。通过考虑同一批货物一起装运的物品类别，概括描述一下市场购物篮分析如何对 Morgan 进口公司有用。选择一起装运过多次的两种物品类别，使用数据库中的数据，计算涉及它们的规则的支持度和置信度。例如，如果类别是 A 和 B，则需计算 A 和 B 的支持度、装运了 A 时 B 的置信度以及装运了 B 时 A 的置信度。

M．Morgan 进出口公司希望根据以往的经验能够将某些货物归类为高风险的。概括描述一下，决策树如何有助于完成这一任务。

第 13 章　大数据，NoSQL 和云计算

本章目标

● 学习大数据的基本概念
● 了解 CAP 定理所指出的复制、分区存储的限制和权衡
● 学习分布式数据库和对象-关系数据库的基本概念
● 理解 NoSQL、MapReduce 过程、Hadoop 的基本概念
● 学习非关系数据库管理系统的基本概念
● 了解键-值数据库的基本概念
● 学习文档数据库的基本概念
● 学习列簇数据库的基本概念
● 学习图形数据库的基本概念
● 了解虚拟化和虚拟机的基本概念
● 理解云计算的基本概念
● 在 Azure Cosmos DB 上建立账户、创建 SQL 数据库、运行简单的文档查询，实际讲解 Microsoft Azure 云环境

这一章的讲解是建立在本书其他章节的基础之上的。在设计并构建了数据库之后，就可以开始使用它们了。第 11 章中，为 View Ridge 画廊（VRG）信息系统创建了一个 Web 数据库应用。第 12 章中，通过研究商业智能应用（特别是报表和数据挖掘），扩展了数据库的使用概念。本章将涉及另一个方向，讨论与企业信息系统中存储和使用的数据量迅速增长相关的问题，以及用于解决这些问题的一些技术。

这些问题，通常包含在处理大数据的需求中，它是用于描述搜索工具（如 Google 和 Bing）、Web 2.0 社交网络（如 Facebook、LinkedIn 和 Twitter）、科学和基于传感器的数据（如大型强子对撞机数据和 DNA 衍生的基因数据）、大量的历史交易数据（如由银行和大型零售商生成的数据）这样的 Web 应用而产生的术语[①]。

大数据有多大呢？图 13.1 定义了一些常用的数据存储容量的术语。注意，计算机存储是基于二进制数（以 2 为基数）计算的，而不是我们更熟悉的通常的十进制数（以 10 为基数）。因此，1KB 等于 1024 字节，而不是 1000 字节；1MB 等于 1024KB，依次类推。

在本书编写时，网上销售的台式机和笔记本电脑通常使用 1TB 容量的硬盘（5TB 的也可以买到），而一些台式机甚至配备了 14TB 的硬盘。这仅仅是只有一个硬盘驱动器的单台计算机。截至 2020 年初，Instagram 报告称拥有超过 500 亿个用户图片，并且每天新增超过 1 亿个图片或视频文件。假设这个速度持续下去，那么每年将新产生约 360 亿张图片。如果一张典型的数码照片为 2MB 大小，则需要超过 67PB 的存储空间。

作为大数据的另一项指标，Amazon 报告称，截至 2020 年 5 月 31 日，美国中小型企业通过该网站每分钟售出 6500 多件产品，平均每秒有 108 个订单，比前一年增长了 63%。这并不包括

---

① 更多信息，请参见维基百科文章 Big Data。

大卖家或非美国的订单。因此，这只是 Amazon 销量的一小部分。考虑到大宗商业交易（商品销售）和支持性交易（运输、跟踪和金融交易）的数量，需要 Amazon 具备处理大数据的能力。另一个例子是大型强子对撞机，它每年产生大约 30PB 的数据供物理学家分析。2017 年，它达到了 200PB 数据量的里程碑。亚原子粒子碰撞，每秒大约产生 1PB 的数据。需要对这些数据进行过滤，以保持最有用的内容，以便将来进行处理；否则，系统很快就会崩溃。物联网（IoT，参见第 1 章）持续增长，预计到 2025 年将有超过 400 亿台连接设备。如果每台设备每小时产生 1 字节的数据（很多会比这个更大），那么每个月就会产生将近 26TB 的新数据。

名称	单位	大约值	实际值
字节			8 位（存储一个字符）
千字节	KB	大约 103	210 = 1024 字节
兆字节	MB	大约 106	220 = 1024KB
吉字节	GB	大约 109	230 = 1024MB
太字节	TB	大约 1012	240 = 1024GB
拍字节	PB	大约 1015	250 = 1024TB
艾字节	EB	大约 1018	260 = 1024PB
泽字节	ZB	大约 1021	270 = 1024EB
尧字节	YB	大约 1024	280 = 1024ZB

图 13.1　存储容量术语

随着时间的推移，需要处理越来越大的数据集。本章将探讨这种发展趋势中的某些部分。许多用于大数据的技术（如云存储和比关系模型更复杂的数据模型），都起源于更早期、更传统的数据库开发途径，如分布式数据库和对象-关系数据库。因此，本章将介绍分布式数据库（云数据库的前身），对象-关系系统（包括在许多 NoSQL 系统中使用的那些复杂数据类型），以及正在发展中的 NoSQL 系统，这些系统在很大程度上是为了管理大数据而开发的。由于 NoSQL 的发展和云是紧密相关的，所以还将简要地描述云计算以及支持云计算的相关虚拟化技术。许多 NoSQL 系统部署在云端，而许多基于云的数据库是 NoSQL 系统，因此云计算中存在的典型的 NoSQL 数据库汇集了来自对象-关系和分布式数据库系统的早期思想，同时为大型数据集上执行事务和 BI 活动提供了一个可承载的平台。

13.1　什么是大数据

大数据是一个热门话题，已经成为一个流行语。

根据韦氏词典的定义，大数据（Big Data）是"传统数据库管理工具无法处理的庞大且复杂的数据堆积"。然而，正如 danah boyd（她喜欢名字中所有字母都是小写）和 Kate Crawford 指出的那样，美国人口普查数据收集了几十年，比现在被认为是大数据的一些数据集还要大。他们注意到大数据的社会现象，并据此写道：

可以将大数据定义为一种基于以下因素相互作用的文化、技术和学术现象。

1．技术：将计算能力和算法精度最大化，以收集、分析、连接和比较大型数据集。

2．分析：利用大型数据集来识别模式，以便进行经济、社会、技术和法律索赔。

3．神化：人们普遍认为，在真实、客观和精确的光环下，大型数据集提供了更高形式的智力和认知，可以产生以前不可能的见解。

大多数大数据用户可能会同意这一定义的前两部分，但是还应当考虑第三部分及其含义。

13.1.1　3V 和 1V

2001 年初，作为 META 集团（现在已并入 Gartner）的员工，Doug Laney 需要一种方法向客户解释大数据。他创建并推广了 3V 框架（3V framework），从以下几个方面探讨大数据：

- 规模化（Volume）：需要存储海量数据。
- 即时化（Velocity）：数据采集的速度和连续性。
- 多样化（Variety）：需要获取和存储许多不同形式的数据。

1．规模化

Paul Zikopoulos 和他的同事在 2012 年出版的《理解大数据》（一本由 IBM 提供并赞助的电子书）中指出，2012 年 Twitter 每天需要存储超过 7TB 的数据，而 Facebook 每天产生 10TB 数据。预计到 2020 年，这两家公司需要存储 35ZB 的数据。IBM 在其《大数据的四个 V》中预测，2020年数据将增长 40ZB，并且每天会产生超过 2.3 万亿 GB 的数据。2018 年，云计算提供商 DOMO 估计，人类每天会产生超过 2EB 数据。图 13.1 显示了这些单位彼此之间的相对意义。在本书编写时，1TB 的硬盘驱动器是个人电脑的典型配置，更大的容量可达 14TB。

2．即时化

Twitter 每天增加 7TB 数据，这不仅是一种规模的度量（需要存储的数据量），也是一种数据增长速度的度量：7TB/天=超过 290GB/小时=超过 4.8GB/分钟=超过 81MB/秒。数据到达后，必须进行存储并处理。这一过程还在持续进行中。

3．多样化

Twitter 存储的推文（IBM 声称每天有 4 亿条）是最多 280 个字符的短文本消息，以 JSON 格式存储；YouTube 存储并流媒体化视频内容；Facebook 存储文字、图片、"赞"以及朋友联系数据；Instagram 存储图片、"赞"和评论（更多的文本内容）；Pandora 存储并流媒体化音乐。"多样化"反映了需要存储的不同类型的内容数据。

4．真实性

IBM 将真实性（veracity）添加到了这个"V"列表中，它与数据质量和准确性的不确定性有关。那么，到底需要多少个"V"呢？显然，我们需要理解最初的三个：规模化、即时化和多样化。和 IBM 一样，存在一些对数据准确性或有用性的考虑，探讨是否应该包含真实性。虽然也有人提出了其他的"V"，但它们并没有帮助阐明构建一个对大数据理解的模型，因此本书将只探讨上面的三个和 IBM 提出的那一个，如图 13.2 所示。

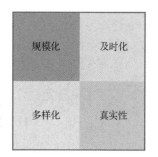

图 13.2　3V 加 1V

13.1.2　大数据与 NoSQL 系统

本书中使用了关系数据库模型和 SQL。然而，还有另一种思想流派引领了最初被称为 NoSQL 的运动，但现在通常被称为"不仅仅是 SQL"（Not only SQL）运动。需要注意的是，大多数（但不是全部）与 NoSQL 运动相关的 DBMS 都是非关系型 DBMS。根据 NoSQL 数据库的（非关系）数据模型，已经提出了几种分类系统来对 NoSQL 数据库进行分组和分类。

这里将 NoSQL 数据库分为 4 个类：

- 键-值：例如 DynamoDB 和 MemcacheDB。
- 文档：例如 ArangoDB, Couchbase Server, MongoDB 和 Azure Cosmos DB。
- 列簇：例如 Apache Cassandra 和 HBase。
- 图形：例如 Neo4j 和 AllegroGraph。

许多 NoSQL DBMS 具有多个类别的特性，一些 NoSQL DBMS 是多模型的：例如，ArangoDB 支持文档、键-值和图形数据。除了使用的数据模型，大多数 NoSQL DBMS 在如何利用计算机（服务器）网络方面与关系 DBMS 有所不同。NoSQL DBMS 通常是分布式的、复制的数据库，用于支持大型数据集。在描述了其他为 NoSQL 而开发的数据模型和分布式数据库的基本知识之后，本章稍后将介绍这 4 种基本 NoSQL 模型的重要特性。NoSQL 数据库也经常使用云或虚拟化技术，这将在本章的最后介绍。

NoSQL 数据库被广泛应用于一些知名的 Web 应用——例如，Facebook 和 Twitter 都使用 Apache 软件基金会的 Cassandra 数据库。本章中将简要介绍这 4 种类型。第 10D 章利用 ArangoDB 环境更详细地描述了文档数据库（它也支持键-值和图形模型）。如今，许多机构同时使用关系数据库和一个或多个 NoSQL 数据库，以满足特定的需求。这就是所谓的多语言持续性。

促进 NoSQL 数据库系统开发的一个主要因素是快速处理大型数据集的需求，尤其是当应用于大数据时。数据库系统必须"向上"或"向外"扩展，以获得存储和处理能力。虽然在单个计算机系统上维护 DBMS 使得维护数据库一致性变得更容易，但是，能够附加到单个计算机系统的处理器数量和存储量是有限制的。向上扩展最初可能有效，但随着数据存储和处理需求的快速增长，通常会变得难以维持。许多 NoSQL 数据库系统都内置了对计算机集群运行的支持——向外扩展，这使得添加容量变得相当容易和便宜。

有一种技术，对一组数据进行一个或多个备份，并在不同的服务器上维护每个副本。每一个副本，被称为一个副本集。复制允许在多个服务器上同时访问数据，从而提高了系统的处理能力。它还可以增加系统的可用性，因为即使一个服务器故障，依旧可以处理数据。但是，这可能会导致一致性问题。如果在一台服务器上更新了一个数据项，那么在将更新传播到其他服务器上的其他副本集之前，将需要一段时间。这被称为"最终一致性"。一些应用可能会读取过时的数据。这是否会成为一个问题，取决于应用。如果在不同的服务器上同时对同一数据项进行两个不同的更新，会怎么样？同样，问题的严重性取决于应用。

这种可用性与一致性的权衡是使用集群时必须考虑的问题之一，这就引出了 CAP 定理。

13.1.3　CAP 定理

与关系 DBMS 一样，当选择 DBMS 并在其中实现数据库时，需要考虑许多重要的因素。第 1～9 章和附录 F 中描述的关系系统中的许多概念和设计决策，在 NoSQL 数据库中也同样存在。例如，第 9 章简要讨论了关系数据库中一些重要的性能问题，如索引、查询优化和数据在辅助存储上的物理放置。NoSQL 设置中这些问题的细节超出了本书的范围，但是需要知道，DBA 所做的决定会极大地影响 NoSQL 和关系系统的性能。其中一些问题在第 10D 章中讲解 NoSQL 文档数据库时进行了探讨。

CAP 定理通过描述在 NoSQL 数据库中可以同时实现哪些特性组合，来说明 NoSQL 设置中的一些重要设计决策。CAP 定理起源于 2000 年，当时 Eric Brewer 在分布式计算原理研讨会（PODC）的主题演讲中提出了一个建议。这个提议被 Seth Gilbert 和 Nancy Lynch 正式证明为一个定理[①]，即 CAP 定理。2012 年，Brewer 总结了 CAP 定理的早期历史，以及它的一些分支和用途[②]。

基本上，CAP 定理定义了分布式数据库系统的三个属性：

1. 一致性
2. 可用性
3. 分区容错性

一致性（Consistency）表示在任何给定时间点，所有数据库副本中的数据都是相同的。可用性（Availability）表示只要存在可用网络，服务器接收到的每个请求都会产生响应。分区容错性（Partition Tolerance）表示即使集群由于网络故障而被划分为两个或多个断开的部分（分区），分布式数据库也可以继续运行。

如图 13.3 所示的 CAP 定理指出，不能同时保证所有这三个属性——至少其中一个属性将在一定程度上受到损害，因为这些属性可能存在多个级别。

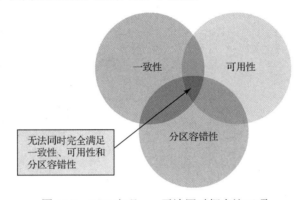

图 13.3　CAP 定理——无法同时拥有这三项

例如，允许分区容错性将降低一致性，如果每个分区允许独立更新，这会导致相同的数据项在不同副本集中可能存在不同的值；或者，可以选择在发生分区时只允许读取或关闭整个系统，但这会丢失可用性。

CAP 定理为比较关系 DBMS 和非关系 NoSQL DBMS 提供了基础。可以认为关系 DBMS 支持一致性和可用性（因为它通常运行在单个非分区数据库系统中），而非关系 DBMS 必须根据是否希望强调一致性或可用性而设计（因而可以被定义为集群设计或分布式/分区系统设计）。CAP 定理也为思考 NoSQL DBMS 中的一些重要概念和权衡提供了一个框架：每一个 DBMS 对 CAP 定理中列出的三个属性都有自己的支持级别，因此可以用该定理来指导 DBMS 的选择。此外，一些 NoSQL DBMS 允许 DBA 选择对这些概念的支持级别，而 CAP 定理可以帮助 DBA 做出这些选择。第 10D 章中描述了 ArangoDB（一种多模型 NoSQL DBMS）环境中的一些问题。

---

① 参见维基百科文章 CAP theorem。Seth Gilbert and Nancy Lynch, "Brewer's Conjecture and the Feasibility of Consistent, Available, Partition Tolerant Web Services," ACM SIGACT News 33, no. 2(2002)。

② 参见 Eric Brewer, CAP Twelve Years Later: How the "Rules" Have Changed。

13.2 分布式数据库处理

在继续讨论现代 NoSQL 处理和模型的细节之前，首先研究两个先于 NoSQL 和大数据解决方案并对其产生重大影响的主题，以及一些典型的 NoSQL 处理场景。本节讲解的是分布式数据库处理，下一节将探讨对象关系数据库和大数据处理模型。

增加 DBMS（比 NoSQL 系统早出现几十年）可以存储的数据量的一种办法是简单地将数据分散到多个数据库服务器中。一组相关联的服务器称为服务器集群，它们之间共享的数据库称为分布式数据库。分布式数据库是在多台计算机上存储和处理的数据库。根据数据库的类型和所允许的处理，分布式数据库可能导致严重问题，也可能带来巨大机会。下面探讨分布式数据库的类型。

13.2.1 分布式数据库的类型

数据库可以通过分区（Partitioning；在 NoSQL 系统中通常称为分片，Sharding）、复制（Replication）或者二者的组合实现分布。分区是将数据库分成多个块并存储在多台计算机上，复制是在多台计算机上存放数据库的副本。图 13.4 给出了这几种不同的实现类型。

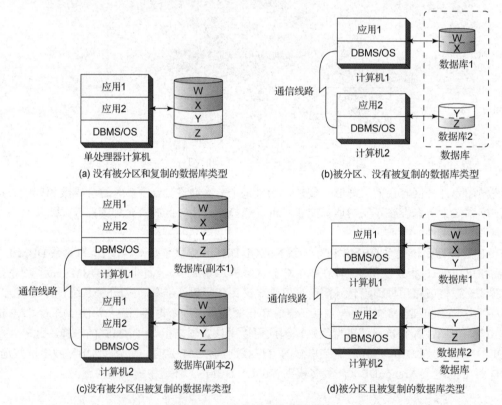

图 13.4　几种分布式数据库类型

图 13.4(a)展示了一个非分布式数据库，其中的 4 个部分被分别标记为 W、X、Y 和 Z，还有两个应用——应用 1 和应用 2。图 13.4(b)中，数据库已被分区，但未被复制。分区 W 和 X 在计算机 1 上存储并处理，Y 和 Z 在计算机 2 上。图 13.4(c)表示一个已复制但未分区的数据库。整个数据库在计算机 1 和 2 上存储并处理。最后，图 13.4(d)是一个分区且复制了的数据库。数据库的

分区 Y 同时在计算机 1 和 2 上存储并处理。

可以用许多不同的方式定义要分区或复制的部分。有 5 个表的数据库（例如，CUSTOMER 表、SALESPERSON 表、INVOICE 表、LINE_ITEM 表和 PART 表），可以将 CUSTOMER 表分配给分区 W、SALESPERSON 表分配给分区 X、INVOICE 表和 LINE_ITEM 表分配给分区 Y、PART 表分配给分区 Z。或者，可以将这 5 个表中不同的行分配给不同的计算机（称为水平分区）；还可以将每个表的不同列分配给不同的计算机（称为垂直分区）。

采用分布式数据库有两个主要原因：性能和控制。让一个数据库分布在多台计算机上能够提高吞吐量。这可能是因为多台计算机会共享工作负载，也可能是因为将分区放置得离用户更近，从而减少了通信延迟。通过将数据库的不同分区隔离到不同的计算机，能够改进对分布式数据库的控制，每台计算机都可以拥有自己的一组授权用户和权限。

13.2.2　分布式数据库面临的挑战

进行数据库分布时必须克服一些重大困难，而这些困难取决于分布式数据库的类型和允许的活动。对于完全复制的数据库，如果只允许一台计算机对其中一个副本进行更新，则不会存在太大的问题。所有的更新活动都发生在一台计算机上，数据库的副本会定期发送到保存副本的站点。面临的问题是需确保只存在一个逻辑一致的分布式数据库副本（例如，不存在部分或未提交的事务），并确保这些站点知道所处理的数据可能不是最新的，因为在其他副本上的最新变化可能尚未达到本地。

如果多台计算机可以更新同一个被复制的数据库，那么就会遇到困难的问题。例如，如果允许两台计算机同时处理同一行，则会导致三种类型的错误：可能会造成不一致的修改，一台计算机可能删除另一台计算机正在更新的行，两台计算机的修改可能违反唯一性约束（例如，两台计算机将数据插入具有相同主键值的表中）。

为了防止出现这些问题，需要某种类型的记录锁定。因为涉及多台计算机，所以第 9 章中讨论的标准记录锁定方法不合适。必须使用一种更为复杂的锁定方案，即分布式两阶段锁定。该方案的具体内容超出了本书讨论的范围，其算法的实现困难且代价高。如果希望多台计算机能够处理分布式数据库的多个副本，则必须首先解决几个重大问题。

如果是图 13.4(b) 的情形，即数据库是分区的但没有被复制，那么如果事务涉及更新跨越两个或多个分布式分区中的数据，就会出现问题。例如，假设 CUSTOMER 表和 SALESPERSON 表放在一台计算机的一个分区上，而 INVOICE 表、LINE_ITEM 表和 PART 表放在另一台计算机上。进一步假设对于一次销售记录，需要在一个原子事务中更新所有的 5 个表。对于这种情形，一个事务必须在这两台计算机上启动，并且只有当允许在两台计算机上提交事务时，才允许在其中一台上提交。这时，必须使用分布式两阶段锁定。

如果数据分区的方式是没有事务需要来自多个分区的数据，那么可以采用常规锁定。但是，对于这种情况，实际上存在的是两个独立的数据库，有些人会认为不应该将它视为分布式数据库。

如果数据分区的方式是没有事务更新来自多个分区的数据，只有一个或多个事务从一个分区读取数据并更新第二个分区上的数据，那么常规锁定可能会导致问题，也可能不会导致问题。如果可能出现脏读，则需要某种形式的分布式锁定；否则，只需使用常规锁定。

如果数据库是分区的，并且至少复制了其中的一个分区，那么锁定需求就是上述各种锁定的组合。如果复制的分区被更新、事务跨越分区，或者可能出现脏读，那么就需要分布式两阶段锁定，否则常规锁定就足够了。还有其他方法可以解决这个问题，比如使用时间戳和仲裁。下面简要讲解一下仲裁。为了提升数据库的一致性，在向应用表明请求已成功完成之前，可以要求将数据库的读或写操作传播到多个副本。一个典型的场景是确保读或写操作在一个主服务器（仲裁）上完成。增加必须响应的副本集的数量，可以提高一致性，但会使处理速度变慢。读操作的仲裁值可以与写操作的仲裁值不同。

分布式处理是复杂的，可能会产生大量的问题。除了复制的只读数据库，否则只有拥有大量预算和时间充裕的经验丰富的团队，才可以尝试分布式数据库。这种数据库还需要数据通信方面的专家参与。分布式数据库不适合保守的人使用，但是它的许多重要概念都已经用于当今的 NoSQL 系统。

13.3　对象-关系数据库

面向对象编程（OOP）是一种设计和编写计算机程序的方法论。如今，大多数新程序的开发，都是利用 OOP 技术完成的。Java、Python、C++、C#和 Visual Basic.NET 都是面向对象的编程语言（或者，至少它们都具有面向对象的特性）。

对象是同时具有方法和属性的数据结构，方法是使用对象执行某些任务的程序，属性是由对象拥有和控制的数据项。对象被组织成类，某个类的所有对象都具有相同的方法和属性，但是每个对象在这些属性中都有自己的一组数据值。使用 OOP 语言时，会创建对象的属性并将其存储在主存中。对象的属性值会被永久存储在辅存（通常是磁盘）中，称为对象持久性。用于对象持久性的技术有很多，其中之一是使用数据库技术的一些变体。

尽管关系数据库可以用于对象持久性，但是这种方法需要程序员做大量工作。对象数据结构通常比表中的一行还要复杂。一般而言，需要几个不同表的几个甚至多个行来存储对象数据。这意味着 OOP 程序员必须设计一个小型数据库来存储对象。一个信息系统通常涉及许多类对象，因此需要设计和处理许多不同的小型数据库。这种方法太不可取，因此很少使用。

20 世纪 90 年代初期，一些供应商开发了用于存储对象数据的专用 DBMS 产品。这些被称为面向对象 DBMS（OODBMS）的产品从未取得过商业上的成功。问题在于，当推出这种产品时，数十亿字节的数据已经存储在关系数据库中，很少有机构希望将它们的数据转换为 OODBMS 格式，以便采用 OODBMS。因此，这些产品未能获得关系数据市场的大份额，但其中一些 OODBMS 抢占了 DBMS 的一个小市场（例如，ObjectDB、Objectivity/DB、ObjectStore 等）。

然而，对于对象持久性的需求并没有消失。当前的 SQL 标准，定义了许多基于对象的特性（类、继承、方法等）。一些供应商，尤其是 Oracle，在它们的关系 DBMS 产品中添加了许多这样的特性和功能，以创建对象-关系数据库。这些特性和功能基本上是关系 DBMS 的附加组件，用于实现对象持久性。利用这些特性，可以比使用纯关系数据库更容易地存储对象数据。然而，对象-关系数据库仍然可以同时处理关系数据[①]。

虽然 OODBMS 还没有取得商业上的成功，但 OOP 已经站稳脚跟，而且现代编程语言都是基于对象的。这很重要，因为这些编程语言正被用于创建处理大数据的最新技术。当在编程语言中嵌入查询时，这也很有用：如果编程语言的类型系统与 DBMS 相匹配，就可以得到更直接的概念映射。这减少了对象和关系范式管理数据结构化和处理方式之间的阻抗不匹配。具有类似于编程语言的类型系统的 DBMS 拥有优势。此外，面向对象和对象-关系系统中出现的许多复杂数据结构概念被大量用于 NoSQL 数据库以及支持它们的语言。所以，对于 DBMS 技术的发展，面向对象和对象-关系系统发挥了重要作用。事实上，SAP 的 OrientDB 是一个多模型 NoSQL DBMS，它

---

① 要了解关于对象-关系数据库的更多信息，可参阅维基百科的文章 Object-relational database。

支持对象数据模型。

13.4　大数据处理模型

首先应该注意到，许多企业级关系 DBMS 能够并且已经在快速处理大量数据。有些 DBMS 在这方面做得比较好，但是，出于性能的考虑，它们可能需要让位于以大数据为中心的 NoSQL DBMS。然而，不是每一个大数据应用都需要 NoSQL DBMS。

如本章前面所述，NoSQL DBMS 通常是分布式的、复制的数据库。NoSQL 数据库还经常使用对象-关系系统中的一些后关系数据结构概念，多数还使用虚拟化和云技术，这将在本章后面讲解。许多 NoSQL DBMS 的另一个共同之处是它们具有各种处理和存储策略，其中最常见的两个是 MapReduce 和 Hadoop。需要注意的是，4 种标准 NoSQL DBMS（键-值、列簇、文档和图形）中的任何一种都可以按不同的方式使用或受益于这些处理和存储策略。

13.4.1　MapReduce

虽然 NoSQL 建模技术提供了在大数据系统中存储数据的方法，但数据本身可以通过多种方式进行分析。其中一个重要的方法是使用 MapReduce 过程。因为大数据涉及超大的数据集，一台计算机很难单独处理所有的数据。因此，需要基于本章前面讨论的分布式数据库系统概念，使用分布式处理系统部署一组集群计算机。

MapReduce 过程用于将一个大的分析任务分解成更小的任务，将每个更小的任务分配（映射）到集群中的一台单独的计算机上，并收集每个任务的结果，将它们合并（缩小）成原始任务的最终结果。"Map"指的是在单台计算机上完成的工作，而"Reduce"表示将单个结果组合成最终结果。

MapReduce 过程的一个常用例子是计算每个单词在文档中出现的次数。图 13.5 演示了这个例子，在图中可以看到原始文档如何被分解为几个部分，然后每个部分被传递到集群中的独立计算机上，由 Map 过程进行处理。随后，将每个 Map 过程的输出传递给一台计算机，该计算机使用 Reduce 过程将这些输出结果合并到最终的输出中，其结果是一个单词列表以及每个单词在文档中出现的次数。大多数 NoSQL 数据库系统都支持 MapReduce 和其他类似的过程。在某些系统中，这种支持是直接的，因为 MapReduce 是一个可以调用的功能。其他系统中，必须由 DBA 或资深用户/程序员进行 MapReduce 功能编程。

13.4.2　Hadoop

Apache 软件基金会的另一个项目，Hadoop 分布式文件系统（HDFS，Hadoop Distributed File System），正在成为一个基础性的大数据开发平台。HDFS 为集群服务器提供标准的文件服务，这样，集群服务器的文件系统就可以作为一个分布式文件系统运行，以支持大规模 MapReduce 或类似的过程。Hadoop 最初是 Cassandra 的一部分，后来 Hadoop 项目已经衍生出了一个名为 HBase 的非关系数据库和一个名为 Pig 的查询语言。Hadoop 项目还包括 Hive 和一种称为 HiveQL 的类似 SQL 的查询语言，前者是一个支持数据聚合（汇总）、数据分析的数据仓库基础设施。

此外，所有主流的 DBMS 都支持 Hadoop。Microsoft 已经部署了一个名为 HDInsight 的 Microsoft Hadoop 发行版，作为其 Azure 云服务的一部分，并与 HP、Dell 以及其他厂商合作提供 Microsoft Analytics Platform System（以前称为 SQL Server Parallel Data Warehouse）。Oracle 开发的 Oracle Big Data Appliance，使用了 Hadoop。在网上搜索"MySQL Hadoop"一词，很快就会发现 Hadoop 和 MySQL 的集成方式。当然，有许多 NoSQL DBMS 能够使用 HDFS。

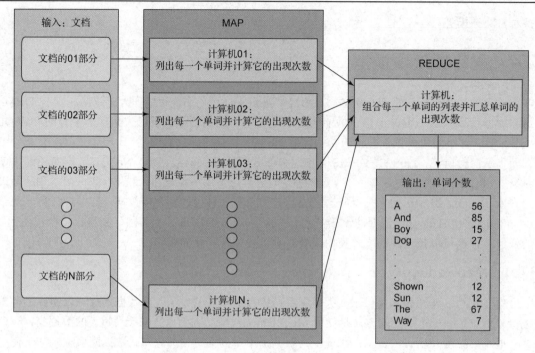

图 13.5　MapReduce 过程

大数据领域的一些新发展意识到，某些形式的分析并不容易适合 MapReduce 模型。有时，需要许多彼此相连的 MapReduce 步骤才能获得所需的结果。每一个 MapReduce 步骤，都需要读写文件系统，这会减慢速度。最近的 Hadoop 版本支持 Apache Tez，这是一个基于 HDFS 的编程框架，它支持比 MapReduce 更通用的处理模型。Tez 处理可以用有向无环图（一种没有循环的流程模型）建模。图 13.6 给出了一个例子。这里创建的图形数据结构，用于指导 Tez 处理。过程开始时，从 HDFS 读取数据（在图的顶部）；过程结束时，将数据写回 HDFS（在图的底部）。中间步骤在内存中执行。Tez 正在取代 Hadoop 的 Hive 和 Pig 产品中 MapReduce。

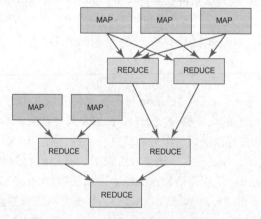

图 13.6　Apache Tez 的有向无环图示例

还有一些使用 Tez 处理模型的新产品，比如 Apache Spark，一个"用于大规模数据处理的统一分析引擎"，它允许程序员用多种语言快速编写数据分析应用：SQL、Python、Scala、Java 以及 R（一种功能强大的统计语言）。Spark 的 MLlib 库中有许多机器学习函数。Spark 可以连接 Hive、

HBase、Cassandra、HDFS 等多种数据源，也可以连接 Amazon 的 EMR 文件系统、Microsoft 的 Azure Storage 等云提供商数据源。

13.5　非关系数据库管理系统

这些系统可分为 4 大类，将在下面的几个小节中进行描述。大多数 NoSQL DBMS，无论它们属于哪一类，都有一个共同点：与关系数据库中一样，NoSQL DBMS 通常没有模式，因此这种数据库被称为无模式数据库。对于数据结构的方式，NoSQL DBMS 也有较少的限制。这样的系统，特别是 NoSQL DBMS，通常基于 XML（见附录 H 和第 11 章）或 JSON（见本章稍后的简要描述，第 10D 章中有更详细的讲解）。

这些系统通常也称为半结构化或非结构化数据库（取决于可用的结构化级别），而不是高度结构化的关系数据模型。例如，关系 DBMS 中的 STUDENT 关系是高度结构化的：所有行具有相同数量的列，具有相同的列名和列数据类型，并且每个列值都是单个值（第一范式）。有些列簇 DBMS 是高度结构化的，就像传统的关系数据库；其他的则更类似于半结构化的文档数据库（数据有结构，但是结构化需求比关系需求要灵活得多，稍后将详细说明这一点）。在关系范围的另一端是非结构化数据，这些数据可以在键-值数据库或文本数据库中找到。

前三种 NoSQL 系统（键-值、文档和列簇）可以存储"聚合"数据。在某种程度上，某些基于图形的 NoSQL DBMS 也是如此。聚合（Aggregate）指的是比关系表中的简单行更复杂的数据结构，因为聚合可以表示复合数据（例如，地址由街道、城市和国家数据项组成）和列表（例如，一位客户的一组电话号码）。在关系 DBMS 中，这些数据通常位于不同的表中，以存储 1:N 或 1:1 关系。这样，就有了一个作为一个单元处理的数据项集合。可以使用数据建模语言 XML 和 JSON 来描述聚合数据。对于为了一致性而设计的关系数据库，它支持"原子"事务，即在将数据提交到数据库之前，要求所有更新都成功完成（参见第 9 章）。对于聚合 NoSQL 数据库，常常需要以不同的方式来考虑"事务"。尽管单个聚合上的操作是原子性的，但对于跨多个聚合数据对象的操作通常不具原子性。因此，当一致性是目标时，聚合的设计以及应用本身就成为重要的考虑事项。

有多个文档数据库使用了 JSON，它与 XML 有一些相似之处，但是没有数据以外的模式的概念。文档（JSON 术语中称为"对象"）由一对（字段，值）组成。值可以是简单值（字符串或数字）或其他对象，值也可以是由值或对象构成的数组。以下是包含两个学生数据的文档的 JSON 表示：

```
{
    id: "student1",
    lastName: "Smith",
    firstName: "John",
    majors: ["History", "Computer Science"]
}
{
    id: "student2",
    firstName: "Mary",
    minor: "English",
    majors: ["Math"],
    GPA: 3.2
}
```

可以看出，在 JSON 或 XML 中，列的数量、顺序、类型和（某些系统中的）名称的限制较少；此外，字段可以是多值的，例如上面的 majors 字段。注意，第二个学生有一些第一个学生没有的字段，反之亦然。通过 XML 和 JSON 使用这些特性，在 NoSQL DBMS 中很常见。前面示例中的数据，可以用不同的方式存储在后面讲解的 4 种非关系 DBMS 中。

13.5.1　键-值数据库

键-值数据库使用一对简单键及其关联值。每一个键（类似于关系 DBMS 中的主键），在数据库中只出现一次。例如，DynamoDB 就是一个键-值 DBMS，它是由 Amazon 开发的。另一个键-值数据库是 MemcacheDB。Apache Cassandra 通常被归类为列簇数据库，尽管它以 DynamoDB 和 Google 的 Bigtable 为基础，但它也具有键-值数据库的一些特性[①]。

键-值数据库非常简单，可以在联网的集群中轻松地分发键-值对。注意，值可以是任何对象，如字符串、大型二进制对象、事物列表、JSON 对象，等等。键-值数据库非常适合需要快速存储和检索简单（大的或小的）对象但不需要 SQL 查询的全部复杂性的大量数据，因为 DBMS 不知道值对象的内部结构。因此，不能根据内部字段进行查询。查询键-值数据库的基本操作有：

- get(key): 检索与键关联的值
- set(key, value): 创建或更新键-值对
- delete(key): 删除一个键-值对

这些命令通常以某种编程语言从程序内部发出，或者在某些系统中从命令行界面发出。下面是一个典型的键-值数据库中可能出现的一些样本数据,该数据库存储了关于电子邮件账户的信息和访问该账户的最后一台计算机的 IP 地址：

```
("joe@somewhere.com", "172.13.233.1")
("mary@nowhere.com", "177.10.254.1")
```

电子邮件地址是键，IP 地址是值。值可能更复杂或更大，但在键-值数据库中，在检索完值之后，值中的任何结构都必须由应用来处理。

13.5.2　文档数据库

文档数据库根据面向文档的格式存储数据，其中最流行的两种是 XML（可扩展标记语言）和 JSON（Java 脚本对象表示法）。XML 在第 11 章中讲解过，附录 H 中有详细讨论。例如，Couchbase Server 和 ArangoDB 就是两个文档 DBMS，它们使用 JSON 格式存储数据。第 10D 章中以 ArangoDB 为例详细讲解了文档数据库。MongoDB 是另一个流行的文档数据库，它采用 BSON 格式（二进制 JSON）存储数据。BSON 是 JSON 文档的二进制编码版本，但添加了一些额外的可用数据类型。

存在一种趋势，非关系数据库系统可以支持多个 NoSQL 类别：DynamoDB 同时支持键-值和文档数据存储；ArangoDB 和 Azure Cosmos DB 支持键-值、文档和图形数据模型。甚至，一些关系 DBMS（如 MySQL）也支持将 JSON 作为数据类型，并具有一些文档存储和查询功能。

在文档数据库中，文档（如 JSON 对象）通常存储在一个集中。在 ArangoDB 和 MongoDB 中称为集合。这大致相当于将关系数据库看作一组关系，每个关系都是一些行的集合。文档集合类似于关系表。当然，在文档数据库中通常没有模式的概念，因此集合中的文档可以是完全异构

---

① 参见维基百科文章 Apache_Cassandra。

的。但是，典型的情况是，集合中的文档在结构上相似，以方便存储和查询。

文档数据库旨在提供对单个相似文档的大型集合的快速查询处理。大多数文档 DBMS 的数据构造和查询功能，都是为了方便处理这类查询。在许多文档数据库查询语言中，不直接支持从多个集合链接文档的查询（类似于关系模型中的连接）。但是，ArangoDB 是一个例外。有些人认为，如果数据库需要很多连接查询，那么应该将其保存在关系 DBMS 中，而不是文档 DBMS 中。然而，在文档数据库中有时需要查询多个集合，因此总有一些方法可以做到这一点，可以通过查询语言（ArangoDB 就是如此），或者通过编程语言实现。

与键-值数据库一样，与数据库的交互既可以在用 Java 或 Python 等编程语言编写的程序中进行，也可以通过命令行环境（在某些系统中，还可以通过图形化环境）进行。此外，大多数基于文档的 NoSQL DBMS，都提供类似 SQL 的查询语言（第 10D 章中详细讲解了 ArangoDB 的 AQL）。可以通过命令行或嵌入编程语言（使用通用语法）获得的典型命令包括：

- insert(doc, collection)：将文档 doc 放入 collection 集合中。
- update(collection, doc_specifier, update_action)：在 collection 中，更新所有与 doc_specifier 匹配的文档（例如，姓氏为 Smith 的所有学生）。update_action 可以改变一个文档中多个字段的值。
- delete(collection, doc_specifier)：从 collection 中删除所有匹配 doc_specifier 的文档。
- find(collection, doc_specifier)：从 collection 中找出所有匹配 doc_specifier 的文档。

此外，大多数文档数据库为 MapReduce 和其他聚合任务提供了某种程度的内置支持。以上 4 个基本的文档数据库命令，通常称为 CRUD（创建、读取、更新、删除）命令。（此处，"创建"和"插入"是同义词；"读取"和"查找"也是。）大多数文档数据库都提供了这些命令的某些版本。

下面的这些示例数据比前面介绍的要复杂，它们可能出现在关于学生和辅导员信息的文档数据库中。第一个文档将存储在一组相似的"Advisor"文档中，第二个文档将存储在一组相似的"Student"文档中。大括号表示文档，即一对（字段，值）；方括号表示一个数组。这里采用的是标准的 JSON 语法：

```
{
    id: "Advisor1",
    name: "Shire, Robert",
    dept: "History",
    yearHired: 1993
}

{
    id: 555667777,
    name: "Tierney, Doris",
    majors: ["Music", "Spanish"],
    addresses: [
        {
        street: "14510 NE 4th Street",
        city: "Bellevue",
        state: "WA",
```

```
            zip: "98005"
            },
            {
            street: "335 Aloha Street",
            city: "Seattle",
            state: "WA",
            zip: "98109"
            }
            ],
        favoritePet:
            {
                name: "Tiger",
                species: "cat"
            },
        advisorID: "Advisor1"
    }
```

id 字段是在数据库中标识文档的全局唯一键（当然，不同的系统对该字段的使用稍有不同，所以一定要仔细阅读文档）。Advisor 文档很简单。该学生有两个专业（每个专业都是简单的字符串）和两个地址（每个地址本身都是嵌入在学生的 addresses 字段中的一个文档）。学生的 advisorID 字段包含导师的标识符，类似于关系数据库中的外键。favoritePet 字段利用了 JSON 在一个文档中存储另一个文档（而不是在一个文档中存储文档数组）的功能，注意，其中许多特性（文档引用、嵌入文档、数组、缺少所需的模式）在简单的键-值数据库中是不能使用的。正如所见，当数据具有某种结构时，文档数据库可能是一个好的选择。但是，这种结构可能复杂，或者在不同文档之间存在不一致。而且，与键-值数据库不同，文档数据库支持基于文档内部结构的查询。

JSON 的结构化功能的定义非常简洁，可以在 JSON 网站上找到。JSON 中存在两种数据结构概念：对象（通常将其称为文档）和数组。

如前面几个示例所示，对象用一对大括号表示，它由一个用逗号分隔的 fieldName:value 对列表组成。数组用一对方括号表示，由逗号分隔的值列表组成（没有字段名）。然而，JSON 的真正威力在于"值"的定义。值可以是：

● 简单的单一数据（字符串、数字、布尔值或空值）
● 对象（文档）
● 值数组

这是一个递归定义，因为值是根据其他值来定义的。这意味着数据的结构可以相当复杂，DBA 能够决定嵌套到应用的任意层次。JSON 本身，只用来描述文档的结构。但是，典型的基于 JSON 的文档数据库由一组集合组成，每个集合都包含遵循 JSON 标准的文档。

在文档数据库中，越来越多地提供了对类似 SQL 的查询语言的支持。其中一些语言与 SQL 有许多相似之处（例如，ArangoDB 的 AQL——ArangoDB 查询语言），而其他语言可能看起来完全不同（例如，MongoDB 的查询语言实际上是用类似 JSON 的格式编写的）。这些文档数据库查询语言支持基于文档内部结构的查询。目前还没有针对文档数据库的标准的即席查询语言。第 10D 章中讲解了 AQL，它以某种形式包含了大多数常见的即席查询特性。

13.5.3　列簇数据库

列簇（也称为"面向列"或"列"）数据库的大部分开发基础，是由 Google 开发的一种名为 Bigtable 的结构化存储机制。现在，列簇数据库已经被广泛使用，Apache 软件基金会的 Cassandra 项目就是一个很好的例子。Facebook 在 Cassandra 上做了最初的开发工作，然后在 2008 年把它交给了开源开发社区。

列簇数据库的一个示例如图 13.7 所示。与关系 DBMS（RDBMS）表等价的列簇数据库存储，其结构非常不同。尽管采用了类似的术语，但它们的含义与在关系 DBMS 中的含义存在差异。

最小的存储单元称为列，但它实际上相当于 RDBMS 表中的一个单元格（RDBMS 行和列的交集）。列由三部分组成：列名、列值或数据，以及记录值何时存储在列中的时间戳。如图 13.7（a）所示，LastName 列存储了 LastName 值 Able。

可以将列分组到称为超列的集合中。如图 13.7（b）所示，CustomerName 超列由 FirstName 列和 LastName 列组成，它存储 CustomerName 值 Ralph Able。

对列和超列进行分组，可以创建列簇；列簇数据库存储相当于 RDBMS 表，因为它们通常存储在一起。在一个列簇中，包含几个由列组构成的行，每一行都有一个 RowKey，它类似于 RDBMS 表中使用的主键。但是，与 RDBMS 表不同的是，一个列簇中的各行不需要具有相同的列数（即，在某些列簇 DBMS 中，数据可以是半结构化的）。图 13.7（c）通过 Customer 列簇演示了这一点，该列簇由客户的三行数据组成。

图 13.7（c）清楚地说明了结构化存储列簇和 RDBMS 表之间的区别：列簇中的列数以及每一行中保存的数据是可变的，这在 RDBMS 表中是不可能的。这种存储列结构，显然不满足第 3 章中定义的 1NF，更不用说 BCNF 了。例如，第一行没有 Phone 列和 City 列；第三行不仅没有 FirstName 列、Phone 列和 City 列，而且还包含其他行中不存在的 EmailAddress 列。

所有列簇都包含在一个键空间中，它提供了一组可以在数据存储中使用的唯一 RowKey 值。图 13.7 使用了键空间中的 RowKey 值来标识列簇中的每一行。尽管这种结构初看起来有些奇怪，但实际上它提供了很大的灵活性，因为可以随时引入包含新数据的列，而无须修改现有的表结构或模式。但是，应用需要处理可能不同的行结构。

如图 13.7（d）所示，超列簇与列簇类似，但它使用了超列（或列和超列的组合）而不是列。超列是相关列的命名集合。Cassandra DBMS 支持超列。

列簇数据库的主要目的之一是提高某些查询的性能。特别地，在某些情况下，从表（或列簇）中检索少量数据列的查询可能更高效。练习题中将有更多的探讨。从表面上看，查询列簇数据库与 SQL 中查询关系表非常相似。例如，Apache Cassandra 有一种名为 CQL 的类似 SQL 的语言来操作列簇，CQL 中的许多查询在 SQL 中都有完全相同的方式。当然，二者存在一些重要的区别，但是它的基本结构与 SQL 非常相似（比文档查询语言更相似）。其他列簇 DBMS 直接将 SQL 作为它们的主要查询语言。

当然，列簇数据库存储的特性不仅仅是这里讨论的内容，但是至少应该了解了它的基本原理。

| 名称：LastName |
| 值：Able |
| 时间戳：40324081235 |

（a）一个列

图 13.7　列簇数据库存储系统

超列名称	CustomerName	
超列值	名称：FirstName	名称：LastName
	值：Ralph	值：Able
	时间戳：40324081235	时间戳：40324081235

（b）一个超列

列簇名称	Customer			
RowKey001	名称：FirstName	名称：LastName		
	值：Ralph	值：Able		
	时间戳：40324081235	时间戳：40324081235		
RowKey002	名称：FirstName	名称：LastName	名称：Phone	名称：City
	值：Nancy	值：Jacobs	值：817-871-8123	值：Fort Worth
	时间戳：40335091055	时间戳：40335091055	时间戳：40335091055	时间戳：40335091055
RowKey003	名称：LastName	名称：EmailAddress		
	值：Baker	值：Susan.Baker@elsewhere.com		
	时间戳：40340103518	时间戳：40340103518		

（c）一个列簇

超列簇名称	Customer			
Rowkey001	CustomerName		CustomerPhone	
	名称：FirstName	名称：LastName	名称：Areacode	名称：PhoneNumber
	值：Ralph	值：Able	值：210	值：281 - 7987
	时间戳：40324081235	时间戳：40324081235	时间戳：40335091055	时间戳：40335091055
Rowkey002	CustomerName		CustomerPhone	
	名称：FirstName	名称：LastName	名称：Areacode	名称：PhoneNumber
	值：Nancy	值：Jacobs	值：817	值：871 - 8123
	时间戳：40335091055	时间戳：40335091055	时间戳：40335091055	时间戳：40335091055
Rowkey003	CustomerName		CustomerPhone	
	名称：FirstName	名称：LastName	名称：Areacode	名称：PhoneNumber
	值：Susan	值：Baker	值：210	值：281 - 7876
	时间戳：40340103518	时间戳：40340103518	时间戳：40340103518	时间戳：40340103518

（d）一个超列簇

图 13.7　列簇数据库存储系统（续）

13.5.4　图形数据库

根据数学图论，图形数据库由三个要素组成：

1．节点

2．属性

3．边

一种图形 DBMS 是 Neo4j。第 10D 章中讲解的 ArangoDB 作为 NoSQL 文档数据库的一个例子，也是一种图形 DBMS（它是多模型的）。

节点，等价于 E-R 数据建模中的实体和数据库设计中的表（或关系）。它表示希望跟踪的东西或者希望存储数据的事物。

属性，等价于 E-R 数据建模中的属性和数据库设计中的列（或字段）。它表示希望为每个节点存储的数据项。

边，类似于 E-R 数据模型和数据库设计中的关系，但不完全相同。它们相似，因为边连接节点，就如同关系连接实体一样；但边还可以存储数据。边还可以具有"方向"。

图 13.8 给出了基于第 7 章和第 12 章中使用的部分 HSD 数据库的图形数据库的抽象表示。注意，HSD SEMINAR、CUSTOMER 和 SEMINAR_CUSTOMER 表中的一些数据被复制到了这个数据库中。CUSTOMER 数据，SEMINAR 数据，以及关于哪些客户参加了哪些研讨会的数据，都在这里。但是，图形数据库中添加了一些额外的数据。首先，标记为 Attendees 的两条边，组成一个名为 Attendees 的组：虽然这种分组可以通过关系数据库中的 SQL 查询获得，但它是图形数据库的内置组件。类似地，ID 为 3001 和标记为"knows"的边，向数据集中添加了全新的数据——关于原始 HSD 数据库设计中不存在的客户之间关系的额外数据。

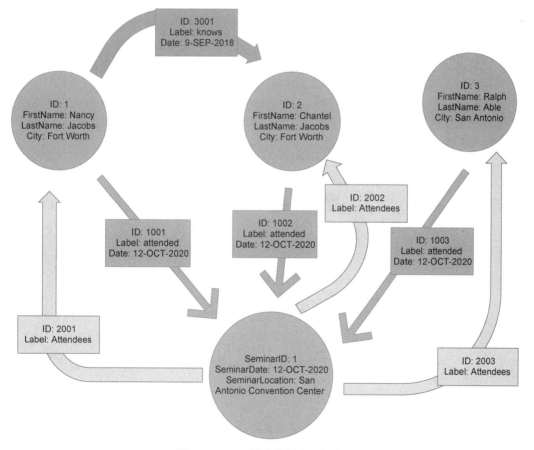

图 13.8　HSD 图形数据库（部分）

显然，图形数据库模型可以很容易地扩展原始数据模型，并在节点之间提供额外的路径。

作为一个更具体的例子，考虑添加更多关于哪些 HSD 客户知道哪些其他 HSD 客户的数据。

图 13.8 中有一个这样的例子。现在添加更多的例子展示其在 ArangoDB 中的表示（使用该系统的图形数据库特性），并演示一个基于图形的数据查询。图 13.9 在 ArangoDB 的屏幕截图中显示了一些 HSD 客户和一些关于谁认识谁的数据。注意，这个例子中，假设"know"关系不一定是对称的：在别人不知道我是谁的情况下，我可以知道他是谁。图 13.9 中，Ralph Able 知道 Susan Baker 和 Nancy Jacobs 是谁，Nancy Jacobs 知道 Chantel Jacobs 是谁，等等。边附近的标记，表示顾客认识其他顾客的日期。

当然，可以在图形数据库上运行查询。由于图形数据库之间的标准操作差异很大（甚至比键-值数据库和文档数据库更大），因此这里只给出一个示例。下面的 AQL 查询（第 10D 章中详细介绍了 ArangoDB 查询语言 AQL），会得到所有 Ralph Able 认识的人或这些人所认识的人的电子邮件。

```
FOR Cust IN 1..2 OUTBOUND
    "CUSTOMERS/RalphAble" GRAPH "KnowsGraph"
    RETURN DISTINCT Cust.EmailAddress
```

可以这样理解这个查询：从客户 Ralph Able 开始，查询"knows"边 1 步或 2 步，返回遇到的每一位客户的电子邮件地址。DISTINCT 确保不会返回 Chantel Jacobs 两次，因为她以两种不同的方式（间接）被 Ralph Able 认识，如图 13.9 所示。JSON 格式的查询结果是：

```
[ "Nancy.Jacobs@somewhere.com",
  "Chantel.Jacobs@somewhere.com",
  "Susan.Baker@elsewhere.com" ]
```

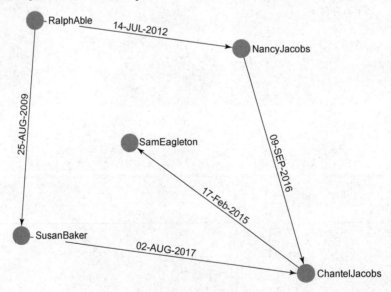

图 13.9　ArangoDB 中的部分 HSD 图形数据

13.6　虚拟化

虚拟化（Virtualization）是使用硬件和软件来模拟另一个硬件资源。例如，可以在磁盘驱动器上存储称为页的内存小块，并在实际（物理）内存和磁盘之间来回移动它们，从而提供额外虚拟内存的假象。CPU 和操作系统会协助向应用程序提供这种资源，运行这些应用程序时，就如同由自己的 CPU 架构提供全部内存集的副本一样。

当系统管理员认识到数据中心的大多数服务器上的硬件资源（CPU、内存、磁盘存储的输入/输出）经常没有得到充分利用时，计算领域出现了重大发展。例如，如图 13.10 所示，CPU 的大部分时间不是很忙，还可能存在很多未使用的内存。这种现实导致了将多个服务器组合成一个更大服务器的想法。如果将多个服务器环境（包括操作系统、库和应用）合并到一个具有更高利用率的更大服务器中，那么管理它们就更便宜、更容易。这样做还可以节省数据中心空间、电力、空调、硬件维护和软件许可成本。

如何才能做到这一点呢？答案是让一台物理计算机作为一台或多台虚拟计算机的宿主，这些虚拟计算机通常被称为虚拟机（Virtual Machine）。为了做到这一点，实际的计算机硬件（现在称为宿主机）运行一个称为虚拟机管理器或监督器的特殊程序。监督器创建并管理虚拟机，并控制每台虚拟机与物理硬件之间的交互。例如，如果为一台虚拟机分配了 2 GB 的主存，那么监督器会负责确保分配了实际的物理内存供虚拟机使用。一台虚拟机并不知道它正在与其他虚拟机共享物理计算机。系统管理员可以与监督器交互，以启动新的虚拟机实例、关闭虚拟机或调整虚拟机配置。本书中的大部分截图以及数据库操作都是在一个虚拟机集合上完成的。

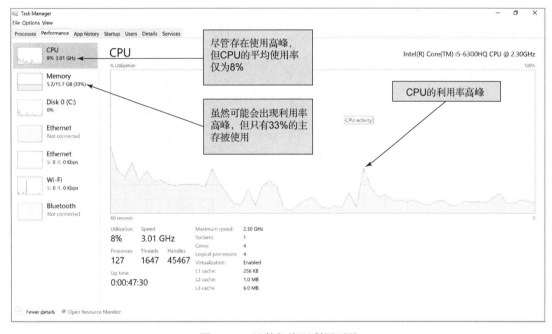

图 13.10　计算机资源利用不足

有两种基本方法实现监督器。第一种是"物理机"，即类型 1 监督器，如图 13.11（a）所示。虚拟机被加载到内存中，或者在任何其他程序之前被"启动"。因此，监督器直接控制硬件，并为虚拟机提供在物理硬件上运行的假象。类型 1 监督器通常用于大型数据中心。类型 2 或"托管"监督器在图 13.11（b）中给出，通常由学生和其他计算机用户使用，以在台式或笔记本电脑上作为常规应用运行多个操作系统。我们知道，Microsoft Access 在 Mac OS 上是不可用的。但是，可以使用类型 2 监督器，将 Windows 作为 Mac 上的另一个应用加载，从而能够在 Mac 上的 Windows 虚拟机中使用 Windows Office。另一个常见的场景，是将 Linux 作为一个应用在 Windows 机器上启动。图 13.11 演示了类型 1 监督器和类型 2 监督器的基本区别。这两种类型的监督器，都可以在虚拟机中作为"来宾"操作系统运行于另一种操作系统之上。

类型 1 监督器产品，包括 VMware 的 vSphere/ESXi、开源 KVM 和 Xen 监督器、Red Hat 的

Enterprise Virtualization 以及 Microsoft 的 Hyper-V；类型 2 监督器包括 VMware 的 Player、Fusion 和 Workstation 产品、Oracle 的 VirtualBox 以及 Parallels 的 Desktop for Mac。一些类型 2 监督器产品被设计成在 PC 上运行的，另一些则运行于 Mac 上。

另一种形式的虚拟化称为容器化，如图 13.11（c）所示，它正变得越来越流行，用于支持新软件版本的快速无缝部署。容器化不是模拟整个机器，而是模拟运行应用所需的独立操作系统环境——程序库、文件系统和配置文件。这种虚拟化方法，有时被称为"操作系统级虚拟化"。

一个"容器引擎"管理着多个容器实例的执行。注意，容器引擎本身运行在操作系统的单个副本上。由同一个引擎管理的容器实例共享底层操作系统的一些资源。因此，所有容器实例必须使用相同的底层操作系统。容器最初是为 UNIX 系统开发的，但现在也可以在 Windows 上使用。通过应用所依赖的独立的文件系统和库版本，实现了应用之间的相互隔离。因此，使用不同版本的软件库的应用可以运行在同一台主机上。

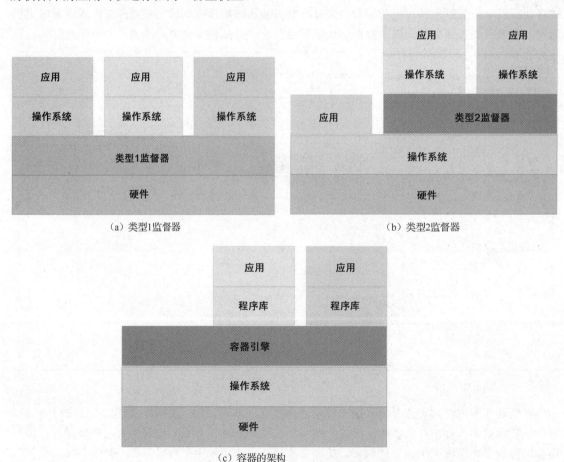

（a）类型1监督器   （b）类型2监督器

（c）容器的架构

图 13.11   类型 1/2 监督器及容器

容器实例的一个主要优点是它比虚拟机实例小，允许从一个地方移动到另一个地方，并且可以非常快速地启动。在为应用提供执行独立性方面，容器可能没有虚拟机那么可靠，但是现在的操作系统非常稳定，而且在许多情况下，部署新容器的便利性弥补了这一缺点。虽然这里没有显示，但是在虚拟机中运行容器是可能的。这就是所谓的"混合容器化"，容器引擎在操作系统之上运行，而操作系统又在监督器上运行。

容器供应商包括 Docker、Rancher Labs、Iron、Cloud66、OpenShift 和 Kubernetes。

运行 Windows 10 的台式计算机如图 13.12 所示，它通过 Windows 远程桌面访问虚拟机。该虚拟机由 OpenNebula 的管理器管理，也运行 Windows 10。虚拟机上运行的是 Microsoft SQL Server 2019，并已被用来获得一些出现在本书中的 SQL Server 2019 屏幕截图。

13.7　云计算

多年来，系统管理员和数据库管理员都清楚地知道他们的服务器（物理的或虚拟的）的位置——在公司内部的一个专用的、安全的机房中。随着 Internet 的出现，公司开始在远离客户的服务器（物理的或虚拟的）上提供托管服务。事实上，"云计算"这个术语有些用词不当。尽管网络有时会使用云图标来绘制，但云服务最终是由大型数据中心提供的。通过管理员的软件或命令，可以动态地重新配置基于云的数据中心资源（服务器、存储和网络容量）。这样，客户就能够根据需求扩展或收缩所租赁的数据中心容量。这就是 Amazon 的云服务被称为 EC2（弹性计算云）的原因。

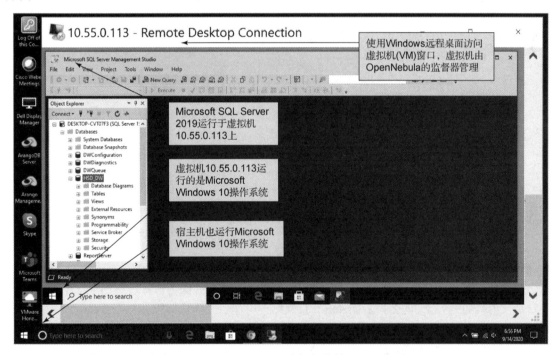

图 13.12　运行在 Microsoft Windows 10 虚拟机上的 Microsoft SQL Server 2019

高级虚拟化技术，是提供云服务的关键。例如，磁盘存储位于服务器的外部，以获得最大的灵活性、可靠性和速度。存储区域网络（SAN）具有从服务器到磁盘阵列的专用网络路径，其中几个物理磁盘可以组合在一起成为一个更大的磁盘。这些独立磁盘冗余阵列（RAID），可以被配置成满足最大访问速度或可靠性，以便即使某些磁盘出现故障也能继续运行。其他复杂的虚拟化特性包括服务器和存储迁移。服务器迁移允许运行的虚拟机从一个物理服务器宿主迁移到另一个物理服务器宿主；存储迁移允许活动文件从一组磁盘转移到另一组磁盘，甚至转移到其他文件服务器。所有这些操作都不会出现明显的延迟或停机，而且对最终用户是不可见的。一种可视化云的方法如图 13.13 所示。Internet 客户可以在 Web 站点上看到公司的介绍，也可以了解公司提供的相关服务。客户不关心提供这些服务（例如，能够查看和购买产品）的服务器是位于公司，还是位于"云"中的其他地方，只需要服务能可靠地工作即可。

　　存在三种租用云服务的基本方式。最简单的是 SaaS（Software as a Service，软件即服务），它提供对特定软件应用的访问。这类服务的一个例子是 Salesforce。它的客户关系管理（CRM）应用托管在 Salesforce 的服务器上，客户可以远程访问。软件和用户数据也由 Salesforce 维护。希望开发自己的软件并在 Web 上部署的公司，可以选择 PaaS（Platform as a Service，平台即服务），它为客户提供操作系统、软件开发工具和系统程序库。最后，一些公司可能希望只租赁物理硬件服务器、磁盘存储和网络设备，并使用 IaaS（Infrastructure as a Service，基础设施即服务）来管理自己的软件环境。

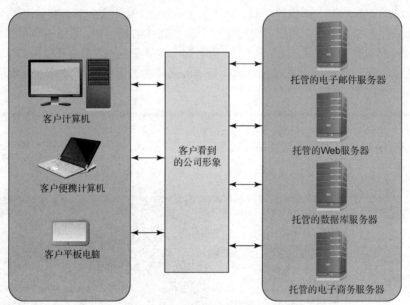

图 13.13　云计算环境

　　云托管服务已经成为一项成熟且利润丰厚的业务，并且还在持续增长。这类托管公司包括网站托管公司（如 eNom、HostMonster 和 Yahoo!），小型企业和提供完整业务支持包（如 Microsoft Office 365 和 Google Business Solutions）的公司，提供各种组件服务（如完整的虚拟服务器、文件存储、DBMS 服务等）的公司。Oracle 一直鼓励使用基于云计算的软件，通常在新版本可供下载的几个月前，就会发布用于云计算的 Oracle Database。

　　最后一类中，主要的产品有 Microsoft Azure 和 Amazon Web Services（AWS）。当然还有其他一些公司提供类似产品（如 Oracle 和 Google），但这两家是最先提供此类服务的。和其他任何 Microsoft 产品一样，Windows Azure 也以 Microsoft 产品线为中心，目前的产品种类尽管不如 AWS 那么多，但它正变得更具灵活性。Azure 同时具有关系和非关系 DBMS 服务，以及 Hadoop 集群处理能力，如本章前面所述。下一节中，将给出几个使用 Microsoft Azure 处理数据库的示例。AWS 中特别值得关注的，包括 EC2 服务、DynamoDB 数据库服务和关系 DBMS 服务（RDS）。EC2 服务提供完整的虚拟服务器，DynamoDB 数据库服务提供键-值 NoSQL 数据存储，RDS 提供 Microsoft SQL Server、Oracle Database 和 MySQL 数据库服务等的在线实例。AWS 还可以为大数据分析提供 Hadoop 服务器。Azure 和 AWS 都提供免费的试用账户，这为持续学习云计算提供了一种很好的方式。AWS Free Tier 提供 12 个月的有限免费服务。在 AWS 上设置账户、选择操作系统（如

Linux）和使用 Web 组件（如 PHP 和 MySQL）以提供托管的 Web 应用是相当容易的。

下面，将利用 RDS 来演示如何使用在线数据库服务来完成本书中所做的事情。前面已经创建了一个名为 sv-aws-db 的 SQL Server 2019 Express 的 RDS 实例。尽管它是由 AWS 托管的，但如果使用 SQL Server Management Studio 连接到这个数据库实例，则它看起来就如同任何其他 SQL Server 实例一样。图 13.14 通过显示 Microsoft SQL Server Management Studio 中的 sv-aws-db 数据库实例说明了这一点。前面已经创建并填充了第 12 章中描述的 HSD_DW 数据库，并运行了一个查询示例。这里看到的一切与数据库位于桌面计算机或本地服务器上的情形完全相同。这表明了使用云中的计算资源是很容易的。

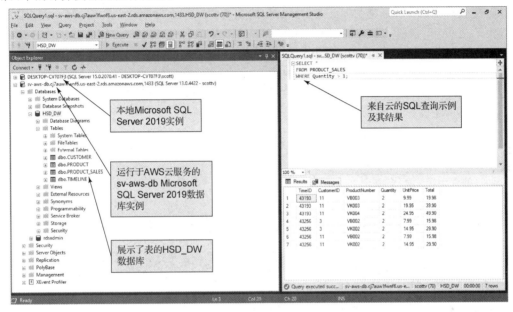

图 13.14 位于本地运行的 SQL Server Management Studio 中的 sv-aws-db SQL Server 2019 数据库实例

最后，注意可以同时使用云和虚拟化技术，但这不是必须的。例如，图 13.12 中运行的虚拟机是由云中运行的 Nebula 监督器创建并托管的。显然，在本地设置中也可以使用虚拟化技术。毫无疑问，会有越来越多的人使用云计算。

13.8 使用云数据库管理系统

下面讲解的是如何使用云计算。本节将探讨如何在 Microsoft Azure 云服务（有时简称为 Azure）上创建一个账户，然后将现有的关系数据库从本地计算机迁移到 Azure 云。然后，将使用脚本在 Azure SQL 数据库上创建一个 SQL 数据库。最后，将使用 Azure Cosmos DB 创建一个简单的文档数据库，并在其上运行一个 MongoDB 样式的查询。在执行这些步骤时，需要记住各个组件所执行的功能。这些组件包括：本地 SQL Server 数据库服务器、运行在本地计算机上并可以连接到本地和远程数据库服务器的 SQL Server Management Studio、远程数据库 SQL Server、通过浏览器来设置和配置云服务的 Azure Portal。

本节不是详细的操作指南，而是关于本地计算机上的所有组件如何与 Azure 云门户和 Azure 上的服务交互，以创建和查询数据库的概念性描述。作者在虚拟机上安装了 SQL Server 和 SSMS（Microsoft SQL Server Management Studio）客户端软件。SSMS 是 SQL Server 和 Azure 上 SQL

Database 功能的图形化前端。Microsoft 在 Azure 上提供一个免费账户。Azure 上的 SQL Database 服务器与 SQL Server 非常相似，但不完全相同。Azure 的 SQL Database 不支持 SQL Server 的一些高级特性，但在本节的讲解中，可以认为它们是相同的。

下面的几节中，假定已经执行了第 10A 章中的操作，安装好了 SQL Server 2019 和 SSMS，并且已经在 SQL Server 中创建了 Heather Sweeney Designs（HSD）数据库。

13.8.1　连接 Microsoft Azure

本节将简要描述如何在 Azure 上创建账户和一个空数据库，以便了解云提供商通常需要哪些信息来设置账户。使用 Web 浏览器连接到 Azure 的主页。如图 13.15 所示，从 Start Free 按钮开始。创建好账户之后，可使用右上角的 MY ACCOUNT 按钮来登录、管理 Azure 服务或查看计费状态。

注册账户的流程如下，但 Microsoft 可能会更改。

1．系统会弹出一个 Sign in 对话框，要求提供账户信息。选择"No account? Create one!"。在 Create account 对话框中输入电子邮件地址并单击 Next 按钮，开始账户设置过程。在 Create a Password 对话框中创建一个密码，单击 Next 按钮。

2．输入了更多的个人信息后，Microsoft 会向用户的电子邮件地址发送验证码，以确认用户拥有该电子邮件账户。在 Verify Email 对话框中输入发送的数字代码，然后单击 Next 按钮。

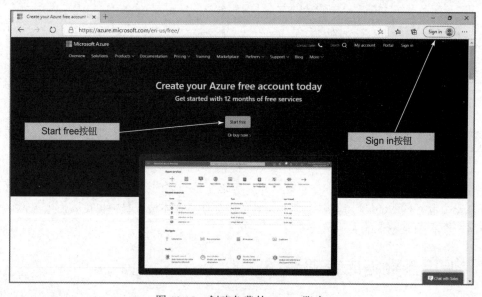

图 13.15　创建免费的 Azure 账户

3．为了确保是真人在创建账户（而不是一个被编程的"机器人"），在 Create account 对话框中输入图像中显示的字符，然后单击 Next 按钮。

4．这会出现一个 Try Azure for free 界面，可以在其中输入一些信息，比如姓名和电话号码。接着，单击 Next 按钮。单击 Text me 按钮后，会收到一条带有验证码的短信，在 identity verification by phone 对话框中输入这个验证码。单击 Verify code 按钮。

5．identity verification by card 对话框，会将信用卡信息作为另一种身份验证的途径。注意，除非以后明确要求付费，否则是不收费的。信用卡仅在此用于识别和验证。填写相关信息，然后单击 Next 按钮。选中屏幕底部的第一个 Agreement 框，并单击 Sign up 按钮，完成注册过程。这样，就完成了账户的设置。在出现的 Welcome to Microsoft Azure 界面里，可以进入演示教程或者开始工作。试用期结束后，可以选择继续使用付费的 Azure 账户。

1．新创建 SQL 数据库

在 Azure 主页面中用账户登录。登录后，将看到一个如图 13.16 所示的 Azure 服务主界面。Azure 有丰富的服务选项，包括虚拟机、数据存储、SQL 数据库和 NoSQL 数据库服务器（Azure Cosmos DB，将在本章后面使用）。现在，可以在 Azure 中创建和配置一个新的关系数据库，方法是单击 SQL databases 按钮，然后在下一个界面中选择 Create SQL Database 按钮，进入如图 13.17 所示的界面。

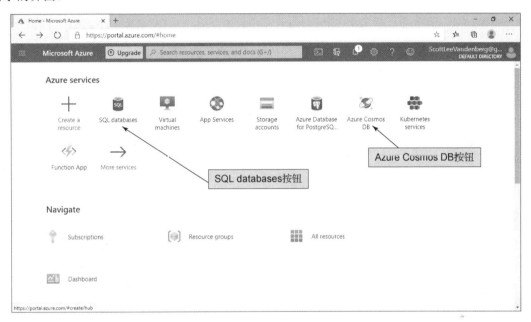

图 13.16　Microsoft Azure Services 界面

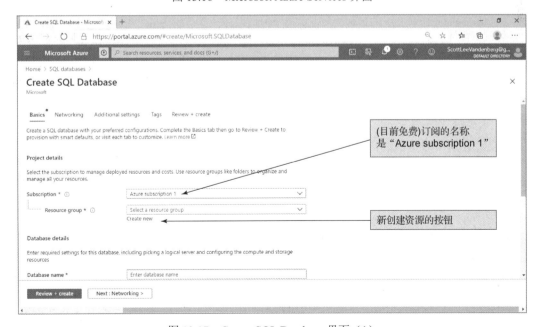

图 13.17　Create SQL Database 界面（1）

　　需要设置一个资源组，新创建一个数据库服务器，并设置管理员的登录名和密码。在 Resource group 部分中，单击 Create new 创建一个新的资源组（一个资源组包含内存、磁盘空间和 CPU 周期，后者用于存储和处理这个数据库，也可能是其他数据库）。可以为资源组选择任何名称（此处为 scott-rg）。向下滚动，查看 Create SQL Database 窗口的其余部分，如图 13.18 所示。为数据库取名为 test，然后单击 Create new 链接，在资源组中新创建一个服务器。在 New server 窗格中输入新的服务器名、管理员登录信息和服务器位置，如图 13.18 的右侧所示。需要记住管理员登录名和密码。使用云服务时，选择地理位置上离得最近的云服务器也是一个好主意，这样可以减少网络传输时间。

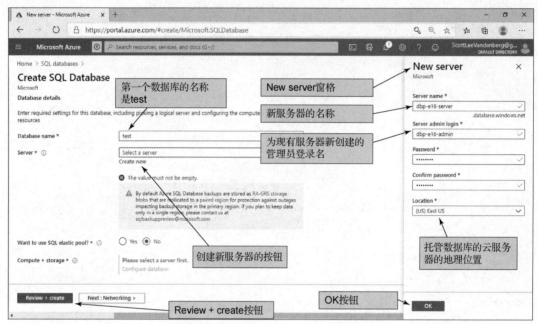

图 13.18　Create SQL Database 界面（2）

　　为了完成这个过程，单击右下角的 OK 按钮来配置新服务器，并返回到 SQL database 界面。单击 Review + create 按钮，然后单击下一个界面中的 Create 按钮。

　　系统提示"Your deployment is complete"（部署完成），如图 13.19 所示。单击 Go to resource 按钮将看到刚才创建的 test 数据库的所有相关信息。下一步是设置"防火墙规则"，允许计算机的 Internet IP 地址连接到 Azure 上的远程数据库服务器。

2．设置数据库服务器防火墙规则

　　建立了管理员账户和空白数据库之后，需要配置 Azure 防火墙，只允许某些计算机（IP 地址）访问数据库。云计算中的安全问题非常重要。在门户菜单中（参见图 13.19），单击 Resource groups 按钮，然后选择资源组名（此处为 scott-rg）。服务器实例和 test 数据库是作为资源组成员列出的，如图 13.20 所示。选中这个 SQL 服务器实例（此处为 dbp-e16-server），会得到如图 13.21 所示的 SQL 数据库服务器详细信息。然后，选择窗格右上方附近的 Show firewall settings 命令。

　　在如图 13.22 所示的 Firewalls and virtual networks 界面中，显示的 IP 地址是一台可以访问服务器中所有数据库的计算机。如果希望添加允许访问此 SQL 服务器的其他计算机的 IP 地址，可以使用 Add client IP 按钮添加它们。注意，如果在公共或企业网络中使用无线网络连接，则 IP 地址可能会改变。

这样，就创建了一个免费 Azure 账户并设置好了所需的物理资源和包含数据库的服务器。下一节中，将主要通过本地 SQL Server Management Studio（SSMS）与 Azure SQL Server 交互，将现有的 Heather Sweeney Designs（HSD）数据仓库数据库（在第 12 章中创建）从本地 PC 迁移到 Azure，并对其执行查询。下面的几节中，将直接使用 Azure 创建关系和 NoSQL 数据库。

图 13.19　部署完成后的界面

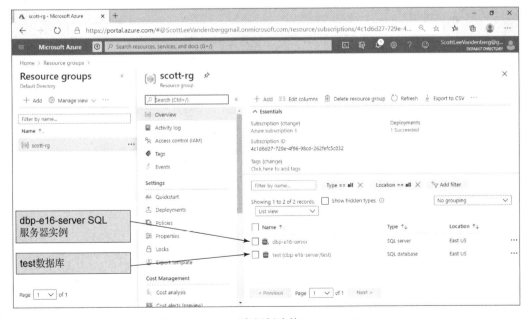

图 13.20　Azure 中新创建的 Resource Group

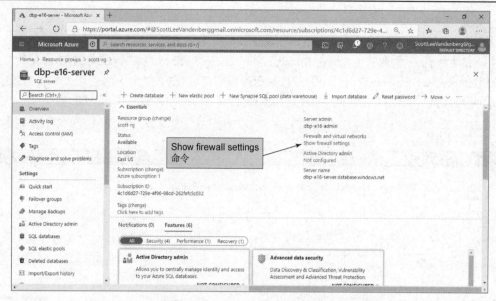

图 13.21　SQL Server 详细信息

图 13.22　服务器 Firewalls and virtual networks 界面

13.8.2　将本地 HSD_DW 数据库迁移到 Azure

下面将使用 SSMS 作为图形界面来连接本地 SQL Server 数据库和 Azure 云中的远程 SQL 数据库。首先启动 SSMS，使用本地 Windows 身份验证连接到本地 SQL Server，如图 13.23 所示。然后，在 Object Explorer 窗口中使用 Connect | Database Engine 命令连接到 Azure 上的数据库服务器，如图 13.24 所示。此处输入的是 Microsoft Azure 服务器的名称及其管理员登录名和密码，然后单击 Connect 按钮。本地的 HSD 数据库表会显示在左侧的 Object Explorer 窗格中。

注意，SSMS 现在已经连接了两个服务器：本地服务器在图 13.24 的 Object Explorer 窗格顶部列出，而 Azure 数据中心中的远程 dbp-e16-server.database.windows.net 服务器，如图 13.25 所示。

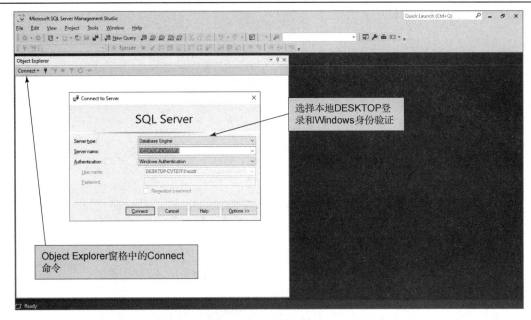

图 13.23　使用 SSMS 连接到本地 SQL Server

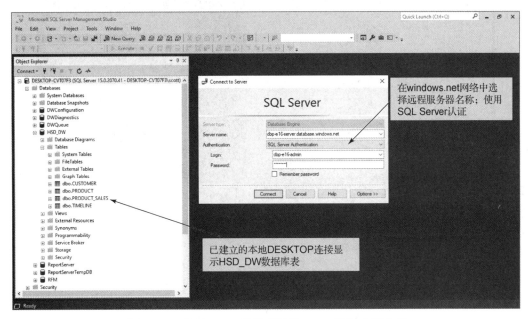

图 13.24　使用 SSMS 连接到远程 Azure 数据库服务器

现在，在 SSMS 的 Object Explorer 窗格中，右键单击本地 HSD_DW 数据库，显示一个子菜单，然后选择 Tasks | Deploy database to Microsoft Azure SQL database 命令，如图 13.26 所示。出现 Deploy Database Introduction 界面，如图 13.27 所示，然后单击 Next 按钮开始这个过程。

在 Deployment Settings 页面（如图 13.28 所示），单击 Connect 按钮将再次弹出 SQL Server Connect to Server 对话框，在此输入远程连接 Azure 的凭据。

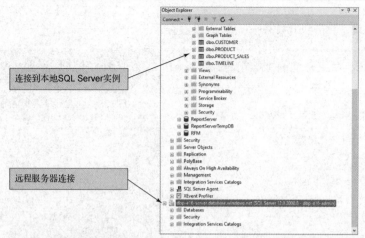

图 13.25　SSMS 的 Object Explorer 窗格中的远程 Azure 数据库服务器

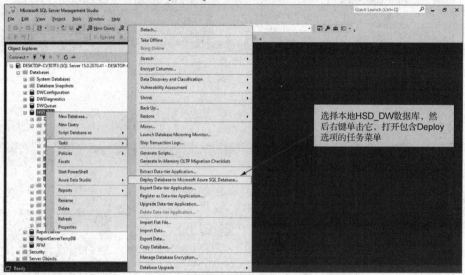

图 13.26　准备将数据库部署到 Azure SQL 数据库

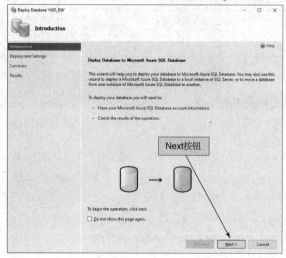

图 13.27　将数据库部署到 Azure SQL 数据库

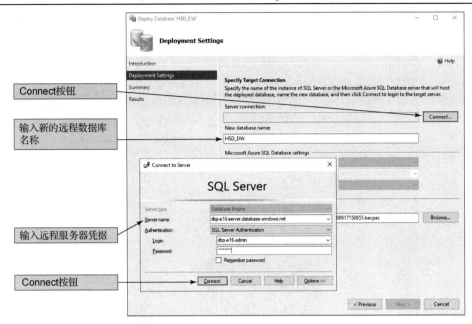

图 13.28　Deployment Settings 界面

　　提供的登录名和密码会用来填充服务器连接的部署设置，如图 13.29 所示。然后，使用 Next 按钮来设置实际的迁移过程。本地 SSMS 程序会与本地 SQL Server DBMS 和远程 Azure DBMS 服务器合作，将数据库表的定义和数据传输到远端。几秒后，会出现一个 Summary 界面，如图 13.30 所示。

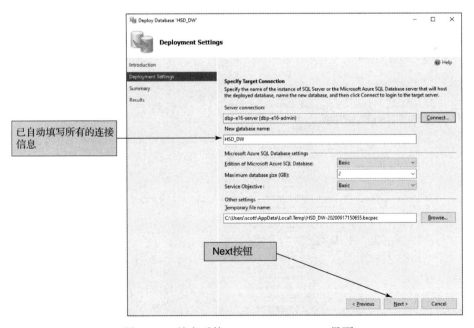

图 13.29　填充后的 Deployment Settings 界面

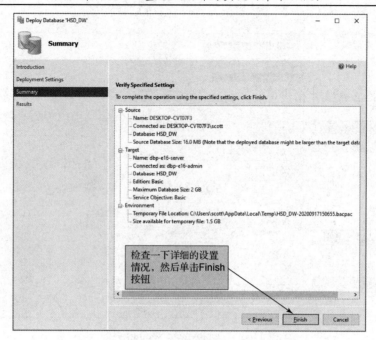

图 13.30　部署完成后的 Summary 界面

　　单击 Finish 按钮启动迁移过程。Progress 界面出现，但必须耐心等待，因为将数据库导入到远程 Microsoft Azure 服务器可能需要一分钟左右的时间。最终，会出现一个 Results: Operation Complete 界面，如图 13.31 所示。单击 Close 按钮，会看到新的 HSD_DW 数据库出现在远程服务器名下的 SSMS 中，如图 13.32 所示。

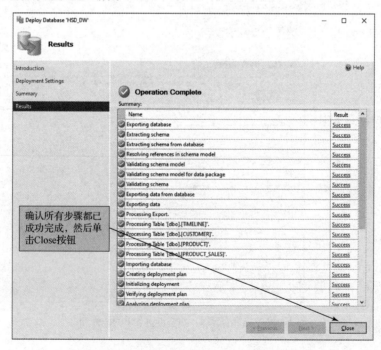

图 13.31　Results: Operation Complete 界面

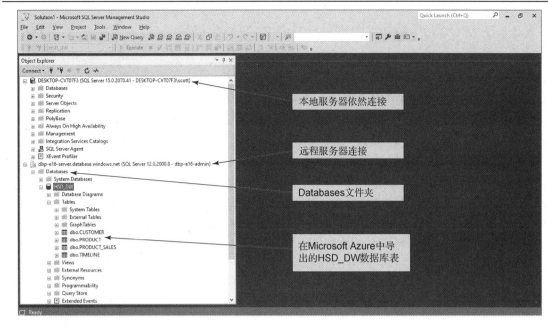

图 13.32　SSMS Object Explorer 显示新的 Azure HSD_DW 数据库

为了测试 Azure 上的 HSD_DW 数据库，选择 HSD_DW 图标，然后单击 New Query 按钮，如图 13.33 所示。这会打开一个新的 SQL 查询空白窗口。在此输入一个简单的 SQL 查询：

```
SELECT *
FROM CUSTOMER;
```

然后执行它。查询结果如图 13.33 所示。

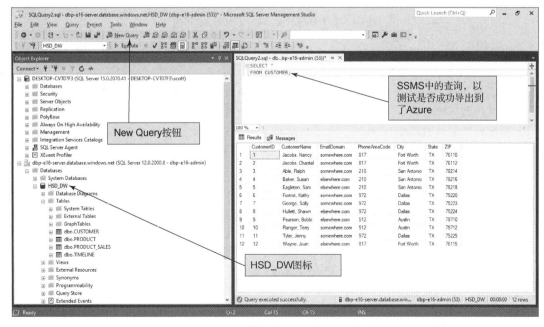

图 13.33　HSD_DW 数据库迁移到 Azure 的查询结果

13.8.3 在 Microsoft Azure 上创建一个新的关系数据库

本节中，将运行一些 SQL 脚本来创建表，并将数据直接插入 Azure 上的远程数据库，而不是将本地数据库复制到 Azure。前面已经将 Heather Sweeney Designs Data Warehouse 数据库迁移到 Azure 上，这样就可以从本地 SSMS 中管理和使用它。现在使用几个 HSD 脚本直接在 Azure 上创建一个新的 HSD（事务型，非数据仓库）数据库。这将使 Heather Sweeney Designs 将所有数据（事务型数据和数据仓库）都放在云中，其中一些通过 SSMS 管理，另一些通过 Azure Portal 管理。

启动 SSMS。再次连接本地 Microsoft SQL Server 和远程 Microsoft Azure SQL 数据库。如果还没有连接，则需使用 File | Connect Object Explorer 命令连接本地 SQL Server 2019 数据库引擎，如图 13.23 所示。按图 13.24 所示，连接远程 Azure Database 引擎并输入密码。注意，对于 Microsoft Azure，使用 SQL Server 身份验证；对于本地实例，使用 Windows 身份验证。如果以前创建过 HSD 数据库，那么在 Projects | HSD Database 文件夹下，会有一个 DBP-e16-MSSQL-HSD-Create-Tables.sql 脚本文件。如果该文件不存在，则可参见第 10A 章的"在 Microsoft SQL Server 2019 中创建 SQL 脚本"一节以及接下来的"如何使用 SQL 语句插入数据库数据"一节，它们描述了如何创建脚本并将数据插入新创建的表中。通常可以将这个脚本文件命名为 DBP-e16-MSSQL-HSD-Insert-Data.sql。

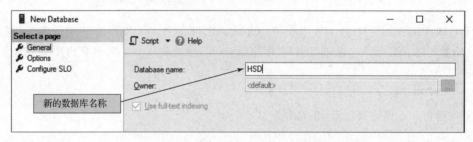

图 13.34　SSMS 中的 New Database 界面

不要运行脚本。首先需要在 Microsoft Azure 上创建一个空的 HSD 数据库。在 SSMS 中 Object Explorer 的远程 Microsoft Azure 服务器部分的下面选择 Databases 文件夹，如图 13.32 所示。右键单击它并选择 New Database 命令。等待几秒钟后，会弹出一个 New Database 界面，如图 13.34 所示。输入新的数据库名称"HSD"，然后单击屏幕底部的 OK 按钮（图中没有显示）。

新的数据库名称 HSD 应该出现在 SSMS 中远程服务器对象名称下的 Object Explorer 窗口中。可能需要使用 Refresh 按钮（如图 13.35 所示）才能看到 HSD。在 Object Explorer 中选择远程服务器，然后选择 File | Open | File 命令，找到 DBP-e16-MSSQL-HSD-Create-Tables.sql 文件并打开它。使用 Azure 时有一个重要的不同。文件中使用的 SQL 命令 USE HSD 和 GO 用来选取命令所针对的数据库。但是，此时需要从脚本中删除这些命令，然后在 SSMS 命令集左上角的 Available Databases 框中选择数据库名 HSD，如图 13.36 所示，使其成为活动数据库。单击顶部的 SSMS 命令集上的 Execute 按钮。如果用于创建表的脚本正确运行，则可以打开 DBC-e16-MSSQL-HSD-InsertData.sql，删除 USE 和 GO 语句，然后执行它，并确保 HSD 是活动数据库。

使用菜单栏上的 New Query 按钮测试新的基于云的关系数据库。输入一个简单查询：

```
SELECT * FROM CUSTOMER;
```

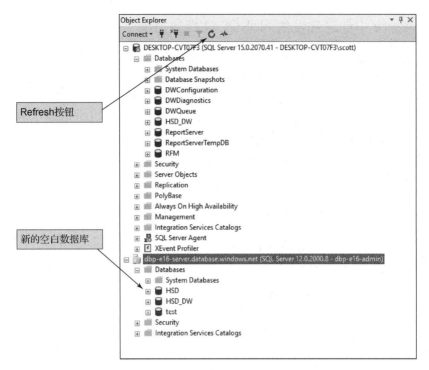

图 13.35　展示了远程 HSD 数据库的 SSMS Object Explorer

运行它，应当得到正确结果。如果没有得到正确结果，则需重新检查前面的步骤，确保数据库名称正确，并且 HSD 是活动数据库。

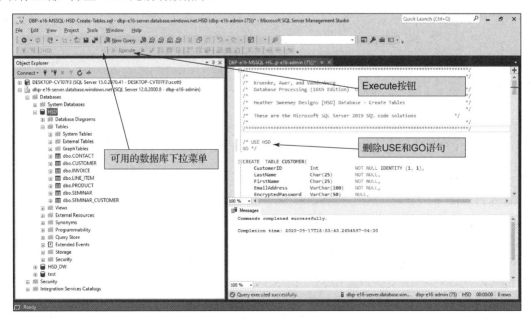

图 13.36　在远程 HSD 数据库中成功执行创建表的脚本

13.8.4 在 Azure 中创建并使用 NoSQL 文档数据库

本节的目的是在 Azure 中创建一个简单的 NoSQL 文档数据库。使用 Azure Cosmos DB 需要一个单独的 Cosmos DB 账户，并要将它添加到 Azure 账户中（订阅）。首先，新创建一个 Cosmos DB 账户，然后创建一个 Microsoft Azure Cosmos DB 空白数据库。接着，创建一个 Students 集合，将两个 JSON 文档插入 Students 集合（每个文档代表一名学生），并运行一个简单的查询。这样，就能够了解一些 Cosmos DB 的知识，也许还可以尝试查询更复杂的数据库。

首先，登录 Microsoft Azure 并进入 Azure Portal。图 13.37 展示的是 Azure Portal 主页。选择主页中的 Azure Cosmos DB。

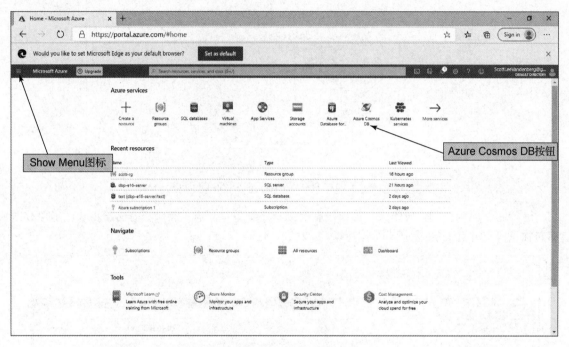

图 13.37　Microsoft Azure Portal 的主页

得到的 Cosmos DB 目录中没有数据库，如图 13.38 所示。有多种途径可供选择。可以使用 Create Azure Cosmos DB account 按钮显式地创建一个新的 Cosmos DB 账户。可以使用 Try now 按钮创建一个临时账户。或者，可以使用 Add 按钮创建一个新数据库，这也会创建一个新账户。单击 Add 按钮创建一个新的数据库，也会强制创建一个新的 Cosmos 数据库账户。如图 13.39 所示，这里使用与普通 Azure 账户相同的账户名（dbp-e16-admin）和密码，以及相同的资源组（scott-rg）。确保将"Azure Cosmos DB for MongoDB API"作为 API，并选择"Apply"以确保它仍然是免费的。API（Application Program Interface）是应用程序用来连接和使用其他系统提供的服务的接口。这样，Cosmos DB 就拥有复制其他 NoSQL DBMS 功能的库。Cosmos 还支持 Cassandra（键-值）和 Gremlin（图形）系统的 API。单击 Review + create 按钮。在下一个窗口中验证这些设置，然后单击 Create 按钮。

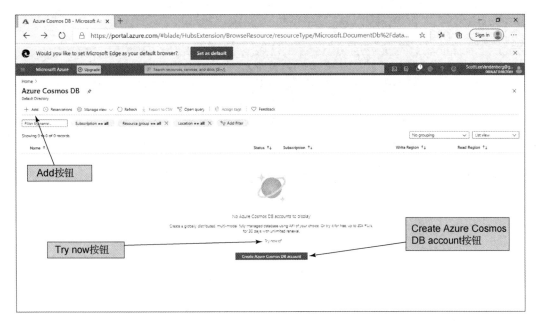

图 13.38　Microsoft Azure Cosmos DB 目录

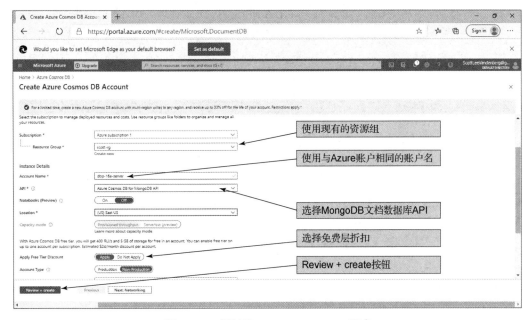

图 13.39　新创建 Azure Cosmos DB 账户

注意：创建和部署新账户可能需要一些时间（Azure 会在创建账户之前估算时间）。部署完成后，单击 Home 按钮返回 Azure Portal 主页。将看到 Azure Cosmos DB 账户已经是资源之一，如图 13.40 所示。

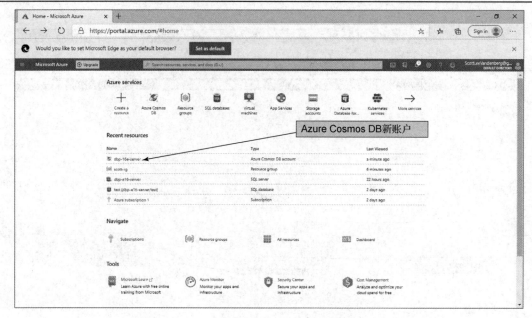

图 13.40　创建完成的 Cosmos DB 新账户

选中新创建的 Cosmos DB 账户，将看到一个 **dbp-16e-server** 窗口，其中显示了有关它的信息和选项，如图 13.41 所示。注意：首次显示这个界面时，可能会看到关于.NET 和其他编程接口的信息。本书中不会用到它们，但是高级应用会使用 Java 等编写的程序来直接与 Cosmos 数据库交互。

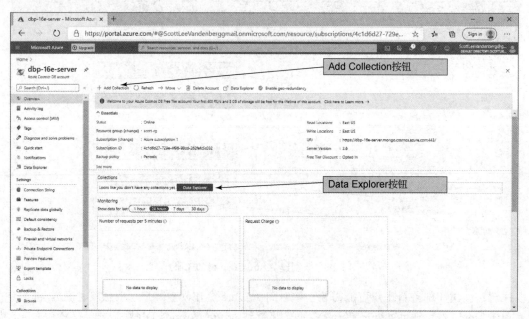

图 13.41　Azure Cosmos DB 账户概览窗口

单击窗格顶部的 Add Collection 按钮，如图 13.41 所示，为账户添加第一个集合，这意味着还需要在账户内创建一个新的数据库来保存这个集合。输入集合 ID "students"，并输入新的数据库名称和其他信息，如图 13.42 所示。单击窗格底部的 OK 按钮，创建集合。

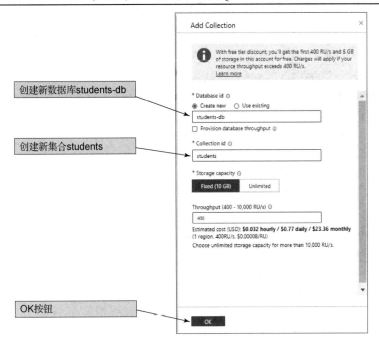

图 13.42　创建新的集合和数据库

然后，将出现 dbp-16e-server Data Explorer 界面，其中显示了 MongoDB NoSQL 数据库、集合和文档的列表，如图 13.43 所示。

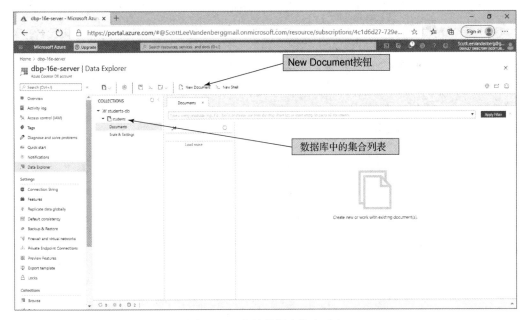

图 13.43　文档数据库集合列表

单击 New Document 按钮，如图 13.43 所示，在自动出现文本的地方输入以下内容（如图 13.44 所示）：

```json
{
        "id": "555667777",
        "name": "Tierney, Doris",
        "majors": ["Music", "Spanish"],
        "addresses": [
            {
            "street": "14510 NE 4th Street",
            "city": "Bellevue",
            "state": "WA",
            "zip": "98005"
            },
            {
            "street": "335 Aloha Street",
            "city": "Seattle",
            "state": "WA",
            "zip": "98109"
            }
            ],
        "advisorID": "Advisor1"
}
```

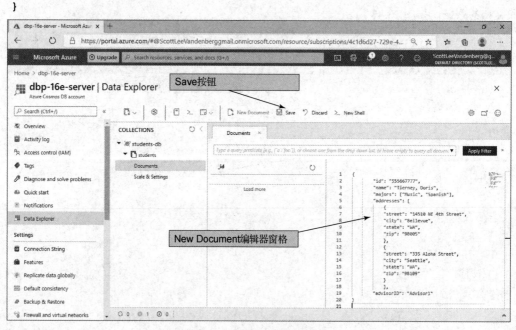

图 13.44　New Document 编辑器窗口

如图 13.44 所示，单击 Save 按钮，将文档保存到 students 集合中。第一次保存后，Save 按钮的文本会更改为 Update。

使用以下数据创建另一个学生文档：

```
{
    "id": "901667777",
    "name": "Orsini, Meg",
    "majors": ["Math"],
    "addresses": [
        {
        "street": "21 Knob Ave",
        "city": "Valley View",
        "state": "NY",
        "zip": "12943"
        }
        ],
    "advisorID": "Advisor3"
}
```

完成后，中间窗格的"_id"标题下应该有两个条目，如图 13.45 所示。

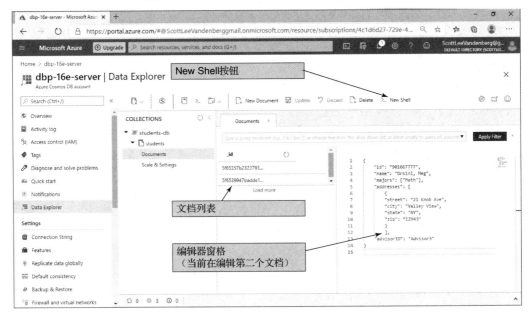

图 13.45　Collection 中新保存的文档

下面运行一个简单的查询来测试数据库。单击 Data Explorer 界面顶部的 New Shell 按钮（如图 13.45 所示），这将为基于云的 MongoDB 数据库创建一个交互式命令提示符。MongoDB 查询被指定为"db.<collection>.find()"命令的参数。如图 13.46 所示，在 Mongo Shell 中输入命令：

```
db.students.find ({"name": "Orsini, Meg"})
```

然后按回车键。Meg 的数据将出现在屏幕下方的结果部分。MongoDB 中的查询也是类似于 JSON 的。

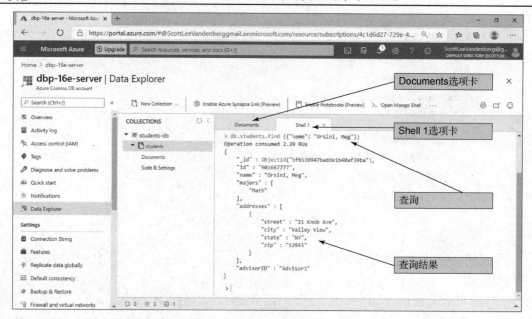

图 13.46　创建并运行一个简单的 MongoDB 查询

前面的查询类似于下面的 SQL 查询：

```
SELECT *
FROM STUDENTS
WHERE name = 'Orsini, Meg';
```

至此，就已经创建了一个新的 Cosmos DB 文档数据库，创建了一个新的集合（类似于 RDBMS 表），并上传了两个学生的信息（类似于表中的行）。接着，运行了一个简单的 MongoDB 查询。可以通过单击屏幕右上角的账户信息，然后选择 Sign out 来退出 Azure。

这样，就完成了基本的 NoSQL 数据库操作。第 10D 章有更多关于 NoSQL 数据库的信息，主要讲解了 ArangoDB 文档 DBMS。

13.8.5　云需求

本书只触及了云的所有功能的一点皮毛。其实，还可以继续展示如何管理数据库和连接应用，以使用 Azure 上的关系和非关系数据库。

可以将云看作一组数据中心，其中包含服务器、软件、磁盘存储和网络设备，用户可以根据需要租用和配置这些设备，以满足自己的计算需求。对信息专业人员来说，了解 Web、云门户和本地应用如何相互操作已经变得越来越重要。

云计算的经济理由是令人信服的。计算设备有很高的资本成本，但它贬值很快。数据中心的基础设施成本，对于小型公司来说是难以承受的，这包括机房、电力、空调以及电力备份系统。硬件支持和软件许可成本，以及系统管理员、安全和运营人员的薪资，正在推动大型基于云的数据中心的流行，这些数据中心可以利用规模经济来摊薄成本。

13.9　大数据、NoSQL 系统及其未来

大数据产品对 Facebook 等机构的有用性和重要性表明不仅可以期待关系 DBMS 的改进，还

可以期待一种非常不同的数据存储和信息处理方法，这种方法可能结合多种技术。大数据和与大数据相关的产品，正在快速变化和发展之中。在不久的将来，这一领域将会有更多的发展。

BY THE WAY　　NoSQL 领域是令人兴奋的，但是应该意识到，如果希望参与其中，则需要提高 OOP 编程技能。利用非常用户友好的管理和应用开发工具（Microsoft Access、Microsoft SQL Server Management Studio、Oracle SQL Developer 和 MySQL Workbench 等），尽管可以在 Microsoft Access、Microsoft SQL Server、Oracle Database 和 MySQL 中开发和管理数据库，但在 NoSQL 领域的应用开发，目前主要是通过编程语言完成的。

当然，这种状况可能会改变，我们期待看到 NoSQL 领域未来的发展。现在要做的，是提高 OOP 编程技能！

13.10　小结

本章讲解了一些概念，这些概念超出了单台计算机上可运行的关系数据库的"标准"设置。现代数据管理的庞大规模和复杂性导致了分布式计算和对象数据库思想的出现和发展，并以云/虚拟化和 NoSQL 数据库的形式用于 DBMS 处理。

分布式数据库是在多台计算机上存储和处理的数据库，复制的数据库是指存储在不同计算机上的部分或全部数据库的多个副本，分区（或分片）数据库是指数据库的不同部分存储在不同的计算机上。分布式数据库可以包含复制和分区数据库。

分布式数据库给处理带来了挑战。如果在一台计算机上更新数据库，那么所面临的挑战就是确保数据库的副本在分发时逻辑上是一致的。但是，如果要在多台计算机上进行更新，挑战就会变得很严重。如果数据库是分区的但没有被复制，那么如果事务跨越多台计算机上的数据，就会出现问题；如果数据库是复制的并且复制的部分中存在更新，那么就需要一种称为分布式两阶段锁定的特殊锁定算法。这个算法的实现存在困难且代价高。许多大数据和 NoSQL 数据库都是分布式的。

对象由方法和属性（数据属性）组成。某个类的所有对象都具有相同的方法，但是它们有不同的属性值。对象持久性是将对象属性值存储在磁盘上的过程。关系数据库很难用于对象持久性。一些称为面向对象 DBMS 的专门产品，是在 20 世纪 90 年代开发的，但从未获得大规模的商业应用。Oracle 和其他公司遵循 SQL 标准，扩展了它们的关系 DBMS 产品的功能，以支持对象持久性。这样的数据库，称为对象-关系数据库。其中一些数据结构化技术可以在 NoSQL 数据库中找到。

在大数据中发现的非常大的数据集的数据处理，通常是通过 MapReduce 过程来完成的，它将一个数据处理任务分解成多个并行任务，由集群中的多个计算机执行，然后将这些部分的结果结合起来产生最终的结果。Microsoft 和 Oracle 以及许多其他公司支持的一个通用平台是 HDFS，它包含非关系型存储组件 HBase 和查询语言 Pig。新版本的 Hadoop 使用 Apache Tez，这是对原始 MapReduce 的一个改进，它允许以更通用的方式定义处理，并尽可能避免通过使用内存处理来写入文件。

NoSQL 运动是建立在满足许多现代应用的大数据存储需求的基础上的，包括 Amazon、Google 和 Facebook 等公司的应用。这些系统通常使用云技术和复杂的结构技术。云技术部分来自早期对分布式数据库的工作，结构技术部分来自早期有关对象数据库的工作。用于实现它们的工具，是非关系 DBMS，有时称为半结构化存储或 NoSQL DBMS。这类系统的设计决策，需要 DBA 确定，就像关系 DBMS 一样。其中一些重要的选择在 CAP 定理中得到了体现。该定理指出，任何 DBMS

都不能同时提供分区容错性、可用性和一致性。

早期的 NoSQL DBMS 是 Cassandra，一种列簇 DBMS，最近比较流行的两个是 MongoDB 和 ArangoDB，它们都支持文档模型。文档 DBMS 产品最常使用 JSON（有时是 XML）来结构化数据，这允许文档（类似于记录）可以包含简单值、其他文档、值数组或文档数组。在文档 DBMS 中可以查询文档的内部结构。列簇产品（例如 Vertica）使用非规范化的表结构，该结构构建在列、超列、列簇和超列簇上，它们通过键空间中的 RowKey 值绑定在一起。诸如 Neo4j 这样的图形数据库用边连接节点。节点和边都可以有属性，并且可以根据这些边形成的连接进行查询。键-值数据库是最简单的 NoSQL 数据库类型，数据值是未解释的字节块，只能用于非常简单（但有效）的操作。Oracle 的 NoSQL DBMS 就是一个例子。

许多用于 NoSQL 和大数据的物理设置，通常位于云或虚拟机上，它允许将多个逻辑服务器合并为一个更大的物理服务器，并在动态配置服务器、存储和网络资源方面提供极大的灵活性。一个称为监督器的特殊程序可用于提供虚拟环境并管理虚拟机。容器是虚拟化的另一种形式，它允许应用共享同一个操作系统，但具有不同的软件库和文件系统。云计算允许远程计算机托管数据或软件，利用 Internet 提供可用性和可伸缩性。因此，客户可以租用数据中心的一部分，只对其使用的资源支付费用。

Microsoft Azure 是一个基于云的平台，允许部署关系数据库（可以使用本地 SSMS 安装）和 NoSQL 数据库（使用 Azure Cosmos DB）。这些数据库可以直接在 Azure 中创建，也可以从本地数据库导入。

重要术语

3V 框架	Hadoop 分布式文件系统（HDFS）
聚合	宿主机
可用性	监督器
大数据	阻抗不匹配
Bigtable	基础设施即服务（IaaS）
CAP 定理	键空间
云计算	键-值（NoSQL 数据库类别）
集合	方法
列	多模型的
列簇（NoSQL 数据库类别）	节点
一致性	不仅仅是 SQL
容器化	对象
CRUD（创建、读取、更新、删除）	面向对象 DBMS（OODBMS）
分布式数据库	面向对象编程（OOP）
分布式两阶段锁定	对象持久性
文档（NoSQL 数据库类别）	对象-关系数据库
DynamoDB 数据库服务	分区容错性
EC2 服务	分区
边	平台即服务（PaaS）
图形（NoSQL 数据库类别）	多语言持续性

属性	超列
仲裁	超列簇
独立磁盘冗余阵列（RAID）	非结构化数据库
副本集	多样化（大数据）
复制	即时化（大数据）
无模式的	真实性（大数据）
半结构化数据库	虚拟机
服务器集群	虚拟机管理器
分片	虚拟化
软件即服务（SaaS）	规模化（大数据）
存储区域网络（SAN）	XML（可扩展标记语言）

习题

13.1　什么是大数据？

13.2　根据图 13.1，1MB 的存储空间和 1EB 的存储空间有什么关系？

13.3　"3V" 代表什么？给出每一个 "V" 的定义。

13.4　给出 "一致性" 的定义，并提供一个书中没有用到的例子。

13.5　给出 "可用性" 的定义，并提供一个书中没有用到的例子。

13.6　给出 "分区容错性" 的定义，并提供一个书中没有用到的例子。

13.7　什么是 CAP 定理？它是如何经得起时间考验的？

13.8　什么是 NoSQL 运动？本书中使用的 4 类 NoSQL 数据库是什么？

13.9　什么是分布式数据库？

13.10　为包含三个表（T1 表、T2 表和 T3 表）的数据库提供一种分区方法。

13.11　为包含三个表（T1 表、T2 表和 T3 表）的数据库提供一种复制方法。

13.12　如果完全复制了一个数据库但只允许一台计算机处理更新时，必须做什么？

13.13　如果有多台计算机可以更新一个复制的数据库，会出现哪三个问题？

13.14　用什么方法来防止上一题中出现的问题？

13.15　对于已分区但未复制的分布式数据库，会出现什么问题？

13.16　哪些机构应该考虑使用分布式数据库？

13.17　术语 "对象持久性" 表示什么含义？

13.18　用通俗语言解释为什么关系数据库难以用于对象持久性。

13.19　"OODBMS" 是什么的缩写？它有什么作用？

13.20　根据本章的解释，为什么 OODBMS 没有取得成功？

13.21　什么是对象-关系数据库？

13.22　什么是 MapReduce 过程？

13.23　什么是 Hadoop，它是如何发展到现在的？什么是 HBase 和 Pig？

13.24　为什么新的 Apache Tez 处理模型是 MapReduce 的改进？

13.25　最初开发出的两个非关系数据存储是什么？谁开发了它们？

13.26　针对 NoSQL 数据结构定义术语 "聚合"。

13.27　Cassandra 支持哪些 NoSQL 类别？

13.28 根据图 13.7，什么是列簇数据库存储？列簇数据库存储系统是如何组织的？它与 RDBMS 系统相比有何不同？

13.29 给出一个列簇数据的例子（本书中使用的除外）。

13.30 什么是图形数据库？什么是节点、属性和边？

13.31 给出一个图形数据的小例子（本书中使用的除外）。

13.32 什么是键-值数据库？

13.33 给出一个键-值数据的例子（本书中使用的除外）。

13.34 什么情况下键-值数据库最有用？

13.35 键-值数据库中，与数据值结构相关的处理发生在哪里？

13.36 文档数据库中数据的主要特征是什么？

13.37 给出一个文档数据的例子（本书中使用的除外）。

13.38 文档 DBMS 提供的基本操作和实用程序是什么？

13.39 至少给出两个具有查询语言的 NoSQL 文档数据库系统。

13.40 什么是虚拟化？

13.41 什么是监督器？类型 1 监督器和类型 2 监督器有什么区别？

13.42 什么是容器化？它与基于监督器的虚拟化有何不同？

13.43 什么是云计算？

13.44 云计算主要采用了哪一种技术？

13.45 SaaS、PaaS 和 IaaS 有什么不同？

13.46 Microsoft Azure 中的数据库服务支持哪些数据模型？

13.47 描述在 Microsoft Azure 中创建关系数据库的两种方法。

13.48 Microsoft Azure 防火墙的用途是什么？

13.49 在 Microsoft Azure（以及一般的云计算）中，为什么从地理位置的角度选择服务器很重要？

13.50 Microsoft Azure 如何向用户收取服务费用？

练习

13.51 描述将 SQL 数据库从本地迁移到 Azure 的过程。过程的每一步涉及哪些组件（SSMS、Azure Portal、本地和远程数据库服务器）？

13.52 基于部分 WP EMPLOYEE 表和 PROJECT 表开发一个类似图 13.8 的图形数据库。使用 WP 数据只建模项目 1300 和分配给它的员工。Project 和 Employees 为节点；Assignment 关系是双向的（AssignedTo 和 ProjectWorkers），并成为边和标记；属性将来自数据字段。

13.53 A. 开发一个 JSON 文件，描述 HSD CUSTOMER 表中的第一位客户。确保存在 CustomerID（值为 1）。使用 JSON 的表达能力来扩展数据，以允许一位客户有多个电话号码，并将 Address 表示为包含 StreetAddress、City、State 和 ZIP 的组合。为 Nancy Jacobs 增加另一个电话号码并输入。

B. 在 Microsoft Azure Cosmos DB 中创建一个数据库和集合，并输入在前面创建的数据。

13.54 给出设置和配置 Azure 账户的一般步骤。在这个过程中需要做出哪些重要的决定？

13.55 描述在 Azure 上创建 SQL 数据库的过程。过程的每一步涉及哪些组件（SSMS、Azure Portal、本地和远程数据库服务器）？

13.56 给出一个关于图 13.7 中列簇数据库的查询示例，该查询应当比在关系系统中运行时更有效。为什么？

13.57　使用 Microsoft Azure 将 Cape Codd 数据库从本地计算机迁移到云。

13.58　在 Microsoft Azure 中直接创建 Cape Codd 数据库。

Marcia 干洗店案例题

正如在线第 10A 章、第 10B 章和第 10C 章所描述的，Marcia 已经成功地使用了关系数据库，但她的业务正在迅速扩张，需要考虑大数据解决方案。她现在拥有 10 家门店，客户数量庞大，而且还在不断增长。她准备接受"多语言持续性"。

A. 设计并验证一种可能的方案，用于分片和复制全部或部分 Marcia 的数据。

B. 给出一个例子，表明 MDC 数据库的一部分可能更适合存储在键-值 DBMS 中，并证明。

C. 作为业务延伸的一部分，Marcia 现在提供送货服务，因此需要每一位客户的位置信息（经纬度坐标）。为了规划送货，了解哪些顾客彼此离得近、距离有多远是很有帮助的。按照类似于图 13.8 或图 13.9 的方式，展示 Marcia 的一些客户数据如何存储在一个图形数据库中。设置适当的纬度、经度和距离值。

D. Marcia 决定使用一个文档 DBMS 在一个单集合中存储 INVOICE 和 INVOICE_ITEM 数据。为这些数据创建一个 JSON 文件。

E. Marcia 希望将自己的一些数据放到云中。使用 Microsoft Azure（或其他一些基于云的 NoSQL 文档数据库），将在 D 部分创建的数据放到云数据库中。

F. Marcia 希望将她的全部旧关系数据库（如在线第 10A 章、第 10B 章和第 10C 章所述）放到云中。为此，可以从本地机器迁移数据，或者直接在基于云的关系平台（如 Microsoft Azure）中创建数据。同时拥有关系型数据和 NoSQL 型数据，就可以用来比较这两个版本。

G. Marcia 还希望体验一下列簇数据库存储。给出一个查询，表明它对列簇数据库比在关系数据库中运行得更好，并解释为什么会这样。

Queen Anne 古董店项目题

正如第 7 章所描述的，Queen Anne 古董店已经成功地使用了关系数据库，但它的业务正在迅速扩张，需要考虑大数据解决方案。特别地，古董店现在拥有了 12 家门店，客户和古董数量庞大，而且还在不断增长。它准备接受"多语言持续性"。

A. 设计并验证一种可能的方案，用于分片和复制全部或部分 QACS 数据。

B. 给出一个例子，表明 QACS 数据库的一部分可能更适合存储在键-值 DBMS 中，并证明。

C. 作为业务延伸的一部分，Queen Anne 古董店现在为客户提供送货服务，也从供货商处取货，因此需要每一位客户和供货商的位置信息（经纬度坐标）。为了规划送货和取货，了解哪些顾客和供货商彼此离得近、距离有多远是很有帮助的。按照类似于图 13.8 或图 13.9 的方式，展示 QACS 的一些客户和供货商数据如何存储在一个图形数据库中。设置适当的纬度、经度和距离值。

D. Queen Anne 古董店决定使用一个文档 DBMS 在两个集合中存储 SALE、SALE_ITEM 以及 ITEM 数据。给出两种不同的解决办法。为其中的一种办法用这些数据创建一个 JSON 文件，并解释为什么这样做。

E. Queen Anne 古董店希望将自己的一些数据放到云中。使用 Microsoft Azure（或其他一些基于云的 NoSQL 文档数据库），将在 D 部分创建的数据放到云数据库中。

F. Queen Anne 古董店希望将它的全部旧关系数据库（如第 7 章所述）放到云中。为此，可以从本地机器迁移数据，或者直接在基于云的关系平台（如 Microsoft Azure）中创建数据。同时拥有关系型数据和 NoSQL 型数据，就可以用来比较这两个版本。

G. Queen Anne 古董店还希望体验一下列簇数据库存储。给出一个查询，表明它对列簇数据库比在关系数据库中运行得更好，并解释为什么会这样。

Morgan 进口公司项目题

正如第 7 章所描述的，Morgan 进口公司已经成功地使用了关系数据库，但它的业务正在迅速扩张，需要考虑大数据解决方案。特别地，公司现在拥有了 23 个办公地址，客户和进口的产品数量庞大，而且还在不断增长。它准备接受"多语言持续性"。

A. 设计并验证一种可能的方案，用于分片和复制全部或部分 MI 数据。

B. 给出一个例子，表明 MI 数据库的一部分可能更适合存储在键-值 DBMS 中，并证明。

C. 作为业务延伸的一部分，Morgan 进口公司现在要从承运人处提取产品，因此需要每一个承运人及其店铺的位置信息（经纬度坐标）。为了规划取货，了解哪些承运人和店铺彼此离得近、距离有多远是很有帮助的。按照类似于图 13.8 或图 13.9 的方式，展示 MI 的一些承运人和店铺数据如何存储在一个图形数据库中。设置适当的纬度、经度和距离值。

D. Morgan 进口公司决定使用一个文档 DBMS 在一个集合中存储 SHIPMENT、SHIPMENT_ITEM 以及 SHIPMENT_RECEIPT 数据。为这些数据创建一个 JSON 文件。

E. Morgan 进口公司希望将自己的一些数据放到云中。使用 Microsoft Azure（或其他一些基于云的 NoSQL 文档数据库），将在 D 部分创建的数据放到云数据库中。

F. Morgan 进口公司希望将它的全部旧关系数据库（如第 7 章所述）放到云中。为此，可以从本地机器迁移数据，或者直接在基于云的关系平台（如 Microsoft Azure）中创建数据。同时拥有关系型数据和 NoSQL 型数据，就可以用来比较这两个版本。

G. Morgan 进口公司还希望体验一下列簇数据库存储。给出一个查询，表明它对列簇数据库比在关系数据库中运行得更好，并解释为什么会这样。

附　　录

登录华信教育资源网（www.hxedu.com.cn），可查看以下附录内容。

附录 A

Microsoft Access 2019 简介

附录 B

系统分析与设计简介

附录 C

E-R 图，IDEF1X 标准和 UML 标准

附录 D

Microsoft Visio 2019 简介

附录 E

MySQL Workbench 数据建模工具简介

附录 F

用于数据库处理的物理数据库设计和数据结构

附录 G

Web Servers，PHP 和 NetBeans IDE 简介

附录 H

XML 介绍

尊敬的老师:

您好!

为了确保您及时有效地申请培生整体教学资源,请您务必完整填写如下表格,加盖学院的公章后传真给我们,我们将会在 2~3 个工作日内为您处理。

请填写所需教辅的开课信息:

采用教材				□中文版 □英文版 □双语版
作　者		出版社		
版　次		**ISBN**		
课程时间	始于　年 月 日	学生人数		
	止于　年 月 日	学生年级		□专科　　□本科 **1/2** 年级 □研究生　□本科 **3/4** 年级

请填写您的个人信息:

学　校			
院系/专业			
姓　名		职　称	□助教 □讲师 □副教授 □教授
通信地址/邮编			
手　机		电　话	
传　真			
official email(必填) **(eg:XXX@ruc.edu.cn)**		**email** **(eg:XXX@163.com)**	
是否愿意接收我们定期的新书讯息通知:　　□是　　□否			

系 / 院主任:＿＿＿＿＿＿＿ (签字)

(系 / 院办公室章)

＿＿年＿＿月＿＿日

资源介绍:

—教材、常规教辅（PPT、教师手册、题库等）资源:请访问。

（免费）

—MyLabs/Mastering 系列在线平台:适合老师和学生共同使用;访问需要 Access Code。

（付费）

100013　北京市东城区北三环东路 36 号环球贸易中心 D 座 1208 室
电话:（8610）57355003　　传真:（8610）58257961

Please send this form to: